Tilo Arens · Frank Hettlich ·
Christian Karpfinger · Ulrich Kockelkorn ·
Klaus Lichtenegger · Hellmuth Stachel

Ergänzungen und Vertiefungen zu Arens et al., Mathematik

2. Auflage

Tilo Arens
Karlsruhe, Deutschland

Frank Hettlich
Karlsruhe, Deutschland

Christian Karpfinger
Garching, Deutschland

Ulrich Kockelkorn
Berlin, Deutschland

Klaus Lichtenegger
Graz, Österreich

Hellmuth Stachel
Wien, Österreich

ISBN 978-3-662-53584-4   ISBN 978-3-662-53585-1 (eBook)
DOI 10.1007/978-3-662-53585-1

Die Deutsche Nationalbibliothek verzeichnet diese Publikation in der Deutschen Nationalbibliografie; detaillierte
bibliografische Daten sind im Internet über http://dnb.d-nb.de abrufbar.

Springer Spektrum

Planung: Dr. Andreas Rüdinger
Einbandabbildung: © Jos Leys

Gedruckt auf säurefreiem und chlorfrei gebleichtem Papier

Springer Spektrum ist Teil von Springer Nature
Die eingetragene Gesellschaft ist Springer-Verlag GmbH Deutschland
Die Anschrift der Gesellschaft ist: Heidelberger Platz 3, 14197 Berlin, Germany

Ergänzungen und Vertiefungen zu
Arens et al., Mathematik

Vorwort

So umfangreich unser Lehrbuch *Mathematik* (seit 2016 in der inzwischen dritten Auflage erhältlich) auch erscheinen mag, viele Themen, die auch für Anwender und Anwenderinnen interessant wären, werden darin doch nur am Rande gestreift oder auch gar nicht erwähnt.

Schon beim Verfassen der ursprünglichen ersten Auflage erwies sich das vorhandene Material als zu umfangreich, als dass es sinnvoll in einem einzelnen Buch untergebracht werden konnte. Daher gibt es am Ende vieler Kapitel Hinweise auf das Bonusmaterial, in dem einerseits „technischere" Beweise nachgereicht werden, andererseits diverse weiterführende Konzepte und Vertiefungen präsentiert werden.

Dieses Bonusmaterial wurde, ebenso wie die ausführlichen Lösungen der Aufgaben, auf der Website matheweb verfügbar gemacht. Schon bald aber häuften sich die Anfragen, ob denn nicht einerseits die Lösungen zu den Aufgaben, andererseits auch das Bonusmaterial als eigene Bücher erhältlich seien.

So wurden die Aufgaben mit Hinweisen und Lösungswegen als *Arbeitsbuch Mathematik* und die Bonusmaterialien als *Ergänzungen und Vertiefungen zu Arens et al., Mathematik* auf print-on-demand-Basis angeboten und in erfreulichem Ausmaß angenommen. Viele unserer Leserinnen und Leser wissen offenbar nach wie vor die Vorteile eines gedruckten Buches gegenüber einer bloßen Sammlung von PDF-Dateien zu schätzen.

Der unerwartete Erfolg des Ergänzungsbuches hat uns bewogen, den Weg ein Stück weiter zu gehen und eine um viele weitere Themen ergänzte Neuauflage des Buches zu veröffentlichen. Dabei reicht der Bogen von mathematischen Grundlagenthemen, die uns interessant erscheinen (z. B. logische Paradoxa, unendliche Produkte, Grundbegriffe der Zahlentheorie und der Algebra), über Themen der Numerik und Computergrafik (z. B. Rechenaufwand für die Behandlung großer linearer Gleichungssysteme, Bézierkurven und Freiformflächen) bis hin zu physikalischen Anwendungen (z. B. Details zu den Variablentransformationen in der Thermodynamik, Hamilton'sches Prinzip, Legendre-Transformation). Auch zur Statistik wurden einige Themen ergänzt (z. B. Kerndichteschätzer und Kovarianzellipsen).

Wir hoffen, dass die geneigten Leserinnen und Leser in der Neuauflage dieses Buches noch manches interessante Detail finden, vielleicht gar auf ganz neue Themen stoßen, die für sie von Interesse und Nutzen sind.

Heidelberg, 2016,
Tilo Arens, Frank Hettlich, Christian Karpfinger, Ulrich Kockelkorn, Klaus Lichtenegger, Hellmuth Stachel

Inhaltsverzeichnis

Logik, Mengen, Abbildungen – die Sprache der Mathematik (zu Kap. 2)

Was besagt das Fünfte Postulat?

Wie führt man die natürlichen Zahlen ein?

Lassen sich alle wahren Aussagen beweisen?

© Springer-Verlag GmbH Deutschland 2017

T. Arens et al., *Ergänzungen und Vertiefungen zu Arens et al., Mathematik*, DOI 10.1007/978-3-662-53585-1_1

In diesem Kapitel ist das Bonusmaterial zu Kapitel 2 aus dem Lehrbuch Arens et al. *Mathematik* zusammengestellt.

1.1 Ergänzungen zu Logik und Beweisen

Die Mathematiker sind eine Art Franzosen; redet man zu ihnen, so übersetzen sie es in ihre Sprache, und dann ist es alsbald etwas ganz anderes.
J. W. v. Goethe

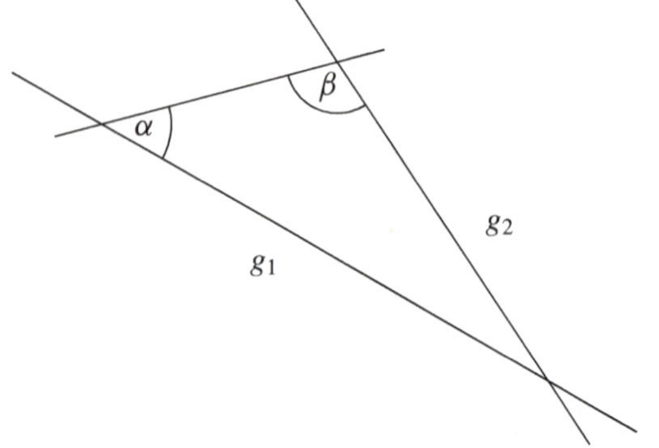
Abb. 1.1 Eine Illustration des fünften Postulats der euklidischen Geometrie. Die Summe der Winkel α und β ist kleiner als $180°$, daher schneiden sich die beiden Geraden g_1 und g_2 auf der Seite, auf der diese beiden Winkel liegen

Das Fünfte Postulat

Ein klassisches Beispiel zur Rolle von Definitionen und Axiomen ist die Entwicklung der nichteuklidischen Geometrie. Hier wird besonders klar, dass Definitionen, solange sie widerspruchsfrei sind, einen hohen Grad an „Beliebigkeit" haben. Welche Sammlung von Axiomen und Definitionen die sinnvollste ist, kann stark vom konkreten Problem abhängen.

Etwa um 300 v. Chr. begann der griechische Mathematiker Euklid alles, was es zu seiner Zeit an geometrischem Wissen gab, zu sammeln. In seinem Werk *Elemente* systematisierte er es und bewies durch logische Schlüsse alle Ergebnisse – lediglich fünf Postulate waren als Grundlage dazu notwendig. Die ersten vier konnten recht elegant formuliert werden:

1. Man kann von jedem Punkt nach jedem Punkt die Strecke ziehen.
2. Eine begrenzte gerade Linie kann endlos in gerader Linie verlängert werden.
3. Man kann mit jedem Mittelpunkt und Abstand einen Kreis zeichnen.
4. Alle rechten Winkel sind einander gleich.

Das fünfte Postulat allerdings besitzt bei Weitem nicht diese Eleganz:

5. Wenn eine gerade Linie beim Schnitt mit zwei geraden Linien bewirkt, dass die Summe zweier auf derselben Seite entstehender innerer Winkel kleiner ist als zwei rechte, dann schneiden sich die zwei geraden Linien bei Verlängerung auf der Seite, auf der die Winkel liegen, die zusammen kleiner als zwei rechte sind.

Tatsächlich hat Euklid beim Beweis der ersten achtundzwanzig Sätze nicht auf dieses Postulat zurückgegriffen, und sicher hätte er es lieber bewiesen als angenommen. Da er aber keinen Beweis fand, blieb ihm nichts anderes übrig. Auch seinen Schülern ging es nicht besser, jahrtausendelang wurde immer wieder versucht, das fünfte Postulat zu *beweisen* – erfolglos.

Erst im 19. Jahrhundert kamen die Dinge wieder in Bewegung: Gleichwertig zum fünften Postulat ist nämlich das *Parallelen-Axiom*:

5.′ Gegeben seien eine Gerade und ein nicht auf ihr gelegener Punkt, dann gibt es eine und nur eine Gerade, die durch diesen Punkt geht und sich mit der ersten Geraden nie schneidet, egal wie weit man sie auch verlängert.

Nimmt man an, dieses Postulat sei falsch, dann hat man zwei Möglichkeiten: Entweder es gibt keine parallele Gerade, oder es gibt mindestens zwei. Der Erfahrung widersprechen beide Varianten, hier muss man aber bedenken, dass die mathematischen Begriffe PUNKT, GERADE oder KREIS nicht notwendigerweise „wirkliche" Punkte Geraden und Kreise sind, sondern eben nur Begriffe, die durch die späteren Sätze implizit definiert werden.

Nimmt man nun an, es gäbe keine parallele GERADE, dann kann man darauf die *elliptische Geometrie* aufbauen. Diese beschreibt etwa die Geometrie auf einer Kugelfläche, wo ein Dreieck grundsätzlich eine Winkelsumme von mehr als $180°$ hat. GERADEN sind hier Großkreise, also Kreise mit maximalem Radius, und PUNKTE jeweils zwei gegenüberliegende Punkte auf der Kugeloberfläche. Wie in der Ebene schneiden

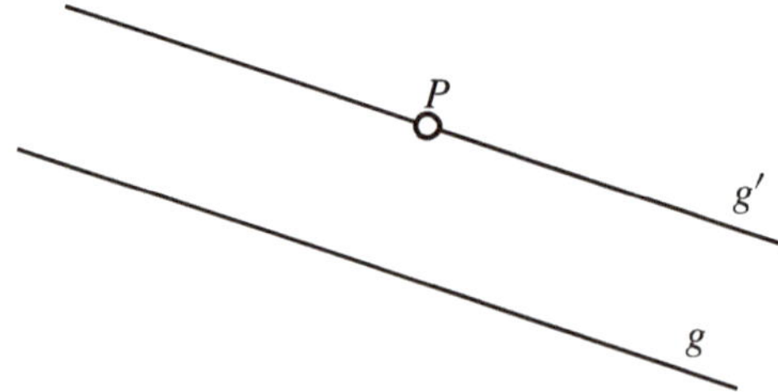
Abb. 1.2 Nach dem Parallelen-Axiom, das wiederum äquivalent zum fünften Postulat der Euklidischen Geometrie ist, gibt es zu einer Geraden g und einem Punkt P, der nicht auf g liegt, genau eine Gerade g', die durch P verläuft und g nicht schneidet

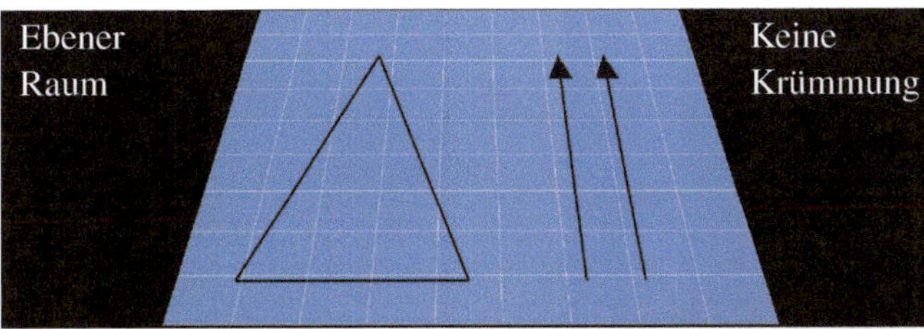

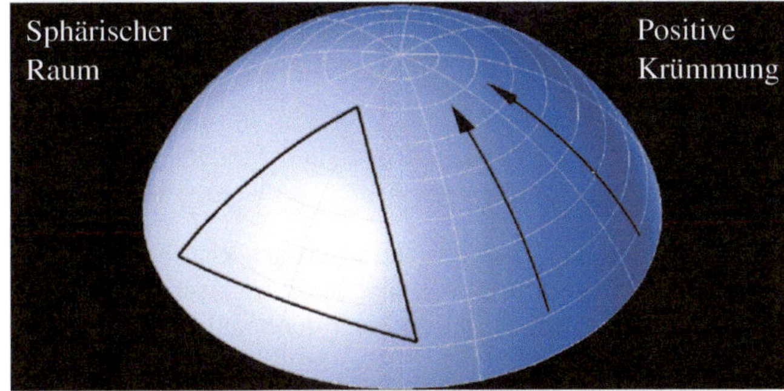

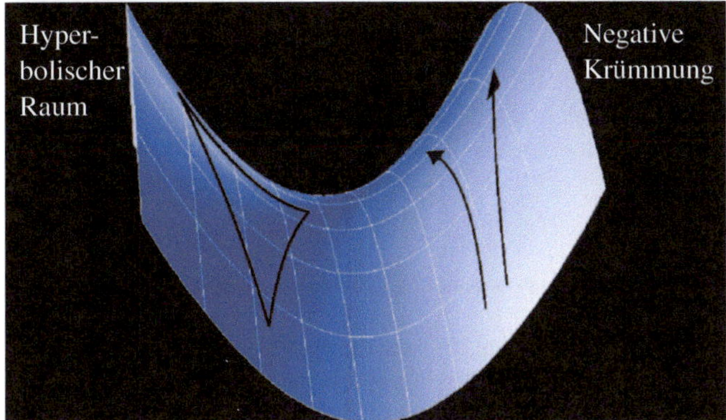

Abb. 1.3 Die drei Formen der Geometrie: eben, elliptisch und hyperbolisch. Nur im ebenen Fall beträgt die Winkelsumme eines Dreiecks 180°

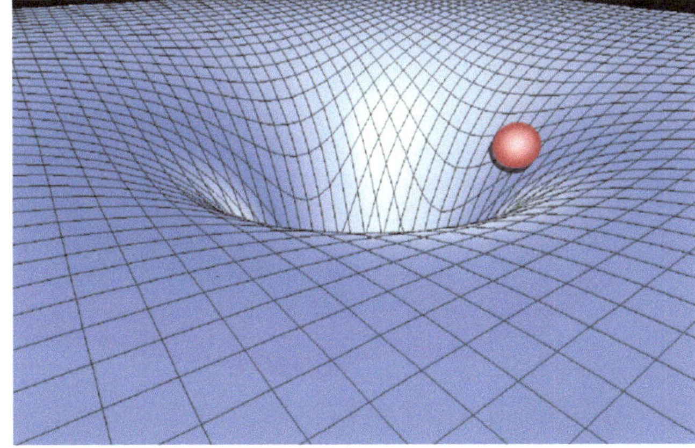

Abb. 1.4 Eine anschauliche Darstellung der Geometrie gekrümmter Räume

sich auch hier zwei GERADEN in genau einem PUNKT, auch sonst handelt es sich um eine Geometrie, die der euklidischen zumindest in formaler Hinsicht vollkommen ebenbürtig ist.

Nimmt man dagegen an, es gäbe mehr als eine parallele Gerade, dann gelangt man zur *hyperbolischen Geometrie*, die beispielsweise auf einer Sattelfläche anzuwenden ist. In dieser hat ein Dreieck immer eine Winkelsumme von weniger als 180°.

Auch diese Version von Geometrie ist den anderen beiden gegenüber prinzipiell völlig gleichwertig; elliptische und hyperbolische Geometrie werden unter dem Sammelbegriff *nichteuklidisch* zusammengefasst. Ebenfalls nichteuklidisch sind Geometrien, in denen sich die Krümmung des Raumes lokal ändert; eine solch flexible Geometrie wird etwa benötigt, um Raum und Zeit in der Allgemeinen Relativitätstheorie zu beschreiben.

Eine wesentliche Lehre aus diesem Beispiel ist, dass mathematische Begriffe keineswegs immer dem entsprechen müssen, was man von der Anschauung her kennt – selbst wenn sie ur-

sprünglich so gedacht waren. Punkte oder Geraden in einer nichteuklidischen Geometrie entsprechen nicht dem, was man für gewöhnlich mit diesen Begriffen verbindet, aber sie erfüllen jene Minimalanforderungen, die man an derartige Objekte stellt.

Für Beweise gibt es nützliche Konventionen, Regeln und Tricks

Wir führen nun ohne Anspruch auf Vollständigkeit noch einige Tricks, Spezialfälle und Schreibweisen an, die sich manchmal als nützlich erweisen können:

- Um eine Äquivalenzaussage $A \Leftrightarrow B$ zu beweisen, kann es notwendig sein, sogar zwei Beweise zu führen. Einmal muss man zeigen, dass $A \Rightarrow B$, das zweite Mal, dass $B \Rightarrow A$ gilt. Dabei kann man natürlich ebenfalls jeweils mit dem Widerspruchsbeweis arbeiten.
- Um eine spezielle Existenzaussage zu beweisen, muss man nur ein *Beispiel* finden. Dass es mindestens eine Zahl gibt, die gleich der Summe ihrer Teiler ist, eine sogenannte *perfekte Zahl*, ist schon dadurch bewiesen, dass

$$1 + 2 + 3 = 1 \cdot 2 \cdot 3 = 6$$

  ist.
- Um eine Allaussage zu widerlegen, muss man dementsprechend nur ein *Gegenbeispiel* finden. Die Aussage „alle ungeraden Zahlen sind Primzahlen" ist falsch, weil neun einerseits ungerade ist, andererseits aber $3 \cdot 3 = 9$ ist.
- Sehr oft kann man vor einem Beweis schon gewisse Annahmen treffen, die einerseits die Beweisführung einfacher machen, andererseits aber keinerlei Einschränkung bezüglich der Aussagekraft des Beweises bringen. Dies läuft unter dem Begriff *ohne Beschränkung der Allgemeinheit* oder kurz *o. B. d. A.*

Vertiefung: Zwischen wahr und falsch: Fuzzy Logic

Die klassische Aussagenlogik, wie sie auch in diesem Buch behandelt wird, kennt nur die beiden Wahrheitswerte *wahr* und *falsch*. Nun hat man es im täglichen Leben aber meist nicht nur mit diesen Extremen zu tun, sondern auch mit Aussagen, die eben *halbrichtig* sind oder *richtig bis auf einige Details* oder *so verkürzt, dass sie schon fast falsch sind*. Die Übertragung dieser Unschärfe auch auf die Logik führt zur Fuzzy Logic.

So wie es zwischen den Extremen Schwarz und Weiß unzählige Graustufen gibt, so kennt auch die *Fuzzy Logic* unzählige Wahrheitswerte zwischen wahr und falsch.

Eine Aussage A kann in dieser Form der Logik jeden Wahrheitswert $W(A)$ im Bereich von Null bis Eins annehmen. Eine völlig falsche Aussage A hat den Wahrheitswert $W(A) = 0$, eine völlig richtige $W(A) = 1$. Dazwischen sind aber stufenlos alle Werte möglich, eine Aussage kann hier also tatsächlich halb- oder dreiviertelrichtig sein.

Gleichzeitig mit der Erweiterung der Wahrheitswerte muss man natürlich auch die Junktoren modifizieren. Eine sinnvolle Möglichkeit für einige der wichtigsten Junktoren wäre etwa

$$W(\neg A) = 1 - W(A)$$
$$W(A \wedge B) = \min\{W(A),\, W(B)\}$$
$$W(A \vee B) = \max\{W(A),\, W(B)\}$$
$$W(A \Leftrightarrow B) = 1 - |W(A) - W(B)|$$

Dabei stehen *min* und *max* für Minimum und Maximum, im Falle von zwei Zahlen also einfach für die kleinere bzw. größere.

Ein Kriterium für die Sinnhaftigkeit dieser Definition ist es, dass man bei den Wahrheitswerten Null und Eins wieder die bekannten Ergebnisse erhält.

Dies ist ein ganz allgemeines Kriterium für die Erweiterung jedes Modells: Im *Grenzfall* des alten Modells müssen die dort bekannten Ergebnisse reproduziert werden können.

Ein weiteres Kriterium ist, dass sich der Wahrheitswert einer zusammengesetzten Aussage nicht drastisch ändern soll, wenn sich der Wahrheitswert einer der beteiligten Aussagen in geringem Ausmaß ändert. Das erfüllen die obigen Definitionen recht gut, oder mit dem Vokabular von Kap. 7, die neuen Aussagen sind *stetig* in den Argumenten.

Über dieses Umschreiben der schon bekannten Junktoren hinaus kann man aber nun viele andere neue definieren, z. B. den Junktor $\oplus$,

$$W(A \oplus B) = \min\{W(A) + W(B),\, 1\},$$

der aus zwei Halbwahrheiten eine ganze machen kann.

Fuzzy Logic, lange Zeit eher belächelt, spielt inzwischen in vielen Anwendungen eine Rolle, insbesondere dort, wo ein gewisses „Fingerspitzengefühl" hilfreich sein kann oder sogar notwendig ist.

Literatur

- Daniel McNeill, Paul Freiberger: *Fuzzy Logic – die „unscharfe" Logik erobert die Technik*, Knaur, 1994

- *Fuzzy Logic Laboratorium Linz-Hagenberg*, http://www.flll.uni-linz.ac.at/

- Seattle Robotics Society – *Fuzzy Logic Tutorial*, http://www.seattlerobotics.org/encoder/mar98/fuz/flindex.html

Vertiefung: Die Grenzen der Beweisbarkeit

Lange Zeit nahmen nahezu alle in der Mathematik Tätigen wie selbstverständlich an, ihre Disziplin sei *vollständig* im Sinne, dass sich jede wahre Aussage, also auch jeder Satz, beweisen und entsprechend jede falsche widerlegen lässt. Dies erwies sich als Irrtum.

David Hilbert, einer der größten Mathematiker des zwanzigsten Jahrhunderts, hatte sich ganz konkret zum Ziel gesetzt, auf axiomatische Weise eine vollständige und widerspruchsfreie Mathematik aufzubauen. Viele andere folgten ihm auf diesem Weg, und selbst jene, die sich wenig um die grundlegende Fundierung der Mathematik kümmerten, nahmen doch an, dieses Programm sei zumindest im Prinzip durchsetzbar.

All diesen Bemühungen versetzte ein bis dahin völlig unbekannter junger Mathematiker, Kurt Gödel, den Todesstoß, indem er das folgenschwere *Unvollständigkeitstheorem* bewies: *In jedem Axiomensystem, das in der Lage ist, die Arithmetik der natürlichen Zahlen zu beschreiben, können Aussagen formuliert werden, die man innerhalb dieses Systems weder beweisen noch widerlegen kann.*

Der Beweis des Unvollständigkeitstheorems ist technisch recht kompliziert, sein Prinzip ist aber sehr leicht zu verstehen. In jedem System, das mit natürlichen Zahlen zu rechnen erlaubt, kann nämlich die Aussage „**ich bin unbeweisbar**" formuliert werden – sie ist auch bekannt als die *Gödel-Formel* **G**. Könnte man sie beweisen, wäre sie falsch, damit dürfte es aber keinen Beweis geben. Daher ist **G** ein wahrer Satz, lässt sich aber, gerade weil er wahr ist, innerhalb des Axiomensystems sicher nicht beweisen, das System ist damit *unvollständig*. Würde man die Existenz eines so „selbstbezogenen" Satzes in anderen Disziplinen wohl als pathologische Kuriosität beiseite wischen – in den Vollständigkeitsanspruch der Mathematik schlägt er aber eine nicht mehr zu kurierende Lücke, und tatsächlich sind inzwischen auch andere, konkretere Aussagen aus diversen Gebieten bekannt, von denen bewiesen wurde, dass sie tatsächlich unbeweisbar sind. Zwei davon werden wir selbst in diesem Buch noch begegnen.

Es kommt aber noch schlimmer: Nach dem *Zweiten Unvollständigkeitstheorem* ist nicht einmal beweisbar, dass ein entsprechend leistungsfähiges Axiomensystem *widerspruchsfrei* ist. Das bedeutet natürlich nicht, dass die Mathematik zwangsläufig Widersprüche enthalten muss – es lässt sich aber nie beweisen, dass sie es nicht tut.

Literatur

- Douglas R. Hofstadter: *Gödel, Escher, Bach. Ein Endloses Geflochtenes Band.* 17. Aufl., Klett-Cotta, 2006.

- Heinz-Dieter Ebbinghaus, Jörg Flum, Wolfgang Thomas: *Einführung in die mathematische Logik.* 4. Aufl., Spektrum Akademischer Verlag, 1996.

Abb. 1.5 Auch diese „Beweismethode" können wir nicht weiterempfehlen

Will man etwa eine Aussage für zwei unterschiedliche natürliche Zahlen n und m beweisen, so kann man o. B. d. A. $n < m$ setzen – andernfalls vertauscht man einfach die beiden Zahlen und kann den Schluss genau gleich durchführen.

Auch anderen Arten von „Beweistechniken" begegnet man immer wieder in Büchern, bei Vorlesungen oder während fachlicher Diskussionen; wir können sie aber trotzdem nur eingeschränkt zur eigenen Verwendung weiterempfehlen. Die wohl bekanntesten sind

- Beweis durch Verweis:
  - „Dieser Beweis wird in den Übungen behandelt."
- Beweis durch Auslassen:
  - „Trivial!"
  - „Beweis als Übung."
  - „Wie sich leicht beweisen lässt …"
  - „Wie man sofort sieht …"
- Beweis durch Notwendigkeit:
  - „…, denn wäre das nicht so, würde die gesamte Mathematik in sich zusammenbrechen."
  - „…, denn sonst könnten wir dieses Beispiel nicht rechnen, und das wäre doch schade."
- Beweis durch Ästhetik:
  - „Das ist so schön, das muss einfach stimmen!"
- Beweis durch Einschüchterung:
  - „Ja, sehen Sie das denn nicht?!"

1.2 Logische Paradoxa

Immer wieder werden in der Wissenschaft *Paradoxa* entdeckt, konstruiert und untersucht. Viele solcher Paradoxa weisen auf Schwächen und Unzulänglichkeiten gängiger Konzepte hin, andere zeigen lediglich auf, dass die naive Intuition zu kurz greift und sich daher für den Alltagsverstand paradox anmutende Schlussfolgerungen ergeben (Scheinparadoxa, z. B. das berühmte *Zwillingsparadoxon* der Speziellen Relativitätstheorie).

Der Wert von Paradoxa sollte nicht unterschätzt werden: Die berühmten Paradoxa des Zenon von Elea (insbesondere das auch von uns ausgiebig herangezogene Paradoxon von Achilles und der Schildkröte) wies bereits in der Antike den Weg zum modernen Grenzwertbegriff – auch wenn es noch über zweitausend Jahre dauern sollte, bis dieser Weg tatsächlich eingeschlagen wurde.

Besonders spannend sind *logische* Paradoxa, die sich um Grundfragen der Logik drehen und so an den Grundfesten unserer Fähigkeit rütteln, logisch korrekte Schlüsse zu ziehen.

Um Mephisto (in der Hexenküche; Faust I) zu Wort kommen zu lassen:

> … *denn ein vollkommner Widerspruch*
> *bleibt gleich geheimnisvoll für Kluge wie für Toren.*

Was unsere Logik auf den Kopf stellt, ängstigt und fasziniert zugleich und ist so eine dauernde Herausforderung für den menschlichen Verstand.

Ganz kurz wurden logische Paradoxa, insbesondere die berühmte Russell'sche Antinomie, bereits im Hauptbuch angesprochen; in diesem Abschnitt diskutieren wir einige weitere Paradoxa.

Selbstbezügliche Paradoxa

Durch Aussagen, die sich in spezieller Weise auf sich selbst beziehen, lassen sich besonders leicht logische Paradoxa konstruieren. Während die Aussage „Diese Aussage ist wahr" konsistent ist, ist „Diese Aussage ist falsch" paradox. Wäre sie wahr, dann müsste sie falsch sein – und umgekehrt.

Die Russell'sche Antinomie fällt ebenfalls in die Kategorie selbstbezüglicher Paradoxa. Ein verwandtes Paradoxon im Bereich der Sprache ist die Grelling-Nelson-Antinomie (Box auf S. 7).

Auch das (Schein-)Paradoxon des Epimenides („Alle Kreter lügen"), das wir in Übungsaufgaben betrachtet haben, basiert auf Selbstbezüglichkeit. (Welche Probleme sich daraus ergeben, wenn man konsequent die Unwahrheit sagt, kann man hervorragend an der Figur des lügenden Gargoyles in der Fantasy-Serie *Journey Quest* sehen, die ab Episode 5 auftritt, https://www.youtube.com/watch?v=i99jMtnE4vw.)

Vertiefung: Die Grelling-Nelson-Antinomie

Die Grelling-Nelson-Antinomie ist ein semantisches selbstbezügliches Paradoxon, das eine enge Verwandtschaft zur Russell'schen Antinomie aufweist. Durch die Übertragung auf den Bereich der Sprache ergeben sich aber noch diverse weitere Feinheiten, die ebenfalls oft paradox erscheinen.

Es gibt Eigenschaftswörter, die sich selbst beschreiben. So ist etwa „deutsch" tatsächlich ein deutsches Wort, und „dreisilbig" ist in der Tat dreisilbig. Die meisten Eigenschaftswörter beschreiben sich allerdings nicht selbst: Weder ist „englisch" ein englisches Wort, noch ist „einsilbig" einsilbig.

Grelling und Nelson folgend, nennen wir nun Eigenschaftswörter, die sich selbst beschreiben, *autologisch*. Jedes Eigenschaftswort, das nicht autologisch ist, ist *heterologisch*. Während „autologisch" offenbar ein autologisches Wort ist, scheitert die Klassifizierung von „heterologisch": Wäre es heterologisch, würde es sich selbst beschreiben und müsste damit autologisch (also nicht heterologisch) sein. Wäre es autologisch, dann müsste es, da es sich ja selbst beschreibt, heterologisch (und damit nicht autologisch) sein.

Zur eigentlichen Grelling-Nelson-Antinomie gesellen sich noch diverse weitere paradox anmutende Fälle bei der Klassifikation von Worten nach dem Gegensatzpaar *autologisch-heterologisch*: So ist etwa „laut" autologisch, wenn es laut ausgesprochen wird, aber nicht beim leisen Aussprechen oder in geschriebener Form. (Darüber hinaus ist die Lautstärke, ab der etwas als laut empfunden wird, situationsabhängig und individuell verschieden.)

In schriftlichen Texten sind „rot" und „blau" (in Farbe gedruckt) autologisch, „rot" und „blau" aber nicht. (Sollten Sie einen Schwarz-Weiß-Ausdruck dieser Seite betrachten, dann sind alle vier Wörter heterologisch.)

Für die Erweiterung der Definition auf Hauptwörter gibt es zwei Möglichkeiten: Man kann ein Substantiv als autologisch bezeichnen, wenn es ein Merkmal bezeichnet, das es selbst besitzt, oder es dann autologisch nennen, wenn es das bezeichnet, was es *ist*. Nach der ersten Definition ist „Viersilbigkeit" ein autologisches Wort, nach der zweiten ist z. B. „Dreisilbler" autologisch.

Nach der ersten Definition ist „Antonymie" (Wortgegensätzlichkeit) autologisch, da es antonym zu Synonymie ist. Nach der zweiten Definition ist „Antonym" autologisch, da es ein Antonym zu Synonym ist. „Haplogie" ist ebenfalls nach der zweiten Definition autologisch, da es haplologisch aus *Haplologie* (Wortverkürzung durch Zusammenziehen von zwei gleichen oder ähnlichen Silben zu einer) entstanden ist.

Doch auch hier gibt es paradox anmutende Fälle. So war (nach der zweiten Definition) „Neologismus" (Wortneuschöpfung) ursprünglich ein autologisches Wort. Nachdem es sich aber inzwischen um einen etablierten Begriff handelt und nicht länger um einen Neologismus, ist das Wort heterologisch geworden. Der Begriff „Protologismus" für Wortvorschläge, die noch nicht verbreitet genug sind, um bereits als Neologismen zu gelten, ist noch autologisch, könnte aber bei ausreichender Verbreitung heterologisch werden – wozu wiederum auch die Erwähnung in diesem Buch beitragen könnte.

Eine Auflösung des Grelling-Nelson-Paradoxons erhält man durch sorgfältige mengentheoretische Analyse der Definition von heterologischen Wörtern – ganz analog zur Auflösung der Russell'schen Antinomie. Mittels „heterologisch" wird eine sogenannte *echte Klasse* erzeugt, die keine Menge ist. (Jede Menge ist eine Klasse, aber nicht jede Klasse ist eine Menge.) Eine Funktion, die jeder Klasse einen Namen gibt, d. h. ihr ein Wort zuweist, kann nicht gebildet werden – echte Klassen bleiben namenlos.

Literatur

- Diese Beschreibung der Grelling-Nelson-Antinomie folgt lose der Darstellung auf Wikipedia, https://de.wikipedia.org/wiki/Grelling-Nelson-Antinomie.

- Kurt Grelling, Leonard Nelson: *Bemerkungen zu den Paradoxien von Russell und Burali-Forti*, in: *Abhandlungen der Fries'schen Schule II*, Göttingen 1908, S. 301–334. Nachdruck in Leonard Nelson: *Gesammelte Schriften III. Die kritische Methode in ihrer Bedeutung für die Wissenschaften*, Felix Meiner Verlag, Hamburg 1974, S. 95–127.

- Volker Peckhaus: *The Genesis of Grelling's Paradox* in: Ingolf Max, Werner Stelzner: *Logik und Mathematik: Frege-Kolloquium Jena 1993*, Walter de Gruyter, Berlin 1995, S. 269–280.

Die paradoxe Implikation

Ein sehr unintuitiver Aspekt der Aussagenlogik ist der Umstand, dass die Implikation $A \to B$ dann und nur dann falsch ist, wenn A wahr und B falsch ist. Obwohl sowohl der Name Implikation (oder Subjunktion) als auch das Symbol „$\to$" auf eine Folgerung hinzudeuten scheinen, sollte man

$$\text{wenn } A, \text{ dann } B$$

nicht generell als

$$\text{aus } A \text{ folgt } B$$

interpretieren. Insbesondere kann $A \to B$ wahr sein, ohne dass es zwischen A und B irgendeinen inhaltlichen Zusammenhang gibt; es geht ja nur um die Wahrheitswerte der Aussagen. Die Aussage „Wenn es morgen regnet, dann ist $1 + 1 = 2$" ist also beispielsweise stets wahr.

Mit Hilfe der Implikation lassen sich spezielle Tautologien (d. h. stets wahre Aussagen) konstruieren, die – mit dem intuitiven Bild, was eine Implikation bedeuten sollte – sehr problematisch erscheinen. Diese Tautologien sind (wobei wir absichtlich Beschreibungen mit dem Wort „folgt" benutzen):

- $(\neg A \wedge A) \to B$: Aus einer Aussage und ihrer Verneinung folgt jede beliebige andere Aussage.
- $A \to (B \to A)$: Aus einer Aussage folgt, dass diese aus jeder beliebigen anderen Aussage folgt.
- $\neg A \to (A \to B)$: Aus der Negation einer Aussage folgt, dass aus der Aussage selbst jede beliebige andere folgt.
- $B \to (A \vee \neg A)$: Aus einer beliebigen Aussage folgt eine Aussage oder deren Negation.
- $(A \to \neg A) \vee (\neg A \to A)$: Aus einer Aussage folgt ihre Negation oder umgekehrt.
- $(A \to B) \vee (B \to A)$: Von zwei beliebigen Aussagen folgt zumindest eine aus der anderen.

―――――――――――――― **Selbstfrage 1** ――――――――――――――
Prüfen Sie selbst nach, dass es sich hier um Tautologien handelt.

Die letzte Tautologie wurde von Charles Sanders Peirce sehr schön folgendermaßen illustriert: Wenn man eine Zeitung Satz für Satz zerschneidet, alle Sätze in einen Hut schüttet und zwei beliebige zufällig wieder herausholt, dann folgt der erste dieser Sätze aus dem zweiten oder umgekehrt.

Hingegen ist die *These des Aristoteles*

$$\neg(\neg A \to A),$$

d. h. dass keine Aussage aus ihrer eigenen Verneinung folgen darf, in der Aussagenlogik keine Tautologie.

Auflösen lassen sich diese Paradoxa, indem man eben darauf verzichtet, die Implikation als Folgerung zu interpretieren. Wenn man die logischen Aussagen gar nicht mit Worten wie „folgt" zu beschreiben versucht, ergeben sich auch keine problematischen Konsequenzen. (Mephisto in der Hexenküche: „Gewöhnlich glaubt der Mensch, wenn er nur Worte hört, es müsse sich doch auch was denken lassen…") So gesehen handelt es sich hier um Scheinparadoxa.

Ein gewisses Unbehagen bleibt jedoch auch dann bestehen, und so gibt es diverse Bestrebungen, die Logik auf eine Weise zu modifizieren, mit der solche paradoxe Interpretationen von vornherein vermieden werden.

Hempels Paradoxon und die Induktion

In der Mathematik lassen sich viele Aussagen ausgehend von einigen Axiomen streng logisch beweisen. Für Aussagen aus anderen Gebieten hat man ein solch mächtiges Werkzeug nicht zur Verfügung.

Folgt man der Argumentation des Philosophen und Erkenntnistheoretikers Karl Popper (28.7.1902–17.9.1994), so lassen sich wissenschaftliche Aussagen niemals verifizieren, sondern nur falsifizieren: Solange alle Beobachtungen im Einklang mit der Aussage sind, könnte sie wahr sein. Sobald man eine Beobachtung macht, die ihr widerspricht, hat sie sich als falsch erwiesen.

Selbst diesen Zugang kann man jedoch kritisch sehen: Verwirft man eine Aussage A aufgrund einer Beobachtung B, so ist das nur gerechtfertigt, wenn man B als wahr akzeptiert. Da man aber nicht annehmen darf, dass alle Prinzipien, auf denen die Beobachtung B beruht, wahr sind, ist auch die darauf beruhende Falsifikation von A nicht unangreifbar.

Solche Spitzfindigkeiten mögen philosophisch interessant sein, für das praktische Handeln ist es aber meist erforderlich, dass man von der Richtigkeit vieler Aussagen ausgeht. Eine Vermutung als wahre Aussage zu akzeptieren ist wohl dann gerechtfertigt, wenn es einerseits keine Beobachtungen gibt, die der Vermutung widersprechen, andererseits die Vermutung durch viele Beobachtungen, die mit ihr im Einklang sind, *gestützt* wird.

Die Frage, welche Beobachtungen dazu geeignet sind, eine Vermutung zu stützen, ist aber nicht einfach, und man kann zu paradox anmutenden Schlüssen kommen. So ist es einsichtig, dass die Vermutung

$$\text{„Alle Raben sind schwarz"}$$

durch die Beobachtung eines schwarzen Raben gestützt wird. Man kann aber argumentieren, dass auch die Beobachtung eines weißen Hundes oder eines roten Herings die Vermutung stützt. Beschränken wir uns auf die Grundmenge der Tiere, so ist die Aussage „Alle Raben sind schwarz" äquivalent zur Aussage

$$\text{„Alle Tiere, die nicht schwarz sind, sind keine Raben"}.$$

Die Beobachtung eines weißen Hundes oder eines roten Herings sind im Einklang mit dieser Vermutung. Stützen sie daher diese (und damit auch die ursprüngliche) Aussage?

Die Idee, dass eine Beobachtung, die mit Raben gar nichts zu tun hat, eine Aussage über Raben stützen könnte, wirkt paradox. Die Meinungen zu diesem Paradoxon, das oft Carl Gustav Hempel zugeschrieben wird (auch wenn es in ähnlicher Form schon früher beschrieben wurde), gehen jedoch auseinander.

So kann man etwa argumentieren, dass, wenn man etwa von einer endlichen Zahl von Tieren ausgeht, die insgesamt existieren, durch die Beobachtung eines weißen Hundes tatsächlich die Zahl der Tiere, die noch nicht-schwarze Raben sein könnten, sinkt. Die Wahrscheinlichkeit, dass „Alle Raben sind schwarz" zutrifft, ist durch die Beobachtung eines nicht-schwarzen Nicht-Raben tatsächlich gestiegen. Das wäre allerdings auch bei Beobachtung etwa eines schwarzen Pferdes der Fall.

Eher sollte man das *naive Induktionsprinzip*, dass jede Beobachtung, die im Einklang mit einer Hypothese ist, diese stützt, in Frage stellen bzw. zumindest so verfeinern, dass diese mit dem für die Aussage relevanten Informationsgehalt gewichtet wird.

Generell ist die Induktion als Schlussweise problematisch. So wird die Aussage „Alle Raben sind schwarz" durch die bisherigen Beobachtungen ebenso gestützt wie die Aussage „Alle Raben, die man vor dem 17.7.2077 beobachtet, sind schwarz, alle, die man ab dann beobachtet, sind weiß".

Die zweite Aussage enthält zwar eine ad-hoc-Konstruktion (und einige Unklarheiten, etwa wie es sich mit einem Raben verhält, der am dem fraglichen Tag genau beim Datumswechsel aus zwei unterschiedlichen Zeitzonen heraus beobachtet wird).

Sie ist aber durch bisherige Beobachtungen genauso wenig zu widerlegen wie die erste. Allerdings verletzt sie das Prinzip von Ockhams Rasiermesser (*Occam's razor*, nach William von Ockham, ca. 1287–1347). Diese besagt, dass von mehreren Erklärungen oder Beschreibungen eines Sachverhalts jene vorzuziehen ist, die die geringste Zahl an Annahmen und Parametern benötigt und die diese Annahmen auf schlüssige Weise miteinander in Beziehung setzt („non sunt multiplicanda entia sine necessitate").

Auch Ockhams Rasiermesser ist zwar ein Prinzip, das nicht zwangsläufig überall Gültigkeit haben muss – meist ist es aber sehr zu empfehlen, sich daran zu halten.

Das Paradoxon der unerwarteten Hinrichtung

Dieses Paradoxon ist auf eine recht grausame, dafür plakative Weise formuliert: Einem Gefangenen in der Todeszelle wird mitgeteilt, dass er in der kommenden Woche an irgendeinem Tag zu Mittag hingerichtet wird. Er wird aber bis wenige Minuten vor der Hinrichtung nicht wissen, welcher Tag es ist.

Nach dem ersten Schock beginnt der Gefangene zu überlegen: Wenn die Angaben richtig sind, dann kann die Hinrichtung nicht am Sonntag, den wir hier als letzten Tag der Woche betrachten,

stattfinden. Bei einer Hinrichtung, die für Sonntag angesetzt wäre, wüsste der Gefangene bereits am Samstagnachmittag, dass der Sonntag der Hinrichtungstag sein muss.

Der letzte Tag, der in Frage kommt, ist demnach der Samstag. Nachdem dies aber der letzte mögliche Tag ist, wüsste der Gefangene, falls es wirklich der Samstag sein sollte, das bereits am Freitagnachmittag. Auch der Samstag scheidet damit aus. So kann man Schritt für Schritt jeweils einen Tag eliminieren, und letztlich gibt es keinen Tag, an dem die Hinrichtung stattfinden könnte, der die ursprünglichen Kriterien erfüllt.

Die Auflösung des Paradoxons ist nicht einfach – tatsächlich gibt es inzwischen über hundert Fachartikel, die sich mit dem Paradoxon beschäftigen und teils zu unterschiedlichen Schlüssen kommen. Eine gute Übersicht bietet etwa T. Y. Chow: *The Surprise Examination or Unexpected Hanging Paradox*, Amer. Math. Monthly **105** (1998), verfügbar unter http://www-math.mit.edu/∼tchow/unexpected.pdf.

Das Berry-Paradoxon

In diesem Paradoxon geht es um *die kleinste natürliche Zahl, die nicht mit unter vierzehn Worten eindeutig definierbar ist*. Dabei muss man im Deutschen, das ja die Bildung beliebig langer zusammengesetzter Wörter ermöglicht, die Grundmenge der erlaubten Worte begrenzen, etwa auf jene, die im Duden enthalten sind. (In den meisten anderen Sprachen hat man dieses Problem nicht.)

Aus einer endlichen Menge von Worten lassen sich auch nur endlich viele Ausdrücke bilden, die weniger als vierzehn Worte enthalten. Damit muss auch die Menge der Zahlen, die sich mit einem solchen Ausdruck *eindeutig* definieren lassen, endlich sein. (Verlangt man keine Eindeutigkeit, so kann man Wege finden, mit einem Ausdruck viele Zahlen zugleich zu definieren.)

Aufgrund der Wohlordnung der natürlichen Zahlen hat die (unendliche) Menge der verbleibenden natürlichen Zahlen ein kleinstes Element, das wir n nennen wollen. Nun hat der Ausdruck „*die kleinste natürliche Zahl, die nicht mit unter vierzehn Worten eindeutig definierbar ist*" selbst weniger als vierzehn Worte. Einerseits ist n also die kleinste Zahl, die nicht mit unter vierzehn Worten eindeutig definierbar ist, andererseits wird n durch weniger als vierzehn Worte eindeutig definiert!

Das Paradoxon beruht zum Teil auf der impliziten Annahme, dass durch den verbalen Ausdruck „*die kleinste natürliche Zahl, die nicht mit unter vierzehn Worten eindeutig definierbar ist*" überhaupt eine Zahl definiert wird. Das muss nicht der Fall sein, viele verbale Ausdrücke definieren keineswegs eindeutig eine Zahl, und auch dieser tut es anscheinend nicht.

Auch die Mehrdeutigkeit des Wortes „definiert" (oder, in anderen Formulierungen, seiner Synonyme) spielt eine wesentliche Rolle bei der Konstruktion des Paradoxons. Diese Mehrdeutigkeit und damit das Paradoxon kann eliminiert werden, indem eine Hierarchie der Begriffe eingeführt wird. Die kleinste natürliche Zahl, die nicht mit unter vierzehn Worten eindeutig *definierbar* ist, ist mit unter vierzehn Worten eindeutig **definierbar**, wobei „**definierbar**" hierarchisch über „*definierbar*" steht.

Man sollte jedoch erwähnen, dass sich das Berry-Paradoxon aus der hier präsentierten verbalen Formulierung auf eine rein formal-mathematische Ebene übersetzen lässt. Dort ruft es zwar keine Widersprüche hervor, erlaubt jedoch Unvollständigkeitsaussagen analog zu Gödels Unvollständigkeitssatz.

Einige weitere Paradoxa

- **Das Paradoxon des Haufens:** Entfernt man von einem Sandhaufen ein Sandkorn, so hat man immer noch einen Sandhaufen vorliegen. Wiederholt man diese Operation aber hinreichend oft, so ist kein Sand mehr vorhanden und damit gibt es auch keinen Sandhaufen mehr.
- **Das Schiff des Theseus:** Ist ein Gegenstand, dessen Einzelteile allmählich gegen neue ausgetauscht werden, noch immer der gleiche Gegenstand, selbst wenn vielleicht kein einziger der ursprünglichen Einzelteile mehr vorhanden ist?
- **Allmachtsparadoxon:** Kann ein allmächtiges Wesen einen Stein erschaffen, der so schwer ist, dass es ihn selbst nicht mehr zu heben vermag?
- **St. Petersburger Wette:** Auch bei einem Spiel, bei dem der Erwartungswert des Gewinns unendlich ist (bzw. präziser: gegen Unendlich divergiert), ist es nicht vernünftig, einen allzu hohen Einsatz für die Teilnahme zu bezahlen.
- **Großvater-Paradoxon:** Benutzt man eine Zeitmaschine, um in die Vergangenheit zu reisen und seinen eigenen Großvater (bevor er zum Vater des entsprechenden Elternteils werden konnte) zu töten, löscht man sich dadurch selbst aus? Wird es einem dadurch nicht unmöglich, die Zeitreise zu unternehmen und müsste entsprechend der Großvater nicht doch überleben?

1.3 Relationen und Klassen

Relationen und *Klassen* sind weiterführende Begriffe, die auf das kartesische Produkt zurückgreifen. Sie haben einerseits für prinzipielle Betrachtungen und fundamentale Definitionen große Bedeutung, andererseits spielen sie auch in diversen Anwendungen eine Rolle – Stichwort *relationale Datenbanken*.

Relationen sind Teilmengen eines kartesischen Produkts zweier Mengen

Die grundlegende Definition wirkt auf den ersten Blick fast trivial. Als **Relation** bezeichnet man nämlich eine beliebige Teilmenge R des kartesischen Produktes $C = A \times B$ zweier Mengen. Für $(x, y) \in R$ schreibt man $x \sim y$ und sagt, x steht in Relation zu y. Für $\{1, 2, 3\} \times \{a, b, c, d\}$ wären etwa

	a	b	c	d
1	$\sim$		$\sim$	$\sim$
2	$\sim$	$\sim$		
3		$\sim$	$\sim$	

oder

	a	b	c	d
1	$\sim$		$\sim$	
2		$\sim$		$\sim$
3	$\sim$		$\sim$	

derartige Relationen. Als willkürliche Teilmengen eines kartesischen Produkts allein machen die Relationen natürlich noch nicht viel Sinn. Interessant werden sie, wenn zusätzliche Forderungen gestellt werden. Das gilt ganz besonders für den Fall $A = B$, also Relationen als Teilmengen des kartesischen Produkts $A \times A$, und auf diesen Fall werden wir uns hier beschränken.

Äquivalenzrelationen haben besondere Eigenschaften

Auch für Relationen im kartesischen Produkt $A \times A$ muss keineswegs aus $a \sim b$ sofort $b \sim a$ folgen. Für eine besonders wichtige Art von Relationen gilt dies allerdings doch, nämlich für die **Äquivalenzrelationen**. Von einer solchen sprechen wir, wenn für alle x, y, z aus A stets gilt:

- **Reflexivität**: $x \sim x$
- **Symmetrie**: Aus $x \sim y$ folgt $y \sim x$.
- **Transitivität**: Wenn $x \sim y$ und $y \sim z$ gilt, dann folgt daraus $x \sim z$.

Beispiel Wir betrachten das kartesische Produkt $\mathbb{N} \times \mathbb{N}$ und geben eine beliebige natürliche Zahl p vor. Nun setzen wir $n \sim m$ genau dann, wenn die Division von n durch p und die von m durch p den gleichen Rest ergibt. Man kann sich leicht davon überzeugen, dass alle Forderungen an eine Äquivalenzrelation erfüllt sind. ◄

Auch Ordnungsrelationen spielen eine große Rolle

Eine weitere wichtige Art von Relationen sind die **Ordnungsrelationen**: Sie sind wie die Äquivalenzrelationen transitiv, aber antisymmetrisch. Das bedeutet, wenn $x \sim y$ und $y \sim x$ gilt, dann muss $x = y$ sein.

Beispiel Ein charakteristisches Beispiel für eine solche Ordnungsrelation ist „kleiner/gleich" in den natürlichen oder auch reellen Zahlen: Aus $x \leq y$ und $y \leq z$ folgt natürlich $x \leq z$. Wenn aber $x \leq y$ und $y \leq x$ ist, dann kann das nur stimmen, wenn $x = y$ ist.

Auch „echt kleiner" ist eine Ordnungsrelation. Dabei kann der Fall $x < y$ und $y < x$ ohnehin nie auftreten. ◄

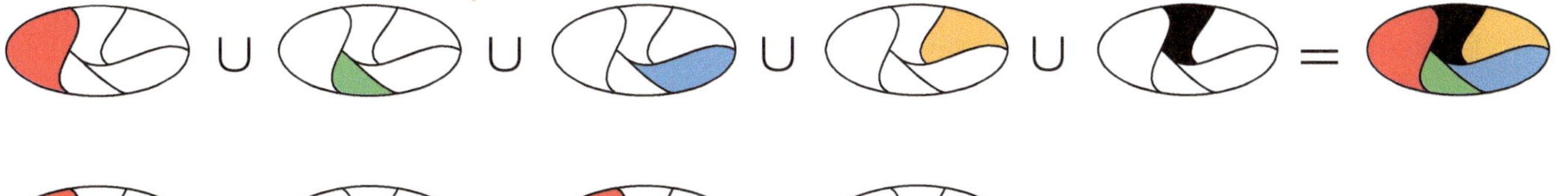

Abb. 1.6 Zerlegung einer Menge in Äquivalenzklassen. Die Vereinigung aller Teilmengen muss wieder die Ursprungsmenge ergeben, der Durchschnitt von je zwei Teilmengen muss leer sein

Äquivalenzrelationen erzeugen Klassen

Besonders Äquivalenzrelationen sind oft nützlich. Führen wir zur Demonstration in den natürlichen Zahlen eine spezielle Äquivalenzrelation ein.

	1	2	3	4	…
1	$\sim$		$\sim$		…
2		$\sim$		$\sim$	…
3	$\sim$		$\sim$		…
4		$\sim$		$\sim$	…
⋮	⋮	⋮	⋮	⋮	⋱

Dies ist nichts anderes als die Einteilung aus dem ersten Beispiel oben für den Spezialfall $p = 2$. Die Eins steht in Relation mit Eins, Drei, Fünf, Sieben usw. Die Zwei steht in Relation mit Zwei, Vier, Sechs, Acht usw. Durch unsere Relation haben wir die natürlichen Zahlen in zwei *Klassen* eingeteilt, die geraden und die ungeraden Zahlen.

Was macht eine solche Einteilung nun aus? Einerseits darf kein Element zu zwei oder mehr Klassen gleichzeitig gehören – eine Zahl darf nur entweder gerade oder ungerade sein, nicht beides. Andererseits aber muss jedes Element in einer Klasse enthalten sein – jede natürliche Zahl muss gerade oder ungerade sein.

Diese Eigenschaften kann man ganz allgemein fordern. Dazu ist es allerdings praktisch, eine weiterführende Notation zu benutzen. Hat man es mit vielen Mengen zu tun, versieht man diese gerne mit einem *Index* α, wobei α aus einer *Indexmenge A* stammt. Besonders beliebte Indexmengen sind die natürlichen Zahlen $\mathbb{N}$ und Teilmengen davon.

Bereits mit der Bezeichnung M_1, M_2 und M_3 haben wir Mengen M_α mit Elementen der Indexmenge $A = \{1, 2, 3\}$ durchindiziert. Eine Menge von Mengen

$$F = \{M_\alpha \mid \alpha \in A\}$$

nennt man eine **Familie** oder auch ein **System** von Mengen. Für die Vereinigung bzw. den Durchschnitt aller Mengen M_α aus einer Familie gibt es die eingängige Schreibweise

$$\bigcup_{\alpha \in A} M_\alpha \quad \text{bzw.} \quad \bigcap_{\alpha \in A} M_\alpha \, .$$

Nun zurück zu unserem eigentlichen Thema, den Klassen: Man spricht von einer Zerlegung in **Klassen**, wenn es zu einer Menge M eine Familie von Teilmengen T_α, $\alpha \in A$ gibt, für die gilt:

- $T_\alpha \cap T_\beta = \emptyset$ für $\alpha \neq \beta$
- $M = \bigcup_{\alpha \in A} T_\alpha$

Die Einteilung der natürlichen Zahlen in gerade und ungerade ist ein Beispiel dafür, ebenso aber auch idealisiert die Einteilung aller Autos in rote, blaue, graue, … die Einteilung aller Menschen nach ihrem Geschlecht oder ihrem Geburtsjahr usw. Ein einfaches Beispiel für eine Klasseneinteilung wird in Abb. 1.6 dargestellt.

Dass wir in unserem Beispiel eine solche Klasseneinteilung durch eine Äquivalenzrelation erhalten haben, ist kein Zufall, ganz im Gegenteil: Jede Klasseneinteilung erzeugt eine Äquivalenzrelation, und umgekehrt jede Äquivalenzrelation eine Klasseneinteilung von sogenannten **Äquivalenzklassen**. Ein Beispiel für Anwendungen des Äquivalenzklassenkonzepts findet man etwa in der Vertiefung auf S. 12.

1.4 Die Mächtigkeit von Mengen

Die **Mächtigkeit** oder auch *Ordnung* einer Menge ist für diese eine wesentliche Kennzahl. Im Fall *endlicher* Mengen liegen die Dinge ganz einfach – hier ist Mächtigkeit die Zahl der Elemente:

$$M = \{0, 1, \mathrm{e}, \mathrm{i}, \pi\} \quad \rightarrow \quad |M| = 5$$

Die Mächtigkeit wird meist durch senkrechte Striche symbolisiert, diese haben nichts mit dem Betrag von Zahlen zu tun.

Während damit die Sache für endliche Mengen erledigt ist, liegen die Dinge bei *unendlichen* Mengen, also Mengen mit unendlich vielen Elementen, nicht mehr so einfach. Um die Probleme aufzuzeigen, die hier auftreten können, bringen wir ein berühmtes Beispiel.

Vertiefung: Axiomatische Einführung von $\mathbb{N}$, $\mathbb{Z}$ und $\mathbb{Q}$ und $\mathbb{R}$

Die saubere und konsistente Definition der Zahlenmenge, mit denen man täglich zu tun hat, berührt die tiefsten Grundlagen der Mathematik. Wir deuten hier zumindest an, wie eine solche Definition im Prinzip zu erfolgen hat.

Die Einführung der natürlichen Zahlen erfolgt üblicherweise, indem man die Gültigkeit der *Peano-Axiome* fordert:

1. 1 ist eine natürliche Zahl.
2. Jede natürliche Zahl n hat einen „Nachfolger" n^*, der auch eine natürliche Zahl ist.
3. Für alle natürlichen Zahlen n gilt $n^* \neq 1$.
4. Für alle natürlichen Zahlen n und m gilt: Wenn $n^* = m^*$ dann ist auch $n = m$.
5. Wenn die Menge N nur natürliche Zahlen enthält, 1 enthält und außerdem erfüllt, dass, wenn sie n enthält, damit auch immer den Nachfolger n^* enthält, dann ist N gleich der Menge aller natürlichen Zahlen, $N = \mathbb{N}$

Damit erhält man genau jene Menge, die man als Menge der natürlichen Zahlen bezeichnet. Natürlich wird man sich, nachdem man einmal diesen Weg gegangen ist, an die üblichen Konventionen halten, also 1^* mit 2 bezeichnen, $1^{**} = 2^*$ mit 3, $1^{***} = 2^{**} = 3^*$ mit 4 usw. Um die natürlichen Zahlen mit null beginnend (in unserer Notation also $\mathbb{N}_0$) zu bekommen, müsste man nur in obiger Definition überall 1 durch 0 ersetzen.

Natürlich hat es auf das Rechnen mit natürlichen Zahlen an sich keinen Einfluss, ob man ihre axiomatische Einführung kennt oder nicht. Insbesondere das letzte der Peano-Axiome, das auch als *Induktionsprinzip* bezeichnet wird, wird sich aber schon bald als Grundlage eines durchschlagkräftigen Beweisverfahrens erweisen – der vollständigen Induktion, mit der sich Abschn. 3.5 genauer auseinandersetzt.

Um nun die ganzen und rationalen Zahlen einzuführen, greift man auf den Begriff der Äquivalenzklassen zurück. Die Idee dabei ist, dass sich ganze Zahlen ja immer als Differenz natürlicher Zahlen darstellen lassen. Die gleiche Zahl kann aber durch ganz unterschiedliche Differenzen repräsentiert werden, so stehen $5 - 12$, $6 - 13$ und $7 - 14$ immer für die gleiche ganze Zahl, nämlich -7.

Man betrachtet also das kartesische Produkt $\mathbb{N} \times \mathbb{N}$, die Menge aller geordneten Paare (n_i, m_i) mit $n_i, m_i \in \mathbb{N}$ und erklärt solche Paare äquivalent, für die

$$n_i + m_j = n_j + m_i$$

ist. Jede ganze Zahl wird nun als eine derartige Äquivalenzklasse definiert, die anschaulich einer konstanten Differenz entspricht. Für den Fall $n_i > m_i$ kann man diese Zahlen sofort mit den natürlichen Zahlen identifizieren, für $n_i < m_i$

aber hat man auf konsistente und nachvollziehbare Art eine neue Klasse von Objekten geschaffen – die negativen ganzen Zahlen $\mathbb{Z}_{<0}$.

Analog kann man nun $\mathbb{Z} \times (\mathbb{Z} \setminus \{0\})$ betrachten und jene Paare (p_i, q_i) als äquivalent erklären, für die

$$p_i\, q_j = p_j\, q_i$$

ist. Diese repräsentieren konstante Quotienten p_i/q_i, also rationale Zahlen. Den Fall $q_i = 0$ muss man selbstverständlich ausnehmen.

Die saubere Einführung der reellen Zahlen ist bei Weitem schwieriger als jene der ganzen oder rationalen. Es gibt dazu ein ganzes Arsenal an Möglichkeiten. Die historisch älteste Variante sind die Dedekind'schen Schnitte. Dabei wird jede reelle Zahl x durch zwei Teilmengen U_x und O_x von $\mathbb{Q}$ charakterisiert, wobei gelten soll, dass jedes $o \in O_x$ größer oder gleich jedem $u \in U_x$ und weiter $U_x \cup O_x = \mathbb{Q}$ ist. So wäre etwa

$$U_{\sqrt{2}} = \left\{ x \in \mathbb{Q} \mid x < 0 \text{ oder } x^2 < 2 \right\}$$
$$O_{\sqrt{2}} = \left\{ x \in \mathbb{Q} \mid x > 0 \text{ und } x^2 > 2 \right\}$$

der Dedekind'sche Schnitt, der die Wurzel aus zwei repräsentiert. Weitere bekannte Möglichkeiten sind das Intervallschachtelungsverfahren oder Cauchy-Folgen.

Letztere werden uns kurz in Kap. 6 und dann noch einmal in Kap. 31 des Hauptwerks begegnen. Cauchy-Folgen greifen im Gegensatz zu den beiden vorherigen Verfahren nicht auf die Ordnung in $\mathbb{R}$ zurück, sondern setzen lediglich voraus, dass ein Abstandsbegriff existiert, dass $\mathbb{R}$ also ein *metrischer Raum* ist. Daher lässt sich diese Vorgehensweise auch auf wesentlich allgemeinere Strukturen übertragen.

Neben der hier vorgestellten Systematik gibt es aber noch andere Möglichkeiten. So lassen sich etwa die natürlichen Zahlen auch auf Basis der Mengenlehre definieren:

$$0 := \emptyset$$
$$1 := \{\emptyset\}$$
$$2 := \{\emptyset, \{\emptyset\}\}$$
$$3 := \{\emptyset, \{\emptyset\}, \{\emptyset, \{\emptyset\}\}\}$$
$$\vdots$$

Andererseits kann man aber auch direkt die reellen Zahlen mittels einiger Axiome einführen – $\mathbb{N}$, $\mathbb{Z}$ und $\mathbb{Q}$ sind dann bloß noch spezielle Untermengen. Es ist ja gerade der Vorteil der axiomatischen Methode, dass man seine Fundamente quasi auf jede beliebige Höhe legen kann.

Beispiel Auf den großen Mathematiker David Hilbert geht ein Gedankenexperiment zurück, das als *Hilberts Hotel* bekannt ist und mit dessen Hilfe man sich die Probleme beim Umgang mit unendlichen Mengen gut veranschaulichen kann.

Hilberts Hotel hat die bemerkenswerte Eigenschaft, unendlich viele Zimmer zu besitzen, die säuberlich durchnummeriert sind. Trotzdem, eines Abends kommt ein neuer Gast an und muss zur Kenntnis nehmen, dass bereits alle Zimmer belegt sind. Empfangschef Hilbert denkt eine Weile über das Problem nach und versichert dem Neuankömmling schließlich, er werde ihm ein freies Zimmer beschaffen.

Hilbert bittet nun alle schon einquartierten Gäste, in das Zimmer mit der nächsthöheren Nummer umzuziehen. Wer zuerst in Zimmer Eins gewohnt hat, übersiedelt nach Zwei, wer in Zwei gewohnt hat, nach Drei und so fort. Jeder, der vorher ein Zimmer gehabt hat, hat auch hinterher eines, und Nummer eins ist für den neuen Gast frei.

Doch am nächsten Abend stellt sich Hilbert ein noch viel größeres Problem: Wieder sind alle Zimmer belegt, aber diesmal hält vor dem Hotel ein Bus mit unendlich vielen Gästen, die alle ein Zimmer wollen. Doch auch hier lässt sich eine Lösung finden.

Jeder Hotelgast wird gebeten, in das Zimmer mit der doppelt so großen Nummer umzuziehen. Der Gast von Nummer eins übersiedelt nach Zwei, der von Zwei nach vier, der von Drei nach Sechs usw. Damit werden unendlich viele Zimmer, nämlich alle mit einer ungeraden Nummer für die neuen Gäste frei. ◄

Man sieht also, dass man mit unendlichen Mengen mancherlei Dinge anstellen kann, die mit endlichen nicht möglich wären. Insbesondere von einer Zahl der Elemente kann man schwer sprechen, denn die Zahl der Zimmer in Hilberts Hotel ändert sich nicht, und trotzdem können durch simples Umdisponieren plötzlich doppelt so viele Gäste ein Zimmer bekommen.

Die Mächtigkeit von Mengen wird mittels Abbildungen klassifiziert

Es ist aber auch nicht so, dass man allen unendlichen Mengen einfach die gleiche Mächtigkeit, etwa „∞" zuordnen könnte, denn es zeigt sich, dass manche unendlichen Mengen tatsächlich „mächtiger" sind als andere. Wie können wir dieses Problem in den Griff bekommen?

Beispiel Als kleines Beispiel betrachten wir die natürlichen und die geraden natürlichen Zahlen. Intuitiv würde man wohl sagen, dass es doppelt so viele natürliche wie gerade natürliche Zahlen gibt. Aber schreiben wir die beiden Mengen einmal untereinander:

$$\mathbb{N} = \{1, 2, 3, 4, \ 5, \ 6, \ 7, \ldots\}$$
$$\mathbb{G} = \{2, 4, 6, 8, 10, 12, 14, \ldots\}$$

Anscheinend entspricht jeder natürlichen Zahl n genau eine gerade Zahl $2n$ und umgekehrt. Wenn es aber eine solche *bijektive Zuordnung* gibt, müssen beide Mengen gleich mächtig sein.

Analog betrachten wir die beiden Mengen

$$A = \mathbb{R}_{>0} = (0, \infty) \quad \text{und} \quad B = (0, 1).$$

Da sich mittels

$$y = \frac{1}{1 + x}$$

jedem $x \in A$ eindeutig ein $y \in B$ zuordnen lässt, und umgekehrt, sind A und B gleich mächtig.

Wie wir bald sehen werden, gibt es aber keine Zuordnung, die jedem $n \in \mathbb{N}$ bijektiv ein $x \in (0, 1) \subseteq \mathbb{R}$ zuweist. Auch mit allen natürlichen Zahlen kann man die reellen Zahlen des Einheitsintervalls nicht durchnummerieren. ◄

Diese Beispiele sind charakteristisch. Gelingt es, eine bijektive Abbildung zwischen zwei Mengen zu finden, so haben diese in gewisser Weise gleich viele Elemente – sie sind *gleich mächtig*.

Definition (Mächtigkeit und Abzählbarkeit)

Zwei Mengen sind gleich mächtig, wenn es eine *bijektive Abbildung* zwischen ihnen gibt, also eine Zuordnung, die in beide Richtungen eindeutig ist und beide Mengen voll abdeckt. Jede Menge, die gleich mächtig ist wie jene der natürlichen Zahlen, wird **abzählbar** genannt.

So sind also die geraden Zahlen abzählbar, doch auch die rationalen Zahlen sind das – es gibt also gewissermaßen „gleich viele" rationale wie natürliche Zahlen. Und das, obwohl zwischen zwei natürlichen Zahlen immer unendlich viele rationale liegen!

Diese fast unglaublich klingende Tatsache wollen wir nun beweisen: Der Einfachheit halber beschränken wir uns bei unseren Betrachtungen auf $\mathbb{Q}_{>0}$. Weiß man, dass diese Menge abzählbar ist, dann ist die Abzählbarkeit von ganz $\mathbb{Q}$ keine ernsthafte Herausforderung mehr. Die positiven rationalen Zahlen ordnen wir nun in dem folgenden Schema an, das auf Georg Cantor, den Begründer der Mengenlehre, zurückgeht. Es wird **erstes Cantor'sches Diagonalverfahren** genannt.

Geht man dieses Schema in der mit Pfeilen angedeuteten Reihenfolge durch und streicht dabei alle Zahlen, die man schon einmal erhalten hat, so ergibt sich eine Aufzählung, in der jeder positiven rationalen Zahl eine eindeutig bestimmte Nummer zugewiesen wurde:

$$r_1 = 1, \quad r_2 = 2, \quad r_3 = \frac{1}{2}, \quad r_4 = \frac{1}{3}, \quad r_5 = 3, \quad \ldots$$

Um nun *alle* rationalen Zahlen zu erfassen, benutzen wir zusätzlich die folgende Anordnung:

$$s_1 = 0, \quad s_2 = r_1, \quad s_3 = -r_1, \quad s_4 = r_2, \ldots$$

Es gibt mit $n \mapsto s_n$ also eine in beide Richtungen definierte Zuordnung zwischen $\mathbb{N}$ und $\mathbb{Q}$, die rationalen Zahlen sind tatsächlich abzählbar. ■

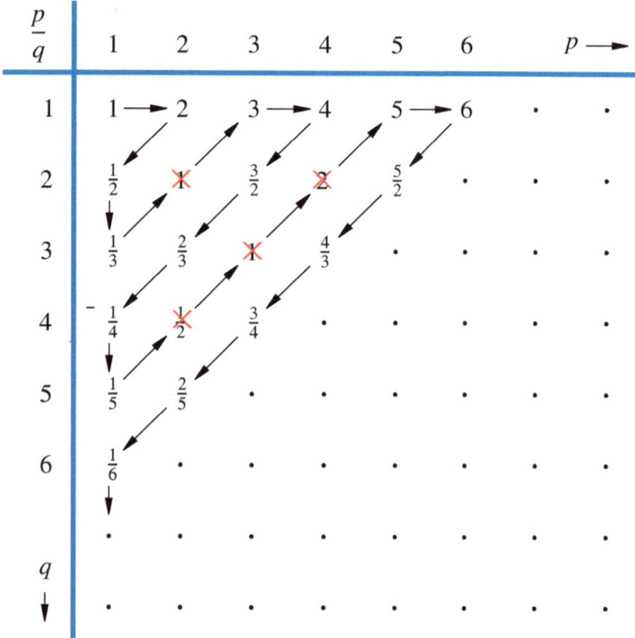

Abb. 1.7 Erstes Cantor'sches Diagonalverfahren zum Beweis der Abzählbarkeit von $\mathbb{Q}$. Die positiven rationalen Zahlen werden in einer Abfolge angeordnet, die sich durchnummerieren lässt. Zahlen, die in dieser Aufzählung bereits vorgekommen sind, kann man dabei streichen

Die Abzählbarkeit ist der „kleinste" Grad an Unendlichkeit, die reellen Zahlen beispielsweise sind bereits **überabzählbar**. *Es gibt also keine bijektive Abbildung zwischen natürlichen und reellen Zahlen.*

Das sieht man am einfachsten durch Widerspruch. Wieder werden wir die Vorgehensweise vereinfachen, diesmal, indem wir uns auf die reellen Zahlen aus $(0, 1)$ beschränken.

Wir gehen, wie immer beim Widerspruchsbeweis, davon aus, dass das, was wir eigentlich widerlegen wollen, richtig sei. In diesem Fall nehmen wir also an, wir hätten bereits eine Liste aller reellen Zahlen zwischen null und eins:

n	x_n
1	$0.14234211134\ldots$
2	$0.35455555555\ldots$
3	$0.19991961677\ldots$
4	$0.50000000000\ldots$
$\vdots$	$\vdots$

Nun zeigen wir den Widerspruch zur Annahme, diese Liste sei vollständig, indem wir eine Zahl y aus dem Intervall $(0, 1)$, konstruieren, die in der Liste sicher nicht vorkommt.

Betrachten wir zunächst die erste Zeile der Liste und nehmen als erste Nachkommastelle von y eine *andere* Ziffer als die dortige. In unserem Fall könnte das jede Ziffer außer 1 sein, zum Beispiel 2. Nun gehen wir zur nächsten Zeile über und wählen als zweite Nachkommastelle von y eine andere Ziffer als dort an zweiter Stelle steht – jetzt alles außer 5, zum Beispiel 7.

So fahren wir fort und erhalten letztlich eine Zahl y, die sich jeweils in der n-ten Nachkommastelle von der n-ten Zahl auf der Liste unterscheidet. Dadurch ist sichergestellt, dass y in der Liste nicht vorkommt, und wir haben einen Widerspruch zur ursprünglichen Annahme, die Liste sei vollständig (zweites Cantor'sches Diagonalverfahren).

Kennzeichen der Mächtigkeit von Mengen

Will man die Mächtigkeit von unendlichen Mengen genauer „quantifizieren", so stehen dafür eigene Symbole zur Verfügung, etwa das hebräische Zeichen *Aleph* mit einem Index k, der den Grad der Mächtigkeit angibt: $\aleph_k$. Für abzählbare Mengen als unterste Kategorie ist dieser Index null, die Mächtigkeit beispielsweise der natürlichen Zahlen ist also $\aleph_0$.

Für die Mächtigkeit der reellen Zahlen schreibt man

$$c = 2^{\aleph_0}.$$

Dabei steht c für „continuum"; der zweite Ausdruck ergibt sich, weil sich zeigen lässt, dass die Mächtigkeit aller Abbildungen $\mathbb{N} \to \{0, 1\}$ gleich jener von $\mathbb{R}$ ist. Es ist kein großes Problem, Mengen zu konstruieren, die eine größere Mächtigkeit als $\mathbb{R}$ haben.

Hingegen war lange ungeklärt, ob es eine Menge geben könnte, deren Mächtigkeit zwischen $\aleph_0$ und c liegt. Die *Kontinuumshypothese* lautete, dass es keine solche Menge gibt, dass also $c = \aleph_1$ ist.

1940 bewies Kurt Gödel, dass sich die Kontinuumshypothese im Rahmen der üblichen Mengenlehre nicht widerlegen lässt. Etwa mehr als zwanzig Jahre später zeigte Paul Cohen allerdings, dass sie sich im Rahmen der Mengenlehre auch nicht beweisen lässt.

Die Kontinuumshypothese ist ein prominentes Beispiel für eine unentscheidbare Aussage im Sinne Gödels – siehe die Vertiefung auf S. 5.

Antworten der Selbstfragen

Antwort 1 Der Nachweis kann, wie in der Aussagenlogik üblich, mit Hilfe von Wahrheitstafeln erfolgen. Schneller geht es oft, indem man bedenkt, dass eine Implikation $p \rightarrow q$ stets wahr ist, außer wenn p wahr und q falsch ist. Da $\neg A \wedge A$ immer falsch ist, ist die erste Aussage immer wahr. Ebenso ist $A \vee \neg A$ immer wahr, und daher ist auch die vierte Aussage immer wahr.

Rechentechniken – die Werkzeuge der Mathematik (zu Kap. 3)

Minuend minus
Subtrahend ergibt?

Was haben Potenzen mit
Einheiten zu tun?

Was sind Identitäten?

© Springer-Verlag GmbH Deutschland 2017

T. Arens et al., *Ergänzungen und Vertiefungen zu Arens et al., Mathematik*, DOI 10.1007/978-3-662-53585-1_2

In diesem Kapitel ist das Bonusmaterial zu Kapitel 3 aus dem Lehrbuch Arens et al. *Mathematik* zusammengestellt.

2.1 Rechentechniken und Induktion

Mehr zu den Grundrechnungsarten

Die Verknüpfung von Termen mittels Rechenzeichen erfolgt in einer dreistufigen Hierarchie: In der untersten Stufe stehen Addition und Subtraktion („+" und „−"), darüber Multiplikation und Division („·" und „/"). Am höchsten in der Hierarchie der Rechenoperationen stehen Potenzen und Wurzeln.

Operationen der höheren Hierarchiestufe werden zuerst ausgeführt; so ist etwa

$$a \cdot b + c = (a \cdot b) + c \neq a \cdot (b + c).$$

Schreibt man für das Divisionszeichen statt „/" lieber „:", so kann man das Ausführen von Multiplikation und Division vor Addition und Subtraktion kurz und einprägsam als *Punkt vor Strich* formulieren.

Divisionen werden auch gerne als Brüche geschrieben, und der Punkt bei der Multiplikation wird auch oft weggelassen, wenn keine Missverständnisse zu befürchten sind:

$$a \cdot b = a\,b \quad \text{aber nicht} \quad 2 \cdot 2 = 2\,2$$

Die Bezeichungen der bei den Grundrechenarten vorkommenden Größen sind in Tab. 2.1 zusammengefasst.

Für Addition und Multiplikation gelten das **Kommutativgesetz**

$$a + b = b + a \quad a \cdot b = b \cdot a$$

und das **Assoziativgesetz**

$$a + (b + c) = (a + b) + c \quad a \cdot (b \cdot c) = (a \cdot b) \cdot c.$$

Beide Gesetze haben für Subtraktion und Division keine Gültigkeit:

$$a - (b - c) \neq (a - b) - c \quad \text{und} \quad \frac{a}{b} \neq \frac{b}{a}$$

Will man die Reihenfolge in der Ausführung der Rechenoperationen anders festlegen, so wird das ganz allgemein durch

Klammern angezeigt. Davon gibt es für diesen Zweck drei Arten, von denen die *runden* am häufigsten verwendet werden, seltener *eckige* oder *geschwungene*.

- Neben der Aufgabe, die Reihenfolge von Rechenoperationen zu strukturieren, haben Klammern in der Mathematik noch viele andere Aufgaben. So haben wir etwa bereits die Mengenschreibweise mit geschwungenen Klammern kennengelernt, und später werden wir noch auf andere Objekte stoßen, etwa Folgen, die ebenfalls mittels Klammern gekennzeichnet werden.

- Für die Klammern, mit denen die Reihenfolge von Rechenoperationen festgelegt wird, ist die genaue Art egal. Beispielsweise ist

$$a \cdot \{b + (c + d)^n\} = a \cdot [b + [c + d]^n].$$

Allerdings haben in *Computeralgebrasystemen* unterschiedliche Klammern oft ganz unterschiedliche Bedeutungen. Das Gleiche gilt für Programmiersprachen, bei denen man meist ebenfalls genau zwischen den verschiedenen Klammertypen unterscheiden muss. ◀

Vorzeichen sind „beliebte" Fehlerquellen

Vorzeichen tauchen in nahezu allen Rechnungen auf, und ihre Handhabung birgt etliche Fehlerquellen. Vor allem beim Auflösen von Klammern kann sehr leicht etwas schiefgehen. Als Erinnerung bringen wir an dieser Stelle nochmals eine kleine Multiplikationstabelle für Vorzeichen:

$\cdot$	$+$	$-$
$+$	$+$	$-$
$-$	$-$	$+$

In Worten liest sich das etwa: „*Minus mal Minus ist Plus.*"

—————————————— **Selbstfrage 1** ——————————————

Wo wird in folgender Rechnung der Fehler gemacht:

$$\frac{a\,b}{c} = \frac{(-1)}{(-1)} \cdot \frac{a\,b}{c} = \frac{(-a)(-b)}{(-c)} = \frac{a\,b}{-c} = -\frac{a\,b}{c}$$

Gibt es Zahlen a, b, c, für die die obige Rechnung richtig ist?

——

Unterschiedliche Vorzeichen tauchen oft beim Wurzelziehen, der Umkehrung des Potenzierens auf. Da

$$x^2 = (-x)^2$$

ist, schreibt man für die Lösung der Gleichung $x^2 = a$ kurz

$$x = \pm\sqrt{a}.$$

Tab. 2.1 Die Grundrechenarten

Grundrechenart	Glieder der Rechnung	Ergebnis
Addition	Summand + Summand	Summe
Substraktion	Minuend − Subtrahend	Differenz
Multiplikation	Faktor · Faktor	Produkt
Division	Dividend / Divisor	Quotient

Das bedeutet nichts anderes als „$x = \sqrt{a}$ oder $x = -\sqrt{a}$". Das **Doppelvorzeichen** „$\pm$" ist generell sehr praktisch, um den Fall unterschiedlicher Vorzeichen einheitlich abzuhandeln. Sein Konterpart ist „$\mp$", das dann auftritt, wenn ein Ausdruck mit Doppelvorzeichen noch einmal ein zusätzliches negatives Vorzeichen erhält:

$$a - (b \pm c) = a - b \mp c$$

Diese Konvention ist nützlich, um verfolgen zu können, welche Lösung nun mit dem ursprünglichen positiven bzw. negativen Vorzeichen korrespondiert.

Gefährlich sind Doppelvorzeichen allerdings dann, wenn mehr als eines davon in einem Ausdruck oder einer Gleichung vorkommt, denn dann muss man wissen, ob die beiden unabhängig voneinander sind oder zusammengehören.

Beispiel Haben wir $x = a \pm b$ erhalten, so tritt in

$$x^2 = (a \pm b)^2 = (a \pm b)(a \pm b) = a^2 \pm 2ab + b^2$$

sicher zweimal das gleiche Vorzeichen auf, es gibt also nur zwei Möglichkeiten, die man wieder mittels Doppelvorzeichen zusammenfassen kann.

Sind hingegen $x = a \pm b$ und $y = c \pm d$ unabhängig voneinander, so gibt es für das Produkt xy vier Möglichkeiten:

$$xy = (a \pm b)(c \pm d) = \begin{cases} ac + ad + bc + bd & \text{für } +, + \\ ac - ad + bc - bd & \text{für } +, - \\ ac + ad - bc - bd & \text{für } -, + \\ ac - ad - bc + bd & \text{für } -, - \end{cases}$$

In solchen Fällen sollte man sich die Verwendung von Doppelvorzeichen gut überlegen und auf jeden Fall auf die Unabhängigkeit explizit hinweisen. ◄

Spezielle Schreibweisen sind eng mit Gleichungen oder Ungleichungen verwandt

Gelegentlich stößt man auf Ausdrücke, die zwar wie Gleichungen oder Ungleichungen aussehen, im strengen Sinne aber nicht unbedingt welche sind oder noch spezielle Zusatzforderungen stellen.

- **Definitionen**: Ein Ausdruck wie

$$\sinh x := \frac{e^x - e^{-x}}{2}$$

bedeutet, dass die linke Seite hier erst *definiert* wird. Man braucht sich also nicht den Kopf zu zerbrechen, warum um alles in dieser Welt diese Gleichung richtig sein soll. Der Doppelpunkt auf der Seite des gerade definierten Ausdrucks

hilft, Missverständnisse zu vermeiden, er kann aber auch weggelassen werden.

Die Definition sieht dann aus wie eine ganz „normale" Gleichung. Analog kann man auch „$=:$" verwenden, definiert wird immer jener Ausdruck, der auf der Seite des Doppelpunktes steht. Allerdings stößt man diesbezüglich in der Literatur gelegentlich auf Abweichungen.

- **Identitäten**: Eine weitere Besonderheit, die einem bei der Beschäftigung mit Gleichungen bewusst sein sollte, sind Identitäten. Eine typische Gleichung wäre z. B. $x + 2 = 5$. Für ein bestimmtes x, nämlich $x = 3$, sind linke und rechte Seite gleich. Wie bereits besprochen gibt es natürlich auch Gleichungen, die mehrere oder gar keine Lösung haben. Eine *Identität* hingegen wäre z. B.

$$(a + b)^2 = a^2 + 2ab + b^2$$
$$\cos^2 \varphi + \sin^2 \varphi = 1.$$

Diese „Gleichungen" werden von allen möglichen a und b bzw. φ erfüllt. Rechte und linke Seite sind immer gleich, ganz egal, was man einsetzt – sie sind eben identisch. Ist so etwas der Fall, dann schreibt man häufig (auch wenn diese Schreibweise nicht verbindlich ist) statt einem normalen Gleichheitszeichen „$=$" das Identitätszeichen „$\equiv$". Auch in einem Rechenbeispiel, in dem z. B. eine Funktion y für alle Argumente x null ist, schreibt man häufig $y(x) \equiv 0$ – die Funktion verschwindet identisch.

Außerdem wird „$\equiv$" in manchen Büchern als Definition im Sinne von „$:=$" bzw. „$=:$" verwendet. Dies macht allerdings selten Schwierigkeiten, da ja eine Definition ohnehin eine Identität festlegt.

Kommentar Darüber hinaus hat das Zeichen „$\equiv$" aber noch eine weitere Bedeutung: $n \equiv m(k)$ oder $n \equiv m \mod k$ bedeutet: n ist mit Rest m durch k teilbar. Gelesen wird das: „n ist kongruent m modulo k". Auch wenn es selten Gelegenheit dazu gibt, sollte man doch aufpassen, dass man ein „$\equiv$" nicht irgendwann einmal falsch auffasst. ◄

- Zusätzlich werden hier nun noch einige Symbole vorgestellt, die zwar oft verwendet werden, mit denen man aber eher vorsichtig sein sollte. Während „$=$", „$>$" und „$<$" klare Bedeutungen haben, gilt das bei *ungefähr gleich* („$\approx$"), viel größer („$\gg$") und viel kleiner („$\ll$") nur bedingt. Für Letztere hat man als Faustregel, dass wenn man $a \gg b$ bzw. $b \ll a$ schreibt, $\frac{a}{b} \geq 100$, zumindest aber $\frac{a}{b} > 10$ sein sollte. Dabei werden a und b beide als positiv vorausgesetzt. Die genauen Kriterien hängen natürlich von der jeweiligen Problemstellung ab. Ähnlich ist die Sache bei $a \approx b$. Das soll besagen, dass der Unterschied zwischen a und b klein ist, also $|a - b| \ll \min(|a|, |b|)$ ist. Wir werden diese Symbole nur selten benutzen, am häufigsten noch „$\approx$" zum Beispiel beim Runden von Zahlen. Dort kann man die Abweichung dadurch beliebig klein machen, dass man eine genügend große Zahl von Stellen berücksichtigt.

Anwendung: Die Planck-Einheiten

Aus fundamentalen Naturkonstanten lassen sich auf eindeutige Art eine Länge, eine Zeitdauer und eine Masse konstruieren. Diese werden zu Ehren des großen Physikers Max Planck meist als *Planck-Einheiten* bezeichnet.

Drei der wohl fundamentalsten Naturkonstanten sind

Vakuumlichtgeschwindigkeit $c \approx 2.998 \cdot 10^8 \, \frac{\text{m}}{\text{s}}$

Wirkungsquantum $\hbar \approx 1.054 \cdot 10^{-34} \, \frac{\text{kg m}^2}{\text{s}}$

Gravitationskonstante $G \approx 6.673 \cdot 10^{-11} \, \frac{\text{m}^3}{\text{kg s}^2}$,

deren Werte die Kausalität, die Quantennatur unserer Welt und die Geometrie der Raumzeit festlegen. Alle drei Konstanten sind dimensionsbehaftet, das heißt, sie tragen einen Bezug zum verwendeten Einheitensystem, in unserem Fall dem *SI*, zu dessen Basiseinheiten unter anderem auch der Meter, die Sekunde und das Kilogramm zählen.

Derartige Einheitensysteme sind natürlich letztlich willkürlich, oft historisch gewachsen, und je nach Zweckmäßigkeit können ganz verschiedene Einheitensysteme zum Einsatz kommen. Aus den oben angegebenen Naturkonstanten lassen sich allerdings Einheiten konstruieren, die *eindeutig* sind – auch außerirdische Kulturen, die genügend entwickelte naturwissenschaftliche Kenntnisse besitzen, sollten dafür die gleichen Größen erhalten.

Wir fordern lediglich, dass die **Planck-Einheiten** ℓ_p, t_p und m_p sich in der Form $c^\alpha \, \hbar^\beta \, G^\gamma$ mit reellen Exponenten α, β, γ schreiben lassen müssen. Allein diese Forderung legt sie eindeutig fest.

Wir erhalten, wobei [. . .] für die physikalische Dimension einer Größe steht:

$$[c^\alpha \, \hbar^\beta \, G^\gamma] = \text{m}^\alpha \, \text{s}^{-\alpha} \cdot \text{kg}^\beta \text{m}^{2\beta} \text{s}^{-\beta} \cdot \text{m}^{3\gamma} \text{kg}^{-\gamma} \text{s}^{-2\gamma}$$

$$= \text{kg}^{\beta-\gamma} \, \text{m}^{\alpha+2\beta+3\gamma} \, \text{s}^{-\alpha-\beta-2\gamma}$$

Für die Planck-Länge etwa muss

$$\begin{aligned} \beta \; - \; \gamma &= 0 \\ \alpha + 2\beta + 3\gamma &= 1 \\ -\alpha \; - \; \beta - 2\gamma &= 0 \end{aligned}$$

sein. Die erste Gleichung führt sofort auf $\gamma = \beta$. Damit folgt für die beiden anderen

$$\begin{aligned} \alpha + 5\beta &= 1 \\ -\alpha - 3\beta &= 0. \end{aligned}$$

Addition der beiden Gleichungen ergibt $\beta = 1/2$, und das führt sofort auf $\alpha = -3/2$ und $\gamma = 1/2$. Für die Planck-Länge erhalten wir demnach

$$\begin{aligned} \ell_p &= c^{-3/2} \, \hbar^{1/2} \, G^{1/2} = \sqrt{\frac{\hbar \, G}{c^3}} \\ &\approx \left(\frac{1.054 \cdot 10^{-34} \cdot 6.673 \cdot 10^{-11}}{(2.998 \cdot 10^8)^3} \right)^{1/2} \\ &= \left(\frac{7.033 \cdot 10^{-45}}{2.998^3 \cdot 10^{24}} \right)^{1/2} = \left(0.2610 \cdot 10^{-69} \right)^{1/2} \\ &= \left(2.610 \cdot 10^{-70} \right)^{1/2} = \sqrt{2.610} \cdot 10^{-35} \\ &= 1.616 \cdot 10^{-35} \, \text{m}. \end{aligned}$$

Auf analoge Art erhält man

$$t_p = \sqrt{\frac{\hbar \, G}{c^5}} \approx 5.389 \cdot 10^{-44} \, \text{s}$$

$$m_p = \sqrt{\frac{\hbar \, c}{G}} \approx 2.176 \cdot 10^{-8} \, \text{kg}.$$

Wir können natürlich nicht ausführlich auf die tiefere Bedeutung der Planck-Einheiten – abgesehen von ihrem potenziellen Wert bei der Kommunikation mit Außerirdischen – eingehen. Hier nur so viel: Die meisten Physiker vermuten, dass bei Längen kleiner als ℓ_p oder Zeiten kürzer t_p unsere bekannten Naturgesetze ihre Gültigkeit verlieren.

Die Rolle der Planck-Masse ist etwas diffiziler, immerhin handelt es sich dabei um die Masse, die etwa ein Sandkorn haben könnte – also nichts außerhalb der Alltagserfahrung. Durch $E = m c^2$ entspricht aber jeder Masse eine Energie, und die Planck-Energie $E_p = m_p c^2$ ist die größte Energie, die ein einzelnes elementares Teilchen haben kann, ohne zu einem Schwarzen Loch zu kollabieren.

Anwendung: Bewegungs- und Mischungsaufgaben

Zu den trickreichsten elementaren Aufgaben, die auf Gleichungssysteme führen, gehören Bewegungs- und Mischungsaufgaben. Wir werden hier zwei exemplarische Beispiele aus diesem Bereich vorstellen und lösen.

1. Die beiden Städte A und B liegen 60 km voneinander entfernt. Ein Radfahrer bewegt sich konstant mit 20 km/h, ein Auto konstant mit 80 km/h.
   - Der Radfahrer startet um 8 Uhr in A in Richtung B. Um 9 Uhr fährt auch das Auto von A in Richtung B los. Wann und wo hat es den Radfahrer eingeholt?
   - Der Radfahrer setzt sich um 8 Uhr nach B in Bewegung, gleichzeitig fährt das Auto von B in Richtung A los. Wann und wo begegnen sich die beiden?
   - Wieder fährt der Radler um 8 Uhr von A nach B los, eine Stunde später das Auto von B nach A. Wann und wo begegnen sie sich nun?
   - Wann müsste das Auto in B losfahren, um den Radfahrer, der mit bewundernswerter Konsequenz um 8 Uhr in A aufbricht, auf halber Strecke zu begegnen?

   Nennen wir jeweils t die Zeit in Stunden, die seit 8 Uhr vergangen ist, x die Strecke in Kilometern, die der Radfahrer, und y die Strecke, die das Auto zurückgelegt hat. (Der Einfachheit halber werden wir im Folgenden die Einheit für die Zeit und für die Geschwindigkeit gleich 1 setzen.) Dann gilt jeweils
   - $x = 20\,t$, $y = 80\,(t-1)$. Gleichsetzen der beiden, $x = y$, liefert die Gleichung $20\,t = 80\,t - 80$, also $60\,t = 80$, $t = 4/3$. Die beiden treffen sich also um 9 Uhr 20, und zwar $x = 20 \cdot \frac{4}{3}$, d. h. ≈ 26.66 Kilometer von A entfernt.
   - Hier haben wir $x = 20\,t$, $y = 80\,t$, und die Gleichung $x + y = 60$ zu lösen. Das ergibt $20\,t + 80\,t = 60$, $100\,t = 60$ und weiter $t = 0.6$. Die beiden treffen sich um 8 Uhr 36, und zwar zwölf Kilometer von A entfernt.
   - Nun sollen $x = 20\,t$ und $y = 80\,(t-1)$ die Gleichung $x + y = 60$ erfüllen. Das ergibt $20\,t + 80\,t - 80 = 60$, $100\,t = 140$ und $t = 1.4$. Diesmal treffen sich die beiden um 9 Uhr 24, genau 28 Kilometer von A entfernt.
   - Für die letzte Frage führen wir eine neue Größe ein, die Startverzögerung t_0. Nun wissen wir $20\,t = 30$ und $80\,(t-t_0) = 30$. Aus der ersten Gleichung erhalten wir $t = 30/20 = 3/2$. Das setzen wir in die zweite Gleichung ein, $3/2 - t_0 = 30/80$, und erhalten $t_0 = 9/8$. Das Auto muss also um 9 Uhr 7 und 30 Sekunden losfahren.

   Derartige Aufgaben lassen sich meist auch grafisch lösen. Dafür tragen wir auf einer Achse den Weg, auf der anderen die Zeit auf. Eine Bewegung mit konstanter Geschwindigkeit entspricht jeweils einer Gerade. In den ersten beiden Teilaufgaben geht es lediglich darum, den jeweiligen Schnittpunkt der beiden Geraden zu bestimmen.

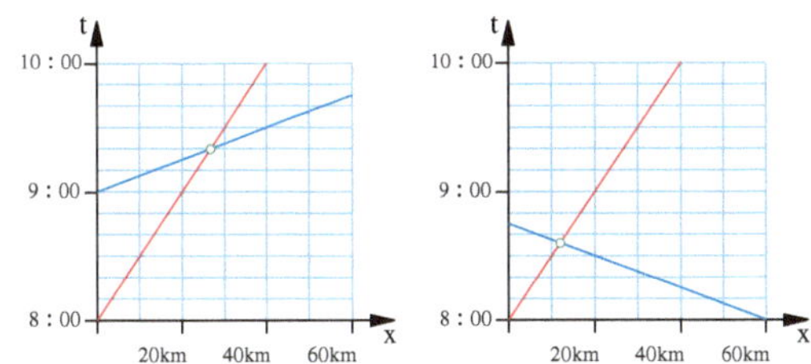

Auch in der dritten Teilaufgabe muss man lediglich den Schnittpunkt finden, in der vierten hingegen im bekannten Schnittpunkt die Gerade konstruieren.

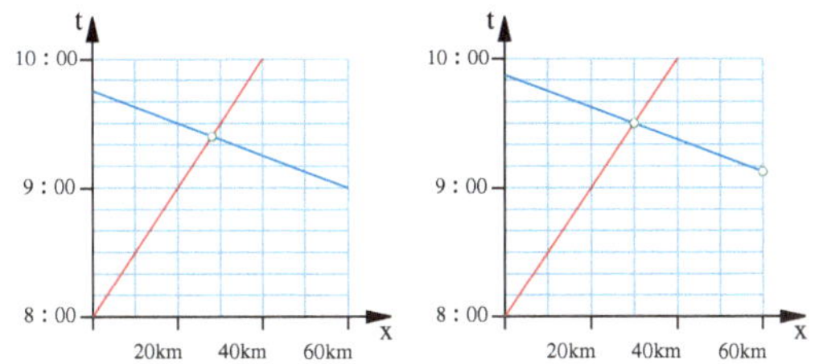

2. Sie haben zwei große Flaschen mit Salzsäure, die eine 12 %ig, die andere 36%ig. Wie viel Säure aus jeder der beiden Flasche benötigen Sie, um die folgende Menge an Säure in der geforderten Konzentration herzustellen:
   - 200 ml 24%ige Säure,
   - 360 ml 30%ige Säure,
   - 100 ml 45%ige Säure.

   Nennen wir x die Menge an Säure aus der ersten Flasche und y die Menge aus der zweiten, beide in Millilitern. Dann sind jeweils die folgenden Gleichungssysteme zu erfüllen:
   - $x + y = 200$, $0.12\,x + 0.36\,y = 0.24\,(x + y)$. Vereinfacht man die zweite Gleichung zu $0.12\,x = 0.12\,y$, so erkennt man sofort $x = y$. Aus der ersten Gleichung liest man nun sofort $x = y = 100$ ab. Man benötigt also aus jeder Flasche 100 ml.
   - Analog erhalten wir $x + y = 360$ und $0.12\,x + 0.36\,y = 0.30\,(x + y)$. Die zweite Gleichung schreiben wir zu $0.06\,y = 0.18\,x$ um, und erhalten $y = 3\,x$. Die erste Gleichung lautet nun $4\,x = 360$, also $x = 90$. Man benötigt also 90 ml aus der ersten und 270 ml aus der zweiten Flasche.
   - Hier erhalten wir $x + y = 100$ und $0.12\,x + 0.36\,y = 0.45\,(x + y)$. Umformen der zweiten Gleichung liefert $-0.09\,y = 0.33\,x$. Da x und y als Mengenangaben beide nicht negativ sein dürfen, würde nur noch $x = y = 0$ diese Gleichung erfüllen, das ist aber unverträglich mit $x + y = 100$. Wie zu erwarten, lässt sich durch Mischen keine Säure höherer Konzentration erzeugen.

Weitere Anmerkungen zum Induktionsbeweis

Wir halten noch einige Dinge fest, die einem bei der Beschäftigung mit der vollständigen Induktion gelegentlich begegnen können:

So kann es natürlich vorkommen, dass $A(n)$ nicht ab $n = 1$, sondern ab $n = n_0 \in \mathbb{Z}$ gültig ist, dann muss man lediglich den Induktionsanfang entsprechend modifizieren, alles andere bleibt gleich.

Der Induktionsschritt ist meist schwieriger zu vollziehen, dementsprechend wird das Hauptgewicht meist auf diesen gelegt. Doch der Induktionsanfang ist nicht weniger wichtig, es gibt Behauptungen, die für alle $n \in \mathbb{N}$ falsch sind und für die sich der Induktionsschritt trotzdem durchführen lässt.

Beispiel So ist etwa

$$\prod_{k=1}^{n} k = 0$$

mit Sicherheit falsch. Nimmt man aber an, es wäre für ein n richtig, so ergibt der Induktionsschritt

$$\prod_{k=1}^{n+1} k = (n+1) \cdot \prod_{k=1}^{n} k \overset{\text{Ann.}}{=} (n+1) \cdot 0 = 0.$$

Dies zeigt wieder, dass man mit einer falschen Annahme auf *alles* schließen kann. ◄

Oft ist man bei Induktionsbeweisen in Versuchung, nicht $A(n + 1)$ mithilfe von $A(n)$ zu beweisen, sondern umgekehrt („Abstieg statt Aufstieg"). Das ist aber im Allgemeinen nicht korrekt, sondern nur dann, wenn man während der ganzen Rechnung lediglich Äquivalenzumformungen benutzt hat. In diesem Fall lässt sich der Schluss umkehren, ansonsten hat man die Aussage mit Induktionsanfang bei n_0 nur für $n < n_0$ bewiesen, was selten interessant ist.

Hängt eine Aussage von mehreren natürlichen Zahlen ab, so kann der Induktionsbeweis für jede separat geführt werden, allerdings darf sich für die anderen dabei keine Einschränkung ergeben.

Beispiel Wir wollen mit Induktion beweisen, dass

$$a_{n,m} = 3^n + 5^m + 7^{n+m} - 1$$

für alle natürlichen Zahlen n und m durch zwei teilbar ist.

1. Induktionsanfang, $n = m = 1$:
    Klarerweise ist $3 + 5 + 49 - 1 = 56$ durch zwei teilbar.
2.a Induktionsannahme:
    $3^n + 5^m + 7^{n+m} - 1$ ist für ein n und ein m durch zwei teilbar.
2.b Induktionsbehauptungen:
    - $3^{n+1} + 5^m + 7^{n+m+1} - 1$ ist durch zwei teilbar.
    - $3^n + 5^{m+1} + 7^{n+m+1} - 1$ ist durch zwei teilbar.
2.c Beweis der Behauptung:
    - $n \to n + 1$:

$$a_{n+1,m} = 3^{n+1} + 5^m + 7^{n+m+1} - 1$$
$$= 3 \cdot 3^n + 5^m + 7 \cdot 7^{n+m} - 1$$
$$= 2 \cdot 3^n + 6 \cdot 7^{n+m} + 3^n + 5^m + 7^{n+m} - 1$$
$$= 2 \cdot \underbrace{(3^n + 3 \cdot 7^{n+m})}_{\text{durch 2 teilbar}} + \underbrace{3^n + 5^m + 7^{n+m} - 1}_{\text{lt. Ann. durch 2 teilbar}}$$

- $m \to m + 1$:

$$a_{n,m+1} = 3^n + 5^{m+1} + 7^{n+m+1} - 1$$
$$= 3^n + 5 \cdot 5^m + 7 \cdot 7^{n+m} - 1$$
$$= 4 \cdot 5^m + 6 \cdot 7^{n+m} + 3^n + 5^m + 7^{n+m} - 1$$
$$= 2 \cdot \underbrace{(2 \cdot 5^m + 3 \cdot 7^{n+m})}_{\text{durch 2 teilbar}} + \underbrace{3^n + 5^m + 7^{n+m} - 1}_{\text{lt. Ann. durch 2 teilbar}}$$

Beide Induktionsschritte haben keine Einschränkung bezüglich der jeweils anderen Variablen ergeben; damit ist die Behauptung bewiesen.

Diese spezielle Behauptung könnte man natürlich auch ohne Induktion problemlos beweisen, indem man die Darstellung

$$a_{n,m} = 3^n + 5^m + 7^{n+m} - 1$$
$$= (2+1)^n + (2 \cdot 2 + 1)^m + (2 \cdot 3 + 1)^{n+m} - 1$$

benutzt. Jede Potenz ergibt ausmultipliziert nur gerade Terme und eine Eins, wie man etwa anhand der binomischen Formel sofort sieht. Der gesamte Ausdruck ist also immer gerade. ◄

Antworten der Selbstfragen

Antwort 1 Erweitert man den Bruch mit (-1), so erhält man im Zähler für das Produkt $a\,b$ ein negatives Vorzeichen, nicht für jeden einzelnen Faktor. Richtig ist die Rechnung nur für $a = 0$ oder $b = 0$, weil $-0 = 0$ ist.

Unendliche Produkte (zu Kap. 8)

Wie definiert man die Konvergenz unendlicher Produkte?

Wann wird ein konvergentes unendliches Produkt null?

Was haben die Konvergenz von Produkten und Reihen miteinander zu tun?

Kann man Funktionen in Form unendlicher Produkte darstellen?

© Springer-Verlag GmbH Deutschland 2017

T. Arens et al., *Ergänzungen und Vertiefungen zu Arens et al., Mathematik*, DOI 10.1007/978-3-662-53585-1_3

Wesentlich weniger bekannt als Reihen sind die *unendlichen Produkte*. Diese werden im Grunde analog zu Reihen definiert; beim Konvergenzbegriff sind aber einige Feinheiten zu beachten. In vielen Fällen können die Konvergenzuntersuchungen für Produkte auf solche für Reihen zurückgeführt werden.

In diesem Kapitel ist das Bonusmaterial zu Kapitel 8 aus dem Lehrbuch Arens et al. *Mathematik* zusammengestellt.

3.1 Unendliche Produkte

Wir haben im Hauptbuch, ausgehend von einer Folge $(a_k)_{k_0}^{\infty}$, eine unendliche Reihe als Folge $(s_n)_{k_0}^{\infty}$ der Partialsummen definiert,

$$s_n = \sum_{k=k_0}^{n} a_k \, .$$

Wenn sich aus Folgen Partialsummen bilden lassen, können dann nicht auch in manchen Fällen *Partialprodukte* interessant sein? Ausgehend von einer Folge $(b_k)_{k_0}^{\infty}$ bilden wir also die Partialprodukte

$$p_n = \prod_{k=k_0}^{n} b_k \, .$$

Völlig analog zum Fall der unendlichen Reihe kann man also auch unendliche Produkte als Folge $(p_n)_{k_0}^{\infty}$ der Partialprodukte, definieren. Symbolisch bezeichnet man diese Folge mit

$$\left(\prod_{k=k_0}^{\infty} b_k \right) .$$

Die Definition der Konvergenz unendlicher Produkte berücksichtigt die Sonderrolle der Null

Man könnte die Konvergenz eines unendlichen Produkts völlig analog zur Konvergenz von Reihen direkt als Konvergenz der Partialproduktfolge (p_n) definieren. Tatsächlich schlägt man aber einen etwas anderen Weg ein.

Offensichtlich konvergiert (p_n) gegen null, wenn es ein $N \in \mathbb{N}$ gibt, so dass für $n \geq N$ stets $|b_n| \leq c$ mit einer Konstante $c < 1$ ist. So etwas ist aber kein besonders interessanter Fall. Ganz im Gegenteil wünscht man sich – analog zu den Regeln für endliche Produkte – für ein konvergentes unendliches Produkt, dass dieses nur dann gleich null ist, wenn mindestens ein Faktor gleich null ist.

Um diese Eigenschaft zu erhalten, definiert man für unendliche Produkte die Konvergenz auf eine Weise, die die Sonderrolle der Null speziell berücksichtigt:

Konvergenz eines unendlichen Produkts

Ausgehend von einer Folge $(b_k)_{k_0}^{\infty}$ nennen wir ein unendliches Produkt $\left(\prod_{k=k_0}^{\infty} b_k \right)$ *konvergent*, wenn es ein $N \in \mathbb{Z}$ gibt, so dass $b_k \neq 0$ für alle $k \geq N$ ist, und wenn die Folge $(p_n)_N^{\infty}$ der Partialprodukte $p_n = \prod_{k=N}^{n} b_k$ gegen einen Wert $P_N \neq 0$ konvergiert. In diesem Fall setzt man

$$\prod_{k=k_0}^{\infty} b_k = P_N \prod_{k=k_0}^{N-1} b_k$$

und sagt, dass das unendliche Produkt gegen diesen Wert konvergiert.

Die Bedingung, dass ab einem bestimmten Index N alle Folgenglieder b_k ungleich null sein müssen, schließt den trivialen Fall aus, dass unendlich viele Folgenglieder gleich null sind.

Mit der Bedingung $P \neq 0$ fängt man genau den vorher erwähnten Fall ab, dass die Partialprodukte gegen null konvergieren, obwohl kein einziger Faktor gleich null ist. In einem derartigen Fall, also wenn $p_n \to 0$ geht, sagt man, dass das unendliche Produkt *gegen null divergiert*.

Mit dieser Definition der Konvergenz gilt der Satz:

Ein konvergentes unendliches Produkt ist dann und nur dann gleich null, wenn mindestens ein Faktor gleich null ist.

Beispiel Wir betrachten die beiden unendlichen Produkte

$$\left(\prod_{k=1}^{\infty} \left(1 - \frac{1}{k^2} \right) \right) \quad \text{und} \quad \left(\prod_{k=1}^{\infty} \left(1 - \frac{1}{k} \right) \right) .$$

Im ersten Fall ist $b_k = 1 - \frac{1}{k^2}$ für $k \geq 2$ ungleich null. Wir betrachten demnach die Folge (p_n) mit

$$p_n = \prod_{k=2}^{n} \left(1 - \frac{1}{k^2} \right) = \prod_{k=2}^{n} \frac{k^2 - 1}{k^2} \, .$$

Für die ersten Folgenglieder erhält man $p_2 = \frac{3}{4}$, $p_3 = \frac{2}{3} = \frac{4}{6}$, $p_4 = \frac{5}{8}$ und $p_5 = \frac{3}{5} = \frac{6}{10}$. Man kann also vermuten und anschließend mittels vollständiger Induktion schnell beweisen, dass $p_n = \frac{n+1}{2n}$ ist. Daher konvergiert die Folge der Partialprodukte gegen $P_2 = \frac{1}{2}$.

Wir erhalten also

$$\prod_{k=1}^{\infty} \left(1 - \frac{1}{k^2} \right) = \frac{1}{2} \underbrace{\prod_{k=1}^{2-1} \left(1 - \frac{1}{k^2} \right)}_{=0} = 0 \, ,$$

das Produkt konvergiert gegen null.

Auch im zweiten Fall ist $b_k = 1 - \frac{1}{k} \neq 0$ für alle $k \geq 2$. Das allgemeine Partialprodukt

$$p_n = \prod_{k=2}^{n} \left(1 - \frac{1}{k}\right) = \prod_{k=2}^{n} \frac{k-1}{k}$$
$$= \frac{1}{2} \cdot \frac{2}{3} \cdot \frac{3}{4} \cdot \ldots \cdot \frac{n-2}{n-1} \cdot \frac{n-1}{n} = \frac{1}{n}$$

erweist sich als „Teleskop-Produkt". Wegen $p_n \to 0$ ist das Produkt also nicht konvergent, sondern divergiert gegen null. ◄

Für die Konvergenz eines unendlichen Produkts ist es notwendig, dass die Faktoren gegen eins konvergieren

Für die Konvergenz einer Reihe $\left(\sum_{k=k_0}^{\infty} a_k\right)$ ist es notwendig, wenn auch nicht hinreichend, dass (a_k) eine Nullfolge ist. Nur dann, wenn (a_k) gegen das neutrale Element der Addition, die Null, konvergiert, besteht überhaupt die Möglichkeit, dass die zugehörige Reihe konvergiert.

Analog ist es auch für die Konvergenz eines unendlichen Produkts $\left(\prod_{k=k_0}^{\infty} b_k\right)$ notwendig, dass die Folge (b_k) gegen das neutrale Element der Multiplikation konvergiert, d. h. gegen die Eins. Beweisen kann man das etwa mit dem Cauchy-Kriterium, siehe S. 28.

Es ist also oft sinnvoll, die Faktoren eines unendlichen Produkts in der Form $b_k = 1 + a_k$ zu schreiben. Für ein konvergentes unendliches Produkt muss (a_k) eine Nullfolge sein. Die Zahlen a_k nennen wir die **Kerne** des unendlichen Produkts. (Gelegentlich werden die a_k auch die *Glieder* des Produkts genannt, was aber missverständlich sein kann.)

Bei Produkten, deren Kerne fast alle das gleiche Vorzeichen haben, können wir Konvergenzaussagen durch Betrachtung der entsprechenden „Kernreihe" treffen

Betrachten wir in der Schreibweise mit Hilfe der Kerne a_k die ersten Partialprodukte von $\left(\prod_{k=1}^{\infty}(1 + a_k)\right)$:

$$p_1 = 1 + \underline{a_1},$$
$$p_2 = (1 + a_1)(1 + a_2) = 1 + \underline{a_1 + a_2} + a_1 a_2,$$
$$p_3 = (1 + a_1)(1 + a_2)(1 + a_3)$$
$$= 1 + \underline{a_1 + a_2 + a_3} + a_1 a_2 + a_1 a_2 + a_1 a_3 + a_1 a_2 a_3.$$

Wir erkennen, wie durch das Unterstreichen hervorgehoben, dass die Partialprodukte $p_n = \prod_{k=1}^{n}(1 + a_k)$ die Partialsummen $s_n = \sum_{k=1}^{n} a_k$ enthalten. Von daher ist zu erwarten, dass es zwischen der Konvergenz eines unendlichen Produkts $\left(\prod_{k=k_0}^{\infty}(1 + a_k)\right)$ und jener der zugehörigen „Kernreihe" $\left(\sum_{k=k_0}^{\infty} a_k\right)$ einen Zusammenhang gibt.

Im Allgemeinen ist dieser Zusammenhang allerdings nicht einfach. So gibt es Fälle, in denen das Produkt $\left(\prod_{k=k_0}^{\infty}(1 + a_k)\right)$ konvergiert, die Reihe $\left(\sum_{k=k_0}^{\infty} a_k\right)$ aber divergiert und umgekehrt.

Eine direkte Korrespondenz zwischen den Konvergenzeigenschaften dieser beiden Objekte gibt es aber, wenn die Kerne fast alle das gleiche Vorzeichen haben. In diesem Fall gibt es natürlich einen Index N_0, ab dem die Vorzeichen aller Kerne übereinstimmen, und es gilt das nützliche Kriterium:

Konvergenz von Produkten, deren Kerne fast alle das gleiche Vorzeichen haben

Wenn es einen Index N_0 gibt, so dass alle Kerne a_k mit $k \geq N_0$ das gleiche Vorzeichen haben, dann konvergiert das unendliche Produkt

$$\left(\prod_{k=k_0}^{\infty}(1 + a_k)\right)$$

genau dann, wenn wenn die „Kernreihe"

$$\left(\sum_{k=k_0}^{\infty} a_k\right)$$

konvergiert.

Beweis Es ist klar, dass für die Konvergenz sowohl des Produkts als auch der Reihe die Folge (a_k) eine Nullfolge sein muss. Ansonsten liegt offensichtlich für Produkt und Reihe Divergenz vor.

Wegen $a_k \to 0$ muss es ein $N_1 \in \mathbb{N}$ geben, so dass stets $|a_k| < 1$ für alle $k \geq N_1$ ist. Wir setzen nun $N = \max\{N_0, N_1\}$ und betrachten für unsere Konvergenzuntersuchungen nur noch die Folge $(a_k)_{k=N}^{\infty}$. Wir beginnen mit unseren Untersuchungen also erst an der Stelle, wo die Folgenglieder alle gleiches Vorzeichen haben und betragsmäßig kleiner als Eins sind. Da endlich viele Glieder nichts an der Konvergenz ändern, ist das keine Einschränkung.

Nun bringen wir die Partialprodukte

$$p_n = \prod_{k=N}^{n}(1 + a_k)$$

mit Hilfe des Logarithmus in die Form

$$p_n = \exp\left(\ln\left(\prod_{k=N}^{n}(1 + a_k)\right)\right) = \exp\left(\sum_{k=N}^{n} \ln(1 + a_k)\right).$$

Jeder Summand ist wegen unserer Einschränkung auf $|a_k| < 1$ definiert. Aufgrund der Stetigkeit der Exponentialfunktion

Vertiefung: Das Cauchy-Kriterium für unendliche Produkte

Analog zum Fall von Folgen und Reihen kann man auch für unendliche Produkte ein Cauchy-Kriterium für die Konvergenz herleiten. Wie auch in den anderen Fällen ist dieses Kriterium für die praktische Anwendung meist unhandlich, für grundlegende Beweise aber wichtig.

Das Cauchy-Kriterium, das wir den Kap. 6 und 8 nur knapp erwähnt bzw. in Vertiefungen genauer erläutert haben, steht auch für unendliche Produkte zur Verfügung. Die Besonderheit des Cauchy-Kriteriums ist, dass es ein „inneres" Kriterium darstellt, das nur mit Folgengliedern arbeitet und nicht das Ausführen eines Grenzübergangs erfordert.

Bei Folgen (a_k) verlangt das Cauchy-Kriterium, dass die Differenz $|a_m - a_n|$ für ausreichend große Indizes m und n beliebig klein wird. Bei Reihen muss jedes Teilstück, d. h. jede Summe $\left|\sum_{k=n+1}^{m} a_k\right|$, für ausreichend große Indizes m und n beliebig klein werden.

Im Wesentlichen analog sieht das Cauchy-Kriterium auch für Produkte aus. Allerdings muss die Formulierung des Kriteriums berücksichtigen, dass bei Konvergenz das Produkt auch sehr vieler Faktoren (für ausreichend große Indizes) „nicht mehr viel ändern darf". Im Fall eines Produkts muss also ein Teilstück $\prod_{k=n+1}^{m} b_k$ für ausreichend große Indizes beliebig nahe bei Eins liegen:

Cauchy-Kriterium: Das unendliche Produkt $\left(\prod_{k=k_0}^{\infty} b_k\right)$ ist genau dann konvergent, wenn es zu jedem $\varepsilon > 0$ eine natürliche Zahl $N_\varepsilon \geq k_0$ gibt, so dass für alle n und m mit $m > n \geq N_\varepsilon$ gilt:

$$\left|\prod_{k=n+1}^{m} b_k - 1\right| < \varepsilon$$

Der Beweis für das Kriterium findet sich z. B. im unten angegebenen Lehrbuch von Endl und Luh, dessen zweites Kapitel noch diverses weiteres Material zu unendlichen Produkten enthält.

Anmerkung: Im Kriterium wird vorausgesetzt, dass wir in einem *vollständigen* Raum wie $\mathbb{R}$ oder $\mathbb{C}$ arbeiten. In einem „unvollständigen" Raum, beispielsweise $\mathbb{Q}$, muss eine Cauchy-Folge nicht gegen ein Element dieses Raumes konvergieren, und dieses Verhalten überträgt sich natürlich auch auf Produkte.

Wir benutzen das Cauchy-Kriterium, um einige Aussagen zu beweisen, die wir in diesem Abschnitt anführen:

- *Damit ein Produkt konvergent sein kann, müssen die Faktoren gegen Eins konvergieren*: Dafür setzen wir im Cauchy-Kriterium $m = n + 1$. Für jedes $\varepsilon > 0$ muss es also ein N_ε geben, so dass $|b_{n+1} - 1| < \varepsilon$ ist. Das ist bis auf eine triviale Indexverschiebung genau die Bedingung für die Konvergenz $b_n \to 1$.

- *Ein absolut konvergentes Produkt konvergiert*: Wir setzen wieder $n > m$ und schreiben die Faktoren b_k mit Hilfe der Kerne a_k in der Form $b_k = 1 + a_k$. Man kann schnell nachprüfen, dass die Ungleichung

$$\left|\prod_{k=n+1}^{m} (1 + a_k) - 1\right| \leq \left|\prod_{k=n+1}^{m} (1 + |a_k|) - 1\right|$$

  stets gelten muss. Wenn die rechte Seite kleiner als ein vorgegebenes $\varepsilon > 0$ ist, dann ist es die linke erst recht.

Literatur

- K. Endl, W. Luh: *Analysis II – Eine integrierte Darstellung*, Aula Verlag Wiesbaden, 8. Auflage 1994, Kapitel 2.

---

ist die Folge (p_n) genau dann konvergent, wenn die Reihe $\left(\sum_{k=N}^{\infty} \ln(1 + a_k)\right)$ konvergiert.

Zudem halten wir fest, dass die Summanden $\ln(1 + a_k)$ entweder alle positiv oder alle negativ sind und das Vorzeichen mit jenem der Kerne a_k übereinstimmt. Im Fall positiver Kerne können wir sofort das Grenzwertkriterium (Abschn. 8.2 im Hauptbuch) benutzen, im Fall negativer Kerne ändert das globale negative Vorzeichen auch nichts an den Konvergenzeigenschaften.

Wir erhalten wegen $a_k \to 0$:

$$\lim_{k \to \infty} \frac{\ln(1 + a_k)}{a_k} = \lim_{x \to 0} \frac{\ln(1 + x)}{x} = \frac{0"}{"0}$$

$$\overset{\text{de l' Hospital}}{=} \lim_{x \to 0} \frac{\frac{1}{1+x}}{1} = 1 > 0.$$

Die beiden Reihen $\left(\sum_{k=N}^{\infty} \ln(1 + a_k)\right)$ und $\left(\sum_{k=N}^{\infty} a_k\right)$ haben also die gleichen Konvergenzeigenschaften. Genau dann, wenn die Kernreihe konvergiert, konvergiert auch die Reihe über $\ln(1 + a_k)$ und damit die Folge der Partialprodukte. ∎

Beispiel Mit diesem Kriterium betrachten wir noch einmal die beiden Produkte von S. 26: In den beiden Produkten

$$\left(\prod_{k=1}^{\infty} \left(1 - \frac{1}{k^2}\right)\right) \quad \text{und} \quad \left(\prod_{k=1}^{\infty} \left(1 - \frac{1}{k}\right)\right)$$

sind die Kerne stets negativ, unser Kriterium ist anwendbar. Die Reihe $\left(\sum_{k=1}^{\infty} \left(-\frac{1}{k^2}\right)\right)$ konvergiert, also konvergiert auch das Produkt. Die harmonische Reihe hingegen divergiert, also ist auch das zweite Produkt divergent (in diesem Fall gegen null).

◄

Auch für Produkte kann man absolute Konvergenz definieren

Bei Reihen sind wir auf den Begriff der *absoluten Konvergenz* gestoßen. Wir haben eine Reihe $\left(\sum_{k=k_0}^{\infty} a_k\right)$ absolut konvergent genannt, wenn die Reihe $\left(\sum_{k=k_0}^{\infty} |a_k|\right)$ konvergiert, und gesehen, dass aus der absoluten Konvergenz stets die Konvergenz folgt, aber nicht umgekehrt.

Auch für unendliche Produkte $\left(\prod_{k=k_0}^{\infty} b_k\right)$ kann man den Begriff der absoluten Konvergenz einführen. Dabei geht es aber nicht um die Betrachtung von $\left(\prod_{k=k_0}^{\infty} |b_k|\right)$. Da für die Konvergenz des Produkts ohnehin $b_k \to 1$ gehen muss, würden die Betragsstriche höchstens an den Vorzeichen endlich vieler Faktoren etwas ändern und damit die Konvergenz nicht beeinflussen.

Hingegen ist auch hier eine Betrachtung der Kerne interessant. Wir setzen also wieder $b_k = 1 + a_k$ und definieren:

Absolute Konvergenz von unendlichen Produkten

Ein unendliches Produkt

$$\left(\prod_{k=k_0}^{\infty} (1 + a_k)\right)$$

heißt **absolut konvergent**, wenn das Produkt

$$\left(\prod_{k=k_0}^{\infty} (1 + |a_k|)\right)$$

konvergiert.

Wie schon bei den Reihen erweist sich auch bei unendlichen Produkten die absolute Konvergenz als „stärkere" Eigenschaft als die gewöhnliche. Jedes absolut konvergente Produkt ist auch konvergent, aber nicht umgekehrt. Beweisen kann man das schnell mit Hilfe des Cauchy-Kriteriums (siehe S. 28).

Für die Betrachtung der absoluten Konvergenz kann man sofort die Ergebnisse aus dem letzten Abschnitt heranziehen. Das ist erlaubt, da die Zahlen $|a_k|$ ja – mit der etwaigen Ausnahme von Nullen, die zu Faktoren von genau Eins führen und damit die Konvergenz nicht beeinflussen – alle das gleiche (positive) Vorzeichen haben. Damit folgt:

Absolute Konvergenz von Produkten

Das unendliche Produkt

$$\left(\prod_{k=k_0}^{\infty} (1 + a_k)\right)$$

konvergiert genau dann absolut, wenn die Reihe

$$\left(\sum_{k=k_0}^{\infty} a_k\right)$$

absolut konvergiert.

Beispiel Das Produkt

$$\left(\prod_{k=1}^{\infty} \left(1 - \frac{(-1)^k}{k^2}\right)\right)$$

ist absolut konvergent, da auch das Produkt $\left(\prod_{k=1}^{\infty} \left(1 + \frac{1}{k^2}\right)\right)$ konvergiert. ◄

Für allgemeine Produkte können wir ein hinreichendes Konvergenzkriterium angeben

Für die Produkte, deren Kerne fast alle das gleiche Vorzeichen haben, konnten wir die Untersuchung der Konvergenz auf die Untersuchung der Konvergenz der „Kernreihe" zurückführen. Für Produkte von allgemeinerer Form ist die Sache leider nicht so einfach.

Zumindest gibt es allerdings ein hinreichendes Kriterium, mit dem man in manchen Fällen durch Betrachtung von zwei Reihen Aussagen über die Konvergenz eines Produkts treffen kann:

Kriterium für die Konvergenz von Produkten

Wenn zu einem unendlichen Produkt

$$\left(\prod_{k=k_0}^{\infty} (1 + a_k)\right)$$

die „Kernreihe"

$$\left(\sum_{k=k_0}^{\infty} a_k\right)$$

konvergiert, dann gilt:

- Wenn die „Quadratreihe" $\left(\sum_{k=k_0}^{\infty} a_k^2\right)$ konvergiert, so konvergiert auch das Produkt.
- Wenn die „Quadratreihe" $\left(\sum_{k=k_0}^{\infty} a_k^2\right)$ divergiert, so divergiert auch das Produkt.

Bei Konvergenz der „Kernreihe" kann man also durch Untersuchung der „Quadratreihe" Aussagen über die Konvergenz des Produkts treffen. Divergiert allerdings die „Kernreihe", so kann man mit diesem Kriterium keine Aussage über die Konvergenz des Produkts treffen.

Beispiel Wir untersuchen das Produkt

$$\left(\prod_{k=2}^{\infty} \left(1 + \frac{(-1)^k}{k} \right) \right)$$

mit Hilfe des Kriteriums auf Konvergenz. Die alternierende harmonische Reihe $\left(\sum_{k=k_2}^{\infty} \frac{(-1)^k}{k} \right)$ konvergiert (wenn auch nur bedingt), daher ist das Kriterium anwendbar. Die „Quadratreihe" $\left(\sum_{k=k_2}^{\infty} \frac{1}{k^2} \right)$ konvergiert; demnach ist auch das Produkt konvergent.

In diesem Fall können wir auch den Wert des Produkts direkt bestimmen (und damit ebenfalls die Konvergenz nachweisen). Es zeigt sich, dass es sinnvoll ist, die Partialprodukte jeweils für gerade und ungerade Zahl von Faktoren getrennt zu betrachten:

Da der Startindex gerade ist, muss für eine ungerade Anzahl an Faktoren auch der Endindex gerade sein:

$$p_{2n} = \prod_{k=2}^{2n} \left(1 + \frac{(-1)^k}{k} \right)$$

$$= \underbrace{\frac{3}{2} \cdot \frac{2}{3}}_{=1} \cdot \underbrace{\frac{5}{4} \cdot \frac{4}{5}}_{=1} \cdot \ldots \cdot \underbrace{\frac{2n-1}{2n-2} \cdot \frac{2n-2}{2n-1}}_{=1} \cdot \frac{2n+1}{2n}$$

$$= \frac{2n+1}{2n} = \frac{2 + \frac{1}{n}}{2} \xrightarrow[n \to \infty]{} 1 .$$

Für eine gerade Anzahl von Faktoren ergibt sich:

$$p_{2n+1} = \prod_{k=2}^{2n+1} \left(1 + \frac{(-1)^k}{k} \right)$$

$$= \underbrace{\frac{3}{2} \cdot \frac{2}{3}}_{=1} \cdot \underbrace{\frac{5}{4} \cdot \frac{4}{5}}_{=1} \cdot \ldots \cdot \underbrace{\frac{2n+1}{2n} \cdot \frac{2n}{2n+1}}_{=1} = 1 .$$

Die Teilfolge der ungeraden Partialprodukte konvergiert gegen Eins, die der geraden ebenfalls (auf triviale Weise). Demnach konvergiert das Produkt gegen Eins.

Wenn wir bereits wissen, dass das Produkt konvergiert, dann reicht es aus, eine Teilfolge von Partialprodukten zu untersuchen, um den Wert des Produkts zu bestimmen. ◄

— **Selbstfrage 1** —

Zeigen Sie, dass auch das Produkt

$$\left(\prod_{k=2}^{\infty} \left(1 - \frac{(-1)^k}{k} \right) \right)$$

konvergent ist und bestimmen Sie seinen Wert.

Die Zahl π lässt sich als unendliches Produkt dastellen

Für die Kreiszahl π gibt es eine interessante Darstellung als unendliches Produkt, die von John Wallis im Jahre 1655 entdeckt wurde:

Wallis-Produkt

Für die Zahl π gilt die Produktdarstellung

$$\pi = 2 \cdot \prod_{k=1}^{\infty} \frac{(2k)^2}{(2k-1)\,(2k+1)}$$

$$= 2 \cdot \lim_{n \to \infty} \left\{ \frac{2 \cdot 2}{1 \cdot 3} \cdot \frac{4 \cdot 4}{3 \cdot 5} \cdots \frac{(2n)^2}{(2n-1)\,(2n+1)} \right\} .$$

In äquivalenter Form gilt auch

$$\frac{\pi}{2} = \prod_{k=1}^{\infty} \left(1 - \frac{1}{(2k)^2} \right) . \tag{3.1}$$

Beweis Diese Darstellung kann man am einfachsten anhand der Wallis-Integrale

$$w_k = \int_0^{\pi/2} \sin^k x \, \mathrm{d}x$$

beweisen. Mittels partieller Integration und Benutzung von $\cos^2 x = 1 - \sin^2$ erhält man die Rekursionsformel

$$w_k = \frac{k-1}{k}\, w_{k-2} . \tag{3.2}$$

Mit $w_0 = \frac{\pi}{2}$ und $b_1 = 1$ erhält man

$$w_{2n} = \frac{\pi}{2} \cdot \prod_{k=1}^{n} \frac{2k-1}{2k} , \qquad w_{2n+1} = \prod_{k=1}^{n} \frac{2k}{2k+1}$$

und damit

$$\frac{2}{\pi} \cdot \frac{w_{2n}}{w_{2n+1}} = \frac{\prod_{k=1}^{n} \dfrac{2k-1}{2k}}{\prod_{k=1}^{n} \dfrac{2k}{2k+1}} = \prod_{k=1}^{n} \left(1 - \frac{1}{(2k)^2} \right) .$$

Damit sind wir dem Wallis-Produkt schon sehr nahe. Zu zeigen bleibt nur noch, dass der Quotient $\frac{w_{2n}}{w_{2n+1}}$ gegen Eins konvergiert. Aus der Ungleichungskette

$$\sin^{2n+1} x \le \sin^{2n} x \le \sin^{2n-1} x$$

für $x \in [0, \frac{\pi}{2}]$ folgt mittels Integration $w_{2n+1} \leq w_{2n} \leq w_{2n-1}$. Mit diesen Ungleichungen und den Rekursionsformeln (3.2) erhalten wir

$$1 \leq \frac{w_{2n}}{w_{2n+1}} \leq \frac{w_{2n-1}}{w_{2n+1}} = 1 + \frac{1}{2n}.$$

Demnach gilt $\frac{w_{2n}}{w_{2n+1}} \to 1$ und wir gelangen zu (3.1). Damit folgt sofort:

$$\pi = \frac{2}{\displaystyle\lim_{n \to \infty} \prod_{k=1}^{n} \left(1 - \frac{1}{(2k)^2}\right)} = \frac{2}{\displaystyle\lim_{n \to \infty} \prod_{k=1}^{n} \frac{(2k-1)(2k+1)}{(2k)^2}}$$

$$= 2 \cdot \lim_{n \to \infty} \prod_{k=1}^{n} \frac{(2k)^2}{(2k-1)(2k+1)}. \qquad \blacksquare$$

Neben dem Wallis-Produkt gibt es noch einige andere Produktdarstellungen für π, etwa das Vieta-Produkt:

$$\frac{2}{\pi} = \left(\frac{1}{2}\sqrt{2}\right) \left(\frac{1}{2}\sqrt{2 + \sqrt{2}}\right) \left(\frac{1}{2}\sqrt{2 + \sqrt{2 + \sqrt{2}}}\right) \cdots$$

Die Teilprodukte dieses Produkts kann man geometrisch als Folge von Approximation eines Kreises von innen durch regelmäßige 2^n-Ecke interpretieren.

Für den Sinus gibt es eine Darstellung als unendliches Produkt

Wir haben gesehen, dass sich viele Funktionen durch unendliche Reihen darstellen lassen und dass diese Darstellungen ausgesprochen nützlich sind.

So flexibel wie die Reihen sind unendliche Produkte zwar nicht, aber es gibt doch Möglichkeiten, manche Funktionen auch in Form konvergenter unendlicher Produkte anzugeben.

Eine besonders schöne Darstellung, die auf Euler zurückgeht, gibt es für den Sinus. Den heuristischen Weg, diese Darstellung zu finden, können wir recht einfach nachvollziehen.

Ein unendliches Produkt, das den Sinus darstellen soll, muss insbesondere Nullstellen an $k\pi$ mit $k \in \mathbb{Z}$ besitzen. Nachdem ein konvergentes Produkt nur dann null ist, wenn mindestens ein Faktor gleich null ist, muss es zu jedem Vielfachen von π auch einen Faktor geben, der dort verschwindet.

Die Nullstelle bei $x = 0$ erhält man am einfachsten mit einem Faktor x. Eine Nullstelle bei $x = k\pi$ kann man mit einem Faktor proportional zu $1 - \frac{x}{k\pi}$ erzeugen. Es bietet sich an, die Nullstellen bei $x = \pm k\pi$ gemeinsam zu behandeln und k auf die natürlichen Zahlen einzuschränken:

$$\left(1 - \frac{x}{k\pi}\right)\left(1 + \frac{x}{k\pi}\right) = 1 - \frac{x^2}{k^2\pi^2}.$$

Wir wissen also, wie ein unendliches Produkt aussehen muss, das genau die gleichen Nullstellen wie der Sinus aufweist. Zudem können wir mit den Kriterien aus den vorherigen Abschnitten schnell nachweisen, dass dieses Produkt für jedes $x \in \mathbb{R}$ konvergiert.

Über einen etwaigen Vorfaktor wissen wir natürlich noch nichts. Zudem sind gleiche Nullstellen noch keine Garantie dafür, dass das Produkt auch sonst gegen den Sinus konvergiert. Eine vertiefte Analyse, die den Rahmen unserer Ausführungen sprengen würde, zeigt aber, dass der Vorfaktor gleich Eins ist und dass das Produkt tatsächlich für alle $x \in \mathbb{R}$, ja sogar für alle $x \in \mathbb{C}$, gegen den Sinus konvergiert:

Euler'sche Produktdarstellung des Sinus

Für beliebige reelle (oder auch komplexe) Zahlen x gilt:

$$\sin x = x \prod_{k=1}^{\infty} \left(1 - \frac{x^2}{k^2\pi^2}\right).$$

Aus dieser Darstellung erhält man übrigens sofort die Wallis'sche Produktdarstellung von π, wenn man $x = \frac{\pi}{2}$ setzt:

$$1 = \frac{\pi}{2} \prod_{k=1}^{\infty} \left(1 - \frac{1}{4k^2}\right) = \frac{\pi}{2} \prod_{k=1}^{\infty} \frac{4k^2 - 1}{4k^2}$$

$$= \frac{\pi}{2} \prod_{k=1}^{\infty} \frac{(2k-1)(2k+1)}{(2k)^2}.$$

Antworten der Selbstfragen

Antwort 1 Das zusätzliche negative Vorzeichen ändert nichts an der (bedingten) Konvergenz der alternierenden harmonischen Reihe. Die „Quadratreihe" über $\frac{1}{k^2}$ konvergiert, also konvergiert auch das unendliche Produkt. Für die Partialprodukte mit geradem Endindex erhalten wir:

$$
\begin{aligned}
p_{2n} &= \prod_{k=2}^{2n} \left(1 - \frac{(-1)^k}{k} \right) \\
&= \frac{1}{2} \cdot \underbrace{\frac{4}{3} \cdot \frac{3}{4}}_{=1} \cdot \underbrace{\frac{6}{5} \cdot \frac{5}{6}}_{=1} \cdots \cdot \underbrace{\frac{2n}{2n-1} \cdot \frac{2n-1}{2n}}_{=1} = \frac{1}{2}
\end{aligned}
$$

Aufgrund der Konvergenz des Produkts muss die Folge der Partialprodukte gegen den Wert des Produkts konvergieren; dieser ist also $\frac{1}{2}$.

Integrale – vom Sammeln und Bilanzieren (zu Kap. 11)

Was unterscheidet punktweise und gleichmäßige Konvergenz?

Was besagt der Konvergenzsatz von Beppo Levi?

Kapitel 4

© Springer-Verlag GmbH Deutschland 2017
T. Arens et al., *Ergänzungen und Vertiefungen zu Arens et al., Mathematik*, DOI 10.1007/978-3-662-53585-1_4

In diesem Kapitel ist das Bonusmaterial zu Kapitel 11 aus dem Lehrbuch Arens et al. *Mathematik* zusammengestellt.

4.1 Beweise zur Lebesgue-Theorie

Im Abschn. 11.1 wurde auf Beweise verzichtet, um ausschließlich den Gedankengang, der zum Integralbegriff führt, herauszustellen. Dies wollen wir in diesem Abschnitt nachholen und dem interessierten Leser die mathematische Herleitung des Begriffs und seine Konsequenzen nahebringen. Da in der Literatur der für Anwendungen zentrale Begriff des Lebesgue-Integrals meistens allgemeiner und abstrakter auf messbaren Mengen in beliebigen Dimensionen eingeführt wird, erscheint uns eine solche Zusammenstellung an dieser Stelle nützlich. Als weitere Literatur zu dem hier gewählten Zugang zum Lebesgue-Integral und einer Darstellung der Unterschiede zu anderen Integralbegriffen ist das Lehrbuch Analysis II von H. Heuser passend.

Wir ersparen uns eine Wiederholung des Abschn. 11.1 und beschränken uns im Folgenden auf die Präsentation der dort verwendeten Aussagen mit ihren Beweisen. Wir müssen mit den Nullmengen beginnen, bei denen die folgende Behauptung die ersten wesentlichen Beweisüberlegungen erfordert.

Jede abzählbare Vereinigung von Nullmengen ist eine Nullmenge

Beweis Wir bedienen uns des Cantor'schen Diagonalverfahrens, wie es im Bonusmaterial zu Kap. 2 vorgestellt wurde. Nehmen wir an, es sind Nullmengen $M_n \subseteq \mathbb{R}$, $n \in \mathbb{N}$, gegeben. Dann lässt sich zu einem Wert $\varepsilon > 0$ und den Mengen M_n nach Definition eine Überdeckung durch Intervalle J_j^n, $j \in \mathbb{N}$, auswählen mit der Eigenschaft

$$\sum_{j=1}^{\infty} |J_j^n| \le \frac{\varepsilon}{2^n}\,.$$

Mit dem Diagonalverfahren zählen wir alle Intervalle $\tilde{J}_k = J_j^n$. Durch Induktion lässt sich zeigen, dass wir als Zähler

$$k = \frac{1}{2}(n+j-2)(n+j-1) + j$$

setzen können. Vereinigen wir all diese Intervalle zu $M = \bigcup_{n=1}^{\infty} M_n$, so erhalten wir unter Ausnutzung der geometrischen Reihe für das Maß der Menge die Abschätzung

$$|M| \le \sum_{k=1}^{\infty} |\tilde{J}_k| = \sum_{n=1}^{\infty} \sum_{j=1}^{\infty} |J_j^n| \le \sum_{n=1}^{\infty} \frac{\varepsilon}{2^n} = \varepsilon\,.$$

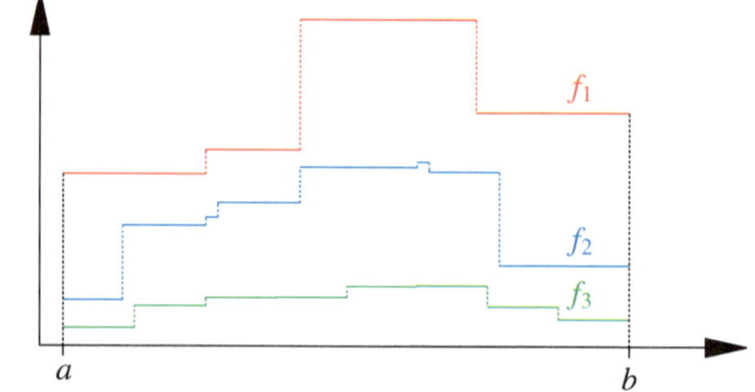

Abb. 4.1 Eine monoton gegen null fallende Folge von Treppenfunktionen

Somit ist $\tilde{J}_k$ eine Überdeckung der Vereinigungsmenge M mit einer Gesamtlänge kleiner ε. Da wir diese Abschätzung für jeden beliebig kleinen Wert ε machen können, folgt, dass die Vereinigung M eine Nullmenge ist. ∎

Bei der Betrachtung von Folgen von Treppenfunktionen und der resultierenden Definition von Integralen wird verwendet, dass für eine nichtnegative Folge (φ_n) von Treppenfunktionen auf einem Intervall $I = [a, b]$, die fast überall monoton fallend gegen null konvergiert, d. h. $\lim_{n \to \infty} \varphi_n(x) = 0$ für fast alle $x \in I$, auch die Folge der Integrale konvergiert mit

$$\lim_{n \to \infty} \int_a^b \varphi_n(x)\, \mathrm{d}x = 0\,.$$

Dies ist die nächste technische, aber ganz entscheidende Aussage, die für die Theorie benötig wird.

Beweis Geben wir einen Wert $\varepsilon > 0$ vor und bezeichnen mit M die Menge aller Sprungstellen der Treppenfunktionen φ_n, $n \in \mathbb{N}$, vereinigt mit der Nullmenge, auf der keine Konvergenz vorliegt. Nach Voraussetzung ist M eine Nullmenge. Daher gibt es offene Intervalle $U_j \subseteq \mathbb{R}$, $j \in \mathbb{N}$, mit den Eigenschaften $M \subseteq \bigcup_{j=1}^{\infty} U_j$ und $\sum_{j=1}^{\infty} |U_j| \le \varepsilon$. Die Vereinigung $\bigcup_{j=1}^{\infty} U_j$ ist eine offene Menge. Daher ist das Komplement, die Menge

$$J := [a, b] \setminus \bigcup_{j=1}^{\infty} U_j \text{ abgeschlossen. Außerdem ist die Menge } J$$

auch beschränkt. Sie ist also kompakt. Es gilt $J \subseteq [a, b] \setminus M$, sodass die Funktionen φ_n auf der Menge J stetig sind, und für jede Zahl $x \in J$ konvergieren die Funktionswerte $\varphi_n(x) \to 0$ monoton fallend, wenn $n \to \infty$ strebt.

Die Funktionen $\varphi_n : J \to \mathbb{R}$ sind stetige Funktionen auf einer kompakten Menge. Daher besitzen sie jeweils ein Maximum.

In einem ersten Schritt zeigen wir durch einen Widerspruch für diese Maxima, dass $\max_{x \in J} \varphi_n(x) \to 0$ für $n \to \infty$ gilt. Denn wäre das nicht der Fall, so gäbe es einen Wert $\delta > 0$ und zu jedem n ein $x_n \in J$ mit $\varphi_n(x_n) \ge \delta$. Nach dem Satz von Bolzano-Weierstraß (siehe S. 185 des Hauptwerks) gibt es eine konvergente Teilfolge (x_{n_j}) von der Folge (x_n) dieser Zahlen. Wir benennen den Grenzwert dieser Teilfolge mit $\lim_{j \to \infty} x_{n_j} = x \in J$.

Wählen wir nun weiter eine feste Zahl $m \in \mathbb{N}$, dann folgt wegen der Monotonie für Indizes $n_j \geq m$ die Abschätzung

$$\delta \leq \varphi_{n_j}\big(x_{n_j}\big) \leq \varphi_m\big(x_{n_j}\big).$$

Da φ_m stetig ist, erhalten wir im Grenzwert $j \to \infty$ die Ungleichung $\delta \leq \varphi_m(x)$. Diese Abschätzung lässt sich für jede Zahl $m \in \mathbb{N}$ durchführen im Widerspruch zu $\varphi_m(x) \to 0, m \to \infty$. Also gibt es ein $n_0 \in \mathbb{N}$ mit $\max\limits_{x \in J} \varphi_n(x) \leq \varepsilon$ für alle $n \geq n_0$.

Im zweiten Schritt des Beweises zeigen wir nun noch, dass

$$\int_a^b \varphi_n(x)\, \mathrm{d}x \leq (b - a + C)\varepsilon$$

für alle $n \geq n_0$ ist, wobei $C > 0$ eine Konstante bezeichnet mit $\varphi_n(x) \leq C$ für alle $n \in \mathbb{N}$ und für fast alle $x \in [a, b]$.

Zu dem im ersten Schritt ermittelten $n_0 \in \mathbb{N}$ wählen wir $n \geq n_0$. Die Treppenfunktion φ_n hat die Form $\varphi_n(x) = c_\ell$ für $x \in \big(z_{\ell-1}, z_\ell\big), \ell = 1, \ldots, N$, wenn $a = z_0 < \cdots < z_N = b$ die zu φ_n gehörende Zerlegung des Intervalls $[a, b]$ ist. Weiter definieren wir

$$L := \big\{\ell \in \{1, \ldots, N\} : \big(z_{\ell-1}, z_\ell\big) \cap J \neq \emptyset\big\}.$$

Dann ist $c_\ell \leq \varepsilon$ für $\ell \in L$, da $\varphi_n(x) \leq \varepsilon$ für $x \in J$ gilt und φ_n auf $\big(z_{\ell-1}, z_\ell\big)$ konstant mit Wert c_ℓ ist. Für $\ell \notin L$ ist $\big(z_{\ell-1}, z_\ell\big) \subseteq \bigcup\limits_{j=1}^\infty U_j$, also ist auch die Vereinigung $\bigcup\limits_{\ell \notin L}\big(z_{\ell-1}, z_\ell\big) \subseteq \bigcup\limits_{j=1}^\infty U_j$. Daher ist

$$\sum_{\ell \notin L} |z_\ell - z_{\ell-1}| \leq \sum_{j=1}^\infty |U_j| \leq \varepsilon.$$

Letztendlich können wir mit der oben angegebenen Konstante $C > 0$ abschätzen,

$$\int_a^b \varphi_n(x)\, \mathrm{d}x = \sum_{\ell \in L} c_\ell |z_\ell - z_{\ell-1}| + \sum_{\ell \notin L} c_\ell |z_\ell - z_{\ell-1}|$$

$$\leq \varepsilon \sum_{\ell=1}^N |z_\ell - z_{\ell-1}| + C \sum_{\ell \notin L} |z_\ell - z_{\ell-1}|$$

$$\leq \varepsilon\,(b-a) + C\,\varepsilon = (b - a + C)\,\varepsilon.$$

Damit ist die Konvergenz der Folge der Integrale gegen null gezeigt. ∎

Nun sind wichtige Vorarbeiten geleistet, um die Menge der integrierbaren Funktionen zu definieren. Zunächst wird die Menge $L^\uparrow$ und das Integral für diese Funktionen eingeführt (s. S. 371). Mit deren Hilfe werden dann die Lebesgue-integrierbaren Funktionen, $L((a,b))$, charakterisiert.

Integrale lassen sich entsprechend der Integranden abschätzen

Um diese Definition machen zu können, ist eine Montonieaussage von wesentlicher Bedeutung. Betrachten wir zwei Funktionen $f, g \in L^\uparrow(a, b)$ zusammen mit monoton von unten her approximierenden Folgen von Treppenfunktionen $(\varphi_n)_n$ bzw. $(\psi_n)_n$, für die die Ungleichung $f(x) \leq g(x)$ fast überall auf $[a, b]$ gilt. Dann ist im Grenzwert auch

$$\lim_{n \to \infty} \int_a^b \varphi_n(x)\, \mathrm{d}x \leq \lim_{n \to \infty} \int_a^b \psi_n(x)\, \mathrm{d}x. \tag{4.1}$$

Beweis Die Abschätzung ist naheliegend, aber nicht ihr Beweis. Wir halten $m \in \mathbb{N}$ fest und untersuchen die Folge von Treppenfunktionen $\varphi_m - \psi_n$. Die Differenz ist monoton fallend und konvergiert fast überall mit

$$\lim_{n \to \infty}\big[\varphi_m(x) - \psi_n(x)\big] = \varphi_m(x) - g(x)$$

$$\leq f(x) - g(x) \leq 0$$

für fast alle $x \in [a, b]$. Wir definieren

$$\xi_n(x) = \begin{cases} \varphi_m(x) - \psi_n(x) & \text{für } \varphi_m(x) - \psi_n(x) > 0 \\ 0 & \text{sonst} \end{cases}$$

Dann ist (ξ_n) eine Folge von nichtnegativen, monoton fallenden Treppenfunktionen mit $\lim_{n \to \infty} \xi_n = 0$ f.ü., und es gilt die Abschätzung

$$\int_a^b \varphi_m\, \mathrm{d}x - \int_a^b \psi_n\, \mathrm{d}x \leq \int_a^b \xi_n\, \mathrm{d}x.$$

Mit der auf S. 34 gezeigten Konvergenz erhalten wir im Grenzfall

$$\int_a^b \varphi_m(x)\, \mathrm{d}x \leq \lim_{n \to \infty} \int_a^b \psi_n(x)\, \mathrm{d}x.$$

Da dies für jedes $m \in \mathbb{N}$ gilt, muss die Abschätzung auch für $m \to \infty$ gelten, und die Behauptung ist bewiesen. ∎

Aus dieser Eigenschaft folgt, dass die Definition des Integrals

$$\int_a^b f(x)\, \mathrm{d}x = \lim_{n \to \infty} \int_a^b \varphi_n(x)\, \mathrm{d}x$$

für $f \in L^\uparrow(I)$ unabhängig von der Wahl der Treppenfunktionen ist. Denn wenn wir zwei Folgen (φ_n) und (ψ_n) von Treppenfunktionen haben, die monton wachsend gegen f konvergieren,

Kapitel 4

erhalten wir die Ungleichung in beiden Richtungen, d. h., es gilt sowohl

$$\lim_{n\to\infty}\int_a^b \varphi_n(x)\,\mathrm{d}x \;\le\; \lim_{n\to\infty}\int_a^b \psi_n(x)\,\mathrm{d}x$$

als auch

$$\lim_{n\to\infty}\int_a^b \psi_n(x)\,\mathrm{d}x \;\le\; \lim_{n\to\infty}\int_a^b \varphi_n(x)\,\mathrm{d}x\,.$$

Somit müssen die Grenzwerte gleich sein.

Mit der Menge $L^{\uparrow}((a,b))$ ist dann auch die Menge der Lebesgue-integrierbaren Funktionen $L((a,b))$ definiert. Wobei an dieser Stelle noch zu zeigen bleibt, dass bei der Definition durch eine Zerlegung $f = f_1 - f_2$ die Auswahl von passenden Vertretern $f_1, f_2 \in L^{\uparrow}((a,b))$ keinen Einfluss auf das Integral hat.

Dass der Integralbegriff unabhängig von der Wahl von f_1 und f_2, also wohldefiniert, ist, lässt sich wie folgt belegen: Mit $f = f_1 - f_2 = g_1 - g_2$ folgt $f_1 + g_2 = g_1 + f_2 \in L^{\uparrow}(I)$. Es bleibt somit zu zeigen, dass daraus in $L^{\uparrow}(I)$ auch $\int_a^b f_1(x)\,\mathrm{d}x + \int_a^b g_2(x)\,\mathrm{d}x = \int_a^b g_1(x)\,\mathrm{d}x + \int_a^b f_2(x)\,\mathrm{d}x$ bzw.

$$\int_a^b f_1(x)\,\mathrm{d}x - \int_a^b f_2(x)\,\mathrm{d}x = \int_a^b g_1(x)\,\mathrm{d}x - \int_a^b g_2(x)\,\mathrm{d}x\,.$$

folgt.

Dies haben wir eigentlich schon getan, denn mit der Abschätzung (4.1) ergibt sich für die Funktionen $(f_1 + g_2), (g_1 + 2_2) \in L^{\uparrow}(I)$ mit $f_1 + g_2 \le g_1 + f_2$ auch

$$\int_a^b (f_1 + g_2)(x)\,\mathrm{d}x \le \int_a^b (g_1 + f_2)(x)\,\mathrm{d}x\,.$$

Da sogar $f_1 + g_2 = g_1 + f_2$ ist, lassen sich die Rollen in der Abschätzung vertauschen, und wir erhalten die Gleichheit der Integrale

$$\int_a^b (f_1 + g_2)(x)\,\mathrm{d}x = \int_a^b (g_1 + f_2)(x)\,\mathrm{d}x\,.$$

Die bisherigen Überlegungen waren nötig, um überhaupt zu einer sinnvollen Definition des Integrals zu kommen. Damit aber mit diesem Begriff auch gearbeitet werden kann, sind nun aus der Definition heraus die Eigenschaften zu beweisen, wie sie in der Übersicht auf S. 374 zusammengestellt sind. Die Eigenschaften in der linken Spalte der Übersicht insbesondere die Monotonie sind relativ leichte Folgerungen aus den bisherigen Überlegungen zum Integralbegriff. Aber die restlichen Aussagen der rechten Seite erfordern einige Gewöhnung im Umgang mit der Definition des Integrals.

Der Betrag einer Lebesgue-integrierbaren Funktion ist integrierbar

Wir beginnen mit der Aussagen, dass der Betrag $|f| \in L((a,b))$ ist, wenn $f \in L((a,b))$ gilt.

Beweis Für Funktionen $f, g \in L^{\uparrow}(I)$ und zugehörige Folgen von Treppenfunktionen φ_n, ψ_n, ist $\max(\varphi_n, \psi_n)$ eine Treppenfunktion, die monoton und punktweise fast überall gegen $\max(f, g)$ konvergiert. Wir definieren $\tilde{\varphi}_n = \varphi_n - \varphi_1$ und $\tilde{\psi}_n = \psi_n - \psi_1$, so dass $\tilde{\varphi}_n, \tilde{\psi}_n \ge 0$ sind. Aus

$$\int_a^b \max(\tilde{\varphi}_n, \tilde{\psi}_n)\,\mathrm{d}x \;\le\; \int_a^b (\tilde{\varphi}_n + \tilde{\psi}_n)\,\mathrm{d}x$$

$$\le \int_a^b (f - \varphi_1)\,\mathrm{d}x + \int_a^b (g - \psi_1)\,\mathrm{d}x$$

sehen wir, dass die Folge der Integrale $\int_a^b \max(\tilde{\varphi}_n, \tilde{\psi}_n)\,\mathrm{d}x$ beschränkt ist. Außerdem ist die Folge der Integrale monoton wachsend. Somit ist $(\int_a^b \max(\tilde{\varphi}_n, \tilde{\psi}_n)\,\mathrm{d}x)$ konvergent, und es folgt $\max(f, g) \in L^{\uparrow}(I)$. Analog zeigen wir dies für die Funktion $\min(f, g)$.

Daraus ergibt sich $|f| \in L(a, b)$. Denn, da es eine Darstellung $f = f_1 - f_2$ mit $f_1, f_2 \in L^{\uparrow}((a,b))$ gibt, können wir den Betrag zerlegen in $|f| = \max(f_1, f_2) - \min(f_1, f_2)$, also in eine Differenz aus zwei integrierbaren Funktionen in $L^{\uparrow}((a,b))$. $\blacksquare$

Die Dreiecksungleichung bei Integralen

Als Nächstes bietet es sich an, die Dreieckungleichung

$$\left| \int_a^b f(x)\,\mathrm{d}x \right| \;\le\; \int_a^b |f(x)|\,\mathrm{d}x\,.$$

zu zeigen. Diese ergibt sich sofort aus $f \le |f|$, $-f \le |f|$ und der Monotonie des Integrals.

Weiter ist $\max(f, g) = \frac{1}{2}(f + g + |f - g|)$ und $\min(f, g) = \frac{1}{2}(f + g - |f - g|)$ für Funktionen $f, g \in L(a, b)$. Also sind die Maximum- und die Minimumfunktion lineare Kombinationen von integrierbaren Funktionen und somit selbst wieder integrierbar.

Kommentar Übrigens können wir die obigen Darstellungen als Definitionen für die Funktionen $\max(f, g)$ und $\min(f, g)$ auffassen, da im Allgemeinen die punktweise Auswertung $f(x), g(x)$ an einer Stelle $x \in I$ bei Lebesgue-integrierbaren Funktionen keinen Sinn macht. Sobald die Funktionen f, g zum

Beispiel stetig sind, fällt die Definition mit der gewohnten Darstellung

$$\max(f, g)(x) = \max\{f(x), g(x)\}$$

bzw.

$$\min(f, g)(x) = \min\{f(x), g(x)\}$$

für $x \in I$ zusammen. ◀

Die Eigenschaft der Definitheit im Überblick auf S. 374 erfordert den aufwendigsten Beweis. Es gilt, dass aus

$$\int_a^b f(x)\,\mathrm{d}x = 0$$

für eine Funktion $f \in L((a, b))$ mit $f \geq 0$ fast überall, folgt, dass $f(x) = 0$ ist für fast alle $x \in (a, b)$.

Beweis Mit der Zerlegung $f = f_1 - f_2$ mit $f_1, f_2 \in L^\uparrow((a, b))$ ist zu zeigen, dass aus $f_2 \leq f_1$ f.ü. und $\int_a^b f_1(x)\,\mathrm{d}x = \int_a^b f_2(x)\,\mathrm{d}x$ die Identität $f_1(x) = f_2(x)$ für fast alle $x \in [a, b]$ folgt.

Wir wählen (φ_n) bzw. (ψ_n) monoton wachsende Folgen von Treppenfunktionen, die fast überall gegen f_1 bzw. f_2 konvergieren, und definieren $M_{n,k} = \{x \in I : f_2(x) < \varphi_n(x) - \frac{1}{k}\}$. Dann gilt $M = \{x \in I : f_2(x) < f_1(x)\} = \bigcup_{n,k=1}^\infty M_{n,k}$.

Ein Widerspruch zur Annahme, dass M keine Nullmenge ist, zeigt die Aussage. Gehen wir nämlich davon aus, dass M keine Nullmenge ist. Dann gibt es mindestens ein Paar von Indizes $n_0, k_0 \in \mathbb{N}$, so dass M_{n_0, k_0} keine Nullmenge ist. Also existiert ein $\varepsilon \geq 0$, so dass für jede Überdeckung von M_{n_0, k_0} durch Intervalle I_m gilt $\sum_{m=1}^\infty |I_m| \geq \varepsilon$. Sei nun $I_m = \{x \in I : \psi_m(x) < \varphi_{n_0}(x) - \frac{1}{k_0}\}$. Dann ist I_m eine Vereinigung von Intervallen und $M_{n_0, k_0} \subseteq I_m$. Also gilt insbesondere $|I_m| \geq \varepsilon$. Aus den Eigenschaften des Integrals erhalten wir

$$
\begin{aligned}
\int_a^b \psi_m(x)\,\mathrm{d}x &= \int_{I_m} \psi_m(x)\,\mathrm{d}x + \int_{I \setminus I_m} \psi_m(x)\,\mathrm{d}x \\
&\leq \int_{I_m} \varphi_{n_0}(x)\,\mathrm{d}x - \frac{1}{k_0}|I_m| + \int_{I \setminus I_m} f_2(x)\,\mathrm{d}x \\
&\leq \int_{I_m} f_1(x)\,\mathrm{d}x - \frac{1}{k_0}|I_m| + \int_{I \setminus I_m} f_1(x)\,\mathrm{d}x \\
&= \int_a^b f_1(x)\,\mathrm{d}x - \frac{\varepsilon}{k_0} = \int_a^b f_2(x)\,\mathrm{d}x - \frac{\varepsilon}{k_0}.
\end{aligned}
$$

Da aber die linke Seite dieser Ungleichung für $m \to \infty$ gegen $\int_a^b f_2(x)\,\mathrm{d}x$ strebt, ergibt sich ein Widerspruch. ∎

Damit sind die wichtigsten Eigenschaften des Integrals belegt, und wir können uns den Hauptsätzen zuwenden. In Abschn. 11.2 sind beide Hauptsätze hergeleitet worden. Der erste Hauptsatz besagt, dass $F : [a, b] \to \mathbb{R}$ mit

$$F(x) = \int_a^x f(t)\,dt$$

eine Stammfunktion zum Integranden $f : [a, b] \to \mathbb{R}$ ist, wenn f stetig ist. Bei der zweiten Aussage,

$$\int_a^b F'(x)\,\mathrm{d}x = F(x)\big|_a^b$$

für stetige Funktionen $F : [a, b] \to \mathbb{R}$, die auf (a, b) differenzierbar sind, fehlt noch ein vollständiger Beweis.

Beweis Beweis des zweiten Hauptsatzes: Bei der in Abschn. 11.2 aufgezeigten Herleitung bleibt noch der Grenzfall $\alpha \to a$ für den zweiten Hauptsatz zu zeigen. Der Grenzübergang $x \to b$ ergibt sich analog.

Da die rechte Seite in

$$\int_\alpha^b F'(x)\,\mathrm{d}x = F(x)\big|_\alpha^b$$

stetig in α ist, genügt es, zu zeigen, dass

$$\lim_{\alpha \to a} \int_\alpha^b F'(x)\,\mathrm{d}x = \int_a^b F'(x)\,\mathrm{d}x$$

gilt. Da F' integrierbar ist, gilt $F' = f_1 - f_2$ mit $f_1, f_2 \in L^\uparrow((a, b))$. Somit müssen wir wegen der allgemeinen Eigenschaften von Grenzwerten die Konvergenz nur für Elemente in $L^\uparrow((a, b))$ beweisen. Wir gehen also im Beweis von $f \in L^\uparrow(I)$ aus. Weiter können wir ohne Einschränkung annehmen, dass $f \geq 0$ ist; denn ansonsten lässt sich die Funktion $f - \varphi_1$ betrachten, wobei φ_1 die erste Treppenfunktion in einer monoton wachsenden, approximierenden Folge von Treppenfunktion ist.

Wenn mit (α_m) eine monoton fallende Folge von Zahlen in $[a, b]$ mit $\alpha_m \to a$ für $m \to \infty$ bezeichnet wird, so folgt wegen der vorausgesetzten Positivität von f die Abschätzung

$$
\begin{aligned}
\int_{\alpha_m}^b f(x)\,\mathrm{d}x &\leq \int_{\alpha_m}^b f(x)\,\mathrm{d}x + \int_{\alpha_{m+1}}^{\alpha_m} f(x)\,\mathrm{d}x \\
&= \int_{\alpha_{m+1}}^b f(x)\,\mathrm{d}x.
\end{aligned}
$$

Da die Folge $\left(\int_{\alpha_m}^{b} f(x)\,\mathrm{d}x\right)_{m\in\mathbb{N}}$ nicht nur monoton, sondern auch durch $\int_a^b f(x)\,\mathrm{d}x$ beschränkt ist, ergibt sich mit dem Monotoniekriterium die Konvergenz

$$\int_{\alpha_m}^{b} f(x)\,\mathrm{d}x \;\to\; c \in \mathbb{R}$$

gegen einen Wert $c \leq \int_a^b f(x)\,\mathrm{d}x$. Sei nun (φ_n) eine monoton wachsende Folge von Treppenfunktionen, die gegen f fast überall punktweise konvergiert. Ohne die Bezeichnung zu wechseln, modifizieren wie die Folge von Treppenfunktionen, sodass $\varphi_n(x) = 0$ auf $(a, a + \frac{1}{n})$ gilt. Bei festem Index $n \in \mathbb{N}$ folgt

$$\int_a^b \varphi_n(x)\,\mathrm{d}x = \int_{\alpha_m}^{b} \varphi_n(x)\,\mathrm{d}x$$

für alle hinreichend großen Indizes $m \geq M_n$, wobei die Zahl M_n, ab der die Identität gilt, von n abhängt.

Wählen wir nun eine Folge (m_n) mit $m_n \geq M_n$, die monoton wächst, so erhalten wir

$$\int_a^b f(x)\,\mathrm{d}x = \lim_{n\to\infty} \int_a^b \varphi_n(x)\,\mathrm{d}x = \lim_{n\to\infty} \int_{\alpha_{m_n}}^{b} \varphi_n(x)\,\mathrm{d}x$$

$$\leq \lim_{n\to\infty} \int_{\alpha_{m_n}}^{b} f(x)\,\mathrm{d}x = c \leq \int_a^b f(x)\,\mathrm{d}x\,.$$

Also gilt Gleichheit, und insgesamt haben wir die Behauptung des zweiten Hauptsatzes gezeigt. ∎

Mit diesem Beweis ist nun auch der Abschn. 11.2 vervollständigt, und wir können uns den Erweiterungen des Integrationsbegriffs auf unbeschränkten Intervallen oder für unbeschränkte Funktionen zuwenden.

Treppenfunktionen auf unbeschränkten Intervallen

Um ein Integral über unbeschränkte Intervalle, wie z. B. $I = (0, \infty)$ zu definieren, verallgemeinern wir zunächst den Begriff der Treppenfunktion. Unter einer Treppenfunktion auf einem unbeschränkten Intervall versteht man eine Funktion f, die auf einem beschränkten Intervall $\tilde{I} \subseteq I$ eine Treppenfunktion nach der Definition in Abschn. 11.1 ist und außerhalb, auf $I \setminus \tilde{I}$, konstant 0 ist.

Punktweise Konvergenz von Folgen von Treppenfunktionen haben wir bereits kennengelernt. Diese Art von Konvergenz betrachten wir nun allgemein für beliebige Funktionen. Wenn wir

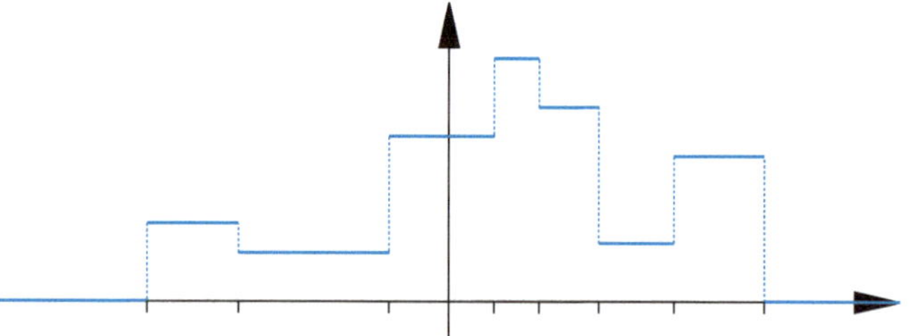

Abb. 4.2 Eine Treppenfunktion über den gesamten reellen Zahlen

mit $f_j : I \to \mathbb{R}, j \in \mathbb{N}$, eine Folge von Funktionen auf einem Intervall $I \subset \mathbb{R}$ bezeichnen, so ist folgende Sprechweisen üblich:

(a) Eine Folge $(f_j)_{j\in\mathbb{N}}$ von Funktionen auf I heißt **monoton wachsend** (**fallend**), wenn

$$f_{j+1}(x) \geq f_j(x) \quad \left(\text{bzw.}\, f_{j+1}(x) \leq f_j(x)\right)$$

für alle $x \in I$ ist.

(b) Die Folge $(f_j)_{j\in\mathbb{N}}$ heißt **punktweise konvergent**, wenn der Grenzwert

$$\lim_{j\to\infty} f_j(x) =: f(x)$$

für jedes $x \in I$ existiert.

(c) Analog sprechen wir von **fast überall konvergent** (bzw. **monoton**), wenn die Bedingungen in (a) bzw. (b) für fast alle $x \in I$ gelten, d. h. außerhalb einer Nullmenge.

Beispiel   Durch die Partialsummen

$$f_N(x) = \sum_{n=0}^{N} x^n - x^{n+1}, \quad N \in \mathbb{N},$$

ist eine Folge von Lebesgue-integrierbaren Funktionen $f_N \in L([0, 1])$ definiert. Es handelt sich um eine Teleskopsumme, und wir sehen, dass

$$f_N(x) = 1 - x^{N+1}$$

ist. Mit

$$f_N(x) = 1 - x^{N=1} \geq 1 - x^N = f_{N-1}(x)$$

für $x \in [0, 1]$ folgt, dass die Folge der Funktionen monoton wächst. Außerdem gilt

$$\lim_{N\to\infty} f_n(x) = \begin{cases} 1, & \text{für } x \in [0, 1) \\ 0, & \text{für } x = 1 \end{cases}$$

Somit können wir festhalten: Die Folge $(f_N)_{N\in\mathbb{N}}$ ist fast überall streng monoton wachsend, nämlich mit Ausnahme der Stellen

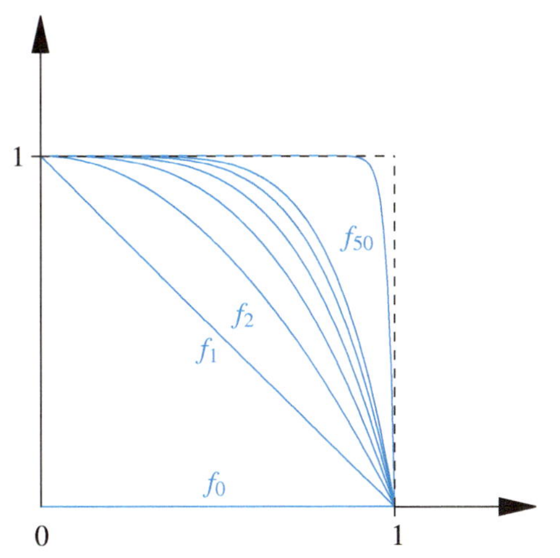

Abb. 4.3 Eine Folge von Funktionen, die fast überall gegen 1 konvergiert

$x = 0$ und $x = 1$. Außerdem ist die Folge fast überall punktweise gegen die konstante Funktion mit $f(x) = 1$ konvergent (siehe Abb. 4.3). ◄

Achtung Es gibt verschiedene Konvergenzbegriffe zu Funktionenfolgen, die je nach Situation zum Tragen kommen. Sie müssen stets deutlich unterschieden werden. So ist etwa Konvergenz bezüglich der *Supremumsnorm*,

$$\|f\|_\infty := \sup\{|f(x)| \mid x \in I\},$$

ein strengerer Begriff als die punktweise Konvergenz. Es gibt also Folgen von Funktionen, die zwar punktweise konvergieren, aber nicht in der Supremumsnorm. Zum Beispiel konvergiert $f_j(x) = x^j$ auf $(0, 1)$ punktweise gegen $f(x) = 0$, aber $\|f_j - f\|_\infty = 1$ für alle $j \in \mathbb{N}$. Die Konvergenz bzgl. der Supremumsnorm wird auch gleichmäßige Konvergenz genannt (siehe S. 1125ff). ◄

Punktweise konvergente Folgen in $L(I)$

Wie aus der Definition des Integrals zu erwarten ist, ist *punktweise Konvergenz fast überall* eine nützliche Eigenschaft in der Klasse der integrierbaren Funktionen. Die folgende grundlegende Aussage der Lebesgue-Theorie, die nach dem Mathematiker Beppo Levi (1875–1961) benannt wird, zeigt dies deutlich.

Der Satz von Beppo Levi geht von einer fast überall monotonen Folge (f_j) von Lebesgue-integrierbarer Funktionen $f_j \in L(I)$ auf einem Intevall I aus. Wenn dann die Zahlenfolge der Integrale

$$\left(\int_I f_j \, dx\right)_{n \in \mathbb{N}}$$

in $\mathbb{R}$ beschränkt ist, konvergiert die Funktionenfolge (f_j) punktweise fast überall gegen eine Funktion $f \in L(I)$, und es gilt

$$\lim_{j \to \infty} \int_I f_j \, dx = \int_I f \, dx.$$

Beachten Sie, dass dieser Satz nicht nur die Konvergenz der Integrale beinhaltet, sondern auch die Existenz der Grenzfunktion $f \in L(I)$ klärt.

Wir können die Aussage des Satzes als Monotoniekriterium im Funktionenraum $L(I)$ bezüglich der punktweisen Konvergenz auffassen. Daraus lässt sich erahnen, welche zentrale Rolle dieser Satz in der Lebesgue-Theorie spielt, und ein Grund, diesen aufwendigeren Beweis hier vorzustellen.

Beweis Zum Beweis des Satzes gehen wir in vier Schritten vor. Zunächst zeigen wir, dass eine monoton wachsende Folge von Treppenfunktionen, deren Integrale beschränkt bleiben, einen Grenzwert in $L^\uparrow(I)$ besitzen. Damit können wir im zweiten Schritt die Aussage des Satzes für beliebige Funktionen in $L^\uparrow(I)$ zeigen.

Zur Vorbereitung des allgemeinen Falls beweisen wir im dritten Schritt, dass zu einer Funktion $f \in L(I)$ bei Zerlegung in eine Differenz aus Elementen aus $L^\uparrow(I)$ der zweite Anteil beliebig klein gewählt werden kann. Mit diesen Vorarbeiten lässt sich dann im vierten Schritt die allgemeine Aussage herleiten.

i) Die erste Behauptung lautet: Ist (φ_n) eine Folge von Treppenfunktionen auf einem Intervall I mit der Eigenschaft, dass die Integrale

$$\int_I \varphi_n(x) \, dx \le C$$

für alle $n \in \mathbb{N}$ durch eine Konstante $C \in \mathbb{R}_{>0}$ beschränkt sind, so gibt es eine Funktion $f \in L^\uparrow(I)$ mit

$$\lim_{n \to \infty} \varphi_n(x) = f(x) \quad \text{f.ü.}$$

und

$$\lim_{n \to \infty} \int_I \varphi_n(x) \, dx = \int_I f(x) \, dx.$$

Betrachten wir eine solche monoton steigende Folge (φ_n) von Treppenfunktionen. Zu einem Wert $\varepsilon > 0$ definieren wir die Menge

$$N_n = \left\{x \in I \mid \varphi_n(x) \ge \frac{C}{\varepsilon}\right\}$$

Diese Menge ist entweder leer oder besteht aus endlich vielen Intervallen, und wir können die *Gesamtlänge* $|N_n|$ abschätzen durch

$$\frac{C}{\varepsilon}|N_n| = \frac{C}{\varepsilon}\int_{N_n} 1 \, dx \le \int_{N_n} \varphi(x) \, dx \le \int_I \varphi_n(x) \le C.$$

Somit ist $|N_n| \le \varepsilon$ für alle $n \in \mathbb{N}$.

Da die Monotonie $\varphi_n \leq \varphi_{n+1}$ f.ü. vorausgesetzt ist, gilt $N_n \subseteq N_{n+1}$, und wir können die Differenzmengen $N_{n+1}\setminus N_n$ als Vereinigung endlich vieler disjunkter Intervalle ansehen. Deswegen ist die Vereinigung $N = \bigcup_{n=1}^{\infty} N_n$ eine Vereinigung von höchstens abzählbar vielen Intervallen $J_1, J_2, \ldots$, indem man zunächst die endlich vielen Intervalle zur Darstellung von $N_2\setminus N_1$ und dann von $N_3\setminus N_2$ usw. zählt. Außerdem gilt aufgrund der Konstruktion

$$\sum_{j=1}^{\infty} |J_j| \leq \varepsilon.$$

Nun betrachten wir die Menge

$$M = \{x \in I \mid (\varphi_n(x))_{n\in\mathbb{N}} \text{ ist unbeschränkt}\}$$

Dann ist $M \subseteq N$ für jedes $\varepsilon > 0$. Somit ist M eine Nullmenge. Für eine Stelle $x \in I\setminus M$ ist die monoton wachsende Folge $(\varphi_n(x))$ beschränkt und somit nach dem Monotoniekriterium konvergent. Bezeichnen wir den Grenzwert mit $f(x) \in \mathbb{R}$, so bekommen wir durch

$$f(x) = \begin{cases} \lim\limits_{n\to\infty} \varphi_n(x), & \text{für } x \in I\setminus M \\ 0, & \text{für } x \in M \end{cases}$$

eine Funktion f, die fast überall Grenzwert der Treppenfunktionen φ_n ist. Also gilt $f \in L^{\uparrow}(I)$, was wir im ersten Schritt zeigen wollten.

ii) Wir betrachten die Aussage des Satzes im Spezialfall, dass eine monoton wachsende Folge $(f_j)_{j\in\mathbb{N}}$ von Funktionen in $L^{\uparrow}(D)$ gegeben ist, für die es eine obere Schranke $K > 0$ zu den Integralen

$$\int_I f_j(x)\, dx \leq K$$

für alle $j \in \mathbb{N}$ gibt.

Es soll gezeigt werden, dass (f_j) punktweise fast überall gegen eine Funktion $f \in L^{\uparrow}(D)$ konvergiert und für die Integrale

$$\lim_{j\to\infty} \int_I f_j(x)\, dx = \int_I f(x)\, dx$$

gilt.

Dazu wählen wir zu jedem f_j eine monoton wachsende Folge von Treppenfunktionen (φ_k^j) aus, die für $k \to \infty$ punktweise fast überall gegen f_j konvergiert. Wegen der Monotonie der Folge $(f_j)_{j\in\mathbb{N}}$ gilt nach Konstruktion

$$\varphi_k^j \leq f_j \leq f_k$$

für $j \leq k$. Definieren wir mit diesen Treppenfunktionen eine weitere Folge durch

$$\psi_n(x) = \max\{\varphi_j^k(x) \mid k, j = 1, \ldots, n\}.$$

Dann gilt

$$\int_I \psi_n(x)\, dx \leq \int_I f_n(x)\, dx \leq K.$$

Die Folge der Integrale über ψ_n bleibt somit beschränkt.

Nach Teil i) des Beweises gibt es eine Grenzfunktion $f \in L^{\uparrow}(D)$ und es gilt

$$\lim_{n\to\infty} \int_I \psi_n(x)\, dx = \int_I f(x)\, dx.$$

Weiter ist für $j \leq n$ auch $\varphi_n^j \leq \psi_n$. Diese Ungleichung bleibt im Grenzfall $n \to \infty$ bestehen, d. h., es ist $f_j \leq f$ für alle $j \in \mathbb{N}$. Aus der Ungleichungskette

$$\psi_j \leq f_j \leq f$$

und der punktweisen Konvergenz $\psi_j(x) \to f(x)$, f.ü., folgt

$$\int_I f(x)\, dx = \lim_{j\to\infty} \int_I \psi_j(x)\, dx$$
$$\leq \lim_{j\to\infty} \int_I f_j(x)\, dx$$
$$\leq \int_I f(x)\, dx.$$

Es ergibt sich, dass die Folge f_j punktweise fast überall gegen f konvergiert und auch die Integrale konvergieren.

iii) Um nun dieses Resultat auch für beliebige Funktionen in $L(I)$ herzuleiten, benötigen wir zunächst noch eine Aussage zur Auswahlmöglichkeit der Darstellung von Funktionen $f \in L(I)$ durch Differenzen der Form $f = g - h$ mit $g, h \in L^{\uparrow}(D)$. Und zwar lässt sich zu jedem $\varepsilon > 0$ eine solche Zerlegung finden, bei der die Funktion $h \geq 0$ ist und

$$\int_I h(x)\, dx \leq \varepsilon$$

gilt.

Diese Behauptung zeigt man, indem man von einer beliebigen Zerlegung $f = g_0 - h_0$ mit $g_0, h_0 \in L^{\uparrow}(D)$ startet. Wegen der Definition der Menge $L(I)$ muss es eine solche Darstellung geben. Zu h_0 wählen wir eine approximierende Folge von monoton wachsenden Treppenfunktionen (φ_n). Wählen wir weiter den Index n so groß, dass

$$0 \leq \int_I h_0(x)\, dx - \int_I \varphi_n(x)\, dx \leq \varepsilon$$

ist und setzen wir

$$h(x) := \begin{cases} h_0(x) - \psi_n(x), & \text{falls } h_0(x) \geq \psi(x) \\ 0, & \text{sonst}. \end{cases}$$

Dann ist $h \in L^\uparrow(D)$. Da $h_0 - \psi_n \geq 0$ nur fast überall gilt, ist in der Definition von h auf der Nullmenge, wo diese Abschätzung nicht gilt, der Wert extra auf null gesetzt, so dass die resultierende Funktion die Bedingung $h \geq 0$ auf ganz I erfüllt. Am Integralwert ändert sich durch diese Korrektur nichts, und es gilt

$$\int_I h(x)\,\mathrm{d}x \leq \varepsilon.$$

Außerdem ist mit $g := g_0 + \psi_n = g_0 + h - h_0$ eine Funktion $g \in L^\uparrow(D)$ gegeben, und wir erhalten mit

$$f = g_0 - h_0 = g_0 + h - h_0 - h = g - h$$

die gewünschte Zerlegung.

iv) Mit diesen Vorbereitungen lässt sich jetzt der allgemeine Satz von Beppo Levi beweisen. Es genügt, eine fast überall monoton wachsende Folge $(f_n)_{n\in\mathbb{N}}$ von Funktionen in $L(I)$ zu betrachten. Der Fall einer monoton fallenden Folge ist auch damit abgedeckt, da man in diesem Fall die Aussage für die steigende Folge $(-f_n)$ hat. Außerdem nehmen wir an, dass $f_n \geq 0$ fast überall gilt. Ansonsten betrachten wir einfach die Folge $(f_n - f_1)$, die aufgrund der Monotonie nichtnegativ ist.

Zu dieser Folge (f_n) können wir mit dem dritten Teil Funktionen $g_k, h_k \in L^\uparrow(D)$ finden mit

$$f_k - f_{k+1} = g_k - h_k$$

sodass $h_k \geq 0$ und

$$\int_I h_k(x)\,\mathrm{d}x \leq \frac{1}{2^k}$$

gilt. Offensichlich ist auch

$$g_k = \underbrace{f_k - f_{k+1}}_{\geq 0} + \underbrace{h_k}_{\geq 0} \geq 0.$$

Nun definieren wir weiter die Summen

$$G_n = \sum_{k=1}^n g_k \quad \text{und} \quad H_n = \sum_{k=1}^n h_k.$$

Die Folgen (G_n) und (H_n) sind monoton wachsende Folgen in $L^\uparrow(D)$, und es gilt

$$f_n = \sum_{k=1}^n f_k - f_{k+1} = G_n - H_n.$$

Außerdem folgt

$$\int_I H_n(x)\,\mathrm{d}x = \sum_{k=1}^n \int_I h_k(x)\,\mathrm{d}x \leq \sum_{k=1}^n \frac{1}{2^k} \leq 1$$

mit der geometrischen Summe. Auch die Folge der Integrale zu G_n bleibt wegen

$$\int_I G_n(x)\,\mathrm{d}x = \int_I f_n(x)\,\mathrm{d}x + \int_I H_n(x)\,\mathrm{d}x$$

beschränkt, da nach Voraussetzung die Integrale über f_n beschränkt sind.

Wir können die Aussage des zweiten Teils ii) anwenden auf $G_n \in L^\uparrow(D)$ und $H_n \in L^\uparrow(D)$. Diese besagt, dass beide Folgen punktweise fast überall gegen Funktionen $G, H \in L^\uparrow(D)$ konvergieren, d. h., es existiert die Grenzfunktion mit

$$f_n = G_n - H_n \to G - H =: f \in L(I), \quad n \to \infty$$

punktweise fast überall, und es gilt

$$\lim_{n\to\infty} \int_I f_n(x)\,\mathrm{d}x = \lim_{n\to\infty} \int_I G_n(x)\,\mathrm{d}x - \lim_{n\to\infty} \int_I H_n(x)\,\mathrm{d}x$$

$$= \int_I G(x)\,\mathrm{d}x - \int_I H(x)\,\mathrm{d}x = \int_I f(x)\,\mathrm{d}x.$$

Damit haben wir alle Beweisschritte abgeschlossen. ∎

Wichtig für uns ist eine Folgerung aus dem Satz von Levi, die uns ein Kriterium liefert zur Entscheidung, ob ein Integral existiert. Das auf S. 385 angegebene Konvergenzkriterium gibt uns die Möglichkeit, über die Integrierbarkeit Aussagen zu treffen, auch wenn der Integrand an einer Stelle oder der Integrationsbereich unbeschränkt ist.

Beweis Um zu sehen, dass das Konvergenzkriterium eine Folgerung des Satzes von Beppo Levi ist, nehmen wir zunächst $f \geq 0$ auf dem Intervall I an und definieren die Folge

$$f_j(x) = \begin{cases} f(x), & x \in I_j \\ 0, & \text{sonst} \end{cases}$$

Die Funktionenfolge (f_j) konvergiert punktweise und monoton gegen f. Da die Folge der Integrale

$$\left(\int_I f_j\,\mathrm{d}x \right) = \left(\int_{I_j} f\,\mathrm{d}x \right)$$

nach Voraussetzung beschränkt ist, folgt nach dem Satz von Beppo Levi, dass $f \in L(I)$ Lebesgue-integrierbar ist und

$$\int_I f\,\mathrm{d}x = \lim_{j\to\infty} \int_{I_j} f\,\mathrm{d}x$$

gilt.

Ist nun $f : I \to \mathbb{R}$ beliebig, so zerlegen wir $f = f^+ - f^-$ mit

$$f^+(x) = \begin{cases} f(x) & \text{für } f(x) \geq 0 \\ 0 & \text{für } f(x) < 0 \end{cases}$$

und

$$f^-(x) = \begin{cases} 0 & \text{für } f(x) \geq 0 \\ -f(x) & \text{für } f(x) < 0 \,. \end{cases}$$

Damit lässt sich das obige Resultat für positive Funktionen auf f^+ und f^- anwenden, und wir erhalten die Behauptung. ∎

Der Konvergenzsatz liefert Bedingungen, unter denen Integration und Grenzwert vertauschbar sind

Eine weitere Folgerung aus dem Satz von Beppo Levi werden wir später häufiger verwenden. Es ist der Lebesgue'sche Konvergenzsatz.

Der Lebesgue'sche Konvergenzsatz

Mit $f_n \in L(I)$, $n \in \mathbb{N}$, sei eine Folge von Lebesgue-integrierbaren Funktionen auf einem Intervall $I \subset \mathbb{R}$ gegeben, die punktweise fast überall gegen eine Funktion $f : I \to \mathbb{R}$ konvergiert. Wenn dazu eine Funktion $g \in L(I)$ existiert mit $|f_n(x)| \leq g(x)$ für fast alle $x \in I$, dann ist die Grenzfunktion $f \in L(I)$ integrierbar, und es gilt

$$\lim_{n \to \infty} \int_I f_n(x)\, \mathrm{d}x = \int_I f(x)\, \mathrm{d}x.$$

Beweis Der Konvergenzsatz lässt sich zeigen, indem wir zunächst für ein $n \in \mathbb{N}$ die Funktionenfolgen

$$g_{nj} := \min\{f_n, f_{n+1}, \ldots, f_{n+j}\}$$

und

$$h_{nj} := \max\{f_n, f_{n+1}, \ldots, f_{n+j}\}$$

betrachten. Da die Funktionen f_n in $L(I)$ liegen, gilt auch mit den allgemeinen Eigenschaften des Integrals, dass $g_{nj} \in L(I)$ und $h_{nj} \in L(I)$ bzgl. $j \in \mathbb{N}$ wieder Folgen integrierbarer Funktionen sind.

Die Folge $(g_{nj})_{j \in \mathbb{N}}$ ist monoton fallend, denn, wenn wir von j zu $j+1$ übergehen, kommt eine weitere Funktion hinzu, sodass das Minimum der Funktionen $g_{n\,(j+1)}$ höchstens kleiner wird. Analog ist die Folge h_{nj} monoton wachsend. Nutzen wir nun noch,

dass mit der im Satz vorausgesetzten integrierbaren Majorante g die Abschätzungen

$$-\int_I g(x)\, \mathrm{d}x \leq \int_I g_{nj}(x)\, \mathrm{d}x \leq \int_I h_{nj}(x)\, \mathrm{d}x \leq \int_I g(x)\, \mathrm{d}x$$

für alle $n, j \in \mathbb{N}$ gelten, so folgt mit dem Satz von Beppo Levi, dass die Folgen punktweise fast überall konvergieren mit Grenzfunktionen $\lim_{j \to \infty} g_{nj} =: g_n \in L(I)$ und $\lim_{j \to \infty} h_{nj} =: h_n \in L(I)$. Es gilt

$$-\int_I g(x)\, \mathrm{d}x \leq \int_I g_n(x)\, \mathrm{d}x \leq \int_I h_n(x)\, \mathrm{d}x \leq \int_I g(x)\, \mathrm{d}x \,.$$

Für die so konstruierten Folgen integrierbarer Funktionen (g_n) und (h_n) wenden wir ein weiteres Mal den Satz von Beppo Levi an. Dazu müssen wir uns noch die Monotonie dieser Folgen bzgl. $n \in \mathbb{N}$ überlegen:

Wenn mit $M \subseteq I$ die Nullmenge bezeichnet ist, auf der die Folge $(f_n(x))$ nicht punktweise gegen $f(x)$ konvergiert, so gilt für eine Stelle $x \in I \backslash M$ Konvergenz, d. h., zu jedem $\varepsilon \geq 0$ gibt es eine Zahl $n_0 \in \mathbb{N}$ mit $|f_n(x) - f(x)| \leq \varepsilon$ für alle $n \geq n_0$. Wegen der Konstruktion gilt diese Abschätzung auch für g_n und h_n anstelle von f_n, wenn $n \geq n_0$ gewählt ist. Dies zeigt, dass die Folgen g_n und h_n punktweise fast überall, nämlich auf $I \backslash M$, gegen f konvergieren.

Außerdem ist g_n fast überall monoton steigend, da das Minimum $g_{n,j} = \min\{f_n, f_{n+1}, \ldots, f_{nj}\}$ größer wird, wenn die erste Funktion gestrichen wird, d. h. bei Übergang von g_{nj} zu $g_{(n+1)j}$. Genauso ist die Folge h_n fast überall monoton fallend. Mit der oben angegebenen Beschränkung der Integrale folgt mit dem Satz von Levi, dass die Grenzfunktion $f \in L(I)$ integrierbar ist mit

$$\lim_{n \to \infty} g_n(x)\, \mathrm{d}x = \int_I f(x)\, \mathrm{d}x$$

und

$$\lim_{n \to \infty} h_n(x)\, \mathrm{d}x = \int_I f(x)\, \mathrm{d}x \,.$$

Schließlich ergibt sich aus den beiden Abschätzungen

$$\int_I g_n(x)\, \mathrm{d}x \leq \int_I f_n(x)\, \mathrm{d}x \leq \int_I h_n(x)\, \mathrm{d}x$$

für $n \in \mathbb{N}$, auch die Konvergenz der Integrale

$$\lim_{n \to \infty} \int_I f_n(x)\, \mathrm{d}x = \int_I f(x)\, \mathrm{d}x$$

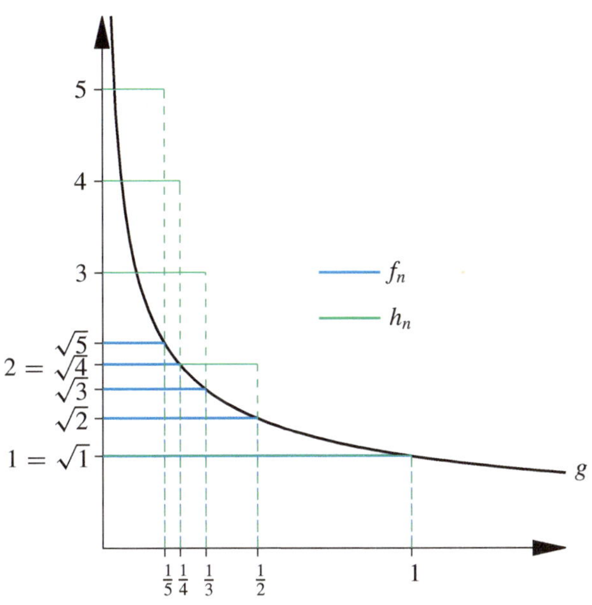

Abb. 4.4 Ein Beispiel und ein Gegenbeispiel zum Konvergenzsatz

durch das Einschließungskriterium zu Folgen (s. Abschn. 6.5). ∎

Die Aussage des Konvergenzsatzes gibt uns die Möglichkeit, zu entscheiden, ob ein Grenzprozess mit einer Integration vertauscht werden darf. Wir werden dieser Situation noch häufiger begegnen. Mit dem Konvergenzsatz müssen wir dann nur zeigen, dass es eine integrierbare Majorante g gibt, wie sie im Satz vorausgesetzt wird.

Beispiel

- Die Funktionenfolgen $(f_n), (h_n)$ der integrierbaren Funktionen $f_n, h_n : [0, 1] \to \mathbb{R}$ mit

$$f_n(x) = \begin{cases} \sqrt{n}, & \text{für } x \in [0, \tfrac{1}{n}) \\ 0, & \text{für } x \in [\tfrac{1}{n}, 1] \end{cases}$$

und

$$h_n(x) = \begin{cases} n, & \text{für } x \in [0, \tfrac{1}{n}) \\ 0, & \text{für } x \in [\tfrac{1}{n}, 1] \end{cases}$$

konvergieren beide punktweise mit Ausnahme der Stelle $x = 0$ gegen die konstante Funktion $f : [0, 1] \to \mathbb{R}$ mit $f(x) = 0$ (s. Abb. 4.4).

Im ersten Fall können wir eine integrierbare Majorante $g : [0, 1] \to \mathbb{R}$ mit $g(x) = \frac{1}{\sqrt{x}}$ angeben. Daher besagt der Lebesgue'sche Konvergenzsatz, dass auch für die Integrale

$$\lim_{n \to \infty} \int_0^1 f_n(x)\,\mathrm{d}x = \int_0^1 f(x)\,\mathrm{d}x = 0$$

gilt. Das Ergebnis können wir verifizieren, in dem wir

$$\int_0^1 f_n(x)\,\mathrm{d}x = \int_0^{\frac{1}{n}} \sqrt{n}\,\mathrm{d}x = \frac{1}{n}\sqrt{n} = \frac{1}{\sqrt{n}}$$

berechnen.

Im zweiten Fall gilt

$$\int_0^1 h_n(x)\,\mathrm{d}x = \int_0^{\frac{1}{n}} n\,\mathrm{d}x = \frac{1}{n}n = 1$$

für alle $n \in \mathbb{N}$. Der Lebesguesche Konvergenzsatz ist nicht anwendbar,

$$1 = \lim_{n \to \infty} \int_0^1 h_n(x)\,\mathrm{d}x \neq \int_0^1 f(x)\,\mathrm{d}x = 0\,.$$

da sich keine integrierbare Majorante $g \in L((0,1))$ finden lässt.

- Die Bedeutung des Konvergenzsatzes zeigt sich bei Funktionen, die durch Integrale definiert sind, wie zum Beispiel bei $f : \mathbb{R}_{>0} \to \mathbb{R}$ mit

$$f(s) = \int_0^\infty \mathrm{e}^{-st^2}\,\mathrm{d}t\,.$$

Fragen wir uns, ob die Funktion an einer Stelle $\hat{s} > 0$ stetig ist, so müssen wir prüfen, dass für eine Folge $(s_n) \subseteq \mathbb{R}_{>0}$ mit $s_n \to \hat{s}$ für $n \to \infty$ gilt

$$\lim_{n \to \infty} f(s_n) = \lim_{n \to \infty} \int_0^\infty \mathrm{e}^{-s_n t^2}\,\mathrm{d}t$$

$$= f(\hat{s}) = \int_0^\infty \mathrm{e}^{-\hat{s}t^2}\,\mathrm{d}t\,.$$

Das bedeutet, wir müssen zeigen, dass der Grenzwert mit dem Bilden des Integrals vertauschbar ist. Nach dem Konbergenzsatz müssen wir nur eine integrierbare Majorante finden, denn die Integranden $h_n(t) = \mathrm{e}^{s_n t^2}$ konvergieren offensichtlich wegen der Stetigkeit der Exponentialfunktion punktweise gegen $\mathrm{e}^{-\hat{s}t^2}$.

Eine Majorante ist aber schnell gefunden, da wegen der Konvergenz von (s_n) sicherlich eine Schranke $0 \leq c \leq s_n$ für alle $n \in \mathbb{N}$ existiert. Somit ist durch $g(t) := \mathrm{e}^{-ct} \geq \mathrm{e}^{-s_n t}$ eine integrierbare Majorante gegeben. Der Konvergenzsatz liefert also die Stetigkeit der Funktion F an der Stelle $\hat{s} \in \mathbb{R}_{>0}$.

Übrigens, da wir in diesem Beispiel keine Stammfunktionen angeben können, ist die Anwendung des Konvergenzsatzes nicht durch Berechnen einer Stammfunktion in Abhängigkeit von s zu umgehen. ◀

Kapitel 4

Vektorräume – Schauplätze der linearen Algebra (zu Kap. 15)

Sind Funktionen Vektoren?

Was haben magische Quadrate mit Vektorräumen zu tun?

Wie findet man ein Polynom, das an vorgegeben Stellen vorgegebene Werte annimmt?

Kapitel 5

© Springer-Verlag GmbH Deutschland 2017

T. Arens et al., *Ergänzungen und Vertiefungen zu Arens et al., Mathematik*, DOI 10.1007/978-3-662-53585-1_5

In diesem Kapitel ist das Bonusmaterial zu Kapitel 15 aus dem Lehrbuch Arens et al. *Mathematik* zusammengestellt.

5.1 Gruppen, Ringe und Körper

Die Algebra befasst sich mit der Untersuchung *algebraischer Strukturen*. Dabei versteht man unter einer algebraischen Struktur eine Menge mit Verknüpfungen und eventuell weiteren Eigenschaften. Ein Vektorraum ist ein Beispiel für eine schon sehr ausgefeilte algebraische Struktur, die letztlich aus verschiedenen einfacheren Grundstrukturen zusammengesetzt ist. Bei einem algebraischen Aufbau der Vektorraumtheorie nähert man sich dem Begriff des Vektorraumes von diesen einfachen grundlegenden Strukturen, das sind *Gruppen*, *Ringe* und *Körper*. Wir beginnen mit den Gruppen.

Verknüpfungen können assoziativ oder abelsch sein und es kann ein neutrales Element geben

Wir betrachten eine Menge G mit einer **(inneren) Verknüpfung** $\circ$, d. h., je zwei Elemente aus G lassen sich mit $\circ$ *verknüpfen* und ergeben wieder ein Element aus G:

$$a, b \in G \;\Rightarrow\; a \circ b \in G.$$

Wir interessieren uns für Mengen mit Verknüpfungen, die weitere Eigenschaften erfüllen. Dazu betrachten wir folgende mögliche Eigenschaften:

Assoziativität/Kommutativität/Neutrales Element

Gegeben ist eine Menge G mit einer (inneren) Verknüpfung $\circ$.

- Man nennt die Verknüpfung
  - **assoziativ**, falls

    $$a \circ (b \circ c) = (a \circ b) \circ c \quad \text{für alle } a, b, c \in G,$$

  - **abelsch** oder **kommutativ**, falls

    $$a \circ b = b \circ a \quad \text{für alle } a, b \in G.$$

- Ein Element $e \in G$ mit

  $$e \circ a = a = a \circ e \quad \text{für alle } a \in G$$

  nennt man **neutrales Element** von G.

Kann es in einer Menge G mit der Verknüpfung $\circ$ verschiedene neutrale Elemente geben?

Meistens wird die Verknüpfung $\circ$ eine Addition $+$ bzw. eine Multiplikation $\cdot$ sein; man spricht in diesem Fall kurz von einer additiven bzw. multiplikativen Verknüpfung; das neutrale Element nennt man dann **Nullelement** im Falle einer additiven bzw. **Einselement** im Falle einer multiplikativen Verknüpfung.

Beispiel

- Die (übliche) Addition $+$ natürlicher Zahlen ist eine assoziative und abelsche Verknüpfung auf den Mengen $\mathbb{N}$ bzw. $2\mathbb{N}$ (die Menge der geraden natürlichen Zahlen). In beiden Fällen gibt es kein neutrales Element. Betrachtet man hingegen die Addition auf den Mengen $\mathbb{N}_0$ bzw. $2\mathbb{N}_0$, so ist jeweils die Null ein neutrales Element.
- Die (übliche) Addition bzw. Multiplikation ganzer Zahlen ist eine assoziative und abelsche Verknüpfung auf der Menge $\mathbb{Z}$. Es ist 0 das neutrale Element bzgl. der Addition und 1 das neutrale Element bzgl. der Multiplikation.
- Es sei X eine Menge. Mit $\mathcal{P}(X)$ bezeichnen wir die **Potenzmenge** $\{A \mid A \subseteq X\}$ von X. Dann ist die Vereinigung $\cup$ bzw. der Durchschnitt $\cap$ eine assoziative und abelsche Verknüpfung. Wegen

  $$\emptyset \cup A = A = A \cup \emptyset \quad \text{für jedes } A \in \mathcal{P}(X)$$

  ist die leere Menge $\emptyset$ ein neutrales Element bzgl. der Vereinigung $\cup$, und wegen

  $$X \cap A = A = A \cap X \quad \text{für jedes } A \in \mathcal{P}(X)$$

  ist die Menge X ein neutrales Element bzgl. des Durchschnitts $\cap$.
- Die wie folgt erklärte (innere) Verknüpfung $\circ$ auf der Menge $\mathbb{R}$,

  $$a \circ b := \mathrm{e}^{a+b} \quad \text{für alle } a, b \in \mathbb{R},$$

  wobei e die Euler'sche Zahl bezeichne, ist nicht assoziativ: Es gilt nämlich

  $$(0 \circ 0) \circ 1 = \mathrm{e}^0 \circ 1 = \mathrm{e}^2 \neq \mathrm{e}^\mathrm{e} = 0 \circ \mathrm{e} = 0 \circ (0 \circ 1). \;\blacktriangleleft$$

Hat man eine Menge G mit einer inneren Verknüpfung $\circ$, so drückt man diese Zusammengehörigkeit oft durch die Schreibweise $(G, \circ)$ aus und spricht auch gerne von einer

- **Halbgruppe** $(G, \circ)$, falls die Verknüpfung assoziativ ist, oder von einem
- **Monoid** $(G, \circ)$, falls zudem ein neutrales Element e existiert.

Allgemein spricht man bei Mengen mit Verknüpfungen und ggf. weiteren Eigenschaften von *algebraischen Strukturen*. In unserem Fokus liegen die algebraischen Strukturen *Gruppen*, *Ringe*, *Körper* und *Vektorräume*. Wir nähern uns dem Begriff *Gruppe*; einzig die Eigenschaft der Invertierbarkeit fehlt noch:

Invertierbare Elemente

Ein Element a einer Halbgruppe $(G, \circ)$ mit neutralem Element e heißt **invertierbar**, wenn es ein $b \in G$ gibt mit

$$a \circ b = e = b \circ a.$$

Man nennt b das **Inverse** von a und bezeichnet dieses Inverse mit a^{-1}.

Bei additiver Schreibweise spricht man anstelle vom Inversen auch vom **Negativen** $-a$ von a. Für das neutrale Element 0 gilt in diesem additiven Fall $(-a) + a = 0 = a + (-a)$.

─────────── **Selbstfrage 2** ───────────

Begründen Sie, dass das Inverse b eines Elements a einer Halbgruppe eindeutig bestimmt ist.

Beispiel
- Bezüglich der (üblichen) Addition $+$ bzw. Multiplikation $\cdot$ sind

$$(\mathbb{N}_0, +), \ (\mathbb{N}_0, \cdot), \ (\mathbb{Z}, +), \ (\mathbb{Z}, \cdot)$$

abelsche Monoide mit den neutralen Elementen 0, 1, 0, 1 (in dieser Reihenfolge).
  - In $(\mathbb{N}_0, +)$ ist einzig die 0 invertierbar: $0 + 0 = 0$.
  - In $(\mathbb{N}_0, \cdot)$ ist einzig die 1 invertierbar: $1 \cdot 1 = 1$.
  - In $(\mathbb{Z}, +)$ ist jedes Element invertierbar: $a + (-a) = 0$.
  - In $(\mathbb{Z}, \cdot)$ sind einzig ± 1 invertierbar: $(\pm 1) \cdot (\pm 1) = 1$.
- Wegen $e \circ e = e$ ist das neutrale Element e immer invertierbar mit Inversem $e^{-1} = e$.
- Ist a invertierbar, so auch a^{-1}: Wegen $a \, a^{-1} = e = a^{-1} a$ gilt $(a^{-1})^{-1} = a$.
- Sind a, b invertierbar, so auch $a \, b$: Wegen $(b^{-1} a^{-1})(a \, b) = [(b^{-1} a^{-1}) a] b = [b^{-1} (a^{-1} a)] b = (b^{-1} e) b = b^{-1} b = e$, und analog $(a \, b)(b^{-1} a^{-1}) = e$ ist $b^{-1} a^{-1}$ das Inverse von $a \, b$. ◄

Eine Gruppe ist assoziativ, hat ein neutrales Element und jedes Element ist invertierbar

Eine Halbgruppe $(G, \circ)$ mit neutralem Element (also ein Monoid) heißt **Gruppe**, wenn jedes Element $a \in G$ invertierbar ist, ausführlicher:

Definition einer Gruppe

Es sei G eine nichtleere Menge mit einer Verknüpfung $\circ$. Es heißt $(G, \circ)$ eine **Gruppe**, wenn:

- die Verknüpfung assoziativ ist,
- ein neutrales Element existiert,
- jedes Element invertierbar ist.

Eine Gruppe $(G, \circ)$ nennt man **abelsch** oder **kommutativ**, wenn zudem die Verknüpfung abelsch ist.

Beispiel
- Die Menge $\mathbb{Z}$ der ganzen Zahlen bildet mit der üblichen Addition $+$ eine Gruppe $(\mathbb{Z}, +)$. Ebenso $(\mathbb{Q}, +)$, $(\mathbb{R}, +)$ oder $(\mathbb{R} \setminus \{0\}, \cdot)$.
- **Die Klein'sche Vierergruppe.**
  Durch die untenstehende Verknüpfungstafel ist eine abelsche Gruppe $V = \{e, a, b, c\}$ gegeben: Beliebige Verknüpfungen von Elementen aus V sind wieder Elemente aus V. Wegen der Symmetrie der Tafel ist die Verknüfung abelsch. Es ist e das neutrale Element. Und für jedes $x \in V$ ist $x \circ x = e$ erfüllt, d. h., jedes Element ist sein eigenes Inverses; insbesondere ist jedes Element invertierbar. Nur der Nachweis des Assoziativgesetzes ist etwas umständlich, das ersparen wir uns.

$\circ$	e	a	b	c
e	e	a	b	c
a	a	e	c	b
b	b	c	e	a
c	c	b	a	e

- Ist H eine Halbgruppe mit neutralem Element, so bildet die Menge

$$H^{\times} = \{a \in H \mid a \text{ ist invertierbar}\}$$

(mit der aus H übernommenen Verknüpfung) eine Gruppe – die **Einheitengruppe** oder die **Gruppe der invertierbaren Elemente** von H: Das folgt aus obigen Beispielen zu den invertierbaren Elementen: Das Produkt invertierbarer Elemente ist wieder invertierbar und das neutrale Element ist invertierbar. Übrigens gilt das Assoziativgesetz in $H^{\times}$; es gilt ja in ganz H.
- Für jede nichtleere Menge X ist

$$S_X = \{\sigma \mid \sigma : X \to X \text{ bijektiv}\}$$

mit der Hintereinanderausführung $\circ$ von Abbildungen eine Gruppe, die **symmetrische Gruppe** von X. Im Fall $X := \{1 \ldots, n\}$ schreibt man S_n für S_X. Die Elemente von S_X sind die Permutationen von X. Bekanntlich gilt $|S_n| = n!$ für $n \in \mathbb{N}$. Für $\sigma \in S_n$ verwenden wir die Schreibweise als zweireihige Matrix, bei der das Bild $\sigma(i)$ von $i \in \{1 \ldots, n\}$ unter i steht:

$$\sigma = \begin{pmatrix} 1 & 2 & \cdots & n \\ \sigma(1) & \sigma(2) & \cdots & \sigma(n) \end{pmatrix}.$$

Es ist S_3 mit $|S_3| = 6$ eine nichtabelsche Gruppe: Es gilt etwa

$$\begin{pmatrix} 1 & 2 & 3 \\ 2 & 3 & 1 \end{pmatrix} \circ \begin{pmatrix} 1 & 2 & 3 \\ 2 & 1 & 3 \end{pmatrix} = \begin{pmatrix} 1 & 2 & 3 \\ 3 & 2 & 1 \end{pmatrix}$$

$$\begin{pmatrix} 1 & 2 & 3 \\ 2 & 1 & 3 \end{pmatrix} \circ \begin{pmatrix} 1 & 2 & 3 \\ 2 & 3 & 1 \end{pmatrix} = \begin{pmatrix} 1 & 2 & 3 \\ 1 & 3 & 2 \end{pmatrix}.$$

- Jede Gruppe mit vier Elementen ist abelsch: Sind nämlich e, a, b, c die vier verschiedenen Elemente einer Gruppe G mit neutralem Element e, so gilt $ab = e$ oder $ab = c$, weil $ab = a$ bzw. $ab = b$ ausgeschlossen ist (Multiplikation mit a^{-1} bzw. b^{-1} lieferte $b = e$ bzw. $a = e$).
  Im Fall $ab = e$ gilt $ba = e$, da b in diesem Fall das Inverse zu a ist. Im Fall $ab = c$ gilt aber auch $ba = c$, da sonst a das Inverse zu b wäre. Folglich ist G abelsch. ◄

Ringe haben zwei Verknüpfungen + und ·

Wir betrachten nun eine Menge R mit zwei (inneren) Verknüpfungen, einer Addition + und einer Multiplikation ·, d. h., beliebige Elemente a, $b \in R$ können wir mit + und · miteinander verknüpfen und erhalten wieder Elemente aus R:

$$a, b \in R \;\Rightarrow\; a + b, \, a \cdot b \in R.$$

Wenn wir ausdrücken wollen, dass + und · in diesem Sinne Verknüpfungen in R sind, schreiben wir dafür $(R, +, \cdot)$. Wir interessieren uns für Mengen mit Verknüpfungen, die weitere Eigenschaften besitzen:

Definition eines Ringes

Sind + und · Verknüpfungen auf einer nichtleeren Menge R, so nennt man $(R, +, \cdot)$ einen **Ring**, wenn gilt:

- $(R, +)$ ist eine abelsche Gruppe,
- $(R, \cdot)$ ist eine Halbgruppe,
- $a \cdot (b + c) = a \cdot b + a \cdot c$ und $(a + b) \cdot c = a \cdot c + b \cdot c$ für alle a, b, $c \in R$ (*Distributivgesetze*).

Wir schreiben ab nun kurz ab anstelle von $a \cdot b$ und halten uns an die Schulregel *Punkt vor Strich*, die es erlaubt, mit weniger Klammern zu arbeiten, z. B. $a + (bc) = a + bc$.

Wir notieren ausführlich alle Axiome: Eine nichtleere Menge R mit den beiden Verknüpfungen + und · ist ein Ring, wenn für alle a, b, $c \in R$ gilt:

(1) $a + b = b + a$,
(2) $a + (b + c) = (a + b) + c$,
(3) es gibt ein neutrales Element 0 (Nullelement) in R: $0 + a = a$ (für alle $a \in R$),
(4) zu jedem $a \in R$ gibt es ein inverses Element $-a \in R$: $a + (-a) = 0$,

(5) $a(bc) = (ab)c$,
(6) $a(b + c) = ab + ac$ und $(a + b)c = ac + bc$.

Wir bezeichnen einen Ring $(R, +, \cdot)$ meist kürzer mit R, also mit der zugrunde liegenden Menge, sofern nicht ausdrücklich auf die Bezeichnung der Verknüpfungen hingewiesen werden soll. Das Nullelement (das ist das neutrale Element der Gruppe $(R, +)$) bezeichnen wir einheitlich in jedem Ring mit 0. Man beachte, dass weder $ab = ba$ für alle a, $b \in R$ noch die Existenz eines bezüglich der Multiplikation neutralen Elementes verlangt wird.

Der Ring $(R, +, \cdot)$ heißt

- **kommutativ**, wenn $(R, \cdot)$ kommutativ ist, d. h., es gilt $ab = ba$ für alle a, $b \in R$,
- **Ring mit** 1 oder **unitär**, wenn er ein Einselement $1 \neq 0$ besitzt, d. h., $(R, \cdot)$ besitzt ein neutrales Element 1, das vom neutralen Element 0 von $(R, +)$ verschieden ist.

Beispiel

- Die Mengen $\mathbb{Z}$, $\mathbb{Q}$, $\mathbb{R}$, $\mathbb{C}$ bilden mit ihren üblichen Verknüpfungen + und · kommutative Ringe mit 1.
- Für jedes $n \in \mathbb{N}_{>1}$ bildet die Menge $n\mathbb{Z}$ aller ganzzahliger Vielfachen von n (einschließlich der 0) mit der gewöhnlichen Addition und Multiplikation aus $\mathbb{Z}$ einen kommutativen Ring ohne 1.
- Die Menge $\mathbb{R}[X]$ aller Polynome mit Koeffizienten aus $\mathbb{R}$ bildet bezüglich der (üblichen) Addition + von Polynomen und der (üblichen) Multiplikation · von Polynomen einen kommutativen Ring mit 1.
- Einen nichtkommutativen Ring mit 1 bildet der Ring der $n \times n$-Matrizen mit $n \geq 2$ und Koeffizienten aus $\mathbb{R}$. Addition bzw. Multiplikation ist die übliche Matrixaddition bzw. Matrixmultiplikation. Die Einheitsmatrix ist dabei das Einselement.
- Es ist $R = \{0\}$ mit den einzig möglichen Verknüpfungen $0 + 0 = 0$ und $0 \cdot 0 = 0$ ein Ring ohne 1; beachte, dass die Null ein Einselement $1 = 0$ ist. ◄

Neben der Multiplikation in R, $(a, b) \mapsto ab$, gibt es die Produkte $k \cdot a$ mit $k \in \mathbb{Z}$, $a \in R$. Dies sind die Vielfachen in der abelschen Gruppe $(R, +)$. Hat der Ring R eine 1, so gilt $k \cdot a = (k \cdot 1) a$, wobei rechts das Produkt der Ringelemente $k \cdot 1$ und a steht. Wir schreiben von nun an kürzer ka anstelle von $k \cdot a$.

<hr>

Selbstfrage 3

Begründen Sie die Rechenregeln: In einem Ring R gilt für alle a, b, $c \in R$:

(a) $0\,a = 0 = a\,0$.
(b) $(-a)\,b = -(a\,b) = a\,(-b)$.
(c) $a\,(b - c) = ab - ac$, $(a - b)\,c = ac - bc$.

<hr>

Es sei R ein Ring mit 1. Ein Element $a \in R$ heißt **invertierbar** oder eine **Einheit**, wenn es ein $b \in R$ gibt mit $ba = 1 = ab$.

Es handelt sich also hier um die invertierbaren Elemente der multiplikativen Halbgruppe $(R, \cdot)$,

$$R^{\times} = \{a \in R \mid a \text{ ist invertierbar}\}.$$

Ein zu $a \in R$ inverses Element b ist eindeutig bestimmt, wir schreiben $b = a^{-1}$.

Beispiel Offenbar gilt $\mathbb{Z}^{\times} = \{\pm 1\}$ und $\mathbb{R}^{\times} = \mathbb{R} \setminus \{0\}$. ◄

Ist jedes Element ungleich Null eines Ringes invertierbar, so nennt man diesen Ring einen Körper

Neben Gruppen und Ringen spielen *Körper* eine wesentliche Rolle beim Aufbau der linearen Algebra. Die algebraische Struktur *Körper* fällt unter die Ringe, sprich, es sind Ringe mit besonderen Eigenschaften:

Definition eines Körpers

Ein kommutativer Ring $(K, +, \cdot)$ mit 1 heißt **Körper**, wenn $K^{\times} = K \setminus \{0\}$, d. h. wenn jedes von Null verschiedene Element invertierbar ist.

Hinter dieser doch recht knappen Definition verbergen sich zahlreiche Axiome, wir listen diese alle auf, um uns einen Überblick zu verschaffen: Eine nichtleere Menge K mit den beiden Verknüpfungen $+$ und $\cdot$ ist ein Körper, wenn für alle $a, b, c \in K$ gilt:

(1) $a + b = b + a$,
(2) $a + (b + c) = (a + b) + c$,
(3) es gibt ein neutrales Element 0 (Nullelement) in K: $0 + a = a$ (für alle $a \in K$),
(4) zu jedem $a \in K$ gibt es ein inverses Element $-a \in K$: $a + (-a) = 0$,
(5) $a\,b = b\,a$,
(6) $a\,(b\,c) = (a\,b)\,c$,
(7) es gibt ein neutrales Element $1 \neq 0$ (Einselement) in K: $1\,a = a$ (für alle $a \in K$),
(8) zu jedem $a \in K \setminus \{0\}$ gibt es $a^{-1} \in K$ (inverses Element): $a\,a^{-1} = 1$,
(9) $a\,(b + c) = a\,b + a\,c$ und $(a + b)\,c = a\,c + b\,c$.

Beispiel
- Es sind $\mathbb{Q}$, $\mathbb{R}$, $\mathbb{C}$ mit den üblichen Additionen und Multiplikationen Körper.
- Natürlich ist $\mathbb{Z}$ kein Körper, die Zahl $2 \neq 0$ hat beispielsweise kein Inverses.
- Es ist $\mathbb{Z}_2 = \{\bar{0}, \bar{1}\}$ mit den beiden wie folgt definierten Verknüpfungen $+$ und $\cdot$ ein endlicher Körper mit zwei Elementen:

$+$	$\bar{0}$	$\bar{1}$
$\bar{0}$	$\bar{0}$	$\bar{1}$
$\bar{1}$	$\bar{1}$	$\bar{0}$

und

$\cdot$	$\bar{0}$	$\bar{1}$
$\bar{0}$	$\bar{0}$	$\bar{0}$
$\bar{1}$	$\bar{0}$	$\bar{1}$

.

Die Axiome sind einfach nachzuprüfen. Es übernimmt $\bar{0}$ die Rolle von 0 und $\bar{1}$ jene von 1.

Weil jeder Körper nach dem Axiomensystem mindestens zwei Elemente enthält, ist $\mathbb{Z}_2$ also ein kleinstmöglicher Körper.

- Gegeben ist eine Menge $K = \{0, 1, a, b\}$ mit vier (verschiedenen) Elementen und zwei Verknüpfungen $+$ und $\cdot$, welche durch die folgenden Verknüpfungstafeln erklärt sind:

$+$	0	1	a	b
0	0	1	a	b
1	1	0	b	a
a	a	b	0	1
b	b	a	1	0

$\cdot$	0	1	a	b
0	0	0	0	0
1	0	1	a	b
a	0	a	b	1
b	0	b	1	a

Es ist etwas mühsam, aber möglich, etwa die Assoziativgesetze nachzuweisen, es gelingt auch schließlich, alle nötigen Axiome nachzuweisen und damit zu bestätigen, dass es sich hierbei um einen Körper mit vier Elementen handelt. ◄

Ein Körper $\mathbb{K}$ heißt **endlich**, wenn $|\mathbb{K}| = q \in \mathbb{N}'$ gilt. Es ist ein Ergebnis der (nichtlinearen) Algebra, dass es zu jeder Primzahlpotenz p^n, d. h. p ist eine Primzahl und n eine natürliche Zahl, bis auf die Bezeichnung der Elemente genau einen Körper gibt, der p^n Elemente enthält, und weitere endliche Körper gibt es nicht. In dem folgenden Beispiel konstruieren wir zu jeder Primzahl p einen endlichen Körper mit p Elementen.

Selbstfrage 4

Gibt es einen Körper mit 6 oder 7 oder 8 Elementen?

5.2 Vektorräume und Untervektorräume

Im Hauptwerk *Mathematik* haben wir sehr spezielle Vektorräume, nämlich Vektorräume über $\mathbb{R}$ oder über $\mathbb{C}$, betrachtet. In vielen Gebieten der Mathematik spielen aber auch Vektorräume über endlichen Körpern eine wichtige Rolle. Wir definieren im Folgenden die algebraische Struktur *Vektorraum* in aller Allgemeinheit; dabei gelingt es mit den Begriffen des vorherigen Abschnittes diese Definition knapp zu halten:

Definition eines $\mathbb{K}$-Vektorraumes

Sind $\mathbb{K}$ ein Körper und $(V, +)$ eine abelsche Gruppe mit einer (äußeren) Verknüpfung $(\lambda, v) \in \mathbb{K} \times V \rightarrow \lambda v \in V$, so nennt man V einen **Vektorraum über** $\mathbb{K}$ oder kurz $\mathbb{K}$-**Vektorraum**, wenn für alle $u, v, w \in V$ und $\lambda, \mu \in \mathbb{K}$ gilt:

(V6) $\lambda (v + w) = \lambda v + \lambda w$.
(V7) $(\lambda + \mu) v = \lambda v + \mu w$.
(V8) $(\lambda \mu) v = \lambda (\mu v)$.
(V9) $1 v = v$.

Beispiel: Endliche Körper von Primzahlordnung

Zu jeder Primzahl p gibt es den Körper $\mathbb{Z}_p = \{\overline{0}, \overline{1}, \ldots, \overline{p-1}\}$ mit p Elementen.

Problemanalyse und Strategie Wir erklären auf $\mathbb{Z}$ eine Äquivalenzrelation und erhalten p Äquivalenzklassen $\overline{0}, \overline{1}, \ldots, \overline{p-1}$. Dann erklären wir Verknüpfungen $+$ und $\cdot$ auf der p-elementigen Menge $\mathbb{Z}_p$ der Äquivalenzklassen, so dass $(\mathbb{Z}_p, +, \cdot)$ ein Körper mit dann p Elementen ist.

Lösung Ist p eine Primzahl, so definiert die Relation

$$a, b \in \mathbb{Z} \quad a \sim_p b \ :\Leftrightarrow\ \exists k \in \mathbb{Z} : a - b = k p$$

eine Äquivalenzrelation auf $\mathbb{Z}$ (siehe Kap. 2 des Hauptwerks). Bezüglich dieser Relation zerfällt also $\mathbb{Z}$ in seine disjunkten Äquivalenzklassen. Ist $a \in \mathbb{Z}$, so setzen wir $\overline{a} = \{b \in \mathbb{Z} \mid a \sim_p b\}$ für die Äquivalenzklasse von a. Für die Quotientenmenge $\mathbb{Z}/\sim_p\ = \{\overline{a} \mid a \in \mathbb{Z}\}$ schreiben wir kürzer $\mathbb{Z}_p$. Wir begründen nun:

$$\mathbb{Z}_p = \{\overline{0}, \overline{1}, \ldots, \overline{p-1}\}. \qquad (*)$$

Ist nämlich $b \in \mathbb{Z}$ eine beliebige ganze Zahl, so können wir diese durch p mit Rest teilen, also ganze Zahlen q und r bestimmen, so dass

$$b = q p + r \text{ mit } 0 \leq r < p$$

gilt. Es gilt dann aber $b \sim_p r$, also $\overline{b} = \overline{r}$. Und weil außerdem $\overline{r} \neq \overline{s}$ für r und s mit $0 \leq r \neq s < p$ gilt, sind tatsächlich $\overline{0}, \overline{1}, \ldots, \overline{p-1}$ sämtliche verschiedene Äquivalenzklassen, d. h., es gilt $(*)$.

Wir führen nun in dieser Menge $\mathbb{Z}_p$ mit p Elementen zwei Verknüpfungen $+$ und $\cdot$ ein, so dass diese Menge bezüglich dieser Verknüpfungen einen Körper bildet:

Wir addieren bzw. multiplizieren zwei Elemente, also Äquivalenzklassen aus $\mathbb{Z}_p$, indem wir ihre *Repräsentanten* addieren bzw. multiplizieren:

$$\overline{a} + \overline{b} = \overline{a + b} \text{ bzw. } \overline{a} \cdot \overline{b} = \overline{a \cdot b}.$$

Nun besteht eine kleine Schwierigkeit. Es ist nämlich eine offene Frage, ob diese Verknüpfungen sinnvoll sind, da ja Repräsentanten nicht eindeutig bestimmt sind. Kann es denn nicht sein, dass etwa diese Summe vom gewählten Repräsentanten abhängt? Ist wirklich gewährleistet, dass für verschiedene $a, a' \in \overline{a}$ auch stets $\overline{a} + \overline{b} = \overline{a'} + \overline{b}$ gilt? Dies ist tatsächlich sowohl für die Summe wie auch für das Produkt der Fall, man sagt: Die Verknüpfungen $+$ und $\cdot$ sind *wohldefiniert*. Wir begründen dies für die Addition, für die Multiplikation geht man analog vor:

Es gelte also $\overline{a} = \overline{a'}$ und $\overline{b} = \overline{b'}$. Zu zeigen ist: $\overline{a} + \overline{b} = \overline{a'} + \overline{b'}$.

Wegen $\overline{a} = \overline{a'}$ und $\overline{b} = \overline{b'}$ gibt es ganze Zahlen r, s mit

$$a' = a + r p \text{ und } b' = b + s p.$$

Es folgt

$$\overline{a'} + \overline{b'} = \overline{a' + b'} = \overline{a + b + (r + s)\,p} = \overline{a + b} = \overline{a} + \overline{b},$$

so dass also diese Addition *wohldefiniert*, also unabhängig von den *Repräsentanten*, ist.

Man kann für die Menge $\mathbb{Z}_p$ mit den eben definierten Verknüpfungen $+$ und $\cdot$ leicht die obigen Körperaxiome (1)–(7) und (9) nachweisen. Dabei übernehmen $\overline{0}$ und $\overline{1}$ die Rollen von 0 und 1. Das einzige Axiom, das nicht so leicht nachzuweisen ist, ist das Axiom (8) – es ist auch das einzige Axiom, für dessen Nachweis wir benutzen, dass p eine Primzahl ist:

Ist $\overline{0} \neq \overline{a} \in \mathbb{Z}_p$ gegeben, so gilt $\mathrm{ggT}(a, p) = 1$, weil p eine Primzahl ist. Mit dem Euklidischen Algorithmus findet man also ganze Zahlen r und s mit

$$a r + p s = 1.$$

Also gilt $a r \sim_p 1$, d. h. aber gerade $\overline{a}\,\overline{r} = \overline{1}$, also gilt auch Axiom (9).

Damit ist begründet, dass für jede Primzahl p die Menge $\mathbb{Z}_p$ mit den oben definierten Verknüpfungen einen Körper mit p Elementen bildet.

Wir geben explizit die Verknüpfungstafeln für die Additionen und Multiplikationen in $\mathbb{Z}_3$ an:

Es ist $\mathbb{Z}_3 = \{\overline{0}, \overline{1}, \overline{2}\}$ mit den beiden Operationen

$+$	$\overline{0}$	$\overline{1}$	$\overline{2}$
$\overline{0}$	$\overline{0}$	$\overline{1}$	$\overline{2}$
$\overline{1}$	$\overline{1}$	$\overline{2}$	$\overline{0}$
$\overline{2}$	$\overline{2}$	$\overline{0}$	$\overline{1}$

und

$\cdot$	$\overline{0}$	$\overline{1}$	$\overline{2}$
$\overline{0}$	$\overline{0}$	$\overline{0}$	$\overline{0}$
$\overline{1}$	$\overline{0}$	$\overline{1}$	$\overline{2}$
$\overline{2}$	$\overline{0}$	$\overline{2}$	$\overline{1}$

Wir fassen zusammen: *Für jedes $n \in \mathbb{N}_{>1}$ bildet die Menge $\mathbb{Z}_n = \{\overline{0}, \overline{1}, \ldots, \overline{n-1}\}$ mit $\overline{a} = a + n\,\mathbb{Z}$ mit den beiden Verknüpfungen*

$$\overline{a} + \overline{b} = \overline{a + b} \text{ und } \overline{a}\,\overline{b} = \overline{a\,b} \qquad (\overline{a}, \overline{b} \in \mathbb{Z}_n)$$

einen kommutativen Ring mit Einselement $\overline{1}$. Ist n eine Primzahl, so ist $\mathbb{Z}_n$ sogar ein Körper.

Wir haben bereits erwähnt, dass es sogar zu jeder Primzahlpotenz p^n, $n \in \mathbb{N}$ einen Körper mit p^n Elementen gibt. Einen solchen kann man mit Hilfe eines sogenannten *irreduziblen* Polynoms vom Grad n über $\mathbb{Z}_p$ konstruieren. Wir verweisen hierzu auf gängige Algebralehrbücher, etwa Karpfinger und Meyberg: *Algebra – Gruppen, Ringe, Körper*, Springer-Spektrum.

Die Begriffe *Untervektorräume, lineare Unabhängigkeit, Erzeugendensystem, Basis, Dimension, ...* führt man wie im Hauptwerk analog für beliebiges $\mathbb{K}$ ein.

Beispiel Es seien $\mathbb{K}$ ein Körper und $\mathbb{K}^{\mathbb{K}}$ der $\mathbb{K}$-Vektorraum der Abbildungen von $\mathbb{K}$ nach $\mathbb{K}$. Für $i \in \mathbb{N}_0$ sei $p_i \in \mathbb{K}^{\mathbb{K}}$ definiert durch

$$p_i : \begin{cases} \mathbb{K} \to \mathbb{K} \\ x \mapsto x^i \end{cases} .$$

Wir bestimmen jeweils die Dimension des von $\{p_0, p_1, p_2, p_3\}$ aufgespannten Untervektorraums von $\mathbb{K}^{\mathbb{K}}$ für die Fälle

$$\mathbb{K} = \mathbb{Z}_2, \ \mathbb{K} = \mathbb{Z}_3 \ \text{bzw.} \ \mathbb{K} = \mathbb{Q}.$$

Es sei $U := \langle p_0, p_1, p_2, p_3 \rangle$.

- $\mathbb{K} = \mathbb{Z}_2$: Wegen $p_1(\bar{0}) = p_2(\bar{0}) = p_3(\bar{0}) = \bar{0}$ und $p_1(\bar{1}) = p_2(\bar{1}) = p_3(\bar{1}) = \bar{1}$ gilt

$$p_1 = p_2 = p_3$$

und somit $\langle p_0, p_1 \rangle = \langle p_0, p_1, p_2, p_3 \rangle = U$.
Wir zeigen nun noch, dass $\{p_0, p_1\}$ linear unabhängig ist. Es seien $a_0, a_1 \in \mathbb{Z}_2$ mit $a_0 p_0 + a_1 p_1 = \mathbf{0} \in \mathbb{K}^{\mathbb{K}}$, also $a_0 p_0(x) + a_1 p_1(x) = \bar{0}$ für alle $x \in \mathbb{Z}_2$. Einsetzen von $x = \bar{0}$ liefert $a_0 = \bar{0}$ und dann Einsetzen von $x = \bar{1}$ auch $a_1 = \bar{0}$. Also ist $\{p_0, p_1\}$ linear unabhängig, also eine Basis von U, also $\dim(U) = 2$.
- $\mathbb{K} = \mathbb{Z}_3$: Analog zu $\mathbb{K} = \mathbb{Z}_2$ sieht man, dass $\{p_0, p_1, p_2\}$ eine Basis von U ist, also $\dim(U) = 3$.
- $\mathbb{K} = \mathbb{Q}$: Offensichtlich ist $\langle p_0, p_1, p_2, p_3 \rangle = U$. Wir zeigen, dass $\{p_0, p_1, p_2, p_3\}$ linear unabhängig ist.
  Es seien $a_0, a_1, a_2, a_3 \in \mathbb{Q}$ mit $a_0 p_0 + a_1 p_1 + a_2 p_2 + a_3 p_3 = \mathbf{0} \in \mathbb{K}^{\mathbb{K}}$, also $a_0 p_0(x) + a_1 p_1(x) + a_2 p_2(x) + a_3 p_3(x) = 0$ für alle $x \in \mathbb{Q}$. Einsetzen von $x = 0$, $x = 1$, $x = -1$, $x = 2$ liefert $a_0 = 0$ und zeigt, dass (a_1, a_2, a_3) eine Lösung des homogenen linearen Gleichungssystems mit Koeffizientenmatrix

$$\begin{pmatrix} 51 & 1 & 1 \\ -1 & 1 & -1 \\ 2 & 4 & 8 \end{pmatrix}$$

ist. Mit dem Gauß-Algorithmus sieht man, dass dieses System nur die Lösung $(0, 0, 0)$ besitzt. Also ist $\{p_0, p_1, p_2, p_3\}$ linear unabhängig, also eine Basis und somit $\dim(U) = 4$. ◄

Der Bauer-Code Ein vereinfachtes Kommunikationssystem lässt sich vereinfacht darstellen als:

$$\boxed{\text{Nachrichtenquelle}} \xrightarrow{\text{Codierung}} \boxed{\text{Kanal}} \xrightarrow{\text{Decodierung}} \boxed{\text{Empfänger}}$$

Die Nachrichtenquelle gibt eine Folge von Bits 0 oder 1 in den Kanal ein.

Der Kanal ist gestört, d. h., hin und wieder wird ein Bit als das entgegengesetzte Bit vom Kanal an den Empfänger weitergereicht. Um diese Störung zu bekämpfen, schalten wir vor bzw. hinter den Kanal einen Codierer bzw. einen Decodierer. Der Codierer fasst je k (zum Beispiel $k = 4$) von der Nachrichtenquelle ausgegebene Bits zu einem **Informationsblock** zusammen. Sodann berechnet der Codierer in Abhängigkeit vom Informationsblock r (im Beispiel $r = 4$) Kontrollbits, fasst diese zu einem **Kontrollblock** zusammen und sendet das **Codewort**, das ist das Paar (Informationsblock, Kontrollblock), an den Kanal.

Die Zuordnung Informationsblock $\to$ Codewort heißt **Codierung**. Der Kanal gibt nach Eingabe des Codewortes ein **Kanalwort** der Länge $k + r$ aus. Als Kanalwort kann prinzipiell jedes der 2^{k+r} möglichen Bit-Wörter der Länge $k + r$ auftreten (im Beispiel also jedes der 256 Bytes). Die Kanalstörungen können ja jedes Bit verfälschen; wir gehen allerdings davon aus, dass die Bit-Störungen sehr selten und unabhängig voneinander auftreten.

Der Decodierer versucht, aus der Kenntnis des Kanalwortes das ursprünglich gesendete Codewort zu rekonstruieren; die ersten k Bits des geschätzten Codewortes reicht der Decodierer als seine Mutmaßung des tatsächlich von der Nachrichtenquelle ausgegebenen Informationsblockes an den Empfänger weiter.

Der Bauer-Code ist ein sogenannter 1-fehlerkorrigierender und 2-fehlererkennender Code ($k = 4$ und $r = 4$), d. h., ein geeigneter Decodierer kann die von höchstens einem Bit-Fehler betroffenen Codewörter richtig schätzen und bei zwei Bit-Fehlern in einem Codewort erkennen, dass eine Störung vorliegt. Einen solchen geeigneten Decodierer stellen wir im Bonusmaterial zum Kap. 18 vor; hier beschreiben wir nur die Codierung.

Ein **(binärer) linearer Code der Länge** n ist ein Untervektorraum C von $\mathbb{Z}_2^n$ mit $|C| \geq 2$, wobei $\mathbb{Z}_2 = \{0, 1\}$ der Körper mit zwei Elementen ist. Es sei nun C ein solcher linearer Code der Länge n. Für die Elemente $x = (x_1, \ldots, x_n) \in C$ schreiben wir kürzer $x = x_1 \ldots x_n$.

Der **Hamming-Abstand** $d(x, y)$ zweier **Codewörter** $x, y \in C$ ist die Anzahl der Positionen, in denen sich x und y unterscheiden, d. h.

$$d(x, y) = |\{j \mid 1 \leq j \leq n \text{ und } x_j \neq y_j\}|.$$

Das **Hamming-Gewicht** $w(x)$ von $x \in C$ ist die Anzahl der Einsen in x, also $w(x) = d(x, \mathbf{0})$, wobei $\mathbf{0} = 00\ldots0 \in \mathbb{Z}_2^n$ das **Nullwort** ist. Für jeden Code $C \subseteq \mathbb{Z}_2^n$ mit $|C| \geq 2$ heißen die Zahlen

$$d(C) = \min\{d(x, y) \mid x, y \in C, \ x \neq y\} \ \text{bzw.}$$
$$w(C) = \min\{w(x) \mid x \in C, \ x \neq \mathbf{0}\}$$

der **Minimalabstand** bzw. das **Minimalgewicht** von C.

Vertiefung: *Fastvektorräume* – Gegenbeispiele, denen dies nicht sofort anzusehen ist

Es gibt Beispiele von Mengen mit Verknüpfungen, bei denen nur *fast* alle Vektorraumaxiome erfüllt sind. Wir führen vier Beispiele an, bei denen jeweils eines der sogenannten Verträglichkeitsaxiome (V6), (V7), (V8), (V9) zwischen der skalaren Multiplikation und der Addition nicht erfüllt ist. Man beachte, dass wir im Folgenden bei der üblichen Multiplikation · in $\mathbb{R}$ bzw. $\mathbb{C}$ keinen Multiplikationspunkt setzen. Die Multiplikationspunkte sind für die definierten skalaren Multiplikationen reserviert.

(1) In $\mathbb{K} = \mathbb{C}$ und $V = \mathbb{C}^2$ bezeichne $+$ die komponentenweise Addition; als skalare Multiplikation definieren wir für $\lambda \in \mathbb{C}$ und $v = \begin{pmatrix} v_1 \\ v_2 \end{pmatrix} \in V$:

$$\lambda \cdot \begin{pmatrix} v_1 \\ v_2 \end{pmatrix} := \begin{cases} \begin{pmatrix} \lambda\, v_1 \\ \lambda\, v_2 \end{pmatrix}, & \text{falls } v_2 \neq 0 \\[2ex] \begin{pmatrix} \overline{\lambda}\, v_1 \\ 0 \end{pmatrix}, & \text{falls } v_2 = 0. \end{cases}$$

Wir wählen $\lambda = \mathrm{i} \in \mathbb{C}$, $v = \begin{pmatrix} 1 \\ 1 \end{pmatrix}$, $w = \begin{pmatrix} 1 \\ -1 \end{pmatrix} \in V$ und rechnen nach,

$$\lambda \cdot (v + w) = \mathrm{i} \cdot \left(\begin{pmatrix} 1 \\ 1 \end{pmatrix} + \begin{pmatrix} 1 \\ -1 \end{pmatrix} \right) = \mathrm{i} \cdot \begin{pmatrix} 2 \\ 0 \end{pmatrix} = \begin{pmatrix} -2\,\mathrm{i} \\ 0 \end{pmatrix}$$

sowie

$$\lambda \cdot v + \lambda \cdot w = \mathrm{i} \cdot \begin{pmatrix} 1 \\ 1 \end{pmatrix} + \mathrm{i} \cdot \begin{pmatrix} 1 \\ -1 \end{pmatrix} = \begin{pmatrix} \mathrm{i} \\ \mathrm{i} \end{pmatrix} + \begin{pmatrix} \mathrm{i} \\ -\mathrm{i} \end{pmatrix}$$
$$= \begin{pmatrix} 2\,\mathrm{i} \\ 0 \end{pmatrix}.$$

Also ist das Vektorraumaxiom (V6) verletzt. Es gelten jedoch alle anderen Vektorraumaxiome. Exemplarisch weisen wir (V9) nach: Für alle $v = \begin{pmatrix} v_1 \\ v_2 \end{pmatrix} \in V$ gilt:

$$1 \cdot v = 1 \cdot \begin{pmatrix} v_1 \\ v_2 \end{pmatrix} = \begin{pmatrix} 1\, v_1 \\ 1\, v_2 \end{pmatrix} = v.$$

(2) In $\mathbb{K} = \mathbb{R}$ und $V = \mathbb{R}$ bezeichne $+$ die übliche Addition komplexer Zahlen; als skalare Multiplikation definieren wir für $\lambda \in \mathbb{R}$ und $v \in V$

$$\lambda \cdot v := \lambda^2 v.$$

Das Axiom (V7) $(\lambda + \mu) \cdot v = \lambda \cdot v + \mu \cdot v$ ist verletzt: Z. B. ist

$$(1 + 1) \cdot v = 2 \cdot v = 4v \neq 2v = v + v = 1 \cdot v + 1 \cdot v,$$

sofern $v \neq 0$. Es sind jedoch alle anderen Vektorraumaxiome erfüllt. Exemplarisch zeigen wir, dass (V8) erfüllt ist: Für alle $\lambda, \mu \in \mathbb{R}$ und $v \in V$ gilt

$$(\lambda\,\mu) \cdot v = (\lambda\,\mu)^2 \cdot v = \lambda^2\,(\mu^2 \cdot v) = \lambda \cdot (\mu \cdot v).$$

(3) In $\mathbb{K} = \mathbb{C}$ und $V = \mathbb{C}$ bezeichne $+$ die übliche Addition komplexer Zahlen; als skalare Multiplikation definieren wir für $\lambda \in \mathbb{C}$ und $v \in V$

$$\lambda \cdot v := (\operatorname{Re} \lambda)\,v.$$

Das gemischte Assoziativgesetz (V8) gilt hier nicht: Z. B. ist

$$(\mathrm{i}^2) \cdot v = (-1) \cdot v = \operatorname{Re}(-1)\,v = -v,$$

aber

$$\mathrm{i} \cdot (\mathrm{i} \cdot v) = \operatorname{Re}(\mathrm{i})\,\operatorname{Re}(\mathrm{i})\,v = 0,$$

d. h. $(\mathrm{i}^2) \cdot v \neq \mathrm{i} \cdot (\mathrm{i} \cdot v)$, sofern $v \neq 0$. Die anderen Vektorraumaxiome sind erfüllt. Exemplarisch zeigen wir, dass (V7) erfüllt ist: Für alle $\lambda, \mu \in \mathbb{C}$ und $v \in V$ gilt

$$(\lambda + \mu) \cdot v = \operatorname{Re}(\lambda + \mu) \cdot v = (\operatorname{Re} \lambda + \operatorname{Re} \mu)\,v$$
$$= \operatorname{Re} \lambda\,v + \operatorname{Re} \mu\,v = \lambda \cdot v + \mu \cdot v.$$

(4) In $\mathbb{K} = \mathbb{R}$ und $V = \mathbb{R}^2$ bezeichne $+$ die komponentenweise Addition; als skalare Multiplikation definieren wir für $\lambda \in \mathbb{R}$ und $v = \begin{pmatrix} v_1 \\ v_2 \end{pmatrix} \in V$

$$\lambda \cdot \begin{pmatrix} v_1 \\ v_2 \end{pmatrix} := \begin{pmatrix} \lambda\, v_1 \\ 0 \end{pmatrix}.$$

Für $\lambda = 1$, $v_2 \neq 0$ ergibt sich

$$1 \cdot \begin{pmatrix} v_1 \\ v_2 \end{pmatrix} = \begin{pmatrix} v_1 \\ 0 \end{pmatrix} \neq \begin{pmatrix} v_1 \\ v_2 \end{pmatrix},$$

also gilt hier das Axiom (V9) nicht. Alle anderen Axiome gelten. Exemplarisch weisen wir (V6) nach. Für alle $\lambda \in \mathbb{R}$ und $v = \begin{pmatrix} v_1 \\ v_2 \end{pmatrix}$, $w = \begin{pmatrix} w_1 \\ w_2 \end{pmatrix} \in V$ gilt:

$$\lambda \cdot (v + w) = \begin{pmatrix} \lambda\,(v_1 + w_1) \\ 0 \end{pmatrix} = \begin{pmatrix} \lambda\, v_1 \\ 0 \end{pmatrix} + \begin{pmatrix} \lambda\, w_1 \\ 0 \end{pmatrix}$$
$$= \lambda \cdot v + \lambda \cdot w.$$

Kommentar Wir haben für jedes der vier Axiome der Skalarmultiplikation eine algebraische Struktur angegeben, in der dieses Axiom verletzt und alle anderen Vektorraumaxiome erfüllt sind. Demnach folgt keines der vier Axiome der Skalarmultiplikation aus den übrigen Axiomen. Man sagt: *Die Axiome der Skalarmultiplikation sind voneinander unabhängig.* Dies ist nicht so bei der Kommutativität (V5): Die Kommutativität der Addition folgt tatsächlich aus den anderen Vektorraumaxiomen. Wir stellen diesen Nachweis als Übungsaufgabe. ◀

Vertiefung: Die Anzahl der k-dimensionalen Untervektorräume von $\mathbb{Z}_p^n$

Gegeben seien $n \in \mathbb{N}_0$ sowie eine Primzahl $p \in \mathbb{N}$. Wir wollen die Anzahl der k-dimensionalen (verschiedenen) Untervektorräume von $\mathbb{Z}_p^n$ bestimmen.

Wir betrachten den $\mathbb{Z}_p$-Vektorraum $\mathbb{Z}_p^n$:

$$\mathbb{Z}_p^n = \left\{ \begin{pmatrix} a_1 \\ \vdots \\ a_n \end{pmatrix} \,\middle|\, a_1, \ldots, a_n \in \mathbb{Z}_p \right\}.$$

Für jede Komponente hat man p Möglichkeiten, ein Element aus $\mathbb{Z}_p$ zu wählen, so dass also $\mathbb{Z}_p^n$ insgesamt p^n Elemente enthält.

Es ist $\{\mathbf{0}\}$ der einzige Untervektorraum der Dimension 0.

Zur Anzahl der 1-dimensionalen Untervektorräume: Es gibt $p^n - 1$ Möglichkeiten, einen vom Nullvektor verschiedenen Vektor zu wählen, und jeder solche Vektor erzeugt einen 1-dimensionalen Untervektorraum. Nun sind aber diese Untervektorräume nicht alle verschieden, so gilt im $\mathbb{Z}_3^3$ etwa

$$\left\langle \begin{pmatrix} 1 \\ 1 \\ 0 \end{pmatrix} \right\rangle = \left\langle \begin{pmatrix} 2 \\ 2 \\ 0 \end{pmatrix} \right\rangle.$$

Wir überlegen uns, wie viele verschiedene Basen ein 1-dimensionaler Untervektorraum von $\mathbb{Z}_p^n$ haben kann. Ist U ein 1-dimensionaler Untervektorraum, so liefert jede Wahl eines vom Nullvektor verschiedenen Vektors aus U (das sind $p - 1$ Möglichkeiten) eine Basis für U. Also erzeugen je $p - 1 = |\mathbb{Z}_p \setminus \{0\}|$ Elemente den gleichen Untervektorraum. Wir erhalten: Es gibt genau $\frac{p^n - 1}{p - 1}$ verschiedene 1-dimensionale Untervektorräume von $\mathbb{Z}_p^n$.

Zur Anzahl der 2-dimensionalen Untervektorräume: Es gibt $p^n - 1$ Möglichkeiten, einen vom Nullvektor verschiedenen Vektor $\mathbf{a}_1$ zu wählen und $p^n - p$ Möglichkeiten, einen zum Vektor $\mathbf{a}_1$ linear unabhängigen Vektor $\mathbf{a}_2 \in \mathbb{Z}_p^n \setminus \langle \mathbf{a}_1 \rangle$ zu wählen. Jedes solche Paar von Vektoren $\mathbf{a}_1$ und $\mathbf{a}_2$ erzeugt einen 2-dimensionalen Untervektorraum. Diese Untervektorräume sind aber nicht alle verschieden. So gilt im $\mathbb{Z}_3^3$ etwa

$$\left\langle \begin{pmatrix} 1 \\ 1 \\ 0 \end{pmatrix}, \begin{pmatrix} 0 \\ 2 \\ 0 \end{pmatrix} \right\rangle = \left\langle \begin{pmatrix} 2 \\ 2 \\ 0 \end{pmatrix} \begin{pmatrix} 0 \\ 2 \\ 0 \end{pmatrix} \right\rangle.$$

Wir überlegen uns, wieviele verschiedene Basen ein 2-dimensionaler Untervektorraum von $\mathbb{Z}_p^n$ haben kann. Jede Wahl eines vom Nullvektor verschiedenen Vektors $\mathbf{b}_1$ (das sind $p^2 - 1$ Möglichkeiten) und eines von $\mathbf{b}_1$ linear unabhängigen Vektors aus $U \setminus \langle \mathbf{b}_1 \rangle$ (das sind $p^2 - p$ Möglichkeiten) liefert eine Basis von U: Es gibt also $(p^2 - 1)(p^2 - p)$ verschiedene Basen in U. Wir erhalten: Es gibt genau $\frac{(p^n - 1)(p^n - p)}{(p^2 - 1)(p^2 - p)}$ verschiedene 2-dimensionale Untervektorräume von $\mathbb{Z}_p^n$.

Die Überlegungen wiederholen sich für die 3-dimensionalen Untervektorräume. Und allgemein erhalten wir für die Anzahl der k-dimensionalen Untervektorräume von $\mathbb{Z}_p^n$ die Formel: Es gibt genau

$$\prod_{j=0}^{k-1} \frac{p^n - p^j}{p^k - p^j} = \frac{(p^n - 1)(p^n - p) \cdots (p^n - p^{k-1})}{(p^k - 1)(p^k - p) \cdots (p^k - p^{k-1})}$$

k-dimensionale Untervektorräume von $\mathbb{Z}_p^n$.

Für $\mathbf{x}, \mathbf{y} \in C$ ist stets auch $\mathbf{x} + \mathbf{y} \in C$, und $\mathbf{x} + \mathbf{y} \neq \mathbf{0}$ impliziert $\mathbf{x} \neq -\mathbf{y} = \mathbf{y}$. Somit gilt $d(\mathbf{x}, \mathbf{y}) = |\{i \,|\, x_i \neq y_i\}| = |\{i \,|\, x_i + y_i \neq 0\}| = w(\mathbf{x} + \mathbf{y})$ und schließlich

$$\begin{aligned} d(C) &= \min\{d(\mathbf{x}, \mathbf{y}) \,|\, \mathbf{x}, \mathbf{y} \in C, \mathbf{x} \neq \mathbf{y}\} \\ &= \min\{w(\mathbf{x} + \mathbf{y}) \,|\, \mathbf{x}, \mathbf{y} \in C, \mathbf{x} \neq \mathbf{y}\} \\ &= \min\{w(\mathbf{z}) \,|\, \mathbf{z} \in C, \mathbf{z} \neq \mathbf{0}\} = w(C). \end{aligned}$$

Der **Bauer-Code** B besteht aus allen Elementen $\mathbf{x} = x_1 x_2 x_3 x_4 x_5 x_6 x_7 x_8 \in \mathbb{Z}_2^8$, die der folgenden Bedingung genügen:

$$x_5 x_6 x_7 x_8 = \begin{cases} x_1 x_2 x_3 x_4, & \text{falls } w(x_1 x_2 x_3 x_4) \in 2\,\mathbb{N}_0, \\ x_1 x_2 x_3 x_4 + 1111, & \text{falls } w(x_1 x_2 x_3 x_4) \in 2\,\mathbb{N}_0 + 1; \end{cases}$$

z. B. sind 00000000, 01001011, 01100110 Codewörter.

Wir geben alle Elemente von B explizit an und zeigen, dass B ein linearer Code ist:

Da $x_1 x_2 x_3 x_4 \in \mathbb{Z}_2^4$ beliebig gewählt werden kann, gilt $|B| = 16$. Die Elemente von B sind:

00000000	10101010	10110100
10000111	10011001	11010010
01001011	01100110	11100001
00101101	01010101	11111111
00011110	00110011	
11001100	01111000	

Zum Beweis der Tatsache, dass B ein $\mathbb{Z}_2$-Vektorraum ist, nutzen wir aus, dass eine Teilmenge $C \subseteq \mathbb{Z}_2^n$ genau dann ein linearer Code ist, wenn $\mathbf{0} \in C$ und aus $\mathbf{x}, \mathbf{y} \in C$ stets $\mathbf{x} + \mathbf{y} \in C$ folgt.

Wir schreiben die Elemente aus B in der Form $(\mathbf{a}, \mathbf{a}^*)$ mit $\mathbf{a} \in \mathbb{Z}_2^4$ und

$$\mathbf{a}^* = \begin{cases} \mathbf{a}, & \text{falls } w(\mathbf{a}) \in 2\,\mathbb{N}_0, \\ \mathbf{a} + \mathbf{1}, & \text{falls } w(\mathbf{a}) \notin 2\,\mathbb{N}_0, \end{cases}$$

wobei wir zur Abkürzung $\mathbf{1} = 11\ldots 1$ geschrieben haben. Es gilt $(a, a^*) + (b, b^*) = (a+b, a^*+b^*)$. Das einzige Codewort, das hierfür in Frage kommt, ist $\big(a + b, (a + b)^*\big)$. Also ist B genau dann ein linearer Code, wenn $(a + b)^* = a^* + b^*$ für alle $a, b \in \mathbb{Z}_2^4$.

Unter Beachtung von $1 + 1 = 0$ in $\mathbb{Z}_2$ bestätigt man die Formel: $w(a + b) \in 2\,\mathbb{N}_0 \;\Leftrightarrow\; w(a) + w(b) \in 2\,\mathbb{N}_0$. Hiermit erhalten wir die Tabelle (für ein $c \in \mathbb{Z}_2^4$ schreiben wir $\widetilde{w(c)} = 0$ im Fall $w(c) \in 2\,\mathbb{N}_0$ und $\widetilde{w(c)} = 1$ im Fall $w(c) \in 2\,\mathbb{N}_0 + 1$):

$\widetilde{w(a)}$	$\widetilde{w(b)}$	$\widetilde{w(a+b)}$	a^*	b^*	$(a+b)^*$
0	0	0	a	b	$a+b$
1	0	1	$a+1$	b	$a+b+1$
0	1	1	a	$b+1$	$a+b+1$
1	1	0	$a+1$	$b+1$	$a+b$

Mit $\mathbf{1} + \mathbf{1} = \mathbf{0}$ erhalten wir in allen Fällen $(a+b)^* = a^* + b^*$. Der Bauer-Code B ist also ein linearer Code. Damit können wir obige Formel anwenden, um $d(B)$ zu bestimmen. Wir erhalten $d(C) = w(C) = 4$, denn außer $00\ldots 0$, $11\ldots 1$ haben ja alle Codewörter aus B das Hamming-Gewicht 4. ◀

Summen von Untervektorräumen sind wieder Untervektorräume

Für zwei Untervektorräume U und W eines $\mathbb{K}$-Vektorraumes V definiert man

$$U + W = \{u + w \mid u \in U,\ w \in W\}$$

und nennt $U + W$ die **Summe** der Untervektorräume U und W.

Offenbar ist $U + W$ wieder ein Untervektorraum von V, dies folgt auch aus einer späteren Betrachtung einer Erzeugendenmenge von $U + W$.

――――――――――― **Selbstfrage 5** ―――――――――――
Wieso ist $U + W$ ein Untervektorraum?

Man nennt $U + W$ die **Summe** der Untervektorräume U und W.

Wir betrachten nun Erzeugendensysteme von U und W. Dabei soll M_U ein solches von U und M_W ein solches von W sein, d. h.

$$U = \langle M_U \rangle \quad \text{und} \quad W = \langle M_W \rangle .$$

Gegeben seien $u \in U$ und $w \in W$. Da $\langle M_U \rangle$ aus allen Linearkombinationen von Elementen aus M_U besteht, existieren $r \in \mathbb{N}_0, u_1, \ldots, u_r \in M_U$ und $\lambda_1, \ldots, \lambda_r \in \mathbb{K}$ mit $u = \sum_{i=1}^r \lambda_i u_i$. Ebenso ist $w = \sum_{i=1}^s \mu_i w_i$ mit einem $s \in \mathbb{N}_0$, $w_i \in M_W$ und $\mu_i \in \mathbb{K}$ für $1 \le i \le s$. Folglich ist

$$u + w = \sum_{i=1}^r \lambda_i u_i + \sum_{i=1}^s \mu_i w_i$$

eine Linearkombination von $u_1, \ldots, u_r, w_1, \ldots, w_s \in M_U \cup M_W$. Es gilt also $U + W \subset \langle M_U \cup M_W \rangle$.

Nun sei umgekehrt $v = \sum_{i=1}^t \lambda_i v_i$ eine Linearkombination von Elementen $v_i \in M_U \cup M_W$. Wir setzen

$$I := \{i \in \overline{1, t} \mid v_i \in M_U\} \quad \text{und} \quad J := \overline{1, t} \setminus I,$$

wobei zur Abkürzung $\overline{1, t} := \{1, 2, \ldots, t\}$ geschrieben wird. Für $i \in J$ gilt $v_i \notin M_U$, d. h. $v_i \in M_W$. Folglich ist

$$u = \sum_{i=1}^t \lambda_i v_i = \underbrace{\sum_{i \in I} \lambda_i v_i}_{\in \langle M_U \rangle} + \underbrace{\sum_{i \in J} \lambda_i v_i}_{\in \langle M_W \rangle} \in U + W.$$

Damit haben wir also

$$U + W = \langle M_U \rangle + \langle M_W \rangle = \langle M_U \cup M_W \rangle$$

begründet. Aus der Darstellung $U + W = \langle M_U \cup M_W \rangle$ folgt natürlich insbesondere, dass $U + W$ ein Teilraum von V ist.

Nach der Definition der linearen Hülle ist $\langle U \cup W \rangle$ der kleinste Untervektorraum von V, der U und W enthält. Da U und W Teilräume von V sind, gilt $U = \langle U \rangle$, $W = \langle W \rangle$. Also ist $U + W$ der kleinste Untervektorraum von V, der U und W enthält.

――――――――――― **Selbstfrage 6** ―――――――――――
Wenn M_U und M_W sogar Basen von U und W sind, ist dann $M_U \cup M_W$ eine solche von $U + W$?

Beispiel Wir bestimmen jeweils eine Basis von U, W und $U + W$ für

$$U = \mathbb{R} \begin{pmatrix} 1 \\ -1 \\ 0 \\ 0 \\ 0 \end{pmatrix} + \mathbb{R} \begin{pmatrix} 0 \\ 1 \\ -1 \\ 0 \\ 0 \end{pmatrix} + \mathbb{R} \begin{pmatrix} 1 \\ 1 \\ 0 \\ 0 \\ -2 \end{pmatrix} \quad \text{und}$$

$$W = \mathbb{R} \begin{pmatrix} 2 \\ 1 \\ -1 \\ -2 \\ 0 \end{pmatrix} + \mathbb{R} \begin{pmatrix} -2 \\ 1 \\ 3 \\ 6 \\ -8 \end{pmatrix} + \mathbb{R} \begin{pmatrix} 1 \\ -1 \\ -2 \\ -4 \\ 6 \end{pmatrix} .$$

Wir bezeichnen die angegebenen Vektoren aus U der Reihe nach mit u_1, u_2, u_3 und jene aus W mit w_1, w_2, w_3.

Die Schreibweise $U = \mathbb{R}\,u_1 + \mathbb{R}\,u_2 + \mathbb{R}\,u_3$ bedeutet nichts anderes als $U = \langle u_1, u_2, u_3 \rangle$. Wir zeigen, dass u_1, u_2, u_3 linear unabhängig sind. Die Gleichung $\lambda_1 v_1 + \lambda_2 v_2 + \lambda_3 v_3 = \mathbf{0}$ mit $\lambda_1, \lambda_2, \lambda_3 \in \mathbb{R}$ führt zu einem linearen Gleichungssystem mit der erweiterten Koeffizientenmatrix

$$\begin{pmatrix} 1 & 0 & 1 & \big| & 0 \\ -1 & 1 & 1 & \big| & 0 \\ 0 & -1 & 0 & \big| & 0 \\ 0 & 0 & 0 & \big| & 0 \\ 0 & 0 & -2 & \big| & 0 \end{pmatrix},$$

dessen einzige Lösung offenbar $(0, 0, 0)$ ist. Demnach ist $\{u_1, u_2, u_3\}$ ein linear unabhängiges Erzeugendensystem, also eine Basis von U.

Nun untersuchen wir die Vektoren w_1, w_2, w_3 auf lineare Unabhängigkeit. Offenbar sind w_1, w_2 linear unabhängig, denn aus $\lambda_1 w_1 + \lambda_2 w_2 = 0$ mit – sagen wir – $\lambda_2 \neq 0$ folgt $w_2 = (-\lambda_1/\lambda_2)\, w_1$, d. h., w_2 wäre skalares Vielfaches von w_1, was offensichtlich nicht der Fall ist. Wir müssen dann prüfen, ob $w_3 \in \langle w_1, w_2\rangle$, d. h. $w_3 = \lambda_1 w_1 + \lambda_2 w_2$, lösbar ist. Ausgeschrieben liefert dies das lineare Gleichungssystem

$$\begin{pmatrix} 2 & -2 & \vline & 1 \\ 1 & 1 & \vline & -1 \\ -1 & 3 & \vline & -2 \\ -2 & 6 & \vline & -4 \\ 0 & -8 & \vline & 6 \end{pmatrix}$$

Dieses Gleichungssystem ist lösbar mit Lösung $\lambda_1 = -1/4$, $\lambda_2 = -3/4$. Es folgt $W = \langle w_1, w_2\rangle$, und $\{w_1, w_2\}$ ist als linear unabhängiges Erzeugendensystem eine Basis von W.

Nun wissen wir, dass $U + W = \langle\{u_1, u_2, u_3, w_1, w_2\}\rangle$. Der Vektor w_1 kann nicht Linearkombination von v_1, v_2, v_3 sein – man beachte die vierten Komponenten. Also sind u_1, u_2, u_3, w_1 linear unabhängig. Wegen $w_2 = 4 u_3 - 3 w_1$ gilt $U + W = \langle\{u_1, u_2, u_3, w_1\}\rangle$, d. h., $\{u_1, u_2, u_3, w_1\}$ ist eine Basis von $U + W$. ◀

Durchschnitte von Untervektorräumen sind wieder Untervektorräume

Für zwei Untervektorräume U und W eines $\mathbb{K}$-Vektorraumes V ist $U \cap W$ wieder ein Untervektorraum von V. Der Nachweis ist sehr einfach: Weil der Nullvektor sowohl in U als auch in W liegt, ist $U \cap W$ nichtleer. Weiterhin ist mit jedem $\lambda \in \mathbb{K}$ und $v \in U \cap W$ auch λv ein Element aus U und zugleich ein Element aus W, also wieder ein Element aus $U \cap W$. Und mit zwei Elementen v und v' aus $U \cap W$ liegt auch deren Summe sowohl in U als auch in W, also wieder in deren Durchschnitt.

Achtung Ist M_U ein Erzeugendensystem von U und M_W ein solches von W, so gilt im Allgemeinen

$$U \cap W = \langle M_U\rangle \cap \langle M_W\rangle \neq \langle M_U \cap M_W\rangle .$$

Man wähle etwa $M_U = \{1\}$ und $M_W = \{2\}$ im eindimensionalen $\mathbb{R}$-Vektorraum $\mathbb{R}$. ◀

Beispiel Im $\mathbb{R}$-Vektorraum $V = \mathbb{R}^3$ seien zwei Untervektorräume U und W gegeben durch

$$U = \left\langle \begin{pmatrix} 1 \\ 0 \\ 1 \end{pmatrix}, \begin{pmatrix} 0 \\ 1 \\ -1 \end{pmatrix} \right\rangle \quad \text{und} \quad W = \left\langle \begin{pmatrix} 1 \\ 0 \\ -1 \end{pmatrix}, \begin{pmatrix} 0 \\ 1 \\ 1 \end{pmatrix} \right\rangle .$$

Wir bestimmen $U \cap W$.

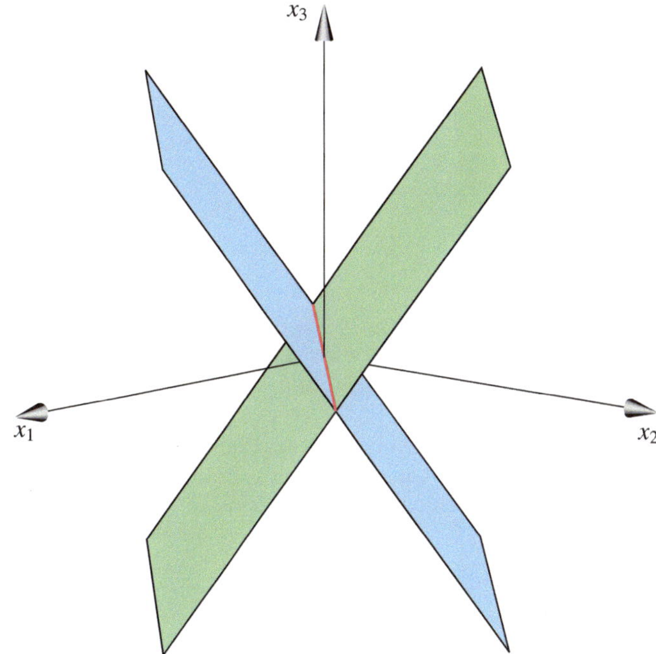

Abb. 5.1 Der Schnitt der beiden Untervektorräume U und W ist eine Gerade

Für $v = \lambda_1 \begin{pmatrix} 1 \\ 0 \\ 1 \end{pmatrix} + \lambda_2 \begin{pmatrix} 0 \\ 1 \\ -1 \end{pmatrix}$ mit $\lambda_1, \lambda_2 \in \mathbb{R}$ gilt $v \in U \cap W$ genau dann, wenn es $\mu_1, \mu_2 \in \mathbb{R}$ gibt, so dass

$$\lambda_1 \begin{pmatrix} 1 \\ 0 \\ 1 \end{pmatrix} + \lambda_2 \begin{pmatrix} 0 \\ 1 \\ -1 \end{pmatrix} = \mu_1 \begin{pmatrix} 1 \\ 0 \\ -1 \end{pmatrix} + \mu_2 \begin{pmatrix} 0 \\ 1 \\ 1 \end{pmatrix}$$

gilt. Wir bestimmen daher die Lösungsmenge L des homogenen linearen Gleichungssystems über $\mathbb{R}$ mit der folgenden erweiterten Koeffizientenmatrix:

$$\begin{pmatrix} 1 & 0 & -1 & 0 & \vline & 0 \\ 0 & 1 & 0 & -1 & \vline & 0 \\ 1 & -1 & 1 & -1 & \vline & 0 \end{pmatrix} .$$

Mittels elementarer Zeilenumformungen wird diese Matrix überführt in

$$\begin{pmatrix} 1 & 0 & 0 & -1 & \vline & 0 \\ 0 & 1 & 0 & -1 & \vline & 0 \\ 0 & 0 & 1 & -1 & \vline & 0 \end{pmatrix} .$$

Also gilt $L = \{(\lambda, \lambda, \lambda, \lambda) \mid \lambda \in \mathbb{R}\}$ und somit

$$U \cap W = \left\{ \lambda \begin{pmatrix} 1 \\ 0 \\ 1 \end{pmatrix} + \lambda \begin{pmatrix} 0 \\ 1 \\ -1 \end{pmatrix} \,\middle|\, \lambda \in \mathbb{R} \right\} = \left\{ \lambda \begin{pmatrix} 1 \\ 1 \\ 0 \end{pmatrix} \,\middle|\, \lambda \in \mathbb{R} \right\} .$$

Also

$$U \cap W = \left\langle \begin{pmatrix} 1 \\ 1 \\ 0 \end{pmatrix} \right\rangle . \qquad ◀$$

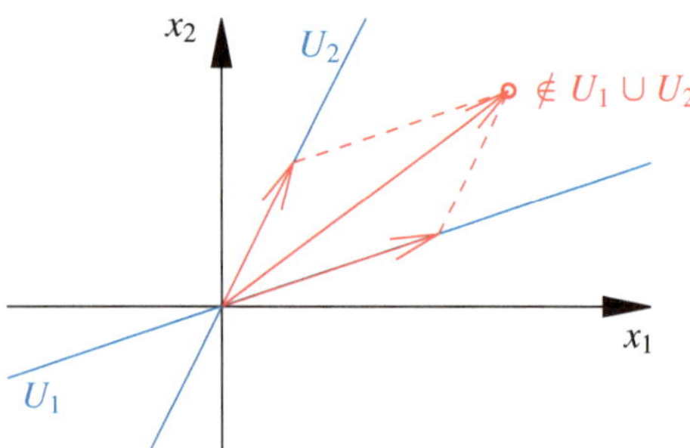

Abb. 5.2 Die Summe der zwei Vektoren aus $U_1 \cup U_2$ ist nicht Element von $U_1 \cup U_2$, also ist $U_1 \cup U_2$ kein Vektorraum

Achtung Die Vereinigung von Untervektorräumen ist im Allgemeinen kein Untervektorraum. Als Beispiel wähle man etwa zwei verschiedene eindimensionale Untervektorräume des $\mathbb{R}^2$.

Man beachte den Unterschied zwischen der Summe und der Vereinigung von Untervektorräumen. ◄

Es gibt einen Vektorraum mit acht Elementen

Bekanntlich bildet die Menge aller Abbildungen von einer nichtleeren Menge M in einen Körper $\mathbb{K}$, also $\mathbb{K}^M$ mit den Verknüpfungen

$$f + g : \ x \mapsto f(x) + g(x) \ \text{und} \ \lambda f : \ x \mapsto \lambda f(x),$$

einen $\mathbb{K}$-Vektorraum. Dabei darf $\mathbb{K}$ natürlich auch ein endlicher Körper sein. Wir geben ein Beispiel an.

Beispiel Wir betrachten eine dreielementige Menge $M = \{x, y, z\}$ und den Körper $\mathbb{K} := \mathbb{Z}_2 = \{\overline{0}, \overline{1}\}$ mit zwei Elementen. Es ist dann die Menge $\mathbb{K}^M$ aller Abbildungen von M nach $\mathbb{K}$ eine Menge mit $2^3 = 8$ Elementen. Wir geben die Elemente von $\mathbb{K}^M$ explizit an:

$$f_1: \ x \mapsto \overline{0}, \ y \mapsto \overline{0}, \ z \mapsto \overline{0}$$
$$f_2: \ x \mapsto \overline{0}, \ y \mapsto \overline{0}, \ z \mapsto \overline{1}$$
$$f_3: \ x \mapsto \overline{0}, \ y \mapsto \overline{1}, \ z \mapsto \overline{1}$$
$$f_4: \ x \mapsto \overline{1}, \ y \mapsto \overline{1}, \ z \mapsto \overline{1}$$
$$f_5: \ x \mapsto \overline{1}, \ y \mapsto \overline{0}, \ z \mapsto \overline{0}$$
$$f_6: \ x \mapsto \overline{1}, \ y \mapsto \overline{1}, \ z \mapsto \overline{0}$$
$$f_7: \ x \mapsto \overline{1}, \ y \mapsto \overline{0}, \ z \mapsto \overline{1}$$
$$f_8: \ x \mapsto \overline{0}, \ y \mapsto \overline{1}, \ z \mapsto \overline{0}$$

Der eindeutig bestimmte Nullvektor ist f_1 und jedes Element ist zu sich selbst invers, da für jedes $i \in \{1, \dots, 8\}$ jeweils $f_i + f_i = f_1$ gilt. Wir bestimmen weiter die Summe $f_2 + f_3$:

Wegen

$$(f_2 + f_3)(x) = f_2(x) + f_3(x) = \overline{0} + \overline{0} = \overline{0},$$
$$(f_2 + f_3)(y) = f_2(y) + f_3(y) = \overline{0} + \overline{1} = \overline{1},$$
$$(f_2 + f_3)(z) = f_2(z) + f_3(z) = \overline{1} + \overline{1} = \overline{0}$$

gilt also $f_2 + f_3 = f_8$. ◄

Achtung Man achte wieder auf die grundsätzlich verschiedenen Bedeutungen der Additionen, die wir mit ein und demselben $+$-Zeichen versehen. Man unterscheide genau: Es ist $f \in \mathbb{K}^M$ und $f(x) \in \mathbb{K}$. ◄

Antworten der Selbstfragen

Antwort 1 Nein, denn: Sind e und e' zwei neutrale Elemente, so gilt

$$
\begin{aligned}
e &= e \circ e' && \text{(da } e' \text{ neutral ist)} \\
&= e' && \text{(da } e \text{ neutral ist)} .
\end{aligned}
$$

Antwort 2 Ist b' ein weiteres Element mit dieser Eigenschaft, d. h., gilt auch $a \circ b' = e = b' \circ a$, so erhält man

$$
b = b \circ e = b \circ (a \circ b') = (b \circ a) \circ b' = e \circ b' = b' .
$$

Beachten Sie, dass bei diesem Nachweis wesentlich vom Assoziativgesetz Gebrauch gemacht wird, daher ist die Voraussetzung, dass wir es mit einer Halbgruppe zu tun haben, nötig.

Antwort 3 (a) Für jedes $a \in R$ gilt $0\,a = (0+0)\,a = 0\,a + 0\,a$. Hieraus folgt $0 = 0\,a$. Analog zeigt man $a\,0 = 0$.

(b) Mit (a) folgt für alle $a,\, b \in R$:

$$
0 = 0\,b = (a + (-a))\,b = a\,b + (-a)\,b \;\Rightarrow\; (-a)\,b = -(a\,b) .
$$

Analog begründet man $-(a\,b) = a\,(-b)$.

(c) folgt aus (b).

Antwort 4 Es gibt keinen Körper mit 6 Elementen, da $6 = 2 \cdot 3$ keine Primzahlpotenz ist. Es gibt hingegen Körper mit $7 = 7^1$ und $8 = 2^3$ Elementen, da diese Zahlen Primzahlpotenzen sind.

Antwort 5 Es ist $U + W$ nichtleer, weil der Nullvektor $\mathbf{0}$ in $U + W$ liegt. Weiter liegen mit zwei Elementen $\boldsymbol{u} + \boldsymbol{w},\ \boldsymbol{u}' + \boldsymbol{w}' \in U$ und $\lambda \in \mathbb{K}$ stets auch $\boldsymbol{u} + \boldsymbol{w} + \boldsymbol{u}' + \boldsymbol{w}' = (\boldsymbol{u} + \boldsymbol{u}') + (\boldsymbol{w} + \boldsymbol{w}')$ und $\lambda\,(\boldsymbol{u} + \boldsymbol{w}) = \lambda\,\boldsymbol{u} + \lambda\,\boldsymbol{w}$ wieder in U.

Antwort 6 Nein, man wähle etwa zwei verschiedene Basen M_U und M_W eines Vektorraumes $U = W$.

Matrizen und Determinanten – Zahlen in Reihen und Spalten (zu Kap. 16)

Wie multipliziert man Matrizen?

Wie kann man entscheiden, ob eine Matrix invertierbar ist?

Was sind orthogonale Matrizen?

© Springer-Verlag GmbH Deutschland 2017

T. Arens et al., *Ergänzungen und Vertiefungen zu Arens et al., Mathematik*, DOI 10.1007/978-3-662-53585-1_6

In diesem Kapitel ist das Bonusmaterial zu Kapitel 16 aus dem Lehrbuch Arens et al. *Mathematik* zusammengestellt.

6.1 Elementarmatrizen

Wir betrachten die Matrix

$$\mathbf{A} = \begin{pmatrix} 3 & 3 & 3 \\ 3 & 3 & 3 \\ 3 & 3 & 3 \end{pmatrix} \in \mathbb{R}^{3\times 3}.$$

Die folgende Multiplikation reeller Matrizen

$$\begin{pmatrix} 1 & 0 & 0 \\ 0 & 1/3 & 0 \\ 0 & 0 & 1 \end{pmatrix} \begin{pmatrix} 3 & 3 & 3 \\ 3 & 3 & 3 \\ 3 & 3 & 3 \end{pmatrix} = \begin{pmatrix} 3 & 3 & 3 \\ 1 & 1 & 1 \\ 3 & 3 & 3 \end{pmatrix}$$

bewirkt eine elementare Zeilenumformung an $\mathbf{A}$, nämlich das Multiplizieren der zweiten Zeile von $\mathbf{A}$ mit dem Faktor $1/3$.

Vertauscht man die Faktoren, berechnet man also

$$\begin{pmatrix} 3 & 3 & 3 \\ 3 & 3 & 3 \\ 3 & 3 & 3 \end{pmatrix} \begin{pmatrix} 1 & 0 & 0 \\ 0 & 1/3 & 0 \\ 0 & 0 & 1 \end{pmatrix} = \begin{pmatrix} 3 & 1 & 3 \\ 3 & 1 & 3 \\ 3 & 1 & 3 \end{pmatrix},$$

so bewirkt diese Multiplikation eine *elementare Spaltenumformung* an $\mathbf{A}$.

Man kann auch das Addieren eines Vielfachen einer Zeile zu einer anderen Zeile durch eine Matrizenmultiplikation ausdrücken, so ist etwa

$$\begin{pmatrix} 1 & 0 & 0 \\ -1/3 & 1 & 0 \\ 0 & 0 & 1 \end{pmatrix} \begin{pmatrix} 3 & 3 & 3 \\ 3 & 3 & 3 \\ 3 & 3 & 3 \end{pmatrix} = \begin{pmatrix} 3 & 3 & 3 \\ 2 & 2 & 2 \\ 3 & 3 & 3 \end{pmatrix}$$

die Addition des $(-1/3)$-fachen der ersten Zeile zur zweiten.

―――――――――― **Selbstfrage 1** ――――――――――

Welche Zeile ändert sich, wenn der Faktor $-1/3$ an der Stelle $(3, 1)$ dieser Matrix steht?

―――――――――――――――――――――――――――――――――

Ein Vertauschen der Faktoren bewirkt wieder eine entsprechende Umformung an den Spalten:

$$\begin{pmatrix} 3 & 3 & 3 \\ 3 & 3 & 3 \\ 3 & 3 & 3 \end{pmatrix} \begin{pmatrix} 1 & 0 & 0 \\ -1/3 & 1 & 0 \\ 0 & 0 & 1 \end{pmatrix} = \begin{pmatrix} 2 & 3 & 3 \\ 2 & 3 & 3 \\ 2 & 3 & 3 \end{pmatrix}.$$

―――――――――― **Selbstfrage 2** ――――――――――

An welcher Stelle muss der Faktor $-1/3$ stehen, damit die zweite Spalte des Produktes nur 2 als Komponenten hat?

―――――――――――――――――――――――――――――――――

In der Tat lässt sich jede elementare Zeilenumformung bzw. *elementare Spaltenumformung* an einer Matrix $\mathbf{A} \in \mathbb{K}^{m\times n}$ durch Multiplikation einer Matrix von rechts bzw. von links darstellen. Matrizen, die dies bewirken, werden wir *Elementarmatrizen* nennen.

Die elementaren Zeilenumformungen bzw. **elementaren Spaltenumformungen** an einer Matrix $\mathbf{A} \in \mathbb{K}^{m\times n}$ sind die Umformungen

(i)   Zwei Zeilen bzw. Spalten von $\mathbf{A}$ werden vertauscht;
(ii)   eine Zeile bzw. Spalte wird mit einem Faktor $\lambda \neq 0$ multipliziert;
(iii)   zu einer Zeile bzw. Spalte wird das Vielfache einer anderen Zeile bzw. Spalte addiert.

Wir untersuchen nun, welche Matrizen diese Zeilen- bzw. Spaltenumformungen an der Matrix $\mathbf{A} \in \mathbb{K}^{m\times n}$ durch Multiplikation von rechts bzw. links bewirken.

Für $\lambda \in \mathbb{K}$ und $i, j \in \{1, \ldots, m\}$ mit $i \neq j$ nennt man die $m \times m$-Matrizen der Form

$$\mathbf{D}_i(\lambda) := \begin{pmatrix} 1 & & & & & & & \\ & \ddots & & & & & & \\ & & 1 & & & & & \\ & & & \lambda & & & & \leftarrow i \\ & & & & 1 & & & \\ & & & & & \ddots & & \\ & & & & & & 1 & \end{pmatrix} \begin{matrix} \\ \\ \\ \\ \\ \\ \\ \uparrow \\ i \end{matrix}$$

und

$$\mathbf{N}_{i,j}(\lambda) := \begin{pmatrix} 1 & & & & & & \\ & \ddots & & & & & \\ & & 1 & & \lambda & & \\ & & & \ddots & & & \leftarrow i \\ & & & & 1 & & \\ & & & & & \ddots & \\ & & & & & & 1 \end{pmatrix} \begin{matrix} \\ \\ \\ \\ \\ \\ \uparrow \\ j \end{matrix}$$

$m \times m$-**Elementarmatrizen**.

Kommentar   Die Matrizen $\mathbf{D}_i(\lambda)$ für $\lambda \in \mathbb{K} \setminus \{0\}$ und $\mathbf{N}_{i,j}(\lambda)$ für $\lambda \in \mathbb{K}$ sind invertierbar, so ist $\mathbf{D}_i(\lambda^{-1})$ das Inverse zu $\mathbf{D}_i(\lambda)$ und $\mathbf{N}_{i,j}(-\lambda)$ jenes zu $\mathbf{N}_{i,j}(\lambda)$.   ◄

Für die $m \times n$-Matrix

$$\mathbf{A} = \begin{pmatrix} z_1 \\ \vdots \\ z_m \end{pmatrix}$$

mit den Zeilenvektoren $z_1, \ldots, z_m \in \mathbb{K}^n$ berechnen wir nun die folgenden Matrizenprodukte:

$$\mathbf{D}_i(\lambda)\,\mathbf{A} = \begin{pmatrix} z_1 \\ \vdots \\ z_{i-1} \\ \lambda\,z_i \\ z_{i+1} \\ \vdots \\ z_m \end{pmatrix} \text{ und } \mathbf{N}_{i,j}(\lambda)\,\mathbf{A} = \begin{pmatrix} z_1 \\ \vdots \\ z_{i-1} \\ z_i + \lambda\,z_j \\ z_{i+1} \\ \vdots \\ z_m \end{pmatrix}.$$

Also bewirkt die Matrizenmultiplikation von $\mathbf{D}_i(\lambda)$ von links an $\mathbf{A}$ die Multiplikation der i-ten Zeile von $\mathbf{A}$ mit λ bzw. die Matrizenmultiplikation von $\mathbf{N}_{i,j}(\lambda)$ von links an $\mathbf{A}$ die Addition des λ-fachen der j-ten Zeile zur i-ten Zeile.

Diese beiden Multiplikationen bewirken also gerade für $\lambda \neq 0$ im ersten Fall die elementaren Zeilenumformungen der Art (ii) und (iii) an $\mathbf{A}$.

Wir überlegen uns nun, welche Matrix das Vertauschen zweier Zeilen z_i und z_j für $i \neq j$ von $\mathbf{A}$ bewirkt.

Wir multiplizieren an $\mathbf{A}$ von links Elementarmatrizen:

$$\mathbf{A} = \begin{pmatrix} \vdots \\ z_i \\ \vdots \\ z_j \\ \vdots \end{pmatrix} \rightarrow \underbrace{\begin{pmatrix} \vdots \\ z_i + z_j \\ \vdots \\ z_j \\ \vdots \end{pmatrix}}_{=\mathbf{N}_{i,j}(1)\,\mathbf{A}} \rightarrow \underbrace{\begin{pmatrix} \vdots \\ z_i + z_j \\ \vdots \\ z_j + (-1)\,(z_i + z_j) \\ \vdots \end{pmatrix}}_{=\mathbf{N}_{j,i}(-1)\,\mathbf{N}_{i,j}(1)\,\mathbf{A}}$$

$$= \begin{pmatrix} \vdots \\ z_i + z_j \\ \vdots \\ -z_i \\ \vdots \end{pmatrix} \rightarrow \underbrace{\begin{pmatrix} \vdots \\ z_i + z_j + (-z_i) \\ \vdots \\ -z_i \\ \vdots \end{pmatrix}}_{=\mathbf{N}_{i,j}(1)\mathbf{N}_{j,i}(-1)\,\mathbf{N}_{i,j}(1)\,\mathbf{A}} \overset{\mathbf{D}_j(-1)}{\rightarrow} \begin{pmatrix} \vdots \\ z_j \\ \vdots \\ z_i \\ \vdots \end{pmatrix}.$$

Damit führen also die Elementarmatrizen auch zum Vertauschen der Zeilen z_i mit z_j also zur elementaren Zeilenumformung (i). Diese Vertauschung bewirkt also letztlich die Matrix

$$\mathbf{P}_{i,j} := \mathbf{D}_j(-1)\,\mathbf{N}_{i,j}(1)\,\mathbf{N}_{j,i}(-1)\,\mathbf{N}_{i,j}(1)$$

$$= \begin{pmatrix} 1 & & & & & & \\ & \ddots & & & & & \\ & & 0 & & 1 & & \\ & & & \ddots & & & \\ & & 1 & & 0 & & \\ & & & & & \ddots & \\ & & & & & & 1 \end{pmatrix} \begin{matrix} \\ \\ \leftarrow i \\ \\ \leftarrow j \\ \\ \end{matrix}$$

$$\begin{matrix} \quad\uparrow\qquad\uparrow \\ \quad i\qquad j \end{matrix}$$

Man nennt $\mathbf{P}_{i,j}$ eine **Permutationsmatrix**, sie vertauscht durch Multiplikation von links an $\mathbf{A}$ die Zeilen z_i und z_j.

———————— **Selbstfrage 3** ————————

Warum gilt $\mathbf{P}^2 = \mathbf{E}_n$ für jede $n \times n$-Permutationsmatrix?

Analog kann man nun auch elementare Spaltenumformungen von $\mathbf{A}$ durch Multiplikation von $n \times n$-Elementarmatrizen von rechts an $\mathbf{A} \in \mathbb{K}^{m \times n}$ darstellen.

So bewirkt die $n \times n$-Matrix $\mathbf{D}_i(\lambda)$ mit $\lambda \neq 0$ durch Multiplikation von rechts an $\mathbf{A}$ eine Multiplikation der i-ten Spalte von $\mathbf{A}$ mit dem Faktor λ. Und die Multiplikation von $\mathbf{N}_{i,j}(\lambda)$ von rechts an $\mathbf{A}$ bewirkt die Addition des λ-fachen der i-ten Spalte zur j-ten Spalte.

Spaltenrang ist gleich Zeilenrang und damit der Rang einer Matrix

Eine Matrix $\mathbf{A} = (a_{ij}) \in \mathbb{K}^{m \times n}$ hat **Zeilenstufenform**, wenn sie von der Form

$$\begin{pmatrix} a_{1j_1} & & & & & & * \\ & * & & & & * & \\ & & & \ddots & & & \vdots \\ & 0 & & & a_{rj_2} & & \\ & & & & & & * \end{pmatrix}$$

mit Zahlen $a_{ij_i} \neq 0$ ist.

Mittels elementarer Zeilenumformungen kann jede Matrix $\mathbf{A} = (a_{ij}) \in \mathbb{K}^{m \times n}$ auf Zeilenstufenform gebracht werden. Den Rang einer Matrix haben wir dabei in einem Abschnitt auf S. 512 als die Anzahl r der von der Nullzeile verschiedenen Zeilen in der Zeilenstufenform von $\mathbf{A}$ definiert. Wir überlegen uns nun, dass diese Definition sinnvoll ist, also die Zahl r durch die Matrix $\mathbf{A}$ eindeutig bestimmt ist.

Für die Matrix

$$\mathbf{A} = \begin{pmatrix} z_1 \\ \vdots \\ z_m \end{pmatrix} = ((s_1, \ldots, s_n))$$

nennen wir den Untervektorraum $\langle z_1, \ldots, z_m \rangle \subseteq \mathbf{K}^n$, der von den Zeilenvektoren erzeugt wird, bzw. $\langle s_1, \ldots, s_n \rangle \subseteq \mathbf{K}^m$, der von den Spaltenvektoren erzeugt wird, den **Zeilenraum** bzw. **Spaltenraum** von $\mathbf{A}$. Die Dimension des Zeilenraumes nennen wir den **Zeilenrang** von $\mathbf{A}$ und die Dimension des Spaltenraumes den **Spaltenrang** von $\mathbf{A}$.

Übt man an der Matrix $\mathbf{A}$ elementare Zeilenumformungen aus, so verändert sich dabei der Zeilenrang nicht. Etwas erstaunlich, aber tatsächlich begründbar ist, dass Zeilenumformungen auch den Spaltenrang nicht ändern. Und umgekehrt ändern Spaltenumformungen weder den Spalten- noch den Zeilenrang.

Bringt man die Matrix $\mathbf{A}$ mit elementaren Zeilenumformungen auf Zeilenstufenform $\mathbf{A}'$, so bilden die von der Nullzeile verschiedenen Zeilen der Matrix $\mathbf{A}'$ eine Basis des Zeilenraumes der Matrix $\mathbf{A}$. Damit ist also $r = \mathrm{rg}\,\mathbf{A}$ gerade der Zeilenrang und somit eindeutig festgelegt.

Um $\mathbf{A}'$ zu erhalten, haben wir dabei $m \times m$-Elementarmatrizen $\mathbf{D}_i(\lambda)$ und $\mathbf{N}_{i,j}(\lambda)$ mit $\lambda \in \mathbb{K}$ von links an $\mathbf{A}$ multipliziert. Wir bezeichnen das Produkt dieser dabei auftretenden Elementarmatrizen mit $\mathbf{L}$:

$$\mathbf{L}\,\mathbf{A} = \mathbf{A}' = \begin{pmatrix} * & & & * \\ & * & & \\ 0 & & & \\ & & \ddots & * \\ 0 & & 0 & \end{pmatrix} \;\leftarrow r \;.$$

Der Spaltenrang s von $\mathbf{A}$ ist derselbe wie jener von $\mathbf{A}'$, da Zeilenumformungen den Spaltenrang nicht ändern. Nun gehen wir noch einen Schritt weiter.

Wir wenden nun auf die Matrix $\mathbf{A}'$ mit Rang bzw. Zeilenrang r elementare Spaltenumformungen an, um $\mathbf{A}'$ auf die Gestalt

$$\mathbf{A}'' = \begin{pmatrix} \mathbf{E}_r & \mathbf{0} \\ \mathbf{0} & \mathbf{0} \end{pmatrix} \in \mathbb{K}^{m \times n}$$

zu bringen. Dabei ist $\mathbf{E}_r \in \mathbb{K}^{r \times r}$ die $r \times r$-Einheitsmatrix und die auftauchenden Nullmatrizen sind entsprechend gewählt. Weil $\mathbf{A}''$ den Spaltenrang r hat und der Spaltenrang von $\mathbf{A}$ gleich dem von $\mathbf{A}''$ ist, muss also $r = s$, d. h. Zeilenrang von $\mathbf{A}$ gleich Spaltenrang von $\mathbf{A}$ gelten.

Zu jeder der durchgeführten Spaltenumformung gehört eine $n \times n$-Elementarmatrix. Das Produkt aller hierbei auftretenden Elementarmatrizen bezeichnen wir mit $\mathbf{R}$, also gilt

$$\mathbf{L}\,\mathbf{A}\,\mathbf{R} = \begin{pmatrix} \mathbf{E}_r & \mathbf{0} \\ \mathbf{0} & \mathbf{0} \end{pmatrix} \;.$$

Und weil das Produkt invertierbarer Matrizen wieder invertierbar ist, erhalten wir:

Der Rang einer Matrix

Für jede Matrix $\mathbf{A} \in \mathbb{K}^{m \times n}$ gilt:

- Der Rang von $\mathbf{A}$ ist gleich dem Zeilenrang von $\mathbf{A}$ und dieser ist gleich dem Spaltenrang von $\mathbf{A}$.
- Es gibt invertierbare Matrizen $\mathbf{L} \in \mathbb{K}^{m \times m}$ und $\mathbf{R} \in \mathbb{K}^{n \times n}$, sodass

$$\mathbf{L}\,\mathbf{A}\,\mathbf{R} = \begin{pmatrix} \mathbf{E}_r & \mathbf{0} \\ \mathbf{0} & \mathbf{0} \end{pmatrix} \;,$$

wobei r der Rang von $\mathbf{A}$ ist.

Eine Matrix mit $\mathrm{rg}(\mathbf{A}) = r$ hat also r linear unabhängige Vektoren unter ihren Zeilenvektoren $z_1, \ldots, z_m$ und unter ihren Spaltenvektoren $s_1, \ldots, s_n$.

Beispiel

- Der Rang der Matrix

$$\mathbf{A} := \begin{pmatrix} 2 & 3 & -4 & -7 & -3 \\ 3 & 8 & 1 & -7 & -8 \\ 1 & 4 & 3 & -1 & -4 \\ 1 & 3 & 1 & -2 & -3 \end{pmatrix} \in \mathbb{R}^{4 \times 5}$$

ist hier leichter durch elementare Zeilenumformungen zu ermitteln.

Addition des (-1)-fachen der vierten zur dritten, des (-3)-fachen der vierten zur zweiten und des (-2)-fachen der vierten zur ersten Zeile, anschließende Addition der dritten zur zweiten und des 3-fachen der dritten zur ersten Zeile und schließlich Vertauschen von Zeilen überführt $\mathbf{A}$ in

$$\begin{pmatrix} 1 & 3 & 1 & -2 & -3 \\ 0 & 1 & 2 & 1 & -1 \\ 0 & 0 & 0 & 0 & 0 \\ 0 & 0 & 0 & 0 & 0 \end{pmatrix} \;.$$

An dieser Zeilenstufenform können wir ablesen: $\mathrm{rg}(\mathbf{A}) = 2$.

- An der Matrix $\mathbf{B} := \begin{pmatrix} 5 & 0 & 0 & 0 \\ 1 & 1 & 2 & 1 \\ 2 & -3 & 3 & 0 \end{pmatrix} \in \mathbb{R}^{3 \times 3}$ führt man besser Spaltenumformungen durch, um den Rang zu bestimmen: Zur zweiten Spalte addiere man das (-1)-fache der vierten Spalte und zur dritten Spalte das (-2)-fache der vierten, sodann erkennt man den Spaltenrang und damit den Rang 3. ◀

In der statistischen Regressionsanalyse, die wir im Kap. 23 vertiefen, spielen Matrizen und ihre Ränge eine wichtige Rolle. Siehe z. B. die S. S. 298 bis S. 301.

Anwendungsbeispiel   Eine invertierbare Matrix $\mathbf{A} \in \mathbb{K}^{n \times n}$ hat nach einem Ergebnis auf S. 572 den Maximalrang n.

Dann kann $\mathbf{A}$ mit elementaren Zeilenumformungen auf die Form

$$\begin{pmatrix} 1 & & * & * \\ & \ddots & & * \\ 0 & & & 1 \end{pmatrix}$$

gebracht werden und mit weiteren solchen Umformungen schließlich in die Einheitsmatrix $\mathbf{E}_n$ umgewandelt werden. Jede Umformung bedeutet eine Multiplikation von links mit einer Elementarmatrix. Daher existieren zu der invertierbaren Matrix $\mathbf{A}$ Elementarmatrizen $\mathbf{T}_1, \ldots, \mathbf{T}_k$ mit

$$\mathbf{T}_k \cdots \mathbf{T}_1\,\mathbf{A} = \mathbf{E}_n \;,$$

sodass

$$\mathbf{T}_k \cdots \mathbf{T}_1 = \mathbf{T}_k \cdots \mathbf{T}_1\,\mathbf{E}_n = \mathbf{A}^{-1} \;. \qquad (*)$$

Jede invertierbare Matrix $\mathbf{A}$ lässt sich mittels elementarer Zeilenumformungen in die Einheitsmatrix $\mathbf{E}_n$ überführen. Wendet man dieselben Umformungen in derselben Reihenfolge auf $\mathbf{E}_n$ an, so erhält man $\mathbf{A}^{-1}$.

Dieses Vorgehen zum Invertieren einer invertierbaren Matrix ist genau dasselbe, das wir in einem Abschnitt auf S. 573 geschildert haben.

Man schreibt $\mathbf{E}_n$ rechts neben $\mathbf{A}$, also $(\mathbf{A} \mid \mathbf{E}_n)$ und wendet die Umformungen, die $\mathbf{A}$ in $\mathbf{E}_n$ überführen, gleichzeitig auf $\mathbf{E}_n$ an, man erhält also $(\mathbf{E}_n \mid \mathbf{A}')$. Die Matrix $\mathbf{A}'$ ist dann das Inverse $\mathbf{A}^{-1}$ von $\mathbf{A}$. ◄

Kommentar Wir haben mitbegründet: *Jede invertierbare Matrix ist ein Produkt von Elementarmatrizen.* Ein Algebraiker würde diesen Sachverhalt wie folgt ausdrücken: Die *Gruppe* der invertierbaren Matrizen über einem Körper wird von den Elementarmatrizen *erzeugt*. ◄

──────────── **Selbstfrage 4** ────────────

Bestimmen Sie den Rang der folgenden Matrizen

$$\mathbf{A} := \begin{pmatrix} 1 & 2 & -1 & 0 \\ 2 & 6 & -3 & -3 \\ 3 & 10 & -5 & -6 \end{pmatrix}, \quad \mathbf{B} := \begin{pmatrix} -1 & 1 & 0 & -1 \\ 2 & 0 & -1 & 1 \\ 0 & 3 & 1 & -1 \\ -2 & 1 & 3 & 1 \end{pmatrix}.$$

6.2 Zur Fehlerabschätzung bei der numerischen $L\,R$-Zerlegung

Computeralgebrasysteme verwenden zur Lösung eines linearen Gleichungssystems häufig eine $L\,R$-Zerlegung der Koeffizientenmatrix. Dabei kommt es zu Rundungsfehlern.

Der Fehler, den man bei der $L\,R$-Zerlegung macht, hält sich für kleine Matrizen in Grenzen

Wir führen zu jeder quadratischen Matrix $\mathbf{A} \in \mathbb{R}^{n \times n}$ und jedem Vektor $v \in \mathbb{R}^n$ eine Kenngröße ein, um abschätzen zu können, welche Fehler beim Lösen von linearen Gleichungssystemen mittels der $L\,R$-Zerlegung entstehen können.

Für die Matrix $\mathbf{A} = (a_{ij}) \in \mathbb{R}^{n \times n}$ bezeichne

$$|\mathbf{A}| := \max_{i=1,\ldots,n} \left\{ \sum_{j=1}^{n} |a_{ij}| \right\}$$

die **Zeilennorm** der Matrix $\mathbf{A}$. Um $|\mathbf{A}|$ zu bestimmen, bildet man also die Summen der Beträge der Einträge der n Zeilen

und erhält so n positive reelle Zahlen. Als $|\mathbf{A}|$ wählt man dann den maximalen gefundenen Wert.

Für Vektoren

$$v = \begin{pmatrix} v_1 \\ \vdots \\ v_n \end{pmatrix} \in \mathbb{R}^n$$

definieren wir analog:

$$|v| := \max_{i=1,\ldots,n} \{ |v_i| \} .$$

Nun gehen wir davon aus, dass wir das Gleichungssystem

$$\mathbf{A}\,x = b$$

auf einem Rechner mit der Maschinengenauigkeit ε mittels einer $L\,R$-Zerlegung mit Pivotsuche von $\mathbf{A} \in \mathbb{R}^{n \times n}$ mit den Matrizen $\mathbf{L}$ und $\mathbf{R}$ gelöst haben. Dabei haben wir den Vektor v als Näherungslösung erhalten. Dann gilt für den *Fehler* $|b - \mathbf{A}\,v|$, den der Rechner bei dieser Näherung gemacht hat:

$$|b - \mathbf{A}\,v| \leq \frac{2\,(n+1)\,\varepsilon}{1 - n\,\varepsilon} |\mathbf{L}|\,|\mathbf{R}|\,|v| , \quad \text{falls } n\,\varepsilon \leq 1/2 .$$

Wir verzichten auf eine Begründung dieser Abschätzung.

Kommentar Es besagt $|b - \mathbf{A}\,v| = 0$, dass v die exakte Lösung des Systems $\mathbf{A}\,x = b$ ist. ◄

6.3 Symmetrische und schiefsymmetrische Matrizen

Eine quadratische Matrix $\mathbf{A} \in \mathbb{R}^{n \times n}$ heißt **symmetrisch**, wenn $\mathbf{A} = \mathbf{A}^T$ erfüllt ist; sie heißt **schiefsymmetrisch**, wenn $\mathbf{A} = -\mathbf{A}^T$ gilt.

Die Menge der symmetrischen bzw. schiefsymmetrischen $n \times n$-Matrizen über $\mathbb{R}$ wollen wir hier mit $S(n, \mathbb{R})$ bzw. $A(n, \mathbb{R})$ bezeichnen.

Wir begründen:

Es sind $S(n, \mathbb{R})$ und $A(n, \mathbb{R})$ Untervektorräume des $\mathbb{R}^{n \times n}$ mit:

$$\dim S(n, \mathbb{R}) = \frac{n\,(n+1)}{2}$$

und

$$\dim A(n, \mathbb{R}) = \frac{n\,(n-1)}{2} .$$

Jede Matrix $\mathbf{M} \in \mathbb{R}^{n \times n}$ besitzt genau eine Darstellung

$$\mathbf{M} = \mathbf{S} + \mathbf{A} \quad \text{mit } \mathbf{S} \in S(n, \mathbb{R}),\ \mathbf{A} \in A(n, \mathbb{R}).$$

Bevor wir den allgemeinen Fall behandeln, sehen wir uns zunächst exemplarisch den Fall $n = 2$ an.

Es gilt dim $\mathbb{R}^{2\times 2} = 4$. Die Standardbasis des $\mathbb{R}^{2\times 2}$ ist $B = \{\mathbf{E}_{11}, \mathbf{E}_{12}, \mathbf{E}_{21}, \mathbf{E}_{22}\}$ mit

$$\mathbf{E}_{11} = \begin{pmatrix} 1 & 0 \\ 0 & 0 \end{pmatrix}, \quad \mathbf{E}_{12} = \begin{pmatrix} 0 & 1 \\ 0 & 0 \end{pmatrix},$$

$$\mathbf{E}_{21} = \begin{pmatrix} 0 & 0 \\ 1 & 0 \end{pmatrix}, \quad \mathbf{E}_{22} = \begin{pmatrix} 0 & 0 \\ 0 & 1 \end{pmatrix}.$$

Die Darstellung von

$$\mathbf{A} = \begin{pmatrix} a & b \\ c & d \end{pmatrix} \in \mathbb{R}^{2\times 2}$$

als Linearkombination der kanonischen Basis ist

$$\mathbf{A} = a\,\mathbf{E}_{11} + b\,\mathbf{E}_{12} + c\,\mathbf{E}_{21} + d\,\mathbf{E}_{22}.$$

Wir setzen

$$\mathbf{S} = \begin{pmatrix} 0 & 1 \\ 1 & 0 \end{pmatrix} = \mathbf{E}_{12} + \mathbf{E}_{21}, \quad \mathbf{T} = \begin{pmatrix} 0 & -1 \\ 1 & 0 \end{pmatrix} = -\mathbf{E}_{12} + \mathbf{E}_{21}.$$

Weil $\mathbf{S}$ und $\mathbf{T}$ linear unabhängig sind, ist $\{\mathbf{E}_{11}, \mathbf{E}_{22}, \mathbf{S}, \mathbf{T}\}$ eine Basis des $\mathbb{R}^{2\times 2}$.

Die Symmetrie bzw. Schiefsymmetrie von $\mathbf{A}$ lässt sich folgendermaßen ausdrücken:

$$\mathbf{A} = \mathbf{A}^T \;\Leftrightarrow\; b = c$$

$$\Leftrightarrow \mathbf{A} = \begin{pmatrix} a & b \\ b & d \end{pmatrix} = a \begin{pmatrix} 1 & 0 \\ 0 & 0 \end{pmatrix} + d \begin{pmatrix} 0 & 0 \\ 0 & 1 \end{pmatrix}$$

$$+ b \begin{pmatrix} 0 & 1 \\ 1 & 0 \end{pmatrix} \in \langle \mathbf{E}_{11}, \mathbf{E}_{22}, \mathbf{S} \rangle,$$

$$\mathbf{A} = -\mathbf{A}^T \;\Leftrightarrow\; a = d = 0 \text{ und } b = -c$$

$$\Leftrightarrow \mathbf{A} = \begin{pmatrix} 0 & -c \\ c & 0 \end{pmatrix} = c \begin{pmatrix} 0 & -1 \\ 1 & 0 \end{pmatrix} \in \langle \mathbf{T} \rangle.$$

Demnach ist $\{\mathbf{E}_{11}, \mathbf{E}_{22}, \mathbf{S}\}$ eine Basis von $S(2, \mathbb{R})$, also dim $S(2, \mathbb{R}) = 3$, und $\{\mathbf{T}\}$ ist eine Basis von $A(2, \mathbb{R})$, also dim $A(2, \mathbb{R}) = 1$. Jede Matrix lässt sich auf genau eine Weise als Summe einer symmetrischen und einer schiefsymmetrischen Matrix schreiben:

$$\begin{pmatrix} a & b \\ c & d \end{pmatrix} = \underbrace{\begin{pmatrix} a & \frac{b+c}{2} \\ \frac{b+c}{2} & d \end{pmatrix}}_{\in S(2,\,\mathbb{R})} + \underbrace{\begin{pmatrix} 0 & \frac{b-c}{2} \\ -\frac{b-c}{2} & 0 \end{pmatrix}}_{\in A(2,\,\mathbb{R})}$$

$$= a\,\mathbf{E}_{11} + d\,\mathbf{E}_{22} + \frac{b+c}{2}\,\mathbf{S} - \frac{b-c}{2}\,\mathbf{T}.$$

Sind nun $\mathbf{A}, \mathbf{B} \in S(n, \mathbb{R})$, d. h. $\mathbf{A}^T = \mathbf{A}$, $\mathbf{B}^T = \mathbf{B}$, so folgt $(\mathbf{A} + \mathbf{B})^T = \mathbf{A}^T + \mathbf{B}^T = \mathbf{A} + \mathbf{B}$, d. h. $\mathbf{A} + \mathbf{B} \in S(n, \mathbb{R})$, und $(\lambda\,\mathbf{A})^T = \lambda\,\mathbf{A}^T = \lambda\,\mathbf{A}$ für $\lambda \in \mathbb{R}$, d. h. $\lambda\,\mathbf{A} \in S(n, \mathbb{R})$. Die Menge $S(n, \mathbb{R})$ ist demnach ein Untervektorraum des $\mathbb{R}^{n\times n}$. Der

Beweis für schiefsymmetrische Matrizen geht genauso. So folgt etwa aus $\mathbf{A}^T = -\mathbf{A}$, $\mathbf{B}^T = -\mathbf{B}$ sogleich $(\mathbf{A}+\mathbf{B})^T = \mathbf{A}^T + \mathbf{B}^T = -\mathbf{A} - \mathbf{B} = -(\mathbf{A} + \mathbf{B})$.

Wir kommen nun zu dem allgemeinen Fall:

Wir gehen von der Standardbasis $B = \{\mathbf{E}_{ij} \mid 1 \le i, j \le n\}$ des $\mathbb{R}^{n\times n}$ aus. Eine Matrix $\mathbf{A} = (a_{ij}) \in \mathbb{R}^{n\times n}$ ist genau dann symmetrisch, wenn $a_{ij} = a_{ji}$ für $i < j$ gilt. In diesem Fall kann man in der Darstellung $\mathbf{A} = \sum_{i,j=1}^{n} a_{ij}\,\mathbf{E}_{ij}$ die beiden Summanden $a_{ij}\,\mathbf{E}_{ij} + a_{ji}\,\mathbf{E}_{ji}$ zu einem einzigen, nämlich $a_{ij}\,(\mathbf{E}_{ij} + \mathbf{E}_{ji})$ zusammenfassen. Somit ist

$$S = \{\mathbf{E}_{ii} \mid 1 \le i \le n\} \cup \{\mathbf{E}_{ij} + \mathbf{E}_{ji} \mid 1 \le i < j \le n\}$$

eine Basis von $S(n, \mathbb{R})$, und es gilt dim $S(n, \mathbb{R}) = |S| = n(n + 1)/2$. Die Matrix $\mathbf{A}$ ist genau dann schiefsymmetrisch, wenn $a_{ii} = -a_{ii}$, d. h. $a_{ii} = 0$ für alle Elemente in der Hauptdiagonalen von $\mathbf{A}$ gilt und $a_{ij} = -a_{ji}$ für $i < j$. Man sieht dann analog, dass

$$A = \{\mathbf{E}_{ij} - \mathbf{E}_{ji} \mid 1 \le i < j \le n\}$$

eine Basis von $A(n, \mathbb{R})$ ist. Es folgt dim $A(n, \mathbb{R}) = |A| = n(n - 1)/2$.

Für eine beliebige Matrix $\mathbf{M} \in \mathbb{R}^{n\times n}$ gilt

$$\mathbf{M} = \underbrace{\frac{1}{2}(\mathbf{M} + \mathbf{M}^T)}_{=\mathbf{S}} + \underbrace{\frac{1}{2}(\mathbf{M} - \mathbf{M}^T)}_{=\mathbf{A}}$$

mit $\mathbf{S}^T = \frac{1}{2}(\mathbf{M}^T + (\mathbf{M}^T)^T) = \frac{1}{2}(\mathbf{M}^T + \mathbf{M}) = \mathbf{S}$, d. h. $\mathbf{S} \in S(n, \mathbb{R})$, und $\mathbf{A}^T = \frac{1}{2}(\mathbf{M}^T - (\mathbf{M}^T)^T) = \frac{1}{2}(\mathbf{M}^T - \mathbf{M}) = -\mathbf{A}$, d. h. $\mathbf{A} \in A(n, \mathbb{R})$. Ist $\mathbf{M} = \mathbf{S}' + \mathbf{A}'$ eine weitere solche Darstellung, so gilt $\mathbf{S} + \mathbf{A} = \mathbf{S}' + \mathbf{A}'$, und folglich ist

$$\mathbf{S} - \mathbf{S}' = \mathbf{A}' - \mathbf{A} \in S(n, \mathbb{R}) \cap A(n, \mathbb{R})$$

eine Matrix, die zugleich symmetrisch und schiefsymmetrisch ist. Da die Nullmatrix $\mathbf{0} \in \mathbb{R}^{n\times n}$ die einzige Matrix mit dieser Eigenschaft ist, folgt $\mathbf{S} = \mathbf{S}'$, $\mathbf{A} = \mathbf{A}'$, und wir haben auch die Eindeutigkeit der Darstellung gezeigt.

Beispiel Es gilt etwa

$$\begin{pmatrix} 6 & 13 \\ 5 & 11 \end{pmatrix} = \underbrace{\begin{pmatrix} 6 & 9 \\ 9 & 11 \end{pmatrix}}_{\in S(n,\,\mathbb{R})} + \underbrace{\begin{pmatrix} 0 & 4 \\ -4 & 0 \end{pmatrix}}_{\in A(n,\,\mathbb{R})}.$$

und

$$\begin{pmatrix} -2 & -\sqrt{2} & 1 \\ 3 & 1 & \sqrt{2} \\ 1 & -3 & 2 \end{pmatrix} =$$

$$\underbrace{\begin{pmatrix} -2 & \frac{3-\sqrt{2}}{2} & 1 \\ \frac{3-\sqrt{2}}{2} & 1 & \frac{-3+\sqrt{2}}{2} \\ 1 & \frac{-3+\sqrt{2}}{2} & 2 \end{pmatrix}}_{\in S(n,\,\mathbb{R})} + \underbrace{\begin{pmatrix} 0 & \frac{-3-\sqrt{2}}{2} & 0 \\ \frac{3+\sqrt{2}}{2} & 0 & \frac{3+\sqrt{2}}{2} \\ 0 & \frac{-3-\sqrt{2}}{2} & 0 \end{pmatrix}}_{\in A(n,\,\mathbb{R})}.$$

◄

Anwendung: Galilei-Transformation

Wir vergleichen Zeit- und Ortskoordinaten ein und desselben *Ereignisses*, betrachtet aus zwei verschiedenen Bezugssystemen S_1 und S_2. Dabei bewege sich das Bezugssystem S_2 relativ zum Bezugssystem S_1 mit einer konstanten Geschwindigkeit $v = v_1 e_1 + v_2 e_2 + v_3 e_3$.

Wir wählen im Bezugssystemen S_1 bzw. S_2 ein kartesisches Koordinatensystem (x_1, y_1, z_1) mit Ursprung O_1 und Zeitkoordinate t_1 bzw. (x_2, y_2, z_2) mit Ursprung O_2 und Zeitkoordinate t_2. Durch Angabe von vier Werten für Orts- und Zeitkoordinaten wird ein **Ereignis** im jeweiligen Bezugssystem erklärt; *zur Zeit t_i ereignet sich am Ort (x_i, y_i, z_i) in S_i etwas*, etwa ein Zusammenstoß von Teilchen. Wir schreiben für ein solches Ereignis P im Bezugssystem S_i kurz $P = (t_i, x_i, y_i, z_i)$.

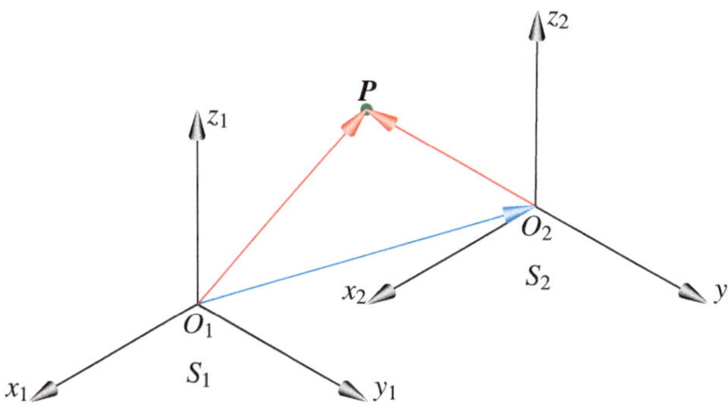

Angenommen, wir kennen die vier Koordinaten t_1, x_1, y_1, z_1 eines Ereignisses P im Bezugssystem S_1. Welche Koordinaten t_2, x_2, y_2, z_2 hat dieses Ereignis dann im Bezugssystem S_2?

Wir stellen im Folgenden den Zusammenhang zwischen diesen Koordinaten her. Wir nehmen vorerst an, dass wir in den beiden Bezugssystemen dieselbe (absolute) Zeit verwenden dürfen, also insbesondere $t_1 = t_2$. Dies führt zur *Galilei-Transformation*, die für Geschwindigkeiten gilt, die klein im Vergleich zur Lichtgeschwindigkeit sind.

Vereinfachend nehmen wir an, dass zum Zeitpunkt $t_1 = 0 = t_2$ die Ursprünge O_1 und O_2 zusammenfallen.

Gegeben ist ein Ereignis $P = (t_1, x_1, y_1, z_1)$ in S_1. Wir bestimmen die Koordinaten dieses Ereignisses bezüglich des Koordinatensystems im Bezugssystem S_2.

Wir gehen von $t_1 = t_2 = t$ aus und erhalten für die einzelnen Ortskoordinaten des Ereignisses P

$$x_2 = x_1 - v_1\, t, \quad y_2 = y_1 - v_2\, t, \quad z_2 = z_1 - v_3\, t.$$

Diesen Übergang von den Koordinaten eines Ereignisses bezüglich eines Bezugssystems zu den Koordinaten des Ereignisses bezüglich eines anderen Bezugssystems nennt man **Galilei-Transformation**. Dieser Zusammenhang lässt sich mit einer Matrix $\mathbf{A}$ beschreiben, es gilt

$$\begin{pmatrix} t_2 \\ x_2 \\ y_2 \\ z_2 \end{pmatrix} = \underbrace{\begin{pmatrix} 1 & 0 & 0 & 0 \\ -v_1 & 1 & 0 & 0 \\ -v_2 & 0 & 1 & 0 \\ -v_3 & 0 & 0 & 1 \end{pmatrix}}_{=:\mathbf{A}} \begin{pmatrix} t_1 \\ x_1 \\ y_1 \\ z_1 \end{pmatrix}.$$

Die Matrix $\mathbf{A}$ ist invertierbar, und zwar gilt

$$\mathbf{A}^{-1} = \begin{pmatrix} 1 & 0 & 0 & 0 \\ v_1 & 1 & 0 & 0 \\ v_2 & 0 & 1 & 0 \\ v_3 & 0 & 0 & 1 \end{pmatrix}.$$

Damit erhalten wir die Koordinaten eines Ereignisses $P = (t_1, x_1, y_1, z_1)$ im Koordinatensystem von S_1 aus folgender Gleichung

$$\begin{pmatrix} t_1 \\ x_1 \\ y_1 \\ z_1 \end{pmatrix} = \begin{pmatrix} 1 & 0 & 0 & 0 \\ v_1 & 1 & 0 & 0 \\ v_2 & 0 & 1 & 0 \\ v_3 & 0 & 0 & 1 \end{pmatrix} \begin{pmatrix} t_2 \\ x_2 \\ y_2 \\ z_2 \end{pmatrix}.$$

Ein Einstein'sches Postulat besagt, dass die Lichtgeschwindigkeit c in allen Bezugssystemen die gleiche Größe hat. Damit widerspricht die Galilei-Transformation diesem Postulat. Bewegt sich nämlich das Bezugssystem S_2 nur in x_1-Richtung gegenüber dem Bezugssystem S_1 mit der Geschwindigkeit v_1, so hat ein Lichtstrahl im Bezugssystem S_2 in y_1-Richtung vom Bezugssystem S_1 aus betrachtet, die Geschwindigkeit $c + v_1 > c$.

Für kleine Geschwindigkeiten stimmt die Galilei-Transformation mit den experimentellen Beobachtungen überein, für hohe Geschwindigkeiten jedoch ist eine andere Transformation zu wählen – dies ist die *Lorentz-Transformation*.

6.4 Die Vandermonde-Matrix

Sind $x_0, x_1, \ldots, x_n$ verschiedene und $y_0, y_1, \ldots, y_n$ beliebige reelle Zahlen, so existiert nach der Anwendung zur Newton-Interpolation im Kap. 15 genau ein Polynom $p \in \mathbb{R}[X]_n$, d. h. vom Grad kleiner oder gleich n, mit $p(x_i) = y_i$ für alle $i \in \{0, 1, \ldots, n\}$.

Wir begründen dieses Ergebnis erneut mithilfe der Determinante. Dabei spielt die sogenannte *Vandermonde-Matrix* eine wichtige Rolle.

Zu zeigen ist die Existenz und Eindeutigkeit reeller Zahlen $a_0, \ldots, a_n$ mit der Eigenschaft

$$y_i = a_0 + a_1 x_i + \cdots + a_n x_i^n \text{ für } i = 0, \ldots, n. \qquad (*)$$

Es ist dann

$$p = a_0 + a_1 X + \cdots + a_n X^n \in \mathbb{R}[X]_n$$

das eindeutig bestimmte Polynom mit der gewünschten Eigenschaft.

Die $n + 1$ Gleichungen in $(*)$ liefern ein lineares Gleichungssystem für die $n + 1$ zu bestimmenden Koeffizienten $a_0, a_1, \ldots, a_n \in \mathbb{R}$.

Das Gleichungssystem lautet ausführlich

$$\begin{aligned}
a_0 x_1^0 + a_1 x_1 + \cdots + a_n x_1^n &= y_1 \\
a_0 x_2^0 + a_1 x_2 + \cdots + a_n x_2^n &= y_2 \\
\vdots \qquad \vdots \qquad\quad \vdots \qquad &\vdots \\
a_0 x_n^0 + a_1 x_n + \cdots + a_n x_n^n &= y_n
\end{aligned}$$

Als Koeffizientenmatrix erhalten wir die sogenannte $(n + 1) \times (n + 1)$-**Vandermonde-Matrix**

$$\mathbf{V} = \begin{pmatrix} 1 & x_0 & x_0^2 & \cdots & x_0^n \\ 1 & x_1 & x_1^2 & \cdots & x_1^n \\ \vdots & \vdots & \vdots & & \vdots \\ 1 & x_n & x_n^2 & \cdots & x_n^n \end{pmatrix} = (x_i^j) \in \mathbb{R}^{(n+1)\times(n+1)}.$$

Es existiert genau dann eine eindeutig bestimmte Lösung des Gleichungssystems $(*)$, also das eindeutig bestimmte Polynom

$$p = a_0 + a_1 X + \cdots + a_n X^n \text{ mit } a_n, \ldots, a_1, a_0 \in \mathbb{R}, \text{ wenn}$$

die Determinante der Vandermonde-Matrix von null verschieden ist.

Wir berechnen nun diese Determinante. Wir lassen die erste Spalte unverändert und subtrahieren von der zweiten Spalte das x_0-fache der ersten Spalte, von der dritten Spalte das x_0-fache der zweiten Spalte usw.

$$\det \mathbf{V} = \begin{vmatrix} 1 & 0 & 0 & \cdots & 0 \\ 1 & x_1 - x_0 & x_1^2 - x_0 x_1 & \cdots & x_1^n - x_0 x_1^{n-1} \\ \vdots & \vdots & \vdots & & \vdots \\ 1 & x_n - x_0 & x_n^2 - x_0 x_n & \cdots & x_n^n - x_0 x_1^{n-1} \end{vmatrix}$$

$$= \begin{vmatrix} 1 & 0 & 0 & \cdots & 0 \\ 1 & x_1 - x_0 & (x_1 - x_0)x_1 & \cdots & (x_1 - x_0)x_1^{n-1} \\ \vdots & \vdots & \vdots & & \vdots \\ 1 & x_n - x_0 & (x_n - x_0)x_n & \cdots & (x_n - x_0)x_1^{n-1} \end{vmatrix}$$

$$= \prod_{i=1}^{n}(x_i - x_0) \begin{vmatrix} 1 & x_1 & \cdots & x_1^{n-1} \\ \vdots & \vdots & \vdots & \vdots \\ 1 & x_n & \cdots & x_1^{n-1} \end{vmatrix}.$$

Bei diesem Schritt haben wir also die $(n + 1) \times (n + 1)$-Vandermonde-Matrix auf eine $n \times n$-Vandermonde-Matrix zurückgeführt. Induktiv folgt nun unter Beachtung von $\det(1) = 1$ die Formel

$$\det \mathbf{V} = \prod_{j=0}^{n-1} \prod_{i=j+1}^{n} (x_i - x_j).$$

Dies wird meistens in der Kurzform

$$\begin{vmatrix} 1 & x_0 & x_0^2 & \cdots & x_0^n \\ 1 & x_1 & x_1^2 & \cdots & x_1^n \\ \vdots & \vdots & \vdots & & \vdots \\ 1 & x_n & x_n^2 & \cdots & x_n^n \end{vmatrix} = \prod_{i>j}(x_i - x_j)$$

geschrieben.

Es ist $\det \mathbf{V} \neq 0 \Leftrightarrow x_i \neq x_j$ für alle $i \neq j$.

Also existiert genau dann ein eindeutig bestimmtes Polynom $p = a_0 + a_1 X + \cdots + a_n X^n \in \mathbb{R}[X]_n$ mit $p(x_i) = y_i$ für $i = 0, \ldots, n$, wenn die vorgegebenen Stellen $x_0, \ldots, x_n$ verschieden sind.

Antworten der Selbstfragen

Antwort 1 Die dritte Zeile.

Antwort 2 An der Stelle $(1, 2)$ – es geht aber auch die Stelle $(3, 2)$.

Antwort 3 Weil $\mathbf{P}^2$ bedeutet, dass zwei Mal vertauscht wird, damit wird die ursprüngliche Vertauschung gerade rückgängig gemacht.

Antwort 4 Es gilt $\operatorname{rg} \mathbf{A} = 2$ und $\operatorname{rg} \mathbf{B} = 3$.

Kapitel 6

Lineare Abbildungen und Matrizen – abstrakte Sachverhalte in Zahlen ausgedrückt (zu Kap. 17)

7

Wie bildet man den Raum auf eine Ebene ab?

Wie lassen sich lineare Abbildungen durch Matrizen darstellen?

Wie wirkt sich ein Basiswechsel auf die Matrix einer linearen Abbildung aus?

© Springer-Verlag GmbH Deutschland 2017
T. Arens et al., *Ergänzungen und Vertiefungen zu Arens et al., Mathematik*, DOI 10.1007/978-3-662-53585-1_7

In diesem Kapitel ist das Bonusmaterial zu Kapitel 17 aus dem Lehrbuch Arens et al. *Mathematik* zusammengestellt.

7.1 Decodierung des Bauer-Codes

Der Bauer-Code ist ein $\mathbb{Z}_2$-Vektorraum

Wir erinnern an den Bauer-Code aus dem Kap. 5 (Bonusmaterial zu Kap. 15):

Der **Bauer-Code** B besteht aus allen Elementen $x = x_1x_2x_3x_4x_5x_6x_7x_8 \in \mathbb{Z}_2^8$, die der folgenden Bedingung genügen:

$$x_5x_6x_7x_8 = \begin{cases} x_1x_2x_3x_4, & \text{falls } w(x_1x_2x_3x_4) \in 2\,\mathbb{N}_0, \\ x_1x_2x_3x_4 + 1111, & \text{falls } w(x_1x_2x_3x_4) \in 2\,\mathbb{N}_0 + 1; \end{cases}$$

$$(*)$$

Die Elemente von B sind die folgenden sechzehn Vektoren:

00000000	10101010	10110100
10000111	10011001	11010010
01001011	01100110	11100001
00101101	01010101	11111111
00011110	00110011	
11001100	01111000	

Die ML-Decodierregel minimiert die Decodierfehlerwahrscheinlichkeit

Bei der Übertragung eines Codewortes x des Bauer-Codes B über einen sogenannten *binären symmetrischen Kanal* wird jedes Bit unabhängig von den andern Bits mit einer Wahrscheinlichkeit $p < 1/2$ in das entgegengesetzte Bit verfälscht. Der Decodierer am Ausgang des Kanals versucht, aus dem empfangenen Wort y das ursprünglich gesendete Codewort $x \in B$ zu rekonstruieren.

Um die Decodierfehlerwahrscheinlichkeit zu minimieren, arbeitet er mit einer Decodierregel $\delta: \mathbb{F}_2^8 \to B$, die der Bedingung

$$d(\delta(y), y) = \min\{d(x, y) \mid x \in B\}$$

für jedes Wort $y \in \mathbb{F}_2^8$ genügt (die sogenannte **Maximum-Likelihood-Decodierregel** oder **ML-Decodierregel**).

Die Bedingung $p < 1/2$ oder, was dasselbe ist, $p < 1 - p$ stellt sicher, dass jedes Fehlermuster $e = y + x$ aus t falschen Bits unwahrscheinlicher ist als jedes Fehlermuster aus $s < t$ falschen Bits. Die zugehörigen Wahrscheinlichkeiten sind nämlich $p^t(1-p)^{8-t} < p^s(1-p)^{8-s}$. Die Bedingung

$$d(\delta(y), y) = \min\{d(x, y) \mid x \in B\}$$

kann man deswegen auch in der Form

$$p(y \mid \delta(y)) = \max\{p(y \mid x) \mid x \in B\} \tag{ML}$$

schreiben, wobei $p(y \mid x)$ die Wahrscheinlichkeit bezeichnet, dass x im Kanal in y verfälscht wird, sofern es gesendet wurde (sogenannte *bedingte Wahrscheinlichkeit*).

Axiom (ML) definiert den Begriff **Maximum-Likelihood-Decodierregel** für beliebige Kanäle. Es lässt sich zeigen, dass eine ML-Decodierregel die Decodierfehlerwahrscheinlichkeit tatsächlich minimiert, wenn alle Codewörter des verwendeten Codes gleichwahrscheinlich sind (andernfalls stimmt das natürlich nicht – man betrachte etwa einen kaputten Sender, der stets dasselbe Codewort $x \in C$ mit der Wahrscheinlichkeit $p(x) = 1$ sendet. Dann ist es natürlich am besten, jedes empfangene Wort y in x zu decodieren, selbst dann, wenn weitere Codewörter $x' \in C$ mit $p(y \mid x') > p(y \mid x)$ existieren).

Wir stellen eine ML-Decodierregel δ für B auf, die Fehlermuster, die aus höchstens einem verfälschten Bit bestehen, korrigiert.

Wir betrachten die Matrix

$$\mathbf{H} = \begin{pmatrix} 1 & 0 & 0 & 0 & 0 & 1 & 1 & 1 \\ 0 & 1 & 0 & 0 & 1 & 0 & 1 & 1 \\ 0 & 0 & 1 & 0 & 1 & 1 & 0 & 1 \\ 0 & 0 & 0 & 1 & 1 & 1 & 1 & 0 \end{pmatrix}.$$

Die Matrix H ist eine Generator- und Kontrollmatrix des Bauer-Codes

Wir zeigen, dass die Matrix $\mathbf{H}$ zugleich eine **Generatormatrix** des Codes B, d. h., B ist das Bild der linearen Abbildung $\mathbb{Z}_2^4 \to \mathbb{Z}_2^8, x \mapsto x^T\mathbf{H}: B = \{x^T\mathbf{H} \mid x \in \mathbb{Z}_2^4\}$, und eine **Kontrollmatrix** des Codes B, d. h., B ist der Kern der linearen Abbildung $\varphi_{\mathbf{H}}: B = \varphi_{\mathbf{H}}^{-1}(\{\mathbf{0}\})$, ist:

Es sei $\mathbf{J} \in \mathbb{F}_2^{4\times 4}$ die Matrix aus lauter Einsen. Dann ist $\mathbf{H} = (\mathbf{E}_4 \mid \mathbf{E}_4 + \mathbf{J})$. Für $x^T = x_1x_2x_3x_4 \in \mathbb{F}_2^4$ gilt

$$x^T\mathbf{H} = (x^T\mathbf{E}_4 \mid x^T(\mathbf{E}_4 + \mathbf{J})) = (x \mid x^T + x^T\mathbf{J})$$

$$= \begin{cases} (x \mid x), & \text{falls } w(x) \in 2\mathbb{N}, \\ (x \mid x + 1), & \text{falls } w(x) \in 2\mathbb{N} + 1. \end{cases}$$

Zusammen mit der Bauanleitung für B (siehe Gleichung $(*)$) zeigt dies $B = \{x^T\mathbf{H} \mid x \in \mathbb{F}_2^4\}$.

Weiter gilt $\mathbf{H}\mathbf{H}^T = (z_i z_j^T)_{1 \leq i,j \leq 4}$, wobei z_1, z_2, z_3, z_4 die Zeilen von $\mathbf{H}$ sind. Da zwei verschiedene Zeilen z_i, z_j von $\mathbf{H}$ stets genau 2 Einsen gemeinsam haben, ist $z_i z_j^T = 2 = 0$ – wir rechnen im Körper mit 2 Elementen – und damit $\mathbf{H}\mathbf{H}^T = \mathbf{0}$, d. h. $B \subseteq \varphi_{\mathbf{H}}^{-1}(\{\mathbf{0}\})$. Zusammen mit $\dim(\varphi_{\mathbf{H}}^{-1}(\{\mathbf{0}\})) = 8 - \text{rg}\,\mathbf{H} = 8 - 4 = 4 = \dim B$ folgt daraus $B = \varphi_{\mathbf{H}}^{-1}(\{\mathbf{0}\})$ $(= \{x \in \mathbb{F}_2^8 \mid \mathbf{H}x = \mathbf{0}\})$.

Die ML-Decodierregel korrigiert verfälschte Bits

Der Vektor $s = \mathbf{H}\,y \in \mathbb{F}_2^4$ heißt **Syndrom** des Wortes $y \in \mathbb{F}_2^8$. Wird $y \in \mathbb{F}_2^8$ empfangen, so haben alle infrage kommenden *Fehlervektoren* dasselbe Syndrom wie y. Ist nämlich $e = y + x$, $x \in B$, so gilt wegen $\mathbf{H}\,e = \mathbf{H}\,(y + x) = \mathbf{H}\,y + \mathbf{H}\,x = \mathbf{H}\,y$ aufgrund von $B = \varphi_{\mathbf{H}}^{-1}(\{\mathbf{0}\})$.

Wir stellen nun die gewünschte ML-Decodierregel δ für B auf, die nur vom Syndrom des empfangenen Wortes abhängt, und zeigen, dass δ Fehlermuster, die aus höchstens einem verfälschten Bit bestehen, korrigiert.

Bei einer ML-Decodierregel entscheidet man sich für einen Fehlervektor – eventuell gibt es mehrere – mit dem kleinsten Hamming-Gewicht in $y + B = \{z \in \mathbb{F}_2^8 \mid \mathbf{H}z = \mathbf{H}y\}$. Im Fall $s = \mathbf{H}\,y = 0$ ist $y \in B$ und wird in y decodiert. Bezeichnet h_j die j-te Spalte von $\mathbf{H}$, so gilt $\mathbf{H}\,e_j = h_j$. Im Fall $s = \mathbf{H}\,y = h_j$ wird y also in $y + e_j$ decodiert. Dadurch werden alle möglichen Syndrome mit $w(s) \in \{1, 3\}$ abgedeckt.

Soweit ist die Decodierung vorgeschrieben. Für jedes weitere Syndrom dürfen wir uns einen Fehlervektor $e \in \mathbb{F}_2^8$ mit $w(e) = 2$ frei aussuchen. Eine mögliche Lösung ist etwa der folgende Algorithmus:

1. Berechne das Syndrom $s = s_1\,s_2\,s_3\,s_4 = \mathbf{H}\,y$.
2. Falls $s = 0\,0\,0\,0$, gib y aus. Stop.
3. Falls $w(s) \in \{1, 3\}$, bestimme j mit $s = h_j$ und gib $y + e_j$ aus. Stop.
4. Falls $w(s) = 2$, gib $y + s_1\,s_2\,s_3\,s_4\,0\,0\,0\,0$ aus. Stop.
5. Falls $s = 1\,1\,1\,1$, gib $y + 1\,0\,0\,0\,1\,0\,0\,0$ aus. Stop.

Fehlermuster $e = y + x$ aus höchstens einem Bit werden korrigiert, weil außer x kein weiteres Codewort $x' \in B$ von y den Abstand 0 oder 1 hat. Andernfalls wäre nämlich $d(x, x') \leq d(x, y) + d(y, x') \leq 1 + 1 = 2$ im Widerspruch zu $d(B) = 4$, da für den Hamming-Abstand d die Dreiecksungleichung gilt, tatsächlich ist die Abbildung $d \colon \mathbb{F}_2^n \times \mathbb{F}_2^n \to \mathbb{R}$, $(x, y) \mapsto d(x, y)$ sogar eine *Metrik* (siehe Kap. 31 des Hauptwerks).

Literatur:

- W. Heise, P. Quattrocchi: *Informations- und Codierungstheorie*, Springer.

Eigenwerte und Eigenvektoren – oder wie man Matrizen diagonalisiert (zu Kap. 18)

Wie berechnet man auf einfache Art Potenzen von Matrizen?

Welche Matrizen sind diagonalisierbar?

Welches Prinzip macht die Suchmaschine Google so erfolgreich?

© Springer-Verlag GmbH Deutschland 2017

T. Arens et al., *Ergänzungen und Vertiefungen zu Arens et al., Mathematik*, DOI 10.1007/978-3-662-53585-1_8

In diesem Kapitel ist das Bonusmaterial zu Kapitel 18 aus dem Lehrbuch Arens et al. *Mathematik* zusammengestellt.

8.1 Der Satz von Gerschgorin

Mit dem Satz von Gerschgorin lassen sich die Eigenwerte einer komplexen Matrix abschätzen

Gegeben ist eine quadratische Matrix $\mathbf{A} = (a_{ij}) \in \mathbb{C}^{n \times n}$. Wir betrachten zu dieser Matrix $\mathbf{A}$ die n *Kreisscheiben*

$$K_i := \{z \in \mathbb{C} \mid |z - a_{ii}| \le \sum_{\substack{j=1 \\ j \ne i}}^{n} |a_{ij}|\}, \quad i = 1, \ldots, n.$$

Der Satz von Gerschgorin

Die n Eigenwerte der komplexen Matrix $\mathbf{A}$ liegen in der Vereinigung $\bigcup\limits_{i=1}^{n} K_i$ dieser n Kreisscheiben.

Bevor wir den Satz von Gerschgorin beweisen, geben wir ein Beispiel an.

Beispiel Wir geben die drei Kreisscheiben K_1, K_2, K_3 für die Matrix

$$\mathbf{A} = \begin{pmatrix} -5 & 0 & 0 \\ 2 & 2 & 1 \\ 3 & -5 & 4 \end{pmatrix} \in \mathbb{C}^{3 \times 3}.$$

an. Man erhält

$$K_1 = \{-5\},$$
$$K_2 = \{z \in \mathbb{C} \mid |z - 2| \le 3\},$$
$$K_3 = \{z \in \mathbb{C} \mid |z - 4| \le 8\}.$$

Tatsächlich hat die Matrix $\mathbf{A}$ die Eigenwerte -5, $3 + 2i$ sowie $3 - 2i$. Hierbei folgt aber die Tatsache, dass -5 ein Eigenwert ist, nicht aus dem Satz von Gerschgorin – jedoch aus der verschärften Version, die wir nach dem Beweis des Satzes von Gerschgorin bringen. ◄

Wir beweisen nun den Satz von Gerschgorin. Zu einem Eigenwert $\lambda \in \mathbb{C}$ von $\mathbf{A} = (a_{ij})$ mit Eigenvektor

$$v = \begin{pmatrix} v_1 \\ \vdots \\ v_n \end{pmatrix}$$

zum Eigenwert λ wählen wir ein $r \in \{1, \ldots, n\}$ mit $|v_r| \ge |v_i|$ für alle $i \in \{1, \ldots, n\}$. Es gilt $v_r \ne 0$, da $v \ne 0$ gilt. Dann ist

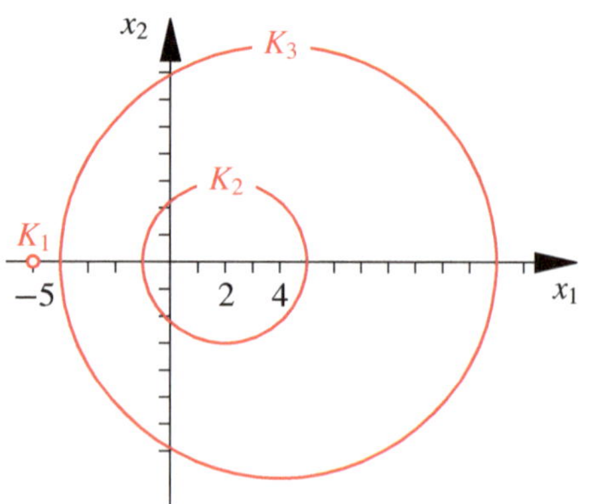

Abb. 8.1 Die Eigenwerte der Matrix $\mathbf{A}$ liegen innerhalb der drei Kreise

$v' := |v_r|^{-1} v$ auch ein Eigenvektor zum Eigenwert λ, aber v' hat die Eigenschaft, dass jede Komponente von v' einen Betrag kleiner als 1 hat.

Daher können wir nun gleich einen solchen Eigenvektor

$$v = \begin{pmatrix} v_1 \\ \vdots \\ v_n \end{pmatrix}$$

wählen mit der Eigenschaft

$$\max_{i=1,\ldots,n} \{|v_i|\} = |v_r| = 1 \quad \text{für ein } r \in \{1, \ldots, n\}.$$

Weil v ein Eigenvektor zum Eigenwert λ ist, gilt

$$(\mathbf{A} - \lambda\,\mathbf{E}_n)\,v = 0.$$

Die r-te Zeile dieses Gleichungssystems lautet:

$$(a_{rr} - \lambda)\,v_r = -\sum_{\substack{i=1 \\ i \ne r}}^{n} a_{ri}\,v_i.$$

Es folgt mit der Dreiecksungleichung in $\mathbb{C}$

$$|a_{rr} - \lambda| = |(a_{rr} - \lambda)\,v_r| = \left| \sum_{\substack{i=1 \\ i \ne r}}^{n} a_{ri}\,v_i \right|$$

$$\le \sum_{\substack{i=1 \\ i \ne r}}^{n} |a_{ri}||v_i| \le \sum_{\substack{i=1 \\ i \ne r}}^{n} |a_{ri}|.$$

Und damit gilt $\lambda \in K_r = \{z \in \mathbb{C} \mid |z - a_{rr}| \le \sum\limits_{\substack{i=1 \\ i \ne r}}^{n} |a_{ri}|\}.$

Damit haben wir die Aussage bewiesen: Jeder Eigenwert der Matrix $\mathbf{A}$ liegt in der Vereinigung der Kreisscheiben $K_1, \ldots, K_n$. ∎

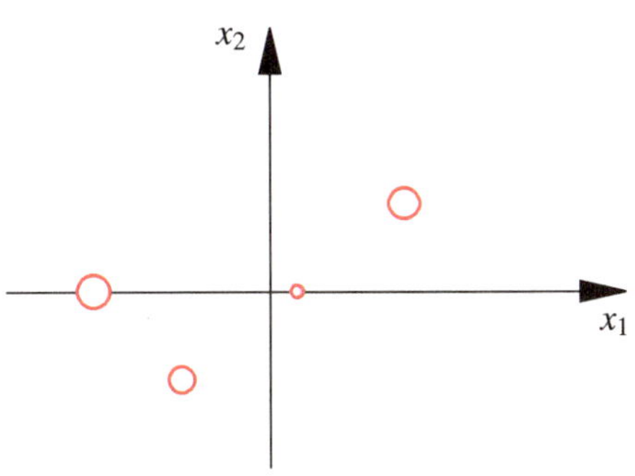

Abb. 8.2 Bei diagonaldominanten Matrizen sind die Kreise klein, die Eigenwerte also gut zu schätzen

Kommentar Man kennt die Eigenwerte also umso genauer, je kleiner diese Kreisscheiben sind. Im Extremfall einer Diagonalmatrix gibt der Satz von Gerschgorin die Eigenwerte sogar exakt an. Ansonsten liefert der Satz von Gerschgorin eine gute Näherungslösung, wenn die Matrix **A** *diagonaldominant* ist, d. h., die Komponenten a_{ij} mit $i \neq j$ der Matrix **A** haben einen *kleinen* Betrag $|a_{ij}|$ – es sind in diesem Fall dann die Kreisscheiben *klein*. ◄

Disjunkte Vereinigungen verbessern die Schätzungen

Wir bringen zuerst die Verschärfung des Satzes von Gerschgorin. Dabei ist wieder eine quadratische Matrix $\mathbf{A} = (a_{ij}) \in \mathbb{C}^{n \times n}$ mit den zugehörigen n Kreisscheiben

$$K_i := \{ z \in \mathbb{C} \mid |z - a_{ii}| \leq \sum_{\substack{j=1 \\ j \neq i}}^{n} |a_{ij}| \}, \quad i = 1, \ldots, n$$

gegeben.

Verschärfte Version des Satzes von Gerschgorin

Es seien $M_1, \ldots, M_r$ verschiedene Kreisscheiben $\{K_1, \ldots, K_n\}$ und $M_{r+1}, \ldots, M_n$ die restlichen der n Kreisscheiben.

Gilt

$$\left(\bigcup_{i=1}^{r} M_i \right) \cap \left(\bigcup_{i=r+1}^{n} M_i \right) = \emptyset,$$

so enthält $\bigcup_{i=1}^{r} M_i$ genau r Eigenwerte und $\bigcup_{i=r+1}^{n} M_i$ genau $n - r$ Eigenwerte.

Beispiel Wir betrachten erneut obiges Beispiel:

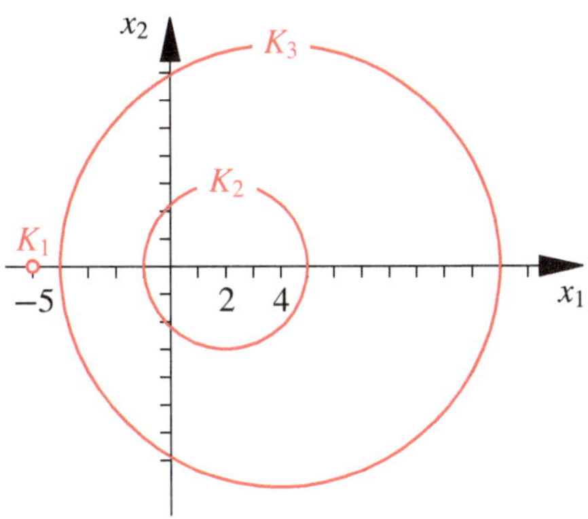

Abb. 8.3 Die Eigenwerte der Matrix **A** liegen innerhalb der drei Kreise

Der Kreis K_1 enthält wegen $K_1 \cap (K_2 \cup K_2) = \emptyset$ genau einen Eigenwert. Dieser kann nur -5 sein. ◄

8.2 Eigenwerte und Eigenvektoren von Endomorphismen

Ist V ein $\mathbb{K}$-Vektorraum, so nennt man eine lineare Abbildung φ von V in sich auch einen Endomorphismus. Weil $\varphi(v) \in V$ für jedes $v \in V$ gilt, ist es auch sinnvoll, zu hinterfragen, ob $\varphi(v) = \lambda v$ für ein $\lambda \in \mathbb{K}$ gilt. Wir werden solche Vektoren v *Eigenvektoren* und die Skalare *Eigenwerte* des Endomorphismus φ nennen.

Eigenwerte und Eigenvektoren von Endomorphismen werden analog zu jenen von Matrizen definiert

Wir betrachten einen Endomorphismus φ eines endlichdimensionalen $\mathbb{K}$-Vektorraumes V, d. h., φ ist eine lineare Abbildung von V nach V. Nach Wahl einer geordneten Basis $B = (b_1, \ldots, b_n)$ können wir zu diesem Endomorphismus die Darstellungsmatrix bezüglich dieser Basis B ermitteln:

$$_B\mathbf{M}(\varphi)_B = ((_B\varphi(b_1), \ldots, {_B}\varphi(b_1)))$$

– *die i-te Spalte der Darstellungsmatrix ist der Koordinatenvektor des Bildes des i-ten Basisvektors.*

Mithilfe dieser Darstellungsmatrix erhalten wir nun den Koordinatenvektor $_B\varphi(v)$ des Bilder $\varphi(v)$ eines Vektors $v \in V$ durch eine Multiplikation der Matrix mit einer Spalte:

$$_B\varphi(v) = {_B}\mathbf{M}(\varphi)_{B\,B}v.$$

Diese Multiplikation ist sehr einfach auszuführen, wenn die Elemente $\boldsymbol{b}_1, \ldots, \boldsymbol{b}_n$ der Basis B die Eigenschaft

$$\varphi(\boldsymbol{b}_1) = \lambda_1 \boldsymbol{b}_1, \ldots, \varphi(\boldsymbol{b}_n) = \lambda_n \boldsymbol{b}_n$$

haben, denn in diesem Fall ist die Darstellungsmatrix eine Diagonalmatrix

$$_B\mathbf{M}(\varphi)_B = ((_B\varphi(\boldsymbol{b}_1), \ldots, {}_B\varphi(\boldsymbol{b}_1))) = \begin{pmatrix} \lambda_1 & \cdots & 0 \\ \vdots & \ddots & \vdots \\ 0 & \cdots & \lambda_n \end{pmatrix}.$$

Die folgende Definition ist naheliegend:

Eigenwerte und Eigenvektoren von Endomorphismen

Ist φ ein Endomorphismus eines $\mathbb{K}$-Vektorraumes V, so nennt man ein Element $\lambda \in \mathbb{K}$ einen **Eigenwert** von φ, wenn ein Vektor $\boldsymbol{v} \in V \setminus \{\boldsymbol{0}\}$ existiert mit $\varphi(\boldsymbol{v}) = \lambda \boldsymbol{v}$.

Der Vektor $\boldsymbol{v}$ heißt in diesem Fall **Eigenvektor** von φ zum Eigenwert λ.

Der Zusammenhang zur Definition von Eigenwerten und Eigenvektoren einer Matrix ist folgender. Jede quadratische Matrix $\mathbf{A} \in \mathbb{K}^{n \times n}$ bestimmt einen Endomorphismus

$$\varphi_{\mathbf{A}} : \begin{cases} \mathbb{K}^n & \to & \mathbb{K}^n \\ \boldsymbol{v} & \mapsto & \mathbf{A}\boldsymbol{v} \end{cases},$$

der die gleichen Eigenwerte und Eigenvektoren wie $\mathbf{A}$ hat

$$\varphi(\boldsymbol{v}) = \lambda \boldsymbol{v} \Leftrightarrow \mathbf{A}\boldsymbol{v} = \lambda \boldsymbol{v}.$$

Mit obiger Betrachtung zur Darstellungsmatrix eines Endomorphismus folgt mit diesen Begriffen sofort:

Diagonalisierbarkeit von Endomorphismen

Die Darstellungsmatrix eines Endomorphismus φ eines n-dimensionalen $\mathbb{K}$-Vektorraumes V bezüglich einer Basis $B = (\boldsymbol{b}_1, \ldots, \boldsymbol{b}_n)$ ist genau dann eine Diagonalmatrix, wenn die Elemente von B Eigenvektoren des Endomorphismus φ sind.

In dieser Situation sagen wir, der Endomorphismus φ ist **diagonalisierbar**.

Während Matrizen Endomorphismen in endlichdimensionalen Vektorräumen definieren, können wir im Falle von allgemeinen Endomorphismen auch Eigenvektoren unendlichdimensionaler Vektorräume betrachten.

Beispiel Wir betrachten den $\mathbb{R}$-Vektorraum V aller beliebig oft differenzierbaren Funktionen $f \colon \mathbb{R} \to \mathbb{R}$ und

$$\frac{\mathrm{d}}{\mathrm{d}x} : \begin{cases} V & \to & V \\ f & \mapsto & f' \end{cases}$$

das Ableiten. Für $\lambda \in \mathbb{R}$ und

$$g_\lambda : \mathbb{R} \to \mathbb{R}, \; x \mapsto \mathrm{e}^{\lambda x}$$

gilt bekanntlich $g'_\lambda(x) = \lambda \, \mathrm{e}^{\lambda x}$ für $x \in \mathbb{R}$, also

$$\frac{\mathrm{d}}{\mathrm{d}x}(g_\lambda) = g'_\lambda = \lambda \, g_\lambda.$$

Demnach ist jede reelle Zahl λ Eigenwert des Endomorphismus $\frac{\mathrm{d}}{\mathrm{d}x}$, und die Funktion $g_\lambda \colon \mathbb{R} \to \mathbb{R}, x \mapsto \mathrm{e}^{\lambda x}$ ist ein Eigenvektor von $\frac{\mathrm{d}}{\mathrm{d}x}$ zum Eigenwert λ. Der *Eigenraum* von $\frac{\mathrm{d}}{\mathrm{d}x}$ zum Eigenwert λ ist

$$\mathrm{Eig}_{\frac{\mathrm{d}}{\mathrm{d}x}}(\lambda) = \{g \colon \mathbb{R} \to \mathbb{R} \mid g' = \lambda \, g\},$$

also gerade die Lösungsmenge der linearen Differenzialgleichung

$$y' = \lambda \, y. \qquad \blacktriangleleft$$

Das charakterische Polynom von φ ist jenes einer Darstellungsmatrix

Sind $\mathbf{A}$ und $\mathbf{B}$ aus $\mathbb{K}^{n \times n}$ zwei Darstellungsmatrizen ein und desselben Endomorphismus φ eines n-dimensionalen Vektorraumes V, so gibt es eine invertierbare Matrix $\mathbf{S}$ mit

$$\mathbf{B} = \mathbf{S}^{-1}\mathbf{A}\,\mathbf{S}.$$

Wir berechnen nun die charakteristischen Polynome von $\mathbf{A}$ und $\mathbf{B}$.

Wegen $\mathbf{S}\,X\,\mathbf{E}_n\,\mathbf{S}^{-1} = X\,\mathbf{E}_n$ für die Unbestimmte X gilt wegen des Determinantenmultiplikationssatzes

$$\chi_{\mathbf{B}} = |\mathbf{B} - X\,\mathbf{E}_n| = |\mathbf{S}^{-1}\mathbf{A}\,\mathbf{S} - \mathbf{S}\,X\,\mathbf{E}_n\,\mathbf{S}^{-1}|$$
$$= |\mathbf{S}^{-1}(\mathbf{A} - X\,\mathbf{E}_n)\,\mathbf{S}| = |\mathbf{A} - X\,\mathbf{E}_n| = \chi_{\mathbf{A}},$$

also haben alle Darstellungsmatrizen eines Endomorphismus dasselbe charakteristische Polynom. Daher ist es sinnvoll, das charakteristische Polynom für einen Endomorphismus als jenes einer Darstellungsmatrix zu definieren, es ist dann das charakteristische Polynom jeder Darstellungsmatrix dieses Endomorphismus.

Wir stellen in der folgenden Übersicht alle wesentlichen Begriffe und Eigenschaften für Eigenwerte und Eigenvektoren zu Endomorphismen zusammen.

— **Selbstfrage 1** —

Welche Endomorphismen haben den Eigenwert 0? Unter welchem anderen Namen ist Ihnen der Vektorraum $\mathrm{Eig}_\varphi(0)$ noch bekannt?

Übersicht: Eigenwerte und Eigenvektoren von Endomorphismen

Wir betrachten einen Endomorphismus $\varphi : V \to V$ eines n-dimensionalen $\mathbb{K}$-Vektorraumes V.

- Das Polynom $\chi_\varphi := \chi_A$ für eine (und damit jede) Darstellungsmatrix A von φ heißt das **charakteristische Polynom** von φ.
- Die Eigenwerte von φ sind die Nullstellen des charakteristischen Polynoms von φ.
- Ist $\lambda \in \mathbb{K}$ ein Eigenwert von φ, so nennt man den Untervektorraum $\mathrm{Eig}_\varphi(\lambda) := \{v \in V \mid \varphi(v) = \lambda\,v\} \neq \{0\}$ den **Eigenraum** von φ zum Eigenwert λ.
- Ist λ ein Eigenwert von φ, so nennt man die Vielfachheit der Nullstelle λ im charakteristischen Polynom die **algebraische Vielfachheit** und die Dimension des Eigenraumes $\mathrm{Eig}_\varphi(\lambda)$ die **geometrische Vielfachheit** des Eigenwertes λ von φ.
- Ein Vektor $v \in V \setminus \{0\}$ ist genau dann Eigenvektor von φ zu einem Eigenwert $\lambda \neq 0$, wenn φ die von v erzeugte Gerade $\mathbb{K}\,v$ festhält: $\varphi(\mathbb{K}\,v) = \mathbb{K}\,v$.
- Man nennt $\varphi : V \to V$ **diagonalisierbar**, wenn es eine geordnete Basis B von V gibt, so dass $_B M(\varphi)_B$ eine Diagonalmatrix ist.
- Der Endomorphismus $\varphi : V \to V$ ist genau dann diagonalisierbar, wenn es eine Basis von V aus Eigenvektoren von φ gibt.
- Der Endomorphismus $\varphi : V \to V$ ist genau dann diagonalisierbar, wenn das charakteristische Polynom von φ in Linearfaktoren zerfällt und für jeden Eigenwert die algebraische gleich der geometrischen Vielfachheit ist.

Kapitel 8

Antworten der Selbstfragen

Antwort 1 Nichtinjektive Endomorphismen haben den Eigenwert 0. Der Eigenraum zum Eigenwert 0 ist der Kern von φ.

Euklidische und unitäre Vektorräume – Geometrie in höheren Dimensionen (zu Kap. 20)

Wann sind Polynome orthogonal?

Welchen Winkel schließen Exponential- und Sinusfunktion ein?

Was ist der kürzeste Abstand eines Vektors zu einem Untervektorraum?

© Springer-Verlag GmbH Deutschland 2017

T. Arens et al., *Ergänzungen und Vertiefungen zu Arens et al., Mathematik*, DOI 10.1007/978-3-662-53585-1_9

In diesem Kapitel ist das Bonusmaterial zu Kapitel 20 aus dem Lehrbuch Arens et al. *Mathematik* zusammengestellt.

9.1 Orthogonale und unitäre Endomorphismen

Wir untersuchen nun lineare Abbildungen in euklidischen und unitären Vektorräumen. Dabei behandeln wir diese Vektorräume nicht wie bisher getrennt, sondern gleichzeitig.

In diesem und im folgenden Abschnitt steht das Symbol $\mathbb{K}$ für einen der Körper $\mathbb{R}$ oder $\mathbb{C}$. Wir sprechen allgemein von einem Skalarprodukt, meinen damit stets ein euklidisches Skalarprodukt, falls $\mathbb{K} = \mathbb{R}$ und ein unitäres Skalarprodukt, falls $\mathbb{K} = \mathbb{C}$ gilt.

Orthogonale und unitäre Endomorphismen erhalten Längen und Winkel

Wir haben eine Abbildung φ eines $\mathbb{K}$-Vektorraumes V in einen $\mathbb{K}$-Vektorraum W linear genannt, wenn sie den Verknüpfungen der Vektorräume Rechnung trägt, d. h., wenn für alle $v, w \in V$ und $\lambda \in \mathbb{K}$ gilt:

- $\varphi(v + w) = \varphi(v) + \varphi(w)$ *Additivität*,
- $\varphi(\lambda \, v) = \lambda \, \varphi(v)$ *Homogenität*.

Ist V gleich W, d. h., ist φ eine lineare Abbildung von V in V, so nannten wir φ auch einen *Endomorphismus*.

Bei euklidischen bzw. unitären Vektorräumen haben wir die weitere Verknüpfung $\cdot$ des euklischen bzw. unitären Skalarproduktes. Trägt ein Endomorphismus φ auch dieser Verknüpfung des Skalarproduktes Rechnung, so wollen wir einen solchen Endomorphismus einen *orthogonalen* bzw. *unitären* Endomorphismus nennen, je nachdem ob ein euklidischer oder unitärer Vektorraum vorliegt.

Orthogonale und unitäre Endomorphismen

Einen Endomorphismus φ eines euklidischen bzw. unitären Vektorraumes V mit Skalarprodukt $\cdot$ mit der Eigenschaft

$$v \cdot w = \varphi(v) \cdot \varphi(w) \text{ für alle } v, w \in V$$

nennt man im euklidischen Fall, d. h. $\mathbb{K} = \mathbb{R}$, einen **orthogonalen Endomorphismus** und im unitären Fall, d. h. $\mathbb{K} = \mathbb{C}$, einen **unitären Endomorphismus**.

Wir haben die Länge eines Vektors v eines euklidischen oder unitären Vektorraumes V definiert als

$$\|v\| = \sqrt{v \cdot v}.$$

Ist φ ein orthogonaler oder unitärer Endomorphismus, so gilt für jedes $v \in V$

$$\|v\| = \sqrt{v \cdot v} = \sqrt{\varphi(v) \cdot \varphi(v)} = \|\varphi(v)\|.$$

Und gilt umgekehrt $\|\varphi(v)\| = \|v\|$ für alle v eines euklidischen oder unitären Vektorraumes V, so folgt aus

$$\|v + w\|^2 = \|v\|^2 + \|w\|^2 + 2 \, (v \cdot w)$$

und

$$\|\varphi(v + w)\|^2 = \|\varphi(v)\|^2 + \|\varphi(w)\|^2 + 2 \, (\varphi(v) \cdot \varphi(w))$$

und $\|\varphi(v + w)\| = \|v + w\|$ schließlich $v \cdot w = \varphi(v) \cdot \varphi(w)$ für alle $v, w \in V$.

Wir haben damit begründet:

Orthogonale bzw. unitäre Endomorphismen sind längenerhaltend

Ein Endomorphismus φ eines euklidischen bzw. unitären Vektorraumes V ist genau dann orthogonal bzw. unitär, wenn für alle $v \in V$ gilt

$$\|v\| = \|\varphi(v)\|.$$

Weil nur der Nullvektor die Länge 0 hat und eine lineare Abbildung genau dann injektiv ist, wenn ihr Kern nur aus dem Nullvektor besteht, können wir folgern:

Orthogonale bzw. unitäre Endomorphismen sind stets injektiv, und ist V endlichdimensional, so sind sie sogar bijektiv.

Orthogonale bzw. unitäre Endomorphismen sind nicht nur längenerhaltend, sie erhalten auch Winkel zwischen vom Nullvektor verschiedenen Vektoren.

Sind v und w nicht der Nullvektor, so gilt für den Winkel α zwischen v und w:

$$\cos \alpha = \frac{v \cdot w}{\|v\| \, \|w\|} = \frac{\varphi(v) \cdot \varphi(w)}{\|\varphi(v)\| \, \|\varphi(w)\|},$$

also gilt

$$\angle(v, w) = \angle(\varphi(v), \varphi(w)).$$

Weil zwei Vektoren genau dann senkrecht aufeinander stehen, wenn ihr Skalarprodukt null ist, folgern wir:

Orthogonale bzw. unitäre Endomorphismen bilden orthogonale Vektoren auf orthogonale Vektoren ab.

Beispiel

- Die Identität ist in jedem euklidischen bzw. unitären Vektorraum ein orthogonaler bzw. unitärer Endomorphismus.

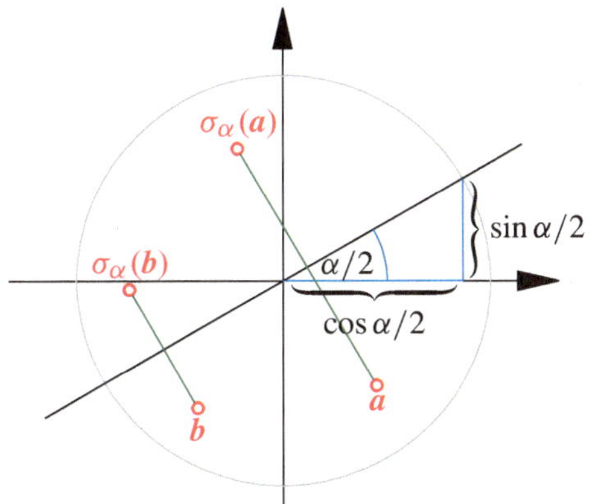

Abb. 9.1 Die Spiegelung σ_α ist längenerhaltend

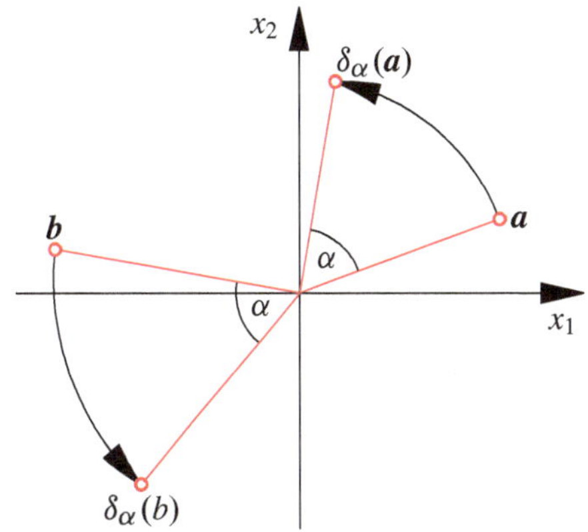

Abb. 9.2 Die Drehung δ_α ist längenerhaltend

■ Zu einem $\alpha \in [0, 2\pi[$ betrachten wir die Matrizen

$$\mathbf{S}_\alpha = \begin{pmatrix} \cos\alpha & \sin\alpha \\ \sin\alpha & -\cos\alpha \end{pmatrix} \quad \text{und} \quad \mathbf{D}_\alpha = \begin{pmatrix} \cos\alpha & -\sin\alpha \\ \sin\alpha & \cos\alpha \end{pmatrix}.$$

Die Abbildungen

$$\sigma_\alpha : \begin{cases} \mathbb{R}^2 & \to & \mathbb{R}^2 \\ v & \mapsto & \mathbf{S}_\alpha\, v \end{cases} \quad \text{und} \quad \delta_\alpha : \begin{cases} \mathbb{R}^2 & \to & \mathbb{R}^2 \\ v & \mapsto & \mathbf{D}_\alpha\, v \end{cases}$$

sind orthogonale Endomorphismen bezüglich des kanonischen euklidischen Skalarproduktes des $\mathbb{R}^2$.

Dass die Abbildungen σ_α und δ_α Endomorphismen sind, ist klar. Wir müssen nur nachweisen, dass beide Abbildungen längenerhaltend sind, dass also:

$$\|\sigma_\alpha(v)\| = \|v\| \quad \text{und} \quad \|\delta_\alpha(v)\| = \|v\|$$

für jedes $v \in \mathbb{R}^2$ gilt.
Wegen

$$\mathbf{S}_\alpha^T \mathbf{S}_\alpha = \begin{pmatrix} \cos\alpha & \sin\alpha \\ \sin\alpha & -\cos\alpha \end{pmatrix} \begin{pmatrix} \cos\alpha & \sin\alpha \\ \sin\alpha & -\cos\alpha \end{pmatrix} = \mathbf{E}_2$$

und

$$\mathbf{D}_\alpha^T \mathbf{D}_\alpha = \begin{pmatrix} \cos\alpha & -\sin\alpha \\ \sin\alpha & \cos\alpha \end{pmatrix} \begin{pmatrix} \cos\alpha & \sin\alpha \\ -\sin\alpha & \cos\alpha \end{pmatrix} = \mathbf{E}_2$$

gilt für jedes $v \in \mathbb{R}^2$

$$\|\sigma_\alpha(v)\| = \sqrt{(\mathbf{S}_\alpha\, v) \cdot (\mathbf{S}_\alpha\, v)} = \sqrt{(\mathbf{S}_\alpha\, v)^T (\mathbf{S}_\alpha\, v)}$$
$$= \sqrt{v^T \mathbf{S}_\alpha^T \mathbf{S}_\alpha\, v} = \sqrt{v^T v} = \|v\|.$$

und entsprechend für die Abbildung δ_α:

$$\|\delta_\alpha(v)\| = \sqrt{(\mathbf{D}_\alpha\, v) \cdot (\mathbf{D}_\alpha\, v)} = \sqrt{v^T \mathbf{D}_\alpha^T \mathbf{D}_\alpha\, v}$$
$$= \sqrt{v^T v} = \|v\|.$$

Die Abbildung σ_α beschreibt die Spiegelung an der Geraden $\mathbb{R} \begin{pmatrix} \cos\alpha/2 \\ \sin\alpha/2 \end{pmatrix}$ (siehe Abb. 9.1).

Die Abildung δ_α ist die Drehung um den Winkel α gegen den Uhrzeigersinn (siehe Abb. 9.2).

Drehungen und Spiegelungen im $\mathbb{R}^2$ sind orthogonale Endomorphismen. ◄

Die Matrizen $\mathbf{S}_\alpha$ und $\mathbf{D}_\alpha$ aus dem vorangegangenen Beispiel haben für jedes $\alpha \in\,]0, 2\pi]$ die Eigenschaft

$$\mathbf{S}_\alpha^T \mathbf{S}_\alpha = \mathbf{E}_2 \quad \text{und} \quad \mathbf{D}_\alpha^T \mathbf{D}_\alpha = \mathbf{E}_2 ,$$

die Matrizen $\mathbf{S}_\alpha$ und $\mathbf{D}_\alpha$ sind also orthogonal. Und tatsächlich folgte die Orthogonalität der Abbildungen σ_α und δ_α bezüglich des kanonischen Skalarproduktes nur aus dieser Eigenschaft. Wir erhalten viel allgemeiner:

Orthogonale bzw. unitäre Endomorphismen und orthogonale bzw. unitäre Matrizen

Für eine Matrix $\mathbf{A} \in \mathbb{R}^{n \times n}$ ist der Endomorphismus

$$\varphi_\mathbf{A} : \begin{cases} \mathbb{R}^n & \to & \mathbb{R}^n \\ v & \mapsto & \mathbf{A}\, v \end{cases}$$

genau dann orthogonal bezüglich des kanonischen euklidischen Skalarproduktes, wenn die Matrix $\mathbf{A}$ orthogonal ist.

Für eine Matrix $\mathbf{A} \in \mathbb{C}^{n \times n}$ ist der Endomorphismus

$$\varphi_\mathbf{A} : \begin{cases} \mathbb{C}^n & \to & \mathbb{C}^n \\ v & \mapsto & \mathbf{A}\, v \end{cases}$$

genau dann unitär bezüglich des kanonischen unitären Skalarproduktes, wenn die Matrix $\mathbf{A}$ unitär ist.

Beispiel: Spiegelungen im $\mathbb{R}^n$ sind diagonalisierbare orthogonale Endomorphismen

Wir betrachten im euklidischen $\mathbb{R}^n$ mit dem kanonischen Skalarprodukt $\cdot$ für einen Vektor $w \in \mathbb{R}^n \setminus \{0\}$ der Länge 1, d. h. $\|w\| = 1$, die Abbildung

$$\sigma_w : \begin{cases} \mathbb{R}^n & \to & \mathbb{R}^n \\ v & \mapsto & v - 2\,(w \cdot v)\,w \end{cases}.$$

Wir nennen σ_w die **Spiegelung entlang** w. Wir begründen: Jede Spiegelung σ_w ist ein diagonalisierbarer orthogonaler Endomorphismus.

Problemanalyse und Strategie Wir prüfen nach, dass σ_w ein längenerhaltender Endomorphismus ist und konstruieren uns schließlich eine Basis bezüglich dieser Endomorphismus Diagonalgestalt hat.

Lösung Weil für alle $\lambda \in \mathbb{R}$ und $v,\, w \in \mathbb{R}^n$ die Gleichung

$$\sigma_w(\lambda\,v + w) = \lambda\,v + w - 2\,(w \cdot (\lambda\,v + w))\,w$$
$$= \lambda\,\sigma_w(v) + \sigma_w(w)$$

gilt, ist σ_w ein Endomorphismus.

Nun zeigen wir, dass σ_w längenerhaltend ist. Ist $v \in \mathbb{R}^n$, so gilt

$$\|v - 2\,(w \cdot v)\,w\|^2 = \|v\|^2 - 4\,(w \cdot v)\,\|w\|^2 + 4\,(w \cdot v)\,\|w\|^2$$
$$= \|v\|^2.$$

Im $\mathbb{R}^2$ stimmt dieser Begriff der Spiegelung mit dem uns bereits bekannten überein. Man muss sich nur klar machen, dass sich das *Spiegeln entlang w* eben gerade das Spiegeln *an der Geraden senkrecht zu w* bedeutet.

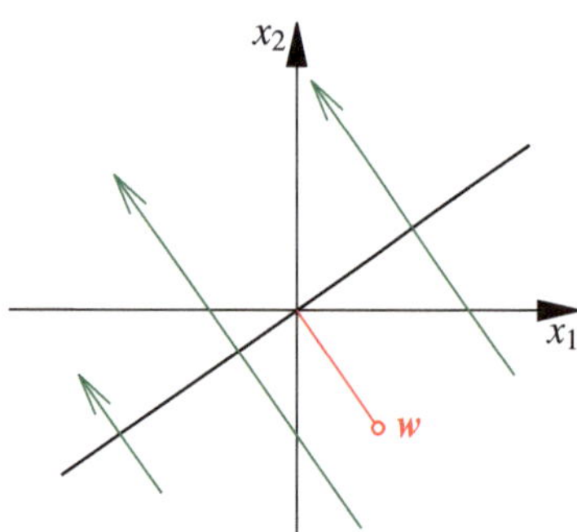

Anstelle von *entlang w* sagt man auch *an der Hyperebene* $w^\perp := \langle w \rangle^\perp$, dies ist ein $n-1$-dimensionaler Untervektorraum des $\mathbb{R}^n$, im Fall $n = 2$ also eine Gerade.

Wir untersuchen solche Spiegelungen etwas näher.

Offenbar erfüllt jede Spiegelung σ_w die Eigenschaften

- $\sigma_w(w) = -w$,
- Aus $v \perp w$ folgt $\sigma_w(v) = v$,
- Für alle $v \in \mathbb{R}^n$ gilt $\sigma_w^2(v) = v$.

Damit erhalten wir sehr einfach eine geordnete Orthonormalbasis des $\mathbb{R}^n$ bezüglich der σ_w eine Diagonalgestalt hat: Wir wählen die geordnete Orthonormalbasis $(w, b_2, \ldots, b_n)$, wobei $(b_2, \ldots, b_n)$ eine geordnete Orthonormalbasis des $n-1$-dimensionalen Untervektorraumes $w^\perp$ ist. Für die Darstellungsmatrix $_B\mathbf{M}(\sigma_w)_B$ bezüglich dieser Basis B gilt:

$$\mathbf{D} := {}_B\mathbf{M}(\sigma_w)_B = \begin{pmatrix} -1 & 0 & \cdots & 0 \\ 0 & 1 & \cdot & 0 \\ \vdots & & \ddots & \\ 0 & \cdots & & 1 \end{pmatrix}.$$

Also ist jede Spiegelung σ_w im $\mathbb{R}^n$ diagonalisierbar, und offenbar haben damit Spiegelungen und damit auch jede Darstellungsmatrix einer Spiegelung stets die Determinante -1.

Wir ermitteln noch die Darstellungsmatrix der Spiegelung σ_w bezüglich der geordneten Standardbasis E_n des $\mathbb{R}^n$.

Für jedes $v \in \mathbb{R}^n$ gilt

$$\sigma_w(v) = v - 2\,(w \cdot v)\,w = v - 2\,\underbrace{(w^T v)}_{\in \mathbb{R}}\,w$$
$$= v - 2\,w\,(w^T v) = v - 2\,(w\,w^T)\,v$$
$$= \left(\mathbf{E}_n - 2\,w\,w^T\right) v.$$

Damit haben wir die Darstellungsmatrix der Spiegelung σ_w bezüglich der Standardbasis E_n ermittelt:

$$_{E_n}\mathbf{M}(\sigma_w)_{E_n} = \mathbf{E}_n - 2\,w\,w^T.$$

Mit der obig gewählten geordneten Orthonormalbasis $B = (w, b_2, \ldots, b_n)$ des $\mathbb{R}^n$ erhalten wir dann mit der transformierenden Matrix $\mathbf{S} := ((w, b_2, \ldots, b_n))$ wegen $\mathbf{S}^T = \mathbf{S}^{-1}$:

$$\mathbf{D} = \mathbf{S}^T \left(\mathbf{E}_n - 2\,w\,w^T\right) \mathbf{S}.$$

Im $\mathbb{R}^3$ hat etwa die Spiegelung σ_w entlang des Vektors $w = \frac{1}{14}\begin{pmatrix} 1 \\ 2 \\ 3 \end{pmatrix}$ bezüglich der geordneten Standardbasis E_n die Darstellungsmatrix

$$\mathbf{E}_3 - 1/7 \begin{pmatrix} 1 & 2 & 3 \\ 2 & 4 & 6 \\ 3 & 6 & 9 \end{pmatrix} = 1/7 \begin{pmatrix} 6 & -2 & -3 \\ -2 & 3 & -6 \\ -3 & -6 & -2 \end{pmatrix}.$$

Kommentar Manchmal verlangt man nicht, dass der Vektor w die Länge 1 hat, und betrachtet stattdessen für einen beliebigen Vektor $w \neq 0$ aus dem $\mathbb{R}^n$ die Abbildung

$$\sigma_w : \begin{cases} \mathbb{R}^n & \to & \mathbb{R}^n \\ v & \mapsto & v - 2\,\frac{w \cdot v}{w \cdot w}\,w \end{cases}$$

und nennt sie Spiegelung. Diese Abbildungen wirken komplizierter, tatsächlich sorgt aber der Nenner im Bruch für die Normierung, die wir für w vorausgesetzt haben. ◄

Beweis Es ist nur noch zu begründen, dass die Matrix $\mathbf{A}$ othogonal bzw. unitär ist, wenn $\varphi_{\mathbf{A}}$ orthogonal bzw. unitär bezüglich des kanonischen Skalarproduktes ist.

Ist nun $\varphi_{\mathbf{A}}$ unitär, so gilt für alle v und w aus $\mathbb{C}^n$

$$v^T \overline{w} = v \cdot w = (\mathbf{A}\,v) \cdot (\overline{\mathbf{A}\,\overline{w}}) = v^T \mathbf{A}^T \overline{\mathbf{A}}\,\overline{w}.$$

Setzt man hier nacheinander die Standardeinheitsvektoren e_i für v und e_j für w ein, so erhält man die Komponenten a_{ij} von $\mathbf{A}^T \overline{\mathbf{A}}$, also die Gleichheit $\mathbf{A}^T \overline{\mathbf{A}} = \mathbf{E}_n$. Im reellen Fall folgt die Aussage analog. ∎

Weil die Matrix $\mathbf{A} \in \mathbb{K}^{n\times n}$ gerade die Darstellungsmatrix $\mathbf{A} = {}_{E_n}\mathbf{M}(\varphi_{\mathbf{A}})_{E_n}$ von $\varphi_{\mathbf{A}}$ bezüglich der kanonischen Basis ist, kann dieses Ergebnis zusammengefasst auch in folgender Art formuliert werden:

Die Darstellungsmatrix des Endomorphismus $\varphi_{\mathbf{A}}$ ist genau dann orthogonal bzw. unitär, wenn $\varphi_{\mathbf{A}}$ orthogonal bzw. unitär ist – bezüglich des kanonischen Skalarproduktes.

Wir verallgemeinern dieses Ergebnis für beliebige Skalarprodukte endlichdimensionaler Vektorräume.

Die Darstellungsmatrizen von orthogonalen bzw. unitären Endomorphismen bezüglich Orthonormalbasen sind orthogonal bzw. unitär

Wir geben uns in einem endlichdimensionalen euklidischen bzw. unitären Vektorraum V eine Orthonormalbasis $B = (b_1, \ldots, b_n)$ vor. Eine solche existiert stets, man kann sie aus einer Basis mit dem Verfahren von Gram und Schmidt konstruieren.

Wir begründen, dass zwei Vektoren $v, w \in V$ genau dann senkrecht aufeinander stehen, wenn es ihre Koordinatenvektoren aus $\mathbb{R}^n$ bzw. $\mathbb{C}^n$ bezüglich der Basis B und des kanonischen Skalarproduktes tun, d. h.:

$$v \cdot w = 0 \Leftrightarrow {}_B v \cdot {}_B w = 0.$$

Beachten Sie: Der Punkt $\cdot$ links des Äquivalenzzeichens ist das Skalarprodukt in V, der Punkt $\cdot$ rechts des Äquivalenzzeichens ist das kanonische Skalarprodukt im $\mathbb{K}^n$.

Ist nämlich $v = \lambda_1 b_1 + \cdots + \lambda_n b_n$ und $w = \mu_1 b_1 + \cdots + \mu_n b_n$ mit $\lambda_i, \mu_j \in \mathbb{K}$, so ist wegen der Linearität des Skalarproduktes und $b_i \cdot b_j = 0$ für $i \neq j$

$$\begin{aligned} v \cdot w &= (\lambda_1 b_1 + \cdots + \lambda_n b_n) \cdot (\mu_1 b_1 + \cdots + \mu_n b_n) \\ &= (\lambda_1 \overline{\mu}_1)(b_1 \cdot b_1) + \cdots + (\lambda_n \overline{\mu}_n)(b_n \cdot b_n) \\ &= \lambda_1 \overline{\mu}_1 + \cdots \lambda_n \overline{\mu}_n = {}_B v \cdot {}_B w, \end{aligned}$$

also gerade das kanonische Skalarprodukt der Koordinatenvektoren. Im reellen Fall lasse man das Konjugieren einfach weg.

Wir betrachten nun einen Endomorphismus φ des euklidischen bzw. unitären Vektorraumes V und bilden die Darstellungsmatrix dieses Endomorphismus bezüglich der Orthonormalbasis B

$$\mathbf{A} := {}_B\mathbf{M}(\varphi)_B = (({}_B\varphi(b_1), \ldots, {}_B\varphi(b_1))).$$

Man beachte, dass mit obiger Gleichung $v \cdot w = {}_B v \cdot {}_B w$ insbesondere auch

$$\varphi(v) \cdot \varphi(w) = {}_B\varphi(v) \cdot {}_B\varphi(w)$$

gilt. Wir berechnen nun das Produkt $\mathbf{A}^T \overline{\mathbf{A}}$:

$$\begin{aligned} \mathbf{A}^T \overline{\mathbf{A}} &= \begin{pmatrix} {}_B\varphi(b_1)^T \\ \vdots \\ {}_B\varphi(b_n)^T \end{pmatrix} (({}_B\overline{\varphi(b_1)}, \ldots, {}_B\overline{\varphi(b_1)})) \\ &= \begin{pmatrix} {}_B\varphi(b_1)^T \, {}_B\overline{\varphi(b_1)} & \cdots & {}_B\varphi(b_1)^T \, {}_B\overline{\varphi(b_n)} \\ \vdots & & \vdots \\ {}_B\varphi(b_n)^T \, {}_B\overline{\varphi(b_1)} & \cdots & {}_B\varphi(b_n)^T \, {}_B\overline{\varphi(b_n)} \end{pmatrix}. \end{aligned}$$

Ist nun φ ein orthogonaler bzw. unitärer Endomorphismus, d. h. $\varphi(v) \cdot \varphi(w) = v \cdot w$, so können wir also φ in den n^2 Produkten weglassen, damit folgt dann, weil die Elemente der Basis B ja eine Orthonormalbasis bilden

$$\mathbf{A}^T \overline{\mathbf{A}} = \mathbf{E}_n.$$

Also ist die Matrix $\mathbf{A}$ orthogonal bzw. unitär. Ist umgekehrt vorausgesetzt, dass die Matrix $\mathbf{A}$ orthogonal bzw. unitär ist, d. h. $\mathbf{A}^T \overline{\mathbf{A}} = \mathbf{E}_n$, so zeigt obige Darstellung des Produktes, dass $\varphi(b_i) \cdot \varphi(b_j) = b_i \cdot b_j$ für alle i, j. Weil B eine Basis ist, folgt daraus, dass φ orthogonal bzw. unitär ist. Wir haben begründet:

> **Darstellungsmatrizen orthogonaler bzw. unitärer Endomorphismen**
>
> Die Darstellungsmatrix eines Endomorphismus eines euklidischen (bzw. unitären) Vektorraumes bezüglich einer Orthonormalbasis ist genau dann orthogonal (bzw. unitär), wenn der Endomorphismus orthogonal (bzw. unitär) ist.

Eigenwerte orthogonaler und unitärer Matrizen haben den Betrag 1 und Eigenvektoren zu verschiedenen Eigenwerten sind senkrecht

Ist λ Eigenwert einer orthogonalen bzw. unitären Matrix $\mathbf{A} \in \mathbb{K}^{n\times n}$ und $v \in \mathbb{K}^n$ ein Eigenvektor zum Eigenwert λ, so gilt wegen der Längenerhaltung und der Normeigenschaften der Länge

$$\|v\| = \|\mathbf{A}\,v\| = \|\lambda\,v\| = |\lambda|\,\|v\|,$$

wegen $v \neq 0$ also $|\lambda| = 1$.

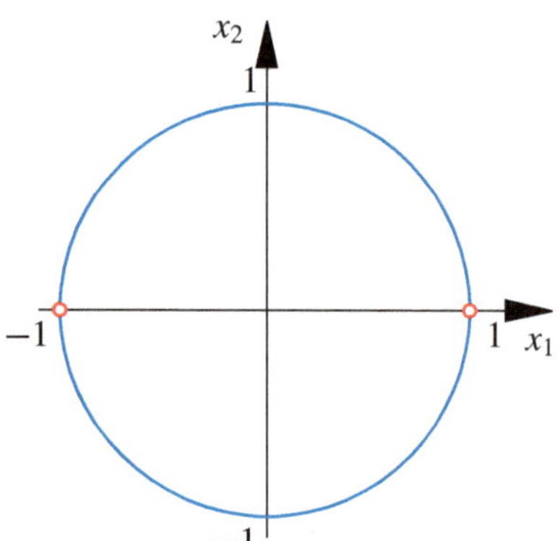

Abb. 9.3 Die Eigenwerte orthogonaler und unitärer Matrizen liegen auf dem Einheitskreis

Die Eigenwerte orthogonaler bzw. unitärer Matrizen haben also den Betrag 1. Ist also $\lambda \in \mathbb{K}$ ein Eigenwert einer solchen Matrix, so folgt aus $1 = |\lambda|^2 = \lambda \,\overline{\lambda}$, dass $\overline{\lambda}$ das Inverse zu λ ist.

Sind λ_1 und λ_2 verschiedene Eigenwerte einer orthogonalen bzw. unitären Matrix $\mathbf{A} \in \mathbb{K}^{n \times n}$ mit den Eigenvektoren v_1 zu λ_1 und v_2 zu λ_2, so gilt mit dem kanonischen Skalarprodukt $\cdot$ im $\mathbb{K}^{n \times n}$:

$$v_1 \cdot v_2 = (\mathbf{A}\,v_1) \cdot (\mathbf{A}\,v_2) = (\lambda_1 v_1) \cdot (\lambda_2 v_2)$$
$$= \lambda_1 \,\overline{\lambda}_2 \cdot (v_1 \cdot v_2)\,.$$

Da $\overline{\lambda}_1$ das Inverse zu λ_1 ist, muss also $v_1 \cdot v_2 = 0$ gelten, da aus $\lambda_1 \,\overline{\lambda}_2 = 1$ die Gleichung $\lambda_1 = \lambda_2$ folgen würde.

Wir fassen zusammen:

> **Eigenwerte und Eigenvektoren orthogonaler bzw. unitärer Matrizen**
>
> Ist λ ein Eigenwert einer orthogonalen bzw. unitären Matrix, so gilt $|\lambda| = 1$.
>
> Eigenvektoren orthogonaler bzw. unitärer Matrizen zu verschiedenen Eigenwerten stehen senkrecht aufeinander.

Insbesondere können also höchstens 1 und -1 reelle Eigenwerte orthogonaler bzw. unitärer Matrizen sein; und die komplexen Eigenwerte liegen auf dem Einheitskreis (siehe Abb. 9.3).

Die orthogonalen 2×2-Matrizen sind Spiegelungs- oder Drehmatrizen

In den Beispielen auf S. 80 haben wir die (reellen) orthogonalen Matrizen

$$\mathbf{S}_\alpha = \begin{pmatrix} \cos\alpha & \sin\alpha \\ \sin\alpha & -\cos\alpha \end{pmatrix} \quad \text{und} \quad \mathbf{D}_\alpha = \begin{pmatrix} \cos\alpha & -\sin\alpha \\ \sin\alpha & \cos\alpha \end{pmatrix}$$

für $\alpha \in [0, 2\,\pi[$ angegeben.

Wir nennen $\mathbf{S}_\alpha$ eine $2{\times}2$-**Spiegelungsmatrix** und $\mathbf{D}_\alpha$ eine $2{\times}2$-**Drehmatrix**.

Tatsächlich gibt es keine weiteren orthogonalen 2×2-Matrizen außer diesen. Wir begründen das:

Ist die Matrix

$$\mathbf{A} = \begin{pmatrix} a & b \\ c & d \end{pmatrix}$$

orthogonal, so folgt aus $\mathbf{A}^T \mathbf{A} = \mathbf{E}_2$, d.h. $\mathbf{A}^{-1} = \mathbf{A}^T$, und $\det \mathbf{A} = a\,d - b\,c \in \{\pm 1\}$:

$$\frac{1}{\det \mathbf{A}} \begin{pmatrix} d & -b \\ -c & a \end{pmatrix} = \begin{pmatrix} a & b \\ c & d \end{pmatrix}^{-1} = \begin{pmatrix} a & b \\ c & d \end{pmatrix}^T = \begin{pmatrix} a & c \\ b & d \end{pmatrix}$$

$$\Leftrightarrow \begin{cases} \mathbf{A} = \begin{pmatrix} a & b \\ b & -a \end{pmatrix}, & \text{falls } \det \mathbf{A} = -1 \\[2mm] \mathbf{A} = \begin{pmatrix} a & -b \\ b & a \end{pmatrix}, & \text{falls } \det \mathbf{A} = 1\,. \end{cases}$$

Zu dem Punkt $\begin{pmatrix} a \\ b \end{pmatrix} \in \mathbb{R}^2$ mit $a^2 + b^2 = 1$ gibt es genau ein $\alpha \in [0, 2\,\pi[$ mit $a = \cos\alpha$ und $b = \sin\alpha$. Also gilt:

> **Diagonalisierbarkeit orthogonaler 2×2-Matrizen**
>
> Ist $\mathbf{A} \in \mathbb{R}^{2 \times 2}$ orthogonal, so gilt
>
> $$\mathbf{A} = \begin{pmatrix} \cos\alpha & \sin\alpha \\ \sin\alpha & -\cos\alpha \end{pmatrix} = \mathbf{S}_\alpha\,, \quad \text{falls } \det \mathbf{A} = -1$$
>
> $$\mathbf{A} = \begin{pmatrix} \cos\alpha & -\sin\alpha \\ \sin\alpha & \cos\alpha \end{pmatrix} = \mathbf{D}_\alpha\,, \quad \text{falls } \det \mathbf{A} = 1\,.$$
>
> Jede 2×2-Spiegelungsmatrix $\mathbf{S}_\alpha$ ist diagonalisierbar.
>
> Eine $2{\times}2$-Drehmatrix $\mathbf{D}_\alpha$ mit $\alpha \in [0, 2\,\pi[$ ist genau dann diagonalisierbar, wenn $\alpha \in \{0, \pi\}$.

Drehmatrizen sind also nicht stets diagonalisierbar. Wir können aber jede solche (orthogonale) Drehmatrix auch als eine unitäre Matrix über $\mathbb{C}$ auffassen.

2×2-Drehmatrizen sind über $\mathbb{C}$ diagonalisierbar

Ist $\mathbf{A}$ eine (reelle) Drehmatrix ungleich $\pm\mathbf{E}_2$, so ist $\mathbf{A}$ über $\mathbb{R}$ nicht diagonalisierbar; im Fall $\mathbf{A} = \pm\mathbf{E}_n$ liegt bereits eine Diagonalform vor.

Wir betrachten die Drehung, die durch die Drehmatrix

$$\mathbf{D}_\alpha = \begin{pmatrix} \cos\alpha & -\sin\alpha \\ \sin\alpha & \cos\alpha \end{pmatrix}$$

mit $0, \pi \neq \alpha \in [0, 2\,\pi[$ gegeben ist.

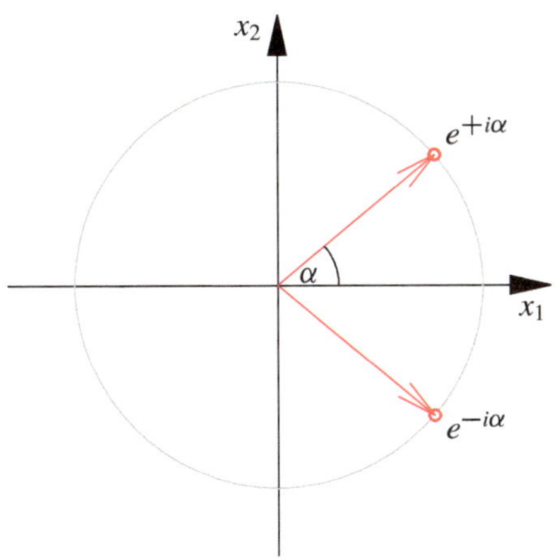

Abb. 9.4 In den Eigenwerten steckt der Drehwinkel drin

Wir betrachten die unitäre Matrix $\mathbf{D}_\alpha \in \mathbb{C}^{2\times 2}$.

Um die Eigenwerte der Matrix $\mathbf{D}_\alpha$ zu erhalten, berechnen wir das charakteristische Polynom $\chi_{\mathbf{D}_\alpha}$:

$$\chi_{\mathbf{D}_\alpha} = \begin{vmatrix} \cos\alpha - X & -\sin\alpha \\ \sin\alpha & \cos\alpha - X \end{vmatrix} = X^2 - 2\cos\alpha\, X + 1\,.$$

Damit sind

$$\lambda_{1/2} = \cos\alpha \pm \sqrt{\cos^2\alpha - 1} = \cos\alpha \pm i\sin\alpha = e^{\pm i\alpha}$$

die beiden verschiedenen (konjugiert komplexen) Eigenwerte – man beachte, dass wir $\alpha \neq 0,\ \pi$ voraussetzen.

Folglich ist die Matrix $\mathbf{D}_\alpha$ über $\mathbb{C}$ diagonalisierbar. Wir bestimmen die Eigenräume zu den Eigenwerten $e^{\pm i\alpha}$:

$$\mathrm{Eig}_{\mathbf{D}_.}(e^{i\alpha}) = \mathrm{Ker}\begin{pmatrix} \cos\alpha - e^{i\alpha} & -\sin\alpha \\ \sin\alpha & \cos\alpha - e^{i\alpha} \end{pmatrix}$$

$$= \left\langle \begin{pmatrix} \sin\alpha \\ \cos\alpha - e^{i\alpha} \end{pmatrix} \right\rangle\,.$$

Analog:

$$\mathrm{Eig}_{\mathbf{D}_.}(e^{-i\alpha}) = \left\langle \begin{pmatrix} \sin\alpha \\ \cos\alpha - e^{-i\alpha} \end{pmatrix} \right\rangle\,.$$

Nun stehen aber die beiden angegebenen Eigenvektoren senkrecht aufeinander, weil

$$\begin{pmatrix} \sin\alpha \\ \cos\alpha - e^{i\alpha} \end{pmatrix} \cdot \begin{pmatrix} \sin\alpha \\ \cos\alpha - e^{-i\alpha} \end{pmatrix} = 0\,.$$

Nach Normieren dieser beiden Vektoren erhalten wir eine geordnete Orthonormalbasis $B = (\boldsymbol{b}_1, \boldsymbol{b}_2)$ aus Eigenvektoren der Matrix $\mathbf{D}_\alpha$, mit der Matrix $\mathbf{S} := ((\boldsymbol{b}_1, \boldsymbol{b}_2))$ gilt also (wenn $\boldsymbol{b}_1$ ein Eigenvektor zu $e^{i\alpha}$ und $\boldsymbol{b}_2$ ein solcher zu $e^{-i\alpha}$ ist) wegen $\overline{\mathbf{S}}^T = \mathbf{S}^{-1}$:

$$\begin{pmatrix} e^{i\alpha} & 0 \\ 0 & e^{-i\alpha} \end{pmatrix} = \overline{\mathbf{S}}^T \mathbf{D}_\alpha \mathbf{S}\,.$$

Dreireihige orthogonale Matrizen stellen Spiegelungen, Drehungen oder Drehspiegelungen dar

Im $\mathbb{R}^3$ ist die Situation nicht mehr ganz so leicht zu überblicken, da es drei Arten von orthogonalen Matrizen gibt: Spiegelungs-, Dreh- und Drehspiegelungsmatrizen.

Ist $\mathbf{A} \in \mathbb{R}^{3\times 3}$ die Darstellungsmatrix einer Spiegelung, so gibt es eine orthogonale Matrix $\mathbf{S} \in \mathbb{R}^{3\times 3}$ mit

$$\begin{pmatrix} -1 & 0 & 0 \\ 0 & 1 & 0 \\ 0 & 0 & 1 \end{pmatrix} = \mathbf{S}^T \mathbf{A}\, \mathbf{S}\,.$$

Darstellungsmatrizen von Spiegelungen haben stets die Determinante -1. Wir betrachten den Fall einer orthogonalen 3×3-Matrix $\mathbf{A}$ mit der Determinante $+1$:

Jeder der eventuell komplexen Eigenwerte $\lambda_1, \lambda_2, \lambda_3$ von $\mathbf{A}$ hat den Betrag 1. Die Determinante von $\mathbf{A}$ ist das Produkt der Eigenwerte:

$$1 = \lambda_1\,\lambda_2\,\lambda_3\,.$$

Sind alle drei Eigenwerte $\lambda_1, \lambda_2, \lambda_3$ reell, so muss also einer der Eigenwerte gleich 1 sein. Ist aber einer der Eigenwerte komplex, sagen wir $\lambda_1 \in \mathbb{C} \setminus \mathbb{R}$, so ist wegen $\chi_{\mathbf{A}} \in \mathbb{R}[X]$ auch $\overline{\lambda}_1$ ein Eigenwert, also etwa $\overline{\lambda}_1 = \lambda_2$. Damit erhalten wir aber wegen $\lambda_1\,\lambda_2 = 1$ sogleich $\lambda_3 = 1$.

Damit hat also $\mathbf{A}$ auf jeden Fall den Eigenwert 1 und damit auch einen Eigenvektor zum Eigenwert 1. Der Eigenraum zum Eigenwert 1 ist entweder ein- oder dreidimensional, in jedem Fall ist also folgende Bezeichnung sinnvoll:

Wir nennen eine orthogonale Matrix $\mathbf{A} \in \mathbb{R}^{3\times 3}$ mit $\det\mathbf{A} = 1$ eine **Drehmatrix**.

<hr>

Selbstfrage 1

Wieso kann der Eigenraum zum Eigenwert 1 eigentlich nicht zweidimensional sein?

<hr>

Zu jeder Drehmatrix $\mathbf{A} \in \mathbb{R}^{3\times 3}$ existiert also ein normierter Eigenvektor $\boldsymbol{b}_1$ zum Eigenwert 1.

Wir wählen einen solchen und ergänzen diesen zu einer Orthonormalbasis $(\boldsymbol{b}_1, \boldsymbol{b}_2, \boldsymbol{b}_3)$ des $\mathbb{R}^3$. Mit der orthogonalen Matrix $\mathbf{S} = ((\boldsymbol{b}_1, \boldsymbol{b}_2, \boldsymbol{b}_3))$ gilt dann

$$\mathbf{M} = \mathbf{S}^T \mathbf{A}\, \mathbf{S} = \begin{pmatrix} 1 & 0 & 0 \\ 0 & r & s \\ 0 & t & u \end{pmatrix}$$

Nun ist auch die Matrix $\mathbf{M}$ orthogonal, da

$$\mathbf{M}^T \mathbf{M} = (\mathbf{S}^T \mathbf{A}\, \mathbf{S})^T (\mathbf{S}^T \mathbf{A}\, \mathbf{S}) = \mathbf{S}^T \mathbf{A}^T \mathbf{A}\, \mathbf{S} = \mathbf{E}_3\,.$$

Und weil $\det\begin{pmatrix} r & s \\ t & u \end{pmatrix} = \det\mathbf{M} = \det\mathbf{S}^T \det\mathbf{A} \det\mathbf{S} = \det\mathbf{A} = 1$, folgt die Existenz eines $\alpha \in [0, 2\pi[$ mit

$$\begin{pmatrix} r & s \\ t & u \end{pmatrix} = \begin{pmatrix} \cos\alpha & -\sin\alpha \\ \sin\alpha & \cos\alpha \end{pmatrix},$$

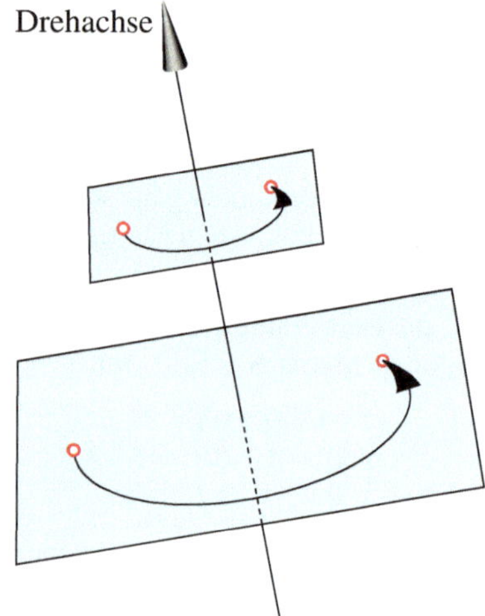

Abb. 9.5 Die Drehachse einer Drehung im $\mathbb{R}^3$ ist der Eigenraum zum Eigenwert 1

Damit haben wir begründet, dass es zu jeder orthogonalen 3×3-Matrix $\mathbf{A}$ mit Determinante $+1$, d. h. zu jeder Drehmatrix, eine orthogonale Matrix $\mathbf{S}$ und ein $\alpha \in [0, 2\pi[$ gibt mit

$$\mathbf{S}^T \mathbf{A} \mathbf{S} = \begin{pmatrix} 1 & 0 & 0 \\ 0 & \cos\alpha & -\sin\alpha \\ 0 & \sin\alpha & \cos\alpha \end{pmatrix}.$$

Ist $\alpha \neq 0$, so nennt man den dann eindimensionalen Eigenraum zum Eigenwert 1 einer Drehmatrix $\mathbf{A}$ die **Drehachse** der Drehung $v \mapsto \mathbf{A}v$.

Eine solche Darstellung einer Drehmatrix bezeichnet man als ihre *Normalform* und meint damit, dass diese Form die *einfachste* Darstellung ist.

----- **Selbstfrage 2** -----

Wie sieht die Darstellungsmatrix aus, wenn man die Vektoren der Basis $(\boldsymbol{b}_1, \boldsymbol{b}_2, \boldsymbol{b}_3)$ zyklisch vertauscht?

Nun wenden wir uns dem Fall zu, dass eine orthogonale Matrix $\mathbf{A} \in \mathbb{R}^{3 \times 3}$ die Determinante -1 hat. Wie oben zeigt man, dass $\mathbf{A}$ in diesem Fall den Eigenwert -1 mit einem zugehörigen normierten Eigenvektor $\boldsymbol{b}_1$ besitzt. Es gilt also $\mathbf{A}\boldsymbol{b}_1 = -\boldsymbol{b}_1$.

Wieder ergänzen wir diesen Eigenvektor zu einer geordneten Orthonormalbasis $(\boldsymbol{b}_1, \boldsymbol{b}_2, \boldsymbol{b}_3)$ des $\mathbb{R}^3$. Wir erhalten mit der orthogonalen Matrix $\mathbf{S} = ((\boldsymbol{b}_1, \boldsymbol{b}_2, \boldsymbol{b}_3))$ die ebenfalls orthogonale Matrix

$$\mathbf{M} = \mathbf{S}^T \mathbf{A} \mathbf{S} = \begin{pmatrix} -1 & 0 & 0 \\ 0 & r & s \\ 0 & t & u \end{pmatrix}$$

Wegen $-\det\begin{pmatrix} r & s \\ t & u \end{pmatrix} = \det \mathbf{M} = \det \mathbf{A} = -1$ folgt wieder

$$\begin{pmatrix} r & s \\ t & u \end{pmatrix} = \begin{pmatrix} \cos\alpha & -\sin\alpha \\ \sin\alpha & \cos\alpha \end{pmatrix}$$

für ein $\alpha \in [0, 2\pi[$.

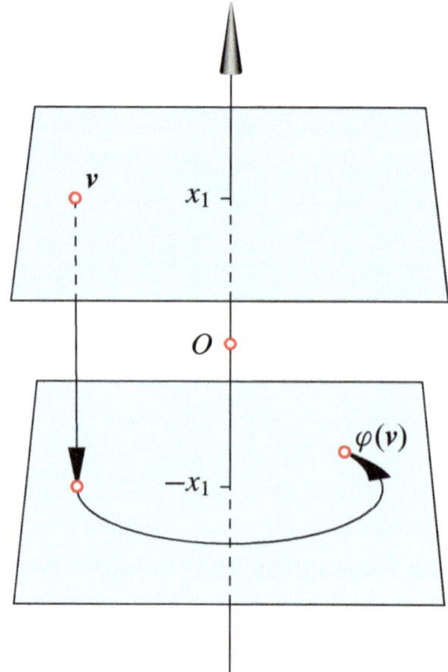

Abb. 9.6 Bei einer Drehspiegelung wird ein Vektor v um den Eigenraum zum Eigenwert -1 gedreht und die erste Koordinate mit -1 multipliziert

1. Fall: $\alpha = 0$. Es handelt sich dann bei

$$\mathbf{M} = \begin{pmatrix} -1 & 0 & 0 \\ 0 & 1 & 0 \\ 0 & 0 & 1 \end{pmatrix}$$

um die Darstellungsmatrix der Spiegelung entlang $\boldsymbol{b}_1$ (siehe S. 82). Damit ist erkannt, dass $\mathbf{A}$ die Darstellungsmatrix einer Spiegelung, kurz eine *Spiegelungsmatrix*, ist.

2. Fall: $\alpha \neq 0$. Es handelt sich dann bei

$$\mathbf{M} = \begin{pmatrix} -1 & 0 & 0 \\ 0 & \cos\alpha & -\sin\alpha \\ 0 & \sin\alpha & \cos\alpha \end{pmatrix}$$

um die Darstellungsmatrix der *Drehspiegelung* (siehe Abb. 9.6).

Die orthogonalen 3×3-Matrizen

Jede orthogonale 3×3-Matrix $\mathbf{A}$ ist entweder eine Drehmatrix, eine Spiegelungsmatrix oder eine Drehspiegelungsmatrix.

In jedem Fall gibt es eine orthogonale Matrix $\mathbf{S} \in \mathbb{R}^{3 \times 3}$ und ein $\alpha \in [0, 2\pi[$ mit

$$\mathbf{S}^T \mathbf{A} \mathbf{S} = \begin{pmatrix} \pm 1 & 0 & 0 \\ 0 & \cos\alpha & -\sin\alpha \\ 0 & \sin\alpha & \cos\alpha \end{pmatrix}.$$

Drehmatrizen und Drehspiegelungsmatrizen lassen sich im Allgemeinen nicht diagonalisieren. Fasst man aber eine orthogonale 3×3-Matrix wieder als eine Matrix über $\mathbb{C}$ auf, so kann man analog zu den 2×2-Matrizen begründen, dass sie diagonalisierbar ist. Wir wollen viel allgemeiner begründen, dass unitäre Matrizen stets orthogonal diagonalisierbar sind.

Unitäre Matrizen sind diagonalisierbar, orthogonale nicht immer

Bei unitären Matrizen zerfällt das charakteristische Polynom als Polynom über $\mathbb{C}$ stets in Linearfaktoren. Wir folgern nun, dass für solche Matrizen stets algebraische und geometrische Vielfachheit für jeden Eigenwert übereinstimmen. Insbesondere sind also unitäre Matrizen stets diagonalisierbar. Wir folgern dieses Ergebnis aus dem Satz:

Unitäre Endomorphismen sind diagonalisierbar

Ist φ ein unitärer Endomorphismus eines endlichdimensionalen unitären Vektorraumes V mit den Eigenwerten $\lambda_1, \ldots, \lambda_n$, so existiert eine Orthonormalbasis B von V aus Eigenvektoren von φ, d. h.

$$_B\mathbf{M}(\varphi)_B = \begin{pmatrix} \lambda_1 & \cdots & 0 \\ \vdots & \ddots & \vdots \\ 0 & \cdots & \lambda_n \end{pmatrix}.$$

Beweis Wir beweisen den Satz durch Induktion nach der Dimension n von V. Ist $n = 1$, so ist die Behauptung richtig, da man jede von null verschiedene komplexe Zahl als einziges Element einer solchen Orthonormalbasis wählen kann, jede solche Zahl ist ein Eigenvektor von φ. Setzen wir also nun voraus, dass $n > 1$ ist und die Behauptung für alle Zahlen $m < n$ gilt.

Ist $\boldsymbol{v}_1$ ein Eigenvektor zum Eigenwert λ_1 von φ, so betrachten wir den Orthogonalraum zum Erzeugnis von $\boldsymbol{v}_1$:

$$U := \langle \boldsymbol{v}_1 \rangle^\perp = \{\boldsymbol{v} \in V \mid \boldsymbol{v}_1 \cdot \boldsymbol{v} = 0\}.$$

Die Einschränkung des unitären Endomorphismus φ auf den Untervektorraum U von V, also die Abbildung

$$\varphi|_U : \begin{cases} U & \to & V \\ \boldsymbol{v} & \mapsto & \varphi(\boldsymbol{v}) \end{cases}$$

hat wegen

$$\lambda_1 \left(\boldsymbol{v}_1 \cdot \varphi(\boldsymbol{v})\right) = (\lambda_1 \boldsymbol{v}_1) \cdot \varphi(\boldsymbol{v}) = \varphi(\boldsymbol{v}_1) \cdot \varphi(\boldsymbol{v}) = \boldsymbol{v}_1 \cdot \boldsymbol{v}$$

für alle $\boldsymbol{v} \in V$ die Eigenschaft, eine Abbildung von U in U zu sein: $\varphi(U) \subseteq U$. Und weil U als Untervektorraum eines unitären Vektorraumes selbst wieder ein unitärer Vektorraum ist und die Dimension von U gleich $n - 1 < n$ ist, ist die Induktionsvoraussetzung auf U anwendbar: Der Vektorraum U besitzt eine

geordnete Orthonormalbasis $B' = (\boldsymbol{b}_2, \ldots, \boldsymbol{b}_n)$ mit

$$_{B'}\mathbf{M}(\varphi|_U)_{B'} = \begin{pmatrix} \lambda_2 & \cdots & 0 \\ \vdots & \ddots & \vdots \\ 0 & \cdots & \lambda_n \end{pmatrix}.$$

Wir normieren den Eigenvektor $\boldsymbol{v}_1$, setzen also $\boldsymbol{b}_1 := \|\boldsymbol{v}_1\|^{-1} \cdot \boldsymbol{v}_1$, $B := (\boldsymbol{b}_1, \ldots, \boldsymbol{b}_n)$ und erhalten so die gewünschte Darstellung. $\blacksquare$

Für unitäre Matrizen besagt dieser Satz:

Unitäre Matrizen sind diagonalisierbar

Ist $\mathbf{A} \in \mathbb{C}^{n \times n}$ eine unitäre Matrix mit den Eigenwerten $\lambda_1, \ldots, \lambda_n$, so existiert eine unitäre Matrix $\mathbf{S}$ mit

$$\overline{\mathbf{S}}^T \mathbf{A} \mathbf{S} = \begin{pmatrix} \lambda_1 & \cdots & 0 \\ \vdots & \ddots & \vdots \\ 0 & \cdots & \lambda_n \end{pmatrix}.$$

Ist $\mathbf{A}$ eine unitäre Matrix, so existiert nach dem Satz eine Orthonormalbasis des $\mathbb{C}^n$ aus Eigenvektoren von $\mathbf{A}$. Folglich existieren n linear unabhängige Eigenvektoren zu $\mathbf{A}$. Damit muss für jeden Eigenwert von $\mathbf{A}$ die geometrische Vielfachheit gleich der algebraischen sein, d. h.

Die Dimension jedes Eigenraumes ist der Exponent des zugehörigen Eigenwertes im charakteristischen Polynom.

Damit ist klar, wie wir vorgehen, um zu einer unitären Matrix $\mathbf{A} \in \mathbb{C}^{n \times n}$ eine Orthonormalbasis bestehend aus Eigenvektoren von $\mathbf{A}$ zu konstruieren.

Beispiel Die Matrix

$$\mathbf{A} = \begin{pmatrix} 1 & i & 0 \\ -i & 1 & 0 \\ 0 & 0 & 2 \end{pmatrix} \in \mathbb{C}^{3 \times 3}$$

ist hermitesch, also diagonalisierbar. Wir bestimmen die Eigenwerte von $\mathbf{A}$, d. h. die Nullstellen des charakteristischen Polynoms

$$\chi_\mathbf{A} = ((1 - X)(1 - X) - 1)(2 - X) = X(2 - X)^2.$$

Damit haben wir den einfachen Eigenwert 0 und den doppelten Eigenwert 2. Nun bestimmen wir die Eigenräume:

$$\mathrm{Eig}_\mathbf{A}(0) = \mathrm{Ker}\mathbf{A} = \left\langle \begin{pmatrix} i \\ -1 \\ 0 \end{pmatrix} \right\rangle,$$

$$\mathrm{Eig}_\mathbf{A}(0) = \mathrm{Ker} \begin{pmatrix} -1 & i & 0 \\ -i & -1 & 0 \\ 0 & 0 & 0 \end{pmatrix} = \left\langle \begin{pmatrix} i \\ 1 \\ 0 \end{pmatrix}, \begin{pmatrix} 0 \\ 0 \\ 1 \end{pmatrix} \right\rangle.$$

Vertiefung: Jeder orthogonale Endomorphismus ist ein Produkt von Spiegelungen

Die Spiegelungen sind die Bauteile der orthogonalen Endomorphismen, da jeder orthogonale Endomorphismus ein Produkt von Spiegelungen ist. Man hat sogar eine obere Grenze für die Anzahl der Spiegelungen, die hierzu als Faktoren auftauchen. Diese obere Grenze ist die Dimension des Vektorraumes, in dem die Spiegelung betrachtet wird; genauer: Jeder orthogonale Endomorphismus φ des $\mathbb{R}^n$ ist ein Produkt von höchstens n Spiegelungen, d. h. es gibt normierte $w_1, \ldots, w_k \in \mathbb{R}^n$ mit $k \le n$ und

$$\varphi = \sigma_{w_1} \circ \cdots \circ \sigma_{w_k}.$$

Die Identität betrachten wir dabei als ein Produkt von 0 Spiegelungen.

Ist φ ein orthogonaler Endomorphismus ungleich der Identität, so wählen wir ein $v \in \mathbb{R}^n$ mit $\varphi(v) \neq v$.

Dann gilt $(v - \varphi(v)) \cdot v \neq 0$, da andernfalls $\|v\|^2 = \varphi(v) \cdot \varphi(v) = (v - (v - \varphi(v)) \cdot (v - (v - \varphi(v)))) = \|v\|^2 + \|v - \varphi(v)\|^2$, also $v = \varphi(v)$ folgte.

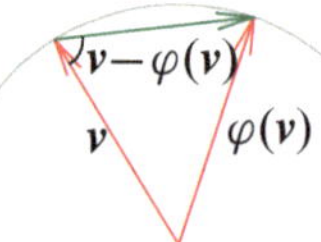

Wir setzen nun $w := v - \varphi(v) \neq 0$. Wegen

$$\frac{w \cdot v}{w \cdot w} = \frac{v \cdot v - \varphi(v) \cdot v}{v \cdot v + \varphi(v) \cdot \varphi(v) - 2\,\varphi(v) \cdot v} = 1/2$$

gilt also

$$\sigma_{\frac{1}{\|w\|} w}(v) = v - 2 \frac{w \cdot v}{w \cdot w} w = v - w = v + \varphi(v) - v = \varphi(v).$$

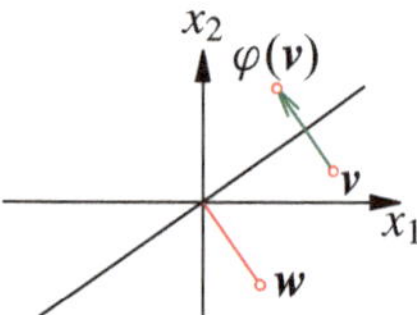

Und nun begründen wir durch Induktion nach n die Behauptung. Wir betrachten die Abbildung $\varphi' := \sigma_w^{-1} \circ \varphi$. Es ist φ' ein orthogonaler Endomorphismus mit $\varphi'(v) = v$.

Für $W := \langle v \rangle^\perp$ gilt $\varphi'(W) = W$, denn für $u \in W$ gilt $v \cdot \varphi'(u)) = \varphi'(v) \cdot \varphi'(u)) = v \cdot u = 0$. Folglich ist $\varphi'|_W$ ein orthogonaler Endomorphismus des $n - 1$-dimensionalen euklidischen Vektorraumes W bezüglich des kanonischen Skalarproduktes von W. Nach Induktionsvoraussetzung gibt es normierte $w_2, \ldots, w_k \in W$ mit $k \le n$ und

$$\varphi'|_W = \sigma_{w_2} \circ \ldots \circ \sigma_{w_k}.$$

Wir begründen nun $\varphi' = \sigma_{w_2} \circ \ldots \sigma_{w_k}$, wobei wir die σ_{w_i} als Spiegelungen auf V auffassen. Dabei benutzen wir, dass

sich jeder Vektor $v \in V$ wegen $V = \mathbb{R}\,v + W$ in der Form $v = \lambda v + u$ schreiben lässt.

Sind $u \in W$ und $\lambda \in \mathbb{R}$, so erhalten wir

$$\begin{aligned}
(\sigma_{w_2} &\circ \ldots \circ \sigma_{w_k})(\lambda v + u) \\
&= \lambda\,(\sigma_{w_2} \circ \ldots \circ \sigma_{w_k})(v) + (\sigma_{w_2} \circ \ldots \circ \sigma_{w_k})(u) \\
&= \lambda v + \varphi'(u) = \lambda\,\varphi'(v) + \varphi'(u) = \varphi'(\lambda v + u).
\end{aligned}$$

Damit gilt $\varphi = \sigma_w \circ \sigma_{w_2} \circ \ldots \circ \sigma_{w_k}$ mit $k \le n$.

Als Beispiel betrachten wir die orthogonale 3×3-Matrix

$$\mathbf{A} := \frac{1}{3} \begin{pmatrix} 2 & -1 & 2 \\ 2 & 2 & -1 \\ -1 & 2 & 2 \end{pmatrix}$$

Es gilt $\det \mathbf{A} = 1$. Weil $\mathbf{A} \neq \mathbf{E}_3$ gilt, ist $\mathbf{A}$ ein Produkt von zwei Spiegelungsmatrizen. Wir zerlegen nun $\mathbf{A}$ in ein Produkt von Spiegelungsmatrizen.

Wegen $\mathbf{A}\,e_1 = 1/3 \begin{pmatrix} 2 \\ 2 \\ -1 \end{pmatrix}$ gilt $\mathbf{A}\,e_1 \neq e_1$. Wir wählen also $v := e_1$ und setzen $w := v - \mathbf{A}v = 1/3 \begin{pmatrix} 1 \\ -2 \\ 1 \end{pmatrix}$. Wir bilden

$$\begin{aligned}
\mathbf{S}_w &= \mathbf{E}_3 - \frac{2}{w^T w} w\,w^T \\
&= 1/3 \begin{pmatrix} 3 & 0 & 0 \\ 0 & 3 & 0 \\ 0 & 0 & 3 \end{pmatrix} - \frac{2}{6/9}\,1/9 \begin{pmatrix} 1 & -2 & 1 \\ -2 & 4 & -2 \\ 1 & -2 & 1 \end{pmatrix} \\
&= 1/3 \begin{pmatrix} 2 & 2 & -1 \\ 2 & -1 & 2 \\ -1 & 2 & 2 \end{pmatrix} \quad \text{und berechnen}
\end{aligned}$$

$$\begin{aligned}
\mathbf{A}' &:= \mathbf{S}_w^{-1}\mathbf{A} = \mathbf{S}_w\,\mathbf{A} \\
&= 1/9 \begin{pmatrix} 2 & 2 & -1 \\ 2 & -1 & 2 \\ -1 & 2 & 2 \end{pmatrix} \begin{pmatrix} 2 & -1 & 2 \\ 2 & 2 & -1 \\ -1 & 2 & 2 \end{pmatrix} = \begin{pmatrix} 1 & 0 & 0 \\ 0 & 0 & 1 \\ 0 & 1 & 0 \end{pmatrix}.
\end{aligned}$$

Weil wir wissen, dass $\mathbf{A}$ ein Produkt zweier Spiegelungsmatrizen ist, muss $\mathbf{A}'$ eine Spiegelungsmatrix sein. Wir können dies aber auch nachprüfen. Es ist $a_1 := \begin{pmatrix} 0 \\ -1 \\ 1 \end{pmatrix}$ ein Eigenvektor zum Eigenwert -1 und $a_2 := \begin{pmatrix} 1 \\ 0 \\ 0 \end{pmatrix}$, $a_3 := \begin{pmatrix} 0 \\ 1 \\ 1 \end{pmatrix}$ sind Eigenvektoren zum Eigenwert 1. Die Matrix $\mathbf{S} := ((s_1, s_2, s_3))$ mit den Spalten $s_i := \frac{1}{\|a_i\|} a_i$ erfüllt dann

$$\mathbf{S}^T \mathbf{A}' \mathbf{S} = \begin{pmatrix} -1 & 0 & 0 \\ 0 & 1 & 0 \\ 0 & 0 & 1 \end{pmatrix}.$$

Wir erhalten die gewünschte Zerlegung:

$$\mathbf{A} = 1/9 \begin{pmatrix} 2 & 2 & -1 \\ 2 & -1 & 2 \\ -1 & 2 & 2 \end{pmatrix} \begin{pmatrix} 1 & 0 & 0 \\ 0 & 0 & 1 \\ 0 & 1 & 0 \end{pmatrix}.$$

Die angegebenen Vektoren bilden bereits eine Orthogonalbasis des $\mathbb{C}^3$. Wir normieren nun diese Vektoren und erhalten eine geordnete Orthonormalbasis $B = (b_1, b_2, b_3)$, explizit:

$$b_1 := \frac{1}{\sqrt{2}} \begin{pmatrix} \mathrm{i} \\ -1 \\ 0 \end{pmatrix}, \quad b_2 := \frac{1}{\sqrt{2}} \begin{pmatrix} \mathrm{i} \\ 1 \\ 0 \end{pmatrix}, \quad b_3 := \begin{pmatrix} 0 \\ 0 \\ 1 \end{pmatrix}.$$

Mit der Matrix $\mathbf{S} := ((b_1, b_2, b_3))$ gilt

$$\begin{pmatrix} 0 & 0 & 0 \\ 0 & 2 & 0 \\ 0 & 0 & 2 \end{pmatrix} = \overline{\mathbf{S}}^T \mathbf{A}\, \mathbf{S} . \qquad \blacktriangleleft$$

Unitäre Matrizen lassen sich also stets diagonalisieren. Wir wissen, dass dies bei orthogonalen Matrizen anders ist. Bei den 3×3-Matrizen haben wir uns auf eine gewisse *schönste* Form, der *Normalform*, geeinigt (siehe S. 86). Und tatsächlich gibt es so eine Form auch für beliebig große orthogonale Matrizen. Wir führen das folgende Ergebnis ohne Beweis an.

Die Normalform orthogonaler Endomorphismen

Ist φ ein orthogonaler Endomorphismus eines endlichdimensionalen euklidischen Vektorraumes V, so gibt es eine Orthonormalbasis B von V mit

$${}_B\mathbf{M}(\varphi)_B = \begin{pmatrix} 1 & & & & & & & & \\ & \ddots & & & & & & & \\ & & 1 & & & & & & \\ & & & -1 & & & & & \\ & & & & \ddots & & & & \\ & & & & & -1 & & & \\ & & & & & & \mathbf{A}_1 & & \\ & & & & & & & \ddots & \\ & & & & & & & & \mathbf{A}_k \end{pmatrix},$$

wobei jedes $\mathbf{A}_i$ für $i = 1, \ldots, k$ eine 2×2-Drehmatrix ist, also

$$\mathbf{A}_i = \begin{pmatrix} \cos \alpha_i & -\sin \alpha_i \\ \sin \alpha_i & \cos \alpha_i \end{pmatrix} \quad \text{mit } \alpha_i \in [0, 2\pi[.$$

Wir haben nun ausführlich orthogonale bzw. unitäre Endomorphismen euklidischer bzw. unitärer Vektorräume behandelt. Nun betrachten wir weitere Endomorphismen euklidischer bzw. unitärer Vektorräume.

9.2 Selbstadjungierte Endomorphismen

Wir behandeln in diesem Abschnitt eine weitere wichtige Art von Endomorphismen euklidischer bzw. unitärer Vektorräume, die sogenannten *selbstadjungierten* Endomorphismen. Der Begriff *selbstadjungiert* steht für den reellen wie auch den komplexen Fall, eine Unterscheidung wie bei *orthogonal* und *unitär* gibt es nicht. Es ist allerdings bei den Darstellungsmatrizen eine Unterscheidung üblich: Die Darstellungsmatrix *selbstadjungierter* Endomorphismen euklidischer Vektorräume sind *symmetrisch*, jene *selbstadjungierter* Endomorphismen unitärer Vektorräume hingegen *hermitesch*. Das sind Begriffe, die uns aus dem Kap. 18 vertraut sind.

Das wichtigste Resultat lässt sich leicht formulieren:

Selbstadjungierte Endomorphismen lassen sich stets diagonalisieren.

Folglich sind auch reelle symmetrische und hermitesche Matrizen stets digonalisierbar.

Selbstadjungierte Endomorphismen sind durch $\varphi(v) \cdot w = v \cdot \varphi(w)$ definiert

Kapitel 9

Selbstadjungierter Endomorphismus

Man nennt einen Endomorphismus φ eines euklidischen bzw. unitären Vektorraumes V **selbstadjungiert**, wenn für alle $v, w \in V$ gilt

$$\varphi(v) \cdot w = v \cdot \varphi(w) .$$

Beispiel

- Ist $\mathbf{A} \in \mathbb{R}^{n \times n}$ eine symmetrische Matrix, gilt also $\mathbf{A}^T = \mathbf{A}$, so ist der Endomorphismus $\varphi = \varphi_\mathbf{A} : v \mapsto \mathbf{A} v$ des $\mathbb{R}^n$ bezüglich des kanonischen Skalarproduktes selbstadjungiert, da für alle $v, w \in \mathbb{R}^n$

$$\begin{aligned} \varphi(v) \cdot w &= (\mathbf{A} v)^T w = v^T \mathbf{A}^T w \\ &= v^T (\mathbf{A} w) = (v) \cdot \varphi(w) \end{aligned}$$

gilt.

- Analog ist für jede hermitesche Matrix $\mathbf{A} \in \mathbb{C}^{n \times n}$, d. h. $\mathbf{A}^T = \overline{\mathbf{A}}$, der Endomorphismus $\varphi = \varphi_\mathbf{A} : v \mapsto \mathbf{A} v$ des $\mathbb{C}^n$ bezüglich des kanonischen Skalarproduktes selbstadjungiert, da für alle $v, w \in \mathbb{R}^n$

$$\begin{aligned} \varphi(v) \cdot w &= (\mathbf{A} v)^T \overline{w} = v^T \mathbf{A}^T \overline{w} \\ &= v^T (\overline{\mathbf{A}}\, \overline{w}) = (v) \cdot \varphi(w) \end{aligned}$$

gilt.

- Im euklidischen Vektorraum V aller auf dem Intervall $I = [a, b]$ stetiger reellwertiger Funktionen mit dem Skalarprodukt

$$f \cdot g = \int_a^b \overline{f(t)}\, g(t)\, \mathrm{d}t$$

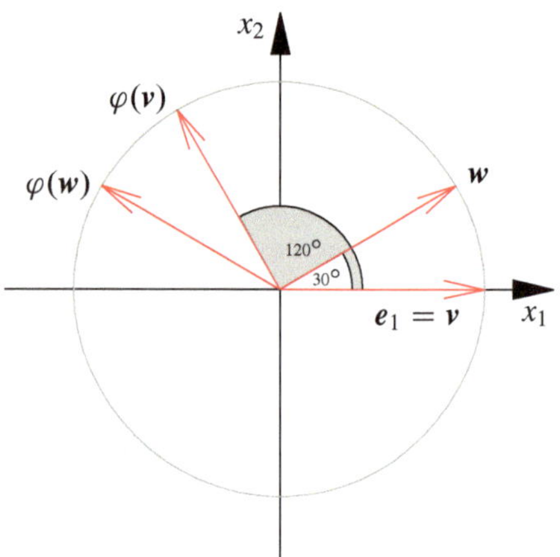

Abb. 9.7 Die Drehung um den Winkel 120 Grad ist nicht selbstadjungiert bezüglich des kanonischen Skalarproduktes, es ist nämlich $\varphi(v)\cdot w = 0 \neq v\cdot\varphi(w)$

ist für jede fest gewählte Funktion $h \in V$ der Endomorphismus

$$\varphi : \begin{cases} V & \to & V \\ f & \mapsto & f\cdot h \end{cases}$$

selbstadjungiert, da

$$f\cdot\varphi(g) = \int_a^b f(t)\,g(t)\,h(t)\,\mathrm{d}t = \int_a^b f(t)\,h(t)\,g(t)\,\mathrm{d}t$$
$$= \varphi(f)\cdot g \quad \text{für alle } f,\,g \in V\,.$$

- Jede Spiegelung σ des $\mathbb{R}^n$ ist selbstadjungiert. Es folgt nämlich aus $\sigma^{-1} = \sigma$ und der Orthogonalität von σ für alle $v,\,w \in V$:

$$\sigma(v)\cdot w = v\cdot\sigma^{-1}(w) = v\cdot\sigma(w)\,.$$

  Ein anderes Argument ist die Symmetrie der Darstellungsmatrizen von Spiegelungen.

- Nicht selbstadjungiert ist die Drehung φ im $\mathbb{R}^2$ um den Winkel 120 Grad. So gilt etwa für den Vektor $v := \begin{pmatrix} 1 \\ 0 \end{pmatrix}$, dass

$$\varphi(v) = \begin{pmatrix} -1/2 \\ \sqrt{3}/2 \end{pmatrix} \text{ und } w := \begin{pmatrix} \sqrt{3}/2 \\ 1/2 \end{pmatrix}, \text{ also}$$

$$0 = \varphi(v)\cdot w \neq v\cdot\varphi(w)\,. \quad \blacktriangleleft$$

Darstellungsmatrizen selbstadjungierter Endomorphismen bezüglich Orthonormalbasen sind symmetrisch bzw. hermitesch

Jede reelle symmetrische bzw. hermitesche Matrix $\mathbf{A} \in \mathbb{K}^{n\times n}$ bestimmt durch $\varphi : v \mapsto \mathbf{A}\,v$ einen selbstadjungierten Endomorphismus des $\mathbb{K}^n$. Diese Matrix ist dann auch Darstellungsmatrix dieses Endomorphismus bezüglich einer Orthonormalbasis, nämlich der kanonischen Orthonormalbasis E_n.

Wir überlegen uns, dass die Darstellungsmatrizen selbstadjungierter Endomorphismen bezüglich beliebiger Orthonormalbasen reell symmetrisch bzw. hermitesch sind.

> **Darstellungsmatrizen selbstadjungierter Endomorphismen**
>
> Ist φ ein selbstadjungierter Endomorphismus eines endlichdimensionalen euklidischen bzw. unitären Vektorraumes mit einer geordneten Orthonormalbasis B, so gilt für die Darstellungsmatrix $\mathbf{A} := {}_B\mathbf{M}(\varphi)_B$:
>
> $$\mathbf{A}^T = \mathbf{A} \text{ bzw. } \overline{\mathbf{A}}^T = \mathbf{A}\,.$$

Beweis Es reicht aus, wenn wir das für den komplexen Fall zeigen, der reelle Fall ergibt sich dann einfach durch Weglassen der Konjugation.

Wir wählen eine beliebige Orthonormalbasis $B = (b_1, \ldots, b_n)$ von V, insbesondere ist also die Dimension von V gleich n.

Ist $\mathbf{A} = (a_{ij})$ die Darstellungsmatrix des selbstadjungierten Enomorphismus φ bezüglich B, so ist für alle $i,j \in \{1, \ldots, n\}$

$$a_{ij} = \overline{a}_{ji}$$

zu begründen. Wir geben uns $i,j \in \{1, \ldots, n\}$ vor. Die j-te Spalte von $\mathbf{A}$ ist der Koordinatenvektor des Bildes des j-ten Basisvektors b_j:

$$\varphi(b_j) = a_{1j}b_1 + \cdots + a_{nj}b_n\,.$$

Wir erhalten nun für die Komponente a_{ij} der Darstellungsmatrix wegen der Orthonormalität von B den Ausdruck:

$$b_i\cdot\varphi(b_j) = b_i\cdot(a_{1j}b_1 + \cdots + a_{nj}b_n) = \overline{a}_{ij}$$

und analog für a_{ji}:

$$\varphi(b_i)\cdot b_j = (a_{1i}b_1 + \cdots + a_{ni}b_n)\cdot b_j = a_{ji}\,.$$

Wegen $b_i\cdot\varphi(b_j) = \varphi(b_i)\cdot b_j$ folgt also $a_{ij} = \overline{a}_{ji}$. $\blacksquare$

Mit diesem Satz haben wir die selbstadjungierten Endomorphismen durch reelle symmetrische bzw. hermitesche Darstellungsmatrizen bezüglich Orthonormalbasen beschrieben.

Wir haben im Kap. 18 bereits verschiedene Eigenschaften reeller symmetrischer und hermitescher Matrizen hergeleitet. Es folgen nun die noch ausstehenden Beweise. Dazu wiederholen wir zuerst die bereits erzielten Resultate:

- Eigenvektoren reeller symmetrischer bzw. hermitescher Matrizen zu verschiedenen Eigenwerten stehen senkrecht aufeinander.
- Eigenwerte reeller symmetrischer bzw. hermitescher Matrizen sind reell.

Unser Ziel ist nun zu begründen, dass tatsächlich jede symmetrische $n \times n$-Matrix n reelle – eventuell mehrfache – Eigenwerte hat. Die Begründung erfolgt über einen Ausflug ins Komplexe.

Jede symmetrische $n \times n$-Matrix hat n reelle Eigenwerte

Wir betrachten eine symmetrische Matrix $\mathbf{A} \in \mathbb{R}^{n \times n}$. Diese Matrix definiert einen selbstadjungierten Endomorphismus $\varphi_\mathbf{A} : v \mapsto \mathbf{A}v$ des $\mathbb{R}^n$. Hier setzen wir an: Wir erklären einen selbstadjungierten Endomorphismus in dem *größeren* Vektorraum $\mathbb{C}^n$. Die Abbildung

$$\tilde{\varphi}_\mathbf{A} : \begin{cases} \mathbb{C}^n & \to & \mathbb{C} \\ v & \mapsto & \mathbf{A}v \end{cases}$$

ist wegen $\mathbf{A}^T = \overline{\mathbf{A}}$ ein selbstadjungierter Endomorphismus des $\mathbb{C}^n$.

Die Darstellungsmatrix $_{E_n}\mathbf{M}(\tilde{\varphi}_\mathbf{A})_{E_n} = \mathbf{A} \in \mathbb{C}^{n \times n}$ von $\tilde{\varphi}_\mathbf{A}$ bezüglich der kanonischen Orthonormalbasis ist hermitesch.

Mit dem Fundamentalsatz der Algebra folgt nun, dass das charakteristische Polynom von $\mathbf{A}$ in Linearfaktoren zerfällt:

$$\chi_\mathbf{A} = (\lambda_1 - X)^{k_1} \cdots (\lambda_r - X)^{k_r}.$$

Dabei sind $\lambda_1, \ldots, \lambda_r$ die verschiedenen Eigenwerte von $\mathbf{A}$ mit den jeweiligen algebraischen Vielfachheiten $k_1, \ldots, k_r$, d. h. $k_1 + \cdots + k_r = n$. Die Eigenwerte $\lambda_1, \ldots, \lambda_r$ sind reell.

Wegen $\chi_\mathbf{A} = \chi_{\tilde{\varphi}_\mathbf{A}} = \chi_{\varphi_\mathbf{A}} \in \mathbb{R}[X]$ hat $\mathbf{A}$ ein in Linearfaktoren zerfallendes charakteristisches Polynom und damit hat $\mathbf{A}$ die reellen Eigenwerte $\lambda_1, \ldots, \lambda_r$.

Eigenwerte symmetrischer bzw. hermitescher Matrizen

Jede symmetrische bzw. hermitesche $n \times n$-Matrix hat n Eigenwerte. Jeder Eigenwert ist reell.

Symmetrische bzw. hermitesche Matrizen sind (orthogonal) diagonalisierbar

Das charakteristische Polynom reeller symmetrischer bzw. hermitescher Matrizen zerfällt stets in Linearfaktoren, und wie wir gleich sehen werden, stimmen algebraische und geometrische Vielfachheit für jeden Eigenwert überein. Insbesondere sind reelle symmetrische bzw. hermitesche Matrizen also diagonalisierbar.

Man kann direkt beweisen, dass die geometrischen und algebraischen Vielfachheiten eines jeden Eigenwertes einer hermite-

schen bzw. reeller symmetrischen Matrix übereinstimmen. Das ist aber durchaus mühsam. Wir wählen einen kleinen Umweg und folgern dann dieses Ergebnis.

Diagonalisierbarkeit selbstadjungierter Endomorphismen

Ist φ ein selbstadjungierter Endomorphismus eines n-dimensionalen euklidischen bzw. unitären Vektorraumes V mit den (reellen) Eigenwerten $\lambda_1, \ldots, \lambda_n$, so existiert eine Orthonormalbasis B von V aus Eigenvektoren von φ mit

$$_B\mathbf{M}(\varphi)_B = \begin{pmatrix} \lambda_1 & \cdots & 0 \\ \vdots & \ddots & \vdots \\ 0 & \cdots & \lambda_n \end{pmatrix}$$

Beweis Wir beweisen den Satz durch Induktion nach der Dimension n von V. Ist $n = 1$, so ist die Behauptung richtig, man kann jede von null verschiedene reelle bzw. komplexe Zahl als einziges Element einer solchen Orthonormalbasis wählen, jede solche Zahl ist ein Eigenvektor von φ. Setzen wir also nun voraus, dass $n > 1$ ist und die Behauptung für alle Zahlen $m < n$ gilt.

Ist v_1 ein Eigenvektor zum Eigenwert λ_1 von φ, so betrachten wir den Orthogonalraum zum Erzeugnis von v_1:

$$U := \langle v_1 \rangle^\perp = \{v \in V \mid v_1 \cdot v = 0\}.$$

Die Einschränkung des selbstadjungierten Endomorphismus φ auf den Untervektorraum U von V, also die Abbildung

$$\varphi|_U : \begin{cases} U & \to & V \\ v & \mapsto & \varphi(v) \end{cases}$$

hat wegen

$$v_1 \cdot \varphi(v) = \varphi(v_1) \cdot v = (\lambda_1 v_1) \cdot v = \lambda_1 (v_1 \cdot v) = 0$$

für alle $v \in V$ die Eigenschaft, eine Abbildung von U in U zu sein, d. h. $\varphi(U) \subseteq U$. Weil U als Untervektorraum eines euklidischen bzw. unitären Vektorraumes selbst wieder ein euklidischer bzw. unitärer Vektorraum ist und die Dimension von U gleich $n - 1$ ist, ist die Induktionsvoraussetzung auf U anwendbar. Folglich besitzt der Vektorraum U eine geordnete Orthonormalbasis $B' = (b_2, \ldots, b_n)$ mit

$$_{B'}\mathbf{M}(\varphi|_U)_{B'} = \begin{pmatrix} \lambda_2 & \cdots & 0 \\ \vdots & \ddots & \vdots \\ 0 & \cdots & \lambda_n \end{pmatrix}.$$

Wir normieren den Eigenvektor v_1, setzen also $b_1 := \|v_1\|^{-1} v_1$, $B := (b_1, \ldots, b_n)$ und erhalten so die gewünschte Darstellung. $\blacksquare$

Für reelle symmetrische bzw. hermitesche Matrizen lässt sich das wie folgt formulieren.

Diagonalisierbarkeit reeller symmetrischer bzw. hermitescher Matrizen

Ist $\mathbf{A} \in \mathbb{K}^{n \times n}$ eine reelle symmetrische bzw. hermitesche Matrix, so gibt es eine orthogonale bzw. unitäre Matrix $\mathbf{S}$ und $\lambda_1 \dots, \lambda_n \in \mathbb{R}$ mit

$$\overline{\mathbf{S}}^T \cdot \mathbf{A} \cdot \mathbf{S} = \begin{pmatrix} \lambda_1 & \cdots & 0 \\ \vdots & \ddots & \vdots \\ 0 & \cdots & \lambda_n \end{pmatrix}.$$

Ist $\mathbf{A} \in \mathbb{K}^{n \times n}$ eine reelle symmetrische bzw. hermitesche Matrix, so existiert nach diesem Satz eine Orthonormalbasis des $\mathbb{K}^n$ aus Eigenvektoren von $\mathbf{A}$. Dies heißt aber, dass es n linear unabhängige Eigenvektoren von $\mathbf{A}$ existieren. Damit muss für jeden Eigenwert von $\mathbf{A}$ die geometrische Vielfachheit gleich der algebraischen sein:

Die Dimension jedes Eigenraumes ist der Exponent des zugehörigen Eigenwertes im charakteristischem Polynom.

Damit ist klar, wie wir vorgehen, um eine Orthonormalbasis zu einer reellen symmetrischen bzw. hermiteschen Matrix $\mathbf{A} \in \mathbb{K}^{n \times n}$ zu konstruieren. Wir haben dies bereits im Kap. 18 Abschnitt **Diagonalisierbarkeit von Matrizen** geschildert.

Kommentar Im $\mathbb{R}^3$ hat man das Vektorprodukt $\times$ zur Verfügung. Damit kann man sich oftmals etwas an Arbeit ersparen. Sucht man eine Orthonormalbasis des $\mathbb{R}^3$, wobei ein Basisvektor $\boldsymbol{b}_1 := \begin{pmatrix} b_1 \\ b_2 \\ b_3 \end{pmatrix}$ vorgegeben ist, so ist $(\boldsymbol{b}_1, \boldsymbol{b}_2, \boldsymbol{b}_3)$ mit $\boldsymbol{b}_2 := \begin{pmatrix} -b_2 \\ b_1 \\ 0 \end{pmatrix}$ und $\boldsymbol{b}_3 := \boldsymbol{b}_1 \times \boldsymbol{b}_2$ eine geordnete Orthogonalbasis. Normieren liefert eine Orthonormalbasis. ◀

Eine reelle symmetrische bzw. hermitesche Matrix ist genau dann positiv definit, wenn alle Eigenwerte positiv sind

Nun sind wir in der Lage, die schon mehrfach benutzten Kriterien für positive Definitheit zu begründen:

Kriterien für positive Definitheit

- Eine reelle symmetrische Matrix bzw. eine komplexe hermitesche Matrix ist genau dann positiv definit, wenn alle ihre Eigenwerte positiv sind.
- Eine reelle symmetrische bzw. eine komplexe hermitesche Matrix $\mathbf{A} = (a_{ij})_{nn}$ ist genau dann positiv definit, wenn alle ihre n Hauptunterdeterminanten $\det(a_{ij})_{kk}$ für $k = 1, \dots, n$ positiv sind.

Dabei nannten wir eine reelle symmetrische bzw. eine hermitesche Matrix $\mathbf{A}$ positiv definit, wenn für alle $v \in \mathbb{R}^n$ bzw. $v \in \mathbb{C}^n$ gilt

$$v^T \mathbf{A} \,\overline{v} \geq 0 \text{ und } v^T \mathbf{A} \,\overline{v} = 0 \Leftrightarrow v = \mathbf{0}.$$

Eine reelle symmetrische bzw. hermitesche $n \times n$-Matrix $\mathbf{A}$ hat genau n reelle Eigenwerte, mehrfache Eigenwerte sind hierbei mit ihren entsprechenden Vielfachheiten gezählt.

Ist nun $\lambda \in \mathbb{R}$ ein Eigenwert einer positiv definiten Matrix $\mathbf{A}$ und v ein zugehöriger Eigenvektor zum Eigenwert λ, so gilt wegen $\mathbf{A} v = \lambda v$ durch Skalarproduktbildung dieser Gleichung mit dem Vektor $\overline{v}^T$:

$$\underbrace{\overline{v}^T \mathbf{A} v}_{>0} = \overline{v}^T \lambda v = \lambda \underbrace{\overline{v}^T v}_{>0}.$$

Also sind die Eigenwerte positiv definiter Matrizen stets positiv. Interessanter ist, dass auch die Umkehrung gilt.

Um dies zu zeigen, gehen wir also von einer reellen symmetrischen bzw. komplexen hermiteschen Matrix $\mathbf{A} \in \mathbb{K}^{n \times n}$ aus, deren n Eigenwerte $\lambda_1, \dots, \lambda_n$ positiv sind.

Es existiert eine Orthonormalbasis $B = (v_1, \dots, v_n)$ des $\mathbb{K}^n$ aus Eigenvektoren von $\mathbf{A}$.

Wir wählen ein Element $v \in \mathbb{K}^n \setminus \{\mathbf{0}\}$ und stellen dieses v als Linearkombination bezüglich der Basis B dar

$$v = \sum_{i=1}^{n} \mu_i v_i,$$

wobei also $\mu_1, \dots, \mu_n \in \mathbb{K}$ sind.

Es gilt $\overline{v}_i^T v_j = 0$ für $i \neq j$ sowie $\overline{v}_i^T v_i = 1$.

Damit erhalten wir mit der Bi- bzw. Sesquilinearität des kanonischen Skalarproduktes

$$\overline{v}^T (\mathbf{A} v) = \left(\sum_{i=1}^{n} \overline{\mu}_i \overline{v}_i^T \right) \left(\sum_{i=1}^{n} \mu_i \lambda_i v_i \right)$$

$$= \sum_{i=1}^{n} \lambda_i |\mu_i|^2 \|v_i\|^2 > 0.,$$

weil alle Eigenwerte $\lambda_1, \dots, \lambda_n$ positiv sind. Im reellen Fall kann man das Konjugieren wieder weglassen.

Damit haben wir das erste der beiden Kriterien bewiesen. Es folgt nun der Beweis des zweiten Kriteriums.

$\Longrightarrow$: Die Matrix $\mathbf{A}$ sei positiv definit. Dann sind auch die Matrizen $(a_{ij})_{1 \leq i,j \leq k}$ für alle $k = 1, \dots, n$ positiv definit. Es genügt also, wenn wir $\det(\mathbf{A}) > 0$ zeigen. Weil $\mathbf{A}$ symmetrisch bzw. hermitesch ist, gibt es eine orthogonale Matrix $\mathbf{S}$ und eine Diagonalmatrix $\mathbf{D} \in \mathbb{K}^{n \times n}$ mit $\overline{\mathbf{S}}^T \mathbf{A} \mathbf{S} = \mathbf{D}$. Da $\mathbf{A}$ positiv definit ist, sind sämtliche Diagonaleinträge von $\mathbf{D}$ reell und echt größer null, insbesondere ist $\det(\mathbf{D}) > 0$. Also folgt $\det(\overline{\mathbf{S}}^T \mathbf{A} \mathbf{S}) = |\det(\mathbf{S})|^2 \det(\mathbf{A}) = \det(\mathbf{D}) > 0$ und somit $\det(\mathbf{A}) > 0$.

$\Longleftarrow$: Es sei nun $\det(a_{ij})_{1 \le i,j \le k} > 0$ für alle $k = 1, \ldots, n$. Wir beweisen durch vollständige Induktion nach n, dass $\mathbf{A}$ positiv definit ist. Für $n = 1$ ist die Behauptung klar. Es sei also $n > 1$. Wir betrachten die zu $\mathbf{A}$ gehörige hermitesche Sesquilinearform $\cdot : \mathbb{K}^n \times \mathbb{K}^n \to \mathbb{K}$, $(\boldsymbol{v}, \boldsymbol{w}) \mapsto \overline{\boldsymbol{v}}^T \mathbf{A} \boldsymbol{w}$. Wir setzen $U := \langle \boldsymbol{e}_1, \ldots, \boldsymbol{e}_{n-1} \rangle$, wobei $\boldsymbol{e}_i$ wie üblich der i-te Vektor der kanonischen Basis des $\mathbb{K}^n$ bezeichne, und $\tilde{A} := (a_{ij})_{1 \le i,j \le n-1}$. Die Matrix $\tilde{A}$ beschreibt die Sesquilinearform $\cdot|_{U \times U}$ eingeschränkt auf den Untervektorraum U. Nach Induktionsvoraussetzung ist $\cdot|_{U \times U}$ positiv definit. Wir wählen mit dem Verfahren von Gram und Schmidt eine Orthonormalbasis $(\boldsymbol{a}_1, \ldots, \boldsymbol{a}_{n-1})$ von U bzgl. des Skalarproduktes $\cdot|_{U \times U}$ und erhalten $U = \langle \boldsymbol{a}_1, \ldots, \boldsymbol{a}_{n-1} \rangle$. Wir wählen weiter $\boldsymbol{u} := \boldsymbol{e}_n - \sum_{i=1}^{n-1} \frac{\boldsymbol{a}_i \cdot \boldsymbol{a}_n}{\|\boldsymbol{a}_i\|} \boldsymbol{a}_i \in \mathbb{K}^n \setminus U$ (wobei wir vereinfachend $\cdot$ anstelle von $\cdot|_{U \times U}$ geschrieben haben. Es gilt $\boldsymbol{u} \perp \boldsymbol{a}_i$ für alle $i \in \{1, \ldots, n-1\}$ (es ist dann $(\boldsymbol{a}_1, \ldots, \boldsymbol{a}_{n-1}, \boldsymbol{u})$ eine Basis des $\mathbb{K}^n$). Bezüglich Basis $(\boldsymbol{a}_1, \ldots, \boldsymbol{a}_{n-1}, \boldsymbol{u})$ können wir dann $\cdot$ darstellen als

$$\mathbf{A}' := \left(\begin{array}{c|c} \mathbf{B} & 0 \\ \hline 0 & d \end{array} \right)$$

mit $d := \boldsymbol{u} \cdot \boldsymbol{u}$ und einer Diagonalmatrix $\mathbf{B}$. Wegen $\det(\mathbf{A}') = \det(\mathbf{B}) \cdot d > 0$ und $\det(\mathbf{B}) > 0$ ist auch $d > 0$. Da $\mathbf{B}$ nach Induktionsvoraussetzung positiv definit ist (es stellen $\mathbf{B}$ und $\tilde{A}$ ein und dieselbe Sesquilinearform bezüglich verschiedener Basen dar) und $d > 0$ ist, ist also auch das durch $\mathbf{A}'$ gegebene Produkt positiv definit. Also ist auch $\mathbf{A}$ und A positiv definit. Das war zu zeigen. $\blacksquare$

9.3 Implementierungsaspekte numerischer Methoden der linearen Algebra

Eine Reihe von Verfahren der numerischen linearen Algebra wurde im Buch bereits angesprochen:

- die *LR*-Zerlegung als Implementierung des Gauß'schen Eliminationsverfahrens (Abschn. 16.4),
- das Gauß-Seidel-Verfahren (Abschn. 14.4) und das CG-Verfahren (Abschn. 20.4) als Beispiele iterativer Lösungsverfahren für lineare Gleichungssysteme,
- verschiedene Verfahren zur Berechnung von Eigenwerten und Eigenvektoren (Abschn. 18.5), etwa das Jacobi-Verfahren oder das QR-Verfahren.

In den genannten Abschnitten wird der Ablauf der Verfahren jeweils vorgestellt und begründet oder zumindest motiviert, warum sie im Allgemeinen eine Näherung an die gesuchten Größen liefern. Gerade wenn aber verschiedene Verfahren zur Lösung desselben Problems zur Verfügung stehen, stellt sich die Frage, nach welchen Kriterien man die Qualität solcher Verfahren bewerten und das geeignetste auswählen kann. Die folgende Liste nennt eine Reihe gängiger Kriterien, die hier anwendbar sind.

Rechenzeit Es hat keinen Sinn, ein Verfahren anzuwenden, das die gewünschten Ergebnisse erst in 100 Jahren liefert. Die tatsächliche Rechenzeit ist zum einen abhängig von der zur Verfügung stehenden Hardware. Ein wissenschaftlicher Großrechner ist viel leistungsfähiger als ein einfacher Desktop-PC. Die notwendige Rechenzeit hängt aber auch ganz entscheidend vom verwendeten Lösungsverfahren ab. Unterschiedliche Verfahren haben oft eine unterschiedliche **Komplexität**. Man betrachtet hier im Allgemeinen, wie der Aufwand des Verfahrens ansteigt, wenn man die Dimension des Problems erhöht. Oft hat man einen polynomialen Zusammenhang zwischen einer Zahl N, die die Größe des Problems beschreibt, und dem Aufwand für dessen Lösung. Zum Beispiel ist N beim Lösen eines linearen Gleichungssystems die Anzahl der Unbekannten, die notwendigen Rechenschritte sind proportional zu N^p für eine kleine Zahl p, je nach dem angewandten Verfahren.

Speicherbedarf Beim Einsatz eines numerischen Verfahrens müssen die verwendeten Daten im Computer gespeichert werden, etwa bei einem linearen Gleichungssystem die Koeffizienten der Matrix und der rechten Seite sowie die berechnete Lösung. Ein entscheidender Faktor beim Einsatz moderner Rechner ist die Art des Speicherzugriffs: Die Kapazität von Festplatten ist oft riesig, der Zugriff aber langsam. Viel schneller ist der Hauptspeicher des Rechners zu erreichen, noch schneller die Caches der Prozessoren. Man bemüht sich normalerweise, nur solche Verfahren einzusetzen, bei denen die notwendigen Daten vollständig im Hauptspeicher des Rechners gehalten werden können. Daher ist es auch hier wichtig zu wissen, wie der Speicherbedarf mit der Dimension des Problems skaliert.

Konvergenzordnung Numerische Verfahren sind im Allgemeinen Näherungsverfahren. Sie berechnen nicht die exakte Lösung des Problems, sondern eine Approximation. Das liegt zum einen daran, dass Computer nur endlich viele Gleitkommazahlen darstellen können und so immer gerundet werden muss. Zumeist sind die Verfahren selbst aber mathematisch so beschrieben, dass Größen berechnet werden, die gegen die gesuchte Lösung konvergieren. Das Verfahren muss aber nach endlich vielen Schritten abbrechen. Für die notwendige Rechenzeit ist also entscheidend, nach wie vielen Schritten eine gewünschte Approximationsgüte eintritt. Verfahren mit hoher Konvergenzgeschwindigkeit sind unter diesem Aspekt solchen mit niedriger Konvergenzgeschwindigkeit vorzuziehen. Vergleiche hierzu auch die Anwendungsbeispiele auf S. 183 und 226 des Hauptwerks.

Stabilität Man nennt ein Verfahren **stabil**, wenn kleine Änderungen der Daten auch nur kleine Änderungen in der berechneten Näherungslösung verursachen. Gerade konzeptionell einfache numerische Verfahren sind oft nur eingeschränkt stabil, zum Beispiel, wenn gewisse zusätzliche Voraussetzungen erfüllt sind. Hierzu zählen zum Beispiel die expliziten Einschrittverfahren für Differenzialgleichungen (siehe Abschn. 28.5 im Hauptwerk), auch wenn dieses Beispiel außerhalb der numerischen linearen Algebra liegt. Hat ein Verfahren nur eine bedingte Stabilität, so ist es wichtig zu überprüfen, ob die Stabilitätsbedingung für das konkrete Problem erfüllt ist. Ansonsten können die berechneten „Näherungen" vollkommen wertlos sein.

Vertiefung: Die QR-Zerlegung einer invertierbaren Matrix

Wir zeigen, dass jede invertierbare Matrix $\mathbf{A} = ((a_1, \ldots, a_n)) \in \mathbb{R}^{n \times n}$ ein Produkt einer orthogonalen Matrix $\mathbf{Q}$ und einer oberen Dreiecksmatrix $\mathbf{R}$ ist:

$$\mathbf{A} = \mathbf{Q} \cdot \mathbf{R}.$$

Weil $\mathbf{A}$ invertierbar ist, sind die Spalten $a_1, \ldots, a_n$ linear unabhängig. Also bilden die Spalten von $\mathbf{A} = ((a_1, \ldots, a_n)) \in \mathbb{R}^{n \times n}$ eine Basis des $\mathbb{R}^n$. Mit dem Verfahren von Gram und Schmidt können wir aus dieser Basis eine Orthonormalbasis $\{b_1, \ldots, b_n\}$ bezüglich des kanonischen Skalarproduktes des euklidischen $\mathbb{R}^n$ konstruieren. Es gilt dann:

$$a_1 \perp b_2, \ldots, b_n,$$
$$a_2 \perp b_3, \ldots, b_n,$$
$$\vdots$$
$$a_{n-1} \perp b_n.$$

Bezüglich der geordneten Orthonormalbasis $B = (b_1, \ldots, b_n)$ haben die Vektoren $a_1, \ldots, a_n$ die Darstellung

$$a_1 = (a_1 \cdot b_1)\, b_1,$$
$$a_2 = (a_2 \cdot b_1)\, b_1 + (a_2 \cdot b_2)\, b_2,$$
$$\vdots$$
$$a_n = (a_n \cdot b_1)\, b_1 + \cdots + (a_n \cdot b_n)\, b_n.$$

Diese Gleichungen können wir wegen $\mathbf{A} = ((a_1, \ldots, a_n))$ in einer Matrizengleichung zusammenfassen:

$$\mathbf{A} = \underbrace{((b_1, \ldots, b_n))}_{=:Q} \cdot \underbrace{\begin{pmatrix} a_1 \cdot b_1 & a_2 \cdot b_1 & \cdots & a_n \cdot b_1 \\ 0 & a_2 \cdot b_2 & \cdots & a_n \cdot b_2 \\ \vdots & & \ddots & \vdots \\ 0 & \cdots & 0 & a_n \cdot b_n \end{pmatrix}}_{=:R}.$$

Diese Zerlegung, die für jede invertierbare Matrix $\mathbf{A}$ existiert, nennt man die QR-**Zerlegung** von $\mathbf{A}$.

So erhalten wir also für die Matrix

$$\mathbf{A} = \begin{pmatrix} 1 & 2 & 4 \\ 0 & 1 & 0 \\ 1 & 0 & 0 \end{pmatrix} = ((a_1, a_2, a_3)),$$

deren Spalten offenbar linear unabhängig sind, mit dem Verfahren von Gram und Schmidt die Vektoren b_1, b_2, b_3 einer Orthonormalbasis

$$b_1 := \frac{1}{\sqrt{2}} \begin{pmatrix} 1 \\ 0 \\ 1 \end{pmatrix}, \quad b_2 := \frac{1}{\sqrt{3}} \begin{pmatrix} 1 \\ 1 \\ -1 \end{pmatrix},$$
$$b_3 := \frac{3}{2\sqrt{6}} \begin{pmatrix} 2/3 \\ -4/3 \\ -2/3 \end{pmatrix}.$$

Damit haben wir bereits die Matrix $\mathbf{Q} = ((b_1, b_2, b_3))$ bestimmt. Die Matrix $\mathbf{R}$ erhalten wir durch das Berechnen von sechs Skalarprodukten:

$$\mathbf{R} = \begin{pmatrix} \sqrt{2} & \sqrt{2} & 2\sqrt{2} \\ 0 & \sqrt{3} & \frac{4}{3}\sqrt{3} \\ 0 & 0 & \frac{2}{3}\sqrt{6} \end{pmatrix}.$$

Die gesuchte Zerlegung lautet also:

$$\mathbf{A} = \begin{pmatrix} \frac{1}{\sqrt{2}} & \frac{1}{\sqrt{3}} & \frac{1}{\sqrt{6}} \\ 0 & \frac{1}{\sqrt{3}} & -\frac{2}{\sqrt{6}} \\ \frac{1}{\sqrt{2}} & -\frac{1}{\sqrt{3}} & -\frac{1}{\sqrt{6}} \end{pmatrix} \begin{pmatrix} \frac{1}{\sqrt{2}} & \sqrt{2} & 2\sqrt{2} \\ 0 & \sqrt{3} & \frac{4}{3}\sqrt{3} \\ 0 & 0 & \frac{2}{3}\sqrt{6} \end{pmatrix}.$$

Der Aufwand zur Berechnung der LR-Zerlegung ist proportional zu N^3

Als ein erstes Beispiel für ein Verfahren der numerischen linearen Algebra betrachten wir die LR-Zerlegung, wie sie in Abschn. 16.4 des Hauptwerks dargestellt ist. Wir betrachten also ein lineares Gleichungssystem

$$Ax = b$$

mit einer Matrix $A \in \mathbb{C}^{N \times N}$, einer rechten Seite $b \in \mathbb{C}^N$ und dem gesuchten Lösungsvektor $x \in \mathbb{C}^N$.

Die LR-Zerlegung stellt eine Umsetzung des Gauß'schen Eliminationsverfahrens dar: Berechnet werden eine Permutationsmatrix $P \in \mathbb{R}^{N \times N}$, eine linke untere Dreiecksmatrix $L \in \mathbb{C}^{N \times N}$ mit Einsen auf der Diagonale sowie eine rechte obere Dreiecksmatrix $R \in \mathbb{C}^{N \times N}$ mit

$$PA = LR.$$

Ist diese Zerlegung bestimmt, so kann der Vektor x leicht durch Vorwärts- bzw. Rückwärtseinsetzen bestimmt werden. Der Abschn. 16.4 des Hauptwerks schildert die notwendigen rechnerischen Schritte. Wir wollen unser Augenmerk hier auf den Aufwand legen.

Zunächst betrachten wir den notwendigen Speicherbedarf. Schon der Satz über die *LR*-Zerlegung quadratischer Matrizen in Abschn. 16.4 zeigt, dass die Matrizen L und R beim Verfahren sukzessive entstehen und ihre Koeffizienten anstelle der Koeffizienten der ursprünglichen Matrix A gespeichert werden können. Ein zusätzlicher Aufwand entsteht durch die Notwendigkeit zur Speicherung der Matrix P, doch hierbei handelt es sich um eine Permutationsmatrix, die sehr effizient gespeichert werden kann. Für jede Zeile muss nur gespeichert werden, in welcher ihrer Spalten der Eintrag steht, der 1 ist. Dafür sind zur Speicherung von P nur N Speicherplätze notwendig.

Insgesamt erfordert die Durchführung der *LR*-Zerlegung also Speicher im Umfang von

$$N^2 + N \quad \text{Speicherzellen.}$$

Hierbei ist N^2 der asymptotisch dominierende Summand. Er entspricht gerade dem Speicherbedarf für die Matrix des linearen Gleichungssystems.

Wir kommen nun zur Analyse der zur Durchführung des Verfahrens notwendigen Rechenoperationen. Dabei werden wir die für die Pivotisierung notwendigen Zeilenvertauschungen vernachlässigen, da sie im Vergleich zu den Rechenoperationen kaum Rechenzeit benötigen.

Bei der *LR*-Zerlegung wird nacheinander in jeder der N Spalten von A ein Pivot-Element ausgewählt, und es werden Zeilenumformungen durchgeführt. Wir gehen nun davon aus, dass a_{jj} das Pivot-Element ist und die Zeilen $j+1, \ldots, N$ umgeformt werden müssen. Dies ergibt folgende Rechenschritte:

- Berechnung von $m_{kj} = a_{kj}/a_{jj}, k = j+1, \ldots, N$. Speicherung anstelle von $a_{kj}, k = j+1, \ldots, N$. Aufwand: $N-j$ Divisionen.
- Berechnung von $c_{kl} = a_{kl} - m_{kj} a_{jl}$ für $k, l = j+1, \ldots, N$. Speicherung anstelle von a_{kl}. Aufwand je $(N-j)^2$ Multiplikationen und Additionen.

Zur Vereinfachung nehmen wir an, dass jede Rechenoperation den gleichen Zeitaufwand bedeutet. Da diese Operationen für jede Spalte $j = 1, \ldots, N$ durchzuführen sind, ergibt sich ein Aufwand von

$$\sum_{j=1}^{N} \left[(N-j) + (N-j)^2 \right] = \sum_{l=0}^{N-1} \left[l + l^2 \right]$$
$$= \frac{(N-1)\,N}{2} + \frac{(N-1)\,N\,(2N-1)}{6}$$
$$= \frac{1}{3} \left(N^3 - N \right)$$

Rechenoperationen.

Vernachlässigen wir wieder die Zeilenvertauschungen, so müssen für Berechnung der Lösung des linearen Gleichungssystems nach der Bestimmung der Faktoren $L = (l_{jk})$ und $R = (r_{jk})$ noch

die Vorwärtssubstitution $Lz = b$ und die Rückwärtssubstitution $Rx = z$ durchgeführt werden,

$$z_j = b_j - \sum_{k=1}^{j-1} l_{jk}\, z_k, \quad j = 1, \ldots, N,$$

$$x_j = \frac{1}{r_{jj}} \left(z_j - \sum_{k=j+1}^{N} r_{jk}\, x_k \right), \quad j = N, N-1, \ldots, 2, 1.$$

Die Berechnung der j-ten Komponente von z erfordert somit $j-1$ Multiplikationen und j Additionen, insgesamt sind also

$$\sum_{j=1}^{N} (2j - 1) = N^2$$

Rechenoperationen notwendig. Für jede Komponente von x kommt eine Division hinzu, was $N\,(N+1)$ Operationen ergibt.

Fassen wir nun die Aufwände für die Faktorisierung der Matrix und die Substitutionen zusammen, so erkennen wir, dass der kubische Term N^3 den Gesamtaufwand für große Matrizen dominiert. Man sagt, dass der Rechenaufwand für die *LR*-Zerlegung sich asymptotisch wie N^3 verhält.

Pivotisierung sorgt für Stabilität bei der Berechnung der Lösung

Bei der Berechnung der *LR*-Zerlegung werden in der Praxis auch Zeilenvertauschungen vorgenommen. Man spricht von (partieller) **Pivotisierung.** Dies geschieht aus zwei Gründen:

- Der Eintrag a_{jj} der bei der j-ten Umformung erreichten Matrix könnte null sein, so dass dieser Eintrag auch theoretisch als Pivot-Element nicht in Frage kommt.
- Die naive Durchführung der *LR*-Zerlegung ohne Pivotisierung kann zu Instabilität und damit zu Ungenauigkeiten bei der Lösungsberechnung führen.

Wir wollen auf den zweiten Punkt genauer eingehen. Da ein Computer nur einen endlichen Speicher zur Verfügung hat, können auch nur endlich viele reelle Zahlen exakt abgespeichert werden. Es muss ein Zahlenformat festgelegt und es müssen Regeln aufgestellt werden, nach denen Rundungen bei Operationen durchgeführt werden, deren exakte Ergebnisse sich nicht in diesem Format speichern lassen.

Moderne Computer entsprechen dem IEEE-Standard 754 für Gleitkommazahlenarithmetik. Dieser Standard sieht verschiedene Zahlenformate wie etwa *single precision* (32 Bit) und *double precision* (64 Bit) vor. Alle arithmetischen Operationen müssen so implementiert sein, dass ihr Ergebnis eine der beiden Gleitkommazahlen ist, die dem exakten Ergebnis am nächsten liegen. Eine wichtige Kenngröße dabei ist die *unit roundoff* genannte Zahl u. Sie entspricht dem halben Abstand zwischen der ganzen Zahl 1 und der nächstgrößeren im Zahlenformat darstellbaren Gleitkommazahl. Für das Format *double precision* beträgt sie $2^{-53} \approx 1.11 \cdot 10^{-16}$.

Es können durchaus betragsmäßig kleinere Zahlen als u in einem Zahlenformat dargestellt werden: Der Abstand der darstellbaren Zahlen ist nicht immer gleich und wird zur Null hin kleiner. Die kleinste positive Zahl, die in *double precision* darstellbar ist, ist $2^{-1022} \approx 2.23 \cdot 10^{-308}$. Die betragsmäßig größte darstellbare Zahl M ist im Format *double precision* die Zahl $2^{1024}(1 - 2u) \approx 1.79 \cdot 10^{308}$.

Im Folgenden bezeichnen wir mit $\rho(a * b)$ diejenige Gleitkommazahl, die sich als Ergebnis der arithmetischen Operation $a * b$ ergibt. Das Symbol $*$ bezeichnet also zum Beispiel eine Multiplikation, Division oder Addition. Dann ist u die kleinste positive Zahl, für die

$$|\rho(a * b) - (a * b)| \leq u \, |a * b|$$

für alle $a, b \in [-M, M]$ erfüllt ist. Als Konsequenz gilt für $\delta < u$ hinreichend klein

$$\rho(1 - 2\delta) = 1 \quad \text{und} \quad \rho\left(1 - \frac{1}{\delta}\right) = -\frac{1}{\delta}.$$

Welches sind nun die möglichen Konsequenzen dieser Sachverhalte bei schlechter Wahl der Pivot-Elemente? Dazu betrachten wir das lineare Gleichungssystem

$$\begin{pmatrix} \delta & 1 \\ 1 & 1 \end{pmatrix} x = \begin{pmatrix} 1 \\ 2 \end{pmatrix}$$

mit $|\delta| < u$ hinreichend klein. Die exakte Lösung ist

$$x_1 = \frac{1}{1 - \delta}, \quad x_2 = \frac{1 - 2\delta}{1 - \delta},$$

was sehr nahe an $(1, 1)^\top$ liegt. Wählt man den Eintrag δ als Pivot-Element, so ergibt sich im Zahlenformat des Computers

$$\begin{pmatrix} \delta & 1 \\ 0 & \rho(1 - \frac{1}{\delta}) \end{pmatrix} x = \begin{pmatrix} 2 \\ \rho(1 - \frac{2}{\delta}) \end{pmatrix},$$

$$\text{also} \quad \begin{pmatrix} \delta & 1 \\ 0 & -\frac{1}{\delta} \end{pmatrix} x = \begin{pmatrix} 2 \\ -\frac{2}{\delta} \end{pmatrix}.$$

Mir Rücksubstitution erhalten wir $x_2 = 1$ und damit das völlig falsche Ergebnis $x_1 = 0$. Die Subtraktion der sehr großen Zahl $1/\delta$ hat im Zahlenformat des Computers signifikante Informationen zerstört. Man spricht von *Auslöschung*.

Ganz anders ist die Situation, wenn man das betragsmäßig größte Element jeder Spalte als Pivot-Element wählt. Dann erhält man

$$\begin{pmatrix} 0 & \rho(1 - \delta) \\ 1 & 1 \end{pmatrix} x = \begin{pmatrix} \rho(1 - 2\delta) \\ 2 \end{pmatrix},$$

$$\text{also} \quad \begin{pmatrix} 0 & 1 \\ 1 & 1 \end{pmatrix} x = \begin{pmatrix} 1 \\ 2 \end{pmatrix}.$$

Dieses Vorgehen liefert $x_1 = x_2 = 1$, was nahe an der exakten Lösung liegt. Auch hier wurde gerundet, aber es ging dadurch keine relevante Information verloren.

Generell muss man bei numerischen Verfahren bei der Division durch kleine Zahlen vorsichtig sein: Es verstärken sich dadurch kleine Fehler, und es kann zur Auslöschung wichtiger Dezimalstellen kommen.

Weiterführende Literatur zur *LR*-Zerlegung:

- James W. Demmel, *Applied Numerical Linear Algebra,* SIAM, Philadelphia, 1997.
- Nicholas J. Higham, *Accuracy and Stability of Numerical Algorithms,* 2nd Edition, SIAM, Philadelphia, 2002.

Spezielle Matrix-Typen ermöglichen einen reduzierten Rechenaufwand

Für ein allgemeines lineares Gleichungssystem mit N Unbekannten und N Gleichungen kommt man bei der *LR*-Zerlegung um einen zu N^3 proportionalen Rechenaufwand nicht herum. Oftmals bedingt aber die Anwendung, aus der sich ein LGS ergibt, eine besondere Struktur der Matrix. Dies kann zu einem erheblich reduzierten Aufwand bei der Berechnung der *LR*-Zerlegung führen. Die Programmbibliothek LAPACK etwa, auf die wir später noch detaillierter eingehen werden, beinhaltet 22 verschiedene Routinen zur Berechnung der *LR*-Zerlegung, die bei unterschiedlichen speziellen Matrix-Typen verwendet werden können.

Häufig ist in jeder Matrix-Spalte nur eine geringe Anzahl von Koeffizienten von null verschieden. Befinden sich alle diese in der Nähe der Hauptdiagonalen der Matrix, so spricht man von einer Matrix mit **Bandstruktur.** Wir gehen davon aus, dass für die Matrix $A = (a_{jk}) \in \mathbb{R}^{N \times N}$ gilt, dass $a_{jk} = 0$ für $|j - k| > n$ ist. In diesem Fall kann man zeigen, dass die Matrix L bei der *LR*-Zerlegung mit partieller Pivotisierung nur in den ersten $n - 1$ Nebendiagonalen von null verschiedene Einträge aufweist, die Matrix R in den ersten $2(n - 1)$ Nebendiagonalen. Zur Speicherung von A benötigt man daher $(2n - 1)\,N$, für L und R insgesamt nur $(3n - 1)\,N$ Speicherzellen. Ist n viel kleiner als N, so ist dies eine erhebliche Reduktion gegenüber der Speicherung als voll besetzte Matrix. Ähnlich kann man zeigen, dass der Aufwand zur Berechnung der *LR*-Zerlegung sich asymptotisch wie $N \cdot n^2$ verhält.

Vielen Anwendungsaufgaben, die auf lineare Gleichungssysteme führen, ist gemeinsam, dass die resultierenden Matrizen nur wenige von null verschiedene Einträge haben. Man spricht von *dünn besetzten Matrizen.* Bei der Anwendung von Finite-Elemente-Verfahren zur Lösung von Randwertaufgaben für Differenzialgleichungen entstehen im Allgemeinen solche dünn besetzten Matrizen. In solch einem Fall ist es immer lohnenswert, speziell angepasste Löser zu verwenden, die die Struktur der Matrix zur Optimierung des Aufwands bei der Lösung nutzen.

Iterative Verfahren bedeuten einen geringeren Aufwand

Eine Alternative zur Lösung von linearen Gleichungssystemen über die *LR*-Zerlegung stellen iterative Verfahren dar. Im Hauptwerk werden das Gauß-Seidel-Verfahren (Abschn. 14.4) und das Verfahren der konjugierten Gradienten (CG-Verfahren, Abschn. 20.4) als Beispiele angesprochen. Solche Verfahren berechnen eine Folge von Vektoren, die die exakte Lösung des linearen Gleichungssystems approximieren. Anders als die *LR*-Zerlegung sind sie also auch theoretisch Näherungsverfahren und liefern keine exakte Lösung. Allerdings gibt es gute Gründe, solche Verfahren einzusetzen:

- Durch die begrenzte Zahlendarstellung in der Computer-Arithmetik führt auch eine *LR*-Zerlegung in der Praxis nicht zu einer exakten Lösung.
- Der wesentliche Schritt bei der Anwendung eines iterativen Verfahrens ist meist eine Matrix-Vektor-Multiplikation in jedem Iterationsschritt. Für eine $N \times N$-Matrix erfordert dies asymptotisch $2N^2$ Rechenoperationen. Sind nur wenige Iterationen zur Berechnung einer guten Näherungslösung des LGS notwendig, reduziert sich der Aufwand gegenüber einer *LR*-Zerlegung um einen Faktor N. Ist die Matrix dünn besetzt, so ist eine weitere Reduktion der Komplexität möglich.
- In der Praxis ist die Lösung eines linearen Gleichungssystems oft nur ein Schritt bei der Lösung eines komplexeren Problems, etwa der Lösung eines Randwertproblems für eine Differenzialgleichung oder einer Integralgleichung. Bei der Herleitung des LGS, der sogenannten *Diskretisierung,* sind dann schon Approximationen notwendig. Es bedeutet dann einen unnötigen Aufwand, das LGS mit einer höheren Genauigkeit als der Größenordnung des Diskretisierungsfehlers zu lösen.

Ein Nachteil bei einem naiv angewandten iterativen Verfahren ist die mögliche langsame Konvergenz. Man ist natürlich daran interessiert, in nur wenigen Iterationen eine gute Approximation zu erhalten. Wir wollen das CG-Verfahren aufgreifen und diesen Aspekt daran beispielhaft diskutieren.

Wir betrachten das lineare Gleichungssystem

$$Ax = b$$

für eine reelle positiv definite, symmetrische Matrix $A \in \mathbb{R}^{N \times N}$. Das CG-Verfahren interpretiert dieses Gleichungssystem als Kriterium zur Minimierung des Funktionals

$$F(x) = \left(\frac{1}{2}Ax - b\right) \cdot x, \quad x \in \mathbb{R}^N.$$

Unter den genannten Voraussetzungen an A kann man zeigen, dass F genau eine Minimalstelle $\hat{x} = A^{-1}b$ besitzt, also die Lösung des linearen Gleichungssystems (siehe dazu auch den Abschn. 35.4 des Hauptwerks).

Das CG-Verfahren versucht *iterativ,* also schrittweise, die Minimalstelle anzunähern: Ausgehend von der Näherung x wird eine Richtung p gewählt und dann $\alpha \in \mathbb{R}$ so bestimmt, dass $F(x + \alpha p)$ minimal ist. Die Bestimmung der Schrittweite α ist dabei relativ einfach:

$$F(x + \alpha p) = \frac{1}{2}\left[\alpha^2 Ap \cdot p + 2\alpha (Ax - b) \cdot p\right] + F(x)$$

$$= \frac{1}{2\sqrt{Ap \cdot p}}\left[\alpha - \frac{(b - Ax) \cdot p}{Ap \cdot p}\right]^2$$

$$+ F(x) - \left[\frac{(b - Ax) \cdot p}{Ap \cdot p}\right]^2.$$

Die Minimalstelle ist also

$$\alpha = \frac{(b - Ax) \cdot p}{Ap \cdot p},$$

und man erkennt auch, dass für dieses α sicher $F(x + \alpha p) \leq F(x)$ ist.

Schwieriger ist zu verstehen, wie eine geeignete Abstiegsrichtung p_m zu wählen ist. Der Schlüssel liegt in folgender Überlegung: Angenommen, es sind $p_0, \ldots, p_{m-1}$ gegeben. Wir setzen

$$U = \langle p_0, \ldots, p_{m-1}\rangle.$$

Wir nehmen ferner an, dass $x \in \mathbb{R}^N$ gegeben ist, mit

$$F(x) \leq F(x + y) \quad \text{für alle } y \in U.$$

Mit einer ganz ähnlichen Überlegung wie bei der Bestimmung von α erkennt man, dass dann

$$F(x + \xi) \leq F(x + \xi + y) \quad \text{für alle } y \in U$$

genau dann, wenn

$$A\xi \cdot y = 0 \quad \text{für alle } y \in U.$$

Wählt man also die neue Richtung p_m so, dass $Ap_m \cdot p_j = 0$ für $j = 0, \ldots, m - 1$ ist, so kann durch eine Änderung in einer der alten Richtungen nichts mehr verbessert werden.

Der Algorithmus für das CG-Verfahren, der diese Strategie umsetzt, lautet wie folgt: Ausgehend von einem Startvektor $x_0 \in \mathbb{R}^N$, dem Residuum $r_0 = b - Ax_0$ und der Zahl $\beta_0 = \|r_0\|_2^2$, wird für $m = 0, 1, 2, \ldots$ berechnet:

1. $z_m = Ap_m$
2. $\alpha_m = \beta_m / (z_m \cdot p_m)$
3. $x_{m+1} = x_m + \alpha_m p_m$
4. $r_{m+1} = r_m - \alpha_m z_m,$
5. speichere β_m an Stelle von β_{m-1}
6. $\beta_{m+1} = \|r_{m+1}\|_2^2$
7. $p_{m+1} = r_{m+1} + (\beta_{m+1}/\beta_m)\, r_m.$

Insbesondere gilt hierbei $r_m = b - Ax_m$.

Das Verfahren bricht im Punkt 6 ab, falls $\beta_{m+1} = 0$, da dann x_m die exakte Lösung ist. Ansonsten formuliert man als Abbruchkriterium in der Praxis zumeist, dass $\|r_m\|_2 / \|x_m\|_2$ hinreichend klein ist.

Eine Interpretation des Verfahrens als *Krylov-Unterraum-Methode* finden Sie im Hauptwerk in Abschn. 20.4. Für eine mathematisch vollständige Herleitung verweisen wir auf die unten angegebene Literatur.

Wir wollen nun den Aufwand für das Verfahren analysieren. Außer β_m wird jede Größe nur so lange benötigt, bis die entsprechende Größe für den nächsten Iterationsschritt berechnet wird. Der Punkt 5 des Algorithmus weist gesondert darauf hin, dass β_m bis zum nächsten Schritt aufgehoben werden muss. Insbesondere ist also der Bedarf an Speicher unabhängig von der Anzahl der Iterationen.

Es müssen die Zahlen α_m, β_m sowie die Vektoren z_m, x_m, r_m und p_m gespeichert werden. Asymptotisch verhält sich dieser Aufwand wie $4N$. Für eine dicht besetzte Matrix ist dies für große N eine Größenordnung weniger als die $(N-1)N/2$ Speicherzellen, die für die Matrix benötigt werden (Achtung: Die Matrix ist symmetrisch). Ist A sogar dünn besetzt und verhält sich der Aufwand zur Speicherung von A asymptotisch ebenfalls wie N, so entsteht auch im CG-Verfahren nur ein Gesamtaufwand von $\mathrm{O}(N)$ Speicherzellen für große N.

In jedem Schritt sind als Rechenoperationen eine Matrix-Vektor-Multiplikation, zwei Skalarprodukte, zweimal die Addition des Vielfachen eines Vektors zu einem anderen sowie zwei Divisionen notwendig. Die dominierende Operation ist hier die Matrix-Vektor-Multiplikation, deren Aufwand für eine dicht besetzte Matrix asymptotisch N^2 Rechenoperationen beträgt. Ist A dünn besetzt, entsteht ein Gesamtaufwand von $\mathrm{O}(N)$ Operationen.

Das CG-Verfahren ist also vor allem dann einer *LR*-Zerlegung vorzuziehen, wenn es nach wenigen Iterationsschritten bereits eine gute Näherung an die Lösung des linearen Gleichungssystems berechnet hat. Es stellt sich also die Frage, welche Eigenschaften der Matrix die Anzahl der notwendigen Iterationen, also die Geschwindigkeit der Konvergenz, beeinflussen.

Die Analyse der Konvergenzgeschwindigkeit des CG-Verfahrens ist keine leichte Aufgabe. Eine zentrale Rolle dabei spielt die **Konditionszahl** $\kappa(A)$ der Matrix A. Diese kann als Quotient

$$\kappa(A) = \frac{|\lambda_{\max}|}{|\lambda_{\min}|}$$

definiert werden, wobei $\lambda_{\max}$ den betragsmäßig größten, $\lambda_{\min}$ den betragsmäßig kleinsten Eigenwert von A bezeichnet. Da A beim CG-Verfahren als positiv definit vorausgesetzt wird, sind sämtliche Eigenwerte positiv, und wir können die Beträge weglassen.

Man kann nun die folgende Aussage zeigen: Ist $\hat{x}$ die exakte Lösung des LGS $Ax = b$, so gilt die Abschätzung

$$\|\hat{x} - x_m\|_2 \leq 2\sqrt{\kappa(A)}\, q^m \|\hat{x}\|_2 ,$$

für $m = 1, 2, \ldots, N - 1$, mit

$$q = \frac{\sqrt{\kappa(A)} - 1}{\sqrt{\kappa(A)} + 1} .$$

Siehe hierzu Hanke-Bourgeois, Satz 35.7, aus der Liste weiterführender Literatur am Ende des nächsten Abschnitts. Es ist also für das Verfahren günstig, wenn $\kappa(A)$ klein ist. Leider ist gerade für die in der Praxis beim Diskretisieren von Differenzialoperatoren entstehenden Matrizen die Konditionszahl groß. Einen Ausweg bietet die sogenannte **Präkonditionierung**: Man versucht das lineare Gleichungssystem umzuschreiben, so dass die Matrix bei unveränderter Lösung eine geringere Konditionszahl besitzt. Üblicherweise erreicht man dies durch Multiplikation des Gleichungssystems mit einer Matrix C,

$$CAx = Cb .$$

Das theoretische Optimum wäre $C = A^{-1}$, denn dann stünde links E_N als Matrix mit der Konditionszahl 1. Dies ist in der Praxis jedoch undurchführbar, denn dies wäre äquivalent zur direkten Lösung des LGS. Stattdessen wird eine gute Approximation C an A^{-1} gewählt.

Für die Anwendung des CG-Verfahrens muss außerdem sichergestellt werden, dass das modifizierte Gleichungssystem noch stets symmetrisch und positiv definit ist. Man verwendet dazu die Cholesky-Zerlegung: Zu jeder positiv definiten symmetrischen Matrix A gibt es eine untere Dreiecksmatrix L mit $A = \hat{L}\hat{L}^\top$. Mit einer Approximation $L \approx \hat{L}$ schreiben wir das LGS um zu

$$L^{-1}A\left(L^{-1}\right)^\top z = L^{-1}b , \quad L^\top x = z .$$

Hierbei wird das LGS für z mit dem CG-Verfahren gelöst. Die Bestimmung von x aus z ergibt sich mittels Rücksubstitution ohne Schwierigkeit.

In der Praxis wird das Matrixprodukt $L^{-1}A\left(L^{-1}\right)^\top$ nicht berechnet, stattdessen führt man nacheinander drei Matrix-Vektor-Multiplikationen durch. Es ist dabei wichtig, dass der Aufwand zur Berechnung und Speicherung von L und zur Berechnung der Matrix-Vektor-Multiplikationen asymptotisch nicht größer ist als der für A allein. Für dünn besetztes A berechnet man beispielsweise die *unvollständige Cholesky-Zerlegung*, bei der L nur an solchen Stellen von null verschieden ist, an der auch A von null verschiedene Einträge besitzt. Zusätzlich kann man fordern, dass $Ae = LL^\top e$ ist, wobei $e \in \mathbb{R}^N$ derjenige Vektor ist, der in allen Komponenten eine 1 hat.

Mit der Software MATLAB wurden hierzu einige Experimente durchgeführt. Man betrachte dazu das Randwertproblem

$$-\Delta u(x) = 1 , \quad x \in Q ,$$
$$u(x) = 0 , \quad x \in \partial Q ,$$

auf dem Quadrat $Q = (-1, 1)^2$. Die Lösung ist in der Abb. 9.8 dargestellt.

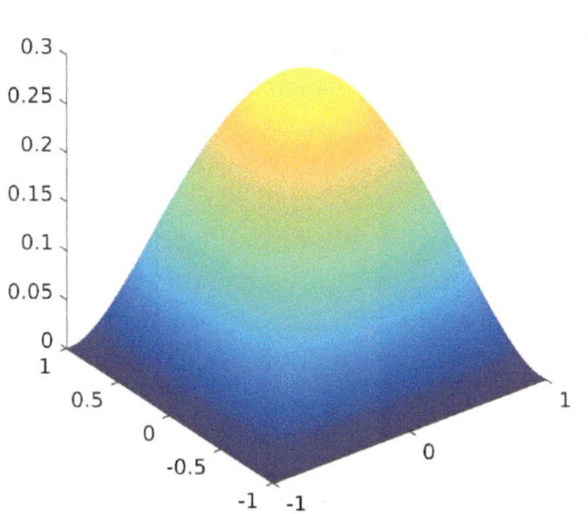

Abb. 9.8   Die Lösung

Für die Diskretisierung definiert man ein Gitter, zum Beispiel

$$\boldsymbol{x}_{jk} = (-1 + jh, -1 + kh)^{\top}, \quad j, k = 0, \ldots, N,$$

für $h = 2/N$ und approximiert

$$u(\boldsymbol{x}_{jk}) \approx U_{jk},$$

sowie

$$\Delta u(\boldsymbol{x}_{jk}) \approx \frac{U_{j-1\,k} + U_{j+1\,k} + U_{j\,k-1} + U_{j\,k+1} - 4\,U_{jk}}{h^2}.$$

Diese Näherungen liefern ein lineares Gleichungssystem für die Unbekannten $U_{j,k}$. Die resultierende Matrix hat die Dimension $(N-1)^2 \times (N-1)^2$. Die Abb. 9.9 zeigt die Iterationen und die relative euklidische Norm des Residuums $\|\boldsymbol{b} - A\boldsymbol{x}_m\|_2 / \|\boldsymbol{b}\|_2$ für die Anwendung des CG-Verfahrens ohne Präkonditionierung und mit der unvollständigen Cholesky-Zerlegung wie oben beschrieben. Selbst wenn man berücksichtigt, dass die Version mit Präkonditionierung den dreifachen Aufwand in jedem Iterationsschritt bedeutet, konvergiert das Verfahren mit Präkonditionierer erheblich schneller. Für größere Werte von N ist

der Unterschied noch größer. Die Dokumentation zur MATLAB-Funktion PCG enthält die notwendigen Informationen, um selbst hiermit zu experimentieren.

Auch Eigenwerte lassen sich für symmetrische positiv definite Matrizen effizient berechnen

Im Hauptwerk wird eine Reihe von numerischen Verfahren vorgestellt, die zur Berechnung von Eigenwerten dienen. Dies ist im Allgemeinen ein äußerst schwieriges Problem. Während etwa die Potenzmethode nur den betragsmäßig größten Eigenwert einer Matrix liefert, ist das QR-Verfahren vergleichsweise aufwändig, insbesondere für große Matrizen.

Für symmetrische positiv definitie Matrizen erlauben die Überlegungen für das CG-Verfahren allerdings auch die Herleitung einer sehr effizienten Methode zu Eigenwertberechnung, das sogenannte *Lanczos-Verfahren*. Der Ausgangspunkt ist die Beobachtung, dass die beim CG-Verfahren konstruierten Residuen $\boldsymbol{r}_k$, $k = 0, \ldots, m-1$, eine Orthogonalbasis des *Krylov-Unterraums*

$$K_m(\boldsymbol{r}_0) = \mathrm{span}\left\{\boldsymbol{r}_0\,, A\boldsymbol{r}_0\,, A^2\boldsymbol{r}_0\,, \ldots, A^{m-1}\boldsymbol{r}_0\right\}$$

bilden. Diese Berechnung einer Orthogonalbasis von $K_m(\boldsymbol{v}_0)$ in einer leicht veränderten Version mit einem Startvektor $\boldsymbol{v}_0$ und unter Hinzunahme von Normierungen nennt man *Lanczos-Prozess*. Dieser Prozess ist deshalb effizient, da zur Berechnung des m-ten Basisvektors $\boldsymbol{v}_m$ nur $\boldsymbol{v}_{m-1}$ und $\boldsymbol{v}_{m-2}$ verwendet werden. Für allgemeine, nicht symmetrische Matrizen gibt es den vergleichbaren *Arnoldi-Prozess,* der zur Berechnung von $\boldsymbol{v}_m$ jedoch stets auf $\boldsymbol{v}_0, \ldots, \boldsymbol{v}_{m-1}$ angewiesen ist.

Stellt man nun die Matrix $\boldsymbol{V}_m = (\boldsymbol{v}_0 \ldots \boldsymbol{v}_{m-1})$ auf und bildet das Produkt $\boldsymbol{V}_m^{\top} A \boldsymbol{V}_m$, so ergibt sich, dass es sich hierbei um eine Tridiagonalmatrix handelt, deren Eigenwerte zum Beispiel mit dem QR-Verfahren schnell berechnet werden können. Gleichzeitig stellt $\boldsymbol{V}_m^{\top} A \boldsymbol{V}_m$ die Einschränkung von A auf den Unterraum $K_m(\boldsymbol{v}_0)$ dar. Ähnlich wie bei der Herleitung der

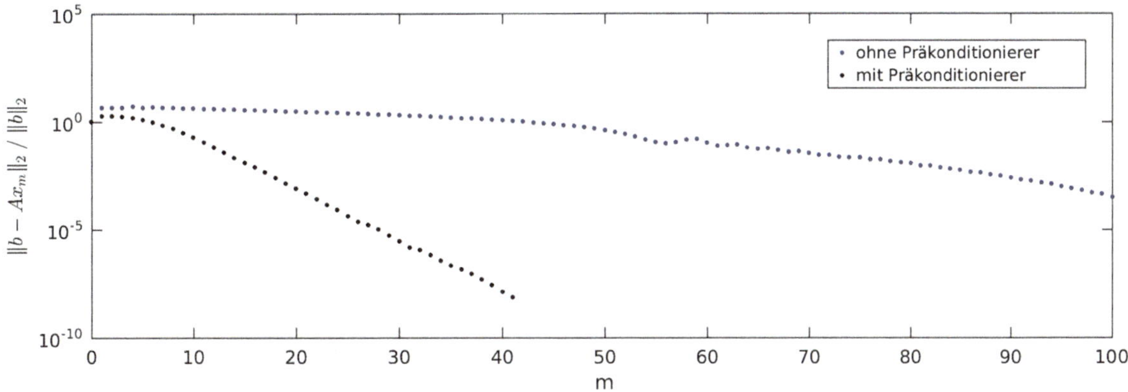

Abb. 9.9   Anzahl der Iterationen

Potenzmethode erkennt man, dass die betragsmäßig großen Eigenwerte von A durch diejenige von $V_m^\top A V_m$ gut approximiert werden.

Das Beispiel des Lanczos-Verfahrens zeigt, wie durch geschickten Einsatz von Zusammenhängen aus der linearen Algebra in speziellen Situationen deutliche Verbesserungen der Leistungen numerischer Verfahren erzielbar sind. So ist ein großer Teil der Verbesserungen bei der Leistung von numerischen Verfahren aus den letzten Jahrzehnten nicht der steigenden Leistung moderner Computer, sondern einer Verbesserung der verwendeten Verfahren geschuldet.

Weiterführende Literatur zu iterativen Lösungsverfahren für lineare Gleichungssysteme und zur Eigenwertberechnung:

- James W. Demmel, *Applied Numerical Linear Algebra,* SIAM, Philadelphia, 1997.
- Martin Hanke-Bourgeois, *Grundlagen der Numerischen Mathematik und des Wissenschaftlichen Rechnens,* Teubner-Verlag, Stuttgart, 2002.
- Martin Brokate et al., *Grundwissen Mathmatikstudium – Höhere Analysis, Numerik und Stochastik,* Springer-Spektrum, 2016.

Der Einsatz von Parallelrechnern erfordert spezielle Algorithmen

In den letzten Jahren hat die Beschleunigung von numerischen Verfahren durch Parallelisierung erheblich an Bedeutung gewonnen. Darunter versteht man die gleichzeitige Ausführung einzelner Operationen in einem Algorithmus, so dass dieser insgesamt schneller ausgeführt werden kann. Die Ursachen für diese Entwicklung sind unterschiedlich: Zum einen ist bei der Steigerung der Leistungsfähigkeit einzelner Prozessorkerne durch immer stärkere Verkleinerung der Strukturen und Erhöhung der Taktfrequenzen eine Sättigung erreicht bzw. zu erwarten. Zum anderen erlauben moderne Mehrkern- oder Grafikkartenprozessoren auch auf einfachen Desktoprechnern eine erhebliche Steigerung der Leistungsfähigkeit bei der Anwendung auf numerische Rechnungen. Für sehr umfangreiche Rechnungen koppelt man hunderte oder tausende von Prozessoren mittels schneller Netzwerkverbindungen zu einem großen *Cluster.*

Es sind grundsätzlich zwei Architekturen von Parallelrechnern zu unterscheiden:

- Bei den *Shared-Memory*-Architekturen nutzen verschiedene Prozessoren oder Prozessorkerne denselben Hauptspeicher. Grundsätzlich verhält sich jeder Kern wie ein herkömmlicher Prozessor, allerdings muss bei der Entwicklung von parallelen Algorithmen darauf geachtet werden, dass nicht unterschiedliche simultan ausgeführte Prozesse auf den gleichen Speicherbereich zugreifen und sich dadurch gegenseitig stören oder Ergebnisse verfälschen.

- Eine *Distributed-Memory*-Architektur ist zum Beispiel ein großer Cluster. Hier verfügt jeder Kern über einen eigenen Hauptspeicher, der direkt nur von ihm selbst genutzt werden kann. Große Matrizen oder Vektoren können verteilt über die einzelnen Knoten gespeichert werden, so dass jeder Knoten auf genau die Einträge zugreifen kann, die er für seine Arbeit benötigt. Für die Untersuchung der Effizienz von Algorithmen auf solchen Architekturen ist es wichtig, die Menge der Daten zu kennen, die zwischen den einzelnen Knoten kommuniziert werden müssen. Die Kommunikation kommt bei diesen Architekturen als wichtiger, oft sogar entscheidender zeitlicher Kostenfaktor hinzu.

Generell lassen sich herkömmliche Algorithmen nicht einfach so auf Parallelrechnern umsetzen. Die Parallelisierung erfordert Varianten oder besondere Überlegungen, damit sich der Vorteil durch die gleichzeitige Ausführung verschiedener Programmteile auch wirklich auf die Gesamtleistung auswirkt.

Zur praktischen Lösung von Aufgaben der numerischen linearen Algebra gibt es ein großes Angebot von Software-Lösungen

Die in diesem Kapitel angesprochenen numerischen Verfahren – und viele weitere – gehören heute zum Standardrepertoire von Softwarepaketen, die Verfahren der numerischen linearen Algebra bereitstellen. Niemand muss diese Verfahren heute von Grund auf neu implementieren. Die Bandbreite reicht hier von systemnah programmierten Bibliotheken, die einfache Aufgaben für eine bestimmte Rechnerarchitektur möglichst effizient ausführen, zu vollständigen Anwendungen mit grafischer Benutzeroberfläche. Wir wollen hier eine natürlich unvollständige Liste bekannter Beispiele angeben.

BLAS Wir beginnen mit den systemnahen *Basic Linear Algebra Subprograms (BLAS).* Diese Programmbibliothek stellt eine standardisierte Schnittstelle für Unterprogramme dar, die einfache Aufgaben der linearen Algebra möglichst effizient durchführen. Dies sind Addition und Multiplikation von Vektoren, Matrix-Vektor- sowie Matrix-Matrix-Operationen. Die Definition der Schnittstelle geht auf das Jahr 1979 zurück. Während eine Implementierung der BLAS für eine gegebene Rechnerarchitektur möglichst effizient und damit spezifisch für diese Architektur sein soll, können Programme, die die Schnittstelle benutzen, unabhängig von einer Rechnerarchitektur und damit portabel gestaltet werden. Die Referenzimplementierung des BLAS von 1979 ist in der Programmiersprache FORTRAN 77 geschrieben und kann auch von in C geschriebenen Programmen genutzt werden. Wrapper für andere Programmiersprachen wie z. B. C++ existieren ebenfalls.

LAPACK Die Programmbibliothek *LAPACK (Linear Algebra Package)* wurde in ihrer ersten Version 1992 vorgestellt. Sie beinhaltet zum Beispiel Routinen zum Lösen linearer Gleichungssysteme, linearer Ausgleichsprobleme, zur Berechnung von verschiedenen Matrixfaktorisierungen sowie von Eigenwerten. Sämtliche Programme gibt es in Versionen für reelle und für komplexe Zahlen in einfacher und doppelter Genauigkeit. LAPACK ist der Nachfolger der älteren Pakete LINPACK und EISPACK, die für die Vektor-Rechner der 1980er Jahre optimiert waren. Es nutzt die Eigenschaften moderner Prozessoren gut aus und baut vollständig auf BLAS auf. Die Bibliothek ist in FORTRAN geschrieben und beinhaltet Schnittstellen zum Aufruf aus C-Programmen.

SuiteSparse Eine Sammlung von Routinen für dünn besetzte Matrizen, unter anderem zur Berechnung von LU-, QR- und Cholesky-Zerlegungen. Die Bibliothek beinhaltet Routinen, um diese Berechnungen parallelisiert auf modernen Grafikkarten durchzuführen.

NumPy, SciPy Diese Erweiterungen der Programmiersprache Python stellen eine Reihe von Routinen für die Lösung von Aufgaben aus der linearen Algebra bereit. Dazu gehören Matrix-Faktorisierungen wie QR-, Singulärwert- oder Cholesky-Zerlegungen, das Lösen von linearen Gleichungssystemen und die Berechnung von Eigenwerten. Auch dünn besetzte Matrizen werden unterstützt.

PETSc Die Bibliothek *PETSc (Portable, Extensible Toolkit for Scientific Computation)* wird vom *Argonne National Laboratory* in den USA entwickelt und stellt eine Implementierung wichtiger Algorithmen der numerischen Algebra für *Distributed-Memory*-Architekturen bereit. Auch Parallelisierung mit Grafikprozessoren wird unterstützt. Die Kommunikation zwischen den Knoten wird durch *MPI (Message Passing Interface)* bzw. CUDA für Grafikkarten realisiert, ohne dass sich der Anwender mit den Details der Kommunikation beschäftigen muss. Stattdessen können direkt Datentypen verwendet werden, die über die einzelnen Rechnerknoten verteilt gespeicherte Vektoren oder Matrizen repräsentieren. Das Hauptaugenmerk bei PETSc liegt auf Anwendungen im Zusammenhang mit der Finite Elemente Methode.

Trilinos Das Softwarepaket Trilinos wird an den *Sandia National Laboratories* in den USA entwickelt. Aufbauend auf Bibliotheken wie BLAS, LAPACK oder PETSc werden Konzepte der objektorientierten Programmierung verwendet, um Anwendern eine bequem zu nutzende Schnittstelle für die Anwendung effizienter numerischer Algorithmen zu bieten. Trilinos ist so entwickelt, dass sich alle Verfahren auf Parallelrechnern effizient nutzen lassen.

MATLAB Die Anwendung MATLAB (MATrix LABoratory) für die Realisierung von numerischen Rechnungen und deren Visualisierung wurde ursprünglich von Cleve Moler an der University of New Mexico entwickelt, um seinen Studenten eine komfortable Möglichkeit zur Nutzung der Bibliotheken LINPACK und EISPACK zu geben. Seitdem hat MATLAB eine rasante Entwicklung durchgemacht und wird heute kommerziell von der Firma MathWorks vertrieben. Es erlaubt mit einer einfachen Programmiersprache, die sehr nah an der mathematischen Schreibweise liegt, numerische Verfahren zu implementieren. Gleichzeitig gibt es viele komfortable Funktionen zur grafischen Darstellung der Ergebnisse. Für viele Zwecke gibt es Erweiterungen, etwa zur Anwendung auf Parallelrechnern.

Computeralgebra-Systeme Während die bisher vorgestellten Programme und Bibliotheken numerisch arbeiten, also nur mit einzelnen konkreten Zahlenwerten, ist das Vorgehen bei Computeralgebra-Systemen symbolisch: Ausdrücke, die mathematische Objekte wie Variablen, Funktionen, Vektoren, Matrizen oder Grenzwerte beinhalten, werden direkt manipuliert. Die bekanntesten Vertreter dieser Gattung sind MAPLE von der Firma MapleSoft und Mathematica von der Firma Wolfram Research. Solche Systeme unterstützen die Anwender bei der Bearbeitung von komplexen Ausdrücken und erlauben so die Lösung auch komplizierter mathematischer Probleme am Computer. Die symbolisch dargestellten Ausdrücke lassen sich auch numerisch auswerten und somit kann auch mit einem Computeralgebra-System numerisch gerechnet werden. Insbesondere lassen sich Berechnungen mit beliebiger Genauigkeit einfach realisieren. Allerdings sind die Systeme nicht auf numerische Anwendung spezialisiert, komplizierte Rechnungen dauern oft lange.

Antworten der Selbstfragen

Antwort 1 Weil in diesem Fall die Matrix $\mathbf{A}$ den zweifachen Eigenwert 1 haben müsste; der dritte (verbleibende) Eigenwert müsste dann aber auch 1 sein.

Antwort 2 Dann *rutscht* die 1 mit zugehöriger Zeile und Spalte nach rechts unten durch (siehe auch Aufgabe 18.15 aus dem Hauptwerk).

Lineare Optimierung – ideale Ausnutzung von Kapazitäten (zu Kap. 23)

Wie erzielt man maximale Gewinne?

Warum muss eine Diät nicht teuer sein?

Wieso liegen optimale Lösungen stets in Ecken?

© Springer-Verlag GmbH Deutschland 2017

T. Arens et al., *Ergänzungen und Vertiefungen zu Arens et al., Mathematik*, DOI 10.1007/978-3-662-53585-1_10

In diesem Kapitel ist das Bonusmaterial zu Kapitel 23 aus dem Lehrbuch Arens et al. *Mathematik* zusammengestellt.

10.1 Die Zweiphasenmethode

Beim Simplexalgorithmus zur Lösung linearer Optimierungsprobleme in Standardform wählt man im zugehörigen Polyeder eine Ecke und wandert dann weiter zur nächsten Ecke, in der ein besserer Zielfunktionswert angenommen wird. Im Simplextableau führt man dabei die Koeffizienten der Zielfunktion in einer letzten Zeile mit. Zum einen liefert diese letzte Zeile dann immer den Wert der Zielfunktion in der betrachteten Ecke, zum anderen zeigen die Koeffizienten an, ob der Zielfunktionswert noch weiter verbessert werden kann. Die Methode ist also bestechend einfach. Um sie aber überhaupt anwenden zu können, muss man erst einmal einen Eckpunkt haben.

Bei den linearen Optimierungsproblemen in Standardform ist das stets der Fall, in dieser Situation ist der Ursprung eine mögliche Ausgangsecke.

Wir widmen uns in diesem Abschnitt den linearen Optimierungsproblemen, die nicht in Standardform vorliegen. Wir werden solche Probleme stets auf lineare Optimierungsprobleme in Standardform zurückführen, um so den Simplexalgorithmus zur Bestimmung optimaler Lösungen anwenden zu können.

Wir betrachten nun sukzessive alle Arten von linearen Optimierungsproblemen, die nicht in Standardform vorliegen. Wir beginnen mit dem Fall, dass eine Aufgabenstellung das Minimieren anstelle des Maximierens der Zielfunktion fordert.

Minimierungsprobleme werden einfach auf Maximierungsprobleme zurückgeführt

Oftmals sind Optimierungsprobleme so gestellt, dass eine Funktion minimiert werden sollte. Ein klassisches Beispiel dafür ist das sogenannte Diätproblem.

Beispiel Um seine Leistungsfähigkeit aufrecht zu erhalten, braucht der menschliche Körper täglich ein Minimum an Nährstoffen. Der Einfachheit halber gehen wir von einer sehr einfachen Speisekarte aus: Es gibt nur zwei Arten von Lebensmitteln, die zur Verfügung stehen, das sind L_1 und L_2. Wir

Tab. 10.1 Menge der Nährstoffe in den Lebensmitteln, Mindestbedarf und Preise

	L_1	L_2	Tägl. Bedarf
Eiweiß (ME/100 g)	2	1	16
Fett (ME/100 g)	1	3	7
Kohlenhydrate (ME/100 g)	2	6	30
Preis (Cent/100 g)	**30**	**20**	

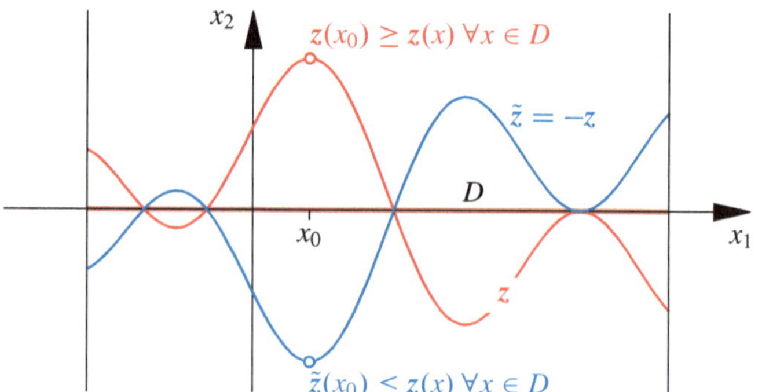

Abb. 10.1 Das Minimum von z ist das Maximum von $\tilde{z}$, die Extremalstellen sind gleich

reduzieren auch erheblich die Anzahl der notwendigen Nährstoffe auf Eiweiß, Kohlenhydrate und Fett. Die folgende Tabelle gibt an, wieviel Mengeneinheiten (ME) der Nährstoffe Eiweiß, Kohlenhydrate und Fett in den jeweiligen Lebensmitteln stecken, welcher Mindestbedarf dabei pro Tag gedeckt werden muss und wieviel die Lebensmittel kosten.

Das Diätproblem lautet nun folgendermaßen: Wie muss man sich sein Menü aus den beiden Lebensmitteln L_1 und L_2 zusammenstellen, um einerseits den Mindestbedarf an Eiweiß, Fett und Kohlenhydraten zu decken, andererseits aber die Kosten für das tägliche Mahl möglichst gering zu halten? ◂

Tatsächlich lässt sich ein solches Minimierungsproblem sehr einfach auf ein Maximierungsproblem zurückführen. Multipliziert man nämlich die zu minimierende Zielfunktion

$$z = c_0 + c_1 x_1 \cdots + c_n x_n$$

mit -1, so erhält man die neue Funktion

$$\tilde{z} = -c_0 - c_1 x_1 \cdots - c_n x_n (= -z).$$

Der Zusammenhang zwischen diesen beiden Funktionen ist einfach:

> Die Funktion z hat genau dann in p ein Minimum auf einem Definitionsbereich P, wenn $\tilde{z}$ ein Maximum in p auf P hat. In diesem Fall gilt $z(p) = -\tilde{z}(p)$.

Das besagt die folgende Äquivalenz:

$$z(p) \leq z(q) \text{ für alle } q \in P \Leftrightarrow$$
$$\tilde{z}(p) \geq \tilde{z}(q) \text{ für alle } q \in P.$$

Weiter betrachten wir den Fall, dass eine Aufgabenstellung nicht zwingend fordert, dass die Variablen stets nichtnegativ sind.

Fehlende Nichtnegativitätsbedingungen können künstlich erzeugt werden

Das Funktionieren des Simplexverfahrens beruht ganz wesentlich darauf, dass die Nichtnegativitätsbedingungen $x_1, \ldots, x_n \geq 0$ erfüllt sind. Diese Bedingungen sorgen nämlich bei der Engpassbedingung dafür, dass beim Simplexschritt aus Ecken wieder Ecken werden.

Aufgabenstellungen aus der Praxis hingegen liefern nicht immer automatisch solche Einschränkungen. Um auch solche Probleme mit dem Simplexalgorithmus lösen zu können, behelfen wir uns mit einem Trick.

Fehlende Nichtnegativitätsbedingungen werden künstlich erzeugt

Wird von einer Problemvariable x nur die Bedingung $x \leq 0$ bzw. $x \in \mathbb{R}$ verlangt, so ersetze man x durch $-x'$ mit $x' \geq 0$ bzw. x durch $x' - x''$ mit $x', x'' \geq 0$.

$$x \to -x' \quad \text{bzw.} \quad x \to x' - x'' \tag{$*$}$$

Beispiel Das lineare Optimierungsproblem

$$\text{Maximiere } z = 2x_1 + x_2 + 3x_3 - 4$$

unter den Nebenbedingungen

$$\begin{aligned} x_1 + x_2 + \ x_3 &\leq 4 \\ 2x_1 \qquad + 3x_3 &\leq 5 \\ x_1 \leq 0, \ x_2 \in \mathbb{R}, \ x_3 &\geq 0, \end{aligned}$$

das nicht in Standardform vorliegt, geht unter Berücksichtigung von $(*)$ durch die Substitutionen $x_1 \to -x_1'$, $x_2 \to x_2' - x_2''$ in das lineare Optimierungsproblem

$$\text{Maximiere} \quad z = -2x_1' + x_2' - x_2'' + 3x_3 - 4$$

unter den Nebenbedingungen

$$\begin{aligned} -x_1' + x_2' - x_2'' + \ x_3 &\leq 4 \\ -2x_1' \qquad\quad + 3x_3 &\leq 5 \\ x_1', x_2', x_2'', x_3 &\geq 0 \end{aligned}$$

in Standardform über. Dieses Problem kann nun mit dem bereits besprochenen Simplexalgorithmus auf herkömmliche Weise gelöst werden (siehe Aufgaben). ◄

Fehlende Nichtnegativitätsbedingungen bilden keine großen Schwierigkeiten. Natürlich kann sich dabei die Anzahl der Variablen vergrößern, aber diese vergleichsweise wenigen zusätzlichen Variablen bereiten bei Aufgabenlösungen auf Computern keinen merklichen Mehraufwand.

Schwieriger ist die Situation, wenn anstelle von Kleinergleich-Relationen in den Nebenbedingungen Größergleich- oder Gleichheits-Relationen vorliegen.

Bei Größergleich-Relationen in den Nebenbedingungen führt man Schlupfvariable mit negativem Vorzeichen ein

Bei linearen Optimierungsproblemen in Standardform sind die Nebenbedingungen von der Form

$$\mathbf{A} \cdot x \leq b$$

mit einer Matrix $\mathbf{A} \in \mathbb{R}^{m \times n}$ und einem Vektor $b \in \mathbb{R}^m_{\geq 0}$. Ökonomisch interpretiert sind diese m Nebenbedingungen durch Kapazitätsobergrenzen gegeben.

Nun können aber in ganz natürlicher Weise auch Größergleich- oder Gleichheitsrelationen in den Nebenbedingungen auftauchen.

Beispiel Ein kleiner Betrieb stellt aus zwei verschiedenen Grundprodukten R_1 und R_2 drei verschiedene Eissorten P_1, P_2 und P_3 her.

Wir gehen von den folgenden monatlichen Kapazitäten (etwa Kilogramm) der Grundprodukte und der Inhalte der Grundprodukte je Mengeneinheit (etwa Kilogramm) einer Eissorte aus:

Aufgrund von Lieferverpflichtungen müssen von der Eissorte P_1 jeden Monat mindestens 100 Mengeneinheiten produziert werden. Aus Lagerhaltungsgründen müssen jeden Monat von den Eissorten P_2 und P_3 genau 50 Mengeneinheiten produziert werden. Wie muss der Betrieb wirtschaften, um seinen Gewinn zu maximieren? Der Gewinn pro Mengeneinheit ist dabei in Tab. 10.3 gegeben.

Mathematisch formuliert lautet das Problem:

$$\text{Maximiere } z = 40x_1 + 80x_2 + 60x_3$$

unter den Nebenbedingungen

$$\begin{aligned} 4x_1 + \ 8x_2 + 12x_3 &\leq 3000 \\ 15x_1 + 10x_2 + \ 8x_3 &\leq 4000 \\ x_1 \qquad\qquad\qquad &\geq 100 \\ x_2 + \ x_3 &= 50 \\ x_1, x_2, x_3 &\geq 0. \end{aligned}$$

◄

Tab. 10.2 Kapazitäten der Grundprodukte und Inhalte der Grundprodukte je Mengeneinheit pro Produkt

	P_1	P_2	P_3	Kapazität
Maschine M_1 (h/ME)	4	8	12	3000
Maschine M_2 (h/ME)	15	10	8	4000

Tab. 10.3 Gewinn pro Mengeneinheit

	P_1	P_2	P_3
Gewinn (Euro/ME)	40	80	60

Im Folgenden schildern wir an diesem Beispiel die sogenannte *Zweiphasenmethode*, die man vorzugsweise zum Lösen solcher Probleme benutzt.

Gegeben ist das lineare Optimierungsproblem aus dem vorangegangenen Beispiel.

$$\text{Maximiere } z = 40\,x_1 + 80\,x_2 + 60x_3$$

unter den Nebenbedingungen und Nichtnegativitätsbedingungen

$$\begin{aligned}
4x_1 +\ \ 8x_2 + 12x_3 &\le 3000 \\
15x_1 + 10x_2 +\ \ 8x_3 &\le 4000 \\
x_1 \qquad\qquad\ \ &\ge 100 \\
x_2 +\ \ x_3 &= 50 \\
x_1,\, x_2,\, x_3 &\ge 0\,.
\end{aligned}$$

Um ein Gleichungssystem zu erhalten, ist es naheliegend Schlupfvariablen einzuführen. Wegen des Größergleichzeichens in der dritten Ungleichung bietet es sich an, eine Schlupfvariable x_6 mit einem negativen Vorzeichen zu versehen:

$$\begin{aligned}
4x_1 +\ \ 8x_2 + 12x_3 + x_4 \qquad &= 3000 \\
15x_1 + 10x_2 +\ \ 8x_3 \qquad + x_5 &= 4000 \\
x_1 \qquad\qquad\qquad - x_6 &= 100 \\
x_2 +\ \ x_3 \qquad\qquad &= 50 \\
x_1,\, x_2,\, x_3,\, x_4,\, x_5,\, x_6 &\ge 0\,.
\end{aligned}$$

Das negative Vorzeichen der Schlupfvariablen x_6 bedeutet ökonomisch das Übererfülltsein einer Restriktion. Ein Wert $x_6 = 50$ bedeutet also in unserem Beispiel, dass 50 Mengeneinheiten mehr produziert werden, als die Restriktionsgleichung vorgibt.

Achtung   Es ist nicht so, dass die Schlupfvariablen *negativ* sind. Sie nehmen nur positive Werte an, haben aber ein negatives Vorzeichen. Die Werte bleiben dadurch positiv, gehen aber in die Gleichungen *negativ* ein.   ◄

Durch das Einführen der Schlupfvariablen – mit positiven oder negativen Vorzeichen – wird aus dem Ungleichungssystem ein Gleichungssystem. Auf dieses Gleichungssystem können wir nun – theoretisch – den Simplexalgorithmus anwenden, um eine optimale Lösung zu finden. Aber wo sollte man anfangen?

Und das ist das große Problem: Durch Größergleich- und Gleichheits-Relationen ist der Punkt $p = 0$ im Allgemeinen kein Eckpunkt des zugehörigen Polyeders. Er erfüllt meist nicht einmal die Nebenbedingungen.

─────────── **Selbstfrage 1** ───────────

Können Sie ein lineares Optimierungsproblem angeben, bei dem der Eckpunkt 0 vorkommt, obwohl eine Größergleichrelation unter den Nebenbedingungen auftaucht?

────────────────────────────────

Um nun Probleme solcher Art zu lösen, bedient man sich der sogenannten *Zweiphasenmethode*. In der ersten Phase dieses

Verfahrens wird dabei eine Ecke des zugehörigen Polyeders ermittelt, in der zweiten Phase wird dann mittels des bekannten Simplexalgorithmus ausgehend von dieser durch die erste Phase ermittelten Ecke, eine optimale Lösung bestimmt. Tatsächlich steckt hinter der ersten Phase nichts neues: Es ist der Simplexalgorithmus angewandt auf eine Zielfunktion, die sich aus der gegeben Problemstellung ergibt.

In der ersten Phase der Zweiphasenmethode sucht man das Maximum der sekundären Zielfunktion, also eine Ecke des Polyeders

Wir führen in jeder Gleichung, die aus einer Größergleich- oder Gleichheitsrelation entstand, einen neuen Typ von Variablen ein, die **künstliche Variable**:

$$\begin{aligned}
4x_1 +\ \ 8x_2 + 12x_3\ + x_4 \qquad\qquad\qquad\qquad &= 3000 \\
15x_1 + 10x_2 +\ \ 8x_3 \qquad\quad + x_5 \qquad\qquad\qquad &= 4000 \\
x_1 \qquad\qquad\qquad\qquad\quad - x_6\ + x_7 \qquad &= 100 \\
\underbrace{x_2 +\ \ x_3}\qquad\qquad \underbrace{\qquad\qquad}\ \underbrace{\quad + x_8} &= 50
\end{aligned}$$

ursprüngliche Variable   Schlupfvariable   künstliche Variable

$$x_1,\, x_2,\, x_3,\, x_4,\, x_5,\, x_6,\, x_7,\, x_8 \ge 0\,.$$

Die erweiterte Koeffizientenmatrix dieses Systems lautet

$$\begin{pmatrix}
4 & 8 & 12 & 1 & 0 & 0 & 0 & 0 & 3000 \\
15 & 10 & 8 & 0 & 1 & 0 & 0 & 0 & 4000 \\
1 & 0 & 0 & 0 & 0 & -1 & 1 & 0 & 100 \\
0 & 1 & 1 & 0 & 0 & 0 & 0 & 1 & 50
\end{pmatrix}\,.$$

Wir erkennen auch sogleich wieder einen Eckpunkt des zugehörigen Polyeders, nämlich

$$p = (0,\, 0,\, 0,\, 3000,\, 4000,\, 0,\, 100,\, 50)^T\,.$$

Der zu diesem Eckpunkt zugehörige Punkt $p \in \mathbb{R}^6$, nämlich $p = (0,\, 0,\, 0,\, 3000,\, 4000,\, 0)^T$, ist allerdings kein Eckpunkt des Systems aus den ursprünglichen Variablen und den Schlupfvariablen, er erfüllt nicht einmal die Nebenbedingungen. Um auch ein zulässiger Punkt dieses kleineren Systems zu sein, müssen die künstlichen Variablen x_7 und x_8 den Wert 0 annehmen. Dann und nur dann würde nämlich Gleichheit in dem System mit den ursprünglichen Variablen und den Schlupfvariablen herrschen.

Noch etwas fällt beim Betrachten des Eckpunktes $p = (0,\, 0,\, 0,\, 3000,\, 4000,\, 0,\, 100,\, 50)^T$ auf: Anders als bei einer Ecke zu einem Optimierungsproblem in Standardform tauchen hier mehr Nullen als ursprüngliche Variable auf. Die durch das Einführen von künstlichen Variablen entstandene Ecke hat stets mindestens so viele Nulleinträge, wie ursprüngliche Variable und aus Größergleichrelationen entstandene Schlupfvariable mit negativem Vorzeichen vorhanden sind. Wandert man nun mit Hilfe von Simplexschritten von Ecke zu Ecke überträgt, so überträgt sich das auch auf die jeweils aktuelle Ecke. Erreicht man schließlich eine Ecke, in der die beiden künstlichen Variablen den Wert Null annehmen und streicht dann die Einträge zu den künstlichen Variablen um einen Punkt des kleineren Systems zu erhalten passiert Folgendes:

Durch das Weglassen einer künstlichen Variable, die aus einer Größergleichrelation entstanden ist, verliert man im Allgemeinen eine aktive, d. h. mit Gleichheit erfüllte Nebenbedingung - nämlich genau die, die die künstliche Variable dort erfüllt (die künstliche Variable ist hier gleich null).

Durch das Streichen einer künstlichen Variable, die aus einer Gleichheitsrelation entstanden ist, ändert sich hingegen nichts an der Anzahl der aktiven Nebenbedingungen. Dadurch, dass die künstliche Variable in der Ecke den Wert Null annimmt, ist die in der Nebenbedingung geforderte Gleichheit in den ursprünglichen Variablen in dieser Ecke erfüllt, die zugehörige Nebenbedingung also aktiv.

So erhält man also in dem zugehörigen Punkt des Systems aus ursprünglichen Variablen und Schlupfvariablen mindestens so viele mit Gleichheit erfüllt Nebenbedingungen, wie ursprüngliche Variable auftauchen. Man hat eine Ecke des kleineren Systems gefunden.

Eine um die Komponenten der künstlichen Variablen reduzierte Ecke p des Polyeders eines Systems aus ursprünglichen, Schlupf- und künstlichen Variablen ist genau dann eine Ecke des Polyeders des Systems aus ursprünglichen und Schlupfvariablen, wenn die Komponenten aus p zu den künstlichen Variablen alle den Wert Null annehmen.

Wir halten noch die folgende wichtige Aussage fest, die sich auch aus den obigen Überlegungen ergibt.

Ist ein lineares Optimierungsproblem in n Variablen, mit k Gleichheitsrelationen unter den m Nebenbedingungen gegeben, so beschreibt eine Lösung $p \in \mathbb{R}^{n+m-k}_{\geq 0}$ des Gleichungssystems aus ursprünglichen Variablen und Schlupfvariablen eine Ecke höchstens dann, wenn der Vektor mindestens $n - k$ Nulleinträge hat.

Achtung Das entsprechende Kriterium für die Ecken eines linearen Optimierungsproblems in Standardform muss hier nicht mehr erfüllt sein. ◄

Findet man also in unserem Beispiel einen Eckpunkt des Polyeders zu dem *großen* System, in dem die beiden letzten zu den künstlichen Variablen gehörigen Komponenten den Wert Null haben, so ist dieser Eckpunkt auch ein Eckpunkt des ursprünglichen Polyeders zu dem *kleinen* System. Und das machen wir uns nun zunutze: Wegen der Positivität der künstlichen Variablen gilt

$$x_7 = 0 = x_8 \Leftrightarrow x_7 + x_8 = 0 \Leftrightarrow -x_7 - x_8 = 0.$$

Wir betrachten nun die **sekundäre** Zielfunktion $z' = -x_7 - x_8$, die wegen

$$x_7 = 100 - x_1 + x_6 \text{ und } x_8 = 50 - x_2 - x_3$$

auch geschrieben werden kann als

$$z = -150 + x_1 + x_2 + x_3 - x_6.$$

Es nehmen genau dann alle künstlichen Variablen den Wert Null an, wenn die sekundäre Zielfunktion das Maximum 0 hat.

Nun versuchen wir mittels des Simplexverfahrens eine optimale Lösung des linearen Optimierungsproblems in Standardform

$$\text{Maximiere } z' = -x_7 - x_8 = -150 + x_1 + x_2 + x_3 - x_6$$

unter den Nebenbedingungen

$$
\begin{aligned}
4x_1 + 8x_2 + 12x_3 + x_4 \phantom{{}+ x_5 - x_6 + x_7 + x_8} &= 3000 \\
15x_1 + 10x_2 + 8x_3 \phantom{{}+ x_4} + x_5 \phantom{{}- x_6 + x_7 + x_8} &= 4000 \\
x_1 \phantom{{}+ 10x_2 + 8x_3 + x_4 + x_5} - x_6 + x_7 \phantom{{}+ x_8} &= 100 \\
x_2 + x_3 \phantom{{}+ x_4 + x_5 - x_6 + x_7} + x_8 &= 50 \\
x_1, x_2, x_3, x_4, x_5, x_6, x_7, x_8 &\geq 0 .
\end{aligned}
$$

zu bestimmen. Existiert dieses Maximum mit dem Wert Null, so ist ein Eckpunkt des ursprünglichen Systems gefunden. Existiert dieses Maximum 0 nicht, so hat das ursprüngliche Problem keine zulässige Lösung, es ist nicht lösbar.

Damit ist die erste Phase der Zweiphasenmethode abgeschlossen.

Von diesem gefundenen Eckpunkt ausgehend, kann man dann in der zweite Phase mit dembekannten Simplexalgorithmus die Ecken des ursprünglichen Polyeders durchwandern bis eine optimale Lösung gefunden ist.

Die Methode klingt kompliziert. Aber tatsächlich lässt sie sich sehr übersichtlich und klar formulieren.

Die Koeffizienten der sekundären Zielfunktion erhält man aus dem Simplextableau

Wir lösen vorab unser Problem mit der Eisfertigung aus dem Beispiel auf S. 105 und beschreiben dann das Vorgehen allgemein.

Das erste, um die Koeffizienten der sekundären Zielfunktion erweiterte Simplextableau lautet

$$
\begin{array}{cccccccc|c}
4 & 8 & 12 & 1 & 0 & 0 & 0 & 0 & 3000 \\
15 & 10 & 8 & 0 & 1 & 0 & 0 & 0 & 4000 \\
1 & 0 & 0 & 0 & 0 & -1 & 1 & 0 & 100 \\
0 & 1 & 1 & 0 & 0 & 0 & 0 & 1 & 50 \\
\hline
1 & 1 & 1 & 0 & 0 & -1 & 0 & 0 & 150 \\
\hline
40 & 80 & 60 & 0 & 0 & 0 & 0 & 0 & 0
\end{array}
$$

Es ist unser Ziel, durch Simplexschritte einen Eckpunkt ausfindig zu machen, in dem die künstlichen Variablen den Wert Null haben und die sekundäre Zielfunktion das Maximum Null annimmt. Die Koeffizienten der *primären* Zielfunktion führen wir dabei mit. So erhalten wir im Falle der Existenz dieses Maximums auch gleich den entsprechenden Wert der *primären* Zielfunktion in dieser Ecke. Wir können dann nach dem Streichen der Zeile zur sekundären Zielfunktion und der Spalten zu den künstlichen Variablen mit der zweiten Phase fortsetzen.

Wir beginnen mit der ersten Phase, das jeweils gewählte Pivotelement zeichnen wir wieder farbig ein:

$$
\begin{array}{cccccccc|c}
4 & 8 & 12 & 1 & 0 & 0 & 0 & 0 & 3000 \\
15 & 10 & 8 & 0 & 1 & 0 & 0 & 0 & 4000 \\
\mathbf{1} & 0 & 0 & 0 & 0 & -1 & 1 & 0 & 100 \\
0 & 1 & 1 & 0 & 0 & 0 & 0 & 1 & 50 \\
\hline
1 & 1 & 1 & 0 & 0 & -1 & 0 & 0 & 150 \\
40 & 80 & 60 & 0 & 0 & 0 & 0 & 0 & 0
\end{array}
\;\rightarrow
$$

$$
\begin{array}{cccccccc|c}
0 & 8 & 12 & 1 & 0 & 4 & -4 & 0 & 2600 \\
0 & 10 & 8 & 0 & 1 & 15 & -15 & 0 & 2500 \\
1 & 0 & 0 & 0 & 0 & -1 & 1 & 0 & 100 \\
0 & \mathbf{1} & 1 & 0 & 0 & 0 & 0 & 1 & 50 \\
\hline
0 & 1 & 1 & 0 & 0 & 0 & -1 & 0 & 50 \\
0 & 80 & 60 & 0 & 0 & 40 & -40 & 0 & -4000
\end{array}
\;\rightarrow
$$

$$
\begin{array}{cccccccc|c}
0 & 0 & 4 & 1 & 0 & 4 & -4 & -8 & 2200 \\
0 & 0 & -2 & 0 & 1 & 15 & -15 & -10 & 2000 \\
1 & 0 & 0 & 0 & 0 & -1 & 1 & 0 & 100 \\
0 & 1 & 1 & 0 & 0 & 0 & 0 & 1 & 50 \\
\hline
0 & 0 & 0 & 0 & 0 & 0 & -1 & -1 & 0 \\
0 & 0 & -20 & 0 & 0 & 40 & -40 & -80 & -8000
\end{array}
$$

Zum letzten Tableau gehört die Ecke

$$
(100,\, 50,\, 0,\, 2200,\, 2000,\, 0,\, 0,\, 0)^T \in \mathbb{R}^8_{\geq 0}.
$$

In dieser Ecke nimmt die sekundäre Zielfunktion ihr Maximum 0 an. Dies erkennt man rechts der Hilfslinie in der Zeile zur sekundären Hilfsfunktion. Es haben dabei die beiden künstlichen Variablen natürlich den Wert 0, so dass also $(100, 50, 0, 2200, 2000, 0)^T \in \mathbb{R}^6$ eine Ecke des ursprüglichen Polyeders zum Ausgangsproblem ist (siehe S. 107).

Damit ist die erste Phase der Zweiphasenmethode abgeschlossen.

Wir streichen nun die beiden Spalten zu den künstlichen Variablen und ebenso die Zeile zur sekundären Zielfunktion und beginnen mit dem Simplexverfahren erneut, letztlich also mit der zweiten Phase:

Ein Simplexschritt liefert:

$$
\begin{array}{cccccc|c}
0 & 0 & 4 & 1 & 0 & 4 & 2200 \\
0 & 0 & -2 & 0 & 1 & \mathbf{15} & 2000 \\
1 & 0 & 0 & 0 & 0 & -1 & 100 \\
0 & 1 & 1 & 0 & 0 & 0 & 50 \\
\hline
0 & 0 & -20 & 0 & 0 & 40 & -8000
\end{array}
\;\rightarrow
$$

$$
\begin{array}{cccccc|c}
0 & 0 & 68/15 & 1 & -4/15 & 0 & 5000/3 \\
0 & 0 & -2/15 & 0 & 1/15 & 1 & 400/3 \\
1 & 0 & -2/15 & 0 & 1/15 & 0 & 700/3 \\
0 & 1 & 1 & 0 & 0 & 0 & 50 \\
\hline
0 & 0 & -220/15 & 0 & -40/15 & 0 & -40.000/3
\end{array}
$$

Damit nimmt die Zielfunktion an der Ecke

$$
\boldsymbol{p} = (700/3,\, 50,\, 0,\, 5000/3,\, 0,\, 400/3)^T
$$

ihr Maximum mit dem Wert 40.000/3 an. Der Betrieb maximiert also seinen Gewinn bei der Fertigung von 700/3 Mengeneinheiten der Eissorte P_1 und 50 Mengeneinheiten der Sorte P_2.

Man beachte nun noch einmal die Zeile zur sekundären Zielfunktion des ersten Simplextableaus, das zur ersten Phase gehörte: Jeder Eintrag ist, abgesehen von den Spalten, die zu den künstlichen Variablen gehören, gerade die Summe der jeweils darüber stehenden Zahlen, die noch zu den Zeilen mit den künstlichen Variablen gehören:

$$
\begin{array}{cccccccc|c}
\mathbf{1} & \mathbf{0} & \mathbf{0} & \mathbf{0} & \mathbf{0} & \mathbf{-1} & \mathbf{1} & \mathbf{0} & \mathbf{100} \\
\mathbf{0} & \mathbf{1} & \mathbf{1} & \mathbf{0} & \mathbf{0} & \mathbf{0} & \mathbf{0} & \mathbf{1} & \mathbf{50} \\
\hline
\mathbf{1} & \mathbf{1} & \mathbf{1} & \mathbf{0} & \mathbf{0} & \mathbf{-1} & \mathbf{0} & \mathbf{0} & \mathbf{150}
\end{array}
$$

Dies ist, wie man sich leicht überlegt, auch allgemein so. Man braucht die sekundäre Zielfunktion also gar nicht explizit zu bestimmen, man schreibt vielmehr das Simplextableau auf und addiert spaltenweise – abgesehen von den Spalten zu den künstlichen Variablen – die entsprechenden Einträge der Zeilen, in denen künstliche Variable vorkommen. so erhält man die Zeile mit den Koeffizienten der sekundären Zielfunktion.

Bevor wir nun die Zweiphasenmethode allgemein schildern, betrachten wir noch den Fall, dass Komponenten des Vektors $\boldsymbol{b}$ eines linearen Optimierungsproblems negativ sind – das Problem hat in diesem Fall nicht Standardform und auch der Ursprung ist in diesem Fall keine Ecke des zugehörigen Polyeders.

Sind Komponenten von b negativ, so multipliziere man die entsprechenden Ungleichungen mit -1

Betrachten wir ein lineare Optimierungsproblem mit einer Matrix $\mathbf{A} = (a_{ij}) \in \mathbb{R}^{m \times n}$ und einem Vektor $\boldsymbol{b} = (b_i) \in \mathbb{R}^m$, wobei nicht notwendig alle Komponenten von $\boldsymbol{b}$ Null bzw. positiv sind. Die Nebenbedingungen lauten in diesem Fall:

$$
a_{11} x_1 + \cdots + a_{1n} x_n \lesseqgtr b_1
$$
$$
\vdots \qquad\qquad \vdots \qquad \vdots
$$
$$
a_{m1} x_1 + \cdots + a_{mn} x_n \lesseqgtr b_m.
$$

Gilt nun $b_i < 0$, so führt eine Multiplikation der Ungleichung

$$
a_{i1} x_1 + \cdots + a_{in} x_n \lesseqgtr b_i
$$

mit -1 auf die äquivalente Ungleichung

$$
-a_{i1} x_1 - \cdots - a_{in} x_n \gtreqless -b_i
$$

mit positivem $-b_i$, wobei sich das Ungleichungszeichen umkehrt. Diese Multiplikation mit -1 ändert dabei den durch die Ungleichung bestimmten Halbraum und damit letztlich den zu dem linearen Optimierungsproblem gehörigen Polyeder nicht.

Führt man dies für alle negativen Komponenten des Vektors b durch, so erhält man auf diese Art und Weise ein lineares Optimierungsproblem mit einer Matrix $\mathbf{A}' \in \mathbb{R}^{m \times n}$ und einem Vektor $b' \in \mathbb{R}^m_{\geq 0}$ und etwaigen umgedrehten Ungleichungs-Relationen, das jedoch dieselben optimalen Lösungen hat wie das ursprüngliche.

Nun ist es nicht mehr schwer, die Zweiphasenmethode ganz allgemein zu verstehen.

Die Zweiphasenmethode

Gegeben ist ein lineares Optimierungsproblem mit einer Matrix $\mathbf{A} \in \mathbb{R}^{m \times n}$ und einem Vektor $b \in \mathbb{R}^m$, für dessen Lösung die Zweiphasenmethode benutzt wird.

- Erste Phase:
  - Wir setzen $b \geq \mathbf{0}$ voraus, ansonsten multipliziere man entsprechende (Un-)Gleichungen mit (-1).
  - Eventuell fehlende Nichtnegativitätsbedingungen mit Hilfsvariablen einführen.
  - Einführen von Schlupfvariablen.
  - Einführen von künstlichen Variablen.
  - Angabe des ersten Simplextableaus inklusive Bestimmung der Koeffizienten der sekundären Zielfunktion.
  - Anwenden von Simplexschritten zur Maximierung der sekundären Zielfunktion.
  - Ist das Maximum der sekundären Zielfunktion ungleich null, so ist das Problem nicht lösbar. Ist das Maximum hingegen null, so werden die Spalten zu den künstlichen Variablen sowie die Zeile zur sekundären Zielfunktion gestrichen.

  Damit ist die erste Phase abgeschlossen.
- Zweite Phase:
  - Aus dem resultierenden Tableau zum Ende der ersten Phase bestimmt man mittels Simplexschritten eine optimale Lösung.

10.2 Mehrdeutigkeit und Nichtexistenz optimaler Lösungen

In einem letzten Abschnitt untersuchen wir, wie wir Mehrdeutigkeit von optimalen Lösungen aber auch Nichtexistenz solcher Lösungen anhand der Simplextableaus erkennen können.

Lineare Optimierungsprobleme können mehr als eine optimale Lösung haben. Wir betrachten ein Beispiel:

Die Zielfunktion $z = 2x_1 + 2x_2$ mit den Nebenbedingungen

$$x_1 + 3x_2 \leq 6$$
$$x_1 + x_2 \leq 4$$

hat unendlich viele optimale Lösungen auf der Kante des beschränkten Gebietes in der x_1-x_2-Ebene:

Die beiden Ecken $p_1 = (4, 0)$ und $p_2 = (3, 1)$ sowie jeder Punkt p der Verbindungsstrecke zwischen p_1 und p_2, also

$$p = \lambda p_1 + (1 - \lambda) p_2, \quad 0 \leq \lambda \leq 1.$$

Haben mögliche Pivotspalten den Zielfunktionskoeffizienten Null, so gibt es mehr als eine optimale Lösung

Wir lösen das Problem mit dem Simplexalgorithmus, indem wir zwei Schlupfvariablen x_3 und x_4 einführen.

Dazu notieren wir das erste Simplextableau, wählen das Pivotelement, das wir blau markieren und führen einen Simplexschritt aus:

$$\begin{array}{cccc|c} \mathbf{1} & 1 & 1 & 0 & 4 \\ 1 & 3 & 0 & 1 & 6 \\ \hline 2 & 2 & 0 & 0 & 0 \end{array} \rightarrow$$

$$\begin{array}{cccc|c} 1 & 1 & 1 & 0 & 4 \\ 0 & 2 & -1 & 1 & 2 \\ \hline 0 & \mathbf{0} & -2 & 0 & -8 \end{array}$$

Das Optimalitätskriterium liefert uns nun das Ergebnis: Die zum letzten Simplextableau gehörige Ecke $(4, 0, 0, 2)$ des Polyeders, also $(4, 0) \in \mathbb{R}^2$, ist eine optimale Lösung mit dem Zielfunktionswert 8. Auffällig ist aber die Null in der Zeile mit den Koeffizienten der Zielfunktion, welche wir blau eingezeichnet haben. Ein weiterer Simplexschritt, bei dem wir gerade diese Spalte mit der blauen Null als Pivotspalte wählen, führt gerade wegen dieser Null zu keiner Verbesserung des Zielfunktionswertes, wir wandern dabei ohne Gewinn eine Ecke weiter:

$$\begin{array}{cccc|c} 1 & 1 & 1 & 0 & 4 \\ 0 & \mathbf{2} & -1 & 1 & 2 \\ \hline 0 & 0 & -2 & 0 & -8 \end{array} \rightarrow$$

$$\begin{array}{cccc|c} 1 & 0 & 1/2 & -1/2 & 3 \\ 0 & 1 & -1/2 & 1/2 & 1 \\ \hline 0 & \mathbf{0} & -2 & 0 & -8 \end{array}$$

Wir sind nun in der Ecke $(3, 1, 0, 0)$ gelandet, die auch eine optimale Lösung mit dem Zielfunktionswert 8 liefert.

Bei den Simplexschritten wandert man von Ecke zu Ecke. Deshalb werden hier die optimalen Lösungen zwischen den Ecken, also auf der Kante, übergangen. Diese Kanten lassen sich mithilfe der Eckpunkte als *konvexe Linearkombinationen* schreiben:

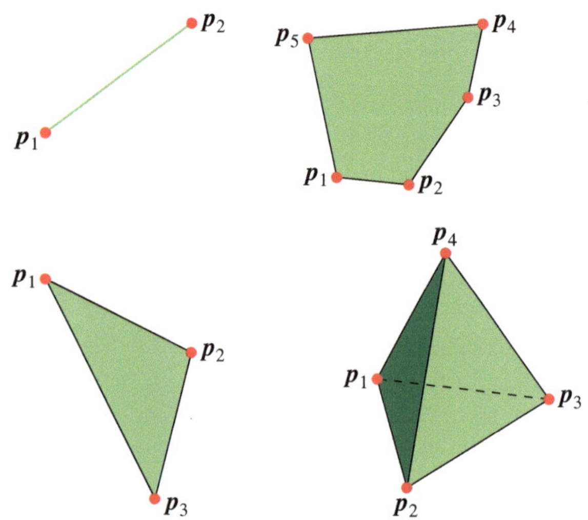

Abb. 10.2 Beispiele konvexer Hüllen

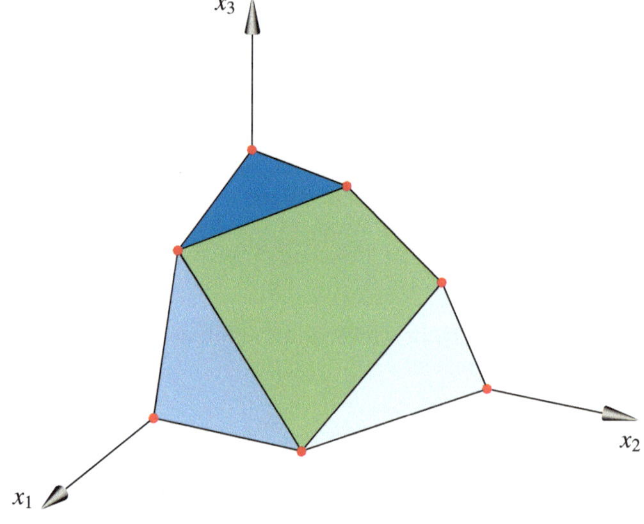

Abb. 10.3 Die Sphäre des Polyeders ist die konvexe Hülle seiner Ecken

Mit p_1 und p_2 sind auch alle Punkte $\lambda\, p_1 + (1 - \lambda)\, p_2$ mit $0 \leq \lambda \leq 1$ optimale Lösungen.

Was wir uns an diesem Beispiel klar gemacht haben, ist tatsächlich charakteristisch dafür, dass eine Optimallösung nicht eindeutig ist. Es gilt viel allgemeiner:

Nicht eindeutige Optimallösungen

Hat ein lineares Optimierungsproblem eine optimale Lösung, wobei im zugehörigen Simplextableau ein Zielfunktionskoeffizient Null ist und zugleich diese Spalte kein Einheitsvektor ist, so gibt es weitere optimale Lösungen, die durch fortgesetzte Simplexiteration ermittelt werden können. Sind $p_1, \ldots, p_r$ sämtliche so gewonnene optimale Lösungen, so bildet

$$\left\{ \sum_{i=1}^{r} \lambda_i p_i \,\middle|\, 0 \leq \lambda_1, \ldots, \lambda_r \leq 1, \ \lambda_1 + \ldots + \lambda_r = 1 \right\}$$

die Menge aller optimalen Lösungen des linearen Optimierungsproblems.

Den Beweis dieser zweiten Aussage haben wir als Aufgabe gestellt.

Kommentar Eine Linearkombination der Art

$$\lambda_1 p_1 + \cdots + \lambda_r p_r$$

mit $0 \leq \lambda_1, \ldots, \lambda_r \leq 1$ und $\lambda_1 + \cdots + \lambda_2 = 1$ nennt man **konvexe Linearkombination**. Die Menge

$$\{\lambda_1 p_1 + \cdots + \lambda_r p_r \,|\, 0 \leq \lambda_1, \ldots, \lambda_r \leq 1\}$$

aller konvexen Linearkombinationen von $p_1, \ldots, p_r$ heißt die **konvexe Hülle** von $p_1, \ldots, p_r$ – diese Menge ist konvex.

Sind $p_1, \ldots, p_r$ optimale Lösungen eines linearen Optimierungsproblemes, so ist die konvexe Hülle von $p_1, \ldots, p_r$ eine Sphäre des Polyeder des linearen Optimierungsproblemes (siehe Abb. 10.3). ◄

Unlösbarkeit kann nur zwei Ursachen haben

Im Allgemeinen ist nicht ohne weiteres entscheidbar, ob ein gegebenes lineares Optimierungsproblem lösbar ist oder nicht.

Dass ein Problem nicht optimal lösbar ist, kann nur zweierlei Ursachen haben: Entweder es gibt keine zulässigen Punkte – das liegt dann daran, dass sich die Nebenbedingungen widersprechen, siehe Abb. 10.4.

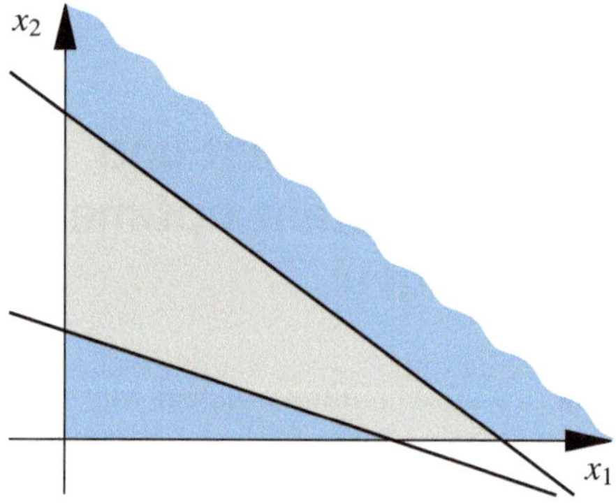

Abb. 10.4 Die Nebenbedingungen definieren sich nicht schneidende Halbräume

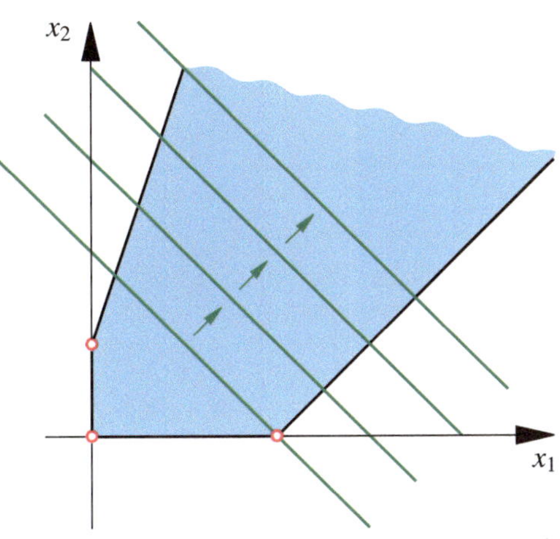

Abb. 10.5 Ist der Zulässigkeitsbereich unbeschränkt, so existiert keine optimale Lösung

Oder die Zielfunktion ist auf der Menge der zulässigen Punkte unbeschränkt – dann ist notwendigerweise auch der Zulässigkeitsbereich unbeschränkt, siehe Abb. 10.5.

──────────── **Selbstfrage 2** ────────────

Warum kann die Zielfunktion nur dann unbeschränkt sein, wenn der Zulässigkeitsbereich unbeschränkt ist?

Diese Ursachen sind bei zweidimensionalen Problemen anhand der Ungleichungen oftmals noch leicht zu erkennen. In der Praxis sieht dies ganz anders aus. Tatsächlich liegen bei praktischen Problemen oftmals Abertausende von Unbestimmten und noch viel mehr Nebenbedingungen vor. Wir überlegen, wie wir beim Ablauf des Algorithmus erkennen können, dass ein Problem nicht lösbar ist und welche Ursache letztlich dann dahinter steckt.

Endet die erste Phase nicht mit dem maximalen Wert 0, so gibt es keine zulässigen Punkte

Wir gehen von einem Optimierungsproblem aus, das keine zulässige Lösung hat. Weil bei Maximierungs- bzw. Minimierungsproblemen in Standardform stets der Koordinatenursprung $\mathbf{0}$ ein Eckpunkt, also eine zulässige Lösung ist, kann es sich nur um ein Problem handeln, bei dem Größergleich- oder Gleichheitsrelationen vorkommen, also die Zweiphasenmethode benutzt wird.

Die erste Phase der Zweiphasenmethode ist die Anwendung des Simplexverfahrens auf die sekundäre Zielfunktion. Diese Aufgabe ist so konstruiert, dass der zugehörige Polyeder im

Ursprung eine Ecke als zulässigen Punkt hat. Damit ist der Polyeder zur ersten Problemstellung nicht leer. Er ist auch beschränkt, sodass also eine optimale Lösung existiert und somit die sekundäre Zielfunktion ihr Maximum annimmt.

An diesem Maximum erkennen wir nur, ob es zu dem ursprünglichen linearen Optimierungsproblem zulässige Punkte gibt.

Kennzeichnung leerer Polyeder

Der durch die Nebenbedingungen definierte Polyeder eines linearen Optimierungsproblems ist leer, wenn das Maximum der sekundären Zielfunktion von null verschieden ist, und das ist genau dann der Fall, wenn eine künstliche Variable im optimalen Punkt einen von null verschiedenen Wert annimmt.

Findet nämlich die erste Phase ein Ende mit den Werten Null für alle künstlichen Variablen, so hat man einen Eckpunkt, also eine zulässige Lösung des ursprünglichen Optimierungsproblems gefunden. Und wegen $z' = -y_{k_1} - \cdots - y_{k_r}$ ist das Maximum der sekundären Zielfunktion z' genau dann null, wenn alle künstlichen Variablen y_{k_i} den Wert Null haben.

Beispiel Wir betrachten ein zweidimensionales lineares Optimierungsproblem mit einer Zielfunktion z, die wir nicht genauer angeben, und den Neben- wie Nichtnegativitätsbedingungen

$$4x_1 + 2x_2 \leq 4$$
$$x_1 + x_2 \geq 3$$
$$x_1, x_2 \geq 0.$$

Der Schnitt der durch die verschiedenen Bedingungen definierten Halbräume ist leer, wie man sich durch Einzeichnen der Geraden in ein Koordinatensystem überzeugt (siehe Abb. 10.6).

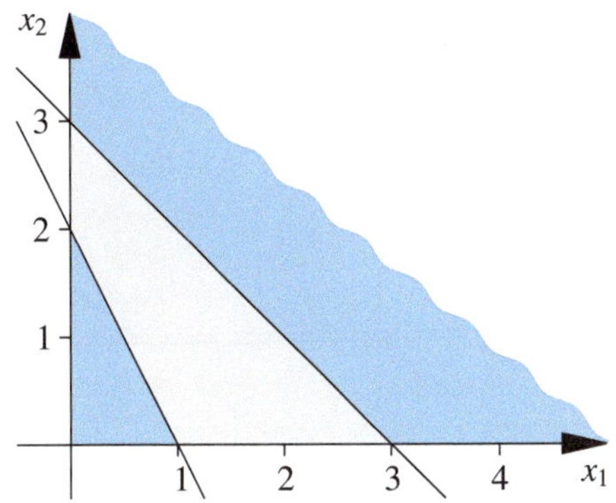

Abb. 10.6 Der Zulässigkeitsbereich ist leer

Obwohl wir also wissen, dass es keine zulässigen Punkte gibt, wenden wir die Zweiphasenmethode an:

Nach Einführen von Schlupfvariablen x_3 und x_4 sowie einer künstlichen Variablen x_5 erhalten wir das erste Simplextableau inklusive der Koeffizienten der sekundären Zielfunktion:

$$\begin{array}{ccccc|c} 4 & 2 & 1 & 0 & 0 & 4 \\ 1 & 1 & 0 & -1 & 1 & 3 \\ \hline 1 & 1 & 0 & -1 & 0 & 3 \end{array}$$

Die Pivotelemente tragen wir bei den Simplexschritten wieder farbig ein:

$$\begin{array}{ccccc|c} \mathbf{4} & 2 & 1 & 0 & 0 & 4 \\ 1 & 1 & 0 & -1 & 1 & 3 \\ \hline 1 & 1 & 0 & -1 & 0 & 3 \end{array} \to$$

$$\begin{array}{ccccc|c} 1 & \mathbf{1/2} & 1/4 & 0 & 0 & 1 \\ 0 & 1/2 & -1/4 & -1 & 1 & 2 \\ \hline 0 & 1/2 & -1/4 & -1 & 0 & 2 \end{array} \to$$

$$\begin{array}{ccccc|c} 2 & 1 & 1/2 & 0 & 0 & 2 \\ -1 & 0 & -1/2 & -1 & 1 & 1 \\ \hline -1 & 0 & -1/2 & -1 & 0 & 1 \end{array}$$

Damit nimmt die sekundäre Zielfunktion in der Ecke $(0, 2, 0, 0, 1)$ ihr Maximum mit dem Wert -1 an. Das Verfahren bricht an dieser Stelle ab, da das Polyeder des ursprünglichen linearen Optimierungsproblems leer ist. ◄

Ist das Optimum noch nicht erreicht und die Engpassbedingung nicht erfüllbar, so ist die Zielfunktion unbeschränkt

Wir gehen von einem Optimierungsproblem aus, dessen Zielfunktion unbeschränkt auf dem Zulässigkeitsbereich ist. Es ist dann notwendigerweise auch der Zulässigkeitsbereich unbeschränkt. Diese Unbeschränktheit besagt, dass von einer Ecke ausgehend eine Kante *ins Unendliche* führt.

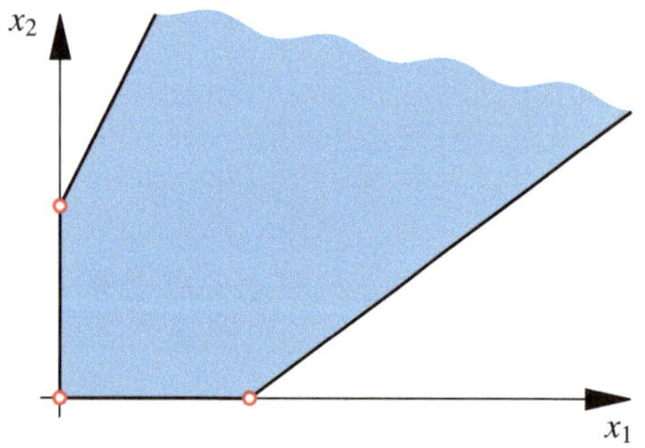

Abb. 10.7 Ist der Zulässigkeitsbereich unbeschränkt, so führt eine Kante ins Unendliche

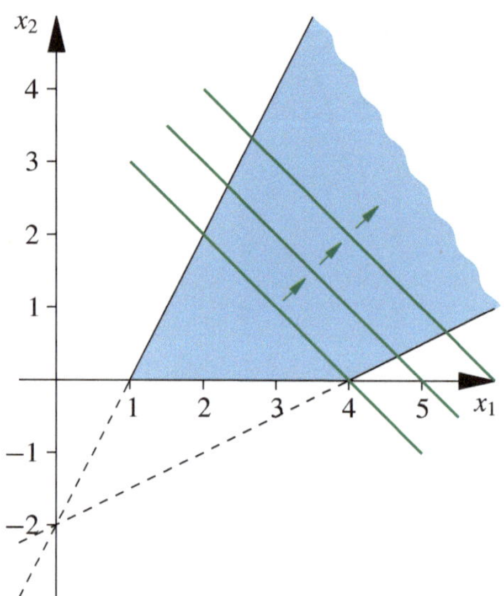

Abb. 10.8 Die Zielfunktion ist unbeschränkt

Befindet man sich im Simplexalgorithmus an der Ecke, von der aus eine Kante ins Unendliche führt, so können sich eventuell die Zielfunktionswerte weiter verbessern, wenn man *in Richtung* dieser ins Unendlich laufenden Kante weiterwandert. Also muss ein Koeffizient der Zielfunktionsreihe im zugehörigen Simplextableau positiv sein. Wählt man diese Spalte als Pivotspalte, so kann es kein Pivotelement, d. h. keine Pivotzeile, geben – die Existenz eines solchen würde bedeuten, dass man eine Ecke weiterwandern könnte.

Hieran kann man erkennen, dass es keine (endlichen) optimalen Lösungen gibt.

Ein lineares Optimierungsproblem hat keine endliche optimale Lösung, wenn es nach einem Simplexschritt eine Spalte mit positivem Zielfunktionskoeffizient gibt, wobei aber wegen der Engpassbedingung kein Pivotelement gewählt werden kann.

Beispiel Wir betrachten ein zweidimensionales lineares Optimierungsproblem mit der Zielfunktion $z = x_1 + x_2$ und den Nebenbedingungen

$$\begin{aligned} x_1 - 2x_2 &\leq 4 \\ 2x_1 - x_2 &\geq 2 \\ x_1, x_2 &\geq 0. \end{aligned}$$

Der Schnitt der durch die Nebenbedingungen definierten Halbräume ist nicht beschränkt, wie man sich durch Einzeichnen der Geraden in ein Koordinatensystem überzeugt:

Obwohl wir also wissen, dass es keine endliche optimale Lösung gibt, wenden wir den Simplexalgorithmus an:

Nach Einführen von Schlupf- und künstlichen Variablen erhalten wir das erste Simplextableau der ersten Phase inklusive der Koeffizienten der primären und sekundären Zielfunktionen:

$$\begin{array}{rrrrr|r} 1 & -2 & 1 & 0 & 0 & 4 \\ 2 & -1 & 0 & -1 & 1 & 2 \\ \hline 2 & -1 & 0 & -1 & 0 & 2 \\ \hline 1 & 1 & 0 & 0 & 0 & 0 \end{array}.$$

Wir wählen ein Pivotelement, das wir farbig eintragen und führen einen Simplexschritt durch:

$$\begin{array}{rrrrr|r} 1 & -2 & 1 & 0 & 0 & 4 \\ 2 & -1 & 0 & -1 & 1 & 2 \\ \hline 2 & -1 & 0 & -1 & 0 & 2 \\ \hline 1 & 1 & 0 & 0 & 0 & 0 \end{array} \rightarrow$$

$$\begin{array}{rrrrr|r} 0 & -3/2 & 1 & 1/2 & -1/2 & 3 \\ 1 & -1/2 & 0 & -1/2 & 1/2 & 1 \\ \hline 0 & 0 & 0 & 0 & -1 & 0 \\ \hline 0 & 3/2 & 0 & 1/2 & -1/2 & -1 \end{array}.$$

Die sekundäre Zielfunktion nimmt also in der Ecke $(1, 0, 3, 0, 0)$ ihr Maximum mit dem Wert 0 an. Wir streichen nun die Zeile mit den Koeffizienten zur sekundären Zielfunktion wie auch die Spalte zur künstlichen Variablen und notieren das erste Simplextableau der zweiten Phase:

$$\begin{array}{rrrr|r} 0 & -3/2 & 1 & 1/2 & 3 \\ 1 & -1/2 & 0 & -1/2 & 1 \\ \hline 0 & 3/2 & 0 & 1/2 & -1 \end{array}.$$

An der zweiten Spalte erkennt man nun, dass die Engpassbedingung nicht erfüllbar ist. Damit gibt es keine (endliche) optimale Lösung des gegebenen linearen Optimierungsproblems. ◄

───────────── **Selbstfrage 3** ─────────────

Was passiert, wenn Sie einen Simplexschritt mit der vierten Spalte als Pivotspalte ausführen?

Das Ablaufdiagramm auf S. 114 für das Simplexverfahren berücksichtigt alle Möglichkeiten zur Lösbar- bzw. Nichtlösbarkeit.

10.3 Dualität

Zu jedem linearen Optimierungsproblem (dem *primalen* Problem) gibt es ein weiteres lineares Optimierungsproblem, das *duale Optimierungsproblem*. Die Zusammenhänge zwischen primalen und dualen Problem sind sehr eng:

Lautet das (primale) Optimierungsproblem:

Bestimme das Maximum von $z = c^T x$ mit $c \in \mathbb{R}^n$ unter den Nebenbedingungen $\mathbf{A}x \le b$ mit $b \in \mathbb{R}^m$, $\mathbf{A} \in \mathbb{R}^{m \times n}$ und den Nichtnegativitätsbedingungen $x \ge 0$,

so ist das duale Optimierungsproblem gegeben durch

Bestimme das Minimum von $z^* = b^T y$ unter den Nebenbedingungen $\mathbf{A}^T y \ge c$ und den Nichtnegativitätsbedingungen $y \ge 0$.

Das duale Optimierungsproblem geht also aus dem (primalen) Optimierungsproblem durch Vertauschen von Maximum und Minimum, c und b, $\mathbf{A}$ und $\mathbf{A}^T$, x und y sowie $\le$ und $\ge$ hervor.

Es gilt:

Das duale Problem des dualen Problems ist das primale Problem.

Die Zusammenhänge der beiden Probleme sind erstaunlich, sie sind Inhalt des sogenannten **Dualitätssatzes**; auf einen Beweis verzichten wir:

Dualitätssatz

Besitzt eines der beiden Optimierungsprobleme (primal oder dual) eine optimale Lösung, so besitzt das andere auch eine solche; die Zielfunktionswerte sind in diesem Fall gleich.

Der Dualitätssatz hat nicht nur theoretischen Nutzen, er ermöglicht auch bei praktischen Problemen oftmals eine deutliche Reduzierung der Rechenarbeit. Es kann nämlich durchaus einfacher sein, anstelle eines Optimierungsproblems das dazu duale Problem zu lösen, etwa weil für das duale Problem die erste Phase des Simplexverfahrens nicht duchzuführen ist.

Übersicht: Das Ablaufdiagramm für das Simplexverfahren

In dieser Übersicht ist das allgemeine Vorgehen zur Lösung eines linearen Optimierungsproblems mit Hilfe der Zweiphasenmethode kurz zusammenzufassen.

Wir betrachten ein beliebiges lineares Optimierungsproblem der Form

$$\max/\min z = \boldsymbol{c}^T \cdot \boldsymbol{x} + c$$
$$\text{u. d. N. } \mathbf{A} \cdot \boldsymbol{x} \lesseqgtr \boldsymbol{b}$$

mit den Größen $\boldsymbol{c} \in \mathbb{R}^n$, $c \in \mathbb{R}$, $\mathbf{A} \in \mathbb{R}^{m \times n}$ und $\boldsymbol{b} \in \mathbb{R}^m$.

Vorzeichenmodifikation

- *Minimierungsaufgaben* werden durch Betrachten der Zielfunktion $z' = -z$ in Maximierungsaufgaben überführt.
- *Zeilen* der Nebenbedingungen *mit* $b_i < 0$ werden durch Multiplikation mit -1 auf die Form $b_i > 0$ gebracht.

Variable

- Eventuelles erzeugen von *Nichtnegativitätsbedingungen* durch geeignete Substitutionen.
- Einführen von *Schlupfvariablen*: Positives Vorzeichen bei $\leq$-, negatives bei $\geq$-Relationen.
- Einführen von *künstlichen Variablen* bei $\geq$– und $=$-Relationen.

Simplexalgorithmus I

Maximieren der *sekundären* Zielfunktion durch Simplexschritte ausgehend von der Startecke $\boldsymbol{p} = 0$.

Simplexalgorithmus II

Maximieren der *primären* Zielfunktion durch Simplexschritte ausgehend von der Ecke, die in Phase I ermittelt wurde.

Zielfunktion unbeschränkt

Ist in einer Spalte des Simplextableaus mit positivem Zielfunktionskoeffizienten kein Eintrag positiv, so ist die Zielfunktion auf dem *Zulässigkeitsbereich unbeschränkt*.

Maxima nicht eindeutig

Ist der Zielfunktionskoeffizient zu einer möglichen Pivotspalte des Simplextableaus gleich Null, so existieren mehrere optimale Ecken. Die weiteren Optimallösungen ergeben sich dann als konvexe Hülle dieser Ecken.

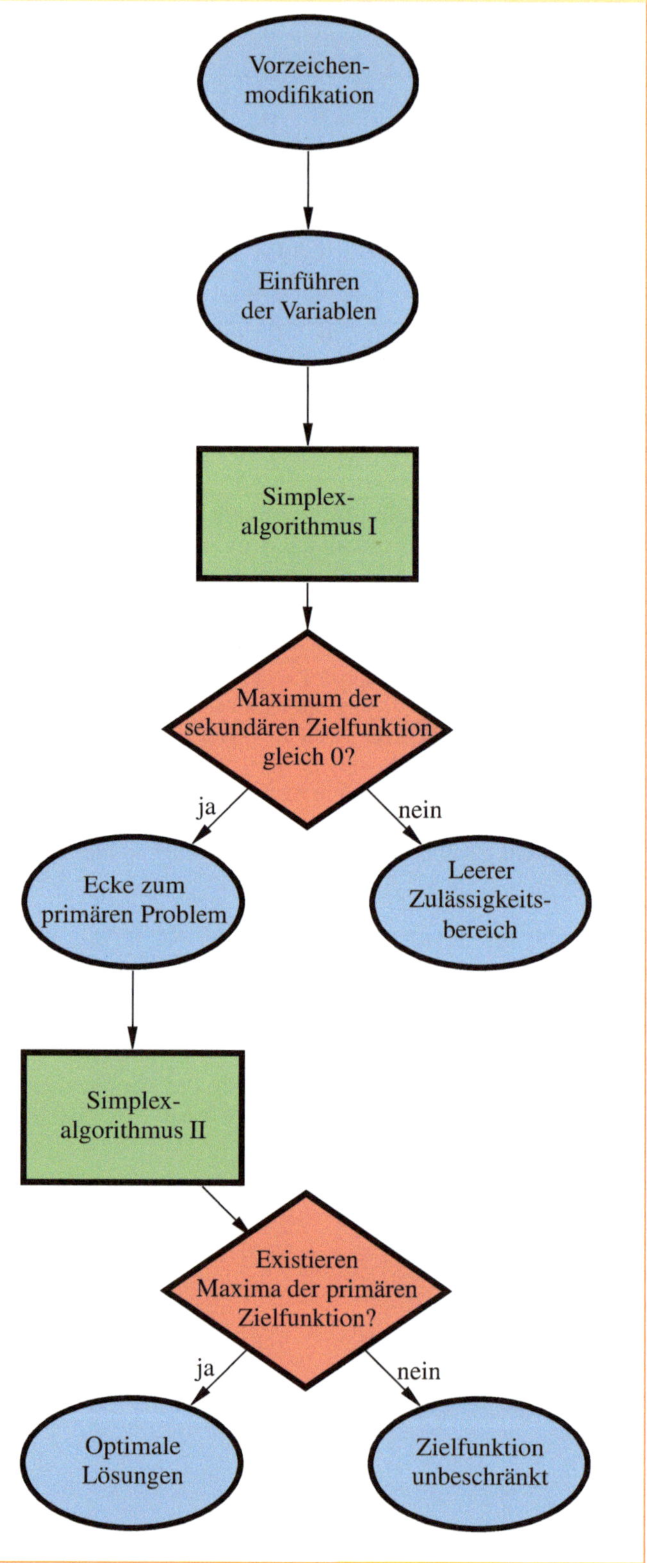

Anwendung: Ein Autohersteller und die Zweiphasenmethode

Ein Autohersteller will einen Dachträger aerodynamisch möglichst effizient an ein neues Modell anpassen. Dazu kann er die Positionen dreier Bauteile P_1, P_2 und P_3 verändern. Bezeichnen x_1, x_2 und x_3 die Verschiebung in cm des jeweiligen Bauteils aus seiner Standardposition, so sind diese Größen aufgrund äußerer Beschränkungen folgenden Bedingungen unterworfen:

$$-x_1 + x_2 + x_3 = 4,$$
$$x_1 \leq -2,$$
$$x_2 \leq 5, \; x_2 \geq 0,$$
$$x_3 \leq 10, \; x_3 \geq 0.$$

Ein Test im Windkanal ergibt linear genähert folgende Abhängigkeit für den Luftwiderstandskoeffizienten der Konstruktion in Promill:

$$z = -x_1 + 3x_2 + x_3 + 200.$$

Gesucht ist also ein Minimum der Funktion z unter den oben genannten Nebenbedingungen.

Wir lösen das Problem mit der Zweiphasenmethode. Zunächst passen wir die auftretenden Vorzeichen an: Die Minimierung der Funktion z ist äquivalent zur Maximierung der Funktion $z' = -z = x_1 - 3x_2 - x_3 - 200$. Die Nebenbedingung $x_1 \leq -2$ ist gleichwertig mit $-x_1 \geq 2$.

Nun können wir die verschiedenen, zur Lösung notwendigen Variablen einführen. Die fehlende Nichtnegativitätsbedingung für x_1 macht die Substitution $x_1 \to x_1' - x_1''$ nötig. Zusammen mit den Schlupfvariablen x_4, x_5 und x_6 sowie den künstlichen Variablen x_7 und x_8 erhalten wir für die Nebenbedingungen folgendes Gleichungssystem:

$$
\begin{aligned}
-x_1' + x_1'' + x_2 + x_3 + &&x_7 &= 4 \\
-x_1' + x_1'' &&- x_4 + x_8 &= 2 \\
x_2 &&+ x_5 &= 5 \\
x_3 + x_6 && &= 10 \\
x_1', \ldots, x_8 &\geq 0. &&
\end{aligned}
$$

Das erste Simplextableau ist demnach

$$
\left[
\begin{array}{ccccccccc|c}
-1 & 1 & 1 & 1 & 0 & 0 & 0 & 1 & 0 & 4 \\
-1 & \mathbf{1} & 0 & 0 & -1 & 0 & 0 & 0 & 1 & 2 \\
0 & 0 & 1 & 0 & 0 & 1 & 0 & 0 & 0 & 5 \\
0 & 0 & 0 & 1 & 0 & 0 & 1 & 0 & 0 & 10 \\ \hline
-2 & 2 & 1 & 1 & -1 & 0 & 0 & 0 & 0 & 6 \\ \hline
1 & -1 & -3 & 1 & 0 & 0 & 0 & 0 & 0 & 200
\end{array}
\right].
$$

Wir führen nun die Simplexschritte zur Maximierung der sekundären Zielfunktion aus:

$$
\to
\left[
\begin{array}{ccccccccc|c}
0 & 0 & \mathbf{1} & 1 & 1 & 0 & 0 & 1 & -1 & 2 \\
-1 & 1 & 0 & 0 & -1 & 0 & 0 & 0 & 1 & 2 \\
0 & 0 & 1 & 0 & 0 & 1 & 0 & 0 & 0 & 5 \\
0 & 0 & 0 & 1 & 0 & 0 & 1 & 0 & 0 & 10 \\ \hline
0 & 0 & 1 & 1 & 1 & 0 & 0 & 0 & -2 & 2 \\ \hline
0 & 0 & -3 & -1 & -1 & 0 & 0 & 0 & 1 & 202
\end{array}
\right]
$$

$$
\to
\left[
\begin{array}{ccccccccc|c}
0 & 0 & 1 & 1 & 1 & 0 & 0 & 1 & -1 & 2 \\
-1 & 1 & 0 & 0 & -1 & 0 & 0 & 0 & 1 & 2 \\
0 & 0 & 0 & -1 & -1 & 1 & 0 & -1 & 1 & 3 \\
0 & 0 & 0 & 1 & 0 & 0 & 1 & 0 & 0 & 10 \\ \hline
0 & 0 & 0 & 0 & 0 & 0 & 0 & -1 & -1 & 0 \\ \hline
0 & 0 & 0 & 2 & 2 & 0 & 0 & 3 & -2 & 208
\end{array}
\right].
$$

Hier erkennt man, dass die sekundäre Zielfunktion in der entsprechenden Ecke das Maximum 0 annimmt. Wir haben also eine Ecke des Systems ohne die künstlichen Variablen gefunden und können nach dem Streichen der zugehörigen Einträge sukzessive mit Simplexschritten die primäre Zielfunktion maximieren.

$$
\begin{array}{ccccccc|c}
0 & 0 & 1 & \mathbf{1} & 1 & 0 & 0 & 2 \\
-1 & 1 & 0 & 0 & -1 & 0 & 0 & 2 \\
0 & 0 & 0 & -1 & -1 & 1 & 0 & 3 \\
0 & 0 & 0 & 1 & 0 & 0 & 1 & 10 \\ \hline
0 & 0 & 0 & 2 & 2 & 0 & 0 & 208
\end{array}
$$

$$
\to
\begin{array}{ccccccc|c}
0 & 0 & 1 & 1 & \mathbf{1} & 0 & 0 & 2 \\
-1 & 1 & 0 & 0 & -1 & 0 & 0 & 2 \\
0 & 0 & 1 & 0 & 0 & 1 & 0 & 5 \\
0 & 0 & -1 & 0 & -1 & 0 & 1 & 8 \\ \hline
0 & 0 & -2 & 0 & 0 & 0 & 0 & 204
\end{array}.
$$

Das Optimalitätskriterium liefert also, dass die Zielfunktion z' in der Ecke $(0, 2, 0, 2, 0, 5, 8)^T$ ihr Maximum -204 annimmt. Da die fünfte Spalte allerdings eine mögliche Pivotspalte darstellt und der zugehörige Zielfunktionskoeffizient 0 ist, ist die Lösung nicht eindeutig. Durch einen weiteren Simplexschritt

$$
\to
\begin{array}{ccccccc|c}
0 & 0 & 1 & 1 & 1 & 0 & 0 & 2 \\
-1 & 1 & 1 & 1 & 0 & 0 & 0 & 4 \\
0 & 0 & 1 & 0 & 0 & 1 & 0 & 5 \\
0 & 0 & 0 & 1 & 0 & 0 & 1 & 10 \\ \hline
0 & 0 & -2 & 0 & 0 & 0 & 0 & 204
\end{array}.
$$

erhalten wir als weitere optimale Ecke $(0, 4, 0, 0, 2, 5, 10)^T$. Die Rücksubstitution $x_1' - x_1'' \to x_1$ ergibt zusammen mit $z' = -z$ unter Beachtung der Nichteindeutigkeit optimaler Lösungen, dass die Punkte

$$x^* = (-4, 0, 0)^T + \lambda \cdot (2, 0, 2)^T, \; \lambda \in [0, 1]$$

der entsprechenden Kante des Polyeders die optimalen Lösungen des Problems mit dem zugehörigen Zielfunktionswert $z(x^*) = 204$ bilden.

Kapitel 10

Aufgaben

Die Aufgaben gliedern sich in drei Kategorien: Anhand der *Verständnisfragen* können Sie prüfen, ob Sie die Begriffe und zentralen Aussagen verstanden haben, mit den *Rechenaufgaben* üben Sie Ihre technischen Fertigkeiten und die *Anwendungsprobleme* geben Ihnen Gelegenheit, das Gelernte an praktischen Fragestellungen auszuprobieren.

Ein Punktesystem unterscheidet leichte •, mittelschwere •• und anspruchsvolle ••• Aufgaben. Lösungshinweise am Ende des Kapitels helfen Ihnen, falls Sie bei einer Aufgabe partout nicht weiterkommen. Dort finden Sie auch die Lösungen – betrügen Sie sich aber nicht selbst und schlagen Sie erst nach, wenn Sie selber zu einer Lösung gekommen sind.

Viel Spaß und Erfolg bei den Aufgaben!

Rechenaufgaben

10.1 • Bestimmen Sie rechnerisch das Minimum der Funktion $z = 3x_1 + 2x_2$ unter den Nebenbedingungen

$$-2x_1 + x_2 \leq 2$$
$$x_1 - 2x_2 \leq 2.$$

10.2 •• Betrachten Sie die Zielfunktion $z = 2x_1 + x_2$ auf dem durch die Ungleichungen

$$2x_1 + x_2 \geq 7$$
$$x_1 - x_2 \leq 2$$
$$x_1 + 2x_2 \leq 11$$

gegebenen Polyeder.

(a) Lösen Sie das lineare Optimierungsproblem mit Hilfe der Zweiphasenmethode.
(b) Betrachten Sie nun das obige Problem unter der zusätzlichen Nebenbedingung

$$3x_1 + x_2 \geq a$$

für beliebige $a \in \mathbb{R}$. Geben Sie zu jeden Wert von a die optimale Lösung an.

10.3 •• Gegeben ist der Polyeder

$$x_1 + x_2 - x_3 \leq 4$$
$$x_1 - 2x_2 - x_3 \leq 6$$
$$x_1 \qquad\qquad \geq 2$$
$$x_3 \leq 3.$$

Berechnen Sie das Maximum der Funktion $z = 2x_1 + x_2 - 2x_3$ und die zugehörigen optimalen Lösungen.

10.4 •• Gegeben ist das lineare Optimierungsproblem

$$\max z = c^T x$$
$$\text{u. d. N.} \quad x_1 + x_2 \qquad\quad \geq 0$$
$$x_1 - x_2 + x_3 \leq 2$$
$$-x_1 + 5x_2 + 3x_3 \leq 6$$
$$x_3 \geq 0.$$

Lösen Sie es mit Hilfe der Zweiphasenmethode in den Fällen

(a) $c = (1, -2, 1)^T$,
(b) $c = (1, -1, 2)^T$.

10.5 ••• Betrachten Sie den durch die Ungleichungen

$$x_1 + 2x_2 \geq 4$$
$$x_1 + x_2 \geq 3$$
$$-x_1 + x_2 \leq 1$$
$$x_1, x_2 \geq 0$$

gegebenen zweidimensionalen Polyeder und die dazugehörige Zielfunktion

$$z(x) = c^T x = c_1 x_1 + c_2 x_2.$$

Bestimmen Sie mit Hilfe der Zweiphasenmethode alle Ecken des Polyeders. Geben Sie ferner zu jeder Ecke hinreichende und notwendige Bedingungen an $c \in \mathbb{R}^2 \backslash \{0\}$ dafür an, dass diese eine optimale Lösung ist.

Anwendungsaufgaben

10.6 • Lösen Sie das auf S. 104 definierte klassische Diätproblem.

10.7 •• Ein Betrieb stellt aus den Rohstoffen R_1, R_2 und R_3 die beiden Produkte P_1 und P_2 her. Tab. 10.4 gibt Auskunft über die bestehenden monatlichen Lieferkapazitäten und die Bezugspreise für die Rohstoffe in Mengeneinheiten (ME).

Tab. 10.4 Lieferkapazitäten und Bezugspreise der einzelnen Rohstoffe

Rohstoff	R_1	R_2	R_3
Lieferkapazität (ME)	300	100	Unbegrenzt
Bezugspreis (Euro/ME)	60	90	40

Zur Herstellung der Produkte R_1 und R_2 werden unterschiedliche Mengen der Rohstoffe benötigt, die Tab. 10.5 entnommen werden können. Außerdem sind dort die zugehörigen Verkaufserlöse und die Beschränkungen für monatliche Mindestproduktion und Maximalabsatz für die beiden Produkte vermerkt.

Tab. 10.5 Zur Herstellung eines Produktes benötigte Rohstoffe in ME, Verkaufserlöse und Absatzschranken

Produkt	P_1	P_2
R_1 (ME)	4	1
R_2 (ME)	1	1
R_3 (ME)	2	4
Verkaufserlös (Euro)	510	510
Mindestproduktion	50	Keine
Maximalabsatz	Unbegrenzt	100

Die monatlichen Fixkosten belaufen sich auf 13.000 Euro. Gesucht ist ein gewinnmaximierender Produktionsplan unter der Annahme, dass die Produktion keinen sonstigen Beschränkungen unterliegt.

(a) Modellieren Sie die Aufgabe als lineares Optimierungsproblem und lösen Sie es mit dem Simplexalgorithmus
(b) Der Betrieb erhält das Angebot von einem Zulieferer zusätzlich monatlich maximal 50 Mengeneinheiten des Rohstoffes R_2 zu einem Preis von 140 Euro pro Einheit zu beziehen. Formulieren Sie auch dieses Problem als Optimierungsaufgabe und finden Sie deren Lösung mit Hilfe der Simplexmethode.

10.8 ●● Ein Papierfabrikant stellt standardmäßig Papierrollen der Breite 2.5 Meter her. Ein Kunde ordert 120 Rollen der Breite 70 cm und 90 Rollen der Breite 80 cm. Wie sollte der Fabrikant die großen Rollen zuschneiden lassen, um den Verschnitt möglichst gering zu halten?

10.9 ●●● Ein Heizölhändler kann vier verschiedene Sorten Heizöl H_1, H_2, H_3 und H_4 mit unterschiedlichen Heizwerten und Schwefelgehalten zu unterschiedlichen Preisen beziehen (siehe Tab. 10.6).

Tab. 10.6 Heizölsorten und Kenndaten

Heizölsorte	H_1	H_2	H_3	H_4
Heizwert (kWh/kg)	8	10	10	12
Schwefelgehalt (10 mg/kg)	6	8	10	8
Preis (Cent/kg)	30	40	20	50

Aus diesen vier Sorten soll eine möglichst preisgünstige Mischung hergestellt werden, die maximal 80 mg Schwefel pro Kilogramm enthält und einen Heizwert von mindestens 11 kWh pro Kilogramm hat. Wie sollte der Händler die Zusammensetzung der Mischung wählen?

Hinweise

Rechenaufgaben

10.1 Erzeugen Sie durch Substitutionen die fehlenden Nichtnegativitätsbedingungen.

10.2 Benutzen Sie in Teil (b) die in (a) berechnete Lösung des ursprünglichen Problems.

10.3 Führen Sie die Nebenbedingungen $x_1 \geq 2$ und $x_3 \leq$ durch Substitutionen auf Nichtnegativitätsbedingungen zurück.

10.4 Führen Sie die geeigneten Substitutionen durch und verwenden Sie die Zweiphasenmethode.

10.5 Bestimmen Sie zunächst eine Startecke und wandern Sie dann mit Hilfe des Simplexalgorithmus von Ecke zu Ecke. Beachten Sie dabei, wie die Optimalitätsbedingungen in den jeweiligen Ecken aussehen.

Anwendungsaufgaben

10.6 Formulieren Sie die Aufgabe als lineares Optimierungsproblem und lösen Sie dieses mit Hilfe der Zweiphasenmethode.

10.7 Zu (a): Führen Sie eine geeignete Substitution durch um Nichtnegativitätsbedingungen zu erzeugen.

Zu (b): Führen Sie eine zusätzliche Variable ein.

10.8 Ermitteln Sie zunächst alle Zuschnittsvarianten, formulieren Sie anschließend das zugehörige lineare Optimierungsproblem und lösen Sie es mit der Zweiphasenmethode.

10.9 Formulieren Sie dieses Problem als lineares Optimierungsproblem und lösen Sie es mit der Zweiphasenmethode.

Lösungen

Rechenaufgaben

10.1 Das Minimum $z(x^*) = -10$ wird im Punkt $x^* = (-2, -2)^T$ des Zulässigkeitsbereichs angenommen.

10.2 (a) $x^* = (5, 3)^T$, $z(x^*) = 13$.

(b) Für $a \leq 18$ ist $x^* = (5, 3)^T$ die optimale Lösung des Problems. Für $a > 0$ ist der Zulässigkeitsbereich leer, es existiert also keine zulässige Lösung.

10.3 z nimmt ihr Maximum 26/3 in den Punkten der Kante $\{(2, -2/3, -8/3)^T + \lambda(1, 0, 1)^T \mid \lambda \in [0, 17/3]\}$ an.

10.4 (a) $x^* = (1, -1, 0)^T$, $z(x^*) = 3$.

(b) $x^* = (0, 0, 2)^T$, $z(x^*) = 4$.

10.5 Man erhält die folgenden Ecken und Optimalitätsbedingungen:

$$(4, 0)^T \text{ optimal,} \quad \text{falls } c_2 - 2c_1 \leq 0 \text{ und } c_1 \leq 0,$$
$$(2, 1)^T \text{ optimal,} \quad \text{falls } c_2 - c_1 \leq 0 \text{ und } 2c_1 - c_2 \leq 0,$$
$$(1, 2)^T \text{ optimal,} \quad \text{falls } c_1 + c_2 \leq 0 \text{ und } c_1 - c_2 \leq 0.$$

Ist keine dieser Bedingungen an c erfüllt, d. h. ist $c_1 + c_2 > 0$ oder $c_1 > 0$, so ist die Zielfunktion auf dem Polyeder unbeschränkt.

Anwendungsaufgaben

10.6 Für einen Minimalpreis von 2.54 Euro sollten täglich 660 Gramm des Lebensmittels L_1 und 280 Gramm des Lebensmittels L_2 auf dem Speiseplan stehen.

10.7 (a) Der Betrieb sollte je 50 Einheiten der Produkte P_1 und P_2 herstellen, um so einen monatlichen Gewinn von 2000 Euro einzufahren.

(b) Das Angebot des neuen Zulieferers sollte vollständig ausgereizt und die Produktion auf 50 Einheiten des Produktes P_1 und 100 Einheiten des Produktes P_2 erhöht werden. Dafür wird ein Gewinn von 2750 Euro im Monat errechnet.

10.8 Es sollten aus 40 großen Rollen je drei Rollen der Breite 70 cm und aus 30 weiteren großen Rollen je drei Rollen der Breite 80 cm geschnitten werden. Die gesamte Verschnittbreite beträgt dann 19 Meter.

10.9 Der Lieferant sollte das Heizöl somit zu je einem Sechstel aus den Sorten H_1 und H_3 und zu zwei Dritteln aus der Sorte H_4 herstellen.

Ausführliche Lösungswege

Rechenaufgaben

10.1 Wir betrachten das zur Aufgabenstellung äquivalente Problem der Maximierung der Funktion $z' = -z$ auf dem Zulässigkeitsbereich. Um die fehlenden Nichtnegativitätsbedingungen an die Variablen künstlich zu erzeugen, führen wir die Substitutionen $x_1 \to x_1' - x_1''$, $x_2 \to x_2' - x_2''$ durch, so dass sich unsere Nebenbediungungen nun wie folgt schreiben:

$$-2x_1' + 2x_1'' + x_2' - x_2'' \leq 2$$
$$x_1' - x_1'' - 2x_2' + 2x_2'' \leq 2$$
$$x_1', x_1'', x_2', x_2'' \geq 0.$$

Der Simplexalgorithmus liefert uns nach zwei Schritten die optimale Lösung zur Zielfunktion z':

$$\begin{array}{cccc|c} -2 & 2 & 1 & -1 & 2 \\ 1 & -1 & -2 & 2 & 2 \\ \hline -3 & 3 & -2 & 2 & 0 \end{array}$$

$$\to \begin{array}{cccc|c} -1 & 1 & 1/2 & -1/2 & 1 \\ 0 & 0 & -3/2 & 3/2 & 3 \\ \hline 0 & 0 & -7/2 & 7/2 & -3 \end{array}$$

$$\to \begin{array}{cccc|c} -1 & 1 & 0 & 0 & 2 \\ 0 & 0 & -1 & 1 & 2 \\ \hline 0 & 0 & 0 & 0 & -10 \end{array}$$

z' nimmt sein Maximum 10 im Punkt $x^* = (-2, -2)^T$ an. Mithin ist z dort minimal mit $z(x^*) = -10$.

10.2 Die Nebenbedingungen kann man äquivalent schreiben als

$$2x_1 + x_2 \geq 7$$
$$-x_1 + x_2 \geq -2$$
$$-x_1 - 2x_2 \geq -11.$$

Addition der ersten und zweimal der zweiten Ungleichung liefert $x_2 \geq 1$, Addition der dritten Ungleichung zur mit zwei multiplizierten ersten liefert $x_1 \geq 1$. Wir können also ohne Einschränkung die Nichtnegativität der Variablen fordern. Wir führen Schlupf- und künstliche Variable ein und maximieren zunächst die sekundäre Zielfunktion mit Hilfe der Simplexmethode.

$$
\begin{array}{cccccc|c}
2 & 1 & -1 & 0 & 0 & 1 & 7 \\
1 & -1 & 0 & 1 & 0 & 0 & 2 \\
1 & 2 & 0 & 0 & 1 & 0 & 11 \\
\hline
2 & 1 & -1 & 0 & 0 & 0 & 7 \\
\hline
2 & 1 & 0 & 0 & 0 & 0 & 0
\end{array}
$$

$$
\rightarrow
\begin{array}{cccccc|c}
0 & 3 & -1 & -2 & 0 & 1 & 3 \\
1 & -1 & 0 & 1 & 0 & 0 & 2 \\
0 & 3 & 0 & -1 & 1 & 0 & 9 \\
\hline
0 & 3 & -1 & -2 & 0 & 0 & 3 \\
\hline
0 & 3 & 0 & -2 & 0 & 0 & -4
\end{array}
$$

$$
\rightarrow
\begin{array}{cccccc|c}
0 & 1 & -1/3 & -2/3 & 0 & 1/3 & 1 \\
1 & 0 & -1/3 & 1/3 & 0 & 1/3 & 3 \\
0 & 0 & 1 & 1 & 1 & -1 & 6 \\
\hline
0 & 0 & 0 & 0 & 0 & -1 & 0 \\
\hline
0 & 0 & 1 & 0 & 0 & -1 & -7
\end{array} .
$$

Hier nimmt die sekundäre Zielfunktion ihr Maximum 0 an. Wir haben also einen zulässigen Punkt des Ursprungssystems gefunden. Nach Streichen der Zeile zur sekundären Zielfunktion und der Spalte zur künstlichen Variable führen wir noch einen Simplexschritt aus, um die primäre Zielfunktion zu maximieren.

$$
\begin{array}{ccccc|c}
0 & 1 & -1/3 & -2/3 & 0 & 1 \\
1 & 0 & -1/3 & 1/3 & 0 & 3 \\
0 & 0 & 1 & 1 & 1 & 6 \\
\hline
0 & 0 & 1 & 0 & 0 & -7
\end{array}
$$

$$
\rightarrow
\begin{array}{ccccc|c}
0 & 1 & 0 & 1/3 & 1/3 & 3 \\
1 & 0 & 0 & 2/3 & 1/3 & 5 \\
0 & 0 & 1 & 1 & 1 & 6 \\
\hline
0 & 0 & 0 & -1 & -1 & -13
\end{array} .
$$

Die Zielfunktion z nimmt somit ihr Maximum $z(x^*) = 13$ im Punkt $x^* = (5, 3)^T$ an.

(b) Das Einführen der zusätzlichen Nebenbedingung $3x_1 + x_2 \geq a$ stellt eine Verkleinerung des ursprünglichen Zulässigkeitsberechs dar. Da die Zielfunktion schon auf dem ursprünglichen Polyeder ihr Maximum im Punkt $x^* = (5, 3)^T$ annimmt, tut sie dies auch auf dem neuen Polyeder, sofern dieser Punkt im Polyeder liegt, d. h. die zusätzliche Nebenbedingung erfüllt. Das ist genau für $a \leq 18$ der Fall.

Um auch im Fall $a > 18$ das Optimierungsproblem lösen zu können betrachten wir noch einmal kurz die Nebenbedingungen:

$$
\begin{aligned}
2x_1 + x_2 &\geq 7 \\
x_1 - x_2 &\leq 2 \\
x_1 + 2x_2 &\leq 11 \\
3x_1 + x_2 &\geq a .
\end{aligned}
$$

Addiert man 2 mal die dritte zur zweiten Zeile, so erhält man als notwendige Bedingung für die Zulässigkeit eines Punktes $x_1 \leq 5$. Addition dieser Bedinung und der zweiten und dritten Ungleichung liefert

$$
3x_1 + x_2 \leq 18 ,
$$

im Widerspruch zur vierten Ungleichung mit $a > 18$. Es gibt also keine Punkte, die alle vier Ungleichungen auf einmal erfüllen – der Zulässigkeitsbereich ist leer, das Problem nicht lösbar.

Anmerkung: Selbstverständlich hätte man Teil (b) ebenfalls mit der Zweiphasenmethode lösen können.

10.3 Da sowohl x_1 als auch x_3 einseitig beschränkt sind, bieten sich die Substitutionen

$$
x_1 \to x_1' + 2, \quad x_2 \to x_2' - x_2'', \quad x_3 \to -x_3' + 3
$$

an, wobei man dann für die neuen Variablen $x_1', x_2', x_2'', x_3' \geq 0$ fordern kann. Die Nebenbedingungen schreiben sich dann als

$$
\begin{aligned}
x_1' + x_2' - x_2'' + x_3' &\leq 5 \\
x_1' + 2x_2'' - 2x_2' + x_3' &\leq 7 \\
x_1', x_2', x_2'', x_3' &\geq 0 .
\end{aligned}
$$

Mit dem Simplexalgorithmus wird nun das Maximum der Funktion

$$
z = 2x_1 + x_2 - 2x_3 = 2x_1' + x_2' - x_2'' + 2x_3' - 2
$$

bestimmt:

$$
\begin{array}{cccccc|c}
1 & 1 & -1 & 1 & 1 & 0 & 5 \\
1 & -2 & 2 & 1 & 0 & 1 & 7 \\
\hline
2 & 1 & -1 & 2 & 0 & 0 & 2
\end{array}
$$

$$
\rightarrow
\begin{array}{cccccc|c}
1 & 1 & -1 & 1 & 1 & 0 & 5 \\
0 & -3 & 3 & 0 & -1 & 1 & 2 \\
\hline
0 & -1 & 1 & 0 & -2 & 0 & -8
\end{array}
$$

$$
\rightarrow
\begin{array}{cccccc|c}
1 & 0 & 0 & 1 & 2/3 & 1/3 & 17/3 \\
0 & -1 & 1 & 0 & -1/3 & 1/3 & 2/3 \\
\hline
0 & 0 & 0 & 0 & -5/3 & -1/3 & -26/3
\end{array} .
$$

Dieses Simplextableau ist sowohl ein Simplextableau für die Ecke $(17/3, 0, 2/3, 0)^T$, als auch für die Ecke $(0, 0, 2/3, 17/3)^T$. Beide Ecken sind also optimale Lösungen des Optimierungsproblems. Nach Rücksubstitution folgt, dass die Zielfunktion z ihr Maximum $-26/3$ in den Punkten der Kante $\{(2, -2/3, -8/3)^T + \lambda(1, 0, 1)^T \mid \lambda \in [0, 17/3]\}$ zwischen diesen beiden Ecken annimmt.

10.4 Nach den Substitutionen

$$
x_1 \to x_1' - x_1'', \quad x_2 \to x_2' - x_2''
$$

können wir das Problem standardmäßig mit der Zweiphasenmethode lösen. Dabei erkennt man, dass die sekundäre Zielfunktion jeweils schon im Startpunkt ihr Minimum 0 annimmt, der jedoch noch keine Ecke des ursprünglichen Polyeders ist. Wir führen also zunächst einen Simplexschritt aus, ohne die sekundäre Zielfunktion zu verbessern, um eine Startecke für das Simplexverfahren zu erreichen.

(a)
$$
\begin{array}{ccccccccc|c}
1 & -1 & 1 & -1 & 0 & -1 & 0 & 0 & 1 & 0 \\
1 & -1 & -1 & 1 & 1 & 0 & 1 & 0 & 0 & 2 \\
-1 & 1 & 5 & -5 & 3 & 0 & 0 & 1 & 0 & 6 \\
\hline
1 & -1 & 1 & -1 & 0 & -1 & 0 & 0 & 0 & 0 \\
\hline
1 & -1 & -2 & 2 & 1 & 0 & 0 & 0 & 0 & 0
\end{array}
$$

$$
\rightarrow
\begin{array}{ccccccccc|c}
1 & -1 & 1 & -1 & 0 & -1 & 0 & 0 & 1 & 0 \\
0 & 0 & -2 & 2 & 1 & 1 & 1 & 0 & -1 & 2 \\
0 & 0 & 6 & -6 & 3 & -1 & 0 & 1 & 1 & 6 \\
\hline
0 & 0 & 0 & 0 & 0 & 0 & 0 & 0 & -1 & 0 \\
\hline
0 & 0 & -3 & 3 & 1 & 1 & 0 & 0 & -1 & 0
\end{array}
$$

$$
\rightarrow
\begin{array}{cccccccc|c}
1 & -1 & 1 & -1 & 0 & -1 & 0 & 0 & 0 \\
0 & 0 & -2 & 2 & 1 & 1 & 1 & 0 & 2 \\
0 & 0 & 6 & -6 & 3 & -1 & 0 & 1 & 6 \\
\hline
0 & 0 & -3 & 3 & 1 & 1 & 0 & 0 & 0
\end{array}
$$

$$
\rightarrow
\begin{array}{cccccccc|c}
1 & -1 & 0 & 0 & 1/2 & -1/2 & 1/2 & 0 & 1 \\
0 & 0 & -1 & 1 & 1/2 & 1/2 & 1/2 & 0 & 1 \\
0 & 0 & 0 & 0 & 6 & 2 & 3 & 1 & 12 \\
\hline
0 & 0 & 0 & 0 & -1/2 & -1/2 & -3/2 & 0 & -3
\end{array}\ .
$$

Die Optimalitätsbedingung ist erfüllt, nach Rücksubstitution erhält man die optimale Lösung $x^* = (1, -1, 0)^T$ mit dem Optimum $z(x^*) = 3$.

(b)
$$
\begin{array}{ccccccccc|c}
1 & -1 & 1 & -1 & 0 & -1 & 0 & 0 & 1 & 0 \\
1 & -1 & -1 & 1 & 1 & 0 & 1 & 0 & 0 & 2 \\
-1 & 1 & 5 & -5 & 3 & 0 & 0 & 1 & 0 & 6 \\
\hline
1 & -1 & 1 & -1 & 0 & -1 & 0 & 0 & 0 & 0 \\
\hline
1 & -1 & -1 & 1 & 2 & 0 & 0 & 0 & 0 & 0
\end{array}
$$

$$
\rightarrow
\begin{array}{ccccccccc|c}
1 & -1 & 1 & -1 & 0 & -1 & 0 & 0 & 1 & 0 \\
0 & 0 & -2 & 2 & 1 & 1 & 1 & 0 & -1 & 2 \\
0 & 0 & 6 & -6 & 3 & -1 & 0 & 1 & 1 & 6 \\
\hline
0 & 0 & 0 & 0 & 0 & 0 & 0 & 0 & -1 & 0 \\
\hline
0 & 0 & -2 & 2 & 2 & 1 & 0 & 0 & -1 & 0
\end{array}
$$

$$
\rightarrow
\begin{array}{cccccccc|c}
1 & -1 & 1 & -1 & 0 & -1 & 0 & 0 & 0 \\
0 & 0 & -2 & 2 & 1 & 1 & 1 & 0 & 2 \\
0 & 0 & 6 & -6 & 3 & -1 & 0 & 1 & 6 \\
\hline
0 & 0 & -2 & 2 & 2 & 1 & 0 & 0 & 0
\end{array}
$$

$$
\rightarrow
\begin{array}{cccccccc|c}
1 & -1 & 0 & 0 & 1/2 & -1/2 & 1/2 & 0 & 1 \\
0 & 0 & -1 & 1 & 1/2 & 1/2 & 1/2 & 0 & 1 \\
0 & 0 & 0 & 0 & 6 & 2 & 3 & 1 & 12 \\
\hline
0 & 0 & 0 & 0 & 1 & 0 & -1 & 0 & -2
\end{array}\ .
$$

Hier haben wir die wegen $1/\frac{1}{2} = 12/6$ freie Wahl für die Pivotzeile. Nach kurzem Überlegen fällt unsere Wahl auf die dritte Zeile (man überlege sich, wie die jeweilige Pivotzeilenwahl die folgenden Zielfunktionskoeffizienten beeinflusst).

$$
\rightarrow
\begin{array}{cccccccc|c}
1 & -1 & 0 & 0 & 0 & -2/3 & 1/4 & -1/12 & 0 \\
0 & 0 & -1 & 1 & 0 & 1/6 & 1/4 & -1/12 & 0 \\
0 & 0 & 0 & 0 & 1 & 1/3 & 1/2 & 1/6 & 2 \\
\hline
0 & 0 & 0 & 0 & 0 & -1/3 & -3/2 & -1/6 & -4
\end{array}\ .
$$

Hier kann man ablesen, dass nach Rücksubstitution das Optimum $z(x^*) = 4$ im Punkt $(0, 0, 2)^T$ des Polyeders erreicht wird.

10.5   Wir benutzen die Zweiphasenmethode. In der ersten Phase bestimmen wir eine Startecke. In der zweiten Phase laufen wir mit nicht weiter konkretisierter Zielfunktion durch alle Ecken des Polyeders und überlegen uns jeweils, für welche Werte von c dort die Optimalitätsbedingung erfüllt ist:

Wir beginnen mit Phase 1. Zwei Simplexschritte liefern uns eine erste Ecke des Polyeders:

$$
\begin{array}{ccccccc|c}
1 & 2 & -1 & 0 & 0 & 1 & 0 & 4 \\
1 & 1 & 0 & -1 & 0 & 0 & 1 & 3 \\
-1 & 1 & 0 & 0 & 1 & 0 & 0 & 1 \\
\hline
2 & 3 & -1 & -1 & 0 & 0 & 0 & 7 \\
\hline
c_1 & c_2 & 0 & 0 & 0 & 0 & 0 & 0
\end{array}
$$

$$
\rightarrow
\begin{array}{ccccccc|c}
0 & 1 & -1 & 1 & 0 & 1 & -1 & 1 \\
1 & 1 & 0 & -1 & 0 & 0 & 1 & 3 \\
0 & 2 & 0 & -1 & 1 & 0 & 1 & 4 \\
\hline
0 & 1 & -1 & 1 & 0 & 0 & -2 & 1 \\
\hline
0 & c_2 - c_1 & 0 & c_1 & 0 & 0 & -c_1 & -3c_1
\end{array}
$$

$$
\rightarrow
\begin{array}{ccccccc|c}
0 & 1 & -1 & 1 & 0 & 1 & -1 & 1 \\
1 & 0 & 1 & -2 & 0 & -1 & 2 & 2 \\
0 & 0 & 2 & -3 & 1 & -2 & 3 & 2 \\
\hline
0 & 0 & 0 & 0 & 0 & -1 & -1 & 0 \\
\hline
0 & 0 & c_2 - c_1 & 2c_1 - c_2 & 0 & c_1 - c_2 & 2c_2 - c_1 & -2c_1 - c_2
\end{array}\ .
$$

Durch Streichen der Zeile zur sekundären Zielfunktion und der Spalten zu den künstlichen Variablen erhalten wir das Simplextableau in der Ecke $(2, 1)^T$ des Polyeders:

$$
\begin{array}{ccccc|c}
0 & 1 & -1 & 1 & 0 & 1 \\
1 & 0 & 1 & -2 & 0 & 2 \\
0 & 0 & 2 & -3 & 1 & 2 \\
\hline
0 & 0 & c_2 - c_1 & 2c_1 - c_2 & 0 & -2c_1 - c_2
\end{array}\ .
$$

Die Zielfunktionskoeffizienten sind in dieser Ecke genau dann alle nichtpositiv, wenn $c_2 - c_1 \leq 0$ und $2c_1 - c_2 \leq 0$. In diesem Fall ist also $x^* = (2, 1)^T$ eine optimale Lösung. Wir benutzen nun zunächst die vierte Spalte als Pivotspalte und gelangen so in die nächste Ecke.

$$
\begin{array}{ccccc|c}
0 & 1 & -1 & 1 & 0 & 1 \\
1 & 0 & 1 & -2 & 0 & 2 \\
0 & 0 & 2 & -3 & 1 & 2 \\
\hline
0 & 0 & c_2 - c_1 & 2c_1 - c_2 & 0 & -2c_1 - c_2
\end{array}
$$

$$
\rightarrow
\begin{array}{ccccc|c}
0 & 1 & -1 & 1 & 0 & 1 \\
1 & 2 & -1 & 0 & 0 & 4 \\
0 & 3 & -1 & 0 & 1 & 5 \\
\hline
0 & c_2 - 2c_1 & c_1 & 0 & 0 & -4c_1
\end{array}\ .
$$

Wir sind in der Ecke $(4, 0)^T$ gelandet. Diese Ecke ist optimal, falls $c_2 - 2c_1 \leq 0$ und $c_1 \leq 0$. Die dritte Spalte führt uns als Pivotspalte ins Unendliche, da die Engpassbedingung hier nicht erfüllt werden kann. Ist also $c_1 > 0$, so lässt sich die Zielfunktion entlang dieser Kante beliebig verbessern. Die zweite Spalte führt uns demnach als einzig verbliebene Pivotspalte zurück in die Ecke $(2, 1)^T$. Da wir schon zuvor ein Simplextableau für diese Ecke aufgestellt haben, verwenden wir dieses erneut und wandern nun durch Wahl der dritten Spalte als Pivotspalte eine Ecke weiter.

$$
\begin{array}{ccccc|c}
0 & 1 & -1 & 1 & 0 & 1 \\
1 & 0 & 1 & -2 & 0 & 2 \\
0 & 0 & 2 & -3 & 1 & 2 \\
\hline
0 & 0 & c_2 - c_1 & 2c_1 - c_2 & 0 & -2c_1 - c_2 \\
\end{array}
$$

$$
\begin{array}{ccccc|c}
0 & 1 & 0 & -1/2 & 1/2 & 2 \\
1 & 0 & 0 & -1/2 & -1/2 & 1 \\
0 & 0 & 1 & -3/2 & 1/2 & 1 \\
\hline
0 & 0 & 0 & \frac{1}{2}(c_1 + c_2) & \frac{1}{2}(c_1 - c_2) & -c_1 - 2c_2 \\
\end{array}
$$

Die hierzu passende Ecke $(1, 2)^T$ erfüllt die Optimalitätsbedingung genau dann, wenn $c_1 + c_2 \leq 0$ und $c_1 - c_2 \leq 0$.

Da die vierte Spalte uns wieder ins Undendliche führt, ist die Zielfunktion im Fall $c_1 + c_2 > 0$ unbeschränkt.

Würden wir die fünfte Spalte zur Pivotspalte machen, kämen wir notwendigerweise wieder zur Ecke $(2, 1)^T$ zurück – wir haben also sämtliche Ecken des Polyeders ausfindig gemacht. Zusammenfassend können wir die Frage nach den Ecken und den zugehörigen Optimalitätsbedingungen folgendermaßen beantworten:

$$
\begin{aligned}
(4, 0)^T \text{ optimal}, \quad &\text{falls } c_2 - 2c_1 \leq 0 \text{ und } c_1 \leq 0, \\
(2, 1)^T \text{ optimal}, \quad &\text{falls } c_2 - c_1 \leq 0 \text{ und } 2c_1 - c_2 \leq 0, \\
(1, 2)^T \text{ optimal}, \quad &\text{falls } c_1 + c_2 \leq 0 \text{ und } c_1 - c_2 \leq 0.
\end{aligned}
$$

Ist keine dieser Bedingungen an c erfüllt, das heißt ist $c_1 + c_2 > 0$ oder $c_1 > 0$, so ist die Zielfunktion auf dem Zulässigkeitsbereich unbeschränkt.

Anwendungsaufgaben

10.6 Gesucht ist das Minimum der Funktion $z = 30x_1 + 20x_2$ unter den Nebenbedingungen

$$
\begin{aligned}
2x_1 + x_2 &\geq 16 \\
x_1 + 3x_2 &\geq 7 \\
2x_1 + 6x_2 &\geq 30 \\
x_1, x_2 &\geq 0.
\end{aligned}
$$

Da die zweite der drei Ungleichungen offensichtlich für alle Punkte, die die dritte Ungleichung erfüllen selbst erfüllt ist, ist sie redundant. Wir können sie beim Bestimmen der Lösung des Problems außer Acht lassen. Die Nebenbedingungen sind also äquivalent zu

$$
\begin{aligned}
2x_1 + x_2 &\geq 16 \\
x_1 + 3x_2 &\geq 15 \\
x_1, x_2 &\geq 0.
\end{aligned}
$$

Wie immer formulieren wir das Problem noch als Maximierungsproblem, indem wir die Funktion $z' = -z = -30x_1 - 20x_2$ betrachten. Nach Einführen der Schlupf- und künstlichen Variablen erhalten wir als erstes Simplextableau für die Zweiphasenmethode

$$
\begin{array}{cccccc|c}
2 & 1 & -1 & 0 & 1 & 0 & 16 \\
1 & 3 & 0 & -1 & 0 & 1 & 15 \\
\hline
3 & 4 & -1 & -1 & 0 & 0 & 31 \\
-30 & -20 & 0 & 0 & 0 & 0 & 0 \\
\end{array}
$$

Nach den zwei Simplexschritten

$$
\rightarrow
\begin{array}{cccccc|c}
1 & 1/2 & -1/2 & 0 & 1/2 & 0 & 8 \\
0 & 5/2 & 1/2 & -1 & -1/2 & 1 & 7 \\
\hline
0 & 5/2 & 1/2 & -1 & -3/2 & 0 & 7 \\
0 & -5 & -15 & 0 & 15 & 0 & 240 \\
\end{array}
$$

$$
\rightarrow
\begin{array}{cccccc|c}
1 & 0 & -3/5 & 1/5 & 3/5 & -1/5 & 33/5 \\
0 & 1 & 1/5 & -2/5 & -1/5 & 2/5 & 14/5 \\
\hline
0 & 0 & 0 & 0 & -1 & -1 & 0 \\
0 & 0 & -14 & -2 & 14 & 2 & 254 \\
\end{array}
$$

erhalten wir $(33/5, 14/5)^T$ als zulässigen Punkt. Da das Optimalitätskriterium schon erfüllt ist, haben wir die optimale Ecke $x^* = (33/5, 14/5)^T$ damit bereits gefunden. Der zugehörige Zielfunktionswert ist $z(x^*) = -z'(x^*) = 254$. Im Sinne der Aufgabenstellung bedeutet das, dass bei einer täglichen Ration von 660 Gramm des Lebensmittels L_1 und 280 Gramm des Lebensmittels L_2 die Minimalausgaben von $2,54$ Euro täglich erreicht werden.

10.7 (a) Bezeichnen x_1 und x_2 die Anzahl der produzierten Produkte P_1 und P_2, so erhalten wir aus den Kapazitätsgrenzen für die Rohstoffe und den Absatzschranken folgende Nebenbedingungen,

$$
\begin{aligned}
4x_1 + x_2 &\leq 300 \\
x_1 + x_2 &\leq 100 \\
x_1 &\geq 50 \\
x_2 &\leq 100 \\
x_2 &\geq 0,
\end{aligned}
$$

die nach der Substitution $x_1 \rightarrow x_1' + 50$ in die Ungleichungen

$$
\begin{aligned}
4x_1' + x_2 &\leq 100 \\
x_1' + x_2 &\leq 50 \\
x_1' &\geq 0 \\
x_2 &\leq 100 \\
x_2 &\geq 0
\end{aligned}
$$

übergehen. Um die Zielfunktion zu bestimmen, betrachten wir die erzielten Verkaufserlöse abzüglich der Preise, für die in der Produktion benötigten Rohstoffe und der Fixkosten:

$$
\begin{aligned}
z &= (510 - 4 \cdot 60 - 90 - 2 \cdot 40)x_1 \\
&\quad + (510 - 60 - 90 - 4 \cdot 40)x_2 - 13.000 \\
&= 100x_1 + 200x_2 - 130.000 \\
&= 100x_1' + 200x_2 - 8000.
\end{aligned}
$$

Wir haben also ist ein lineares Optimierungsproblem in Standardform, das wir mit der Simplexmethode lösen.

$$\begin{array}{cccc|c}
4 & 1 & 1 & 0 & 0 & 100 \\
1 & \mathbf{1} & 0 & 1 & 0 & 50 \\
0 & 1 & 0 & 0 & 1 & 100 \\
\hline
100 & 200 & 0 & 0 & 0 & 8000
\end{array}$$

$$\rightarrow \begin{array}{cccc|c}
3 & 0 & 1 & -1 & 0 & 50 \\
1 & 1 & 0 & 1 & 0 & 50 \\
-1 & 0 & 0 & -1 & 1 & 50 \\
\hline
-100 & 0 & 0 & -200 & 0 & -2000
\end{array} \, .$$

Das Optimalitätskriterium ist erfüllt, die zugehörige Ecke $\boldsymbol{x}^* = (0, 50)^T$ also die optimale Lösung der Zielfunktion z. Der Betrieb sollte mithin je 50 Einheiten der Produkte P_1 und P_2 herstellen um den optimalen Gewinn von 2000 Euro monatlich zu erwirtschaften (Rücksubstitution beachten!).

(b) Mit x_3 bezeichnen wir die vom neuen Zulieferer zusätzlich bezogenen Mengeneinheiten des Rohstoffes R_2. Damit ändern sich die Nebenbedingungen in

$$\begin{aligned}
4x_1' + x_2 & \leq 100 \\
x_1' + x_2 - x_3 & \leq 50 \\
x_2 & \leq 100 \\
x_3 & \leq 50 \\
x_1', x_2, x_3 & \geq 0 \, .
\end{aligned}$$

In der Zielfunktion tauchen nun zusätzlich noch die erhöhten Kosten für den Bezug der weiteren Einheiten von R_2 auf: Beim Verkauf eines mittels Rohstoffen vom neuen Zulieferer hergestellten Produktes verringert sich der Gewinn im Vergleich um 50 Euro.

$$z = 100 x_1' + 200 x_2 - 50 x_3 - 8000 \, .$$

Auch dieses Optimierungsproblem in Standardform lässt sich sofort mit dem Simplexalgorithmus lösen.

$$\begin{array}{ccccccc|c}
4 & 1 & 0 & 1 & 0 & 0 & 0 & 100 \\
1 & \mathbf{1} & -1 & 0 & 1 & 0 & 0 & 50 \\
0 & 1 & 0 & 0 & 0 & 1 & 0 & 100 \\
0 & 0 & 1 & 0 & 0 & 0 & 1 & 50 \\
\hline
100 & 200 & -50 & 0 & 0 & 0 & 0 & 8000
\end{array}$$

$$\rightarrow \begin{array}{ccccccc|c}
3 & 0 & \mathbf{1} & 1 & -1 & 0 & 0 & 50 \\
1 & 1 & -1 & 0 & 1 & 0 & 0 & 50 \\
-1 & 0 & 1 & 0 & -1 & 1 & 0 & 50 \\
0 & 0 & 1 & 0 & 0 & 0 & 1 & 50 \\
\hline
-100 & 0 & 150 & 0 & -200 & 0 & 0 & -2000
\end{array}$$

$$\rightarrow \begin{array}{ccccccc|c}
3 & 0 & 1 & 1 & -1 & 0 & 0 & 50 \\
4 & 1 & 0 & 1 & 0 & 0 & 0 & 100 \\
-4 & 0 & 0 & -1 & 0 & 1 & 0 & 0 \\
-3 & 0 & 0 & -1 & 1 & 0 & 1 & 0 \\
\hline
-550 & 0 & 0 & -150 & -50 & 0 & 0 & -2750
\end{array} \, .$$

Die Ecke $\boldsymbol{x}^* = (0, 100, 50)^T$ des zugehörigen Polyeders ist also optimal. Interpretiert man dieses Ergebnis nach der Rücksubstitution im Sinne der Aufgabenstellung erhält man folgendes Ergebnis: Der Betrieb sollte 50 Mengeneinheiten des Rohstoffes R_2 zusätzlich vom neuen Zulieferer beziehen und seine Produktion auf 50 Einheiten des Produktes P_1, sowie 100 Einheiten des Produktes P_2 umstellen. Dabei wird ein Gewinn von 2750 Euro monatlich erzielt.

10.8 In Tab. 10.7 sind die vier verschiedenen in Frage kommenden Schnittvarianten V_1, V_2, V_3 und V_4 und die zugehörigen Verschnitte aufgeführt.

Tab. 10.7 Schnittvarianten und entsprechende Verschnittbreite

Schnittvariante	V_1	V_2	V_3	V_4
Rollen der Breite 70 cm pro 2.5-m-Rolle	3	2	1	0
Rollen der Breite 80 cm pro 2.5-m-Rolle	0	1	2	3
Verschnittbreite in cm pro 2.5-m-Rolle	40	30	20	10

Bezeichnet x_i die Anzahl der nach Verfahren V_i bearbeiteten 2.5-m-Rollen, so erhalten wir die Nebenbedingungen

$$\begin{aligned}
3 x_1 + 2 x_2 + x_3 & \geq 120 \\
x_2 + 2 x_3 + 3 x_4 & \geq 90 \\
x_1, x_2, x_3, x_4 & \geq 0
\end{aligned}$$

Aufgabe ist es, den Verschnitt, d. h. die Zielfunktion

$$z = 40 x_1 + 30 x_2 + 20 x_3 + 10 x_4$$

zu minimieren. Wir führen wieder die dazu äquivalente Maximierung der Funktion $z' = -z$ durch. Nach dem Einführen von Schlupfvariablen und künstlichen Variablen lösen wir das Problem mit der Zweiphasenmethode. Dabei erhalten wir der Reihe nach die Simplextableaus

$$\begin{array}{cccccccc|c}
\mathbf{3} & 2 & 1 & 0 & -1 & 0 & 1 & 0 & 120 \\
0 & 1 & 2 & 3 & 0 & -1 & 0 & 1 & 90 \\
\hline
3 & 3 & 3 & 3 & -1 & -1 & 0 & 0 & 210 \\
\hline
-40 & -30 & -20 & -10 & 0 & 0 & 0 & 0 & 0
\end{array}$$

$$\rightarrow \begin{array}{cccccccc|c}
1 & \frac{2}{3} & \frac{1}{3} & 0 & -\frac{1}{3} & 0 & \frac{1}{3} & 0 & 40 \\
0 & 1 & 2 & \mathbf{3} & 0 & -1 & 0 & 1 & 90 \\
\hline
0 & 1 & 2 & 3 & 0 & -1 & -1 & 0 & 90 \\
\hline
0 & -\frac{10}{3} & -\frac{20}{3} & -10 & -\frac{40}{3} & 0 & \frac{40}{3} & 0 & 1600
\end{array}$$

$$\rightarrow \begin{array}{cccccccc|c}
1 & \frac{2}{3} & \frac{1}{3} & 0 & -\frac{1}{3} & 0 & \frac{1}{3} & 0 & 40 \\
0 & \frac{1}{3} & \frac{2}{3} & 1 & 0 & -\frac{1}{3} & 0 & \frac{1}{3} & 30 \\
\hline
0 & 0 & 0 & 0 & 0 & 0 & -1 & -1 & 0 \\
\hline
0 & 0 & 0 & 0 & -\frac{40}{3} & -\frac{10}{3} & \frac{40}{3} & \frac{10}{3} & 1900
\end{array} \, .$$

Im letzten Simplextableau erkennt man, dass die sekundäre Zielfunktion ihr Maximum 0 annimmt und man somit eine Ecke erreicht hat. Auch die primäre Zielfunktion ist hier optimal, das heißt die optimale Lösung ist $\boldsymbol{x}^* = (40, 0, 0, 30)^T$ mit dem Optimalwert $z(\boldsymbol{x}^*) = -z'(\boldsymbol{x}^*) = 1900$.

Der Fabrikant sollte also 40 Rollen nach Verfahren V_1 und 30 Rollen nach Verfahren V_4 zuschneiden (siehe Tab. 10.7). Die Verschnittbreite beträgt dann insgesamt 19 Meter.

10.9 Es bezeichne x_i den Anteil der Heizölsorte H_i an einem Kilogramm der Mischung. Damit erhalten wir die Bedingungen

$$
\begin{aligned}
8x_1 + 10x_2 + 10x_3 + 12x_4 &\geq 11 \\
6x_1 + 8x_2 + 10x_3 + 8x_4 &\leq 8 \\
x_1 + x_2 + x_3 + x_4 &= 1 \\
x_1, x_2, x_3, x_4 &\geq 0
\end{aligned}
$$

Zu minimieren ist der Preis pro Kilogramm, d. h. die Zielfunktion

$$z = 30x_1 + 40x_2 + 20x_3 + 50x_4.$$

Äquivalent dazu maximieren wir $z' = -z$ mit Hilfe der Zweiphasenmethode.

$$
\begin{array}{rrrrrrrr|r}
8 & 10 & 10 & 12 & -1 & 0 & 1 & 0 & 11 \\
6 & 8 & 10 & 8 & 0 & 1 & 0 & 0 & 8 \\
\mathbf{1} & 1 & 1 & 1 & 0 & 0 & 0 & 1 & 1 \\
\hline
9 & 11 & 11 & 13 & -1 & 1 & 0 & 0 & 12 \\
\hline
-30 & -40 & -20 & -50 & 0 & 0 & 0 & 0 & 0
\end{array}
$$

$$
\rightarrow
\begin{array}{rrrrrrrr|r}
0 & 2 & 2 & \mathbf{4} & -1 & 0 & 1 & -8 & 3 \\
0 & 2 & 4 & 2 & 0 & 1 & 0 & -6 & 2 \\
1 & 1 & 1 & 1 & 0 & 0 & 0 & 1 & 1 \\
\hline
0 & 2 & 2 & 4 & -1 & 1 & 0 & -9 & 3 \\
\hline
0 & -10 & 10 & -20 & 0 & 0 & 0 & 30 & 30
\end{array}
$$

$$
\rightarrow
\begin{array}{rrrrrrrr|r}
0 & 1/2 & 1/2 & 1 & -1/4 & 0 & 1/4 & -2 & 3/4 \\
0 & 1 & 3 & 0 & 1/2 & 1 & -1/2 & -2 & 1/2 \\
1 & 1/2 & 1/2 & 0 & 1/4 & 0 & -1/4 & 3 & 1/4 \\
\hline
0 & 0 & 0 & 0 & 0 & 0 & -1 & -1 & 0 \\
\hline
0 & 0 & 20 & 0 & -5 & 0 & 5 & -10 & 45
\end{array}
$$

$$
\rightarrow
\begin{array}{rrrrrr|r}
0 & 1/2 & 1/2 & 1 & -1/4 & 0 & 3/4 \\
0 & 1 & 3 & 0 & 1/2 & 1 & 1/2 \\
1 & 1/2 & 1/2 & 0 & 1/4 & 0 & 1/4 \\
\hline
0 & 0 & 20 & 0 & -5 & 0 & 45
\end{array}
$$

$$
\rightarrow
\begin{array}{rrrrrr|r}
0 & 1/3 & 0 & 1 & -1/3 & -1/6 & 2/3 \\
0 & 1/3 & 1 & 0 & 1/6 & 1/3 & 1/6 \\
1 & 1/3 & 0 & 0 & 1/6 & -1/6 & 1/6 \\
\hline
0 & -20/3 & 0 & 0 & -25/3 & -20/3 & 41\tfrac{2}{3}
\end{array}
\, .
$$

Das liefert uns $x^* = (1/6, 0, 1/6, 2/3)^T$ als optimale Ecke. Der Lieferant sollte das Heizöl somit zu je einem Sechstel aus den Sorten H_1 und H_3 und zu zwei Dritteln aus Sorte H_4 herstellen. Die Kosten dafür beliefen sich auf $41\tfrac{2}{3}$ Cent pro Kilogramm der Mischung.

Antworten der Selbstfragen

Antwort 1 Optimierungsprobleme, bei denen etwa nur Größergleichrelationen der Art $x_1 + x_2 \geq 0$, $x_1 \geq 0$, $x_2 \geq 0$ oder Ähnliches unter den Nebenbedingungen auftaucht.

Antwort 2 Weil die Zielfunktion *linear* ist.

Antwort 3

$$
\begin{array}{cccc|c}
0 & -3/2 & 1 & \mathbf{1/2} & 3 \\
1 & -1/2 & 0 & -1/2 & 1 \\
\hline
0 & 3/2 & 0 & 1/2 & -1
\end{array}
\rightarrow
$$

$$
\begin{array}{cccc|c}
0 & -3 & 2 & 1 & 6 \\
1 & -2 & 1 & 0 & 4 \\
\hline
0 & 3 & -1 & 0 & -4
\end{array}
$$

– also wieder das gleiche, nur von einer anderen Ecke aus betrachtet.

Funktionen mehrerer Variablen – Differenzieren im Raum (zu Kap. 24)

Warum sind die Komponenten den Jacobi-Matrix gerade die partiellen Ableitungen?

Wie gelangt man zum Satz von Taylor?

© Springer-Verlag GmbH Deutschland 2017

T. Arens et al., *Ergänzungen und Vertiefungen zu Arens et al., Mathematik*, DOI 10.1007/978-3-662-53585-1_11

In diesem Kapitel ist das Bonusmaterial zu Kapitel 24 aus dem Lehrbuch Arens et al. *Mathematik* zusammengestellt.

11.1 Beweise zur Bedeutung der partiellen Ableitungen

Wir haben im Haupttext gesehen, dass die Existenz der partiellen Ableitungen allein noch keine Aussagen über Differenzierbarkeit oder auch nur Stetigkeit einer Funktion erlaubt. Ist eine Funktion allerdings differenzierbar, so sind die Komponenten der Ableitungsmatrix (der Jacobi-Matrix) gerade die partiellen Ableitungen. Das wollen wir nun beweisen.

Beweis Ist eine Funktion f, $(G \subseteq \mathbb{R}^m) \to \mathbb{R}^n$ an der Stelle $\tilde{x}$ differenzierbar, so gibt es eine Matrix A mit

$$f(\tilde{x} + h) = f(\tilde{x}) + A\,h + r(h)\,,$$

wobei

$$\lim_{\|h\| \to 0} \frac{\|r(h)\|}{\|h\|} = 0$$

gilt. Wählen wir nun speziell h in Richtung eines der kartesischen Basisvektoren, $h = h\,e_k$, so gilt für jede Komponente f_j von f

$$f_j(\tilde{x} + h\,e_k) = f_j(\tilde{x}) + A_{jk}\,h + r_j(h\,e_k)\,.$$

Umgeformt liest sich das als

$$\frac{f_j(\tilde{x} + h\,e_k) - f_j(\tilde{x})}{h} = A_{jk} + \frac{r_j(h\,e_k)}{h}\,.$$

Für $h \to 0$ verschwindet nach Voraussetzung der zweite Term auf der rechten Seite, die linke wird zur Definition der partiellen Ableitung nach x_k, und wir erhalten, wie behauptet,

$$A_{jk} = \left.\frac{\partial f_j}{\partial x_k}\right|_{\tilde{x}}.$$

Die Komponenten der Matrix A sind genau die entsprechenden partiellen Ableitungen. ∎

Aus bestimmten Eigenschaften der partiellen Ableitungen lassen sich auch durchaus Rückschlüsse auf das Verhalten der Funktion selbst ziehen. Konkret haben wir behauptet:

Stetigkeits- und Differenzierbarkeitskriterien

- Sind die partiellen Ableitungen einer Funktion f: $\mathbb{R}^n \to \mathbb{R}$ in einer Umgebung $U(p)$ eines Punktes p beschränkt, so ist f in p stetig.
- Sind die partiellen Ableitungen einer Funktion f: $\mathbb{R}^n \to \mathbb{R}$ in einer Umgebung $U(p)$ eines Punktes p stetig, so ist f in p differenzierbar.

Diese Zusammenhänge wollen wir nun beweisen

Beweis Der Übersichtlichkeit halber betrachten wir nur Funktionen $\mathbb{R}^2 \to \mathbb{R}$, der allgemeine Fall folgt völlig analog. Wir untersuchen dabei die Abweichung

$$\Delta f = f(p + h) - f(p)$$

des Funktionswerts an der Stelle $x = p + h$ von dem Wert an $x = p$ selbst. Diese Abweichung schreiben wir in der Form

$$\begin{aligned}\Delta f = {}&[f(p_1 + h_1,\, p_2 + h_2) - f(p_1,\, p_2 + h_2)] \\ &+ [f(p_1,\, p_2 + h_2) - f(p_1,\, p_2)]\,.\end{aligned}$$

Wir nehmen nun an, dass $h \neq 0$ ist (ansonsten ist nichts mehr zu beweisen), aber so klein, dass $p + h$ innerhalb einer Umgebung von p liegt, in der die partiellen Ableitungen von f existieren. In diesem Fall gilt für die Differenzen nach dem Mittelwertsatz der Differenzialrechnung

$$\begin{aligned}\Delta_1 :={}& f(p_1 + h_1,\, p_2 + h_2) - f(p_1,\, p_2 + h_2) \\ ={}& \left.\frac{\partial f}{\partial x_1}\right|_{(p_1 + \vartheta_1 h_1,\, p_2 + h_2)} h_1 \\ \Delta_2 :={}& f(p_1 + h_1,\, p_2 + h_2) - f(p_1,\, p_2 + h_2) \\ ={}& \left.\frac{\partial f}{\partial x_2}\right|_{(p_1,\, p_2 + \vartheta_2 h_2)} h_2\end{aligned}$$

mit Zahlen $\vartheta_1 \in (0,\, 1)$ und $\vartheta_2 \in (0,\, 1)$. Sind die partiellen Ableitungen beschränkt, so geht im Grenzfall $h \to 0$ auch $\Delta f = \Delta_1 + \Delta_2$ gegen Null, die Funktion ist stetig.

Nun schreiben wir die Differenzen Δ_i noch ein wenig um,

$$\begin{aligned}\Delta_1 ={}& \left.\frac{\partial f}{\partial x_1}\right|_{(p_1,\, p_2)} h_1 + \rho_1(h)\, h_1 \\ \Delta_2 ={}& \left.\frac{\partial f}{\partial x_1}\right|_{(p_1,\, p_2)} h_2 + \rho_2(h)\, h_2 \\ \rho_1 :={}& \left.\frac{\partial f}{\partial x_1}\right|_{(p_1 + \vartheta_1 h_1,\, p_2 + h_2)} - \left.\frac{\partial f}{\partial x_1}\right|_{(p_1,\, p_2)} \\ \rho_2 :={}& \left.\frac{\partial f}{\partial x_1}\right|_{(p_1,\, p_2 + \vartheta_2 h_2)} - \left.\frac{\partial f}{\partial x_1}\right|_{(p_1,\, p_2)}.\end{aligned}$$

Setzen wir

$$r(h) := \rho_1 + \rho_2\,,$$

so erhalten wir die Darstellung

$$\Delta f = \left.\frac{\partial f}{\partial x_1}\right|_{(p_1,\, p_2)} h_1 + \left.\frac{\partial f}{\partial x_1}\right|_{(p_1,\, p_2)} h_2 + r(h)\,.$$

Sind die partiellen Ableitungen stetig, so gehen für $h \to 0$ schon ρ_1 und ρ_2 gegen Null, r verschwindet von höherer als erster Ordnung und f ist differenzierbar. ∎

11.2 Herleitung des Satzes von Taylor

Wie schon im Eindimensionalen erlaubt der Satz von Taylor auch im Mehrdimensionalen die Approximation hinreichend oft differenzierbarer Funktionen durch Polynome. Das spielt sowohl bei der Gewinnung von Näherungsausdrücken als auch bei der Klassifikation von Extrema eine große Rolle.

Wir zeigen nun, wie sich der mehrdimensionale Satz von Taylor aus dem eindimensionalen herleiten lässt. Das führen wir am Fall einer Funktion $\mathbb{R}^2 \to \mathbb{R}$ vor, die Verallgemeinerung liegt wiederum völlig auf der Hand.

Die Funktion f, die wir betrachten, soll auf einem Gebiet G aus C^{n+1} stammen, es sollen also alle partiellen Ableitungen bis zur $(n+1)$-ten Ordnung existieren und stetig sein. Die Entwicklungsmitte $\tilde{x}$ möge in G liegen, ebenso der Punkt $x = \tilde{x} + h$ und alle Zwischenpunkte $x = \tilde{x} + th$ mit $t \in (0, 1)$.

Wir definieren nun die Funktion φ, $[0, 1] \to \mathbb{R}$ mittels

$$\varphi(t) = f(\tilde{x} + th)$$

und erhalten für ihre Ableitung

$$\varphi'(t) = \left.\frac{\partial f}{\partial x_1}\right|_{\tilde{x}+th} h_1 + \left.\frac{\partial f}{\partial x_2}\right|_{\tilde{x}+th} h_2 .$$

Mit der Abkürzung $\partial_i = \frac{\partial}{\partial x_i}$ und der implizit vereinbarten Auswertung der Ableitung an der Stelle $x = \tilde{x} + th$ können wir das auch übersichtlicher als

$$\varphi'(t) = (h_1\,\partial_1 + h_2\,\partial_2)f$$

schreiben. Induktiv können wir sofort bestätigen, dass für höhere Ableitungen

$$\varphi^{(m)}(t) = (h_1\,\partial_1 + h_2\,\partial_2)^m f$$

gilt, solange $m \le n+1$ ist. Nun wenden wir den eindimensionalen Satz von Taylor auf die Funktion φ an. Diesem zufolge gibt es eine Zahl $\vartheta \in [0, 1]$, für die

$$\varphi(1) = \varphi(0) + \sum_{m=1}^{n} \frac{1}{m!}\varphi^{(m)}(0) + \frac{1}{(n+1)!}\varphi^{(n+1)}(\vartheta)$$

gilt. Der letzte Term ist dabei das entsprechende Restglied R_{n+1}, für das man wiederum verschiedene Darstellungen angeben kann. Einsetzen der Definition von φ und der Darstellung seiner Ableitungen ergibt

$$f(\tilde{x} + h) = \sum_{m=0}^{n} (h \cdot \nabla)^m f\big|_{\tilde{x}} + R_{n+1}(h) ,$$

also genau den mehrdimensionalen Satz von Taylor.

Man kann den Satz von Taylor auch auf Funktionen $\mathbb{R}^p \to \mathbb{R}^q$ erweitern. Für die zweite Ordnung erhält man so für eine C^2-Funktion die Darstellung

$$f(\tilde{x} + h) = f(\tilde{x}) + f'(\tilde{x})h + r(\tilde{x}, h)$$

mit der Jacobi-Matrix f' und den Restgliedkomponenten

$$r_j(\tilde{x}, h) = \sum_{k,l=1}^{p} \left(\int_0^1 \left.\frac{\partial^2 f_j}{\partial x_k\, \partial x_l}\right|_{\tilde{x}+th} (1-t)\,\mathrm{d}t \right) h_k\, h_l .$$

Beweis   Wir betrachten die Funktionen φ_j, $[0, 1] \to \mathbb{R}$,

$$\varphi_j(t) = f_j(\tilde{x} + th) ,$$

$j = 1, \ldots, q$. Durch partielle Integration kann man sofort beweisen, dass für eine zweimal stetig differenzierbare Funktion g

$$g(x_0 + h) = g(x_0) + g'(x_0)\,h + \int_{x_0}^{x_0+h} g''(x)\,(x_0 + h - x)\,\mathrm{d}x$$

gilt. Damit ist

$$f_j(\tilde{x} + h) = \varphi_j(1) = \varphi_j(0) + \varphi_j'(0) + \int_0^t \varphi_j''(t)\,(1-t)\,\mathrm{d}t .$$

Mit der Kettenregel erhält man

$$\varphi_j'(t) = \sum_{l=1}^{p} \left.\frac{\partial f_j}{\partial x_l}\right|_{\tilde{x}+th} h_l$$

$$\varphi_j''(t) = \sum_{k,l=1}^{p} \left.\frac{\partial^2 f_j}{\partial x_k\, \partial x_l}\right|_{\tilde{x}+th} h_k\, h_l$$

Das liefert oben eingesetzt genau die behauptete Form des Satzes von Taylor. ∎

Sind die partiellen Ableitungen zweiter Ordnung in einem Gebiet G, das $\tilde{x} + th$ für $t \in [0, 1]$ enthält, zudem beschränkt, so ergibt sich als weitere Abschätzung

$$\big|r_j(\tilde{x}, h)\big| \le \sum_{k,l=1}^{p} \left(\int_0^1 \sup_{x \in G} \left|\frac{\partial^2 f_j(x)}{\partial x_k\, \partial x_j}\right| (1-t)\,\mathrm{d}t \right) |h_k|\,|h_l|$$

$$= \frac{1}{2} \sum_{k,l=1}^{p} \sup_{x \in G} \left|\frac{\partial^2 f_j(x)}{\partial x_k\, \partial x_j}\right| |h_k|\,|h_l| ,$$

wobei wir ausgenutzt haben, dass sich das Supremum als Konstante aus dem Integral ziehen lässt und die verbleibende Integration elementar durchführbar ist.

Beispiel   Wir haben in den Übungen mit dem Satz von Taylor für $w = \sqrt[10]{(1.05)^9}$ als Näherungswert $w \approx 1.045$ gefunden.

Dieser liegt zwar nahe am exakten Wert – das konnten wir aber nur durch Vergleich mit diesem, also gewissermaßen *a posteriori* feststellen.

Wünschenswert wäre es, auch an dieser Stelle eine Fehlerabschätzung zur Verfügung zu haben. Mithilfe der zweiten Ableitungen können wir eine solche nun angeben. Zu $f(x, y) = x^y$ finden wir

$$f_{xx} = y(y-1)x^{y-2}$$
$$f_{xy} = x^{y-1} + y x^{y-1} \ln x$$
$$f_{yy} = x^y \ln^2 x$$

Ein Gebiet G, das alle relevanten Punkte enthält, wird zum Beispiel durch $0.9 - \varepsilon < x < 1.1 + \varepsilon$ und $0.9 - \varepsilon < y < 1.1 + \varepsilon$ mit beliebig kleinem Epsilon beschrieben. Da alle beteiligten Funktionen in G stetig sind, können wir das Supremum in G ersetzen durch das Maximum im (jetzt abgeschlossenen) Bereich $[0.9, 1.1] \times [0.9, 1.1]$.

Selbst dort ist eine genaue Bestimmung des Maximums allerdings immer noch aufwändig. Durch die Monotonieeigenschaften der beteiligten Funktionen können wir dieses Aufgabe allerdings wesentlich vereinfachen.

Wählen wir jede Summe als Summe von Absolutbeträgen und in jedem Produkt bei jedem Faktor $x = 0.9$ oder $x = 1.1$ bzw. $y = 0.9$ oder $y = 1.1$ so, dass der Absolutbetrag maximal wird, so haben wir zwar eine Abschätzung, die zwar möglicherweise recht grob ist, für unsere Zwecke aber ausreichend sein sollte.

Mit diesem Rezept erhalten wir

$$\sup_G |f_{xx}| \le 1.1 \cdot 0.1 \cdot 0.9^{1.1} < 0.123517\,,$$
$$\sup_G |f_{xy}| \le 0.9^{-0.1} + \left| 1.1 \cdot 0.9^{-0.1} \cdot \ln 0.9 \right| < 1.127716\,,$$
$$\sup_G |f_{yy}| \le 1.1^{1.1} \cdot \ln^2 0.9 < 0.012328$$

und für die Fehlerabschätzung

$$|r(\tilde{x}, h)| \le \frac{1}{2} \cdot 1.263561 \cdot 0.05 \cdot 0.1 \le 0.0032\,.$$

Damit können wir mit Sicherheit feststellen, dass

$$1.0418 \le w \le 1.0482$$

ist. Allerdings veranschlagt unsere grobe Abschätzung den Fehler in diesem Fall viel zu hoch, tatsächlich gilt $w = 1.04488\ldots$ ◀

Weitere Diskussionen des Satzes von Taylor und der Restgliedabschätzung finden sich beispielsweise im zweiten Teil von Harro Heusers *Lehrbuch der Analysis*.

11.3 Variablentransformationen und festgehaltene Variablen

Bei unseren bisherigen Betrachtungen von partiellen Ableitungen war die Ausgangslage vergleichsweise einfach: Wir hatten eine Funktion f vorliegen, die von mehreren Variablen x_1 bis x_n abhängig war. Die partielle Ableitung nach einer Variable x_i bedeutete, dass alle anderen Variablen festgehalten wurden und die Änderung der Funktion in Abhängigkeit von der Variable x_i bestimmt wurde.

Nun ist es im Mehrdimensionalen aber so, dass durchaus nicht immer die vorgegebenen Koordinaten die besten sind, um ein Problem tatsächlich zu lösen. Im Zweidimensionalen erweisen sich Polarkoordinaten immer wieder als sinnvoll, im Dreidimensionalen Zylinder- und Kugelkoordinaten, für manche Probleme auch durchaus noch exotischere Koordinatensysteme.

Bei einem vollständigen Wechsel auf ein neues Koordinatensystem, so wie wir ihn ja wiederholt ausgeführt haben, gibt es beim Formalismus der partiellen Ableitungen keine Schwierigkeiten. Manchmal ist es jedoch sinnvoll, unterschiedliche Koordinatensysteme flexibler zu handhaben.

Unter den Anwendungen, in denen das wichtig ist, sticht vor allem die Thermodynamik hervor. Dort kann es sinnvoll sein, ein System etwa durch Druck und Temperatur, Druck und Dichte, Temperatur und Volumen oder noch andere Kombinationen von Zustandsgrößen zu beschreiben und je nach untersuchtem Prozess unterschiedliche Größen festzuhalten, während sich andere verändern.

Anwendungsbeispiel Die molare Wärmekapazität C gibt an, über welche Wärmespeicherfähigkeit ein Stoff verfügt, d. h. welche Änderung der gespeicherten Wärme Q mit welcher Änderung der Temperatur T verbunden ist, $C = \frac{\Delta Q}{\Delta T}$. (Man beachte, dass diese Definition invers zu jener ist, die die physikalische Prozessführung nahelegen würde: Man entzieht dem Stoff Wärme oder führt sie ihm zu, dadurch ändert sich sich Temperatur.)

Insbesondere bei Gasen hängt die Wärmekapazität wesentlich von äußeren Rahmenbedingungen ab. Typischerweise betrachtet man meist die Wärmekapazität C_p bei konstantem Druck und jene C_V bei konstantem Volumen. Es ist einleuchtend, dass die Wärmekapazität bei konstantem Druck größer ist als bei konstantem Volumen, da bei $p = $ const ein Teil der zugeführten Wärme zu einer Volumenvergrößerung führt und entsprechend der Anstieg der Temperatur kleiner ist. ◀

In einem solchen Fall muss man klarstellen und sehr genau kennzeichnen, welche Größen beim Bilden einer partiellen Ableitung festgehalten werden. Das geschieht meist durch Einklammern der Ableitung und tiefgestellter Aufzählung der festgehaltenen Größen. Statt einfach $\frac{\partial f}{x_i}$ schreibt man dann

$$\left(\frac{\partial f}{\partial x_i} \right)_{x_1, \ldots, x_{i-1}, x_{i+1}, \ldots, x_n}.$$

Diese Akribie ist insbesondere dann erforderlich, wenn – wie in den Anwendungen sehr oft gemacht – die Funktion immer mit dem gleichen Symbol gekennzeichnet wird, auch wenn sie ganz oder teilweise von neuen Koordinaten abhängt. Diese Schreibweise ist aus mathematischer Sicht etwas schlampig (weil unterschiedliche funktionale Zusammenhänge das gleiche Symbol erhalten), aber zugleich aus der Anwendung heraus plausibel (weil es ja immer die gleiche physikalische Größe ist, mit der man hantiert). Auf jeden Fall ist sie so gebräuchlich, dass wir sie nicht ignorieren wollen und daher im Folgenden ebenfalls verwenden.

Beispiel   Um uns an diesen Themenkomplex heranzutasten, betrachten wir die Funktion

$$f : \mathbb{R}^2 \to \mathbb{R}, \quad f(x, y) = x^2 - y^2,$$

wobei einerseits kartesische Koordinaten, andererseits Polarkoordinaten verwendet werden. Wir benutzen für die Funktion stets das Symbol f, egal welche Koordinaten gerade verwendet werden, d. h., wir schreiben auch

$$f(r, \varphi) = r^2(\cos^2 \varphi - \sin^2 \varphi) = r^2 \cos(2\varphi).$$

Wir kennen bereits die partiellen Ableitungen

$$\left(\frac{\partial f}{\partial x}\right)_y = 2x,$$

$$\left(\frac{\partial f}{\partial y}\right)_x = -2y,$$

$$\left(\frac{\partial f}{\partial r}\right)_\varphi = 2r\cos(2\varphi),$$

$$\left(\frac{\partial f}{\partial \varphi}\right)_r = -2r^2\sin(2\varphi).$$

Was erhält man aber beispielweise für $\left(\frac{\partial f}{\partial x}\right)_r$, also die partielle Ableitung nach der kartesischen Koordinate $x = x_1$, während aber nicht $y = x_2$, sondern der Abstand r zum Ursprung konstant gehalten wird?

Um diesen Ausdruck zu berechnen, führen wir eine Koordinatentransformation auf x und r aus, denn nur von diesen beiden Variablen ist klar, was mit ihnen geschehen soll. (Nach der einen wird abgeleitet, die andere wird konstant gehalten.) Alle anderen Variablen müssen durch diese beiden ausgedrückt werden.

Benutzen wir die Gleichung $r^2 = x^2 + y^2$ und setzen $y^2 = r^2 - x^2$ in die kartesische Darstellung der Funktion ein, so erhalten wir $f(x, r) = 2x^2 - r^2$ und damit

$$\left(\frac{\partial f}{\partial x}\right)_r = 4x.$$

Es ist also offensichtlich $\left(\frac{\partial f}{\partial x}\right)_r \neq \left(\frac{\partial f}{\partial x}\right)_y$. Entsprechend hat „partielle Ableitung nach x" nur dann eine wohldefinierte Bedeutung, wenn klar ist, welche Variable festgehalten wird. ◀

Hat man zur Beschreibung einer Funktion f zwei Sätze an Variablen $(x_1, \ldots, x_n)$ und $(u_1, \ldots, u_n)$ zur Verfügung und benötigt die partielle Ableitung nach einer bestimmten Variable, während manche Variablen des einen und manche des anderen Satzes festgehalten werden sollen, so geht man, wie bereits im Beispiel illustriert wurde, folgendermaßen vor:

Man drückt die Funktion nur durch jene Variablen aus, deren Status klar ist, d. h. durch jene Variable, nach der abgeleitet werden soll, und durch jene, die festgehalten werden sollen. Hat man das geschafft, so kann man die gesuchte partielle Ableitung wie gehabt berechnen.

Verschiedene Variablensätze $(x_1, \ldots, x_n)$ und $(u_1, \ldots, u_n)$ sind prinzipiell gleichwertig, sofern eine in beide Richtungen eindeutige Umrechung des einen Satzes in den anderen möglich ist, d. h. wenn die Jacobi-Matrix $\frac{\partial(u_1, \ldots, u_n)}{\partial(x_1, \ldots, x_n)}$ (und damit auch ihre Inverse $\frac{\partial(x_1, \ldots, x_n)}{\partial(u_1, \ldots, u_n)}$) regulär ist. Praktisch kann es durchaus sein, dass ein bestimmter Variablensatz für die Behandlung eines Problems wesentlich besser geeignet ist als ein anderer.

Anwendungsbeispiel   Der thermodynamische Zustand von flüssigem Wasser lässt sich durch Druck p und Temperatur T beschreiben, ebenso gut kann man statt der Temperatur aber auch die Enthalpie H verwenden. (Die Enthalpie ist die Summe von innerer Energie U und Druckenergie pV; sie ist eine Größe, die besonders in Chemie und Verfahrenstechnik intensiv verwendet wird.)

Das ist möglich, weil die Enthalpie für konstanten Druck eine streng monoton wachsende Funktion der Temperatur ist. Wegen $\left(\frac{\partial H}{\partial T}\right)_p \neq 0$ ist die Jacobi-Matrix $\frac{\partial(p, H)}{\partial(p, T)}$ regulär.

Will man allerdings zusätzlich Phasenübergänge, etwa das Gefrieren oder Verdampfen des Wassers, beschreiben, sind die Variablen nicht mehr gleichwertig. Am Phasenübergang ändert sich die Temperatur des Wassers trotz der Zu- oder Abfuhr von Wärme nicht. Wegen $\left(\frac{\partial T}{\partial H}\right)_p = 0$ ist eine Jacobi-Matrix singulär, die andere undefiniert; die beiden Variablensätze sind nicht mehr gleichwertig.

Die Enthalpie erlaubt hier eine vollständige Charakterisierung des thermodynamischen Zustands, die Temperatur enthält in diesem Fall hingegen keine ausreichende Information, sondern ist erst dann wieder sinnvoll zur Beschreibung des Systems, wenn das gesamte Wasser gefroren oder verdampft ist.

Doch auch im flüssigen Zustand weist Wasser eine Besonderheit auf, die sogenannte *Anomalie*. Während für die meisten Stoffe bei konstantem Druck die Dichte ρ eine streng monoton fallende Funktion der Temperatur ist, hat Wasser (bei Standard-Druck) die größte Dichte bei 4°C. Es gibt ein Dichtemaximum mit $\left(\frac{\partial \rho}{\partial T}\right)_p = 0$; die Jacobi-Matrix $\frac{\partial(p, \rho)}{\partial(p, T)}$ ist dort singulär.

Der Wechsel zwischen den Variablensätzen (p, T) und (p, ρ) ist demnach nicht mehr eindeutig möglich. Zu einem Paar (p, ρ) können zwei Temperaturwerte in Frage kommen. Entsprechend sind Druck und Dichte, mit denen sich üblicherweise der Zustand eines Stoffes eindeutig beschreiben lässt, hier nicht mehr ausreichend. ◀

Oft – wiederum besonders häufig in der Thermodynamik – werden wichtige Größen direkt als neue Koordinaten benutzt. Anders gesagt, die Variablen, die zur Beschreibung des Systems verwendet werden, sind zugleich auch die Funktionen, die im Mittelpunkt des Interesses stehen. Aus den verschiedenen Darstellungen des gleichen Systems mit unterschiedlichen Variablen ergeben sich so auch interessante Zusammenhänge zwischen den Größen.

Anwendungsbeispiel In der Thermodynamik gibt es einige Größen, die nur vom Zustand eines Systems abhängen, aber nicht vom Weg, auf dem dieser Zustand erreicht wurde. Das ist weitgehend analog zum Fall des *Potenzials* eines Vektorfelds, wie es in Abschn. 27.1 des Hauptbuches diskutiert wird. Daher nennt man diese Größen *thermodynamische Potenziale*.

Manche dieser Potenziale erfordern bei ihrer Einführung gewisse Kunstgriffe. So zeigt sich, dass die Wärme Q kein thermodynamisches Potenzial ist. Das deutet man in der Notation an, indem das Differenzial als δQ statt als dQ geschrieben wird. In Anlehnung an die Begriffe der Abschn. 24.4 und 27.3 des Hauptbuches nennt man ein solches Differenzial *nicht exakt*.

Man kann aber einen integrierenden Faktor finden, durch den das Differenzial der (reversibel zu- oder abgeführten) Wärme exakt wird. Dieser Faktor ist gerade der Kehrwert der absoluten Temperatur T. Die neue Größe S, deren Differenzial über

$$\mathrm{d}S = \frac{1}{T}\,\delta Q_{\text{reversibel}}$$

definiert wird, ist ein thermodynamisches Potenzial, nämlich die *Entropie*.

Jedes der thermodynamischen Potenziale lässt sich auf besonders klare Weise als Funktion von sogenannten „natürlichen Variablen" ausdrücken. Während sich die innere Energie U am „natürlichsten" durch Entropie S und Volumen V beschreiben lässt, ist es für die Enthalpie H „natürlich", statt des Volumens den Druck p zu benutzen.

Viele Größen lassen sich als Ableitung eines thermodynamischen Potenzials nach einer natürlichen Variable darstellen, wobei jeweils die anderen natürlichen Variablen festgehalten werden. So gilt beispielsweise gemäß erstem Hauptsatz der Thermodynamik

$$\mathrm{d}U = T\,\mathrm{d}S - p\,\mathrm{d}V\,.$$

Aufgrund der Rechenregeln für das totale Differenzial gilt aber auch

$$\mathrm{d}U = \left(\frac{\partial U}{\partial S}\right)_V \mathrm{d}S + \left(\frac{\partial U}{\partial V}\right)_S \mathrm{d}V\,.$$

Entsprechend kann man sofort

$$T = \left(\frac{\partial U}{\partial S}\right)_V \quad \text{und} \quad p = -\left(\frac{\partial U}{\partial V}\right)_S$$

ablesen. Analoge Beziehungen lassen sich auch für die anderen Potenziale gewinnen.

Mit dem Satz von Schwarz kann man unter der Annahme, dass die thermodynamischen Größen zumindest zweimal stetig differenzierbar sind, Beziehungen zwischen verschiedenen Ableitungen herstellen, die *Maxwell-Relationen*. So gilt beispielsweise

$$\left(\frac{\partial T}{\partial V}\right)_S = \frac{\partial}{\partial V}\left(\frac{\partial U}{\partial S}\right)_V = \frac{\partial}{\partial S}\left(\frac{\partial U}{\partial V}\right)_S = -\left(\frac{\partial p}{\partial S}\right)_V\,,$$

wobei bei jeder partiellen Ableitung die jeweils andere natürliche Variable festgehalten wird. ◄

Wenn die Rolle von, wie man oft sagt, abhängigen und unabhängigen Variablen je nach Situation vertauscht wird, gibt es diverse nützliche Zusammenhänge, die man aus den Rechenregeln für das totale Differenzial, der mehrdimensionalen Kettenregel und, wie auch schon im Hauptbuch kurz diskutiert, dem Hauptsatz über implizite Funktionen erhält.

Der Übersichtlichkeit halber betrachten wir nur den Fall von je zwei Variablen. Dieser ist auch für die Praxis der wichtigste, da der thermodynamische Zustand eines Systems meist durch zwei Variablen charakterisiert wird. (Drei Variablen werden üblicherweise erst dann benutzt, wenn man Systeme mit variabler Teilchenzahl N oder zusätzliche Effekte wie etwa die Wirkung magnetischer Felder betrachtet.)

Wir gehen also von zwei Variablen x und y aus, die das System vollständig beschreiben, und wechseln auf zwei neue Variablen u und v, die das System ebenso vollständig beschreiben. Zudem setzen wir voraus, dass überall $\left|\frac{\partial(u,v)}{\partial(x,y)}\right| \neq 0$ ist.

In diesem Fall kann man zwei beliebige der vier Variablen x, y, u und v benutzen, um den Zustand des Systems zu charakterisieren. Das ist in Abb. 11.1 illustriert.

Entsprechend kann es auch sinnvoll sein, die Ableitung jeder der Variablen nach jeder anderen – mit einer weiteren festgehaltenen Variablen – zu untersuchen.

Jede mögliche Kombination lässt sich dabei durch die vier ursprünglichen Ableitungen

$$u_x := \left(\frac{\partial u}{\partial x}\right)_y\,, \quad u_y := \left(\frac{\partial u}{\partial y}\right)_x\,,$$
$$v_x := \left(\frac{\partial v}{\partial x}\right)_y\,, \quad v_y := \left(\frac{\partial v}{\partial y}\right)_x$$

ausdrücken. Untersuchen wir als Beispiel die Ableitung $\left(\frac{\partial u}{\partial v}\right)_x$, d. h. die Ableitung von $u = u(x, v)$ nach v bei festgehaltenem x. Für das totale Differenzial von u ergibt sich

$$\mathrm{d}u = \underbrace{\left(\frac{\partial u}{\partial x}\right)_v \mathrm{d}x}_{=0} + \left(\frac{\partial u}{\partial v}\right)_x \mathrm{d}v\,, \tag{11.1}$$

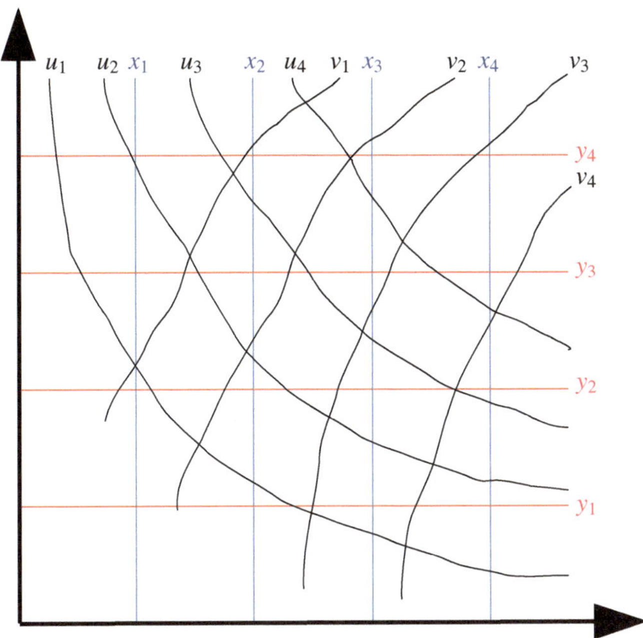

Abb. 11.1 Der Zustandsraum eines thermodynamischen Systems in Form von Höhenlinien, also Linien, an denen bestimmte Größen konstante Werte annehmen. (Hier ist nur der erste Quadrant gezeigt – meist beschreibt man auch thermodynamische System mit Größen, die nicht negativ werden, wie Druck, Volumen oder absoluter Temperatur.) Die ursprünglichen Variablen x und y erzeugen ein Gitter von jeweils in eine Richtung ansteigenden Werten, hier gezeigt sind $x_1 < x_2 < x_3 < x_4$ und $y_1 < y_2 < y_3 < y_4$. Ebenso erzeugen aber auch die neuen Variablen u und v ein solches Gitter mit $u_1 < u_2 < u_3 < u_4$ und $v_1 < v_2 < v_3 < v_4$. Das u-v-Gitter lässt sich ebenso gut wie das x-y-Gitter zur Charakterisierung eines Zustands, d. h. eines Punktes in der Ebene, benutzen. Zudem wird bei einem festen Wert von u oder v ein Zustand auch durch zusätzliche Angabe von x oder y eindeutig charakterisiert. Auch „gemischte" Beschreibungen sind also möglich

wobei wir ausnutzen, dass wegen des Festhaltens von x ja $\mathrm{d}x = 0$ sein muss. In den ursprünglichen Variablen gilt

$$\mathrm{d}u = \underbrace{u_x\,\mathrm{d}x}_{=0} + u_y\,\mathrm{d}y\,, \quad \mathrm{d}v = \underbrace{v_x\,\mathrm{d}x}_{=0} + v_y\,\mathrm{d}y\,.$$

Setzen wir das in (11.1) ein und bringen alle Terme auf eine Seite, so ergibt sich

$$\left(u_y - \left(\frac{\partial u}{\partial v}\right)_x v_y\right)\mathrm{d}y = 0\,.$$

Damit das für beliebige infinitesimale Änderungen $\mathrm{d}y$ richtig ist, muss

$$\left(\frac{\partial u}{\partial v}\right)_x = \frac{u_y}{v_y}$$

sein.

Etwas aufwändiger ist es, Ableitungen von der Art $\left(\frac{\partial u}{\partial x}\right)_v$ zu bestimmen. Wir gehen dazu von den beiden totalen Differenzialen

$$\mathrm{d}v = v_x\,\mathrm{d}x + v_y\,\mathrm{d}y = 0\,,$$
$$\mathrm{d}u = u_x\,\mathrm{d}x + u_y\,\mathrm{d}y$$

aus, wobei wegen des Konstanthaltens von v analog zu oben $\mathrm{d}v = 0$ sein muss. Aus der ersten Gleichung erhalten wir $\mathrm{d}y = -\frac{v_x}{v_y}\,\mathrm{d}x$. (Das gleiche Ergebnis liefert uns auch der Hauptsatz über implizite Funktionen, wenn wir für die durch $v(x, y(x)) = $ const implizit gegebene Funktion y das Differenzial mittels $\mathrm{d}y = y'\,\mathrm{d}x$ bestimmen.)

Einsetzen dieses Ergebnisses in die zweite Gleichung liefert:

$$\mathrm{d}u = \left(u_x - u_y\,\frac{v_x}{v_y}\right)\mathrm{d}x\,.$$

Da wir immer noch von konstantem v ausgehen, kann man diesen Ausdruck auch auf folgende Weise lesen:

$$\mathrm{d}u = \left(\frac{\partial u}{\partial x}\right)_v \mathrm{d}x + \underbrace{\left(\frac{\partial u}{\partial v}\right)_x \mathrm{d}v}_{=0}\,.$$

Der Vergleich liefert die gesuchte Ableitung:

$$\left(\frac{\partial u}{\partial v}\right)_x = u_x - u_y\,\frac{v_x}{v_y}\,. \tag{11.2}$$

Alternativ kann man auch die Identität $u(x, v) = u(x, y(x, v))$ nach x ableiten, wobei wiederum $v = $ const gesetzt wird. Mit der Kettenregel erhält man

$$\left(\frac{\partial u}{\partial x}\right)_v = u_x + u_y\left(\frac{\partial y}{\partial x}\right)_v$$

und unter Benutzung von $\left(\frac{\partial y}{\partial x}\right)_v = -\frac{v_x}{v_y}$ wieder das Ergebnis (11.2).

Kurven und Flächen – von Krümmung, Torsion und Längenmessung (zu Kap. 26)

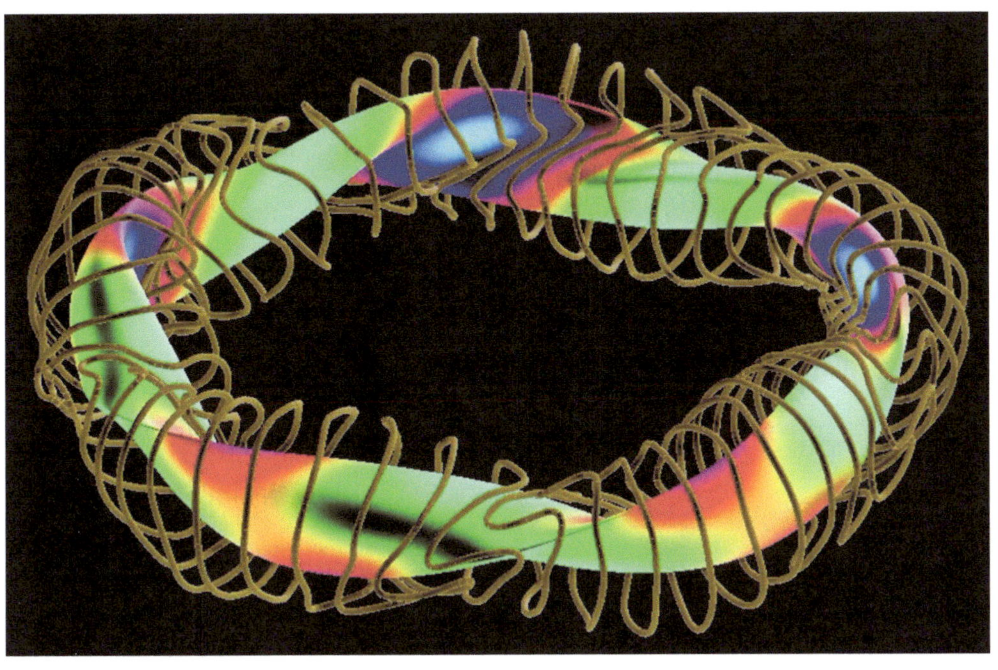

Was sind Jordan-Kurven?

Was ist eine Traktrix?

Wie verallgemeinert man Kurven und Flächen?

Wie erzeugt man Bézierkurven?

© Springer-Verlag GmbH Deutschland 2017

T. Arens et al., *Ergänzungen und Vertiefungen zu Arens et al., Mathematik*, DOI 10.1007/978-3-662-53585-1_12

In diesem Kapitel ist das Bonusmaterial zu Kapitel 26 aus dem Lehrbuch Arens et al. *Mathematik* zusammengestellt. Wird im Folgenden gelegentlich auf einzelne Kapitel verwiesen, so sind damit stets solche aus dem Lehrbuch *Mathematik* gemeint.

12.1 Jordan-Kurven

Wir vertiefen nun unsere Betrachtungen zu Kurven, und greifen dazu eine Klasse von Kurven heraus, die in weiterführenden Betrachtungen eine große Rolle spielen.

Kurven, die sich nicht selbst schneiden, heißen Jordan-Kurven

Im Allgemeinen kann sich eine Kurve selbst schneiden. Das bedeutet, es gibt für eine Parametrisierung $\boldsymbol{\gamma}(t)$ Parameterwerte $t_1 \neq t_2$, für die $\boldsymbol{\gamma}(t_1) = \boldsymbol{\gamma}(t_2)$ ist. Während im Raum ein solcher Schnittpunkt durch eine beliebige kleine Verformung der Kurve entfernt werden kann, ist das in der Ebene nicht der Fall. Für viele Zwecke sind aber gerade Kurven interessant, die sich nicht auf derartige Weise selbst schneiden, und diese verdienen daher einen eigenen Namen.

> **Definition von Jordan-Kurve**
>
> Eine Kurve γ heißt **Jordan-Kurve**, wenn für jede Parametrisierung $\boldsymbol{\gamma}(t)$ mit $\dot{\boldsymbol{\gamma}}(t) \neq \boldsymbol{0}$, $t \in [a, b] \subset \mathbb{R}$ gibt, sodass für alle $t_k \in [a, b]$ aus $t_1 \neq t_2$ immer $\boldsymbol{\gamma}(t_1) \neq \boldsymbol{\gamma}(t_2)$ folgt. Als einzige Ausnahme wird $\boldsymbol{\gamma}(a) = \boldsymbol{\gamma}(b)$ zugelassen.

Jordan-Kurven dürfen demnach geschlossen sein. Abgesehen davon darf es aber keine weiteren „Doppelpunkte" geben. Jordan- und allgemeine Kurven sind einander in den Abb. 12.1 und 12.2 gegenübergestellt.

Dass lediglich die Existenz *einer* Parametrisierung mit den gewünschten Eigenschaften gefordert wird, liegt in unserer Definition von Kurve begründet. So parametrisiert

$$\boldsymbol{\gamma}(\varphi) = \begin{pmatrix} \cos \varphi \\ \sin \varphi \end{pmatrix}, \quad \varphi \in [0, 2\pi]$$

denselben Kreis wie

$$\boldsymbol{\gamma}(\varphi) = \begin{pmatrix} \cos \varphi \\ \sin \varphi \end{pmatrix}, \quad \varphi \in [0, 4\pi].$$

Der ersten Parametrisierung sieht man die Jordan-Eigenschaft unmittelbar an, der zweiten nicht. Dies kommt daher, das zu jedem Punkt zumindest zwei Parameterwerte korrespondieren.

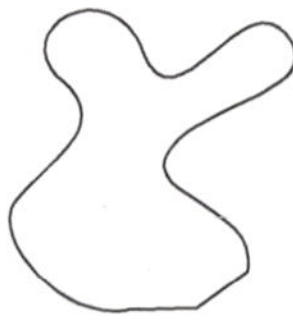

Abb. 12.1 Beispiele für Jordan-Kurven

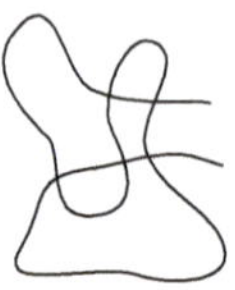

Abb. 12.2 Drei Kurven, die keine Jordan-Kurven sind

Durch eine geeignete Umparametrisierung kann das geändert werden, ohne Form oder Orientierung der Kurve zu verändern.

Beispiel

■ Die Kurve, die durch

$$\boldsymbol{\gamma}(\varphi) = \begin{pmatrix} \cos^2 \varphi \\ \cos \varphi \, \sin \varphi \end{pmatrix}, \quad \varphi \in [0, 2\pi]$$

parametrisiert wird, ist keine Jordan-Kurve, da $\varphi_1 = \pi/2$ und $\varphi_2 = 3\pi/2$ beide dem Punkt $\boldsymbol{x} = \boldsymbol{0}$ entsprechen. Auch beliebige Umparametrisierungen können diese „Doppelpunkteigenschaft" nicht entfernen.

■ Die Schraubenlinie

$$\boldsymbol{\gamma}(t) = \begin{pmatrix} a \cos t \\ a \sin t \\ b \, t \end{pmatrix} \quad t \in \mathbb{R}$$

mit $a > 0$ und $b > 0$ ist eine Jordan-Kurve. Wegen $\gamma_3(t) = t$ können zwei Punkte der Kurve für unterschiedliche Werte des Parameters t nie übereinstimmen.

■ Wir betrachten nun

$$\boldsymbol{\gamma}(t) = \begin{pmatrix} 2 \sin(\cos t) \\ t^3 \\ t^2 \cosh t \end{pmatrix} \quad t \in \mathbb{R}.$$

Diese Kurve hat zwar eine komplizierte Gestalt, wir können jedoch sofort feststellen, dass es sich um eine Jordan-Kurve handelt. Da die Funktion $\mathbb{R} \to \mathbb{R}$, $\gamma_2(t) = t^3$ streng monoton wachsend ist, folgt aus $t_1 \neq t_2$ stets $\gamma_2(t_1) \neq \gamma_2(t_1)$. ◄

In den letzten beiden Beispielen finden wir bereits ein nützliches Kriterium, um Jordan-Kurven zu erkennen: Ist zumindest eine Komponente eine streng monotone Funktion des Parameters, so hat man eine Jordan-Kurve vorliegen (da es keine „Doppelpunkte" geben kann).

Strenge Monotonie in einer Komponente ist hinreichend für das Vorliegen einer Jordan-Kurve, aber keineswegs notwendig, wie man etwa am Beispiel des einfach durchlaufenen Kreises sieht.

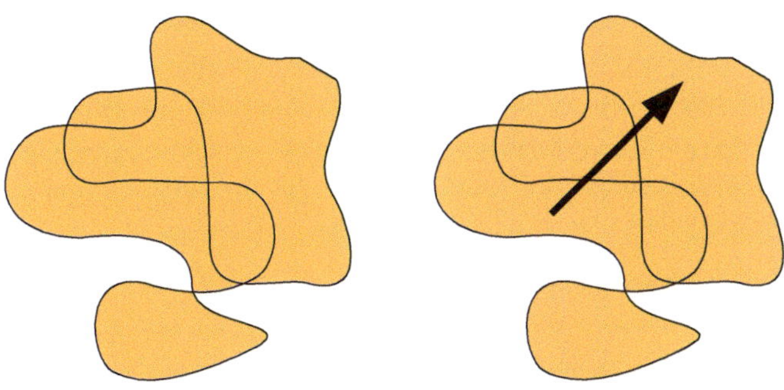

Abb. 12.3 Anschaulich würde man das gesamte orange schattierte Gebiet als Inneres der Kurve bezeichnen. Allerdings kann man dann, wie rechts dargestellt, die Kurve überqueren und dennoch immer im Inneren bleiben

Geschlossene Jordan-Kurven im $\mathbb{R}^2$ haben ein Inneres und ein Äußeres

Auf den ersten Blick scheint es nicht schwierig zu sein, für eine geschlossene Kurven im $\mathbb{R}^2$ ein Inneres und ein Äußeres zu definieren. Tatsächlich treten dabei aber einige konzeptionelle Probleme auf. Eines ist in Abb. 12.3 dargestellt: Man kann sich im schattierten „Inneren" der Kurve bewegen und dennoch die Kurve selbst (auch mehrfach) überqueren.

Noch schlimmer im Fall von Abb. 12.4. Eine kleine Verformung der Kurve scheint aus einem großen Bereich des „Äußeren" einen Teil des „Inneren" zu machen. Das, was „außen" oder „innen" ist, kann anscheinend auf unstetige Weise von kleinen Änderungen des Kurvenverlaufs abhängen.

All diese Probleme legen nahe, das die Definition von Äußerem und Innerem einer Kurve nicht einfach ist und in bestimmten Situationen der naiven Anschauung widerspricht. So könnte man als Inneres der Kurven aus Abb. 12.3 und 12.4 stattdessen die in Abb. 12.5 schattierten Bereiche ansehen.

Alle Probleme in den vorangegangenen Beispielen hatten aber ihren Ursprung darin, dass es Punkte gab, in denen sich die Kurven selbst schnitten. Für Jordan-Kurven gilt jedoch Folgendes.

Jordan'scher Kurvensatz

Jede geschlossene Jordan-Kurve C zerlegt $\mathbb{R}^2 \setminus C^*$ in zwei disjunkte einfach zusammenhängende offene Teilmengen, von denen genau eine beschränkt ist.

C^* bezeichnet dabei, wie im Haupttext festgelegt, das Bild der Kurve. Eine geschlossene Jordan-Kurve hat demnach, wie es die Anschauung nahelegt, tatsächlich ein *Inneres* und ein *Äußeres*. Diese Feststellung ist allerdings äußerst schwierig zu beweisen.

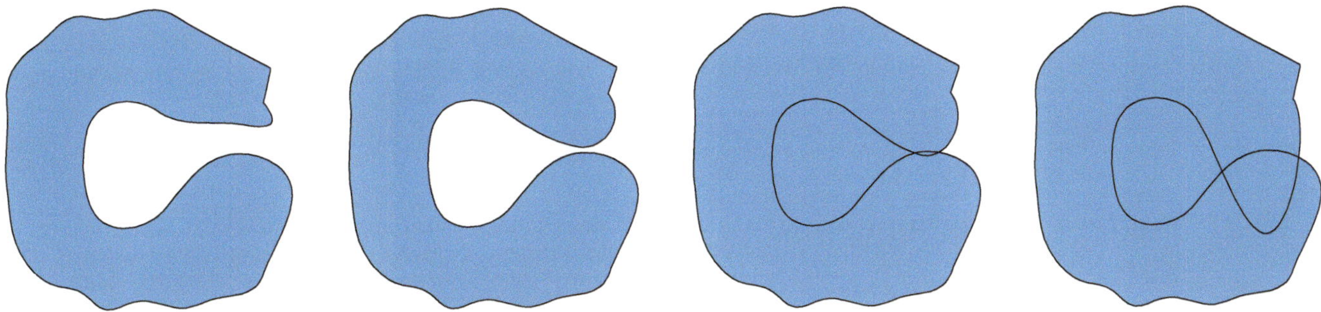

Abb. 12.4 Nennt man das blau schattierte Gebiet das Innere der Kurve, so wird ein großer Bereich durch eine kleine Verformung der Kurve von „außen" zu „innen"

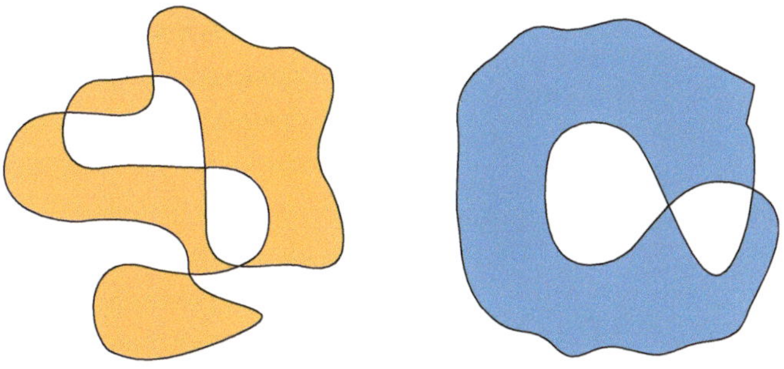

Abb. 12.5 Als Inneres der Kurven aus den Abb. 12.3 und 12.4 könnte etwa nur das hier schattierte Gebiet zugelassen werden

Vertiefung: Kurven im $\mathbb{R}^n$

Viele Aussagen über Kurven gelten unverändert, wenn man Abbildungen $\mathbb{R} \to \mathbb{R}^n$ mit $n \geq 4$ betrachtet. Bei der Betrachtung von Torsion, Krümmung und begleitenden Koordinatensystemen müssen wir aber unsere bisherigen Überlegungen verallgemeinern und erweitern.

Statt eines begleitenden Dreibeines muss man für Kurven im $\mathbb{R}^n$ ein begleitendes n-Bein konstruieren. Im Höherdimensionalen steht allerdings kein Kreuzprodukt mehr zur Verfügung, um aus zwei linear unabhängigen Vektoren einen dritten zu gewinnen, der auf beide normal steht.

Man kann jedoch immer noch eine Basis $((\boldsymbol{e}_i))$ finden, für die verallgemeinerte Frenet-Serret'schen Ableitungsformeln gelten. Der erste Basisvektor $\boldsymbol{e}_1$ ist wiederum der normierte Tantentenvektor, $\boldsymbol{e}_2$ seine normierte Ableitung. Für $i \geq 2$ liegt die Ableitung $\boldsymbol{e}_i'$ jedes Basisvektors $\boldsymbol{e}_i$ in einer Ebene, deren Basen durch $\boldsymbol{e}_{i-1}$ und jeweils einen neuen Vektor $\boldsymbol{e}_{i+1}$ gegeben sind.

In Matrixdarstellung erhält man demnach

$$\begin{pmatrix} \boldsymbol{e}_1' \\ \boldsymbol{e}_2' \\ \boldsymbol{e}_3' \\ \vdots \\ \boldsymbol{e}_{n-1}' \\ \boldsymbol{e}_n' \end{pmatrix} = \begin{pmatrix} 0 & \kappa_1 & \dots & 0 \\ -\kappa_1 & 0 & \dots & 0 \\ 0 & -\kappa_2 & \dots & 0 \\ \vdots & \vdots & \ddots & \vdots \\ 0 & 0 & \dots & \kappa_{n-1} \\ 0 & 0 & \dots & 0 \end{pmatrix} \begin{pmatrix} \boldsymbol{e}_1 \\ \boldsymbol{e}_2 \\ \boldsymbol{e}_3 \\ \vdots \\ \boldsymbol{e}_{n-1} \\ \boldsymbol{e}_n \end{pmatrix}.$$

mit Koeffizienten κ_i, die die Normierung der Vektoren $\boldsymbol{e}_i$ sicherstellen.

Von der Kurve γ muss man dabei die n-malige stetige Differenzierbarkeit fordern, damit sind auch die Krümmungen κ_i zumindest $(n-1-i)$-mal stetig differenzierbar.

Die antisymmetrische Matrix

$$\boldsymbol{K} := \begin{pmatrix} 0 & \kappa_1 & 0 & \dots & 0 & 0 \\ -\kappa_1 & 0 & \kappa_2 & \dots & 0 & 0 \\ 0 & -\kappa_2 & 0 & \ddots & 0 & 0 \\ \vdots & \vdots & \ddots & \ddots & \ddots & \vdots \\ 0 & 0 & 0 & \ddots & 0 & \kappa_{n-1} \\ 0 & 0 & 0 & \dots & -\kappa_{n-1} & 0 \end{pmatrix},$$

die hier auftritt, hat nur in den beiden Nebendiagonalen nichtverschwindende Elemente, ist also (für größere Werte von n) nur schwach besetzt.

Auch im $\mathbb{R}^n$ ist die Bezeichnung Torsion für $\tau := \kappa_{n-1}$ üblich, diese Größe misst wiederum den Drang der Kurve, sich aus dem von den ersten $n-1$ Basisvektoren aufgespannten Unterraum „herauszubewegen".

Literatur

- Wolfgang Kühnel: *Differentialgeometrie – Kurven, Flächen, Mannigfaltigkeiten.* Vieweg, 3. Auflage, 2005.

12.2 Weitere Bemerkungen zu Kurven

Wir haben im Haupttext nur Kurven im $\mathbb{R}^2$ und $\mathbb{R}^3$ genauer betrachtet. Viele unserer Überlegungen übertragen sich direkt auf beliebige Dimensionen. Für die Ableitungsformeln von Frenet-Serret sowie die Kenngrößen Krümmung und Torsion ist eine solche Verallgemeinerung auf höhere Dimensionen allerdings nicht unmittelbar klar, wir diskutieren sie daher auf S. 136 explizit.

Viele charakteristische Kurven ergeben sich direkt aus den Anwendungen oder mittels einfachen geometrischen Konstruktionsprinzipien. Einige Beispiele dafür haben wir bereits in den Übungsaufgaben kennengelernt.

Insbesondere im Zweidimensionalen kann es aber auch vorkommen, dass sich mit einer simplen Vorschrift zu nahezu jeder gegeben Kurve jeweils eine neue Kurve ganz bestimmter Bauart konstruieren lässt. Beispiele für solche Klassen von Kurven haben wir bereits mit Evolute und Evolvente kennengelernt.

Ein weiteres Beispiel ist die *Traktrix* oder *Schleppkurve*. Diese beschreibt die Bahn $\boldsymbol{x}t$ eines Körpers, der an einer starren Stange oder einem gespannten Seil fester Länge entlang einer Ausgangskurve γ gezogen wird.

Eine solche Schleppkurve lässt sich im Prinzip zu jeder gegebenen Kurve γ bestimmen. Im einfachsten Fall ist die Ausgangskurve eine Gerade, und für dieses Beispiel konstruieren wir die Traktrix explizit auf S. 137.

Neben Kurven und Flächen lassen sich im $\mathbb{R}^n$, $n \geq 4$ auch Hyperflächen

$$\boldsymbol{x}(u_1, \dots, u_k)$$

mit $3 \leq k \leq n-1$ konstruieren. Alle diese Objekte sowie deren Entsprechungen in weit allgemeineren Räumen als dem $\mathbb{R}^n$ werden unter dem Begriff *Mannigfaltigkeiten* zusammengefasst. Eine knappe Einführung in den Mannigfaltigkeitsbegriff geben wir auf S. 138. Für eine ernsthafte Auseinandersetzung mit dem diesem Thema ist allerdings das Studium bestimmter mathematischen Grundlagenfächer, insbesondere der Topologie, unumgänglich.

Vertiefung: Die Traktrix

Zu einer ebenen Kurve kann man neben Evolute und Evolvente noch weitere charakteristische Kurven konstruieren. Eine davon ist die **Traktrix**, die wir hier an einem einfachen Beispiel darstellen wollen.

Die Traktrix, auch *Schleppkurve*, *Zugkurve* oder *Hundkurve* genannt, beschreibt die Bewegung eines Massenpunktes, der an einer starren Stange fixer Länge gezogen wird. Ersetzt man die Stange durch eine straff gespannte Leine und den Massepunkt durch einen widerspenstigen Hund, erklärt sich auch der letztgenannte Name dieser Kurve.

Bewegt sich der „Ziehende" entlang einer Geraden, so spricht man von der *eigentlichen Traktrix*. Wir leiten die Gleichung der eigentlichen Traktrix für die im Folgenden dargestellte Lage her.

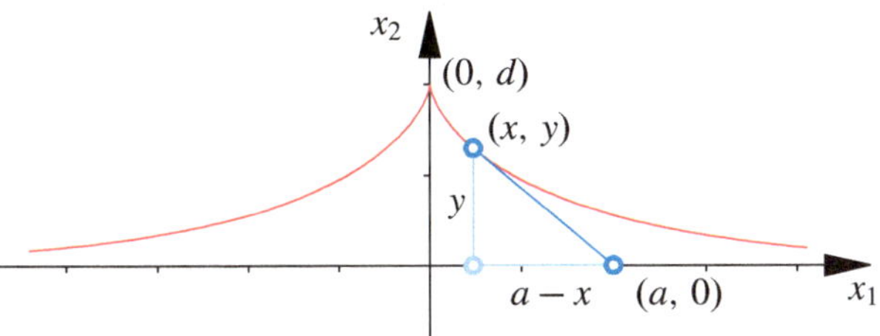

Aus der Skizze lässt sich unmittelbar nicht nur die Zwangsbedingung $(a - x)^2 + y^2 = d^2$, sondern sogar die Differenzialgleichung

$$y' = \frac{y}{a - x} = \frac{y}{\sqrt{d^2 - y^2}}$$

ablesen. Die Variablen dieser Gleichung lassen sich trennen (x kommt ja gar nicht explizit vor) und wir erhalten

$$x = \int \frac{\sqrt{d^2 - y^2}}{y} \, dy \,.$$

Hier setzen wir $y = \frac{d}{\cosh t}$ und erhalten mit

$$dy = -\frac{d}{\cosh t} \tanh t \, dt \,, \quad \sqrt{d^2 - y^2} = d \tanh t$$

das elementar lösbare Integral

$$x = d \int \tanh^2 t \, dt = d \, (t - \tanh t) + C$$

Fordern wir $x(0) = 0$, legen die Spitze der Kurve also wie in der Skizze an den Punkt $(0, d)^\top$, so erhalten wir die Parameterdarstellung

$$x_1 = x(t) = d \, (t - \tanh t) \,, \quad x_2 = y(t) = \frac{d}{\cosh t} \,.$$

Diese Darstellung lässt sich zwar nicht explizit nach y, sehr wohl jedoch nach x auflösen, was

$$x(y) = \pm d \left(\operatorname{arcosh} \frac{d}{y} - \sqrt{1 - \frac{d^2}{y^2}} \right)$$

liefert.

Einen Teil unserer Konstruktion können wir für den Fall der allgemeinen Traktrix übernehmen: Ist eine beliebige Kurve $\gamma, \boldsymbol{x} = \boldsymbol{\gamma}(t)$ gegeben, so definiert die Differentialgleichung

$$\boldsymbol{\gamma}(t) = \boldsymbol{\tau}(t) + d \, \frac{\dot{\boldsymbol{\tau}}(t)}{\|\dot{\boldsymbol{\tau}}(t)\|}$$

die Traktrix $\tau, \boldsymbol{x} = \boldsymbol{\tau}(t)$, dieser Kurve.

Ein Fahrzeuganhänger, oder, in kleinerem Ausmaß, das Heck eines Fahrzeugs folgt bei einer Kurvenfahrt einer Traktrix. Das muss beim Straßenbau berücksichtigt werden, die entsprechenden Flächen sind von Verkehrszeichen oder anderen Objekten freizuhalten.

12.3 Freiformkurven

In den letzten Jahrzehnten haben sich im Automobilbau ebenso wie im Flugzeugbau oder in der Architektur gewisse Typen von Kurven und Flächen durchgesetzt, die als *Freiformkurven* bzw. *-flächen* bezeichnet werden. Mit Hilfe von CAD-Systemen lassen sich damit verschiedenste geometrische Formen modellieren, die jeweils durch eine relativ kleine Anzahl von Kontrollpunkten eindeutig festgelegt sind. Dies ist die Grundlage für ein neutrales und herstellerunabhängiges Datenformat, das den problemlosen elektronischen Austausch von Geometrieinformationen ermöglicht, wie etwa die vom Verband der Automobilindustrie verwendete Flächenschnittstelle VDA-FS. Wird zum Beispiel eine Firma beauftragt, zu einer neu entworfenen Autokarosserie das perfekt passende Scheinwerferglas zu produzieren, so genügen bei der Übermittlung der Abmessungen die Koordinaten einiger weniger Punkte.

Abb. 12.6 Detail einer Autokarosserie

Vertiefung: Mannigfaltigkeiten

Der Begriff der *Mannigfaltigkeit* umfasst sowohl Kurven als auch Flächen, ermöglicht es aber zugleich, die beiden Konzepte wesentlich zu verallgemeinern. Dabei fordert man im Wesentlichen nur die *lokale „Ähnlichkeit"* zum $\mathbb{R}^n$.

Wir beginnen mit einem „Ausgangsraum" X, den wir so allgemein wie nur möglich halten. Die „Ähnlichkeit" zum $\mathbb{R}^n$ präzisieren wir, indem wir zunächst den Begriff der *Karte* einführen.

Als n-dimensionale Karte (oder lokales Koordinatensystem) auf einem Raum X definieren wir einen Homöomorphismus (d. h. eine bijektive, in beide Richtungen stetige Abbildung) $h\colon U \to U' \subseteq \mathbb{R}^n$, wobei $U \subseteq X$ ist, und sowohl U als auch U' offen sind. Wenn jeder Punkt von X einem möglichen Kartengebiet U angehört, so heißt X *lokal euklidisch*.

Meist wird man mehrere Karten brauchen, um ganz X erfassen zu können. Diese Karten sollen untereinander verträglich sein – noch besser, der Übergang zwischen zwei Karten soll sogar diffeomorph, d. h. auf differenzierbare Weise, möglich sein.

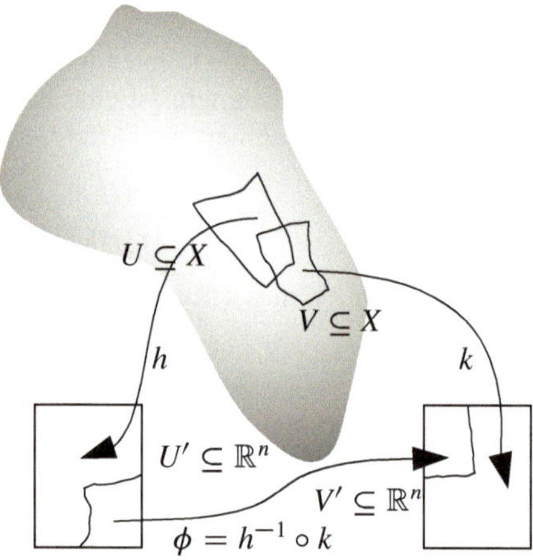

Eine ganze Sammlung von entsprechend gut verträglichen Karten, die zusammen ganz X erfassen, nennt man einen *Atlas*. Der *maximale Atlas*, der alle Karten, zwischen denen ein diffeomorpher Wechsel überhaupt möglich ist, enthält, definiert nun eine Mannigfaltigkeit, vorausgesetzt der ursprüngliche Raum X erfüllt einige recht allgemeine Eigenschaften.

Der Mannigfaltigkeitsbegriff schließt, wie ja auch gewünscht, Kurven und Flächen mit ein. Dort geht man bei der Definition jedoch meist den Weg in die andere Richtung. Man wählt sich einen günstigen Parameterbereich $U' \subseteq \mathbb{R}^n$ und parametrisiert dann die Fläche mittels $\boldsymbol{x}(u, v)$ mit $u, v \in U'$. Dieses $\boldsymbol{x}(u, v)$ ist natürlich in obiger Notation gerade die Umkehrfunktion h^{-1} von h, und U' wird wenn möglich so gewählt, dass die ganze Fläche damit beschrieben werden kann. Man braucht sich in diesem Fall um Kartenübergänge oder gar Atlanten keinerlei Gedanken zu machen.

Allerdings lässt sich bereits die Kugel nicht mehr mit einer Karte beschreiben – mindestens ein Punkt zeigt irreguläres Verhalten. In jeder flachen Weltkarte gibt es zumindest einen Punkt auf der Erde, der nicht auf einen Punkt auf der Karte abgebildet wird. (In den üblichen Darstellungen sind es sogar zwei, nämlich Nord- und Südpol, die zu oberer und unterer Abschlusskante werden.) Auch die Riemann'sche Zahlenkugel aus Abschn. 5.2 illustriert das. Dem Nordpol entspricht kein Punkt in der komplexen Ebene.

Zwei Dinge gibt es, die wir im Zusammenhang mit Mannigfaltigkeiten noch erwähnen wollen: Das erste ist der Begriff des Tangentialraums. Dieser umfasst die Spezialfälle des Tangentialvektors an eine Kurve und der Tangentialebene an eine Fläche.

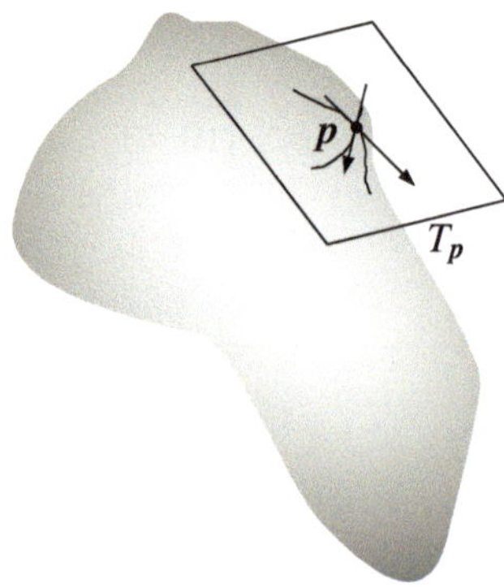

Den Tangentialraum $T_{\boldsymbol{p}}$ an eine n-dimensionale Mannigfaltigkeit M im Punkte $\boldsymbol{p}$ kann man sich am einfachsten als jenen n-dimensionalen Vektorraum vorstellen, der von den Tangentialvektoren aller differenzierbaren Kurven durch $\boldsymbol{p}$ aufgespannt wird.

Die Menge aller Tangentialräume einer n-dimensionalen Mannigfaltigkeit M wird *Tangentialbündel* von M genannt und mit TM bezeichnet. Das Tangentialbündel ist eine $2n$-dimensionale Mannigfaltigkeit.

Die zweite Anmerkung ist etwas, das den abstrakten Mannigfaltigkeitsbegriff auf den ersten Blick viel von seiner Tragweite nimmt, der *Einbettungssatz von Whitney*. Dieser besagt, dass man jede n-dimensionale Mannigfaltigkeit in einen $\mathbb{R}^{2n+1}$ einbetten kann.

So gesehen kann man Mannigfaltigkeiten tatsächlich immer als Untermengen eines $\mathbb{R}^N$ auffassen – in den allermeisten Fällen ist es allerdings viel zielführender, sich um eine solche Einbettung (die ja meistens nicht kanonisch gegeben ist und dann mühsam konstruiert werden müsste) gar nicht zu kümmern.

Literatur

- Klaus Jänich: *Vektoranalysis.* 3. Aufl., Springer, 2001.
- Mikio Nakahara: *Geometry, Topology and Physics*, 2. Aufl., Taylor & Francis, 2003.

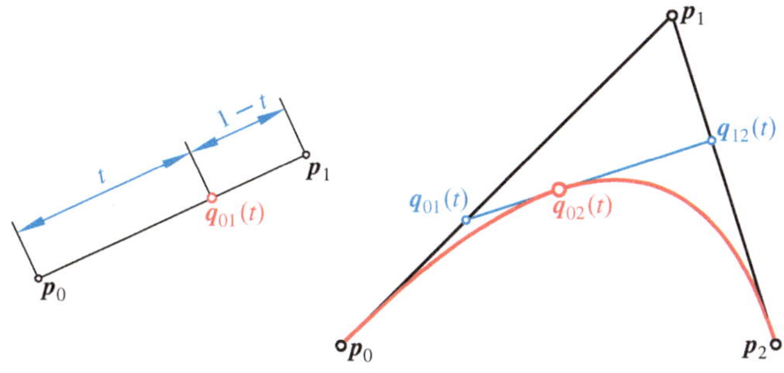

Abb. 12.7 Links: zwei Kontrollpunkte, rechts: drei Kontrollpunkte

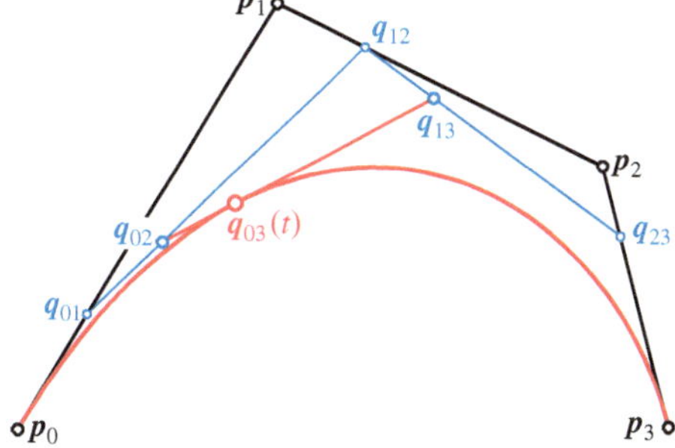

Abb. 12.8 Bézierkurve zu vier Kontrollpunkten

Die folgenden Seiten sollen zeigen, welche Kurven und Flächen hier Verwendung finden und weshalb die zugehörigen Kontrollpunkte koordinateninvariant mit der dargestellten Form verbunden sind.

Bézierkurven

Die Theorie der Bézierkurven wurde erstmals von P. de Casteljau (1959) und P. Bézier[*] (1962, Fa. Renault) entwickelt. Im Folgenden wird gezeigt, dass die Bézierkurven eine sehr naheliegende Verallgemeinerung von geradlinigen oder parabelförmigen Verbindungsbögen darstellen. Ihre Form und Lage in der Ebene oder im Raum wird durch gewisse *Kontrollpunkte* festgelegt:

Zwei Kontrollpunkte: Wir wählen p_0 und p_1 als Ortsvektoren zweier Kontrollpunkte. Dann wird die zugehörige Bézierkurve definiert als Verbindungsstrecke

$$t \in [0, 1] \; \mapsto \; q_{01}(t) := p_0 + t(p_1 - p_0) = (1 - t)p_0 + tp_1.$$

Linearkombinationen mit der Koeffizientensumme 1 heißen *Affinkombinationen* und bei Beschränkung aller Koeffizienten auf das Intervall [0, 1] *Konvexkombinationen* (siehe Hauptwerk, Abschn. 19.1). Demnach ist $q_{01}(t)$ eine Konvexkombination von p_0 und p_1. Dabei gibt der Parameter t das Verhältnis der Distanzen $\|q_{01}(t) - p_0\| : \|p_1 - p_0\|$ an.

Drei Kontrollpunkte: Wir wenden die obige Methode mehrfach an, d. h., wir bestimmen zuerst die zu $t \in [0, 1]$ gehörigen Zwischenpunkte $q_{01}(t)$ auf der Strecke $p_0 p_1$ und $q_{12}(t)$ auf $p_1 p_2$ und unterteilen dann die Strecke $q_{01}q_{12}$ erneut in demselben Verhältnis. Damit gilt

$$q_{02}(t) = (1 - t)\left[(1 - t)p_0 + tp_1\right] + t\left[(1 - t)p_1 + tp_2\right]$$
$$= (1 - t)^2 p_0 + 2(1 - t)tp_1 + t^2 p_2.$$

Dieses Kurvenstück ist ein Parabelbogen, der in den Endpunkten p_0 und p_2 die jeweiligen Verbindungsgeraden mit p_1 berührt (Abb. 12.7).

---

[*] Pierre Bézier, 1910–1999, französischer Ingenieur.

Vier Kontrollpunkte: Wir iterieren das obige Verfahren und erhalten

$$q_{03}(t) = (1 - t)q_{02} + t\,q_{13}$$
$$= (1 - t)\left[(1 - t)^2 p_0 + 2(1 - t)tp_1 + t^2 p_2\right]$$
$$\quad + t\left[(1 - t)^2 p_1 + 2(1 - t)tp_2 + t^2 p_3\right]$$
$$= (1 - t)^3 p_0 + 3(1 - t)^2 tp_1 + 3(1 - t)t^2 p_2 + t^3 p_3.$$

Es entsteht der Bogen einer kubischen Parabel, welche in $q_{03}(t)$ die Verbindungsgerade von q_{02} und q_{13} berührt (Abb. 12.8).

$n + 1$ Kontrollpunkte: Als Verallgemeinerung der bisherigen Ergebnisse gilt

$$q_{0n}(t) = \sum_{i=0}^{n} \binom{n}{i}(1 - t)^{n-i} t^i p_i. \tag{12.1}$$

Beweis Nach dem Prinzip der vollständigen Induktion dürfen wir voraussetzen, dass die Behauptung für je n Kontrollpunkte gilt, dass also für $p_0, \ldots, p_{n-1}$ bzw. für $p_1, \ldots, p_n$

$$q_{0\,n-1} = \sum_{i=0}^{n-1} \binom{n-1}{i}(1 - t)^{n-1-i} t^i p_i \quad \text{und}$$
$$q_{1n} = \sum_{j=0}^{n-1} \binom{n-1}{j}(1 - t)^{n-1-j} t^j p_{j+1}$$

ist. Nun berechnen wir deren Affinkombination

$$q_{0n}(t) = (1 - t)q_{0\,n-1} + t\,q_{1n}$$
$$= \sum_{i=0}^{n-1} \binom{n-1}{i}(1 - t)^{n-i} t^i p_i$$
$$\quad + t \sum_{j=0}^{n-1} \binom{n-1}{j}(1 - t)^{n-1-j} t^{j+1} p_{j+1},$$

ersetzen in der zweiten Summe den Summationsindex j durch $(i - 1)$, also $j + 1$ durch i, und lassen i von 1 bis n laufen. Nach

Abtrennung der Summanden für $i = 0$ und $i = n$ folgt

$$q_{0n}(t) = (1 - t)^n p_0$$
$$+ \sum_{i=1}^{n-1} \left[\binom{n-1}{i} + \binom{n-1}{i-1} \right] (1 - t)^{n-i} t^i p_i + t^n p_n.$$

Der Ausdruck in eckiger Klammer lautet

$$\frac{(n-1)!}{i!\,(n-i-1)!} + \frac{(n-1)!}{(i-1)!\,(n-i)!}$$
$$= \frac{(n-1)!\,(n-i)}{i!\,(n-i)!} + \frac{(n-1)!\,i}{i!\,(n-i)!}$$
$$= (n-1)!\,\frac{(n-i)+i}{i!\,(n-i)!} = \binom{n}{i}.$$

Damit ist die obige Behauptung bestätigt. ∎

Die Abb. 12.7 und 12.8 zeigen ebene Bézierkurven, doch bei unseren Rechnungen wurde niemals die Voraussetzung $p_i \in \mathbb{R}^2$ benötigt. Alles gilt auch im $\mathbb{R}^3$ oder gleich allgemeiner im d-dimensionalen Raum $\mathbb{R}^d$.

Definition der Bézierkurven

Das Polynom

$$B_i^n(t) := \binom{n}{i} t^i (1 - t)^{n-i} \quad \text{für } i, n \in \mathbb{N},\ 0 \le i \le n,$$

heißt *Bernsteinpolynom* vom Grad n. Die Kurve mit der Parametrisierung

$$t \in [0, 1] \ \mapsto\ x(t) = \sum_{i=0}^{n} B_i^n(t)\, p_i \qquad (12.2)$$

bei $p_0, \ldots, p_n \in \mathbb{R}^d$ heißt *Bézierkurve n-ten Grades* mit dem *Kontrollpolygon $p_0 \ldots p_n$*. Das oben erklärte Iterationsschema für Bézierkurven wird *Rekursion von de Casteljau* genannt.

Die Bernsteinpolynome vom Grad n sind die Koeffizienten in der binomischen Formel (Kap. 3, Gleichung (3.10))

$$[t + (1 - t)]^n = \sum_{i=0}^{n} \binom{n}{i} t^i (1 - t)^{n-i} = \sum_{i=0}^{n} B_i^n(t),$$

woraus folgt

$$\sum_{i=0}^{n} B_i^n(t) = 1. \qquad (12.3)$$

Jeder Punkt einer Bézierkurve ist somit eine Affinkombination seiner Kontrollpunkte. Bei $t \in [0, 1]$ ist auch $0 \le B_i^n(t) \le 1$. Da-

mit ist jedes $x(t)$ eine Konvexkombination der Kontrollpunkte. Letzteres bedeutet, dass die Bézierkurve in der *konvexen Hülle* ihrer Kontrollpunkte verläuft, also innerhalb der kleinsten konvexen Menge, welche das Kontrollpolygon enthält.

Die Bernsteinpolynome n-ten Grades bilden eine Basis des Vektorraumes der Polynome vom Grad $\le n$ in der Unbestimmten t. Es lassen sich daher alle Potenzen $t^0, t, t^2, \ldots, t^n$ als Linearkombinationen der $B_i^n(t)$ mit $i = 0, \ldots, n$ darstellen. Deshalb ist jede Kurve im $\mathbb{R}^d$, deren Koordinaten Polynomfunktionen eines Parameters t sind, also jede *polynomiale* Kurve, eine Bézierkurve.

Bézierkurven haben bemerkenswerte Eigenschaften

Affine Invarianz der Bézierkurven

Eine Bézierkurve ist affin invariant mit ihren Kontrollpunkten $p_0, \ldots, p_n$ verbunden, d. h., das Bild der Bézierkurve mit dem Kontrollpolygon $p_0 \ldots p_n$ in einer affinen Transformation

$$x(t) \mapsto x'(t) = a + A\,x(t) \quad \text{mit } a \in \mathbb{R}^d,\ A \in \mathbb{R}^{d \times d}$$

ist die Bézierkurve, deren Kontrollpolygon $p'_0 \ldots p'_n$ aus den affinen Bildern der ursprünglichen Kontrollpunkte besteht.

Wegen des gezeigten Iterationsschemas genügt als Beweis zu zeigen, dass Affinitäten mit $p \mapsto p'$ und $q \mapsto q'$ die Affinkombination $(1 - t)p + tq$ in die Affinkombination $(1 - t)p' + tq'$ überführt, nachdem

$$a + A\,[(1 - t)p + t q] = (1 - t)\,[a + Ap] + t\,[a + Aq]$$

ist. Aber natürlich könnte man auch direkt die Parameterdarstellung (12.2) verwenden und erkennen, dass die affine Invarianz unmittelbar aus der Gleichung (12.3) folgt.

Koordinatentransformationen (Abschn. 19.4) und Parallelprojektionen sind spezielle Affinitäten. Somit erfordert die Koordinatentransformation einer Bézierkurve lediglich die Transformation der Kontrollpunktskoordinaten, und Parallel- und insbesondere Orthogonalprojektionen bilden Bézierkurven wieder auf Bézierkurven ab.

Die Beweise der nachstehend angeführten Eigenschaften bleiben den Lesern überlassen oder können der einschlägigen Fachliteratur entnommen werden, z. B. J. Hoschek, D. Lasser: *Grundlagen der geometrischen Datenverarbeitung*, 2. Aufl., Teubner, Stuttgart 1992, oder G. Farin, J. Hoschek, M.-S. Kim: *Handbook of Computer Aided Geometric Design*. Elsevier-Science, 2002.

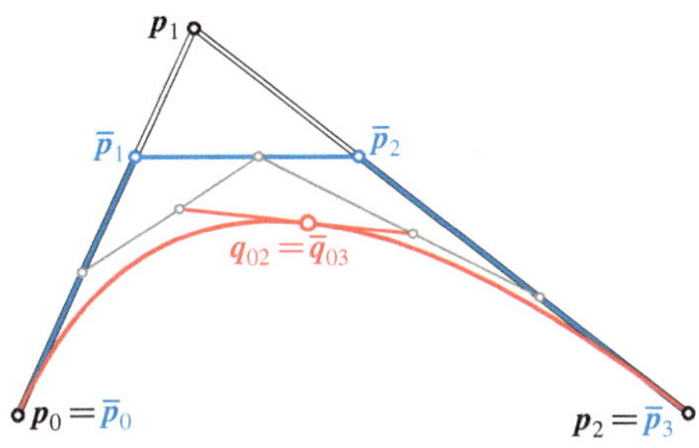

Abb. 12.9 Die Bézierkurve vom Grad 2 mit dem Kontrollpolygon $p_0 p_1 p_2$ ist auch als Bézierkurve vom Grad 3 mit dem Kontrollpolygon $\bar{p}_0 \bar{p}_1 \bar{p}_2 \bar{p}_3$ darstellbar

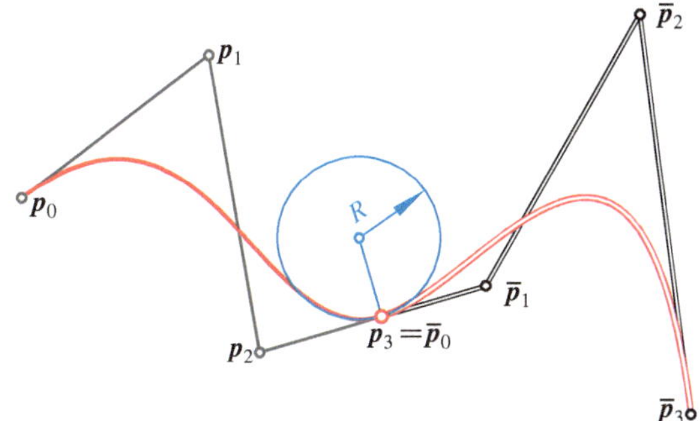

Abb. 12.10 Zwei Bézierkurven mit krümmungsstetigem Übergang

1. Der durch das Parameterintervall $[0, t_0]$, $0 < t_0 < 1$, bestimmte Teilbogen der Bézierkurve mit den Kontrollpunkten $p_0, \ldots, p_n$ ist wieder eine Bézierkurve, und zwar mit den Kontrollpunkten

$$q_{00} := p_0, \ q_{01}(t_0), \ q_{02}(t_0), \ \ldots, \ q_{0n}(t_0).$$

Das Fortsetzungsstück hat die Kontrollpunkte

$$q_{0n}(t_0), \ q_{1n}(t_0), \ \ldots, \ q_{n-1\,n}(t_0), \ q_{nn} := p_n.$$

2. Die im entgegengesetzten Sinn orientierte Bézierkurve ist wieder eine Bézierkurve, und zwar zur umgekehrten Folge der Kontrollpunkte.

3. Für die Ableitungen in den Endpunkten gelten die folgenden Formeln:

$$
\begin{aligned}
x(0) &= p_0, & x(1) &= p_1, \\
\dot{x}(0) &= n(p_1 - p_0), & \dot{x}(1) &= n(p_n - p_{n-1}), \\
\ddot{x}(0) &= n(n-1)(p_2 - 2p_1 + p_0), \\
\ddot{x}(1) &= n(n-1)(p_n - 2p_{n-1} + p_{n-2}).
\end{aligned}
$$

Demnach berührt die Bézierkurve in ihren Endpunkten die jeweils benachbarte Seite des Kontrollpolygons $p_0 \ldots p_n$. Im Zwischenpunkt $x(t_0) = q_{0n}(t_0)$ berührt die Kurve die bei der de Casteljau-Iteration auftretende Seite $q_{0\,n-1}\, q_{1n}$ (siehe Fall $n = 3$ in Abb. 12.8). Allgemein legen die ersten bzw. letzten $r + 1$ Kontrollpunkte die r-te Ableitung im Anfangspunkt p_0 bzw. im Endpunkt p_n fest.

4. Jede Bézierkurve vom Grad n lässt sich auch als Bézierkurve vom Grad $n + 1$ darstellen, sofern die Kontrollpunkte passend gewählt werden. So sind etwa in Abb. 12.9 die Punkte $\bar{p}_0 = p_0$, $\bar{p}_1 = \frac{1}{3}p_0 + \frac{2}{3}p_1$, $\bar{p}_2 = \frac{2}{3}p_1 + \frac{1}{3}p_2$ und $\bar{p}_3 = p_2$ Kontrollpunkte einer kubischen Bézierkurve, die allerdings identisch ist mit dem Parabelbogen zu den Kontrollpunkten p_0, p_1, p_2.

5. Schneidet im ebenen Fall eine Gerade das Kontrollpolygon in k Punkten, so schneidet sie die Bézierkurve in höchstens k Punkten.

6. Wählt man bei den in Abb. 12.8 angedeuteten einzelnen Interationsschritten die Streckenverhältnisse unabhängig voneinander, also etwa

$$
\begin{aligned}
q_{01} &= (1 - u_1)p_0 + u_1 p_1, \ q_{12} = (1 - u_1)p_1 + u_1 p_2, \ldots \\
q_{02} &= (1 - u_2)q_{01} + u_2 q_{12}, \ q_{13} = (1 - u_2)q_{12} + u_2 q_{23}, \\
&\ \ \vdots \\
q_{0n} &= (1 - u_n)q_{0\,n-1} + u_n q_{1n},
\end{aligned}
$$

mit unbestimmten $u_1, \ldots, u_n \in \mathbb{R}$, so erhalten wir als q_{0n} eine symmetrische Multilinearform $f(u_1, \ldots, u_n)$, die *Polarform* der Bézierkurve mit dem Kontrollpunkten $p_0, \ldots, p_n$.

Mit Hilfe dieser Polarform gilt dann $x(t) = f(t, t, \ldots, t)$. Ferner hat der Teilbogen zum Parameterintervall $a \le t \le b$, z. B. bei $n = 3$, die Kontrollpunkte $f(a, a, a)$, $f(a, a, b)$, $f(a, b, b)$ und $f(b, b, b)$; dabei ist $q_{01}(t) = f(a, a, t)$, $q_{12}(t) = f(a, t, b)$, $q_{23}(t) = f(t, b, b)$, $q_{02}(t) = f(a, t, t)$ und $q_{13}(t) = f(t, t, b)$.

Bei Änderung eines einzigen Kontrollpunktes ändert sich die ganze Kurve. Deshalb liegt es nahe, längere Kurvenstücke aus mehreren, zumeist kubischen Bézierkurven zusammenzusetzen, ähnlich wie allgemein bei Spline-Interpolationen (Abschn. 10.5). Für die *Qualität* des Überganges zwischen den Teilbögen mit den Kontrollpunkten $p_0, \ldots, p_n$ bzw. $\bar{p}_0, \ldots, \bar{p}_n$ bei $\bar{p}_0 = p_n$ gibt es verschiedene Abstufungen:

- G^1-*stetig (tangentenstetig)* bedeutet gleiche Tangente, d. h., die Punkte $p_{n-1}, p_n = \bar{p}_0$ und $\bar{p}_1$ liegen auf derselben Geraden (siehe Abb. 12.11, rechts).
- C^1-*stetig* heißt gleiche Geschwindigkeitsvektoren, d. h., $p_n - p_{n-1} = \bar{p}_1 - \bar{p}_0$.
- G^2-*stetig (krümmungsstetig)* heißt gleiche Krümmungsmitte im Übergangspunkt (Abb. 12.10). Dies wird z. B. erreicht mit der Wahl einer Konstanten $a > 1$ und den Definitionen $\bar{p}_1 = (1-a)p_{n-1} + ap_n$ und $\bar{p}_2 = (1-a)^2 p_{n-2} + 2a(1-a)p_{n-1} + a^2 p_n$.
- C^2-*stetig* heißt gleiche Geschwindigkeits- und gleiche Beschleunigungsvektoren im Übergangspunkt, also $\dot{p}_n(1) = \dot{\bar{p}}_0(0)$ und $\ddot{p}_n(1) = \ddot{\bar{p}}_0(0)$.

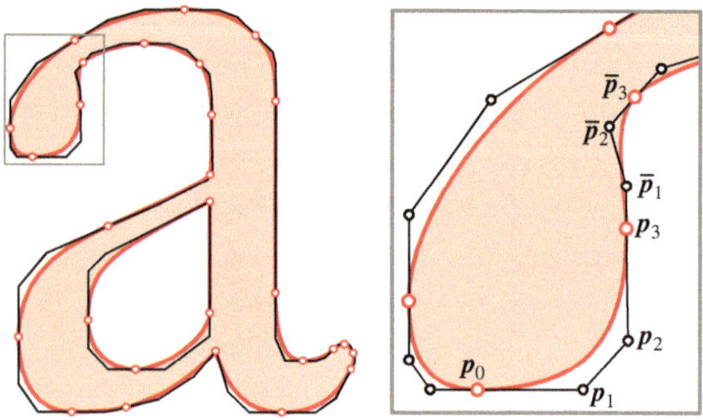

Abb. 12.11 Fonts sind aus Bézierkurven dritten Grades tangentenstetig zusammengesetzt (siehe Detail rechts)

Abb. 12.12 Kursivschrift entsteht durch affine Verzerrung der Fonts

Natürlich folgt aus C^i-Stetigkeit für $i = 1, 2$ die G^i-Stetigkeit.

Übrigens sind die meisten Buchstabensymbole (Fonts) in den Computerschriften aus Bézierkurven dritten Grades zusammengesetzt mit tangentenstetigen Übergängen. Die Abb. 12.11 und 12.12 zeigen den Buchstaben a. Dessen innere Kontur ist beispielsweise aus drei derartigen Bögen und einem Geradenstück zusammengesetzt.

Rationale Bézierkurven

Der Formenreichtum der Bézierkurven im $\mathbb{R}^d$, $d \geq 2$, wird wesentlich erweitert, wenn wir jedem der Kontrollpunkte $\boldsymbol{p}_i$, $i = 0, \ldots, n$, noch ein Gewicht $w_i \in \mathbb{R} \setminus \{0\}$ zuordnen. Zu diesem Zweck verwenden wir die schon in Abschn. 19.3, eingeführten erweiterten Koordinaten, indem wir 1 als nullte Koordinate hinzufügen. Hierauf multiplizieren wir die erweiterten Koordinaten des Kontrollpunktes $\boldsymbol{p}_i$ für $i = 0, \ldots, n$ noch mit w_i. Somit verwenden wir z. B. im $\mathbb{R}^2$ statt $\boldsymbol{p}_i = (x_{1i}, x_{2i})^T$ den Vektor

$$\boldsymbol{p}_i^* = (w_i, w_i x_{1i}, w_i x_{2i})^T \in \mathbb{R}^3.$$

Dies ergibt für Bézierkurven im $\mathbb{R}^{d+1}$ die Darstellung

$$\boldsymbol{x}^*(t) = \sum_{i=0}^{n} B_i^n(t) \boldsymbol{p}_i^*.$$

Anschließend rechnen wir wieder auf die ursprünglichen Koordinaten um, indem wir durch die nullte Koordinate dividieren.

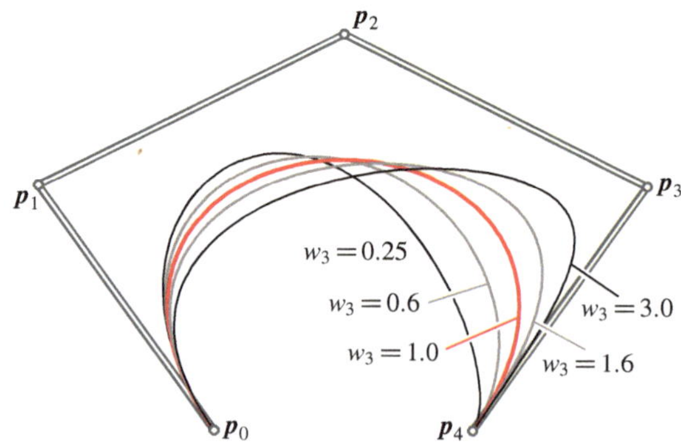

Abb. 12.13 Rationale Bézierkurven vierten Grades zum Kontrollpolygon $\boldsymbol{p}_0 \ldots \boldsymbol{p}_4$ mit den Gewichten $w_0 = w_1 = w_2 = w_4 = 1$ sowie variablem Gewicht w_3 von $\boldsymbol{p}_3$

Definition rationaler Bézierkurven

Die Kontrollpunkte $\boldsymbol{p}_0, \ldots, \boldsymbol{p}_n \in \mathbb{R}^d$ zusammen mit den jeweiligen Gewichten $w_0, \ldots, w_n \in \mathbb{R} \setminus \{0\}$ bestimmen eine *rationale Bézierkurve* vom Grad n mit der Parametrisierung

$$t \in [0, 1] \mapsto \boldsymbol{x}(t) := \sum_{i=0}^{n} \frac{w_i B_i^n(t)}{\sum_{j=0}^{n} w_j B_j^n(t)} \boldsymbol{p}_i. \tag{12.4}$$

Dabei sind die $B_i^n(t)$ wiederum Bernsteinpolynome.

Die Koordinaten von $\boldsymbol{x}(t)$ sind nun rationale Funktionen von t, nachdem im Zähler und im Nenner Polynome vom Grad n stehen. Mit der Basiseigenschaft der Bernsteinpolynome lässt sich wiederum begründen, dass umgekehrt jede Kurve mit rationalen Koordinatenfunktionen eine rationale Bézierkurve ist.

Auch bei rationalen Bézierkurven ist $\boldsymbol{x}(t)$ aus (12.4) eine Affinkombination der $\boldsymbol{p}_i$. Demnach sind auch diese Kurven affin invariant mit den Kontrollpunkten verbunden. Bei ausschließlich positiven Gewichten liegen sie innerhalb der konvexen Hülle ihres Kontrollpolygons. Die Erhöhung des Gewichtes eines einzelnen Kontrollpunktes bewirkt, dass sich die rationale Bézierkurve diesem Punkt nähert (siehe Abb. 12.13).

Während alle ganzrationalen Bézierkurven zweiten Grades entweder Parabelbögen oder Strecken sind, finden sich unter den rationalen Bézierkurven alle Kegelschnitte. Das folgende Beispiel behandelt den Sonderfall eines Kreisbogens.

Beispiel Gemäß Abb. 12.14 setzen wir

$$\boldsymbol{p}_0 = \begin{pmatrix} r \cos \alpha \\ -r \sin \alpha \end{pmatrix}, \quad \boldsymbol{p}_1 = \begin{pmatrix} \frac{r}{\cos \alpha} \\ 0 \end{pmatrix}, \quad \boldsymbol{p}_2 = \begin{pmatrix} r \cos \alpha \\ r \sin \alpha \end{pmatrix}$$

mit den Gewichten $w_0 = w_2 = 1$ und $w_1 = \cos \alpha$. Eine einfache Rechnung zeigt, dass bei der zugehörigen rationalen

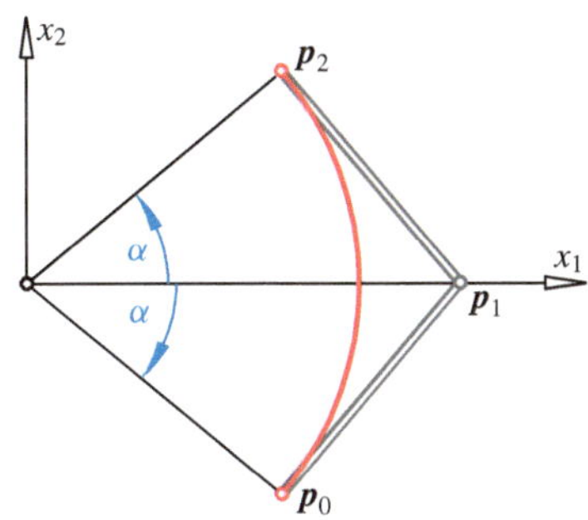

Abb. 12.14 Kreisbogen als rationale Bézierkurve vom Grad 2

Bézierkurve die erweiterten Koordinaten $(x_0, x_1, x_2)^T$

$$x_0(t) = (1-t)^2 + 2(1-t)t\cos\alpha + t^2$$
$$x_1(t) = r\left[(1-t)^2\cos\alpha + 2(1-t)t + t^2\cos\alpha\right]$$
$$x_2(t) = r\left[-(1-t)^2 + t^2\right]\sin\alpha,$$

die Kreisgleichung $x_1^2 + x_2^2 - r^2 x_0^2 = 0$ für alle $t \in \mathbb{R}$ erfüllen. ◄

B-Spline-Kurven und NURBS

Sucht man für eine Kurve von gegebener Gestalt eine Parameterdarstellung, so benötigt man in der Regel mehr als eine Bézierkurve, denn eine lokale Änderung am Kontrollpolygon hat stets globale Auswirkungen. Will man andererseits das Problem mittels krümmungsstetig aneinandergereihter Bézierkurven lösen, so ergeben sich bei jedem Schritt eher unübersichtliche Bedingungen für die ersten Kontrollpunkte der Folgekurve (vergleiche Abb. 12.10), was ebenfalls die Suche nach einer passenden mathematischen Beschreibung erschwert.

In diesem Fall sind nun die von W. Gordon (General Motors) und R. Riesenfeld 1974 entwickelten *B-Spline-Kurven* (Base-Spline-Curves) vorteilhaft. Sie bestehen aus polynomialen Kurven k-ten Grades ($k > 0$) mit C^{k-1}-stetigen Übergängen. Wir können sie analog zu den Bézierkurven in (12.2) ansetzen als

$$t \in [t_0, t_{n+k+1}] \mapsto x(t) = \sum_{i=0}^{n} N_i^k(t)\,p_i.$$

Das nunmehr frei definierbare Parameterintervall $[t_0, t_{n+k+1}]$ wird unterteilt durch willkürlich festsetzbare *Knoten* $t_1, \ldots, t_{n+k}$ bei

$$t_0 \leq t_1 \leq \cdots \leq t_{n+k+1}.$$

Die verwendeten Basisfunktionen $N_i^k(t)$ sind diesmal nur für $t_i < t < t_{i+k+1}$ von null verschieden, so dass sich eine Änderung des Kontrollpunktes p_i lediglich innerhalb dieses Teilintervalles auswirkt (siehe Abb. 12.16).

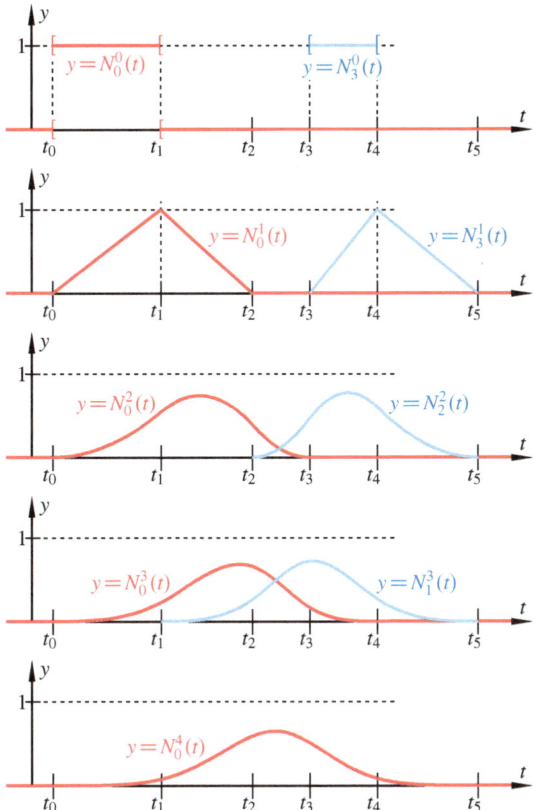

Abb. 12.15 Graphen der Basisfunktionen von B-Spline-Kurven

Die $N_i^j(t)$ sind stückweise polynomial und werden für $i = 0, \ldots, n$ und $j = 0, \ldots, k$ ähnlich dem de Casteljau-Schema rekursiv definiert durch den folgenden *De Boor-Algorithmus:*

$$N_i^0(t) = \begin{cases} 1 & \text{für } t \in [t_i, t_{i+1}[, \\ 0 & \text{sonst}, \end{cases}$$

$$N_i^1(t) = \frac{t - t_i}{t_{i+1} - t_i} N_i^0(t) + \frac{t_{i+2} - t}{t_{i+2} - t_{i+1}} N_{i+1}^0(t).$$

Damit ist $N_i^1(t) = 0$ für $t \leq t_i$ sowie für $t \geq t_{i+2}$.

$$N_i^2(t) = \frac{t - t_i}{t_{i+2} - t_i} N_i^1(t) + \frac{t_{i+3} - t}{t_{i+3} - t_{i+1}} N_{i+1}^1(t).$$

Damit ist $N_i^2(t) = 0$ für $t \leq t_i$ sowie für $t \geq t_{i+3}$. Allgemein gilt für $j \geq 1$ (siehe Abb. 12.15)

$$N_i^j(t) = \frac{t - t_i}{t_{i+j} - t_i} N_i^{j-1}(t) + \frac{t_{i+j+1} - t}{t_{i+j+1} - t_{i+1}} N_{i+1}^{j-1}(t). \tag{12.5}$$

Im Fall einer Knotengleichheit, etwa bei $t_i = t_{i+1}$, wird ein gegebenenfalls auftretender Koeffizient $0/0$ gleich null gesetzt.

Die Basisfunktion $N_i^k(t)$ verschwindet in dem Teilintervall $[t_m, t_{m+1}]$ genau dann, wenn entweder $t_{m+1} \leq t_i$, also $i \geq m+1$

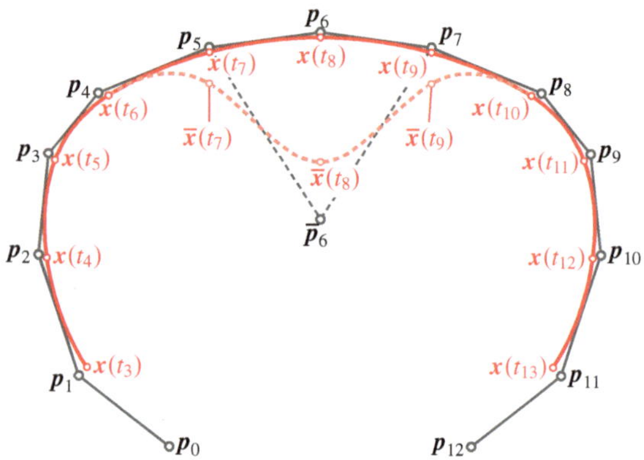

Abb. 12.16 Kubische B-Spline-Kurve und ihr geänderter Verlauf, wenn der Kontrollpunkt p_6 durch $\bar{p}_6$ ersetzt wird

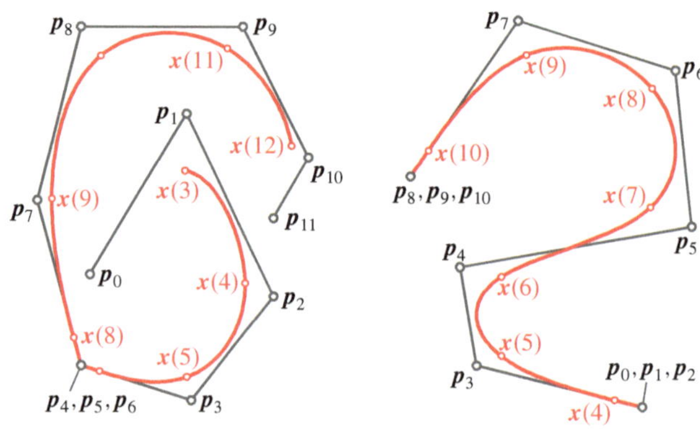

Abb. 12.17 Uniforme kubische B-Spline-Kurven mit mehrfachen Kontrollpunkten

ist oder $t_m \geq t_{i+k+1}$, also $i \leq m-k-1$. Daher gilt für B-Spline-Kurven mit den Knoten $t_0 \leq t_1 \leq \cdots \leq t_{n+k+1}$ innerhalb des Teilintervalls $t \in [t_m, t_{m+1}]$ bei $0 \leq m \leq n + k$

$$x(t) = \sum_{i=\max\{0,m-k\}}^{m} N_i^k(t)\, p_i. \qquad (12.6)$$

Sind sowohl die Knoten $t_0, \ldots, t_{n+k+1}$, als auch aufeinanderfolgende Kontrollpunkte verschiedenen, so enthält die B-Spline-Kurve keinen einzigen Kontrollpunkt.

Beispiel Bei $k = 3$, also im Fall kubischer Splines, und bei der zumeist verwendeten Wahl $t_i = i$ für $i = 0, \ldots, n + 4$ gilt gemäß (12.6) im Teilintervall $t \in [t_m, t_{m+1}] = [m, m + 1]$ bei $3 \leq m \leq n + 3$

$$N_m^3(t) = \frac{1}{6}\,(t - m)^3,$$

$$N_{m-1}^3(t) = \frac{1}{6}\left[-3(t - m)^3 + 3(t - m)^2 + 3(t - m) + 1\right],$$

$$N_{m-2}^3(t) = \frac{1}{6}\left[3(t - m)^3 - 6(t - m)^2 + 4\right],$$

$$N_{m-3}^3(t) = \frac{1}{6}\left[1 - (t - m)\right]^3.$$

Dies führt zur Matrizendarstellung

$$x(t) = \frac{1}{6}\left((t - m)^3 \quad (t - m)^2 \quad (t - m) \quad 1\right)$$

$$\cdot \begin{pmatrix} -1 & 3 & -3 & 1 \\ 3 & -6 & 3 & 0 \\ -3 & 0 & 3 & 0 \\ 1 & 4 & 1 & 0 \end{pmatrix} \begin{pmatrix} p_{m-3} \\ p_{m-2} \\ p_{m-1} \\ p_m \end{pmatrix}.$$

Es folgen einige Eigenschaften der B-Spline-Kurven k-ten Grades, allerdings ohne Beweis:

1. Bei $t_i \neq t_{i-1}$ ist die Funktion $x(t)$ an der Stelle $t = t_i$ $(k - 1)$-fach stetig differenzierbar, sofern $t_i \neq t_{i+1}$ ist. Bei $t_i = t_{i+1} = \cdots = t_{i+r}$ ist sie hingegen nur $(k - r - 1)$-fach stetig differenzierbar.

2. Es gilt $\sum_{i=m-k}^{m} N_i^k(t) = 1$ für $t \in [t_m, t_{m+1}]$ bei $k \leq m \leq n + k$. Damit sind die B-Spline-Kurven für $t \in [t_k, t_{m+k+1}]$ wieder affin invariant mit ihren Kontrollpunkten $p_1, \ldots, p_n$ verbunden. Zudem liegt das Kurvenstück mit $t \in [t_m, t_{m+1}]$ ganz in der konvexen Hülle der beteiligten $k + 1$ Kontrollpunkte $p_{m-k}, \ldots, p_m$.

3. Falls die k Punkte $p_{m-k}, \ldots, p_{m-1}$ zusammenfallen, ist $x(t_m) = \sum_{j=m-k}^{m} N_j^k(t_m) p_j = p_{m-k}$. In diesem Fall hat die B-Spline-Kurve vom Grad k in p_{m-k} eine Ecke. Die Tangenten an die angrenzenden Kurvenstücke gehen durch die benachbarten Kontrollpunkte p_{m-k-1} bzw. p_{m-k} (siehe Abb. 12.17, links).

4. Die zu Bézierkurven mit den Kontrollpunkten $q_0, \ldots, q_n$ analogen kubischen B-Spline-Kurven entstehen bei $t_i = i$ und den Definitionen $p_0 = p_1 = p_2 = q_0$, $p_{i+2} = q_i$ für $i = 1, \ldots, n - 1$ und $p_{n+2} = p_{n+3} = p_{n+4} = q_n$. Dann berührt die Kurve

$$t \in [3, n + 4] \mapsto x(t) = \sum_{i=0}^{n+3} N_i^3(t)\, p_i$$

im Punkt q_0 die Verbindungsgerade mit q_1 und im Endpunkt q_n die Seite $q_{n-1} q_n$ (siehe Abb. 12.17, rechts).

5. Um geschlossene kubische B-Spline-Kurven zu gegebenen Kontrollpunkten $q_0, \ldots, q_n$ zu erhalten, können wir $p_i = q_i$ für $i = 0, \ldots, n$ und darüber hinaus $p_{n+1} = q_0$, $p_{n+2} = q_1$, $p_{n+3} = q_2$ und $p_{n+4} = q_3$ setzen. Damit erzwingen wir bei der obigen Kurve $x(t)$ einen C^2-Übergang im Randpunkt $x(3) = x(n + 4)$ (siehe Abb. 12.18).

B-Spline-Kurven, deren Knoten als $t_i = i$ für $i = 1, \ldots, n + k + 1$ definiert und damit regelmäßig angeordnet sind, heißen *uniform*, ansonsten *nichtuniform*. Für die Basisfunktionen uniformer B-Spline-Kurven gilt

$$N_m^k(t) = N_0^k(t - m).$$

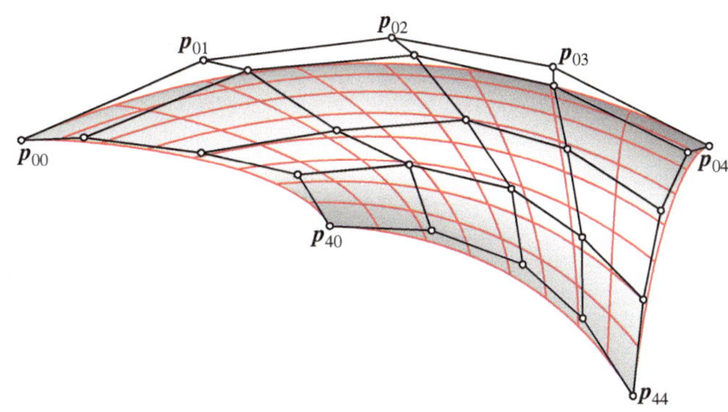

Abb. 12.18 Geschlossene kubische B-Spline-Kurve ($n = 8$)

Abb. 12.19 Bézierfläche mit den Kontrollpunkten p_{00}, p_{01}, ..., p_{43}, p_{44}

Analog zu den rationalen Bézierkurven lassen sich nach Vorgabe von Gewichten für die einzelnen Kontrollpunkte die *rationalen B-Spline-Kurven* definieren. Nichtuniforme rationale B-Spline-Kurven werden auch kurz *NURBS* genannt (nonuniform rational B-splines).

12.4 Freiformflächen

Bézierflächen

Wir definieren die *Tensorprodukt-Bézierflächen* als

$$(u, v) \in [0, 1] \times [0, 1]$$
$$\mapsto x(u, v) = \sum_{i=0}^{m} \sum_{j=0}^{n} B_i^m(u) B_j^n(v)\, p_{ij}.$$

Zu ihrer Festlegung ist das *Kontrollpolyeder*, bestehend aus $(m + 1)(n + 1)$ Kontrollpunkten p_{ij} mit $i \in \{0, \ldots, m\}$ und $j \in \{0, \ldots, n\}$, erforderlich. Alle Parameterkurven $u = $ konst. bzw. $v = $ konst. auf dieser Fläche sind Bézierkurven. So hat z. B. die Randkurve $v = 0$ das Kontrollpolygon $p_{00} p_{10} \cdots p_{m0}$.

Wird längs $v = 1$ eine weitere Bézierfläche G^1-stetig angeschlossen, so müssen die das gemeinsame Rand-Kontrollpolygon querenden Kanten ohne Knick über den Rand hinaus

weiterlaufen. Um C^1-Stetigkeit zu erreichen, müssen die jeweils drei Kontrollpunkte auf diesen Kanten dasselbe Längenverhältnis bilden.

Die Bézierflächen sind ebenfalls affin invariant mit ihren Kontrollpunkten verbunden, und sie verlaufen innerhalb der konvexen Hülle des Kontrollpolygons (Abb. 12.19).

B-Spline-Flächen

Analog zu den Bézierflächen lauten die *Tensorprodukt-B-Spline-Flächen*

$$(u, v) \in [u_0, \ldots, u_{m+k+1}] \times [v_0, \ldots, v_{n+l+1}]$$
$$\mapsto x(u, v) = \sum_{i=0}^{m} \sum_{j=0}^{n} N_i^k(u) N_j^l(v)\, p_{ij}$$

zu gegebenen Knoten $u_0, \ldots, u_{m+k+1}$ und $v_0, \ldots, v_{n+l+1}$. Diese Freiformflächen sind somit ebenso über einem Rechtecksbereich definiert. Sie bestehen aus Stücken *(patches)* polynomialer Flächen mit C^1-stetigen Übergängen längs der gemeinsamen Randkurven.

Wieder lassen sich *rationale B-Spline-Flächen* definieren. Mit Hilfe baryzentrischer Koordinaten (siehe Hauptwerk, Abschn. 19.1) sind rationale B-Spline-Flächen auch über dreieckigen Bereichen festlegbar.

Vektoranalysis – von Quellen und Wirbeln (zu Kap. 27)

13

Was sind
Differenzialformen?

Was haben Rotation und
Divergenz gemeinsam?

Aus welcher Formel folgen
alle Integralsätze?

© Springer-Verlag GmbH Deutschland 2017

T. Arens et al., *Ergänzungen und Vertiefungen zu Arens et al., Mathematik*, DOI 10.1007/978-3-662-53585-1_13

In diesem Kapitel ist das Bonusmaterial zu Kapitel 27 aus dem Lehrbuch Arens et al. *Mathematik* zusammengestellt.

13.1 Beweise zur Vektoranalysis

Wir haben im Haupttext einige wichtige Sätze angegeben, ohne sie zu beweisen. Zumindest einige der zentralen Beweise wollen wir hier nachholen.

Existenz eines Potenzials

Wir zeigen nun, dass ein einem geeigneten Gebiet $G \subseteq \mathbb{R}^n$ aus den Integrabilitätsbedingungen

$$\frac{\partial v_i}{\partial x_j} = \frac{\partial v_j}{\partial x_i}$$

die Existenz eines Potenzials folgt. G muss dafür lediglich einfach zusammenhängend sein, der Beweis ist in diesem Fall allerdings recht aufwändig und wenig instruktiv. Wir beschränken uns daher auf den Fall, dass G ein *Sterngebiet* ist, also zumindest einen *Sternmittelpunkt* $x^* \in \mathbb{R}^2$ gibt, so dass die Verbindungsstrecke von x^* und jedem $x \in G$ vollständig in G liegt. Diese Situation ist auch in Abb. 13.1 dargestellt.

Beweis Ohne Beschränkung der Allgemeinheit nehmen wir an, dass $\mathbf{0}$ ein Sternmittelpunkt von G ist – ansonsten führen wir einfach eine geeignete Translation durch. Nun definieren wir für den Punkt $x \in G$ die Strecke γ als

$$\boldsymbol{\gamma}(t) = t\,\boldsymbol{x}, \quad t \in [0, 1]$$

und die Funktion φ als

$$\varphi(\boldsymbol{x}) = \int_\gamma \boldsymbol{v} \cdot \mathbb{D}\boldsymbol{\sigma} = \int_0^1 \left(\sum_{i=1}^n v_i(\boldsymbol{\gamma}(t))\,\dot{\gamma}_i(t) \right) \mathrm{d}t$$

$$= \int_0^1 \left(\sum_{i=1}^n v_i(t\boldsymbol{x})\,x_i \right) \mathrm{d}t.$$

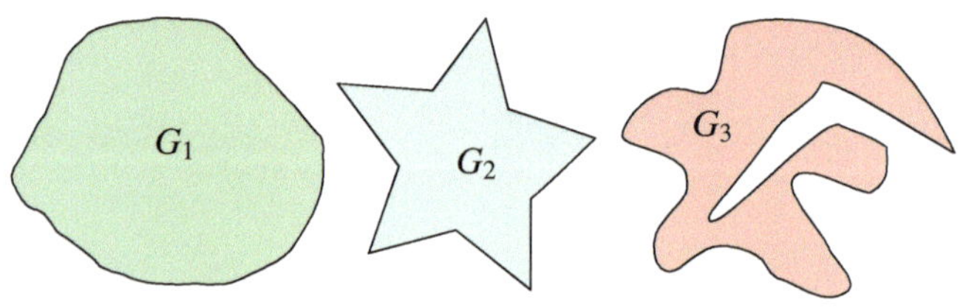

Abb. 13.1 G_1 und G_2 sind Sterngebiete, G_3 hingegen ist keines

Mit unserem Wissen über das Ableiten von Parameterintegralen erhalten wir

$$\frac{\partial \varphi(\boldsymbol{x})}{\partial x_k} = \int_0^1 \left(\frac{\partial}{\partial x_k} \sum_{i=1}^n v_i(t\boldsymbol{x})\,x_i \right) \mathrm{d}t.$$

Nun formen wir den Integranden mit Hilfe der Produktregel um benutzen anschließend die Integrabilitätsbedingung und schließlich die Kettenregel,

$$\frac{\partial}{\partial x_k} \sum_{i=1}^n v_i(t\boldsymbol{x})\,x_i = f_k(t\boldsymbol{x}) + \sum_{i=1}^n \frac{\partial v_i(t\boldsymbol{x})}{\partial x_k}\,x_i$$

$$= f_k(t\boldsymbol{x}) + \sum_{i=1}^n \frac{\partial v_i(t\boldsymbol{x})}{\partial (t x_k)}\,t x_i$$

$$= f_k(t\boldsymbol{x}) + \sum_{i=1}^n \frac{\partial v_k(t\boldsymbol{x})}{\partial (t x_i)}\,t x_i$$

$$= \frac{\mathrm{d}}{\mathrm{d}t}\left(t\, v_k(t\boldsymbol{x})\right).$$

Damit erhalten wir

$$\frac{\partial \varphi(\boldsymbol{x})}{\partial x_k} = \int_0^1 \frac{\mathrm{d}}{\mathrm{d}t}\left(t\, v_k(t\boldsymbol{x})\right)\,\mathrm{d}t = t\, v_k\big|_0^1 = v_k(\boldsymbol{x}).$$

Das gilt für $k = 1, \ldots, n$, $\boldsymbol{v}$ ist demnach ein Gradientenfeld, genauer der Gradient von φ. ∎

Kommentar Sterngebiete schließen zwar immer noch die meisten praktisch relevanten Fälle mit ein, ein besonders wichtiges Beispiel jedoch nicht. Das Feld

$$\boldsymbol{v} = \frac{\alpha}{r^2}\,\boldsymbol{e}_r = \frac{\alpha}{\|\boldsymbol{x}\|^3}\,\boldsymbol{x}$$

ist im $\mathbb{R}^3 \setminus \{\mathbf{0}\}$, also nicht auf einem Sterngebiet definiert, besitzt aber dennoch ein Potenzial. Im Gegensatz zu $\mathbb{R}^2 \setminus \{\mathbf{0}\}$ ist $\mathbb{R}^3 \setminus \{\mathbf{0}\}$ einfach zusammenhängend, da man nun beim Deformieren einer geschlossenen Kurve dem Ursprung immer ausweichen kann. ◄

13.2 Tensoranalysis

Viele Begriffe der Vektoranalysis lassen sich in der Sprache der Tensorrechnung einfacher und zugleich allgemeiner formulieren. Dabei bietet sich erneut die Index-Schreibweise an, mit der viele Zusammenhänge auf besonders konzise Weise formulieren lassen. Dabei benutzen wir im Folgenden, wenn nicht explizit anders angegeben, stets die Einstein'sche Summationskonvention.

Differenzialoperatoren lassen sich im Tensorformalismus auf besonders einfache Weise anschreiben

Um eine besonders übersichtliche Bezeichnung für Differenzialoperatoren zur Verfügung zu haben, führen wir die Abkürzung

$$\partial_i = \frac{\partial}{\partial x_i}$$

ein. In dieser Schreibweise erhalten Gradient, Rotation und Divergenz die Gestalt

$$\begin{aligned}
\mathbf{grad}\,\Phi &\iff \partial_i \Phi \\
\mathbf{rot}\,v &\iff \varepsilon_{ijk}\partial_j v_k \\
\operatorname{div} v &\iff \partial_i v_i\,.
\end{aligned}$$

Bei Gradient und Rotation bleibt dabei der Index i als Vektorindex frei, alle anderen vorkommenden Indizes sind kontrahiert.

Kurvenintegrale lassen sich in Tensorschreibweise verallgemeinern

Wir haben das vektorielle Kurvenintegral entlang einer mit $\boldsymbol{\gamma}(t)$, $t \in [a, b]$ parametrisierten Kurve γ über ein Vektorfeld v in Abschn. 27.3 als

$$\int_\gamma v \cdot \mathbb{D}s := \int_a^b v(x(t)) \cdot \dot{x}(t)\,\mathrm{d}t$$

definiert. Das Skalarprodukt entspricht einer Kontraktion von Indizes, in Indexschreibweise liest sich obiger Ausdruck als

$$\int_\gamma v_i\,\mathrm{d}s_i = \int_a^b v_i(x(t))\,\dot{x}_i(t)\,\mathrm{d}t\,.$$

Diesen Ausdruck können wir aber auch auf eine andere Art interpretieren, nämlich als *Spur* (Summe der Diagonalelemente) eines allgemeinen Tensors, der als

$$K_{ij} \equiv \int_\gamma v_i\,\mathrm{d}s_j := \int_a^b v_i(x(t))\,\dot{x}_j(t)\,\mathrm{d}t$$

definiert ist. Nun kann man aber anstatt des Vektorfeldes v einen beliebigen Tensor t einsetzen. Für einen allgemeinen Tensor n-ter Stufe wird das Kurvenintegral zu einem Tensor $(n+1)$-ter Stufe,

$$K_{i_1 i_2 \dots i_n j} \equiv \int_\gamma t_{i_1 i_2 \dots i_n}\,\mathrm{d}s_j := \int_a^b t_{i_1 i_2 \dots i_n}(x(t))\,\dot{x}_j(t)\,\mathrm{d}t\,.$$

Wichtige Integralsätze lassen sich auf praktische Weise umformulieren

Wir haben inzwischen diverse Integralsätze kennengelernt. Einerseits werden wir in Abschn. 13.3 sehen, dass diese sich als Spezialfälle eines allgemeinen Satzes auffassen lassen. Andererseits kann man aber oft durch elementare Umformungen und vektoranalytische Identitäten bekante Integralsätze in neuer nützlicher Form anschreiben.

Zu zwei derartigen Umformulierungen des Gauß'schen Satzes gelangt man, indem man einen beliebigen, aber konstanten Vektor $\boldsymbol{a}$ betrachtet. Klarerweise gilt, wenn B ein von ∂B begrenzter Volumenbereich ist, $\operatorname{div}(a\Phi) = \boldsymbol{a} \cdot \mathbf{grad}\,\Phi$, und damit erhält man

$$\boldsymbol{a} \cdot \iiint_B \mathbf{grad}\,\Phi\,\mathrm{d}x = \iiint_B \operatorname{div}(a\Phi)\,\mathrm{d}x$$
$$= \oint_{\partial B}(a\Phi)\,\mathrm{d}\sigma = \boldsymbol{a} \cdot \oint_{\partial B}\Phi\,\mathrm{d}\sigma$$

Da der Vektor $\boldsymbol{a}$ völlig beliebig war, muss

$$\iiint_B \mathbf{grad}\,\Phi\,\mathrm{d}x = \oint_{\partial B}\Phi\,\mathrm{d}\sigma$$

gelten.

Analog erhält man durch Anwendung des Gauß'schen Satzes auf $\mathbf{rot}\,k$ mithilfe von $\operatorname{div}(v \times a) = \boldsymbol{a} \cdot \mathbf{rot}\,v$ die Beziehung

$$\iiint_B \mathbf{rot}\,v\,\mathrm{d}x = -\oint_{\partial B} v \times \mathbb{D}\sigma\,.$$

13.3 Differenzialformen und die Formel von Stokes

Wir untersuchen nun eine weitreichende Verallgemeinerung dessen, was wir in Kap. 27 kennengelernt haben. Als Vorwissen benötigen wir dazu insbesondere den Inhalt des Bonusmaterials zu Kap. 26. Der Weg ist zugegebenermaßen ein wenig mühsamer als jener im Haupttext; an seinem Ende wartet allerdings ein Ergebnis, das den Aufwand auf jeden Fall wert ist.

Alle Integralsätze, die wir im Haupttext kennengelernt haben, sind, wie auch der Hauptsatz der Differenzial- und Integralrechnung, nur Spezialfälle eines einzigen weitreichenden Satze, der *Formel von Stokes*. Diese werden wir in Kürze diskutieren können. Die Formulierung der Formel von Stokes selbst ist überraschend einfach, die Vorbereitung sind allerdings umfangreich.

Alternierende Differenzialformen und die äußere Ableitung

Der Schlüssel zu einer allgemeinen Formulierung der Vektoranalysis sind **Differenzialformen**. Um mit ihnen sicher umgehen, ja um sie überhaupt anders als nur anschaulich behandeln zu können, benötigen wir aber zunächst den Begriff der **alternierenden Multilinearform**.

Wir betrachten dazu einen n-dimensionalen Vektorraum V über $\mathbb{R}$. Dieser Vektorraum wird später der auf S. 138 diskutierte Tangentialraum T_P einer Mannigfaltigkeit sein.

Als *alternierende k-Form* bezeichnet man nun eine Abbildung $\omega(v_1,\ldots,v_n)$, $V^k \to \mathbb{R}$, die in jedem Argument $v_i \in V$ linear ist und bei Vertauschen zweier Argumente das Vorzeichen wechselt:

$$\omega(v_1,\ldots,c_1 v_{i,1} + c_2 v_{i,2},\ldots,v_n)$$
$$= c_1\,\omega(v_1,\ldots,v_{i,1},\ldots,v_n) + c_2\,\omega(v_1,\ldots,v_{i,2},\ldots,v_n)$$
$$\omega(v_1,\ldots,v_i,\ldots,v_j,\ldots,v_n) = -\omega(v_1,\ldots,v_j,\ldots,v_i,\ldots,v_n)$$

Der Raum der alternierenden k-Formen über V wird mit $\mathrm{Alt}^k V$ bezeichnet, zusätzlich setzt man $\mathrm{Alt}^0 V = \mathbb{R}$. Klarerweise kann es zu einem n-dimensionalen Vektorraum keine k-Formen mit $k > n$ geben, oder zumindest sind diese identisch null.

Denn in diesem Fall sind die Argumente linear abhängig, d. h. man kann zumindest eines als Linearkombination der anderen schreiben, dieses sei o. B. d. A. v_{n+1}. Betrachten wir der Einfachheit halber eine $(n+1)$-Form, so gilt:

$$\omega(v_1,\ldots,v_n,v_{n+1}) = \omega(v_1,\ldots,v_n,c_1 v_1 + \ldots + c_n v_n)$$
$$= c_1\omega(v_1,\ldots,v_n,v_1) + \ldots$$
$$+ c_n\omega(v_1,\ldots,v_n,v_n)$$

und jeder dieser Summanden ist wegen

$$\omega(v_1,\ldots,v_i,\ldots,v_n,v_i) = -\omega(v_1,\ldots,v_i,\ldots,v_n,v_i)$$

gleich null.

Wie man sich leicht überzeugen kann, sind die Räume $\mathrm{Alt}^k V$ alle selbst wieder Vektorräume über $\mathbb{R}$ und es gilt

$$\dim \mathrm{Alt}^k V = \binom{n}{k}$$

Insbesondere ist $\binom{3}{1} = \binom{3}{2} = 3$ und damit

$$\dim \mathrm{Alt}^1(\mathbb{R}^3) = \dim \mathrm{Alt}^2(\mathbb{R}^3) = \dim \mathbb{R}^3 .$$

Dieser Umstand wird sich für uns noch als entscheidend erweisen.

Alternierende Multilinearformen sind, nebenbei bemerkt, keineswegs die exotische Sache, als die sie hier vielleicht erscheinen mögen. Das wird schon durch die Tatsache verdeutlicht, dass die Determinante geradezu ein Paradebeispiel für eine alternierende Multilinearform ist (und als solches eigentlich ein Thema der multilinearen, nicht nur der linearen Algebra).

Das Dachprodukt

Zur eleganten Handhabung von alternierenden Multilinearformen werden wir nun noch ein Hilfsmittel einführen, das *Dach-* oder auch *Keilprodukt*, das aus einer r- und einer s-Form eine $(r+s)$-Form macht, wobei sowohl Alternieren als auch Multilinearität sichergestellt sind.

Zunächst halten wir aber noch fest, dass sich die k-Formen ω als Elemente eines N-dimensionalen Vektorraums, $N = \binom{n}{k}$, natürlich immer als

$$\omega = a_1\omega_1 + \ldots + a_N\omega_N$$

schreiben lassen, wobei $\{\omega_i\}$ eine beliebige Basis von $\mathrm{Alt}^k V$ ist und die a_i reelle Zahlen bzw. Funktionen sind. Diese werden auch als *Komponenten* der k-Form bezeichnet, und die k-Form heißt genau dann stetig, differenzierbar usw., wenn das für alle ihre Komponentenfunktionen gilt.

Die Definition des Dachprodukts selbst sieht eher furchteinflößend aus, für $\omega \in \mathrm{Alt}^r V$ und $\eta \in \mathrm{Alt}^s V$ wird festgesetzt:

$$\omega \wedge \eta(v_1,\ldots,v_{r+s}) := \frac{1}{r!\,s!} \sum_{p \in \mathfrak{P}_{r+s}} \mathrm{sign}(p)\,\omega(v_{p(1)},\ldots,v_{p(r)}) \cdot \eta(v_{p(r+1)},\ldots,v_{p(r+s)})$$

wobei $\mathfrak{P}_{r+s}$ alle Permutationen der Zahlen von 1 bis $r+s$ bezeichnet. Das Symbol $\mathrm{sign}(p)$ steht für das Vorzeichen einer solchen Permutation p, ist also $+1$ für eine gerade Zahl von Vertauschungen und -1 für eine ungerade.

Tatsächlich wird diese hässliche Definition nur höchst selten zum Rechnen benutzt, es genügt, sich einmal die Wirkung auf die Basen der jeweiligen Räume zu überlegen, der Rest folgt dann sofort.

Wir untersuchen das Dachprodukt der beiden 1-Formen $\alpha = a_1\omega_1 + a_2\omega_2 + a_3\omega_3$ und $\beta = b_1\omega_1 + b_2\omega_2 + b_3\omega_3$ aus $\mathrm{Alt}^1(\mathbb{R}^3)$ und erhalten dafür:

$$\alpha \wedge \beta = (a_1\omega_1 + a_2\omega_2 + a_3\omega_3) \wedge (b_1\omega_1 + b_2\omega_2 + b_3\omega_3)$$
$$= a_1 b_1\,\omega_1 \wedge \omega_1 + a_1 b_2\,\omega_1 \wedge \omega_2 + a_1 b_3\,\omega_1 \wedge \omega_3$$
$$+ a_2 b_1\,\omega_2 \wedge \omega_1 + a_2 b_2\,\omega_2 \wedge \omega_2 + a_2 b_3\,\omega_2 \wedge \omega_3$$
$$+ a_3 b_1\,\omega_3 \wedge \omega_1 + a_3 b_2\,\omega_3 \wedge \omega_2 + a_3 b_3\,\omega_3 \wedge \omega_3$$

Nun muss man nur aus der Definition des Dachprodukts ablesen, dass $\omega_i \wedge \omega_j = -\omega_j \wedge \omega_i$ ist, was unmittelbar aus dem Alternieren folgt. Damit ist natürlich $\omega_i \wedge \omega_i = 0$, die Produkte $a_1 b_1$, $a_2 b_2$ und $a_3 b_3$ fallen also weg. Ordnet man nun die übrigen Keilprodukte geschickt an, indem man z. B. $\omega_3 \wedge \omega_2$ als $-\omega_2 \wedge \omega_3$ aufschreibt, so erhält man weiter

$$\alpha \wedge \beta = a_1 b_2\,\omega_1 \wedge \omega_2 - a_1 b_3\,\omega_3 \wedge \omega_1 - a_2 b_1\,\omega_1 \wedge \omega_2$$
$$+ a_2 b_3\,\omega_2 \wedge \omega_3 + a_3 b_1\,\omega_3 \wedge \omega_1 - a_3 b_2\,\omega_2 \wedge \omega_3$$
$$= (a_2 b_3 - a_3 b_2)\,\omega_2 \wedge \omega_3$$
$$+ (a_3 b_1 - a_1 b_3)\,\omega_3 \wedge \omega_1$$
$$+ (a_1 b_2 - a_2 b_1)\,\omega_1 \wedge \omega_2$$

Vertiefung: Das Vektorprodukt unter der Lupe

Die erste alternierende Multilinearform (allerdings hier $\mathbb{R}^3 \times \mathbb{R}^3 \to \mathbb{R}^3$), der man üblicherweise in seiner Mathematikausbildung begegnet, ist ein Objekt, dem man die verborgenen Abgründe und die Tücken seiner Herkunft auf den ersten Blick gar nicht ansieht.

Konkret geht es um das vektorielle Produkt zweier Vektoren, das keineswegs so freundlich und harmlos ist, wie es in der klassischen Vektorrechnung gerne dargestellt wird. Das beginnt schon damit, dass es nur für Vektoren aus dem $\mathbb{R}^3$ überhaupt definiert wird. Aber auch sonst hat es einige leicht befremdliche Eigenschaften.

Betrachten wir etwa eine Raumspiegelung, also eine Transformation $x \to -x$. Ein „gewöhnlicher" Vektor wechselt dabei ebenso das Vorzeichen, also $A \to -A$ oder $B \to -B$; für das Kreuzprodukt hingegen gilt:

$$A \times B \to (-A) \times (-B) = A \times B$$

In der Literatur findet man demnach auch manchmal eine Unterscheidung zwischen *polaren* Vektoren, die ihr Vorzeichen bei einer Raumspiegelung ändern, und *axialen* Vektoren, die das eben nicht tun und daher auch manchmal „Pseudovektoren" genannt werden.

Doch die wahren Gründe für dieses seltsame Verhalten des Vektorprodukts liegen viel tiefer. Bilden wir entsprechend den Bildungsregeln des Kreuzprodukts aus den beiden Vektoren $A = (a_1, a_2, a_3)$ und $B = (b_1, b_2, b_3)$ den Ausdruck

$$v_{ij} := a_i b_j - a_j b_i$$
$$= \begin{pmatrix} 0 & a_1 b_2 - a_2 b_1 & a_1 b_3 - a_3 b_1 \\ a_2 b_1 - a_1 b_1 & 0 & a_2 b_3 - a_3 b_2 \\ a_3 b_1 - a_1 b_3 & a_3 b_2 - a_2 b_3 & 0 \end{pmatrix},$$

so ist das so erhaltene Objekt kein Vektor, sondern ein schiefsymmetrischer Tensor zweiter Stufe. Ein solcher hat aber nur drei unabhängige Elemente und kann daher wieder mit einem Vektor identifiziert werden.

Das funktioniert aber erstens nur in drei Dimensionen und trägt zweitens trotzdem eine gewisse Willkürlichkeit mit sich – daher eben auch das seltsame Verhalten des Vektorprodukts, das eigentlich ein umgeformter Tensor zweiter Stufe ist. Das Erzeugen der Tensorkomponenten ebenso wie das „Umsortieren" in einen Vektor wird in Indexschreibweise (oder, wie es von Mathematikern gern genannt wird, dem *Ricci-Kalkül*) meist automatisch vom Levi-Civita-Tensor ε_{ijk} mittels $\{A \times B\}_i = \varepsilon_{ijk} a_j b_k$ erledigt.

Die drei Dachprodukte $\chi_1 := \omega_2 \wedge \omega_3$, $\chi_2 := \omega_3 \wedge \omega_1$ und $\chi_3 := \omega_1 \wedge \omega_2$ bilden nun genau eine Basis von $\mathrm{Alt}^2(\mathbb{R}^3)$, der ja wieder dreidimensional ist. Nun setzen wir einen gewagten Schritt: Weil sich im Dreidimensionalen Vektoren ebenso durch drei Zahlen beschreiben lassen wie 1- oder 2-Formen, *identifizieren* wir alle drei brutal miteinander. Das muss man natürlich nicht tun, es gibt im Grunde auch keinen vorgezeichneten, kanonischen Weg, das zu tun, aber es ist möglich. Setzen wir also $\omega_i \equiv e_i$ und ebenso $e_i \equiv \chi_i \equiv \omega_j \wedge \omega_k$ (i, j, k zyklisch). Damit liest sich unsere Produktbildung als

$$\begin{pmatrix} a_1 \\ a_2 \\ a_3 \end{pmatrix} \wedge \begin{pmatrix} b_1 \\ b_2 \\ b_3 \end{pmatrix} = \begin{pmatrix} a_2 b_3 - a_3 b_2 \\ a_3 b_1 - a_1 b_3 \\ a_1 b_2 - a_2 b_1 \end{pmatrix}$$

und das Dachprodukt ist in diesem Fall zu unserem vertrauten Kreuzprodukt zweier Vektoren geworden, das gelegentlich tatsächlich als $\wedge$ geschrieben wird. Das war aber eben nur möglich, weil „zufällig" gerade $\dim \mathrm{Alt}^1(\mathbb{R}^3) = \dim \mathrm{Alt}^2(\mathbb{R}^3) = \dim \mathbb{R}^3$ ist.

Man „steckt", wie auf S. 151 diskutiert, also etwas, das auch drei Komponenten hat, sich sonst aber in vieler Hinsicht anders verhält als ein Vektor $\in \mathbb{R}^3$ in das Gewand eines solchen und hofft, das diese Verkleidung gut genug ist.

Der Übersichtlichkeit halber fassen wir die Eigenschaften des Dachprodukts (die man sich mit mehr oder weniger Arbeit natürlich aus der Definitionsgleichung ableiten kann) zusammen. dabei ist $\omega \in \mathrm{Alt}^r V$, $\eta \in \mathrm{Alt}^s V$ und, wenn nötig, $\sigma \in \mathrm{Alt}^t V$:

- Das Dachprodukt

  $$\wedge : \mathrm{Alt}^r V \times \mathrm{Alt}^s V \to \mathrm{Alt}^{r+s} V$$

  ist bilinear.
- Ebenso ist $\wedge$ antikommutativ, genauer:

  $$\eta \wedge \omega = (-1)^{r \cdot s} \omega \wedge \eta$$

- Das Dachprodukt ist assoziativ, es ist also

  $$(\eta \wedge \omega) \wedge \sigma = \eta \wedge (\omega \wedge \sigma)$$

  und deshalb lässt man in mehrfachen Dachprodukten die Klammern üblicherweise überhaupt fort.
- Die 0-Form $1 \in \mathrm{Alt}^0 V \equiv \mathbb{R}$ erfüllt

  $$1 \wedge \omega = \omega$$

  für alle $\omega \in \mathrm{Alt}^r V$.

Kommentar Für diejenigen, die Freude an der Klassifizierung algebraischer Strukturen haben: Für jeden reellen Vektorraum V wird die direkte Summe $\bigoplus_{k=0}^{\infty} \mathrm{Alt}^k V$ mit dem Dachprodukt zu einer graduierten antikommutativen Algebra mit Einselement. ◄

Differenzialformen

Nun können wir endlich zu den Differenzialformen kommen – und deren Definition wird nach den bisherigen Vorarbeiten kaum mehr Mühe kosten. Als (alternierende) Differenzialform vom Grad k, auch kurz k-Form, auf einer Mannigfaltigkeit M bezeichnen wir eine Zuordnung ω, die jedem $P \in M$ eine alternierende Multilinearform $\omega_p \in \mathrm{Alt}^k T_P$ zuweist, wobei T_P der Tangentialraum an M in P ist.

Der Raum der (beliebig oft) differenzierbaren k-Formen, mit dem wir uns im Folgenden beschäftigen, wird mit $\Omega^k M$ bezeichnet. Um mit Differenzialformen vernünftig umgehen zu können, müssen wir aber zuerst noch ein wenig über Tangentialräume und $\mathrm{Alt}^k T_P$ bzw. $\Omega^k M$ nachdenken.

Zunächst einmal stellen wir fest, dass $\mathrm{Alt}^1 T_P$ (da ja hier die Eigenschaft des Alternierens noch nicht zum Tragen kommt) genau der *Dualraum* zu T_P ist, also der Raum der linearen Abbildungen $T_P \to \mathbb{R}$, den wir, wie allgemein üblich, mit einem Sternchen bezeichnen, T_P^*.

Im Fall von Tangentialräumen nennt man den Dualraum T_P^* auch oft den *Kotangentialraum*. Alle Tangentialräume einer Mannigfaltigkeit fasst man zum *Tangentialbündel*, alle Kotangentialräume zum *Kotangentialbündel* zusammen.

Anwendungsbeispiel Gerade in der theoretischen Physik sind Tangential- und Kotangentialbündel die wichtige Schauplätze. In der klassischen Mechanik etwa, in der Bewegungen letzten Ende mittels Mannigfaltigkeiten beschrieben werden, leben Langrangefunktionen auf den Tangential-, Hamiltonfunktionen dagegen auf den Kotangentialbündeln, und die Legendre-Transformation $L \to H := p_\mu \dot{q}^\mu - L$ mit $p_\mu := \frac{\partial L}{\partial \dot{q}^\mu}$ vermittelt den Übergang zwischen den beiden. ◀

Nun betrachten wir das, was uns letztendlich auch auf Mannigfaltigkeiten M wieder am meisten interessieren wird, nämlich das infinitesimale Änderungsverhalten von Funktionen. Differenzieren können wir zwar nicht auf M selbst, aber wir können beliebige Objekte auf Karten „herunterholen", dort alle Werkzeuge anwenden, die uns im $\mathbb{R}^n$ zur Verfügung stehen, und das Ergebnis dann wieder „hinaufschicken".

Die Änderung einer Funktion f wird durch das *totale Differenzial*

$$\mathrm{d}f = \frac{\partial f}{\partial x^\mu}\, dx^\mu \equiv (\partial_\mu f)\, dx^\mu$$

gegeben, wobei wir die Konvention verwenden, dass über einen Index, der oben und unten vorkommt, zu summieren ist. Nun interpretieren wir dieses altbekannte Ergebnis neu im Sinne von Mannigfaltigkeiten.

Der Tangentialraum T_P wird von den Tangentialvektoren der Kurven durch P aufgespannt. Für die gesamte Änderung von f ist es also erst einmal entscheidend zu wissen, wie sehr sich

f entlang solcher Kurven ändert. Als Basis von T_P können wir die Tangentenvektoren beliebiger Kurven verwenden, besonders bieten sich aber natürlich Koordinatenlinien an. Die Tangentialvektoren sind dann genau die partiellen Ableitungen nach der entsprechenden Koordinate, also ∂_μ.

Das Differenzial $\mathrm{d}f = (\partial_\mu f)\, dx^\mu$ ist aber wieder eine reelle Zahl, und wenn die Vektoren $(\partial_\mu f)$ auf T_P leben, dann müssen die Differenziale der Koordinaten $\mathrm{d}x^\mu$ von T_P^* stammen. Da diese natürlich auch linear unabhängig sind, haben wir eine Basis von $\mathrm{Alt}^1 T_P$ bzw. $\Omega^1 M$ gefunden! Über das Dachprodukt erhalten wir daraus unmittelbar $\mathrm{d}x^\mu \wedge \mathrm{d}x^\nu$ als Basisvektoren von $\Omega^2 M$; $\mathrm{d}x^\mu \wedge \mathrm{d}x^\nu \wedge \mathrm{d}x^\rho$ bilden eine Basis von $\Omega^3 M$ und so weiter.

Speziell im Dreidimensionalen nehmen allgemeine Differenzialformen also die folgende Gestalt an:

0-Formen dim $= 1$ f

1-Formen dim $= 3$ $a_1\, \mathrm{d}x_1 + a_2\, \mathrm{d}x_2 + a_3\, \mathrm{d}x_3$

2-Formen dim $= 3$ $b_1\, \mathrm{d}x_2 \wedge \mathrm{d}x_3 + b_2\, \mathrm{d}x_3 \wedge \mathrm{d}x_1 + b_3\, \mathrm{d}x_1 \wedge \mathrm{d}x_3$

3-Formen dim $= 1$ $g\, \mathrm{d}x_1 \wedge \mathrm{d}x_2 \wedge \mathrm{d}x_3$

Wir sehen also, 1- und 2-Formen sind genau die Objekte, die über Kurven bzw. Flächen integriert werden, und allgemein werden wir n-Formen über n-dimensionale Mannigfaltigkeiten, sogenannte n-Ketten, integrieren wollen. Diese Integration wird, wenn es um die konkrete Rechnung geht, natürlich über die Kartenabbildungen wieder auf Gebietsintegrale im $\mathbb{R}^n$ zurückgeführt.

Das gilt auch für 3-Formen, sobald man $\mathrm{d}x = \mathrm{d}x_1 \wedge \mathrm{d}x_2 \wedge \mathrm{d}x_3$ setzt, was, selbst wenn es ungewohnt aussehen mag, durchaus Sinn hat. Eine 3-Form ist nämlich genau eine Determinante, und so wie das Spatprodukt

$$(\boldsymbol{a}, \boldsymbol{b}, \boldsymbol{c}) := \boldsymbol{a} \cdot (\boldsymbol{b} \times \boldsymbol{c}) = \begin{pmatrix} a_1 & b_1 & c_1 \\ a_2 & b_2 & c_2 \\ a_3 & b_3 & c_3 \end{pmatrix}$$

das Volumen des von den Vektoren $\boldsymbol{a}$, $\boldsymbol{b}$ und $\boldsymbol{c}$ aufgespannten Parallelepipeds angibt, so besteht generell zwischen Determinante und Volumen ein enger Zusammenhang. Deshalb taucht auch in den Transformationsformeln für Mehrfachintegrale die Jacobi*determinante* auf.

Die Bedeutung des Zeichens $\wedge$ kollidiert auch nicht mit der von den schon früher für Oberflächenintegralen eingeführten Ausdrücken $\mathrm{d}y \wedge \mathrm{d}z$, denn wenn eine Fläche mittels $\boldsymbol{x}(u, v)$ mit $(u, v) \in U' \subseteq \mathbb{R}^2$ parametrisiert wird, dann ergibt sich unmittelbar

$$\mathrm{d}y \wedge \mathrm{d}z = \begin{vmatrix} \frac{\partial y}{\partial u} & \frac{\partial y}{\partial v} \\ \frac{\partial z}{\partial u} & \frac{\partial z}{\partial v} \end{vmatrix}$$

und analog für $\mathrm{d}z \wedge \mathrm{d}x$ sowie $\mathrm{d}x \wedge \mathrm{d}y$, was wir früher mühsam definieren mussten.

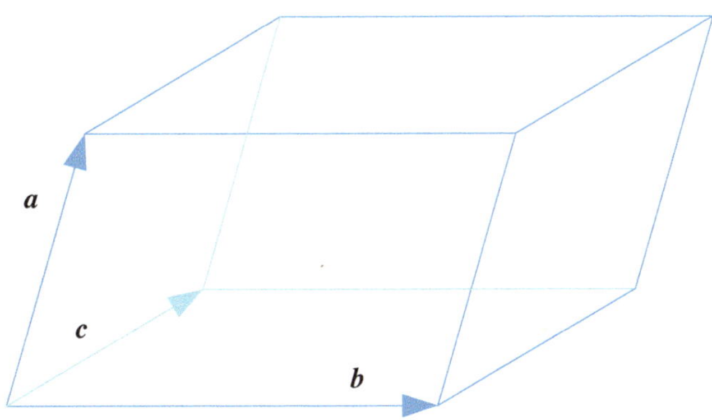

Abb. 13.2 Das Volumen eines von den Vektoren a, b und c aufgespannten Parallelepipeds ist durch $\det(a, b, c) = c \cdot (a \times b)$ gegeben

Die Cartan'sche Ableitung vereinheitlicht verschiedene Differenzialoperatoren

Es geht jetzt darum, k-Formen auch differenzieren zu können. Nun ist nicht von vornherein klar, was das Ergebnis einer solchen Operation sein soll – wünschen würden wir uns auf jeden Fall wieder eine Differenzialform. Möglich wären hier natürlich viele Wege, als der sinnvollste hat sich dabei erwiesen:

Die Cartan'sche (oder äußere) Ableitung d von k-Formen ist definiert mittels

$$d(c_1\omega + c_2\sigma) := c_1\,d\omega + c_2\,d\sigma$$

$$d(a_{i_1,\ldots i_k}(x)\,dx^{j_1} \wedge \ldots \wedge dx^{j_k}) := \sum_{\nu=1}^{n} \frac{\partial a_{i_1,\ldots i_k}}{\partial x_\nu}$$
$$dx_\nu \wedge dx^{j_1} \wedge \ldots \wedge dx^{j_k}$$

Wie von einer Ableitung immer gewünscht ist die Cartan-Ableitung also linear. Leitet man eine k-Form ab, so ist das Ergebnis eine $(k+1)$-Form.

Funktionen $f(x)$ von $\mathbb{R}^3$ nach $\mathbb{R}$ sind 0-Formen, auf die man natürlich die Cartan'sche Ableitung wirken lassen kann,

$$df = \frac{\partial f}{\partial x}\,dx + \frac{\partial f}{\partial y}\,dy + \frac{\partial f}{\partial z}\,dz\,.$$

Man hat also das totale Differenzial der Funktion f erhalten, wie es auch gewünscht wird, damit es keine Kollision mit der ursprünglichen Bedeutung von df gibt.

Man kann das Ergebnis aber noch anders interpretieren: Wählt man im dreidimensionalen Raum der 1-Formen dx, dy und dz als Basisvektoren ($dx_i \equiv e_i$) und identifiziert 1-Formen mit „gewöhnlichen" Vektoren, so hat man gerade den Gradienten der Funktion f, also $\mathbf{grad}\,f$ erhalten.

Bilden wir im $\mathbb{R}^3$ nun die äußere Ableitung einer 1-Form $\omega = v_1\,dx_1 + v_2\,dx_2 + v_3\,dx_3$ (zur Erinnerung, es gilt $dx_i \wedge dx_j =$

$-dx_j \wedge dx_i$ und damit natürlich erst recht $dx_1 \wedge dx_1 = 0$ usw.)

$$d\omega = \frac{\partial v_1}{\partial x_1}\underbrace{dx_1 \wedge dx_1}_{=0} + \frac{\partial v_1}{\partial x_2}dx_2 \wedge dx_1 + \frac{\partial v_1}{\partial x_3}dx_3 \wedge dx_1$$
$$+ \frac{\partial v_2}{\partial x_1}dx_1 \wedge dx_2 + \frac{\partial v_2}{\partial x_2}\underbrace{dx_2 \wedge dx_2}_{=0} + \frac{\partial v_1}{\partial x_3}dx_3 \wedge dx_2$$
$$+ \frac{\partial v_3}{\partial x_1}dx_1 \wedge dx_3 + \frac{\partial v_3}{\partial x_2}dx_2 \wedge dx_3 + \frac{\partial v_3}{\partial x_3}\underbrace{dx_3 \wedge dx_3}_{=0}$$
$$= \left(\frac{\partial v_3}{\partial x_2} - \frac{\partial v_1}{\partial x_3}\right)dx_2 \wedge dx_3 + \left(\frac{\partial v_1}{\partial x_3} - \frac{\partial v_3}{\partial x_1}\right)dx_3 \wedge dx_1$$
$$+ \left(\frac{\partial v_2}{\partial x_1} - \frac{\partial v_1}{\partial x_2}\right)dx_1 \wedge dx_2\,,$$

wobei im letzten Schritt die 2-Formen $dx_i \wedge dx_j$ wieder in kanonische Form gebracht wurden (daher die Vorzeichen). In klassischer Sprache hat man also den Rotor $\mathbf{rot}\,v$ eines Vektorfeldes v erhalten – sofern man sowohl 1- als auch 2-Formen mit Vektoren $\in \mathbb{R}^3$ identifiziert ($e_i \equiv dx_i \equiv dx_j \wedge dx_k$ mit i, j, k zyklisch.)

Nun leiten wir (wieder im $\mathbb{R}^3$) eine 2-Form

$$\omega = v_1\,dx_2 \wedge dx_3 + v_3\,dx_2 \wedge dx_1 + v_3\,dx_1 \wedge dx_2$$

gemäß Cartan ab:

$$d\omega = \frac{\partial v_1}{\partial x_1}dx_1 \wedge dx_2 \wedge dx_3 + \frac{\partial v_1}{\partial x_2}\underbrace{dx_2 \wedge dx_2 \wedge dx_3}_{=0}$$
$$+ \frac{\partial v_1}{\partial x_3}\underbrace{dx_3 \wedge dx_2 \wedge dx_3}_{=0} + \frac{\partial v_2}{\partial x_1}\underbrace{dx_1 \wedge dx_3 \wedge dx_1}_{=0}$$
$$+ \frac{\partial v_2}{\partial x_2}dx_2 \wedge dx_3 \wedge dx_1 + \frac{\partial v_2}{\partial x_3}\underbrace{dx_3 \wedge dx_3 \wedge dx_1}_{=0}$$
$$+ \frac{\partial v_3}{\partial x_1}\underbrace{dx_1 \wedge dx_1 \wedge dx_2}_{=0} + \frac{\partial v_3}{\partial x_2}\underbrace{dx_2 \wedge dx_1 \wedge dx_2}_{=0}$$
$$+ \frac{\partial v_3}{\partial x_3}dx_3 \wedge dx_1 \wedge dx_2$$
$$= \left(\frac{\partial v_1}{\partial x_1} + \frac{\partial v_2}{\partial x_2} + \frac{\partial v_3}{\partial x_3}\right)dx_1 \wedge dx_2 \wedge dx_3$$

Das Umsortieren liefert diesmal eine gerade Anzahl von Minuszeichen, und wenn man auch hier bereit ist, $e_i \equiv dx_j \wedge dx_k$ zu setzen und 3-Formen als Skalare zu interpretieren, dann hat man die Divergenz $\mathrm{div}\,v$ des Vektors $v = (v_1, v_2, v_3)^\top$ erhalten.

Die Cartan'sche Ableitung reproduziert im $\mathbb{R}^3$ also die klassischen Differenzialoperatoren Gradient, Rotation und Divergenz. Das ist in Abb. 13.3 noch einmal übersichtlich zusammengestellt.

Nach dem, was wir schon über Formen wissen, muss die Ableitung einer n-Form auf einer n-dimensionalen Mannigfaltigkeit

$$\Phi \xrightarrow{\ \mathrm{d}\ } v_i\,\mathrm{d}x^i \xrightarrow{\ \mathrm{d}\ } w_i\,\mathrm{d}x^j \wedge \mathrm{d}x^k \xrightarrow{\ \mathrm{d}\ } \Psi\,\mathrm{d}x^1 \wedge \mathrm{d}x^2 \wedge \mathrm{d}x^3$$

$$\vdots \qquad\qquad \vdots \qquad\qquad \vdots \qquad\qquad\qquad \vdots$$

0-Form	1-Form	2-Form	3-Form
=	≈	≈	≈

$$\text{Skalar} \xrightarrow{\ \mathbf{grad}\ } \text{Vektor} \xrightarrow{\ \mathbf{rot}\ } \text{(Axial)vektor} \xrightarrow{\ \mathrm{div}\ } \text{(Pseudo)skalar}$$

Abb. 13.3 Zusammenhang zwischen Cartan'scher Ableitung und den bekannten Differenzialoperatoren im $\mathbb{R}^3$

verschwinden. Es gibt aber noch ein weiterreichendes Ergebnis, denn für die wiederholte Anwendung der Cartan-Ableitung erhält man

Komplexeigenschaft der Cartan-Ableitung

Für die Cartan'sche Ableitung d gilt $\mathrm{d}^2 = 0$. Doppelte äußere Ableitungen verschwinden immer – genügend gute Differenzierbarkeitseigenschaften vorausgesetzt.

Einen Operator o, der $o^2 = 0$ erfüllt, nennt man **nilpotent**, und die Struktur, die man auf einen solchen nilpotenten Operator aufbauen kann, wird allgemein ein *Komplex* genannt.

Dass tatsächlich $\mathrm{d}^2 = 0$ ist, kann man leicht nachrechnen, denn jede k-Form ist ja eine Linearkombination von Termen der Form $\omega = a_{i_1,\dots i_k}(\boldsymbol{x})\,\mathrm{d}x^{i_1} \wedge \dots \wedge \mathrm{d}x^{i_k}$:

$$\mathrm{d}^2\omega = \mathrm{d}(\mathrm{d}\omega) = \mathrm{d}\left(\mathrm{d}\left(a_{i_1,\dots i_k}(\boldsymbol{x})\,\mathrm{d}x^{i_1} \wedge \dots \wedge \mathrm{d}x^{i_k}\right)\right)$$

$$= \mathrm{d}\left(\sum_{\nu=1}^{n} \frac{\partial a_{i_1,\dots i_k}}{\partial x_\nu}\,\mathrm{d}x^\nu \wedge \mathrm{d}x^{i_1} \wedge \dots \wedge \mathrm{d}x^{i_k}\right)$$

$$= \sum_{\nu,\mu=1}^{n} \frac{\partial^2 a_{i_1,\dots i_k}}{\partial x_\nu\,\partial x_\mu}\,\mathrm{d}x^\mu \wedge \mathrm{d}x^\nu \wedge \mathrm{d}x^{i_1} \wedge \dots \wedge \mathrm{d}x^{i_k}$$

$$= 0,$$

da ja in der Doppelsumme jeder Term zweimal vorkommt, wobei nur die Rolle von μ und ν vertauscht sind. Das führt in einem Fall zu einem Minus und damit bei Funktionen $a_{i_1,\dots i_k}$, die zumindest $\in C^2$ sind wegen der Vertauschbarkeit der zweiten Ableitungen zu einem Verschwinden des gesamten Ausdrucks.

Da alle klassischen Differenzialoperatoren nur Spezialfälle der Cartan-Ableitung sind, folgen aus $\mathrm{d}^2 = 0$ unmittelbar die Beziehungen $\mathbf{rot\,grad}\,\Phi = \mathbf{0}$ und $\mathrm{div}\,\mathbf{rot}\,V = 0$ für alle (zumindest zweimal stetig differenzierbaren) Funktionen Φ und Vektorfelder V.

Wir klassifizieren die Formen gemäß ihrer „Beziehung" zum Operator der äußeren Ableitung. Dabei nennen wir eine Form ω *geschlossen*, wenn $\mathrm{d}\omega = 0$ ist. Sie heißt exakt, wenn sie die äußere Ableitung einer anderen Form, also $\omega = \mathrm{d}\sigma$ ist.

Im Sinne der Komplexeigenschaft von d sind natürlich alle exakten Formen auch geschlossen, die Umkehrung gilt aber wieder nicht allgemein.

Wir sind nun also so weit, k-Formen über k-Ketten zu integrieren. Für praktische Rechnungen werden wir solche Ketten natürlich über $\boldsymbol{x}(u_1,\dots,u_k)$ parametrisieren, Basisdifferenziale über

$$\mathrm{d}x_{i_1} \wedge \dots \wedge \mathrm{d}x_{i_k} = \begin{pmatrix} \dfrac{\partial x_{i_1}}{\partial u_{i_1}} & \cdots & \dfrac{\partial x_{i_1}}{\partial u_{i_k}} \\ \vdots & \ddots & \vdots \\ \dfrac{\partial x_{i_k}}{u_{i_1}} & \cdots & \dfrac{\partial x_{i_k}}{u_{i_k}} \end{pmatrix} \mathrm{d}u_{i_1}\dots\mathrm{d}u_{i_k}$$

umrechnen und dann über $U' \subseteq \mathbb{R}^n$ integrieren. Viel wichtiger ist an dieser Stelle, dass es zwischen den Resultaten verschiedener Integrationen einen fundamentalen Zusammenhang gibt:

Formel von Stokes

Ist C eine k-Kette mit Rand ∂C und ω eine $(k-1)$-Form, so gilt:

$$\int_{\partial C} \omega = \int_C \mathrm{d}\omega$$

Wie schon angekündigt stecken in diesen schlichten paar Zeichen alle unsere Integralsätze – und natürlich noch viele andere mehr. Das wollen wir nun im Detail vorzeigen, davor wiederholen wir aber noch einige Konventionen:

$$\mathrm{d}\boldsymbol{s} = (\mathrm{d}x_1,\,\mathrm{d}x_2,\,\mathrm{d}x_3)^\top,$$
$$\mathrm{d}\boldsymbol{\sigma} = (\mathrm{d}x_2 \wedge \mathrm{d}x_3,\,,\mathrm{d}x_3 \wedge \mathrm{d}x_1,\,\mathrm{d}x_1 \wedge \mathrm{d}x_2)^\top,$$
$$\mathrm{d}\boldsymbol{x} = \mathrm{d}x_1 \wedge \mathrm{d}x_2 \wedge \mathrm{d}x_3$$

Beispiel Wir betrachten zunächst $\mathbb{R}$ und den Fall $k = 1$: Eine 1-Kette C ist also ein Intervall $[a,\,b]$, ihr Rand ∂C sind die beiden Randpunkte a und b. Eine 0-Form, ist eine reelle Funktion f, ihre Cartan-Ableitung ist $\mathrm{d}f = \frac{\mathrm{d}f}{\mathrm{d}x}\,\mathrm{d}x$ und die Formel von Stokes liefert

$$f(b) - f(a) = \int_a^b \frac{\mathrm{d}f}{\mathrm{d}x}\,\mathrm{d}x\,.$$

Wir haben also den Hauptsatz der Differenzial- und Integralrechnung wiedergefunden.

Nun betrachten wir den $\mathbb{R}^2$ für $k = 2$. Die 2-Kette C ist hier ein Bereich, ∂C ihre Randkurve und die Ableitung der 1-Form $\omega = f \, dx + g \, dy$ ist

$$d\omega = \frac{\partial f}{\partial y} \, dy \wedge dx + \frac{\partial g}{\partial x} \, dx \wedge dy = \left(\frac{\partial g}{\partial x} - \frac{\partial f}{\partial y} \right) dx \wedge dy.$$

Als Ergebnis erhalten wir mit der Identifikation $dx := dx \wedge dy$ genau

$$\int_{\partial B} \{f \, dx + g \, dy\} = \int_B \left(\frac{\partial g}{\partial x_1} - \frac{\partial f}{\partial x_2} \right) d(x_1, x_2),$$

also den Satz von Green-Riemann.

Nun wechseln wir in den $\mathbb{R}^3$ und setzen zuerst $k = 1$. Die 2-Formen C sind hier Flächen $\mathcal{F}$, ihre Ränder sind Kurven $\partial \mathcal{F}$ und die Cartan-Ableitung einer Einsform $v \, dx$ ist gerade eine 2-Form $\mathbf{rot}\, v \, d\sigma$ und wir erhalten

$$\int_{\partial \mathcal{F}} v \, dx = \int_{\mathcal{F}} \mathbf{rot}\, v \, d\sigma,$$

also gerade den ursprünglichen Satz von Stokes.

Weiters setzten wir – wieder im $\mathbb{R}^3$ – $k = 2$: Nun haben wir einen Volumenbereich B als 3-Kette und seine Oberfläche ∂B als berandende 2-Kette. Die Ableitung der 2-Form $v \cdot d\sigma$ ist gerade $\operatorname{div} v \, dx$ und man gewinnt den Satz von Gauß:

$$\int_{\partial B} v \, d\sigma = \int_B \operatorname{div} v \, dx.$$

Zuletzt betrachten wir in einem $\mathbb{R}^n$ mit beliebigem n nochmals den Fall $k = 1$: Hier haben wir nun eine Kurve C mit den Randpunkten A und E, als Ableitung der 0-Form f erhalten wir $\frac{\partial f}{\partial x^1} dx^1 + \ldots + \frac{\partial f}{\partial x^n} dx^n$ und damit auf naheliegende Weise

$$f(E) - f(A) = \int_C \mathbf{grad}\, f \cdot ds.$$

Kurvenintegrale über einen Gradienten sind also in beliebigen Dimensionen nicht vom Weg, sondern nur von Anfangs- und Endpunkt abhängig. ◀

Dass der Randoperator ∂ und die äußere Ableitung d eng zusammenhängen, wird durch den Satz von Stokes besonders deutlich. Insbesondere sind $\partial^2 = 0$ und $d^2 = 0$ eng verbunden, denn zweifache Anwendung des Satzes von Stokes liefert ja

$$\int_{\partial^2 C} \omega = \int_{\partial C} d\omega = \int_C d^2 \omega.$$

Das Verschwinden jeder doppelten äußeren Ableitung kann daher als direkte Folge der Tatsache gesehen werden, dass Ränder keinen Rand haben.

Funktionalanalysis – Operatoren wirken auf Funktionen (zu Kap. 31)

Was bedeutet Vollständigkeit?

Was ist die Neumann'sche Reihe?

Was ist das Galerkin-Verfahren?

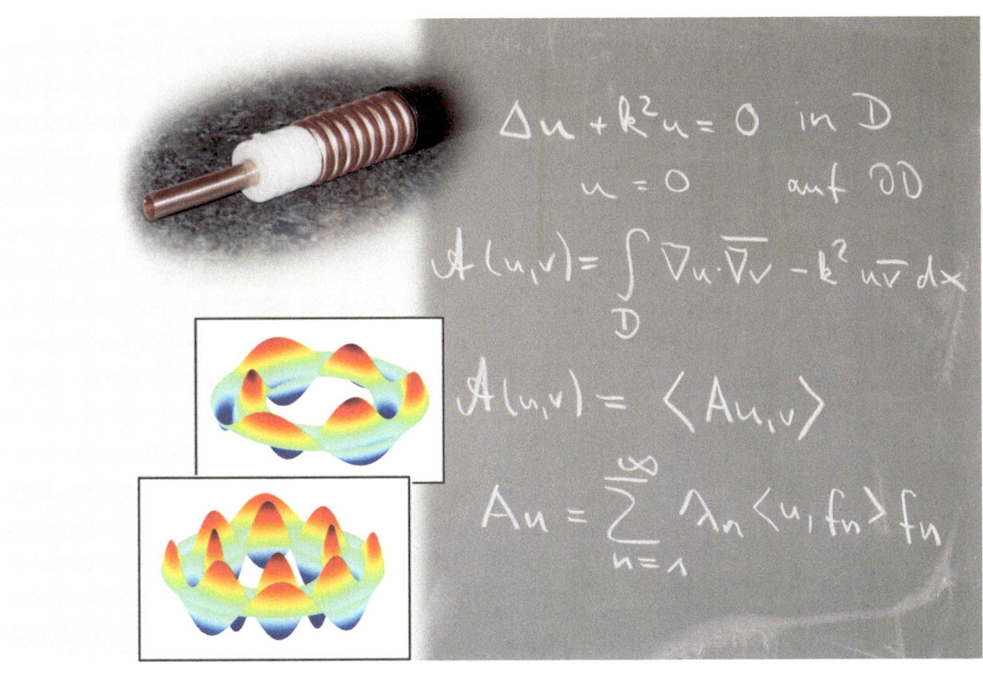

© Springer-Verlag GmbH Deutschland 2017

T. Arens et al., *Ergänzungen und Vertiefungen zu Arens et al., Mathematik*, DOI 10.1007/978-3-662-53585-1_14

In diesem Kapitel ist das Bonusmaterial zu Kapitel 31 aus dem Lehrbuch Arens et al. *Mathematik* zusammengestellt.

14.1 Sobolev-Räume

Der Hilbertraum $L^2(a, b)$ kann durch eine Vervollständigung des Raumes $C([a, b])$ bezüglich der L^2-Norm gewonnen werden. Führt man einen ähnlichen Prozess mit den Räumen $C^k([a, b])$ durch, so erhält man Hilberträume, deren Elemente ähnliche Eigenschaften haben, wie k-mal differenzierbare Funktionen.

Der Raum $C^k([a, b])$ enthält diejenigen Funktionen, die auf dem Intervall (a, b) k-mal stetig differenzierbar sind und deren Ableitungen sich stetig in die Randpunkte a bzw. b fortsetzen lassen. Diese Räume verwendet man in der klassischen Analysis zum Lösen von Differenzialgleichungen, insbesondere von Randwertproblemen.

Da alle Ableitungen bis zur Ordnung k auf $[a, b]$ stetige Funktionen sind, sind sie auch integrierbar. Daher können wir das Skalarprodukt

$$\langle u, v \rangle_k := \sum_{n=0}^{k} \int_a^b u^{(n)}(x) \, \overline{v^{(n)}(x)} \, \mathrm{d}x,$$

mit $u, v \in C^k([a, b])$, auf diesen Räumen definieren. Die so gebildeten Innenprodukträume sind allerdings nicht vollständig.

Hilberträume erhält man, indem man mit der zum Skalarprodukt gehörigen Norm

$$\|u\|_k = \left(\sum_{n=0}^{k} \int_a^b |u^{(n)}(x)|^2 \, \mathrm{d}x \right)^{1/2}$$

vervollständigt:

$$H^k(a, b) = \overline{C^k([a, b])}^{\|\cdot\|_k}.$$

Man nennt diese Räume **Sobolev-Räume** nach dem russischen Mathematiker Sergej Sobolev (1908–1989). Es ist $H^0(a, b) = L^2(a, b)$.

In Sobolev-Räumen steht uns ein Ableitungsbegriff für Funktionen zur Verfügung, die **schwache Ableitung**. Ist (u_n) eine Folge von Funktionen aus $C^k([a, b])$, die gegen $u \in H^k(a, b)$ konvergiert, so konvergieren die Ableitungen bis zur Ordnung k jeweils im $L^2(a, b)$. Die Grenzwerte sind die entsprechenden schwachen Ableitungen von u. Dabei benutzt man dieselben Symbole wie für die klassischen Ableitungen der Analysis, und es gelten ähnliche Regeln. Ist

$$u \in H^k(a, b), \quad \text{so ist} \quad u^{(l)} \in H^{k-l}(a, b)$$

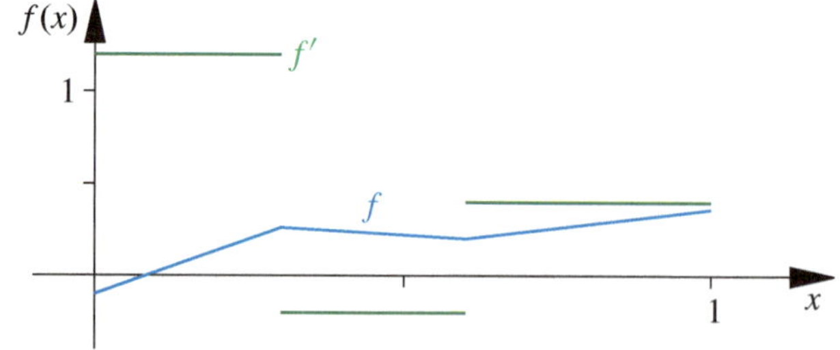

Abb. 14.1 Eine Funktion aus $f \in H^1(0, 1)$ und ihre schwache Ableitung

für $l = 1, \ldots, k$. Es gibt auch einen Zusammenhang zwischen schwachen Ableitungen und Ableitungen im Sinn der Distributionen, auf den wir im Abschn. 31.3 kurz eingehen. Ein weiterer möglicher Zugang zu schwachen Ableitungen ist die Fouriertransformation.

Da es sich bei den schwachen Ableitungen um L^2-Funktionen handelt, können sie normalerweise nur innerhalb eines Integrals sinnvoll eingesetzt werden. Ist aber eine Funktion stetig differenzierbar, so stimmt die Ableitung im klassischen Sinn mit der schwachen Ableitung überein. Ist u nur stetig und stückweise stetig differenzierbar, so ist ihre schwache Ableitung u' die stückweise Ableitung von u. Die Abb. 14.1 zeigt eine solche Funktion $u \in H^1(a, b)$ und ihre schwache Ableitung.

Die Sobolev-Räume entstehen einerseits durch Vervollständigung klassischer Funktionenräume. Andererseits sind sie auch selbst wieder Unterräume klassischer Funktionenräume. Beachten Sie aber, dass wie beim L^2 in einem Sobolev-Raum alle Funktionen, die sich nur auf einer Nullmenge unterscheiden, miteinander identifiziert werden, d. h. eine Äquivalenzklasse bilden. Im Raum $H^1(a, b)$ findet sich beispielsweise unter allen Funktionen, die mit einer Funktion u identifiziert werden, eine, die stetig, also aus $C([a, b])$ ist. Abkürzend sagt man, dass u selbst stetig ist. Allgemein gilt der **Einbettungssatz** (Lemma von Sobolev)

$$H^k(a, b) \subseteq C^{k-1}([a, b]), \quad k = 1, 2, 3, \ldots$$

Man kann die Sobolev-Räume auch über allgemeinen Gebieten aus dem $\mathbb{R}^n$ definieren. Für $D \subseteq \mathbb{R}^2$ ist dann das Skalarprodukt des $H^1(D)$ beispielsweise durch

$$\langle u, v \rangle_1 = \int_D \left(\nabla u(\boldsymbol{x}) \cdot \overline{\nabla v(\boldsymbol{x})} + u(\boldsymbol{x}) \overline{v(\boldsymbol{x})} \right) \mathrm{d}\boldsymbol{x}$$

erklärt. Schwache Ableitungen treten dabei genauso auf, wie im eindimensionalen. Allerdings ist die Aussage des Einbettungssatzes nun schwächer: Die Dimension des Raums geht mit ein. Zum Beispiel ist für $D \subseteq \mathbb{R}^2$

$$H^1(D) \nsubseteq C(\overline{D}), \quad \text{aber} \quad H^2(D) \subseteq C(\overline{D}).$$

Ist $k \geq 1$, so können für Funktionen aus Sobolev-Räumen Randwerte definiert werden. Dazu verwendet man sogenannte

Spuroperatoren. Im mehrdimensionalen geht hierbei aber die Gestalt des Gebiets D ein: Nur für Gebiete mit glatten Rändern sind diese Spuroperatoren definiert.

All diese Eigenschaften machen die Sobolev-Räume zu den Räumen der Wahl für die Behandlung von Differenzialgleichungen, insbesondere von partiellen Differenzialgleichungen. Bei der Formulierung von Randwertproblemen als Variationsgleichungen treten sie ganz natürlich auf (siehe Hauptwerk, S. 1104). Wer etwa mit der Methode der Finiten Elemente bestmögliche Konvergenzraten erhalten will, kommt um Sobolev-Räume und ihre Theorie nicht herum.

Kommentar Die Sobolev-Räume können alternativ über Distributionen definiert werden. Sind alle distributionellen Ableitungen einer L^2-Funktion bis zur Ordnung n reguläre Distributionen, die ebenfalls L^2-Funktionen entsprechen, so stimmen die distributionellen Ableitungen mit den schwachen Ableitungen aus der Theorie der Sobolev-Räume überein. ◄

14.2 Das allgemeine Approximationsproblem in einem Hilbertraum

Im Haupttext betrachteten wir das Problem, in einem Hilbertraum X die beste Approximation aus einem absgeschlossenen Unterraum an ein festes $x \in X$ zu bestimmen. Oft steht man jedoch vor der allgemeineren Aufgabe, ein solches x durch Elemente einer vorgegebenen Menge, die aber kein Unterraum ist, zu approximieren. Für eine große Klasse von Mengen, die abgeschlossenen *konvexen* Mengen, ist dies möglich.

Es ist leicht einzusehen, dass das Approximationsproblem für beliebige Mengen keine (oder keine eindeutige) Lösung zu haben braucht. Abgeschlossenheit der Menge ist auf jeden Fall notwendig, um die Existenz einer Lösung zu sichern. Hat man nämlich eine konvergente Folge aus der Menge, die x besser und besser approximiert, so muss man zum Grenzwert übergehen können, um eine Bestapproximation zu erhalten.

Wir können die Überlegung für abgeschlossene Unterräume allerdings sofort auf abgeschlossene *affine* Unterräume übertragen. Dafür ist nur eine Verschiebung notwendig.

Ist die vorgegebene Menge kein Unterraum, so lassen sich schon im $\mathbb{R}^2$ Beispiele konstruieren, bei denen es keine eindeutige Bestapproximation gibt. Definieren wir etwa die Menge M als einen Kreisring,

$$M = \{y \in \mathbb{R}^2 \mid 1 \le \|y\| \le 2\},$$

und wollen wir den Ursprung $x = 0$ durch Vektoren aus M approximieren, so gibt es unendlich viele Bestapproximationen. Jeder Vektor y mit $\|y\| = 1$ liegt in M und hat von 0 den minimalen Abstand 1.

Eine zusätzliche Eigenschaft ist notwendig, um die Eindeutigkeit der Bestapproximation zu sichern. Es ist dies die *Konvexi-*

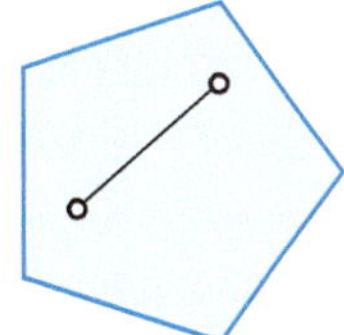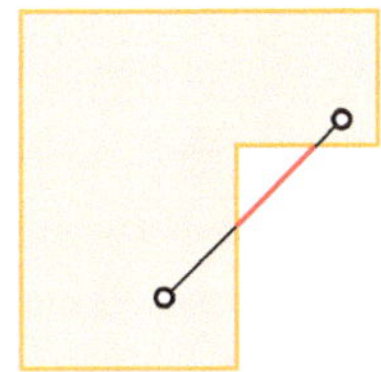

Abb. 14.2 Eine konvexe (links) und eine nicht-konvexe Menge (rechts)

tät. Wir nennen eine Teilmenge M eines Vektorraums **konvex**, falls mit je zwei Punkten aus M auch die gesamte Verbindungsstrecke dieser Punkte in M enthalten ist. Formelmäßig schreibt sich dies als

$$x, y \in M \implies \alpha x + (1 - \alpha) y \in M \text{ für alle } \alpha \in [0, 1].$$

Die Abb. 14.2 zeigt links eine konvexe, rechts eine nicht-konvexe Teilmenge des $\mathbb{R}^2$.

Die Aufgabe lautet also nun, zu einem beliebigen $x \in X$ aus einer konvexen abgeschlossenen Menge $M \subseteq X$ eine Bestapproximation an x zu bestimmen und nachzuweisen, dass diese eindeutig ist. Die Existenz einer Bestapproximation können wir aber ganz genauso zeigen, wie in dem Fall, dass M ein abgeschlossener Unterraum ist, den wir im Haupttext behandeln.

Ist $y \in M$ eine Bestapproximation an x, so gilt aber keine Orthogonalitätsrelation zwischen y und $x - y$, wie im Falle eines Unterraums. Statt dieser kommt die Konvexität von M ins Spiel um die Eindeutigkeit von y nachzuweisen.

Wir nehmen also an, dass y und $z \in M$ verschiedene Bestapproximationen an x sind. Es gilt

$$\rho = \|x - y\| = \|x - z\|.$$

Wir betrachten nun die Gerade G, die durch die Punkte y und z geht,

$$G = \{u \in X \mid u = y + \alpha (y - z), \quad \alpha \in \mathbb{C}\}.$$

Arbeiten wir in einem reellen Raum, so muss man oben statt $\mathbb{C}$ den Körper $\mathbb{R}$ verwenden.

G ist ein affiner Raum, und da er die Dimension 1 hat, ist er auch abgeschlossen. Somit gibt es einen Punkt $\hat{u} \in G$, der die Bestapproximation aus G an x darstellt. Da $\hat{u}$ eindeutig bestimmt ist, muss

$$\|x - \hat{u}\| < \rho$$

gelten.

Nach dem Satz des Pythagoras folgt jetzt

$$\|x - \hat{u}\|^2 + \|\hat{u} - y\|^2 = \|x - y\|^2 = \rho^2 = \|x - z\|^2$$
$$= \|x - \hat{u}\|^2 + \|\hat{u} - z\|^2,$$

und somit

$$\|\hat{u} - y\| = \|\hat{u} - z\|.$$

Da y, z und $\hat{u}$ alles Elemente von G sind, und y und z als verschieden angenommen wurden, ist die nur möglich, wenn

$$\hat{u} = \frac{y+z}{2}$$

ist. Damit ist $\hat{u}$ ein Element der Verbindungsstrecke von y und z. Da M konvex ist, liegt auch $\hat{u}$ in dieser Menge. Wir erhalten einen Widerspruch, denn für alle $u \in M$ gilt

$$\|x - u\| \geq \rho.$$

14.3 Kompakte Operatoren und die Fredholm'sche Alternative

Die Theorie linearer Abbildung zwischen unendlichdimensionalen Vektorräumen ist ungleich komplizierter als diejenige für endlichdimensionale Räume, die im Teil zur linearen Algebra dargestellt ist. Man ist daher an Klassen von Operatoren interessiert, für die sich einfache Kriterien für die Invertierbarkeit oder Charakterisierung ihres Bildes angeben lassen. Die Basis einer solchen Klasse von Operatoren sind die kompakten Operatoren.

Definition eines kompakten Operators

Sind X, Y normierte Räume und $\mathcal{K} : X \to Y$ ein Operator, so nennt man $\mathcal{K}$ **kompakt,** falls für jede Folge (x_n) aus X das Bild $(\mathcal{K}x_n)$ eine in Y konvergente Teilfolge besitzt.

Den Begriff der Teilfolgen, den wir hier verwenden, haben wir im optionalen Abschn. 6.4 eingeführt. Im folgenden werden wir fast durchweg nur kompakte lineare Operatoren betrachten, den Begriff kann man aber auch für nicht-lineare Operatoren einführen.

Die wichtigsten Beispiele für kompakte lineare Operatoren sind Integraloperatoren mit stetigem oder schwach-singulären Kern, aufgefasst als Operatoren zwischen Räumen stetiger Funktionen oder zwischen L^2-Räumen. Da auch die Faltung mit einer Green'schen Funktion einem solchen Integraloperator entspricht, folgt, dass die Inversen zu Differenzialoperatoren kompakt sind.

Aufgrund der Bolzano-Weierstraß Eigenschaft in endlichdimensionalen Räumen (zur Erinnerung: Jede beschränkte Folge besitzt in einem endlichdimensionalen Raum eine konvergente Teilfolge), sind lineare Abbildungen zwischen endlichdimensionalen Räumen stets kompakt. Ganz analog sehen wir, dass jeder lineare Operator mit endlichdimensionalen Bild kompakt ist.

Im folgenden sind die grundlegendsten Eigenschaften solcher Operatoren aufgeführt.

- Jeder kompakte lineare Operator ist auch beschränkt.
- Die Menge der linearen kompakten Operatoren von X nach Y bildet einen Untervektorraum der linearen beschränkten Operatoren von X nach Y.

- Die Identität $\text{id} : X \to X$ ist genau dann kompakt, wenn X endlichdimensional ist.
- Die Verkettung eines kompakten mit einem beschränkten Operator ist ein kompakter Operator.
- Besitzt ein kompakter Operator einen Eigenwert $\lambda \neq 0$, so ist der zugehörige Eigenraum endlichdimensional.

Um das Argumentieren mit kompakten Operatoren zu üben, ist es nützlich, sich die (kurzen) Beweise zu diesen Aussagen zu überlegen.

Die Riesz'schen Sätze behandeln Operatorgleichungen zweiter Art mit kompakten Operatoren

Bei einer Vielzahl von Problemen stößt man auf Operatorgleichungen der Form

$$(\text{id} - \mathcal{K})\varphi = \psi, \tag{14.1}$$

bei denen $\mathcal{K}$ ein kompakter Operator ist. Beispiele sind zum Beispiel die Potentialtheorie, in der Randwertprobleme für elliptische partielle Differenzialgleichungen als Randintegralgleichungen geschrieben werden. Unter bestimmten Voraussetzungen an den Rand des Gebietes, kann man dabei Gleichungen zweiter Art mit einem kompakten Operator herleiten.

Die Riesz'schen Sätze ergeben zusammen den Einstieg in die Theorie zur Behandlung solcher Gleichungen. Die Beweise sind teilweise etwas technisch, daher werden wir uns die Herleitung nur für den ersten Riesz'schen Satz überlegen. Eine genauere Darstellung findet man zum Beispiel im Buch von R. Kreß, *Linear Integral Equations*, Springer, 1999.

Wir geben uns einen normierten Raum X vor und einen kompakten linearen Operator $\mathcal{K} : X \to X$. Wir definieren den Operator

$$\mathcal{A} := \text{id} - \mathcal{K}.$$

Wir wollen uns zunächst überlegen, wie der Nullraum oder Kern von $\mathcal{A}$ aussieht, d. h. die Menge

$$N(\mathcal{A}) = \{\varphi \in X \mid \mathcal{A}\varphi = 0\}.$$

Ist aber $\varphi \in N(\mathcal{A})$, so bedeutet dies, dass φ ein Eigenvektor von $\mathcal{K}$ zum Eigenwert 1 ist. Der Eigenraum von $\mathcal{K}$ zum Eigenwert 1 ist aber endlichdimensional. Somit haben wir schon die Aussage des **ersten Riesz'schen Satzes** gefunden: *Der Nullraum des Operators $\mathcal{A}$ ist endlichdimensional.*

Im nächsten dieser Sätze wird das Bild von $\mathcal{A}$ zum Gegenstand der Aussage. Der **zweite Riesz'sche Satz** lautet: *Das Bild $\mathcal{A}(X)$ ist ein abgeschlossener Unterraum von X.*

Im **dritten Ries'schen Satz,** der auf den ersten beiden Sätzen beruht, werden gemeinsame Aussagen über Kern und Bild von Potenzen des Operators $\mathcal{A}$ gemacht. Ist $\varphi \in N(\mathcal{A}^p)$ für ein $p \in \mathbb{N}_0$, so ist offensichtlich auch

$$\mathcal{A}^{p+1}\varphi = \mathcal{A}\mathcal{A}^p\varphi = 0.$$

Somit gilt die Inklusion

$$N(\mathcal{A}^p) \subseteq N(\mathcal{A}^{p+1}).$$

Gilt andererseits $\psi \in \mathcal{A}^{p+1}(X)$ für $p \in \mathbb{N}_0$, so gibt es ein $\varphi \in X$ mit

$$\psi = \mathcal{A}^{p+1} \varphi = \mathcal{A}^p \mathcal{A} \varphi.$$

Somit ist auch $\psi \in \mathcal{A}^p(X)$, und wir haben die Inklusion

$$\mathcal{A}^{p+1}(X) \supseteq \mathcal{A}^p(X)$$

gezeigt.

Die Aussage des dritten Riesz'schen Satzes ist es nun, dass es eine Zahl $r \in \mathbb{N}_0$ gibt, die **Riesz'sche Zahl,** so dass es sich bei beiden Inklusionen für $p < r$ um echte Teilmengenbeziehungen handelt, während für $p \geq r$ immer Gleichheit herrscht. Es gilt also

$$\{0\} = N(\mathcal{A}^0) \subsetneqq N(\mathcal{A}^1) \subsetneqq \cdots \subsetneqq N(\mathcal{A}^r) = N(\mathcal{A}^{r+1}) = \cdots$$
$$X = \mathcal{A}^0(X) \supsetneqq \mathcal{A}^1(X) \supsetneqq \cdots \supsetneqq \mathcal{A}^r(X) = \mathcal{A}^{r+1}(X) = \cdots$$

Außerdem gilt noch, dass jedes $\varphi \in X$ in eindeutiger Art und Weise als Summe von je einem Element aus $N(\mathcal{A}^r)$ und einem Element aus $\mathcal{A}^r(X)$ dargestellt werden kann. Man sagt, dass X die **direkte Summe** dieser beiden Unterräume ist, was auch durch die beiden Gleichungen

$$X = N(\mathcal{A}^r) + \mathcal{A}^r(X),$$
$$N(\mathcal{A}^r) \cap \mathcal{A}^r(X) = \{0\}$$

ausgedrückt werden kann.

Der dritte Riesz'sche Satz liefert uns in dem Fall, dass der Operator $\mathcal{A}$ injektiv ist, bereits eine Lösbarkeitsaussage für die Operatorgleichung.

Folgerung aus den Riesz'schen Sätzen

Ist der Operator $\mathcal{A} = \mathrm{id} - \mathcal{K}$ injektiv, so ist er auch surjektiv und besitzt eine beschränkte Inverse. Die Operatorgleichung (14.1) hat in diesem Fall für jede rechte Seite $\psi \in X$ genau eine Lösung $\varphi \in X$, die stetig von ψ abhängt.

Kommentar Aus der linearen Algebra kennen wir die Aussage, dass eine lineare Abbildung $A : \mathbb{R}^n \to \mathbb{R}^n$ genau dann injektiv ist, wenn sie surjektiv ist. Somit folgt beispielsweise: Besitzt ein homogenes lineares Gleichungssystem mit einer quadratischen Matrix nur die triviale Lösung, ist das zugehörige inhomogene Gleichungssystem für jede rechte Seite eindeutig lösbar.

Die Riesz'schen Sätze übertragen diese Äquivalenz für spezielle Operatoren auf unendlichdimensionale Räume: Ist ein Operator $\mathcal{A}$ die Summe der Identität und eines kompakten Operators, so sind Injektivität und Surjektivität ebenfalls äquivalent. ◄

Beispiel Wir betrachten die Integralgleichung zweiter Art,

$$\varphi(s) - \frac{1}{2} \int_0^1 \mathrm{e}^{-st}\, \varphi(t)\, \mathrm{d}t = \mathrm{e}^{-s} \left(1 + \frac{1}{2\mathrm{e}\,(s+1)} \right) - \frac{1}{2\,(s+1)}$$

für $s \in [0, 1]$. Man kann nachrechnen, dass $\varphi(s) = \exp(-s)$ eine Lösung ist, aber ist es auch die einzige?

Dazu sehen wir uns die zugehörige homogene Gleichung an,

$$\varphi(s) = \frac{1}{2} \int_0^1 \mathrm{e}^{-st}\, \varphi(t)\, \mathrm{d}t.$$

Für eine Lösung gilt die Abschätzung

$$\|\varphi\|_\infty \leq \frac{1}{2} \int_0^1 |\varphi(t)|\, \mathrm{d}t \leq \frac{1}{2} \|\varphi\|_\infty.$$

Nur die Nullfunktion kann diese Ungleichung erfüllen. Somit ist die homogene Gleichung nur trivial lösbar. Mit den Riesz'schen Sätzen folgt, dass die inhomogene Integralgleichung für jede rechte Seite genau eine Lösung besitzt. Somit ist $\exp(-s)$ die einzige Lösung der ursprünglichen Integralgleichung. ◄

Die Fredholm'sche Alternative charakterisiert die Lösbarkeit bestimmter Operatorgleichungen

Bei den Riesz'schen Sätzen bleibt die Frage offen, unter welchen Bedingungen die Gleichung (14.1) lösbar ist. Die Beantwortung dieser Frage erfordert eine zusätzliche Struktur in den Räumen, auf denen gearbeitet wird. Diese Struktur is eng an die uns schon bekannten Skalarprodukte angelehnt, aber etwas schwächer in ihren Eigenschaften.

Gegeben sind zwei normierte Räume X, Y, die natürlich auch gleich sein können. Eine Abbildung $\langle \cdot, \cdot \rangle : X \times Y \to \mathbb{C}$ heißt **Bilinearform,** wenn sie in beiden Argumenten linear ist, d. h. für alle $x_1, x_2 \in X$, $y_1, y_2 \in Y$ und alle $\alpha_1, \alpha_2 \in CC$ gilt

$$\langle \alpha_1 x_1 + \alpha_2 x_2, y_1 \rangle = \alpha_1 \langle x_1, y_1 \rangle + \alpha_2 \langle x_2, y_1 \rangle,$$
$$\langle x_1, \alpha_1 y_1 + \alpha_2 y_2 \rangle = \alpha_1 \langle x_1, y_1 \rangle + \alpha_2 \langle x_1, y_2 \rangle.$$

Eine Bilinearform nennt man **nicht entartet,** falls es zu jedem $x \in X \setminus \{0\}$ ein $y \in Y$ gibt mit $\langle x, y \rangle \neq 0$, und zu jedem $y \in Y \setminus \{0\}$ ein $X \in X$ mit $\langle x, y \rangle \neq 0$.

Beispiel Ist $X = Y = C([0, 1])$, so kann beispielsweise das reelle L^2-Skalarprodukt

$$\langle x, y \rangle = \int_0^1 x(t)\, y(t)\, \mathrm{d}t, \quad x, y \in C([0, 1]),$$

als nicht entartete Bilinearform gewählt werden. ◄

Kommentar Für die Fredholm'sche Alternative ist es völlig in Ordnung auch auf Räumen über $\mathbb{C}$ mit Bilinearformen zu arbeiten. Die Antiliniarität im zweiten Argument, wie sie bei einem Skalarprodukt erforderlich ist, brauchen wir nicht.

Alternativ kann aber die gesamte Theorie dieses Abschnitts statt mit Bilinearformen mit Sesquilinearformen aufgebaut werden. Man hat hier viel Flexibilität. ◄

Ein Paar von normierten Räumen mit einer zugehörigen Bilinearform bezeichnet man als **Dualsystem.** Man nennt ein solches Dualsystem nicht entartet, falls die Bilinearform diese Eigenschaft besitzt. In einem nicht entarteten Dualsystem gibt es nun Paare von Operatoren, die zu einander gehören. Sind $\mathcal{A} : X \to X$ und $\mathcal{B} : Y \to Y$ zwei beschränkte lineare Operatoren, so nennt man $\mathcal{B}$ den zu $\mathcal{A}$ **adjungierten Operator,** falls die Gleichung

$$\langle \mathcal{A}x, y \rangle = \langle x, \mathcal{B}y \rangle$$

für alle $x \in X$ und alle $y \in Y$ gilt. Existiert ein zu $\mathcal{A}$ adjungierter Operator, so bezeichnen wir ihn mit $\mathcal{A}^*$.

Beispiel

- In der linearen Algebra ist bezüglich des euklidischen Skalarprodukts als Bilinearform gerade die durch die transponierte Matrix definierte lineare Abbildung der adjungierte Operator.
- Wir wählen wie im vorangegangenen Beispiel $X = Y = C([0, 1])$ und als Bilinearform das reelle L^2-Skalarprodukt. Zu dem Integraloperator $\mathcal{A} : X \to X$ mit

$$\mathcal{A}x(t) = \int_0^1 k(t, s)\, x(s)\, \mathrm{d}s, \quad t \in [0, 1],$$

mit stetigem Kern k ist der adjungierte Operator durch

$$\mathcal{A}^*x(t) = \int_0^1 k(s, t)\, x(s)\, \mathrm{d}s, \quad t \in [0, 1],$$

gegeben. Dies erkennt man durch Vertauschung der Integrationsreihenfolge. ◄

Existiert zu einem Operator $\mathcal{A} : X \to X$ in einem nicht entarteten Dualsystem ein adjungierter Operator $\mathcal{A}^*$, so ist dieser eindeutig bestimmt. Nehmen wir nämlich an, dass sowohl $\mathcal{B}_1$ als auch $\mathcal{B}_2$ zu $\mathcal{A}$ adjungiert sind, so folgt

$$\begin{aligned} \langle x, (\mathcal{B}_1 - \mathcal{B}_2)y \rangle &= \langle x, \mathcal{B}_1 y \rangle - \langle x, \mathcal{B}_2 y \rangle \\ &= \langle \mathcal{A}x, y \rangle - \langle \mathcal{A}x, y \rangle = 0 \end{aligned}$$

für alle $x \in X$ und alle $y \in Y$. Da das Dualsystem als nicht entartet vorausgesetzt ist, muss also $(\mathcal{B}_1 - \mathcal{B}_2)y = 0$ sein für alle $y \in Y$. Dies bedeutet, dass die beiden Operatoren $\mathcal{B}_1$ und $\mathcal{B}_2$ gleich sind.

Kommentar Ein spezielles Dualsystem wird durch einen Hilbertraum und sein Skalarprodukt gebildet. Hier kann man zeigen, dass zu jedem linearen beschränkten Operator im Hilbertraum ein adjungierter Operator existiert. Dies folgt mit dem Riesz'schen Darstellungssatz. ◄

In einem nicht entarteten Bilinearsystem lässt sich nun der **Fredholm'sche Alternativsatz** zeigen. Die Situation, die man betrachtet, ist wieder die Operatorgleichung (14.1). Zusätzlich nimmt man an, dass ein zu $\mathcal{K}$ adjungierter Operator $\mathcal{K}^*$: $Y \to Y$ existiert. Dann ist der zu $\mathcal{A} = \mathrm{id} - \mathcal{K}$ adjungierte Operator gerade $\mathcal{A}^* = \mathrm{id} - \mathcal{K}^*$. Neben der Gleichung (14.1) betrachtet man parallel auch die **adjungierte Gleichung**

$$\mathcal{A}^*\tilde{\varphi} = (\mathrm{id} - \mathcal{K}^*)\tilde{\varphi} = \tilde{\psi}. \tag{14.2}$$

Es gilt nun immer eine der folgenden beiden Aussagen:

1. Die Operatoren $\mathcal{A} : X \to X$ und $\mathcal{A}^* : Y \to Y$ sind beide injektiv. Sowohl die Gleichung (14.1) als auch die Gleichung (14.2) besitzen für jede rechte Seite $\psi \in X$ bzw. $\tilde{\psi} \in Y$ genau eine Lösung.

2. Die Operatoren $\mathcal{A} : X \to X$ und $\mathcal{A}^* : Y \to Y$ haben beide einen Nullraum der endlichen Dimension n. Die Gleichung (14.1) ist genau dann lösbar, wenn ψ ein Element des **orthogonalen Komplements** von $N(\mathcal{A}^*)$, d. h.

$$\psi \in N(\mathcal{A}^*)^\perp = \{x \in X \mid \langle x, y \rangle = 0 \text{ für alle } y \in N(\mathcal{A}^*)\}.$$

Die Gleichung (14.1) ist genau dann lösbar, wenn $\tilde{\psi}$ ein Element des orthogonalen Komplements von $N(\mathcal{A})$, d. h.

$$\tilde{\psi} \in N(\mathcal{A})^\perp = \{y \in Y \mid \langle x, y \rangle = 0 \text{ für alle } x \in N(\mathcal{A})\}.$$

Zum Merken fassen wir die wichtigsten Aussagen nocheinmal kurz zusammen:

Fredhom'sche Alternative

Gegeben sind ein nicht entartetes Dualsystem mit normierten Räumen X, Y, ein kompakter Operator $\mathcal{K}$: $X \to X$ mit adjungiertem Operator $\mathcal{K}^*$: $Y \to Y$. In diesem Fall ist

$$(\mathrm{id} - \mathcal{K})(X) = N(\mathrm{id} - \mathcal{K}^*)^\perp,$$
$$(\mathrm{id} - \mathcal{K}^*)(X) = N(\mathrm{id} - \mathcal{K})^\perp.$$

Entweder sind sowohl $\mathrm{id} - \mathcal{K}$ als auch $\mathrm{id} - \mathcal{K}^*$ bijektiv mit beschränkten Inversen, oder es ist

$$\dim N(\mathrm{id} - \mathcal{K}) = \dim N(\mathrm{id} - \mathcal{K}^*) \geq 1.$$

Die Fredholm'sche Alternative findet an vielen Stellen der angewandten Mathematik ihre Anwendung, insbesondere bei der

Untersuchung von Integralgleichungen und bei Randwertproblemen für elliptische partielle Differenzialgleichungen. Wir beginnen mit einem Beispiel zum ersten Fall.

Beispiel Wir betrachten ein beschränktes Gebiet $D \subseteq \mathbb{R}^2$ mit einem C^2 glatten Rand und das Neumann'sche Randwertproblem

$$\Delta u = 0 \quad \text{in } D,$$

$$\frac{\partial u}{\partial v} = g \quad \text{auf } \partial D.$$

Hierbei bedeutet v der äußere Normaleneinheitsvektor an ∂D.

Das Einfachschichtpotential zur Dichte $\varphi \in C(\partial D)$,

$$u(x) = \frac{1}{2\pi} \int_{\partial D} \varphi(y) \ln \frac{1}{\|x - y\|} \, ds(y), \quad x \in D,$$

ist genau dann eine Lösung des Randwertproblems, falls φ eine Lösung der Randintegralgleichung

$$\varphi(x) - \frac{1}{\pi} \int_{\partial D} \varphi(y) \frac{(x - y) \cdot v}{\|x - y\|^2} \, ds(y) = 2g(x), \quad x \in \partial D,$$

ist. Dies folgt aus den Sprungbeziehungen für Potentiale, für die wir auf die Literatur verweisen.

Der Integraloperator in dieser Randintegralgleichung stellt sich als kompakt heraus. Man kann zeigen, dass die homogene Gleichung mit dem adjungierten Operator durch

$$\varphi(x) + \frac{1}{\pi} \int_{\partial D} \varphi(y) \frac{(x - y) \cdot v}{\|x - y\|^2} \, ds(y) = 0$$

gegeben ist. Diese besitzt eine Lösung genau dann, wenn φ konstant ist. Somit ist das Kriterium für die Lösbarkeit des Neumann Problems, dass die Funktion g im orthogonalen Komplement der auf ∂D konstanten Funktionen liegt, d. h.

$$\int_{\partial D} g(y) \, ds = 0.$$

Eine genauere Darstellung dieser Überlegungen findet sich zum Beispiel im Kapitel 6 des Buches *Linear Integral Equations* von R. Kress, Springer-Verlag, 1999. ◀

Die Fredholm'sche Alternative lässt sich schnell auf einen Fall verallgemeinern, der in den Anwendungen häufig auftaucht, zum Beispiel im Zusammenhang mit Variationsformulierungen von Randwertproblemen. Wir untersuchen eine Operatorgleichung der Form

$$C\varphi + \mathcal{K}\varphi = \psi$$

mit linearen Operatoren $C : X \to X$ und $\mathcal{K} : X \to X$ in einem Hilbertraum X. Hierbei soll $\mathcal{K}$ kompakt sein und C koerziv, d. h. C ist beschränkt und es gibt eine Konstante c mit

$$\langle C\varphi, \varphi \rangle \geq c \, \|\varphi\|^2.$$

Aus der Eigenschaft der Koerzivität folgt, dass C eine beschränkte Inverse besitzt. Somit können wir die Operatorgleichung mit dieser Inversen von links multiplizieren und erhalten die äquivalente Formulierung

$$(\text{id} + C^{-1}\mathcal{K}) \, \varphi = C^{-1}\psi.$$

Da die Verkettung eines kompakten mit einem beschränkten Operator selbst wieder kompakt ist, können wir hier die Fredholm'sche Alternative sofort sinngemäß übertragen.

Beispiel Wir betrachten wieder ein beschränktes Gebiet $D \subseteq \mathbb{R}^2$ und das Neumann'sche Randwertproblem für die Helmholtz Gleichung,

$$\Delta u + k^2 u = 0 \quad \text{in } D,$$

$$\frac{\partial u}{\partial v} = g \quad \text{auf } \partial D.$$

Hierbei ist $k \in \mathbb{R}$.

Mit Hilfe des ersten Green'schen Satzes können wir das Randwertproblem als eine Variationsgleichung formulieren. Gesucht ist eine Funktion $u \in H^1(D)$ mit

$$\int_D \left(\nabla u(x) \cdot \overline{\nabla v(x)} - k^2 \, u(x)\overline{v(x)} \right) \mathrm{d}x = \int_{\partial D} g(x) \, \overline{v(x)} \, ds$$

für alle $v \in H^1(D)$. Die linke Seite dieser Variationsgleichung stellen wir als Differenz von zwei Sesquilinearformen auf $H^1(D) \times H^1(D)$ dar,

$$C(u, v) = \int_D \left(\nabla u(x) \cdot \overline{\nabla v(x)} + u(x)\overline{v(x)} \right) \mathrm{d}x,$$

$$K(u, v) = (1 + k^2) \int_D u(x)\overline{v(x)} \, \mathrm{d}x.$$

Mit dem Riesz'schen Darstellungssatz zeigt man, dass durch jede dieser Sesquilinearformen ein beschränkter linearer Operator in $H^1(D)$ definiert ist. Da die Einbettung von $H^1(D)$ in $L^2(D)$ kompakt ist, erhält man, dass der zu K gehörige Operator kompakt ist. Der zu C gehörige Operator ist koerziv mit Konstante $c = 1$.

In diesem Fall lässt sich die Fredholm'sche Alternative anwenden. Man erhält, dass das Neumann'sche Randwertproblem eine eindeutige Lösung besitzt, falls das zugehörige homogene Problem mit $g = 0$ nur die triviale Lösung besitzt.

Es gibt Werte von k, für die dies nicht der Fall ist. Dann nennt man k^2 einen Neumann-Eigenwert von $-\Delta$ in D. ◀

14.4 Spektraltheorie kompakter Operatoren

In der Linearen Algebra ist es ein wichtiges Ergebnis, dass manche lineare Abbildungen durch ihre Eigenwerte und Eigenvektoren besonders einfache Darstellungen besitzen. Bei den *diagonalisierbaren Endomorphismen* gibt es eine Basis des zu Grunde liegenden Vektorraums, die nur aus Eigenvektoren besteht. Noch gutartiger sind orthogonale bzw. unitäre Endomorphismen: Bei diesen gibt es sogar eine Orthonormalbasis aus Eigenvektoren.

Um ähnliche Resultate in unendlich dimensionalen Vektorräumen zu erhalten, schränken wir uns auf die folgende Situation ein: Wir betrachten einen Hilbertraum X und einen linearen beschränkten Operator $\mathcal{K} : X \to X$. Später wollen wir die Voraussetzungen an $\mathcal{K}$ verschärfen.

Da es sich bei X zusammen mit seinem Skalarprodukt um ein nicht entartetes Dualsystem handelt, ist uns insbesondere bekannt, was unter dem adjungierten Operator $\mathcal{K}^*$ zu verstehen ist. Das besondere an der Situation im Hilbertraum ist nun, dass ein adjungierter Operator für jeden beschränkten linearen Operator in X existiert.

Im Haupttext dieses Kapitels wurden schon sogenannte selbstadjungierte Operatoren angesprochen. Der Operator $\mathcal{K}$ heißt selbstadjungiert, wenn $\mathcal{K} = \mathcal{K}^*$ ist.

Ebenfalls im Haupttext wurden schon die folgenden beiden Aussagen über selbstadjungierte Operatoren in einem Hilbertraum hergeleitet bzw. als Selbstfrage gestellt:

- Die Eigenwerte eines selbstadjungierten Operators sind reell.
- Eigenvektoren zu verschiedenen Eigenwerten sind orthogonal.

Keineswegs geklärt ist jedoch, ob ein selbstadjungierter Operator überhaupt Eigenwerte besitzen muss. Tatsächlich ist dies im allgemeinen nicht der Fall.

Ein kompakter selbstadjungierter Operator besitzt Eigenwerte

Wir schränken uns daher weiter ein und betrachten den Fall, dass $\mathcal{K} : X \to X$ ein selbstadjungierter, kompakter linearer Operator ist. In diesem Fall können wir die Existenz von Eigenwerten sicherstellen. Dies werden wir uns jetzt in Grundzügen überlegen.

Ist $\mathcal{K} \neq 0$ ein beschränkter, selbstadjungierter Operator, so kann gezeigt werden, dass es eine Folge (x_n) aus X mit $\|x_n\| = 1$ gibt und

$$|\langle \mathcal{K} x_n, x_n \rangle| \longrightarrow \|\mathcal{K}\| \quad (n \to \infty).$$

Da

$$\langle \mathcal{K} x_n, x_n \rangle = \langle x_n, \mathcal{K} x_n \rangle = \overline{\langle \mathcal{K} x_n, x_n \rangle},$$

folgt, dass $\langle \mathcal{K} x_n, x_n \rangle \in \mathbb{R}$ für alle $n \in \mathbb{N}$. Somit gibt es eine Folge (x_n) mit $\|x_n\| = 1$ und

$$\langle \mathcal{K} x_n, x_n \rangle \longrightarrow \lambda = \pm \|\mathcal{K}\| \quad (n \to \infty).$$

Nun folgt

$$\begin{aligned}
0 &\leq \|\mathcal{K} x_n - \lambda\, x_n\|^2 \\
&= \|\mathcal{K} x_n\|^2 - 2\lambda\, \langle \mathcal{K} x_n, x_n \rangle + \lambda^2\, \|x_n\|^2 \\
&\leq \|\mathcal{K}\|^2 - 2\lambda\, \langle \mathcal{K} x_n, x_n \rangle + \lambda^2 \\
&= 2\lambda\, (\lambda - \langle \mathcal{K} x_n, x_n \rangle) \\
&\longrightarrow 0 \quad (n \to \infty).
\end{aligned}$$

Somit folgt

$$\mathcal{K} x_n - \lambda\, x_n \longrightarrow 0 \quad (n \to \infty).$$

Nehmen wir nun an, dass $\lambda\,\mathrm{id} - \mathcal{K}$ eine beschränkte Inverse besitzt, so folgt

$$\begin{aligned}
1 &= \|x_n\| \\
&= \|(\lambda\,\mathrm{id} - \mathcal{K})^{-1} (\lambda\, x_n - \mathcal{K} x_n)\| \\
&\longrightarrow 0 \quad (n \to \infty),
\end{aligned}$$

und das ist ein Widerspruch.

Nun verwenden wir, dass $\mathcal{K}$ kompakt ist. Es gilt also die Fredholm'sche Alternative für $(1/\lambda)\,\mathcal{K}$. Die erste Alternative haben wir gerade ausgeschlossen, also hat

$$N\left(\mathrm{id} - \frac{1}{\lambda}\,\mathcal{K}\right)$$

eine endliche Dimension größer gleich 1. Jeder Vektor aus diesem Raum ist aber ein Eigenwert von $\mathcal{K}$ zum Eigenwert λ. Wir haben also gezeigt, dass $\|\mathcal{K}\|$ oder $-\|\mathcal{K}\|$ ein Eigenwert von $\mathcal{K}$ ist. Nebenbei haben wir gefolgert, dass der zugehörige Eigenraum eine endliche Dimension besitzt.

Es ist nun möglich, induktiv alle Eigenwerte zu bestimmen: Hat man die betragsgrößten Eigenwerte bestimmt, so schränkt man den Operator auf das orthogonale Komplement der zugehörigen Eigenräume ein. Das Ergebnis ist ein kompakter Operator mit einer kleineren Norm, der wieder ein bzw. zwei Eigenwerte entsprechen. Dieses Verfahren wird rekursiv wiederholt. Falls $\mathcal{K}$ ein endlichdimensionales Bild hat, bricht das Verfahren damit ab, dass der eingeschränkte Operator der Nulloperator ist. Ansonsten erhält man eine diskrete Folge von Eigenwerten, die gegen null konvergieren.

> **Spektrum eines kompakten selbstadjungierten Operators**
>
> Ist X ein Hilbertraum und $\mathcal{K} : X \to X$ ein selbstadjungierter, kompakter linearer Operator, der nicht der Nulloperator ist, so besitzt $\mathcal{K}$ mindestens einen und höchstens abzählbar unendlich viele Eigenwerte. Diese sind alle reell. Im Fall abzählbar unendlich vieler Eigenwerte, ist die Null der einzige Häufungspunkt der Eigenwerte.

Besonders interessant ist nun der Fall eines Operators mit unendlichdimensionalem Bild. Da jeder der Eigenräume zu einem Eigenwert ungleich null eine endliche Dimension hat, können wir für jeden dieser Eigenräume eine Orthonormalbasis aus Eigenvektoren bilden. So erhalten wir eine Folge orthonormaler Eigenvektoren. Der wichtige Punkt ist nun, dass diese eine Orthonormalbasis des Bildes von $\mathcal{K}$ bilden. Die Herleitung dieser Aussage wollen wir nur skizzieren.

Wir sortieren die Eigenwerte ungleich null von $\mathcal{K}$ abfallend entsprechend der Größe ihres Betrags und zählen sie dabei mit einer Häufigkeit entsprechend der Dimenension des zugehörigen Eigenraums. Es entsteht so eine Folge mit

$$|\lambda_1| \geq |\lambda_2| \geq |\lambda_3| \geq \cdots > 0.$$

Dabei taucht jeder Eigenwert so oft in der Folge auf wie die Dimension des zugehörigen Eigenraums. Mit jedem λ_j assoziieren wir einen entsprechenden der orthonormierten Eigenvektoren x_j.

Zu einem beliebigen $x \in X$ bilden wir nun die Folge (y_m) mit

$$y_m = x - \sum_{j=1}^{m} \langle x, x_j \rangle \, x_j.$$

Wie in Kap. 30 bei der Konstruktion der Fourierpolynome kann man zeigen, dass (y_m) eine Cauchy-Folge ist. Also konvergiert sie im Hilbertraum X, den Grenzwert bezeichnen wir mit x_0. Aus den Aussagen über das Spektrum von kompakten selbstadjungierte linearen Operatoren kann dann gefolgert werden, dass

$$\mathcal{K}x_0 = 0, \quad \text{d. h.} \quad x_0 \in N(\mathcal{K})$$

ist. Es gilt sogar, dass x_0 die orthogonale Projektion von x auf $N(\mathcal{K})$ ist.

Spektralsatz für kompakte selbstadjungierte Operatoren

Ist X ein Hilbertraum und $\mathcal{K} : X \to X$ ein kompakter selbstadjungierter linearer Operator mit unendlichdimensionalem Bild, so gelten für jedes $x \in X$ die Darstellungen

$$x = x_0 + \sum_{j=1}^{\infty} \langle x, x_j \rangle \, x_j$$

und

$$\mathcal{K}x = \sum_{j=1}^{\infty} \lambda_j \, \langle x, x_j \rangle \, x_j,$$

wobei x_0 die orthogonale Projektion von x auf $N(\mathcal{K})$ ist.

Ist $\mathcal{K}$ injektiv, so existiert also eine Orthonormalbasis von X aus Eigenvektoren von $\mathcal{K}$.

Kommentar Die Aussage des Spektralsatzes ist auch für Operatoren mit endlichdimensionalen Bild richtig, wenn man die unendlichen Reihen durch endliche Summen über die Eigenvektoren ersetzt. ◀

Beispiel Im Haupttext hatten wir uns bereits das Beispiel des selbstadjungierten Operators $\mathcal{D} : V \to L^2(-1, 1)$ mit

$$\mathcal{D}u(t) = (1 - t^2) \, u''(t) - 2t \, u'(t) - u(t), \quad t \in (-1, 1),$$

und

$$V = \{u \in L^2(-1, 1) \,|\, u', \, u'' \text{ sind regulär und aus } L^2(-1, 1)\}.$$

Die Eigenfunktionen dieses Operators sind gerade die Legendre-Polynome.

Damit wir den Spektralsatz anwenden können, brauchen wir jedoch einen kompakten Operator, der auf ganz $L^2(-1, 1)$ definiert ist. Dazu dient uns die Inverse einer Modifikation von $\mathcal{D}$. Wir betrachten die Differenzialgleichung

$$\left((1 - t^2) \, u'(t)\right)' + u(t) = f(t), \quad t \in (-1, 1),$$

und integrieren von -1 bis t. Damit erhalten wir

$$(1 - t^2) \, u'(t) + \int_{-1}^{t} u(\tau) \mathrm{d}\tau = \int_{-1}^{t} f(\tau) \, \mathrm{d}\tau.$$

Umgeformt zu

$$\left((1 - t^2) \, u(t)\right)' + 2t \, u(t) + \int_{-1}^{t} u(\tau) \mathrm{d}\tau = \int_{-1}^{t} f(\tau) \, \mathrm{d}\tau$$

können wir die Gleichung nochmals integrieren,

$$(1 - t^2) \, u(t) + \int_{-1}^{t} 2\tau \, u(\tau) \, \mathrm{d}\tau + \int_{-1}^{t} \int_{-1}^{s} u(\tau) \, \mathrm{d}\tau \, \mathrm{d}s$$

$$= \int_{-1}^{t} \int_{-1}^{s} f(\tau) \, \mathrm{d}\tau \, \mathrm{d}s.$$

Durch Umtauschen der Integrationsreihenfolge ergibt sich

$$\int_{-1}^{t} \int_{-1}^{s} u(\tau) \, \mathrm{d}\tau \, \mathrm{d}s = \int_{-1}^{t} \int_{\tau}^{t} u(\tau) \, \mathrm{d}s \, \mathrm{d}\tau$$

$$= \int_{-1}^{t} (t - \tau) \, u(\tau) \, \mathrm{d}\tau.$$

Somit folgt

$$(1 - t^2)\, u(t) + \int\limits_{-1}^{t} (t + \tau)\, u(\tau)\, \mathrm{d}\tau = \int\limits_{-1}^{t} (t - \tau) f(\tau)\, \mathrm{d}\tau.$$

Diese Gleichung wollen wir für $t \in (-1, 0)$ verwenden. Eine analoge Rechnung kann man für Integrationen von t bis 1 durchführen und das Ergebnis für $t \in (0, 1)$ nutzen. Nach Division durch $1 - t^2$ ergibt sich

$$u(t) + \int\limits_{-1}^{t} \frac{t + \tau}{1 - t^2}\, u(\tau)\, \mathrm{d}\tau = \int\limits_{-1}^{t} \frac{t - \tau}{1 - t^2} f(\tau)\, \mathrm{d}\tau, \qquad t < 0,$$

$$u(t) - \int\limits_{t}^{1} \frac{t + \tau}{1 - t^2}\, u(\tau)\, \mathrm{d}\tau = \int\limits_{t}^{1} \frac{\tau - t}{1 - t^2} f(\tau)\, \mathrm{d}\tau, \qquad t > 0.$$

Beide Gleichungen lassen sich zu einer einzigen Integralgleichung für das Intervall $(-1, 1)$ kombinieren. Eine Schwierigkeit besteht darin, dass die Kerne der auftretenden Integraloperatoren nicht schwach singulär sind, sondern für $t = 0$ eine Unstetigkeit besitzen. Allerdings kann man zeigen, dass diese Funktionen von $L^2(-1, 1)$ auf solche abbilden, die sich auf $[-1, 0]$ und $[0, 1]$ stetig fortsetzen lassen. Damit ergibt sich die Kompaktheit.

Wir haben also eine Integralgleichung der Form

$$u + \mathcal{K}_1 u = \mathcal{K}_2 f$$

vorliegen, mit kompakten Operatoren $\mathcal{K}_j \,:\, L^2(-1, 1) \to L^2(-1, 1)$. Es bedeutet etwas zusätzlichen Aufwand, die Injektivität von $\mathrm{id} + \mathcal{K}_1$ nachzuweisen. Dies gelingt über die Eindeutigkeit für gewisse Randwertprobleme.

Somit folgt schließlich mit der Fredholm'schen Alternative bzw. dem dritten Riesz'schen Satz, dass $(\mathrm{id} + \mathcal{K}_1)^{-1}$ beschränkt ist. Demnach ist $(\mathrm{id} + \mathcal{K}_1)^{-1} \mathcal{K}_2$ kompakt.

Insgesamt haben wir gezeigt, dass die Inverse einer Modifikation von $\mathcal{D}$ ein injektiver kompakter selbstadjungierter Operator ist. Deren Eigenfunktionen sind dieselben wie diejenigen von $\mathcal{D}$, nämlich die Legendre Polynome. Damit folgt, dass die Legendre Polynome ein vollständiges Orthonormalsystem, also eine Orthonormalbasis, von $L^2(-1, 1)$ bilden.

Es gibt verschiedenen andere Möglichkeiten, diesen Nachweis zu führen. Einer führt über die Orthogonalisierung der Monome x^n bezüglich des Skalarprodukts in $L^2(-1, 1)$. Die Vollständigkeit erhält man dabei über den Weierstraß'schen Approximationssatz. ◀

Die Singulärwertzerlegung ist eine Darstellung für beliebige kompakte Operatoren

Nicht immer hat man es mit selbstadjungierten Operatoren zu tun. Dies ist eine sehr spezielle Situation. Hier ist es nützlich,

dass man zu einem beliebigen kompakten linearen Operator $\mathcal{K}$ von einem Hilbertraum X in einen Hilbertraum Y stets auch einen zugehörigen selbstadjungierten kompakten Operator von X nach X erhält, nämlich $\mathcal{K}^* \mathcal{K}$. Ist λ ein Eigenwert von $\mathcal{K}^* \mathcal{K}$ mit Eigenvektor x, so folgt

$$\|\mathcal{K}x\|^2 = \langle \mathcal{K}x, \mathcal{K}x \rangle = \langle \mathcal{K}^* \mathcal{K}x, x \rangle = \lambda\, \|x\|^2.$$

Daher ist λ als Quotient zweier Quadrate eine nicht-negative Zahl.

Indem man den Spektralsatz für kompakte selbstadjungierte Operatoren auf den Operator $\mathcal{K}^* \mathcal{K}$ anwendet, stößt man auf eine weitere Verallgemeinerung einer Aussage, die uns aus der linearen Algebra (siehe Hauptwerk, S. 786) bekannt ist.

Die μ_n ergeben sich hierbei als die Quadratwurzeln der Eigenwerte von $\mathcal{K}^* \mathcal{K}$. Man nennt sie die **Singulärwerte** des Operators $\mathcal{K}$. Die x_n sind die Eigenvektoren zu den positiven Eigenwerten dieses Operators. Die y_n erhält man durch die Definition

$$y_n = \frac{1}{\mu_n}\, \mathcal{K}x_n, \qquad n \in \mathbb{N}.$$

Die Aussagen über die Singulärwertzerlegung erhält man dann durch Anwendung des Spektralsatzes und durch einfaches Nachrechnen.

Im folgenden Abschnitt werden wir uns mit einer gewissen Problemklasse genauer beschäftigen, bei der es um die Invertierung injektiver kompakter Operatoren geht. Hier wird uns die Singulärwertzerlegung wichtige Dienste leisten.

14.5 Inverse Probleme

Nach einer Definition des französischen Mathematikers Jacques Salomon Hadamard (1865–1963) heißt ein Problem **gut gestellt,** falls es die folgenden Eigenschaften besitzt:

- Es besitzt mindestens eine Lösung (Existenz).
- Es besitzt höchstens eine Lösung (Eindeutigkeit).
- Die Lösung hängt stetig von den Daten ab.

Ist eine dieser drei Bedingungen verletzt, so spricht man von einem **schlecht gestellten Problem.**

Im Gegensatz zu den Vorstellungen Hadamards gibt es eine Vielzahl physikalisch relevanter Probleme, die schlecht gestellt sind. Eine besondere Klasse solcher Probleme sind die **inversen Probleme.** Um den Begriff zu erklären betrachten wir als konkretes Beispiel ein Randwertproblem für eine partielle Differentialgleichung. Während es bei dem **direkten Problem** darum geht, aus der Kenntnis aller Parameter und der Geometrie die Lösung des Randwertproblems zu bestimmen, versucht man bei einem inversen Problem aus der Kenntnis der Lösungen für eine oder mehrere Randwertfunktionen einen unbekannten Parameter oder einen unbestimmten Teil der Geometrie zu bestimmen.

Anwendungsbeispiel In der *elektrischen Impedanztomographie* werden um einen Körper eine gewisse Anzahl von Elektroden befestigt. Für verschiedene angelegte Ströme misst man das Potential an allen Elektroden. Im einfachsten Fall kann das Problem als Randwertproblem in einem beschränkten Gebiet $D \subseteq \mathbb{R}^2$ aufgefasst werden:

$$\nabla \cdot (\sigma(x)\nabla)u(x) = 0 \qquad \text{in } D,$$

$$\frac{\partial u}{\partial \nu}(x) = g(x) \quad \text{auf } \partial D.$$

Dabei bezeichnet σ die *Leitfähigkeit* im Innern des Gebiets. Dies ist der unbekannte Parameter. Man kennt die Randwerte $u(x)$, $x \in \partial D$, für jede zulässige Randwerte-Funktion g, zum Beispiel aus Messungen. ◄

Das bekannteste inverse Problem ist sicherlich die Computertomographie, die auf einer Inversion der Radon-Transformation beruht (siehe Hauptwerk, Kap. 33). Eine weitere wichtige Klasse von inversen Problemen mit Anwendungen in Akustik oder der Radartechnologie sind inverse Streuproblemen: Ein oder mehrere akustische oder elektromagnetische Felder werden in ein unbekanntes Medium oder auf ein unbekanntes Objekt gestrahlt und das gestreute Feld gemessen. Aus diesen Messungen soll das Medium bzw. das Objekt rekonstruiert werden.

Betrachtet man die mathematischen Formulierungen all dieser Probleme genauer, so stellt man fest, dass es sich immer um die Aufgabe handelt, eine Operatorgleichung

$$\mathcal{K}\varphi = \psi$$

zu lösen, wobei $\mathcal{K}$ ein kompakter Operator ist. In unendlichdimensionalen Räumen ist die Inverse eines injektiven kompakten Operators niemals beschränkt, denn sonst wäre die Identität kompakt, was nur in endlichdimensionalen Räumen der Fall ist. Somit ist auf jeden Fall die dritte Bedingung von Hadamard an ein gut gestelltes Problem verletzt: Es gibt keine stetige Abhängigkeit von den Daten. Eine noch so kleine Änderung in der rechten Seite (den Daten) führt zu einer völlig falschen Lösung.

Im weiteren gehen wir davon aus, dass X, Y Hilberträume sind und $\mathcal{K} : X \to Y$ injektiv und kompakt. Wir gehen zunächst davon aus, dass $\psi \in \mathcal{K}(X)$ ist, die Operatorgleichung also eine Lösung besitzt. Wie verwenden nun die Singulärwertzerlegung von $\mathcal{K}$, nach der gilt

$$\sum_{j=1}^{\infty} \mu_j \langle \varphi, x_j \rangle y_j = \sum_{j=1}^{\infty} \langle \psi, y_j \rangle y_j.$$

Ein Koeffizientenvergleich liefert

$$\langle \varphi, x_j \rangle = \frac{\langle \psi, y_j \rangle}{\mu_j}, \quad j \in \mathbb{N}.$$

Damit haben wir eine Formel für die Lösung gefunden,

$$\varphi = \sum_{j=1}^{\infty} \frac{\langle \psi, y_j \rangle}{\mu_j} x_j.$$

Eine notwendige Voraussetzung für die Lösbarkeit der Gleichung ist

$$\psi \in N(\mathcal{K}^*).$$

Ist $\psi \in N(\mathcal{K}^*) \setminus \mathcal{K}(X)$, so kann die Reihe

$$\left(\sum_{j=1}^{\infty} \frac{\langle \psi, y_j \rangle}{\mu_j} x_j \right)$$

nicht konvergieren. Das bedeutet, dass die Reihe

$$\left(\sum_{j=1}^{\infty} \frac{|\langle \psi, y_j \rangle|^2}{\mu_j^2} \right)$$

divergiert. Dieses Ergebnis wird als Satz von Picard bezeichnet.

Satz von Picard

Gegeben sind zwei Hilberträume X, Y und ein injektiver kompakter linearer Operator $\mathcal{K} : X \to Y$ mit der Singulärwertzerlegung

$$\mathcal{K}\varphi = \sum_{j=1}^{\infty} \mu_j \langle \varphi, x_j \rangle y_j, \quad \varphi \in X.$$

Die Operatorgleichung

$$\mathcal{K}\varphi = \psi$$

ist genau dann lösbar, wenn $\psi \in N(\mathcal{K}^*)$ und die Reihe

$$\left(\sum_{j=1}^{\infty} \frac{|\langle \psi, y_j \rangle|^2}{\mu_j^2} \right)$$

konvergiert. In diesem Fall ist die Lösung der Gleichung durch

$$\varphi = \sum_{j=1}^{\infty} \frac{\langle \psi, y_j \rangle}{\mu_j} \, x_j$$

gegeben.

Kommentar Am Satz von Picard lässt sich gut ablesen, wie bei der Invertierung von kompakten Operatoren Fehler in der rechten Seite beliebig verstärkt werden können: Gibt es Fehler in den Daten, so sind die Koeffizienten $|\langle \psi, y_j \rangle|$ mit Fehlern behaftet. In der Lösungsformel werden diese Koeffizienten durch die Singulärwerte μ_j geteilt, die eine Nullfolge bilden. ◀

Um ein inverses Problem zu lösen, muss regularisiert werden

Um das Aufblähen der Fehler in den Daten zu vermeiden, verwendet man **Regularisierungen.** Dies sind Familien von beschränkten Operatoren $\mathcal{R}_\alpha : Y \to X$, die noch von einem positiven Parameter α abhängen. Dabei muss gelten

$$\mathcal{R}_\alpha \mathcal{K}\varphi \longrightarrow \varphi \quad (\alpha \to 0)$$

für jedes $\varphi \in X$. Dies bedeutet, dass $\mathcal{R}_\alpha$ punktweise die Inverse von $\mathcal{K}$ approximiert.

Man kann ein inverses Problem in der Praxis niemals exakt lösen, denn es sind immer Datenfehler vorhanden. Stattdessen kommt es darauf an, den Parameter α in Abhängigkeit es Datenfehlers geeignet zu wählen. Man spricht von einer *Regularisierungsstrategie.*

Betrachten wir die Situation, in dem wir Daten ψ^δ vorliegen haben mit $\|\psi^\delta - \psi\| \leq \delta$ und $\psi = \mathcal{K}\varphi$. Wir können nun

$$\varphi_{\alpha,\delta} = \mathcal{R}_\alpha \psi^\delta$$

berechnen. Es gilt dann

$$\begin{aligned}
\|\varphi - \varphi_{\alpha,\delta}\| &\leq \|\varphi - \mathcal{R}_\alpha \psi\| + \|\mathcal{R}_\alpha \psi - \mathcal{R}_\alpha \psi^\delta\| \\
&= \|\varphi - \mathcal{R}_\alpha \mathcal{K}\varphi\| + \|\mathcal{R}_\alpha (\psi - \psi^\delta)\| \\
&= \|\varphi - \mathcal{R}_\alpha \mathcal{K}\varphi\| + \|\mathcal{R}_\alpha\| \, \delta.
\end{aligned}$$

Der erste Term geht gegen null für $\alpha \to 0$. Der zweite Term dagegen ist problematisch, denn $\|\mathcal{R}_\alpha\| \to \infty$ für $\alpha \to 0$, da $\mathcal{R}_\alpha$ die Inverse von $\mathcal{K}$ punktweise approximiert. Es ist also $\alpha(\delta)$ so zu wählen, dass

$$\alpha(\delta) \to 0 \quad \text{und} \quad \|\mathcal{R}_{\alpha(\delta)}\| \, \delta \to 0$$

für $\delta \to 0$. In diesem Fall wird

$$\|\varphi - \varphi_{\alpha(\delta),\delta}\| \longrightarrow 0 \quad \text{für } \delta \to 0,$$

d. h. bei abnehmendem Datenfehler konvergiert auch die regularisierte Lösung gegen die exakte Lösung.

Eine Regularisierungsstrategie, die häufig zur Anwendung kommt, ist das **Diskrepanzprinzip.** Dabei wird der Regularisierungsparameter so gewählt, dass das Residuum der regularisierten Gleichung mit dem geschätzten Datenfehler übereinstimmt,

$$\|\mathcal{K}\varphi_{\alpha(\delta),\delta} - \psi^\delta\| = \delta.$$

Wir sehen uns im Beispiel einige Regularisierungen an.

Beispiel

■ Eine sehr einfache Regularisierung besteht im Abschneiden der Singulärwerte. Für $n \in \mathbb{N}$ setzt man

$$\mathcal{R}_{1/n}\psi = \sum_{j=1}^{n} \frac{\langle \psi, y_j \rangle}{\mu_j} \, x_j.$$

Dadurch können sich Fehler in den Koeffzienten $\langle \psi, y_j \rangle$ für $j > n$, die durch besonders kleine Singulärwerte verstärkt worden wären, nicht auswirken. In der englischen Literatur wird dies auch *spectral cut-off* genannt.

Für dieses Verfahren wandelt man das Diskrepanzprinzip leicht ab. Man setzt $\tau > 1$ fest und wählt als $n(\delta)$ die kleinste natürliche Zahl, für die

$$\|\mathcal{K}\varphi_{1/n(\delta),\delta} - \psi^\delta\| \leq \tau \, \delta,$$

Dann kann man zeigen, dass

$$\varphi_{1/n(\delta),\delta} \longrightarrow \varphi \quad (\delta \to 0)$$

gilt, d. h. durch das Verfahren erhält man mit abnehmenden Datenfehler Konvergenz gegen die exakte Lösung der Operatorgleichung.

■ Bei der **Tikhonov-Regularisierung** setzt man

$$\mathcal{R}_\alpha \psi = (\alpha \, \mathrm{id} - \mathcal{K}^* \mathcal{K})^{-1} \mathcal{K}^* \psi.$$

Man kann zeigen, dass dieses Verfahren äquivalent ist zum Minimieren des Funktionals

$$J_\alpha(\varphi) = \|\mathcal{K}\varphi - \psi^\delta\|^2 + \alpha \, \|\varphi\|^2, \quad \varphi \in X.$$

Dies ist als ein Minimieren des Residuums zu verstehen, wobei noch ein Strafterm addiert wird, der die Norm der approximativen Lösung berücksichtigt und so stabilisierend wirkt. Das Gewicht, mit dem dieser Strafterm multipliziert wird, ist der Regularisierungsparameter.

Die Formulierung als Minimierungsproblem deutet auf einen Zusammenhang zur Optimierungstheorie hin (siehe Hauptwerk, Kap. 35). In der Tat sind die mathematischen Gebiete der inversen Probleme und der Optimierungstheorie in mancherlei Hinsicht komplementär.

Die Anwendung des Diskrepanzprinzips führt auch bei der Tikhonov-Regularisierung zu einem konvergenten Verfahren. ◄

Bei beiden Verfahren, die wir als Beispiel genannt haben, haben wir zwar bemerkt, dass sie konvergieren, aber keinerlei Konvergenzraten angegeben. Es ist auch tatsächlich so, dass die Konvergenz dieser Verfahren beliebig langsam ausfallen kann, wenn nicht zusätzliche Informationen über die exakte Lösung bekannt sind.

Die inversen Probleme sind immer noch ein aktuelles Forschungsgebiet der Mathematik, aber mit großer Relevanz für den Anwender. In vielen naturwissenschaftlichen oder technischen Fächern mag man auf ein solches Problem stoßen. Im folgenden sind einige Bücher genannt, die einen relativ elementaren Einstieg in dieses Gebiet bieten und die hier beschriebenen Aussagen konkretisieren.

Literatur

- H. Engl, M. Hanke, A. Neubauer, Regularization of Inverse Problems, Kluwer, 1996.
- A. Kirsch, An Introduction to the Mathematical Theory of Inverse Problems, Springer, 1996.
- A.K. Louis, Inverse und schlecht gestellte Probleme, Teubner Studienbücher, 2001.
- A. Rieder, Keine Probleme mit inversen Problemen. Eine Einführung in ihre stabile Lösung, Vieweg, 2003.

Funktionentheorie – von komplexen Zusammenhängen (zu Kap. 32)

15

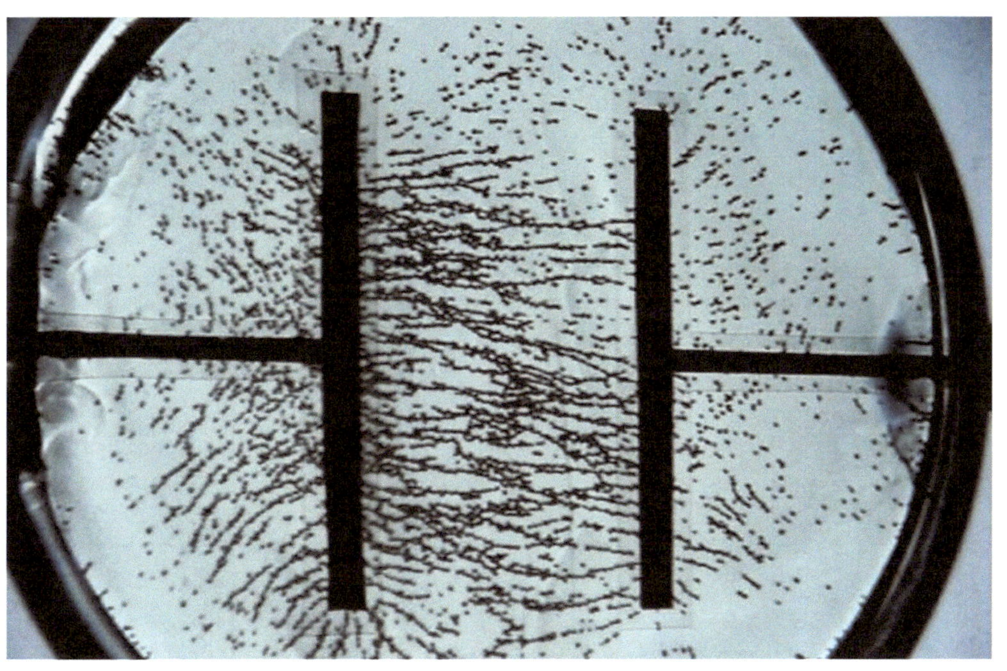

Wozu kann man Wirtinger-Operatoren benutzen?

Was besagt der Riemann'sche Abbildungssatz?

Wie kann man Funktionen holomorph fortsetzen?

© Springer-Verlag GmbH Deutschland 2017

T. Arens et al., *Ergänzungen und Vertiefungen zu Arens et al., Mathematik*, DOI 10.1007/978-3-662-53585-1_15

In diesem Kapitel ist das Bonusmaterial zu Kapitel 32 aus dem Lehrbuch Arens et al. *Mathematik* zusammengestellt.

15.1 Bemerkungen zur komplexen Differenzierbarkeit

Im Haupttext haben wir komplexe Differenzierbarkeit und später Holomorphie als zentrale Begriffe der Funktionentheorie erkannt. Zudem haben wir gesehen, dass Real und Imaginärteil holomorpher Funktionen stets harmonisch sind.

Wir geben nun einige zusätzliche Informationen zu den Cauchy-Riemann-Gleichungen, zum Überprüfen von Funktionen auf komplexe Differenzierbareit und zur Bestimmung konjugiert harmonischer Funktionen.

Zur Notwendigkeit der Cauchy-Riemann-Gleichungen

Im Haupttext hatten wir die Cauchy-Riemann-Gleichungen über geometrische Argumente hergeleitet. Dass diese Bedingungen auf jeden Fall notwendig für die komplexe Differenzierbarkeit sind, sieht man auch ohne geometrische Hilfe. Aus dem Unstand, dass Real- und Imaginärteil einer komplexen Variablen unabhängig voneinander sind,

$$\frac{\partial x}{\partial y} = \frac{\partial y}{\partial x} = 0,$$

folgt unmittelbar

$$\frac{\partial(x + \mathrm{i}y)}{\partial x} = \frac{1}{\mathrm{i}}\,\frac{\partial(x + \mathrm{i}y)}{\partial y} = 1.$$

Wollen wir nun erreichen, dass für das komplexe Differenzieren die Kettenregel weiterhin ihre vertraute Gestalt beibehält, etwa

$$\frac{\partial f}{\partial x} = \frac{\mathrm{d}f}{\mathrm{d}z}\,\frac{\partial z}{\partial x}$$

ist, so muss gelten

$$\frac{\mathrm{d}f}{\mathrm{d}z} = \frac{\mathrm{d}f}{\mathrm{d}z}\,\frac{\partial(x + \mathrm{i}y)}{\partial x} = \frac{\mathrm{d}f}{\mathrm{d}z}\,\frac{\partial z}{\partial x} = \frac{\partial f}{\partial x} = \frac{\partial u}{\partial x} + \mathrm{i}\frac{\partial v}{\partial x}$$

$$\mathrm{i}\,\frac{\mathrm{d}f}{\mathrm{d}z} = \frac{\mathrm{d}f}{\mathrm{d}z}\,\frac{\partial(x + \mathrm{i}y)}{\partial y} = \frac{\mathrm{d}f}{\mathrm{d}z}\,\frac{\partial z}{\partial y} = \frac{\partial f}{\partial y} = \mathrm{i}\frac{\partial v}{\partial y} + \frac{\partial u}{\partial y}.$$

Multiplizieren wir die zweite Gleichung mit $(-\mathrm{i})$, so erhalten wir im durch Vergleichen

$$\frac{\mathrm{d}f}{\mathrm{d}z} = \frac{\partial u}{\partial x} + \mathrm{i}\frac{\partial v}{\partial x} = \frac{\partial v}{\partial y} - \mathrm{i}\frac{\partial u}{\partial y}.$$

Diese Gleichung muss getrennt für Real- und Imaginärteil gelten und liefert damit sofort die Cauchy-Riemann-Gleichungen.

Eine insbesondere in der Funktionentheorie mehrerer Variablen sehr praktische Umformulierung der Cauchy-Riemann-Gleichungen wird in der Vertiefung auf S. 173 besprochen.

Die konjugiert harmonische Funktion lässt sich auch mittels Identitätssatz bestimmen

Wir haben im Haupttext konjugiert harmonische Funktionen stets mittels Integration der Cauchy-Riemann-Gleichungen bestimmt. In vielen Fällen führt aber ein anderer Weg schneller zum Ziel, nämlich die schlaue Anwendung des Identitätssatzes für holomorphe Funktionen.

Für die Ableitung einer Funktion $f = u + \mathrm{i}v$ gilt

$$f'(z) = \frac{\partial u}{\partial x}(x, y) - \mathrm{i}\frac{\partial u}{\partial y}(x, y)\,.$$

Das muss natürlich auch für $z = x \in \mathbb{R}$ aus einem bestimmten Intervall stimmen,

$$f'(x) = \frac{\partial u}{\partial x}(x, 0) - \mathrm{i}\frac{\partial u}{\partial y}(x, 0)\,.$$

Wir definieren nun für eine (auf einem Gebiet G gegebene) harmonische Funktion u die Funktion a, $\mathbb{R} \to \mathbb{C}$,

$$a(x) := \frac{\partial u}{\partial x}(x, 0) - \mathrm{i}\frac{\partial u}{\partial y}(x, 0)\,.$$

Wenn nun die Funktion $\mathbb{C} \to \mathbb{C}$, $z \mapsto a(z)$ holomorph ist, dann muss auf ganz G immer $a(z) = f'(z)$ gelten. Entsprechend braucht man in $a(x)$ nur x durch z ersetzen und die Funktion integrieren (also ein Stammfunktion aufsuchen), wobei die Integrationskonstante so zu wählen ist, dass $\operatorname{Re} f$ tatsächlich gleich u ist.

Beispiel Wir bestimmen mit dieser Methode noch einmal jene holomorphe Funktion, deren Realteil

$$u(x, y) = x^2 - y^2$$

ist. Es ist $\frac{\partial u}{\partial x}(x, y) = 2x$ und $\frac{\partial u}{\partial y}(x, y) = -2y$, also ergibt sich:

$$a(x) := \frac{\partial u}{\partial x}(x, 0) - \mathrm{i}\frac{\partial u}{\partial y}(x, 0) = 2x\,.$$

Diese Funktion muss für reelle $z = x$ mit der Ableitungen von f übereinstimmen, also ist $f'(z) = 2z$, und durch Integration erhält man $f(z) = z^2 + C$, wobei die Konstante C nur imaginär sein darf, um u nicht zu verändern. Meist wird man $C = 0$ setzen. ◀

Welche Methode einem lieber ist, bleibt natürlich jedem selbst überlassen. Je nachdem, ob man sich für die Partnerfunktion $v(x, y)$ oder für das holomorphe $f(z)$ interessiert, führt im ersten Fall meist die Integration der Cauchy-Riemann-Gleichungen, im zweiten die auf dem Identitätssatz beruhende Methode schneller zum Ziel.

Vertiefung: Die Wirtinger-Operatoren

Die Cauchy-Riemann-Gleichungen können mithilfe zweier neuer Ableitungsoperatoren, der *Wirtinger-Operatoren* in eine formal sehr einfache Gestalt gebracht werden.

Wir wollen die Cauchy-Riemann-Gleichungen so umformulieren, dass sich auf einen Blick erkennen lässt, ob eine Funktion komplex differenzierbar ist oder nicht.

Dazu definieren wir die beiden **Wirtinger-Operatoren**

$$\frac{\partial}{\partial z} := \frac{1}{2}\left(\frac{\partial}{\partial x} - \mathrm{i}\frac{\partial}{\partial y}\right), \quad \frac{\partial}{\partial \bar{z}} := \frac{1}{2}\left(\frac{\partial}{\partial x} + \mathrm{i}\frac{\partial}{\partial y}\right).$$

Die auf den ersten Blick widersprüchlich wirkende Vorzeichengebung hat ihre Richtigkeit. Man kann leicht nachrechnen, dass diese Operatoren auf ein beliebiges Produkt der Form $z^m \bar{z}^n$ so wirken, als seien z und $\bar{z}$ voneinander unabhängige Variablen.

Diese Wirkung überträgt sich aus beliebige Funktionen, die sich als Potenzreihen in z und $\bar{z}$ darstellen lassen, und damit auf praktisch alle für uns interessanten Funktionen. Hat man eine Funktion in der Form $f(z, \bar{z})$ vorliegen, so kann man sie einfach nach z partiell ableiten, wobei man $\bar{z}$ als konstant ansieht und umgekehrt.

Die Linearität der Ableitung bleibt ebenso wie die Produktregel unverändert erhalten. Die einzige Komplikation ergibt sich bei der Kettenregel. Ist nämlich $h(z) = g(w(z))$, so gilt für die Wirtinger-Ableitungen

$$h_z = g_w(w(z))\,w_z + g_{\bar{w}}(w(z))\,\bar{w}_z$$
$$h_{\bar{z}} = g_w(w(z))\,w_{\bar{z}} + g_{\bar{w}}(w(z))\,\bar{w}_{\bar{z}}$$

Entscheidend am Wirtinger-Kalkül ist, dass für eine komplexe Funktion $f(z)$ überall dort, wo sie differenzierbar ist,

$$\frac{\partial f}{\partial \bar{z}} = 0 \quad \text{und} \quad \frac{\partial f}{\partial z} = \frac{\mathrm{d}f}{\mathrm{d}z}.$$

gilt. Die Cauchy-Riemann-Gleichungen nehmen im Wirtinger-Kalkül die einfache Form $\frac{\partial f}{\partial \bar{z}} = 0$ an. Das erleichtert uns das Leben natürlich noch einmal beträchtlich. Wollen wir die komplexe Differenzierbarkeit überprüfen, müssen wir jetzt nur mehr die folgenden drei Schritte durchführen.

1. Die Funktion in der Form $f(z, \bar{z})$ anschreiben (notfalls durch striktes Einsetzen von $x = \frac{1}{2}(z + \bar{z})$ und $y = \frac{1}{2\mathrm{i}}(z - \bar{z})$, oft gibt es aber bessere Wege).
2. Sie nach $\bar{z}$ partiell ableiten. Wo diese Ableitung Null ist, dort ist f differenzierbar – reelle Differenzierbarkeit vorausgesetzt.
3. Die Ableitung an diesen Stellen erhält man dann einfach durch partielles Differenzieren nach z.

Als konkretes Beispiel überprüfen wir die Funktionen f_1 bis f_4, $\mathbb{C} \to \mathbb{C}$, $f_1(z) = z^3$, $f_2(z) = x^2 - 2\mathrm{i}xy - y^2$, $f_3(z) = |z|$ und $f_4(z) = \mathrm{Re}\,z$ auf komplexe Differenzierbarkeit:

- f_1 enthält keinen Term mit $\bar{z}$, also ist $\frac{\partial f_1}{\partial \bar{z}} \equiv 0$, die Funktion ist überall komplex differenzierbar, und ihre Ableitung lautet $f_1'(z) = \frac{\partial f_1}{\partial z} = 3z^2$.
- Entweder durch Einsetzen oder sofort durch Hinsehen erkennt man, dass

$$f_2(z) = x^2 - 2\mathrm{i}xy - y^2 = (x - \mathrm{i}y)^2 = \bar{z}^2$$

ist. Man erhält also $\frac{\partial f_2}{\partial \bar{z}} = 2\bar{z}$, die Funktion kann nur für $z = 0$ komplex differenzierbar sein (und hat dort die Ableitung Null).

- Den Betrag kann man einfach in Terme von z und $\bar{z}$ umschreiben: $f_3(z) = |z| = \sqrt{z\bar{z}}$. Die Ableitung nach $\bar{z}$ ist also

$$\frac{\partial f_3}{\partial \bar{z}} = \frac{z}{2\sqrt{z\bar{z}}} = \frac{1}{2}\frac{z}{|z|},$$

und dieser Ausdruck wird für $z \neq 0$ sicher nie Null. Die Funktion ist also für kein $z \in \mathbb{C} \setminus \{0\}$ komplex differenzierbar und damit nirgendwo holomorph. Den Nullpunkt müsste man allerdings noch genauer untersuchen.

- Ebenso umschreiben kann man

$$f_4(z) = \mathrm{Re}\,z = x = \frac{1}{2}(z + \bar{z}).$$

Die partielle Ableitung nach $\bar{z}$ ergibt

$$\frac{\partial f_4}{\partial \bar{z}} \equiv \frac{1}{2} \neq 0,$$

wie schon früher festgestellt, ist $\mathrm{Re}\,z$ also nirgends komplex differenzierbar.

Die Wirtinger-Operatoren erlauben die strengere Begründung unserer Faustregel, dass immer dann Vorsicht geboten ist, wenn in einem Ausdruck $\bar{z}$ auftaucht. Das kann auch in $|z|$, $\mathrm{Re}\,z$ oder $\mathrm{Im}\,z$ „versteckt" sein. Meist wird komplexe Differenzierbarkeit dann, wenn überhaupt, nur an wenigen Punkten vorliegen.

Auf die reell totale Differenzierbarkeit ist natürlich auch beim Arbeiten mit den Wirtinger-Operatoren weiter zu achten. So kommt etwa in $f(z) = \frac{1}{z - z_0}$ kein $\bar{z}$ vor, die Funktion ist aber im Punkt $z = z_0$ nicht einmal definiert, also auch nur auf $\mathbb{C} \setminus \{z_0\}$ komplex differenzierbar.

Das Wirtinger-Kalkül spielt in der Funktionentheorie einer komplexen Variablen eher nur eine Nebenrolle; wirkliche Bedeutung erlangt es vor allem in der Funktionentheorie mehrerer Variablen.

Literatur

- H. Grauert, K. Fritzsche: *Einführung in die Funktionentheorie mehrerer Veränderlicher*, Springer, Berlin (2007).
- H. Behnke, P. Thullen: *Theorie der Funktionen mehrerer komplexer Veränderlichen*, Springer, Berlin (2007).

15.2 Mehr zu konformen Abbildungen

Wir haben im Haupttext gesehen, wie nützlich konforme Abbildungen sein können, um insbesondere Anwendungsprobleme von einer komplizierten auf eine einfache Geometrie zu transformieren. Der Frage, wie man konforme Abbildungen mit speziellen Eigenschaften konstruiert, konnten wir jedoch aus Platzgründen nicht nachgehen. Das wollen wir nun zumindest in Grundzügen nachholen.

Eine besonders nützliche Klasse konformer Abbildungen sind die gebrochenlinearen oder *Möbius-Transformationen*, die auf S. 175 besprochen werden.

Möbius-Transformationen sind hervorragen geeignet, mit Gebieten umzugehen, die von Kreisen oder Gerade begrenzt werden. Hat man es mit dem Inneren von (durchaus auch unendlich ausgedehnten) Polygonen zu tun, dann bietet sich eine andere Methode an.

Die Abbildungsformel von Schwarz-Christoffel behandelt Polygone

In vielen Fällen lässt sich die Geometrie eines Problems exakt oder zumindest näherungsweise durch *Polygone* (Vielecke) beschrieben, insbesondere wenn man zulässt, dass eine der Ecken im Unendlichen liegt.

Der Riemann'sche Abbildungssatz garantiert, dass sich der Rand eines solchen Polygons auf die reelle Achse, sein Inneres entsprechend auf die obere Halbebene abbilden lässt. Für sich allein ist diese Aussage in der Praxis wenig hilfreich. Es gibt jedoch einen Weg, entsprechende Abbildungen explizit zu konstruieren, und diesen wollen wir nun vorstellen.

Dabei stellen wir zunächst fest, dass ein Polygon im wesentlichen durch seine Innenwinkel α, β, γ, ... beschrieben wird. Wissen wir, dass g die obere Halbebene auf ein Polygon mit den richtigen Winkeln abbildet, so erhalten wir die Abbildung auf jedes beliebige Polygon mit den selben Innenwinkeln mittels

$$\tilde{g}(z) = C\,g(z) + D$$

mit Konstanten $C \in \mathbb{C}$ und $D \in \mathbb{C}$. Dabei vermittelt $C = r_C\,\mathrm{e}^{\mathrm{i}\varphi_C}$ eine Drehung um φ_C und eine Streckung um den Faktor r_C, die Konstante $D = x_D + \mathrm{i}y_D$ eine Verschiebung um x_D in x- und um y_D in y-Richtung.

Wählen wir nun Punkte $a < b < c < \ldots$ auf der reellen Achse, so besagt die **Abbildungsformel von Schwarz-Christoffel**, dass die Abbildung f,

$$w = f(z) = \int \frac{C\,\mathrm{d}z}{(z-a)^{1-\frac{\alpha}{\pi}}\,(z-b)^{1-\frac{\beta}{\pi}}\,(z-c)^{1-\frac{\gamma}{\pi}}\,\ldots}$$

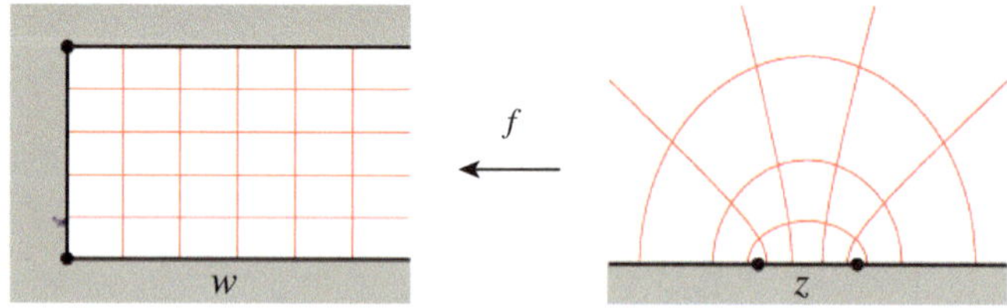

Abb. 15.1 Die Abbildung der oberen Halbebene auf einen halbunendlichen Streifen mittels Schwarz-Christoffel

die obere Halbebene auf ein Polygon mit den Innenwinkeln α, β, γ, ... abbildet. Das Bild des Punktes a ist dabei die Ecke mit Innenwinkel α, das Bild von b die Ecke mit Innenwinkel β, ...

Durch geeignete Wahl von C und der Integrationskonstanten D können Größe, Orientierung und Lage des Polygons angepasst werden. Liegt eine der Ecken des Polygons im Unendlichen, so wird der entsprechende Winkel gleich null gesetzte. Der zugehörige Faktor im Nenner ist damit eine Konstante, die man in C absorbieren kann.

Ist man an der Abbildung vom Polygon auf die Halbebene interessiert, so muss man die oben erhaltene Funktion f umkehren. Das ist im Prinzip stets möglich, kann in der Praxis aber natürlich Probleme machen.

Beispiel Wir wollen die obere Halbebene auf den halbunendlichen Streifen, der in Abb. 15.1 dargestellt ist, abbilden. Ein Eck dieses Polygons liegt bei $w = 0$, ein zweites bei $w = \mathrm{i}\pi$, das dritte bei $w = \infty$. (Man kann den Streifen auch als Grenzfall $R \to \infty$ eines Dreieck mit einer Ecke an $w = R \in \mathbb{R}_{>0}$ interpretieren.)

Verlangen, wir dass der Punkt $z = -1$ nach $w = \mathrm{i}\pi$ und $z = 1$ nach $w = 0$ abgebildet wird, so erhalten wir aus der Formel von Schwarz-Christoffel

$$\begin{aligned} f(z) &= \int \frac{C\,\mathrm{d}z}{(z-1)^{1/2}\,(z+1)^{1/2}} \\ &= \int \frac{C\,\mathrm{d}z}{\sqrt{x^2 - 1}} = C\,\operatorname{arcosh} z + D\,. \end{aligned}$$

Die Ecke im Unendlichen brauchen wir nicht zu berücksichtigen, da der zugeordnete Winkel gleich null ist. Die Konstanten C und D bestimmen wir aus $f(-1) = \mathrm{i}\pi$ und $f(1) = 0$ zu $C = 1$ und $D = 0$. Die gesuchte Abbildung ist damit

$$w = f(z) = \operatorname{arcosh} z\,. \qquad \blacktriangleleft$$

Kommentar Die Quadratwurzelabbildung

$$f(z) = z^{1/2} = \frac{1}{2}\int \frac{\mathrm{d}z}{z^{1/2}} = \frac{1}{2}\int \frac{2\,\mathrm{d}z}{z^{1-\frac{\pi/2}{\pi}}}\,,$$

kann als einfacher Spezialfall der Formel von Schwarz-Christoffel aufgefasst werden. Das Polygon (der erste Quadrant) hat hier eine Ecke mit Innenwinkel $\alpha = \frac{\pi}{2}$ in $w = 0$ und eine zweite Ecke im Unendlichen. $\qquad \blacktriangleleft$

Vertiefung: Möbius-Transformationen

Wir haben gesehen, dass holomorphe Funktionen immer zumindest lokal konforme Abbildungen definieren. Wir untersuchen nun eine Klasse von besonders einfachen konformen Abbildungen – die Möbius-Transformationen.

Die **Möbius-Transformationen** (gebrochen lineare Abbildungen) sind definiert als

$$\ell(z) = \frac{az + b}{cz + d},$$

wobei a, b, c und d komplexe Zahlen mit der Eigenschaft $ad - bc \neq 0$ sind. Außerdem setzt man für $c \neq 0$ fest, dass $\ell(-\frac{d}{c}) = \infty$ und $\ell(\infty) = \frac{a}{c}$ sein soll, für $c = 0$ sei $\ell(\infty) = \infty$. Damit ist eine bijektive Abbildung $(\mathbb{C} \cup \{\infty\}) \to (\mathbb{C} \cup \{\infty\})$ erklärt.

Durch Untersuchung der Ableitung zeigt sich außerdem, dass $\ell(z)$ für $c = 0$ konform auf ganz $\mathbb{C}$ und für $c \neq 0$ konform auf $\mathbb{C} \setminus \{-\frac{d}{c}\}$ ist. Tatsächlich handelt es sich bei den Möbius-Transformationen um außergewöhnlich nützliche Abbildungen. Bevor wir sie aber in voller Allgemeinheit untersuchen wollen, beschäftigen wir uns zuerst näher mit einigen speziellen Transformationen; das ist zugleich eine kleine Erinnerung an die geometrische Interpretation des Rechnens mit komplexen Zahlen.

1. $\ell(z) = z + b$ stellt eine Translation (Verschiebung) um einen Vektor $b \in \mathbb{C}$ dar.
2. $\ell(z) = az$ mit $|a| = 1$ ist eine Drehung um den Winkel $\varphi = \operatorname{Arg} a$.
3. $\ell(z) = rz$ mit $r \in \mathbb{R}_{>0}$ bedeutet eine Streckung um den Faktor r (eine Stauchung für $r < 1$).
4. $\ell(z) = \frac{1}{z}$ heißt Inversion oder Stürzung. Der Betrag geht von r auf $\frac{1}{r}$ über und zusätzlich wird an der reellen Achse gespiegelt.

Jede beliebige Möbiustransformation lässt sich als Hintereinanderschaltung dieser vier Transformationen darstellen. Die Multiplikation mit einer beliebigen komplexen Zahl a ist natürlich ebenfalls eine spezielle Möbiustransformation ($b = c = 0$, $d = 1$). Dabei handelt es sich um eine Drehung plus einer Streckung, also gilt: *Die Multiplikation mit einer Zahl $a \in \mathbb{C}$ entspricht geometrisch einer Drehstreckung.*

Des weiteren zeigt sich, dass Kreise und Geraden von einer Möbius-Transformation $\ell(z)$ wieder in Kreise bzw. Geraden übergeführt werden. Bezeichnet man auch Geraden als Kreise (mit dem Radius $R = \infty$), so lässt sich noch prägnanter formulieren: *Möbius-Transformationen führen Kreise wieder in Kreise über* („Kreisverwandtschaft" der Möbius-Transformation).

Wie für allgemeine Abbildungen nennt man auch für Möbius-Transformationen Punkte z_0 mit $\ell(z_0) = z_0$ *Fixpunkte* der Abbildung. Klarerweise ist für die identische Abbildung $f(z) = z$ jeder Punkt ein Fixpunkt. Jede andere Möbiustransformation aber hat höchstens zwei Fixpunkte. Daraus folgt unmittelbar der weitreichende Satz:

Für drei jeweils voneinander verschiedene Punkte z_1, z_2 und z_3 sowie w_1, w_2 und w_3 gibt es genau eine Möbius-Transformation $w = \ell(z)$ mit $w_j = \ell(z_j)$ für $j = 1, 2, 3$.

Diese Transformation ist implizit durch

$$\frac{w - w_1}{w - w_3} \cdot \frac{w_2 - w_3}{w_2 - w_1} = \frac{z - z_1}{z - z_3} \cdot \frac{z_2 - z_3}{z_2 - z_1}$$

gegeben. (Ist einer der Punkte jener im Unendlichen, so ist der Bruch, in dem dieser unendlich ferne Punkt in Zähler und Nenner vorkommt, naheliegenderweise durch 1 zu ersetzen.)

Beispiel: Wir suchen jene Möbius-Transformation, die die Punkte $z_1 = 2$, $z_2 = i$ und $z_3 = -2$ auf $w_1 = 1$, $w_2 = i$ und $w_3 = -1$ abbildet. Als implizite Bestimmungsgleichung erhalten wir

$$\frac{w - 1}{w + 1} \cdot \frac{i + 1}{i - 1} = \frac{z - 2}{z + 2} \cdot \frac{i + 2}{i - 2}.$$

Löst man diese Gleichung nach w auf, so erhält man für die gesuchte Transformation

$$w = \frac{3z + 2i}{iz + 6}.$$

Beispiel: $z = -1$, $z_2 = 0$ und $z_3 = 1$ sollen abgebildet werden auf $w_1 = -1$, $w_2 = -i$ und $w_3 = 1$. Die Bestimmungsgleichung lautet dafür

$$\frac{w + 1}{w - 1} \cdot \frac{-i - 1}{-i + 1} = \frac{z + 1}{z - 1} \cdot \frac{0 - 1}{0 + 1},$$

und daraus erhält man

$$w = \frac{z - i}{-iz + 1} = i\frac{z - i}{z + i}.$$

Besonders interessant sind Möbius-Transformationen, die etwa zwischen Gebieten wie der oberen Halbebene und dem Inneren des Einheitskreises vermitteln. Die allgemeine Form der Abbildung von $\operatorname{Im} z > 0$ auf $|w| < 1$ ist

$$w = \ell(z) = e^{i\varphi} \frac{z - z_0}{z - \overline{z_0}}$$

mit $\varphi \in \mathbb{R}$ und $\operatorname{Im} z_0 > 0$. Für die Abbildung von $\operatorname{Im} z > 0$ auf $\operatorname{Im} w > 0$ erhält man den allgemeinen Ausdruck

$$w = \ell(z) = \frac{az + b}{cz + d}$$

mit $a, b, c, d \in \mathbb{R}$ und $ad - bc > 0$. Für Abbildungen von $|z| < 1$ auf $|w| < 1$ schließlich erhält man

$$w = \ell(z) = e^{i\varphi} \frac{z - z_0}{z \overline{z_0} - 1}$$

mit $\varphi \in \mathbb{R}$ und $|z_0| < 1$.

15.3 Mehr zum Residuensatz

Auch zum Residuensatz gibt es einige Anmerkungen. Wir werden dabei das Residuum im Unendlichen ebenso studieren wie diverse Sätze, die unmittelbar aus geschickter Anwendung des Residuensatzes folgen.

Auch im Unendlichen lässt sich ein Residuum definieren

Wollen wir Funktionen in einer „Umgebung" von $z = \infty$ (also für betragsmäßig beliebig große Argumente z) untersuchen, so können wir das durch eine Transformation $z \to \frac{1}{w}$, $g(w) := f(\frac{1}{w})$ auf die Untersuchung von g in der Umgebung des Nullpunktes $w = 0$ zurückführen. Man sagt nun, f besitzt in $z = \infty$ eine bestimmte Eigenschaft (eine Nullstelle, einen Pol k-ter Ordnung, eine wesentliche Singularität, ...), wenn das für g im Punkt $w = 0$ gilt.

Beispiel Die Funktion f_1, $\dot{\mathbb{C}} \to \mathbb{C}$ mit $f_1(z) = \frac{1}{z^2}$ hat im Unendlichen eine Nullstelle zweiter Ordnung, weil

$$g_1(w) = f_1\left(\frac{1}{w}\right) = w^2$$

eine ebensolche in $w = 0$ hat. Analog hat $f_2(z) = z^3$ im Unendlichen einen Pol dritter Ordnung, denn

$$g_2(w) = \frac{1}{w^3}$$

hat einen solchen im Nullpunkt. $f_3(z) = \mathrm{e}^z$ hat wegen

$$g_3(w) = \mathrm{e}^{1/w}$$

im Unendlichen eine wesentliche Singularität. ◀

Eine Ausnahme ist in dieser Hinsicht das Residuum im Unendlichen. So wird nämlich nicht einfach das Residuum der Entwicklung von g um $w = 0$ genannt, sondern zu diesem Begriff kommt man durch eine andere Überlegung: Wir betrachten dazu eine Funktion f, die holomorph in $\mathbb{C} \setminus \{z_1, \ldots, z_N\}$ ist. Nun sei

$$\sum_{n=-\infty}^{+\infty} a_n z^n$$

die Laurententwicklung um $z_0 = 0$, die, wie in Abb. 15.2 dargestellt, außerhalb von $|z| = R := \max_j |z_j|$ gültig ist.

Die Kurve C: $z(t) = R_1 \mathrm{e}^{-\mathrm{i}t}$, $t \in [0, 2\pi]$ mit $R_1 > R$ umläuft den unendlich fernen Punkt im mathematisch positiven Sinne („$z = \infty$ liegt links von C"), und man erhält

$$\frac{1}{2\pi\mathrm{i}} \oint_C f(z)\,\mathrm{d}z = -a_{-1}.$$

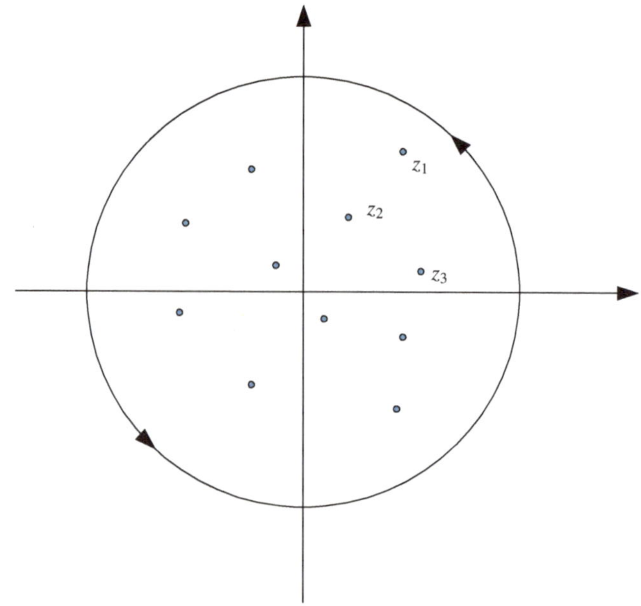

Abb. 15.2 Zur Definition des Residuums im Unendlichen

Aus diesem Grund nennt man in dieser Entwicklung $-a_{-1}$ das Residuum im Unendlichen, man bezeichnet es mit $\mathrm{Res}(f; \infty)$.

Da das Integral entlang der nun positiv orientierten Kurve $|z| = R_1$ gleich

$$2\pi\mathrm{i} \sum_{j=1}^{N} \mathrm{Res}(f, z_j),$$

andererseits aber auch gleich $-2\pi\mathrm{i}\,\mathrm{Res}(f; \infty)$ ist, gilt stets

$$\sum_{j=1}^{n} \mathrm{Res}(f; z_j) + \mathrm{Res}(f; \infty) = 0.$$

Diesen Zusammenhang kann man entweder benutzen, um ein beliebiges Residuum zu bestimmen oder aber um seine Rechnungen zu kontrollieren.

Kommentar Die Reihe $\sum_{n=0}^{\infty} a_n z^n$ heißt Hauptteil der Entwicklung um $z = \infty$. Hier treten die positiven Potenzen von z auf, in diesem besonderen Fall ist das Residuum also kein Koeffizent des Hauptteiles. ◀

Beispiel Die rationale Funktion

$$f(z) = \frac{3z - (2 + \mathrm{i})}{z^2 - (1 + \mathrm{i})z + \mathrm{i}}$$
$$= \frac{1}{z - 1} + \frac{2}{z - \mathrm{i}}$$

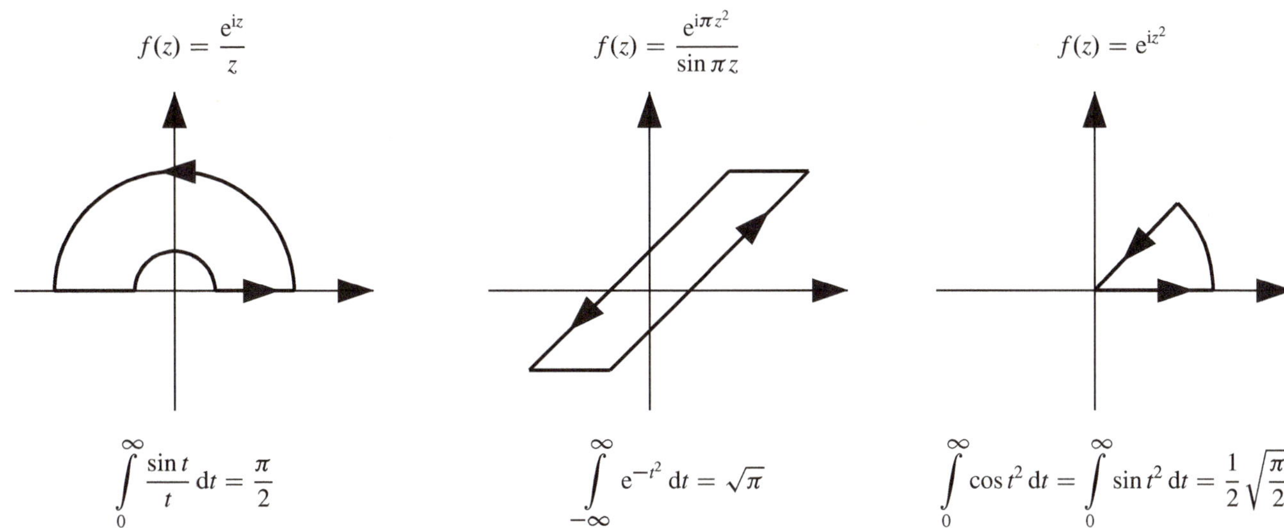

Abb. 15.3 Einige Integrale, die sich durch Anwenden des Residuensatzes auf geeignete Integranden und Kurven bestimmen lässt

hat die beiden Residuen $\mathrm{Res}(f, +1) = 1$ und $\mathrm{Res}(f, +i) = 2$. Als Laurententwicklung um $z = 0$ für $|z| > 1$ erhalten wir

$$\frac{1}{z-1} = \frac{1}{z}\frac{1}{1-\frac{1}{z}} = \frac{1}{z}\sum_{n=0}^\infty \left(\frac{1}{z}\right)^n$$

$$= \sum_{n=0}^\infty \frac{1}{z^{n+1}} = \sum_{n=-\infty}^{-1} z^n$$

$$\frac{2}{z-i} = \frac{2}{z}\frac{1}{1-\frac{i}{z}} = \frac{2}{z}\sum_{n=0}^\infty \left(\frac{i}{z}\right)^n$$

$$= \sum_{n=0}^\infty \frac{2i^n}{z^{n+1}} = \sum_{n=-\infty}^{-1} \frac{2}{i^{n+1}} z^n$$

Die Funktion selbst hat also die Darstellung

$$f(z) = \sum_{n=-\infty}^{-1} \left(1 + \frac{2}{i^{n+1}}\right) z^n\,,$$

die Koeffizienten der Reihenentwicklung sind allgemein $a_n = 1 + \frac{2}{i^{n+1}}$, speziell ist $a_{-1} = 3$. Das Residuum im Unendlichen ist also $\mathrm{Res}(f, \infty) = -a_{-1} = -3$, und tatsächlich ist damit

$$\mathrm{Res}(f, +1) + \mathrm{Res}(f, +i) + \mathrm{Res}(f, \infty) = 0\,.$$

Natürlich hätten wir das Residuum in Unendlichen auch direkt über diese Beziehung bestimmen können,

$$\mathrm{Res}(f, \infty) = -\{\mathrm{Res}(f, +1) + \mathrm{Res}(f, +i)\} = -3\,.$$

Umgekehrt wäre es auch möglich, entweder das Residuum in $z = +1$ oder in $z = +i$ über jenes im Unendlichen zu ermitteln, sofern das jeweils andere schon bekannt ist. ◀

Der Residuensatz hat weitere Anwendungen

Aus dem Residuensatz lassen sich weitere Sätze herleiten, von denen einige auf S. 178 besprochen werden.

Neben den im Haupttext erwähnten reellen Integralen gibt es noch viele weitere, die sich durch Anwendung des Residuensatzes auf geschickt gewählte Funktionen und Integrationswege ergeben. Einige Beispiele dafür sind in Abb. 15.3 dargestellt.

Für alle diese Integrale gibt es eine gute Kontrollmöglichkeit, um herauszufinden, ob man wenigstens richtig gerechnet haben *könnte*. Wenn der Integrand auf dem ganzen Integrationsintervall reell ist, muss das Ergebnis auch rein reell sein, ganz egal wie viele funktionentheoretische Tricks und Hilfsmittel man auch verwendet haben mag. Jedes i im Endergebnis ist ein deutlicher Hinweis darauf, dass irgendwo etwas schiefgegangen ist.

Insbesondere in der Elementarteilchenphysik spielt der Residuensatz eine wichtige Rolle beim Auswerten von Integralen. Dabei steht man allerdings oft vor dem Problem, dass ein Pol direkt auf dem Integrationsweg liegt. Diese Thematik wird auf S. 179 behandelt.

Nur nebenbei erwähnt sei noch, dass sich auch bestimmte Reihen mithilfe des Residuensatzes berechnen lassen. Paradebeispiel dafür ist die Partialbruchzerlegung des Kotangens,

$$\pi \cot \pi z = \frac{1}{z} + \sum_{n\in\mathbb{Z}\setminus\{0\}} \left(\frac{1}{z-n} + \frac{1}{n}\right)$$

$$= \frac{1}{z} + \sum_{n=1}^\infty \frac{2z}{z^2 - n^2}\,.$$

Vertiefung: Der Satz von Rouché

Aus dem Residuensatz folgen mehr oder weniger direkt weitere interessante und nützliche Sätze, von denen wir hier einige vorstellen wollen. Zunächst wollen wir uns dabei mit dem *Satz von Rouché* beschäftigen und dann kurz auf den Satz von Null- und Polstellen zählenden Integral eingehen.

Der **Satz von Rouché** lautet: *Wenn f und g holomorph innerhalb und auf einer einfach geschlossenen Kurve C sind und auf ganz C gilt, dass $|g(z)| < |f(z)|$ ist, so haben $f + g$ und f innerhalb von C die gleiche Anzahl von Nullstellen.* („Kleine Störungen ändern das prinzipielle Nullstellenverhalten nicht.")

Dabei müssen Nullstellen entsprechend ihrer Vielfachheit gezählt werden, eine Nullstelle dritter Ordnung etwa zählt für den Satz von Rouché wie drei einfache Nullstellen.

Mithilfe dieses Satzes können die Nullstellen vieler Funktionen f (insbesondere von Polynomen höheren Grades) untersucht werden, ohne dass die Gleichung $f(z) = 0$ gelöst werden müßte (was analytisch ja meist gar nicht möglich ist).

Für das Polynom $P(z) = z^{10} + 6z^7 + z^5 + z + 2$ zeigen wir zuerst, dass alle Nullstellen innerhalb von $|z| = 2$ liegen, und dann, dass sich sieben innerhalb von $|z| = 1$ befinden.

Wir wählen nun $f(z) = z^{10}$ und $g(z) = 6z^7 + z^5 + z + 2$. Dann gilt für $|z| = 2$ auf jeden Fall die Abschätzung:

$$|g(z)| = |6z^7 + z^5 + z + 2| \leq 6|z^7| + |z^5| + |z| + 2$$
$$= 6 \cdot 2^7 + 2^5 = 4 < 2^{10} = |z^{10}| = |f(z)|$$

Der Satz von Rouche wird also anwendbar und sagt uns, dass f und $P = f + g$ innerhalb von $|z| = 2$ die selbe Anzahl von Nullstellen haben. f hat an $z = 0$ eine zehnfache Nullstelle, also muss auch auch P innerhalb dieses Kreises zehn Nullstellen haben.

Für den zweiten Teil der Aufgabe wählen wir $\tilde{f}(z) = z^{10} + 6z^7 = z^7(z^3 + 6)$ und $\tilde{g}(z) = z^5 + z + 2$. Die Dreiecksungleichung liefert uns wieder eine Abschätzung, diesmal für $|z| = 1$:

$$|\tilde{g}(z)| = |z^5 + z + 2| \leq |z^5| + |z| + 2 = 4 < 5$$
$$= ||z^{10}| - |6z^7|| \leq |z^{10} + 6z^7| = |\tilde{f}(z)|$$

Nach dem Satz von Rouché haben $\tilde{f}(z)$ und $P = \tilde{f} + \tilde{g}$ innerhalb von $|z| = 1$ gleich viele Nullstellen. $\tilde{f}$ hat eine siebenfache Nullstelle bei $z = 0$ und drei Nullstellen mit dem Betrag $\sqrt[3]{6} > 1$. Demnach hat auch P innerhalb des Einheitskreises sieben Nullstellen.

Eng verwandt mit dem Satz von Rouché ist auch die folgende Aussage über das Integral der logarithmischen Ableitung $(\log f(z))' = \frac{f'(z)}{f(z)}$:

Satz vom Null- und Polstellen zählenden Integral: *G sei ein einfach zusammenhängendes Gebiet, f sei meromorph in G. C sei ein einfach geschlossener Weg mit $C^* \subset G$, wobei auf C^* keine Null- und Polstellen von f liegen. N_f sei die Anzahl der Null-, P_f die Anzahl der Polstellen von f in int(C), wobei beide Arten so oft zu zählen sind, wie es ihrer Vielfachheit/Ordnung entspricht. Dann gilt:*

$$\frac{1}{2\pi i} \oint_C \frac{f'(z)}{f(z)} \, dz = N_f - P_f$$

Abgesehen vom rein „akademischen" Interesse kann dieser Satz in speziellen Fällen das Ermitteln von Integralen auf einfachem Weg erlauben:

Wir wollen das Integral

$$I = \int_{|z|=2} \frac{8z^7 + 10z^4 + 6}{z^8 + 2z^5 + 6z + 7} \, dz$$

ermitteln. Dabei erkennen wir, dass der Zähler im Integranden gerade die Ableitung des Nenners ist. Die Funktion $f(z) = z^8 + 2z^5 + 6z + 7$ hat keine Pole, und der Satz von Rouché sagt uns weiterhin, dass alle acht Nullstellen innerhalb des relevanten Kreises $|z| = 2$ liegen, denn es ist ja $|2z^5 + 6z + 7| \leq 2|z^5| + 6|z| + 7 = 77 < 256 = |z^8|$. Der Satz vom Null- und Polstellen zählenden Integral ergibt also mit $N_f = 8$ und $P_f = 0$:

$$I = \int_{|z|=2} \frac{(z^8 + 2z^5 + 6z + 7)'}{z^8 + 2z^5 + 6z + 7} \, dz = 2\pi i \cdot N_f = 16\pi i \, .$$

Im Fall $P_f = 0$, also für eine in G holomorphe Funktion, gilt wenn man die übrigen Voraussetzungen des vorherigen Satzes beibehält:

Definiert man zu C, $z = z(t)$, eine weitere geschlossene Kurve $\Gamma(t) = f(z(t))$, so besagt das **Prinzip vom Argument**, $N_f = \text{Ind}\,_\Gamma(0)$. Die Windungszahl $\text{Ind}\,_\Gamma$ des Ursprungs $z = 0$ zählt also die Nullstellen der Funktion f im Inneren der Kurve C.

Anwendung: Pole und Kausalität

In der relativistischen Teilchenphysik beschreibt der (nackte) *skalare Propagator* $D_0(p^2) = \frac{1}{p^2 - m^2 c^2}$ die Bewegung einer bestimmten Art von Teilchen mit Masse m. Die Variable p hängt gemäß $p^2 = \frac{E^2}{c^2} - \boldsymbol{p} \cdot \boldsymbol{p}$ mit der Energie E und dem Impuls $\boldsymbol{p}$ zusammen, c ist dabei die Vakuumlichtgeschwindigkeit.

Für physikalische Teilchen müssen Impuls und Energie den Zusammenhang $E^2 = m^2 c^4 + (\boldsymbol{p} \cdot \boldsymbol{p}) c^2$ erfüllen. Im Ruhesystem ($\boldsymbol{p} = \boldsymbol{0}$) reduziert sich das auf die berühmte Beziehung $E = m c^2$.

Kommentar „Physikalische Teilchen" stehen hier im Gegensatz zu *virtuellen Teilchen*, die durch Quantenfluktuationen auftreten und beliebige Energie-Impulsbeziehungen haben können. ◀

Um unnötig umständliche Formeln zu vermeiden, setzen wir im Folgenden $c = 1$. Das entspricht lediglich der Wahl eines (in gewisser Weise besonders „natürlichen") Einheitensystem, das zusammen mit der Festsetzung $\hbar = 1$ in der Teilchenphysik weit verbreitet ist.

Meist ist man daran interessiert, die Bewegung von Teilchen nicht mittels Energie und Impuls zu beschreiben, sondern statt dessen mit Ort und Zeit. Den Übergang vermittelt dabei die *Fouriertransformation*. Für jene Funktion, die die Bewegung eines Teilchens von $(\boldsymbol{x}, t)$ nach $(\boldsymbol{x}', t')$ beschreibt, erhalten wir

$$\tilde{D}_0(\boldsymbol{x}' - \boldsymbol{x}, t' - t)$$
$$= \frac{1}{(2\pi)^4} \int_{\mathbb{R}^3} d\boldsymbol{p}\, e^{i\boldsymbol{p} \cdot (\boldsymbol{x}' - \boldsymbol{x})} \int_{\mathbb{R}} dp_0\, e^{-ip_0(t'-t)} \frac{1}{p_0^2 - (\boldsymbol{p}^2 + m^2)}$$

Dabei haben wir die in der Physik übliche Konvention gewählt, den gesamten Vorfaktor (für ein vierdimensionales Integral $(2\pi)^4$) der Transformation von der Impuls- in die Ortsdarstellung zuzuschlagen.

Beim p_0-Integral

$$I_{p_0} := \int_{\mathbb{R}} dp_0\, \frac{e^{-ip_0(t'-t)}}{\left(p_0 - \sqrt{\boldsymbol{p}^2 + m^2}\right)\left(p_0 + \sqrt{\boldsymbol{p}^2 + m^2}\right)}$$

stehen wir allerdings vor zwei unangenehmen Problemen. So finden wir nicht nur, wie naiv zu erwarten gewesen wäre, ein Teilchen der positiven Energie $E \equiv p_0 = \sqrt{\boldsymbol{p}^2 + m^2}$, sondern ebenso ein Teilchen negativer Energie $E \equiv p_0 = -\sqrt{\boldsymbol{p}^2 + m^2}$.

Kommentar Die Existenz dieser Lösungen negativer Energie waren historisch der Grund, warum die Gleichungen der relativistischen Quantenmechanik zunächst verworfen worden waren. ◀

Dazu kommt, dass die beiden Pole des Integranden direkt *auf dem Integrationsweg* liegen. Tatsächlich hängen die beiden Probleme zusammen und können auch nur gemeinsam auf konsistente Weise gelöst werden.

Das Integral I_{p_0} ist vorerst undefiniert und muss auf irgendeine Art und Weise regularisiert werden. Die gängigste Variante ist es, die Pole durch Hinzufügen eines kleinen Imaginärteils $i\varepsilon$ oder $-i\varepsilon$ von der reellen Achse weg zu verschieben. Das verbleibende Integral kann mittels Residuensatz gelöst und im Resultat der Grenzübergang $\varepsilon \to 0$ durchgeführt werden.

Es macht allerdings einen großen Unterschied, ob der addierte Imaginärteil positiv oder negativ ist, der Pol also in die obere oder untere Halbebene verschoben wird. Betrachten wir das Integral

$$\frac{1}{2} \int_{-\infty}^{\infty} dp_0\, \frac{e^{-ip_0(t'-t)}}{p_0 - \left(\sqrt{\boldsymbol{p}^2 + m^2} - i\varepsilon\right)}\,,$$

das sich nach Partialbruchzerlegung des Integranden aus einem der beiden Terme ergibt, und wo wir bereits einen kleinen negativen Imaginärteil zur Wurzel addiert haben. Dieses Integral kann mittels Residuensatz gelöst werden. Analog wie bei der Fourierdarstellung der Heaviside'schen Stufenfunktion schließen wir den Integrationsweg für $(t' - t) > 0$ in der unteren Halbebene, für $(t - t') < 0$ in der oberen.

Im ersten Fall erhalten wir einen Beitrag vom Pol, im zweiten ist der Integrand im Inneren des Weges holomorph und das Integral verschwindet. Das ist ein Ausdruck von *Kausalität*. Lediglich für $t' > t$ erhalten wir einen Ausdruck ungleich null, eine Bewegung ist nur vom früheren zum späteren Zeitpunkt, von der Vergangenheit in die Zukunft möglich.

Hätten wir statt $-i\varepsilon$ einen kleinen positiven Imaginärteil $+i\varepsilon$ addiert, so hätten wir gerade das umgekehrte Ergebnis erhalten, ein Teilchen, das sich von Zukunft in die Vergangenheit bewegt. Das ist natürlich unerwünscht – für „normale" Teilchen positiver Energie. Für unsere Lösungen negativer Energie ist die Sachlage jedoch weniger klar.

Tatsächlich zeigt sich, dass ein Teilchen negativer Energie, das sich in die Vergangenheit bewegt, nicht zu unterschieden ist von einem Teilchen positiver Energie und gleicher Masse, das sich (normal) in die Zukunft bewegt, allerdings umgekehrte Ladung trägt.

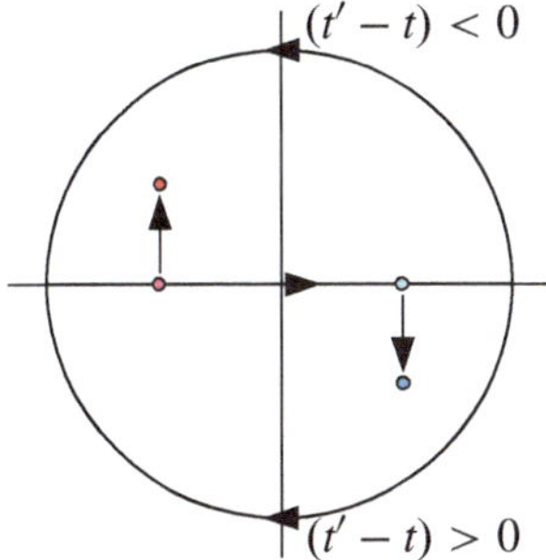

Derartige Teilchen nennt man *Antiteilchen*, und ihre (wenn auch zögerliche) Vorhersage anhand der Polstruktur des Propagators erfolgte einige Jahre vor ihrer experimentellen Entdeckung. (Heute wird zumindest das Antiteilchen des Elektrons, das Positron, routinemäßig eingesetzt, etwa in werkstoffwissenschaftlichen oder medizinischen Untersuchungen.)

Literatur

- J. D. Bjorken, S. D. Drell: *Relativistic Quantum Mechanics*, McGraw-Hill, 1965.
- M. E. Peskin, D. V. Schroeder: *Quantum Field Theory*, B&T, 1995.

Vertiefung: Holomorphe Fortsetzung mittels Potenzreihen

Ein mächtiges Hilfsmittel bei der holomorphen Fortsetzung ist die Potenzreihenentwicklung. Beim *Kreiskettenverfahren* nutzt entwickelt man die Funktionen jeweils am Rand des zuletzt erhaltenen Konvergenzgebietes wieder in eine Potenzreihe und kann so holomorphe Fortsetzungen in neue Bereiche erhalten.

Nehmen wir als Beispiel eine Funktion f, die im Nullpunkt eine Singularität besitze und für die wir die Potenzreihenentwicklung etwa um $z = 1$ kennen. Diese Reihe hat, wenn es keine anderen Singularitäten in der Nähe gibt, den Konvergenzradius $R = 1$.

Nun könnten wir aber einen Punkt nahe am Rande des Konvergenzgebietes wählen und um diesen wieder eine Potenzreihe ansetzen, die wiederum eine holomorphe Funktion darstellt. Da die beiden Funktionen im Durchschnitt der Konvergenzkreise übereinstimmen, haben wir eine holomorphe Fortsetzung gefunden, also das Definitionsgebiet unserer ursprünglich nur für $|z-1| < 1$ bekannten Funktion erweitert.

Durch Wiederholen dieses Vorgehens kann man (wenn einem nicht irgendwo Häufungspunkte von Singularitäten im Weg sind) schließlich die gesamte komplexe Ebene mit Ausnahme eben der isolierten Singularitäten „abtasten".

Im Folgenden ist das für eine Funktion illustriert, die im Ursprung eine Singularität besitzt und für die eine Potenzreihenentwicklung um den Punkt z_0 bekannt ist.

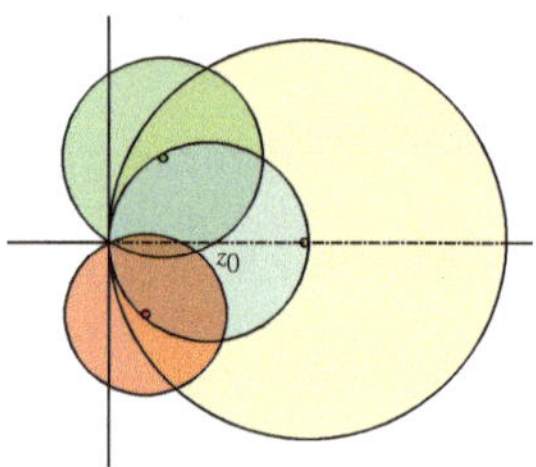
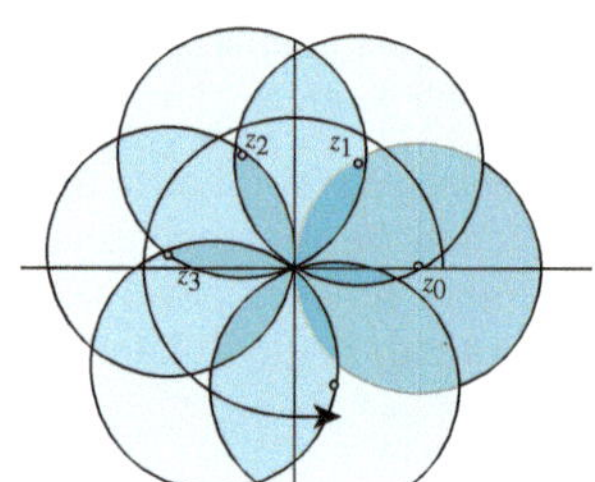

Diese Vorgehensweise wird auch Kreiskettenverfahren genannt. Dabei stößt man aber manchmal auf ein verwunderliches Phänomen. Kehrt man nämlich auf gewissen Wegen zum Ausgangspunkt zurück (in unserem Fall könnte das etwa durch Umrunden von $z = 0$ sein), so kann es passieren, dass man für diesen Punkt einen anderen Funktionswert erhält als zuvor.

Auf den ersten Blick scheint das ein gravierender Widerspruch zum Prinzip des Funktionsbegriffs zu sein. Der Grund dafür ist, dass die Potenzreihenentwicklung „künstliche" Unstetigkeiten wie die des Logarithmus auf der negativen reellen Achse nicht erkennen kann; man landet also auf einem anderen Zeig der Funktion.

Entwickelt man also etwa den Logarithmus um den Punkt $z_0 = -1 + i$, so erhält man eine Potenzreihe mit Radius $R = \sqrt{2}$.

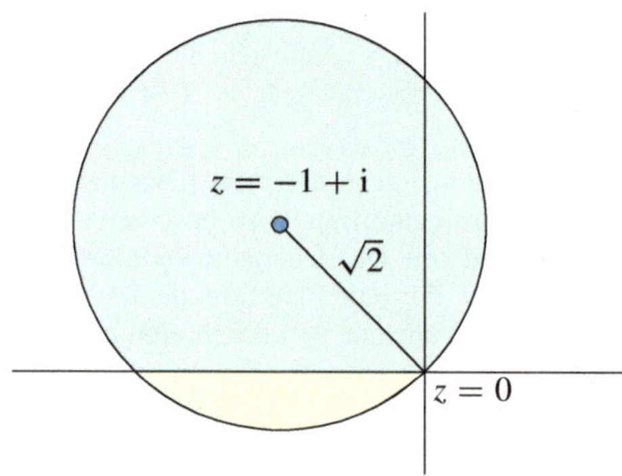

Für $\operatorname{Im} z < 0$ stellt diese Reihe aber nicht den Hauptzweig des Logarithmus $\operatorname{Log} \equiv \log_0$ dar, sondern den ersten Nebenzweig $\log_1$.

Um derartige Komplikationen zu vermeiden, kann man auf das Konzept der Riemannschen Blätter und Flächen zurückgreifen, das auf S. 181 vorgestellt wird.

15.4 Analytische Fortsetzung

In vielen Fällen ist man daran interessiert, eine holomorphe Funktion f, die auf einem vielleicht nur kleinen Teil von $\mathbb{C}$ definiert ist, auch für einen größeren Bereich zu erklären.

Wir betrachten zwei Gebiete G_1 und G_2 mit nichtleerem Durchschnitt,

$$D := G_1 \cap G_2 \neq \emptyset,$$

eine Funktion f, die in G_1 und eine zweite Funktion g die in G_2 holomorph ist. Wenn nun $f(z) = g(z)$ für alle $z \in D$ ist, so nennt man g die holomorphe Fortsetzung von f nach G_2 (und natürlich umgekehrt f die holomorphe Fortsetzung von g nach G_1). Wenn eine solche holomorphe Fortsetzung existiert, dann ist sie gemäß Identitätssatz eindeutig.

Beispiel Wir bezeichnen mit G_1 das Innere des Einheitskreises, $|z| < 1$, und mit G_2 die komplexe Ebene ohne den Punkt $z = 1$. Die Potenzreihe

$$f(z) = \sum_{n=0}^{\infty} z^n$$

konvergiert auf G_1 und stimmt dort mit der auf ganz G_2 definierten Funktion g,

$$g(z) = \frac{1}{1-z}$$

überein. Wegen $G_1 \cap G_2 = G_1 \neq \emptyset$ ist g die holomorphe Fortsetzung von f nach $G_2 = \mathbb{C} \setminus \{1\}$. (Die Potenzreihe selbst konvergiert hingegen tatsächlich nur in G_1.) ◄

Ein wichtiges Werkzeug zur holomorphen Fortsetzung ist wiederholte Potenzreihenentwicklung, die auf S. 180 besprochen wird. Um die erhaltenen Funktionen eindeutig zu machen, ist das Konzept der Riemann'schen Blätter von S. 181 hilfreich.

Vertiefung: Riemann'sche Blätter und Flächen

Im Komplexen stößt man oft auf mehrdeutige Funktionen. Eine Möglichkeit, diese wieder eindeutig zu machen ist es, den Definitionsbereich so zu erweitern, dass er mehrere „Kopien" der komplexen Ebene $\mathbb{C}$ beinhaltet.

Nehmen wir zur Illustration die Umkehrung von $w = z^2$. Den Betrag von w wollen wir hier mit ρ, das Argument mit ψ bezeichnen. Durch $f(z) = z^2$ wird jeweils die rechte und die linke Halbebene nach ganz $\mathbb{C}$ abgebildet. Wir erhalten also zwei Umkehrfunktionen $g_a(w) = \sqrt{\rho}\,\mathrm{e}^{\mathrm{i}\psi/2}$ und $g_b(w) = -\sqrt{\rho}\,\mathrm{e}^{\mathrm{i}\psi/2}$. Jede dieser beiden Funktionen sei auf einer „eigenen" komplexen Ebene $\mathbb{C}_a$ bzw. $\mathbb{C}_b$ definiert. Nun wählen wir (willkürlich!) die negative reelle Achse $\mathbb{R}^-$ und „schneiden" beide komplexen Ebenen an ihr entlang auf.

Wie sich leicht nachprüfen lässt, gehen die Werte von $g_a(w)$ oberhalb des Schnittes auf $\mathbb{C}_a$ nahtlos (also stetig, ja sogar holomorph) in jene von $g_b(w)$ unterhalb des Schnittes in $\mathbb{C}_b$ über. Entsprechendes gibt für $g_a(w)$ unterhalb und $g_b(w)$ oberhalb des Schnittes der jeweils entsprechenden Ebene.

Mit dieser Rechtfertigung machen wir den entscheidenen Schritt: Wir identifizieren das untere „Ufer" von $\mathbb{C}_a$ mit dem oberen von $\mathbb{C}_b$ und umgekehrt. Man kann sich vorstellen, dass man bei seiner Reise durch die komplexen Ebenen, wenn man etwa in $\mathbb{C}_a$ beginnt, beim Überqueren von $\mathbb{R}^-$ plötzlich nach $\mathbb{C}_b$ gelangt und erst beim nochmaligen Überqueren von $\mathbb{R}^-$ seine Reise wieder in $\mathbb{C}_a$ fortsetzt. (Tiefsinnige Vergleiche mit Alice im Wunderland werden dem Leser überlassen.) Derartige Exemplare der komplexen Ebene nennt man *Riemannsche Blätter* und das aus mehreren (in unserem Fall zwei) solchen Blättern bestehende Objekt eine *Riemannsche Fläche*, wie im Folgenden ansatzweise für $\sqrt{w}$ dargestellt.

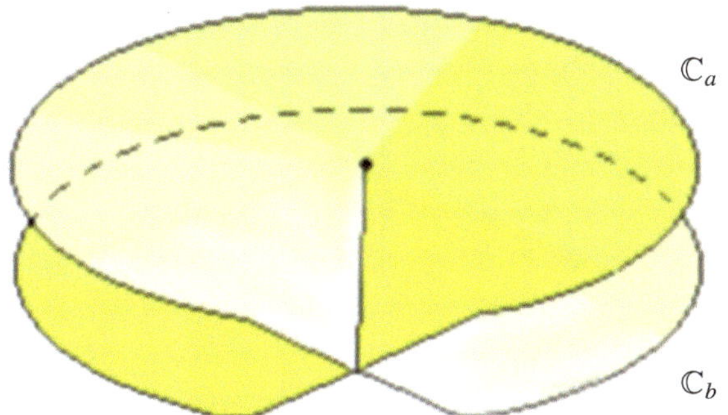

Auf unserer Riemannschen Fläche ist nun $\sqrt{w}$ eine eindeutige und holomorphe Funktion ohne störende Unstetigkeiten auf $\mathbb{R}^-$. Dass wir die komplexe Ebene gerade entlang von $\mathbb{R}^-$ aufgeschnitten und wieder verklebt haben, war im Prinzip eine (natürlich durch die Definition von Arg w motivierte) Willkür.

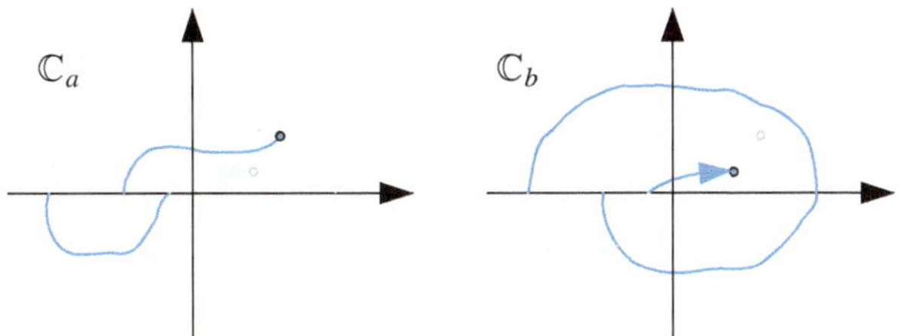

Man könnte (hier zumindest bei entsprechender Wahl des Wertebereichs von Arg) auch jede andere von $w = 0$ bis $w = \infty$ laufende Kurve verwenden, die Schnitte sind nur] Hilfsmittel zur Konstruktion der Riemannschen Fläche. Eindeutig sind hingegen die *Verzweigungspunkte* $w = 0$ und $w = \infty$. Ein solcher Verzweigungspunkt zeichnet sich dadurch aus, dass man das aktuelle Riemannsche Blatt verlässt, wenn wenn man ihn einmal in einer genügend kleinen Umgebung umrundet.

Auch für den Logarithmus $\log z$ kann man natürlich eine Riemannsche Fläche konstruieren:

Hier besteht diese aus abzählbar unendlich vielen Blätter; $z = 0$ und $z = \infty$ sind Verzweigungspunkte unendlich hoher Ordnung (logarithmische Verzweigungspunkte).

Die Funktion

$$f(z) = \sqrt{(z - a)(z - b)}$$

mit $a \neq b$ und $a, b \neq 0$ hat an den Stellen $z = a$ und $z = b$ jeweils einen Verzweigungspunkt erster Ordnung. Der Verzweigungsschnitt verbindet diese beiden Punkte und kann als gerade Strecke gewählt werden. Diese Funktion hat, wie schon die Wurzelabbildung, zwei Riemann'sche Blätter.

Spezielle Funktionen – nützliche Helfer (zu Kap. 34)

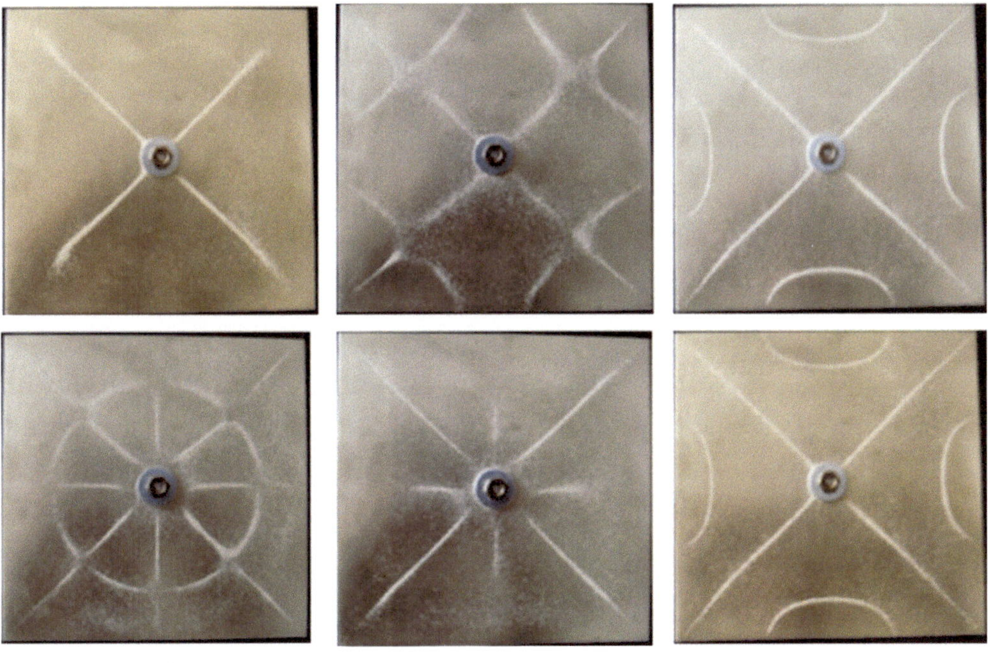

Welche Eigenschaften hat der Logarithmus der Gammafunktion?

Was kann eine analytische Funktion über Primzahlen wissen?

Wie erhält man asymptotische Entwicklungen?

Kapitel 16

© Springer-Verlag GmbH Deutschland 2017

T. Arens et al., *Ergänzungen und Vertiefungen zu Arens et al., Mathematik*, DOI 10.1007/978-3-662-53585-1_16

In diesem Kapitel ist das Bonusmaterial zu Kapitel 34 aus dem Lehrbuch Arens et al. *Mathematik* zusammengestellt.

16.1 Mehr zur Gammafunktion; die Betafunktion

Wir haben in Abschn. 34.1 des Hauptwerks die Gammafunktion als Verallgemeinerung der Fakultät kennengelernt. Wichtige Anwendungen der Gamma- und der Betafunktion in der Wahrscheinlichkeitstheorie finden sich in den Abschn. 21.2 ab S. 241 und 21.4 ab S. 247 in diesem Buch. Nun studieren wir einige weitere Eigenschaften dieser wichtigen Funktion, zudem reichen wir einige Beweise zu Sätzen aus dem Haupttext nach.

Für diese Aufgaben benötigen wir allerdings viele Begriffe der Funktionentheorie aus Kap. 32 des Hauptwerks. Entsprechende Kenntnisse werden wir hier und in den folgenden Abschnitten voraussetzen.

Die Gammafunktion lässt sich analytisch nach fast ganz $\mathbb{C}$ fortsetzen

Wir kennen mit $\Gamma(z + 1)$ eine Verallgemeinerung der Fakultät auf ganz $\mathbb{R} \setminus \mathbb{Z}_{<0}$. Die Gammafunktion ist reell differenzierbar, und so stellt sich ganz natürlich die Frage nach komplexer Differenzierbarkeit.

Anders gefragt: Können wir die Gammafunktion analytisch zu beliebigen komplexen Argumenten fortsetzen? Untersucht man die Integraldarstellung

$$\Gamma(z) = \int_0^\infty t^{z-1}\, \mathrm{e}^{-t}\, \mathrm{d}t$$

genauer, so fallen einem zwei Dinge auf.

Erstens konvergiert dieses Integral nicht nur für positive reelle Argumente, sondern allgemein für $\mathrm{Re}(z) > 0$. Die analytische Fortsetzung in die gesamte rechte Halbebene ist damit problemlos möglich.

Zweitens stammt die Divergenz für $z \to 0$ von der Integration über kleine t, weil dann t^{z-1} zu einer nicht integrablen Singularität wird. Spalten wir das Integal also gemäß

$$\Gamma(z) = \underbrace{\int_0^1 t^{z-1}\, \mathrm{e}^{-t}\, \mathrm{d}t}_{h(z)} + \underbrace{\int_1^\infty t^{z-1}\, \mathrm{e}^{-t}\, \mathrm{d}t}_{g(z)}$$

auf, so macht g keine Probleme (holomorph in bzw. holomorph fortsetzbar nach ganz $\mathbb{C}$). Für h suchen wir nun eine Darstellung, die eine Fortsetzung in einen möglichst großen Teil der

komplexen Ebene erlaubt. Dabei ist klar, dass wir auch mit dieser Fortsetzung den Singularitäten an $n \in \mathbb{Z}_{\leq 0}$ nicht entkommen werden. Diese erweisen sich aber als die einzigen singulären Punkte, überall sonst ist Γ definiert und holomorph.

Mit der Reihendarstellung der Exponentialfunktion erhalten wir für $\mathrm{Re}\, z > 0$

$$h(z) = \int_0^1 t^{z-1}\, \mathrm{e}^{-t}\, \mathrm{d}t = \int_0^1 t^{z-1} \sum_{n=0}^\infty \frac{(-1)^n\, t^n}{n!}\, \mathrm{d}t$$

$$= \sum_{n=0}^\infty \frac{(-1)^n}{n!} \int_0^1 t^{n+z-1}\, \mathrm{d}t = \sum_{n=0}^\infty \frac{(-1)^n}{(n+z)\, n!}\,.$$

Die so gewonnene Reihe (eine „Mittag-Leffler'sche Polstellenreihe") konvergiert auf jeder kompakten Teilmenge von $\mathbb{C} \setminus \mathbb{Z}_{\leq 0}$ und stimmt für $\mathrm{Re}\, z > 0$ mit h überein. Es handelt sich also um einen holomorphe Fortsetzung, mit deren Hilfe wir auch die gesamte Gammafunktion nach $D(\Gamma) = \mathbb{C} \setminus \mathbb{Z}_{\leq 0}$ fortsetzen können.

Anhand der Reihendarstellung sehen wir sofort, dass an $z = -n$, $n \in \mathbb{N}_0$ jeweils Pole erster Ordnung mit Residuum

$$\mathrm{Res}(\Gamma, -n) = \frac{(-1)^n}{n!}$$

besitzt.

Weitere Eigenschaften der Gammafunktion

Wir zeigen nun, dass die Gammafunktion keine Nullstellen hat. Schlüssel dazu ist der Ergänzungssatz

$$\Gamma(z)\, \Gamma(1 - z) = \frac{\pi}{\sin(\pi z)}\,.$$

Die rechte Seite ist stets von null verschieden, damit muss das auch für die linke zutreffen. $\Gamma(z)$ könnte demnach höchstens dort null sein, wo $\Gamma(1 - z)$ divergiert.

Wir wissen allerdings bereits, dass das nur für $z = n \in \mathbb{N}$ der Fall ist, und da $\Gamma(n) = (n-1)! \neq 0$ ist, kann Γ keine Nullstellen besitzen.

Demnach ist $\frac{1}{\Gamma}$ eine ganze Funktion mit Nullstellen an $z \in \mathbb{Z}_{\leq 0}$. Für eine ganze Funktion mit bekannten Nullstellen lässt sich stets eine Produktdarstellung angeben. Diese hat in diesem Fall die Gestalt

$$\frac{1}{\Gamma(z + 1)} = \mathrm{e}^{\gamma_\mathrm{E} z} \prod_{\nu=1}^\infty \left(1 + \frac{\nu}{z}\right) \mathrm{e}^{-z/\nu}$$

mit der Euler-Mascheroni-Konstante γ_E.

Beispiel: Verallgemeinerte Gauß-Integrale

Auf S. 427 im Hauptwerk und dann in Abschn. 12.4 haben wir jeweils eine Methode kennengelernt, den Wert des *Gauß-Integrals* $\int_0^\infty e^{-x^2}\,dx = \frac{1}{2}\sqrt{\pi}$ zu bestimmen. Nun gehen wir einen Schritt weiter und versuchen, auf einen Schlag alle Integrale der Form $\int_0^\infty x^\alpha\, e^{-\beta x^2}\,dx$ mit $\alpha \in \mathbb{Z}$, $\beta \in \mathbb{R}_{>0}$ zu berechnen.

Problemanalyse und Strategie   Wir schreiben den Ausdruck mittels einer geeigneten Substitution so um, dass wir die Integraldarstellung der Gammafunktion erhalten.

Lösung

$$G_{\alpha\beta} := \int_0^\infty x^\alpha\, e^{-\beta x^2}\,dx$$

$$= \left| \begin{array}{ll} u = \beta x^2,\ x = \sqrt{\frac{u}{\beta}} & \infty \to \infty \\ du = 2\beta x\,dx = 2\sqrt{\beta}\sqrt{u}\,dx & 0 \to 0 \end{array} \right|$$

$$= \int_0^\infty \frac{u^{\alpha/2}}{\beta^{\alpha/2}}\, e^{-u}\, \frac{du}{2\,\beta^{1/2}\,u^{1/2}}$$

$$= \frac{1}{2\,\beta^{(\alpha+1)/2}} \int_0^\infty u^{(\alpha+1)/2-1}\, e^{-u}\,du = \frac{\Gamma(\frac{\alpha+1}{2})}{2\,\beta^{(\alpha+1)/2}}$$

Für ungerade α liefert die Gammafunktion eine ganze Zahl, für gerade α enthält das Ergebnis immer einen Faktor $\sqrt{\pi}$.

Wir haben hier nur die Integration über $\mathbb{R}_{\geq 0}$ betrachtet. Den ebenso wichtigen Fall der Integration über ganz $\mathbb{R}$ kann man sich aber leicht mittels Symmetrieüberlegungen aus diesen Ergebnissen konstruieren. Für gerade Werte von α erhält man einen Faktor zwei, für ungerade verschwindet das betrachtete Integral über $\mathbb{R}$.

Kommentar   Es gibt noch andere Methoden, manche solcher Integrale zu bestimmen, und eine davon eignet sich für gerade α besonders gut als Merkregel. Man muss dazu lediglich

$$\int_0^\infty e^{-\beta x^2}\,dx = \frac{1}{2}\sqrt{\frac{\pi}{\beta}}$$

entsprechend oft nach β ableiten. Leitet man beispielsweise einmal ab und multipliziert die erhaltene Gleichung mit (-1), so erhält man

$$\int_0^\infty x^2\, e^{-\beta x^2}\,dx = \frac{1}{4}\,\frac{\sqrt{\pi}}{\beta^{3/2}}\,.$$

◀

Gelegentlich hat man es auch mit der Ableitung der Gammafunktion zu tun, und hier besonders oft mit der Kombination $\frac{\Gamma'}{\Gamma}$. Diese bezeichnet man meist mit dem Symbol ψ. Da sich dieser Ausdruck beim Ableiten von $\log \Gamma$ ergibt, nennt man sie die *logarithmische Ableitung* der Gammafunktion. Aus

$$\psi(z) = \frac{\Gamma'(z)}{\Gamma(z)} = \frac{d}{dz}\log\Gamma(z) = \frac{d}{dz}\log\frac{\Gamma(z+1)}{z}$$

$$= \frac{d}{dz}\left(\log(\Gamma(z+1) - \log z\right) = \frac{d}{dz}\log\Gamma(z+1) - \frac{1}{z}$$

$$= \psi(z+1) - \frac{1}{z}$$

können wir unmittelbar die Funktionalgleichung

$$\psi(z+1) = \psi(z) + \frac{1}{z}$$

ablesen. Entsprechend gibt es auch für ψ einen Ergänzungssatz

$$\psi(z) - \psi(1-z) = -\pi\,\cot(\pi z)$$

und eine Verdopplungsformel

$$\psi(2z) = \ln 2 + \frac{1}{2}\left(\psi(z) + \psi(z+\tfrac{1}{2})\right)\,.$$

Kommentar   Neben den genannten Varianten der Gammafunktion gibt es natürlich noch viele andere. So stößt man in bestimmten Anwendungen auch auf *unvollständige Gammafunktionen*, in denen der Integrationsbereich im Euler'schen Integral eingeschränkt wird,

$$\Gamma(x;\xi) = \int_0^\xi t^{x-1}\, e^{-t}\,dt\,.$$

◀

Die Betafunktion verknüpft mehrere Gammafunktionen

Eng mit der Gammafunktion verwandt ist eine zweite Funktion, die ebenfalls am einfachsten über ein Integral eingeführt wird – die Betafunktion.

Integraldarstellung der Betafunktion

Für $x > 0$ und $y > 0$ definieren wir das *Euler'sche Integral erster Art*:

$$B(x,\,y) = \int_0^1 t^{x-1}\,(1-t)^{y-1}\,dt$$

Beispiel: Verbindung zwischen Gamma- und Betafunktion

Wir beweisen die Gleichung $B(x, y) = \dfrac{\Gamma(x)\,\Gamma(y)}{\Gamma(x + y)}$ für $\operatorname{Re} x > 0$ und $\operatorname{Re} y > 0$.

Problemanalyse und Strategie Wir beginnen für $\operatorname{Re} x > 0$ und $\operatorname{Re} y > 0$ mit der Integraldarstellung, der Gammafunktion, interpretieren das Produkt $\Gamma(x)\,\Gamma(y)$ als Doppelintegral und benutzen eine geeignete Transformation, um ein Produkt der Integraldarstellungen von Gamma- und Betafunktionen zu erhalten.

Einen anderen Beweis führen wir mit Mitteln der Wahrscheinlichkeitstheorie auf S. 243, siehe auch (21.1).

Lösung Das Produkt der Integrale ist

$$\Gamma(x)\,\Gamma(y) = \int_0^\infty e^{-t}\, t^{x-1}\, \mathrm{d}t \cdot \int_0^\infty e^{-\tau}\, \tau^{y-1}\, \mathrm{d}\tau$$

$$= \iint_{\mathbb{R}_{\geq 0} \times \mathbb{R}_{\geq 0}} e^{-(t+\tau)}\, t^{x-1}\, \tau^{y-1}\, \mathrm{d}(t, \tau)$$

Wir setzen nun $t = u \cos^2 v$, und $\tau = u \sin^2 v$ mit $u \in \mathbb{R}_{\geq 0}$ und $v \in [0, \frac{\pi}{2}]$. Mit

$$\mathrm{d}(t, \tau) = 2u \sin v \cos v\, \mathrm{d}(u, v)$$

erhalten wir

$$\Gamma(x)\,\Gamma(y) = 2 \int_0^\infty e^{-u}\, u^{x+y-1}\, \mathrm{d}u$$

$$\cdot \int_0^{\pi/2} (\cos v)^{2x-1}\, (\sin v)^{2x-1}\, \mathrm{d}v\,.$$

Das erste Integral ist $\Gamma(x + y)$, für das zweite erhalten wir mit der Substitution $\sigma = \sin^2 v$ unmittelbar

$$\int_0^1 (1 - \sigma)^x\, \sigma^y\, \mathrm{d}\sigma = B(y, x) = B(x, y)\,.$$

Damit ist die behauptete Gleichung für $x > 0$ und $y > 0$ bewiesen.

Dass hier ein B steht, soll nicht irritieren: Das griechische große β sieht eben genauso aus wie das lateinische große b. Aus der Definition folgt natürlich sofort, dass die Betafunktion symmetrisch in ihren Argumenten ist,

$$B(x, y) = B(y, x)\,.$$

Während die Gammafunktion eine Verallgemeinerung der Fakultät ist, ist die Betafunktion nahe mit dem Binomialkoeffizienten verwandt. Wie wir auf S. 186 nachweisen, gilt nämlich (für $\operatorname{Re} x > 0$ und $\operatorname{Re} y > 0$)

$$B(x, y) = \frac{\Gamma(x)\,\Gamma(y)}{\Gamma(x + y)}\,. \tag{16.1}$$

Damit erhält man speziell

$$\binom{n}{k} = \frac{n!}{k!\,(n-k)!} = \frac{\Gamma(n+1)}{\Gamma(k+1)\,\Gamma(n-k+1)}$$

$$= \frac{1}{n+1}\, \frac{\Gamma(n+2)}{\Gamma(k+1)\,\Gamma(n-k+1)}$$

$$= \frac{1}{n+1}\, \frac{\Gamma((k+1)+(n-k+1))}{\Gamma(k+1)\,\Gamma(n-k+1)}$$

$$= \frac{1}{(n+1)\,B(k+1,\, n-k+1)}\,.$$

Pochhammer-Symbole vereinfachen manche Quotienten von Gammafunktionen

Bei der Darstellung mancher spezieller Funktionen stößt man auf immer wieder auf ähnliche Kombinationen von Gammafunktionen. Um diese übersichtlicher zu machen, definieren wir die **Pochhammer-Symbole**

$$(z|n) \equiv (a)_n := \frac{\Gamma(z+n)}{\Gamma(z)}$$

mit $n \in \mathbb{N}$. Diese Ausdrücke sind natürlich vorerst nur für $z \notin \mathbb{Z}_{\leq 0}$ definiert. Doch die Pochhammer-Symbole lassen sich auch auf den Fall $z = -m$, $m \in \mathbb{N}_0$ erweitern. Ist $n \leq m$, so haben Zähler und Nenner beide einen Pol erster Ordnung, und man kann die Pochhammer-Symbole mittels

$$(-m|n) := \frac{\operatorname{Res}(\Gamma,\, n-m)}{\operatorname{Res}(\Gamma,\, -m)} = \frac{(-1)^{n-m}}{(n-m)!}\, \frac{m!}{(-1)^m}$$

$$= \frac{(-1)^n\, m!}{(n-m)!}$$

an diese Stellen stetig, ja sogar holomorph fortsetzen. Für $n > m$ ist $\Gamma(n - m)$ endlich, $\Gamma(-m)$ hat hingegen selbstverständlich weiterhin einen Pol, und man kann dementsprechend $(-m|n) = 0$ setzen.

Beispiel: Alternative Darstellungen der Betafunktion

Wir zeigen die Äquivalenz der folgenden beiden Darstellungen der Betafunktion:

$$B(x, y) = \int_0^1 u^{x-1} (1 - u)^{y-1}\, \mathrm{d}u = \int_0^\infty t^{x-1} (1 + t)^{-x-y}\, \mathrm{d}t$$

Problemanalyse und Strategie   Wir suchen eine geeignete Substitution. Beim Übergang von der zweiten zur ersten Darstellung können wir eine solche etwa finden, indem wir alle Ausdrücke, die den Exponenten x tragen, auf geeignete Art zusammenfassen.

Lösung

$$B(x, y) = \int_0^\infty t^{x-1} (1 + t)^{-x-y}\, \mathrm{d}t$$

$$= \int_0^\infty t^{x-1} (1 + t)^{-x} (1 + t)^{-y}\, \mathrm{d}t$$

$$= \int_0^\infty t^{x-1} (1 + t)^{-x+1} (1 + t)^{-y-1}\, \mathrm{d}t$$

$$= \int_0^\infty \left(\frac{t}{1 + t}\right)^{x-1} (1 + t)^{-y-1}\, \mathrm{d}t$$

Nun benutzen wir eine geeignete Substitution, mit der wir die gefundene Form auf die ursprüngliche Definition der Betafunktion zurückführen,

$$B(x, y) = \left|\begin{matrix} u = \frac{t}{t+1} & \mathrm{d}u = \frac{1}{(1+t)^2}\,\mathrm{d}t & \infty \to 1 \\ t = \frac{u}{1-u} & \mathrm{d}t = \frac{1}{(1-u)^2}\,\mathrm{d}u & 0 \to 0 \end{matrix}\right| =$$

$$= \int_0^1 u^{x-1} \left(\frac{1}{1 - u}\right)^{-y-1} \frac{\mathrm{d}u}{(1 - u)^2}$$

$$= \int_0^1 u^{x-1} (1 - u)^{y-1}\,\mathrm{d}u\,.$$

Für die Pochhammer-Symbole gibt es eine Reihe nützlicher Beziehungen, insbesondere lässt sich die Definition mittels

$$(z|-n) = \frac{(-1)^n}{(1 - z|n)}$$

auch auf negative zweite Argumente ausdehnen.

Beweis von Ergänzungssatz und Verdopplungsformel

Wie beweisen abschließend zwei im Haupttext genannte wesentliche Ergebnisse für die Gammafunktion. Zunächst geht es uns um den *Ergänzungssatz*

$$\Gamma(z)\,\Gamma(1 - z) = \frac{\pi}{\sin(\pi z)}\,.$$

Beweis   Für reelle $z \in (0, 1)$ gilt

$$\Gamma(z)\,\Gamma(1 - z) = \int_0^\infty \mathrm{e}^{-t}\, t^{z-1}\, \mathrm{d}t \cdot \int_0^\infty \mathrm{e}^{-\tau}\, \tau^{-z}\, \mathrm{d}\tau$$

$$= \iint_{\mathbb{R}_{\geq 0} \times \mathbb{R}_{\geq 0}} \mathrm{e}^{-(t+\tau)}\, t^{z-1}\, \tau^{-z}\, \mathrm{d}(t, \tau)$$

Nun transformieren wir das Gebietsintegral über den ersten Quadranten der t-τ-Ebene mittels

$$u = t + \tau, \quad v = \frac{t}{\tau}$$

$$\mathrm{d}(t, \tau) = \frac{u}{(1 + v)^2}\, \mathrm{d}(u, v)$$

zu

$$\Gamma(z)\,\Gamma(1 - z) = \iint_{\mathbb{R}_{\geq 0} \times \mathbb{R}_{\geq 0}} \mathrm{e}^{-u}\, v^z\, \frac{1 + v}{u\, v}\, \frac{u}{(1 + v)^2}\, \mathrm{d}(u, v)$$

$$= \underbrace{\int_0^\infty \mathrm{e}^{-u}\, \mathrm{d}u}_{1} \cdot \underbrace{\int_0^\infty \frac{v^{z-1}}{1 + v}\, \mathrm{d}v}_{\frac{\pi}{\sin(\pi z)}}\,.$$

Für $0 < z < 1$ haben wir das gewünschte Ergebnis erhalten. Nun setzen wir das Resultat holomorph nach $\mathbb{C} \setminus \mathbb{Z}$ fort. Dazu definieren wir die Funktion f, $\mathbb{C} \setminus \mathbb{Z} \to \mathbb{C}$,

$$f(z) = \Gamma(z)\,\Gamma(1 - z) - \frac{\pi}{\sin(\pi z)}\,.$$

Diese Funktion ist holomorph in $D(f) = \mathbb{C} \setminus \mathbb{Z}$ und identisch null auf der Kurve $z(t) = t$, $t \in (0, 1)$, damit ist sie auf ganz $D(f)$ identisch null, der Ergänzungssatz gilt in ganz $\mathbb{C}$ mit Ausnahme der ganzen Zahlen, an denen weder linke noch rechte Seiten definiert sind. $\blacksquare$

Nun wenden wir uns der Verdopplungsformel

$$\Gamma(2z) = \frac{1}{\sqrt{\pi}}\, 2^{2z-1}\, \Gamma(z)\, \Gamma\left(z + \frac{1}{2}\right)$$

zu. Diese lässt sich am einfachsten mithilfe der Betafunktion beweisen.

Beweis Dazu betrachten wir für $z \in \mathbb{R}$, $z > 0$

$$\frac{\Gamma(z)\,\Gamma(z)}{\Gamma(2z)} = B(z, z) = \int_0^1 t^{z-1}\,(1-t)^{z-1}\,\mathrm{d}t$$

$$= \int_0^1 \left(\frac{1}{4} - \left(t - \frac{1}{2}\right)\right)^{z-1}\,\mathrm{d}t$$

$$= 2 \int_0^{1/2} \left(\frac{1}{4} - \left(t - \frac{1}{2}\right)\right)^{z-1}\,\mathrm{d}t$$

Nun setzen wir

$$t = \left(1 - \sqrt{\tau}\right), \quad \mathrm{d}t = -\frac{\mathrm{d}\tau}{4\,\sqrt{\tau}}$$

und erhalten

$$B(z, z) = 2^{-2z+1} \int_0^1 \tau^{\frac{1}{2}-1}\,(1-\tau)^{z-1}\,\mathrm{d}\tau$$

$$= 2^{-2z+1}\, B\left(\frac{1}{2}, z\right) = 2^{-2z+1}\,\frac{\Gamma(\frac{1}{2})\,\Gamma(z)}{\Gamma(z + \frac{1}{2})}$$

Insgesamt haben wir für $z \in \mathbb{R}_{>0}$

$$\frac{\Gamma(z)\,\Gamma(z)}{\Gamma(2z)} = 2^{-2z+1}\,\frac{\Gamma(\frac{1}{2})\,\Gamma(z)}{\Gamma(z + \frac{1}{2})}$$

gefunden, woraus mit $\Gamma(\frac{1}{2}) = \sqrt{\pi}$ unmittelbar die behauptete Verdopplungsformel folgt. Durch holomorphe Fortsetzung lässt sich die Beziehung wiederum auf das gemeinsame Definitionsgebiet aller beteiligten Gammafunktionen ausdehnen. $\blacksquare$

16.2 Erzeugende Funktionen

Wir diskutieren nun die Methode der erzeugenden Funktionen, die es uns erlaubt, Orthogonalpolynome auf besonders einfache Weise zu beschreiben und zum Beispiel nützliche Rekursionsbeziehungen herzuleiten. Doch auch für andere Funktionen können wir erzeugende Funktionen finden, wie am Beispiel der Besselfunktionen illustriert wird.

Orthogonalpolynome lassen sich mittels erzeugender Funktionen beschreiben

Eine Folge, wie etwa

$$(a_n) = \left(1,\, 0,\, -\frac{1}{6},\, 0,\, \frac{1}{120},\, 0, \dots\right),$$

lässt sich oft durch eine explizite Formel beschreiben

$$a_n = \begin{cases} \frac{(-1)^k}{(2k+1)!} & \text{für } n = 2k+1,\ k \in \mathbb{N}_0 \\ 0 & \text{für } n = 2k,\ k \in \mathbb{N}. \end{cases}$$

Auch eine Rekursionsbeziehung kann manchmal benutzt werden, um eine Folge anzugeben. Es gibt aber noch weitere Möglichkeiten, und eine wird für uns von besonders großer Bedeutung sein.

Gäbe es eine Funktion, für die die Folgenglieder gerade die Koeffizienten der Taylorentwicklung wären, so bräuchte man nur die Funktion anzugeben und könnte durch Differenzieren jeden beliebigen Koeffizienten bestimmen. In unserem Beispiel ist das problemlos möglich. Wir kennen ja eine Funktion, die durch diese Taylorkoeffizienten beschrieben wird, nämlich den Sinus,

$$\sin x = \sum_{k=0}^{\infty} \frac{(-1)^k}{(2k+1)!} x^{2k+1} = \sum_{n=1}^{\infty} a_n\, x^n.$$

Hat allgemein eine Funktion f eine Taylorentwicklung

$$f(x) = \sum_{n=1}^{\infty} c_n\, x^n,$$

so heißt f die *erzeugende Funktion* der Folge (c_n).

Diese Technik kann man unmittelbar auf Funktionenfolgen erweitern. Dazu betrachtet man eine Funktion in zwei Variablen, die man nur in einer davon in eine Taylorreihe entwickelt. Die Entwicklungskoeffizienten sind dann weiterhin Funktionen der anderen Variablen und bilden eine Funktionenfolge.

Erzeugende Funktion

Gilt für eine Funktion $F\colon \mathbb{R}^2 \to \mathbb{R}$ die Taylorentwicklung

$$F(x, t) = \sum_{n=0}^{\infty} c_n f_n(x)\, t^n,$$

mit Konstanten $c_n \neq 0$, so heißt F eine **erzeugende Funktion** der Funktionenfolge (f_n).

Da die Konstanten c_n frei wählbar sind, gibt es zu einer Funktionenfolge nicht nur eine, sondern beliebig viele erzeugende

Funktionen. Gerade im Falle von Orthogonalpolynomen kann man die Konstanten oft so wählen, dass die erzeugenden Funktionen eine sehr einfache Gestalt annehmen.

Für die im Haupttext betrachteten Orthogonalpolynome erhält man:

$$\frac{1}{\sqrt{1 - 2xt + t^2}} = \sum_{n=0}^{\infty} P_n(x)\, t^n$$

$$\frac{1 - t^2}{1 - 2xt + t^2} = T_0(x) + 2 \sum_{n=1}^{\infty} T_n(x)\, t^n$$

$$e^{2xt - t^2} = \sum_{n=0}^{\infty} \frac{1}{n!}\, H_n(x)\, t^n$$

$$\frac{e^{-\frac{xt}{1-t}}}{(1 - t)^{\omega + 1}} = \sum_{n=0}^{\infty} L_n^{\omega}(x)\, t^n.$$

Dabei gelten die obigen Gleichungen in den ersten beiden Fällen nur für $|t| < \min_{\pm} \left| x \pm \sqrt{x^2 - 1} \right|$, im dritten für alle $t \in \mathbb{R}$, im vierten nur für $|t| < 1$.

Wozu sind solche erzeugenden Funktionen nun gut? Einerseits haben sie durchaus praktische Anwendung. Stößt man nämlich in einem speziellen Problem auf eine solche Funktion, so bietet sich oft eine Entwicklung in den entsprechenden Orthogonalpolynomen an, um gewisse Rechnungen zu vereinfachen. Ein Beispiel dafür, die Entwicklung des Potenzials zweier Punktladungen nach Legendre-Polynomen, wurde bereits im Rahmen der Übungsaufgaben diskutiert.

Andererseits lassen sich auch grundlegende Resultate zu Orthogonalpolynomen oft am einfachsten mittels erzeugender Funktionen herleiten. Das wollen wir im Folgenden anhand von Rekursionsformeln demonstrieren.

Aus der Darstellung mittels erzeugender Funktionen lassen sich Rekursionsformeln ableiten

Mithilfe der erzeugenden Funktionen erhält man auf einfache Weise schlagkräftige Rekursionsformeln, mit deren Hilfe man Orthogonalpolynome oder auch deren Ableitungen durch Polynome anderer Ordnung ausdrücken kann.

Die Grundidee ist es, die Relation

$$f(x, t) = \sum_{n=0}^{\infty} Q_n(x)\, t^n$$

nach x oder t abzuleiten, den Ausdruck auf der linken Seite wieder durch f auszudrücken und dann einen Koeffizientenvergleich in t durchzuführen. Dort, wo die Reihen auf der rechten Seite konvergieren, da ist die Konvergenz auch gut genug (gleichmäßig), um ein Funktionieren der Methode zu gewährleisten. Das Prinzip der analytischen Fortsetzung garantiert von da an, dass die so gefundenen Relationen tatsächlich für alle Argumente gelten.

Wir demonstrieren das Vorgehen anhand der Legendre-Polynome. Dabei leiten wir die Beziehung

$$\frac{1}{\sqrt{1 - 2xt + t^2}} = \sum_{n=0}^{\infty} P_n(x)\, t^n$$

zunächst nach t ab und erhalten

$$\frac{x - t}{(1 - 2xt + t^2)^{3/2}} = \sum_{n=1}^{\infty} n\, P_n(x)\, t^{n-1}\,.$$

Multiplikation mit $(1 - 2xt + t^2)$, Indexverschiebung auf der rechten Seite und Benutzung der Ausgangsgleichung auf der linken liefert

$$(x - t) \sum_{n=0}^{\infty} P_n(x)\, t^n = (1 - 2xt + t^2) \sum_{n=0}^{\infty} (n + 1)\, P_{n+1}(x)\, t^n\,.$$

Koeffizientenvergleich in t^n liefert nun

$$(2n + 1)\, x\, P_n(x) = n\, P_{n-1}(x) + (n + 1)\, P_{n+1}(x)\,.$$

Wir können die ursprüngliche Gleichung ebenso gut auch nach x ableiten;

$$\frac{t}{(1 - 2xt + t^2)^{3/2}} = \sum_{n=0}^{\infty} n\, P_n'(x)\, t^n\,.$$

Wieder können wir mit $(1 - 2xt + t^2)$ multiplizieren und auf der linken Seite die Ausgangsgleichung benutzen. Ein Koeffizientenvergleich in t^n ergibt zunächst

$$P_n(x) = P_{n+1}'(x) - 2x\, P_n'(x) + P_{n-1}'(x)\,.$$

Diese Formel ist noch nicht allzu praktisch, da sie gleich drei abgeleitete Polynome enthält. Differenzieren wir jedoch zudem unsere zuerst erhaltene Rekursionsformel und kombinieren die beiden Gleichungen geschickt, so erhalten wir

$$(1 - x^2)\, P_n'(x) = n\, P_{n-1}(x) - n\, x\, P_n(x)\,.$$

Weiteres Anwenden der bisher erhaltenen Rekursionsbeziehungen liefert

$$(1 - x^2)\, P_n'(x) = (n + 1)\, x\, P_n(x) - (n + 1)\, P_{n+1}(x)\,,$$

$$(1 - x^2)\, P_n'(x) = \frac{n\, (n + 1)}{2n + 1}\, \left(P_{n-1}(x) - P_{n+1}(x) \right)\,.$$

Ähnliche Beziehungen lassen sich auf diese Weise auch für andere Arten von Orthogonalpolynomen herleiten, umfangreiche Aufstellungen sind in der entsprechenden Fachliteratur zu finden.

Auch für die Besselfunktionen lässt sich eine erzeugende Funktion angeben

Wie man durch Einsetzen der Reihendarstellung zeigen kann, lassen sich die Besselfunktionen mit ganzzahligem Parameter durch eine erzeugende Funktion beschreiben.

Erzeugende Funktion der Besselfunktionen

Als erzeugende Funktion der Besselfunktionen erhalten wir

$$e^{\frac{z}{2}\left(t-\frac{1}{t}\right)} = \sum_{k=-\infty}^{\infty} J_k(z)\, t^k. \qquad (16.2)$$

Aus dieser Relation können wir einige allgemeine Aussagen über Besselfunktionen mit ganzzahligem Parameter ableiten. Ersetzen wir beispielsweise t durch $-t$ und z durch $-z$, so erhalten wir sofort

$$J_n(-z) = (-1)^n J_n(z).$$

Für $t \to -\frac{1}{t}$ und $k \to -k$ ergibt sich

$$J_{-n}(z) = (-1)^n J_n(z).$$

Durch Ableiten nach z bzw. nach t erhalten wir analog wir bei den Orthogonalpolynomen die Rekursionsformeln

$$z\left(J_{n-1} + J_{n+1}(z)\right) = 2n\, J_n(z),$$
$$J_{n-1}(z) - J_{n+1}(z) = 2J_n'(z).$$

Unter Benutzung der Reihendarstellung kann man zeigen, dass diese Formeln nicht nur für ganzzahlige Parameter n, sondern für beliebige $\lambda \in \mathbb{R}$ gelten.

Ersetzen wir in Gleichung (16.2) z durch $z_1 + z_2$, so ergibt sich

$$\sum_{n=-\infty}^{\infty} J_n(z_1+z_2) t^n = e^{\frac{z_1+z_2}{2}\left(t-\frac{1}{t}\right)}$$

$$= e^{\frac{z_1}{2}\left(t-\frac{1}{t}\right)} e^{\frac{z_2}{2}\left(t-\frac{1}{t}\right)}$$

$$= \sum_{k=-\infty}^{\infty} \sum_{m=-\infty}^{\infty} J_k(z_1)\, J_m(z_2)\, t^{k+m}$$

Koeffizientenvergleich liefert

$$J_n(z_1 + z_2) = \sum_{k=-\infty}^{\infty} J_k(z_1)\, J_{n-k}(z_2).$$

Auch auf andere Weise kann man aus Relation (16.2) nützliche Identitäten gewinnen, insbesondere durch das Einsetzen spezieller Werte für t. Setzen wir $t = i$, so ergibt sich

$$e^{iz} = \sum_{n=-\infty}^{\infty} J_n(z)\, i^n$$

und durch Vergleich von geraden und ungeraden Funktionen weiter

$$\cos z = J_0(z) + 2 \sum_{k=1}^{\infty} (-1)^k J_{2k}(z)$$

$$\sin z = 2 \sum_{k=1}^{\infty} (-1)^k J_{2k+1}(z)$$

Analog erhalten wir mit $t = 1$, $t = e^{i\varphi}$ und $t = ie^{i\varphi}$

$$1 = J_0(z) + \sum_{k=1}^{\infty} J_{2k}(z)$$

$$e^{iz\sin\varphi} = \sum_{n=-\infty}^{\infty} J_n(z)\, e^{in\varphi}$$

$$e^{iz\cos\varphi} = \sum_{n=-\infty}^{\infty} i^n J_n(z)\, e^{in\varphi}$$

Zudem lässt sich aus der Erzeugungsrelation eine Integraldarstellung für Besselfunktionen mit ganzzahligem Parameter herleiten. Dazu multiplizieren wir Gleichung 16.2 mit t^{-m-1} und integrieren beide Seiten entlang des Einheitskreises in der t-Ebene.

Dabei trägt nur ein Term der Reihe bei, nämlich jener mit der Potenz t^{-1}. Mit der Parametrisierung $t = e^{i\varphi}$ erhalten wir

$$J_m(z) = \frac{1}{2\pi i} \int_{-\pi}^{\pi} \frac{e^{\frac{z}{2}\left(e^{i\varphi}-e^{-i\varphi}\right)}}{e^{i(m+1)\varphi}}\, d\varphi$$

$$= \frac{1}{2\pi} \int_{-\pi}^{\pi} e^{i(z\sin\varphi - m\varphi)}\, d\varphi$$

$$= \frac{1}{2\pi} \int_{-\pi}^{\pi} \cos(z\sin\varphi - m\varphi)\, d\varphi$$

$$+ \frac{i}{2\pi} \int_{-\pi}^{\pi} \sin(z\sin\varphi - m\varphi)\, d\varphi$$

Das zweite Integral ist wegen der Antisymmetrie des Integranden null, im ersten ist der Integrand symmetrisch, und wir erhalten

Integraldarstellung der Besselfunktionen

Für die Besselfunktionen J_m mit $m \in \mathbb{Z}$ erhalten wir die Integraldarstellung

$$J_m(z) = \frac{1}{\pi} \int_0^{\pi} \cos(z\sin\varphi - m\varphi)\, d\varphi.$$

Aus dieser Darstellung findet man für reelle Argumente sofort die Abschätzung

$$|J_m(x)| \leq 1 \,.$$

16.3 Hypergeometrische Funktionen

Hypergeometrische Funktionen sind eine sehr allgemeine Klasse von Funktionen, die auch viele der elementaren Funktionen als Spezialfälle enthalten. Erinnern wir uns zunächst an die Definition der Pochhammer-Symbole in Abschn. 16.1

$$(a|n) \equiv (a)_n := \frac{\Gamma(a+n)}{\Gamma(a)} \,.$$

Die Nützlichkeit dieser Symbole, um komplizierte Quotienten von vielen Gammafunktionen zu handhaben, erkennen wir bereits an der allgemeinen Definition der hypergeometrischer Funktionen einer Variable:

$$_mF_n\begin{pmatrix} a_1, \ldots, a_m \\ b_1, \ldots, b_n \end{pmatrix} \equiv {_mF_n}(a_1, \ldots, a_m; b_1, \ldots, b_n; z) =$$

$$= \sum_{k=0}^{\infty} \frac{(a_1|k) \ldots (a_m|k)}{k!\,(b_1|k) \ldots (b_n|k)} z^k$$

Besonders häufig benötigt man die Funktion $_2F_1$,

$$_2F_1\begin{pmatrix} a, b \\ c \end{pmatrix} = \sum_{k=0}^{\infty} \frac{(a|k)\,(b|k)}{k!\,(c|k)} z^k \,,$$

die sogenannte *Gauß'sche hypergeometrische Reihe*. Diese Reihe hat den Konvergenzradius $R = 1$, für $|z| < 1$ konvergiert sie absolut, für $|z| > 1$ divergiert sie. Am Kreis $|z| = 1$ hängt das Konvergenzverhalten von den Koeffizienten a, b und c ab.

Für $z = 1$ konvergiert sie, wenn $\mathrm{Re}(c - a - b) > 0$ ist, und man erhält

$$_2F_1\begin{pmatrix} a, b \\ c \end{pmatrix} 1 = \frac{\Gamma(c)\,\Gamma(c-a-b)}{\Gamma(c-a)\,\Gamma(c-b)} \,.$$

Viele elementare Funktionen lassen sich als hypergeometrische Funktionen interpretieren, beispielsweise

$$(1+z)^k = {_2F_1}\begin{pmatrix} -k, 1 \\ 1 \end{pmatrix} -z \,,$$

$$\sqrt{1-z^2} = {_2F_1}\begin{pmatrix} \frac{1}{2}, -\frac{1}{2} \\ \frac{1}{2} \end{pmatrix} z^2 \,,$$

$$\log(1+z) = z\,{_2F_1}\begin{pmatrix} 1, 1 \\ 2 \end{pmatrix} -z \,.$$

16.4 Elliptische Funktionen

Wir haben bereits gesehen, dass sich viele – oft gar nicht so kompliziert aussehende – Integrale nicht mehr mit elementaren Funktionen bestimmen lassen. Ein wichtiges Beispiel sind Integrale der „Bauart"

$$I(x) = \int_a^x \frac{\mathrm{d}t}{\sqrt{P(t)}} \,,$$

wobei P ein Polynom dritten oder vierten Grades ohne mehrfache Nullstellen ist. Derartige Integrale bezeichnet man als *elliptische Integrale erster Gattung*. Sie treten unter anderem bei der Bestimmung der Bogenlänge der Ellipse auf, daher auch der Name.

Erst im Lauf der Zeit stellte sich heraus, dass die *Umkehrfunktionen* zu derartigen Integralen, mit unserer Bezeichung also die Funktionen I^{-1}, besondere Beachtung verdienen. Diese *elliptischen Funktionen* zeichnen sich nach Fortsetzung ins Komplexe durch besonders schöne und einfach überschaubare Eigenschaften aus.

Daher wird inzwischen meist der Weg gewählt, zunächst die elliptischen Funktionen über ihre Singularitäts- und Periodizitätseigenschaften einzuführen, ihre Eigenheiten umfassend zu studieren und erst im Anschluss den Zusammenhang mit elliptischen Integralen aufzuzeigen.

Auch wir wollen im Folgenden diesen Weg beschreiten – oder besser gesagt skizzieren, denn mehr als eine knappe Andeutung kann unsere Darstellung nicht sein. Für eine sehr gut lesbare Einführung in die Theorie der elliptischen Funktionen empfehlen wir Kapitel V des Buches *Funktionentheorie 1* von E. Freitag und R. Busam.

Elliptische Funktionen sind doppelt komplex periodisch

Periodische Funktionen $\mathbb{R} \to \mathbb{R}$ haben wie bereits kennengelernt. Für eine Funktion f, $D(f) \to \mathbb{C}$ mit $D(f) \subseteq \mathbb{C}$ kann es nun vorkommen, dass diese doppelt periodisch ist, dass es also zwei unabhängige komplexe Zahlen $\omega_1 \neq 0$ und $\omega_2 \neq 0$ gibt, so dass

$$f(z + \omega_1) = f(z + \omega_2) = f(z)$$

für alle $z \in D(f)$ ist. Mit „unabhängig" meinen wir hier, dass es keine *reelle* Zahl r gibt, mit der $\omega_2 = r\,\omega_1$ ist. Der technische Fachbegriff dafür ist, dass ω_1 und ω_2 $\mathbb{R}$-linear unabhängig sind (während sie unvermeidlicherweise $\mathbb{C}$-linear abhängig sind, es also eine Zahl $z_0 \in \mathbb{C}$ gibt, so dass $\omega_2 = z_0\,\omega_1$ ist).

Die Perioden sind dabei nicht eindeutig, denn mit ω_1 und ω_2 ist immer auch $\omega_1 + \omega_2$ eine Periode. Die Wahl des *Gitters* ist daher,

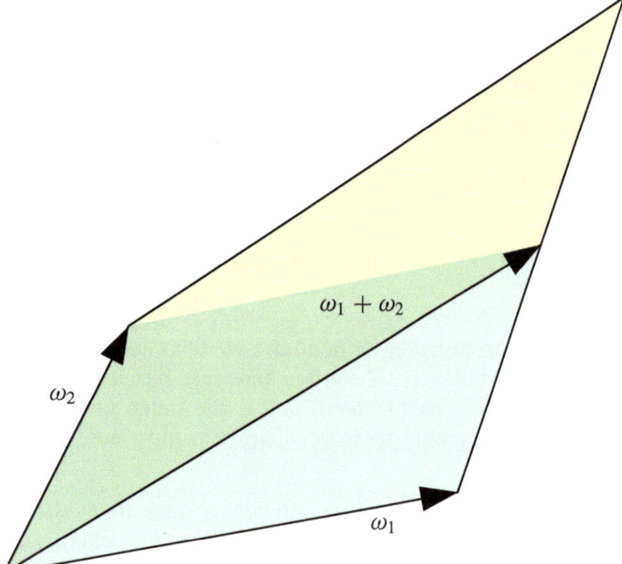

Abb. 16.1 Das Gitter, auf dem man sich eine doppelt periodische Funktion definiert denken kann, ist nicht eindeutig. Zwei mögliche Gitterzellen, aus denen sich ganz $\mathbb{C}$ aufbauen lässt, sind hier gelb und blau dargestellt, die überlappende Region grün

wie in Abb. 16.1 angedeutet, in gewissem Ausmaß willkürlich, nicht aber die Eigenschaften der darauf definierten doppelt periodischen Funktionen.

Aus dem Satz von Liouville („Jede beschränkte ganze Funktion ist konstant") können wir sofort ablesen, dass doppelt periodische überall holomophe Funktionen recht langweilig sind, nämlich konstant. Der erste interessante Fall sind doppelt periodische Funktionen, die irgendwo in der Gitterzelle einen oder mehrere Pole besitzen – das sind gerade die **elliptischen Funktionen**.

Wie man anhand der Integration über die Randkurve einer Gitterzelle sofort sieht, muss die Summe der Residuen einer elliptischen Funktion in einer solchen Zelle (und damit auch in ganz $\mathbb{C}$) verschwinden. Es kann demnach keine elliptische Funktion mit nur einem Pol erster Ordnung (pro Zelle) geben. Die einfachsten elliptischen Funktionen haben daher entweder zwei Pole erster Ordnung oder einen Pol zweiter Ordnung.

Eine elliptische Funktion zum gegebenen Gitter $L = \mathbb{Z}\omega_1 + \mathbb{Z}\omega_2$, die in jeder Zelle gerade einen Pol zweiter Ordnung besitzt, ist die **Weierstraß'sche p-Funktion** $\wp$, $\mathbb{C} \setminus L \to \mathbb{C}$,

$$\wp(z) = \frac{1}{z^2} + \sum_{\omega \in L, \omega \neq 0} \left\{ \frac{1}{(z-\omega)^2} - \frac{1}{\omega^2} \right\}.$$

Alle elliptischen Funktionen zum Gitter $L = \mathbb{Z}\omega_1 + \mathbb{Z}\omega_2$ lassen sich konstruktiv aus $\wp$ und ihrer ersten Ableitung gewinnen. Genauer gesagt lässt sich jede elliptische Funktion f in der Form

$$f = P(\wp) + \wp' Q(\wp)$$

mit rationalen Funktionen P und Q schreiben. $P(\wp)$ ist der gerade, $\wp' Q(\wp)$ der ungerade Anteil von f.

Die p-Funktion erfüllt die Differenzialgleichung

$$\left(\wp'(z)\right)^2 = 4\wp(z)^3 - g_2\,\wp(z) - g_3$$

mit den Koeffizienten

$$g_2 = 60 \sum_{\omega \in L\setminus 0} \frac{1}{\omega^4}\,, \quad g_3 = 140 \sum_{\omega \in L\setminus 0} \frac{1}{\omega^6}\,.$$

Elliptische Funktionen sind mit elliptischen Integralen verwandt

Was haben nun doppelt periodische Funktionen mit elliptischen Integralen zu tun? Die Antwort dazu liegt in der oben angegebenen Differenzialgleichung für $\wp$. Für eine lokale Umkehrfunktion g von $\wp$ erhalten wir mit ihrer Hilfe

$$g'(t)^2 = \frac{1}{\wp'(g(t))^2} = \frac{1}{4\wp^3(g(t)) - g_2\wp(g(t)) - g_3} = \frac{1}{P(t)}\,,$$

wobei wir

$$P(t) = 4\,t^3 - g_2\,t - g_3$$

mit Koeffizienten g_2 und g_3 gesetzt haben und zudem $g_2^3 - 27\,g_3^2 \neq 0$ fordern, um mehrfache Nullstellen auszuschließen. Jedes Polynom dritten Grades ohne quadratischen Term und ohne mehrfachen Nullstellen lässt sich durch Herausheben eines konstanten Vorfaktors in dieser Form schreiben. Zudem lässt sich jedes Polynome dritten oder vierten Grades ohne mehrfache Nullstellen durch eine geeignete Substitution auf genau diese Form bringen.

Für alle derartigen Polynome gilt demnach

$$g'(z) = \frac{1}{\sqrt{P(z)}}\,,$$

wobei g eine lokale Umkehrfunktion zu $\wp$ für ein geeignetes Gitter ist. Ein solches Gitter lässt sich für beliebige Wahl von g_2 und g_3 konstruieren. Salopp formuliert: *Die Umkehrfunktion eines elliptischen Integrals erster Gattung ist (lokal) stets eine elliptische Funktion.*

Verwandt mit der Theorie der elliptischen Funktionen, aber schwieriger ist jene der *elliptischen Modulformen*, bei diesen handelt es sich um auf der oberen Halbebene analytische Funktionen mit speziellen Transformationseigenschaften. Diese leiten bereits zur *analytischen Zahlentheorie* über, in der spezielle Funktionen, insbesondere die auf S. 193 diskutierte Zetafunktion eine überragende Rolle spielen.

Vertiefung: Die Riemann'sche Zetafunktion

Auf den ersten Blick scheinen Zahlentheorie (die sich vorwiegend mit Teilbarkeitseigenschaften ganzer Zahlen beschäftigt) und Funktionentheorie (die Differenzierbarkeitseigenschaften komplexer Funktionen behandelt) denkbar wenig miteinander zu tun zu haben. Tatsächlich spielen aber funktionentheoretische Methoden in der Zahlentheorie eine große Rolle – man spricht dabei oft von der *analytischen Zahlentheorie*, die derartige Methoden intensiv einsetzt, im Gegensatz zur *elementaren Zahlentheorie*. Der Schlüssel zur Verbindung zwischen diesen beiden Bereichen ist eine der geheimnisvollsten Funktionen der gesamten Mathematik, die *Riemann'sche Zetafunktion*.

Wir erhalten die *Riemann'sche Zetafunktion* für $s > 1$ als

$$\zeta(s) = \sum_{n=1}^{\infty} n^{-s}.$$

Einige spezielle Werte von ζ können wir sofort angeben, so haben wir beispielsweise mithilfe von Fourier-Reihen bereits

$$\zeta(2) = \sum_{n=1}^{\infty} \frac{1}{n^2} = \frac{\pi^2}{6}$$

gefunden.

Die so erhaltene Funktion lässt sich nach $D(\zeta) := \mathbb{C} \setminus \{1\}$ holomorph fortsetzen. An $s = 1$ liegt ein Pol erster Ordnung; die Zetafunktion besitzt dort die Laurententwicklung

$$\zeta(s) = \frac{1}{s-1} + \gamma_{\mathrm{E}} + O(s-1).$$

Allgemein gilt die Funktionalgleichung

$$\zeta(1-s) = 2\,(2\pi)^{-s}\,\Gamma(s)\,\cos\frac{\pi s}{2}\,\zeta(s).$$

Wir weisen nun auf einige Verbindungen der Zetafunktion zu den Teilbarkeitseigenschaften natürlicher Zahlen hin. Dazu definieren wir die Teilerfunktion $\tau,\ \mathbb{N} \to \mathbb{N}$

$$\tau(n) = \sum_{d\mid n} 1$$

als Zahl der Teiler von n. (Das schließt die Teiler 1 und n ein, Das Symbol „$d\mid n$" liest sich als „d teilt n".)

Des Weiteren definieren wir die Euler'sche φ-Funktion φ, $\mathbb{N} \to \mathbb{N}$, indem wir $\phi(n)$ gleich der Zahl der zu n teilerfremden Zahlen $\leq d$ setzen. (Zwei Zahlen n und m heißen teilerfremd oder *relativ prim*, wenn sie keinen gemeinsamen Teiler haben. 1 gilt als teilerfremd zu jeder Zahl.)

Dann gelten die wahrhaft erstaunlichen Zusammenhänge

$$\sum_{n=1}^{\infty} \frac{\tau(n)}{n^s} = \zeta^2(s) \quad \text{für } s > 1$$

und

$$\sum_{n=1}^{\infty} \frac{\varphi(n)}{n^s} = \frac{\zeta(s-1)}{\zeta(s)} \quad \text{für } s > 2.$$

Besonders eng hängt die Zetafunktion mit der Verteilung der Primzahlen zusammen. Bezeichnen wir mit $(p_n)_{n=0}^{\infty} = (2, 3, 5, \ldots)$ die Folge der Primzahlen in ihrer natürlichen Anordnung, so gilt für $s > 1$

$$\prod_{n=1}^{\infty} \frac{1}{1 - p_n^{-s}} = \zeta(s).$$

Diese – angesichts der Irregularität der Primzahlen nahezu unglaubliche – Gleichung lässt sich wegen der Eindeutigkeit der Primzahlzerlegung überraschend einfach beweisen.

Auf die Zetafunktion bezieht sich eine der berühmtesten noch unbewiesenen Aussagen der gesamten Mathematik, nämlich die *Riemann'sche Vermutung*: Diese besagt, dass alle nichttrivialen Nullstellen der Zetafunktion auf der Geraden $\mathrm{Re}\, z = \frac{1}{2}$ liegen. Alle bisher gefundenen Nullstellen der Zetafunktion (zurzeit mehrere Billionen) erfüllen alle diese Bedingung, ein Beweis steht allerdings nach wie vor aus.

Der Betrag von $\zeta\left(\frac{1}{2} + \mathrm{i}\,t\right)$ ist im Folgenden für $0 \leq t \leq 70$ dargestellt:

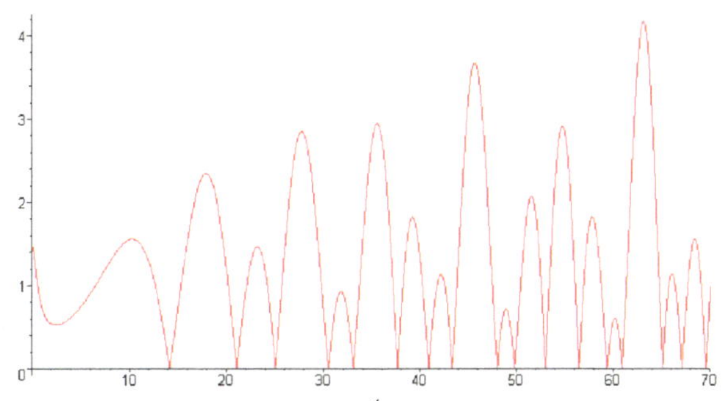

Aus der Annahme, die Riemann'sche Vermutung träfe zu, kann man eine wesentlich verbesserte Abschätzung der Primzahldichte sowie viele weitere Aussagen der Zahlentheorie herleiten.

Kommentar Neben ihrer enormen Bedeutung in der Zahlentheorie gehört die Zetafunktion auch zum praktischen Handwerkszeug vieler theoretischer Physiker; verschiedene Regularisierungsschemata zur Behandlung ursprünglich divergenter Ausdrücke benutzen diese Funktion. ◄

Literatur

- Edward Charles Titchmarsh, *The Theory of the Riemann Zeta-Function*, Oxford University Press; 2. Aufl. 1987.
- Kapitel VII in E. Freitag, R. Busam, *Funktionentheorie 1*, Springer, 3. Aufl., 2000.

Anwendung: Das Planck-Integral

In der thermodynamischen Behandlung des *schwarzen Körpers* stößt man auf das Planck-Integral

$$I_P := \int_0^\infty \frac{y^3}{e^y - 1}\, \mathrm{d}y = \frac{\pi^4}{15}$$

das sich nicht mehr mit elementaren Funktionen bestimmen lässt. Wir zeigen eine vergleichsweise einfache Methode, den Wert dieses Integrals zu ermitteln.

Dabei erweitern wir das Integral zunächst mit e^{-y}, um dann auf den Nenner die Summenformel für die geometrische Reihe anwenden zu können

$$I_P = \int_0^\infty \frac{y^3}{e^y - 1}\, \mathrm{d}y = \int_0^\infty \frac{y^3\, e^{-y}}{1 - e^{-y}}\, \mathrm{d}y$$

$$= \int_0^\infty y^3\, e^{-y} \sum_{k=0}^\infty e^{-ky}\, \mathrm{d}y$$

Wegen der gleichmäßigen Konvergenz dürfen wir Integration und Reihenbildung vertauschen,

$$I_P = \sum_{k=1}^\infty \int_0^\infty y^3\, e^{-ky}\, \mathrm{d}y.$$

Nun substituieren wir $u = ky$ und erhalten

$$I_P = \sum_{k=1}^\infty \frac{1}{k^4} \int_0^\infty (ky)^3\, e^{-ky}\, \mathrm{d}(ky)$$

$$= \sum_{k=1}^\infty \frac{1}{k^4} \cdot \int_0^\infty u^3\, e^{-u}\, \mathrm{d}u$$

Dieser Ausdruck faktorisiert, wobei wir einerseits die Reihendarstellung der Riemann'schen Zetafunktion (S. 193), andererseits auf die Integraldarstellung der Gammafunktion erhalten haben. Einsetzen der konkreten Zahlenwerte ergibt

$$I_P = \zeta(4)\, \Gamma(4) = \frac{\pi^4}{90} \cdot 6 = \frac{\pi^4}{15}.$$

16.5 Asymptotische Entwicklungen

Spezielle Funktionen zeichnen sich gerade dadurch aus, dass sie sich nicht durch algebraische Kombinationen elementarer Funktionen darstellen lassen. Oft sind sie durch Potenzreihen oder als Parameterintegrale gegeben. Aus einer solchen Darstellung lässt sich meist nur schwer das Verhalten für große Argumente ablesen.

Gerade in diesem Fall vereinfacht sich aber das Verhalten vieler derartiger Funktionen, und es ist möglich, eine gute Näherung mittels elementarer Funktionen anzugeben. Der Frage, wie man eine solche Näherung bestimmt, wollen wir im Folgenden nachgehen.

Partialsummen von Funktionenreihen können gute Näherungen darstellen

Wir kennen bereits eine Art, Näherungsausdrücke für eine gegebene Funktion zu erhalten. Dazu betrachten wir eine Funktionenreihe

$$\left(\sum_{k=0}^\infty a_k\, \phi_k(x) \right),$$

die auf einem Intervall I punktweise gegen die gewünschte Funktion f konvergiert. Das bedeutet, dass man zu jedem $x \in I$ und zu jeder Genauigkeit $\varepsilon > 0$ eine Ordnung $N \in \mathbb{N}$ finden kann, so dass

$$\left| \sum_{k=0}^N a_k\, \phi_k(x) - f(x) \right| < \varepsilon$$

für alle $n \geq N$ ist. Bei festem Argument x kann man also die Ordnung n der Partialsummen immer so hoch machen, dass jede gewünschte Genauigkeit ε tatsächlich erreicht wird.

Wir suchen nun jedoch nach einer Möglichkeit, eine Näherung für sehr große x zu erhalten. Dazu kehren wir den obigen Gedanken genau um. Statt das Argument x festzuhalten und dann die Ordnung n der Reihe im passenden Ausmaß zu erhöhen, halten wir nun die *Ordnung* fest und versuchen, das Argument so lange zu vergrößern, bis die Näherung gut genug ist.

Um das auf sinnvolle Weise zu tun, müssen wir jedoch einige Vorbereitungen treffen. Zunächst wählen wir eine Funktionenfolge (φ_k) als Basis der Entwicklung. Als Forderung stellen wir, dass für alle $k \in \mathbb{N}_0$

$$\lim_{x \to \infty} \frac{\varphi_{k+1}(x)}{\varphi_k(x)} = 0$$

ist. Wir verlangen also, dass jede Funktion der Folge für hinreichend große Argumente betragsmäßig langsamer anwächst oder schneller fällt als die vorhergegangene. Die Funktion f, für die wir eine Näherung ermitteln wollen, soll natürlich für beliebig große Argumente definiert sein.

Eine Basis, die alles das erfüllt und für asymptotische Entwicklungen am gebräuchlichsten ist, erhalten wir mit

$$\varphi_k(x) = \frac{1}{x^k} \, .$$

Wir werden im Folgenden alle Ergebnisse für diese Basis angeben; sie lassen sich bei Bedarf aber ohne große Mühe auch auf die Entwicklung nach anderen Basen übertragen.

Asymptotische Reihe

Die Reihe

$$\left(\sum_{k=0}^{\infty} \frac{a_k}{x^k} \right)$$

heißt **asymptotische Reihe** von f, wenn für jedes $n \in \mathbb{N}$

$$\lim_{x \to \infty} x^n \left(\sum_{k=0}^{n} \frac{a_k}{x^k} - f(x) \right) = 0$$

ist. Wir schreiben dafür

$$f(x) \sim \sum_{k=0}^{\infty} \frac{a_k}{x^k} \, .$$

Wir verlangen demnach nicht einfach, dass

$$\left| \sum_{k=0}^{n} \frac{a_k}{x^k} - f(x) \right|$$

für $x \to \infty$ beliebig klein wird, sondern, dass das Restglied schneller verschwindet als die höchste verwendete Basisfunktion. Mit den Landau-Symbolen aus Abschn. 9.2 geschrieben,

$$\sum_{k=0}^{n} \frac{a_k}{x^k} - f(x) = o\left(\frac{1}{x^n} \right) = \mathcal{O}\left(\frac{1}{x^{n+1}} \right) \, .$$

Die Definition einer asymptotischen Reihe beinhalten nicht die Konvergenz der Reihe, sie erzwingen sie auch nicht. Eine asymptotische Reihe darf durchaus divergent sein – trotzdem können ihre Partialsummen ausgezeichnete Näherungen der gesuchten Funktion für große Argumente darstellen.

Konvergenzeigenschaften asymptotischer Reihen

Eine asymptotische Reihe kann konvergieren, muss aber nicht.

Stellen wir die beiden Ansätze einander noch einmal gegenüber:

- Für eine *konvergente Reihe* verlangen wir, dass die Näherung bei festem Argument beliebig gut wird, wenn man die Ordnung hinreichend groß wählt.
- Für eine *asymptotische Reihe* verlangen wir hingegen, dass die Näherung bei fester Ordnung beliebig gut wird, wenn man das Argument hinreichend groß wählt.

Asymptotische Reihen dürfen formal manipuliert werden

Wir wissen, dass beim Umgang mit divergenten Reihen große Vorsicht geboten ist. Für asymptotische Reihen sind jedoch viele formale Rechenregeln tatsächlich richtig. So darf man asymptotische Reihen addieren oder multiplizieren und erhält jeweils wieder asymptotische Reihen.

Haben wir die asymptotischen Reihen

$$f(x) \sim \sum_{k=0}^{\infty} \frac{a_k}{x^k} \quad \text{und} \quad g(x) \sim \sum_{k=0}^{\infty} \frac{b_k}{x^k} \, ,$$

so gilt für die asymptotische Reihe der Summenfunktion

$$f(x) + g(x) \sim \sum_{k=0}^{\infty} \frac{a_k + b_k}{x^k} \, .$$

und für das Produkt der beiden Funktionen

$$f(x)\, g(x) \sim \sum_{k=0}^{\infty} \sum_{\nu=0}^{k} \frac{a_\nu\, b_{k-\nu}}{x^k} \, .$$

Asymptotische Reihen kann man auf verschiedene Arten gewinnen, von denen einige technisch anspruchsvollere später noch diskutiert werden. Oft genügen aber elementare Manipulationen.

Beispiel Wir suchen die asymptotische Entwicklung der Funktion

$$f(x) = \int_{x}^{\infty} \frac{e^{x-t}}{t} \, dt \, , \quad x \in \mathbb{R}_{>0}$$

Partielle Integration ergibt

$$f(x) = -\left. \frac{e^{x-t}}{t} \right|_{x}^{\infty} - \int_{x}^{\infty} \frac{e^{x-t}}{t^2} \, dt$$

$$= \frac{1}{x} - \left[-\frac{e^{x-t}}{t^2} \right]_{x}^{\infty} + 2 \int_{0}^{x} \frac{e^{x-t}}{t^3} \, dt = \dots$$

$$= \sum_{k=0}^{n} \frac{(-1)^k \, k!}{x^{k+1}} + (-1)^{n+1} \int_{x}^{\infty} \frac{e^{x-t}}{t^{n+1}} \, dt$$

$$\sim \sum_{k=0}^{\infty} \frac{(-1)^k \, k!}{x^{k+1}} \, .$$

Für ein festes n und hinreichend große Argumente x wird die Näherung durch Summe der Form

$$\sum_{k=0}^{n} \frac{(-1)^k \, k!}{x^{k+1}}$$

beliebig gut. Für jedes feste x divergiert diese Summe aber offensichtlich für $n \to \infty$. ◄

Der Begriff der asymptotischen Reihe lässt sich auf kleine Argumente erweitern

Bisher haben wir asymptotische Reihen für sehr große Argumente betrachtet. Das ist sinnvoll, weil man für kleine Argumente meist ohnehin aus einer Potenzreihenentwicklung bereits gute Näherungen gewinnen kann.

In Spezialfällen kann es aber sinnvoll sein, auch asymptotische Reihen für sehr kleine Argumente zu betrachten, insbesondere, wenn eine Darstellung mittels Potenzreihen eben nicht möglich ist.

Allgemeiner betrachten wir für eine feste Stelle $x_0 \in \mathbb{R}$ eine Folge (φ_n) von Funktionen, die jeweils

$$\lim_{x \to x_0} \frac{\varphi_{n+1}(x)}{\varphi_n(x)} = 0$$

erfüllen. Wir nennen

$$\left(\sum_{k=0}^{\infty} a_k \, \varphi_k(x) \right)$$

die asymptotische Reihe von f für $x \to x_0$, wenn für jedes $n \in \mathbb{N}$

$$\lim_{x \to x_0} \frac{1}{\varphi_n(x)} \left(\sum_{k=0}^{n} a_k \, \varphi_k(x) - f(x) \right) = 0$$

ist. Auch in diesem Fall schreiben wir

$$f(x) \sim \sum_{k=0}^{\infty} a_k \, \varphi_k(x) \,,$$

allerdings muss die Wahl von (φ_n) und x_0 dabei klar sein.

Anwendungsbeispiel Ein wesentliches Werkzeug in der Elementarteilchenphysik sind die *Störungsreihen*, bei denen eine Größe nach einem kleinen Wechselwirkungsterm („einer Störung") entwickelt wird. In der *Quantenelektrodynamik* (QED) geschieht diese Entwicklung in Potenzen der Kopplungskonstante α.

Störungsreihen sind Grundlage einige der genauesten Berechnungen der gesamten Naturwissenschaften, sie sagen manche

Größen auf zehn oder mehr Stellen richtig voraus. Allerdings sind Störungsreihen bestenfalls asymptotisch für $\alpha \to 0$, im Allgemeinen aber nicht konvergent.

Die Kopplung kann als physikalische Größe aber nicht beliebig verändert werden. Ihr genauer Wert hängt zwar von der Impulsskala ab, liegt aber im Falle der Quantenelektrodynamik immer über

$$\alpha \geq \alpha_0 = \frac{e^2}{4\pi \varepsilon_0 \, \hbar \, c} \approx \frac{1}{137} \,.$$

(Dabei bezeichnet e die elektrische Elementarladung, ε_0 die Dielektrizitätskonstante des Vakuums, h das Planck'sche Wirkungsquantum und c die Lichtgeschwindigkeit.)

Das bedeutet, dass die Vorhersagen von Störungsreihen nicht beliebig gut sein können, sondern ab einer gewissen Ordnung wahrscheinlich wieder schlechter werden. Diese Ordnung ist freilich in der QED auch in den aufwendigsten heutigen Berechnungen noch lange nicht erreicht. ◄

Viele asymptotischen Reihen lassen sich aus Integraldarstellungen bestimmen

Wir haben gesehen, dass sich asymptotische Reihen manchmal durch partielle Integration oder andere Umformungen bestimmen lassen. Das ist zwar nur in wenigen Fällen möglich. Es gibt aber allgemeinere Methoden, mit deren Hilfe sich aus der Integraldarstellung spezieller Funktionen asymptotische Entwicklungen zumindest in führender Ordnung gewinnen lassen.

Ausgangspunkt ist eine Darstellung der Form

$$h(x) = \int_a^b \varphi(t) \, e^{x f(t)} \, dt \quad \text{für } x > 0 \,,$$

wobei wir durchaus auch $a = -\infty$ bzw. $b = \infty$ zulassen.

Auf jeden Fall verlangen wir, dass φ nur „schwach veränderlich" ist, f hinreichend oft differenzierbar ist und ein eindeutiges globales Maximum mit $f''(t_0) < 0$ an einer Stelle $t_0 \in (a, b)$ besitzt. Letzteres bedeutet die Existenz zweier Zahlen $\varepsilon > 0$ und $\delta > 0$, so dass f in $[t_0 - \varepsilon, t_0)$ monoton wächst, in $(t_0, t_0 + \varepsilon)$ monoton fällt und außerhalb von $[t_0 - \varepsilon, t_0 + \varepsilon]$ für alle $t \in [a, b]$ stets $f(t) < f(t_0) - \delta$ ist.

Kommentar Existiert ein solches Paar $(\varepsilon, \delta) \in \mathbb{R}_{>0} \times \mathbb{R}_{>0}$, so kann man durch passende Verkleinerung beider Zahlen beliebig viele andere Paare mit derselben Eigenschaft erzeugen. Wir können daher im Folgenden ε stets hinreichend klein für alle Zwecke wählen. ◄

Für große Werte von x dominiert in diesem Fall unter der Voraussetzung $\phi(t_0) \neq 0$ schon eine kleine Umgebung von t_0 den

Wert des Integrals. Durch Herausziehen konstanter Faktoren erhalten wir zunächst

$$h(x) = \varphi(t_0)\, e^{xf(t_0)} \underbrace{\int_a^b \frac{\varphi(t)}{\varphi(t_0)}\, e^{x(f(t)-f(t_0))}\, dt}_{I_{(0)}} \, .$$

Durch die Dominanz des Maximums bei $t = t_0$ können wir das Integral $I_{(0)}$ durch

$$I_{(1)} = \int_{t_0-\varepsilon}^{t_0+\varepsilon} \frac{\varphi(t)}{\varphi(t_0)}\, e^{x(f(t)-f(t_0))}\, dt$$

ersetzen und machen dabei lediglich einen Fehler von $O(\frac{1}{x^{3/2}})$. Die Funktion φ haben wir als „schwach veränderlich" angenommen, was konkret bedeuten soll, dass in $[t_0 - \varepsilon,\, t_0 + \varepsilon]$ bei der Ersetzung $\varphi(t) \to \varphi(t_0)$ der Fehler schlimmstenfalls von Ordnung $\frac{1}{x^{3/2}}$ ist. Da wir ohnehin mit Fehlern dieser Ordnung leben müssen, können wir $g(t)/g(t_0) = 1$ setzen,

$$I_{(2)} = \int_{t_0-\varepsilon}^{t_0+\varepsilon} e^{x(f(t)-f(t_0))}\, dt \, .$$

Nun entwickeln wir f um $t = t_0$ in ein Taylorpolynom. Das wesentliche Verhalten erhalten wir aus der zweiten Ordnung, denn die erste verschwindet, und die dritte liefert bereits einen Beitrag $O(\frac{1}{x^{3/2}})$. Führen wir der Übersichtlichkeit die Konstante $c = \sqrt{-f''(t_0)} > 0$ ein und transformieren $t \to t - t_0$, so ergibt sich

$$I_{(3)} = \int_{-\varepsilon}^{\varepsilon} e^{-\frac{1}{2}\, x c^2 t^2}\, dt \, .$$

Dieses Integral könnten wir problemlos lösen, wenn sich der Integrationsbereich über ganz $\mathbb{R}$ statt nur über $[-\varepsilon,\, \varepsilon]$ erstrecken würde. Durch die exponentielle Unterdrückung von Beiträgen mit betragsmäßig großen t ist aber der Fehler bei der Ersetzung $[-\varepsilon,\, \varepsilon] \to \mathbb{R}$ wieder nur $O(\frac{1}{x^{3/2}})$, und wir erhalten

$$I_{(4)} = \int_{-\infty}^{\infty} e^{-\frac{1}{2}\, x c^2 t^2}\, dt = \sqrt{\frac{2\pi}{x c^2}} \, .$$

Alle gemachten Fehler waren $O(\frac{1}{x^{3/2}})$, damit ist $I_{(0)} = I_{(4)} + O(\frac{1}{x^{3/2}})$, und es ergibt sich der asymptotische Ausdruck

$$h(x) = \varphi(t_0)\, e^{xf(t_0)} \left\{ \sqrt{\frac{2\pi}{|f''(t_0)|\, x}} + O\left(\frac{1}{x^{3/2}}\right) \right\} \, .$$

Beispiel Wir benutzen unsere Ergebnisse nun, um die Stirling-Formel (Näherung für $n!$ im Fall großer n) herzuleiten.

Dazu greifen wir auf die Integraldarstellung der Gammafunktion

$$n! = \Gamma(n+1) = \int_0^{\infty} \tau^n e^{-\tau}\, d\tau$$

zurück. Dieser Ausdruck hat zwar noch nicht genau die gewünschte Form, eine solche können wir aber mit der Substitution $\tau = n t$ erzeugen,

$$n! = n^n \int_0^{\infty} t^n e^{-nt}\, n\, dt = n^{n+1} \int_0^{\infty} e^{n\,\ln t}\, e^{-nt}\, dt$$

$$= n^{n+1} \int_0^{\infty} e^{n(\ln t - t)}\, dt \, .$$

In unserer Notation finden wir für das Integral $\varphi \equiv 1$ und $f(t) = \ln t - t$. Die erste Ableitung

$$f'(t) = \frac{1}{t} - 1$$

verschwindet an $t = 1$. Mit der zweiten Ableitung

$$f''(1) = -\left.\frac{1}{t^2}\right|_{t=1} = -1 \, .$$

erhalten wir

$$n! = n^{n+1} e^{-n} \left\{ \sqrt{\frac{2\pi}{n}} + O\left(\frac{1}{n^{3/2}}\right) \right\}$$

$$= n^n e^{-n} \left\{ \sqrt{2\pi n} + O\left(\frac{1}{n^{1/2}}\right) \right\}$$

$$= n^n e^{-n} \sqrt{2\pi n} \left\{ 1 + O\left(\frac{1}{n}\right) \right\} \, ,$$

also genau die im Haupttext angegebene Stirling-Formel. Aus weiterführenden Überlegungen folgt die Ungleichungskette

$$1 \le \frac{n!}{\sqrt{2\pi n}\, n^n\, e^{-n}} \le e^{1/(12n)} \, ,$$

mit der sich der relative Fehler der Stirling-Formel gut abschätzen lässt. ◂

Kommentar Es sind noch andere Näherungen für $n!$ gebräuchlich, etwa die Gosper-Formel

$$n! \approx \sqrt{\left(2n + \frac{1}{3}\right)\pi}\; n^n\, e^{-n} \, ,$$

die für kleine Werte von n bessere Ergebnisse liefert als die ursprüngliche Stirling-Formel.

Eine grobe Näherung für $n!$ können wir übrigens sehr viel einfacher herleiten. Für große n betrachten wir dazu

$$n! = \exp \ln n! = \exp \ln(1 \cdot 2 \cdot \ldots n)$$

$$= \exp\{\ln 1 + \ln 2 + \ldots + \ln n\} \approx \exp \int_1^n \ln x \, dx$$

$$= \exp\left[x \ln x - x\right]_1^n = \exp\{n \ln n - n + 1\}$$

$$\approx \exp\{n \ln n - n\} = e^{n \ln n} \, e^{-n} = n^n \, e^{-n}.$$

Die Näherung der Summe durch ein Integral geschieht hier allerdings unkontrolliert, und so erhält man bereits den (allerdings häufig irrelevanten) Vorfaktor $\sqrt{2\pi n}$ nicht, geschweige denn Korrekturen höherer Ordnung. ◄

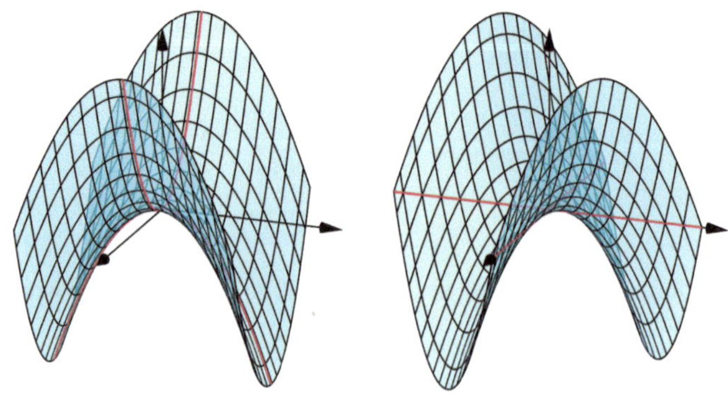

Abb. 16.2 Für $f(z) = z^2$ sind sowohl Realteil (links) als auch Imaginärteil (rechts) Paraboloide, allerdings so gegeneinander verdreht, dass für jene beiden Geraden, auf denen der Realteil das am stärksten ausgeprägte Maximum bzw. Minimum hat, der Imaginärteil konstant ist

Die Verformung des Integrationsweges kann bei der Bestimmung asymptotischer Reihen helfen

Die oben beschriebene Vorgehensweise ist äußerst praktisch, wenn eine Funktion tatsächlich eine geeignete Darstellung als *reelles* Integral mit ausgeprägtem Maximum besitzt. Das ist leider selten der Fall. Oft hat man hingegen eine Darstellung als *Kurvenintegral* in der komplexen Ebene vorliegen,

$$h(x) = \int_\gamma G(z) \, e^{x F(z)}$$

$$= \int_a^b \underbrace{G(\gamma(t)) \, \dot\gamma(t)}_{=: \varphi(t)} \, e^{x \underbrace{F(\gamma(t))}_{:= f(t)}} \, dt$$

Die Funktion f ist selbstverständlich im Allgemeinen komplex, $f = u + \mathrm{i}\, v$. Anhand der Zerlegung

$$e^{x f(t)} = e^{x u(t) + \mathrm{i} x v(t)} = e^{x u(t)} \, e^{\mathrm{i} x v(t)}$$

erkennen wir sofort, dass der Betrag dieses Ausdrucks von $u = \mathrm{Re}\, f$ bestimmt wird, wir also nach einem klaren Maximum dieser Funktion u suchen müssen.

Das allein genügt aber nicht. Während man bei geeigneter Form von u in $e^{x u(t)}$ für große x ein immer stärker ausgeprägtes Maximum erhält, führt $e^{\mathrm{i} x v(t)}$ im Allgemeinen zu immer stärkeren Oszillationen, in denen sich (Stichwort Lemma von Riemann-Lebesgue) auch betragsmäßig große Beiträge im Wesentlichen wegmitteln.

Zusätzlich zum eindeutigen Maximum von u an t_0 müssen wir demnach auch verlangen, dass v in einem Intervall $[t_0 - \varepsilon,\, t_0 + \varepsilon]$ konstant ist. Beide Bedingungen lassen sich erfüllen, wenn man den Integrationsweg so verformt, dass er gerade über einen *Sattelpunkt* führt.

An einem Sattelpunkt z_0 mit

$$f'(z_0) = 0 \quad \text{und} \quad f''(z_0) \neq 0$$

kann man f stets durch ein Paraboloid wie in Abb. 16.2 annähern und den Integrationsweg als entsprechendes Geradenstück wählen. Zumindest *lokal* können wir unsere Bedingung also erfüllen.

Global muss die Verformung des Integrationsweges natürlich so erfolgen, dass dabei keine Singularitäten überquert werden und dass das Maximum von u am Sattelpunkt tatsächlich ein eindeutiges Maximum auf dem gesamten Integrationsweg ist. Die gesamte Methode heißt entsprechend der zugrunde liegenden Idee „Methode des steilsten Gefälles", „Methode der stationären Phase" oder schlicht *Sattelpunktsmethode*.

Eine genauere Diskussion der Sattelpunktsmethode, die sowohl die notwendigen Beweise als auch Tipps für die praktische Anwendung beinhaltet, findet sich in Kapitel XIV von Klaus Jänichs Buch *Analysis für Physiker und Ingenieure*. Dort wird als Beispiel auch die Anwendung der Methode auf die Zylinderfunktionen diskutiert, diese liefert

$$J_n(x) = \sqrt{\frac{2}{\pi x}} \cos\left(x - \frac{n\pi}{2} - \frac{\pi}{4}\right) + O\left(\frac{1}{x^{3/2}}\right)$$

$$N_n(x) = \sqrt{\frac{2}{\pi x}} \sin\left(x - \frac{n\pi}{2} - \frac{\pi}{4}\right) + O\left(\frac{1}{x^{3/2}}\right).$$

Die anschauliche Beschreibung der Besselfunktionen als „so ähnlich wie ein langsam abfallender Sinus oder Kosinus" hat in asymptotischen Sinne durchaus ihre Berechtigung. Die logarithmische Divergenz der Neumannfunktion bei $x = 0$ in diesen asymptotischen Ausdrücken natürlich unsichtbar.

Optimierung und Variationsrechnung – Suche nach dem Besten (zu Kap. 35)

17

Wie lassen sich Minima berechnen?

Welche Extremalbedingungen gelten bei Restriktionen?

Was besagen die Euler-Gleichungen?

Kapitel 17

© Springer-Verlag GmbH Deutschland 2017
T. Arens et al., *Ergänzungen und Vertiefungen zu Arens et al., Mathematik*, DOI 10.1007/978-3-662-53585-1_17

In diesem Kapitel ist das Bonusmaterial zu Kapitel 35 aus dem Lehrbuch Arens et al. *Mathematik* zusammengestellt.

17.1 Das Hamilton'sche Prinzip

In einem Anwendungsbeispiel im Abschn. 35.3. des Hauptwerks wurde bereits das für die Physik grundlegende Hamilton'sche Prinzip oder *Prinzip der stationären Wirkung* angesprochen.

Das Hamilton'sche Prinzip

Die durch ein mechanisches System beschriebene Bewegung ist gegeben durch die Parametrisierung $q : [t_1, t_2] \to \mathbb{R}^n$ der Bahnkurve, die unter allen möglichen Verbindungskurven zwischen dem Anfangs- und dem Endpunkt, $q(t_1)$ und $q(t_2)$, das Wirkungsfunktional

$$J(q) = \int_{t_1}^{t_2} L(q(t), \dot{q}(t), t)\, \mathrm{d}t$$

stationär werden lässt.

Der im Wirkungsfunktional auftretende Integrand $L : \mathbb{R}^n \times \mathbb{R}^n \times \mathbb{R} \to \mathbb{R}$ heißt **Lagrange-Funktion** des Systems. Dabei bezeichnet t die Zeit, q die *verallgemeinerten Koordinaten* im *Zustandsraum* $\mathbb{R}^n$ und $\dot{q}(t) = (\dot{q}_1(t), \dots, \dot{q}_n(t))^\top$ die *verallgemeinerte Geschwindigkeit*.

Beispiel Im einfachsten Fall eines Teilchens mit Masse m in der klassischen Newton'schen Mechanik sind durch q kartesische Koordinaten des Teilchens gegeben und die Lagrange-Funktion

$$L(q, \dot{q}, t) = T(q, \dot{q}, t) - V(q, t)$$
$$= \frac{1}{2} m \dot{q}^2 - V(q, t).$$

ist die Differenz zwischen *kinetischer Energie* T und *potenzieller Energie* V. Dabei wird die Notation $\dot{q}^2 = \dot{q} \cdot \dot{q} = |\dot{q}|^2$ verwendet.

Bei der Bewegung eines geladenen Teilchens mit Masse m und Ladung Q ist die potenzielle Energie geschwindigkeitsabhängig, und die zugehörige Lagrange-Funktion ist gegeben durch

$$L(q, \dot{q}, t) = \frac{1}{2} m \dot{q}^2 - Q\, u(q, t) - Q\, \dot{q} \cdot A(q, t)$$

mit elektrischem Potenzial u und Vektorpotenzial A.

Im Rahmen der Relativitätstheorie wird die Bewegung eines Teilchens in einem Potenzial allgemeiner durch die Lagrange-Funktion

$$L(q, \dot{q}, t) = -mc^2 \sqrt{1 - \frac{\dot{q}^2}{c^2}} - V(q, t)$$

beschrieben. ◄

Im Hamilton'schen Prinzip spricht man von *stationär*, da die sich real einstellende Bahnkurve q das Funktional minimiert, maximiert oder einen Sattelpunkt des Funktionals liefert. Unter den Voraussetzungen der Variationsrechnung an die auftretenden Funktionen bedeutet es, dass die Bahnkurve q eines physikalischen Systems kritischer Punkt des Wirkungsfunktionals ist. Somit verschwindet die Gateaux-Variation für dieses q, d. h. $\delta J(q) = 0$. Diese im Kapitel zur Variationsrechnung gezeigte notwendige Optimalitätsbedingung führt auf die Euler-Gleichungen

$$\frac{\partial L}{\partial q_j}(q(t), \dot{q}(t), t) - \frac{\mathrm{d}}{\mathrm{d}t}\left(\frac{\partial L}{\partial \dot{q}_j}(q(t), \dot{q}(t), t) \right) = 0$$

für $j = 1, \dots, n$, die **Bewegungsgleichungen** oder auch **Euler-Lagrange-Gleichungen**, die für den Zustand eines physikalischen Systems, also der Parametrisierung $q : (t_1, t_2) \to \mathbb{R}^n$ der Bahnkurve, erfüllt sein müssen.

Der verallgemeinerte Impuls ist zentrale Größe in den Bewegungsgleichungen

Bei den obigen Beispielen sind mit q die euklidischen Ortskoordinaten eines Teilchens gemeint. Selbstverständlich können die Zustandsvariablen auch in anderen Koordinatensystemen gegeben sein oder weitere Zustandsgrößen auch von mehreren Teilchen in physikalischen Systemen beschreiben. Daher spricht man üblicherweise von verallgemeinerten Koordinaten.

Eine wichtige Größe fällt in den Euler-Gleichungen auf. Wenn die Lagrange-Funktion nicht explizit von den Zustandsvariablen abhängt, so folgt aus den Eulergleichungen

$$\frac{\mathrm{d}}{\mathrm{d}t}\frac{\partial L}{\partial \dot{q}_j} = \frac{\partial L}{\partial q_j} = 0 \quad \text{für } j = 1, \dots, n.$$

Also ist durch $p_j(t) = \frac{\partial L}{\partial \dot{q}_j}(t)$ in diesem Fall eine Erhaltungsgröße gegeben. Etwa bei einem sich frei bewegenden Teilchen, d. h. wenn $V(q, t) = 0$ ist, handelt es sich um Impulserhaltung. Allgemein wird der **verallgemeinerte Impuls** durch

$$p(t) = \begin{pmatrix} p_1(t) \\ \vdots \\ p_n(t) \end{pmatrix} = \begin{pmatrix} \frac{\partial L}{\partial \dot{q}_1}(q(t), \dot{q}(t), t) \\ \vdots \\ \frac{\partial L}{\partial \dot{q}_n}(q(t), \dot{q}(t), t) \end{pmatrix} \in \mathbb{R}^n$$

definiert. Die weiteren partiellen Ableitungen in den Euler-Lagrange-Gleichungen $\frac{\partial L}{\partial q_j}(t)$, $j = 1, \dots, n$, werden üblicherweise als **verallgemeinerte Kräfte** bezeichnet.

Beispiel Betrachten wir etwa die Bewegung eines freien Teilchens in Zylinderkoordinaten $q = (r \cos \varphi, r \sin \varphi, z)^\top$. Für die

Geschwindigkeit gilt

$$\dot{q}(t) = \begin{pmatrix} \dot{r}(t)\cos(\varphi(t)) - r(t)\sin(\varphi(t))\dot{\varphi}(t) \\ \dot{r}(t)\sin(\varphi(t)) + r(t)\cos(\varphi(t))\dot{\varphi}(t) \\ \dot{z}(t) \end{pmatrix}$$

und wir erhalten die Lagrange-Funktion

$$L(r,\varphi,z,\dot{r},\dot{\varphi},\dot{z},t) = \frac{1}{2}m\dot{q}^2 = \frac{1}{2}m\left(\dot{r}^2 + r^2\dot{\varphi}^2 + \dot{z}^2\right).$$

Damit entspricht die Komponente

$$\frac{\partial L}{\partial \dot{\varphi}}(r,\varphi,z,\dot{r},\dot{\varphi},\dot{z},t) = mr^2\dot{\varphi}$$

des verallgemeinerten Impulses der dritten Komponente des Drehimpulses $m(q \times \dot{q})$ in kartesischen Koordinaten. ◀

Häufig ist es sinnvoll in einem physikalischen System den Zustand nicht durch q und $\dot{q}$ sondern über die Abhängigkeit von q und p zu beschreiben. Es wird die Bahnkurve $(q(t),p(t)) \in \mathbb{R}^{2n}$ im **Phasenraum** betrachtet. Um letztendlich zu einer vollständigen Theorie im Phasenraum zu gelangen, ist es erforderlich, die Euler-Gleichungen durch eine äquivalente Formulierung in Abhängigkeit der verallgemeinerten Koordinaten q und den verallgemeinerten Impulsen p zu ersetzen.

Eine Legendre-Transformation der Lagrange-Funktion definiert die Hamilton-Funktion

Dazu ist die Beziehung

$$p_j = \frac{\partial L}{\partial \dot{q}_j}(q,\dot{q},t), \quad j = 1,\dots,n$$

zwischen $\dot{q}$ und p umzukehren. Wir lassen zunächst die expliziten Abhängigkeiten der Lagrange-Funktion von q und t außer Acht. Also ist zu einer differenzierbaren Funktion $f : D \subseteq \mathbb{R}^n \to \mathbb{R}$ die Gleichung $y = \nabla f(x)$ für $x \in D$ umzukehren. Wir definieren

$$U = \{y = \nabla f(x) \in \mathbb{R}^n \,|\, x \in D\}$$

und die Funktion $h : D \times U \to \mathbb{R}^n$ durch

$$h(x,y) = y - \nabla f(x).$$

Die Umkehrbarkeit der Gleichung $y = \nabla f(x)$ auf D ist durch Anwenden des Satzes über implizite Funktionen auf die Gleichung $h(x,y) = 0$ gewährleistet, wenn wir voraussetzen, dass f zweimal stetig differenzierbar ist mit invertierbarer Hessematrix, d. h. $\det(f''(x)) \neq 0$ für $x \in D$, (s. Seite 888, Abschn. 24.5).

Mit dieser Voraussetzung gibt es eine Funktion $x : \mathbb{R}^n \to \mathbb{R}^n$ mit $y = \nabla f(x(y))$.

Integrieren wir die Hilfsfunktion h bezüglich $x_j, j = 1,\dots,n$, erhalten wir $F(x,y) = x \cdot y - f(x)$ mit

$$\frac{\partial F}{\partial x_j}(x,y) = y_j - \frac{\partial f}{\partial x_j}(x) = 0, \quad j = 1,\dots,n.$$

Die Funktion F ist konstant bezüglich x. Somit lässt sich die Funktion g mit

$$g(y) = F(x(y),y) = x(y) \cdot y - f(x(y))$$

angeben, die nicht explizit von x abhängt. Weiterhin gilt

$$\nabla g(y) = \left(\frac{\partial F}{\partial y_j}(x(y),y)\right)_{j=1,\dots,n} = x(y).$$

Wir untersuchen noch die zweite Ableitung von g. Dazu betrachten wir wieder die Gleichung $h(x(y),y) = 0$. Differenzieren führt auf

$$0 = \frac{d}{dy_j}h_i(x(y),y) = \sum_{l=1}^{n} \frac{\partial h_i}{\partial x_l}\frac{\partial x_l}{\partial y_j} + \frac{\partial h_i}{\partial y_j}.$$

Da $\frac{\partial h_i}{\partial y_j} = \delta_{ij}$ und $\frac{\partial h_i}{\partial x_j} = \frac{\partial^2 f}{\partial x_i \partial x_j}$, $i,j = 1,\dots,n$ gilt, ergibt sich für die Funktionalmatrix der Umkehrung $x(y)$ die Inverse der Hessematrix zu f,

$$\left(\frac{\partial x_i}{\partial y_j}\right)_{i,j} = (f'')^{-1}(x(y)).$$

Insbeondere folgt aus $\nabla g(y) = x$ die invertierbare zweite Ableitung

$$g''(y) = (f'')^{-1}(x(y)), \quad \text{für } y \in U.$$

Diese Überlegungen zeigen eine umkehrbare Zuordnung zwischen f und g, die *Legendre-Transformation*.

Man beachte, dass es sich bei der Legendre-Transformation um eine umkehrbare Abbildung handelt. Die Definition ist symmetrisch, so dass wir zu $g \in C^2(U)$ mit $x = \nabla g(y)$ und $\det(g'')(y) \neq 0$, $y \in U$, durch die Defintion $f(x) = x \cdot y - g(y)$ die Rücktransformation angeben können.

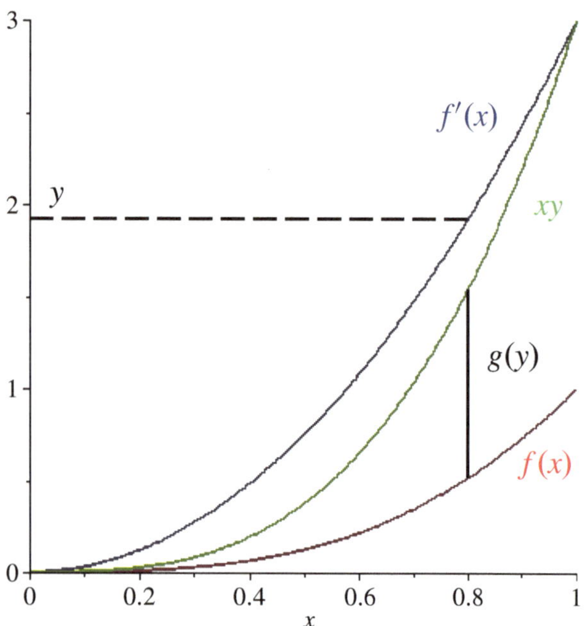

Abb. 17.1 Die Legendre-Transformation, die Differenz zwischn $xf'(x)$ und $f(x)$ an der Stelle $y = f'(x)$, am Beispiel $f(x) = x^3$ auf $[0, 1]$

Beispiel Zur Veranschaulichung der Legendre-Transformation betrachten wir die strikt konvexe Funktion $f : [0, 1] \to \mathbb{R}$ mit $f(x) = x^3$. Strikt konvex impliziert auf $(0, 1)$ eine positive zweite Ableitung, sodass $y = f'(x) = 3x^2$ auf $[0, 1]$ umkehrbar ist mit $x(y) = \sqrt{\frac{1}{3}y}$. Wir erhalten die Legendre-Transformierte $g : [0, 3] \to \mathbb{R}$ mit

$$g(y) = xy - f(x) = \frac{2}{3\sqrt{3}} y^{\frac{3}{2}}\,.$$

(s. Abb. 17.1). ◀

Kehren wir zurück zum Wirkungsfunktional und zur Lagrange-Funktion. Um kritische Punkte zum Wirkungsfunktional im Phasenraum zu beschreiben, betrachten wir die Legendre-Transformation der Lagrange-Funktion bezüglich der Geschwindigkeit.

Definition der Hamilton-Funktion

Ist $L : \mathbb{R}^n \times \mathbb{R}^n \times (t_1, t_2) \to \mathbb{R}$ eine zweimal differenzierbare Lagrange-Funktion mit $\det \frac{\partial^2 L}{\partial \dot{q}_i \partial \dot{q}_j} \neq 0$, so heißt die Legendre-Transformierte

$$H(\boldsymbol{q}, \boldsymbol{p}, t) = \boldsymbol{p} \cdot \dot{\boldsymbol{q}} - L(\boldsymbol{q}, \dot{\boldsymbol{q}}, t)$$

Hamilton-Funktion zu L, wobei $\boldsymbol{p} \mapsto \dot{\boldsymbol{q}}$ durch die Umkehrung der Gleichungen $p_j = \frac{\partial L}{\partial \dot{q}_j}(\boldsymbol{q}, \dot{\boldsymbol{q}}, t), j = 1, \ldots, n$, gegeben sind.

Die Euler-Gleichungen sind äquivalent zu den Hamilton-Gleichungen

Nun lassen sich die Euler-Gleichungen durch ein System von Differenzialgleichungen erster Ordnung zur Hamilton-Funktion im Phasenraum ersetzen. Zur Abkürzung führen wir für die auftretenden Gradienten folgende Notation ein:

$$\frac{\partial L}{\partial \boldsymbol{q}} = \left(\frac{\partial L}{\partial q_1}, \cdots \frac{\partial L}{\partial q_n} \right)^\top$$

und entsprechend für andere partielle Ableitungen.

Äquivalenz zwischen Euler- und Hamilton-Gleichungen

(a) Ist $\boldsymbol{q} : (t_1, t_2) \to \mathbb{R}^n$ eine zweimal stetig differenzierbare Lösung der Euler-Gleichungen

$$\frac{\partial L}{\partial \boldsymbol{q}} - \frac{\mathrm{d}}{\mathrm{d}t} \frac{\partial L}{\partial \dot{\boldsymbol{q}}} = 0\,,$$

zu einer Lagrange-Funktion L mit $\det \left(\frac{\partial^2 L}{\partial \dot{q}_i \partial \dot{q}_j} \right)_{i,j} \neq 0$, so sind mit den verallgemeinerten Impulsen

$$\boldsymbol{p}(t) = \frac{\partial L}{\partial \dot{\boldsymbol{q}}}(\boldsymbol{q}(t), \dot{\boldsymbol{q}}(t), t)\,,$$

durch $\boldsymbol{q}, \boldsymbol{p} : (t_1, t_2) \to \mathbb{R}^n$ Lösungen der **Hamilton-Gleichungen**

$$\frac{\partial H}{\partial \boldsymbol{q}}(\boldsymbol{q}(t), \boldsymbol{p}(t), t) = -\dot{\boldsymbol{p}}(t)$$

$$\frac{\partial H}{\partial \boldsymbol{p}}(\boldsymbol{q}(t), \boldsymbol{p}(t), t) = \dot{\boldsymbol{q}}(t)\,,$$

gegeben.

(b) Umgekehrt gilt, wenn $(\boldsymbol{q}, \boldsymbol{p}) : (t_1, t_2) \to \mathbb{R}^n \times \mathbb{R}^n$ zweimal differenzierbare Lösungen der Hamilton-Gleichungen zu $H(\boldsymbol{q}, \boldsymbol{p}, t) : \mathbb{R}^n \times \mathbb{R}^n \times (t_1, t_2) \to \mathbb{R}^n$ mit $\det \left(\frac{\partial^2 H}{\partial p_i \partial p_j} \right)_{i,j} \neq 0$ sind, dass durch $\boldsymbol{q}$ eine Lösung der Euler-Gleichungen zur Lagrange-Funktion L gegeben ist, wobei L durch die Legendre-Transformation

$$L(\boldsymbol{q}, \boldsymbol{r}, t) = \boldsymbol{r} \cdot \boldsymbol{p} - H(\boldsymbol{q}, \boldsymbol{p}, t)$$

von H bezüglich $\boldsymbol{p}$ definiert ist.

Beweis zu (a): Mit den gegebenen Voraussetzungen ist die Legendre-Transformation

$$H(\boldsymbol{q}, \boldsymbol{p}, t) = \boldsymbol{p} \cdot \dot{\boldsymbol{q}} - L(\boldsymbol{q}, \dot{\boldsymbol{q}}, t)$$

wohldefiniert mit den verallgemeinerten Impuls $p = \frac{\partial L}{\partial \dot{q}}$. Weiterhin folgt aus der Definition der Hamilton-Funktion

$$\frac{\partial H}{\partial p}(q(t), p(t), t) = \dot{q}(t)$$

und mit der Euler-Gleichung

$$\frac{\partial H}{\partial q}(q(t), p(t), t) = -\frac{\partial L}{\partial q}(q(t), \dot{q}(t), t)$$
$$= -\frac{d}{dt}\frac{\partial L}{\partial \dot{q}}(q(t), \dot{q}(t), t) = -\dot{p}(t)$$

für $t \in (t_1, t_2)$. Also gelten die Hamilton-Gleichungen.

zu (b): Definieren wir zur Hamilton-Funktion H die Legendre-Transformierte

$$L(q, r, t) = r \cdot p - H(q, p, t)$$

mit Variablen $r = \frac{\partial H}{\partial p}$. Sind $(q, p) : (t_1, t_2) \to \mathbb{R}^{2n}$ eine Lösung der Hamilton-Gleichungen, so ist mit der ersten Gleichung

$$r = \frac{\partial H}{\partial p} = \dot{q}$$

und wegen der Umkehreigenschaft der Legendre-Transformation gilt $\frac{\partial L}{\partial r}(q, r, t) = p$. Mit den weiteren Hamilton-Gleichungen ergibt sich aus der Definition von L die Ableitung

$$\frac{d}{dt}\frac{\partial L}{\partial r} = \dot{p}(t) = -\frac{\partial H}{\partial q} = \frac{\partial L}{\partial q}.$$

Also ist mit q und $r = \dot{q}$ eine Lösung der Euler-Gleichungen gegeben. ∎

Die Hamilton Funktion entspricht der Energie in einem System

Mit dem Impuls $p = \frac{\partial L}{\partial \dot{q}}$ und den Euler-Lagrange-Gleichungen, d. h. $\dot{p} = \frac{\partial L}{\partial q}$ führt die Kettenregel auf die totale Ableitung

$$\frac{d}{dt}(H(q(t), p(t), t)) = \ddot{q} \cdot p + \dot{q} \cdot \dot{p} - \frac{\partial L}{\partial q} \cdot \dot{q} - \frac{\partial L}{\partial \dot{q}} \cdot \ddot{q} - \frac{\partial L}{\partial t}$$
$$= (p - \frac{\partial L}{\partial \dot{q}}) \cdot \ddot{q} + (\dot{p} - \frac{\partial L}{\partial q}) \cdot \dot{q} - \frac{\partial L}{\partial t}$$
$$= -\frac{\partial L}{\partial t} = \frac{\partial H}{\partial t},$$

wobei wir die Argumente $(q(t), p(t), t)$ bzw. t der Funktionen bei der Rechnung nicht explizit ausgeschrieben haben.

Aus der Identität sehen wir: Ist die Lagrange-Funktion zu einem physikalischen System nicht explizit von der Zeit abhängig, d. h. $\frac{\partial L}{\partial t} = 0$, so ist $H(q, p, t)$ konstant in $t \in (t_1, t_2)$. Also ist H in diesem Fall zeitlich konstant. Physikalisch handelt es sich um Energieerhaltung.

Beispiel

(a) Für ein Massenteilchen in einem Potenzial V ist

$$L(q, \dot{q}, t) = \frac{1}{2}m\dot{q}^2 - V(q, t)$$

und für den Impuls gilt

$$p = \frac{\partial L}{\partial \dot{q}} = m\dot{q}.$$

Also erhalten wir die Hamilton-Funktion

$$H(q, p, t) = \dot{q} \cdot p - L(q, \dot{q}, t)$$
$$= \frac{1}{2}m\dot{q}^2 + V(q, t),$$

die Summe aus kinetischer und potenzieller Energie. Ist das Potenzial $V(q, t) = V(q)$ nur vom Ort, aber nicht explizit von der Zeit abhängig, ergibt sich so die Energieerhaltung, $\frac{d}{dt}(H(q(t), p(t), t)) = 0$, aus dem Hamilton'schen Prinzip (s. S. 200).

(b) Für ein freies Massenteilchen in der Relativitätstheorie erhalten wir aus der bereits erwähnten Lagrange-Funktion

$$L(q, \dot{q}, t) = -mc^2\sqrt{1 - \frac{\dot{q}^2}{c^2}}$$

den Impuls

$$p = \frac{\partial L}{\partial \dot{q}} = \frac{m\dot{q}}{\sqrt{1 - \frac{\dot{q}^2}{c^2}}}$$

und die Hamilton Funktion

$$H(q, p, t) = \dot{q} \cdot p - L(q, \dot{q}, t)$$
$$= \frac{m\dot{q}^2}{\sqrt{1 - \frac{\dot{q}^2}{c^2}}} + mc^2\sqrt{1 - \frac{\dot{q}^2}{c^2}} = \frac{mc^2}{\sqrt{1 - \frac{\dot{q}^2}{c^2}}}.$$

Im stationären Grenzfall, in der Ruhelage $|\dot{q}(t)| = 0$ für $t \in (t_1, t_2)$, ist dies Einstein's berühmte Formel

$$E = mc^2.$$ ◀

Deskriptive Statistik – wie man Daten beschreibt (zu Kap. 36)

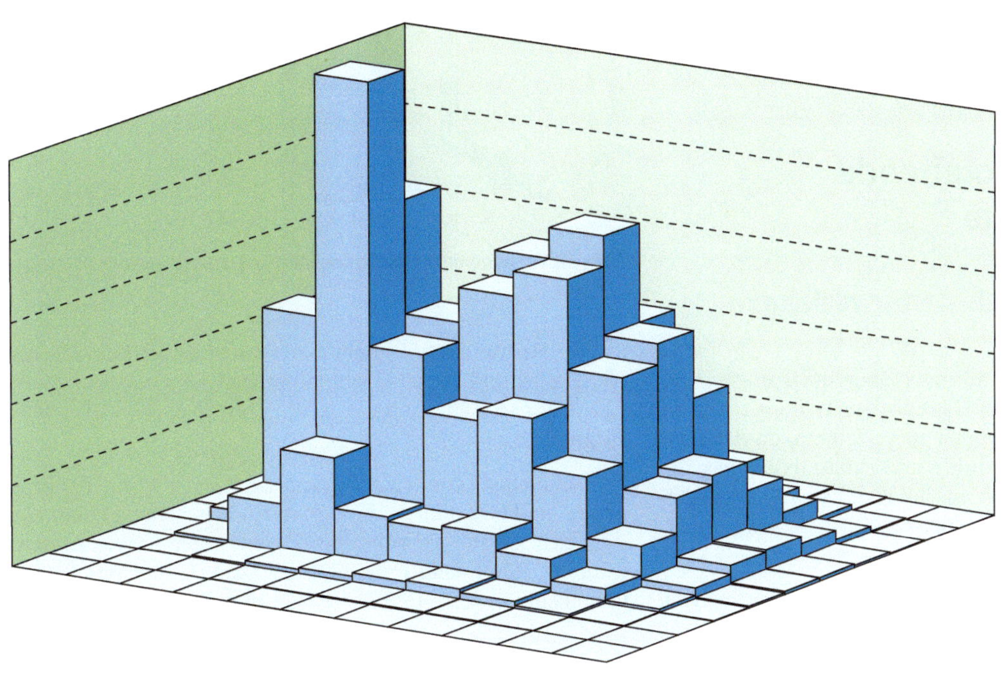

Was sind Daten?

Wie beschreiben wir Häufigkeitsverteilungen?

Wie beschreiben wir Zusammenhänge?

© Springer-Verlag GmbH Deutschland 2017

T. Arens et al., *Ergänzungen und Vertiefungen zu Arens et al., Mathematik*, DOI 10.1007/978-3-662-53585-1_18

Deskriptive Statistik ordnet Daten und beschreibt sie in konzentrierter Form. Dagegen schließen wir in der induktiven Statistik aus beobachteten Daten auf latente Strukturen und bewerten unsere Schlüsse innerhalb vorgegebener Modelle der Wahrscheinlichkeitstheorie. In der deskriptiven Statistik lässt man nur die Daten selbst reden und kommt zumindest bei den ersten Schritten ohne wahrscheinlichkeitstheoretischen Überbau aus. Gegenstand der deskriptiven Statistik sind die Elemente einer Grundgesamtheit, die Eigenschaften der Elemente, die Arten der Merkmale, die Häufigkeiten der einzelnen Ausprägungen und die Abhängigkeiten zwischen den Merkmalen. Die folgenden Abschnitte sind aus dem Werk Kockelkorn „Statistik für Anwender" entnommen, beziehen sich inhaltlich auf Kapitel 36 aus Arens et al. *Mathematik*.

18.1 Gemittelte gleitende Histogramme

Histogramme lassen sich weiter verfeinern

Histogramme sind einfache, mitunter aber noch etwas rohe Werkzeuge zur Darstellung von Häufigkeitsverteilungen. Dabei hilft es oft nur wenig, die Gruppen zu verfeinern, da dann das Gesamterscheinungsbild zu unruhig und zufallsabhängig wird. Diese Histogramme lassen sich anschließend aber wieder glätten und liefern so neue Informationen.

Beispiel Wir wollen einen berühmten Datensatz betrachten, der schon von mehreren Autoren bearbeitet wurde, z. B. von G. Härdle in seinem Buch Smoothing techniques (1991). Es handelt sich um die in Inches gemessenen Schneehöhen aus 63 aufeinanderfolgenden Wintern von 1910/11 bis 1972/73 aus Buffalo im State New York. Tab. 18.1 zeigt die bereits der Größe nach geordneten Daten.

Die Schneehöhen liegen zwischen 25 und 126.4 Inches. Wir wollen diese Daten in einem Histogramm der Gruppenbreite 10 darstellen. Doch wo lassen wir das Histogramm beginnen? Bei 0, bei 10, bei 20 oder sonst wo? Schauen wir doch einfach einmal, welchen Effekt die Wahl des unteren Randpunktes haben kann. Aus den Daten der Tab. 18.1 konstruieren wir $m = 5$ Histogramme, bei denen allein der untere Randpunkt jeweils um zwei Inches nach rechts verschoben ist: Das erste Histogramm hat die Gruppeneinteilung $(16, 26], (26, 36], \ldots, (126, 136]$. Das

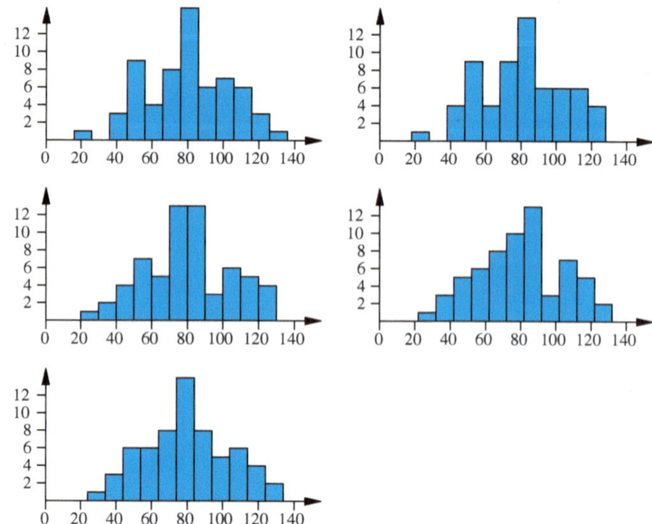

Abb. 18.1 Histogramme der Schneehöhen mit unterschiedlichen Randpunkten

zweite Histogramm beginnt bei 18 und endet bei 128, usw., das fünfte und letzte Histogramm hat die Gruppeneinteilung $(24, 34], (34, 42], \ldots, (124, 134]$. Abb. 18.1 zeigt die fünf Histogramme.

Wir sehen fast symmetrische, schiefe, stark asymmetrische, ein-, zwei- und dreigipflige Histogramme. Es erscheint kaum glaublich, dass sie alle auf denselben Daten basieren. Was ist nun die „wahre" Häufigkeitsverteilung der Daten? Zum besseren Vergleich sind in Abb. 18.2 alle Histogramme übereinandergelegt.

Die Grafik ist in feine gleich breite parallele Streifen unterteilt. Was liegt näher, als in jedem der schmalen Streifen den Mittelwert der jeweiligen Höhen zu nehmen. So erhalten wir Abb. 18.3.

Diese zeigt nun eine klare, in den fünf einzelnen Histogrammen nicht erkennbare Struktur, die sich auch ohne meteorologische Kenntnise leicht interpretieren lässt: Wir erkennen die Schneehöhenverteilungen von milden, mittleren und strengen Wintern. Wir wollen diesen Vorgang der Gruppenverschiebung und nachträglichen Mittelwertberechnungen genauer untersuchen.

Tab. 18.1 Schneefallhöhen in Buffalo von 1910 bis 1972

25.0	39.8	39.9	40.1	46.7	49.1	49.6	51.1	51.6
53.5	54.7	55.5	55.9	58.0	60.3	63.6	65.4	66.1
69.3	70.9	71.4	71.5	71.8	72.9	74.4	76.2	77.8
78.1	78.4	79.0	79.3	79.6	80.7	82.4	82.4	83.0
83.6	83.6	84.8	85.5	87.4	88.7	89.6	89.8	89.9
90.9	97.0	98.3	101.4	102.4	103.9	104.5	105.2	110.0
110.5	110.5	113.7	114.5	115.6	120.5	120.7	124.7	126.4

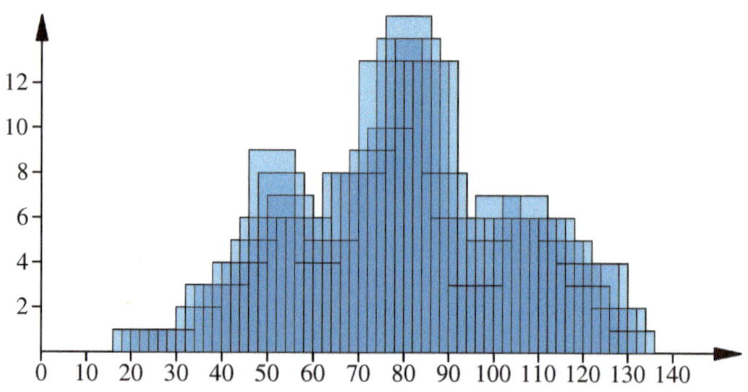

Abb. 18.2 Die fünf Histogramme werden überlagert

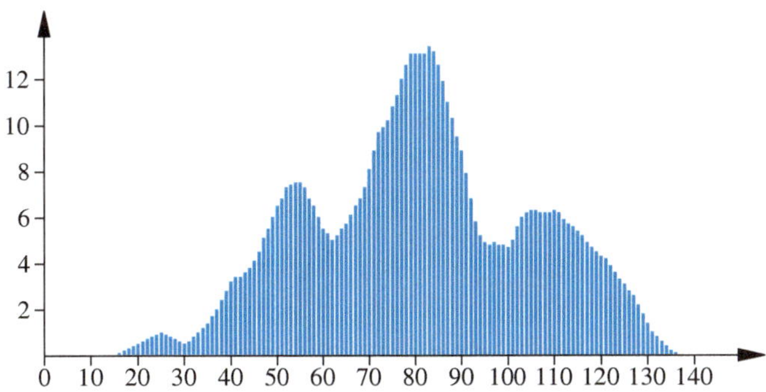

Abb. 18.3 Der Mittelwert aus fünf Einzelhistogrammen

Dazu betrachten wir die Histogramme an der Stelle $x = 51$. (Wir haben den Wert 51 herausgegriffen, weil dort alle Balken unterschiedlich hoch sind, und sie sich so am besten unterscheiden lassen.) Von allen fünf Histogrammen überdeckt jeweils genau ein Balken der Breite $b = 10$ den Wert $x = 51$. Der erste Balken geht von 42 bis 52, der letzte von 50 bis 60. Diese fünf Balken sind in Abb. 18.4 noch einmal herausgezeichnet, dabei sind die sich überlappenden Basisintervalle zur Verdeutlichung durch Unterstreichung zusätzlich hervorgehoben.

Die fünf Balken unterteilen das Intervall von $(42, 60]$ in 9 gleich breite Teilintervalle der Breite $\frac{b}{5} = \delta = 2$ auf. Die Besetzungszahlen dieser 9 Intervalle seien:

$$n_{-4} \quad n_{-3} \quad n_{-2} \quad n_{-1} \quad n_0 \quad n_1 \quad n_2 \quad n_3 \quad n_4.$$

Die Besetzungszahl $n_{(42,52]}$ des Intervalls $(42, 52]$ ist demnach:

$$n_{(42,52]} = n_{-4} + n_{-3} + n_{-2} + n_{-1} + n_0.$$

Ist $h_{(42,52]}$ die Höhe des Histogrammsbalkens über diesem Intervall, so ist bei einer Intervallbreite von $b = 10$

$$h_{(42,52]} = \frac{n_{(42,52]}}{b}$$

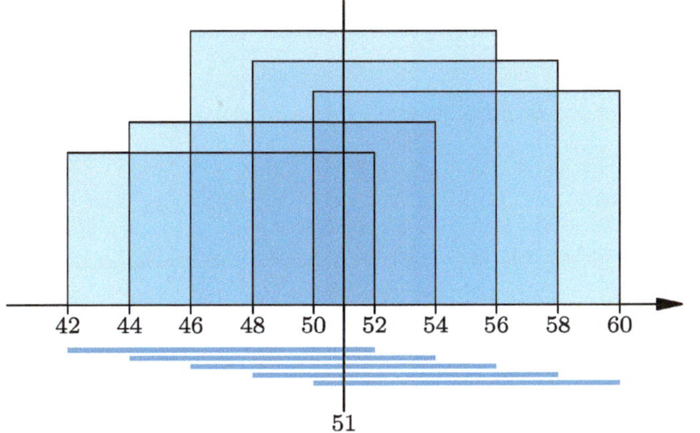

Abb. 18.4 Die 5 Balken der 5 einzelnen Histogramme an der Stelle $x = 51$

oder $bh_{(42,52]} = n_{(42,52]}$. Analog erhalten wir für die vier anderen Balken:

$$bh_{(42,52]} = n_{-4} + n_{-3} + n_{-2} + n_{-1} + n_0$$
$$bh_{(44,54]} = \qquad\quad n_{-3} + n_{-2} + n_{-1} + n_0 + n_1$$
$$bh_{(46,56]} = \qquad\qquad\quad n_{-2} + n_{-1} + n_0 + n_1 + n_2$$
$$bh_{(48,58]} = \qquad\qquad\qquad\quad n_{-1} + n_0 + n_1 + n_2 + n_3$$
$$bh_{(50,60]} = \qquad\qquad\qquad\qquad\quad n_0 + n_1 + n_2 + n_3 + n_4$$

Der aus allen 5 Balkenhöhen gemittelte Streifen hat demnach die Höhe

$$\widehat{h} = \frac{1}{5 \cdot b}(1n_{-4} + 2n_{-3} + 3n_{-2} + 4n_{-1} + 5n_0$$
$$+ 4n_1 + 3n_2 + 2n_3 + 1n_4).$$

Die Zahl b im Nenner ist die Breite der Ausgangsintervalle. In unserem Fall ist $b = 10 = 5 \cdot \delta$, dabei ist $\delta = 2$ die Breite der Teilintervalle.

$$\widehat{h} = \frac{1}{25 \cdot \delta}(1n_{-4} + 2n_{-3} + 3n_{-2} + 4n_{-1} + 5n_0$$
$$+ 4n_1 + 3n_2 + 2n_3 + 1n_4).$$

Hätten wir von vornherein nur mit einem Histogramm, aber diesmal mit der feineren, einheitlichen Intervallbreite δ gearbeitet, so wäre z. B. $\frac{n_{-4}}{8} = h_{-4}$ gerade die Höhe des Histogrammbalkens über dem ersten Teilintervall. In analogen Bezeichnungen für die anderen Teilintervalle erhalten wir schließlich:

$$\widehat{h} = \frac{1}{25}h_{-4} + \frac{2}{25}h_{-3} + \frac{3}{25}h_{-2} + \frac{4}{25}h_{-1} + \frac{5}{25}h_0$$
$$+ \frac{4}{25}h_1 + \frac{3}{25}h_2 + \frac{2}{25}h_3 + \frac{1}{25}h_4.$$

So erhält unser Vorgehen einen neuen Sinn. Wir denken uns aus den Daten ein Histogramm mit der einheitlichen Intervallbreite von δ konstruiert. Danach wird dieses überfeine Histogramm mit dem in Abb. 18.5 gezeigten Gewichtungsschema wie mit einem Hobel von links nach rechts fortschreitend geglättet.

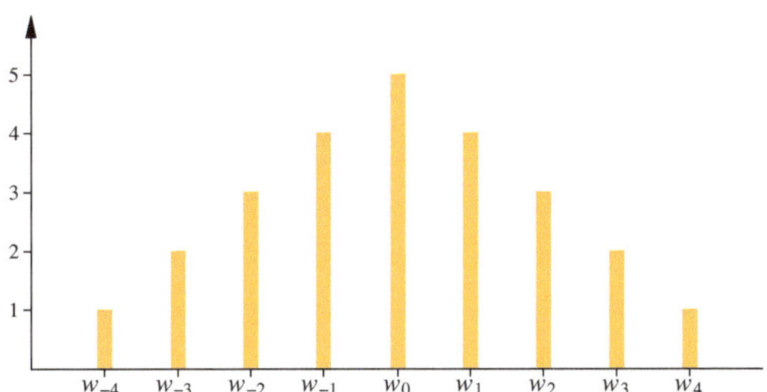

Abb. 18.5 Das Gewichtungsschema für benachbarte Intervalle

Bezeichnen wir die Gewichte als

$$w_i = \frac{5 - |i|}{25}; \quad i = -4; -3, \ldots, 3, 4$$

mit $\sum_{i=-4}^{4} w_i = 1$, so ist

$$\widehat{h} = \sum_{i=-4}^{4} w_i h_i.$$

Diese Formel lässt sich jetzt leicht verallgemeinern. Als erstes lösen wir uns von der anfangs willkürlich herausgegriffenen Stelle $x = 51$ aus dem Intervall $(50, 52]$. Wir hatten diesem Intervall den Index 0 und seiner Besetzungszahl den Namen n_0 gegeben. Denken wir uns die kleinen Teilintervalle der Breite δ von links nach rechts fortschreitend mit $k = 1, 2, \ldots$ durchnummeriert, so ist mit einer analogen Umbenennung für alle x des k-ten Intervalls I_k:

$$\widehat{h}(x) = \sum_{i=-4}^{4} w_i h_{k+i}, \quad x \in I_k$$

$$h_k = \frac{n_k}{\delta}.$$

Die ursprüngliche Breite $b = 10$ der fünf ursprünglichen, nur grob gegliederten Histogramme taucht nicht mehr auf, sie wird ersetzt durch die Intervallbreite δ des fein strukturierten Histogramms. Das Gewichtungsschema wird bestimmt durch die Zahl m der Histogramme, über die wir gemittelt haben, bei uns ist $m = 5$ und $b = m\delta$. Mit diesen Zahlen erhalten wird schließlich:

$$\widehat{h}(x) = \sum_{i=-m+1}^{m-1} w_i h_{k+i}, \quad x \in I_k$$

$$w_i = \frac{m - |i|}{m^2}. \qquad \blacktriangleleft$$

Fassen wir zusammen. Wir haben mit einer willkürlichen, offenbar zu grob gewählten Intervallbreite b begonnen und wussten nicht, wo wir mit dem Histogramm beginnen sollten. Diese letzte Frage ist nun genauso irrelevant geworden wie die Frage nach der Intervallbreite b, stattdessen haben wir uns zwei neue Parameter m und δ eingehandelt.

δ ist die Breite des sehr fein strukturierten, im Endergebnis aber gar nicht mehr präsentierten Histogramms. Dieses feine „latente" Histogramm wird nun geglättet, indem jeweils über $2m + 1$ Teilintervalle mit einem vorgegebenen Gewichtungsschema gemittelt wird.

Die hier angerissene Ausgleichstechnik ist in der englischen Literatur als: „averaged shifted histogramms" bekannt. Variiert man als weitere Freiheit zusätzlich noch die Form der Gewichte w_i kommt man zur , der „weighted average of rounded points". Die Wahl des optimalen m und δ wird dort behandelt, wir können hier nicht weiter darauf eingehen.

18.2 Kerndichteschätzer

Die Idee der Glättung durch Mittelung lässt sich noch weiter ausbauen. Wir lassen in Gedanken die Intervallbreite δ der Teilintervalle gegen null gehen und ersetzen das diskrete Gewichtungsschema von Abb. 18.5 durch eine stetige Gewichtsfunktion. Darüber hinaus verzichten wir darauf, die Daten zu gruppieren und arbeiten mit den Originaldaten selbst.

Dazu gehen wir noch einmal zurück zu den Überlegungen bei der Einführung des Histogramms. In Gedanken ließen wir Regentropfen auf eine Fläche fallen und wollten anschließend feststellen, wo und wie hoch das Wasser steht. Da die Tropfen sofort auseinanderliefen, haben wir dann vertikale Trennwände gezogen und kamen zu den Histogrammen.

Jetzt verzögern wir das Auseinanderfließen und lassen in Gedanken zähflüssigen Honig auf die Fläche tropfen. Wir wählen zwei- statt dreidimensionaler Tropfen und geben jedem Tropfen die Fläche eins als Masse. Mit einiger Fantasie könnten wir uns vorstellen, dass Abb. 18.6 einen Tropfens zeigt, der gerade an der Stelle $x = 3$ gefallen ist und nun auseinanderfließt.

Als Nächstes lassen wir 5 Tropfen an den Stellen 0, 1, 1.5, 3 und 6 fallen. Abb. 18.7 zeigt die Lage der Tropfen, wenn sie sich körperlos durchdringen könnten.

Aber wir haben den Tropfen ja eine Masse zugewiesen und daher überlagern sie sich, wie Abb. 18.8 zeigt.

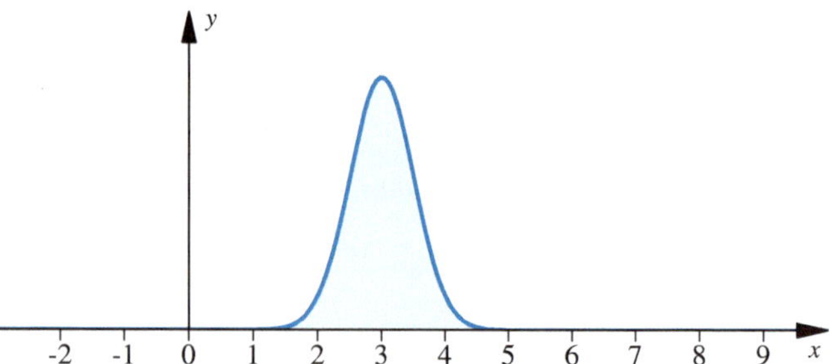

Abb. 18.6 Das Bild eines auseinanderfließenden Tropfens

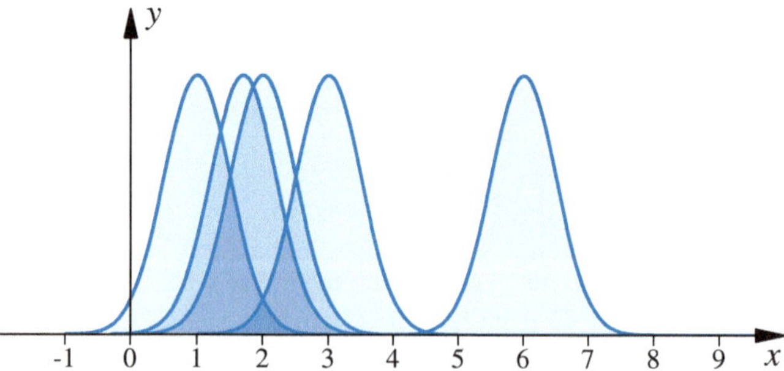

Abb. 18.7 Fünf Tropfen, die sich gegenseitig nicht behindern sollen, an den Stellen 1, 1.5, 2, 3 und 6

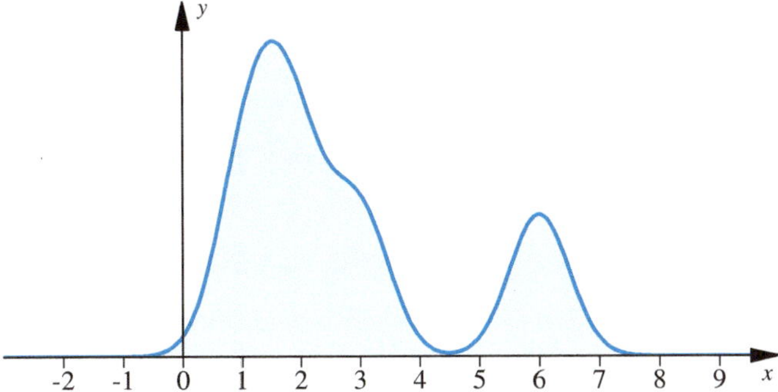

Abb. 18.8 Fünf Tropfen, die sich additiv überlagern, an den Stellen 1, 1.5, 2, 3 und 6

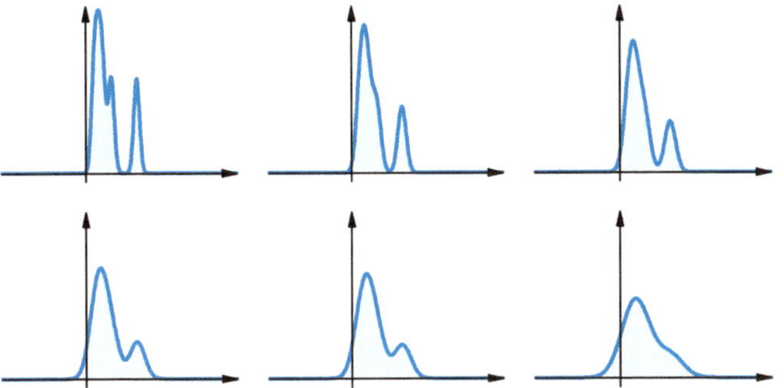

Abb. 18.9 Die Tropfen zerfließen im Laufe der Zeit und verschmelzen miteinander

Nun lassen wir etwas Zeit verstreichen und schauen, wie die Tropfen allmählich verschmelzen und aus- und ineinander fließen (Abb. 18.9).

Jede Phase dieses Verschmelzungsprozesses lässt sich als Illustration einer Häufigkeitsverteilung dieser 5 Datenpunkte 0, 1, 1.5, 3 und 6 ansehen.

Wir wollen diese Idee nun aufgreifen und formalisieren.

Während wir beim Histogramm Individuen anhand ihrer Ausprägungen in Intervallgruppen zusammengefasst haben und diesen Gruppen dann Flächen als Maßzahlen ihrer Häufigkeit zugewiesen haben, repräsentieren wir nun die Individuen unmittelbar durch Flächen und überspringen den Prozess der Gruppenbildung. Wir können dies auch dadurch rechtfertigen, dass bei stetigen Merkmalen die beobachtete Ausprägung x_i nur eine zufällige Realisation aus einem Kontinuum von Möglichkeiten ist. Statt x_i hätte genauso gut ein Wert in der Umgebung von x_i gemessen werden können.

Zur Kennzeichnung von Flächen wie von Individuen verwenden wir die sogenannten Kernfunktionen.

Definition Kernfunktion

Die Kernfunktion $K(x)$ ist eine symmetrische, nicht negative Funktion mit $\int_{-\infty}^{+\infty} K(x)\,dx = 1$.

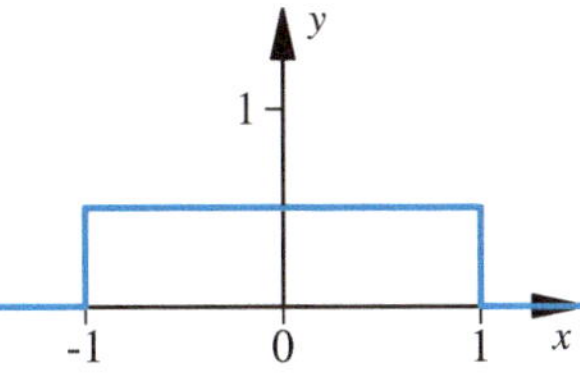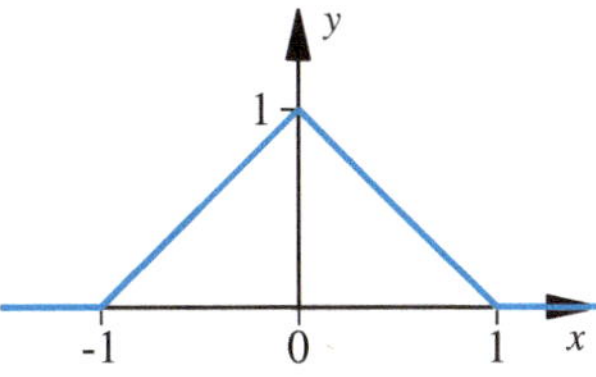

Abb. 18.10 Der Rechtecks- und der Dreieckskern

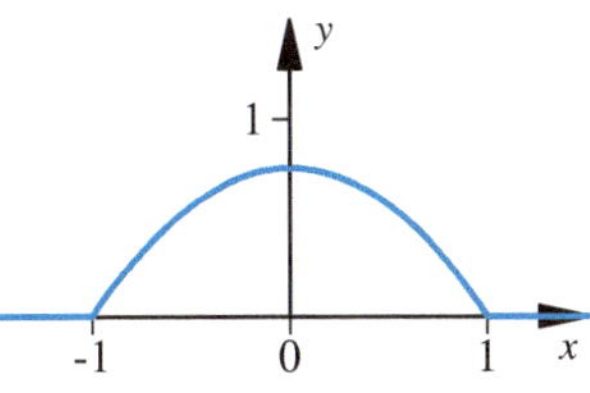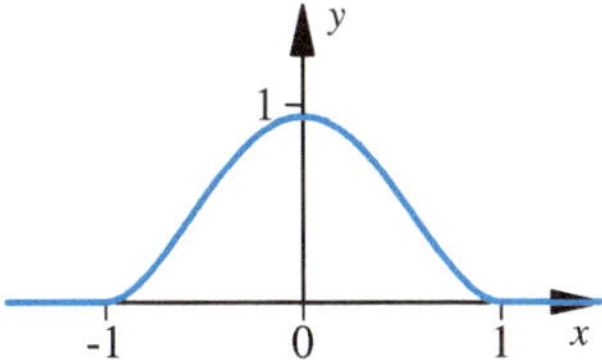

Abb. 18.11 Der Epanechnikow- und der Quartkern

In unserem Honigtropfenbeispiel haben wir die Funktion

$$K(x) = \frac{1}{\sqrt{2\pi}} e^{-\frac{x^2}{2}},$$

die Gauß'sche Glockenkurve, verwendet. (Wie wir später sehen werden, sind Kernfunktionen Dichtefunktionen stetiger zufälliger Variabler, aber dies spielt hier keine Rolle.) Andere Kernfunktionen sind zum Beispiel:

Der Rechteckskern $K(x) = \frac{1}{2} I_{|x|\leq 1}.$

Der Dreieckskern $K(x) = (1 - |x|)\, I_{|x|\leq 1}.$

Der Epanechnikowkern $K(x) = \frac{3}{4}\left(1 - x^2\right) I_{|x|\leq 1}.$

Der Quartkern $K(x) = \frac{15}{16}\left(1 - x^2\right)^2 I_{|x|\leq 1}.$

Dabei ist $I_{|x|\leq 1}$ die Indikatorfunktion des Intervalls $[-1, +1]$. Die Abb. 18.10 und 18.11 zeigen die vier Kernfunktionen.

Den Prozess des „Auseinanderfließens" beschreiben wir durch eine Skalenänderung:

$$\frac{1}{\sigma} K\left(\frac{x}{\sigma}\right).$$

Dabei heisst σ die „Fensterbreite" der Kernfunktion. Je kleiner σ, umso schärfer markiert der Kern jede einzelne Beobachtung, je größer σ, umso stärker verschmelzen die Beobachtungen miteinander. Zur Kennzeichnung einer Häufigkeitsverteilung wird eine Kernfunktion $K(x)$ und eine Fensterbreite σ fest gewählt. Dann wird jeder Punkt x_i durch die Funktion

$$x_i \rightarrow \frac{1}{\sigma} K\left(\frac{x - x_i}{\sigma}\right)$$

gekennzeichnet, hierbei wird die Kernfunktion $K_\sigma(x)$ parallel so verschoben, dass ihr Symmetriezentrum über dem Punkt x_i liegt. Die gesamte Häufigkeitsverteilung $\widehat{h}(x)$ der Punktmenge $x_1, \ldots, x_n$ wird schließlich durch die additive Überlagerung aller dieser Funktionen beschrieben:

$$\widehat{h}(x) = \frac{1}{\sigma} \sum_{i=1}^{n} K\left(\frac{x - x_i}{\sigma}\right).$$

Sollen statt der absoluten Häufigkeiten die relativen Häufigkeiten dargestellt werden, dividiert man $\widehat{h}(x)$ durch die Anzahl aller Beobachtungen. Die so gewonnene Verteilung nennt man eine Kerndichteschätzung.

Wir sprechen von „einer" Kerndichteschätzung, denn wir erhalten zu jeder Wahl von K und jedem σ eine andere Schätzung.

Beispiel Als Beispiel betrachten wir die Buffalo-Schneehöhe-Daten aus dem Beispiel auf S. 206. Unter Verwendung der Gauß'schen Kernfunktion erhalten wir als Schätzung der Häufigkeitsdichte für $n = 63$:

$$\widehat{f}(x) = \frac{1}{63\sigma\sqrt{2\pi}} \sum_{i=1}^{63} e^{-\frac{1}{2}\left(\frac{x-x_i}{\sigma}\right)^2}.$$

Die folgenden Abbildungen zeigen die Gestalten von $\widehat{f}$, wenn wir σ schrittweise von 1 bis 5 vergrößern.

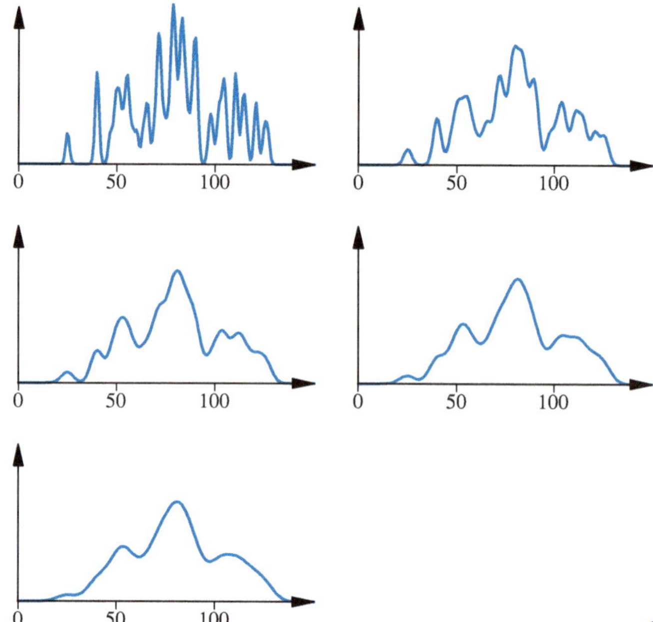

Wir sehen: Je kleiner die Fensterbreite σ ist, umso unruhiger ist die Darstellung der Verteilung. Mit wachsendem σ verschwinden die Rauhigkeiten, die Darstellung wird glatter, die wesentlichen Züge treten deutlicher hervor. In jedem Fall wird die relative Häufigkeit der Ausprägungen in einem Intervall durch die Fläche über diesem Intervall geschätzt.

Zwei große Fragen bleiben: Welcher Kern und welches σ ist zu nehmen? Dazu lässt sich prinzipiell sagen, dass die Wahl des Kerns nicht entfernt den Einfluss hat, wie die Wahl der Fensterbreite. Bei zwei verschiedenen Kernen K_1 und K_2 lassen sich in der Regel Fensterbreiten σ_1 und σ_2 angeben, sodass die daraus gewonnenen Verteilungen einander im Wesentlichen entsprechen. Die Wahl von σ ist schwieriger. Es gibt Kriterien für eine optimale Wahl von σ, aber dazu müssen sowohl konkretere Vorstellungen über die Gestalt der „wahren" Dichte f vorliegen, die durch $\widehat{f}$ geschätzt werden soll, als auch präzise Gütekriterien aufgestellt werden. Beides und eine tiefere Fundierung gehen über den Rahmen des Buches weit hinaus und können hier nicht geleistet werden.

Vertiefung: Kovarianzmatrix und Konzentrationsellipsen

Betrachtet man m Merkmale gemeinsam, fasst man alle Varianzen und paarweisen Kovarianzen in einer $m \times m$-Matrix $\mathbf{C}$, der Kovarianzmatrix, zusammen. Diese gibt einen ersten Eindruck von den gegenseitigen Abhängigkeiten der Merkmale.

Die durch $\mathbf{C}$ definierte **Konzentrationsellipse** gestattet eine mehrdimensionale Verallgemeinerung der Ungleichung von Tschebyschev. Wir betrachten hier zur Einführung jedoch nur ein zweidimensionales Merkmal.

Die empirischen Varianzen und Kovarianzen eines zweidimensionalen Merkmals (X, Y) lassen sich in der empirischen **Kovarianzmatrix**

$$\mathbf{C} = \begin{pmatrix} \mathrm{var}\,(\mathbf{x}) & \mathrm{cov}\,(\mathbf{x}, \mathbf{y}) \\ \mathrm{cov}\,(\mathbf{x}, \mathbf{y}) & \mathrm{var}\,(\mathbf{y}) \end{pmatrix}$$

zusammenfassen. Dabei können wir ohne Einschränkung der Allgemeinheit voraussetzen, dass die beiden Merkmale zentriert sind, d. h. $\bar{x} = \bar{y} = 0$. Bilden wir aus X und Y ein neues Merkmal $Z = aX + bY$, so ist nach der Summenformel von S. 1370:

$$0 \leq \mathrm{var}\,(\mathbf{z}) = a^2 \,\mathrm{var}\,(\mathbf{x}) + 2ab\,\mathrm{cov}\,(\mathbf{x}, \mathbf{y}) + b^2 \,\mathrm{var}\,(\mathbf{y})$$

$$= (a, b)\,\mathbf{C} \begin{pmatrix} a \\ b \end{pmatrix}.$$

$\mathbf{C}$ ist daher eine nicht-negativ-definite symmetrische Matrix. Ist $(a, b)\,\mathbf{C} \begin{pmatrix} a \\ b \end{pmatrix} = 0$, so folgt $\mathrm{var}\,(\mathbf{z}) = 0$. Da wegen der Zentrierung auch $\bar{z} = 0$ ist, muss dann für alle i auch $z_i = 0 = ax_i + by_i$ sein. Das heißt, die Vektoren $\mathbf{x} = (x_1, \ldots, x_n)^T$ und $\mathbf{y} = (y_1, \ldots, y_n)^T$ sind linear abhängig. Sind also die Merkmale nicht voneinander linear abhängig, d. h. $r^2 \neq 1$, so ist $\mathbf{C}$ positiv-definit und daher invertierbar. Ist $r^2 \neq 1$, so ist die **Konzentrationsellipse** $\mathcal{E}_k$ der zentrierten Punktwolke $\{(x_1, y_1), \ldots, (x_n, y_n)\}$ zum Radius k definiert als:

$$\mathcal{E}_k = \left\{ (x, y) \mid (x, y)\,\mathbf{C}^{-1} \begin{pmatrix} x \\ y \end{pmatrix} \leq k^2 \right\}$$

$$= \left\{ (x, y) \,\left|\, \frac{1}{1 - r^2} \left(\frac{x^2}{\mathrm{var}\,(x)} - \frac{2rxy}{\sqrt{\mathrm{var}\,(x)\,\mathrm{var}\,(y)}} \right.\right.\right.$$

$$\left.\left.\left. + \frac{y^2}{\sqrt{\mathrm{var}\,(y)}} \right) \leq k^2 \right\}\right.$$

Mit variierendem k^2 erhält man die Schar der Konzentrationsellipsen. Diese Ellipsen haben denselben Mittelpunkt $(0, 0)$ und gleiche Richtungen der Hauptachsen; die Proportionen der Achsenlängen untereinander sind konstant. Die Längen der Hauptachsen sind proportional zu k. Mit diesen Ellipsen lässt sich die Ungleichung von Tschebyschev auf zweidimensionale Punktwolken erweitern: Der Anteil der Punkte (x_i, y_i) innerhalb der Ellipse $\mathcal{E}_k$ ist mindestens $1 - \frac{2}{k^2}$, der Anteil der Punkte außerhalb von $\mathcal{E}_k$ ist höchstens $\frac{2}{k^2}$. Auf S. 1368 haben wir die Ellipsenregel zur Bestimmung des Korrelationskoeffizienten eine geometrische Heuristik vorgestellt. Ersetzen wir die freihändig gezeichnete Ellipse durch eine Konzentrationsellipse, wird aus der Approximation eine Gleichung: Zum Beweis können wir mit standardisierten Merkmalen arbeiten, da die Korrelation sich bei der Standardisierung nicht ändert und dann der Rand der Konzentrationsellipse $\mathcal{E}_k$ eine besonders einfache Gestalt hat, nämlich

$$x^2 - 2rxy + y^2 = k^2 \left(1 - r^2\right). \tag{18.1}$$

Die Koordinaten des höchsten Punktes (x_1, D) der Ellipse erhält man aus der Ellipsengleichung durch implizite Ableitung von y nach x und Nullsetzen der Ableitung. Dies liefert $x_1 - rD = 0$. Setzen wir $x_1 = rD$ in die Ellipsengleichung ein, erhalten wir $D^2 = k^2$. Der Schnittpunkt der Ellipse mit der y-Achse hat die Koordinaten $(0, d)$. Aus der Ellipsengleichung (18.1) folgt:

$$d^2 = k^2 \left(1 - r^2\right).$$

Also ist

$$\frac{d^2}{D^2} = 1 - r^2.$$

Im Beispiel auf S. 1367 des Hauptwerks haben wir für eine Punktwolke aus 10 Punkten die Mittelwerte $\bar{x} = 6$ und $\bar{y} = 27.771$ und in der Fortsetzung auf S. 1370 Standardabweichungen $s_x = 3.71$ und $s_y = 9.01$ und die Korrelation $r(x, y) = 0.888$ berechnet. Zu dieser Punktwolke gehört die Schar der Konzentrationsellipsen

$$\left(\frac{x - 6}{3.71}\right)^2 - 2 \cdot 0.888 \cdot \left(\frac{x - 6}{3.71}\right) \cdot \left(\frac{y - 27.771}{9.01}\right)$$

$$+ \left(\frac{y - 27.771}{9.01}\right)^2 = k^2 (1 - 0.888^2)$$

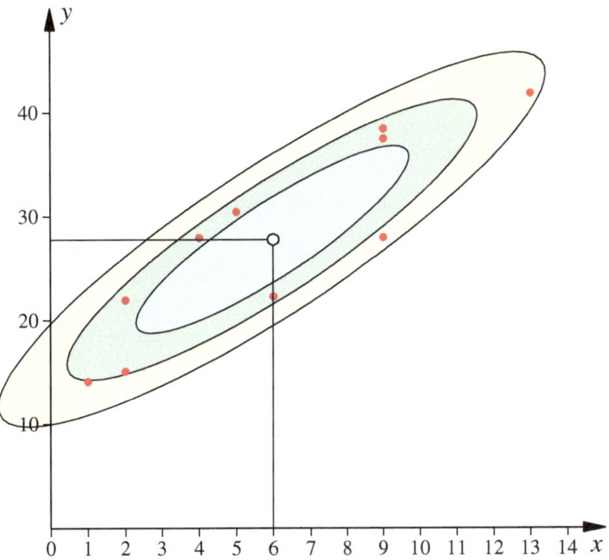

Übersicht: Kovarianz und Korrelation

Wir stellen die wichtigsten Aussagen über Kovarianz und Korrelationskoeffizienten zusammen.

- Die **empirische Kovarianz** der Punktwolke $\{(x_i, y_i) : i = 1, \ldots, n\}$ ist definiert als:

$$\mathrm{cov}\,(\{x_i, y_i\}) = \frac{1}{n} \sum_{i=1}^{n} (x_i - \overline{x})\,(y_i - \overline{y})$$

$$= \frac{1}{n} \sum_{i=1}^{n} x_i \cdot y_i - \overline{x}\,\overline{y}$$

- Schreibweisen:

$$\mathrm{cov}\,(\{x_i, y_i\}) = \mathrm{cov}\,(\mathbf{x}, \mathbf{y}) = s\,(\mathbf{x}, \mathbf{y}) = s_{\mathbf{xy}}$$

- Eigenschaften der Kovarianz:

$$\mathrm{cov}\,(\mathbf{x}, \mathbf{x}) = \mathrm{var}(\mathbf{x})$$
$$\mathrm{cov}(\mathbf{x}, \mathbf{y}) = \mathrm{cov}(\mathbf{y}, \mathbf{x})$$
$$\mathrm{cov}\,(\alpha\mathbf{1} + \beta\mathbf{x}, \gamma\mathbf{1} + \delta\mathbf{y}) = \beta\delta\,\mathrm{cov}\,(\mathbf{x}, \mathbf{y})$$
$$\mathrm{cov}\,(\mathbf{z}, \mathbf{x} + \mathbf{y}) = \mathrm{cov}\,(\mathbf{z}, \mathbf{x}) + \mathrm{cov}\,(\mathbf{z}, \mathbf{y})$$
$$\mathrm{var}(\mathbf{x} + \mathbf{y}) = \mathrm{var}(\mathbf{x}) + \mathrm{var}(\mathbf{y})$$
$$+ 2 \cdot \mathrm{cov}(\mathbf{x}, \mathbf{y})$$
$$\mathrm{var}(\sum_{i=1}^{n} \mathbf{x}_i) = \sum_{i=1}^{n} \mathrm{var}(\mathbf{x}_i)$$
$$+ 2 \cdot \sum_{i<j} \mathrm{cov}(\mathbf{x}_i, \mathbf{x}_j)$$

- Der **Korrelationskoeffizient** ist die Kovarianz der standardisierten Daten:

$$r\,(\mathbf{x}, \mathbf{y}) = \frac{\mathrm{cov}\,(\mathbf{x}, \mathbf{y})}{\sqrt{\mathrm{var}(\mathbf{x}) \cdot \mathrm{var}(\mathbf{y})}} = \frac{s_{xy}}{s_x s_y}$$

$$= \frac{\sum_{i=1}^{n} (x_i - \overline{x})(y_i - \overline{y})}{\sqrt{\sum_{i=1}^{n}(x_i - \overline{x})^2 \cdot \sum_{i=1}^{n}(y_i - \overline{y})^2}}$$

- Eigenschaften:
  - Beschränktheit

$$-1 \leq r\,(\mathbf{x}, \mathbf{y}) \leq +1$$

  - Linearität im Grenzfall

$$r(x, y) = 1 \iff y_i = \alpha + \beta x_i;$$
$$\text{mit } \beta > 0.$$
$$r(x, y) = -1 \iff y_i = \alpha + \beta x_i;$$
$$\text{mit } \beta < 0.$$

  - Invarianz gegen lineare Transformationen

$$r\,(\mathbf{x}, \mathbf{y}) = r\,(\alpha\mathbf{1} + \beta\mathbf{x}, \gamma\mathbf{1} + \delta\mathbf{y})$$

- Ellipsenformel für Konzentrationsellipsen

$$r\,(\mathbf{x}, \mathbf{y})^2 = 1 - \left(\frac{d}{D}\right)^2$$

- Die Korrelation ist der Kosinus des Winkels zwischen den zentrierten Merkmalsvektoren

$$r\,(\mathbf{x}, \mathbf{y}) = \cos\,(\alpha)$$

- Die **Rangkorrelation**: Besitzen n Objekte ω_1, ..., ω_n ein zweidimensionales ordinales Merkmal, bei dem die Ausprägungen (x_i, y_i) durch die Rangzahlen $(\mathrm{Rang}(x_i), \mathrm{Rang}(y_i))$ ersetzt sind, so ist die Rangkorrelation zwischen X und Y die Korrelation der Rangzahlen. Treten keine Bindungen auf, so ist

$$r(\mathrm{Rang}(X), \mathrm{Rang}(Y))$$
$$= 1 - \frac{6 \sum_{i=1}^{n} (\mathrm{Rang}(x_i) - \mathrm{Rang}(y_i))^2}{n(n^2 - 1)}.$$

- Bei drei Merkmalen X, Y und Z misst die **partielle Korrelation**

$$r(x, y)_{\bullet z} = \frac{r(x, y) - r(x, z)r(z, y)}{\sqrt{(1 - r(x, z)^2)(1 - r(y, z)^2)}}$$

die Korrelation zwischen den Anteilen von X und Y, die sich nicht durch einen linearen Einfluss von Z erklären lassen. Geometrisch lässt sich die partielle Korrelation $r(x, y)_{\bullet z}$ veranschaulichen. Wir berechnen die Formel im Anhang des Buchs „Statistik für Anwender" auf S. 457. Dazu betrachten wir drei zentrierte Vektoren x, y und z. Wir falten ein Blatt Papier in der Mitte, legen den Vektor z in die Knicklinie, x in die eine Hälfte und y in die andere Hälfte des Blattes. Die Korrelation $r(x, y)$ ist der Kosinus des Winkels α zwischen x und y. Die partielle Korrelation ist der Kosinus des Winkels β zwischen den beiden Blatthälften.

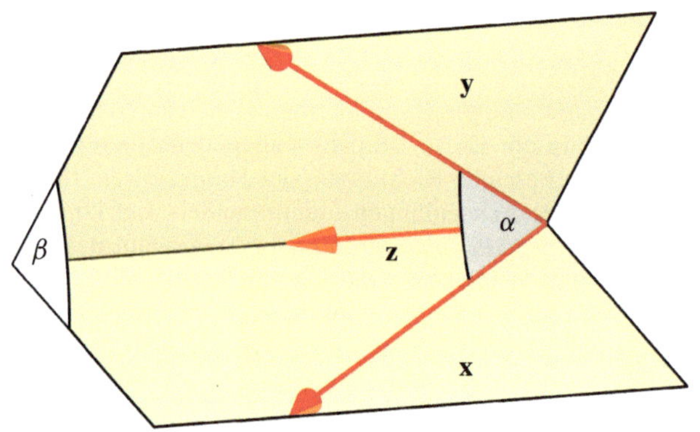

Wahrscheinlichkeit – Die Gesetze des Zufalls (zu Kap. 37)

19

Existiert Wahrscheinlichkeit oder ist es nur ein Begriff?

Wie kann man mit Wahrscheinlichkeiten rechnen?

Wie wahrscheinlich ist ein *Sechser* im Lotto?

© Springer-Verlag GmbH Deutschland 2017
T. Arens et al., *Ergänzungen und Vertiefungen zu Arens et al., Mathematik*, DOI 10.1007/978-3-662-53585-1_19

Der Begriff *Wahrscheinlichkeit* steht für ein Denkmodell, mit dem sich *zufällige Ereignisse* erfolgreich beschreiben lassen. Das Faszinierende an diesem Modell ist die offensichtliche Paradoxie, dass mathematische Gesetze für *regellose* Erscheinungen aufgestellt werden. Über die Frage, was *Wahrscheinlichkeit* eigentlich inhaltlich ist, und ob *Wahrscheinlichkeit an sich* überhaupt existiert, sind die Meinungen gespalten.

Die *objektivistische Schule* betrachtet Wahrscheinlichkeit als eine quasi-physikalische Größe, die unabhängig vom Betrachter existiert, und die sich bei wiederholbaren Experimenten durch die relative Häufigkeit beliebig genau approximieren lässt.

Der *subjektivistischen Schule* erscheint diese Betrachtung suspekt, wenn sie nicht gar als Aberglaube verurteilt wird. Für die *Subjektivisten* oder *Bayesianer*, wie sie aus historischen Gründen auch heißen, ist Wahrscheinlichkeit nichts anderes als eine Gradzahl, die angibt, wie stark das jeweilige Individuum an das Eintreten eines bestimmten Ereignisses glaubt.

Fassen wir einmal die uns umgebenden mehr oder weniger zufälligen Phänomene der Realität mit dem Begriff „die Welt" zusammen, so können wir überspitzt sagen: Der Objektivist modelliert *die Welt*, der Subjektivist modelliert sein *Wissen über die Welt*.

Es ist nicht nötig, den Konflikt zwischen den Wahrscheinlichkeits-Schulen zu lösen. Was alle Schulen trennt, ist die Interpretation der Wahrscheinlichkeit und die Leitideen des statistischen Schließens; was alle Schulen verbindet, sind die für alle gültigen mathematischen Gesetze, nach denen mit Wahrscheinlichkeiten gerechnet wird. Dabei greifen alle auf den gleichen mathematischen Wahrscheinlichkeits-Begriff zurück, der aus den drei Kolmogorov-Axiomen entwickelt wird.

Die folgenden Abschnitte sind aus dem Werk Kockelkorn „Statistik für Anwender" entnommen, beziehen sich inhaltlich auf Kapitel 37 aus Arens et al. *Mathematik*.

19.1 Über den richtigen Umgang mit Wahrscheinlichkeiten

Mit Wahrscheinlichkeiten kann man gut rechnen, und am Ende kommt eine wohlbestimmte Zahl heraus. Das macht für viele den Reiz der Theorie aus. Aber die Interpretation dieser Zahl ist problematisch und vor allem der Modellrahmen, in dem diese Rechnungen eingebettet wurden.

So hatte zum Beispiel vor mehr als einem Vierteljahrhundert die zuständige amerikanische Raumfahrtbehörde die Wahrscheinlichkeit für einen Absturz eines Space Shuttle mit 1:1000 berechnet. Diese Zahl ergab sich aus dem Produkt der Ausfallwahrscheinlichkeiten der einzelnen Komponenten. Im Jahr 1986 aber stürzte das Space Shuttle *Challenger* ab. Man hatte zwar „alle" Fehlerwahrscheinlichkeiten korrekt multipliziert, aber auf die Idee, dass ein Fehler auftreten könnte, an den man nicht gedacht hatte, kam niemand. Die Rechnung war richtig,

aber das Modell falsch. Eine empirische Schätzung der Absturzwahrscheinlichkeit auf der Basis der realisierten Starts lag bei 2 %.

Achtung Korrekt berechnete Wahrscheinlichkeiten im falschen Modell können katastrophale Konsequenzen haben. ◄

Eine andere oft gestellte Frage ist, ob wir über ein determiniertes Ereignis eine Wahrscheinlichkeitsaussage machen können. Dazu ein Beispiel.

Beispiel Ich werfe einen fairen Würfel, er wird mit Wahrscheinlichkeit 1/6 eine Sechs zeigen. Nun liegt der Würfel auf dem Tisch. Mein Mitspieler hat die Zahl gesehen, eine Drei liegt oben. Aber er hat den Würfel schnell wieder mit dem Würfelbecher bedeckt. Ich kenne die Zahl nicht. Kann ich jetzt noch sagen: „Mit Wahrscheinlichkeit 1/6 liegt eine Sechs oben"? Es gibt ja kein zufälliges Ereignis mehr, oder genauer gesagt, es hat schon stattgefunden. Hat sich in irgendeinem magischen Augenblick die Wahrscheinlichkeit verflüchtigt? Die Sorge ist unbegründet. Die Wahrscheinlichkeit liegt nicht im Würfel und nicht im Wurf, sondern in unserem Modell und in unserer Entscheidung, ob das Modell unserem Wissen angemessen sei. Wenn wir das Modell „Der Würfel zeigt jede Zahl mit der gleichen Wahrscheinlichkeit 1/6" vor dem Wurf für adäquat halten, dann spricht nichts dagegen, auch dem verdeckten, aber unbekannten Ergebnis die Wahrscheinlichkeit 1/6 zuzuweisen. ◄

Unabhängige Ereignisse haben keine Erinnerung, Menschen dagegen schon. Viele „unglaublichen" Ereignisse sind gar nicht so überraschend, da sie im Rückblick gesehen und nicht als Prognose geäußert wurden. Dazu ein Beispiel:

Beispiel Am 21.9.2010 und am 16.10.2010 wurden beim israelischen Lotto zweimal hintereinander dieselben Lottozahlen 13, 14, 26, 32, 33 und 36 gezogen. Dieses Ereignis wurde weltweit und auch in fast allen deutschen Tageszeitungen zitiert. Die Wahrscheinlichkeit für ein solches zufälliges Ereignis läge bei 1 zu $4 \cdot 10^{12}$ wurde ein israelischer Statistiker zitiert. Nehmen wir einmal an, beim israelischen Lotto würden ähnlich wie bei deutschen Lotto, diesmal aber nur 6 aus 37 Zahlen gezogen werden, dann ist die die Wahrscheinlichkeit für 6 Richtige gerade $1 : \binom{37}{6} = 1 : 2.3 \cdot 10^6$ und die Wahrscheinlichkeit, dass zweimal hintereinander dieselben Zahlen gezogen werden $1 : \binom{37}{6}^2 = 1 : 5.4 \cdot 10^{12}$. So weit ist alles richtig. Aber wieso diese Aufregung? Die Ziehungen an jedem Wochenende sind unabhängig voneinander. Infolgedessen ist am 16.10.2010 die Wahrscheinlichkeit, dass die Zahlen 13, 14, 26, 32, 33 und 36 gezogen werden, genauso groß, wie sie es am 21.9.2010 waren, nämlich $1 : 2.3 \cdot 10^6$. Es war daher am 16.10.2010 genauso rational bzw. irrational auf die Zahlen 13, 14, 26, 32, 33 und 36 zu setzen, wie es eine Woche vorher war. Wenn wir aber über das so maßlos unerwartete Zusammentreffen zweier identischen Ziehung erstaunen, zeigt es doch nur, dass wir uns über die minimale Wahrscheinlichkeit eines Sechsers im Lotto nicht bewusst sind. Nebenbei, die *A-priori*-Wahrscheinlichkeit von $1 : 5.4 \cdot 10^{12}$ für eine Doppelziehung dieser Zahlen ist nur für eine Prognose relevant. Sie ist im Rückblick, wenn wir die erste gezogene Zahlenserie kennen, für den Schluss auf die zweite Serie irrelevant, da beide Ziehungen voneinander unabhängig sind. ◄

Nicht nur der Umgang mit unabhängigen Ereignissen, sondern vor allem auch der mit bedingten Wahrscheinlichkeiten ist heikel. Vor allem sind Schlussfolgerungen, die sich auf bedingte Wahrscheinlichkeiten stützen, völlig verschieden, je nachdem, ob wir $P(A \mid B)$ oder $P(B \mid A)$ betrachten. Das soll an einigen Beispielen erläutert werden.

Beispiel Ein bayerischer Innenminister hat aus der Erkenntnis, dass fast jeder Heroinabhängige mit Marihuana angefangen hat, die Schlussfolgerung gezogen, dass Marihuana zu verbieten sei. Formalisieren wir diese Angaben. Es seien A und B die Ereignisse A: „Der Mann hat früher Marihuana geraucht" und B: „Der Mann ist heroinabhängig". Weiter ist $P(A \mid B) \approx 1$. Was folgt daraus – rein statistisch formal – für $P(B \mid A)$?

Zur Verdeutlichung verändern wir die Inhalte der Ereignisse und verwenden für A: „Der Mann war früher ein Kind" und B: „Der Mann ist ein Mörder". Dann ist $P(A \mid B) = 1$. Das steht nicht im Widerspruch zur optimistischen Aussage $P(B \mid A) \approx 0$.

Die Forderung des Innenministers mag zwar für sich sinnvoll sein, sollte sich aber nicht auf $P(A \mid B) \approx 1$, sondern auf die hier nicht genannte Wahrscheinlichkeit $P(B \mid A)$ stützen. ◄

Bei bedingten Wahrscheinlichkeiten kommt es darauf an, ob auch relevante Bedingungen genannt werden. Im Mordprozess gegen den amerikanischen Footballstar Simpson entkräfteten die Anwälte des Angeklagten den Vorwurf, Simpson habe seine Frau schon früher geschlagen mit einem stochastischen Argument und konnten so offenbar die Jury überzeugen.

Beispiel Es sei MSF das Ereignis: „Der Mann schlägt seine Frau" und MEF das Ereignis: „Der Mann ermordet seine Frau". Die Wahrscheinlichkeit $P(\text{MEF} \mid \text{MSF})$, dass ein Mann, der seine Frau schlägt, diese auch ermordet, ist aus Statistiken der Gerichte bekannt. Sie ist glücklicherweise relativ klein $P(\text{MEF} \mid \text{MSF}) \approx 1 : 2500$.

Demnach, folgerten die Anwälte, ist die Tatsache, dass Simpson seine Frau schlug, für den Mordvorwurf unerheblich.

Aber auf diese Wahrscheinlichkeit $P(\text{MEF} \mid \text{MSF})$ kommt es hier nicht an. Die wichtigste Bedingung wurde hier ausgelassen, nämlich das Ereignis FE: „Die Frau wurde ermordet". Hier gilt leider $P(\text{MEF} \mid \text{MSF} \cap FE) = 8/9$. In 8/9 aller Fälle, in denen die Ehefrau ermordet wurde und der Ehemann seine Frau geschlagen hatte, war dieser auch der Täter. ◄

Ein geradezu klassisches Beispiel für die Verwirrungen, die durch die Verwechslung von zufälligen Ereignisen und deterministischen Modelleinschränkungen entstehen, ist das sogenannte Ziegenproblem. Wir betrachten eine Reihe von Varianten.

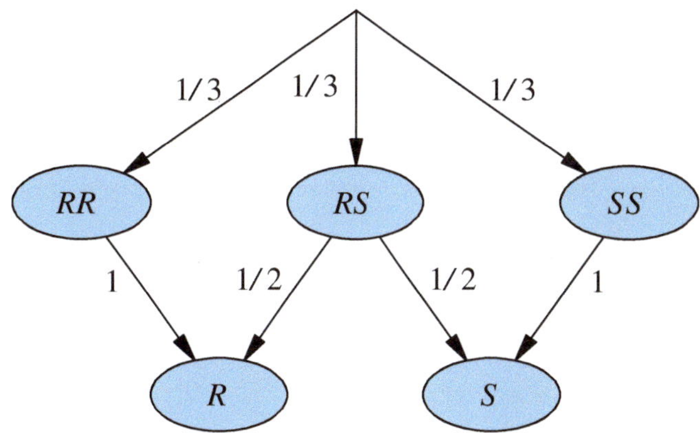

Abb. 19.1 Liegt R oben, so ist es doppelt so wahrscheinlich, dass auch R unten liegt, wie dass S unten liegt

Beispiel: Kartenparadoxon 1 Wir betrachten drei Karten, die sich nur in einer einzigen Beziehung unterscheiden: Die erste Karte ist auf der Vorder- und der Rückseite rot (RR), die zweite auf beiden Seiten schwarz (SS), und die dritte auf einer Seite rot und der anderen Seite schwarz gefärbt (RS).

Eine der drei Karten wird zufällig gezogen und auf den Tisch gelegt. Die Oberseite ist rot. Welche Farbe hat die Unterseite? Was halten Sie von folgender Argumentation?

Da Rot oben liegt, kann es sich nicht um die Karte (SS), es muss sich allein um die Karten (SR) oder (RR) handeln. Beide Fälle sind gleichwahrscheinlich. Ich biete Ihnen daher eine offensichtlich faire Wette an: Sie kriegen einen Euro, wenn Schwarz unten liegt, und ich, wenn Rot unten liegt.

Bei dieser Wette werden Sie verlieren, denn die Wahrscheinlichkeit, dass Rot unten liegt, ist doppelt so groß wie die Wahrscheinlichkeit für Schwarz. Ohne großen Formalismus können Sie sich dies so erklären: Mit Wahrscheinlichkeit 2/3 wird eine homogene Karte, also RR oder SS gezogen. Nur mit Wahrscheinlichkeit 1/3 wird die einzige inhomogene Karte nämlich RS gezogen. Wenn aber eine homogene Karte gezogen wird und R oben liegt, kann es sich nur um die Karte RR handeln. Formal geht es so:

$$P(RR \mid R_{\text{oben}}) = \frac{P(RR \cap R_{\text{oben}})}{P(R_{\text{oben}})}$$

$$= \frac{P(RR)}{P(R_{\text{oben}} \mid RR)\, P(RR) + P(R_{\text{oben}} \mid SR)\, P(SR)}$$

$$= \frac{1}{P(R_{\text{oben}} \mid RR) + P(R_{\text{oben}} \mid SR)},$$

denn $P(RR) = P(SR)$. Weiter sind $P(R_{\text{oben}} \mid RR) = 1$ und $P(R_{\text{oben}} \mid SR) = 0.5$. Also:

$$P(RR \mid R_{\text{oben}}) = \frac{1}{1.5} = \frac{2}{3}.$$

Siehe auch Abb. 19.1. ◄

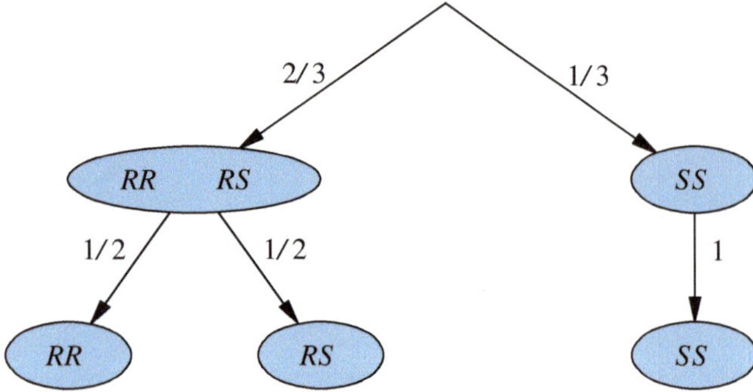

Abb. 19.2 Wird nur die Information „R" gegeben, so ist RR genauso wahrscheinlich wie RS

Beispiel: Kartenparadoxon 2 Wir ändern die Bedingungen aus dem Beispiel „Kartenparadoxon 1" geringfügig. Nun zieht ein neutraler Schiedsrichter die Karte, verbirgt sie vor uns und erklärt bloß: Die gezogenen Karte hat mindestens eine rote Seite. Wie groß ist die Wahrscheinlichkeit, dass die andere Seite rot ist?

Jetzt haben wir nur die Information erhalten, dass entweder die Karte (RR) oder (SR) gezogen wurde. Die relevante Wahrscheinlichkeit ist

$$
\begin{aligned}
P\left(RR \mid RR \cup SR\right) &= \frac{P\left(RR \cap (RR \cup SR)\right)}{P\left(RR \cup SR\right)} \\
&= \frac{P\left(RR\right)}{P\left(RR \cup SR\right)} = \frac{P\left(RR\right)}{P\left(RR\right) + P\left(SR\right)} = \frac{1}{2}.
\end{aligned}
$$

Was unterscheidet beide Modelle: Im ersten Fall haben wir zwei zufällige Ereignisse, nämlich die Ziehung der Karten und dann Ablage auf den Tisch. Im zweiten Fall ist das zweite Zufallsereignis entfallen und durch die Information „Ich sehe rot" ersetzt. Den zu diesem Beispiel passenden Graphen zeigt Abb. 19.2. ◀

Beispiel: Kartenparadoxon 3 Nun ändern wir das Kartenspiel und betrachten vier Karten mit gleicher Rückseite. Zwei Vorderseiten sind rot, zwei sind schwarz. Sie ziehen zufällig zwei Karten. In der Hand haben Sie genau eine der vier gleichwahrscheinlichen Kombinationen $(R, R), (S, R), (R, S)$ und (S, S). Achten wir nicht auf die Reihenfolge der Karten, so ist $P\left(RR\right) = P\left(SS\right) = \frac{1}{4}$ und $P\left(SR\right) = \frac{1}{2}$.

Wir betrachten wieder zwei ähnliche Situationen

1. Ihr Mitspieler zieht zufällig eine Ihrer Karten oder sie fällt Ihnen zufällig aus der Hand. Sie ist rot.
2. Sie blicken in Ihre Karten, ziehen bewusst eine rote Karte heraus und legen sie offen auf den Tisch.

Wie groß ist die Wahrscheinlichkeit, dass die andere Karte, die Sie noch auf der Hand haben, rot ist?

Im ersten Fall haben wir wie im Beispiel „Kartenparadoxon 1":

$$
\begin{aligned}
P\left(RR \mid R_{\text{oben}}\right) &= \frac{P\left(RR\right)}{P\left(R_{\text{oben}}\right)} \\
&= \frac{P\left(RR\right)}{P\left(R_{\text{oben}} \mid RR\right) P\left(RR\right) + P\left(R_{\text{oben}} \mid SR\right) P\left(SR\right)}.
\end{aligned}
$$

Nur sind jetzt $P\left(RR\right) = 1/4$ und $P\left(SR\right) = 1/2$. Also:

$$
P\left(RR \mid R_{\text{oben}}\right) = \frac{\frac{1}{4}}{1 \cdot \frac{1}{4} + \frac{1}{2}\frac{1}{2}} = \frac{1}{2}.
$$

Im zweiten Fall ist die Ziehung nicht zufällig geschehen. Wir finden daher:

$$
P\left(RR \mid RR \cup SR\right) = \frac{P\left(RR\right)}{P\left(RR\right) + P\left(SR\right)} = \frac{1/4}{1/4 + 1/2} = \frac{1}{3}.
$$
◀

Beispiel Nehmen wir mal an, Sie träfen mich zufällig auf dem Flughafen, und ich erzählte Ihnen, dass ich nach Zürich fliege, um meine Tochter zu besuchen. Im Laufe des Gesprächs erwähne ich noch, dass ich insgesamt zwei Kinder habe. Wie groß ist die Wahrscheinlichkeit, dass das andere Kind ein Junge ist?

Der Einfachheit halber nehmen wir an, dass ein neugeborenes Kind mit Wahrscheinlichkeit 1/2 ein Junge ist und das Geschlecht eines Kindes unabhängig vom Geschlecht seiner Geschwister ist.

Wir haben hier die gleiche Situation wie im Beispiel „Kartenparadoxon 3", nur ist das Merkmal Geschlecht gegen das Merkmal Farbe getauscht: Kürzen wir Junge mit J und Mädchen mit M ab und nennen das Geschlecht des erstgeborenen Kindes zuerst, dann sind die vier möglichen Fälle (JJ), (JM), (MJ) und (MM) gleichwahrscheinlich. Die Information, dass ich zu meiner Tochter reise, bedeutet nur, dass die Kombination (JJ) ausscheidet. Daher ist

$$
P\left(MM \mid MJ \cup JM \cup MM\right) = \frac{P\left(MM\right)}{P\left(MJ \cup JM \cup MM\right)} = \frac{1}{3}.
$$

Die Wahrscheinlichkeit, das das andere Kind ein Junge ist, ist also $\frac{2}{3}$. Hätte ich Ihnen jedoch noch gesagt, dass ich zu meiner Jüngsten fliege, wäre die Wahrscheinlichkeit, dass das andere, also das ältere Kind, ein Junge ist, wie zu erwarten $\frac{1}{2}$. ◀

Beispiel Das folgende Beispiel sorgt immer mal wieder für Aufregung in der Öffentlichkeit, obwohl es seit Jahrzehnten in vielen Lehrbüchern steht. Bei einem Spiel im Fernsehen darf der Gewinner am Ende des Spiels sich eine von drei verschlossenen Dosen A, B oder C wählen. und ihr einen Schlüssel entnehmen. Der Schlüssel passt zu einer von drei Türen a, b oder c. Hat er die richtige Tür bzw. Dose mit Schlüssel gewählt, öffnet sich die Tür. Dahinter steht ein Mercedes, und dieser gehört ihm. Hat er eine falsche Tür erwischt, so erwartet ihn hinter der Tür nur eine Ziege, die ihn spöttisch anmeckert.

Die Wahrscheinlichkeit, den Mercedes zu gewinnen, ist offenbar 1/3.

Ein Spieler hat gerade eine Dose gewählt, sagen wir die Dose A, da nimmt der Spielleiter eine der beiden am Tisch verbliebenen Dosen, sagen wir Dose B, entnimmt ihr den Schlüssel b, öffnet die dazugehörende Tür. Es erscheint eine Ziege. Nun fragt der Spieler, ob er seine Dose A gegen die letzte Dose C austauschen könne. Ihm gefalle jetzt Dose C besser als Dose A.

Ist dieses Verhalten rational?

Ja, der Tausch ist dann vorteilhaft, wenn wir davon ausgehen, dass der Spielleiter weiß, wo der richtige Schlüssel steckt und er nur eine „Ziegendose" öffnet. In diesem Fall verdoppelt der Spieler seine Gewinnchancen. Wir können dies ohne große Rechnung leicht sehen: Mit Wahrscheinlichkeit 1/3 hat der Spieler die richtige Dose ergriffen. Mit Wahrscheinlichkeit 2/3 liegt der richtige Schlüssel auf dem Tisch. Durch die Wegnahme einer falschen Dose, hat sich die Lage des richtigen Schlüssels nicht geändert. Weiterhin gilt: Mit Wahrscheinlichkeit 2/3 liegt der richtige Schlüssel auf dem Tisch.

Durch den Tausch der Dosen A und C steckt der Spieler alles ein, was auf dem Tisch liegt und hat so mit der Wahrscheinlichkeit 2/3 den richtigen Schlüssel in seinem Besitz.

Wir können es auch formalisieren. Es sei A das Ereignis, dass in Dose A der richtige Schlüssel steckt, und $\overline{A}$ das komplementäre Ereignis, dass der Schlüssel eben nicht in Dose A steckt. Analog für B und C. Zu Beginn ist $P(A) = P(B) = P(C) = 1/3$. Dann ist

$$P(A \mid \text{Spielleiter ergreift Ziegendose})$$
$$= \frac{P(A \cap (\text{Spielleiter ergreift Ziegendose}))}{P(\text{Spielleiter ergreift Ziegendose})}$$
$$= \frac{P(A)}{P(\text{Spielleiter ergreift Ziegendose})}$$
$$= P(A),$$

denn der Spielleiter ergreift mit Sicherheit eine Ziegendose. Also muss mit Wahrscheinlichkeit 2/3 der Schlüssel in der verbleibenden Dose liegen.

Nun ändern wir die Situation: Jetzt treten zwei Spieler auf. Beide wählen sich eine Dose. Sagen wir, unser Spieler wählt A, der Mitspieler wählt B. Er darf als erster seinen Schlüssel probieren und wird dann von der Ziege ausgelacht. Lohnt es sich nun die Dose A gegen Dose C auszutauschen?

Nun ist $\overline{B} = A \cup C$ ein zufälliges Ereignis, daher ist

$$P(A \mid \overline{B}) = \frac{P(A \cap \overline{B})}{P(\overline{B})} = \frac{P(A)}{P(\overline{B})}$$
$$= \frac{P(A)}{P(A) + P(C)} = \frac{1/3}{1/3 + 1/3} = \frac{1}{2}.$$

Da Dose B ausgeschieden ist, ist der richtige Schlüssel mit gleicher Wahrscheinlichkeit in A oder in C. Der Dosentausch verbessert die Chancen nicht. ◄

Beispiel Das folgende Beispiel ist in der Literatur als Gefangenenparadox bekannt. Drei Gefangene, nennen wir sie A, B und C, sind zum Tode verurteilt, alle haben ein Gnadengesuch eingereicht. Sie erfahren: Einer ist begnadigt worden, aber nicht wer von Ihnen. Dies weiß jedoch der Gefangenenwärter. Alle drei warten in Einzelhaft. Nun nimmt der Gefangene A den Wärter beiseite und sagt zu ihm: „Wir beide wissen, dass von den beiden anderen, B und C, mindestens einer nicht begnadigt wurde. Wenn du mir den Namen dessen nennst, der nicht begnadigt wurde, so verrätst Du mir nichts, was für mich relevant wäre. Dabei kann ich mein Wissen auch nicht weitergeben." Der Wärter lässt sich überzeugen und sagt: „B ist nicht begnadigt worden." Darauf freut sich A und sagt: „Vor dem Gespräch mit dir war meine Überlebenschance 1/3, nun aber bleiben nur mein Mitgefangener C und ich übrig. Daher ist meine Überlebenschance auf 1/2 gestiegen." Freut er sich zu Recht?

Leider nicht. Es handelt sich um die gleiche Situation wie beim Ziegenproblem aus dem Beispiel von S. 216. Wir haben drei Gnadengesuche, drei Antwortbriefe, einer enthält die Begnadigung. A nimmt einen, die beiden anderen gehören zur Nachbarzelle. Mit der Wahrscheinlichkeit 2/3 liegt das Begnadigungsschreiben in der Nachbarzelle. Eine negative Antwort wird aus der Nachbarzelle entfernt. Also ist die Wahrscheinlichkeit einer Begnadigung von A bei 1/3 geblieben, dagegen ist die von C auf 2/3 gestiegen. ◄

Zum Abschluss ein Beispiel mit der hypergeometrischen Verteilung aus dem Buch „Statistik für Anwender" von Kockelkorn.

Beispiel Das folgende Beispiel stammt im Wesentlichen aus dem ebenso amüsanten wie lehrreichen Buch von Walter Krämer „Denkste. Trugschlüsse aus der Welt des Zufalls und der Zahlen". Angenommen, ich bringe zwei Freunden das Skatspielen bei. Daher sind Fragen an den Spielpartner im Spiel erlaubt. (Für Nicht-Skat-Spieler: das Spiel besteht aus 32 Karten, davon werden – nach gründlichem Mischen – jeweils 10 Karten an jeden der drei Spieler ausgeteilt. 2 Karten, der „Skat", werden separat gelegt. Unter den 32 Karten sind 4 Asse.) Angenommen, die Karten sind ausgeteilt, ich habe meine noch nicht angesehen und frage meinen Freund zur Rechten, der seine Karten schon aufgenommen hat: „Hast Du ein Ass?" Der Freund bejaht. Ich überlege: „Wie groß ist die Wahrscheinlichkeit, dass er noch ein weiteres Ass auf der Hand hat?"

Wenn ich davon ausgehe, dass er ja schon ein Ass hat, so hat er ja genau dann ein zweites Ass auf der Hand, wenn er gleich zu Anfang mindestens zwei Asse erhalten hat: Ist X die Anzahl der Asse auf seiner Hand, so ist $X \sim \mathrm{H}(32, 4, 10)$ und

$$P(X \geq 2) = \sum_{k=2}^{4} \frac{\binom{4}{k}\binom{28}{10-k}}{\binom{32}{10}} = 0.368$$

Aber ich weiß ja, dass er bereits ein Ass hat. $P(X \geq 2) = 0.368$ entspricht nicht meinem Vorwissen. Ich hätte nach $P(X \geq 2 \mid X \geq 1)$ fragen müssen. Diese Wahrscheinlichkeit ist

$$P(X \geq 2 \mid X \geq 1) = \frac{P(X \geq 2)}{P(X \geq 1)} = \frac{0.368}{0.797} = 0.462.$$

Aber angenommen, mein Freund hätte mir voreilig gesagt: Ich habe das Pik-Ass. Wie groß ist nun die Wahrscheinlichkeit, dass er noch ein zweites Ass hat? Ist Y die Anzahl der weiteren Asse auf seiner Hand, so ist $Y \sim \mathrm{H}(31, 3, 9)$. Gegen jede Intuition ist diese Wahrscheinlichkeit noch größer:

$$P(Y \geq 1) = \sum_{k=1}^{3} \frac{\binom{3}{k}\binom{28}{9-k}}{\binom{31}{9}} = 0.657.$$

Auch scheinbar unwesentliche Information können sich bei der Berechnung von Wahrscheinlichkeiten entscheidend auswirken.

◀

Nun betrachten wir noch den Einsatz der Wahrscheinlichkeitstheorie in der Genetik:

Das Hardy-Weinberg-Gesetz

Der englische Mathematiker G. H. Hardy und der deutsche Arzt W. Weinberg entdeckten unabhängig voneinander im Jahr 1908 die Konstanz der Häufigkeitsverteilungen der Gene und Genotypen während der Vererbung. Sie beantworteten damit die nach Bekanntwerden der Mendel'schen Vererbungsgesetze aufgetretene Frage, wie bei der Vererbung genetisch stabile Nachfolgegenerationen entstehen könnten. Ihre Entdeckung ist als Hardy-Weinberg-Gesetz bekannt.

Unserer Erbanlagen werden in den Genen vererbt, jedes Gen tritt in zwei nicht notwendig verschiedenen Varianten, den Allelen, auf. Vater und Mutter liefern zu jedem Gen jeweils ein Allel und bestimmen so den Genotyp des Kindes. Betrachten wir im Folgenden ein einziges Gen, das nur in den Allelen A und a auftrete. Im Normalfall vererben Vater und Mutter unabhängig voneinander mit Wahrscheinlichkeit 0.5 jeweils eines ihrer beiden Allele. Wir betrachten nun eine feste Elternpopulation, in der die drei Genotypen AA, Aa bzw aa mit den Wahrscheinlichkeiten

$$p = P(AA)$$
$$q = P(Aa)$$
$$r = P(aa)$$

auftreten. Abb. 19.3 zeigt, wie und mit welchen Wahrscheinlichkeiten die beiden Allele vom Vater vererbt werden können.

Demnach wird das Allel A mit der Wahrscheinlichkeit

$$P(A) = p + \frac{q}{2} = \alpha$$

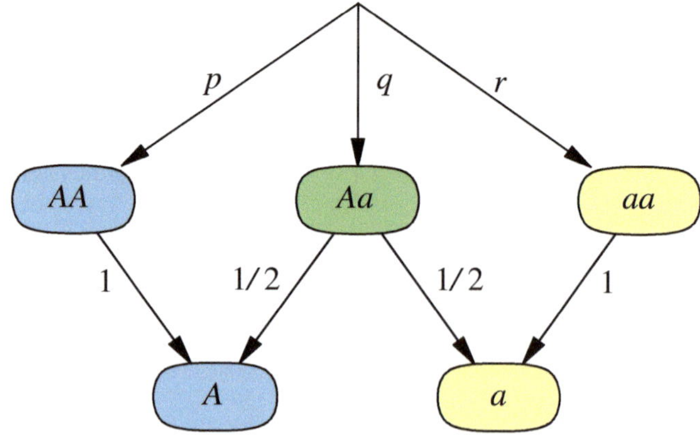

Abb. 19.3 Mit Wahrscheinlichkeit $p + \frac{q}{2}$ wird das Allel A, mit der Wahrscheinlichkeit $r + \frac{q}{2}$ wird das Allel a vererbt

und das Allel a mit der Wahrscheinlichkeit

$$P(a) = r + \frac{q}{2} = \beta$$

vererbt. Dabei ist $\alpha + \beta = 1$. Die Größen α und β haben eine einfache genetische Interpretation. Besteht die Population aus N Individuen, so sind in ihr $2Np + Nq$ Allele des Typs A und $2Nr + Nq$ Allele des Typs a enthalten. Die Häufigkeitsanteile der beiden Allele im Genpool dieser Population sind dann

$$\frac{2Np + Nq}{2N} = p + \frac{q}{2} \quad \text{und} \quad \frac{2Nr + Nq}{2N} = r + \frac{q}{2}.$$

Damit können wir α und β als die totalen Wahrscheinlichkeiten der Allele A und a in der Generation der Eltern interpretieren. Vater und Mutter vererben ihre Allele unabhängig voneinander. Dann können im Kind die Gentypen AA, Aa bzw aa aus folgenden Kombinationen und mit folgenden Wahrscheinlichkeiten stammen:

		Vom Vater vererbtes Gen	
		$P(A) = \alpha$	$P(a) = \beta$
Von der Mutter	$P(A) = \alpha$	α^2	$\alpha\beta$
vererbtes Gen	$P(a) = \beta$	$\alpha\beta$	β^2

Um die Wahrscheinlichkeiten der drei Genotypen in der Kindergeneration von derjenigen der Eltern zu unterscheiden, kennzeichnen wir sie zusätzlich mit dem Index 1. Dann erhalten wir:

$$p_1 = P_1(AA) = \alpha^2, \tag{19.1}$$
$$r_1 = P_1(aa) = \beta^2, \tag{19.2}$$
$$q_1 = 2\alpha\beta. \tag{19.3}$$

Die Verteilung der Allele in der Kindergeneration ist nun

$$\alpha_1 = P_1(A) = p_1 + \frac{q_1}{2}$$
$$= \alpha^2 + \alpha\beta$$
$$= \alpha(\alpha + \beta) = \alpha.$$

und analog $\beta_1 = \beta$. Die Verteilung der Allele hat sich nicht geändert: $P_1(A) = P(A)$ und $P_1(a) = P(a)$. Dagegen kann sich die Verteilung der Genotypen geändert haben, z. B. von p zu p_1. Betrachten wir nun die Generation der Enkel. Da die Verteilung der Allele sich nicht geändert hat, folgt wegen $\alpha_1 = \alpha$ und $\beta_1 = \beta$ aus Formel (19.1) bis (19.3):

$$P_2(AA) = \alpha_1^2 = \alpha^2 = P_1(AA),$$
$$P_2(Aa) = \alpha_1\beta_1 = \alpha\beta = P_1(Aa),$$
$$P_2(aa) = \beta_1^2 = \beta^2 = P_1(aa).$$

Daher bleibt auch die Verteilung der Genotypen invariant.

Eine Population befindet sich im Hardy-Weinberg-Gleichgewicht, wenn bei der Vererbung die Verteilung der Genotypen im Wechsel der Generationen sich nicht ändert. Wenn die Allele unabhängig voneinander gekreuzt werden, ist demnach bereits die Generation der Kinder im Hardy-Weinberg-Gleichgewicht.

Betrachten wir eine beliebige Population mit der Genotypverteilung $P(AA) = p$, $P(Aa) = q$ und $P(aa) = r$, die sich im Hardy-Weinberg-Gleichgewicht befindet. Es gilt also:

$$p_1 = \left(p + \frac{q}{2}\right)^2 = p, \tag{19.4}$$

$$r_1 = \left(r + \frac{q}{2}\right)^2 = r, \tag{19.5}$$

$$q_1 = 2\left(p + \frac{q}{2}\right)\left(r + \frac{q}{2}\right) = q. \tag{19.6}$$

Wir setzen nun zur Abkürzung $p = \alpha^2$ und $r = \beta^2$ mit $0 \leq \alpha, \beta \leq 1$. Dann folgt aus den ersten beiden Gleichungen (19.4) und (19.5), wenn wir auf beiden Seiten die Wurzel ziehen:

$$\alpha^2 + \frac{q}{2} = \alpha \quad \text{und} \quad \beta^2 + \frac{q}{2} = \beta.$$

Addieren, bzw. subtrahieren wir beide Gleichungen, folgt:

$$\alpha^2 + \beta^2 + q = \alpha + \beta, \tag{19.7}$$
$$\alpha^2 - \beta^2 = (\alpha - \beta)(\alpha + \beta) = \alpha - \beta. \tag{19.8}$$

Aus (19.8) folgt $\alpha + \beta = 1$ oder $\alpha - \beta = 0$. Im ersten Fall folgt aus $1 = (\alpha + \beta)^2 = \alpha^2 + \beta^2 + 2\alpha\beta = 1$ und (19.7), dass $q = 2\alpha\beta$ ist. Im zweiten Fall ist $\alpha = \beta$ und damit auch $p = r$. Aus $p + q + r = 1$ folgt $2p + q = 2r + q = 1$. Dann liefert (19.6) sofort $q = \frac{1}{2}$ und folglich $p = r = \frac{1}{4}$. Der zweite Fall stellt also nur einen Spezialfall des ersten Falls mit $\alpha = \beta = \frac{1}{2}$ dar. Eine Population ist also genau dann im Hardy-Weinberg-Gleichgewicht, wenn die Genotypen mit den Wahrscheinlichkeiten

$$P(AA) = \alpha^2, \quad P(Aa) = 2\alpha\beta \quad \text{und} \quad P(aa) = \beta^2$$

auftreten, dabei sind $0 \leq \alpha \leq 1$ und $0 \leq \beta \leq 1$ mit $\alpha + \beta = 1$. Das Gesetz von Hardy-Weinberg sagt demnach:

Bei der Vererbung bleibt die Verteilung der Allele im Genpool invariant. Im genetischen Gleichgewicht, das sich bereits in der ersten Kindergeneration einstellt, erscheint die Wahrscheinlichkeitsverteilung der Genotypen als Ergebnis einer reinen Zufallsauswahl, bei der in zwei voneinander unabhängigen Zügen die Allele A bzw a mit den Wahrscheinlichkeiten $P(A) = \alpha$ und $P(a) = 1 - \alpha$ gezogen werden.

Beispiel Die Erbkrankheit Phenylketonurie tritt in der Bevölkerung mit der relativen Häufigkeit von 0.000125 auf. Dabei ist die Krankheit an das Auftreten eines rezessiven Allels a gebunden. Nur Menschen mit dem Genotyp aa erkranken, Menschen mit den Genotypen Aa und AA haben den gleichen Phenotyp: Sie erscheinen in Bezug auf diese Krankheit als gesund und sind von daher nicht zu unterscheiden. Befindet sich die Bevölkerung in Bezug auf dieses Gen im Hardy-Weinberg-Gleichgewicht, so ist $r = P(aa) = 0.000\,125$. Daher ist $P(a) = \sqrt{0.000\,125} = 0.011\,180$. Wir müssen davon ausgehen, dass rund ein Prozent der Bevölkerung das defekte Allel a besitzt. ◄

Beispiel Während alle Chromosomen beim Menschen doppelt auftreten, treten die Geschlechtschromosome X und Y bei Männern nur in der Kombination XY, bei Frauen in der Kombination XX auf. Frauen vererben daher nur das X Chromosom und Männer mit gleicher Wahrscheinlichkeit das X wie das Y-Chromosom. Die Rot-Grün-Sehschwäche wird über ein defektes, rezessives x-Chromosom vererbt, sie tritt bei Männern bei der Kombinationen xY und bei Frauen bei der Kombinationen xx auf. Alle anderen Kombinationen führen nicht zu dieser Krankheit. Wenn $9\,\%$ der Männer an der Rot-Grün-Sehschwäche leiden, wie groß ist dann der Anteil der betroffenen Frauen?

Die folgende Tabelle zeigt die möglichen Genkombinationen, dabei ist γ die Wahrscheinlichkeit mit der das defekte x-Chromosom auftritt, $\gamma = 0.09$. Dies ist auch die bedingte Wahrscheinlichkeit, dass ein Mann an der Rot-Grün-Sehschwäche leidet. Tab. 19.1 und 19.2 zeigen die Wahrscheinlichkeiten der einzelnen Genotypen.

In der Bevölkerung ist die Wahrscheinlichkeit eine farbenblinde Frau zu treffen $\frac{\gamma^2}{2}$. Betrachtet man nur die Teilgesamtheit der Frauen, so ist die bedingte Wahrscheinlichkeit, eine farbenblinde Frau zu treffen, dagegen $\gamma^2 = 0.0081$. ◄

Tab. 19.1 Die Wahrscheinlichkeiten der möglichen Genotypen des Kindes in Abhängigkeit von den Eltern

Eizelle	Samenzelle		
	$P(Y)$	$P(X)$	$P(x)$
$P(X)$	$P(XY)$	$P(XX)$	$P(xX)$
$P(x)$	$P(xY)$	$P(xX)$	$P(xx)$

Tab. 19.2 Die parametrischen Werte der Wahrscheinlichkeiten

Eizelle	Samenzelle		
	0.5	$0.5(1-\gamma)$	0.5γ
$1 - \gamma$	$0.5(1-\gamma)$	$0.5\gamma(1-\gamma)^2$	$0.5\gamma(1-\gamma)$
γ	0.5γ	$0.5\gamma(1-\gamma)$	$0.5\gamma^2$

Zufällige Variable – der Zufall betritt den $\mathbb{R}^1$ (zu Kap. 38)

Was sind Daten?

Was ist eine Wahrscheinlichkeitsverteilung?

Kann man den Erwartungswert erwarten?

Was sagt das Gesetz der großen Zahlen?

© Springer-Verlag GmbH Deutschland 2017

T. Arens et al., *Ergänzungen und Vertiefungen zu Arens et al., Mathematik*, DOI 10.1007/978-3-662-53585-1_20

In diesem Kapitel ist das Bonusmaterial zu Kapitel 38 aus dem Lehrbuch Arens et al. *Mathematik* zusammengestellt.

20.1 Eine mehrdimensionale Tschebyschev-Ungleichung

Mit der Kovarianzmatrix können wir die Tschebyschev-Ungleichung verallgemeinern: Diese sagte aus: Für jedes $k \geq 0$ ist $P\left(\left|\frac{X-\mu}{\sigma}\right|^2 \geq k^2\right) \leq \frac{1}{k^2}$. Wir können sie wie folgt verallgemeinern:

Verallgemeinerung der Tschebyschev-Ungleichung

Ist $\mathbf{X}$ ein n-dimensionaler Zufallsvektor mit invertierbarer Kovarianzmatrix, dann gilt

$$P\left((\mathbf{X} - \mathrm{E}(\mathbf{X}))^\top \mathrm{Cov}(\mathbf{X})^{-1}(\mathbf{X} - \mathrm{E}(\mathbf{X})) \geq k^2\right) \leq \frac{n}{k^2}.$$

Kennt man also von einer n-dimensionalen zufälligen Variablen $\mathbf{X}$ den Erwartungswert und die Kovarianz-Matrix, so kann man sich bereits ein annäherndes Bild der Verteilung von $\mathbf{X}$ machen. Die Wahrscheinlichkeit, dass $\mathbf{X}$ außerhalb des Konzentrationsellipsoides vom Radius k liegt, ist höchsten $\frac{n}{k^2}$.

Beweis Wir definieren zwei Zufallsvariable U und V durch

$$U = (\mathbf{X} - \mathrm{E}(\mathbf{X}))^\top \mathrm{Cov}(\mathbf{X})^{-1}(\mathbf{X} - \mathrm{E}(\mathbf{X})),$$

$$V = \begin{cases} 0 & \text{falls } U < k^2 \\ k & \text{falls } U \geq k^2. \end{cases}$$

Dann ist $\mathrm{E}(V) = k^2 P\left(U \geq k^2\right)$. Weiter ist $V \leq U$ und daher $\mathrm{E}(V) \leq \mathrm{E}(U)$. Zur Berechnung von $\mathrm{E}(U)$ setzen wir zur Abkürzung $\mathbf{Y} = \mathbf{X} - \mathrm{E}(\mathbf{X})$ mit $\mathrm{Cov}(\mathbf{Y}) = \mathrm{Cov}(\mathbf{X}) = \mathbf{C}$. Dann ist

$$U = \mathbf{Y}^\top \mathbf{C}^{-1} \mathbf{Y}$$

$$\mathrm{E}(U) = \mathrm{E}\left(\mathbf{Y}^\top \mathbf{C}^{-1} \mathbf{Y}\right)$$

$$= \mathrm{Spur}\left[\mathrm{E}\left(\mathbf{Y}^\top \mathbf{C}^{-1} \mathbf{Y}\right)\right]$$

$$= \mathrm{E}\left(\mathrm{Spur}\left(\mathbf{Y}^\top \mathbf{C}^{-1} \mathbf{Y}\right)\right)$$

$$= \mathrm{E}\left(\mathrm{Spur}\left(\mathbf{C}^{-1} \mathbf{Y} \mathbf{Y}^\top\right)\right)$$

$$= \mathrm{Spur}\left(\mathbf{C}^{-1} \mathrm{E}\left(\mathbf{Y}\mathbf{Y}^\top\right)\right)$$

$$= \mathrm{Spur}\left(\mathbf{C}^{-1}\mathbf{C}\right)$$

$$= \mathrm{Spur}\left(\mathbf{I}_n\right) = n.$$

Damit erhalten wir schließlich

$$k^2 P\left(U \geq k^2\right) = \mathrm{E}(V) \leq \mathrm{E}(U) = n$$

$$P\left(U \geq k^2\right) \leq \frac{n}{k^2}. \qquad \blacksquare$$

20.2 Randverteilungen ignorieren paarweise Abhängigkeiten

Wir zeigen in einem einfachen Beispiel, dass Schlüsse die sich allein auf die Randverteilungen einer zweidimensionalen Verteilung stützen, oft grundverschieden sind, von Schlüssen, welche die gemeinsame Verteilung nutzen.

Beispiel Es seien X und Y die Zeiten, die zwei von Tagesform und Wetter abhängige Läufer jeweils für eine Strecke brauchen. Es ist möglich, dass X der schnellere Läufer ist, der jede Zeit i mit größerer Wahrscheinlichkeit unterbietet als Y, der aber in einem Rennen gegen Y mit beliebig hoher Wahrscheinlichkeit verliert.

Wir konstruieren die gemeinsame Verteilung einer diskreten Zufallsvariablen (X, Y) mit $P(X \leq i) > P(Y \leq i)$ für $i = 1, \ldots, n-1$ und $P(X > Y) \approx 1$.

Es seien X und Y zwei Zufallsvariablen mit der folgenden gemeinsamen Verteilung:

$$P(X = 1, Y = n) = \frac{1}{n}$$

$$P(X = i, Y = i-1) = \frac{1}{n} \quad i = 3, \ldots, n.$$

$$P(X = i, Y = j) = 0 \quad \text{sonst.}$$

Zum Beispiel ergibt sich für $n = 6$ die folgende Tafel, dabei müssten Nullen in den leeren Zellen stehen, diese sind der Übersichtlichkeit weggelassen:

			Y				
X	1	2	3	4	5	6	$P(X = i)$
$X = 1$						$\frac{1}{6}$	$\frac{1}{6}$
$X = 2$	$\frac{1}{6}$						$\frac{1}{6}$
$X = 3$		$\frac{1}{6}$					$\frac{1}{6}$
$X = 4$			$\frac{1}{6}$				$\frac{1}{6}$
$X = 5$				$\frac{1}{6}$			$\frac{1}{6}$
$X = 6$					$\frac{1}{6}$		$\frac{1}{6}$
$P(Y = i)$	$\frac{1}{6}$	$\frac{1}{6}$	$\frac{1}{6}$	$\frac{1}{6}$	$\frac{1}{6}$	$\frac{1}{6}$	

Dann haben X und Y dieselbe Randverteilung: $P(X = i) = P(Y = i) = \frac{1}{n}$ für alle $i = 1, \ldots, n$. Aber

$$P(X < Y) = \frac{1}{n}, \quad P(X = Y) = 0, \quad P(X > Y) = 1 - \frac{1}{n}.$$

Ist n hinreichend hoch, so ist die Wahrscheinlichkeit, dass X größer als Y ist, beliebig nahe an 1. Interpretieren wir X und Y als Laufzeiten, so sind beide Läufer gleich gut, denn jede Zeit i wird von beiden Läufern mit der gleichen Wahrscheinlichkeit gelaufen: $P(X = i) = P(Y = i)$. Laufen aber beide Läufer gemeinsam in einem Rennen gegeneinander, dann ist Y fast immer schneller als X: $P(X > Y) = 1 - \frac{1}{n}$.

Bei dieser Verteilung stimmen beide Randverteilungen überein. Wir können aber das Beispiel leicht so abändern, dass jede Laufzeit i mit höherer Wahrscheinlichkeit von X als von Y unterboten wird, $P(X \leq i) \geq P(Y \leq i)$ und trotzdem in allen gemeinsamen Y Rennen mit beliebig hoher Wahrscheinlichkeit besser als X ist. Dazu wählen $\varepsilon > 0$ beliebig klein und setzen

$$P(X = 1, Y = n) = \frac{1}{n},$$

$$P(X = i, Y = i - 1) = \frac{1 - \varepsilon}{n}, \quad i = 2, \ldots, n$$

$$P(X = i, Y = n) = \frac{\varepsilon}{n}, \quad i = 2, \ldots, n.$$

Im Fall $n = 6$ hätte die Tafel das folgende Aussehen

			Y				
X	1	2	3	4	5	6	$P(X = i)$
$X = 1$						$\frac{1}{6}$	$\frac{1}{6}$
$X = 2$	$\frac{1-\varepsilon}{6}$					$\frac{\varepsilon}{6}$	$\frac{1}{6}$
$X = 3$		$\frac{1-\varepsilon}{6}$				$\frac{\varepsilon}{6}$	$\frac{1}{6}$
$X = 4$			$\frac{1-\varepsilon}{6}$			$\frac{\varepsilon}{6}$	$\frac{1}{6}$
$X = 5$				$\frac{1-\varepsilon}{6}$		$\frac{\varepsilon}{6}$	$\frac{1}{6}$
$X = 6$					$\frac{1-\varepsilon}{6}$	$\frac{\varepsilon}{6}$	$\frac{1}{6}$
$P(Y = i)$	$\frac{1-\varepsilon}{6}$	$\frac{1-\varepsilon}{6}$	$\frac{1-\varepsilon}{6}$	$\frac{1-\varepsilon}{6}$	$\frac{1-\varepsilon}{6}$	$\frac{1+5\varepsilon}{6}$	1

Dann gilt für die Randverteilungen von X und Y:

$$P(X = i) = \frac{1}{n} \quad i = 1, \ldots, n$$

$$P(Y = i) = \frac{1 - \varepsilon}{n} \quad i = 2, \ldots, n - 1$$

Daher folgt für i von 1 bis $n - 1$ stets $P(X \leq i) > P(Y \leq i)$ und $P(X \leq n) = P(Y \leq n)$. Im Komplement folgt

$$P(Y \geq i) > P(X \geq i).$$

Andererseits folgt aus der gemeinsamen Verteilung:

$$P(X < Y) = P(X = 1, Y = n) = \frac{1}{n}$$

$$P(X \geq Y) = 1 - \frac{1}{n}.$$

Interpretieren wir nun X und Y als Renditen bei zwei Investitionen. Betrachten wir jede Investition für sich, dann gilt: Y wird jede Gewinnschwelle i eher überschreiten als X. Betrachten wir aber X und Y gemeinsam, dann bringt X mit beliebig großer Wahrscheinlichkeit bessere Renditen als Y. ◄

20.3 Die Grundannahmen der subjektiven Wahrscheinlichkeitstheorie

Der objektivistische Wahrscheinlichkeitsbegriff ist nur bei zumindest gedanklich wiederholbaren Ereignissen anwendbar. Bei nicht wiederholbaren, einmaligen Ereignissen kommt der subjektivistische Wahrscheinlichkeitsbegriff zum Zuge. Der **Subjektivist** oder **Bayesianer** quantifiziert sein Vorwissen und seine subjektive Bewertung mit einer *A-priori-*Wahrscheinlichkeitsverteilung. Diese wird auf der Grundlage von späteren Beobachtungen mithilfe der Bayes-regel aktualisiert. Erfolgreich angewendet wird die Bayesianischen Statistik in allen Bereichen, in denen es darauf ankommt, relevantes Vorwissen und Erkennnise aus Experimenten und Beobachtungen in möglichst einfacher, operational durchsichtiger Form einzubringen und Prognosen für nicht wiederholbare Einzelfallsituationen zu machen.

Die subjektive oder Bayesianische Wahrscheinlichkeitstheorie und Statistik gründet auf elementare Annahmen über menschliches, rationales Verhalten. Diese Annahmen sind zum Beispiel in den Axiomensysteme von Fishburn, Savage, de Finetti, DeGroot formuiert. Aus ihnen folgt:

- Unsicherheiten werden durch Wahrscheinlichkeiten beschrieben. $P(A \mid B)$ ist der quantitative Ausdruck für den Glauben an das Eintreten von A aufgrund des Vorwissens B. Diese Wahrscheinlichkeit $P(A \mid B)$ ist abhängig vom jeweils agierenden Subjekt. Eine Aussage wie: *„Mit Wahrscheinlichkeit 1/2 ist dieser Tisch länger als ein Meter"* ist in der objektivistischen Theorie unsinnig, in der subjektiven Theorie aber zulässig
- Jedes Individuum ist in der Lage, unsichere Ereignisse zu bewerten. Die subjektiven Wahrscheinlichkeiten ein und derselben Person sind untereinander vergleichbar. Subjektive Wahrscheinlichkeiten verschiedener Personen sind nicht vergleichbar.
- Die subjektiven Wahrscheinlichkeiten einer Person lassen sich durch das Verhalten bei hypothetischen Wetten und Lotterien messen. Konsequenzen einer Handlung werden durch ihren Nutzen gemessen.
- Die subjektive Wahrscheinlichkeitstheorie basiert auf Axiomensystemen, in denen simultan der Wahrscheinlichkeits- und der Nutzenbegriff sowie eine Theorie des rationalen Verhaltens entwickelt wird.

Subjektiven Wahrscheinlichkeiten lassen sich durch Lotterien und faire Wetten messen

Beispiel Sechs Menschen $M_1, M_2, M_3, M_4, M_5, M_6$ würfeln mit einem Würfel, der von allen als unverfälscht akzeptiert wird. Jeder Mensch M_i setzt einen Cent auf die Zahl i ein. Wird die

Ziffer i geworfen, steckt M_i die gesamten 6 Cents ein. Keiner ist übervorteilt. Jeder hat die gleichen Chancen. Würde M_i von M_j gefragt, ob sie nicht ihre Ziffern i und j tauschen wollen, so hätte M_i sicherlich nichts dagegen.

Nehmen wir an, A sei das Ereignis, dass M_1 gewinnt, und A^C sei das Ereignis, dass M_1 verliert. Für M_1 wie für alle anderen Spieler gilt:

$$\text{Verhältnis von Verlust zu Gewinn} \qquad 1:5$$
$$\text{Verhältnis der Chancen von } A \text{ zu } A^C \qquad 1:5$$

Das Verhältnis der Chancen stimmt mit dem Verhältnis von Verlust zu Gewinn überein. M_1 hält das Spiel für **fair**.

Nehmen wir an, statt der anderen fünf Spieler übernimmt ein einziger Spieler N alle Einsätze wie alle Gewinne, so ändert sich für M_1 nichts. Für N gilt

$$\text{Verhältnis von Verlust zu Gewinn} \qquad 5:1$$
$$\text{Verhältnis der Chancen von } A \text{ zu } A^C \qquad 5:1$$

Auch für N bleibt das Spiel fair. N und M_1 sollten bereit sein zu tauschen. ◄

Die subjektive Wahrscheinlichkeit $P(A)$ wird durch das Verhältnis der Einsätze bei einem fairen Spiel definiert, dabei ist ein Spiel oder eine Wette fair, wenn der Spieler auch bereit ist, mit seinem Gegenspieler die Seiten zu tauschen

$$\frac{P(A)}{P(A^C)} = \frac{\text{Verlust bei } A^C}{\text{Gewinn bei } A}.$$

Das Verhältnis von Verlust zu Gewinn ist der Wettquotient, im Englischen heißt dieser Quotient **odds**. Bei einer fairen Wette spiegeln die Odds gerade das Verhältnis der Wahrscheinlichkeit von A zu A^C. Stehen bei den Buchmachern für einen Boxkampf zwischen den Boxern A und B die Odds für A gegen B bei $1:10$, dann wird bei Sieg von A der 10-fache Einsatz ausgezahlt. Andererseits ist nach der subjektiven Einschätzung der Wetter ein Sieg von B 10-mal so wahrscheinlich wie von A.

Beispiel Stellen Sie sich folgende Situation vor: Der Dozent nimmt ein Stück Kreide, ritzt seinen Namen hinein und sagt zu einem Studenten: Ich lasse diese Kreide jetzt aus 60 cm Höhe auf den Tisch fallen. Dann gibt es zwei Möglichkeiten: Ereignis A: die Kreide zerbricht oder Ereignis A^C: die Kreide bleibt heil. Wie groß ist die Wahrscheinlichkeit $P(A)$? Im Rahmen der objektivistischen Wahrscheinlichkeitstheorie ist diese Frage nicht zu beantworten. Der Versuch ist nicht wiederholbar, vor allem dann nicht, wenn die Kreide schon beim ersten Mal zerbricht. Nun bietet der Dozent eine Wette auf A an: Er lässt die Kreide fallen. Zerbricht sie, kriegt der Student einen Euro, bleibt sie heil, kriegt der Dozent einen Euro. Vermutlich wird der Student annehmen. Daraufhin werden die Einsätze verändert: Bei A gibt es nur noch 50 Cent, bei A^C bleibt es bei einem Euro. Wird die Wette auf A immer noch angenommen, werden die Einsätze

solange weiter verringert, bis der Student schließlich bei einer Auszahlung von – sagen wir zum Beispiel – 5 Cent die Wette auf A ablehnt und lieber auf A^C wettet. Die Wette auf A ist für den Studenten fair, wenn er bei gleichen Konditionen bereit ist, seine Position in der Wette mit der des Dozenten zu tauschen:

Wette auf A: Tritt A ein, erhält er einen Gewinn g, tritt A^C ein, erleidet er einen Verlust von $-v$. Bei der Wette auf A^C erhält er bei A^C einen Gewinn von v und erleidet bei A einen Verlust von $-g$.

Das Verhältnis von Gewinn und Verlust bei einer für den Studenten fairen Wette entspricht dessen intuitiven Vorstellung des Verhältnisses der Chancen von A^C zu A. (Dabei kann es durchaus sein, dass der Student eine Wette für fair empfindet, die der Dozent als unfair sieht.). Durch dieses Verhältnis wird nun die subjektive Wahrscheinlichkeit des Studenten für das Ereignis A definiert.

$$\frac{P(A)}{P(A^C)} = \frac{\text{Verlustbetrag } v \text{ bei Eintritt von } A^C}{\text{Gewinnbetrag } g \text{ bei Eintritt von } A}.$$

Zum Beispiel könnte es sein, dass der Student die Wette auf A bei einem Gewinn von 5 Cent gegen eine Verlust von einem Euro für fair hält. Dann ist für ihn

$$\frac{P(A)}{P(A^C)} = \frac{100}{5} = 20. \qquad ◄$$

Erhält der Spieler bei einer für in fairen Wette auf A den Gewinn von g und erleidet bei A^C einen Verlust von $-v$, dann ist durch den Wettquotient ist nur $P(A):P(A^C) = v:g$ bestimmt. Nach der Normierung

$$P(A) + P(A^C) = 1$$

erhält man

$$P(A) = \frac{v}{g+v}$$

In unserem Beispiel also $P(A) = \frac{100}{105} = 0.952$. Die subjektive Wahrscheinlichkeit des Studenten, dass die Kreide beim Herunterfallen zerbricht ist 95.2 %. Bezeichnen wir den Verlust als negativen Gewinn und interpretieren wir die Auszahlung G als zufällige Variable mit den subjektiven Wahrscheinlichkeit

$$P(G = g) = P(A)$$
$$P(G = -v) = P(A^C)$$

dann können wir die Bedingung einer fairen Wette auch schreiben als

$$gP(G = g) - vP(G = -v) = 0.$$

Anders gesagt:

Die faire Wette

Bei einer fairen Wette ist der Erwartungwert des Gewinns gleich Null.

Für einen Wetter ist es jedoch bei seinem Wettverhalten sicherlich ein Unterschied, ob er einen Euro gewinnen oder verlieren kann oder ob es um plus oder minus 1000 Euro geht. Außerdem hängt sein Verhalten von seinem augenblicklichen Vermögen ab. Das Wettverhalten hängt daher ab von Nutzen und Schaden, die das Ergebnis der Wette für den Wetter bedeuten, und nicht so sehr von der numerischen Größe des Auszahlungsbetrags. Wir betrachten hier aber so niedrige Einsätze, dass wir den Unterschied zwischen Auszahlungsbetrag und Nutzen des Auszahlungsbetrags vernachlässigen können.

Das Bayesianische Kohärenzprinzip: Wetten und Wettsysteme, die auf einen sicheren Verlust hinauslaufen, sind verboten

Jeder ist bei der Wahl seiner subjektiven Wahrscheinlichkeiten frei. Die subjektiv getroffenen Werte $P(A)$ erscheinen so völlig willkürlich und damit einer mathematischen Behandlung nicht zugänglich zu sein. Doch die Bayesianische Axiomatik umfasst auch Axiome des rationalen Handelns in unsicheren Situationen. Durch eine zusätzliche nichtmathematische Forderung lässt sich erzwingen, dass auch für subjektive Wahrscheinlichkeit die Kolmogorov'schen Axiome gelten.

Bei jeder Wahl zwischen Handlungsalternativen sollte vermieden werden, dass man in Situation geführt wird, in denen man mit Sicherheit verliert. Dies ist im Kern der Inhalt des Kohärenzprinzips. Es gibt verschiedenen Versionen des Kohärenzprinzips. Im Kern sagen sie aus, dass die Nennung subjektiver Wahrscheinlichkeiten, aus denen sich Wettsysteme konstruieren lassen, mit denen man mit Sicherheit verliert, verboten ist.

Wir erläutern dies an einem Beispiel.

Beispiel Angenommen A und B seien disjunkte Ereignisse. Eine Person S (wie Subjekt) nenne für die drei Ereignisse A, B und $A \cup B$ die subjektiven Wahrscheinlichkeiten $P(A)$, $P(B)$ und $P(A \cup B)$. Dabei sei

$$P(A \cup B) < P(A) + P(B).$$

Diese subjektive Setzung der Wahrscheinlichkeiten steht also im Widerspruch zu den Axiomen von Kolmogorov. Wir zeigen nun, dass S bei dieser Wahl von $P(A)$, $P(B)$ und $P(A \cup B)$ unvernünftig handelt, denn er muss Wetten eingehen, bei denen er mit Sicherheit verliert: Aufgrund der von ihm genannten Wahrscheinlichkeiten hält er nämlich die folgenden drei Wetten auf A, auf B und auf A^C für fair:

Wette auf das Ereignis	Auszahlung bei	
	Eintreten	Nichteintreten
A	$P\left(A^C\right)$	$-P(A)$
B	$P\left(B^C\right)$	$-P(B)$
$(A \cup B)^C$	$P(A \cup B)$	$-P((A \cup B)^C)$

Bei diesen drei Wetten ist jeweils der Erwartungswert des Gewinns gleich Null, zum Beispiel bei der ersten Wette gilt

$$P(A)\, P\left(A^C\right) + P\left(A^C\right)(-P(A)) = 0.$$

und analog für die beiden anderen Wetten. Da A und B disjunkt sind, können bei den drei Wetten genau die folgenden drei Möglichkeiten eintreten:

$$A \cap B^C;\quad A^C \cap B;\quad (A \cup B)^C.$$

Die drei möglichen Ergebnisse der drei Wetten sind:

Eingetretenes Ereignis	Ergebnis der Wette auf		
	A	B	$(A \cup B)^C$
$A \cap B^C$	Gewonnen	Verloren	Verloren
$A^C \cap B$	Verloren	Gewonnen	Verloren
$(A \cup B)^C$	Verloren	Verloren	Gewonnen

Die Einzelauszahlungen sind dann:

Eingetretenes Ereignis	Auszahlung der Wette auf		
	A	B	$(A \cup B)^C$
$A \cap B^C$	$1 - P(A)$	$-P(B)$	$-1 + P(A \cup B)$
$A^C \cap B$	$-P(A)$	$1 - P(B)$	$-1 + P(A \cup B)$
$(A \cup B)^C$	$-P(A)$	$-P(B)$	$P(A \cup B)$

Die Summe der Auszahlungen ist in allen drei Fällen $P(A \cup B) - P(A) - P(B) < 0$. Wie auch immer die Wetten ausgehen, es entsteht mit Sicherheit ein Verlust. Sind die Wahrscheinlichkeiten $P(A \cup B) > P(A) + P(B)$, so werden die Rollen der Wettpartner vertauscht. Nur bei einer dem dritten Kolmogorov-Axiom entsprechenden Setzung $P(A \cup B) = P(A) + P(B)$ sind unfaire Wetten ausgeschlossen. Da A und A^C zwei disjunkte Ereignisse sind, muss daher auch für subjektive Wahrscheinlichkeiten gelten:

$$P(A) + P(A^C) = P(A \cup A^C) = P(\Omega) = 1.$$

Durch ähnlich aufgebaute Wettsysteme zeigt man, dass nur bei einer Setzung von $P(A \mid B) = \frac{P(A \cap B)}{P(B)}$ Wetten, die auf einen sicheren Verlust hinauslaufen, ausgeschlossen sind. ◄

Die Kolmogorov-Axiome gelten für Subjektivisten und Objektivisten

Subjektivisten und Objektivisten unterscheiden sich nicht in der Wahrscheinlichkeitsrechnung, sondern allein in der Anwendung, der Interpretation und den Schlüssen.

Eine Axiomatisierung der Glaubwürdigkeit führt zu den Kolmogorov-Axiomen

Ein andere Begründung, warum subjektive Wahrscheinlichkeiten den Kolmogorov-Axiomen gehorchen müssen, liefert R.T. Cox in einem 1946 erschienenen Aufsatz im Journal of

Physics Vol 14 über „Probability, Frequency and Reasonable Expectations" Dabei befasst er sich mit der „Glaubwürdigkeit" von Aussagen. Dabei werden die üblichen Regeln der Aussagenlogik und zusätzlich die folgenden drei Annahmen:

- Die *„Glaubwürdigkeit von B unter der Bedingung, dass A wahr"* lässt sich durch eine reelle Zahl messen.
- Unter der Bedingung dass A wahr ist, lässt sich die Glaubwürdigkeit, dass B und C beide wahr sind, aus der Glaubwürdigkeit berechnen, dass B wahr ist und der Glaubwürdigkeit von C unter der Bedingung, dass A und B wahr sind.
- Die Glaubwürdigkeit, dass B wahr ist, ist eine Funktion der Glaubwürdigkeit, dass B falsch ist.

Unter diesen drei Bedingungen zeigt Cox mit den Regeln der Aussagenlogik:

> **Jedes Glaubwürdigkeitsmaß muss die Axiome von Kolmogorov erfüllen**
>
> Wenn es ein Maß für die Glaubwürdigkeit von bedingten Aussagen gibt, dann hat das Maß nach einer geeigneten eineindeutigen Transformation alle Eigenschaften einer Wahrscheinlichkeit, die die Axiome von Kolmogorov erfüllt.

Der subjektive Wahrscheinlichkeitsbegriff hat auch seine Schwächen. Nicht jede subjektive Einschätzung lässt sich in reellen Zahlen messen. Der Statistiker Barndorff Nielsen spottet zum Beispiel: „Als ob man die Wärme des Gefühls, das ich für einen anderern Menschen hege, mit dem Thermometer messen will." Die Bestimmung der *A-priori*-Wahrscheinlichkeit ist schwierig und bei mehrdimensionalen Parametern nicht widerspruchsfrei. Subjektive Wahrscheinlichkeiten unterschiedlicher Personen sind kaum vergleichbar. Ihre Anwendung und Interpretation in wissenschaftlichen Diskussionen ist problematisch. Die Information über unsichere Ereignisse brauchen sich nicht immer in Form von Wahrscheinlichkeitsaussagen kleiden zu lassen. Zwei Wahrscheinlichkeitsaussagen $P(A)$ und $P(B)$, von denen sich $P(A)$ auf lange Versuchsserien stützt und $P(B)$ nur auf einem ganz unsicheren Gefühl beruht, sind nicht gleichwertig.

Im Bernoulli-Prinzip werden Nutzen und Wahrscheinlichkeit mit einander verknüpft

Der Subjektivist betreibt Statistik nicht im Elfenbeinturm oder um der Schönheit der Theorie willen. Sondern er muss Entscheidungen fällen. Diese müssen in ihren Alternativen und Konsequenzen abgewogen werden. Dabei sind die Konsequenzen einer Entscheidung nicht sicher sondern, je nach Zustand der Welt nur mehr oder weniger wahrscheinlich. Der Bayesianer muss Nutzen (oder negativ gewertet – den Schaden) jedes

möglichen Ergebnisses beziffern und seine Wahrscheinlichkeit bestimmen können.

Warum geht man überhaupt eine Wette ein? Entweder, weil man Lust am Spielen hat, oder, weil man sich von der Wette einen Nutzen verspricht. **Nutzen**, dies ist das zweite Schlüsselwort der subjektiven Wahrscheinlichkeitstheorie. Diese entwickelt parallel eine axiomatische Theorie des Nutzen. Bekannt sind zum Beispiel die Nutzenaxiome von John von Neumann und Oskar Morgenstern, die wir in einer vereinfachten Version vorstellen. Diese Axiome gehen aus vom Begriff der Lotterie. Eine **einfache Lotterie**

$$\mathcal{L}\{e_1\alpha_1, \ldots, e_i\alpha_i, \ldots, e_r\alpha_r\}$$

entspricht einer endlichen diskreten Wahrscheinlichkeitsverteilung, bei der das Ergebnis e_i mit der Wahrscheinlichkeit α_i eintritt. Eine **zusammengesetzte Lotterie** $\mathcal{L} = \mathcal{L}\{\mathcal{L}_1\beta, \mathcal{L}_2(1-\beta)\}$ ist eine Lotterie aus zwei Lotterien: Mit Wahrscheinlichkeit β wird die Lotterie $\mathcal{L}_1$ mit Wahrscheinlichkeit $1-\beta$ die Lotterie $\mathcal{L}_2$ präsentiert. Für Ereignisse und Lotterien wird nun axiomatisch gefordert

1. **Präferenzstruktur für Ereignisse**: Für je zwei beliebige Ereignisse gilt entweder

$$e_i \succeq e_j \qquad e_j \text{ wird } e_i \text{ nicht vorgezogen,}$$

oder

$$e_j \succeq e_i \qquad e_i \text{ wird } e_j \text{ nicht vorgezogen.}$$

oder beides

$$e_i \sim e_j \qquad e_j \text{ und } e_i \text{ sind äquivalent.}$$

Dabei müssen die Relationen $\succeq$ und $\sim$ sind transitiv sein. Daraus folgt, dass die endlich vielen Ereignisse e_i einer Lotterie $\mathcal{L}\{e_1\alpha_1, \ldots, e_i\alpha_i, \ldots, e_r\alpha_r\}$ sich ihrer Präferenz nach anordnen lassen. Nach einer Umindizierung gelte:

$$e_1 \succeq e_2 \succeq \cdots \succeq e_i \succeq \cdots \succeq e_r.$$

2. **Präferenzstruktur für Lotterien**: Eine analoge Präferenzstruktur gelte auch für Lotterien selbst: $\mathcal{L}_1 \succeq \mathcal{L}_2$ bedeute, dass die Lotterie $\mathcal{L}_1$ der Lotterien $\mathcal{L}_1$ vorgezogen wird. Auch bei Lotterien sind Präferenz und Indifferenz transitiv.

3. **Reduktion von zusammengesetzten Lotterien**: Jede zusammengesetzte Lotterie $\mathcal{L}\{\mathcal{L}_1\rho_1, \mathcal{L}_2\rho_2\}$ ist indifferent gegenüber der – nach dem Satz über die totale Wahrscheinlichkeit gebildeten – einfachen Lotterie. Sind $\mathcal{L}_1 = \mathcal{L}\{e_1\alpha_{11}, \ldots, e_r\alpha_{r1}\}$ und $\mathcal{L}_2 = \mathcal{L}\{e_1\alpha_{12}, \ldots, e_r\alpha_{r2}\}$, so gilt

$$\mathcal{L}\{\mathcal{L}_1\rho_1, \mathcal{L}_2\rho_2\}$$
$$\sim \mathcal{L}\{(\rho_1\alpha_{11} + \rho_2\alpha_{12})\, e_1, \ldots, (\rho_1\alpha_{r1} + \rho_2\alpha_{r2})\, e_r\}.$$

4. **Erweiterung von einfachen Lotterien**: Wird in einer Lotterie ein Ereignis mit Wahrscheinlichkeit Null hinzugefügt oder weggelassen, ändert sich die Präferenz nicht:

$$\mathcal{L}\{e_1\alpha_1, \ldots, e_r\alpha_r\} \sim \mathcal{L}\{e_1\alpha_1, \ldots, e_r\alpha_r, e_{r+1}0\}.$$

Daraus folgt, das man beim Vergleich von zwei beliebigen endlichen Lotterien stets davon ausgehen kann, dass sie die gleichen Ereignisse enthalten.

5. **Kontinuität:** Zu jedem e_i existiert zu e_i indifferente Lotterie $\mathcal{L}\{e_1 u_i; e_r(1-u_i)\}$ aus dem besten und dem schlechtesten Ereignis, so dass gilt:

$$e_i \sim \mathcal{L}\{e_1 u_i; e_r(1-u_i)\}.$$

Wir kürzen diese Lotterie mit $\tilde{e}_i$ ab. $u_i = u(e_i)$ heißt der **Nutzenindex** (Utility) von e_i in der Lotterie.

6. **Substituierbarkeit:** In jeder Lotterie ist e_i substituierbar durch $\tilde{e}_i$:

$$\mathcal{L}\{e_1\alpha_1;\cdots;e_i\alpha_i;\cdots;e_r\alpha_r\} \sim \mathcal{L}\{e_1\alpha_1;\cdots;\tilde{e}_i\alpha_i;\cdots;e_r\alpha_r\}$$

7. **Monotonie:** Von zwei Lotterie, die beide nur das beste und das schlechteste Ereignis enthalten, wird die vorgezogen, bei der das beste Ereignis, mit größerer Wahrscheinlichkeit auftritt.

$$\mathcal{L}\{e_1 u; e_r(1-u)\} \succeq \mathcal{L}\{e_1 v; e_r(1-v)\}$$

genau dann, wenn $u \geq v$ ist.

Aus diesen Axiomen folgt nun sofort: Jede Lotterie $\mathcal{L} = \mathcal{L}\{e_1\alpha_1;\cdots;e_r\alpha_r\}$ besitzt einen Nutzenindex

$$u(\mathcal{L}) = \sum_{i=1}^{r} u_i\alpha_i.$$

$u(\mathcal{L})$ ist der Erwartungswert des Nutzens der Lotterie $\mathcal{L}$. Für jede weitere Lotterie $\mathcal{L}' = \mathcal{L}\{e_1\alpha_1';\cdots;e_r\alpha_r'\}$ gilt:

$$\mathcal{L} \succeq \mathcal{L}' \iff u(\mathcal{L}) \geq u'(\mathcal{L}).$$

Damit haben wir das grundlegende Prinzip der Nutzentheorie gefunden:

Das Bernoulliprinzip

Wähle diejenige Lotterie, die den Erwartungswert des Nutzens maximiert.

Die Auswahl einer Entscheidung in einer unsicheren Situation ist also für den Subjektivisten einfach: Er bestimmt die Wahrscheinlichkeiten der möglichen Ereignisse und deren Nutzen und berechnet dann den Erwartungswert des Nutzens. Er trifft die Entscheidung, die den höchsten Nutzen verspricht. Überraschend ist, dass im Bernoulli-Prinzip die Varianz des Nutzens keine Rolle spielt.

In der Praxis werden oft psychologisch verfeinerte Wettsysteme angewendet, um sicher zu gehen, dass die befragte Person auch wirklich ihre subjektive Wahrscheinlichkeit angibt und nicht aus Bequemlichkeit schummelt und eine beliebige Zahl angibt,

die wenig mit ihrer subjektiven Wahrscheinlichkeit zu tun hat? Dabei wird vorausgesetzt, dass die Befragten ihren Nutzen maximieren wollen.

Beispiel Jemand wird nach der subjektiven Wahrscheinlichkeit eines Ereignisses A gefragt, Zum Beispiel werden Sie nach Ihrer Wahrscheinlichkeit gefragt, dass „*Hertha Berlin*" am nächsten Wochenende gewinnt (Ereignis A). Nun ist es dankbar, dass Sie den unbequemen Frager abwimmeln wollen und einfach irgend eine Zahl q nennen, während Ihre wahre subjektive Wahrscheinlichkeit $P(A)$ ist. Damit Sie sich auch Mühe geben, diese ihre persönliche Wahrscheinlichkeit durch intensive Selbsterforschung aus sich heraus zu holen, werden sie folgendermaßen für Ihre Mühe bezahlt: Tritt A ein („*Hertha* gewinnt,,), so erhalten Sie als Belohnung den Betrag $1-(1-q)^2$. Tritt A^C ein („*Hertha* verliert"), so erhalten Sie als Belohnung den Betrag $1-q^2$. Sie können nun durch Wahl von q selbst bestimmen, wieviel Geld Sie am Wochenende bekommen. Die Wahl von q entspricht der Wahl einer Lotterie $\mathcal{L}_q$. Bei geringen Geldbeträgen können wir den Betrag mit seinem Nutzen identifizieren, dann ist der Erwartungswert des Nutzen der Lotterie $\mathcal{L}_q$, bei der Sie mit Wahrscheinlichkeit $P(A)$ den Nutzen $1-(1-q)^2$ und mit Wahrscheinlichkeit $1-P(A)$ den Nutzen $1-q^2$ haben:

$$u(\mathcal{L}_q) = P(A)(1-(1-q)^2) + (1-P(A))(1-q^2)$$
$$= 1 - P(A) + P(A)^2 - (q - P(A))^2.$$

Der Erwartungswert des Nutzens ist genau dann maximal, falls $P(A) = q$ ist. Die ehrliche Antwort wird belohnt. ◄

Bemerkungen So einleuchtend die Nutzenaxiome auch sind, sie beschreiben unsere Realität nicht vollkommen. Zum Beispiel sind Indifferenzen oft nicht transitiv: Bei einem Löffel Zucker im Kaffee bin ich indifferent gegenüber einem Körnchen Zucker mehr oder weniger. Nehme ich laufend ein Körnchen hinzu, erhalte ich am Ende einen ungenießbar verzuckerten Kaffee.

Außerdem müssen die Axiomensysteme auf unendlich viele Entscheidungsalternativen und unendlich viele Ergebnisse erweitert und verfeinert werden.

In zwei Beispielboxen auf S. 228 geben wir zwei berühmte Beispiele an, die den Nutzenaxiomen widersprechen.

Historisch gesehen das erste Gegenbeispiel zum Bernoullikriterium ist das Petersburger-Paradoxon, das wir in Kap. 38 bei der Einführung des Erwartungswertes kennengelernt haben: Ein ideale Münze wird solange geworfen, bis zum ersten Mal „Kopf" fällt. Geschieht dies beim k-ten Wurf, dann ist die Auszahlung 2^k Euro. Der Erwartungswert der Auszahlung ist unendlich groß. Trotzdem wird kein vernünftiger Mensch mehr als 10 Euro für dieses Spiel zahlen. Ein Widerspruch zum Bernoulli-Prinzip? Zuerst wurde eingewendet, dass der Nutzen des Gelds nicht linear mit dem Geld wächst. Arbeitet man mit einer konkaven Nutzenfunktion zum Beispiel $u(x) = \ln(x)$,

Beispiel: Das Auswahlparadox von Allais

Im Beispiel von Allais widerspricht die Auswahl einer Lotterie dem Bernoulliprinzip.

Problemanalyse und Strategie Es werden zuerst zwei Lotterien $\mathcal{L}_1$ und $\mathcal{L}_2$ präsentiert. Es muss entschieden werden, ob $\mathcal{L}_1 \succ \mathcal{L}_2$ oder $\mathcal{L}_2 \succ \mathcal{L}_1$ gilt. Dann werden zwei weitere Lotterien $\mathcal{L}_3$ und $\mathcal{L}_4$ präsentiert und wieder muss zwischen $\mathcal{L}_3$ und $\mathcal{L}_4$ gewählt werden. Danach stellt sich oft heraus, dass beide Auswahlen inkonsistent sind.

Lösung Die Lotterien sind:

	Gewinnwahrscheinlichkeiten			
Gewinne	$\mathcal{L}_1$	$\mathcal{L}_2$	$\mathcal{L}_3$	$\mathcal{L}_4$
2500 €	0	0.1	0.1	0
500 €	1	0.89	0	0.11
0 €	0	0.01	0.9	0.89

Für viele gilt zum Beispiel $\mathcal{L}_1 \succ \mathcal{L}_2$, denn der sichere Gewinn von 500 € ist verlockender als der mögliche Gewinn von 2500 €, der aber durch die wenn auch geringe Wahrscheinlichkeit eines Totalverlustes bestraft wird. Gleichzeitig entscheiden diese aber für $\mathcal{L}_3 \succ \mathcal{L}_4$. Bei beiden ist die

Wahrscheinlichkeit eines Totalverlustes fast gleich groß, dafür kann man bei $\mathcal{L}_3$ mit 10 % Wahrscheinlichkeit 2500 €, dafür bei $\mathcal{L}_4$ mit fast derselben Wahrscheinlichkeit von 11 % maximal 500 € erhalten.

Die Präferenzen $\mathcal{L}_1 \succ \mathcal{L}_2$ und $\mathcal{L}_3 \succ \mathcal{L}_4$ sind inkonsistent: Aus $\mathcal{L}_1 \succ \mathcal{L}_2$ folgt $u(\mathcal{L}_1) > u(\mathcal{L}_2)$ oder:

$$u(500) > 0.1u(2500) + 0.89u(500) + 0.01u(0).$$

Gleichzeitig folgt aus $\mathcal{L}_3 \succ \mathcal{L}_4$ und $u(\mathcal{L}_3) > u(\mathcal{L}_4)$

$$0.1u(2500) + 0.9u(0) > 0.11u(500) + 0.89u(0).$$

Aus der ersten Ungleichung folgt

$$0.11u(500) > 0.1u(2500) + 0.01u(0),$$

aus der zweiten Ungleichung folgt

$$0.11u(500) < 0.1u(2500) + 0.01u(0).$$

Beide Aussagen widersprechen sich.

Das Paradoxon von Allais wird unter anderem diskutiert bei: Gul, F. (1991). A Theory of Disappointment Aversion. Econometrica 1991

Beispiel: Das Ellsberg-Paradox

In diesem berühmten Beispiel widerspricht die Auswahl vieler Menschen den Kolmogorov-Axiomen.

Problemanalyse und Strategie Eine Urne enthält 30 rote Kugeln, sowie 60 weitere, die schwarz oder gelb sein können. Die Anzahlen der gelben und der schwarzen Kugeln sind unbekannt. Eine Kugel wird zufällig gezogen. Je nach Farbe der Kugel wird ein Gewinn ausgezahlt, dabei stehen zwei Lotterien $\mathcal{L}_1$ und $\mathcal{L}_2$ zur Auswahl. Dann wird die Auszahlungsmodalität geändert und wieder darf gewählt werden. Die meist getroffene Wahl ist inkonsistent.

Lösung Beim ersten Mal sind $\mathcal{L}_1$ und $\mathcal{L}_2$ definiert durch:

Lotterie	Farbe der Kugel	Auszahlung
$\mathcal{L}_1$	Rot	1000
	Anders farben	0
$\mathcal{L}_2$	Schwarz	1000
	Anders farben	0

Für viele gilt:

$$\mathcal{L}_1 \succ \mathcal{L}_2.$$

wegen der Präferenz für die höhere Klarheit und Ablehnung der größeren Unbestimmtheit. 30 Kugeln sind rot, aber keiner weiß, ob überhaupt schwarze Kugeln dabei sind. Nun wird die Lotterie abgeändert, auch bei „Gelb" wird gewonnen:

Lotterie	Farbe der Kugel	Auszahlung
$\mathcal{L}_3$	Rot, gelb	1000
	Anders farben	0
$\mathcal{L}_4$	Schwarz, gelb	1000
	Anders farben	0

Die meisten, die vorher $\mathcal{L}_1$ gegenüber $\mathcal{L}_2$ bevorzugt haben, wählen nun $\mathcal{L}_4 \succ \mathcal{L}_3$, denn die Anzahl der schwarzen und gelben Gewinnkugeln bei $\mathcal{L}_4$ ist bekannt, nämlich 60, während bei $\mathcal{L}_3$ nur bekannt ist, dass die Anzahl der roten und gelben Gewinnkugeln ≥ 30 ist. Also wird insgesamt gewählt:

$$\mathcal{L}_1 \succ \mathcal{L}_2 \quad \text{und} \quad \mathcal{L}_4 \succ \mathcal{L}_3.$$

Beide Wahlen widersprechen den Kolmogorov-Axiomen.

$$\mathcal{L}_1 \succ \mathcal{L}_2 \quad \leftrightarrow \quad P(\text{„Rot"}) > P(\text{„Schwarz"}).$$
$$\mathcal{L}_4 \succ \mathcal{L}_3 \quad \leftrightarrow \quad P(\text{„Rot"}^C) > P(\text{„Schwarz"}^C).$$

Es ist umstritten, ob die jeweilig so wählenden Menschen sich irrational verhalten, oder ob das Konzept von Nutzen und Wahrscheinlichkeit in sich nicht schlüssig ist.

dann ist der Erwartungswert des Nutzens dieses Spiel gerade $2 \ln 2$ und also sehr beschränkt. Dieser Rettungsversuch erweist sich nicht als erfolgreich. Denn auch bei dieser logarithmischen Nutzenfunktion ließe sich die Lotterie so modifizieren, dass wieder ein Petersburger Paradoxon entsteht: Ist $u(e)$ eine nach oben unbeschränkte Nutzenfunktion, dann gibt es eine Folge von Ergebnissen $e_1, e_2, \ldots, e_n, \ldots$ mit $u(e_k) \geq 2^k$. Zahlt man das e_k, falls beim k-ten Wurf zum ersten Mal „Kopf" fällt, so ist der Erwartungswert des Nutzen dieses Spiels ebenfalls unendlich.

Will man ein Petersburger Paradoxon vermeiden und das Bernoulli-Kriterium behalten, so muss man ein weiteres Axiom fordern, nämlich: Nutzenfunktionen sind beschränkt.

Es darf weder beliebig große noch beliebig kleine Nutzen geben. Um rational zu entscheiden, darf man weder ein Paradies noch eine Hölle ins Kalkül ziehen. Genau dies aber war der Ansatz bei Pascals berühmter Wette auf die Existenz Gottes, die er in seinen Pensées veröffentlichte. ◀

20.4 Das Bayesianische Lernen und Schließen

Der **Subjektivist** oder **Bayesianer** quantifiziert sein Vorwissen und seine subjektive Bewertung mit einer *A-priori*-Wahrscheinlichkeitsverteilung. Diese wird auf der Grundlage von späteren Beobachtungen mithilfe der Bayes-Regel aktualisiert.

Prinzipiell sind alle Wahrscheinlichkeiten bedingte Wahrscheinlichkeiten: $P(A \mid B)$ ist die die Einschätzung über das Eintreten von A auf der Grundlage des subjektiven momentanen Wissens B. Die unbedingte Wahrscheinlichkeit spielt eher eine Ausnahmerolle, da jede Bewertung eines A auf einem individuellen Wissenschatz B beruht. Wird keine Bedingung B genannt, so ist wird das Vorwissen B stillschweigend als das gesamte Wissen des jeweils Sprechenden vorausgesetzt.

Beim Lernen geht das Subjekt aus von einem momentanen Wissen über A, dass in der *A-priori*-**Verteilung** $P(A)$ quantifiziert wird. Dann wird eine Information B geliefert. $P(B \mid \mid A)$ ist die Wahrscheinlichkeit von B im Licht des Vorwissens A.

$P(A \mid B)$ ist die **A-posteriori-Verteilung**: Sie quantifiziert das Wissen des Subjektes nach dem Experiment. $P(A \mid B)$ übernimmt vor der nächsten Information C die Rolle der füheren *A-priori*-Verteilung $P(A)$.

$$P(A) \longrightarrow P(A \mid B) \longrightarrow P(A \mid BC) \longrightarrow \cdots$$

Die Umrechnung von *A-priori*- in *A-posteriori*-Wahrscheinlichkeit geschieht nach dem Satz von **Bayes**. Darum heißt die gesamte Schule auch die **bayesianische Schule**.

Erfolgreich angewendet wird die Bayesianischen Statistik in allen Bereichen, in denen es darauf ankommt, relevantes Vorwissen und Erkennnise aus Experimenten und Beobachtungen

in möglichst einfacher, operational durchsichtiger Form einzubringen und Prognosen für nicht wiederholbare Einzelfallsituationen zu machen.

Mit dem Satz von Bayes werden *A-priori*- in *A-posteriori*-Wahrscheinlichkeiten transformiert

Wir haben den Satz von Bayes für endliche viele diskrete Ereignisse bereits in Kap. 37 des Hauptwerks kennengelernt. Wir wiederholen ihn hier noch einmal die Grundbegriffe:

Es seien $A_1, \ldots, A_n$ n einander auschließende Ereignisse, von denen genau eines eintreten muss und B eine Beobachtung, ein beliebiges anderes Ereignis. Weiter ist

- $P(A_j)$ die *A-priori*-Wahrscheinlichkeit von A_j, das Vorwissen über A_j **vor** der Beobachtung.
- $P(A_j \mid B)$ die *A-posteriori*-Wahrscheinlichkeit von A_j nach der Beobachtung von B.
- $P(B \mid A_j)$ die bedingte Wahrscheinlichkeits von B, bei Vorliegen von A_j.
- $P(B)$ die totale Wahrscheinlichkeit von B ohne Aufschlüsselung nach den möglichen Bedingungen A_i. Nach dem Satz über die totale Wahrscheinlichkeit ist.

$$P(B) = \sum_{i=1}^{n} P(B \mid A_i)\, P(A_i).$$

Dann gilt

Der Satz von Bayes

$$P(A_j \mid B) = \frac{P(B \mid A_j)}{P(B)} P(A_j)$$
$$= \frac{P(B \mid A_j)\, P(A_j)}{\sum_{i=1}^{n} P(B \mid A_i)\, P(A_i)}.$$

Für stetige zufällige Variable ist der Satz von Bayes fast noch wichtiger. Wir wiederholen hier noch einmal die Begriffe aus Kap. 38. Sind X und Y zwei stetige zufällige Variable, dann ist

- $f_{XY}(x; y)$ die gemeinsame Dichte der zufälligen Variablen X und Y.
- $f_{X \mid Y=y}(x)$ die bedingte Dichte von X bei gegebenem $Y = y$, kurz $f_{X \mid Y}(x)$ oder $f_{X \mid Y}$.
- $f_{Y \mid X=x}(y)$ die bedingte Dichte von Y bei gegebenem $X = x$, kurz $f_{Y \mid X}(y)$ oder $f_{Y \mid X}$.
- $f_X(x) = \int_{-\infty}^{+\infty} f_{X;Y}(x; y)\, dy$ die Randverteilung von X.
- $f_Y(y) = \int_{-\infty}^{+\infty} f_{X;Y}(x; y)\, dx$ die Randverteilung von Y.

Der Satz von der totalen Wahrscheinlichkeit lautet

$$f_X(x) = \int_{-\infty}^{+\infty} f_{X|Y=y}(x) f_Y(y)\, dy.$$

Der Satz von Bayes für stetige Zufallsvariablen

Es gilt:

$$f_{X|Y=y}(x) f_Y(y) = f_{X;Y}(x;y) = f_{Y|X=x}(y) f_X(x)$$

oder knapp geschrieben:

$$f_{X|Y} f_Y = f_{X;Y} = f_{Y|X} f_X.$$

Eine besondere Bedeutung gewinnt der Satz von Bayes, wenn eine der beiden Variablen ein Parameter im objektivistischen Sinn ist. Nun unterscheiden sich die objektivistische bzw. frequentistische Interpretation und die subjektive Interpretation der Bedeutung einer parametrisierte Dichten.

Objektivistische, frequentistische Interpretation:

Θ Parametermenge.

θ fester Parameter; $\theta \in \Theta$.

$f_Y(y\,\|\,\theta)$ bei festem θ: die Dichte von Y bei gegebenem θ, bei festem y: die Likelihood von θ.

Subjektive Interpretation:

Θ zufällige Variable mit eigener (oft unbekannter) Verteilung.

θ Realisation von Θ.

$f_{Y;\Theta}(y;\theta)$ die gemeinsame Verteilung von Y und Θ.

$f_{Y|\Theta=\theta}(y)$ bei festem θ: bedingte Dichte von Y gegeben θ. Kurz auch $f_{Y|\Theta}(y)$ oder $f_{Y|\Theta}$

$f_{\Theta|Y=y}(\theta)$ bei festem y: die *A-posteriori*-Verteilung von Θ. Kurz auch $f_{\Theta|Y}(\theta)$ oder $f_{\Theta|Y}$

$f_Y(y)$ die Randverteilung von Y.

$f_\Theta(\theta)$ *A-priori*-Dichte von θ. Grad der Plausibilität von θ.

Der Satz von Bayes für parametrisierte Dichten

Es gilt in der vollständigen oder in der vereinfachten Schreibweise:

$$f_{\Theta|Y=y}(\theta) = \frac{f_{Y|\Theta=\theta}(y) \cdot f_\Theta(\theta)}{f_Y(y)},$$

$$f_{\Theta|Y} = \frac{f_{Y|\Theta} f_\Theta}{f_Y}.$$

$f_{Y|\Theta} f_\Theta$ ist bis auf die Integrationskonstante f_Y die *A-posteriori*-Dichte von Θ. Zur Bestimmung der *A-posteriori*-Verteilung

$f_{\Theta|Y}$ muss daher die Beobachtung y selbst nicht explizit bekannt zu sein, sondern nur $g \cdot f_{Y|\Theta}$, der Wert der bedingten Dichte von θ an der Stelle y. Dabei ist g eine beliebige Funktion von y, die nicht von θ abhängt. Bezüglich θ ist g eine Konstant, die bei der Normierung der Dichte auf Eins heraus fällt.

Betrachten wir $f_{Y|\Theta=\theta}(y)$ bei festem y als Funktion von θ, so ist $f_{Y|\Theta=\theta}(y)$ nichts anderes als $f_Y(y\,\|\,\theta)$, die wohlbekannte Likelihood. Der Satz von Bayes lässt sich dann auch aussprechen als:

$$\textit{A-posteriori}\text{-Dichte} \simeq \textbf{Likelihood} \cdot \textit{A-priori}\text{-Dichte}.$$

Also gilt für Bayesianer das Likelihood Prinzip: Die gesamte Information der Stichprobe über den Parameter ist in der Likelihood enthalten. Aber der Bayesianer benutzt noch eine zweite Informationsquelle, nämlich die *A-priori*-Verteilung, auf die der Objektivist verzichten muss.

Achtung   Die bei Objektivisten oft verwandte Bezeichnung $f_Y(y;\theta)$ anstelle von $f_Y(y\,\|\,\theta)$ kann hier zu Verwechslungen führen, da für den Subjektivisten $f_{Y;\Theta}(y;\theta)$ die gemeinsame Dichte von Y und Θ ist. Der Unterschied, ob θ als Parameter oder als Zufallsvariablen aufgefasst wird, ist relevant, wenn statt θ eine Funktion $\tau = \tau(\theta)$ betrachet wird. Beim Objektivisten handelt es sich dann um eine bloße Umbenennung eines Parameters, $f_Y(y\,\|\,\tau) = f_Y(y\,\|\,\tau(\theta))$, beim Subjektivisten transformiert sich die Dichte nach dem Transformationssatz $f_{Y;\tau}(y;\tau) = f_{Y;\theta}(y;\theta)\frac{d\theta}{d\tau}$.   ◀

Wir werden im Folgenden der Einfachheit halber bei Wahrscheinlichkeitsverteilungen stets nur die Dichteschreibweise verwenden. Dies ist bei diskreten Zufallsvariablen unproblematisch, wenn wir $f_X(x)$ als $P(X=x)$ und Integrale als Summe lesen. Die tiefere Rechtfertigung liegt darin, dass wir nach einer Erweiterung des Integral- und Dichtebegriffs auf der Basis des Satzes von Radon-Nikodym alle relevanten Wahrscheinlichkeitsaussagen mit Wahrscheinlichkeitsdichten formulieren können.

Binomialverteilten Beobachtungen passen zu Betaverteilten *A-priori*-Wahrscheinlichkeiten

Ein Ereignis A, der „Erfolg", trete θ bei einem Versuch mit der unbekannten Wahrscheinlichkeit θ auf. Der Versuch wird n-mal unabhängig von einander wiederholt. Y ist die Anzahl der Erfolge. Es wurde $Y = y$ beobachtet. Dann gilt

$$Y \sim B_n(\theta),$$

$$f_{Y|\Theta=\theta}(y) = \binom{n}{y} \theta^y (1-\theta)^{n-y}.$$

Dabei haben wir der Einfachheit halber auch für die diskrete Wahrscheinlichkeit die Dichteschreibweise verwendet. Der

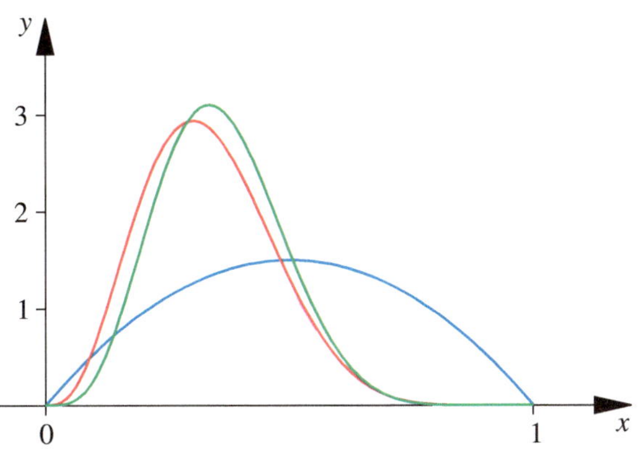

Abb. 20.1 Die *A-priori*-Verteilung (blau), die Likelihood (rot) und die *A-posteriori*-Verteilung (grün)

Objektivist könnte nun eine Konfidenzintervall für θ aufstellen oder den ML-Schätzer $\widehat{\theta}_{\mathrm{ML}} = \frac{y}{n}$ verwenden. Beim Bayesianischen Ansatz wird die Unsicherheit über Θ wird durch eine *A-priori*-Verteilung beschrieben. Diese gibt an, wie wahrscheinlich das handelnde Subjekt die möglichen Werte des unbekannten Parameters hält.

Ist die Beobachtung binomialverteilt, so wird als *A-priori*-Verteilung am elegantesten eine Betaverteilung für Θ gewählt. Die Betaverteilung wird hier im Abschn. 21.4 auf S. 247 vorgestellt. Diese Verteilung nimmt nur Werte zwischen 0 und 1 an und ist außerordentlich flexibel zur Darstellung von linkssteilen über unimodalen bis zu rechtssteilen Verteilungen. Es sei also

$$\Theta \sim \mathrm{Beta}\,(a;b)\,,$$
$$f_\Theta(\theta) \simeq \theta^{a-1}\,(1-\theta)^{b-1}\,.$$

Die *A-posteriori*-Verteilung für Θ ergibt sich aus:

$$
\begin{aligned}
f_{\Theta|Y=y}\,(\theta) &\simeq f_{Y|\Theta=\theta}(y)f_\Theta(\theta) \\
&\simeq \theta^y\,(1-\theta)^{n-y}\,\theta^{a-1}\,(1-\theta)^{b-1} \\
&\simeq \theta^{a+y-1}\,(1-\theta)^{n-y+b-1}\,.
\end{aligned}
$$

Also ist die *A-posteriori*-Verteilung von Θ gegeben y eine Beta $(a+y; b+n-y)$-Verteilung. Die Beobachtung bewirkt einen Wechsel von der Beta $(a; b)$- zur Beta $(a+y; b+n-y)$-Verteilung. Die *A-posteriori*-Verteilung gehört zur gleiche Verteilungsfamilie wie die aprori-Verteilung. Lediglich die Parameter haben sich verschoben. Man sagt: Die Binomialverteilung und die Betaverteilung sind **konjugierte Verteilungen**: Sie passen optimal zu einander.

Beispiel   Es sei $n = 10$; $y = 3$ und $a = b = 2$. Dann ist die Likelihood von θ

$$f_{Y|\Theta=\theta}(y) \simeq \theta^3\,(1-\theta)^7\,.$$

Die *A-priori*-Dichte ist proportional zu

$$f_\Theta(\theta) \simeq \theta\,(1-\theta)\,,$$

die *A-posteriori*-Dichte ist proportional zu

$$f_{\Theta|Y=y}\,(\theta) \simeq \theta^4\,(1-\theta)^8\,.$$

In der folgenden Grafik sind die beiden Dichten und die Likelihood gezeichnet. Um die Likelihood in der Größenordnung mit den anderen beiden Dichten vergleichbar zu machen, wurden die Flächen unter allen drei Kurven auf 1 normiert.   ◀

Normalverteilte Beobachtungen passen zu normalverteilten *A-priori*-Wahrscheinlichkeiten

Beispiel   Die beobachtbare Zufallsvariablen Y besitze eine n-dimensionale Normalverteilung

$$\mathbf{Y}|\boldsymbol{\theta} \sim N_n\left(\boldsymbol{\theta};\boldsymbol{C}_{\mathbf{Y}|\boldsymbol{\theta}}\right)$$

Dabei sei die Kovarianzmatrix $\boldsymbol{C}_{\mathbf{Y}|\boldsymbol{\theta}}$ fest, bekannt und hängt nicht explizit vom unbekannten $\boldsymbol{\theta}$ ab. Die Unsicherheit über das unbekannte $\boldsymbol{\theta}$ wird in einer Wahrscheinlichkeitsverteilung für $\boldsymbol{\theta}$ gefasst. Dabei wird für $\boldsymbol{\theta}$ als Realisation einer normalverteilten Variable $\boldsymbol{\Theta}$ aufgefasst: Die *A-priori*-Verteilung von $\boldsymbol{\Theta}$ wird als Normalverteilung mit bekanntem Erwartungswert $\boldsymbol{\mu}$ und bekannter Kovarianzmatrix $\boldsymbol{C}_{\boldsymbol{\Theta}}$ modelliert.

$$\boldsymbol{\Theta} \sim N_n\left(\boldsymbol{\mu};\boldsymbol{C}_{\boldsymbol{\Theta}}\right).$$

Die *A-posteriori*-Verteilung von $\boldsymbol{\Theta}$ bei gegebenem y ist dann wiederum eine Normalverteilung:

$$\boldsymbol{\Theta}|_y \sim N_n\left(\boldsymbol{\vartheta};\boldsymbol{C}_{\boldsymbol{\Theta}|_y}\right).$$

Dabei ist:

$$
\begin{aligned}
\boldsymbol{\vartheta} &= \left(\mathbf{C}_{\mathbf{Y}|\boldsymbol{\theta}}^{-1} + \mathbf{C}_{\boldsymbol{\Theta}}^{-1}\right)^{-1}\left(\mathbf{C}_{\mathbf{Y}|\boldsymbol{\theta}}^{-1}\boldsymbol{y} + \mathbf{C}_{\boldsymbol{\Theta}}^{-1}\boldsymbol{\mu}\right), \\
\mathbf{C}_{\boldsymbol{\Theta}|_y} &= \left(\mathbf{C}_{\mathbf{Y}|\boldsymbol{\theta}}^{-1} + \mathbf{C}_{\boldsymbol{\Theta}}^{-1}\right)^{-1}.
\end{aligned}
$$

Speziell gilt für eindimensionale Normalverteilungen:

$$
\begin{aligned}
Y &\sim N\left(\theta;\sigma_{Y|\theta}^2\right), \\
\Theta &\sim N\left(\mu;\sigma_\Theta^2\right), \\
\Theta \mid y &\sim N\left(\vartheta;\sigma_{\Theta|_y}^2\right).
\end{aligned}
$$

Dabei ist

$$
\begin{aligned}
\vartheta &= \frac{y/\sigma_{Y|\theta}^2 + \mu/\sigma_\Theta^2}{1/\sigma_{Y|\theta}^2 + 1/\sigma_\Theta^2}, \\
\sigma_{\Theta|_y}^2 &= \frac{1}{1/\sigma_{Y|\theta}^2 + 1/\sigma_\Theta^2}.
\end{aligned}
$$

Definiert man die Präzision einer Normalverteilung $N\left(\mu;\sigma^2\right)$ als $1/\sigma^2$, so gilt

- Die Präzision der *A-posteriori*-Verteilung ist die Summe aus der Präzision der Stichprobe und der Präzision der *A-priori*-Verteilung.
- Der Erwartungswert der *A-posteriori*-Verteilung ist das gewogene Mittel des beobachteten Wertes aus der Stichprobe und des Erwartungswertes der *A-priori*-Verteilung, die mit ihren jeweiligen Präzisionen gewichtet werden. ◀

Beweis Ist $f_{y|\theta}\left(y\mid\theta\right)$ die bedingte Dichte von y bei gegebenem θ und $f_{\Theta}(\theta)$ die Dichte von Θ, so ist die gemeinsame Dichte $f\left(y;\theta\right)$ von $\mathbf{Y}$ und Θ gegeben durch:

$$f\left(y;\theta\right) = f_{y|\theta}\left(y\mid\theta\right)f_{\Theta}(\theta) = \text{const}\cdot\exp\left(-\frac{1}{2}\mathbf{Q}(\theta)\right).$$

Dabei ist:

$$\mathbf{Q}(\theta) = \left(y-\theta\right)^{\top}\mathbf{C}_{\mathbf{Y}|\theta}^{-1}\left(y-\theta\right) + \left(\theta-\mu\right)'\mathbf{C}_{\Theta}^{-1}\left(\theta-\mu\right).$$

Nach dem Hilfssatz über quadratische Formen, den wir im Anschluss in einer Vertiefung bringen, lässt sich $\mathbf{Q}(\theta)$ schreiben als

$$\mathbf{Q}(\theta) = \left(\theta-\vartheta\right)'\mathbf{D}\left(\theta-\vartheta\right) + \mathbf{Q}(\vartheta)$$

Dabei sind $\mathbf{D}$, ϑ und $\mathbf{Q}(\vartheta)$ definiert durch

$$\mathbf{D} = \mathbf{C}_{\mathbf{Y}|\theta}^{-1} + \mathbf{C}_{\Theta}^{-1},$$

$$\vartheta = \mathbf{D}^{-1}\left(\mathbf{C}_{\mathbf{Y}|\theta}^{-1}y + \mathbf{C}_{\Theta}^{-1}\mu\right).$$

$$\mathbf{Q}(\vartheta) = \left(y-\mu\right)\left(\mathbf{C}_{\mathbf{Y}|\theta} + \mathbf{C}_{\mathbf{Y}|\theta}\right)^{-1}\left(y-\mu\right)$$

Da $\mathbf{Q}(\vartheta)$ nicht von θ abhängt, ist die *A-posteriori*-Verteilung von Θ bei gegebenem y ist die bedingte Verteilung:

$$f_{\Theta|y}(\theta\mid y) = \frac{f(y;\theta)}{f(y)} = \text{const}\cdot\exp\left(-\frac{1}{2}(\theta-\vartheta)'\mathbf{D}(\theta-\vartheta)\right).$$

Demnach ist $\Theta|_y \sim N_n\left(\vartheta;\mathbf{D}^{-1}\right)$ ∎

Beispiel Es sei $Y \sim N\left(\theta;1\right)$. Von θ wissen wir relativ wenig, nur das θ zwischen plus-minus dreißig und dabei eher in der Mitte als am Rande liegt. Wir wählen daher zum Beispiel für θ als *A-priori*-Verteilung eine Normalverteilung mit einer sehr großen Varianz: $\Theta \sim N\left(0;10\right)$.

Beobachtet wird $y = 5$. Wie lässt sich daraus unser vages Vorwissen präzisieren? Die *A-posteriori*-Verteilung von Θ ist nun:

$$\Theta\mid y \sim N\left(\vartheta;\tau^2\right),$$

Dabei ist

$$\vartheta = \frac{5}{1+1/10} = 4.5455 \text{ und } \sigma^2_{\Theta|y} = \frac{1}{1+1/10} = 0.909. \quad◀$$

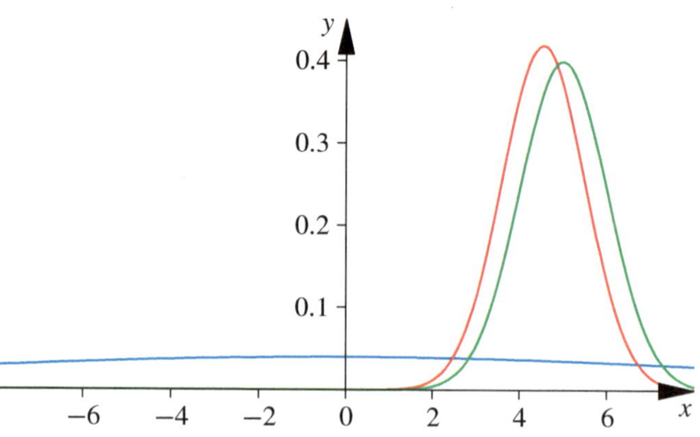

Abb. 20.2 Die *A-priori*-Dichte (blau) die Likelihood (grün) und die *A-posteriori*-Dichte (rot) von Θ

Bayesianische Intervallschätzer und Tests basieren auf der *A-posteriori*-Verteilung

Da unbekannte Parameter als zufällige Variable verstanden werden, ist jedes Prognoseintervall für Θ

$$P_{\Theta|Y}\left(\Theta \in B\right) \geq 1-\alpha$$

als Bereichsschätzer für Θ zu verwenden. Dabei ist es insofern einem objektivistischen Konfidenzintervall überlegen, als es eine uneingeschränkte Wahrscheinlichkeitsbedeutung besitzt.

Siehe Abb. 20.3. Wählt man für B den Bereich maximaler Dichte, so erhält man Bereiche minimaler Länge.

Sind A und B geeignete Teilmengen des Parameterraums, dann kann die Hypothese $H_0 : \theta \in A$ gegen die Alternative $H_1 : \theta \in B$ getestet werden. Dabei werden im **Bayes-Faktor**

$$\frac{P\left(\theta \in A \mid y\right)}{P\left(\theta \in B \mid y\right)} : \frac{P\left(\theta \in A\right)}{P\left(\theta \in B\right)}$$

die *A-priori*-Wahrscheinlichkeiten $\frac{P(\theta\in A)}{P(\theta\in B)}$ mit den *A-posteriori*-Wahrscheinlichkeiten $\frac{P(\theta\in A|y)}{P(\theta\in B|y)}$ verglichen. Je größer der Bayes-Faktor, um so stärker spricht y für H_0 und gegen H_1.

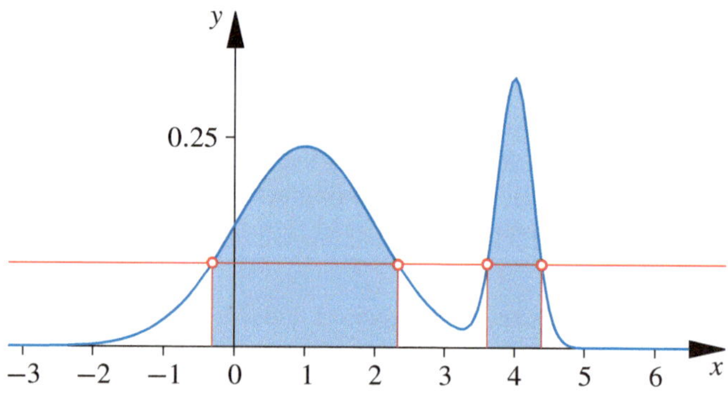

Abb. 20.3 Dichte und Prognoseintervall

Vertiefung: Hilfssatz über quadratische Formen

Wie man leicht verifiziert gilt:

$$A(a-c)^2 + B(b-c)^2$$
$$= \left(c - \frac{Aa + Bb}{A+B}\right)^2 (A+B) + (a-b)^2 \left(\frac{1}{A} + \frac{1}{B}\right)^{-1}$$

Bei symmetrischen Matrizen gibt es eine analoge Umformung, die vor allem beim Arbeiten mit mehrdimensionalen Normalverteilungen nützlich ist.

Sind $\mathbf{A}$ und $\mathbf{B}$ positiv-definite symmetrische Matrizen, a, b und c beliebige Vektoren passender Dimension und

$$\mathbf{Q}(c) = (a-c)^\top \mathbf{A}(a-c) + (b-c)^\top \mathbf{B}(b-c),$$

so lässt sich $\mathbf{Q}(c)$ in eine nur von c abhängende quadratische Form und einen von c freien quadratischen Rest zerlegen:

$$\mathbf{Q}(c) = (c-d)^\top \mathbf{D}(c-d)$$
$$+ (a-b)^\top (\mathbf{A}^{-1} + \mathbf{B}^{-1})^{-1}(a-b)$$

Dabei ist

$$\mathbf{D} = \mathbf{A} + \mathbf{B}$$
$$d = \mathbf{D}^{-1}(\mathbf{A}a + \mathbf{B}b).$$

Zum Beweis multiplizieren wir $\mathbf{Q}(c)$ aus

$$\mathbf{Q}(c) = c^\top (\mathbf{A} + \mathbf{B})c - 2c^\top (\mathbf{A}a + \mathbf{B}b) + a^\top \mathbf{A}a + b^\top \mathbf{B}b$$
$$= c^\top \mathbf{D}c - 2c^\top \mathbf{D}\mathbf{D}^{-1}(\mathbf{A}a + \mathbf{B}b) + a^\top \mathbf{A}a + b\mathbf{B}b$$
$$= c^\top \mathbf{D}c - 2c^\top \mathbf{D}d + d^\top \mathbf{D}d - d^\top \mathbf{D}d$$
$$+ a^\top \mathbf{A}a + b^\top \mathbf{B}b$$
$$= (c-d)^\top \mathbf{D}(c-d) + a^\top \mathbf{A}a + b^\top \mathbf{B}b - d^\top \mathbf{D}d$$

Um die letzten drei Terme zusammen zu fassen und setzen wir $u = a - b$ oder $a = u + b$. Dann ist

$$\mathbf{D}d = \mathbf{A}a + \mathbf{B}b = \mathbf{A}u + \mathbf{D}b$$
$$d^\top \mathbf{D}d = d^\top \mathbf{D}\mathbf{D}^{-1}\mathbf{D}d$$
$$= u^\top \mathbf{A}\mathbf{D}^{-1}\mathbf{A}u + 2u^\top \mathbf{A}b + b^\top \mathbf{D}b$$
$$a^\top \mathbf{A}a = u^\top \mathbf{A}u + 2u^\top \mathbf{A}b + b^\top \mathbf{A}b$$
$$a^\top \mathbf{A}a + b^\top \mathbf{B}b = u^\top \mathbf{A}u + 2u^\top \mathbf{A}b + b^\top \mathbf{D}b.$$

Damit erhalten wir

$$\mathbf{Q}(d) = a^\top \mathbf{A}a + b^\top \mathbf{B}b - d^\top \mathbf{D}d$$
$$= u^\top \mathbf{A}u + 2u^\top \mathbf{A}b + b^\top \mathbf{D}b$$
$$- (u^\top \mathbf{A}\mathbf{D}^{-1}\mathbf{A}u + 2u^\top \mathbf{A}b + b^\top \mathbf{D}b)$$
$$= u^\top \mathbf{A}u - u^\top \mathbf{A}\mathbf{D}^{-1}\mathbf{A}u$$
$$= u^\top \mathbf{B}\mathbf{D}^{-1}\mathbf{A}u$$
$$= u^\top (\mathbf{A}^{-1} + \mathbf{B}^{-1})^{-1}u$$

20.5 Die Achillesferse der Bayesianischen Statistik

Auf dem Konzept der subjektiven Wahrscheinlichkeiten baut eine in sich geschlossene, mathematisch elegante Theorie der statistischen Inferenz auf, die problemlos *weiche* Daten wie Voreinschätzungen oder Expertenwissen, und *harte* Daten wie Beobachtungsergebnisse aus kontrollierten Versuchen verarbeitet. Sie ist so für viele Anwender äußerst attraktiv. Wie wir am Beispiel des Aids-Tests gesehen haben, liegt die große Schwäche der Bayesianischen Theorie in der Bestimmung der *A-priori*-Wahrscheinlichkeiten. Zwar sollte jeder Subjektivist seine Wahrscheinlichkeiten bestimmen können, aber diese axiomatische Forderung hat wenig mit der Realität zu tun. In dem Augenblick, wo ein Anwender sagt: „*Ich kann beim besten Willen keine A-priori-Wahrscheinlichkeit nennen*" versagt die Theorie. Sie besitzt kein widerspruchsfreies Modell zur Beschreibung des Nichtwissens. Dies ist oft die Ursache für Paradoxien und Fehlschlüsse.

Das Problem des Nichtwissens wird durch uneigentliche Dichten nicht gelöst

Bei dem Versuch das Nichtwissen zu beschreiben, verwendet man oft Dichten, bei denen man den Informationsgehalt – etwa durch Vergrößerung der Varianz – gegen Null gehen lässt. Diese Grenzübergänge führen oft zu nichtintegrierbaren Funktionen, die selber nicht mehr als Dichten interpretierbar sind. Diese **Pseudodichten** oder **uneigentlichen Dichten** werden mitunter trotzdem wie echte *A-priori*-Dichten eingesetzt, sofern nur das Produkt *Likelihood · A-priori-Pseudo-Dichte* integrierbar ist und man quasi im zweiten Schritt eine reguläre *A-posteriori*-Dichte erhält, selbst wenn der erste Schritt außerhalb der mathematischen Legalität lag. Anwendung und Interpretation der uneigentlichen Dichten ist umstritten und nicht frei von Widersprüchen.

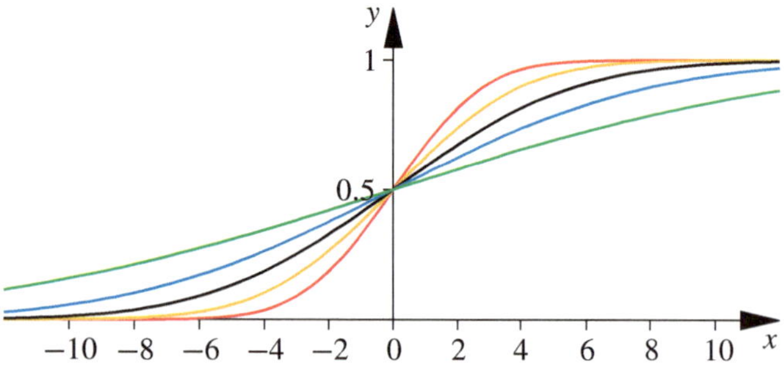

Abb. 20.4 Verteilungsfunktionen der $N\left(0;\sigma^2\right)$ für $\sigma^2 \in \{5; 10; 20; 40; 100\}$

Beispiel   Wir betrachten wie sich ein immer vageres Wissen bei der Normalverteilung auswirkt: Es sei

$$Y \sim N\left(\theta;\sigma^2\right),$$
$$\Theta \sim N\left(\mu;\delta^2\right),$$
$$\Theta\,|\,y \sim N\left(\vartheta;\tau^2\right).$$

Dabei ist – vgl. das Beispiel auf S. 231 –

$$\vartheta = \frac{y/\sigma^2 + \mu/\delta^2}{1/\sigma^2 + 1/\delta^2},$$
$$\tau^2 = \frac{1}{1/\sigma^2 + 1/\delta^2}.$$

Der Informationsgehalt der *A-priori*-Verteilung, das Gewicht der *A-priori*-Information wird durch die Varianz δ^2 der *A-priori*-Verteilung gemessen. Je größer δ^2, um so geringer ist mein Vorwissen: Geht die Varianz gegen Unendlich, ist das Vorwissen gleich Null. Für $\delta^2 \to \infty$ gehen die Parameter *A-posteriori*-Verteilung über in:

$$\lim_{\delta \to \infty} \vartheta = y$$
$$\lim_{\delta \to \infty} \tau^2 = \sigma^2.$$

Die *A-posteriori*-Verteilung von $\Theta \mid y = y$ konvergiert gegen die $N\left(y;\sigma^2\right)$. Die Dichte der *A-priori*-Verteilung von Θ konvergiert für $\delta \to \infty$ punktweise gegen Null, aber die Verteilungsfunktion konvergiert aber für $\delta \to \infty$ gegen die Konstante $\frac{1}{2}$. Siehe Abb. 20.4.   ◄

Es gibt keine *A-priori*-Verteilung, die das Nichtwissen beschreibt. Streng nach der Axiomatik der subjektiven Wahrscheinlichkeit gibt es kein absolutes Nichtwissen. Die Praxis aber sieht anders aus.

In der Not, sich irgendwie entscheiden zu müssen, werden oft Hilfsprinzipien angeboten. Eines ist das umstrittene Prinzip des unzureichenden Grundes:

Wähle die Gleichverteilung, wenn es keinen Grund gibt, unterschiedliche Wahrscheinlichkeiten anzunehmen.

Hier ist die Gleichverteilung der Ausdruck der Ignoranz und nicht Ausdruck eines quantifizierten Wissens. Dieses Prinzip führt rasch zu Paradoxien und Widersprüchen.

Beispiel   Zwei Münzen werden geworfen. Sie können jeweils „Kopf, (K)“ und „Zahl, (Z)“ zeigen. Es sind vier Ereignisse möglich: „KK, ZZ, KZ, ZK“. Mehr sei nicht bekannt. Sollen deshalb diese vier Ereignisse gleichwahrscheinlich sein? Und was ist, wenn wir stattdessen nur von den drei neuen Ereignissen sprechen: „Beide Münzen zeigen Kopf, KK“, „Beide Münzen zeigen Zahl, ZZ“ und „Beide Münzen sind verschieden, KZ ∪ ZK“. Auch von diesen wissen wir nichts. Aber sollte deshalb jetzt $P(KK) = 1/3$ sein?   ◄

Ein Nichtswissen über einen Parameter θ bedeutet auch ein Nichtwissen über jede Funktion $g\left(\theta\right)$ des Parameters. Weiß ich nichts über θ, so weiß ich zum Beispiel auch nichts über $\vartheta = e^{\theta}$. Wird nun für stetige Variable die Gleichverteilung benutzt, um das Nichtwissen auszudrücken, so stellt sich das Problem, das bei Transformationen von Zufallsvariablen die Dichte nicht invariant bleibt. Ist zum Beispiel θ gleichverteilt, hat also eine konstante Dichte, so ist – nach dem Transformationssatz für Dichten – die Dichte von $\vartheta = e^{\theta}$ proportional zu $\frac{1}{\vartheta}$ und diese Dichte ist alles andere als Ausdruck eines Nichtwissens.

Es gibt viele theoretische Ansätze bei völligem Nichtwissen adäquate *A-priori*-Verteilungen zu finden, die aber vom Standpunkt des Objektivisten nicht überzeugen. Dabei können „*uneigentliche Dichten*“ auftreten, die nicht integrabel sind, zum Beispiel Dichten, die über einem unendlichen Bereich konstant sein sollen. Bei unkritischer Anwendung uneigentlicher Dichten können unsinnige Ergebnisse und Paradoxien auftreten.

Beispiel   Nenne „*zufällig*“ eine reelle Zahl $x \in \mathbb{R}$. Dabei sollten positive und negative Zahlen mit gleicher Wahrscheinlichkeit auftreten:

$$P\left(X \leq 0\right) = P\left(X \geq 0\right) = \frac{1}{2}$$

Durch diese Forderung ist die Null ausgezeichnet. Dies ist aufgrund der Aufgabenstellung nicht einzusehen. Es sollte bei der zufälligen Nennung von X vielmehr für jede Zahl a gelten:

$$P\left(X \leq a\right) = P\left(X \geq a\right) = \frac{1}{2}.$$

Dann ist aber X keine zufällige Variable mehr. Denn aus $P\left(X \leq a\right) = \frac{1}{2}$ für alle a folgt $F_X\left(x\right) = 0.5$ und $P\left(a < X \leq b\right) = 0\ \forall a$ und b. X besitzt „uneigentliche Gleichverteilung“ auf $\mathbb{R}$.   ◄

Beispiel   Sind $X_1, \ldots, X_n$ i.i.d. $N(\mu_i; 1)$ verteilt. Beobachtet wird $\|\boldsymbol{x}\|^2 = \sum_{i=1}^n x_i^2$, gesucht sind Aussagen über $\|\boldsymbol{\mu}\|^2 = \sum_{i=1}^n \mu_i^2$. Aus den genannten Voraussetzungen folgt, dass $\|\mathbf{X}\|^2 = \sum_{i=1}^n X_i^2$ ein nichtzentrale χ^2-Verteilung besitzt:

$$\|\mathbf{X}\|^2 = \sum_{i=1}^n X_i^2 \sim \chi^2\left(n; \|\boldsymbol{\mu}\|^2\right).$$

Während die Dichte der $\chi^2\left(n; \|\boldsymbol{\mu}\|^2\right)$ nicht leicht elementar angebbar ist, sind Aussagen über Erwartungswert und Varianz unmittelbar abzuleiten. Und zwar gilt

$$E\left(\|\mathbf{X}\|^2\right) = n + \|\boldsymbol{\mu}\|^2,$$

$$\mathrm{Var}\left(\|\mathbf{X}\|^2\right) = 2n + 4\|\boldsymbol{\mu}\|^2.$$

Die Tschebyschev-Ungleichung liefert das folgende Prognose-intervall für $\|\boldsymbol{\mu}\|^2$ zum Niveau $1 - 1/k^2$:

$$\left|\|\boldsymbol{x}\|^2 - \left(n + \|\boldsymbol{\mu}\|^2\right)\right| \le k\sqrt{2n + 4\|\boldsymbol{\mu}\|^2}. \qquad (20.1)$$

Daraus erhalten wir dass objektivistische Konfidenzintervall zum Niveau $1 - 1/k^2$

$$\left|\|\boldsymbol{\mu}\|^2 - \|\boldsymbol{x}\|^2 + n - 2k^2\right| \le 2k\sqrt{\|\boldsymbol{x}\|^2 - \frac{n}{2} + \frac{k^2}{2}}. \qquad (20.2)$$

Nach dem Bayes-Ansatz suchen wir die *A-posteriori*-Dichte von μ. Da über die μ_i überhaupt nichts bekannt ist, bestimmen wir die *A-posteriori*-Dichte wie im Beispiel auf S. 234 indem wir in einer *A-priori*-Dichte für μ_i die Varianz gegen unendlich schicken. Dies liefert

$$\mu_i \sim N(x_i; 1).$$

Oben waren wir von $x_i \sim N(\mu_i; 1)$ ausgegangen. Nun haben sich die Rollen von x und μ vertauscht. So wie oben folgt nun

$$\|\boldsymbol{\mu}\|^2 \sim \chi^2\left(n; \|\boldsymbol{x}\|^2\right).$$

Dies liefert

$$E\left(\|\boldsymbol{\mu}\|^2\right) = n + \|\boldsymbol{x}\|^2,$$

$$\mathrm{Var}\left(\|\boldsymbol{\mu}\|^2\right) = 2n + 4\|\boldsymbol{x}\|^2.$$

Die Tschebyschev-Ungleichung liefert jetzt das folgende Prognose-Intervall für $\|\boldsymbol{\mu}\|^2$ zum Niveau $1 - 1/k$:

$$\left|\|\boldsymbol{\mu}\|^2 - n - \|\boldsymbol{x}\|^2\right| \le k\sqrt{2n + 4\|\boldsymbol{x}\|^2}. \qquad (20.3)$$

Vergleichen wir dies mit dem oben gewonnenen Intervall

$$\left|\|\boldsymbol{\mu}\|^2 - \|\boldsymbol{x}\|^2 + n - 2k^2\right| \le 2k\sqrt{\|\boldsymbol{x}\|^2 - \frac{n}{2} + \frac{k^2}{2}}.$$

Jetzt wählen wir n sehr groß. Eigentlich sollten wir erwarten, dass nun die subjektivistische und die objektivistische Abschät-zung konvergieren. Aber das Gegenteil tritt ein: Sind alle x_i etwa von ähnlicher Größenordnung, so ist $\|\boldsymbol{x}\|^2 = \sum_{i=1}^n x_i^2$ von der Ordnung n. Bei großem n ist k^2 vernachlässigbar gegenüber n. Damit sind $\sqrt{\|\boldsymbol{x}\|^2 - \frac{n}{2} + \frac{k^2}{2}}$ und $\sqrt{\|\boldsymbol{x}\|^2 + \frac{n}{2}}$ beide

von der Größenordnung $\sqrt{n}$. Damit haben (20.2) und (20.3) die Gestalt:

$$\text{Objektivistisch:} \quad \left|\|\boldsymbol{\mu}\|^2 - \|\boldsymbol{x}\|^2 + n\right| \le k'\sqrt{n},$$

$$\text{Subjektivistisch:} \quad \left|\|\boldsymbol{\mu}\|^2 - \|\boldsymbol{x}\|^2 - n\right| \le k''\sqrt{n}.$$

Der Objektivist sagt: $\|\boldsymbol{\mu}\|^2 \approx \|\boldsymbol{x}\|^2 - n$. Der Subjektivist sagt $\|\boldsymbol{\mu}\|^2 \approx \|\boldsymbol{x}\|^2 + n$. Beide geben ihre Schätzungenauigkeit mit der Größenordnung $\sqrt{n}$ an. Mit wachsendem n differieren die Aussagen immer stärker und werden völlig inkompatibel. Wo wird nun $\|\boldsymbol{\mu}\|^2$ liegen? ◄

Die Behandlung logischer Ausdrücke als wären sie zufällige Ereignisse ist nicht zulässig

In der mathematischen Wahrscheinlichkeitstheorie ist die Wahr-scheinlichkeitsfunktion eine σ-additive Mengenfunktion auf einer σ-Algebra. Die Elemente dieser Algebra hießen Ereig-nisse. Auf Grund des Gesetzes der Großen Zahlen konnten wir Wahrscheinlichkeiten interpretieren als relative Häufigkeiten in langen Versuchsserien. In der subjektiven Wahrscheinlichkeits-theorie sind Wahrscheinlichkeiten subjektive Bewertung von unsicheren oder unbekannten Ereignissen oder Zuständen. Mit-unter aber wird versucht, mit logische Operationen und logische Ausdrücke mit Wahrscheinlichkeit zu beschreiben. Bei unbe-dachten Anwendung der Regeln der Wahrscheinlichkeitstheorie auf logischen Ausdrücke kann man unsinnige Ergebnisse erhal-ten. Wir zeigen dazu zwei warnende Beispiele.

Beispiel Sei A die Aussage: *Die Münze ist fair*, d. h. $P(\text{Wappen}) = P(\text{Zahl})$ und B die Aussage: *Bei einem Wurf mit dieser Münze erscheint Wappen*. Kurz gefasst

$$A = \textit{Die Münze ist fair}$$
$$\neg A = \textit{Die Münze ist nicht fair}$$
$$B = \textit{Wappen}$$
$$\neg B = \textit{Zahl}$$

Nun schreiben wir die beiden Aussage: *Mit einer fairen Mün-ze hat „Kopf" die Wahrscheinlichkeit* $\frac{1}{2}$ und *Mit einer fairen Münze hat „Wappen" die Wahrscheinlichkeit* $\frac{1}{2}$ als logische For-meln:

$$P(A \wedge B) = \frac{1}{2} \quad \text{und} \quad P(A \wedge \neg B) = \frac{1}{2}.$$

Dann folgt aber aus

$$(A \wedge B) \vee (A \wedge \neg B) = A$$

und der Disjunktheit der beiden Ausagen die überraschende Fol-gerung:

$$P(A) = P(A \wedge B) + P(A \wedge \neg B) = \frac{1}{2} + \frac{1}{2} = 1.$$

Das heißt **Alle Münzen sind fair**.

Analog folgte aus

$$B = (A \wedge B) \vee (\neg A \wedge B)$$

$$P(B) = \underbrace{P(A \wedge B)}_{\frac{1}{2}} + \underbrace{P(\neg A \wedge B)}_{>0} \geq \frac{1}{2}.$$

Egal ob eine Münze fair ist oder nicht, die Wahrscheinlichkeit für Wappen ist mindestens $1/2$.

Schreibt man jedoch die beiden obengenannten Aussagen in der Form bedingter Wahrscheinlichkeiten, so ist zwar $P(B \mid A) = 1/2$ sinnvoll, aber die Ausdrücke $P(A \mid B)$, $P(A)$ und $P(B)$ sind nicht definiert. ◄

Beispiel Logisch äquivalenten Ausagen sollten die gleiche Wahrscheinlichkeit zu kommen. Betrachten wir die Aussage: *Die Wahrscheinlichkeit, mit einer fairen Münze „Wappen" zu werfen, ist* $1/2$. Schreiben wir dies versuchsweise als logische Formel:

$$P(A \Rightarrow B) = \frac{1}{2}.$$

$A \Rightarrow B$ ist aber logisch äquivalent mit $\neg B \Rightarrow \neg A$. Also müsste gelten

$$P(\neg B \Rightarrow \neg A) = \frac{1}{2}.$$

Dies hieße aber: Werfe ich mit einer Münze „Zahl", so ist mit Wahrscheinlichkeit $1/2$ die Münze gefälscht. ◄

Spezielle Verteilungen – Modelle des Zufalls (zu Kap. 39)

Wie viele faule Äpfel sind in der Tüte, wenn n in der Kiste sind?

Wie oft tickt der Geigerzähler?

Warum erscheint die Gauß-Verteilung auf dem alten 10-DM-Schein?

© Springer-Verlag GmbH Deutschland 2017

T. Arens et al., *Ergänzungen und Vertiefungen zu Arens et al., Mathematik*, DOI 10.1007/978-3-662-53585-1_21

In diesem Kapitel ist das Bonusmaterial zu Kapitel 39 aus dem Lehrbuch Arens et al. *Mathematik* zusammengestellt. Wir beschäftigen uns mit zwei großen Themenkreisen, erstens mit der Erzeugung von Zufallszahlen und zweitens mit weiteren Familien stetiger Wahrscheinlichkeitsverteilungen.

Wir haben in Kap. 39 die Gleichverteilung, die Exponentialverteilung und die Normalverteilung als Beispiele für stetige Verteilungen kennengelernt. Die Gleichverteilung ist auf einem Intervall, die Exponentialverteilung auf der positiven Achse $[0, \infty)$, die Normalverteilung auf der ganzen reellen Achse definiert. Wir werden nun einige weitere Verteilungen vorstellen, die in der Praxis, vor allem der Ingenieure, eine wichtige Rolle spielen. Diese Verteilungen hängen alle miteinander zusammen, sie gehen durch Transformationen, durch Addition, Multiplikation, Division der durch sie definierten Zufallsvariablen auseinander hervor. Man wird fast automatisch von einer zur anderen Verteilung geleitet. Trotzdem ist es sinnvoll, diese Verteilungen zu formal oder inhaltlich zusammenhängenden Familien zusammenzufassen. Dabei sind die Grenzen natürlich ebenso willkürlich wie fließend.

21.1 Erzeugung von Zufallszahlen

Die Erzeugung von Zufallszahlen hat eine lange Tradition, kannte man doch schon in der Antike den Würfel. Heutzutage erfüllen Zufallszahlen unterschiedliche Funktionen:

- In Spielsituationen sind deterministische, also vorhersehbare Abläufe oft unerwünscht. Viel reizvoller ist eine stochastische Komponente (Würfel, Roulette, Lottozahlen etc.), deren Ausgang als Glück oder Pech interpretiert werden kann.
- In Entscheidungssituationen werden Zufallszahlen verwendet, wenn sich auf andere Weise keine zufriedenstellende Einigung erzielen läst (z. B. Münzwurf oder Streichholzziehen).
- Man verwendet Zufallszahlen, um Systeme mit einer stochastischen Komponente zu simulieren. Dabei versteht man unter Simulation die Untersuchung eines Systems mithilfe eines Ersatzsystems. Ein bekanntes Beispiel ist ein Flugzeugsimulator für die Ausbildung von Piloten. Eine Simulation wird in der Regel durchgeführt, weil die direkte Betrachtung eines Systems entweder zu teuer, zu zeitraubend oder praktisch gar nicht möglich ist. Den Informatiker interessiert hier insbesondere die Simulation von Rechenanlagen und Netzwerken. In solchen Systemen können verschiedene Größen, beispielsweise die Anzahl der versandten Nachrichten oder die Wartezeit von Jobs in einem Druckerpuffer als zufällig, aber durch bestimmte Verteilungen beschreibbar, interpretiert werden. Durch Zufallszahlen lassen sich solche zufälligen Größen simulieren.

Für die Erzeugung von Zufallszahlen existieren verschiedene Verfahren, die sich grob in die „reinen" und die „Pseudo-" Verfahren untergliedern lassen.

Reine Verfahren sind Würfel- und physikalische Verfahren

Hier handelt es sich um verschiedene Arten von Würfeln und Roulettes zur Erzeugung von Zufallszahlen. Schon der einfache Wurf einer Münze gehört zu dieser Klasse. Diese Art der Erzeugung kann in der Praxis nur angewandt werden, wenn nicht allzu viele Zufallszahlen benötigt werden. Weiter werden auch viele zufällig ablaufende physikalische Prozesse zur Erzeugung von Zufallszahlen verwendet.

Beispiel Ein Strahlungszähler registriert die Anzahl von Teilchen in aufeinanderfolgenden Zeitintervallen konstanter Länge. Die Anzahl wird als Realisierung einer Zufallsgröße betrachtet. Man nimmt an, begründet durch physikalische Gesetzmäßigkeiten, dass die Anzahl der durch ein homogenes Isotop ausgestrahlten Teilchen eine poissonverteilte Zufallsgröße ist. Die Wahrscheinlichkeit, k Teilchen im Zeitintervall der Länge t zu betrachten, ist dann

$$P(X = k) = \frac{(\lambda t)^k}{k!} e^{-\lambda t},$$

wobei λ die Intensität der Quelle ist. ◄

In der Praxis wird aber nicht immer die Exponential- oder Poissonverteilung benutzt. Durch Transformation der Folge, die sich aus Realisationen der poissonverteilten Zufallsgröße ergibt, erhält man die gewünschte Verteilung.

Pseudo- oder arithmetische Verfahren sollen Zahlen erzeugen, die von diskreten gleichverteilen Zufallsvariablen kaum zu unterscheiden sind

„Zufallszahlen", die durch arithmetische Verfahren erzeugt werden, sind deterministisch. Daher bezeichnet man sie genauer als Pseudo-Zufallszahlen. Wenn man allerdings das Bildungsgesetz nicht kennt oder nicht bereit ist, es nachzuvollziehen, kann man sie als „Zufallszahlen" verwenden, wenn echte Zufallszahlen nicht vorhanden sind.

Durch ein mathematisches Bildungsgesetz, meist ein Iterationsverfahren, lassen sich mit einem Rechner in kurzer Zeit sehr viele „Zufallszahlen" erzeugen. Die so erzeugten Zahlen sind in der Regel periodisch, nach einer aperiodischen Einschwingphase der Länge K gilt für die folgenden Zahlen

$$z_i = z_{i+jp} \quad i \geq K; \, j \in \mathbb{N}.$$

Die kleinste natürliche Zahl p mit dieser Eigenschaft ist die Periodenlänge. Es gibt viele Gütekriterien, die wichtigsten sind:

Gleichverteilung Jede Zahl des Wertebereichs sollte im Schnitt gleich häufig auftreten.

Unabhängigkeit Ein Abhängigkeitsverhältnis zwischen einer Zahl und ihren Vorgängern sollte nicht erkennbar sein. In der Regel besteht ein solches Abhängigkeitsverhältnis aufgrund des Bildungsgesetzes. Es sollte sich allerdings durch die Berechnung statistischer Kenngrößen nicht nachweisen lassen. Eine geeignete Kenngröße hierfür ist die Autokorrelation, also die Korrelation der Folge mit derselben, um r Elemente verschobenen, Folge: $\varrho(z_i, z_{i+r})$. Im Idealfall ist die Autokorrelation für alle $r \geq 1$ gleich Null.

Periodenlänge/Aperiodizität Eine Folge von Zufallszahlen sollte eine große Periodenlänge aufweisen. Wenn diese Forderung nicht eingehalten werden kann, sind die Zufallszahlen in der Regel nicht mehr unabhängig.

Reproduzierbarkeit Bei der Simulation von Systemen und dem Vergleich verschiedener Alternativen kann es sinnvoll sein, dieselbe Folge von Zufallszahlen mehrfach zu erzeugen.

Es gibt eine Fülle konkurrierender Verfahren zur Erzeugung von Zufallszahlen. Wir stellen als Beispiel die Midsquare- oder Quadratmitten-Methode und die Kongruenz- oder Restklassen-Methode vor.

Beispiel: Die Midsquare- oder Quadratmitten-Methode

Das Verfahren arbeitet folgendermaßen: Die zu erzeugenden Zufallszahlen z_i seien m-ziffrige ganze Zahlen im Zahlensystem zur Basis M und m sei gerade. Dann bildet der Generator nach der Initialisierung mit einem Startwert z_0 jeweils das Quadrat der vorhergehenden Zufallszahl z_i und greift m Stellen aus der Mitte heraus. Die m Ziffern in der Mitte von z_i^2 bilden dann das neue z_{i+1}.

Angenommen, wir arbeiten mit unserem gewohnten Dezimalsystem, also $M = 10$, wählen $m = 4$ und beginnen mit der Startziffer 1234, dann erhält man nacheinander folgende Zufallszahlen:

i	z_i	z_i^2
0	1234	01 |5227| 56
1	5227	27 |3215| 29
2	3215	10 |3362| 25
3	3362	11 |3030| 44
4	3030	09 |8090| 00

Die Implementierung auf einem Rechner kann mithilfe der folgenden Rekursionsformel erfolgen:

$$z_i := \mathrm{int}(z_{i-1}^2 \cdot M^{-\frac{m}{2}}) - \mathrm{int}(z_{i-1}^2 \cdot M^{-\frac{3m}{2}}) \cdot M^m,$$

wobei „int" die Integerfunktion bezeichnet, die die Nachkommastellen abschneidet. Dieser Generator ist allerdings nicht zu empfehlen. Er genügt einerseits nicht den schwächsten Forderungen der Gleichverteilung, andererseits kann er in Abhängigkeit vom Startwert eine sehr kurze Periode aufweisen, so dass nur der aperiodische Abschnitt genutzt werden kann.

i	z_i	z_i^2
k	6100	37 |2100| 00
$k+1$	2100	04 |4100| 00
$k+2$	4100	16 |8100| 00
$k+3$	8100	65 |6100| 00

Um diesen Mangel zu umgehen, kann man das Produkt der letzten beiden Vorgänger z_{i-1} und z_{i-2} anstelle von z_{i-1}^2 verwenden:

$$z_i := \mathrm{int}(z_{i-1} \cdot z_{i-2} \cdot M^{-\frac{m}{2}}) - \mathrm{int}(z_{i-1} \cdot z_{i-2} \cdot M^{-\frac{3m}{2}}) \cdot M^m \quad \blacktriangleleft$$

Beispiel: Die Kongruenz- oder Restklassen-Methode

Lineare Kongruenzgeneratoren arbeiten nach der allgemeinen Gleichung:

$$z_i := (a \cdot z_{i-1} + b) \bmod c,$$

wobei „mod" die Modulo-Funktion bezeichnet, die den Rest einer ganzzahligen Division liefert; a, b und c sind ganze Zahlen. Dieser Generator hat die Periodenlänge c, wenn a, b und c die folgenden Eigenschaften erfüllen:

- b ist relativ prim zu c, d. h. der größte gemeinsame Teiler von b und c ist 1.
- $a \bmod p = 1$ für jeden Primfaktor p von c. (Die Primfaktoren erhält man, indem man c als Produkt von Primzahlen darstellt).
- $a \bmod 4 = 1$, falls 4 ein Teiler von c ist.

Weiterhin bietet es sich an, für c die größte auf dem Rechner darstellbare Zahl zu wählen, da die Modulo-Operation dann automatisch durch einen Registerüberlauf erfolgt. Außerdem lassen sich die oben aufgestellten Forderungen besonders leicht einhalten, wenn c eine Zweierpotenz ist und damit die 2 als einzigen Primfaktor aufweist.

Ein Kongruenzgenerator, bei dem b den Wert 0 annimmt, wird als *multiplikativer Kongruenzgenerator* bezeichnet:

$$z_i := (a \cdot z_{i-1}) \bmod c \quad \blacktriangleleft$$

Durch die vorgestellten Generatoren werden Zufallszahlen generiert, die in dem Intervall $[0, M^m)$ bzw. $[0, c)$ diskret gleichverteilt sind. Bei vielen Anwendungen und auch als Ausgangspunkt für die Simulation anderer Verteilungen werden Zufallszahlen u_i benötigt, die im Intervall $[0, 1)$ gleichverteilt sind. Diese erhält man, indem man $u_i := z_i/M^m$ bzw. $u_i := z_i/c$ verwendet. Dass es sich hierbei im Prinzip immer noch um eine diskrete Verteilung handelt, bedeutet in der Praxis keine Einschränkung der Verwendbarkeit, da auf einem Rechner in der Regel ohnehin nur mit einer endlichen Zahlenmenge gearbeitet wird.

Ausgehend von der Gleichverteilung lassen sich andere diskrete Verteilungen erzeugen

- Die **Bernoulli Verteilung**. Man simuliert eine auf $[0, 1]$ gleichverteilte zufällige Variable U und weist X den Wert 1 zu, falls $U \leq \theta$, und den Wert 0, falls $U > \theta$.

$$X = \begin{cases} 1 & \text{falls } U \leq \theta, \\ 0 & \text{falls } U > \theta. \end{cases}$$

Analog kann man auch vorgehen, wenn bei einer diskreten Zufallszahl mehr als zwei Realisationen möglich sein sollen und die Wahrscheinlichkeitsfunktion f oder die Verteilungsfunktion F bekannt sind. Soll zum Beispiel ein idealer Würfel simuliert werden, so kann dies so geschehen:

$$X = \begin{cases} 1 & \text{falls } 0 < U \leq 1/6 \\ 2 & \text{falls } 1/6 < U \leq 2/6 \\ 3 & \text{falls } 2/6 < U \leq 3/6 \\ 4 & \text{falls } 3/6 < U \leq 4/6 \\ 5 & \text{falls } 4/6 < U \leq 5/6 \\ 6 & \text{falls } 5/6 < U \leq 1 \end{cases}$$

- Die **Binomialverteilung**. Man kann eine binomialverteilte Zufallszahl mithilfe ihrer Verteilungsfunktion nach dem oben beschriebenen Verfahren generieren. Dazu ist es allerdings erforderlich, vorher die Verteilungsfunktion auszurechnen und in Form einer Tabelle bereitzustellen. Man kann darauf verzichten und $B_n(\theta)$ verteilte Zufallszahlen konstruieren, indem man n unabhängige, mit dem Parameter θ bernoulliverteilte Zufallszahlen X_i erzeugt und deren Summe bildet. Diese Summe

$$X = \sum_{i=1}^{n} X_i$$

ist binomialverteilt mit den Parametern n und θ.
- Die **Poissonverteilung**. Die bisher vorgestellten Verfahren sind für die Erzeugung einer Poissonverteilung mit

$$P(X = k) = \frac{\lambda^k}{k!} e^{-\lambda}$$

nicht geeignet. Außerdem weisen poissonverteilte Zufallszahlen einen großen Wertebereich auf, so dass auch das Ablesen anhand der Wahrscheinlichkeits- oder Verteilungsfunktion sehr umständlich wird. Daher stützt man sich auf den Zusammenhang zwischen Poisson- und Exponetialverteilung: Sind die Zufallszahlen $Y_1, Y_2, \dots$ unabhängig und exponentialverteilt mit dem Erwartungswert $E(Y_i) = 1$, so ist die nichtnegative ganze Zufallszahl X, für die

$$\sum_{i=1}^{X} Y_i < \lambda \leq \sum_{i=1}^{X+1} Y_i$$

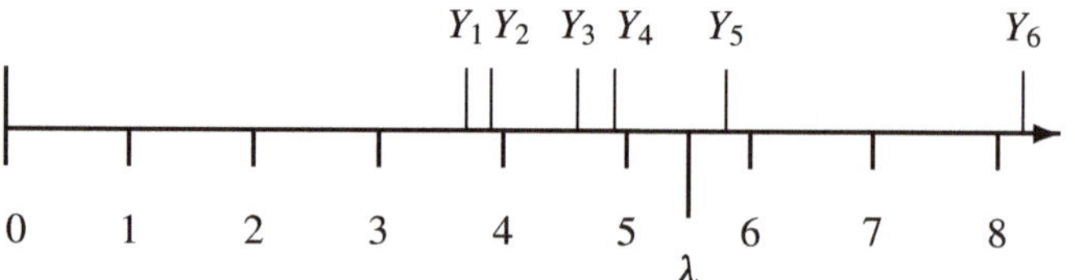

Abb. 21.1 Erzeugung poissonverteilter Zufallszahlen

gilt, poissonverteilt mit dem Erwartungswert λ. Voraussetzung für die praktische Verwendung dieses Generators ist, dass man über einen schnellen Generator für exponentialverteilte Zufallszahlen verfügt. Sei zum Beispiel $\lambda = 5.5$. Wir beobachten die ExpV (1) verteilten Variablen: $y_1 = 3.71$, $y_2 = 0.16$, $y_3 = 0.70$, $y_4 = 0.33$, $y_5 = 0.85$, $y_6 = 2.46$. Dann ist $\sum_{i=1}^{4} y_i = 4.9$ und $\sum_{i=1}^{5} y_i = 5.75$ Also ist $X := 4$.

- **Beliebige stetige Verteilungen.** Dabei ist der folgende Satz ist grundlegend.

Äquivalenzsatz für stetige Verteilungen

Jede stetige Verteilung kann in die Gleichverteilung, jede Gleichverteilung kann in jede andere stetige Verteilung transformiert werden. Genauer gesagt gilt:

Ist X eine stetige zufällige Variable mit der Verteilung F, dann besitzt

$$U = F(X)$$

auf $[0; 1]$ eine Gleichverteilung.

Ist U eine auf $[0; 1]$ gleichverteilte zufällige Variable und $F(x)$ eine beliebige stetige Verteilungsfunktion, dann besitzt

$$X = F^{-1}(U)$$

die Verteilungsfunktion $F(x)$.

Beweis a) Sei $U = F(X)$. Aus der Definition von F^{-1} folgt: $F(x) < u \iff x < F^{-1}(u)$. Daher folgt aus $U = F(X)$ und der Stetigkeit von X:

$$\begin{aligned} P(U < u) &= P(F(X) < u) \\ &= P(X < F^{-1}(u)) \\ &= P(X \leq F^{-1}(u)) \\ &= F(F^{-1}(u)) = u. \end{aligned}$$

Daher gilt auch $P(U < u + \varepsilon) = u + \varepsilon$ für alle ε. Aus der rechtsseitigen Stetigkeit der Verteilungsfunktion von U folgt:

$$F_U(u) = P(U \leq u) = \lim_{\varepsilon \to 0} P(U < u + \varepsilon) = u.$$

Also ist U auf $[0, 1]$ gleichverteilt.

b) Sei $X = F^{-1}(U)$. Wegen $F^{-1}(u) \leq x \Longleftrightarrow u \leq F(x)$ und der Gleichverteilung von U gilt:

$$P(X \leq x) = P\left(F^{-1}(U) \leq u\right)$$
$$= P(U \leq F(u))$$
$$= F(u).$$

Also hat X die Verteilungsfunktion F. ∎

- Anschaulich sagt der Satz: Wir können die x-Achse so stauchen oder dehnen, dass jede stetige Verteilungsfunktion F in die Diagonale $y = x$ über dem Intervall $[0, 1]$ und umgekehrt die Diagonale in jede stetige Verteilungsfunktion transformiert wird.
  Dieses sogenannte Inversionsverfahren ist dann vor allem sinnvoll, wenn F^{-1} einfach berechnet werden kann.
- **Die Exponentialverteilung.** Eine exponentialverteilte Zufallszahl wird durch die Verteilungsfunktion

$$F(x) = 1 - e^{-\theta x} \quad \text{für } x \geq 0.$$

beschrieben. Dann ist

$$F^{-1}(u) = \frac{\ln(1 - u)}{\theta}.$$

Ist U in $(0, 1)$ gleichverteilt, dann ist $-\frac{\ln(1-U)}{\theta}$ exponentialverteilt mit dem Parameter θ. Da aber mit U auch $1 - U$ in $(0, 1)$ gleichverteilt ist, ist auch

$$X = -\frac{\ln(U)}{\theta}.$$

in $(0, 1)$ gleichverteilt. Bei der Implementierung muss allerdings darauf geachtet werden, dass der Fall $U = 0$ nicht auftritt, da $\ln 0$ nicht definiert ist.

- **Die Normalverteilung.** Für die Erzeugung einer standardnormalverteilten Zufallszahl X ist das Inversionsverfahren ungeeignet, da die Verteilungsfunktion nicht analytisch geschlossen vorliegt. Eine bekannte Methode zur Realisierung einer normalverteilten Zufallszahl X beruht auf der Anwendung des *Zentralen Grenzwertsatzes*. Seien die U_i unabhängige, identisch auf $[0, 1]$ gleichverteilte Zufallszahlen, dann ist die Summe

$$X := \sum_{i=1}^{12} U_i - 6$$

näherungsweise standardnormalverteilt.
BOX und MULLER schlugen folgenden Generator für eine standardnormalverteilte Zufallszahl vor: Sind U_1 und U_2 unabhängige, auf dem Intervall $[0, 1]$ gleichverteilte Zufallszahlen, dann ist die Zufallszahl

$$X_1 = \sqrt{-2 \ln U_1} \cos(2\pi U_2)$$

nach $N(0, 1)$ verteilt. Eine zweite Zufallszahl X_2, die durch

$$X_2 = \sqrt{-2 \ln U_1} \sin(2\pi U_2)$$

erzeugt wird, ist ebenfalls standardnormalverteilt und von X_1 unabhängig. Bei diesem Generator muss darauf geachtet werden, dass der Fall $U_1 = 0$ ausgeschlossen wird.

21.2   Die Gammaverteilungsfamilie

Eine der theoretisch wichtigsten Verteilungsfamilien ist die Gamma-Verteilungsfamilie. In Kap. 34 des Hauptwerks wurde die Gammafunktion $\Gamma(\alpha)$ bereits eingeführt. Sie ist definiert für $\alpha > 0$ durch

$$\Gamma(\alpha) = \int_0^\infty t^{\alpha-1} e^{-t} dt.$$

Wir wiederholen hier die für uns wichtigsten Eigenschaften der Gammafunktion:

$$\Gamma(1) = 1,$$
$$\Gamma(\alpha + 1) = \alpha \Gamma(\alpha),$$
$$\Gamma(n + 1) = n! \quad n \in \mathbb{N},$$
$$\Gamma(1/2) = \sqrt{\pi}.$$

Gammaverteilung Gamma $(\alpha; \beta)$ ist eine zwei-parametrige, auf der positiven Achse definierte Verteilung

Aufbauend auf der Definition der Gammafunktion definieren wir:

Die Gammaverteilung

Die zufällige Variable X besitzt eine Gammaverteilung Gamma $(\alpha; 1)$ genau dann, wenn X die folgende Dichte hat:

$$f_X(x) = \frac{1}{\Gamma(\alpha)} x^{\alpha-1} e^{-x} \quad \text{für } x > 0 \text{ und } 0 \text{ sonst.}$$

Dabei ist $\alpha > 0$. Wir schreiben $X \sim$ Gamma $(\alpha; 1)$.

Die Zufallsvariable Y besitzt eine Gammaverteilung Gamma $(\alpha; \beta)$, wenn βY eine Gamma $(\alpha; 1)$ Verteilung besitzt:

$$Y \sim \text{Gamma}(\alpha; \beta) \qquad \Leftrightarrow$$
$$\beta Y \sim \text{Gamma}(\alpha; 1) \qquad \Leftrightarrow$$
$$Y \sim \frac{1}{\beta} \text{Gamma}(\alpha; 1).$$

Dabei sind $\alpha > 0$ und $\beta > 0$.

Nach dem Transformationssatz für Dichten ist $f_Y(y) = f_X(x)\frac{dx}{dy} = \frac{1}{\Gamma(\alpha)}(\beta x)^{\alpha-1}e^{-\beta x}\beta$.

Die Dichte der Gammaverteilung Gamma $(\alpha; \beta)$ ist also

$$f_Y(y) = \frac{\beta^\alpha}{\Gamma(\alpha)}y^{\alpha-1}e^{-y\beta}.$$

Achtung Wir übernehmen hier die Bezeichnung aus dem „Lexikon der Stochastik" In manchen Bücher z.B. im Johnson, N.; Kotz, S.; Balakrishnan, N. *Continous univariate Distributions* wird dagegen die Gamma $(\alpha; \beta)$ als Gamma $\left(\alpha; \frac{1}{\beta}\right)$ bezeichnet. ◀

Abb. 21.2 und 21.3 zeigen Dichten der Gammaverteilung für verschiedene Werte von α und β. Die Dichte ist proportional zu $y^{\alpha-1}e^{-y\beta}$. Für große y verhält sich die Dichte wie $e^{-y\beta}$ und klingt exponentiell gegen null ab.

Für kleine y verhält sich die Dichte wie $y^{\alpha-1}$ und divergiert für $0 < \alpha < 1$ bei Annäherung an null gegen unendlich. Ist $\alpha > 1$, so hat die Dichte ein Maximum bei $y = \frac{\alpha-1}{\beta}$.

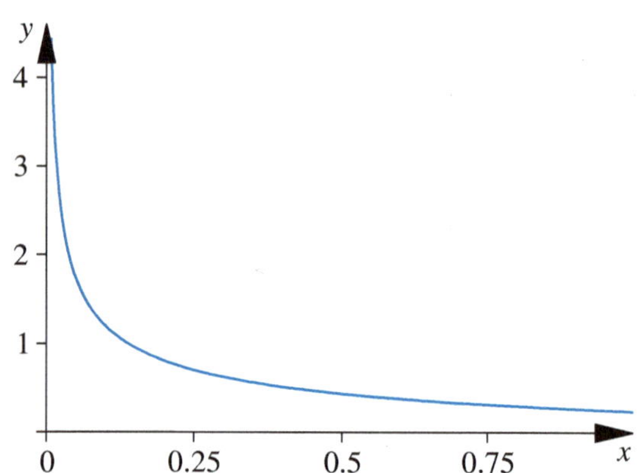

Abb. 21.2 Gamma $(x; 0.5, 0.5)$

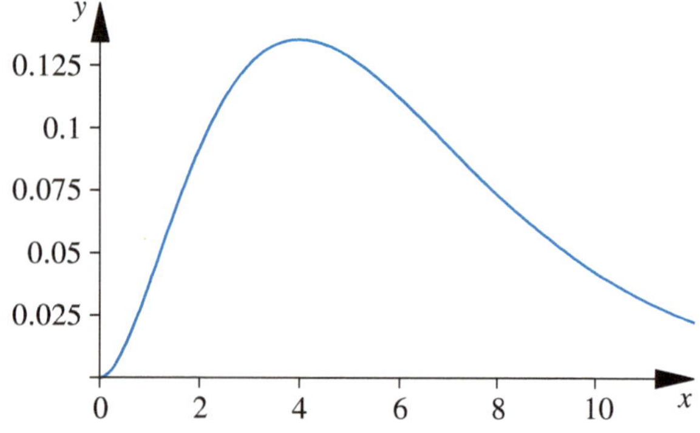

Abb. 21.3 Gamma $(x; 3, 0.5)$

Beide Parameter α und β beeinflussen sowohl Lage wie Streuung

Die Momente der Gammaverteilung

Die Momente der Gammaverteilung Gamma $(\alpha; \beta)$ sind:

$$E\left(Y^k\right) = \beta^{-k}\frac{\Gamma(\alpha+k)}{\Gamma(\alpha)}$$
$$= \beta^{-k}\alpha(\alpha+1)\cdots(\alpha+k-2)(\alpha+k-1).$$

Speziell ist der Erwartungswert

$$E(Y) = \frac{\alpha}{\beta}.$$

Das zweite Moment und die Varianz sind:

$$E\left(Y^2\right) = \frac{\alpha(\alpha+1)}{\beta^2},$$
$$\sigma^2 = \frac{\alpha}{\beta^2}.$$

Der Variationkoeffizient ist unabhängig von β:

$$\frac{\sigma}{\mu} = \frac{1}{\sqrt{\alpha}}.$$

Beweis Sei $Y \sim$ Gamma $(\alpha; 1)$. Dann ist

$$E\left(Y^k\right) = \frac{1}{\Gamma(\alpha)}\int_0^\infty y^k y^{\alpha-1}e^{-y}dy$$
$$= \frac{\Gamma(\alpha+k)}{\Gamma(\alpha)}\cdot\underbrace{\frac{1}{\Gamma(\alpha+k)}\int_0^\infty y^{\alpha+k-1}e^{-y}dy}_{1}$$
$$= \frac{\Gamma(\alpha+k)}{\Gamma(\alpha)}.$$

Ist $Y \sim$ Gamma $(\alpha; \beta)$, so ist $\beta Y = X \sim$ Gamma $(\alpha; 1)$. Daher ist $E(X)^k = E(\beta Y)^k = \beta^k E(Y)^k$. ∎

Für die Gammaverteilung gilt ein Additionsgesetz

Für viele Verteilungen haben wir ein Additionsgesetz kennengelernt. Sind zum Beispiel X und Y unabhängig voneinander binomialverteilt, $X \sim B_n(\theta)$ und $Y \sim B_m(\theta)$, dann ist $X + Y \sim B_{n+m}(\theta)$. Eine analoge Eigenschaft gilt für die Gammaverteilung

Das Additionsgesetz der Gammaverteilung

Sind $X \sim \text{Gamma}\,(\alpha_1; \beta)$ und $Y \sim \text{Gamma}\,(\alpha_2; \beta)$ stochastisch unabhängig, so ist

$$X + Y \sim \text{Gamma}\,(\alpha_1 + \alpha_2; \beta)\,.$$

Kurz und symbolisch

$$\text{Gamma}\,(\alpha_1; \beta) + \text{Gamma}\,(\alpha_2; \beta) = \text{Gamma}\,(\alpha_1 + \alpha_2; \beta)\,.$$

Beweis Es seien X und unabhängig voneinander, $X \sim \text{Gamma}\,(\alpha_1; 1)$, $Y \sim \text{Gamma}\,(\alpha_1; 1)$ und $Z = X + Y$. Dann ist nach der Formel für die Dichte einer Summe aus Kap. 39

$$f_Z(z) = \int_{-\infty}^{+\infty} f_X(x) f_Y(z - x)\, dx$$

$$= \int_0^z f_X(x) f_Y(z - x)\, dx,$$

da $f_X(t) = f_Y(t) = 0$ falls $t < 0$. Setzen wir die Werte der Dichtefunktionen ein, erhalten wir:

$$f_Z(z) = \frac{1}{\Gamma(\alpha_1)\,\Gamma(\alpha_2)} \int_0^z x^{\alpha_1 - 1} e^{-x} (z - x)^{\alpha_2 - 1}\, e^{-(z-x)} dx$$

$$= \frac{e^{-z}}{\Gamma(\alpha_1)\,\Gamma(\alpha_2)} \int_0^z x^{\alpha_1 - 1} (z - x)^{\alpha_2 - 1}\, dx$$

Wir setzen $x = zt$ und erhalten

$$f_Z(z) = \frac{e^{-z} z^{\alpha_1 + \alpha_2 - 1}}{\Gamma(\alpha_1)\,\Gamma(\alpha_2)} \int_0^1 t^{\alpha_1 - 1} (1 - t)^{\alpha_2 - 1}\, dt$$

$$= c\, e^{-z} z^{\alpha_1 + \alpha_2 - 1}$$

$$= c'\, \Gamma(\alpha_1 + \alpha_2)\, f_{\text{Gamma}(\alpha_1 + \alpha_2, 1)}\,.$$

Dabei ist c' die Integrationskonstante

$$c' = \frac{\Gamma(\alpha_1 + \alpha_2)}{\Gamma(\alpha_1)\,\Gamma(\alpha_2)} \int_0^1 t^{\alpha_1 - 1} (1 - t)^{\alpha_2 - 1}\, dt$$

$f_Z(z)$ ist bis auf den Faktor c' die Dichte eine Gamma $(\alpha_1 + \alpha_2; 1)$. Da auch $f_Z(z)$ eine Dichte ist, muss der Faktor c' identisch 1 sein:

$$\int_0^1 t^{\alpha_1 - 1} (1 - t)^{\alpha_2 - 1}\, dt = \frac{\Gamma(\alpha_1)\,\Gamma(\alpha_2)}{\Gamma(\alpha_1 + \alpha_2)}\,. \tag{21.1}$$

Ist $\beta \neq 1$, wenden wir den Beweis auf $\beta Z = \beta X + \beta Y$ an. Dannach ist $\beta Z \sim \text{Gamma}\,(\alpha_1 + \alpha_2; 1)$ und folglich $Z = \text{Gamma}\,(\alpha_1 + \alpha_2; \beta)$. ∎

Eine unmittelbare Folgerung des Additionssatzes ist: Für große α lässt sich nach dem Zentralen Grenzwertsatz die Gamma $(\alpha; \beta)$-Verteilung durch eine Normalverteilung approximieren:

$$X \sim \text{Gamma}\,(\alpha; \beta) \approx N\left(\frac{\alpha}{\beta}; \frac{\alpha}{\beta^2}\right).$$

Zwischen den Verteilungsfunktionen der stetigen Gammaverteilung und der diskreten Poissonverteilung besteht eine einfache Beziehung:

Bestimmung der Poisson- durch die Gammaverteilung

Ist $X \sim \text{PV}\,(\lambda)$ und $Y \sim \text{Gamma}\,(k; 1)$, so gilt

$$P(X \geq k) = P(Y \leq \lambda)$$

oder als Aussage über die Verteilungsfunktionen:

$$1 - F_{\text{Poisson}(\lambda)}(k - 1) = F_{\text{Gamma}(k; 1)}(\lambda)\,.$$

Beweis Es ist einerseits

$$P(Y \leq \lambda) = \int_0^{\lambda} \frac{t^{k-1}}{(k-1)!} e^{-\lambda}\, dt.$$

und andererseits

$$P(X \geq k) = \sum_{i=k}^{\infty} \frac{\lambda^k}{k!} e^{-\lambda}$$

$$\frac{d}{d\lambda}\left[P(X \geq k)\right] = \sum_{i=k}^{\infty} \left[\frac{\lambda^{k-1}}{(k-1)!} - \frac{\lambda^k}{k!}\right] e^{-\lambda}$$

$$= \frac{\lambda^{k-1}}{(k-1)!} e^{-\lambda}.$$

Also ist $\frac{d}{d\lambda}\left[P(X \geq k)\right] = \frac{d}{d\lambda} P(Y \leq \lambda)$. Also unterscheiden sich die beiden Funktionen $P(X \geq k) = P(Y \leq \lambda)$ von λ nur um eine Konstante. Für $\lambda = 0$, sind aber beide identisch null. Also stimmen beide überein. ∎

Wichtige Gamma-Verteilungen sind unter anderem Namen bekannt

- Die **Exponentialverteilung**: Die einfachste Gammaverteilung kennen wir bereits, sie ist die Exponentialverteilung. Die ExpV (λ) ist die Gammaverteilung Gamma $(1; \lambda)$.
- Die **Erlang-Verteilung**: Sind $X_1, \ldots, X_n$ i.i.d. exponentialverteilt mit gleichem λ, so sind sie einzeln gammaverteilt $X_i \sim \text{Gamma}\,(1; \lambda)$ mit gleichem λ. Also ist nach dem Additionsgesetz ihre Summe eine Gamma $(n; \lambda)$:

$$\sum_{i=1}^{n} X_i \sim \sum_{i=1}^{n} \text{Gamma}\,(1; \lambda) = \text{Gamma}\,(n; \lambda)\,.$$

Diese Verteilung erhält zu Ehren des schwedischen Statistikers Erlang den Namen **Erlang-Verteilung**.

■ Die χ^2-**Verteilung:** Die Normalverteilung ist das Modell erster Wahl, wenn wir Aussagen über einen empirischen Mittelwert $\bar{x}$ machen müssen. Um Aussagen über eine empirische Varianz $s^2 \simeq \sum (x_i - \bar{x})^2$ zu machen, müssen wir zuerst die Verteilung von $\sum X_i^2$ bestimmen. Dies ist eine spezielle Gammaverteilung, nämlich die χ^2-Verteilung. Da sie in der statistischen Praxis eine besonders wichtige Rolle spielt, widmen wir ihr einen eigenen Abschnitt.

21.3 Die χ^2-Verteilung und ihre Abkömmlinge

Eine besonders wichtige Gammaverteilung finden wir im Gefolge der Normalverteilung. Dazu sei X standardnormalverteilt: $X \sim N(0; 1)$. Wir bestimmen nun die Verteilung von $Y = X^2$.

Wie bereits in Kap. 39 des Hauptwerks auf S. 1464 gezeigt, hat Y die Dichte

$$f_Y(y) = \frac{1}{2\sqrt{y}} \left[f_X\left(-\sqrt{y}\right) + f_X\left(+\sqrt{y}\right) \right]$$

$$= \frac{1}{2\sqrt{y}} \frac{1}{\sqrt{2\pi}} \left(e^{-\frac{1}{2}(-\sqrt{y})^2} + e^{-\frac{1}{2}(+\sqrt{y})^2} \right)$$

$$= \frac{1}{\sqrt{y}\sqrt{2\pi}} e^{-\frac{1}{2}y}.$$

Dies ist aber die Dichte der Gamma $\left(\frac{1}{2}; \frac{1}{2}\right)$-Verteilung.

Sind $X_1, \dots, X_n$ i.i.d. $N(0; 1)$-verteilt, so sind demnach $X_1^2, \dots, X_n^2$ i.i.d. Gamma $\left(\frac{1}{2}; \frac{1}{2}\right)$-verteilt. Daher ist ihre Summe Gamma $\left(\frac{n}{2}; \frac{1}{2}\right)$ verteilt. Diese Verteilung erhält einen eigenen Namen.

Die $\chi(n)$-Verteilung

Sind $X_1, \dots, X_n$ i.i.d. $N(0; 1)$-verteilt, so ist die Summe ihrer Quadrate χ^2-verteilt mit n Freiheitsgraden, geschrieben:

$$\sum_{i=1}^{n} X_i^2 \sim \chi^2(n)$$

Die $\chi^2(n)$ ist eine Gamma $\left(\frac{n}{2}; \frac{1}{2}\right)$-Verteilung mit der Dichte

$$f_{\chi^2(n)}(y) = \frac{1}{2^{\frac{n}{2}} \Gamma\left(\frac{n}{2}\right)} y^{\frac{n}{2}-1} e^{-\frac{y}{2}}.$$

Der Erwartungswert der $\chi^2(n)$ ist n, ihre Varianz ist $2n$. Kurz und symbolisch

$$E\left(\chi^2(n)\right) = n \quad \text{und} \quad \text{Var}\left(\chi^2(n)\right) = 2n.$$

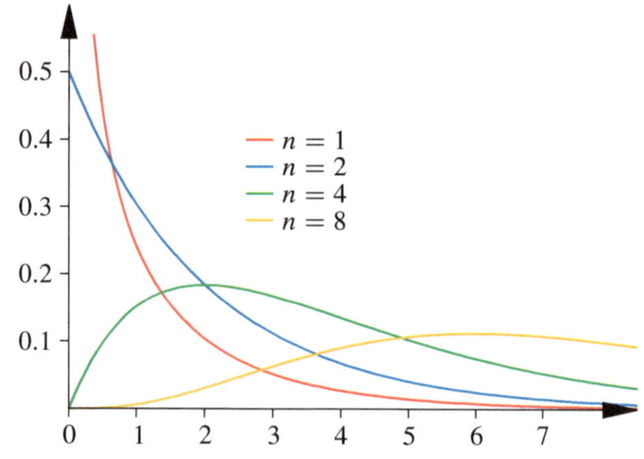

Abb. 21.4 Dichte der $\chi^2(n)$ für $n = 1, 2, 4, 8$

Mit wachsendem n verschiebt sich die Dichte der $\chi^2(n)$ nach rechts und wird dabei immer flacher. Während die Standardabweichung proportional zu $\sqrt{n}$ wächst, wächst der Erwartungswert mit n: Der Variationskoeffizient konvergiert gegen null.

Die Dichte der $\chi^2(n)$-Verteilung ist proportional zu $y^{\frac{n}{2}-1} e^{-\frac{y}{2}}$. Für große y verhält sich die Dichte wie $e^{-\frac{y}{2}}$ und klingt exponentiell gegen null ab. Für kleine y verhält sich die Dichte wie $y^{\frac{n}{2}-1}$. Für $n \geq 2$ hat sie ein einziges Maximum bei $n - 2$. Abb. 21.4 zeigt exemplarisch die Dichte der $\chi^2(n)$ für einige Werte von n.

■ Für $n = 1$ ist $c_1 = \frac{1}{\sqrt{2\pi}}$ und

$$f_{\chi^2}^{(1)}(y) = \frac{1}{\sqrt{2\pi}} \frac{1}{\sqrt{y}} e^{-\frac{y}{2}}$$

Strebt y gegen null, strebt die Dichte wie $\frac{1}{\sqrt{y}}$ gegen unendlich. Auch hier erkennen wir wieder einmal: Es kommt nicht auf den Zahlwert der Dichte an, sondern auf die Fläche unter der Dichtefunktion. Und die ist in jedem Fall endlich.

■ Für $n = 2$ ist die Dichte proportional zu $e^{-\frac{y}{2}}$. Es handelt sich also um eine Exponentialverteilung.

Die Aussagen über Erwartungswert und Varianz der $\chi^2(n)$ lassen sich auch unmittelbar aus der Normalverteilung herleiten: Ist $X \sim N(0; 1)$, so ist $E(X) = E(X^3) = 0$ sowie $E(X^2) = 1$ und $E(X^4) = 3$. Ist demnach $Y \sim \chi^2(1)$, so ist $Y \sim X^2$, wobei $X \sim N(0; 1)$ ist. Also ist $E(Y) = E(X^2) = 1$ und

$$\text{Var}(Y) = E\left(Y^2\right) - (E(Y))^2$$

$$= E\left(X^4\right) - E\left(X^2\right) = 3 - 1 = 2.$$

Ist $Y \sim \chi^2(n)$, so ist $Y \sim \sum_{i=1}^{n} X_i$, mit unabhängigen Summanden $X_i \sim \chi^2(1)$. Also ist

$$E(Y) = \sum_{i=1}^{n} E(X_i) = n$$

und

$$\operatorname{Var}(Y) = \operatorname{Var}\left(\sum_{i=1}^{n} X_i\right) = \sum_{i=1}^{n} \operatorname{Var}(X_i) = 2n.$$

Aus der Darstellung von χ^2-Verteilung als Summenverteilung, aber auch aus ihrer Herkunft als Gammaverteilung, folgt sofort ein Additionstheorem:

Additionstheorem der χ^2-Verteilung

Sind $U \sim \chi^2(n)$ und $V \sim \chi^2(m)$ zwei unabhängige zufällige Variable, so ist

$$U + V \sim \chi^2(n+m).$$

Zum Beweis schreiben wir $U = \sum_{i=1}^{n} X_i^2$ und $V = \sum_{i=m+1}^{m+n} X_i^2$. Dann ist $U + V = \sum_{i=1}^{m+n} X_i^2$. Wegen der Unabhängigkeit der X_i^2 folgt dann die Behauptung. Außerdem sehen wir, dass sich die χ^2-Verteilung für große n durch eine Normalverteilung approximieren können, da alle Voraussetzungen des Zentralen Grenzwertsatzes erfüllt sind.

$$U \sim \chi^2(n) \xrightarrow{\ \sim\ } N(n; 2n).$$

Der Variationskoeffizient der $\chi^2(n)$-Verteilung konvergiert gegen null. Außerdem gilt Ist $Y \sim \chi^2(n)$, so konvergiert $\frac{1}{n}Y$ fast sicher gegen 1.

$$P\left(\lim_{n\to\infty} \frac{1}{n}Y = 1\right).$$

Zum Beweis schreiben wir $Y = \frac{1}{n}\sum_{i=1}^{n} X_i^2$ mit $X_i^2 \sim \chi^2(1)$. Dabei sind die X_i^2 i.i.d. mit $\operatorname{E}(X_i^2) = 1$. Daher konvergiert $\frac{1}{n}Y$ nach dem Starken Gesetz der großen Zahlen mit Wahrscheinlichkeit 1 gegen $\operatorname{E}(X_i^2)$.

Die Bezeichnung Erwartungswert für den Parameter n wird einsichtig, wenn wir die Zufallsvariablen $(X_1, \dots, X_n)$ als einen Zufallsvektor $\mathbf{X} \in \mathbb{R}^n$ auffassen. Dann folgt aus der Definition der χ^2-Verteilung:

Der Freiheitsgrad als Dimension

Ist $\mathbf{X} \sim N_n(\mathbf{0}; \mathbf{I}_n)$, so ist $\|\mathbf{X}\|^2 \sim \chi^2(n)$. Dabei ist n die Dimension des Raumes, in dem sich die Variable $\mathbf{X}$ bewegen kann.

Die χ^2-Verteilung beschreibt die Verteilung empirischer Varianzen

Die geometrische Interpretation von $\mathbf{X}$ als Vektor im $\mathbb{R}^n$ ist die Brücke für den Beweis des folgenden wichtigen Satzes von Cochran, den wir in der einfachsten Version zitieren.

Satz von Cochran, einfache Version

Ist $\mathbf{X} \sim N_n(\mathbf{0}; \mathbf{I}_n)$, so ist $\left\|\mathbf{X} - \overline{X}\mathbf{1}_n\right\|^2 = \sum\left(X_i - \overline{X}\right)^2 \sim \chi^2(n-1)$.

Außerdem sind $\overline{X}$ und $\sum\left(X_i - \overline{X}\right)^2$ von einander stochastisch unabhängig.

Beweis Wir stellen nur die Beweisidee vor. Es sei $\mathbf{1}_n = \mathbf{1} = (1, 1, \dots, 1)^\top \in \mathbb{R}^n$ der Einservektor, $\mathbf{I}_n = \mathbf{I}$ die Einheitsmatrix im $\mathbb{R}^n$ und $\mathbf{P}_1 = \frac{1}{n}\mathbf{1}\mathbf{1}^\top$. Dann ist $\mathbf{P}_1$ eine symmetrische Matrix mit

$$\mathbf{P}_1 \cdot \mathbf{P}_1 = \mathbf{P}_1,$$
$$\mathbf{P}_1(\mathbf{I} - \mathbf{P}_1) = \mathbf{0},$$
$$\mathbf{P}_1 x = \overline{x}\mathbf{1},$$
$$\mathbf{P}_1 \mathbf{1} = \mathbf{1},$$
$$(\mathbf{I} - \mathbf{P}_1)\mathbf{1} = \mathbf{0}.$$

Die Matrix $\mathbf{P}_1$ ist die Projektionsmatrix, die jeden Vektor x auf den linearen Raum projiziert, der von der $\mathbf{1}$ aufgespannt wird. Die Matrix $(\mathbf{I} - \mathbf{P}_1)$ projiziert den Vektor x auf die dazu orthogonale Hyperebene. Daher ist

$$x = \mathbf{P}_1 x + (\mathbf{I} - \mathbf{P}_1)x$$

eine Zerlegung von x in zwei orthogonale Komponenten. Ersetzen wir den konkreten Vektor x durch den Zufallsvektor $\mathbf{X}$, so ist

$$\mathbf{X} = \overline{X}\mathbf{1} + (\mathbf{I} - \overline{X}\mathbf{1})$$

eine Zerlegung von $\mathbf{X}$ in zwei orthogonale Komponenten. $\mathbf{P}_1\mathbf{X}$ und $(\mathbf{I} - \mathbf{P}_1)\mathbf{X}$ sind lineare Abbildungen. Da $\mathbf{X}$ normalverteilt ist, sind auch $\mathbf{P}_1\mathbf{X}$ und $(\mathbf{I} - \mathbf{P}_1)\mathbf{X}$ normalverteilt. Wegen $\mathbf{P}_1(\mathbf{I} - \mathbf{P}_1) = \mathbf{0}$ sind $\mathbf{P}_1\mathbf{X}$ und $(\mathbf{I} - \mathbf{P}_1)\mathbf{X}$ unabhängig, siehe den Satz über die unkorrelierte Randverteilungen einer mehrdimensinalen Normalverteilung in Kap. 39 des Hauptwerks auf S. 1478. Daher ist auch $\|(\mathbf{I} - \mathbf{P}_1)\mathbf{X}\|^2 = \sum\left(X_i - \overline{X}\right)^2$ unabhängig von $\overline{X}\mathbf{1}$ und damit von $\overline{X}$. Die Realisationen des normalverteilten Zufallsvektors $(\mathbf{I} - \mathbf{P}_1)\mathbf{X}$ liegen in der zu $\mathbf{1}$ orthogonalen $n-1$-dimensionalen Hyperebene. Dort bilden sie wieder eine $n-1$-dimensionale Standardnormalverteilung. $\sum\left(X_i - \overline{X}\right)^2 = \|(\mathbf{I} - \mathbf{P}_1)\mathbf{X}\|^2$ ist als quadrierte Norm eines standardnormalverteilten Vektors χ^2-verteilt. Die Freiheitsgrade sind die Dimension des Raums, in dem sich der Vektor bewegt, also $n-1$. $\blacksquare$

Aus der Beweisidee wird deutlich, dass der Satz auf beliebige orthogonale Projektionen verallgemeinert werden kann:

Satz von Cochran

Ist $\mathbf{X} \sim N_n(\mathbf{0}; \mathbf{I}_n)$ und sind $\mathbf{P}_A$ und $\mathbf{P}_B$ die Projektionen in zwei orthogonale Räume A und B, so sind $\|\mathbf{P}_A\mathbf{X}\|^2$ und $\|\mathbf{P}_B\mathbf{X}\|^2$ unabhängige χ^2-verteilte Variable, ihre Freiheitsgrade sind die Dimensionen der Räume A und B.

Damit können wir die Verteilung der empirische Varianz aus normalverteilten Daten bestimmen:

Es seien $X_1, \ldots, X_n$ unabhängige identisch $N\left(\mu; \sigma^2\right)$ verteilte Variablen mit den Realisationen $x_1, \ldots, x_n$. Die empirische Varianz $\mathrm{var}\,(x)$ ist

$$\mathrm{var}\,(x) = \frac{1}{n} \sum_{i=1}^{n} (x_i - \overline{x})^2 = \frac{1}{n}\mathrm{sqa}$$

Dabei steht sqa für „**S**umme der **q**uadratischen **A**bweichungen". Betrachten wir nicht die Realisationen, sondern die Zufallsvariablen selbst, erhalten wir die Zufallsvariable

$$\mathrm{SQA} = \sum_{i=1}^{n} \left(X_i - \overline{X}\right)^2.$$

Zentrieren wir die X_i, bleibt SQA invariant, denn $X_i - \overline{X} = X_i^* - \overline{X}^*$. Standardisieren wir die Variablen, müssen wir nur den Faktor σ^2 ausklammern. Daher gilt

$$\frac{\mathrm{SQA}}{\sigma^2} = \sum_{i=1}^{n} \left(X_i^* - \overline{X^*}\right)^2.$$

Dabei ist $X_i^* \sim N(0; 1)$. Nach dem Satz von Cochran in der einfachen Version ist daher $\frac{\mathrm{SQA}}{\sigma^2} = \sum_{i=1}^{n} \left(X_i^* - \overline{X^*}\right)^2$ gerade $\chi^2(n-1)$ verteilt.

Die Verteilung der Summe der quadratischen Abweichungen

Sind $X_1, \ldots, X_n$ unabhängige identisch $N\left(\mu; \sigma^2\right)$ verteilte Variablen so ist

$$\mathrm{SQA} \sim \sigma^2 \chi^2(n-1).$$

Speziell ist

$$\mathrm{E}\,(\mathrm{SQA}) = \sigma^2(n-1)$$
$$\mathrm{Var}\,(\mathrm{SQA}) = \sigma^4 2(n-1).$$

Dabei haben wir die abkürzende Konvention benutzt

$$\mathrm{SQA} \sim \sigma^2 \chi^2 \quad \text{heißt} \quad \frac{\mathrm{SQA}}{\sigma^2} \sim \chi^2.$$

Dies legt folgende Variante der empirischen Varianz nahe

$$\widehat{\sigma}_{\mathrm{UB}}^2 = \frac{1}{n-1}\mathrm{SQA} = \frac{1}{n-1} \sum_{i=1}^{n} \left(X_i - \overline{X}\right)^2.$$

Dann gilt für $\widehat{\sigma}^2$

$$\widehat{\sigma}_{\mathrm{UB}}^2 \sim \frac{\sigma^2}{n-1}\chi^2(n-1).$$
$$\mathrm{E}\left(\widehat{\sigma}_{\mathrm{UB}}^2\right) = \sigma^2.$$

Die F-Verteilung beschreibt den Quotient zweier empirischer Varianzen

Beim Testen im linearen Modell wird der normalverteilte Vektor der Beobachtungen y in mehrere orthogonale Komponenten y_k zerlegt. Die Längen dieser Komponenten lassen sich inhaltlich interpretieren. Um zu entscheiden, ob eine solche Komponente einen systematischen Effekt enthält, werden Quotienten $\frac{\|y_k\|^2}{\|y_j\|^2}$ gebildet. Sind in Zähler und Nenner die Erwartungswerte dieser Komponenten null, so stehen in Zähler und Nenner χ^2-verteilte Zufallsvariablen, die sich als empirische Varianzen der jeweiligen Komponenten lesen lassen. Daher kommt auch der Name Varianzanalyse für dieses spezielle Analyseverfahren. Diese Varianzanalyse konnte dann erst effektiv eingesetzt werden, als es R.A. Fisher gelang, die Verteilung dieser Quotienten zu bestimmen. Ihm zu Ehren erhielt sie den Namen F-Verteilung.

Die F-Verteilung

Sind $X \sim \chi^2(m)$ und $Y \sim \chi^2(n)$ zwei unabhängige zufällige Variable. Dann heißt die Verteilung von

$$\frac{nX}{mY} = \frac{X/m}{Y/n} \sim F(m; n)$$

F-verteilt mit den Freiheitsgraden m und n. Ihre Dichte ist

$$f_{m,n}(x) = c_{m,n} \cdot x^{\frac{m}{2}-1} \cdot \left(1 + \frac{m}{n}x\right)^{-\frac{1}{2}(m+n)}$$

Hierbei ist $c_{m,n} = \frac{\left(\frac{m}{n}\right)^{\frac{m}{2}}}{\mathrm{B}\left(\frac{m}{2}; \frac{n}{2}\right)}$ eine Integrationskonstante.

Beweis Wir skizzieren den Beweis: Wie in Kap. 39 des Hauptwerks gezeigt, ist die Dichte des Quotienten $W = \frac{X}{Y}$ zweier unabhängiger stetiger Zufallsvariablen X und Y gegeben durch

$$f_W(w) = \int_{-\infty}^{+\infty} f_X(wt) f_Y(t)\, |t|\, \mathrm{d}t$$

Sind $X \sim \chi^2(m)$ und $Y \sim \chi^2(n)$, so erhalten wir, wenn wir alle Integrationskonstanten ignorieren und in Konstante $c, c', \ldots$ zusammenfassen:

$$f_W(w) = c \int_{0}^{+\infty} (wt)^{\frac{m}{2}-1} e^{-\frac{wt}{2}} t^{\frac{n}{2}-1} e^{-\frac{t}{2}} t\, \mathrm{d}t$$

$$= c w^{\frac{m}{2}-1} \int_{0}^{+\infty} t^{\frac{m+n}{2}-1} e^{-\frac{t}{2}(w+1)}\, \mathrm{d}t.$$

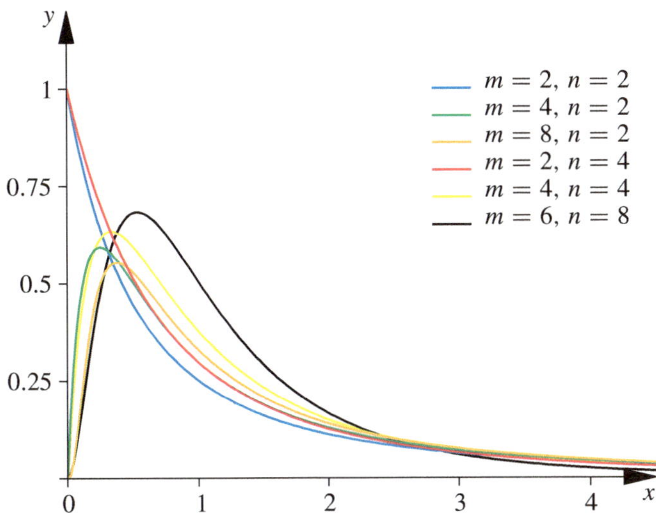

Abb. 21.5 Dichten der $F(m;n)$ für verschieden Werte von m und n

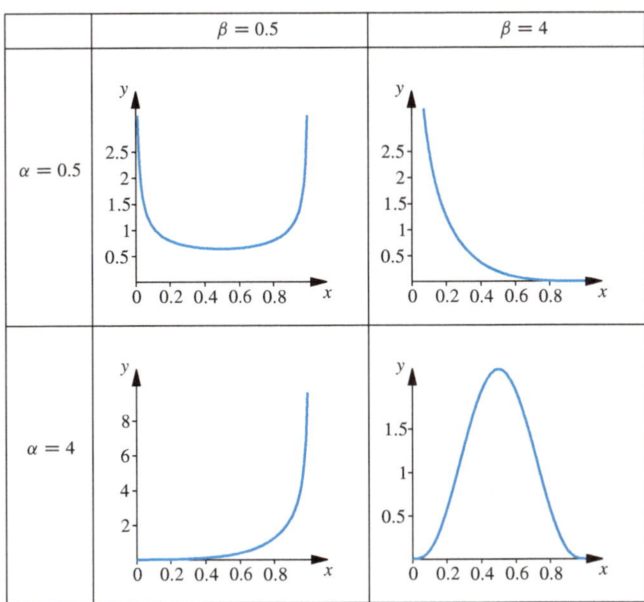

Abb. 21.6 Dichten der Beta $(\alpha;\beta)$-Verteilung

Setzen wir $s = t\,(w+1)$ erhalten wir

$$f_W(w) = c\,w^{\frac{m}{2}-1}\,(w+1)^{-\frac{m+n}{2}} \int_0^{+\infty} s^{\frac{m+n-1}{2}-1}\,e^{-\frac{s}{2}}\,ds$$

$$= c'\,w^{\frac{m}{2}-1}\,(w+1)^{-\frac{m+n}{2}}.$$

Berücksichtigen wir noch, dass wir nicht $W = \frac{X}{Y}$, sondern $U = \frac{nX}{mY} = \frac{n}{m}W$ suchen, erhalten wir nach der Transformationsformel für Dichten

$$f_U(u) = f_W\left(\frac{m}{n}u\right) = c''\,u^{\frac{m}{2}-1}\left(\frac{m}{n}u+1\right)^{-\frac{m+n}{2}+1}.$$

Auf die genaue Bestimmung der Integrationskonstanten c'' verzichten wir hier. ∎

Die Abb. 21.5 zeigt die Dichten der $F(m;n)$ für verschieden Werte von m und n. Ist u nahe null, so verhält sich die Dichte wie $u^{\frac{m}{2}-1}$, sie divergiert also gegen unendlich, falls $m < 2$ ist und u gegen null geht. Für große u verhält sich die Dichte wie $u^{-\frac{n}{2}}$. Ist $m > 2$, hat die Dichte ein Maximum bei $\frac{m-2}{m}$.

21.4 Die Betaverteilung und ihre Verwandtschaft

Wie die Gammaverteilung auf der Gammafunktion, beruht die Betaverteilung auf der Betafunktion. Dabei ist die Betafunktion für $\alpha > 0$ und $\beta > 0$ definiert durch

$$B(\alpha;\beta) = \int_0^1 t^{\alpha-1}\,(1-t)^{\beta-1}\,dt. \tag{21.2}$$

Siehe auch Abschn. 16.1 in diesem Buch. Wie wir bei der Diskussion der Gammafunktion als Nebenergebnis in den Formel (21.1) erhalten haben, gilt

$$B(\alpha;\beta) = \frac{\Gamma(\alpha)\,\Gamma(\beta)}{\Gamma(\alpha+\beta)} = B(\beta;\alpha).$$

Für natürliche Zahlen a und b erhalten wir.

$$\frac{1}{B(a;b)} = \binom{a+b-1}{a}a. \tag{21.3}$$

Eselsbrücke: Sind α und β groß, so ist die Funktion $t^{\alpha-1}\,(1-t)^{\beta-1}$ im Intervall $[0;1]$ sehr klein. Also ist auch das Integral $B(\alpha;\beta)$ sehr klein. Da $\Gamma(\alpha+\beta)$ wesentlich größer ist als $\Gamma(\alpha)\,\Gamma(\beta)$, steht $\Gamma(\alpha+\beta)$ im **Nenner**.

Die Betaverteilung

Eine zufällige Variable X besitzt genau dann eine Betaverteilung mit den Parametern α und β, falls X die Dichte hat:

$$f_{\mathrm{Beta}(\alpha;\beta)}(x) = \frac{1}{B(\alpha;\beta)}x^{\alpha-1}\,(1-x)^{\beta-1}.$$

Die Verteilungsfunktion der Betaverteilung bezeichnen wir mit

$$F_{\mathrm{Beta}(\alpha;\beta)}(x).$$

Abb. 21.6 zeigt die Dichten der Betaverteilung für verschiedene Werte von α und β.

Die Betaverteilung wird in der Bayesianische Statistik zur Modellierung der *A-priori*-Verteilung des Parameters θ einer

Binomialverteilung verwendet. Sie ist darüber hinaus die kanonisch konjugierte Verteilung der $B_n(\theta)$. Wir behandeln diesen Zusammenhang ausführlich im Bonusmaterial zu Kap. 39 über die Bayesianische Statistik.

In der frequentistischen Statistik beschreibt die Betaverteilung unter anderem die Verteilung von Quantilen einer Gleichverteilung auf $[0;1]$. Betrachten wir zum Beispiel 10 unabhängige in $[0;1]$ gleichverteilte Zufallsvariablen $X_1, \ldots, X_{10}$. Ordnen wir sie dann der Größe nach, erhalten wir die Orderstatistiken $X_{(1)}, \ldots, X_{(10)}$. Die viertgrößte Variable $X_{(4)}$ ist genau dann dann ungefähr gleich t, wenn drei der X_i kleiner als t, sechs größer als t und eine ungefähr gleich t ist.

$$| \ldots x_{(1)} \ldots x_{(2)} \ldots x_{(3)} \ldots \overset{x_{(4)}}{\underset{\approx t}{|}} \ldots x_{(5)} \ldots x_{(6)} \ldots x_{(10)} \ldots |.$$

Aufgrund der Gleichverteilung der X_i im Intervall $[0;1]$ hat diese Konstellation die Wahrscheinlichkeit:

$$t^3(1-t)^6 \, dt \simeq t^{4-1}(1-t)^{(10-4+1)-1} \, dt \simeq f_{\mathrm{Beta}(4;7)}(t)\, dt.$$

Zeichnet man diesen Gedanken streng nach, erhält man

Die Verteilung der k größten von n gleichverteilten Beobachtungen

Die k-te Orderstatistik $X_{(k)}$ von n unabhängigen in $[0;1]$ gleichverteilten Zufallsvariablen ist Betaverteilt mit $\alpha = k$ und $\beta = n - k + 1$.

Die Momente der Betaverteilung lassen sich leicht bestimmen: Es ist

$$\mathrm{E}\left(X^k\right) = \frac{1}{B(\alpha;\beta)} \int x^k x^{\alpha-1}(1-x)^{\beta-1}\, dx$$
$$= \frac{B(\alpha+k;\beta)}{B(\alpha;\beta)}$$
$$= \frac{\alpha(\alpha+1)(\alpha+2)\ldots(\alpha+k-1)}{(\alpha+\beta)(\alpha+\beta+1)\ldots(\alpha+\beta+k-1)}.$$

Daher ist

$$\mathrm{E}(X) = \frac{\alpha}{\alpha+\beta},$$
$$\mathrm{Var}(X) = \frac{\alpha\beta}{(\alpha+\beta)^2(\alpha+\beta+1)}.$$

Zwischen den Verteilungsfunktionen von Binomial-, F- und der Betaverteilung bestehen enge Beziehungen

So wie wir die Verwandtschaft zwischen Gamma und Poissonverteilung gezeigt haben, lässt sich analog die Verwandtschaft zwischen Binomial- und Beta-Verteilung zeigen.

Binomial- und Beta-Verteilung sind verwandt

Ist $X \sim B_n(\theta)$ und $Y \sim \mathrm{Beta}(k; n+1-k)$, dann gilt

$$P(X \geq k) = P(Y \leq \theta)$$

oder als Beziehung zwischen den Verteilungsfunktionen

$$1 - F_{B_n(\pi)}(k-1) = F_{\mathrm{Beta}(k;n+1-k)}(\pi),$$
$$F_{B_n(\pi)}(k-1) = F_{\mathrm{Beta}(n+1-k;k)}(1-\pi).$$

Beweis Es ist

$$P(X \geq k) = \sum_{i=k}^{n} \binom{n}{i}\theta^i(1-\theta)^{n-i}.$$

Differenziert man $P(X \geq k) = P$ nach θ erhält man einerseits:

$$\frac{d}{d\theta}P = \sum_{i=k}^{n}\binom{n}{i}i\theta^{i-1}(1-\theta)^{n-i}$$
$$\quad - \sum_{i=k}^{n}\binom{n}{i}(n-i)\theta^i(1-\theta)^{n-i-1}.$$

Durch geschicktes Umordnen der Summe erhält man

$$\frac{d}{d\theta}P = \binom{n}{k}k\theta^{k-1}(1-\theta)^{n-k}$$
$$+ \sum_{i=k}^{n}\underbrace{\left[\binom{n}{i+1}(i+1) - \binom{n}{i}(n-i)\right]}_{0}\theta^i(1-\theta)^{n-i-1}$$
$$= \binom{n}{k}k\theta^{k-1}(1-\theta)^{n-k}.$$

Andererseits gilt nach Definition und Formel (21.3): Ist $Y \sim \mathrm{Beta}(k; n+1-k)$, dann ist

$$P(Y \leq \theta) = \frac{1}{\mathrm{Beta}(k;n+1-k)}\int_0^\theta t^{k-1}(1-t)^{n-k}\, dt$$
$$= \binom{n}{k}k\int_0^\theta t^{k-1}(1-t)^{n-k}\, dt,$$
$$\frac{d}{d\theta}P(Y \leq \theta) = \binom{n}{k}k\theta^{k-1}(1-\theta)^{n-k}$$
$$= \frac{d}{d\theta}[P(X \geq k)].$$

Daher ist $P(Y \leq \theta) - P(X \geq k) = $ Konstante. Da die linke Seite für $\theta = 1$ den Wert 0 ergibt, ist die Konstante null. ∎

Als Anwendungsbeispiel leiten wir die Dichte der Orderstatistik ab:

Die Dichte der Orderstatistik $X_{(k)}$

Sind $X_1, \ldots, X_n$ i.i.d. verteilt mit der Verteilungsfunktion F und der Dichte f, dann hat die k-te Orderstatistik $X_{(k)}$ die Dichte

$$f_{X_{(k)}}(x) = \binom{n}{k} k F(x)^{k-1} (1 - F(x))^{n-k} f(x).$$

Beweis Sei Y die Anzahl der Beobachtung kleiner gleich x. Dann ist $P(X_{(k)} \leq x) = P(Y \geq k)$. Andererseits ist binomialverteilt mit dem Parameter $\theta = F(x)$, also $Y \sim B_n(F(x))$. Zusammen gilt daher:

$$\begin{aligned}
F_{X_{(k)}}(x) &= 1 - F_Y(k-1) \\
&= F_{\text{Beta}(k; n-k+1)}(F(x)) \\
&= \frac{1}{\text{Beta}(k; n-k+1)} \int_0^{F(x)} t^{k-1}(1-t)^{n-k}\, dt.
\end{aligned}$$

Die Dichte ist dann

$$f_{X_{(k)}}(x) = \frac{1}{\text{Beta}(k; n-k+1)} F(x)^{k-1}(1 - F(x))^{n-k} f(x).$$

Dabei ist

$$\text{Beta}(k; n-k+1)^{-1} = \frac{\Gamma(n+1)}{\Gamma(k)\,\Gamma(n-k+1)} = \binom{n}{k} k. \qquad \blacksquare$$

Zwischen der Beta- und der F-Verteilung besteht folgende Beziehung

---

Beta- und F-Verteilung sind verwandt

Die Zufallsvariablen X ist genau dann $F(m; n)$-verteilt, wenn $Y = \frac{mX}{n+mX}$ eine Beta $(m/2; n/2)$-Verteilung besitzt und umgekehrt.

$$X \sim F(m; n) \quad \text{genau dann, wenn}$$
$$Y = \frac{mX}{n + mX} \sim \text{Beta}(m/2; n/2).$$
$$\frac{nY}{m(1-Y)} \sim F(m; n) \quad \text{genau dann, wenn}$$
$$Y \sim \text{Beta}\left(\frac{m}{2}; \frac{n}{2}\right).$$

Beweis Sei $Y \sim \text{Beta}(m/2; n/2)$. Dann hat Y die Dichte $f_Y(y) = c y^{m/2-1}(1-y)^{n/2-1}$. Aus $y = \frac{mx}{n+mx}$ folgt $\frac{dy}{dx} =$

$\frac{mn}{(n+mx)^2}$ und $x = \frac{ny}{m(1-y)}$. Dann ist

$$\begin{aligned}
f_X(x) &= f_Y(y)\frac{dy}{dx} \\
&= c\left(\frac{mx}{n+mx}\right)^{\frac{m}{2}-1}\left(1 - \frac{mx}{n+mx}\right)^{\frac{n}{2}-1}\frac{mn}{(n+mx)^2} \\
&= c'x^{\frac{m}{2}-1}(n+mx)^{-\frac{m}{2}+1-\frac{n}{2}+1-2} \\
&= c''x^{\frac{m}{2}-1}\left(1 + \frac{m}{n}x\right)^{-\frac{m+n}{2}}.
\end{aligned}$$

Also hat X eine $F(m; n)$-Verteilung. $\qquad \blacksquare$

Kombinieren wir die Verbindungen von Aussagen über die Beziehungen zwischen Binomial- und Beta-Verteilung sowie zwischen Beta- und F-Verteilung, erhalten wir

---

Binomial- und F-verteilung sind verwandt

Ist $X \sim B_n(\theta)$ und $Z \sim F(2k; 2(n+1-k))$, so ist

$$P(X \geq k) = P\left(Z \leq \frac{n+1-k}{k}\frac{\theta}{1-\theta}\right).$$

Beweis Ist $X \sim B_n(\theta)$ und $Y \sim \text{Beta}(k; n+1-k)$, dann gilt

$$\begin{aligned}
P(X \geq k) &= P(Y \leq \theta) \\
&= P\left(\frac{n+1-k}{k}\frac{Y}{1-Y} \leq \frac{n+1-k}{k}\frac{\theta}{1-\theta}\right) \\
&= P\left(Z \leq \frac{n+1-k}{k}\frac{\theta}{1-\theta}\right). \qquad \blacksquare
\end{aligned}$$

Diese Satz ist oft hilfreich, weil man numerisch oft leichter mit der stetigen F-Verteilung als mit der diskreten Binomialverteilung rechnen kann.

21.5 Aus der Verwandtschaft der Normalverteilung

Die Maxwell-Boltzmannverteilung beschreibt die Geschwindigkeitsverteilung der Moleküle in einem idealen Gas

In einem idealen Gas bewegen sich die Gasmoleküle frei und unabhängig von einander in allen drei Dimensionen des Raumes. Die Geschwindigkeit $V = (V_1, V_2, V_3)^\top$ eines Gasmoleküls wird als dreidimensionaler Zufallsvektor aufgefasst. Dabei sollen die Komponenten V_i unabhängig von einander identisch standardnormalverteilt sein:

$$V_i \sim N(0; 1).$$

Um uns nicht mit der Varianz σ^2 zu belasten, arbeiten wir zuerst mit normierten Variablen und heben nachher diese Einschränkung auf. V ist der Geschwindigkeitsvektor und $\|V\| = \sqrt{\sum_{i=1}^{3} V_i^2}$ die skalare Geschwindigkeit. Dann ist

$$\|V\|^2 = \sum_{i=1}^{3} (V_i)^2 \sim \chi^2(3).$$

Der größeren Klarheit zuliebe taufen wir die Variablen kurzfristig um und nennen

$$\|V\| = X \quad \text{und} \quad \|V\|^2 = X^2 = Y.$$

Y hat die Dichte der $\chi^2(3)$-Verteilung

$$f_Y(y) = \frac{1}{\sqrt{2\pi}} y^{\frac{3}{2}-1} e^{-\frac{y}{2}}.$$

Die Integrationskonstante ist $(c_3)^{-1} = 2^{\frac{3}{2}} \Gamma\left(\frac{3}{2}\right) = 2^{\frac{3}{2}} \frac{1}{2} \Gamma\left(\frac{1}{2}\right) = 2^{\frac{3}{2}} \frac{1}{2} \sqrt{\pi} = \sqrt{2\pi}$. Wegen $y = x^2$ gilt nach dem Transformationssatz für Dichten für die Dichte von X

$$f_X(x) = f_Y(y) \cdot \frac{dy}{dx} = \frac{1}{\sqrt{2\pi}} y^{\frac{3}{2}-1} e^{-\frac{y}{2}} \cdot 2x$$

$$= \frac{1}{\sqrt{2\pi}} \left(x^2\right)^{\frac{3}{2}-1} e^{-\frac{x^2}{2}} \cdot 2x = \sqrt{\frac{2}{\pi}} x^2 e^{-\frac{x^2}{2}}.$$

Zum Schluss machen wir die Standardisierung rückgängig Es sei $V_i \sim N\left(0; \sigma^2\right)$. Nun ist $\|V\|$ durch $\sigma\|V\|$ zu ersetzen. Daher ist die Dichte von $U = \sigma X$. Daher ist

$$f_U(u) = f_X(x) \frac{dx}{du} = \frac{1}{\sigma} f_X\left(\frac{u}{\sigma}\right)$$

$$= \frac{1}{\sigma} \sqrt{\frac{2}{\pi}} \left(\frac{u}{\sigma}\right)^2 e^{-\frac{u^2}{2\sigma^2}}$$

$$= \sqrt{\frac{2}{\pi}} \frac{1}{\sigma^3} u^2 e^{-\frac{u^2}{2\sigma^2}}.$$

Dies ist die Maxwell-Boltzmann Verteilung. Dabei hängt σ allein von der Masse des Moleküls und der Temperatur des Gases ab.

Die t-Verteilung beschreibt die Verteilung der studentisierten Variablen

Im Kap. 40 des Hauptwerks haben wir den folgenden Sachverhalt gebraucht: Sind die Zufallsvariablen X_i i.i.d. $N(\mu; \sigma^2)$ verteilt, so ist der standardisierte Mittelwert

$$\frac{\overline{X} - \mu}{\sigma} \sqrt{n} \sim N(0; 1)$$

verteilt. Schätzen wir die unbekannte Varianz σ^2 durch die erwartungstreue Variante $\widehat{\sigma}_{\mathrm{UB}}^2$ der empirische Varianz

$$\widehat{\sigma}_{\mathrm{UB}}^2 = \frac{1}{n-1} \sum_{i=1}^{n} (x_i - \overline{x})^2$$

so ist die studentisierte Variable

$$\frac{\overline{X} - \mu}{\widehat{\sigma}_U} \sqrt{n}$$

t-verteilt. Zum Beweis holen wir etwas weiter aus.

Die t-Verteilung $t(n)$

Sind die Zufallsvariablen X und Y unabhängig voneinander und ist $X \sim N(0; 1)$ und $Y \sim \chi^2(n)$, so heißt die Verteilung von

$$T = \frac{X}{\sqrt{Y}} \sqrt{n} \sim t(n)$$

t-verteilt mit n Freiheitsgraden. Sie hat die Dichte

$$f_T^{(n)}(t) = c_n \cdot \left(1 + \frac{t^2}{n}\right)^{-\frac{1}{2}(n+1)}.$$

Dabei ist c_n eine Integrationskonstante

$$c_n = \frac{\Gamma(n + \frac{1}{2})}{\Gamma(\frac{n}{2}) \sqrt{\pi n}}.$$

Beweis Zur Verdeutlichung der Idee ignorieren wir wieder alle Integrationskonstanten. Dann gehen wir schrittweise vor. Die Dichte von $Z = \sqrt{Y}$ ist

$$f_Z(z) = f_Y(y) \frac{dy}{dz} = c y^{\frac{n}{2}-1} e^{-\frac{y}{2}} 2z = c' z^{n-1} e^{-\frac{z^2}{2}}$$

Die Dichte von $U = \frac{X}{Z}$ ist

$$f_U(u) = \int_0^{\infty} f_X(vu) f_Z(v)\, v\, dv$$

$$= c'' \int_0^{\infty} e^{-\frac{v^2 u^2}{2}} v^{n-1} e^{-\frac{v^2}{2}} v\, dv$$

$$= c'' \int_0^{\infty} v^n e^{-\frac{v^2(u^2+1)}{2}}\, dv$$

$$= c''' \int_0^{\infty} s^{\frac{n+1}{2}-1} e^{-s\left(\frac{u^2+1}{2}\right)}\, ds.$$

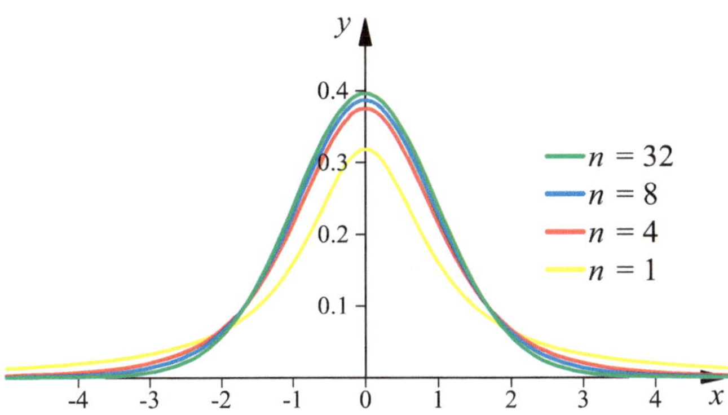

Abb. 21.7 Die Dichten der t-Verteilung mit $n = 1, 4, 8, 32$ Freiheitsgraden

Das Integral ist bis auf die Integrationskonstante das Integal über die Dichte der Gamma $\left(\frac{n+1}{2}; \frac{u^2+1}{2}\right)$. Daher ist der Wert des Integral gerade

$$\int_0^\infty s^{\frac{n+1}{2}-1} e^{-\frac{s(u^2+1)}{2}} ds = \frac{\Gamma\left(\frac{n+1}{2}\right)}{\left(\frac{u^2+1}{2}\right)^{\frac{n+1}{2}}}.$$

Ignorieren wir wieder die Konstanten, erhalten wir

$$f_U(u) \simeq \left(u^2 + 1\right)^{-\frac{n+1}{2}}.$$

Setzen wir schließlich $t = \sqrt{n}u$, erhalten wir

$$f_T(t) \simeq \left(\frac{t^2}{n} + 1\right)^{-\frac{n+1}{2}}. \qquad \blacksquare$$

Achtung Erwartungswert und Varianz existieren nur, wenn $n \geq 2$ bzw. wenn $n \geq 3$ ist.

$$\mathrm{E}(T) = 0 \quad \text{falls } n \geq 2,$$
$$\mathrm{Var}(T) = \frac{n}{n-2} \quad \text{falls } n \geq 3. \qquad \blacktriangleleft$$

Die Dichte der $t(n)$ ist eine Glockenkurve, die der Standardnormalverteilung um so ähnlicher sieht, je größer n ist. Abb. 21.7 zeigt einige Dichtekurven.

Damit können wir nun die Verteilung des studentisierten Mittelwertes bestimmen: Es seien $X_1, \ldots, X_n$ i.i.d. $N\left(\mu; \sigma^2\right)$ verteilt, dann sind $X_i^* = \frac{X_i - \mu}{\sigma} \sim N(0; 1)$. Einerseits ist

$$\frac{\overline{X} - \mu}{\sigma} \sqrt{n} \sim N(0; 1).$$

Andererseits ist

$$\widehat{\sigma}^2 \sim \frac{\sigma^2}{n-1} \chi^2(n-1).$$

Daher ist

$$\frac{\overline{X} - \mu}{\widehat{\sigma}_{UB}} \sqrt{n} = \frac{\frac{\overline{X} - \mu}{\sigma} \sqrt{n}}{\sqrt{\frac{\widehat{\sigma}^2}{\sigma^2}}} \triangleq \frac{\sim N(0; 1)}{\sim \sqrt{\frac{1}{n-1} \chi^2(n-1)}}.$$

Der Zähler ist $N(0; 1)$ verteilt, im Nenner steht die Wurzel aus einer χ^2 verteilten Zufallsvariable, die durch ihre Freiheitsgrade geteilt ist. Nach dem Satz von Cochran sind $\overline{X}$ und $\widehat{\sigma}^2$ von einander unabhängig verteilt. Also ist der gesamte Quotient $t(n-1)$-verteilt.

Die Verteilung der studentisierten Summe

Sind $X_1, \ldots, X_n$ i.i.d. $N\left(\mu; \sigma^2\right)$ verteilt, so ist

$$\frac{\overline{X} - \mu}{\widehat{\sigma}} \sqrt{n} \sim t(n-1).$$

Wir bestimmen für $n \longrightarrow \infty$ den Grenzwert der Dichte der t-Verteilung . Dabei wollen wir die Integrationskonstante c_n ignorieren:

$$\lim_{n \to \infty} f_T^{(n)}(t) \simeq \lim_{n \to \infty} \left(1 + \frac{t^2}{n}\right)^{-\frac{1}{2}(n+1)}$$
$$= \lim_{m \to \infty} \left(1 + \frac{t^2}{2m}\right)^{-m} = e^{-\frac{t^2}{2}}.$$

Die Dichte der t-Verteilung konvergiert mit wachsendem n gegen die Standardnormalverteilung. Dies ist von der Herleitung der Verteilung nicht überraschend. Die Bauart der Verteilung war mit symbolisch zu verstehenden Quotienten:

$$t_n \triangleq \frac{N(0; 1)}{\sqrt{\frac{1}{n-1} \chi^2(n-1)}}$$

Da die $\frac{1}{n-1} \chi^2(n-1)$ stark gegen 1 konvergiert, bleibt im Grenzfall die $N(0; 1)$ übrig.

Die Cauchy-Verteilung, der Sysiphus unter den Verteilungen

Eine der für Liebhaber von Paradoxien interessantesten und für Praktiker gefürchtetsten Verteilungen ist die Cauchy-Verteilung.

Die Cauchy-Verteilung

Die $t(1)$-Verteilung mit einem Freiheitsgrad ist die sogenannte *Cauchy-Verteilung* mit der Dichte

$$f(x) = \frac{1}{\pi(1 + x^2)}$$

Die Cauchy-Verteilung besitzt keinen Erwartungswert.

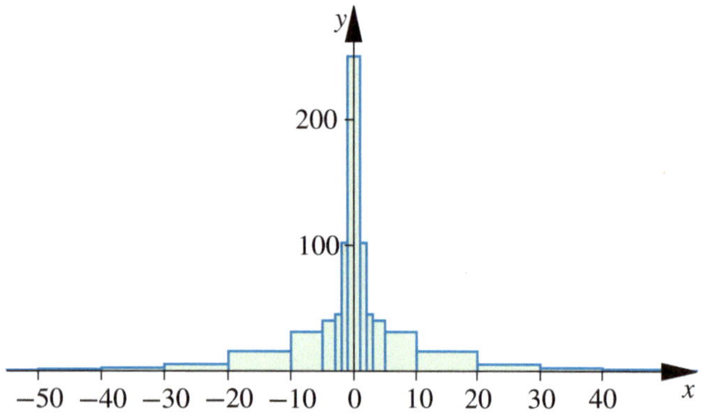

Abb. 21.8 Histogramm aus 1000 Cauchyverteilten Beobachtungen

Tab. 21.1 Wahrscheinkichkeitsverteilung einer Cauchy- und einer Standadrnormalverteilung

Intervall	Cauchy $P(a < X \leq b)$	Normal $P(a < Y \leq b)$
$X \leq -50$	$6.36 \cdot 10^{-3}$	0
$-50 < X \leq -40$	$1.59 \cdot 10^{-3}$	0
$-40 < X \leq -30$	$2.65 \cdot 10^{-3}$	0
$-30 < X \leq -20$	$5.30 \cdot 10^{-3}$	0
$-20 < X \leq -10$	$1.58 \cdot 10^{-2}$	0
$-10 < X \leq -5$	$3.11 \cdot 10^{-2}$	$2.87 \cdot 10^{-7}$
$-5 < X \leq -3$	$4.0 \cdot 10^{-2}$	$1.35 \cdot 10^{-3}$
$-3 < X \leq -2$	$4.5 \cdot 10^{-2}$	$2.14 \cdot 10^{-2}$
$-2 < X \leq -1$	$10.2 \cdot 10^{-2}$	$13.6 \cdot 10^{-2}$
$-1 < X \leq 0$	$25.0 \cdot 10^{-2}$	$34.1 \cdot 10^{-2}$

Für große A und B ist

$$\pi \int_A^B x f(x)\, dx = \int_A^B \frac{x}{1 + x^2}\, dx$$
$$\approx \int_A^B \frac{1}{x}\, dx = \ln(B) - \ln(A).$$

Die rechte Seite kann mit wachsendem B beliebig groß werden. Für die Existenz des uneigentlichen Integrals ist aber notwendig, das Integrale über hinreichend weit entfernt Teilintervalle beliebig klein werden. Daher kann für die Cauchyverteilung $E(X)$ nicht existieren.

Achtung Da die Cauchy-Verteilung keinen Erwartungswert und erst recht keine Varianz besitzt, gilt für sie weder das Starke Gesetz der große Zahlen noch der Zentrale Grenzwertsatz. Sind $X_1, \ldots, X_n$ i.i.d. Cauchy-verteilt, so ist $\overline{X}$ wiederum nur einfach Cauchy-verteilt. ◄

Abb. 21.8 zeigt den Ablauf einer Simulationsstudie mit 1000 unabhängige Realisationen einer Cauchy-verteilten Variablen. Auf der Abszisse ist n und auf der Ordinate $\overline{x}^{(n)} = \frac{1}{n} \sum_{i=1}^n x_i$ aufgetragen. Jeder Mittelwert aus einer „anständigen", symmetrischen Verteilung strebt mit dem Segen des Gesetzes der Großen Zahlen zum finalen Ruhepunkt, dem Median. Auch Cauchy-$\overline{x}^{(n)}$ strebt dorthin und es hat fast den Anschein, als hätte er den Nullpunkt erreicht. Da reißt ein Ausreißer den Mittelwert $\overline{x}^{(n)}$ hinweg und $\overline{x}^{(n)}$ kämpft aufs Neue um seinen Ruhepol, bis ihn wiederum ein Ausreißer aus seiner Bahn schießt. Und dies geschieht in alle Ewigkeit. Zwar wird er immer wieder in die Nähe des Medians null kommen, aber nie dort bleiben dürfen. Cauchy-$\overline{x}^{(n)}$ ist der Sysiphus unter den Mittelwerten.

Vergleicht man die Dichte der $N(0;1)$ mit der Dichte der Cauchy-Verteilung in Abb. 21.8, so fällt auf, wie viel langsamer die Cauchyverteilung in den Rändern gegen 0 abfällt. Die Normalverteilung klingt exponentiell mit $e^{-\frac{x^2}{2}}$ ab, die Cauchy-Verteilung nur mit $\frac{1}{x^2}$.

Deutlicher als die Bilder der beiden Dichten verrät eine gedachte Simulation den fundamentalen Unterschied zwischen den beiden Verteilungen. Dabei seien 1000 Realisationen Y_i einer $N(0;1)$ und 1000 Realisationen X_i einer Cauchy-Verteilung erzeugt worden. Die Verteilungen der Realisationen sollen in Histogrammen dargestellt werden. Tabelle zeigt die Wahrscheinlichkeit, dass ein Cauchy-verteiltes X bzw ein $N(0;1)$-verteiltes Y in einem Intervall $(a, b]$ liegen. Interpretieren wir nun die Wahrscheinlichkeiten als relative Häufigkeiten, so bedeutet dies, dass von den 1000 Cauchy-verteiltes X_i rund 6 kleiner als -50 sind. 4 Beobachtungen liegen zwischen -50 und -30, zwischen -30 und -10 liegen weiter 7 Beobachtungen. Spiegelbildlich dazu wiederholt sich das Bild für positive Werte. In diesen Intervallen liegt keine einzige der normalverteilten Y_i. Diese liegen fast alle im Intervall $[-3; 3]$. Das Histogramm der X_i, das sich aus diesen Daten ergeben würde zeigt Abb. 21.8. Dabei läuft die untere Kante des Histogramm von -50 bis $+50$. Das Histogramm hat weniger die Gestalt einer Glocke, denn eher die einer Reißzwecke. Diese steht bildhaft für die unangenehmste Eigenschaft der Cauchyverteilung, nämlich ihrer Neigung zu Ausreißern.

Achtung Bei der Cauchy-Verteilung oder auch bei t-Verteilungen mit niedrigen Freiheitsgraden können gehäuft extreme Werte realisiert werden. Diese Ausreißer können das Bild der Verteilung völlig verzerren und in der statistischen Praxis zu groben Fehlschlüssen führen. Ein Prüfstein für die Robustheit von statistischen Verfahren ist ihr Verhalten, wenn unter die regulären Daten ein kleine Prozentsatz von Cauchy-verteilten Daten heruntergemischt wird. ◄

Die Lognormalverteilung ist die Grenzverteilung für Produkte

Wir wollen nun eine weitere, nur für positive x-Werte definierte Verteilung kennenlernen. Dazu seien $X_1, \ldots, X_n$ unabhängige, identisch verteilte Zufallsvariablen und $Y = \prod_{i=1}^n X_i$. Dann ist

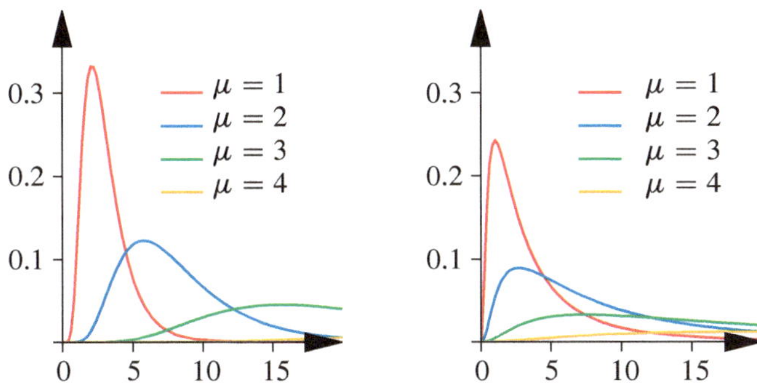

Abb. 21.9 Dichten der Lognormalverteilung, *links* $\sigma = 0.5$, *rechts* $\sigma = 1$

$\log Y = \sum_{i=1}^{n} \log X_i$. Wenn Erwartungswert und Varianz von $\log X$ existiert, ist $\log Y$ approximativ normalverteilt. Dies legt folgende Definition nahe:

Die Lognormalverteilung

Die Zufallsvariable X ist genau dann lognormalverteilt, wenn $\log X$ normalverteilt ist.

$$X \sim \text{Lognormal}\left(\mu; \sigma^2\right) \iff \log X \sim N\left(\mu; \sigma^2\right).$$

Die Dichte der Lognormalverteilung ist

$$f(x) = \frac{1}{x}\,\frac{1}{\sqrt{2\pi}\sigma}\exp\left(-\frac{(\log x - \mu)^2}{2\sigma^2}\right).$$

Erwartungswert und Varianz sind:

$$E(X) = \exp\left(\mu + \frac{1}{2}\sigma^2\right),$$

$$\text{Var}(X) = \exp\left(2\mu - \sigma^2\right)\cdot\left(\exp\left(\sigma^2\right) - 1\right).$$

Beweis Wir wollen nur die Dichte bestimmen. Für positive x ist die Abbildung $y = \log x$ umkehrbar: $x = \exp(y)$ mit $\frac{dy}{dx} = \frac{1}{x}$. Das Transformationsgesetz für Dichten liefert

$$f_x(x) = f_y(y)\,\frac{dy}{dx} = \frac{1}{\sqrt{2\pi}\sigma}\exp\left(-\frac{(y-\mu)^2}{2\sigma^2}\right)\frac{1}{x}. \qquad \blacksquare$$

Bei der Lognormalverteilung ist der Variationskoeffizient unabhängig von μ:

$$\frac{\sqrt{\text{Var}(X)}}{E(X)} = \sqrt{\exp\left(\sigma^2\right) - 1}.$$

Wie eingangs bereits erwähnt, können wir überall dort mit der Lognormalverteilung rechen, wo sich unabhängige Einflüsse nicht additiv, sondern multiplikativ überlagern. Abb. 21.9 zeigt die Dichten der Lognormalverteilung.

Ausgeartete Normalverteilungen

Es sei X eine zufällige eindimensionale stetige Variable. X nimmt nur Werte auf der reellen x-Achse an. Nun betrachten wir die x-Achse als Teil einer zweidimensionalen x-y-Ebene und definieren eine neue zweidimensionale zufällige Variable $\mathbf{Z}$ als $\mathbf{Z} := (X; 0)^\top$. Die y-Komponente von $\mathbf{Z}$ ist identisch null.

Inhaltlich hat sich nichts geändert. Die Realisationen von X und von $\mathbf{Z}$ liegen auf der x-Achse, $\mathbf{Z}$ und X nehmen dieselben Punkte der x-Achse mit derselben Wahrscheinlichkeit an. Das einzige, was sich geändert hat, ist die Beschreibung: $\mathbf{Z}$ ist eine zweidimensionale Variable, deren Realisationen aber nur in einem eindimensionalen Raum liegen. Daher kann $\mathbf{Z}$ keine Dichte besitzen. Man sagt, $\mathbf{Z}$ ist eine **ausgeartete** zweidimensionale Variable.

Im Grunde ist bei $\mathbf{Z}$ nur die Beschreibung ungeeignet gewählt. Die x-Koordinate ist eine nicht entartete zufällige Variable und die y-Koordinate ist überflüssig.

Diese und ähnliche Situationen findet man zum Beispiel bei normalverteilten Variabeln. Ist zum Beispiel $\mathbf{X} \sim N_n(\mathbf{0}; \mathbf{I})$ n-dimensional standardnormalverteilt und $\mathbf{M} \subset \mathbb{R}^n$ ein r-dimensionaler Unterraum, so ist die Projektion $P_\mathbf{M}\mathbf{X}$ von $\mathbf{X}$ nach $\mathbf{M}$ normalverteilt, $P_\mathbf{M}\mathbf{X} \sim N_n(\mathbf{0}; P_\mathbf{M})$. Wegen $\text{Cov}(P_\mathbf{M}\mathbf{X}) = P_\mathbf{M}$ und $\text{Rang}(P_\mathbf{M}) = \text{Dim}(\mathbf{M}) = r < n$ ist $P_\mathbf{M}\mathbf{X}$ ausgeartet und besitzt als Zufallsvariablen im $\mathbb{R}^n$ keine Dichte.

Es gibt ein ganz einfaches Kriterium, wie man ausgeartete Zufallsvariable erkennt und welche Koordinatensysteme zu ihrer Beschreibung geeignet sind.

Ausgeartete Verteilungen

Der n-dimensionale zufällige Vektor $\mathbf{Z}$ heißt **ausgeartet**, falls $\text{Cov}(\mathbf{Z})$ singulär ist.

Ist $\mathbf{Z}$ ausgeartet, mit $E(\mathbf{Z}) = \mathbf{0}$ und $\mathbf{C} = \text{Cov}(\mathbf{Z})$ sowie $\text{Rang}(\mathbf{C}) = r < n$, so liegt $\mathbf{Z}$ mit Wahrscheinlichkeit 1 im r-dimensionalen Spaltenraum $\langle\mathbf{C}\rangle$. Sind $\boldsymbol{a}_1, \boldsymbol{a}_2, \dots, \boldsymbol{a}_r$ orthonormale Basisvektoren von $\langle\mathbf{C}\rangle$ und ist $\mathbf{A} = (\boldsymbol{a}_1; \dots; \boldsymbol{a}_r)$ und $\mathbf{X}$ der r-dimensionale Vektor der Koordinaten von $\mathbf{Z}$ auf den durch die Basisvektoren gebildeten Achsen:

$$\mathbf{X} = \mathbf{A}^\top\mathbf{Z},$$

dann gilt mit Wahrscheinlichkeit 1:

$$\mathbf{Z} = \mathbf{A}\mathbf{X}.$$

Der Koordinatenvektor $\mathbf{X}$ ist daher eine adäquate, nicht ausgeartete Beschreibung des ausgearteten Vektors $\mathbf{Z}$. Für $\mathbf{X}$ gilt

$$\text{Cov}(\mathbf{X}) = \mathbf{A}^\top\mathbf{C}\mathbf{A} > 0,$$
$$\|\mathbf{Z}\|^2 = \|\mathbf{X}\|^2.$$

Die Aussage $\|\mathbf{X}\| = \|\mathbf{Z}\|$ lässt sich anschaulich deuten. Durch die Vektoren $\mathbf{Z}$ und $\mathbf{X}$ wird derselbe Punkt in unterschiedlichen Koordinatensystemen gekennzeichnet. Der Abstand des Punktes vom Ursprung ist aber unabhängig vom Koordinatensystem.

Beweis des Satzes

$$\mathbf{Z} = P_{\mathbf{C}}(\mathbf{Z}) + \underbrace{(\mathbf{I} - P_{\mathbf{C}})(\mathbf{Z})}_{\mathbf{V}}.$$

Für $\mathbf{V}$ gilt $\mathrm{E}(\mathbf{V}) = 0$ und $\mathrm{Cov}(\mathbf{V}) = (\mathbf{I} - P_{\mathbf{C}})\mathbf{C}(\mathbf{I} - P_{\mathbf{C}}) = \mathbf{0}$. Also ist $\mathbf{V}$ mit Wahrscheinlichkeit 1 identisch null. Aus $P_{\mathbf{C}} = \mathbf{A}\mathbf{A}^{\top}$ folgt:

$$\mathbf{Z} = P_{\mathbf{C}}(\mathbf{Z}) = \mathbf{A}\mathbf{A}^{\top}\mathbf{Z} = \mathbf{A}\mathbf{X}.$$

Aus $\mathbf{Z} = \mathbf{A}\mathbf{X}$ und $\mathbf{A}^{\top}\mathbf{A} = \mathbf{I}_r$ folgt

$$\mathbf{A}^{\top}\mathbf{Z} = \mathbf{X},$$
$$\mathrm{Cov}(\mathbf{X}) = \mathrm{Cov}\left(\mathbf{A}^{\top}\mathbf{Z}\right) = \mathbf{A}^{\top}\mathbf{C}\mathbf{A},$$
$$\|\mathbf{Z}\|^2 = \mathbf{X}^{\top}\mathbf{A}^{\top}\mathbf{A}\mathbf{X} = \mathbf{X}'\mathbf{I}\mathbf{X} = \|\mathbf{X}\|^2.$$

Um den Rang von $\mathrm{Cov}\,\mathbf{X}$ zu bestimmen, schreiben wir

$$\mathbf{C} = P_{\mathbf{C}}\mathbf{C}P_{\mathbf{C}} = \mathbf{A}\mathbf{A}^{\top}\mathbf{C}\mathbf{A}\mathbf{A}^{\top}.$$

Daraus folgt

$$\mathrm{Rang}\left(\mathrm{Cov}(\mathbf{X})\right) = \mathrm{Rang}\left(\mathbf{A}^{\top}\mathbf{C}\mathbf{A}\right) \leq \mathrm{Rang}(\mathbf{C})$$
$$= \mathrm{Rang}\left(\mathbf{A}\mathbf{A}^{\top}\mathbf{C}\mathbf{A}\mathbf{A}^{\top}\right)$$
$$\leq \mathrm{Rang}\left(\mathbf{A}^{\top}\mathbf{C}\mathbf{A}\right) = \mathrm{Rang}(\mathrm{Cov}(\mathbf{X}))$$

Daher hat die $r \times r$-Matrix $\mathrm{Cov}(\mathbf{X})$ maximalen Rang und ist als Kovarianzmatrix positiv definit. ∎

21.6 Kennzeichnung von Verteilungen durch ihre Hazardraten

Wir haben bisher nur Dichte und Verteilungsfunktion zur Kennzeichnung einer Verteilung kennengelernt. Vor allem bei der Beschreibung von Lebensdauerverteilungen ist eine andere Charakterisierung sinnvoller, nämlich die durch die **Hazardrate**.

Sei T eine stetige zufällige Variable mit der Verteilung $F(t)$. Wir betrachten T als eine Zeit. $T = t$ ist der Zeitpunkt an dem ein Ereignis eintritt. Diese Ereignis kann zum Beispiel der Ausfall eines Gerätes, die Zerstörung einer Probe, der Tod eines Lebewesens sein.

$$T = t \leftrightarrow \text{Tod im Zeitpunkt } t.$$

Wir betrachten den Zeitverlauf vom Zeitpunkt $T = t_0$ an. (Meist ist $t_0 = 0$.) Dabei lebe das betrachtete Objekt im Zeitpunkt $T = t_0$ noch.

$$F(t_0) = 0.$$

Die wesentlichen Größen, mit den wir arbeiten werden, sind:

- Die **Dichte** $f_T(t)$

$$P(T \approx t) = f_T(t)\,dt.$$

- Die **Verteilungsfunktion**

$$P(T \leq t) = F_T(t).$$

- Die **Survivalfunktion**:

$$P(T > t) = S_T(t).$$

Für die Survivalfunktion gilt

$$S_T(t) = 1 - F_T(t),$$
$$S_T(t_0) = 1.$$

Je schneller die Survivalfunktion abklingt, um so unwahrscheinlicher sind große Werte von T, um so höhere Momente von T existieren. Existiert das k-te Moment von T, also $\mathrm{E}\left(T^k\right)$ so gilt:

$$\lim_{t \to \infty} t^k S(t) = 0.$$

Existiert z. B. der Erwartungwert, so ist

$$\lim_{t \to \infty} t S(t) = 0,$$

das heißt $S(t)$ klingt schneller ab als $\frac{1}{t}$.

- Die **Hazardrate**. Sie misst die Wahrscheinlichkeit, dass ein Objekt, welches gerade den Zeitpunkt $T = t$ erreicht hat, im nächsten Moment ausfällt:

$$P(T \approx t \mid T > t) = h_T(t)\,dt.$$

Genauer gilt

$$h_T(t) = \lim_{\Delta \to 0} \frac{1}{\Delta} P(t < T \leq t + \Delta \mid T > t)$$
$$= \lim_{\Delta \to 0} \frac{1}{\Delta} \frac{P(t < T \leq t + \Delta)}{P(T > t)}$$
$$= \lim_{\Delta \to 0} \frac{1}{\Delta} \frac{f_T(t)\,\Delta}{S_T(t)} = \frac{f_T(t)}{S_T(t)}.$$

Definition der Hazardrate

Die Hazardrate ist definiert durch

$$h_T(t) = \frac{f_T(t)}{S_T(t)}.$$

Wachsende Hazardrate beschreiben Alterungsprozesse: Die Wahrscheinlichkeit zu sterben wird um so größer, je älter man geworden ist. Fallende Hazardrate beschreiben Stabilisisierung und Gesundung: Die Wahrscheinlichkeit zu sterben wird um so geringer, je älter man geworden ist. Eine konstante Hazardrate beschreibt ein Leben ohne Alterung: Die Wahrscheinlichkeit zu sterben ist unabhängig davon, wie alt man geworden ist.

Dichte, Verteilungsfunktion, Survivalfunktion und Hazardrate sind äquivalente Beschreibungen

Aus jeweils einer Größe lassen sich die anderen berechnen.

$$f_T(t) \leftrightarrow F_T(t) \leftrightarrow S_T(t) \leftrightarrow h_T(t).$$

Speziell gilt

$$h_T(t) = -\frac{S_T'(t)}{S_T(t)} = -(\ln S_T)',$$

$$S_T(t) = \exp\left(-\int_0^t h_T(t)\,dt\right).$$

$\int_0^t h_T(t)\,dt$ heißt die kumulierte Hazardrate.

Wir betrachten spezielle typische, fallende bzw. wachsende Hazardraten:

Die Hazardrate der Exponentialverteilung ist konstant

Die einzige Verteilung mit konstanter Hazardrate ist die Exponentialverteilung. Sie ist die einzige Verteilung ohne Gedächtnis und ohne Alter: Einerseits gilt für die Exponentialverteilung

$$f_T(t) = \lambda e^{-\lambda t}$$

$$S_T(t) = e^{-\lambda t}$$

$$h_T(t) = \frac{f_T(t)}{S_T(t)} = \lambda$$

Ist andererseits $h_T(t) = \lambda =$konstant, dann ist $S_T(t) = e^{-\lambda t}$ und $f_T(t) = \lambda e^{-\lambda t}$.

Beispiel Jedes Wort einer Sprache verschwindet mit der Zeit aus dem Sprachgebrauch. Nach etwa 2000 Jahre sind von einem ursprünglichen Wortstamm nur noch ewa die Hälfte vorhanden. Modellieren wir die Überlebenszeit einer Sprache mit der Exponentialverteilung, dann ist die Halbwertszeit der Median der Exponentialverteilung und zwar

$$\text{median}(T) = \frac{\ln 2}{\lambda}.$$

Vor t_1 Jahren haben sich die finnische und die ungarische Sprache getrennt. Wir wollen t_1 abschätzen. Zur Zeit haben beide Sprachen noch etwa 25 % gemeinsame Wörter. Ist T die Le-

bensdauer des ursprünglich gemeinsamen Wortschatz, so ist demnach

$$P(T > t_1) = 0.25$$

$$\exp(-\lambda t_1) = 0.25$$

$$t_1 = -\frac{\ln 0.25}{\lambda} = -\frac{\ln 0.25}{\ln 2}\text{median}(T)$$

$$= -\frac{\ln 0.25}{\ln 2}2000 = 4000.$$

Vor rund $t_1 = 4000$ Jahren müssten sich demnach die beiden Sprachen getrennt haben.

Mehr darüber finden Sie unter den Stichworten *Lexikostatistik* und *Glottochronologie*. ◄

Die Hazardrate der Weibullverteilung wächst wie eine Potenz

Die einzige Verteilung mit einer Hazardrate $h_T(t) \simeq t^{\beta-1}$ ist die Weibullverteilung. Sie heißt nach dem schwedischer Physiker Waloddi Weibull (1887–1979) Die Weibullverteilung Weibull $(\alpha;\beta)$ ist gekennzeichnet durch die Hazardrate $h_T(t)$, die Dichte $f_T(t)$ und Survivalfunktion $S_T(t)$. Dabei ist $\beta > 0$.

$$h_T(t) = \alpha\beta t^{\beta-1},$$

$$f_T(t) = \alpha\beta t^{\beta-1}\exp\left(-\alpha t^\beta\right),$$

$$S_T(t) = \exp\left(-\alpha t^\beta\right).$$

Eigenschaften der Weibullverteilung sind

- $\beta > 1 \to$ wachsende Ausfallraten und $\beta < 1 \to$ fallende Ausfallraten
- T besitzt genau dann eine Weibull-Verteilung mit den Parametern α und β, wenn αT^β exponentialverteilt ist mit dem Parameter $\lambda = 1$:

$$T \sim \text{Weibull}(\alpha;\beta) \quad \Leftrightarrow \quad \alpha T^\beta \sim \text{ExpV}(1).$$

- Wie wir im Abschnitt über Extremwertverteilungen auf S. 258 sehen werden, ist die Weibullverteilung eine Extremwertverteilung für Minima. Sie wird benutzt zur Modellierung der Verteilung der Bruchkraft von Materialien, Verlässlichkeitstheorie, Qualitätskontrolle, Lebensdaueranalysen.

Die Weibull-Verteilung mit dem Parameter $\beta = 0$ heißt Paretoverteilung

Die einzige Verteilung mit einer Hazardrate $h_T(t) \simeq \frac{1}{t}$ ist die Paretoverteilung. Die Paretoverteilung Pareto $(\alpha;t_0)$ ist definiert für $t \geq t_0$

$$P(T \leq t) = 1 - \left(\frac{t_0}{t}\right)^\alpha, \tag{21.4}$$

$$S_T(t) = \left(\frac{t_0}{t}\right)^\alpha, \tag{21.5}$$

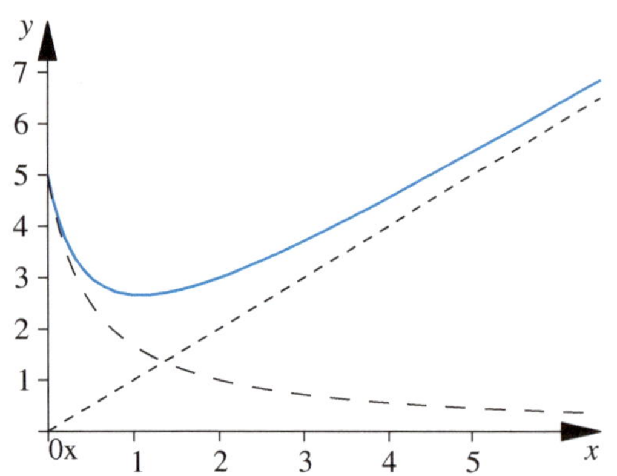

Abb. 21.10 Die Hazardrate der Hjorthverteilung im Fall $\alpha = 1$, $\gamma = 5$ und $\beta = 2$

$$f_T(t) = \alpha \left(\frac{t_0}{t}\right)^{\alpha} \frac{1}{t}, \tag{21.6}$$

$$h_T(t) = \frac{\alpha}{t}. \tag{21.7}$$

Mit Paretoverteilungen lassen sich Einkommensverteilung, bzw. Anzahl der Betriebe, Anzahl der Beschäftigten Größenklassen von Städten usw. modellieren. Pareto (1848–1923) stellte in seinem 1895 erschienen Artikel: „Distribution curve for wealth and income" fest, dass für die empirischen Verteilung von Einkommen mit guter Näherung die Beziehung (21.4) gilt. (Anschaulich gesagt: Wenn jemand mindestens t Euro hat, dann ist die Wahrscheinlichkeit, dass er auch $t + 1$ Euros besitzt, um so größer, je größer t ist. Die Hazardrate nimmt mit wachsendem t ab.)

Die Hjorthverteilung hat eine Hazardrate vom Badewannentyp

Wir haben bis jetzt wachsende und fallende Hazardrate kennengelernt. In der Praxis beobachtet man aber bei Lebewesen ebenso wie bei Maschinen oder bei Software, dass zuerst eine Phase der „Kinderkrankheiten" mit anfangs hoher, dann aber fallender Hazardrate überwunden werden muss , dann folgt eine Phase der relativen Stabilität, der dann eine Verschleiß- und Alterungsphase mit wieder ansteigender Hazardrate folgt.

Die Hazardrate der Hjorthveteilung

Die Verteilung mit der Hazardrate $h_T(t) \simeq \alpha t + \frac{\gamma}{1+\beta t}$ ist die Hjorthverteilung. Für sie gilt

$$h_T(t) = \alpha t + \frac{\gamma}{1 + \beta t},$$

$$\int h_T(t)\, dt = \frac{\alpha t^2}{2} + \frac{\gamma}{\beta} \ln(1 + \beta t),$$

$$S_T(t) = (1 + \beta t)^{-\frac{\gamma}{\beta}} \exp\left(-\frac{\alpha}{2} t^2\right).$$

Die Hjorthverteilung hat eine Hazardrate vom *Badewannentyp* Die Hazardrate setzt sich aus einer wachsenden Komponente αt und einer fallenden Komponente $\frac{\gamma}{1+\beta t}$ zusammen, siehe Abb. 21.10.

21.7 Extremwertverteilungen

Häufig geschieht ein Ereignis, wenn das schwächste Glied der Kette reißt oder der letzte Tropfen das Fass zum Überlaufen bringt. Die Frage ist, wann und unter welcher Belastung etwas geschieht. Diese Vorgänge lassen sich oft mit Extremwertverteilungen modellieren. Es seien X_i; $i = 1, \ldots, n$ i.i.d. verteilt mit Verteilung F_X. Wir benutzen die Abkürzungen

$$\max_n \{X\} = \max \{X_i; i = 1, \ldots, n\},$$

$$\min_n \{X\} = \min \{X_i; i = 1, \ldots, n\}.$$

Die Verteilung von Maximum und Minimum

Die Verteilungen des Maximums und des Minimum von n i.i.d. verteilten Zufallsvariablen sind gegeben durch:

$$F_{\max_n\{X\}}(s) = [F_X(s)]^n,$$

$$F_{\min_n\{X\}}(s) = 1 - [1 - F_X(s)]^n.$$

Beweis Das Maximum ist genau dann kleinergleich als s, falls alle X_i kleinergleich als s sind. Also

$$P\left(\max_n \{X\} \leq s\right) = P(X_1 \leq s; \ldots; X_n \leq s)$$

$$= \prod_{i=1}^{n} P(X_i \leq s) = [F_X(s)]^n.$$

Umgekehrt ist das Minimum kleinergleich als s, wenn alle X_i größer als s sind. ∎

Ist $0 < F(s) < 1$, so ist demnach

$$\lim_{n \to \infty} F_{\max_n\{X\}}(s) = \lim_{n \to \infty} [F_X(s)]^n = 0,$$

$$\lim_{n \to \infty} F_{\min_n\{X\}}(s) = 1 - \lim_{n \to \infty} [1 - F_X(s)]^n = 1.$$

Wenn es also überhaupt möglich ist, dass ein Wert s erreicht wird, dann liegt bei hinreichend hoher Wiederholung das Minimum so gut wie sicher unterhalb von s und das Maximum oberhalb von s. Die Verteilung von $F_{\max_n\{X\}}$ *läuft nach rechts weg*, die Verteilung von $F_{\min_n\{X\}}$ *läuft nach links*. Eine Grenzverteilung von $F_{\max_n\{X\}}(s)$ lässt sich so nicht bestimmen.

Nach geeigneter Zentrierung und Stauchungen kann das Maximum nur gegen eine von drei möglichen Grenzverteilungen konvergieren

Überlegen wir, wie wir beim beim zentralen Grenzwertsatz eine Grenzverteilung erhalten haben: Sind X_i; $i = 1, \ldots, n$ i.i.d.

verteilt mit $E(X) = \mu$ und $\mathrm{Var}(X) = \sigma^2$, dann ist

$$\sum_{i=1}^{n} X_i \approx N\left(n\mu; n\sigma^2\right).$$

Für große n gehen Erwartungswert und Varianz gegen unendlich, eine Grenzverteilung existiert nicht. Standardisieren wir jedoch die Summe, dann konvergiert die Verteilung von

$$\frac{\sum_{i=1}^{n} X_i - n\mu}{\sigma\sqrt{n}}$$

gegen die $N(0; 1)$. Um eine Grenzverteilungen des Maxiums formal fassen zu können, müssen wir durch eine Verlegung des Nullpunktes die Verteilung heranziehen und durch eine Skalenänderung hinreichend stauchen. Unsere Frage ist also:

Wann existieren Koeffizienten $\alpha_n > 0$ und β_n und eine nicht ausgeartete Verteilungsfunktionen $G(x)$ als Grenzverteilung, so dass gilt:

$$\lim_{n \to \infty} P\left(\frac{\max_n\{X\} - \beta_n}{\alpha_n} \le s\right) = G(s). \tag{21.8}$$

Wegen

$$P\left(\frac{\max_n\{X\} - \beta_n}{\alpha_n} \le s\right) = P\left(\max_n\{X\} \le \alpha_n s + \beta_n\right)$$

$$= \left[F_X(\alpha_n s + \beta_n)\right]^n$$

kann die Frage auch formuliert werden als: Wann existieren Koeffizienten $\alpha_n > 0$ und β_n und eine nicht ausgeartete Verteilungsfunktionen $G(s)$ mit

$$\lim_{n \to \infty} \left[F_X(\alpha_n s + \beta_n)\right]^n = G(s).$$

Wir betrachten dazu drei Beispiele:

Beispiel: Radioaktiver Zerfall   Die Überlebenszeit X eines radioaktiven Atoms sei exponentialverteilt. Im Zeitpunkt $X = x$ zerfällt das Atom.

$$X \sim \mathrm{ExpV}(\lambda),$$

$$E(X) = \frac{1}{\lambda},$$

$$\mathrm{Median}(X) = \frac{1}{\lambda}\ln 2 =: h.$$

Die Halbwertzeit h ist der Median von X. Nach der Halbwertzeit h ist das Atom mit Wahrscheinlichkeit $\frac{1}{2}$ zerfallen. Besteht ein Körper aus n radioaktiven Atomen, so ist die Dauer bis zum vollständigen Zerfall $Y = \max_n\{X\}$. Dann folgt

$$P\left(\max_n\{X\} \le \frac{s + \ln n}{\lambda}\right) = \left[F\left(\frac{s + \ln n}{\lambda}\right)\right]^n$$

$$= \left[1 - \exp\left(-\lambda\left[\frac{s + \ln n}{\lambda}\right]\right)\right]^n$$

$$= \left[1 - \exp\left(-s - \ln n\right)\right]^n$$

$$= \left[1 - \frac{\exp(-s)}{n}\right]^n.$$

Daher gilt

$$\lim_{n \to \infty} P\left(\max_n\{X\} \le \frac{s + \ln n}{\lambda}\right) = \exp\left(-\exp\left(-s\right)\right).$$

Hier genügt also eine schlichte Zentrierung von $\max_n\{X\}$ für die Konvergenz gegen eine Grenzverteilung. Diese ist die sogenannte **Doppelt-Exponentialverteilung** $G_1(s)$.   ◄

Beispiel X sei Pareto-verteilt:

$$F_X(t) = 1 - \left(\frac{t_0}{t}\right)^{\alpha}$$

Sind X_i; $i = 1, \dots, n$ i.i.d. Paretoverteilt, dann ist

$$P\left(\frac{\max_n\{X\}}{\sqrt[\alpha]{n}} \le s\right) = \left[F_X\left(s\sqrt[\alpha]{n}\right)\right]^n$$

$$= \left[1 - \left(\frac{t_0}{s}\right)^{\alpha}\frac{1}{n}\right]^n$$

$$\lim_n P\left(\frac{\max_n\{X\}}{\sqrt[\alpha]{n}} \le s\right) = \exp\left(-\left(\frac{t_0}{s}\right)^{\alpha}\right)$$

$$= \exp\left(-\left(\frac{s}{t_0}\right)^{-\alpha}\right)$$

Nach einer Normierung erhalten wir auch hier eine Grenzverteilungsfunktion.   ◄

Beispiel: Wann zerreißt eine Kette?   Eine Kette bestehe aus n Gliedern. Sei X_i die Tragfestigkeit des i-ten Kettengliedes. Dabei sei d die maximale Belastbarkeit. Falls ein $X_i > d$ ist, reißt die Kette. Die X_i seien i.i.d. verteilt mit der Verteilung $F_X(x)$. Wir fragen nach dem Maximum der X_i. Uns interessiert das Verhalten der Verteilungsfunktion in der Nähe des kritischen Punktes d. Mit $F_X(d) = 1$ liefert eine Reihenentwicklung von $F_X(d - s)$ links vom Punkte d in erster Näherung:

$$F_X(d - s) = 1 + \sum_{i=1}^{r} s^i \frac{(-1)^i}{i!} F_X^{(i)}(d) + \text{Rest}.$$

Es sei $F^{(r)}(d)$ die erste von null verschiedene Ableitung im Punkte d.

$$F_X(d - s) = 1 + s^r \frac{(-1)^r}{r!} F_X^{(r)}(d) + \text{Rest}$$

Da $F_X(d - s) < 1$ ist, muss der Koeffizient von s^r negativ sein. Wir kürzen ihn mit $-\beta$ ab.

$$F_X(d - s) = 1 - s^r \beta + \text{Rest}.$$

Wenn wir das Restglied vernachlässigen, gilt für hinreichend kleine s:

$$F_X\left(d - \frac{s}{\sqrt[r]{n}}\right) \approx 1 - \frac{s^r}{n}\beta.$$

Kapitel 21

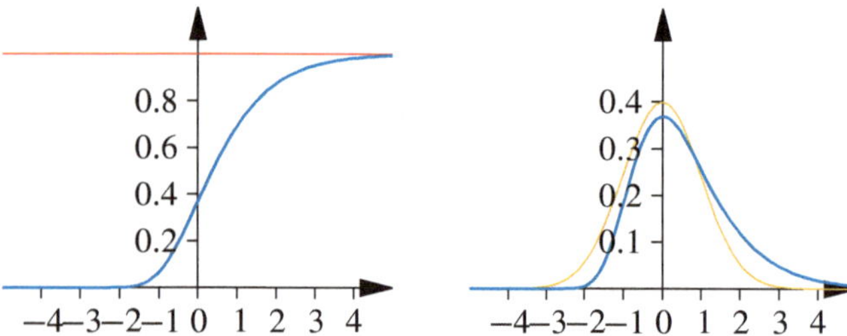

Abb. 21.11 Verteilungsfunktion und Dichte von $G_1(x)$. Der orangene Graph zeigt die Dichte der $N(0; 1)$

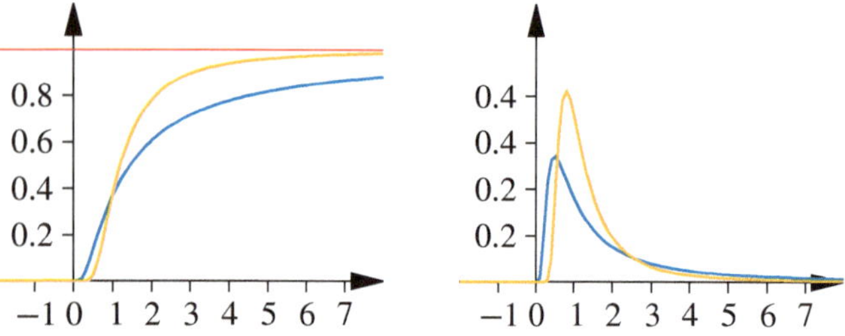

Abb. 21.12 Verteilungsfunktion und Dichte von $G_{2;\beta}(x)$ für $\beta = 1$ (blau) und $\beta = 2$ (orange)

Also ist

$$P\left(\max_n \{X\} \le d - \frac{s}{\sqrt[r]{n}}\right) = \left[F_X\left(d - \frac{s}{\sqrt[r]{n}}\right)\right]^n$$

$$\approx \left[1 - \frac{s^r}{n}\beta\right]^n$$

Also gilt für $s < 0$:

$$\lim_n P\left(\sqrt[r]{n}\left[\max_n \{X\} - d\right] \le s\right) = \exp\left(-(-s)^r\beta\right). \quad \blacktriangleleft$$

Bis auf Skalenverschiebungen sind die in diesen drei Beispielen gefundenen Grenzverteilungen die drei einzigen möglichen.

Die Grenzverteilungen des Maximums

Bis auf Skalenverschiebungen existieren genau drei verschieden Typen von Grenzverteilungen für das Maximum. Die drei Verteilungsfunktionen sind für beliebiges $\beta > 0$

$$G_1(x) = \exp\left(-e^{-x}\right)$$

$$G_{2;\beta}(x) = \begin{cases} 0 & \text{wenn } x \le 0 \\ \exp\left(-x^{-\beta}\right) & \text{wenn } x > 0 \end{cases}$$

$$G_{3;\beta}(x) = \begin{cases} \exp\left(-(-x)^\beta\right) & \text{wenn } x \le 0 \\ 1 & \text{wenn } x > 0 \end{cases}$$

Dabei gehören zwei zufällige Variablen X und Y zum gleichen Verteilungstyp, wenn Y verteilt ist wie $aX + b$ mit geeigneten a

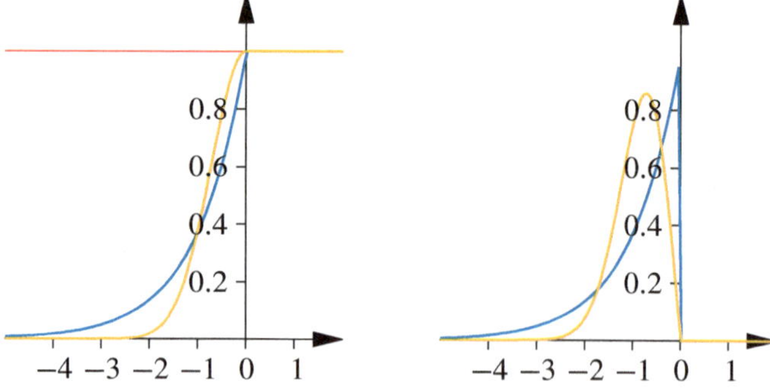

Abb. 21.13 Verteilungsfunktion und Dichte von $G_{3;\beta}(x)$ für $\beta = 1$ (blau) und $\beta = 2$ (orange)

und b. Für jede Verteilung F_X gilt: Entweder es existiert keine Grenzverteilung im Sinne von (21.8) für das Maximum oder das Maximum konvergiert im Sinne von (21.8) genau gegen eine der drei Typen von G.

Die Gestalt der drei Verteilungstypen zeigen Abb. 21.11, 21.12 und 21.13.

Nach geeigneter Zentrierung und Stauchungen kann das Minimum nur gegen eine von drei möglichen Grenzverteilungen konvergieren

Alle Aussagen über Verteilungen des Maximums lassen sich durch die Identität

$$\min\{X_i; i = 1, \ldots, n\} = -\max\{-X_i; i = 1, \ldots, n\}$$

in Aussagen über die Verteilungen des Minimum transformieren. Unsere Frage von vorhin lautet nun: Wann existieren Konstanten γ_n und $\delta_n > 0$ und eine nicht ausgeartete Grenzverteilung $H(x)$, so dass gilt:

$$\lim_{n\to\infty} P\left(\frac{\min_n\{X\} - \gamma_n}{\delta_n} \le s\right) = H(s).$$

Wie beim Maximum existieren drei mögliche Grenzverteilungen H. Dabei transformieren sich die Dichten g, bzw Verteilungen G des Maximums wie folgt in Dichten h, bzw Verteilungen H der Grenzverteilung des Minimums:

$$H(x) = 1 - G(-x),$$
$$h(x) = g(-x).$$

Die drei Typen der Extremwertverteilung für Minima sind also

$$H_1(x) = 1 - \exp\left(-e^x\right).$$

$$H_{2;\beta}(x) = \begin{cases} 1 - \exp\left(-(-x)^{-\beta}\right) & \text{wenn } x < 0 \\ 1 & \text{wenn } x \ge 0. \end{cases}$$

$$H_{3;\beta}(x) = \begin{cases} 0 & \text{wenn } x \le 0 \\ 1 - \exp\left(-x^{-\alpha}\right) & \text{wenn } x > 0. \end{cases}$$

Die angegebenen Funktionen sind nur die Repräsentanten ihrer Typklasse. Zum Beispiel gehören alle Weibull-Verteilungen zur Typklasse von $H_{3;\beta}$. Dies erklärt auch, warum sich die Weibullverteilung gut eignet, die Belastbarkeit zusammengesetzter Objekte zu modellieren, z. B. Reißfestigkeit von Stahl, Durchschlagsicherheit von Kondensatoren oder Isolatoren usw.

Eine Summe aus unabhängigen Summanden ist stetig, wenn nur ein Summand stetig ist

In Kap. 39 des Hauptwerks „Spezielle Verteilungen – Modelle des Zufalls" hat ein Fehler bis in die dritte Auflage überlebt. Hier wird auf Seite 1471 im Zusammenhang mit dem Zentralen Grenzwertsatz nebenbei behauptet: „Ist nur ein einziges X_i nicht stetig, so ist auch $\overline{X}^{(n)}$ nicht stetig und besitzt auch bei beliebig großem n keine Dichte." Der Satz klingt zwar unmittelbar einleuchtend, er ist aber leider falsch. Das Gegenteil ist richtig.

> Ist X eine endliche diskrete und Y eine stetige Zufallsvariable, so ist auch $X + Y$ stetig.

Beweis Sei $P(X = x_i)$, $i = 1, \ldots, n$ die Verteilung von X und F_Y die Verteilungsfunktion von Y, so gilt nach dem Satz über die totale Wahrscheinlichkeit und der Unabhängigkeit von X und Y für die Verteilungsfunktion F_{X+Y} von $X + Y$:

$$\begin{aligned} F_{X+Y}(z) &= P(X + Y \le z) \\ &= \sum_{i=1}^{n} P(X + Y \le z; X = x_i) \\ &= \sum_{i=1}^{n} P(Y \le z - x_i; X = x_i) \\ &= \sum_{i=1}^{n} P(Y \le z - x_i)\, P(X = x_i) \\ &= \sum_{i=1}^{n} F_Y(z - x_i)\, P(X = x_i). \end{aligned}$$

Da F_Y differenzierbar ist mit der Dichte f_Y, ist auch F_{X+Y} als Summe von n differenzierbaren Funktionen selbst wieder differenzierbar mit

$$f_Z(z) = \sum_{i=1}^{n} f_Y(z - x_i)\, P(X = x_i). \qquad \blacksquare$$

Der Beweis lässt sich leicht auf den Fall erweitern, dass X eine beliebige diskrete Zufallsvariable ist. Nur ist F_{X+Y} dann als unendliche Funktionenreihe dargestellt, die man nicht ohne weiteres gliedweise differenzieren kann. Zum Nachweis, dass diese Reihe eine Dichte besitzt, braucht man den Begriff der absoluten Stetigkeit einer Funktion. Dies geht aber über den Rahmen des Buches hinaus.

Als ein Beispiel betrachten wir eine diskrete Zufallsvariable X mit $P(X = i) = \frac{1}{4}$ für $i = 1, 2, 3, 4$. Zu X addieren wir eine Stö-

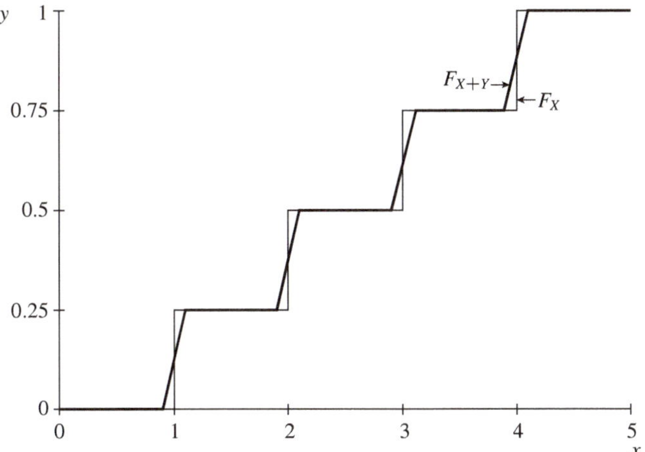

Abb. 21.14 Die Verteilungsfunktionen F_X der diskreten Variable und die der stetigen Summenvariable F_{X+Y}. Y ist in $[-0.1, 0.1]$ gleichverteilt

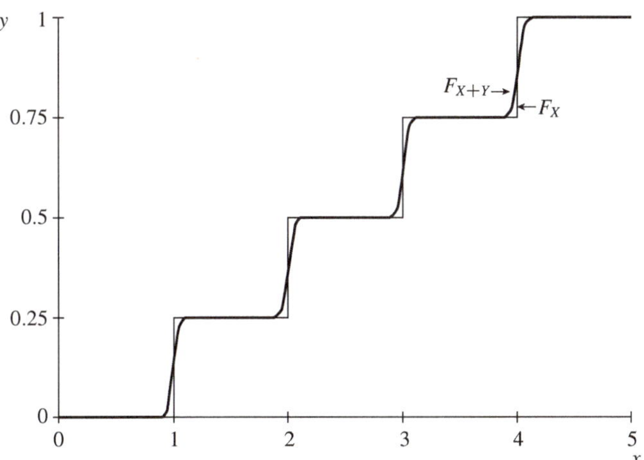

Abb. 21.15 Die Verteilungsfunktionen F_X der diskreten Variable und die der stetigen Summenvariable F_{X+Y}. Y ist nach $N(0; 0.04^2)$ verteilt

rung Y. In Abb. 21.14 ist Y im Intervall $[-0.1, +0.1]$ gleichverteilt, in Abb. 21.15 ist $Y \sim N(0; 0.04^2)$ verteilt. Wir sehen, wie die minimale stetige Störung die Sprünge der diskreten Verteilungsfunktion F abschleift und eine glatte Verteilungsfunktion erzeugt. In der Praxis wird dieser Effekt gern bei diskreten Optimierungsaufgaben benutzt, indem man zu diskreten Variablen geringfügige kleine Störungen addiert und so stetige Summen erhält, mit denen es sich oft leichter rechnen lässt.

Auf Seite 1419 des Hauptwerks haben wir die koninuierlich wachsenden Summen $\sum_{i=1}^{n} X_i$ von unabhängigen, identisch diskret verteilten Variablen X_i betrachtet, in einer Anwendung auf Seite 1466 haben wir die Verteilung der Summe zweier stetiger Variablen berechnet und ihre Dichte als Faltungsprodukt der Dichten erkannt. Gemeinsam ist allen diesen Beispielen, dass durch die Summenbildung die Verteilungen gutartiger werden, die Sprünge unauffälliger und – wenn nur eine einzige stetige Verteilung dabei ist – in der Summe glatt und stetig werden.

Schätz-und Testtheorie – Bewerten und Entscheiden (zu Kap. 40)

22

Was ist ein Maximum-Likelihood-Schätzer?

Was ist ein Konfidenzintervall?

Was ist ein systematischer Schätzfehler?

Wann ist ein Ergebnis signifikant?

Was ist der Fehler 1. Art?

© Springer-Verlag GmbH Deutschland 2017

T. Arens et al., *Ergänzungen und Vertiefungen zu Arens et al., Mathematik*, DOI 10.1007/978-3-662-53585-1_22

In diesem Kapitel ist das Bonusmaterial zu Kapitel 40 aus dem Lehrbuch Arens et al. *Mathematik* zusammengestellt. Wir streifen kurz die Stichprobentheorie und betrachten Eigenschaften geschichteter Stichproben. Wir konstruieren Konfidenzintervalle für die Binomialverteilung. Dann behandeln wir die Schätztheorie aus einem ganz neuen Blickwinkel, nämlich die bayesianische Schätztheorie. Hier wird gefragt: Welche Schätzfunktion minimiert den Erwartungswert des Schadens einer Fehlschätzung? Dabei sind die relevanten Wahrscheinlichkeitsverteilungen die *A-posteriori*-Verteilungen auf der Basis von *A-priori*-Vorwissen und der Likelihood aus Stichproben. Schließlich vertiefen wir die Testtheorie mit dem grundlegenden Lemma von Neyman und Pearson und betrachten abschließend nichtparametrische Tests.

22.1   Geschichtete Stichproben

Eine Grundgesamtheit wird in k Schichten unterteilt. In allen wird dasselbe Merkmal X erhoben. Bloß besitzt X in jeder Schicht eine andere Verteilung. Es sei X_i die Erscheinungsform von X in der i-ten Schicht. Dabei seien die X_i in den unterschiedlichen Schichten voneinander unabhängig.

Sei S die Indikatorvariable, welche die Schichtenzugehörigkeit bestimmt. $S = i$ bedeute: Wir befinden uns in der i-ten Schicht oder es wird ein Element aus Schicht i gezogen. Der Einfachheit halber nehmen wir an, dass X in jeder Schicht eine Dichte besitze. Dann gilt für die i-te Schicht:

Realisation	$X_i = X|_{S=i}$
Erwartungswert	$\mu_i = \mathrm{E}(X_i)$
Varianz	$\sigma_i^2 = \mathrm{Var}(X_i)$
Dichte	$f_i(x)$
Anteil	θ_i
Stichprobenumfang	n_i

Ist θ_i der Anteil der i-ten Schicht an der Grundgesamtheit, können wir die Schichtzugehörigkeit S auch als zufällige Variable ansehen mit der Verteilung:

$$P(S = i) = \theta_i.$$

Wird nun zufällig ein Element der Grundgesamtheit gezogen, dann stammt es mit Wahrscheinlichkeit θ_i aus der i-ten Schicht. Daher ist

$$X = \begin{cases} X_1 & \text{falls } S = 1. \\ \vdots & \vdots \\ X_k & \text{falls } S = k. \end{cases}$$

Nach dem Satz über die totale Wahrscheinlichkeit ist

$$\begin{aligned} F_X(x) &= P(X \le x) \\ &= \sum_{i=1}^{k} P(X \le x \mid S = i) P(S = i) \\ &= \sum_{i=1}^{k} \theta_i P(X_i \le x) \\ &= \sum_{i=1}^{k} \theta_i F_{X_i}(x). \end{aligned}$$

Die (totale) Dichte von X ist das gewogene Mittel der Dichten in den Schichten:

$$f_X(x) = \sum_{i=1}^{k} \theta_i f_i(x).$$

Man spricht auch von einer **Mischdichte** oder allgemeiner von einer Mischverteilung von X.

Beispiel   Ein Investor legt sein Geld in Aktien aus drei unterschiedlichen Branchen an und und hat in seinem Aktiendepot von Branche i den Anteil θ_i. Die Rendite pro Aktie ist je nach Branche unterschiedlich verteilt. Der Einfachheit halber nehmen wir jeweils eine Normalverteilung an:

Branche i, Schicht i	1	2	3
Rendite in Branche i	X_1	X_2	X_3
Verteilung von X	$N(2; 0.25)$	$N(4; 1)$	$N(5; 4)$
μ	2	4	5
σ	0.5	1	2
θ = Anteil der Branche	0.3	0.4	0.3

Dann besitzt die Rendite einer zufällig herausgegriffenen Aktien aus seinem Depot die folgende Dichte:

$$\begin{aligned} f(x) &= 0.3 f_1(x) + 0.4 f_2(x) + 0.3 f_3(x) \\ &= 0.3 \frac{1}{0.5\sqrt{2\pi}} e^{-\frac{1}{0.5}(x-2)^2} \\ &\quad + 0.4 \frac{1}{\sqrt{2\pi}} e^{-\frac{1}{2}(x-4)^2} \\ &\quad + 0.3 \frac{1}{2\sqrt{2\pi}} e^{-\frac{1}{8}(x-5)^2}. \end{aligned}$$

Den Graph der Mischdichte zeigt Abb. 22.1.Betrachten wir aber die Rendite R seines Gesamtdepots und nicht mehr die Rendite einer einzelnen Aktien, erhalten wir ein anderes Bild: Nun werden die **Ausprägungen addiert und nicht die Verteilungen gemischt**. Jetzt ist

$$R = \sum_{i=1}^{k} \theta_i X_i = 0.3 X_1 + 0.4 X_2 + 0.3 X_3.$$

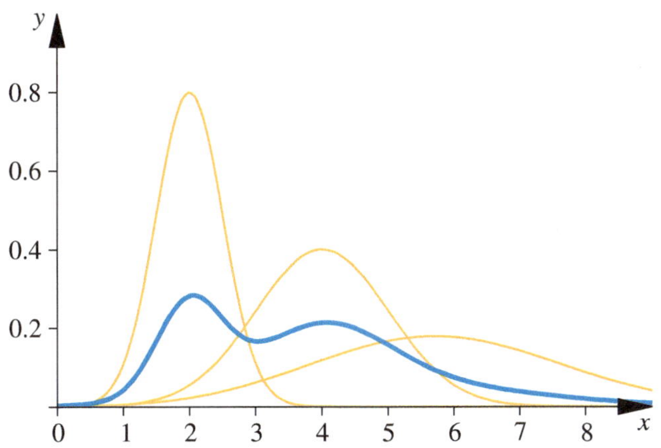

Abb. 22.1 Die fett ausgezogene Dichte ist das gewogene Mittel der drei anderen Dichten

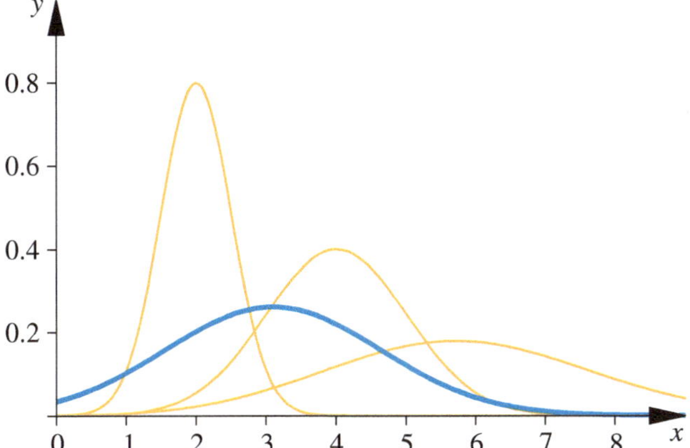

Abb. 22.2 Die Gesamtrendite ist die gewichtete Summe der Einzelrenditen

Unterstellen wir die Unabhängigkeit der Renditen in den drei Branchen, so ist die Verteilung von R normalverteilt mit $\mathrm{E}\,(R) = \sum_{i=1}^{k} \theta_i \mu_i$ und $\mathrm{Var}\,(R) = \sum_{i=1}^{k} \theta_i \sigma_i^2$:

$$R \sim \mathrm{N}\left(\sum_{i=1}^{k} \theta_i \mu_i ; \sum_{i=1}^{k} \theta_i \sigma_i^2 \right) = \mathrm{N}\,(3.1; 2.35)$$

Die Verteilung der Rendite des Depots zeigt Abb. 22.2. ◀

Erwartungswert und Varianz einer Mischverteilung

Der Erwartungswert und die Varianz von X sind:

$$\mathrm{E}\,(X) = \sum_{i=1}^{k} \theta_i \mu_i = \mu.$$

$$\mathrm{Var}\,(X) = \sum_{i=1}^{k} \theta_i \sigma_i^2 + \sum_{i=1}^{k} \theta_i \,(\mu_i - \mu)^2 = \sigma^2.$$

Die zweite Formel lässt sich auch merken als:

Die Varianz einer Mischungverteilung ist das Mittel der Varianzen plus die Varianz der Mittel.

Beweis Der Einfachheit halber beschränken wir uns im Beweis auf stetige Variable. Dann ist $f_X\,(x) = \sum_{i=1}^{k} \theta_i f_{X_i}\,(x)$ und

$$\mathrm{E}\left(X^j\right) = \int x^j f_X\,(x)\,dx$$
$$= \sum_{i=1}^{k} \theta_i \int x^j f_{X_i}\,(x)\,dx$$
$$= \sum_{i=1}^{k} \theta_i \mathrm{E}\left(X_i^j\right).$$

Für $j = 1$ folgt $\mathrm{E}\,(X) = \sum_{i=1}^{k} \theta_i \mathrm{E}\,(X_i)$. Für $j = 2$ folgt

$$\mathrm{E}\left(X^2\right) = \sum_{i=1}^{k} \theta_i \mathrm{E}\left(X_i^2\right) = \sum_{i=1}^{k} \theta_i \left(\sigma_i^2 + \mu_i^2\right)$$
$$\mathrm{Var}\,(X) = \mathrm{E}\left(X^2\right) - (\mathrm{E}\,(X))^2$$
$$= \sum_{i=1}^{k} \theta_i \left(\sigma_i^2 + \mu_i^2\right) - \mu^2$$
$$= \sum_{i=1}^{k} \theta_i \sigma_i^2 + \sum_{i=1}^{k} \theta_i \mu_i^2 - \mu^2$$
$$= \sum_{i=1}^{k} \theta_i \sigma_i^2 + \sum_{i=1}^{k} \theta_i \,(\mu_i - \mu)^2 . \qquad \blacksquare$$

Bei geschichteten Stichproben aus unendlicher Grundgesamtheit spielt die Varianz zwischen den Schichten keine Rolle mehr

Wir betrachten zuerst nur Ziehungen mit Zurücklegen, bzw. Ziehungen aus einer unendlichen Grundgesamtheit.

Mittelwert und Varianz einer reinen Zufallsstichprobe vom Umfang n

Es sei $\{X_1, X_2, \ldots, X_n\}$ eine reine Zufallsstichprobe aus der Grundgesamtheit. Dabei wird die Schichtung der Grundgesamtheit ignoriert. Der Mittelwert dieser reinen Zufallsstichprobe

$$\widehat{\mu}_{\mathrm{Random}} = \frac{1}{n} \sum_{i=1}^{n} X_i$$

ist ist ein erwartungstreuer Schätzer. Nach der Formel für Erwartungswert und Varianz einer Mischverteilung gilt:

$$E\left(\widehat{\mu}_{\text{Random}}\right) = \mu,$$

$$\text{Var}\left(\widehat{\mu}_{\text{Random}}\right) = \frac{1}{n}\left\{\sum_{i=1}^{k}\theta_i\sigma_i^2 + \sum_{i=1}^{k}\theta_i\left(\mu_i - \mu\right)^2\right\}.$$

Wir ziehen nun aus jeder Schicht eine reine Zufallsstichprobe. Dabei ist n_i der Umfang und $\overline{X}_i$ der Mittelwert der i-ten Teil-Stichprobe. Die Ziehung aus verschiedenen Schichten seien unabhängig voneinander. Dann können wir aus den Einzelmittelwerten einen Schätzer des Gesamtmittels bilden:

Mittelwert und Varianz der geschichteten Stichprobe

Unter den oben genannten Voraussetzungen ist das gewogene Mittel der Teilmittelwerte

$$\widehat{\mu}_{\text{Schicht}} = \sum_{i=1}^{k}\theta_i\overline{X}_i.$$

ein erwartungstreuer Schätzer von μ:

$$E\left(\widehat{\mu}_{\text{Schicht}}\right) = \mu.$$

$$\text{Var}\left(\widehat{\mu}_{\text{Schicht}}\right) = \sum_{i=1}^{k}\theta_i^2\frac{\sigma_i^2}{n_i}. \tag{22.1}$$

Beweis Aus der Definition von $\widehat{\mu}_{\text{Schicht}}$ und der Unabhängigkeit der $\overline{X}_i$ folgt

$$E\left(\widehat{\mu}_{\text{Schicht}}\right) = E\left(\sum_{i=1}^{k}\theta_i\overline{X}_i\right)$$

$$= \sum_{i=1}^{k}\theta_i E\left(\overline{X}_i\right) = \sum_{i=1}^{k}\theta_i\mu_i.$$

$$\text{Var}\left(\widehat{\mu}_{\text{Schicht}}\right) = \text{Var}\left(\sum_{i=1}^{k}\theta_i\overline{X}_i\right)$$

$$= \sum_{i=1}^{k}\theta_i^2\,\text{Var}\left(\overline{X}_i\right). \qquad\blacksquare$$

Bei geschichteten Stichproben haben wir noch die Möglichkeit, den Umfang n_i der i-ten Teilstichprobe so festzulegen, dass die die Gesamtvarianz $\text{Var}\left(\widehat{\mu}_{\text{Schicht}}\right)$ möglichst klein wird. Die naheliegenste Wahl ist die **proportional geschichtete Stichprobe**. Hier ist der Stichprobenumfang n_i in der i-ten Schicht proportional zum Anteil θ_i, der Schicht an der Grundgesamtheit:

$$n_i \simeq \theta_i \quad \text{oder gleichwertig} \quad n_i = \theta_i n.$$

Dann ist

$$\widehat{\mu}_{\text{prob}} = \frac{1}{n}\sum_{i=1}^{k}n_i\overline{X}_i.$$

Mittelwert und Varianz der proportional geschichteten Stichprobe

Für die proportional geschichtete Stichprobe gilt:

$$\text{Var}\left(\widehat{\mu}_{\text{prob}}\right) = \frac{1}{n}\sum_{i=1}^{k}\theta_i\sigma_i^2$$

$$= \text{Var}\left(\widehat{\mu}_{\text{random}}\right) - \frac{1}{n}\left\{\sum_{i=1}^{k}\theta_i\left(\mu_i - \mu\right)^2\right\}.$$

Je stärker die Schichtenmittelwerte streuen, um so größer ist demnach der Genauigkeitsgewinn bei der Schichtung gegenüber der reinen Zufallsauswahl.

Beweis Die erste Gleichung folgt mit $n_i = n\theta$ aus:

$$\text{Var}\left(\widehat{\mu}_{\text{prob}}\right) = \sum_{i=1}^{k}\theta_i^2\frac{\sigma_i^2}{n_i} = \frac{1}{n}\sum_{i=1}^{k}\theta_i\sigma_i^2.$$

Die zweite Gleichung folgt durch Vergleich mit der Varianz der reinen Zufallsstichprobe. $\qquad\blacksquare$

Bei der **optimal geschichteten Stichprobe** wird der Stichprobenumfang n_i in der i-ten Schicht so gewählt, dass die Varianz $\text{Var}\left(\widehat{\mu}_{\text{Schicht}}\right)$ minimal wird. Dann gilt:

Mittelwert und Varianz der optimal geschichteten Stichprobe

Bei der optimal geschichteten Stichprobe ist

$$n_i \simeq \theta_i\sigma_i.$$

Bei vorgegebenem Gesamtstichprobenumfang $\sum_{i=1}^{k}n_i = n$ ist

$$n_i = \frac{\theta_i\sigma_i}{\sum\limits_{i=1}^{k}\theta_i\sigma_i}\cdot n. \tag{22.2}$$

Dann ist

$$\text{Var}\left(\widehat{\mu}_{\text{opt}}\right) = \frac{1}{n}\left(\sum_{i=1}^{k}\theta_i\sigma_i\right)^2$$

$$= \text{Var}\left(\widehat{\mu}_{\text{prob}}\right) - \frac{1}{n}\sum_{i=1}^{k}\theta_i\left(\sigma_i - \sum_{i=1}^{k}\theta_i\sigma_i\right)^2.$$

Je stärker die Varianzen streuen, um so günstiger wirkt sich die optimale Schichtung aus.

Beweis Wir fassen die Suche nach den n_i als Minimierungsaufgabe auf und behandeln die n_i als seien sie stetige Variable. Die Lagrange-Funktion der Minimierungsaufgabe sei $L(n_i; \lambda)$.

$$L(n_i; \lambda) = \sum_{i=1}^{k} \theta_i^2 \frac{\sigma_i^2}{n_i} + \lambda \left(\sum_{i=1}^{k} n_i - n \right).$$

Ableitung von $L(n_i; \lambda)$ nach den n_i ergibt:

$$\frac{\partial L(n_i; \lambda)}{\partial n_i} = -\frac{\theta_i^2 \sigma_i^2}{(n_i)^2} + \lambda.$$

Nullsetzen der Ableitung liefert $n_i = -\frac{\theta_i \sigma_i}{\sqrt{\lambda}} \simeq \theta_i \sigma_i$. Aus der Nebenbedingung $\sum_{i=1}^{k} n_i = n$ folgt dann (22.2). Mit der Abkürzung $\bar{\sigma} = \sum_{i=1}^{k} \theta_i \sigma_i$ gilt

$$n_i = \frac{\theta_i \sigma_i}{\bar{\sigma}} n \tag{22.3}$$

Setzt man (22.3) in die Formel für $\mathrm{Var}\left(\widehat{\mu}_{\mathrm{Schicht}}\right)$ ein, erhält man:

$$\begin{aligned}
\mathrm{Var}\left(\widehat{\mu}_{\mathrm{opt}}\right) &= \frac{\bar{\sigma}}{n} \sum_{i=1}^{k} \frac{(\theta_i \sigma_i)^2}{\theta_i \sigma_i} \\
&= \frac{\bar{\sigma}}{n} \sum_{i=1}^{k} (\theta_i \sigma_i) = \frac{\bar{\sigma}^2}{n} \\
&= \frac{1}{n} \left\{ \sum_{i=1}^{k} \theta_i \sigma_i^2 - \sum_{i=1}^{k} \theta_i (\sigma_i - \bar{\sigma})^2 \right\} \\
&= \mathrm{Var}\left(\widehat{\mu}_{\mathrm{prob}}\right) - \frac{1}{n} \sum_{i=1}^{k} \theta_i (\sigma_i - \bar{\sigma})^2 . \quad \blacksquare
\end{aligned}$$

Bei geschichtete Stichproben aus endlicher Grundgesamtheit sind die Ziehungen voneinander abhängig

Bei endlicher Grundgesamtheit treten neue Probleme auf: Erstens kann man aus einer Schicht nicht mehr Elemente herausnehmen als überhaupt in ihr sind und zweitens sind die Ziehungen voneinander nicht mehr unabhängig. Daher hängen die Varianzen der Schätzer in etwas anderer Weise von den Stichprobenumfängen ab.

Es sei N_i der Umfang der i-ten Schicht sei und $N = \sum_{i=1}^{k} N_i$ der Gesamtumfang der Grundgesamtheit. Der Anteil der i-ten Schicht sei

$$\theta_i = \frac{N_i}{N}$$

Dann gilt:

Die geschichtete Stichproben aus endlicher Grundgesamtheit

Das gewogene Mittel der Teilmittelwerte bildet den erwartungstreuen Gesamtschätzer:

$$\widehat{\mu}_{\mathrm{Schicht}} = \sum_{i=1}^{k} \theta_i \overline{X}_i,$$

$$\mathrm{E}\left(\widehat{\mu}_{\mathrm{Schicht}}\right) = \mu$$

Dabei gilt

$$\mathrm{Var}\left(\widehat{\mu}_{\mathrm{Schicht}}\right) = \sum \theta_i^2 \frac{\sigma_i^2}{n_i} \frac{N_i - n_i}{N_i - 1} .$$

Bei einer proportional geschichteten Stichprobe ist der Umfang in der i-ten Schicht $n_i = n\theta_i$. Der optimale Stichprobenumfang in der i-ten Schicht ist

$$n_i \simeq \theta_i \sigma_i \sqrt{\frac{N_i}{N_i - 1}} .$$

Mit der Abkürzung

$$\tau_i^2 = \sigma_i^2 \frac{N_i}{N_i - 1} \text{ und } M = \sum \theta_i \tau_i$$

gilt weiter

$$\mathrm{Var}\left(\widehat{\mu}_{\mathrm{prob}}\right) = \frac{N - n}{Nn} \sum \theta_i \tau_i^2,$$

$$\mathrm{Var}\left(\widehat{\mu}_{\mathrm{opt}}\right) = \frac{N - n}{Nn} \sum \theta_i \tau_i^2 - \frac{1}{n} \sum \theta_i \left[\tau_i - M \right]^2 .$$

Wir verzichten auf die umfangreichen Beweise dieser Aussagen.

Achtung Die Formeln für die Stichprobenumfänge nehmen keine Rücksicht auf die Nebenbedingung $n_i \leq N_i$. Wird diese Bedingung verletzt, sind die angegebenen Werte nur als Näherungen zu verstehen. ◄

Die optimal geschichtete Stichprobe ist nicht notwendig die beste Stichprobe

Probleme bei der praktischen Anwendung geschichteter Stichproben sind:

- Bei der Bestimmung der Stichprobenumfänge n_i bei proportionaler bzw. optimaler Schichtung wurden die n_i wie stetige

Variable behandelt. Da die n_i aber ganzzahlig sind, sind die Zahlen erst noch zu runden.

- Bei einer geschichteten Stichprobe müssen die Anteile θ_i bekannt sein. Bei einer optimal geschichteten Stichprobe müssen darüber hinaus auch die σ_i bekannt sein.
- Bei einer Mehrzweckstichprobe kann eine Schichtung für ein Merkmal optimal, für ein zweites Merkmal aber sehr schlecht sein.
- Bei einem stetigen Merkmal sind meist die Anzahl der Schichten und die Schichtgrenzen nicht vorgegeben. Die Suche nach optimalen Schichten ist nicht trivial.
- Häufig sind nur *Hilfs-Merkmale* zur Schichtabgrenzung vorhanden. Wird nach dem Einkommen gesucht, dann können z. B. PKW-Marke oder das Wohngebiet als Hilfsmerkmale dienen.
- Nachträgliche Schichtungen: Mitunter lässt sich die Schichtstruktur erst nach Erhebung der Stichprobe erkennen. Dann kann die Stichprobe an Hand der an ihr selbst erkannten Schichtung nachträglich geschichtet werden. Dadurch wird aber ein zusätzliches Zufallselement in die Analyse eingebracht. Die dadurch verursachte Zufallsstreuung ist gegen den erzielten Schichtungsgewinn aufzurechen.

Klumpenstichproben und geschichtete Stichproben sind duale Stichprobenverfahren

Klumpenstichproben und geschichtete Stichproben sind sinnvolle Ziehungsverfahren, wenn die Grundgesamtheit entsprechend strukturiert ist.

- Schichtung:
  Die Grundgesamtheit zerfällt in disjunkte, in sich homogene Schichten. Daher genügt im Extremfall ein Element aus jeder Schicht, um ein Bild der Grundgesamtheit zu erhalten.
  - Auswahlprinzip: Jede Schicht wird gewählt. Aus jeder Schicht werden zufällig einige Beobachtungen ausgewählt.
  - Ideale Struktur: Die Schichten sind in sich homogen, untereinander inhomogen
- Klumpen:
  Die Grundgesamtheit zerfällt in disjunkte Teilgesamtheiten, die sogenannten Klumpen, von denen jeder ein kleines Abbild der Grundgesamtheit darstellt.
  - Auswahlprinzip: Ein Klumpen wird zufällig aus allen Klumpen ausgewählt. Alle Elemente des gewählten Klumpens kommen in die Stichprobe.
  - Ideale Struktur: Die Klumpen sind in sich inhomogen, untereinander homogen.

Beispiel Sozialstruktur der Elternschaft der Schüler einer Schule: Jede Schulklasse lässt sich als Klumpen ansehen. Daher genügt die Befragung eines Klumpens, um ein Bild von der Grundgesamtheit zu erhalten, vorausgesetzt, dass sich die Sozialstruktur der Elternschaft im Lauf von etwa 10 Jahren nicht wesentlich ändert. ◄

Beispiel Beim Mikrozensus werden jährlich etwa $1\,\%$ der deutschen Bevölkerung als Stichprobe befragt. Zweck des Mikrozensus ist es, statistische Angaben in tiefer fachlicher Gliederung über die Bevölkerungsstruktur, die wirtschaftliche und soziale Lage der Bevölkerung und der Familien, den Arbeitsmarkt sowie die Gliederung und Ausbildung der Erwerbsbevölkerung bereitzustellen. Der Zensus wird nach den Bundesländern geschichtet. Innerhalb der Bundesländer werden Gemeinden als Klumpenstichproben gezogen, die weiter in geografisch zusammenhängende Teilklumpen untergliedert werden. ◄

22.2 Explizite Konstruktion von Konfidenzbereichen durch Prognosebereiche

Am einfachsten lassen sich Konfidenzbereiche für einen Parameter θ mithilfe von Pivotvariablen konstruieren. Mitunter kann man keine Pivotvariablen finden, dafür aber für jedes θ die Prognoseintervalle bzw Annahmebereichen $A(\theta)$ explizit angeben. Dann wird die Konfidenz-Prognosemenge schichtweise durch die $A(\theta)$ aufgebaut. Wir zeigen dies an Hand der Binomialverteilung.

Es sei $Y \sim B_n(\theta)$, n sei aber so klein, dass die Normalapproximation zu grob ist. Zu jedem θ werden nun natürliche Zahlen $i(\theta)$ und $j(\theta)$ gesucht mit

$$P(i(\theta) \leq Y \leq j(\theta) \,\|\, \theta) \geq 1 - \alpha.$$

Das Intervall $i(\theta) \leq Y \leq j(\theta)$ für Y bei gegebenem θ bildet dann den Prognosebereiche $A(\theta)$ zum Niveau $1 - \alpha$. Da die Verteilung von Y diskret ist, lassen sich nur in Ausnahmefällen Zahlen i und j angeben, für die exakt $P(i(\theta) \leq Y \leq j(\theta)) = 1 - \alpha$ gilt. Daher bleibt man lieber auf der sicheren Seite und wählt $P(i(\theta) \leq Y \leq j(\theta)) \geq 1 - \alpha$.

Bei zweiseitigen Konfidenz-Bereichen sind $i(\theta)$ und $j(\theta)$ durch die Vorgabe von α noch nicht eindeutig bestimmt. Wir betrachten den Fall, wo bei der Verteilung der $B_n(\theta)$ links und rechts symmetrisch maximal $\alpha/2$ abgeschnittenwird. (Pearson-Clopper Intervalle). Dann ist $i(\theta)$ ist die größte Zahl mit

$$P(Y < i(\theta) \,\|\, \theta) \leq \alpha/2,$$
$$P(Y \leq i(\theta) \,\|\, \theta) > \alpha/2.$$

und $j(\theta)$ die kleinste Zahl mit

$$P(Y > j(\theta) \,\|\, \theta) \leq \alpha/2,$$
$$P(Y \geq j(\theta) \,\|\, \theta) > \alpha/2.$$

Für ein Zahlenbeispiel sei $n = 8$, $\alpha = 0.20$ und $\theta = 0.5$. Dann ist

$$P(Y < 2 \parallel \theta = 0.5) = \sum_{i=0}^{1} \binom{8}{i} \theta^i (1-\theta)^{8-i}$$
$$= 0.0351,$$

$$P(Y \leq 2 \parallel \theta = 0.5) = \sum_{i=0}^{2} \binom{8}{i} \theta^i (1-\theta)^{8-i}$$
$$= 0.14453.$$

Infolgedessen ist

$$i(0.5) = 2.$$

Spiegelbildlich dazu ist

$$P(Y > 6 \parallel \theta = 0.5) = \sum_{i=7}^{8} \binom{8}{i} \theta^i (1-\theta)^{8-i}$$
$$= 0.0351,$$

$$P(Y \geq 6 \parallel \theta = 0.5) = \sum_{i=6}^{8} \binom{8}{i} \theta^i (1-\theta)^{8-i}$$
$$= 0.14453$$

Infolgedessen ist

$$j(0.5) = 6.$$

Für ein $\theta = 0.5$ ist daher

$$2 \leq Y \leq 6$$

ein Prognoseintervall zum realisierten Niveau $1 - 2 \cdot 0.0351 = 0.9298$. Gesucht war ein Intervall dessen Niveau nur 0.8 betragen sollte. Diese lässt sich aber unter den genannten Bedingungen, dass bei der Verteilung an beiden „Schwänzen" symmetrisch maximal 10 % abgeschnitten werden dürfen, nicht realisieren. Da Statistiker aber von Amts wegen vorsichtige Leute sind, bleiben sie lieber auf der sicheren Seite und geben lieber eine zu breites, dafür aber sicheres, denn ein schmales aber erheblich unsicheres Intervall an. Das nächst kleinere Intervall

$$3 \leq Y \leq 5$$

hätte nur das Niveau $1 - 2 \cdot 0.14453 = 0.71094$.

Da Y nur ganze Zahlen annehmen kann, besteht die Prognose für Y aus den Werten $Y = 2; 3, 4, 5$ und 6. Die Abb. 22.3 zeigt die prognostizierten Y-Werte für verschieden Werte von θ.

Wie Abb. 22.4 zeigt, lässt sich die punktweise konstruierte Konfidenzprognosemenge $\mathbb{K}$ durch zwei Treppenkurven begrenzen.

Zur Konstruktion von $\mathbb{K}$ genügt es, für jede Beobachtung $Y = i$ nur die oberen Eckpunkte $\theta_{\max}(i)$ der oberen Treppenkurve und den entsprechenden $\theta_{\min}(i)$ der unteren Treppenkurve zu bestimmen. Das Konfidenzintervall für θ bei gegebenen $Y = i$ ist dann

$$\theta_{\min}(i) \leq \theta \leq \theta_{\max}(i).$$

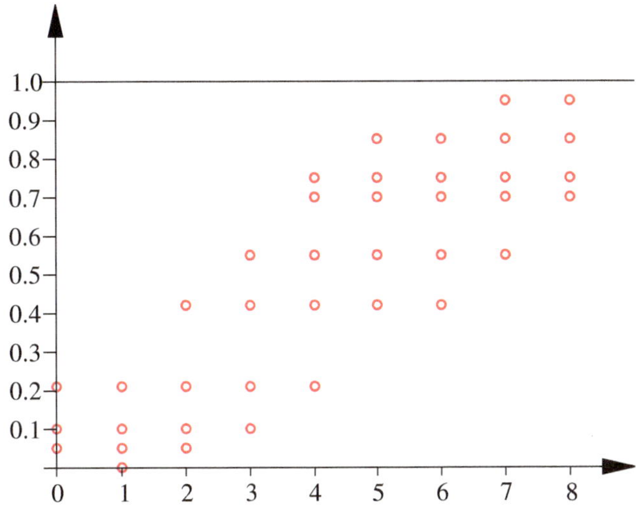

Abb. 22.3 Prognostizierte Y-Werte für ausgewählte Werte von θ

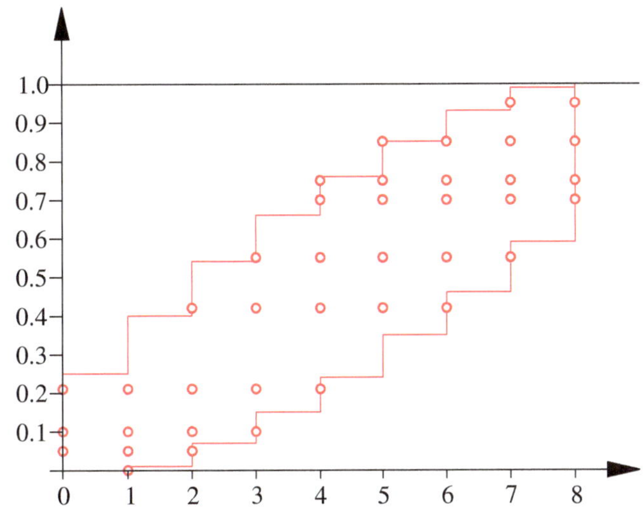

Abb. 22.4 Die berandete Konfidenz-Prognosemenge

Betrachten wir dazu noch einmal den Wert $\theta = 0.5$. Lassen wir θ wachsen, verschiebt sich die Verteilung nach rechts und $P(X \leq 2 \parallel \theta)$ nimmt monoton ab. Im Punkt $\theta = 0.53822$ ist

$$P(Y \leq 2 \parallel \theta = 0.53822) = 0.10$$

Für alle $\theta \leq 0.53822$ gehört $Y = 2$ zum Annahmebereich, für $\theta > 0.53822$ gehört $Y = 2$ nicht mehr dazu. Der Punkt mit den Koordinaten

$$Y = 2 \quad \text{und} \quad \theta = 0.53822$$

bildet einen äußeren Eckpunkt in der linken oberen Begrenzungslinie von $\mathbb{K}$. Daher ist

$$\theta_{\max}(2) = 0.53822.$$

Tab. 22.1 Eckpunkte der Konfidenzprognosemenge

i	0	1	2	3	4	5	6	7	8
$\theta_{\max}(i)$	0.25	0.41	0.54	0.66	0.76	0.85	0.93	0.99	1
$\theta_{\min}(i)$	0	0.01	0.07	0.15	0.24	0.35	0.46	0.59	0.75

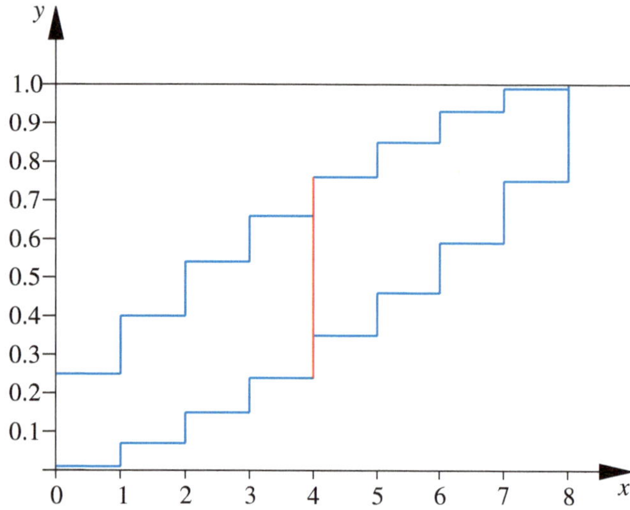

Abb. 22.5 Das Konfidenzintervall für $Y = 4$

Allgemein wird $\theta_{\max}(i)$ definiert durch:

$$P\left(Y \leq i \,\|\, \theta = \theta_{\max}(i)\right) = \sum_{k=0}^{i} \binom{n}{k} \theta^k (1-\theta)^{n-k} = \alpha/2.$$

Am rechten Rand von der Konfidenzprognosemenge gilt entsprechendes: Lassen wir θ abnehmen, so nimmt $P(Y \geq 6 \,\|\, \theta)$ ab. Im Punkt $\theta = 0.46178$ ist

$$P(Y \geq 6 \,\|\, \theta = 0.46178) = 0.10$$

Für alle $\theta \geq 0.46178$ gehört $Y = 6$ zum Annahmebereich, für $\theta < 0.46178$ gehört $Y = 6$ nicht mehr dazu. Der Punkt mit den Koordinaten

$$Y = 6 \quad \text{und} \quad \theta = 0.46178 = \theta_{\min}(6)$$

bildet einen äußeren Eckpunkt in der rechten unteren Begrenzungslinie. Allgemein ist $\theta_{\min}(i)$ definiert durch:

$$P\left(Y \geq i \,\|\, \theta = \theta_{\min}(i)\right) = \sum_{k=i}^{n} \binom{n}{k} \theta^k (1-\theta)^{n-k} = \alpha/2.$$

Tab. 22.1 zeigt die Werte von $\theta_{\max}(i)$ und $\theta_{\min}(i)$ .für $n = 8$ und $\alpha = 0.20$.

Abb. 22.5 zeigt die so gewonnene Konfidenzprognosemenge. Zum Beispiel für $Y = 4$ erhalten wir daraus das Konfidenzintervall: $0.240 \leq \theta \leq 0.760$.

Die Werte $\theta_{\min}(i)$ und $\theta_{\max}(i)$ und lassen sich auch direkt aus der definierenden Gleichung errechnen. Man kann sie auch mithilfe der Quantile der F- oder der Beta-Verteilung errechnen. Wie im Bonusmaterial zu Kap. 39 lassen sich die Verteilungsfunktionen der $F_{B_n(\theta)}$, $F_{\text{Beta}(a\,;b)}$ und $F_{F(m;n)}$ von Binomial-, Beta- und F-Verteilung ineinander umrechnen. Für $\theta_{\max}(i) = \theta$ gilt

$$\begin{aligned}
\alpha/2 &= P(Y \leq i \,\|\, \theta_{\max}) \\
&= F_{B_n(\theta_{\max})}(i) \\
&= F_{\text{Beta}(n-i;i+1)}(1 - \theta_{\max}) \\
&= 1 - F_{F(2(i+1);2(n-i))}\left(\frac{n-i}{i+1}\frac{\theta}{1-\theta}\right).
\end{aligned}$$

Also ist

$$1 - \theta_{\max}$$

das $\alpha/2-$Quantil der Beta $(n - i; i + 1)$ und

$$\frac{n-i}{i+1}\frac{\theta_{\max}}{1-\theta_{\max}}$$

das $1 - \alpha/2-$Quantil der $F(2(i+1); 2(n-i))$.

Die so gefundenen Pearson-Clopper-Konfidenzintervalle haben Vor-und Nachteile.

- Nachteile: Die Intervalle sind konservativ und meist zu groß.
- Vorteile:
  1. Die Intervalle machen den Wechsel der Bezeichnungen mit: Es sei θ die Wahrscheinlichkeit des Erfolges und $\tau = 1 - \theta$ die Wahrscheinlichkeit eines Misserfolges. Es sei $[\theta_1; \theta_2]$ das Konfidenzintervall für θ bei gegebenem X, dann ist $[1 - \theta_2; 1 - \theta_1]$ das Konfidenzintervall für τ bei gegebenem $Y = n - X$.
  2. Die Bereiche sind monoton in n und α. Ist $\mathbb{K}[\alpha, n]$ die Konfidenzprognosemenge in Abhängigkeit von n und α, so gilt

$$\begin{aligned}
\mathbb{K}[\alpha, n] &\subset \mathbb{K}[\alpha', n] \quad \text{für } \alpha' < \alpha \\
\mathbb{K}[\alpha, n] &\subset \mathbb{K}[\alpha, n'] \quad \text{für } n' < n
\end{aligned}$$

  3. Die Pearson-Clopper Konfidenzbereiche sind Intervalle.

Alternative Konstruktionen der Konfidenzbereichen sind zum Beispiel:

- Man verwendet die Annahmebereiche gleichmäßig bester trennscharfer Tests der Hypothese $H_0 : \theta = \theta_0$. Da dies randomisierte Tests liefert, erhält man ebenfalls randomisierte Konfidenzintervalle. Hier besitzen die Parameter nur eine Zugehörigkeitswahrscheinlichkeit zum Konfidenzintervall. Diese Intervalle sind jedoch in der Praxis nicht gebräuchlich.

■ Man sucht nicht die symmetrische Bedingung

$$P(Y < i(\theta) \,\|\, \theta) \leq \alpha/2$$
$$P(Y > j(\theta) \,\|\, \theta) \leq \alpha/2$$

einzuhalten, sondern kumuliert simultan an beiden Rändern die Wahrscheinlichkeiten vom kleinsten beginnend auf, solange bis die Schwelle α erreicht ist. Die so entstehende Konfidenz-Prognosemenge hat minimales Volumen. Sie ist aber nicht monoton in n, α. Außerdem können die Konfidenzbereiche in mehrere disjunkte Intevalle zerfallen.

22.3 Die Bayesianische Entscheidungs- und Schätztheorie

Den Bayesianer erkennt man an seinen Handlungen. Diese erwachsen aus Handlungsstrategien, die nach jeder Beobachtung eine optimale Reaktion vorschreiben. Nach dem Bernoulli-Kriterium ist dabei der Nutzen zu maximieren, bzw. der Schaden zu minimieren. Dies wollen wir nun präzisieren. Dabei knüpfen wir an die Darstellung der subjektiven Wahrscheinlichkeitstheorie in den Abschn. 20.3 und 20.4 in diesem Buch an. Dabei verwenden wir wieder die Formulierung mit Dichten statt mit diskreten Verteilungen.

Es sei θ der wahre Umweltzustand mit der *A-priori*-Verteilung $f_\Theta(\theta)$ und a eine vom handelnden Subjekt gewählte Aktion, dann ist

$$r(a; \theta)$$

der daraus erwachsende Schaden, bzw. $-r(a; \theta)$ der entsprechende Nutzen. Das mit der Aktion a und der Verteilung $f_\Theta(\theta)$ verbundene Risiko ist der Erwartungswert des Verlustes:

$$r(a) = \int r(a; \theta) f_\Theta(\theta) d\theta.$$

Existiert eine Beobachtung Y, die Aufschluss über θ geben kann, so bestimmt die Strategie δ, welche Aktion $\delta(y)$ nach Beobachtung von $Y = y$ zu wählen ist. Besitzt Y die Verteilung $f_{Y|\Theta=\theta}(y)$, so ist das Risiko der Strategie δ

$$r(\delta; \theta) = \int r(\delta(y); \theta) f_{Y|\Theta=\theta}(y)\, dy$$

der Erwartungswert des Verlustes, falls θ der wahre Umweltzustand ist. Nun ist θ unbekannt. θ ist Realisation der Zufallsvariablen Θ. Daher ist $r(\delta; \Theta)$ selbst eine zufällige Größe. Deren Erwartungswert ist das totale Risiko der Strategie δ

$$r(\delta) = \mathrm{E}\left(r(\delta; \Theta)\right)$$
$$= \int r(\delta; \theta)\, f_\Theta(\theta) d\theta$$
$$= \int \left(\int r(\delta(y); \theta) f_{Y|\Theta=\theta}(y)\, dy \right) f_\Theta(\theta) d\theta.$$

Das Bernoulli-Kriterium schreibt vor, diejenige Handlung a, bzw. die Strategie δ zu wählen, die den Verlust $r(a)$ bzw. das Risiko $r(\delta)$ minimiert. Die optimale Strategie δ lässt sich nun lokal bestimmen. Dazu schreiben wir $r(\delta)$ mithilfe des Satzes von Bayes um:

$$r(\delta) = \iint r(\delta(y); \theta) f_{Y|\Theta=\theta}(y)\, f_\Theta(\theta) dy d\theta$$
$$= \iint r(\delta(y); \theta) f_{\Theta|Y=y}(\theta) f_Y(y)\, d\theta dy$$
$$= \int r_{\Theta|Y=y}(\delta(y)) f_Y(y) dy.$$

Dabei ist

$$r_{\Theta|Y=y}(\delta(y)) = \int r(\delta(y); \theta) f_{\Theta|Y=y}(\theta) d\theta$$

das mit der Handlung $\delta(y)$ und der *A-posteriori*-Verteilung $f_{\Theta|Y=y}$ verbundene Risiko. Wird nun für jedes y die jenige Handlung $\delta(y)$ gewählt, die das *A-posteriori*-Risiko $r_{\Theta|Y=y}(\delta(y))$ minimiert, so ist damit die Strategie gefunden, die das totale Risiko minimiert.

Die Bayes Strategie

Die Bayes-optimale Handlung bzw. die Bayes-optimale Strategie minimieren das Risiko. Es ist nicht notwendig, die optimale Strategie δ_{Bayes} global, das heißt gleichzeitig für alle denkbaren $y \in Y$ zu bestimmen. Es genügt, bei gegebenem y, nur lokal die optimale Handlung

$$\delta_{\mathrm{Bayes}}(y) = \operatorname*{argmin}_a r_{\Theta|Y=y}(a).$$

zu finden. Dazu wird zuerst y beobachtet, dann die *A-posteriori*-Verteilung $f_{\Theta|Y=y}$ berechnet und schließlich die Aktion a gewählt, die das lokale Risiko $r_{\Theta|Y=y}(a)$ minimiert.

Eine Parameterschätzung hängt ab von der Verlustfunktion

Übersetzen wir die Begriffe der allgemeinen Entscheidungstheorie auf das Schätzproblem:

θ	Der Umweltzustand θ ist der Wert des unbekannten Parameters.
a	Eine Aktion ist Angabe eines Schätzwertes $\widehat{\theta}$.
δ	Strategien sind Schätzfunktionen $\widehat{\Theta}$.
$r\left(\widehat{\theta}; \theta\right)$	Der Verlust ist die Bewertung des Schätzfehlers.

Weiter sind

$f_\Theta(\theta)$	Die *A-priori*-Verteilung des Parameters θ
$f_{\Theta|Y=y}(\theta)$	Die *A-posteriori*-Verteilung des Parameters θ
$f_{Y|\Theta=\theta}(y)$	Die Likelihood von θ.

Je nach Verlustfunktion erhalten wir andere Bayes-optimale Schätzfunktionen. Betrachten wir zum Beispiel die quadratische Verlustfunktion $r\left(\widehat{\theta};\theta\right) = c\left(\widehat{\theta}-\theta\right)^2$. Hier wächst der Verlust quadratisch mit dem Schätzfehler $\widehat{\theta}-\theta$. Dabei werden Unterschätzungen genau so bestraft wie Überschätzungen. Dann ist

$$r\left(\widehat{\theta}\right) = c\int\left(\widehat{\theta}-\theta\right)^2 f_\Theta(\theta)d\theta,$$

$$r_{\Theta|Y=y}(\widehat{\theta}) = c\int\left(\widehat{\theta}-\theta\right)^2 f_{\Theta|Y=y}(\theta)d\theta.$$

Liegt keine Beobachtung vor und müssen wir – allein gestützt auf unser *A-priori*-Wissen – einen Schätzwert $\widehat{\theta}$ nennen, so ist der Wert a, der das Integral $\int(a-\theta)^2 f_\Theta(\theta)d\theta = \mathrm{E}\left(\Theta-a\right)^2$ minimiert, der optimale Schätzer: $a = \widehat{\theta}$.

Gemäß der Optimalitätseigenschaft des Erwartungswertes wird das Minimum genau dann angenommen, wenn $a = \mathrm{E}(\Theta)$ ist. Ist die relevante Verteilung die *A-posteriori*-Verteilung, so ist der Erwartungswert bezüglich dieser Verteilung zu nehmen. Analog gehen wir bei anderen Verlustfunktionen vor:

Bayes-optimale Parameterschätzer

Bei einer quadratischen Verlustfunktion

$$r(a;\theta) = c(a-\theta)^2.$$

ist bei fehlenden Beobachtungen der optimale Schätzer für θ der Erwartungswert der *A-priori*-Verteilung

$$\widehat{\theta}_{\mathrm{prior}} = \mathrm{E}(\Theta) = \int f_\Theta(\theta)d\theta.$$

Bei gegebenem y ist der optimale Schätzer für θ der Erwartungswert der *A-posteriori*-Verteilung von Θ

$$\widehat{\theta}_{\mathrm{posterior}} = \mathrm{E}(\Theta\mid Y=y) = \int f_{\Theta|Y=y}(\theta)\,d\theta.$$

Ist die Verlustfunktion der Absolutbetrag des Schätzfehlers

$$r(a;\theta) = \gamma\,|a-\Theta|,$$

dann ist bei fehlenden Beobachtungen der optimale Schätzung $\widehat{\theta}_{\mathrm{prior}}$ der Median der *A-priori*-Verteilung bzw. bei gegebenem y ist $\widehat{\theta}_{\mathrm{posterior}}$ der Median der *A-posteriori*-Verteilung von Θ. Bei einer quasikonstanten oder binären Verlustfunktion

$$r(a;\theta) = c\begin{cases}1 & \text{falls } a\neq\theta,\\ 0 & \text{falls } a=\theta.\end{cases}$$

ist $\widehat{\theta}_{\mathrm{prior}}$ der Modus der *A-priori*-Verteilung bei fehlenden Beobachtungen bzw. $\widehat{\theta}_{\mathrm{posterior}}$ der Modus der *A-posteriori*-Verteilung von Θ bei gegebenem y.

Beispiel Es sei $Y \sim N\left(\theta;\sigma^2\right)$ verteilt. Für θ liege eine Normalverteilung als *A-priori*-Verteilung vor $\Theta \sim N\left(\mu;\delta^2\right)$. Nach Beobachtung von $Y = y$ soll θ geschätzt werden. Wie im Abschn. 20.4 gezeigt wurde, ist die die *A-posteriori*-Verteilung von Θ gegeben durch

$$\Theta\mid y \sim N\left(\vartheta;\tau^2\right).$$

Dabei ist

$$\vartheta = \frac{y/\sigma^2 + \mu/\delta^2}{1/\sigma^2 + 1/\delta^2}.$$

Bei der Normalverteilung stimmen Modus, Median und Erwartungswert überein. Daher erhalten wir als Bayes-Schätzer von θ bei allen drei Verlustfunktionen den Erwartungswert der *A-posteriori*-Verteilung nämlich

$$\widehat{\theta}_{\mathrm{posterior}} = \frac{y/\sigma^2 + \mu/\delta^2}{1/\sigma^2 + 1/\delta^2}.$$

Der Schätzer ist ein gewogenes Mittel aus Beobachtung y und *A-priori*-Wissen μ. Dabei wird beides mit der jeweilig geltenden Präzision gewichtet. ◄

Bayesianische Schätzungen brauchen den Vergleich mit dem Maximum-Likelihood-Schätzer nicht zu scheuen

Es ist interessant, den Maximum-Likelihood-Schätzer mit dem Bayesschätzer bei binärer Verlustfunktion zu vergleichen. Nach dem Satz von Bayes ist $f_{\Theta|Y=y}(\theta) \simeq f_{\Theta|Y=y}(\theta)f_\Theta(\theta)$ oder weniger formal:

$$\textit{A-posteriori}\text{-Dichte} \simeq \text{Likelihood}\cdot\textit{A-priori}\text{-Dichte}$$

Der ML-Schätzer maximiert nur die Likelihood $f_{\Theta|Y=y}(\theta)$, der Subjektivist maximiert das Produkt $f_{\Theta|Y=y}(\theta)f_\Theta(\theta)$. Sie kommen zum gleichen Schätzer, $\widehat{\theta}_{\mathrm{ML}} = \widehat{\theta}_{\mathrm{Bayes}}$, falls die *A-priori*-Verteilung $f_\Theta(\theta)$ konstant ist. In diesem Fall würde der Bayesianer sagen: A priori ist kein Parameterwert vor dem anderen ausgezeichnet, es gibt kein verwertbares Vorwissen. Er wird also dem Objektivisten vorwerfen, dass sein ML-Schätzer jedes Vorwissen ignoriert.

Betrachten wir etwas ausführlicher die Schätzung eines Anteils oder einer Wahrscheinlichkeit θ bei einer quadratischen Verlustfunktion. Es werden n unabhängige Versuche durchgeführt. Y ist die Anzahl der Erfolge. Es wurde $Y = y$ beobachtet. Wie groß ist θ? Der Objektivist schließt: Y ist Binomialverteilt. $Y \sim B_n\left(\theta\right)$. Der Maximum-Likelihoodschätzer für θ bei Beobachtung von $Y = y$ ist

$$\widehat{\theta}_{\mathrm{ML}} = \frac{y}{n}.$$

Der Bayesianer fasst sein Vorwissen über θ in einer Betaverteilung Beta$(a; b)$ als *A-priori*-Verteilung für Θ formuliert. Wie im Beispiel auf S. 231 gezeigt, ist die *A-posteriori*-Verteilung für Θ eine Betaverteilung Beta$(y + a; n - y + b)$. Der Erwartungswert der Beta$(a; b)$ ist $\frac{a}{a+b}$. Liegen noch keine Beobachtungen vor, so ist $\widehat{\theta}_{\text{prior}}$ der Erwartungswert der Beta $(a; b)$, also

$$\widehat{\theta}_{\text{prior}} = \frac{a}{a + b}.$$

Liegt die Beobachtung y vor, so ist $\widehat{\theta}_{\text{posterior}}$ der Erwartungswert der $B(y + a; n - y + b)$, also

$$\widehat{\theta}_{\text{posterior}} = \frac{a + y}{a + b + n}.$$

Im objektivistischen Sinne wirkt sich das Vorwissen aus, als läge aus der Vergangenheit ein fiktives Experiment mit

$$m = a + b$$

Versuchen vor, bei dem a Erfolge beobachtet wurden. Anschließend wären beide Stichproben zusammengefasst worden und aus der Gesamtstichprobe wird $\widehat{\theta}_{\text{ML}}$ geschätzt. $\widehat{\theta}_{\text{posterior}}$ lässt sich als das gewogene Mittel aus $\widehat{\theta}_{\text{ML}}$ und $\widehat{\theta}_{\text{prior}}$ darstellen:

$$\widehat{\theta}_{\text{posterior}} = \frac{a + y}{m + n} = \frac{m\frac{a}{m} + n\frac{y}{n}}{m + n}$$
$$= \frac{m\,\widehat{\theta}_{\text{prior}} + n\,\widehat{\theta}_{\text{ML}}}{m + n}.$$

Die Gewichte sind der reale bzw. fiktive Stichprobenumfang.

Wir wollen nun die Bayesianische Herkunft von $\widehat{\theta}_{\text{posterior}}$ vergessen und $\widehat{\theta}_{\text{posterior}}$ allein nach seinen statistischen Güteeigenschaften im objektivistischen Sinn beurteilen. Dabei betrachten wir $\widehat{\theta}_{\text{prior}} = \frac{a}{a+b}$ als eine Konstante.

- Der **Bias**: Unter der objektivistischen Voraussetzung, nämlich $Y \sim B_n(\theta)$ gilt:

$$\mathrm{E}\left(\widehat{\theta}_{\text{posterior}}\right) = \mathrm{E}\left(\frac{a + Y}{m + n}\right)$$
$$= \frac{a + n\theta}{m + n}$$
$$= \frac{m}{m + n}\theta_{\text{prior}} + \frac{n}{m + n}\theta.$$

Daher ist der Bias

$$\mathrm{E}\left(\widehat{\theta}_{\text{posterior}}\right) - \theta = \frac{m}{m + n}\left(\theta_{\text{prior}} - \theta\right).$$

Je geringer $|\theta_{\text{prior}} - \theta|$, je genauer also das Vorwissen, um so geringer ist der Bias.

- Die **mittlere quadratische Abweichung**, der **Mean Square Error MSE**: Die Varianz von $\widehat{\theta}_{\text{posterior}}$ ist:

$$\mathrm{Var}\left(\widehat{\theta}_{\text{posterior}}\right) = \mathrm{Var}\left(\frac{a + Y}{m + n}\right) = \frac{n}{(m + n)^2}\theta\left(1 - \theta\right).$$

Damit ist der Mean Square Error für $\widehat{\theta}_{\text{posterior}}$ und $\widehat{\theta}_{\text{ML}}$:

$$\mathrm{MSE}\left(\widehat{\theta}_{\text{posterior}}\right) = \mathrm{Var}\left(\widehat{\theta}_{\text{posterior}}\right)$$
$$+ \left(\mathrm{E}\left(\widehat{\theta}_{\text{posterior}}\right) - \theta\right)^2$$
$$= \frac{n\theta\left(1 - \theta\right)}{(m + n)^2} + \frac{m^2\left(\theta_{\text{prior}} - \theta\right)^2}{(m + n)^2}.$$
$$\mathrm{MSE}\left(\widehat{\theta}_{\text{ML}}\right) = \frac{1}{n}\theta\left(1 - \theta\right).$$

Ist θ nahe bei null oder eins, so ist $\widehat{\theta}_{\text{ML}}$ auf grund der dann minimalen Varianz nicht zu schlagen. Ist θ nahe bei 0.5 und ist das aprori Wissen nicht zu ungenau, so ist $\mathrm{MSE}\left(\widehat{\theta}_{\text{posterior}}\right) < \mathrm{MSE}\left(\widehat{\theta}_{\text{ML}}\right)$.

Beispiel In der Krebstherapie wird ein Standardverfahren mit einem neuen Medikament M verglichen. $n = 10$ Patienten werden mit M behandelt. Bei $y = 3$ Patienten trat eine Verbesserung ein. Wie groß ist θ, die Wahrscheinlichkeit, dass das neue Medikament M nützt? Der Objektivist stützt sich allein auf die Likelihood $L(\theta) = \theta^3(1 - \theta)^7$ und schätzt $\widehat{\theta}_{\text{ML}} = \frac{y}{n} = \frac{3}{10} = 0.3$.

Ein an der Studie arbeitende Subjektivist, hielt es *a priori* für ebenso hoch unwahrscheinlich, dass M fast sicher nützt bzw. fast sicher schadet. Er hält alle Werte im mittleren Bereich für mehr oder weniger gleichwahrscheinlich und verwendet als Prior für θ eine Beta $(2; 2)$-Verteilung. Dann ist $m = a + b = 4$ und $\widehat{\theta}_{\text{prior}} = 0.5$.

Seine *A-posteriori*-Dichte ist nach der Beobachtung eine Beta $(5; 9)$. Er schätzt θ etwas positiver ein als sein objektivistischer Kollege

$$\widehat{\theta}_{\text{posterior}} = \frac{y + a}{n + m} = \frac{5}{14} = 0.36.$$

Abb. 22.6 zeigt die *A-priori*- und die *A-posteriori*-Dichte sowie die Likelihood. Weiter gilt

$$\mathrm{MSE}\left(\widehat{\theta}_{\text{posterior}}\right) = \frac{10}{14^2}\theta\left(1 - \theta\right) + \frac{4^2}{14^2}\left(0.5 - \theta\right)^2,$$
$$\mathrm{MSE}\left(\widehat{\theta}_{\text{ML}}\right) = \frac{1}{10}\theta\left(1 - \theta\right).$$

Abb. 22.7 zeigt $\mathrm{MSE}\left(\widehat{\theta}_{\text{posterior}}\right)$ und $\mathrm{MSEA}\left(\widehat{\theta}_{\text{ML}}\right)$ als Funktion des wahren unbekannten θ. Für $0.2 \leq \theta \leq 0.6$ hat $\widehat{\theta}_{\text{posterior}}$ eine kleinere MSE als $\widehat{\theta}_{\text{ML}}$. ◄

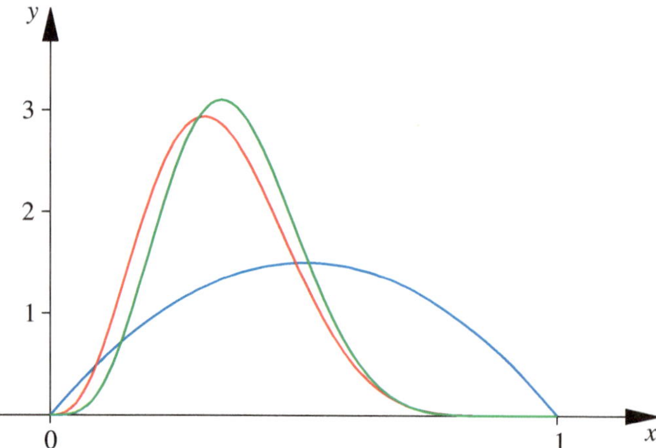

Abb. 22.6 Die *A-priori*-Dichte (blau), die Likelihood (rot) und die *A-posteriori*-Dichte (grün)

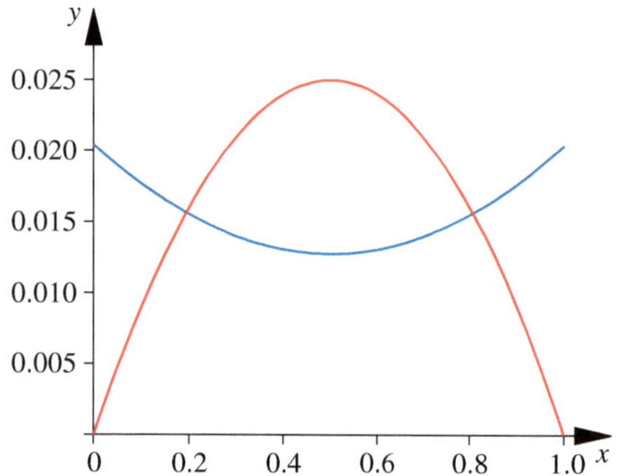

Abb. 22.7 Die mittlere quadratische Abweichung von $\hat{\theta}_{\text{post}}$ und $\hat{\theta}_{\text{ML}}$ als Funktion von θ

22.4 Mathematische Testtheorie

Bei den bislang betrachteten Tests lag eine einfache Strategie vor: Liegt y im Annahmebereich, so wird H_0 angenommen, liegt y nicht im Annahmebereich, so wird H_0 abgelehnt. Dabei war nur die Einhaltung des Signifikanzniveaus gefordert.

Vor allem bei diskreten Verteilungen lässt sich das vorgegebenen Signifikanzniveau meist nicht einhalten. Der Wunsch, ein vorgegebenes Signifikanzniveau voll auszuschöpfen, führt zu verallgemeinerten Tests.

Der verallgemeinerte Test ist durch seine Ablehnwahrscheinlichkeit definiert

Bei verallgemeinerten Tests lassen wir jede Strategie zu, die das Signifikanzniveaus einhält und letztendlich zu einer Annahme oder Ablehnung von H_0 führt. Das einfachste Beispiel eines verallgemeinerten Tests ist der triviale Test:

Beispiel Beim trivialen Test zum Signifikanzniveau $\alpha = 5\,\%$ wird – ohne Berücksichtigung der Beobachtung y – die Entscheidung von der Ziehung einer Kugel abhängig gemacht: In einer Urne mit 100 Kugeln sind 95 rot und 5 grün. Aus der gut gemischten Urne wird zufällig eine Kugel gezogen. Ist sie rot, wird H_0 angenommen. Ist sie grün, wird H_0 abgelehnt. Analog wird der triviale Test zum Niveau α durchgeführt. Er hält das Niveau α, denn die Wahrscheinlichkeit, dass eine richtige Nullhypothese fälschlicherweise abgelehnt wird, ist genau α. ◄

Der triviale Test ist nicht mehr durch Annahmebereich oder Ablehnbereich definiert, sondern durch die Wahrscheinlichkeit $\psi\,(y)$, mit der H_0 abgelehnt wird, bzw. mit der die Entscheidung zugunsten von H_1 fällt.

$$\psi\,(y) = P\,(H_1 \mid y)\,.$$

Beim trivialen Test ist die Ablehnwahrscheinlichkeit $\psi\,(y)$ konstant gleich α. Triviale Test lassen sich immer konstruieren. Mitunter sind sie, wie das folgende Beispiel zeigt, – bei ungeeigneter Wahl der Hypothesen – die einzig möglichen Tests.

Beispiel Wir suchen einen Test ψ zum Niveau α der zusammengesetzten Nullypothese

$$H_0 : \theta \neq 0,$$

gegen die einfache Alternative

$$H_1 : \theta = 0.$$

Für alle $\theta \neq 0$ muss $g_\psi\,(\theta) \leq \alpha$ sein. Angenommen die Gütefunktion $g_\psi\,(\theta)$ des Tests hänge stetig von θ ab. Dann muss aber auch $g_\psi\,(0) \leq \alpha$ sein. Kein Test ψ ist daher besser als der triviale Test, dessen Gütefunktion die Konstante α ist. ◄

Bei verallgemeinerten oder randomisierten Tests wird nach der Beobachtung von $Y = y$ ein Zusatzexperiment Z zwischengeschaltet: Z kann die Werte 0 oder 1 annehmen. Die Entscheidung des Tests fällt gemäß dem Ergebnis des Zusatzexperiment Z:

$$Z = \begin{cases} 1 \leftrightarrow \text{Ablehnung} \leftrightarrow \text{endgültige Entscheidung}: H_1, \\ 0 \leftrightarrow \text{Annahme} \leftrightarrow \text{endgültige Entscheidung}: H_0. \end{cases}$$

Die Wahrscheinlichkeitsverteilung von Z hängt ab vom beobachteten y:

$$P\,(Z = 1 \mid y) = P\,(H_1 \mid y) = \psi\,(y)\,.$$

H_1 wird also – bei beobachtetem y – mit der Wahrscheinlichkeit $\psi\,(y)$ abgelehnt. Der *verallgemeinerte* Test wird demnach nicht mehr über Annahme- oder Ablehnbereich definiert sondern über seine Ablehnwahrscheinlichkeit $\psi(y)$. Beim nichtrandomisierten Test ist

$$\psi(y) = \begin{cases} 1, & \text{genau dann, wenn } y \in \text{Kritische Region.} \\ 0, & \text{genau dann, wenn } y \in \text{Annahmebereich.} \end{cases}$$

Die Gütefunktion des Tests ψ ist totale Wahrscheinlichkeit der Entscheidung „H_1":

$$g_\psi(\theta) = P_\theta(H_1) = \mathrm{E}(\psi(Y)). \tag{22.4}$$

ψ ist ein verallgemeinerter Test zum Niveau α, falls gilt

$$g_\psi(\theta) \le \mathrm{E}(\psi(Y)) \le \alpha \ \text{für alle } \theta \in \Theta_0.$$

Der Likelihood-Quotiententest ordnet die Beobachtungen danach, wie stark sie für die Alternativhypothese sprechen

Auf der Suche nach optimalen Tests beginnen wir mit der einfachsten Fragestellung. Wir betrachten nur zwei Parameterwerte θ_0 und θ_1 und suchen für den Test der einfachen Hypothese $H_0 : \theta = \theta_0$ gegen die einfache Alternative $H_1 : \theta = \theta_1$ eine optimale Testfunktion $\psi(y)$, so dass gilt

$$g_\psi(\theta_0) \le \alpha,$$
$$g_\psi(\theta_1) = \text{Maximum}.$$

Wir betrachten also nur zwei konkurrierende Verteilungen, die wir der Einfachheit halber nur in der stetigen Variante mit Dichten beschreiben wollen, bei diskreten Verteilungen sind die Bezeichnungen sinngemäß zu ändern. (Wir können uns auch auf das Lemma von Radon-Nikodym berufen, das uns mit einem erweiterten Dichtebegriff erlaubt, allen hier auftretenden Zufallsvariablen geeignete Dichten zuzuordnen.)

Unter H_0 habe die Zufallsvariable Y die Dichte $f(y \| \theta_0)$ und unter H_1 die Dichte $f(y \| \theta_1)$. Um nun aufgrund von y zwischen H_0 und H_1 zu unterscheiden, ordnen wie die Beobachtungen an Hand des Likelihood-Quotienten

$$\mathrm{LQ}(y) = \frac{f_1(y)}{f_0(y)}$$

danach, wie stark sie für H_1 sprechen. Der Likelihood-Quotiententest gibt sich zwei Zahlen $\kappa > 0$ und $0 \le \gamma \le 1$ vor und entscheidet wie folgt:

$$\psi(y) = \begin{cases} 0 & \text{falls } \mathrm{LQ}(y) < \kappa \\ \gamma & \text{falls } \mathrm{LQ}(y) = \kappa \\ 1 & \text{falls } \mathrm{LQ}(y) > \kappa \end{cases}$$

Das Niveau des Likelihood-Quotiententest ist

$$\alpha = \int\limits_{\mathrm{LQ}(y)>\kappa} f_0(y)\,dy + \gamma \int\limits_{\mathrm{LQ}(y)=\kappa} f_0(y)\,dy.$$

Der Bereich $\psi(y) = 0$ kennzeichnet den Annahmebereich, der Bereich $\psi(y) = 1$ kennzeichnet die kritische Region, nur im Bereich $\psi(y) = \gamma$ wird randomisiert.

Das Lemma von Neyman-Pearson sagt aus. dass jeder Likelihood-Quotiententest der eindeutig bestimmte beste Test zu seinem Niveau ist und dass zu jedem vorgegebenen Niveau ein Likelihood-Quotiententest existiert. Dieses Lemma bildet das Fundament der mathematischen Testtheorie.

Das Lemma von Neyman-Pearson

Der optimale Test der einfachen Hypothese $H_0 : \theta = \theta_0$ gegen die einfache Alternative $H_1 : \theta = \theta_1$ ist eindeutig bestimmt. Ist $\mathrm{LQ}(y) = \frac{f_1(y)}{f_0(y)}$ der Likelihoodquotient der beiden Dichten, dann hat $\psi(y)$ die Gestalt:

$$\psi(y) = \begin{cases} 0 & \text{falls } \mathrm{LQ}(y) < \kappa \\ \gamma & \text{falls } \mathrm{LQ}(y) = \kappa \\ 1 & \text{falls } \mathrm{LQ}(y) > \kappa \end{cases}$$

Die kritische Schwelle κ und die Randomisierungskonstante γ sind so zu wählen, dass der Test gerade das vorgeschriebene Niveau α hält:

$$g_\psi(\theta_0) = \alpha.$$

Für jeden anderen Test ϕ zum Niveau α gilt $g_\phi(\theta_1) < g_\psi(\theta_1)$. Zum Beispiel ist bei diskretem Y die Randomisierungskonstante γ auf dem Rand der kritischen Region so zu wählen, dass gilt:

$$\sum_i \psi(y_i)f_0(y_i) = \gamma \sum_{\frac{f_1(y_i)}{f_0(y_i)}=\kappa} f_0(y_i) + \sum_{\frac{f_1(y_i)}{f_0(y_i)}>\kappa} f_0(y_i) = \alpha.$$

Das Lemma ist grundlegend für mathematische Testtheorie. Wir werden zwei Beweise des Lemmas vorstellen, einen empirisch heuristischen und einen formalen Beweis.

Vor ab drei Bemerkungen:

- Beim optimale Test ψ werden die Beobachtungen nach der Größe des Likelihood-Quotienten und damit nach der relativen Plausibilität von H_1 verglichen mit der von H_0 geordnet.
- Ein Wert y kommt nicht dann in den Annahmebereich, wenn bei y der Parameter θ_0 plausibler ist als θ_1. Sondern es gilt: Wenn man sich einmal bei einem y für θ_0 entschieden, dann auch bei allen andern y', bei denen θ_0 noch plausibler ist als bei y.
- Der Likelihood-Quotient ist die *Waage*, mit der die Beobachtungen danach geordnet werden, wie weit sie für θ_0 sprechen. Aus der Wahrscheinlichkeit für den Fehler erster Art wird dann die Schwelle κ berechnet, welche zwischen *schwer* (sprich θ_0) und *leicht* (sprich θ_1) trennt.

Ein empirisch-heuristischer Beweis des Lemmas von Neyman-Pearson

Dazu betrachten wir den Test als Aufgabe, zu einem vorgegebenen festen Budget einen optimalen Warenkorb einzukaufen. Dabei haben alle Waren unterschiedliche Preise und unterschiedliche Nutzen oder Werte. Von jeder Warensorte darf aber höchstens die Menge 1 eingekauft werden. Im Einzelnen sei:

α	Zur Verfügung stehende Geldsumme, das *Budget*.
y_i	Die *i*-te Warensorte.
$f_0(y_i)$	Der *Preis* einer Einheit von Ware *i*.
$f_1(y_i)$	Der *Wert* einer Einheit von Ware *i*.
$\psi(y_i)$	Die von Typ *i* gekaufte Menge: $0 \le \psi(y_i) \le 1$.
$\sum_i \psi(y_i)f_0(y_i)$	Die insgesamt ausgegebene Geldsumme.
$\sum_i \psi(y_i)f_1(y_i)$	Der insgesamt eingekaufte Warenwert.

Die Aufgabe heißt: Maximiere den Gesamtwert der eingekauften Waren, aber gib maximal α Geldeinheiten aus.

Die naheliegende Lösung ist: Ordne die Waren nach ihrem Preisleistungsverhältnis $\frac{f_1(y)}{f_0(y)}$. Kaufe zuerst die Ware mit dem günstigsten Preisleistungsverhältnis vollständig auf. Wenn dann noch Geld übrig ist, kaufe die nächst günstige Ware. Und so fort. Wenn zum Schluss das Geld nicht mehr reicht, um von der zuletzt zu kaufenden Waren alles zu kaufen, kauf nur soviel du noch bezahlen kannst. Die Regel lautet daher:

$$\frac{f_1(y_i)}{f_0(y_i)} \begin{cases} > \kappa \to \text{Kaufe alles.} & \psi(y_i) = 1. \\ = \kappa \to \text{Kaufe so weit das} & \psi(y_i) = \gamma. \\ \text{restliche Geld reicht.} \\ < \kappa \to \text{Kaufe nichts mehr.} & \psi(y_i) = 0. \end{cases}$$

Dabei ist sind ψ und κ so zu wählen, dass gerade die bereitgestellte Geldsumme α ausgegeben wird.

Ein formaler Beweis des Lemmas von Neyman-Pearson

Beweis Sei $\kappa > 0$ und $0 \le \gamma \le 1$ beliebig gewählt. Weiter seien die Bereiche Bereiche A (Annahmebereich), R (Randomisierungszone) und K (kritische Region) wie folgt definiert.

$\text{LQ}(y) = \frac{f_1}{f_0}$	A	R	K
	$< \kappa$	$= \kappa$	$> \kappa$

Der Likelihood-Quotiententest ψ sei definiert durch

$$\psi = \psi(y) = \begin{cases} 0 & \text{falls } y \in A, \\ \gamma & \text{falls } y \in R, \\ 1 & \text{falls } y \in K. \end{cases} \tag{22.5}$$

Das Niveau des eben definierten Likelihood-Quotiententests ist

$$\beta = \int \psi(y)f(y)\,\mathrm{d}y$$

Weiter ist

$$m = [f_1 - \kappa f_0]_+ \ge 0$$

der Mehrwert von f_1 über κf_0. Dann gilt nach Konstruktion:

	$y \in A$	$y \in R$	$y \in K$
$f_1 - \kappa f_0$	< 0	$= 0$	m
m	$= 0$	$= 0$	m
ψ	$= 0$	$= \gamma$	$= 1$
ψm	$= 0$	$= 0$	m

Damit gilt:

$$f_1 - \kappa f_0 - m \le 0, \tag{22.6}$$
$$\psi(f_1 - \kappa f_0 - m) = 0. \tag{22.7}$$

Zur Vereinfachung der Schreibweise lassen wir im weiteren bei $\psi(y)$ das Argument y und bei Integralen $\int \psi f dy$ das Differential dy weg. Sei nun ϕ ein beliebiger Test zum Niveau $\beta' = \int \phi f_0 \le \beta$. Dann gilt wegen (22.6):

$$\int \phi f_1 \le \int \phi \kappa f_0 + m$$
$$= \kappa \int \phi f_0 + \int_K \phi m$$
$$\le \kappa \beta + \int_K m. \tag{22.8}$$

Damit ist $\kappa \beta + \int m$ eine obere Schranke für die Gütefunktion an der Stelle f_1. Für den in (22.5) definierten Test ψ gilt aber wegen (22.7):

$$\int \psi f_1 = \int \psi(\kappa f_0 + m)$$
$$= \kappa \int \psi f_0 + \int_K \psi m$$
$$= \kappa \beta + \int_K m.$$

ψ erreicht diese obere Schranke. Also ist

$$\int \phi f_1 \le \int \psi f_1.$$

Es sei nun ψ^* ein anderer Test, für den ebenfalls

$$\int \psi f_1 = \int \psi^* f_1 = \beta$$

gilt. Dann muss in (22.8) überall das Gleichheitszeichen stehen. Das bedeutet:

$$\int \psi^* f_1 = \int \psi^* \left(\kappa f_0 + m \right),$$

$$\int_K \psi^* m = \int_K m.$$

oder

$$\int \psi^* \left(\kappa f_0 + m - f_1 \right) = 0,$$

$$\int_K \left(1 - \psi^* \right) m = 0.$$

Da die Integranden nicht negativ sind, folgt.

$$\psi^* \left(f_1 - \left(\kappa f_0 + m \right) \right) = 0.$$
$$\left(1 - \psi^* \right) m = 0.$$

Also

$$\psi^* = \begin{cases} 0 & \text{falls } \kappa f_0 + m - f_1 > 0 \quad \Longleftrightarrow \quad y \in A \\ 1 & \text{falls } m > 0 \quad \Longleftrightarrow \quad y \in K \end{cases}$$

Also ist jeder Likelihood-Quotiententest der optimale Test zu seinem Niveau. Es bleibt nur noch zu zeigen, dass zu jedem vorgegebenem Niveau α ein Likelihood-Quotiententest existiert. Nach Definition fällt A monoton mit κ und dementsprechend sinkt $\int_A f_0$ monoton mit κ. Sei nun κ der größte Wert mit $\int_A f_0 = \int_{\frac{f_1}{f_0} > \kappa} f_0 = \alpha_1 \leq \alpha$ aber $\int_{\frac{f_1}{f_0} \geq \kappa} f_0 = \alpha_2 > \kappa$. Dann ist $\int_{\frac{f_1}{f_0} = \kappa} f_0 = \alpha_2 - \alpha$. Setze $\gamma = \frac{\alpha - \alpha_1}{\alpha_2 - \alpha_1}$. Dann gilt für den Likelihood-Quotiententest mit den so gefundenen Werte κ und γ gerade

$$\int \psi f_0 = \int_{\frac{f_1}{f_0} > \kappa} f_0 + \gamma \int_{\frac{f_1}{f_0} = \kappa} f_0$$
$$= \alpha_1 + \frac{\alpha - \alpha_1}{\alpha_2 - \alpha_1} \left(\alpha_2 - \alpha \right) = \alpha. \qquad \blacksquare$$

Beispiel Sei $Y \sim \mathrm{N}\left(\mu; \sigma^2 \right)$. Es sei σ bekannt. Wir testen $H_0 : \mu = \mu_0$ gegen $H_1 : \mu = \mu_1$. Dabei sei $\mu_1 > \mu_0$. Dann ist

$$\frac{f_1(y)}{f_0(y)} = \frac{\exp\left(-\frac{(y - \mu_1)^2}{2\sigma^2} \right)}{\exp\left(-\frac{(y - \mu_0)^2}{2\sigma^2} \right)}$$

$$= \exp\left(\frac{1}{2\sigma^2} \left(2y(\mu_1 - \mu_0) + \mu_0^2 - \mu_1^2 \right) \right)$$

$$= \exp\left(-\frac{\mu_1^2 - \mu_0^2}{2\sigma^2} \right) \exp\left(\frac{\mu_1 - \mu_0}{\sigma^2} y \right).$$

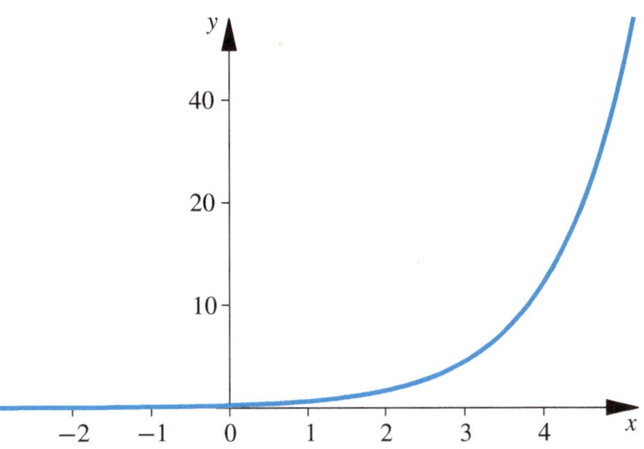

Abb. 22.8 Der Likelihoodquotient $\frac{f_1(y)}{f_0(y)} = e^{y - 1.5}$

Der Likelihood-Quotient hat also die Gestalt $\frac{f_1(y)}{f_0(y)} = a \exp(by)$, dabei sind $a = e^{-\frac{\mu_1^2 - \mu_0^2}{2\sigma^2}} > 0$ und $b = \frac{\mu_1 - \mu_0}{\sigma^2} > 0$. Demnach ist $\frac{f_1(y)}{f_0(y)}$ eine monoton wachsende Funktion von y. Zum Beispiel ist für $\sigma = 1$, $\mu_0 = 1$, $\mu_1 = 2$,

$$\frac{f_1(y)}{f_0(y)} = e^{y - 1.5}.$$

Siehe Abb. 22.8.

Also kommen die großen y-Werte in die kritische Region und die kleinen in den Annahmebereich. Die Grenze zwischen großen und kleinen y bildet die Schwellen τ mit

$$\text{Annahmebereich:} \quad y \leq \tau.$$
$$\text{Kritische Region:} \quad y > \tau.$$

Dabei ist τ so zu wählen, dass der Test das Signifikanzniveau α einhält:

$$1 - \alpha = P\left(Y \leq \tau \mid \mu_0 \right) = P\left(Y^* \leq \tau^* \right) = \Phi\left(\tau^* \right).$$

Also ist $\tau^* = \tau^*_{1-\alpha}$ das obere α-Quantil der Standordnormalverteilung und damit ist

$$\tau = \mu_0 + \tau^*_{1-\alpha} \sigma.$$

Eine Randomisierung ist nicht nötig, da mit dem Annahmebereich das Niveau α vollständig ausgeschöpft wird.

Wäre $\mu_1 < \mu_0$, so hätte sich Kritische Region und Annahmeberich spiegelbildlich zu μ_0 vertauscht. ◄

In diesem Beispiel hängt der Schwellenwert τ und damit Annahmebereich und kritische Region damit überhaupt nicht von μ_1 ab. Es wir einzig benutzt, dass $\mu_1 > \mu_0$ ist. Dass die kritische Region auch beim Test auf einen Lageparameter sehr wohl vom expliziten Wert des alternativen Parameters abhängen kann, zeigt das folgende Beispiel.

Beispiel Sei $f_Y(y) = \frac{1}{\pi} \frac{1}{1+(y-\mu)^2}$. Wir testen $H_0 : \mu_0 = 0$ gegen $H_1 : \mu = \mu_1$. Dabei sei $\mu_1 > 0$ und $\alpha = 0.0$. Dann ist

$$
\begin{aligned}
\mathrm{LQ}(y) &= \frac{f_1(y)}{f_0(y)} \\
&= \frac{1 + (y - \mu_0)^2}{1 + (y - \mu_1)^2} = \frac{1 + y^2}{1 + (y - \mu_1)^2}.
\end{aligned}
\tag{22.9}
$$

Abb. 22.9 zeigt LQ (y) für $\mu_0 = 0$ und $\mu_1 = 1$.

Schneiden wir den Graph mit einer Gerade in der Höhe LQ $(y) = 2.527$, erhalten wir als kritische Region das Intervall $[1.3655; 1.9443]$. Siehe Abb. 22.10.

Bei dieser kritischen Region ist die Wahrscheinlichkeit für den Fehler 1. Art gerade 5 %, denn für dieses Intervall gilt

$$
\frac{1}{\pi} \int_{1.3655}^{1.9443} \frac{1}{1 + y^2}\, dy = 0.05.
$$

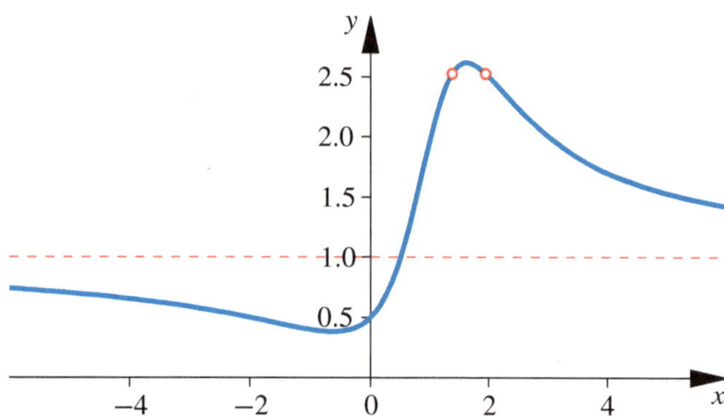

Abb. 22.9 Graph des Likelihoodquotienten LQ (y) für $\mu_1 = 1$ und gepunktet die Asymptote 1

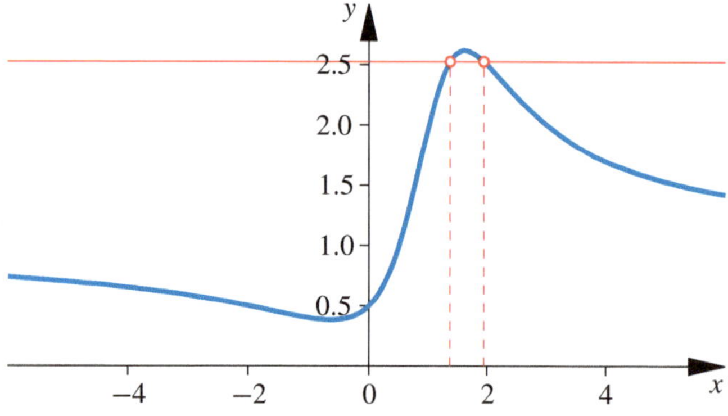

Abb. 22.10 Im Intervall $[1.3655; 1.9443]$ ist LQ $(y) = \frac{f_1}{f_0} \geq 2.527$

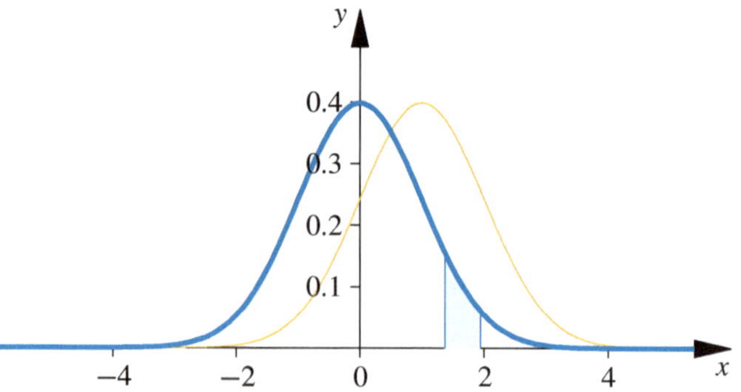

Abb. 22.11 Die Dichten f_0 (blau) und f_1 (orange), sowie die kritische Region, das Intervall $[1.37; 1.94]$

Abb. 22.11 zeigt die Dichten f_0 und f_1 sowie die kritische Region.

Wie wir in den nächsten Absätzen zeigen, gilt: Je größer die Alternative μ_1 ist, um so weiter wandert die kritische Region nach rechts und verbreitert sich dabei Im Fall $\mu_1 = 12.628$ ist die kritische Region das Intervall $\left[\frac{\mu_1}{2}; \infty\right]$. Ist $\mu_1 > 12.628$ so *wird die kritische Region rechts über die Grenze $+\infty$ hinaus geschoben und taucht links wieder auf.* Zum Beispiel besteht im Fall $\mu = 13$ die kritische Region aus zwei Intervallen $(-\infty; -453] \cup [6.41; \infty)$. ◀

Exkurs Im folgenden Exkurs verifizieren wir die Aussagen über die Gestalt von LQ und den Annahmebereich des Tests. Aus (22.9) folgt:

$$
\mathrm{LQ}(y) = \frac{1 + y^2}{1 + (y - \mu_1)^2}
$$

$$
\frac{\partial}{\partial y} LQ(y) = \frac{-2\mu}{\left[1 + (y - \mu)^2\right]^2} \left[\left(y - \frac{\mu}{2}\right)^2 - \left(1 + \frac{\mu^2}{4}\right)\right]
$$

Bei festem μ ist hat LQ (y) als Funktion von y die Asymptote 1. LQ $(\mu; y)$ fällt monoton bis zum Minimum bei $m_1 = \frac{\mu}{2} - \sqrt{1 + \frac{\mu^2}{4}}$, steigt dann bis zum Maximum bei $m_2 = \frac{\mu}{2} + \sqrt{1 + \frac{\mu^2}{4}}$ und fällt dann monoton bis zum Wert 1 ab. Die beiden Lösung der Gleichung $\frac{1+y^2}{1+(y-\mu)^2} = \kappa$, sind

$$
y = \frac{1}{2(\kappa - 1)} \left(2\kappa\mu \pm 2\sqrt{(2\kappa - \kappa^2 - 1 + \kappa\mu^2)}\right).
$$

Ist $\kappa > 1$ ist die kritische Region das Intervall

$$
[K_1; K_2] := \left[\frac{\kappa\mu - \sqrt{2\kappa - \kappa^2 - 1 + \kappa\mu^2}}{\kappa - 1}; \frac{\kappa\mu + \sqrt{2\kappa - \kappa^2 - 1 + \kappa\mu^2}}{\kappa - 1} \right].
$$

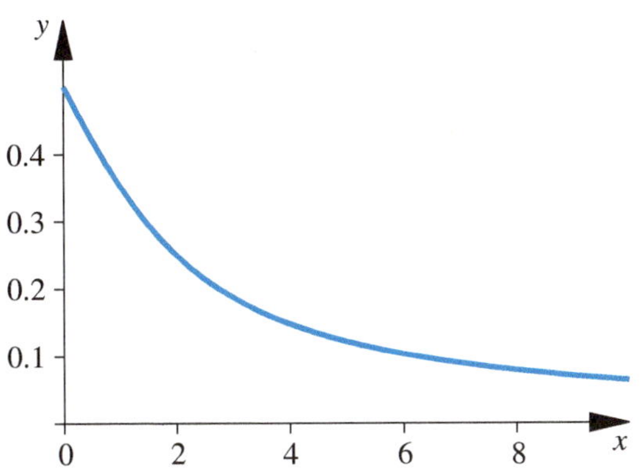

Abb. 22.12 Die Wahrscheinlichkeit $P\left(Y \geq \frac{\mu}{2}\right) = \frac{1}{2} - \frac{1}{\pi} \arctan \frac{1}{2}\mu$ als Funktion von μ

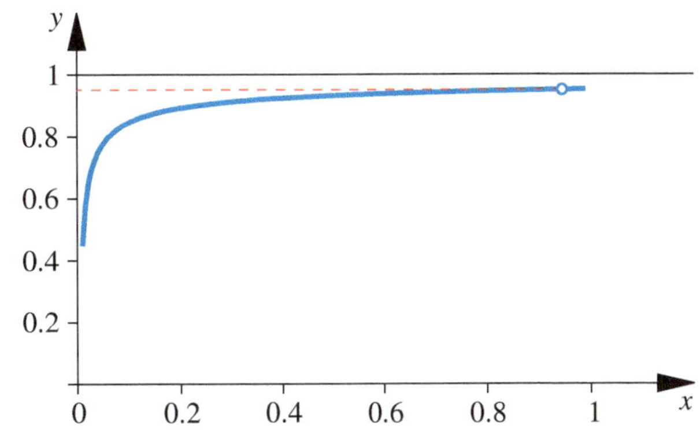

Abb. 22.13 $A(\kappa) = \frac{1}{\pi}\left(\arctan \frac{13\kappa - \sqrt{171\kappa - \kappa^2 - 1}}{\kappa - 1}\right.$
$\left. - \arctan \frac{13\kappa + \sqrt{171\kappa - \kappa^2 - 1}}{\kappa - 1}\right)$

Die Wahrscheinlichkeit für den Fehler erster Art ist

$$\alpha(\mu) = \frac{1}{\pi} \int_{K_1}^{K_2} \frac{1}{1+y^2}\,dy = \frac{1}{\pi}\left(\arctan K_2 - \arctan K_1\right).$$

Für $\kappa = 1$ ist die kritische Region das Intervall $\left[\frac{\mu}{2}; \infty\right]$. In diesem Fall beträgt die Wahrscheinlichkeit für den Fehler erster Art

$$\alpha(\mu) = \frac{1}{\pi} \int_{\frac{\mu}{2}}^{\infty} \frac{1}{1+y^2}\,dy = \frac{1}{2} - \frac{1}{\pi}\arctan\frac{1}{2}\mu.$$

Abb. 22.12 zeigt die Funktion $\frac{1}{2} - \frac{1}{\pi}\arctan\frac{1}{2}\mu$.

Für $\mu = 12.628$ ist $\alpha(\mu) = 0.05$. Im Fall $\mu = 13$ sind die Schwellen

$$K_1(\kappa) = \frac{13\kappa - \sqrt{171\kappa - \kappa^2 - 1}}{\kappa - 1},$$
$$K_2(\kappa) = \frac{13\kappa + \sqrt{171\kappa - \kappa^2 - 1}}{\kappa - 1}.$$

Die kritische Region besteht aus den Intervallen $(-\infty; K_2]$ und $[K_1; \infty)$. Der Annahmebereich ist das Intervall $[K_1; K_2]$. Die Wahrscheinlichkeit, dass Y im Annahmebereich liegt, ist

$$A(\kappa) = \frac{1}{\pi}\left(\arctan \frac{13\kappa - \sqrt{171\kappa - \kappa^2 - 1}}{\kappa - 1}\right.$$
$$\left. - \arctan \frac{13\kappa + \sqrt{171\kappa - \kappa^2 - 1}}{\kappa - 1}\right).$$

Abb. 22.13 zeigt den Graph der Funktion $A(\kappa)$. An der Stelle $\kappa = 0.945$ ist $A(\kappa) = 0.95$. Im einzelnen gilt

$$K_1(0.945) = 6.405\,9$$
$$K_2(0.945) = -453.13$$
$$0.95001 = \frac{1}{\pi}\left(\arctan(6.4059) - \arctan(-453.13)\right) \quad \blacktriangleleft$$

Optimale einseitige Test lassen sich aus dem Lemma von Neyman-Pearson unmittelbar herleiten

Im Beispiel 22.4 war $Y \sim \mathrm{N}\left(\mu; \sigma^2\right)$ bei bekanntem σ. Es wurde $H_0 : \mu = \mu_0$ gegen $H_1 : \mu = \mu_1$ getestet. Dabei war $\mu_1 > \mu_0$. Der Likelihoodquotient war eine monoton wachsende Funktion von y. Also kamen die großen y-Werte in die kritische Region und die kleinen in den Annahmebereich. Der optimalen Test ist

$$\psi(y) = \begin{cases} 1 & \text{wenn } y > \mu_0 + \tau^*_{1-\alpha}\sigma, \\ \text{beliebig} & \text{wenn } y = \mu_0 + \tau^*_{1-\alpha}\sigma, \\ 0 & \text{wenn } y < \mu_0 + \tau^*_{1-\alpha}\sigma. \end{cases} \quad (22.10)$$

Dabei ist $\tau^*_{1-\alpha}$ das obere α-Quantil der $\mathrm{N}(0; 1)$. Der Test hängt überhaupt nicht vom Wert μ_1 ab! Also bleibt ψ der optimale Test für $H_0: \mu = \mu_0$ gegen jede Alternative $H_1: \mu = \mu_1$ sofern $\mu_1 > \mu_0$ ist. Daher ist ψ der beste Test der Hypothese $H_0: \mu = \mu_0$ gegen die Alternative $H_1: \mu > \mu_0$ zum Niveau α.

Vertauschen wir beim Test ψ Annahmebereich und kritische Region, so erhalten wir den Test $1-\psi$ mit $g_{1-\psi} = 1 - g_\psi$. Dann lässt sich aus der Monotonie des Likelihoodquotienten folgern, dass $1 - \psi$ der optimale Test der beste Test der Nullhypothese $H_0: \mu = \mu_0$ gegen die einseitige Alternative $H_1: \mu < \mu_0$ zum Niveau $1 - \alpha$ ist.

Da $1 - \psi$ für alle $\mu < \mu_0$ die Gütefunktion $1 - g_\psi$ maximiert, minimiert also ψ für alle $\mu < \mu_0$ die Gütefunktion g_ψ. Unter allen Test ϕ mit $g_\phi(\mu_0) = \alpha$ minimiert der optimale Test also auf $\mu < \mu_0$ die Wahrscheinlichkeit einer Ablehnung und maximiert sie auf $\mu > \mu_0$.

Abb. 22.14 zeigt die Gütefunktion des besten Tests von $H_0 : \mu = 1$ gegen $H_0 : \mu = 2$ zum Niveau 0.05.

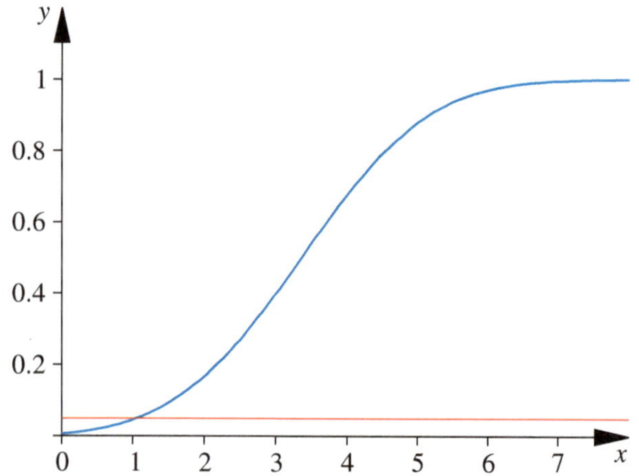

Abb. 22.14 Gütefunktion des Test ϕ_{opt} für $H_0:$ „$\mu = 1$" gegen $H_1:$ „$\mu > 1$"

Beste einseitige Tests für μ falls $Y \sim N\left(\mu; \sigma^2\right)$

Es sei $Y \sim N\left(\mu; \sigma^2\right)$ bei bekanntem σ. Die kritische Region des besten Tests ψ zum Niveau α der Nullhypothese $H_0 : \mu \leq \mu_0$ gegen die **einseitige** Alternative $H_1 : \mu > \mu_0$ ist:

$$Y \geq \mu_0 + \tau_{1-\alpha}^* \sigma. \qquad (22.11)$$

Dabei ist $\tau_{1-\alpha}^*$ das obere α-Quantil der N $(0; 1)$. Für jeden anderen Test ϕ zum Niveau α der Hypothese $H_0 : \mu \leq \mu_0$ gegen $H_1 : \mu > \mu_0$ gilt:

$$g_\phi(\mu) < g_{\phi_{\text{opt}}}(\mu) \quad \text{für alle } \mu > \mu_0,$$

$$g_\phi(\mu) > g_{\phi_{\text{opt}}}(\mu) \quad \text{für alle } \mu < \mu_0.$$

Der Test minimiert für jedes $\mu \in H_1$ die Wahrscheinlichkeit für den Fehler zweiter Art und minimiert für jedes $\mu \in H_0$ die Wahrscheinlichkeit für den Fehler erster Art.

Eine analoge Aussage gilt für den Test der Nullhypothese $H_0 : \mu \geq \mu_0$ gegen die Alternative $H_1 : \mu = \mu_1 < \mu_0$.

Bei der Bestimmung des optimalen Tests haben wir nur gebraucht, dass der Likelihoodquotient $\frac{f_1}{f_0}$ eine monotone Funktion von y ist. Die spezielle, sich aus der Normalverteilung ergebenden Form des Likelihoodquotient spielte überhaupt keine Rolle. Wir können daher die Struktur der optimalen Tes leicht auf Familien von Verteilungen mit übertragen, deren Likelihoodquotienten analoge Monotonieeigenschaften besitzen. Dies bilden die Familie der Verteilungen mit monotonen Dichtequotienten.

Bei einem unverfälschten Test ist es wahrscheinlicher, eine richtige Hypothese anzunehmen als eine falsche Hypothese

Betrachten wir noch einmal den zweiseitigen Test auf einen Anteil θ etwas genauer. Es sei X binomialverteilt, $X \sim B_n(\theta)$, wobei n so groß sei, dass wir unbesorgt die Binomialverteilung durch eine Normalverteilung approximieren können. Wir wollen mit dieser asymptotischen Verteilung weiterarbeiten. Es sei also

$$X \sim N\left(n\theta; n\theta\left(1 - \theta\right)\right).$$

Nun testen wir die Hypothese $H_0 : \theta = \theta_0$ gegen die Alternative $H_1 : \theta \neq \theta_0$ zum Niveau α. Unter der Normalverteilungsprämisse ist der Annahmebereich AB des Tests

$$|X - n\theta_0| \leq \tau \sqrt{n\theta_0\left(1 - \theta_0\right)},$$

dabei ist $\tau = \tau_{1-\alpha/2}^*$ das obere $\alpha/2$-Quantil der Standarnormalverteilung. Die Güterfunktion ist

$$
\begin{aligned}
g(\theta) &= P\left(X \notin AB \| \theta\right) \\
&= P\left(X \leq n\theta_0 - \tau\sqrt{n\theta_0\left(1 - \theta_0\right)} \| \theta\right) \\
&\quad + P\left(X \geq n\theta_0 + \tau\sqrt{n\theta_0\left(1 - \theta_0\right)} \| \theta\right)
\end{aligned}
$$

Wir standardisieren X und erhalten

$$
\begin{aligned}
g(\theta) = {}& \Phi\left(\frac{n\theta_0 - \tau\sqrt{n\theta_0\left(1 - \theta_0\right)} - n\theta}{\sqrt{n\theta\left(1 - \theta\right)}}\right) \\
& + 1 - \Phi\left(\frac{n\theta_0 + \tau\sqrt{n\theta_0\left(1 - \theta_0\right)} - n\theta}{\sqrt{n\theta\left(1 - \theta\right)}}\right).
\end{aligned}
$$

Dabei ist Φ die Verteilungsfunktion der $N(0; 1)$. Schauen wir uns diese Gütefunktion einmal an und wählen als Beispiel $n = 100$, $\theta_0 = 0.3$ und $\alpha = 0.05$ bzw. $\tau = 1.96$. Abb. 22.15 zeigt den Graph dieser Gütefunktion

Oberflächlich betrachtet, scheint diese Gütefunktion allen unseren Erwartungen zu entsprechen. Nun betrachten wir die Gütefunktion in der Umgebung von $\theta = 0.3$ genauer. Abb. 22.16 zeigt die Umgebung von $\theta = 0.3$ als Ausschnitt

Wir sehen, das Minimum der Gütefunktion liegt nicht bei 0.3, sondern links davon; es ist $g(0.298) = 0.049775 < 0.05 = \alpha$. Ist also zum Beispiel der wahre Parameter $\theta = 0.298$ und damit die Nullhypothese falsch, so wird diese falsche Hypothese nur mit einer Wahrscheinlichkeit kleiner als α abgelehnt. Hier wird die falsche Hypothese mit einer größeren Wahrscheinlichkeit angenommen als eine richtige.

Der Test ist verfälscht. Bei einem unverfälschten Test zum Niveau α ist

$$g(\theta) > \alpha, \text{ für alle } \theta \in H_1.$$

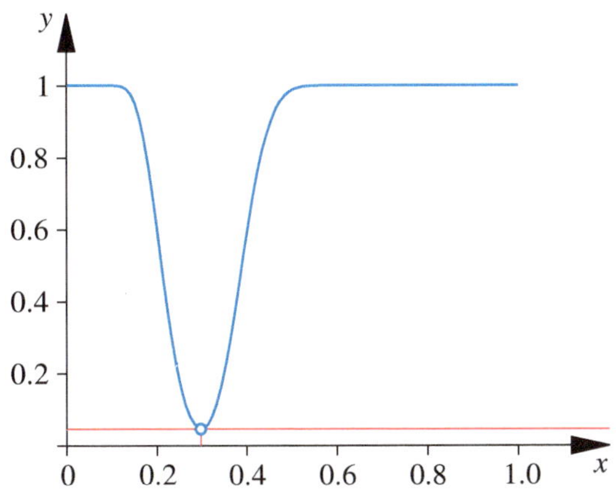

Abb. 22.15 Die Gütefunktion des Tests der Hypothese $H_0 : \theta = 0.3$

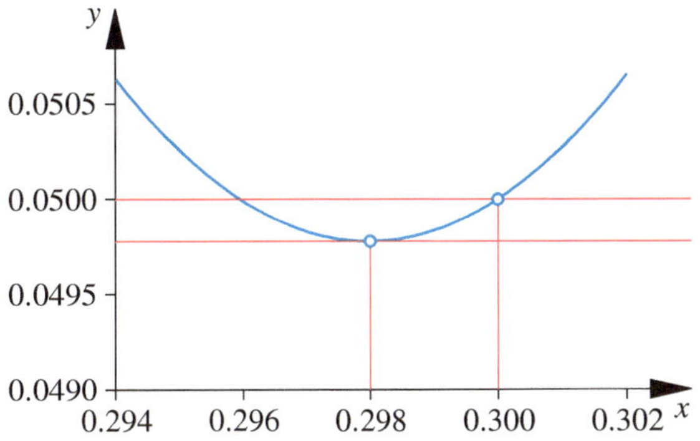

Abb. 22.16 Die Gütefunktion des Tests der Hypothese $H_0 : \theta = 0.3$ in der Umgebung von 0.3

Andernfalls heißt der Test verfälscht.

Kehren wir nun zurück zu unserer Suche nach besten Tests.

Ein trennscharfer, also bester Test einer einfachen Nullhypothese gegen eine einfache Alternative existiert – nach dem Lemma von Neyman-Pearson immer.

In Familien mit monotonen Dichtequotienten existiert für eine einseitige Hypothese gegen eine einseitige Alternative ein gleichmäßig bester Test. Bei beliebigen Verteilungsfamilien und einer beliebig zusammengesetzten Alternative existiert in der Regel kein gleichmäßig bester Test. Dies zeigt auch das Beispiel auf S. 276 mit der Cauchy-Verteilung.

Bei der Normalteilung kann kein gleichmäßig bester Test einer einfachen Hypothese $H_0 :$ „$\mu = 0$" gegen die zusammengesetzte Alternative $H_1 :$ „$\mu \neq 0$" existieren, denn die beiden verschieden optimalen einseitigen Tests sind, jeweils für $\mu < \mu_0$ bzw. für $\mu > \mu_0$, durch keinen gemeinsamen Test zu überbieten. Beide einseitigen Tests sind aber verfälscht. Siehe Abb. 22.17.

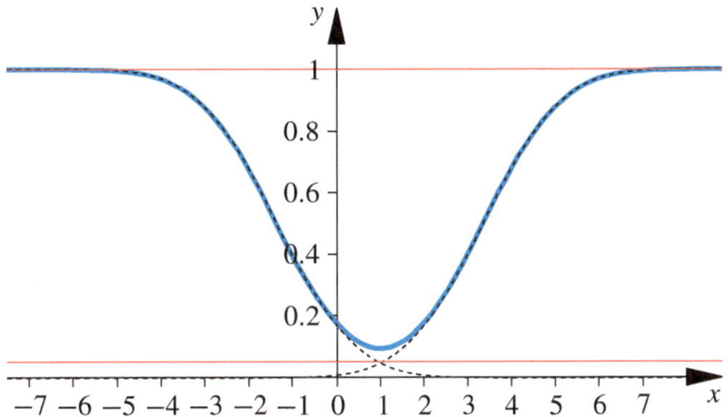

Abb. 22.17 Gestrichelt: Gütefunktionen der beiden einseitigen Tests. Durchgezogen: Die Gütefunktion des optimalen unverfälschten Tests

Beschränkt man sich auf unverfälschte Tests, so lässt für die wichtigsten Fälle die Existenz gleichmäßig bester unverfälschter Tests nachweisen.

22.5 Der χ^2-Anpassungstest

Nicht alle Testprobleme lassen sich auf Hypothesen über einzelne Parameter reduzieren, so zum Beispiel die Frage, ob eine Zufallsvariable überhaupt normalverteilt ist oder ob zwei Merkmale voneinander unabhängig sind. Für diese Aufgaben sind nicht-parametrische Tests entwickelt worden. Charakteristisch für diese Tests ist es, dass sie nur minimale Voraussetzungen über die Verteilungen der jeweils rrelevanten Zufallsvariablen machen. Stattdessen nutzt man universelle Eigenschaften von Verteilungen aus. Zum Beispiel wird bei Anpassungstests vom Kolmogorov-Smirnow-Typ die Verteilung der Abweichungen zwischen empirischer und theoretischer Verteilungsfunktion bei stetigen zufälligen Variablen benutzt. Bei χ^2-Anpassungstests wird die Verteilung der Abweichungen zwischen empirischer und theoretischer Verteilungsfunktion bei der Multinomialverteilung approximiert.

Wir betrachten im folgenden exemplarisch nur den χ^2-Anpassungstest.

Der Anpassungstest prüft, ob spezielle Verteilungen oder Verteilungstypen vorliegen

Wir beginnen mit einer beliebten Frage: Kommen alle Zahlen bei Lottospielen gleich häufig vor? Werden alle Zahlen mit gleicher Wahrscheinlichkeit gezogen? Bei den letzten 52 Mittwochs- und Samstagsziehungen in der ersten Hälfte des Jahres 2007 wurden nach einer Statistik der Lottozentrale 312 Zahlen gezogen. Abb. 22.18 zeigt die Häufigkeiten der gezogenen Zahlen.

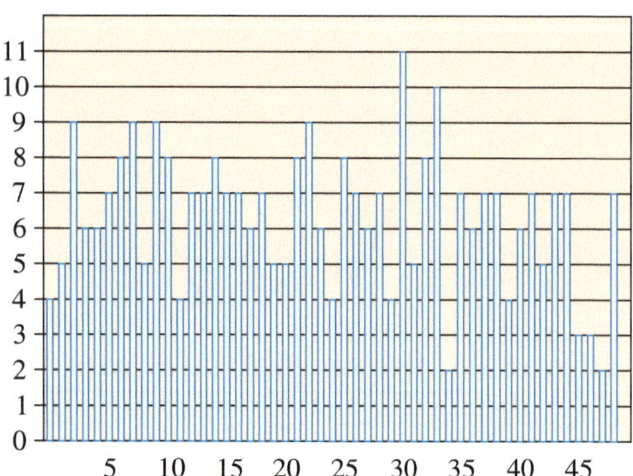

Abb. 22.18 Häufigkeit der im Jahr 2007 gezogenen Lottozahlen

Die 32 wurde 11-mal aber die 35 und die 48 wurden nur 2-mal gezogen. Ist dies auffällig oder nur „zufällig"?

Bei einem fairen Lottospiel wird jede Zahl, also auch die Zahl 32, mit der Wahrscheinlichkeit

$$\theta = \frac{\binom{1}{1}\binom{48}{5}}{\binom{49}{6}} = \frac{6}{49}$$

gezogen. Ist B_i die Anzahl der Ziehungen der Zahl i bei $n = 52$ Versuchen, so ist bei einem fairen Lottospiel B_i binomialverteilt mit $n = 52$ und $\theta = \frac{6}{49}$. Der Erwartungswert von B_i ist

$$E_i = \mathrm{E}\,(B_i) = n\theta = 52\frac{6}{49} = 6.367.$$

(B_i wie **B**eobachtung und E_i wie **E**rwartungswert). Der Test zum Niveau $\alpha = 5\,\%$ von $H_{0i} : \mathrm{E}\,(B_{32}) = n\theta$ besitzt, wenn wir die Normalverteilungsapproximation nehmen, den Annahmebereich

$$|B_{32} - E_{32}| \le \tau^{*}_{1-\alpha/2}\sqrt{n\theta\,(1-\theta)}$$
$$= 1.96 \cdot \sqrt{52\frac{6}{49}\left(1 - \frac{6}{49}\right)} = 4.63$$

oder, wenn wir die Ganzzahligkeit berücksichtigen, $2 \le B_{32} \le 10$. Im Jahr 2007 wurde aber die Zahl 32 genau 11 mal gezogen. Die Nullhypothese wird abgelehnt.

Dieses Vorgehen ist aber aus zwei Gründen falsch:

- Wenn wir zuerst die Daten anschauen, dabei entdecken, dass die Zahl 32 zu oft gezogen wurde, darauf hin die Nullhypothese $H_0^{(32)}$: „$E_{32} = \mathrm{E}\,(B_{32}) = 6.367$" testen, haben wir uns in die eigene Tasche gelogen: Die Hypothese wurde nach Beobachtung der Daten gewählt und liefert prompt das gewünschte Ablehnung von $H_0^{(32)}$. Den Test hätte man sich sparen können.

- Wenn wir aber jede Zahl überprüfen, stimmt unser Signifikanzniveau nicht mehr: Sei $\left\{\overline{H_0^{(i)}}\right\}$, das Ereignis, dass die richtige Hypothese $H_0^{(i)}$ beim Test fälschlich abgelehnt wurde. Die Wahrscheinlichkeit, dass wir eine spezielle Nullhypothese $H_0^{(i)}$ fälschlicherweise verwerfen, sei $P\left(\left\{\overline{H_0^{(i)}}\right\}\right) = \alpha$. Die Wahrscheinlichkeit, dass wir mindesten eine richtige Nullhypothese $H_0^{(i)}$ aus allen 49 möglichen Hypothesen verwerfen, ist

$$P\left(\bigcup_{i=1}^{49}\left\{\overline{H_0^{(i)}}\right\}\right) \le \sum_{i=1}^{49} P\left(\left\{\overline{H_0^{(i)}}\right\}\right) \le 49 \cdot \alpha$$

Hätten wir jede einzelne Hypothese $H_0^{(i)}$ zum Beispiel mit einem $\alpha = \frac{0.05}{49}$ getestet, dann wäre die Wahrscheinlichkeit, dass wir nach einer Überprüfung aller Zahlen irrtümlich die richtige Hypothese der Gleichwahrscheinlichkeit ablehnen, maximal α gewesen. Eine sinnvolle Abschätzung der Wahrscheinlichkeit des Fehlers 1.Art ist bei einem $\alpha = 0.05$ so nicht möglich. Würden wir annehmen, dass die 49 Testentscheidungen unabhängig voneinander gefällt werden, – was sie mit Sicherheit nicht sind, – dann wäre die Wahrscheinlichkeit, dass keine richtige Nullhypothese fälschlich verworfen wird, genau $0.95^{49} = 0.08$.

Die Analyse der individuellen Abweichungen $B_i - E_i$ getrennt für jedes i, führt zu keinem Erfolg. Wir müssen alle $B_i - E_i$ simultan betrachten. B_i besitzt eine Binomialverteilung, daher lässt sich $\frac{B_i - E_i}{\sqrt{\mathrm{Var}(B_i)}}$ für große n durch eine $N\,(0;1)$ und $\frac{(B_i - E_i)^2}{\mathrm{Var}\,B_i}$ durch eine $\chi^2\,(1)$-Verteilung approximieren. Wären die B_i unabhängig, wäre $\sum_{i=1}^{49}\frac{(B_i - E_i)^2}{\mathrm{Var}(B_i)} \sim \chi^2\,(k)$. Wegen $\sum_{i=1}^{k} B_i = n$ sind aber die B_i untereinander korreliert, sie bewegen sich in einem $k - 1$-dimensionalen Unterraum. Daher hat die Prüfgröße höchstens $k - 1$ Freiheitsgrade, außerdem ist die Normierungskonstante im Nenner ungeeignet. Berücksichtigt man die Kovarianzstruktur der B_i so kann man das folgende asymptotische Ergebniss ableiten:

Die Prüfgröße des χ^2_{PG}-Anpassungstest

Die endliche diskrete Zufallsvariablen X besitze die Wahrscheinlichkeitsverteilung

$$P\,(X = x_i) = \theta_i, \quad i = 1, \ldots, k.$$

Sind $X_1, \ldots, X_n$ n unabhängige, identisch wie X verteilte Wiederholungen von X und B_i die Anzahl der Realisation der Ausprägung i, sowie $E_i = \mathrm{E}\,(B_i) = n\theta_i$ der Erwartungswert von B_i, dann ist

$$\chi^2_{\mathrm{PG}} = \sum_{i=1}^{k}\frac{(B_i - E_i)^2}{E_i}$$

für große n approximativ $\chi^2\,(k-1)$-verteilt.

Daher können wir χ^2_{PG} als Prüfgröße eines Tests der Hypothese

$$H_0: \text{„}X \text{ hat die Wahrscheinlichkeitsverteilung}$$
$$P(X = i) = \theta_i, \quad i = 1, \ldots, k.\text{“}$$

verwenden. Gilt H_0, so kennen wir die asymptotische Verteilung von χ^2_{PG}. Bei endlichem n gilt approximativ

$$\chi^2_{\mathrm{PG}} \approx \chi^2(k-1).$$

Wir müssen jetzt nur noch einen Annahmebereich für χ^2_{PG} festlegen. Gilt H_0, werden die Abweichungen $B_i - E_i$ klein sein, damit wird auch χ^2_{PG} klein sein. Umgekehrt wird χ^2_{PG} groß sein, falls H_0 falsch ist. Daher erklären wir die große Werte von χ^2_{PG} zur kritischen Region. Der Annahmebereich besteht dann aus den kleinen Werten der Prüfgröße, die Schwelle zur kritischen Region bildet der Wert $\chi^2(k-1)_{1-\alpha}$, das obere $(1-\alpha)$-Quantil der $\chi^2(k-1)$-Verteilung.

Der χ^2-Anpassungstest

Der Annahmebereich des χ^2-Anpassungstest zum Signifikanzniveau α ist

$$\chi^2_{\mathrm{PG}} \leq \chi^2(k-1)_{1-\alpha}.$$

Dabei ist k die Anzahl der möglichen Ausprägungen oder auch Anzahl der möglichen Klassen von X.

Zum Beispiel ergibt sich für die Lottozahlen $E_i = 6.367$ für alle i. Mit den B_i aus der Abb. 22.18 ergibt sich

$$\chi^2_{\mathrm{pg}} = \sum_{i=1}^{49} \frac{(B_i - 6.367)^2}{6.367} = 29.11.$$

Der Schwellenwert der Prüfgröße χ^2_{PG} bei einem Signifikanzniveau $\alpha = 5\%$ ist $\chi^2(k-1)_{1-\alpha} = \chi^2(48)_{0.95} = 65.17$. Er wird von $\chi^2_{\mathrm{pg}} = 29.11$ nicht überschritten. Daher kann die Hypothese, dass alle Zahlen mit gleicher Wahrscheinlichkeit gespielt werden, nicht verworfen werden.

Beispiel Bei der letzten Wahl stimmten in einem Wahlkreis 10% für die Partei A_1, 25% für die Partei A_2, 30% für die Partei A_3, 15% für A_4 und 20% für A_5. Vor der nächsten Wahl wurden 600 zufällig ausgesuchte Wähler befragt. Ihre Stimmabgabe zeigt die folgende Tabelle als B_i in der zweiten Spalte. In der Tab. 22.2 sind die θ_i die Stimmanteile der letzten Wahl und $E_i = n\theta_i$ die Erwartungswerte der Stimmen, falls die alte Stimmverteilung noch gültig wäre, darüber hinaus sind die Rechenschritte des χ^2-Tests angegeben.

Hat sich die Stimmverteilung im Wahlkreis geändert? Die Hypothese H_0 lautet: „Die Verteilung hat sich nicht geändert, d. h. $\theta_1 = 0.1$, $\theta_2 = 0.25$, $\theta_3 = 0.3$, $\theta_4 = 0.15$, $\theta_4 = 0.2$.

Tab. 22.2 Stimmverteilung im Wahlkreis und Rechenschritte

A_i	B_i	θ_i	E_i	$B_i - E_i$	$\frac{(B_i - E_i)^2}{E_i}$
A_1	35	0.10	60	-25	10.42
A_2	160	0.25	150	10	0.67
A_3	198	0.30	180	18	1.8
A_4	100	0.15	90	10	1.11
A_5	107	0.20	120	-13	1.41
$\sum$	600	1.00	600	0	15.41

Die Rechenschritte sind in der Tab. 22.2 zusammengestellt. Die Realisation der Prüfgröße ist

$$\chi^2_{\mathrm{pg}} = \sum_{i=1}^{5} \frac{(B_i - E_i)^2}{E_i} = 15.41.$$

Der Schwelllenwert ist $\chi^2(4)_{0.95} = 9.49$. Der beobachtete Wert der Prüfgröße ist $15.41 > 9.49$ und liegt daher in der kritische Region. Also wird H_0 abgelehnt. Die Entscheidung lautet: Die Stimmverteilung hat sich verändert. ◄

Anmerkungen zum χ^2-Test

- Die Prüfgröße χ^2_{PG} lässt sich folgendermaßen umformen

$$\chi^2_{\mathrm{PG}} = \sum_{i=1}^{k} \frac{(B_i - E_i)^2}{E_i} = \sum_{i=1}^{k} \frac{B_i^2}{E_i} - n.$$

- Ist $p_i = \frac{B_i}{n}$ der Anteil der Beobachtungen in der i-ten Klasse, und ist $E_i = n\theta_i$ dann lässt sich die Prüfgröße χ^2_{PG} folgendermaßen umformen:

$$\chi^2_{\mathrm{PG}} = n \sum_{i=1}^{k} \frac{(p_i - \theta_i)^2}{\theta_i} = n \left(\sum_{i=1}^{k} \frac{p_i^2}{\theta_i} - 1 \right).$$

Die Abweichung zwischen beobachtetem Anteil p_i und hypothetischer Wahrscheinlichkeit θ_i wird um so stärker bewertet, je größer der Stichprobenumfang n ist. Es kommt also nicht nur auf die Abweichung $p_i - \theta_i$ an, sondern vor allem auch auf den Stichprobenumfang n. Wenn Sie eine Münze werfen und in nur einem Drittel aller Würfe „Kopf“ haben, so begründet dies noch keinen Zweifel, ob die Münze „fair“ ist, solange Sie nicht wissen, ob die Münze dreimal oder 300-mal geworfen wurde.

- Ist die Hypothese H_0 falsch und ist in Wirklichkeit $P(X = x_i) = \vartheta_i$, so konvergieren aufgrund des Gesetzes der Großen Zahlen die $(p_1, \ldots, p_k)$ gegen $(\vartheta_1, \ldots, \vartheta_k)$. Die Prüfgröße χ^2_{PG} konvergiert dann gegen

$$\chi^2_{\mathrm{PG}} \xrightarrow{\sim} n \sum_{i=1}^{n} \frac{(\vartheta_i - \theta_i)^2}{\theta_i} = n \cdot \text{Konstante}.$$

Sind also mindestens zwei $\theta_i \neq \vartheta_i$, so wird χ^2_{PG} mit wachsendem n jeden Schwellenwert überschreiten. Die falsche Nullhypothese wird also im Grenzfall mit der Wahrscheinlichkeit 1 abgelehnt.

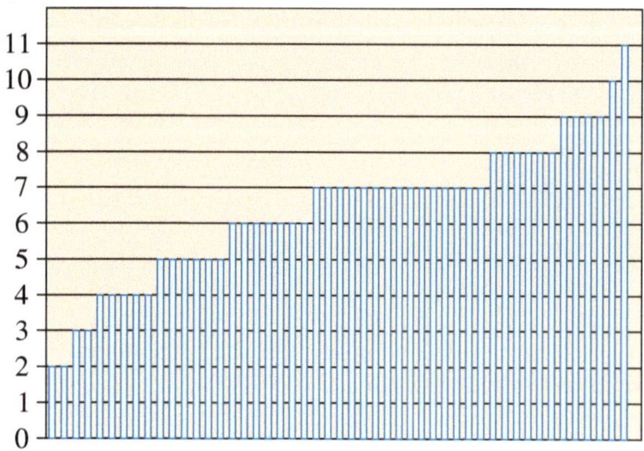

Abb. 22.19 Die nach der Häufigkeit sortiert und umbenannten Lottozahlen

Tab. 22.3 Stammen die Daten aus einer $N(0; 1)$?

X		B_i	θ_i	$E_i = n\theta_i$	$B_i - E_i$	$\frac{(B_i - E_i)^2}{E_i}$
von	bis unter					
$-\infty$	-2.5	9	0.0062	1.24	7.76	48.56
-2.5	-1.5	36	0.0606	12.12	23.88	47.05
-1.5	-0.5	60	0.2417	48.34	11.66	2.81
-0.5	0.5	54	0.3830	76.60	-22.60	6.68
0.5	1.5	28	0.2417	48.34	-20.34	8.56
1.5	2.5	13	0.0606	12.12	0.88	0.06
2.5	$+\infty$	0	0.0062	1.24	-1.24	1.24
$\sum$		200	1.0000	200	0	114.96

- Die Verteilung von χ^2_{PG} unter H_0 ist nur asymptotisch für $n \to \infty$ bekannt. Der Test ist nur verlässlich, wenn n groß ist. Eine Faustregel fordert: Es sollen alle $n\theta_i \geq 1$ und die meisten $n\theta_i \geq 5$ seien. Andernfalls müssen getrennte Klassen zu einer neuen Klasse zusammengefasst werden.
- Die Nullhypothese ist eine einfache Hypothese, die Alternative ist zusammengesetzt: Sie umfasst alle anderen Verteilungen. Die Alternative ist nicht parametrisiert, eine Gütefunktion existiert daher nicht. Für konkret spezifizierte Verteilungsalternativen $P(Y = x_i) = \vartheta_i$, $i = 1, \ldots, k$ kann die Wahrscheinlichkeit für die Fehler 2. Art am einfachsten durch Simulation bestimmt werden.
- Der Test behandelt die Zufallsvariable X wie eine nominale Variable. Ordnungsrelationen oder Differenzen zwischen den x_i werden nicht verwendet. Dazu ein Beispiel

Beispiel Angenommen die Häufigkeitsverteilung der Lottozahlen hätte die in Abb. 22.19 angegebenen Gestalt.

Dann wäre jeder überzeugt, dass die Lottoziehungen manipuliert sind. Aber der Unterschied zwischen den Abb. 22.18 und 22.19 ist einzig, dass in der zweiten Abbildung die B_i der Größe nach geordnet sind und dann die Zahlen umbenannt wurden. Diese beiden Vorgänge: Sortieren und Umbenennen ändern aber die Prüfgröße χ^2_{PG} nicht, da hier jeweils nur die Abweichung $B_i - E_i$ einfließen, die bei Permutationen invariant bleiben. ◀

Ist X eine stetige Variable oder eine diskrete Variable mit unendlich vielen Ausprägungen, gruppieren wir die Ausprägungen in k Klassen

Der χ^2-Test war entwickelt für eine diskrete Zufallsvariable, die nur endliche viele unterschiedliche Werte annehmen konnte. Um den Test auch auf andere Verteilungen anzuwenden, skalieren wir sie durch Gruppierung in k-Klassen zu einer diskreten

k-dimensionalen Variablen herunter. Bei der Klassenbildung achten wir darauf, dass die $E_i = n\theta_i$ nicht zu klein sind. Dann testen wir die Hypothese:

$$H_0 : \text{,,} P(X \in \text{Klasse } i) = \theta_i, \; i = 1, \ldots, k.\text{``}$$

Beispiel Es liegen Daten einer einfachen Stichprobe vom Umfang $n = 200$ vor. Können diese Daten Realisationen einer $N(0; 1)$ sein? Wir testen mit einem $\alpha = 5\,\%$. In Tab. 22.3 liegen die Realisationen von X bereits in $k = 7$ Klassen gruppiert vor. Ebenfalls sind die Rechenschritte aufgeführt.

Zur Erläuterung berechnen wir exemplarisch die Wahrscheinlichkeit θ_2, dabei ist Φ die Verteilungsfunktion der $N(0; 1)$:

$$\begin{aligned}
\theta_2 &= P(-2.5 < X \leq -1.5) \\
&= \Phi(-1.5) - \Phi(-2.5) \\
&= 0.066807 - 0.0062 = 0.0606.
\end{aligned}$$

Gilt die Annahme $X \sim N(0; 1)$, so ist asymptotisch $\chi^2_{\mathrm{PG}} \sim \chi^2(7 - 1)$. Der Schwellenwert der Prüfgröße ist $\chi^2(6)_{0.95} = 12.59$. Der beobachtete Wert ist $\chi^2_{\mathrm{pg}} = 114.96 > 12.592$. Die Nullhypothese wird abgelehnt. Es handelt sich nicht um eine $N(0; 1)$. ◀

Ist die zu testenden Verteilung nicht vollständig festgelegt, müssen die fehlenden Parameter geschätzt werden

Im obigen Beispiel war die Nullhypothese: „Die Daten stammen von einer $N(0; 1)$" abgelehnt worden. Nun schwächen wir die Hypothese ab und fragen: Stammen die Daten überhaupt aus einer Normalverteilung? Jetzt wird nicht mehr nach einer speziellen Verteilung, sondern nach einer **parametrisierten Verteilungsfamilie** gefragt. Für diesen Fall lässt sich der χ^2-Test modifizieren:

Gegeben ist eine einfache Stichprobe $(X_1, \ldots, X_n)$ vom Umfang n. Die Verteilung der X_i gehöre zur Familie

$$\mathcal{F} = \{F \mid F = F(x \| \boldsymbol{\theta}) \text{ mit } \boldsymbol{\theta} \in \Theta\}$$

Dabei ist $\boldsymbol{\theta} = (\theta_1, \theta_2, \ldots, \theta_q)$ ein q-dimensionaler Parametervektor. Getestet wird H_0: „Die unbekannte Verteilung F der zufälligen Variablen X gehört zu $\mathcal{F}$" gegen die Alternative H_1:„F gehört nicht zu dieser Familie $\mathcal{F}$".

Beim χ^2-Test brauchen wir aber eine konkrete Verteilung $\widehat{F} \in \mathcal{F}$, andernfalls können wir keine Erwartungswerte E_i ausrechnen. $\widehat{F}$ lässt sich nun leicht definieren: $\widehat{F}$ ist diejenige Verteilung aus $\mathcal{F}$, für die die Prüfgröße $\chi^2_{\mathrm{PG}} = \sum_{i=1}^k \frac{(B_i - E_i)^2}{E_i}$ minimal wird. $\widehat{F}$ ist also die Verteilung, die im Sinne der durch χ^2_{PG} definierten Distanz am besten zu den Daten passt. Der Parametervektor $\widehat{\boldsymbol{\theta}}$ der durch $\widehat{F} = F(x \| \widehat{\boldsymbol{\theta}})$ bestimmt ist, heißt χ^2-Minimum-Schätzer von θ.

Asymptotisch sind χ^2-Minimum-Schätzer und Maximum-Likelihood-Schätzer äquivalent.

Ist $\widehat{F}$ gefunden, wird anschließend die modifizierte Nullhypothese H_0^*: „$F = \widehat{F}$" gegen die Alternative H_1: „$F \neq \widehat{F}$" mit dem χ^2-Test getestet, dabei muss jedoch die Anzahl der Freiheitsgrade um die Anzahl der geschätzten Parameter reduziert werden.

Anpassungstest für eine parametrisierte Verteilungsfamilie

Gegeben ist eine einfache Stichprobe $(X_1, \ldots, X_n)$ vom Umfang n. Die Verteilung der X_i gehöre zur Familie

$$\mathcal{F} = \{F \mid F = F(x \| \boldsymbol{\theta}) \text{ mit } \boldsymbol{\theta} \in \Theta\}$$

Dabei ist $\boldsymbol{\theta} = (\theta_1, \theta_2, \ldots, \theta_q)$ ein q-dimensionaler Parametervektor. Getestet wird $H_0 : F \in \mathcal{F}$ gegen die Alternative $H_1 : F \notin \mathcal{F}$. Dazu wird stattdessen die modifizierte Nullhypothese

$$\widetilde{H}_0 : F = \widehat{F}$$

gegen die Alternative

$$\widetilde{H}_1 : F \neq \widehat{F}$$

mit dem χ^2-Test getestet. Dabei ist $\widehat{F} = F(x \| \widehat{\boldsymbol{\theta}})$ und $\widehat{\boldsymbol{\theta}}$ ist entweder der Maximum-Likelihood- oder der χ^2-Minimum-Schätzer. Ist H_0 wahr, so ist $\chi^2_{\mathrm{PG}} = \sum_{i=1}^k \frac{(B_i - E_i)^2}{E_i}$ asymptotisch $\chi^2(k - 1 - q)$-verteilt.

Beispiel Wir setzen das letzte Beispiel fort. Wir fragen nun, ob die Daten überhaupt normalverteilt sind. Unsere Nullhypothese ist:

$$H_0 : F \in \{N(\mu, \sigma^2) : \mu \in \mathbb{R}; \sigma \in \mathbb{R}_+\}.$$

Wir arbeiten mit den bereits gruppierten Daten des letzten Beispiels. Zuerst sind μ und σ zu schätzen. Verzichten wir auf die

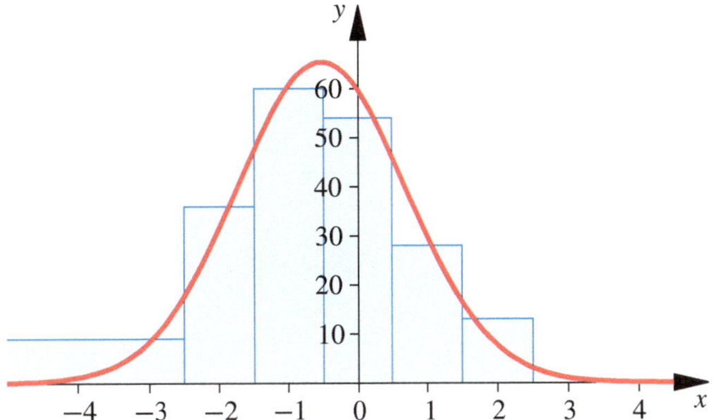

Abb. 22.20 Histogramm der Daten mit angepasster Normalverteilung

Information in der ersten offenen Klasse $(-\infty, -2.5]$ können wir μ und σ durch die empirischen Parameter $\overline{y} = -0.41$ und $\mathrm{var}\,(\mathbf{y}) = 1.32$ schätzen, indem wir jeweils die Klassenmitten verwenden. Um die volle Information der Daten auszuschöpfen, verwenden wir den Maximum-Likelihood-Schätzer und maximieren die Likelihood-Funktion

$$L(\mu, \sigma) = \left[\Phi\left(\frac{-2.5 - \mu}{\sigma}\right)\right]^9$$
$$\cdot \left[\Phi\left(\frac{-1.5 - \mu}{\sigma}\right) - \Phi\left(\frac{-2.5 - \mu}{\sigma}\right)\right]^{36}$$
$$\cdot \left[\Phi\left(\frac{-0.5 - \mu}{\sigma}\right) - \Phi\left(\frac{-1.5 - \mu}{\sigma}\right)\right]^{60}$$
$$\cdot \left[\Phi\left(\frac{0.5 - \mu}{\sigma}\right) - \Phi\left(\frac{-0.5 - \mu}{\sigma}\right)\right]^{54} \cdot$$
$$\cdot \left[\Phi\left(\frac{1.5 - \mu}{\sigma}\right) - \Phi\left(\frac{0.5 - \mu}{\sigma}\right)\right]^{28}$$
$$\cdot \left[\Phi\left(\frac{2.5 - \mu}{\sigma}\right) - \Phi\left(\frac{1.5 - \mu}{\sigma}\right)\right]^{13}$$

Dabei können wir $\mu_{\mathrm{Start}} = -0.41$ und $\sigma_{\mathrm{Start}} = \sqrt{1.32}$ als Startwerte nehmen. Die ML-Schätzer sind $\widehat{\mu} = -0.525$ und $\widehat{\sigma} = 1.22$. Abb. 22.20 zeigt das Histogramm der gruppierten Daten und die beste dazu passende Normalverteilung. (In der Abbildung ist die Dichte der $N(-0.525; 1.22^2)$ mit 200 multipliziert, da wir mit absoluten und nicht mit relativen Häufigkeiten rechnen.)

Im nächsten Schritt testen wir die Nullhypothese

$$\widetilde{H}_0 : F = N(-0.525; 1.22^2)$$

gegen die Alternative

$$\widetilde{H}_1 : \text{„}F \neq N(-0.525; 1.22^2)\text{"}$$

Tab. 22.4 Berechnung der Prüfgröße

von y_i	bis unter y_{i+1}	B_i	$P(Y \leq y_{i+1})$	E_i	$\frac{(B_i - E_i)^2}{E_i}$
$-\infty$	-2.5	9	0.0527	10.55	0.23
-2.5	-1.5	36	0.2121	31.87	0.54
-1.5	-0.5	60	0.5082	59.22	0.01
-0.5	0.5	54	0.7996	58.28	0.31
0.5	1.5	28	0.9515	30.39	0.19
1.5	2.5	13	0.9934	8.38	2.55
2.5	$+\infty$	0	1	1.32	1.32
		200	1.000		5.14

mit dem χ^2-Test. Tab. 22.4 zeigt die notwendigen Rechenschritte. Dabei ist

$$E_i = 200\left(P\left(Y \leq y_i\right) - P\left(Y \leq y_{i-1}\right)\right).$$

Die Werte von X sind auf $k = 7$ Gruppen aufgeteilt. Zwei Parameter, nämlich μ und σ^2 wurden geschätzt. Unter der Voraussetzung, dass die Nullhypothese gilt, hat die Prüfgröße asymptotisch eine $\chi^2(7-1-2) = \chi^2(4)$-Verteilung. Bei einem α von 5 % ist der Schwellenwert $\chi^2(4)_{0.95} = 9.49$. Der Wert der Prüfgröße $\chi^2_{\text{pg}} = 5.14$ ist kleiner als der Schwellenwert. Also kann die Nullhypothese: „Die Daten stammen aus einer Normalverteilung" nicht abgelehnt werden. ◄

Der χ^2–Unabhängigkeitstest prüft, ob zwei Merkmale voneinander unabhängig sind

Sind Rauchen und Lungenkrebs, Handy-Strahlung und Gliome, Musikberieselung und Einkaufsverhalten unabhängig voneinander? Fragen wie diese werden täglich gestellt. Der χ^2-Unabhängigkeitstest erlaubt, dieser Frage quantitativ nachzugehen.

Gegeben ist eine einfache Stichprobe eines zweidimensionalen Merkmals (X, Y). Dabei müssen die Beobachtungen gruppiert und ihre Häufigkeiten in einer **Kontigenztafel** zusammengefasst sein. X habe nach der Gruppierung die Ausprägungen a_1 bis a_I und Y die Ausprägungen b_1 bis b_J. Weiter sei für $i = 1, \ldots, I$ und $j = 1, \ldots, J$:

$$n_{ij} = \text{Häufigkeit von } \{X = a_i; Y = b_j\} = B_{ij}.$$

Anstelle der Bezeichnung B_{ij} ist hier die Bezeichnung n_{ij} üblich. Die Tafel der n_{ij} heißt Kontigenztafel. Weiter sei

$$\theta_{ij} = P\left(X = a_i; Y = b_j\right),$$
$$\theta_{i\bullet} = P\left(X = a_i\right),$$
$$\theta_{\bullet j} = P\left(Y = b_j\right).$$

Sind X und Y unabhängig voneinander, so ist

$$\theta_{ij} = \theta_{i\bullet} \cdot \theta_{\bullet j}.$$

Die Frage nach der Unabhängigkeit ist so auf die Frage nach der speziellen Parametrisierung der Verteilung von (X, Y) zurückgeführt worden. Dabei sind jedoch die Parameter $\theta_{i\bullet}$ und $\theta_{\bullet j}$ unbekannt und müssen geschätzt werden. Wegen den beiden Randbedingung $\sum_{i=1}^{I} \theta_{i\bullet} = \sum_{j=1}^{J} \theta_{\bullet j} = 1$ brauchten wir nur $I - 1$ Parameter $\theta_{i\bullet}$ und $J - 1$ Parameter $\theta_{\bullet j}$ zu schätzen. Die Maximum-Likelihood-Schätzer der Wahrscheinlichkeiten θ sind die relativen Häufigkeiten:

$$\widehat{\theta}_{i\bullet} = \frac{n_{i\bullet}}{n} \quad \text{und} \quad \widehat{\theta}_{\bullet j} = \frac{n_{\bullet j}}{n}.$$

Dabei sind $n_{i\bullet} = \sum_{j=1}^{J} n_{ij}$, $n_{\bullet j} = \sum_{i=1}^{I} n_{ij}$ und $n = \sum_{i=1}^{I} \sum_{j=1}^{J} n_{ij}$. Unter der Hypothesen der Unabhängigkeit ist der Maximum-Likelihood-Schätzer für θ_{ij} demnach

$$\widehat{\theta}_{ij} = \widehat{\theta}_{i\bullet}\widehat{\theta}_{\bullet j} = \frac{n_{i\bullet}}{n} \cdot \frac{n_{\bullet j}}{n}.$$

Der Erwartungswert der Besetzung der Zelle (i, j) ist

$$E_{ij} = n\theta_{ij}.$$

Die E_{ij} werden geschätzt durch die **Unabhängigkeitszahlen** U_{ij}.

$$U_{ij} = n\widehat{\theta}_{ij} = \frac{n_{i\bullet}n_{\bullet j}}{n}.$$

Mit diesen Schätzwerten wird nun der χ^2-Anpassungstest wie gewohnt durchgeführt. Die Prüfgröße ist χ^2-verteilt. Die Anzahl der Freiheitsgrade ist $k - q - 1$. Dabei ist $k =$ Anzahl der Klassen $= IJ$. Die Anzahl q der geschätzten Parameter ist $(I - 1) + (J - 1)$, denn wegen den beiden Randbedingung $\sum_{i=1}^{I} \theta_{i\bullet} = \sum_{j=1}^{J} \theta_{\bullet j} = 1$ brauchen wir nur $I - 1$ Parameter $\theta_{i\bullet}$ und $J - 1$ Parameter $\theta_{\bullet j}$ zu schätzen. Also ist

$$k - q - 1 = IJ - ((I-1) + (J-1)) - 1$$
$$= (I-1)(J-1).$$

Der χ^2-Unabhängigkeitstest

Unter der Hypothese H_0: „X und Y sind unabhängig" ist die Prüfgröße

$$\chi^2_{\text{PG}} = \sum_{i=1}^{I} \sum_{j=1}^{J} \frac{(n_{ij} - U_{ij})^2}{U_{ij}}$$

asymptotisch $\chi^2((I-1)(J-1))$ verteilt. Der Annahmebereich des Tests zum Niveau α von H_0 ist $\chi^2_{\text{PG}} \leq \chi^2((I-1)(J-1))_{1-\alpha}$.

Als Faustregel für die Größe der Zellen gilt: Alle $U_{ij} \geq 1$ und die meisten $U_{ij} \geq 5$. Andernfalls müssten Klassen zusammengefasst werden.

Tab. 22.5 Die Besetzungszahlen n_{ij}, die Unabhängigkeitszahlen U_{ij} und die Berechnung der Prüfgröße

n_{ij}	Schreiben			
Lesen	gut	mittel	schlecht	$\sum$
gut	13	10	2	25
mittel	9	4	6	19
schlecht	8	11	17	36
$\sum$	30	25	25	80

U_{ij}	Schreiben			
Lesen	gut	mittel	schlecht	$\sum$
gut	9.38	7.81	7.81	25
mittel	7.12	5.94	5.94	19
schlecht	13.50	11.25	11.25	36

$\frac{(n_{ij}-U_{ij})^2}{U_{ij}}$	Schreiben			
Lesen	gut	mittel	schlecht	$\sum$
gut	1.40	0.61	4.32	6.33
mittel	0.49	0.63	0	1.12
schlecht	2.24	0.01	2.94	5.19
$\sum$	4.13	1.25	7.26	12.64

Beispiel Es soll geprüft werden, ob zwischen dem Schulerfolg in den Fächern Lesen und Schreiben ein Zusammenhang besteht. Eine Prüfung von 80 Schülern ergab die erste Kontingenztafel aus Tab. 22.5.

In der zweiten Tabelle stehen die entsprechenden Werte der U_{ij}. Dabei ist zum Beispiel $U_{11} = \frac{25 \cdot 30}{80} = 9.375$ und $U_{23} = \frac{19 \cdot 25}{80} = 5.9375$. Die letzte Tabelle enthält die Werte $\frac{(n_{ij}-U_{ij})^2}{U_{ij}}$.

χ^2_{PG} ist asymptotisch $\chi^2((3-1)(3-1)) = \chi^2(4)$ verteilt. Die Schwellenwerte sind $\chi^2(4)_{0,95} = 9.49$ und $\chi^2(4)_{0,99} = 13.3$. Der Wert der Prüfgröße ist $\chi^2_{\mathrm{pg}} = 12.64$.

Bei $\alpha = 5\,\%$ wird H_0 abgelehnt. Die Aussage lautet daraufhin: „Zwischen Lese- und Schreibfähigkeit besteht ein Zusammenhang."

Bei $\alpha = 1\,\%$ wird H_0 beibehalten. Die Aussage lautet daraufhin: „Die erhobenen Daten sprechen nicht gegen die Hypothese der Unabhängigkeit von Lese- und Schreibfähigkeit." ◀

Was halten Sie – aus rein statistischer Sicht – von den beiden erfundenen Nachrichten. a) Eine großangelegte Studie hat bewiesen, dass Handystrahlung und das Auftreten von Gliomen voneinander unabhängig sind. b) Bei einer Untersuchung von einer Million Geburten hat sich ergeben, dass das Auftreten von Zwillingsgeburten und von Sonnenflecken voneinander abhängig ist.

Antwort a) Offensichtlich wurde beim Unabhängigkeitstest die Nullhypothese angenommen. Daraus folgt aber gar nichts, speziell nicht die zitierte Aussage. b) Bei realen Daten tritt die ideale Modellunabhängigkeit $\theta_{ij} = \theta_{i\bullet} \cdot \theta_{\bullet j}$ praktisch nicht auf. Es gibt so gut wie immer irrelevante Abweichungen von dieser

Gleichung. Wenn nun n hinreichend groß ist, muss der χ^2-Test diese Abweichung erkennen. Sie ist dann zwar signifikant, aber bleibt irrelevant.

Achtung

- Der Unabhängigkeitstest ist wie der χ^2-Anpassungstest invariant gegen Permutationen von Zeilen und Spalten der zugrundeliegenden Kontingenztafel.
- Bei zu geringen Besetzungszahlen der einzelnen Zellen müssen mitunter mehrerer Zeilen zu einer neuen, gröberen Zeilenklasse oder Spalten zu einer gröberen Spaltenklasse zusammengefasst werden. Es lässt sich zeigen, dass der Wert χ^2_{pg} der Prüfgröße aus der durch Zusammenfassung vereinfachten Kontingenztafel niemals größer ist als der χ^2_{pg}-Wert der ursprünglichen, ausführlicheren Tafel. Nur wenn proportionale Zeilen oder Spalten zusammengelegt werden, bleibt χ^2_{pg} invariant, sonst nimmt der Wert ab. Da aber zugleich die Anzahl der Freiheitsgrade abnimmt, können die Testentscheidungen aus der vollständigen bzw. der vereinfachten Tafel einander widersprechen. Dies zeigt exemplarisch das folgende Beispiel 22.5 mit realen, nicht konstruierten Zahlen. ◀

Beispiel Bei einer Umfrage im Jahr 1995 unter deutschen Hochschullehrern, die das Fach Statistik für angehende Wirtschaftswissensschaftler, -ingenieuere, -informatiker unterrichten, wurde unter anderem gefragt, wie wichtig in der Lehre für sie die beiden Themen sind: *Grundbegriffe der Wirtschaftswissenschaft* (W) und *Umgang mit statistischer Software* (S). Die drei möglichen Antworten waren wie folgt kodiert: „0" für „das Thema kommt so gut wie nicht vor", „1" für „das Thema wird gestreift" und „2" für „das Thema wird ausführlich behandelt". Die Frage, ob die beiden Themen (S) und (W) voneinander unabhängig sind sollte mit einem α von 5\,% getestet werden.

Tab. 22.6 zeigt die Ergebnisse der Umfrage, Tab. 22.7 die der dazugehörigen Unabhängigkeitszahlen U_{ij}.

Der Wert der Prüfgröße errechnet sich daraus zu $\chi^2_{\mathrm{pg}} = \sum \frac{(n_{ij}-U_{ij})^2}{U_{ij}} = 6.42$. Die Anzahl der Freiheitsgrade ist $(I-1) \cdot$

Tab. 22.6 Kontigenztafel mit den Umfrageergebnissen

S	W			
	0	1	2	$\sum$
0	5	5	4	14
1	5	21	14	40
2	0	6	3	9
$\sum$	10	32	21	63

Tab. 22.7 Kontingenztafel der Unabhängigkeitszahlen

S	W			
	0	1	2	$\sum$
0	2.22	7.11	4.67	14
1	6.35	20.32	13.33	40
2	1.43	4.57	3	9
$\sum$	10	32	21	63

Tab. 22.8 Die vereinfachte Kontingenztafel, Variante 1

S	W		
	0	1/2	$\sum$
0	5	9	14
1/2	5	44	49
$\sum$	10	53	63

Tab. 22.9 Die vereinfachte Kontingenztafel, Variante 2

S	W		
	0/1	2	$\sum$
0/1	36	18	54
2	6	3	9
$\sum$	42	21	63

$(J-1) = (3-1)\cdot(3-1) = 4$. Der Schwellenwert die Prüfgröße ist $\chi^2(4)_{0.95} = 9.49$. Daher kann H_0 nicht abgelehnt werden. Die Daten sprechen nicht gegen die Hypothese der Unabhängigkeit von S und W.

Um die Daten für einen Vortrag übersichtlicher zu gestalten, wurden die Ausprägungen 1 und 2 zu einer neuen Ausprägung (1/2) zusammengefasst. Es wird also nur zwischen den Ausprägungen „0: unwichtig" und "1/2: relevant" unterschieden. Die so vereinfachte Kontingenztafel zeigt Tab. 22.8.

Der Wert der Prüfgröße ist nun $\chi^2_{\mathrm{pg}} = 5.31$. Die Anzahl der Freiheitsgrade ist jedoch von 4 auf $(2-1)(2-1) = 1$ abgesunken. Der Schwellenwert ist $\chi^2(1)_{0.95} = 3.84$. Nun wird H_0 abgelehnt: Die Aussage ist: Die Merkmale S und W sind abhängig.

Zur Kontrolle wird die vollständige Tafel noch einmal anders vereinfacht. Und zwar werden die Ausprägungen 0 und 1 zu einer Klasse $(0/1) = $ „unbedeutend" zusammen gefasst. Die jetzt entstandene Kontingentafel zeigt in Tab. 22.9 sogar die exakten empirischen Unabhängigkeitszahlen $n_{ij} = U_{ij}$.

Der Wert der Prüfgröße ist $\chi^2_{\mathrm{pg}} = 0$. Deutlicher lässt sich Unabhängigkeit empirisch nicht zeigen.

Vorsicht also bei zu stark vereinfachten Tafeln, hier können Daten und Ergebnisse manipuliert werden. ◀

Der Unabhängigkeitstest in der Vierfeldertafel gestaltet sich besonders einfach

Oft werden bei jedem Merkmal nur zwei Ausprägungen betrachtet, die Kontigenztafel vereinfacht sich nun zur Vierfeldertafel. Beispiele zeigen die Tab. 22.8 und 22.9. Allgemein hat die Vierfeldertafel die Gestalt:

Zeilenmerkmal	Spaltenmerkmal		
	Klasse 1	Klasse 2	$\sum$
Klasse 1	n_{11}	n_{12}	$n_{1\bullet}$
Klasse2	n_{21}	n_{22}	$n_{2\bullet}$
$\sum$	$n_{\bullet 1}$	$n_{\bullet 2}$	n

Dann gilt:

Der Unabhängigkeitstest in der Vierfeldertafel

Die Prüfgröße des χ^2-Tests der Nullhypothese H_0: „Das Zeilen- und das Spaltenmerkmal sind unabhängig." ist

$$\chi^2_{\mathrm{PG}} = n \frac{(n_{11}n_{22} - n_{12}n_{21})^2}{n_{1\bullet}n_{2\bullet}n_{\bullet 1}n_{\bullet 2}}.$$

Ist die Nullhypothese H_0 wahr, so ist die Prüfgröße χ^2_{PG} asymptotisch $\chi^2(1)$verteilt mit einem Freiheitsgrad.

Beweis Zum Beweis verwenden wir in der Prüfgröße des Unabhängigkeitstests die relativen anstelle der absoluten Häufigkeiten und schreiben mit $p_{ij} = \frac{n_{ij}}{n}$:

$$\chi^2_{\mathrm{PG}} = \sum_{i=1}^{2}\sum_{j=1}^{2} \frac{(n_{ij} - \frac{n_{i\bullet}n_{\bullet j}}{n})^2}{\frac{n_{i\bullet}n_{\bullet j}}{n}}$$

$$= n \sum_{i=1}^{2}\sum_{j=1}^{2} \frac{(\frac{n_{ij}}{n} - \frac{n_{i\bullet}n_{\bullet j}}{n^2})^2}{\frac{n_{i\bullet}n_{\bullet j}}{n^2}}$$

$$= n \sum_{i=1}^{2}\sum_{j=1}^{2} \frac{(p_{ij} - p_{i\bullet}p_{\bullet j})^2}{p_{i\bullet}p_{\bullet j}}.$$

Um nicht zuviele Indizes schreiben zu müssen, ersetzen wir die Tafel der relativen Häufigkeiten durch die folgende

p_{11}	p_{12}	$p_{1\bullet}$		a	b	$a+b$
p_{21}	p_{22}	$p_{2\bullet}$	$\equiv$	c	d	$a+d$
$p_{\bullet 1}$	$p_{\bullet 2}$	1		$a+c$	$b+d$	1

Dabei ist

$$0 \le a,b,c,d \le 1$$
$$1 = a + b + c + d.$$

In dieser Schreibweise hat die Prüfgröße χ^2_{PG} die Gestalt:

$$\frac{1}{n}\chi^2_{\mathrm{PG}} = \frac{(a-(a+b)(a+c))^2}{(a+b)(a+c)} + \left(\frac{b-(a+b)(b+d)}{(a+b)(b+d)}\right)^2$$
$$+ \left(\frac{c-(a+c)(a+d)}{(a+c)(a+d)}\right)^2 + \left(\frac{d-(a+d)(b+d)}{(a+d)(b+d)}\right)^2.$$
$$(22.12)$$

Wir vereinfachen die Summanden: Es ist

$$a - (a+b)(a+c) = a(1-a-b-c) - bc$$
$$= (ad - bc).$$

Dabei wird $d = 1-a-b-c$ benutzt. Analoge Ergebnisse liefern die anderen vier Summanden. Insgesamt erhält man

$$a - (a + b)(a + c) = (ad - bc). \tag{22.13}$$
$$b - (a + b)(b + d) = -(ad - bc). \tag{22.14}$$
$$c - (a + c)(c + d) = -(ad - bc). \tag{22.15}$$
$$d - (c + d)(b + d) = (ad - bc). \tag{22.16}$$

Damit ist die Prüfgröße

$$\chi^2_{\mathrm{PG}} = n(ad - bc)^2 [*].$$

$$[*] = \frac{1}{(a + b)(a + c)} + \frac{1}{(a + b)(b + d)}$$
$$+ \frac{1}{(a + c)(c + d)} + \frac{1}{(c + d)(b + d)}.$$

Wir bringen den zweiten Faktor $[*]$ auf den Hauptnenner

$$[*] = \frac{(b + d)(c + d) + \cdots (a + b)(a + c)}{(a + b)(a + c)(b + d)(c + d)}.$$

Aus (22.13) bis (22.16) folgt

$$(b + d)(c + d) = d - (ad - bc)$$
$$(a + c)(c + d) = c + (ad - bc)$$
$$(a + b)(b + d) = b + (ad - bc)$$
$$(a + b)(a + c) = a - (ad - bc)$$

Damit ist der Zähler von $[*]$ gerade die Summe der rechten Seiten der vier Gleichungen und damit gleich $a + b + c + d = 1$. Also

$$[*] = \frac{1}{(a + b)(a + c)(b + d)(c + d)}$$
$$\chi^2_{\mathrm{PG}} = \frac{n(ad - bc)^2}{(a + b)(a + c)(b + d)(c + d)}$$
$$= n\frac{\left(\frac{n_{11}}{n}\frac{n_{22}}{n} - \frac{n_{12}}{n}\frac{n_{21}}{n}\right)^2}{\frac{n_{1\bullet}}{n}\frac{n_{2\bullet}}{n}\frac{n_{\bullet 1}}{n}\frac{n_{\bullet 2}}{n}}$$
$$= n\frac{(n_{11}n_{22} - n_{12}n_{21})^2}{n_{1\bullet}n_{2\bullet}n_{\bullet 1}n_{\bullet 2}} \qquad \blacksquare$$

Als Beispiel bestimmen wir den Wert der Prüfgröße χ^2_{PG} aus Beispiel 22.5. Die Kontigenztafel war

	0	1/2	Σ
0	5	9	14
1/2	5	44	49
Σ	10	53	63

Damit erhalten wir

$$\chi^2_{\mathrm{PG}} = 63 \cdot \frac{(5 \cdot 44 - 5 \cdot 9)^2}{14 \cdot 49 \cdot 10 \cdot 53} = 5.31$$

Der Schwellenwert ist $\chi^2_{0.95}(1) = 3.84$. Die Nullhypothese: „Zeilen und Spaltenmerkmal sind unabhängig" wird bei einem $\alpha = 5\,\%$ verworfen.

22.6 Randomisierungs- und Rangtests

Bei einem verteilungsfreien Test ist die Verteilung F_Y von Y unter H_0 vollständig unbekannt. Es gelingt dennoch, Prüfgrößen zu konstruieren, deren Verteilung man explizit oder asymptotisch zu bestimmen kann:

Bei Randomisierungs-oder Rangtests wird die mit der Beobachtung $\mathbf{y}$ gelieferte Information in zwei Teile $a(\mathbf{y})$ und $b(\mathbf{y})$ aufgespaltem. Zum Beispiel ist $a(\mathbf{y})$ der Betrag oder der Rang einer Beobachtung und $b(\mathbf{y})$ das Vorzeichen oder ein Klassenlabel. Bei festem $a(\mathbf{y})$ lässt sich $b(\mathbf{y})$ als Realisation eines Gedankenexperimentes B auffassen.

Daraus lassen sich Prüfgrößen konstruieren, deren mit Verteilungen unter H_0 explizit bestimmbar sind. Die wichtigsten Vertreter dieser Testklasse sind der Randomisierungstest von Fisher und die Rangtests von Wilcoxon.

Fisher-Randomisierungs-Test fragt: Wie hätte denn die die Gesamtheit der Daten zufällig in zwei Haufen getrennt werden können?

Wir gehen aus von zwei unverbundenen Stichproben $X_1, \ldots, X_n$ i.i.d. $\sim F_X$ und $Y_1, \ldots, Y_m \sim F_Y$ und fragen „Stammen beide aus derselben Verteilung?" Wir formulieren dies als Nullhypothese

$$H_0 : F_X = F_Y.$$

Alternativ dazu sei die Verteilung F_Y gegen F_X nach links oder rechts verschoben:

$$H_1 : F_Y(x) = F_X(x - \theta), \quad \theta \neq 0.$$

Die Grundidee des Tests ist: Wenn beide Daten aus derselben Grundgesamtheit stammen, dann lassen sich die $x_1, \ldots, x_n$ und $y_1, \ldots, y_m$ in einen Topf zusammenwerfen und als Ergebnis einer einfachen Stichprobe $z_1, \ldots, z_{n+m}$ vom Umfang $m + n$ interpretieren. Die Zuordnung der Beobachtungen z_i in einen x-Topf und einen y-Topf wäre dann so beliebig wie eine zufällige Etikettierung der Beobachtungen mit den Namen x oder y. Es gibt

$$N = \binom{m + n}{m}$$

verschiedene Möglichkeiten, die z_i des gemeinsamen Topfes auf einen x-Topf und einen y-Topf aufzuteilen. Ist H_0 wahr, so ist jede Aufteilung davon genau so wahrscheinlich wie die andere. Ist aber H_0 falsch und ist die eine Verteilung gegenüber der anderen etwas nach links oder rechts verschoben, dann wird die eine Stichprobe eher kleinere Werte liefern als die andere.

Tab. 22.10 Die möglichen Aufteilungen der 10 Werte auf einen x- und einen y-Topf

Aufteilung A_i	4	5	6	6	7	7.5	9	9	12	13	$\sum_{i=1}^{4} x_i$
1	x	x	x	x	y	y	y	y	y	y	21
2	x	x	x	y	x	y	y	y	y	y	22
3	x	x	y	x	x	y	y	y	y	y	22
4	x	x	x	y	y	x	y	y	y	y	22.5
5	x	x	y	x	y	x	y	y	y	y	22.5
6	x	y	x	x	x	y	y	y	y	y	23
⋮	⋮	⋮							⋮	⋮	⋮
204				x			x		x	x	40
205				x				x	x	x	40
206					x			x	x	x	41
207					x		x		x	x	41
208						x	x		x	x	41.5
209						x		x	x	x	41.5
210							x	x	x	x	43

Betrachten wir ein konkretes Beispiel. Beobachtet werden 4 x-Werte und 6 y-Werte. Die folgende Tabelle zeigt die der Größe nach geordneten x-, y-, und die in einen Topf zusammen geworfenen z-Werte:

x-Topf	4	6	6	7						
y-Topf	5	7.5	9	9	12	13				
z-Topf	4	5	6	6	7	7.5	9	9	12	13

Es gibt insgesamt

$$\binom{10}{4} = 210$$

verschiedene Aufteilungen A_i in einen x-Topf und einen y-Topf. Tab. 22.10 zeigt die nach der Summe der Ausprägungen im x-Topf sortierten Aufteilung.

Bei der ersten Aufteilung A_1 liegen gerade die vier kleinsten Werte im x-Topf, die großen Werte alle im y-Topf. Würden wir diese Aufteilung in der Realität beobachten, würden wir sicherlich stutzen und hätten höchste Zweifel, dass die x-Werte aus der selben Verteilung stammen wie die y-Werte. Ähnlich würden wir bei A_2 an H_0 zweifeln, vielleicht auch an A_3 und A_4. Bei den Aufteilungen am anderen Ende etwa A_{207} bis A_{210} würden wir analog vorgehen.

Zwar sind unter H_0 alle Aufteilungen gleich wahrscheinlich. In Anbetracht aber der Möglicheit, dass H_0 falsch ist, werden wir bei den Aufteilungen mit extrem kleinen oder extrem großen Summen an H_0 zweifeln. Diese sollen die kritische Region bilden.

Bei einem $\alpha = 5\,\%$ ist $210\alpha = 10.5$. Wir werden daher 10 Aufteilungen und zwar die mit den 5 kleinsten und die 5 größten Summen zur kritische Region erklären.

Die Prüfgröße PG_{Fisher} unseres Testes, des **Fisher-Randomisierungstestes**, ist

$$PG_{\text{Fisher}} = \text{Summe der Beobachtungen im } x\text{-Topf}.$$

Die extremen Werte von PG_{Fisher} bilden die kritische Region mit

$$P\left(PG_{\text{Fisher}} \in \text{Kritische Region}\right) \leq \alpha.$$

Die Realisierung der Prüfgröße ist die Summe der x_i des real beobachteten x-Topfes:

$$\text{pg}_{\text{Fisher}} = \sum_{i=1}^{n} x_i.$$

H_0 wird genau dann abgelehnt, falls der realisierte Wert in der kritischen Region liegt. Der Test mit den kritischen Aufteilungen A_1 bis A_5 und A_{206} bis A_{210} hat das Niveau

$$\frac{10}{210} = 4.76\,\% = \alpha_{\text{realisiert}}.$$

Die beobachtete Aufteilunge A_6 mit $\text{pg} = 23$ liegt im Annahmebereich. Also wird H_0 bei einem $\alpha' = 4.76\,\%$ nicht verworfen.

Diese so außerordentlich einfache Test hat Reihe von Vorzügen:

- Nach Konstruktion hat dieser Test das Niveau α. Die Wahrscheinlichkeit, dass eine richtige Nullhypothese fälschlicherweise abgelehnt wird ist $\alpha_{\text{realisiert}} \leq a$.
- Soll das Niveau α voll ausgeschöpft werden, kann an den beiden Aufteilungen, die die Grenze des Annahmebereichs bilden, hier im Beispiel die Aufteilungen A_6 und A_{205} noch randomisiert werden.
- Der Test benötigt keinerlei Voraussetzungen über die Verteilungen F_X und F_Y.
- Je nach Wahl der Prüfgröße ist der Test für unterschiedliche Alternativen geeignet. So können nur die kleinen oder nur die großen Aufteilungen zu kritischen Region erklärt werden.
- Bei großem n und m kann die Verteilung von PG_{Fisher} durch Simulation bestimmt werden. Die restliche Argumentation ist ungeändert.

Tab. 22.11 Die Daten werden durch ihre Ränge in der zusammengefassten Stichprobe ersetzt

x-Topf	4	6	6	7						
y-Topf	5	7.5	9	9	12	13				
z-Topf	4	5	6	6	7	7.5	9	9	12	13
Rang von z	1	2	3	4	5	6	7	8	9	10
Mittel-Rang von z	1	2	3.5	3.5	5	6	7.5	7.5	9	10

Beim Wilcoxon-Rang-Summen-Test werden die beobachteten Zahlwerte durch die Ränge ersetzt

Der Nachteil des Fisher Randomisierungstestes ist die mühsame Bestimmung aller möglichen Aufteilungen und die Sortierung der Aufteilungen nach der Größe der Summe der x_i. Nun ersetzen wir die z_i durch ihre Ränge. Die Prüfgröße ist die Rangsumme der Elemente der x-Klasse. Ansonsten ist die Argumentation wie beim Randomisierungstest. Die getesteten Hypothesen sind wieder

$$H_0 : F_X = F_Y,$$
$$H_1 : F_Y(x) = F_X(x - \theta), \ \theta \neq 0.$$

Wir setzen das Beispiel fort. Tab. 22.11 zeigt die der Größe nach geordneten x-, y-, und z-Werte und ihre Ränge.

Stimmen zwei oder mehr Ausprägungen überein, erhalten sie alle den gleichen Mittelwert aus den sonst vergebenen Rangzahlen. Dies ist der Mittel-Rang. Als Prüfkriterium des Wilcoxon-Rang-Summen-Tests wird die Rangsumme der x-Klasse gewählt: Es gibt insgesamt

$$\binom{10}{4} = 210$$

verschiedene Aufteilungen der $N = 10$ Rangzahlen auf zwei Klassen Tab. 22.12 zeigt die nach der Summe der Ränge der x-Klasse sortierten Aufteilungen im Ausschnitt. Dabei sind nur die x-Symbole angegeben und die komplementären y-Symbole der größeren Übersichtlichkeit zuliebe weggelassen worden.

Bei einem $\alpha = 5\,\%$ bilden $\lfloor 210\alpha \rfloor = 10$ Aufteilungen die kritische Region. Bei einer symmetrischen Aufteilung bilden daher die 5 kleinsten und die 5 größten Summen die kritische Region. Die Rangsummen, die kleiner als 13 oder größer als 30 sind bilden die Kritische Region. Das realisisierte α ist dabei

$$\alpha_{\text{realisisiert}} = 10/210 = 4.7619 \cdot 10^{-2}.$$

Die beobachtet Aufteilung A_6 liefert die Rangsumme 13, die im Annahmebereich liegt. (Zur genauen Ausschöpfung von α müsste bei der Rangsumme 13 genau so wie bei der Rangsumme 30 randomisiert werden.)

Der große Vorteil des Wilcoxon-Rangsummen-Test liegt in folgendem: Anstelle der beliebigen rellen Zahlen z_i haben wir es jetzt nur noch mit den natürlichen Zahlen von 1 bis $N = m + n$ zu tun. Die möglichen Aufteilungen auf zwei Klassen und die Berechnung der Rangsummen lässt sich nun von vornherein numerisch berechnen und tabellieren.

Wir bezeichnen die Prüfgröße Wilcoxon-Rangsummen-Test mit $W_{m;n}$. Dabei ist m der Umfang der x-Stichprobe kleinergleich n, dem Umfang der y-Stichprobe. Ist $m > n$, so vertauschen wir die Benennungen der beiden Stichproben. Für kleinere n und m sind die Quantile von $W_{m;n}$ vertafelt.

Die Verteilung von $W_{m;n}$ ist symmetrisch zu seinem Erwartungswert, dieser ist, wie wir später zeigen werden gleich

$$\mathrm{E}\left(W_{m;n}\right) = \frac{m(n + m + 1)}{2} = \mu.$$

Im Buch von H. Büning, G. Trenkler: *Nicht parametrische statistische Methoden*, De Gruyter (1994) werden für $m, n \leq 25$ und für verschiedene Werte von α die unteren Grenzen $w_{m;n;\alpha}$ der kritischen Region angegeben.

Tab. 22.12 Die Aufteilung der Rangzahlen auf einen x- und einen y-Topf

A_i	1	2	3.5	3.5	5	6	7.5	7.5	9	10	Rangsumme
1	x	x	x	x							10
2	x	x	x		x						11.5
3	x	x		x	x						11.5
4	x	x	x			x					12.5
5	x	x		x		x					12.5
6	x		x	x	x						13
$\vdots$	$\vdots$	$\vdots$	$\vdots$	$\vdots$	$\vdots$	$\vdots$	$\vdots$	$\vdots$	$\vdots$	$\vdots$	$\vdots$
204				x			x		x	x	30
205				x				x	x	x	30
206					x			x	x	x	31.5
207					x		x		x	x	31.5
208						x	x		x	x	32.5
209						x		x	x	x	32.5
210							x	x	x	x	34

Tab. 22.13 Rechte, obere Grenze $w_{m;n;\alpha}$ der einseitigen kritischen Region für $m = 4$ und $n = 4$ bis 20

n	α					2μ
	0.005	0.01	0.025	0.05	0.1	
4	0	0	10	11	13	36
5	0	10	11	12	14	40
6	10	11	12	13	15	44
7	10	11	13	14	16	48
8	11	12	14	15	17	52
9	11	13	14	16	19	56
10	12	13	15	17	20	60
11	12	14	16	18	21	64
12	13	15	17	19	22	68
13	13	15	18	20	23	72
14	14	16	19	21	25	76
15	15	17	20	22	26	80
16	15	17	21	24	27	84
17	16	18	21	25	28	88
18	16	19	22	26	30	92
19	17	19	23	27	31	96
20	18	20	24	28	32	100

Tab. 22.13 zeigt – mit freundlicher Genehmigung der Autoren – einen Ausschnitt von Tabelle L auf Seite 399 des Buchs von Büning und Trenkler. Die Prüfgröße Wilcoxon-Rangsummen-Test mit $W_{m;n}$ ist dort kurz nur mit W_N bezeichnet.

Für $w_{m;n;\alpha}$ gilt

$$P\left(W_{m;n} \leq w_{m;n;\alpha}\right) \leq \alpha.$$
$$P\left(W_{m;n} \leq w_{m;n;\alpha} + 1\right) > \alpha$$

Die obere Grenze des Annahmebereichs liegt spiegelbildlich dazu rechts vom Erwartungswert:

$$w_{m;n;1-\alpha} = 2\mu - w_{m;n;\alpha}$$

Der Annahmebereich ist dann

$$w_{m;n;\alpha} < W_{m;n} < w_{m;n;1-\alpha}.$$

Verwenden wir die Tabellen von Büning, Trenkler, so folgt für $\alpha = 5\,\%$ mit $m = 4$ und $n = 6$ die Grenze $w_{m;n;0.025} = 12$. Damit ist $w_{m;n;0.975} = 44 - 12$. Der Annahmebereich ist

$$12 < W_{m;n} < 32.$$

Beobachtet wurde mit $W_{m;n} = 13$ ein Wert im Annahmebereich, die Nullhypothese wird nicht verworfen.

Achtung In Tabellen bei anderen Autoren sind mitunter die Grenzen des Annahmebereichs angegeben. Achte auf die unterschiedlichen Tabellierungen! ◄

Wichtige Eigenschaften des Tests

- Die wesentlichen Vorteile des Tests:
  - Der Test setzt keine Verteilungsannahmen voraus. Er ist daher stets dem t-Test vorzuziehen, wenn an der Normalverteilungsannahme gezweifelt werden muss.
  - Der Test ist robust mit nur geringem Effizienzverlust gegenüber dem t-Test.
- Bindungen sind für die Entscheidung problemlos, wenn sie nur innerhalb der x-Werte oder der y-Werte auftreten. Ansonsten werden Mittelränge vergeben oder Zufallszuordnungen. Eine geringe Anzahl von Bindungen verändert die Verteilung der Prüfgröße nicht wesentlich.
- Legen wir die kritische Region nur in die großen oder in die kleinen Werte der Prüfgröße lassen sich mit dem Wilcoxon Test auch einseitige Hypothesen testen.
- Die Verteilung der Prüfgröße $W_{m;n}$ ist symmetrisch, sie liegt tabelliert vor. Dabei ist

$$\mathrm{E}\left(W_{m;n}\right) = \frac{m\left(m + n + 1\right)}{2},$$
$$\mathrm{Var}\left(W_{m;n}\right) = \frac{1}{12}\left(m + n + 1\right)nm.$$

- $W_{m;n}$ asymptotisch normalverteilt. Für $n + m > 30$ lässt sich $W_{m;n}$ gut durch die $N\left(\frac{m(m+n+1)}{2}; \frac{(m+n+1)nm}{12}\right)$-Verteilung approximieren.

Der Nachweis der asymptotischen Normalität ist nicht trivial, da die V_i nicht voneinander unabhängig sind. Wir verzichten darauf und beschränken uns auf den Beweis der Aussagen über Erwartungswert und Varianz von W_{mn}.

Beweis Wir schreiben die Prüfgröße als

$$W_{m;n} = \sum_{i=1}^{N} V_i \cdot g_i.$$

Dabei ist $N = m + n$, $g_i = \mathrm{Rang}\,(z_i)$ und V_i ist die Indikatorvariable, die angibt, in welche Klasse eine Beobachtung einsortiert wird:

$$V_i = \begin{cases} 1 & \text{Das } i\text{-te Element wird in die } X\text{-Klasse einsortiert.} \\ 0 & \text{Das } i\text{-te Element wird in die } Y\text{-Klasse einsortiert.} \end{cases}$$

Die V_i haben eine Zweipunktverteilung

$$P\left(V_i = 1\right) = \frac{m}{N} \quad P\left(V_i = 0\right) = \frac{n}{N}.$$

Daher ist

$$\mathrm{E}\left(V_i\right) = \frac{n}{N} \quad \text{und} \quad \mathrm{Var}\left(V_i\right) = \frac{m}{N}\frac{n}{N}.$$

Die V_i sind aber nicht voneinander unabhängig:

$$\begin{aligned}
\mathrm{E}\left(V_i V_j\right) &= \sum v_i v_j P\left(V_i = v_i; V_j = v_j\right) \\
&= P\left(V_i = 1; V_j = 1\right) \\
&= P\left(V_i = 1 \,\middle|\, V_j = 1\right) P\left(V_j = 1\right) \\
&= \frac{m-1}{N-1} \frac{m}{N}, \\
\mathrm{Cov}\left(V_i; V_j\right) &= \mathrm{E}\left(V_i V_j\right) - \mathrm{E}\left(V_i\right) \mathrm{E}\left(V_j\right) \\
&= \frac{m-1}{N-1}\frac{m}{N} - \left(\frac{m}{N}\right)^2 = -\frac{mn}{N^2\left(N-1\right)}.
\end{aligned}$$

Daraus folgt

$$\mathrm{Cov}\left(\mathbf{V}\right) = \frac{mn}{N\left(N-1\right)}\left(\mathbf{I} - \frac{1}{N}\mathbf{1}\mathbf{1}'\right).$$

Daher gilt für die Prüfgröße:

$$\begin{aligned}
\mathrm{E}\left(W_{m;n}\right) &= \sum_{i=1}^{N} g_i \mathrm{E}\left(V_i\right) = \frac{m}{N}\sum_{i=1}^{N} g_i \\
&= \frac{m}{N}\sum_{i=1}^{N} i = \frac{m}{N}\frac{N\left(N+1\right)}{2}. \\
\mathrm{Var}\left(W_{m;n}\right) &= \mathbf{g}^\top \mathrm{Cov}\left(\mathbf{V}\right)\mathbf{g} \\
&= \frac{mn}{N\left(N-1\right)}\left(\sum g_i^2 - \frac{1}{N}\left(\sum g_i\right)^2\right) \\
&= \frac{mn}{N\left(N-1\right)}\left(\sum_{i=1}^{N} i^2 - \frac{1}{N}\left(\sum_{i=1}^{N} i\right)^2\right) \\
&= \frac{mn}{N\left(N-1\right)}\left(\frac{N\left(N+1\right)\left(2N+1\right)}{6}\right. \\
&\qquad\qquad \left. - \frac{1}{N}\left(\frac{N\left(N+1\right)}{2}\right)^2\right) \\
&= \frac{1}{12}\left(N+1\right)mn.
\end{aligned}$$

Bei verbundenen Stichproben wird der Rangtest auf die Differenzen angewendet

Wir beginnen wieder mit einem Beispiel:

Beispiel: Tierversuch 1 Bei einem Tierversuch wird gemessen, wieviel Zeit Ratten brauchen, um den Ausgang aus einem Labyrinth zu finden. Dann erhalten diese eine spezielle Droge und werden ein zweites Mal in das Labyrinth geschickt. Für jedes Tier liegen zwei Zeiten (x_i, y_i) vor, dabei ist x der Wert vor und y der Wert nach der Behandlung. Tab. 22.14 zeigt diese Daten.

Die Frage ist, ob die Behandlung einen systematischen Einfluss auf die Tiere und damit auf die Zeiten gehabt hat.

Tab. 22.14 Zeiten des Tierversuchs

x_i	3.5	1.8	2.5	3.1	2.7	13.0	22.1	2.2	2.6	8.0
y_i	2.8	3.0	2.5	2.7	3.3	12.4	23.1	2.9	2.7	8.2

Zwei Dinge sind wichtig: Erstens sind die x- und die y-Werte voneinander abhängig, sie sind Messungen jeweils bei einem Tier. Dabei sind die (x_i, y_i)-Paare voneinander unabhängig, es handelt sich um Messungen verschiedener Tiere. Es handelt sich um eine **verbundene Stichprobe**.

Zweitens ist die Streuung der Daten auffällig: 7 Wertepaare liegen unter 3.5 und 3 Paare liegen über 8. Das Modell einer zweidimensionalen Normalverteilung ist nicht angemessen. ◄

Um die im Beispiel gestellte Frage zu beantworten, bietet sich der Vorzeichentest an.

Die Voraussetzungen des Testes sind: Es liegt eine verbundene Stichprobe $(x_i, y_i)\, i = 1 \ldots n$, aus einer stetigen zweidimensionalen Verteilung vor.

Die Idee des Tests ist:

Wenn die Behandlung keinen Einfluss hat, dann sollte der Y Wert rein zufällig mal größer, mal kleiner als der zugehörige X-Wert sein. Das Vorzeichen der Differenz $D_i = X_i - Y_i$ muss dann mit Wahrscheinlichkeit 0.5 positiv oder negativ sein. Unsere Fragestellung nach einem Behandlungseffekt führt zur Frage: Ist die Verteilung der Differenzen symmetrisch zum Nullpunkt? Dies lässt sich als Nullhypothese

H_0 : Die Verteilung der Differenzen ist symmetrisch zum Nullpunkt.

mit der Alternative

H_1 : Die Verteilung der Differenzen ist nicht symmetrisch zum Nullpunkt.

formulieren. Diese Nullhypothese lässt sich nun leicht überprüfen. Wir setzen das Beispiel „Tierversuch 1" fort:

Beispiel: Tierversuch 2 Die Daten und ihre Differenzen $x_i - y_i$ aus dem obigen Beispiel „Tierversuch 1" sind in Tab. 22.15 aufgeführt.

Die Ausprägung Null wird nicht betrachtet. Ignorieren wir die Vorzeichen und die Ausprägung 0 so haben wir die folgenden, der Größe nach geordneten Werte:

$$0.1 \quad 0.2 \quad 0.4 \quad 0.6 \quad 0.6 \quad 0.7 \quad 0.7 \quad 1 \quad 1.2$$

Tab. 22.15 Die Zeiten vor und nach der Behandlung sowie die Zeitdifferenzen

x_i	3.5	1.8	2.5	3.1	2.7	13.0	22.1	2.2	2.6	8.0
y_i	2.8	3.0	2.5	2.7	3.3	12.4	23.1	2.9	2.7	8.2
$x_i - y_i$	0.7	−1.2	0	0.4	−0.6	0.6	−1.0	−0.7	−0.1	−0.2

Tab. 22.16 Die Verteilung der Vorzeichen auf die Beträge der Differenzen

	0.1	0.2	0.4	0.6	0.6	0.7	0.7	1	1.2	$\sum |x_i - y_i|$
A_1	−	−	−	−	−	−	−	−	−	0
A_2	+	−	−	−	−	−	−	−	−	0.1
A_3	−	+	−	−	−	−	−	−	−	0.2
A_4	+	+	−	−	−	−	−	−	−	0.3
A_5	−	−	+	−	−	−	−	−	−	0.4
A_6	+	−	−	+	−	−	−	−	−	0.5
A_7	−	−	−	−	+	−	−	−	−	0.6
A_8	−	−	−	−	−	+	−	−	−	0.6
A_9	−	+	+	−	−	−	−	−	−	0.6
A_{10}	−	−	−	−	−	−	+	−	−	0.7
A_{11}	−	−	−	−	−	−	−	+	−	0.7
A_{12}	+	−	−	−	+	−	−	−	−	0.7
A_{13}	+	−	−	−	−	+	−	−	−	0.7
A_{14}	+	+	+	−	−	−	−	−	−	0.7

Bei $n = 9$ von Null verschiedenen $|x_i - y_i|$ gibt es $2^9 = 514$ verschiedene Möglichkeiten die Vorzeichen zu verteilen. Unter der Nullhypothese sind alle Anordnungen gleichwahrscheinlich. Jede Aufteilung tritt mit der Wahrscheinlichkeit $1/514$ auf.

In der Tab. 22.16 sind die ersten 14 Aufteilung aufgeführt und nach der Größe von

$$\mathrm{PG} = \sum_{\text{Vorzeichen ist } +} |x_i - y_i|$$

geordnet.

Die Frage ist: „Aus welchen Vorzeichenaufteilungen A_i bilden wir die kritische Region?" Wenn sich aufgrund der Behandlung die Zeiten vergrößert hätten, müssten die Differenzen $x_i - y_i$ in der Mehrzahl negativ sein. Hätten sie sich verkleinert, wären die Differenzen überwiegend positiv. In beiden Fällen wären sie betragsmäßig groß. Daher werden wir die Anordnungen, bei denen die betragsmäßig größten Differenzen alle positive bzw. negative Vorzeichen erhalten, zur kritischen Region erklären.

Bei einem $\alpha = 5\,\%$ bilden $\lfloor 514 \cdot 0.05 \rfloor = 25.0$ Anordnungen die kritische Region. Da wir auf beiden Rändern symmetrisch vorgehen, aber das Signifikanzniveau α nicht überschreiten dürfen, wählen wir auf beiden Seiten 12 Anordnungen. Da die Prüfgröße $\mathrm{PG} = \sum |x_i - y_i|$ für die letzten 5 Anordnungen mit dem Wert 0.7 übereinstimmt, wird bei diesen randomisiert. Ist α_{Rand} Die Wahrscheinlichkeit, das eine der 5 Anordnungen A_{10} bis A_{14}, die an der Grenze der kritischen Region liegen, auftritt sei α_{Rand}. Wird nun bei jeder dieser 5 Anordnungen die Nullhypothese mit der Wahrscheinlichkeit

$$\gamma = \frac{\alpha_{\text{erlaubt}} - \alpha_{\text{realisiert}}}{\alpha_{\text{Rand}}}$$
$$= \frac{0.025 - \frac{9}{514}}{\frac{5}{514}} = 0.77$$

abgelehnt, wird das Signifikanzniveau α exakt ausgeschöpft. Wird demnach ein Wert $\sum |x_i - y_i| < 0.7$ beobachtet, wird H_0 mit Sicherheit abgelehnt, falls mit $\sum |x_i - y_i| = 0.7$ ist, wird H_0 nur Wahrscheinlichkeit 0.77 abgelehnt. Analog gehen wir am oberen Rand der Tabelle aller Anordnungen vor.

Beobachtet wurde eine Summe von

$$\sum_{\text{Vorzeichen ist } +} |x_i - y_i| = 0.7 + 0.4 + 0.6 = 1.7.$$

Diese liegt im Annahmebereich. Also kann H_0 nicht abgelehnt werden. ◀

Der Nachteil dieses Tests ist die mühsame Bestimmung der kritischen Region. Dies lässt sich jedoch leicht vermeiden, wenn die Zahlen $|x_i - y_i|$ durch ihre Ränge ersetzt werden.

Beim Wilcoxon-Matched-Pair-Signed-Rank-Test werden die Differenzen durch ihre Ränge ersetzt

Wir gehen wie eben beim Vorzeichentest vor, ordnen die $|x_i - y_i|$ der Größe nach und ersetzen die Zahlen durch ihre Ränge. Dann testen wir die Nullhypothese der Symmetrie. Die Prüfgröße ist die Rangsumme mit positivem Vorzeichen. Nulldifferenzen werden ignoriert, dadurch kann sich die Zahl n der Differenzen auf die effektive Zahl n' reduzieren. Die Prüfgröße des Wilcoxon-Matched-Pair-Signed-Rank-Test wird üblicherweise mit W_n^+ bezeichnet.

$$W_n^+ = \sum_{\text{Vorzeichen} > 0} \mathrm{Rang}\,(x_i - y_i).$$

Dann gilt unter der Nullhypothese

$$\mathrm{E}\left(W_n^+\right) = \frac{n\,(n+1)}{4},$$
$$\mathrm{Var}\left(W_n^+\right) = \frac{n\,(n+1)\,(2n+1)}{24}.$$

Dabei ist n die effektive Anzahl der von Null verschiedenen Differenzen. Die Verteilung der Rangsumme ist für kleine n tabelliert.

Wir setzen die Beispiele „Tierversuch 1" und „Tierversuch 2" fort

Beispiel: Tierversuch 3 Im vorigen Beispiel „Tierversuch 2" wurde die Zeiten x_i und y_i beobachtet und daraus die Differenzen $x_i - y_i$ gebildet. Tab. 22.17 zeigt diese Werte, sowie die Beträge $|x_i - y_i|$, die Rangzahlen dieser der Größe nach geordneten Beträge und die beobachteten Vorzeichen.

Die Verteilung von W_n^+ ist explizit bestimmbar und liegt tabelliert vor. Tab. 22.18 zeigt einen Ausschnitt der Tabelle **H**, von Seite 392 aus dem bereits genannten Buch von Büning und Trenkler.

Dabei gilt

$$P\left(W_n \leq w_{n;\,\alpha}^+\right) \leq \alpha \quad \text{und} \quad P\left(W_n \leq 1 + w_{n;\,\alpha}^+\right) > \alpha$$

Die linke untere Grenze des kritischen Region liegt spiegelbildlich zum Erwartungswert rechts davon.

Tab. 22.17 Die Rangzahlen der Beträge der beobachteten Zeitdifferenzen und die wahre Vorzeichenverteilung

x_i	3.5	1.8	2.5	3.1	2.7	13.0	22.1	2.2	2.6	8.0
y_i	2.8	3.0	2.5	2.7	3.3	12.4	23.1	2.9	2.7	8.2
$x_i - y_i$	0.7	-1.2	0	0.4	-0.6	0.6	-1.0	-0.7	-0.1	-0.2
$|x_i - y_i|$	0.7	1.2	0	0.4	0.6	0.6	1.0	0.7	0.1	0.2
Ränge	6.5	9		3	4.5	4.5	8	6.5	1	2
Vorzeichen	$+$	$-$		$+$	$-$	$+$	$-$	$-$	$-$	$-$

Tab. 22.18 Rechte obere Grenze $w_{n;\alpha}^{+}$ der einseitigen kritischen Region

n	α 0.005	0.01	0.025	0.05	0.1	0.2	0.3	0.4	$\frac{n(n+1)}{2}$
4	0	0	0	0	0	2	2	3	10
5	0	0	0	0	2	3	4	5	15
6	0	0	0	2	3	5	7	8	21
7	0	0	2	3	5	8	10	11	28
8	0	1	3	5	8	11	13	15	36
9	1	3	5	8	10	14	17	19	45
10	3	5	8	10	14	18	21	24	55
11	5	7	10	13	17	22	26	29	66
12	7	9	13	17	21	27	31	35	78
13	9	12	17	21	26	32	37	41	91
14	12	15	21	25	31	38	43	47	105
15	15	19	25	30	36	44	50	54	120
16	19	23	29	35	42	50	57	62	136
17	23	27	34	41	48	57	64	70	153
18	27	32	40	47	55	65	72	79	171
19	32	37	46	53	62	73	81	88	190
20	37	43	52	60	69	81	90	97	210

Bei einem $\alpha = 5\,\%$ und einer effektiven Stichprobengröße von $n = 9$ liest man aus Tab. 22.18 die rechte obere Grenze der kritischen Region als $w_{9;\,0.025} = 5$ ab. Im Beispiel wurde eine Rangsumme von $6.5 + 3 + 4.5 = 11$ beobachtet. Sie liegt im Annahmebereich. H_0 kann nicht abgelehnt werden. ◄

Wir fassen zusammen:

Der Wilcoxon Rangsummentest testet Hypothesen über das Symmetriezentrum $\theta = \theta_0$ einer symmetrischen Verteilung. Er setzt eine unverbundene Stichprobe $\{d_i = y_i - \theta_0\}$ – oder bei einer verbundenen Stichprobe Differenzpaare $\{d_i = x_i - y_i\}$ – und stetige Verteilungen voraus. Dabei werden die d_i durch ihre Ränge ersetzt. Alle Daten mit $d_i = 0$ werden nicht in die Rechnung mit einbezogen, da man hier keine Vorzeichen unterscheiden kann. n ist die *effektive* Anzahl der Werte mit $d_i \neq 0$. Die Prüfgröße des Wilcoxon-Rangsummen-Test ist dann

$$W_n^+ = \sum_{i}^{n} V_i \cdot \mathrm{Rang}\left(|d_i|\right)$$

Dabei sind die V_i unabhängige zufällige Variablen, die mit Wahrscheinlichkeit $\frac{1}{2}$ die Werte Null oder Eins annehmen. Die Realisation der Prüfgröße im realen Experiment ist die Summe

der realisierten positiven Rangzahlen

$$w_n^+ = \sum_{\text{Vorzeichen: }+} \mathrm{Rang}\left(|d_i|\right)$$

Die kritische Region besteht aus den extremen Werten der Prüfgröße. Die Verteilung von W_n^+ ist explizit bestimmbar und liegt tabelliert vor. W_n^+ ist symmetrisch um den Erwartungswert verteilt. W_n^+ nimmt ganzzahlige Werte im Intervall $\left[0;\,\frac{n(n+1)}{2}\right]$ an. Daher ist

$$P\left(W_n^+ \leq a\right) = P\left(W_n^+ \geq \frac{n(n+1)}{2} - a\right).$$

Ein zweiseitiger Test hat daher die kritische Region

$$\left\{W_n^+ \leq w_{n;\alpha}\right\} \cup \left\{W_n^+ \geq \frac{n(n+1)}{2} - w_{n;\alpha}\right\}. \qquad (22.17)$$

Weiter ist

$$\mathrm{E}\left(W_n^+\right) = \frac{n(n+1)}{4}, \qquad (22.18)$$

$$\mathrm{Var}\left(W_n^+\right) = \frac{n(n+1)(2n+1)}{24}. \qquad (22.19)$$

W_n^+ ist asymptotisch normalverteilt, die Grenzverteilung kann ab $n > 20$ verwendet werden.

Beweis Die Ränge der $|d_i|$ sind natürliche Zahlen, die von 1 bis n laufen. Daher ist

$$W_n^+ = \sum_{i=1}^{n} V_i \cdot \mathit{Rang}\left(|d_i|\right) = \sum_{i=1}^{n} i \cdot V_i$$

Dabei sind die V_i unabhängige zufällige Variablen, die mit Wahrscheinlichkeit $\frac{1}{2}$ die Werte Null oder Eins annehmen. Daher ist $\mathrm{E}\left(V_i\right) = 1/2$ und $\mathrm{Var}\left(V_i\right) = \frac{1}{4}$. Daraus folgt:

$$\mathrm{E}\left(W_n^+\right) = \sum_{i=1}^{n} i\,\mathrm{E}\left(V_i\right)$$

$$= \frac{1}{2}\sum_{i=1}^{n} i = \frac{1}{2}\frac{n(n+1)}{2}.$$

$$\mathrm{Var}\left(W_n^+\right) = \sum_{i=1}^{n} i^2\,\mathrm{Var}\left(V_i\right)$$

$$= \frac{1}{4}\sum_{i=1}^{n} i^2 = \frac{1}{4}\frac{n(n+1)(2n+1)}{6}.$$

Aus dem zentralen Grenzwertsatz folgt dann die asymptotische Normalverteilung von W_n^+.

Die Summe W_n^+ der Ränge mit positivem Vorzeichen und die Summe W_n^- der Ränge mit negativem Vorzeichen ist $\frac{n(n+1)}{2}$. Tauschen wir in einer Vorzeichenverteilung alle Vorzeichen um, ändert sich W_n^+ zu W_n^-. Daher sind beide gleichwahrscheinlich.

$$P\left(W_n^+ = a\right) = P\left(W_n^- = \frac{n(n+1)}{2} - a\right). \qquad \blacksquare$$

Lineare Regression – die Suche nach Abhängigkeiten (zu Kap. 41)

23

Wie viele Ausgleichsgeraden sind möglich und wie finde ich sie?

Was ist die Empfindlichkeit einer Messanordnung?

Wie kann ich von y auf x zurückschließen?

Was heißt: Unter der Nachweisbarkeitsgrenze?

Kapitel 23

© Springer-Verlag GmbH Deutschland 2017

T. Arens et al., *Ergänzungen und Vertiefungen zu Arens et al., Mathematik*, DOI 10.1007/978-3-662-53585-1_23

In diesem Kapitel ist das Bonusmaterial zu Kapitel 41 aus dem Lehrbuch Arens et al. *Mathematik* zusammengestellt.

23.1 Parameterschätzung im Regressionsmodell

Die Darstellung in diesem Kapitel stützt sich im Wesentlichen auf das Buch „Lineare statistische Methoden" von U. Kockelkorn. Wie dort werden wir intensiv mit dem Begriff der linearen Projektion arbeiten. Dabei werden wir mit

$$\mathbf{P_A} : \mathbf{V} \to \mathbf{A} \quad \text{mit } y \in \mathbf{V} \to \mathbf{P_A}\,(y) \in \mathbf{A}$$

die Projektion vom Oberraum $\mathbf{V}$ in den Unterraum $\mathbf{A}$ bezeichnen. Ist $\mathbf{A}$ eine Matrix, so schreiben wir für die Projektion $\mathbf{P}_{\langle \mathbf{A} \rangle}$ in den Spaltenraum $\langle \mathbf{A} \rangle$ der Matrix $\mathbf{A}$ abkürzend nur $\mathbf{P_A}$. Am Ende dieses Bonuskapitels stellen wir in einem Exkurs wichtige Eigenschaften der Projektion zusammen.

Wir gehen im weiteren aus vom Modell

$$y = \sum_{j=0}^{m} x_j \beta_j + \varepsilon = \mathbf{X}\beta + \varepsilon.$$

Dabei werden wir, so wie generell in Kap. 41 des Hauptwerks, im Schriftbild nicht zwischen Zufallsvariablen und ihren Realisationen unterscheiden. Der Modellraum $\mathbf{M}$ wird von $m + 1$ nicht notwendig linear unabhängigen Regressoren $x_0, \dots, x_m$ aufgespannt:

$$\mathbf{M} = \langle x_0, \dots, x_m \rangle = \langle \mathbf{X} \rangle.$$

Der KQ-Schätzer für $\mu = E\,(y)$ ist die Projektion von y in den Modellraum

$$\widehat{\mu} = \mathbf{P_M} y.$$

Ist das Modell korrekt, dann liegt μ im Modellraum, andernfalls ist das Modell falsch. In diesem Fall ist $\widehat{\mu}$ nicht mehr erwartungstreu:

$$E\left(\widehat{\mu}\right) = E\,(\mathbf{P_M} y) = \mathbf{P_M} E\,(y) = \mathbf{P_M} \mu \neq \mu.$$

Jeder Parametervektor $\widehat{\beta}$, der die Gleichung

$$\widehat{\mu} = \mathbf{X}\widehat{\beta}$$

erfüllt, heißt **Kleinst-Quadrat-Schätzer** oder kurz **KQ-Schätzer** von β. Wegen $\widehat{\mu} = \mathbf{X}\mathbf{X}^+ y$ ist

$$\widehat{\beta} = \mathbf{X}^+ y$$

ein KQ-Schätzer. Hat $\mathbf{X}$ nicht den vollen Rang, so sind zur speziellen Lösung $\widehat{\beta} = \mathbf{X}^+ y$ alle Lösungen des homogenen linearen Gleichungssystems $\mathbf{X}\widehat{\beta} = \mathbf{0}$ zu addieren.

Der Kleinst-Quadrat-Schätzer

Der Kleinst-Quadrat-Schätzer $\widehat{\beta}$ ist:

$$\begin{aligned}
\widehat{\beta} &= \mathbf{X}^+ y + (\mathbf{I} - \mathbf{X}^+\mathbf{X})h \\
&= \mathbf{X}^+ y + (\mathbf{I} - \mathbf{P}_{\mathbf{X}^\top})h
\end{aligned}$$

mit beliebigem $h \in \mathbb{R}^{m+1}$. $\widehat{\beta}$ ist genau dann eindeutig bestimmt, wenn die $m + 1$ Regressoren linear unabhängig sind, das heißt, wenn $\mathrm{Rg}\,(\mathbf{X}) = m + 1$ ist. In diesem Fall ist:

$$\widehat{\beta} = \mathbf{X}^+ y = (\mathbf{X}^\top \mathbf{X})^{-1} \mathbf{X}^\top y. \qquad (23.1)$$

Ist $\mu \in \mathbf{M}$ und ist $\mathrm{Rg}(\mathbf{X}) = m + 1$ so ist $\widehat{\beta}$ ein erwartungstreuer Schätzer für β.

Häufig wird weniger nach den einzelnen β_j gefragt, als vielmehr nach Linearkombinationen:

$$\phi = \sum_{j=0}^{m} b_j \beta_j$$

der β_j mit vorgegebenen Gewichten b_j. Fassen wir die Gewichte b_j in einem Gewichtsvektor b zusammen, so ist:

$$\phi = b^\top \beta.$$

Wir betrachten ϕ als einen von β abgeleiteten, neuen eindimensionalen Parameter. Ist $\widehat{\beta}$ ein KQ-Schätzer von β, so ist:

$$\widehat{\phi} = b^\top \widehat{\beta}$$

ein KQ-Schätzer von ϕ. Ist $\mathbf{B}$ eine $p \times m + 1$ Matrix, so ist $\boldsymbol{\Phi} = \mathbf{B}_\iota$ ein p-dimensionaler Parameter. Zum Beispiel lässt sich $\mu = \mathbf{X}\beta$ als ein von β abgeleiteter n-dimensionaler Parameter ansehen, der durch $\widehat{\mu} = \mathbf{X}\widehat{\beta}$ geschätzt wird.

μ ist als $E\,(y)$ eindeutig definiert, β ist nur durch $\mu = \mathbf{X}\beta$ indirekt festgelegt und kann mehrdeutig sein. Unterstellen wir die Gültigkeit des Modells, so lässt sich daher erstens fragen, ob der Parameter $\phi = b^\top \beta$ durch seine Bindung an β eindeutig definiert ist, und zweitens, ob für ϕ eine erwartungstreue Schätzfunktion existiert. Es zeigt sich, dass beide Fragen dieselbe Antwort besitzen: ϕ muss lineare Funktion von μ sein, dass heißt ϕ muss die Gestalt haben

$$\phi = h^\top \mu$$

mit beliebigen Gewichtsvektor $h \in \mathbb{R}^n$.

Schätzbarkeit von ϕ

1. $\phi = b^\top \beta$ ist genau dann invariant gegenüber allen Lösungen β der Gleichung $\mu = X\beta$, falls ein Vektor $h \in \mathbb{R}^n$ existiert mit:

$$b = X^\top h.$$

   Dann ist $\phi = h^\top X\beta = h^\top \mu$.
2. Im korrekten Modell existiert für $\phi = b^\top \beta$ genau dann eine lineare erwartungstreue Schätzfunktion, wenn ϕ in der Form $\phi = h^\top \mu$ dargestellt werden kann.

In beiden Fällen heißt ϕ linear schätzbar oder identifizierbar und wird durch:

$$\widehat{\phi} = b^\top \widehat{\beta} = h^\top \widehat{\mu} = b^\top X^+ y$$

invariant gegenüber der Wahl von $\widehat{\beta}$ eindeutig geschätzt.

Beweis Bei gegebenem μ ist die Lösung der Gleichung $\mu = X\beta$ gegeben durch

$$\beta = X^+ \mu + (I - X^+ X)k = X^+ \mu + (I - P_{X^\top})k$$

mit beliebigem $k \in \mathbb{R}^{m+1}$. Dabei ist $X^+ X = P_{X^\top}$ die Projektion in den Zeilenraum $\langle X^\top \rangle$ von X. Daher ist $\phi = b^\top \beta$ genau dann invariant gegen die Wahl von k, falls

$$\phi = b^\top \beta = b^\top X^+ \mu + b^\top (I - P_{X^\top})k$$

invariant gegen die Wahl von k ist. Dies ist genau dann der Fall, falls $b^\top (I - P_{X^\top}) = 0$ ist, also falls gilt

$$P_{X^\top} b = b.$$

Dies gilt genau dann, falls b Element des Zeilenraums ist, also $b \in \langle X^\top \rangle$ gilt. Dann hat aber b die Gestalt $b = X^\top h$ mit einem $h \in \mathbb{R}^n$. Also ist $\phi = b^\top \beta = h^\top X\beta = h^\top \mu$ und $\widehat{\phi} = h^\top \widehat{\mu}$ ist linearer erwartungstreuer Schätzer.

Existiert umgekehrt für einen Parameter $\phi = b^\top \beta$ eine lineare erwartungstreue Schätzfunktion $\widehat{\phi} = h^\top y$, so ist $\phi = \mathrm{E}\left(\widehat{\phi}\right) = h^\top \mathrm{E}(y) = h^\top \mu$. ∎

Ein linear schätzbarer Parameter hängt also nur scheinbar von β ab, in Wirklichkeit ist er unmittelbar durch μ bestimmt. Wir werden abkürzend oft nur von schätzbaren Parametern sprechen und die Zusätze *im korrekten Modell* M und *linear* weglassen, wenn sie sich von selbst verstehen. Mitunter sind aber diese Attribute wichtig, denn ändert sich zum Beispiel M durch fehlende Werte (missing values), so kann die Eigenschaft der Schätzbarkeit verloren gehen. Weiter existiert zum Beispiel für

die Varianz σ^2 keine lineare, sondern nur eine quadratische erwartungstreue Schätzfunktion. σ^2 ist also schätzbar, aber nicht linear schätzbar.

Achtung Statistische Softwarepakete suchen im Fall eines Rangdefektes $\mathrm{Rg}(X) = d < m + 1$ automatisch d linear unabhängige Regressoren und streichen die restlichen aus der Designmatrix X. Die resultierende, zusammengestrichene Designmatrix $\tilde{X}$, die gegenüber X insgesamt $(m + 1) - d$ Spalten verloren hat, hat dann vollen Spaltenrang. Der Parametervektor $\widetilde{\beta}$, der zu den verbliebenen Regressoren gehört, wird dann durch $(\tilde{X}^\top \tilde{X})^{-1} \tilde{X}^\top y$ geschätzt. Die restlichen Parameter, die zu den eliminierten Regressoren gehören, werden gleich Null gesetzt. Der Gesamtvektor $\widehat{\beta}$, der dann als Ergebnis ausgedruckt wird, ist also nur einer der unendlich vielen möglichen KQ-Schätzer. Zum Beispiel druckt das statistische Softwarepaket SAS daher mit dem Schätzwert auch eine Warnung aus: „Parameter estimates biased". ◄

23.2 Schätzen unter Nebenbedingungen zur Identifikation der Parameter

Sind die Parameter im Modell nicht eindeutig bestimmt, so liegt es nahe, alle überflüssigen Regressoren aus dem Modell zu entfernen und dann mit dem vereinfachten, wohlbestimmten Modell weiterzurechnen. So geschieht es auch in statistischer Software. Trotzdem führt man aus Gründen der inneren Symmetrie eines Modells und der größeren Anschaulichkeit oft mehr Parameter ins Modell ein als nötig.

Dies ist vor allem dann der Fall, wenn das Modell qualitative Regressoren enthält, wie wir in einem kurzen Exkurs in die Varianzanalyse zeigen werden.

Mehrdeutigkeiten lassen sich durch Nebenbedingungen an β beseitigen. Wir werden hier nur homogene lineare Nebenbedingungen der Gestalt $n_k^\top \beta = 0$; $k = 1, \ldots, q$ betrachten. Fassen wir die n_k in einer $(q \times (m + 1))$-Matrix $N = (n_1; n_2; \ldots; n_q)$ zusammen, lauten die Nebenbedingungen

$$N^\top \beta = 0.$$

Einen Parameter β, der die Nebenbedingungen $N^\top \beta = 0$ erfüllt, werden wir einen **zulässigen Parameter** nennen. Durch die Nebenbedingungen wird der Modellraum eingeschränkt auf

$$M_{\mathrm{neb}} = \left\{ \mu = X\beta \mid N^\top \beta = 0 \right\} \subseteq M.$$

Zum Zweck der Interpretation und des Verständnisses ist es meist sinnvoller, die Nebenbedingungen explizit im Modell zu belassen. Für theoretische und numerische Zwecke ist es dagegen nützlicher, die Nebenbedingung zu eliminieren und das eingeschränkte Modell durch Reparametrisierung als ein uneingeschränktes Modell zu schreiben. Dazu lösen wir die Gleichung $\mathbf{N}^\top \boldsymbol{\beta} = \mathbf{0}$ nach $\boldsymbol{\beta}$ auf und erhalten

$$\boldsymbol{\beta} = (\mathbf{I} - \mathbf{P_N})\boldsymbol{\tau}.$$

Dabei ist $\boldsymbol{\tau}$ ein frei wählbarer Parameter $\in \mathbb{R}^{m+1}$. Setzen wir $\boldsymbol{\beta} = (\mathbf{I}-\mathbf{P_N})\boldsymbol{\tau}$ in die Modellgleichung $\boldsymbol{\mu} = \mathbf{X}\boldsymbol{\beta}$ ein, so erhalten wir die reparametrisierte Modellgleichung:

$$\boldsymbol{\mu} = \mathbf{X}(\mathbf{I} - \mathbf{P_N})\boldsymbol{\tau},$$

dessen Parameter $\boldsymbol{\tau}$ keiner Nebenbedingung unterworfen ist. Mit der Abkürzung

$$\mathbf{Z} = \mathbf{X}(\mathbf{I} - \mathbf{P_N}) \tag{23.2}$$

lautet das reparametrisierte lineare Modell

$$y = \mathbf{Z}\boldsymbol{\tau} + \boldsymbol{\varepsilon}. \tag{23.3}$$

Der KQ-Schätzer lautet dann

$$\widehat{\boldsymbol{\tau}} = \mathbf{Z}^+ y + \left(\mathbf{I} - \mathbf{Z}^+\mathbf{Z}\right)h$$

mit beliebigem h. Das gesuchte, zulässige $\widehat{\boldsymbol{\beta}}$ ist dann

$$\widehat{\boldsymbol{\beta}} = (\mathbf{I} - \mathbf{P_N})\widehat{\boldsymbol{\tau}} = (\mathbf{I} - \mathbf{P_N})\left(\mathbf{Z}^+ y + \left(\mathbf{I} - \mathbf{Z}^+\mathbf{Z}\right)h\right). \tag{23.4}$$

Nebenbedingungen können das Modell verändern, trotzdem erfüllen sie nicht notwendig unser hier gestecktes Ziel, nämlich die Eindeutigkeit eines sonst mehrdeutigen Parameters zu erzwingen. Daher beschäftigen uns jetzt zwei Fragen:

- Verändern wir durch die Nebenbedingungen das Modell?
- Wann erzwingen wir durch die Nebenbedingungen die Eindeutigkeit des Schätzers?

Wir werden beide Fragen nacheinander behandeln

Unwesentliche Nebenbedingung ändern den Modellraum nicht

Bei einer Nebenbedingung wird in der Regel der Modellraum eingeschränkt. Es ist aber möglich, dass sich nur der Parameterraum, nicht aber der Modellraum ändert. Dann ändert sich zwar die Beschreibung des Parameters, nicht aber das Modell. Wir nennen eine Nebenbedingung unwesentlich, wenn sie den Modellraum nicht ändert, wenn also gilt:

$$\mathbf{M} = \mathbf{M}_{\text{neb}}.$$

Invarianzsatz

Die Nebenbedingungen $\mathbf{N}^\top \boldsymbol{\beta} = \mathbf{0}$ lassen genau dann den Modellraum invariant, d. h. sie sind genau dann unwesentlich, falls eines der folgenden äquivalenten Kriterien erfüllt ist (und damit alle erfüllt sind):

1. Zu jedem Vektor $\boldsymbol{\mu} \in \mathbf{M}$ gibt es mindestens einen zulässigen Vektor $\boldsymbol{\beta}_{\text{neb}}$ mit $\boldsymbol{\mu} = \mathbf{X}\boldsymbol{\beta}_{\text{neb}}$.
2. Die um die Nebenbedingungen erweiterten Normalgleichung

$$\mathbf{X}^\top y = \mathbf{X}^\top \mathbf{X}\widehat{\boldsymbol{\beta}}$$
$$\mathbf{0} = \mathbf{N}^\top \widehat{\boldsymbol{\beta}}$$

sind für jeden Wert von y lösbar.
3. Das Rangkriterium ist erfüllt:

$$\operatorname{Rg}\left(\mathbf{X}^\top ; \mathbf{N}\right) = \operatorname{Rg}\mathbf{X} + \operatorname{Rg}\mathbf{N}.$$

4. Das Unabhängigkeitskriterium ist erfüllt:

$$\left\langle \mathbf{X}^\top \right\rangle \cap \langle \mathbf{N} \rangle = \mathbf{0}.$$

Beweis

1. Das erste Kriterium ist die verbale Beschreibung von $\mathbf{M}_{\text{neb}} = \mathbf{M}$.
2. Es sei $\mathbf{M}_{\text{neb}} = \mathbf{M}$ und $\widehat{\boldsymbol{\mu}} = \mathbf{P_M}y$. Dann ist $\widehat{\boldsymbol{\mu}} \in \mathbf{M}$. Daher gibt es einen zulässigen Parameter $\widehat{\boldsymbol{\beta}}_1$ mit $\widehat{\boldsymbol{\mu}} = \mathbf{X}\widehat{\boldsymbol{\beta}}_1$. Dann gilt wegen $\mathbf{P_M}\mathbf{X} = \mathbf{X}$:

$$\mathbf{X}^\top \mathbf{X}\widehat{\boldsymbol{\beta}}_1 = \mathbf{X}^\top \widehat{\boldsymbol{\mu}} = \mathbf{X}^\top \mathbf{P_M}y = (\mathbf{P_M}\mathbf{X})^\top y = \mathbf{X}^\top y.$$

Also erfüllt $\widehat{\boldsymbol{\beta}}_1$ die Normalgleichung $\mathbf{X}^\top \mathbf{X}\widehat{\boldsymbol{\beta}}_1 = \mathbf{X}^\top y$ und, da $\widehat{\boldsymbol{\beta}}_1$ nach Voraussetzung zulässig ist, zusätzlich auch die Nebenbedingung.

Es sei nun im Umkehrschluss das erweiterte Normalgleichungssystem für alle y stets lösbar und $\boldsymbol{\mu} = \mathbf{X}\boldsymbol{\beta}_1$ ein beliebiger Punkt aus $\mathbf{M}$. Wählen wir im erweiterten Normalgleichungssystem für y den Vektor $\boldsymbol{\mu}$, dann ist es nach Voraussetzung lösbar. Es existiert demnach ein Vektor $\boldsymbol{\beta}_2$ mit

$$\mathbf{X}^\top \boldsymbol{\mu} = \mathbf{X}^\top \mathbf{X}\boldsymbol{\beta}_2$$
$$\mathbf{0} = \mathbf{N}^\top \boldsymbol{\beta}_2.$$

Dann ist $\mathbf{X}^\top \boldsymbol{\mu} = \mathbf{X}^\top \mathbf{X}\boldsymbol{\beta}_1 = \mathbf{X}^\top \mathbf{X}\boldsymbol{\beta}_2$ oder $\mathbf{X}^\top (\mathbf{X}\boldsymbol{\beta}_1 - \mathbf{X}\boldsymbol{\beta}_2) = \mathbf{0}$. Daher ist $\mathbf{X}\boldsymbol{\beta}_1 - \mathbf{X}\boldsymbol{\beta}_2 = \mathbf{0}$, denn $\mathbf{X}\boldsymbol{\beta}_1 - \mathbf{X}\boldsymbol{\beta}_2 \in \mathbf{M}$ steht orthogonal zu $\mathbf{M}$. Also lässt sich $\boldsymbol{\mu}$ auch darstellen mit einem $\boldsymbol{\beta}_2$, das die Nebenbedingung erfüllt: $\boldsymbol{\mu} = \mathbf{X}\boldsymbol{\beta}_2$.

3. Die Designmatrix des durch die Nebenbedingung eingeschränkten Modells ist $\mathbf{X}(\mathbf{I} - \mathbf{P_N})$. Daher ist $\mathbf{M}_{\text{neb}} = \langle \mathbf{X}(\mathbf{I} - \mathbf{P_N}) \rangle$. Da $\mathbf{M}_{\text{neb}} \subseteq \mathbf{M}$ ist $\mathbf{M}_{\text{neb}} = \mathbf{M}$ genau dann, wenn $\dim(\mathbf{M}) = \dim(\mathbf{M}_{\text{neb}})$ gilt. Dies ist gleichwertig mit $\text{Rg}(\mathbf{X}) = \text{Rg}(\mathbf{X}(\mathbf{I} - \mathbf{P_N}))$ Nun ist stets $\text{Rg}(\mathbf{X}(\mathbf{I} - \mathbf{P_N})) = \text{Rg}((\mathbf{I} - \mathbf{P_N})\mathbf{X}^{\top})$. Weiter ist nach dem im Anschluss bewiesenen Rangsatz über konkatenierte Matrizen

$$\text{Rg}\left((\mathbf{I} - \mathbf{P_N})\mathbf{X}^{\top}\right) = \text{Rg}(\mathbf{N}; \mathbf{X}^{\top}) - \text{Rg}(\mathbf{N}).$$

Also ist

$$\mathbf{M}_{\text{neb}} = \mathbf{M} \Leftrightarrow \text{Rg}(\mathbf{X}) = \text{Rg}(\mathbf{N}; \mathbf{X}^{\top}) - \text{Rg}(\mathbf{N}).$$

4. Nach dem im Anschluss bewiesenen Dimensionssatz ist:

$$\text{Rg}(\mathbf{X}^{\top}; \mathbf{N}) = \text{Rg}\left(\mathbf{X}^{\top}\right) + \text{Rg}(\mathbf{N}) - \dim\left(\left\langle \mathbf{X}^{\top}\right\rangle \cap \langle \mathbf{N}\rangle\right).$$

Also sind das Rangkriterium und das Unabhängigkeitskriterium äquivalent. ∎

Da $\text{Rg}(\mathbf{X}^{\top}; \mathbf{N}) \leq m + 1$ ist, können wir aus dem dritten Kriterium des Invarianzsatzes eine einfache Folgerung ziehen.

Die Maximalzahl unwesentlicher Nebenbedingungen

Die Maximalzahl der von einander linear unabhängigen Parameterrestriktionen, die den Modellraum invariant lassen, ist $m + 1 - \text{Rg}(\mathbf{X})$.

Aus dem vierten Kriterium ergibt sich für eindimensionale Parameter eine anschauliche Fallunterscheidung: Ist $\phi = \boldsymbol{b}^{\top}\boldsymbol{\beta}$ ein eindimensionaler Parameter, so sind genau zwei Alternativen möglich: $\boldsymbol{b} \in \langle \mathbf{X}^{\top}\rangle$ oder $\boldsymbol{b} \notin \langle \mathbf{X}^{\top}\rangle$.

- $\boldsymbol{b} \in \langle \mathbf{X}^{\top}\rangle$: $\Leftrightarrow \phi = \boldsymbol{b}^{\top}\boldsymbol{\beta}$ ist im Modell identifizierbar. ϕ wird innerhalb des Modells festgelegt und kann durch Beobachtung geschätzt werden. Eine externe Forderung $\phi = 0$ muss daher das Modell verändern.
- $\boldsymbol{b} \notin \langle \mathbf{X}^{\top}\rangle$: $\Leftrightarrow \phi = \boldsymbol{b}^{\top}\boldsymbol{\beta}$ ist nicht identifizierbar und kann innerhalb des Modells nicht festgelegt oder gar geschätzt werden. Daher ist es ohne Veränderung des Modells möglich, ϕ extern durch die Forderung $\phi = 0$ einzuschränken.

Abschließend führen wir hier noch die angekündigten Sätze über Ränge und Dimensionen an:

Dimensionssatz für lineare Unterräume

Es seien $\mathbf{A}$ und $\mathbf{B}$ zwei Unterräume eines gemeinsamen Oberraums. Dann gilt

$$\dim\langle \mathbf{A}, \mathbf{B}\rangle = \dim(\mathbf{A}) + \dim(\mathbf{B}) - \dim(\mathbf{A} \cap \mathbf{B}).$$

Zum Beweis erweitert man eine Basis von $\mathbf{A} \cap \mathbf{B}$ einmal zu einer Basis von $\mathbf{A}$ und dann zu einer Basis von $\mathbf{B}$. Die so gefundenen linear unabhängigen Vektoren bilden eine Basis von $\langle \mathbf{A}, \mathbf{B}\rangle$. Der Dimensionssatz lässt sich in einen Rangsatz für Matrizen übersetzen.

Rangsatz für konkatenierte Matrizen

Sind $\mathbf{A}$ und $\mathbf{B}$ zwei Matrizen mit gleicher Zeilenzahl und ist $(\mathbf{A}; \mathbf{B})$ die konkatenierte Matrix, dann ist

$$\text{Rg}(\mathbf{A}; \mathbf{B}) = \text{Rg}(\mathbf{A}) + \text{Rg}(\mathbf{B}) - \dim(\langle \mathbf{A}\rangle \cap \langle \mathbf{B}\rangle)$$
$$= \text{Rg}(\mathbf{A}) + \text{Rg}\left((\mathbf{I} - \mathbf{A}\mathbf{A}^{+})\mathbf{B}\right).$$

Dabei ist $\langle \mathbf{A}\rangle$ der von den Spalten von $\mathbf{A}$ erzeugte Unterraum.

Beweis Berücksichtigt man, dass der Rang einer Matrix die Dimension des Spaltenraums ist, so ergibt sich die erste Aussage sofort aus dem Dimensionssatz für lineare Unterräume. Zum Beweis der zweiten Aussage zerlegen wir $\langle \mathbf{B}\rangle$ in eine Komponente $\langle \mathbf{P_A}\mathbf{B}\rangle$ in $\mathbf{A}$-Richtung und eine dazu orthogonale Komponente $\langle \mathbf{B} - \mathbf{P_A}\mathbf{B}\rangle$

$$\langle \mathbf{B}\rangle = \langle \mathbf{P_A}\mathbf{B}\rangle + \left\langle \left(\mathbf{I} - \mathbf{A}\mathbf{A}^{+}\right)\mathbf{B}\right\rangle.$$

Dann ist $\langle \mathbf{A}; \mathbf{B}\rangle = \langle \mathbf{A}; \mathbf{B} - \mathbf{P_A}\mathbf{B}\rangle$, denn die Komponente $\langle \mathbf{P_A}\mathbf{B}\rangle$ ist bereits in $\langle \mathbf{A}\rangle$ enthalten. Da die Räume $\langle \mathbf{A}\rangle$ und $\langle \mathbf{B} - \mathbf{P_A}\mathbf{B}\rangle$ orthogonal sind, ist ihr Schnittraum $\langle \mathbf{A}\rangle \cap \langle \mathbf{B} - \mathbf{P_A}\mathbf{B}\rangle = \mathbf{0}$. Aus dem Dimensionssatz folgt daher

$$\dim\langle \mathbf{A}; \mathbf{B}\rangle = \dim\langle \mathbf{A}; \mathbf{B} - \mathbf{P_A}\mathbf{B}\rangle$$
$$= \dim\langle \mathbf{A}\rangle + \dim\langle \mathbf{B} - \mathbf{P_A}\mathbf{B}\rangle.$$

Lesen wir dies als Aussage über Ränge erhalten wir

$$\text{Rg}(\mathbf{A}; \mathbf{B}) = \text{Rg}(\mathbf{A}) + \text{Rg}(\mathbf{B} - \mathbf{P_A}\mathbf{B}).$$

Andererseits ist $\mathbf{B} - \mathbf{P_A}\mathbf{B} = (\mathbf{I} - \mathbf{P_A})\mathbf{B} = (\mathbf{I} - \mathbf{A}\mathbf{A}^{+})\mathbf{B}$. ∎

Identifikationsbedingungen ändern den Modellraum nicht und erzwingen die Eindeutigkeit des KQ-Schätzers

Bei linearen Restriktionen ist $\mathbf{M}_{\text{neb}}$ ein linearer Raum. Daher ist $\widehat{\boldsymbol{\mu}}_{\text{neb}} = \mathbf{P}_{\mathbf{M}_{\text{neb}}}\boldsymbol{y}$ eindeutig. $\widehat{\boldsymbol{\beta}}_{\text{neb}}$ kann aber auch hier mehrdeutig sein. Wir brauchen daher Kriterien, wann $\widehat{\boldsymbol{\beta}}_{\text{neb}}$ und daraus abgeleitete Parameter $\mathbf{B}^{\top}\widehat{\boldsymbol{\beta}}_{\text{neb}}$ eindeutig sind. Wir nennen den Parameter $\mathbf{B}^{\top}\boldsymbol{\beta}$ unter der Nebenbedingung $\mathbf{N}^{\top}\boldsymbol{\beta} = \mathbf{0}$ identifizierbar, falls $\mathbf{B}^{\top}\widehat{\boldsymbol{\beta}}_{\text{neb}}$ invariant ist bei jeder Wahl eines zulässigen KQ-Schätzers $\widehat{\boldsymbol{\beta}}_{\text{neb}}$.

Identifikationsbedingungen

Der Parametervektor $\mathbf{B}^\top\boldsymbol{\beta}$ ist unter der Nebenbedingung $\mathbf{N}^\top\boldsymbol{\beta} = \mathbf{0}$ genau dann identifizierbar, wenn eines der folgenden äquivalenten Kriterien erfüllt ist (und damit alle erfüllt sind):

1. $\boldsymbol{\Phi} = \mathbf{B}^\top\boldsymbol{\beta}$ ist eindeutig durch $\mathbf{X}\boldsymbol{\beta}$ und $\mathbf{N}^\top\boldsymbol{\beta}$ bestimmt. Das heißt: Aus $\mathbf{X}\boldsymbol{\beta}_1 = \mathbf{X}\boldsymbol{\beta}_2$ und $\mathbf{N}^\top\boldsymbol{\beta}_1 = \mathbf{N}^\top\boldsymbol{\beta}_2$ folgt $\mathbf{B}^\top\boldsymbol{\beta}_1 = \mathbf{B}^\top\boldsymbol{\beta}_2$ oder gleichwertig: Aus $\mathbf{X}\boldsymbol{\beta} = \mathbf{0}$ und $\mathbf{N}^\top\boldsymbol{\beta} = \mathbf{0}$ folgt $\mathbf{B}^\top\boldsymbol{\beta} = \mathbf{0}$.
2. $\mathbf{B} \subset \langle \mathbf{X}^\top, \mathbf{N}\rangle$.
3. $\mathrm{Rg}(\mathbf{B}; \mathbf{X}^\top; \mathbf{N}) = \mathrm{Rg}(\mathbf{X}^\top; \mathbf{N})$.

Speziell ist $\boldsymbol{\beta}$ genau dann eindeutig bestimmt, falls $\mathrm{Rg}(\mathbf{X}^\top; \mathbf{N}) = m + 1$, also gleich der Anzahl der Komponenten von $\boldsymbol{\beta}$ ist.

Beweis Der Modellraum des durch die Nebenbedingungen eingeschränkten Modells ist

$$\mathbf{M}_{\mathrm{neb}} = \langle \mathbf{X}(\mathbf{I} - \mathbf{P}_{\mathbf{N}})\rangle = \langle \mathbf{Z}\rangle \,,$$

siehe die Formeln (23.2) und (23.3). $\widehat{\boldsymbol{\beta}}_{\mathrm{neb}}$ hat nach (23.4) die Gestalt:

$$\widehat{\boldsymbol{\beta}}_{\mathrm{neb}} = (\mathbf{I} - \mathbf{P}_{\mathbf{N}})\mathbf{Z}^+ y + (\mathbf{I} - \mathbf{P}_{\mathbf{N}})(\mathbf{I} - \mathbf{Z}^+\mathbf{Z})h.$$

Den für die Mehrdeutigkeit verantwortlichen zweiten Summanden können wir vereinfachen:

$$(\mathbf{I} - \mathbf{P}_{\mathbf{N}})(\mathbf{I} - \mathbf{Z}^+\mathbf{Z}) = (\mathbf{I} - \mathbf{P}_{\mathbf{N}})(\mathbf{I} - \mathbf{P}_{\mathbf{Z}^\top})$$
$$= \mathbf{I} - \mathbf{P}_{\mathbf{N}} - \mathbf{P}_{\mathbf{Z}^\top} + \mathbf{P}_{\mathbf{N}}\mathbf{P}_{\mathbf{Z}^\top}.$$

Nach Definition von $\mathbf{Z} = X(\mathbf{I} - \mathbf{P}_{\mathbf{N}})$ ist $\mathbf{ZN} = \mathbf{0}$. Die Räume $\langle \mathbf{Z}^\top\rangle$ und $\langle \mathbf{N}\rangle$ sind daher orthogonal. Folglich ist $\mathbf{P}_{\mathbf{N}}\mathbf{P}_{\mathbf{Z}^\top} = \mathbf{0}$. Daher ist $\mathbf{P}_{\mathbf{N}} + \mathbf{P}_{\mathbf{Z}^\top}$ ist die Projektion in den von $\mathbf{Z}^\top = (\mathbf{I} - \mathbf{P}_{\mathbf{N}})\mathbf{X}^\top$ und $\mathbf{N}$ aufgespannten Raum $\langle \mathbf{X}^\top; \mathbf{N}\rangle$. Also ist

$$\widehat{\boldsymbol{\beta}}_{\mathrm{neb}} = (\mathbf{I} - \mathbf{P}_{\mathbf{N}})\mathbf{Z}^+ y + (\mathbf{I} - \mathbf{P}_{(\mathbf{X}^\top;\mathbf{N})})h.$$

Daher ist $\mathbf{B}^\top\widehat{\boldsymbol{\beta}}_{\mathrm{neb}}$ dann und nur dann invariant gegen die Wahl von h, falls $\mathbf{B}^\top(\mathbf{I} - \mathbf{P}_{(\mathbf{X}^\top;\mathbf{N})}) = \mathbf{0}$ ist. Daraus folgt $\mathbf{B} = \mathbf{P}_{(\mathbf{X}^\top;\mathbf{N})}\mathbf{B}$ und $\mathbf{B} \subseteq \langle \mathbf{X}^\top; \mathbf{N}\rangle$. Diese Relation gilt genau dann, wenn $\mathrm{Rg}(\mathbf{B}; \mathbf{X}^\top; \mathbf{N}) = \mathrm{Rg}(\mathbf{X}^\top; \mathbf{N})$ oder äquivalent, wenn $\mathbf{B} = \mathbf{X}^\top\mathbf{K} + \mathbf{NF}$ mit geeigneten Matrizen $\mathbf{K}$ und $\mathbf{F}$ ist.

In diesem Fall ist $\mathbf{B}^\top\boldsymbol{\beta} = \mathbf{K}^\top(\mathbf{X}\boldsymbol{\beta}) + \mathbf{F}^\top(\mathbf{N}^\top\boldsymbol{\beta})$. Daher ist $\mathbf{B}^\top\boldsymbol{\beta}$ eindeutig durch $\mathbf{X}\boldsymbol{\beta}$ und $\mathbf{N}^\top\boldsymbol{\beta}$ bestimmt. Anders gesagt, aus $\mathbf{X}\boldsymbol{\beta} = \mathbf{0}$ und $\mathbf{N}^\top\boldsymbol{\beta} = \mathbf{0}$ folgt $\mathbf{B}^\top\boldsymbol{\beta} = \mathbf{0}$.

Der Schluss lässt sich auch umkehren: Dazu fassen $\mathbf{X}$ und $\mathbf{N}^\top$ zu einer Matrix $\mathbf{V} = \left(\begin{smallmatrix}\mathbf{X}\\\mathbf{N}^\top\end{smallmatrix}\right)$ zusammen.

Es gelte nun: Aus $\mathbf{V}\boldsymbol{\beta} = \mathbf{0}$ für alle $\boldsymbol{\beta}$ folgt $\mathbf{B}^\top\boldsymbol{\beta} = \mathbf{0}$. Nun besitzt die Gleichung aus $\mathbf{V}\boldsymbol{\beta} = \mathbf{0}$ die Lösung $\boldsymbol{\beta} = (\mathbf{I} - \mathbf{P}_{\mathbf{V}^\top})\boldsymbol{\delta}$

mit beliebigem $\boldsymbol{\delta}$. Also ist $\mathbf{B}^\top(\mathbf{I} - \mathbf{P}_{\mathbf{V}^\top})\boldsymbol{\delta} = \mathbf{0}$ für alle $\boldsymbol{\delta}$. Daher ist $\mathbf{B}^\top(\mathbf{I} - \mathbf{P}_{\mathbf{V}^\top}) = \mathbf{0}$ oder $\mathbf{B} \subset \langle \mathbf{V}^\top\rangle = \langle \mathbf{X}^\top, \mathbf{N}\rangle$.

Im Sonderfall ist $\mathbf{B}^\top\boldsymbol{\beta} = \boldsymbol{\beta}$ und $\mathbf{B}^\top = \mathbf{I}_{m+1}$. Dann ist $\mathrm{Rg}(\mathbf{B}; \mathbf{X}^\top; \mathbf{N}) = \mathrm{Rg}(\mathbf{I}_{m+1}; \mathbf{X}^\top; \mathbf{N}) = m + 1$. ∎

In den letzten beiden Abschnitten haben wir einerseits festgestellt, durch welche Nebenbedingungen ein Parameter $\boldsymbol{\Phi}$ eindeutig festgelegt wird. Andererseits haben wir erkannt, welche Bedingungen den Modellraum invariant lassen. Jetzt kombinieren wir beide Aussagen. Dabei beschränken wir uns auf den Parameter $\boldsymbol{\beta}$ und verallgemeinern nicht auf $\mathbf{B}^\top\boldsymbol{\beta}$.

Identifikationssatz

Eine Identifikationsbedingung ist eine unwesentliche Nebenbedingung $\mathbf{N}^\top\boldsymbol{\beta} = \mathbf{0}$, die den Parameter $\boldsymbol{\beta}$ eindeutig festlegt. $\mathbf{N}^\top\boldsymbol{\beta} = \mathbf{0}$ ist genau dann eine Identifikationsbedingung, wenn gilt:

$$\mathrm{Rg}(\mathbf{X}^\top; \mathbf{N}) = \mathrm{Rg}\mathbf{X} + \mathrm{Rg}\mathbf{N} = m + 1$$
$$= \text{Anzahl der Parameter.}$$

In diesem Fall ist:

$$\widehat{\boldsymbol{\beta}} = (\mathbf{X}^\top\mathbf{X} + \mathbf{NN}^\top)^{-1}\mathbf{X}^\top y.$$

Beweis Wegen $\mathrm{Rg}(\mathbf{X}^\top; \mathbf{N}) = m+1$ ist $\boldsymbol{\beta}$ eindeutig bestimmt. Wegen $\mathrm{Rg}(\mathbf{X}^\top; \mathbf{N}) = \mathrm{Rg}\mathbf{X} + \mathrm{Rg}\mathbf{N}$ bleibt der Modellraum invariant. Daher ist das erweiterte Normalgleichungssystem:

$$\mathbf{X}^\top y = \mathbf{X}^\top\mathbf{X}\widehat{\boldsymbol{\beta}},$$
$$\mathbf{0} = \mathbf{N}^\top\widehat{\boldsymbol{\beta}}$$

eindeutig lösbar. Multiplizieren wir die zweite Gleichung mit $\mathbf{N}$, so löst $\widehat{\boldsymbol{\beta}}$ auch das System

$$\mathbf{X}^\top y = \mathbf{X}^\top\mathbf{X}\widehat{\boldsymbol{\beta}}_{\mathrm{neb}},$$
$$\mathbf{0} = \mathbf{NN}^\top\widehat{\boldsymbol{\beta}}_{\mathrm{neb}}.$$

Durch Addition der beiden Gleichungen erhält man:

$$\mathbf{X}^\top y = (\mathbf{X}^\top\mathbf{X} + \mathbf{NN}^\top)\widehat{\boldsymbol{\beta}}.$$

Die quadratische Koeffizientenmatrix $\mathbf{X}^\top\mathbf{X} + \mathbf{NN}^\top$ dieses Gleichungssystems ist vom Typ $(m + 1) \times (m + 1)$. Weiter ist:

$$\mathrm{Rg}(\mathbf{X}^\top\mathbf{X} + \mathbf{NN}^\top) = \mathrm{Rg}(\mathbf{X}^\top; \mathbf{N})\begin{pmatrix}\mathbf{X}\\\mathbf{N}^\top\end{pmatrix}$$
$$= \mathrm{Rg}(\mathbf{X}^\top; \mathbf{N}) = m + 1.$$

Also hat $\mathbf{X}^\top\mathbf{X} + \mathbf{NN}^\top$ maximalen Rang und ist daher invertierbar. Das System hat daher nur eine Lösung, nämlich $\widehat{\boldsymbol{\beta}} = (\mathbf{X}^\top\mathbf{X} + \mathbf{NN}^\top)^{-1}\mathbf{X}^\top y$. ∎

Beispiel Die Modellgleichung des nicht eingeschränkten Modells mit $n = 3$ Beobachtungen sei:

$$\boldsymbol{\mu} = \beta_0 \mathbf{1} + \beta_1 \boldsymbol{x}_1 + \beta_2 \boldsymbol{x}_2.$$

Die Designmatrix sei dabei:

$$\mathbf{X} = (\mathbf{1}; \boldsymbol{x}_1; \boldsymbol{x}_2) = \begin{pmatrix} 1 & 2 & 1 \\ 1 & 3 & 2 \\ 1 & 4 & 3 \end{pmatrix}.$$

Bei dieser speziellen Wahl sind die Regressoren linear abhängig, es ist $\boldsymbol{x}_2 = \boldsymbol{x}_1 - \mathbf{1}$. Der Modellraum ist $\mathbf{M} = \langle \mathbf{1}, \boldsymbol{x}_1, \boldsymbol{x}_2 \rangle = \langle \mathbf{1}, \boldsymbol{x}_1 \rangle$. Die Parameter sind nicht identifizierbar. Wir betrachten nun die Wirkung von zwei verschiedenen Nebenbedingungen:

Fall a: Wir betrachten die lineare Nebenbedingung:

$$\boldsymbol{n}^\top \boldsymbol{\beta} = \beta_0 + 3\beta_1 + 2\beta_2 = 0.$$

Nun bestimmen wir das reparametrisierte Modell: Dazu lösen wir die Gleichung $\boldsymbol{n}^\top \boldsymbol{\beta} = 0$ nach $\boldsymbol{\beta}$ auf und erhalten mit frei wählbaren τ_1 und τ_2

$$\beta_1 = \tau_1,$$
$$\beta_2 = \tau_2,$$
$$\beta_0 = -(3\tau_1 + 2\tau_2).$$

Setzen wir diese Werte in die Modellgleichung ein, erhalten wir

$$\boldsymbol{\mu} = -(3\tau_1 + 2\tau_2) \cdot \mathbf{1} + \tau_1 \boldsymbol{x}_1 + \tau_2 \boldsymbol{x}_2$$
$$= \tau_1(\boldsymbol{x}_1 - 3 \cdot \mathbf{1}) + \tau_2(\boldsymbol{x}_2 - 2 \cdot \mathbf{1}).$$

Die neue Designmatrix ist nun $\mathbf{Z} = (\boldsymbol{x}_1 - 3 \cdot \mathbf{1}; \boldsymbol{x}_2 - 2 \cdot \mathbf{1})$. Berücksichtigen wir noch $\boldsymbol{x}_2 = \boldsymbol{x}_1 - \mathbf{1}$, so ist $\mathbf{Z} = (\boldsymbol{x}_1 - 3 \cdot \mathbf{1}; \boldsymbol{x}_1 - 3 \cdot \mathbf{1})$. Also ist der neue Modellraum:

$$\mathbf{M}_{\text{neb}} = \langle \boldsymbol{x}_1 - 3 \cdot \mathbf{1} \rangle$$

ein eindimensionaler Unterraum von $\mathbf{M}$. Wir zeigen anhand des Kriterienkatalogs, dass die Nebenbedingung $\boldsymbol{n}^\top \boldsymbol{\beta} = \beta_0 + 3\beta_1 + 2\beta_2 = 0$ den Modellraum verändert, aber die Mehrdeutigkeit der Parameter nicht aufhebt:

- $\mathbf{M}_{\text{neb}}$ ist als eindimensionaler Unterraum von $\mathbf{M}$ echt enthalten im zweidimensionalen Raum $\mathbf{M}$.
- Das Unabhängigkeitskriterium ist verletzt: $\boldsymbol{n}^\top = (1; 3; 2)$ ist die zweite Zeile von $\mathbf{X}$. Daher ist $\boldsymbol{n} \in \langle \mathbf{X}^\top \rangle$. Betrachten wir die Matrix $\mathbf{X}$ genauer, so sehen wir, dass $\boldsymbol{n}^\top \boldsymbol{\beta} = \beta_0 + 3\beta_1 + 2\beta_2 = \mu_2$ ist. Wird μ_2 von uns willkürlich gleich Null gesetzt, so wird das Modell verändert.
- Wir wenden das Rangkriterium auf die erweiterte Matrix

$$\left(\mathbf{X}^\top; \mathbf{N} \right) = \begin{pmatrix} 1 & 1 & 1 & 1 \\ 2 & 3 & 4 & 3 \\ 1 & 2 & 3 & 2 \end{pmatrix}$$

an. Es ist $\mathrm{Rg}\left(\mathbf{X}^\top; \mathbf{N} \right) = 2 < \mathrm{Rg}(\mathbf{X}) + \mathrm{Rg}(\mathbf{N}) = 3$. Daraus folgt, dass durch die Nebenbedingung der Parameter $\widehat{\boldsymbol{\beta}}$ nicht eindeutig festgelegt ist.

Fall b: Wir betrachten die gegenüber Fall a) nur geringfügig geänderte lineare Nebenbedingung:

$$\boldsymbol{n}^\top \boldsymbol{\beta} = 2\beta_0 + 3\beta_1 + 2\beta_2 = 0.$$

Zuerst bestimmen wir das reparametrisierte Modell: Aus der Nebenbedingung folgt:

$$\beta_0 = -\frac{1}{2}(3\tau_1 + 2\tau_2); \quad \beta_1 = \tau_1; \quad \beta_2 = \tau_2.$$

Das reparametrisierte Modell ist dann:

$$\boldsymbol{\mu} = -\frac{1}{2}(3\tau_1 + 2\tau_2) \cdot \mathbf{1} + \tau_1 \boldsymbol{x}_1 + \tau_2 \boldsymbol{x}_2$$
$$= \tau_1(\boldsymbol{x}_1 - 1.5 \cdot \mathbf{1}) + \tau_2(\boldsymbol{x}_2 + \mathbf{1}).$$

Wir zeigen anhand des Kriterienkatalogs, dass die Nebenbedingung eine Identifikationsbedingung ist.

- Betrachtung der Modellräume: Aufgrund der speziellen Wahl der Regressoren ist $\boldsymbol{x}_2 + \mathbf{1} = \boldsymbol{x}_1$. Der Modellraum des reparametrisierten Modells ist also

$$\mathbf{M}_{\text{neb}} = \langle \boldsymbol{x}_1 - 1, 5 \cdot \mathbf{1}; \boldsymbol{x}_2 + \mathbf{1} \rangle$$
$$= \langle \boldsymbol{x}_1 - 1, 5 \cdot \mathbf{1}; \boldsymbol{x}_1 \rangle = \langle \mathbf{1}, \boldsymbol{x}_1 \rangle = \mathbf{M}.$$

Also lässt die Bedingung den Modellraum invariant.

- Das Rangkriterium liefert:

$$\mathrm{Rg}\left(\mathbf{X}^\top; \mathbf{N} \right) = \mathrm{Rg} \begin{pmatrix} 1 & 1 & 1 & 2 \\ 2 & 3 & 4 & 3 \\ 1 & 2 & 3 & 2 \end{pmatrix}$$
$$= 3$$
$$= \mathrm{Rg}(\mathbf{X}) + \mathrm{Rg}(\mathbf{N}).$$

Also ist $\boldsymbol{\beta}$ durch die Nebenbedingung eindeutig festgelegt. ◀

23.3 Der Satz von Gauß-Markov

Wir haben die Methode der kleinsten Quadrate allein mit geometrischen Argumenten gerechtfertigt. Außerdem gab uns der Erfolg recht: Wir haben mit dem Bestimmtheitsmaß die Approximationsgüte pauschal bewertet. Was uns fehlt, ist die theoretische Rechtfertigung des gesamten Verfahrens. Dazu werden wir definieren, was wir unter einem besten Schätzer verstehen wollen und zeigen, dass gerade dann die KQ-Schätzer die besten Schätzer sind. Im Modell:

$$E(\boldsymbol{y}) = \boldsymbol{\mu} \in M \quad \text{und} \quad \mathrm{Cov}(\boldsymbol{y}) = \sigma^2 \mathbf{I}$$

gilt die fundamentale Entsprechung

$$\mathrm{Cov}(\boldsymbol{a}^\top \boldsymbol{y}, \boldsymbol{b}^\top \boldsymbol{y}) = \boldsymbol{a}^\top \mathrm{Cov}(\boldsymbol{y}) \boldsymbol{b} = \boldsymbol{a}^\top (\sigma^2 \mathbf{I}) \boldsymbol{b} = \sigma^2 \boldsymbol{a}^\top \boldsymbol{b},$$

die wir als Brücke zwischen geometrischen zu statistischen Konzepten festhalten wollen.

Zusammenhang von Kovarianz und Skalarprodukt

Sind $\mathbf{a}$ und $\mathbf{b}$ zwei feste Vektoren im $\mathbb{R}^n$, dann ist:

$$\mathrm{Var}\left(\mathbf{a}^\top \mathbf{y}\right) = \sigma^2 \|\mathbf{a}\|^2 \text{ und } \mathrm{Cov}(\mathbf{a}^\top \mathbf{y}, \mathbf{b}^\top \mathbf{y}) = \sigma^2 \mathbf{a}^\top \mathbf{b}.$$

Kurz: Das Skalarprodukt der Koeffizientenvektoren entspricht der Kovarianz, die quadrierte Norm der Varianz. Speziell sind $\mathbf{a}^\top \mathbf{y}$ und $\mathbf{b}^\top \mathbf{y}$ genau dann unkorreliert, wenn $\mathbf{a} \perp \mathbf{b}$ steht. Dieser Zusammenhang ist grundlegend für die Theorie des linearen Modells. Die Minimalität des Abstandes beim Projizieren überträgt sich als Minimalität der Varianz beim Schätzen. Dies ist der Kern des fundamentalen Satzes von Gauß-Markov über die Optimalität des KQ-Schätzers. Zuvor aber wollen wir unseren Optimalitätsbegriff präzisieren:

Die Definition von BLUE

Es sei $\boldsymbol{\Phi}$ ein p-dimensionaler Schätzer und $\mathbf{S}(\boldsymbol{\Phi})$ die Menge aller linearen erwartungstreuen Schätzer für $\boldsymbol{\Phi}$. Ist $p = 1$, so heißt ein Schätzer $\widetilde{\phi} \in S(\phi)$ **bester linearer unverfälschter Schätzer** für ϕ, falls für jeden anderen Schätzer $\widetilde{\psi} \in S(\phi)$ gilt:

$$\mathrm{Var}\left(\widetilde{\phi}\right) \le \mathrm{Var}\left(\widetilde{\psi}\right).$$

Ist $p > 1$, so heißt $\widetilde{\boldsymbol{\Phi}}$ bester linearer unverfälschter Schätzer für $\boldsymbol{\Phi}$, falls für jeden eindimensionalen Parameter $\mathbf{k}^\top \boldsymbol{\Phi}$ und jeden Schätzer $\widetilde{\psi} \in \mathbf{S}(\boldsymbol{\Phi})$ gilt:

$$\mathrm{Var}\left(\mathbf{k}^\top \widetilde{\boldsymbol{\Phi}}\right) \le \mathrm{Var}\left(\mathbf{k}^\top \widetilde{\psi}\right).$$

Dem englischen Sprachgebrauch folgend, sagt man auch als Abkürzung für: „Best Linear Unbiased Estimator" $\widetilde{\boldsymbol{\Phi}}$ ist **BLUE** für $\boldsymbol{\Phi}$.

Damit können wir nun den Satz von Gauß-Markov formulieren und beweisen.

Der Satz von Gauß-Markov

Ist das Modell korrekt spezifiziert, so gibt es genau einen BLUE-Schätzer für $\boldsymbol{\mu}$, und dieser ist $\widehat{\boldsymbol{\mu}} = \mathbf{P}_\mathbf{M} \mathbf{y}$. Daher ist für jeden schätzbaren Parameter $\phi = \mathbf{b}^\top \boldsymbol{\beta} = \mathbf{k}^\top \boldsymbol{\mu}$ auch $\widehat{\phi} = \mathbf{b}^\top \widehat{\boldsymbol{\beta}} = \mathbf{k}^\top \widehat{\boldsymbol{\mu}}$ BLUE für ϕ. Ist $\boldsymbol{\beta}$ selbst schätzbar, so ist $\widehat{\boldsymbol{\beta}}$ BLUE für $\boldsymbol{\beta}$.

Der Beweis des Satzes von Gauß-Markov benutzt nur die Entsprechung von und Unkorreliertheit und Orthogonalität. Diese

ist aber nicht an die euklidische Geometrie gebunden, sondern lässt sich in allen Vektorräumen definieren, in denen wir ein Skalarprodukt haben. Damit lässt sich die Gültigkeit des Satzes von Gauß-Markov auch in wesentlich allgemeineren Modellen zeigen. Um dann den Beweis nicht doppelt führen zu müssen, schreiben wir im Beweis das Skalarprodukt als $\langle \mathbf{a}, \mathbf{b} \rangle$ anstelle von $\mathbf{a}^\top \mathbf{b}$. In der euklidischen Metrik ist die Projektionsmatrix symmetrisch $\mathbf{P} = \mathbf{P}^\top$. Diese Symmetrie gilt auch in anderen Metriken und bedeutet dort $\langle \mathbf{a}, \mathbf{P}\mathbf{b} \rangle = \langle \mathbf{P}\mathbf{a}, \mathbf{b} \rangle$. Wir werden im Beweis diese Formulierung verwenden.

Beweis Wir betrachten eine beliebige in $\mathbf{y}$ lineare erwartungstreue Schätzung $\widetilde{\phi}$ von ϕ:

$$\widetilde{\phi} = \langle \mathbf{g}, \mathbf{y} \rangle$$

von ϕ. Dabei ist $\mathbf{g} \in \mathbb{R}^n$ fest vorgegeben. Da $\widetilde{\phi}$ erwartungstreu ist, ist:

$$\phi = E\left(\widetilde{\phi}\right) = E\left(\langle \mathbf{g}, \mathbf{y} \rangle\right) = \langle \mathbf{g}, E\left(\mathbf{y}\right) \rangle = \langle \mathbf{g}, \boldsymbol{\mu} \rangle.$$

Daher ist der KQ-Schätzer von ϕ gegeben durch:

$$\widehat{\phi} = \langle \mathbf{g}, \widehat{\boldsymbol{\mu}} \rangle = \langle \mathbf{g}, \mathbf{P}_\mathbf{M} \mathbf{y} \rangle = \langle \mathbf{P}_\mathbf{M} \mathbf{g}, \mathbf{y} \rangle.$$

Wir zerlegen $\mathbf{g}$ in zwei orthogonale Komponenten:

$$\mathbf{g} = \mathbf{P}_\mathbf{M} \mathbf{g} + (\mathbf{g} - \mathbf{P}_\mathbf{M} \mathbf{g})$$

und damit die Schätzfunktion in zwei unkorrelierte Komponenten:

$$\widetilde{\phi} = \langle \mathbf{g}, \mathbf{y} \rangle = \langle \mathbf{P}_\mathbf{M} \mathbf{g}, \mathbf{y} \rangle + \langle \mathbf{g} - \mathbf{P}_\mathbf{M} \mathbf{g}, \mathbf{y} \rangle$$
$$= \widehat{\phi} + \langle \mathbf{g} - \mathbf{P}_\mathbf{M} \mathbf{g}, \mathbf{y} \rangle.$$

Also ist

$$\mathrm{Var}\left(\widetilde{\phi}\right) = \mathrm{Var}\left(\widehat{\phi}\right) + \sigma^2 \|\mathbf{g} - \mathbf{P}_\mathbf{M} \mathbf{g}\|^2.$$

Daher ist $\mathrm{Var}\left(\widetilde{\phi}\right) > \mathrm{Var}\left(\widehat{\phi}\right)$, es sei denn $\mathbf{g} - \mathbf{P}_\mathbf{M} \mathbf{g} = \mathbf{0}$. Dann ist $\mathbf{g} = \mathbf{P}_\mathbf{M} \mathbf{g}$ und $\widetilde{\phi} \equiv \widehat{\phi}$. ∎

Der Beweis zeigt, wegen $\widetilde{\phi} = \widehat{\phi} + \langle \mathbf{g} - \mathbf{P}_\mathbf{M} \mathbf{g}, \mathbf{y} \rangle$, dass sich jede lineare erwartungstreue Schätzung schreiben lässt als Summe des KQ-Schätzers und eines dazu unkorrelierten Rests. Dieser Rest verändert nicht den Erwartungswert der Schätzung, bläht aber die Varianz auf.

Isoliert man die für den Beweis von Satz notwendigen Aussagen, erhält man sofort eine Verallgemeinerung des Satzes von Gauß-Markov

Definition des verallgemeinerten linearen Modells

Das **verallgemeinerte lineare Modell** ist definiert durch

$$\mathbf{y} = \mathbf{X}\boldsymbol{\beta} + \boldsymbol{\varepsilon} = \boldsymbol{\mu} + \boldsymbol{\varepsilon},$$
$$E\left(\boldsymbol{\varepsilon}\right) = \mathbf{0},$$
$$\mathrm{Cov}\left(\boldsymbol{\varepsilon}\right) = \mathbf{C} > \mathbf{0}.$$

Bei dieser Verallgemeinerung wird nicht mehr vorausgesetzt, dass die Störungen ε_i unkorreliert sind und alle dieselbe Varianz σ^2 besitzen, sondern nur noch dass sie linear unabhängig sind, sie also eine positiv definite Kovarianzmatrix besitzen.

Beste lineare unverfälschte Schätzer

Im verallgemeinerten linearen Modell ist

$$\widehat{\boldsymbol{\mu}} = \mathbf{X}(\mathbf{X}^\top \mathbf{C}^{-1}\mathbf{X})^+ \mathbf{X}^\top \mathbf{C}^{-1}\boldsymbol{y}$$

der eindeutig bestimmte beste lineare erwartungstreue Schätzer von $\boldsymbol{\mu}$ (blue). Sind die Regressoren linear unabhängig, dann ist

$$\widehat{\boldsymbol{\beta}} = (\mathbf{X}^\top \mathbf{C}^{-1}\mathbf{X})^{-1}\mathbf{X}^\top \mathbf{C}^{-1}\boldsymbol{y}$$

blue, ist $\boldsymbol{\Phi} = \mathbf{B}^\top \boldsymbol{\beta}$ schätzbar, dann ist

$$\widehat{\boldsymbol{\Phi}} = \mathbf{B}^\top (\mathbf{X}^\top \mathbf{C}^{-1}\mathbf{X})^+ \mathbf{X}^\top \mathbf{C}^{-1}\boldsymbol{y}$$

blue. Dabei ist jeweils

$$\operatorname{Cov}\left(\widehat{\boldsymbol{\mu}}\right) = \sigma^2 \mathbf{X}(\mathbf{X}^\top \mathbf{C}^{-1}\mathbf{X})^+ \mathbf{X}^\top,$$

$$\operatorname{Cov}\left(\widehat{\boldsymbol{\beta}}\right) = \sigma^2 \left(\mathbf{X}^\top \mathbf{C}^{-1}\mathbf{X}\right)^{-1},$$

$$\operatorname{Cov}\left(\widehat{\boldsymbol{\Phi}}\right) = \sigma^2 \mathbf{B}^\top (\mathbf{X}^\top \mathbf{C}^{-1}\mathbf{X})^+ \mathbf{B}.$$

Beweis   Wir definieren die $\langle \boldsymbol{a}, \boldsymbol{b}\rangle$ über das Skalarprodukt

$$\langle \boldsymbol{a}, \boldsymbol{b}\rangle = \boldsymbol{a}^\top \mathbf{C}^{-1}\mathbf{b}.$$

In dieser Metrik ist

$$\begin{aligned}
\operatorname{Cov}(\langle \boldsymbol{a}, \boldsymbol{y}\rangle, \langle \boldsymbol{b}, \boldsymbol{y}\rangle) &= \operatorname{Cov}(\boldsymbol{a}^\top \mathbf{C}^{-1}\boldsymbol{y}, \boldsymbol{b}^\top \mathbf{C}^{-1}\boldsymbol{y}) \\
&= \boldsymbol{a}^\top \mathbf{C}^{-1}\operatorname{Cov}(\boldsymbol{y})\,\mathbf{C}^{-1}\boldsymbol{b} \\
&= \boldsymbol{a}^\top \mathbf{C}^{-1}\mathbf{C}\mathbf{C}^{-1}\boldsymbol{b} \\
&= \boldsymbol{a}^\top \mathbf{C}^{-1}\boldsymbol{b} \\
&= \langle \boldsymbol{a}, \boldsymbol{b}\rangle.
\end{aligned}$$

Ebenso ist

$$\operatorname{Var}\left(\langle \boldsymbol{a}, \boldsymbol{y}\rangle\right) = \|\boldsymbol{a}\|^2.$$

Zwei zufällige Variable $\langle \boldsymbol{a}, \boldsymbol{y}\rangle$ und $\langle \boldsymbol{b}, \boldsymbol{y}\rangle$ sind also genau dann unkorreliert, wenn $\boldsymbol{a}$ und $\boldsymbol{b}$ im Sinne der neuen Metrik orthogonal sind. Weitere Eigenschaften wurden im Beweis des Satzes von Gauß-Markov nicht gebraucht. Daher ist $\mathbf{P}_{\mathbf{M}}\boldsymbol{y}$ blue für $\boldsymbol{\mu}$. In der neuen Metrik ist aber:

$$\begin{aligned}
\mathbf{P}_{\mathbf{M}}\boldsymbol{y} &= \mathbf{X}\left(\langle \mathbf{X}, \mathbf{X}\rangle\right)^+ \left(\langle \mathbf{X}, \boldsymbol{y}\rangle\right) \\
&= \mathbf{X}\left(\mathbf{X}^\top \mathbf{C}^{-1}\mathbf{X}\right)^+ \left(\mathbf{X}^\top \mathbf{C}^{-1}\boldsymbol{y}\right). \qquad \blacksquare
\end{aligned}$$

Achtung   Die (BLUE)-Schätzer im verallgemeinerten linearen Modell heißen zum Unterschied zum gewöhnlichen Kleinst-Quadrat-Schätzer die **gewogenen Kleinst-Quadrat-Schätzer**. Mitunter spricht man auch von den **Aitkinschätzern**. Im Englischen bezeichnet man die einen als **ordinary-least-square-** (**OLS**), die anderen als **weighted-least-square-estimator** (**WLS**).

Die aus $\langle \boldsymbol{a}, \boldsymbol{b}\rangle = \boldsymbol{a}^\top \mathbf{C}^{-1}\boldsymbol{b}$ abgeleitete Metrik spielt in der angewandten multivariaten Statistik eine große Rolle, sie heißt die Mahalanobis-Metrik.

Alle Eigenschaften des gewöhnlichen KQ-Schätzers, die wir nur aus den Eigenschaften des Skalaproduktes ableiten, gelten analog auch für den gewogenen KQ-Schätzer, wenn wir überall das Skalarprodukt $\boldsymbol{a}^\top \boldsymbol{b}$ durch $\langle \boldsymbol{a}, \boldsymbol{b}\rangle = \boldsymbol{a}^\top \mathbf{C}^{-1}\boldsymbol{b}$ ersetzen. So ist z. B. im gewöhnlichen linearen Modell die Summe der Residuen null:

$$\mathbf{1}^\top \widehat{\boldsymbol{\varepsilon}} = \sum_{i=1}^n \widehat{\varepsilon}_i = 0.$$

Im verallgemeinerten linearen Modell gilt stattdessen

$$\langle \mathbf{1}, \widehat{\boldsymbol{\varepsilon}}\rangle = \mathbf{1}\mathbf{C}^{-1}\widehat{\boldsymbol{\varepsilon}} = 0. \qquad \blacktriangleleft$$

23.4   Die nichtzentrale χ^2- und F-Verteilung.

Grundlegend für die Schätz- und Testtheorie im linearen Modell sind die nichtzentrale χ^2- und F-Verteilung. Letztere baut auf der χ^2- Verteilung und diese auf der mehrdimensionalen Normalverteilung auf.

Quadrierte Normen normalverteilter Variablen sind χ^2-verteilt

Definition der χ^2-Verteilung

Ist $\boldsymbol{y} \sim N_n(\boldsymbol{\mu}; \mathbf{I})$ verteilt, so besitzt $\|\boldsymbol{y}\|^2$ eine nichtzentrale χ^2-Verteilung mit n **Freiheitsgraden** und dem **Nicht-Zentralitätsparameter** $\delta = \|\boldsymbol{\mu}\|^2$:

$$\|\boldsymbol{y}\|^2 = \sum_{i=1}^n y_i^2 \sim \chi^2(n; \delta).$$

Ist $\boldsymbol{\mu} = \mathbf{0}$, so geht die $\chi^2(n; \delta)$ in die zentrale χ^2-Verteilung

$$\chi^2(n; 0) \equiv \chi^2(n)$$

über. Die Dichte der $\chi^2(n)$ ist für $y > 0$ erklärt durch:

$$f_n(y) = \frac{1}{2^{\frac{n}{2}}\Gamma(\frac{n}{2})} \cdot y^{\frac{n}{2}-1} \exp\left(-\frac{y}{2}\right).$$

Die Dichte der $\chi^2(n;\delta)$ ist für $y > 0$ erklärt durch:

$$f_{n;\delta}(y) = \sum_{k=0}^{\infty} f_{2k+n}(y) \frac{\left(\frac{\delta}{2}\right)^k}{k!} \exp\left(-\frac{\delta}{2}\right).$$

Dabei ist $f_{2k+n}(y)$ die Dichte der zentralen $\chi^2(2k+n)$. (Vgl. Johnson und Kotz (1970), Distributions in Statistics, Continous Univariate Distributions, Seite 132).

Eigenschaften der χ^2-Verteilung sind:

1. Ist $U \sim \chi^2(n;\delta)$, so ist:

$$E(U) = n + \delta,$$
$$\mathrm{Var}(U) = 2(n + 2\delta).$$

2. Es gilt ein Additionstheorem: Sind $V \sim \chi^2(m;\gamma)$ und $U \sim \chi^2(n;\delta)$ zwei unabhängige zufällige Variable, so ist

$$U + V \sim \chi^2(n + m; \delta + \gamma).$$

3. Für große n lässt sich die $\chi^2(n;\delta)$ durch eine Normalverteilung approximieren.
4. Für große n verschiebt sich die Dichte der $\chi^2(n;\delta)$ nach rechts und wird dabei immer flacher. Während die Standardabweichung nur mit $\sqrt{n}$ wächst, wächst der Erwartungswert mit n. Der Variationskoeffizient konvergiert gegen null.
5. Die Verteilungsfunktion der $\chi^2(n;\delta)$ mit $\delta > 0$ ist gegenüber der $\chi^2(n)$ nach rechts verschoben: Die $\chi^2(n;\delta)$ nimmt mit größerer Wahrscheinlichkeit größere Werte an als die $\chi^2(n)$: Ist $U \sim \chi^2(n;\delta)$ mit $\delta > 0$ und $W \sim \chi^2(n)$, so ist:

$$P(U > x) > P(W > x).$$

Man sagt: U ist **stochastisch größer** als W.

Weiter wollen wir die folgende Schreibweise vereinbaren: Ist a eine Konstante und $\frac{y}{a} \sim \chi^2(n;\delta)$, so schreiben wir:

$$y \sim a\chi^2(n;\delta).$$

Quadrierte Normen der Projektionen normalverteilter Variablen sind χ^2-verteilt

Von zentraler Bedeutung für die Theorie des linearen Modells ist der Satz von Cochran.

Der Satz von Cochran

1. Ist $y \sim N_n(\boldsymbol{\mu}; \mathbf{I})$ und $\mathbf{L}$ ein Unterraum des $\mathbb{R}^n$, so ist:

$$\|\mathbf{P}_\mathbf{L}y\|^2 \sim \chi^2(\dim(\mathbf{L}); \|\mathbf{P}_\mathbf{L}\boldsymbol{\mu}\|^2).$$

2. Sind $\mathbf{L}$ und $\mathbf{M}$ zwei orthogonale Unterräume, so sind $\mathbf{P}_\mathbf{L}y$ und $\mathbf{P}_\mathbf{M}y$ und damit auch $\|\mathbf{P}_\mathbf{L}y\|^2$ und $\|\mathbf{P}_\mathbf{M}y\|^2$ stochastisch unabhängig. Weiter ist:

$$\|\mathbf{P}_\mathbf{L}y + \mathbf{P}_\mathbf{M}y\|^2 \sim \chi^2\big(\dim(\mathbf{L}) + \dim(\mathbf{M});$$
$$\|\mathbf{P}_\mathbf{L}\boldsymbol{\mu}\|^2 + \|\mathbf{P}_\mathbf{M}\boldsymbol{\mu}\|^2\big).$$

Bemerkung Der Satz von Cochran lässt sich noch wesentlich erweitern. Zum Beispiel gilt der Satz auch für $N_m(\boldsymbol{\mu}; \mathbf{C})$ verteilte Variable, wenn man statt der euklidischen Metrik die Mahalanobis-Metrik nimmt. ◄

Beweis 1. Es seien die Spalten der Matrix $\mathbf{A} = (\boldsymbol{a}_1; \boldsymbol{a}_2; \ldots; \boldsymbol{a}_l)$ eine orthonormale Basis von $\mathbf{L} = \langle \mathbf{A} \rangle$. Dann ist $\mathbf{A}^\top \mathbf{A} = \mathbf{I}_r$ und

$$\mathbf{P}_\mathbf{L}y = \mathbf{A}\mathbf{A}^\top y = \mathbf{A}z.$$

Für den Koordinatenvektor $z = \mathbf{A}^\top y$ gilt einerseits:

$$\mathrm{Cov}(z) = \mathbf{A}^\top \mathbf{A} = \mathbf{I}_r.$$

Als lineare Funktion des normalverteilten y ist auch z normalverteilt: $z \sim N_r(E(z); \mathbf{I}_r)$. Also ist

$$\|z\|^2 \sim \chi^2(r;\delta) \quad \text{mit } \delta = \|E(z)\|^2.$$

Andererseits stimmt die Mahalanobis-Länge des Vektors $\mathbf{P}_\mathbf{L}y$ mit der euklidischen Länge seines Koordinatenvektors überein:

$$\|\mathbf{P}_\mathbf{L}y\|^2 = \|\mathbf{A}z\|^2 = z^\top \mathbf{A}^\top \mathbf{A}z = z^\top z = \|z\|^2.$$

Genauso zeigt man:

$$\|\mathbf{P}_\mathbf{L}E(y)\|^2 = \|E(z)\|^2.$$

Zusammen liefert dies die erste Aussage.

2. $\mathbf{L}$ und $\mathbf{M}$ sind orthogonal, daher ist

$$\mathrm{Cov}(\mathbf{P}_\mathbf{L}y; \mathbf{P}_\mathbf{M}y) = \mathbf{P}_\mathbf{L}^\top \mathbf{P}_\mathbf{M} = \mathbf{P}_\mathbf{L}\mathbf{P}_\mathbf{M} = \mathbf{0}.$$

Also sind $\mathbf{P}_\mathbf{M}y$ und $\mathbf{P}_\mathbf{L}y$ unkorreliert und wegen des Unabhängigkeitssatzes auch unabhängig. Aus $\mathbf{L} \perp \mathbf{M}$ folgt weiter: $\mathbf{P}_\mathbf{M}y + \mathbf{P}_\mathbf{L}y = \mathbf{P}_{\mathbf{L}\oplus\mathbf{M}}y$. Dabei ist $\mathbf{L} \oplus \mathbf{M}$ die orthogonale Summe der Räume $\mathbf{L}$ und $\mathbf{M}$. Der Rest folgt dann aus der Anwendung des eben bewiesenen ersten Teil des Satzes. ■

Wir wollen uns die Zusammenhänge zwischen der mehrdimensionalen Normalverteilung, der χ^2-Verteilung und dem Satz von Cochran veranschaulichen.

Dazu stellen wir uns einmal vor, unter einem ebenen Verandaboden hätten Ameisen einen Bau gebildet und ihr Schlupfloch in der Kreuzfuge zweier Platten gefunden. Durch einen Stoß gegen den Boden werden die Ameisen in Panik versetzt und rennen ziellos aus ihrem Schlupfloch heraus. Zur Beschreibung der Position der Ameisen stellen wir uns ein in die Fugen der Platten gelegtes Koordinatensystem vor und beschreiben den Ort jeder Ameise durch die ihre x- und y-Koordinaten: $\boldsymbol{a} := \binom{x}{y}$.

Nun wollen wir – ohne auf den Protest der Zoologen zu achten – annehmen, dass

1. für jede Ameise die x- und y-Koordinaten Realisationen von zwei unabhängigen $N(0;1)$ verteilten zufälligen Variablen sind, und
2. jede Ameise sich unabhängig von den anderen Ameisen ihren Weg sucht.

Dann können wir das Gesamtbild mit den n Ameisen $\boldsymbol{a}_1, \ldots, \boldsymbol{a}_n$ als Realisationen von n unabhängigen, identisch verteilten Variablen $\boldsymbol{a}_i \sim N_2(\boldsymbol{0}; \mathbf{I})$ ansehen. Die quadrierte Entfernung jeder Ameise vom Schlupfloch ist einerseits $\|\boldsymbol{a}\|^2 = x^2 + y^2$. Andererseits ist $\|\boldsymbol{a}\|^2$ die Realisation der $\chi^2(2)$ verteilten zufälligen Variablen $\|\boldsymbol{a}\|^2 = x^2 + y^2$. Die empirische Häufigkeitsverteilung der beobachteten $\|\boldsymbol{a}\|^2$ gibt eine Vorstellung der $\chi^2(2)$-Verteilung.

Nun interessieren Sie sich für die quadrierte Entfernung $\|\boldsymbol{a} - \boldsymbol{s}\|^2$ jeder Ameise von Ihrer Fußspitze $\boldsymbol{s}$, die mit auf das Bild gekommen ist. $\|\boldsymbol{a} - \boldsymbol{s}\|^2$ ist nun nicht-zentral χ^2 verteilt. Der quadrierte Abstand $\|\boldsymbol{s}\|^2$ Ihrer Fußspitze vom Schlupfloch ist der Nicht-Zentralitätsparameter δ. Es ist einleuchtend, dass ein zufällig herausgegriffene Ameise „wahrscheinlich" näher an ihrem Schlupfloch, denn an der Ihrer Stiefelspitze ist.

Zur Illustration des Satzes von Cochran brauchen wir eine weitere Dimension. Also betrachten wir einen Bienenschwarm, der in luftiger Höhe seine Königin umschwirrt, die an der äußersten Spitze eines dünnen Zweiges genau über der Veranda sitzt. Beschreiben wir den Ort jeder Biene durch ihre drei Koordinaten $\boldsymbol{b} = (x; y; z)^\top$, so sollen – analog zu den Ameisen – auch die Koordinaten der Bienen normalverteilt sein:

$$\boldsymbol{b} \sim N_3(\boldsymbol{\mu}; \mathbf{I}).$$

Dabei ist $\boldsymbol{\mu}$ der Mittelpunkt des Schwarmes, der Sitzplatz der Königin. Wieder ist die quadrierte Entfernung $\|\boldsymbol{b} - \boldsymbol{\mu}\|^2$ χ^2-verteilt mit drei Freiheitsgraden und $\|\boldsymbol{b}\|^2 \sim \chi^2(3; \|\boldsymbol{\mu}\|^2)$. Der Freiheitsgrad 3 der Verteilung ist die Dimension des Raumes, in dem sich die Bienen bewegen. Nun brennt die Sonne senkrecht vom Himmel, und Sie betrachten die Schatten der Bienen auf der weißen Veranda. Die Schattenpunkte umschwärmen den Schatten der Königin. Die Schatten sind die Projektion von $\boldsymbol{b}$ auf die Veranda $\mathbf{P}_{\text{Veranda}}\boldsymbol{b} =: \mathbf{P}\boldsymbol{b}$. Die Projektion $\mathbf{P}\boldsymbol{b}$ der Biene $\boldsymbol{b}$ ist wieder normalverteilt mit dem Mittelpunkt $\mathbf{P}\boldsymbol{\mu}$, dem Schatten der Königin. Die quadrierte Entfernung $\|\mathbf{P}\boldsymbol{b} - \mathbf{P}\boldsymbol{\mu}\|^2$ ist daher $\chi^2(2)$ verteilt. Die 2 Freiheitsgrade stehen für die Dimension des Raumes, in dem sich die Schatten (d. h. die Bildpunkte) bewegen können, nämlich des zweidimensionalen Verandabodens.

Der Satz von Cochran lässt sich leicht auf k orthogonale Projektionen verallgemeinern:

Projektionssatz

Es sei $\boldsymbol{y} \sim N_m(\boldsymbol{\mu}; \sigma^2\mathbf{I})$ und $\mathbf{M}_1, \mathbf{M}_2, \ldots, \mathbf{M}_k$ seien k orthogonale Unterräume, die den $\mathbb{R}^m$ aufspannen. Weiter sei $\dim(\mathbf{M}_i) = m_i$, $\|\mathbf{P}_{\mathbf{M}_i}\boldsymbol{\mu}\|^2 = \sigma^2\delta_i$ und $\|\boldsymbol{\mu}\|^2 = \sigma^2\delta$. Dann ist:

$$\|\mathbf{P}_{\mathbf{M}_i}\boldsymbol{y}\|^2 \sim \sigma^2 \chi^2(m_i; \delta_i).$$

Weiter gelten folgende Zerlegungen in orthogonale Räume und Projektionen bzw. stochastisch unabhängige Variable:

Orthogonale Räume	$\mathbb{R}^m = \bigoplus\limits_{i=1}^{k} \mathbf{M}_i$
Orthogonale Projektionen	$\mathbf{I} = \sum\limits_{i=1}^{k} \mathbf{P}_{\mathbf{M}_i}$
Unabhängige normalverteilte Variable	$\boldsymbol{y} = \sum\limits_{i=1}^{k} \mathbf{P}_{\mathbf{M}_i}\boldsymbol{y}$
Unabhängige $\sigma^2\chi^2$-verteilte Variable	$\|\boldsymbol{y}\|^2 = \sum\limits_{i=1}^{k} \|\mathbf{P}_{\mathbf{M}_i}\boldsymbol{y}\|^2$
Nicht-Zentralitätsparameter	$\delta = \sum\limits_{i=1}^{k} \delta_i$
Freiheitsgrade	$m = \sum\limits_{i=1}^{k} m_i.$

Beweis Ist $\boldsymbol{y} \sim N_m(\boldsymbol{\mu}; \sigma^2\mathbf{I})$, so ist $\frac{\boldsymbol{y}}{\sigma} \sim N_m(\frac{\boldsymbol{\mu}}{\sigma}; \mathbf{I})$ verteilt. Daher ist:

$$\left\|\mathbf{P}_{\mathbf{M}_i}\left(\frac{\boldsymbol{y}}{\sigma}\right)\right\|^2 = \frac{1}{\sigma^2}\|\mathbf{P}_{\mathbf{M}_i}\boldsymbol{y}\|^2 \sim \chi^2(\dim(\mathbf{M}_i); \delta_i)$$

$$\delta_i = \left\|\mathbf{P}_{\mathbf{M}_i}\left(\frac{\boldsymbol{\mu}}{\sigma}\right)\right\|^2 = \frac{1}{\sigma^2}\|\mathbf{P}_{\mathbf{M}_i}\boldsymbol{\mu}\|^2.$$

Da die orthogonalen Räume $\mathbf{M}_i$ zusammen den ganzen $\mathbb{R}^m$ aufspannen, ist $\mathbb{R}^m = \bigoplus_{i=1}^{m} \mathbf{M}_i$ und folglich $\mathbf{I} = \sum_{i=1}^{k} \mathbf{P}_{\mathbf{M}_i}$. Daher ist

$$\boldsymbol{\mu} = \sum_{i=1}^{k} \mathbf{P}_{\mathbf{M}_i}\boldsymbol{\mu}.$$

Folglich ist wegen der Orthogonalität der $\mathbf{P}_{\mathbf{M}_i}$

$$\sigma^2\delta = \|\boldsymbol{\mu}\|^2 = \sum_{i=1}^{k} \|\mathbf{P}_{\mathbf{M}_i}\boldsymbol{\mu}\|^2 = \sigma^2 \sum_{i=1}^{k} \delta_i.$$

Der Rest folgt aus dem Satz von Cochran, der Orthogonalität der Zerlegung, dem Additionstheorem der χ^2-Verteilung und der Additivität der Projektionen. ∎

Der Quotient zweier unabhängiger χ^2-verteilter Variablen ist F-verteilt

Im linearen Modell werden Effekte und Wirkungen auf orthogonale lineare Unterräume verteilt. Zur Schätzung dieser Effekte wird der Beobachtungsvektor y in diese Unterräume projiziert. Die Größe des Effekts wird sich aus der Länge der Komponente ergeben. Zum Vergleich zweier Effekte bestimmt man den Quotient der Längen. Um statistische Aussagen, Prognosen und Tests über diese Längen zu machen, braucht man die Wahrscheinlichkeitsverteilung dieser Quotienten. Dazu dient die F-Verteilung.

Die F-Verteilung

Es seien $x \sim \chi^2(m; \delta)$ und $y \sim \chi^2(n)$ zwei unabhängige zufällige Variable. Dann heißt die Verteilung von

$$\frac{nx}{my} \sim F(m; n; \delta)$$

nicht-zentrale F-Verteilung mit den Freiheitsgraden m und n und dem Nicht-Zentralitätsparameter δ. Ist $\delta = 0$, so sprechen wir von der zentralen F-Verteilung $F(m; n)$. Die Verteilung ist tabelliert.

Bezeichnen wir zufällige Variable mit denselben Symbolen wie die dazugehörigen Wahrscheinlichkeitsverteilungen, so können wir einprägsam schreiben:

$$\frac{\frac{1}{m}\chi^2(m; \delta)}{\frac{1}{n}\chi^2(n)} = F(m; n; \delta).$$

Wohlgemerkt, auf der linken Seite stehen in Zähler und Nenner stochastisch unabhängige zufällige Variable. Mit dieser, durchaus mit Vorsicht zu handhabenden Schreibweise gilt:

$$F(m; n) = \frac{1}{F(n; m)}.$$

Wichtige Eigenschaften der F-Verteilung:

- Die Dichte der zentralen $F(m; n)$-Verteilung ist für $y > 0$:

$$f_{m;n}(y) = c_{mn} \cdot y^{\frac{m}{2}-1} \cdot \left(1 + \frac{m}{n} \cdot y\right)^{-\frac{1}{2}(m+n)}.$$

Dabei ist c_{mn} eine Integrationskonstante, nämlich:

$$c_{mn} = \left(\frac{m}{n}\right)^{\frac{m}{2}} \cdot \frac{\Gamma\left(\frac{m+n}{2}\right)}{\Gamma\left(\frac{m}{2}\right) \cdot \Gamma\left(\frac{n}{2}\right)}.$$

- Die Dichte der nicht-zentralen F-Verteilung $F(m; n; \delta)$ ist für $y > 0$:

$$f_{m;n;\delta}(y) = \sum_{k=0}^{\infty} f_{2k+m;n}\left(\frac{m}{2k+m}y\right)\frac{m}{2k+m}\frac{\left(\frac{\delta}{2}\right)^k}{k!}\exp\left(-\frac{\delta}{2}\right).$$

Dabei ist $f_{m;n}(y)$ die Dichte der zentralen $F(m; n)$-Verteilung. (Siehe auch Johnson und Kotz (1970), Distributions in Statistics, Continous Univariate Distributions, Seite 191).

- Der Erwartungswert der $F(m; n)$ existiert nur für $n \geq 3$, die Varianz existiert nur für $n \geq 5$: Ist $y \sim F(m; n)$, so gilt:

$$E(y) = \frac{n}{n-2}, \quad \text{für } n \geq 3$$

$$\text{Var}(y) = \frac{2n^2(m+n-2)}{m(n-2)^2(n-4)}, \quad \text{für } n \geq 5.$$

- Für große n konvergiert die $F(m; n)$ gegen die $\chi^2(m)$.

23.5 Die Schätzung von σ^2

Sind die Regressoren linear unabhängig, so ist $\widehat{\beta} = \left(\mathbf{X}^\top\mathbf{X}\right)^{-1}\mathbf{X}^\top y$ der erwartungstreue KQ-Schätzer von β. Dabei ist

$$\text{Cov}\left(\widehat{\beta}\right) = \sigma^2\left(\mathbf{X}^\top\mathbf{X}\right)^{-1}.$$

Uns fehlt noch eine Schätzung für σ^2. Während die in $\mathbf{M}$ liegende Komponente $\mathbf{P_M}y$ den Schätzer $\widehat{\mu}$ liefert, gewinnen wir aus der zu $\mathbf{M}$ orthogonalen Restkomponente $y - \mathbf{P_M}y$ den Schätzer für σ^2. Dazu gehen wir schrittweise vor und werden zumindest im Anfang noch nicht die Annahme der Normalverteilung machen.

Der Erwartungswert einer quadratischen Form

1. Ist y eine n-dimensionale zufällige Variable mit dem Erwartungswert $E(y) = \mu$ und $\mathbf{A}$ eine nicht stochastische $n \times n$ Matrix, dann ist

$$E(y^\top\mathbf{A}y) = \mu^\top\mathbf{A}\mu + \text{Spur}\left(\mathbf{A}\,\text{Cov}(y)\right)$$

2. Ist $\text{Cov}(y) = \sigma^2\mathbf{I}$ und ist $\mathbf{P_M}$ die Projektion in einen Unterraum $\mathbf{M}$, so ist:

$$E\left(\|\mathbf{P_M}y\|^2\right) = \|\mathbf{P_M}\mu\|^2 + \sigma^2\dim(\mathbf{M}). \qquad (23.5)$$

Beweis 1.

$$E(y^\top\mathbf{A}y) = E\left(\text{Spur}(y^\top\mathbf{A}y)\right)$$

$$= E\left(\text{Spur}(\mathbf{A}yy^\top)\right)$$

$$= \text{Spur}\left(\mathbf{A}E(yy^\top)\right)$$

$$= \text{Spur}\left(\mathbf{A}\left(\text{Cov}(y) + \mu\mu^\top\right)\right)$$

$$= \text{Spur}\left(\mathbf{A}\,\text{Cov}(y)\right) + \text{Spur}\left(\mathbf{A}\mu\mu^\top\right)$$

$$= \text{Spur}\left(\mathbf{A}\,\text{Cov}(y)\right) + \text{Spur}\left(\mu^\top\mathbf{A}\mu\right)$$

$$= \text{Spur}\left(\mathbf{A}\,\text{Cov}(y)\right) + \mu^\top\mathbf{A}\mu.$$

2. nach Teil 1. ist

$$\begin{aligned} E\left(\|\mathbf{P_M}y\|^2\right) &= E\left(y^\top \mathbf{P_M}y\right) \\ &= \mu^\top \mathbf{P_M}\mu + \sigma^2 \text{Spur}\left(\mathbf{P_M}\right) \\ &= \|\mathbf{P_M}\mu\|^2 + \sigma^2 \dim\left(\mathbf{M}\right). \quad \blacksquare \end{aligned}$$

Nach diesen Vorbereitungen können wir leicht den Schätzer für σ^2 bestimmen. Dazu gehen wir aus von der grundlegenden Zerlegung

$$\begin{aligned} y - \mathbf{P_M}y &= \mathbf{P_M}y + (y - \mathbf{P_M}y) \\ &= \mathbf{P_M}y + \widehat{\varepsilon}. \end{aligned}$$

Weiter war

$$\text{SSE} = \|\widehat{\varepsilon}\|^2 = \sum_{i=1}^n \widehat{\varepsilon}_i^2.$$

Nun ist $\widehat{\varepsilon} = (\mathbf{I} - \mathbf{P_M})\,y = \mathbf{P}_{\mathbb{R}^n \ominus \mathbf{M}}y$ die Projektion von y in den zu $\mathbf{M}$ orthogonalen $n - d$-dimensionalen Fehlerraum $\mathbb{R}^n \ominus \mathbf{M}$. Also ist $\text{SSE} = \|\mathbf{P}_{\mathbb{R}^n \ominus \mathbf{M}}y\|^2$. Damit liefert die zweite Aussage des Satzes über den Erwartungswert quadratischer Formen, siehe Formel (23.5) die folgende wichtige Aussage:

$\widehat{\sigma}^2$ ist ein erwartungstreuer Schätzer von σ^2

Ist $\text{Cov}\,(y) = \sigma^2 \mathbf{I}$ und $\text{Rg}\,(\mathbf{X}) = d$, so ist:

$$E(\text{SSE}) = \sigma^2(n - d) + \|\mu - \mathbf{P_M}\mu\|^2. \qquad (23.6)$$

In einem korrekten Modell, $E\,(y) = \mu \in M$, ist also:

$$E(\text{SSE}) = \sigma^2(n - d). \qquad (23.7)$$

In diesem Fall ist

$$\widehat{\sigma}^2 = \frac{\text{SSE}}{n - d} = \frac{1}{n - d}\sum \widehat{\varepsilon}_i^2 \qquad (23.8)$$

ein erwartungstreuer Schätzer für σ^2.

Nun nehmen wir noch die Annahmen der Normalverteilung von y hinzu und erhalten

---

Die Verteilung von $\widehat{\sigma}^2$

Ist $\mathbf{y} \sim N_n\left(\mu; \sigma^2 \mathbf{I}\right)$ und liegt μ im d-dimensionalen Modellraum $\mathbf{M} = \langle \mathbf{X}\rangle$, so ist

$$\text{SSE} \sim \sigma^2 \chi^2\,(n - d),$$

$$\widehat{\sigma}^2 \sim \frac{\sigma^2}{n - d}\chi^2\,(n - d).$$

$\widehat{\sigma}^2$ ist stochastisch unabhängig von $\widehat{\mu}$. Weiter ist $\widehat{\sigma}^2$ erwartungstreu und konsistent mit

$$E\left(\widehat{\sigma}^2\right) = \sigma^2,$$

$$\text{Var}\left(\widehat{\sigma}^2\right) = \frac{2\sigma^4}{n - d}.$$

Beweis Es ist $\text{SSE} = \|\mathbf{P}_{\mathbb{R}^n \ominus \mathbf{M}}y\|^2$. Aus $\frac{y}{\sigma} \sim N_n\left(\frac{\mu}{\sigma}; \mathbf{I}\right)$ folgt dann mit dem Satz von Cochran

$$\begin{aligned} \frac{1}{\sigma^2}\text{SSE} &= \left\|\mathbf{P}_{\mathbb{R}^n \ominus \mathbf{M}}\frac{y}{\sigma}\right\|^2 \\ &\sim \chi^2\left(\dim\left(\mathbb{R}^n \ominus \mathbf{M}\right); \mathbf{P}_{\mathbb{R}^n \ominus \mathbf{M}}\left(\frac{\mu}{\sigma}\right)\right) \\ &= \chi^2\,(n - d; 0). \end{aligned}$$

Denn $\dim\left(\mathbb{R}^n \ominus \mathbf{M}\right) = \dim\left(\mathbb{R}^n\right) - \dim\left(\mathbf{M}\right) = n - d$ und

$$\mathbf{P}_{\mathbb{R}^n \ominus \mathbf{M}}\left(\mu\right) = \mathbf{P}_{\mathbb{R}^n}\left(\mu\right) - \mathbf{P_M}\left(\mu\right) = \left(\mu - \mu\right) = 0.$$

Daher ist $\text{SSE} \sim \sigma^2 \chi^2\,(n - d)$. Da $\mathbf{M}$ und $\mathbb{R}^n \ominus \mathbf{M}$ orthogonal sind, sind $\widehat{\mu} = \mathbf{P_M}y$ sowie $\widehat{\varepsilon} = \mathbf{P}_{\mathbb{R}^n \ominus \mathbf{M}}y$ unabhängig. Aus der Formel für Erwartungswert und Varianz der χ^2-Verteilung folgt

$$\frac{1}{\sigma^2}E\,(\text{SSE}) = n - d,$$

$$\frac{1}{\sigma^2}\text{Var}\,(\text{SSE}) = 2\,(n - d).$$

Also ist wie bereits ohne die Normalverteilungsannahme gezeigt, $E\left(\frac{\text{SSE}}{n - d}\right) = \sigma^2$ und

$$\text{Var}\left(\frac{\text{SSE}}{n - d}\right) = \frac{\sigma^4 2}{n - d}. \qquad \blacksquare$$

23.6 Testen im linearen Modell

Bei jedem Test gehen wir von einem Vorwissen über μ aus. Dieses Vorwissen formulieren wir als lineares Modell mit einer Annahme über die Verteilung:

$$y \sim N_n(\mu; \sigma^2\mathbf{I}); \quad \mu \in \mathbf{M}; \quad \dim\,(\mathbf{M}) = d. \qquad (23.9)$$

Wir werden dies im Folgenden stets voraussetzen. Zuerst betrachten wir Hypothesen über μ, anschließend Hypothesen über β.

Eine *lineare Hypothese* schränkt die möglichen Werte von $\mu - \mu_0$ auf einem Unterraum $\mathbf{H}$ von $\mathbf{M}$ ein.

Definition einer linearen Hypothese

Ist $\mathbf{H} \subset \mathbf{M}$ ein linearer Unterraum von $\mathbf{M}$ und $\boldsymbol{\mu}_0$ ein beliebiger fester Vektor aus $\mathbf{M}$, so heißt die Hypothese:

$$H_0 : \text{„} \boldsymbol{\mu} - \boldsymbol{\mu}_0 \in \mathbf{H} \text{“} \qquad (23.10)$$

eine lineare Hypothese über $\boldsymbol{\mu}$.

Achtung Die Alternative $H_1 : \text{„}\boldsymbol{\mu} - \boldsymbol{\mu}_0 \notin \mathbf{H}\text{“}$ ist keine lineare Hypothese, denn $\{\boldsymbol{\mu} \mid \boldsymbol{\mu} - \boldsymbol{\mu}_0 \notin \mathbf{H}\}$ ist kein linearer Raum. ◀

Um das Schriftbild zu entlasten, wollen wir im Folgenden $\boldsymbol{\mu}_0 = \mathbf{0}$ voraussetzen. Die allgemeinere Version erhalten wir sofort, wenn wir y durch $y - \boldsymbol{\mu}_0$, $\boldsymbol{\beta}$ durch $\boldsymbol{\beta} - \boldsymbol{\beta}_0$ und ϕ durch $\phi - \phi_0$ ersetzen.

Stellen wir uns – nach dieser unwesentlichen Vereinfachung der Schreibweise – nun auf den Standpunkt, dass die Hypothese $H_0 : \text{„}\boldsymbol{\mu} \in \mathbf{H}\text{“}$ wahr ist, so ist:

$$y \sim N_n(\boldsymbol{\mu}; \sigma^2 \mathbf{I}); \quad \boldsymbol{\mu} \in \mathbf{H}$$

ein lineares Modell, in dem wir folgerichtig $\boldsymbol{\mu}$ durch $\mathbf{P_H} y$ schätzen. Ist H_0 wahr, so ist ebenfalls $\mathbf{P_H}\boldsymbol{\mu} = \boldsymbol{\mu}$. Daher sind $\mathbf{P_H} y$ und $\mathbf{P_M} y$ zwei erwartungstreue Schätzer für $\boldsymbol{\mu}$; sie sollten demnach nicht allzu weit von einander entfernt liegen. Die Differenz $\mathbf{P_M} y - \mathbf{P_H} y$ beider Schätzwerte ist darum ein anschauliches Maß für die Verträglichkeit der Hypothese H_0 mit den Daten. Da wir leichter mit skalaren als mit vektoriellen Prüfgrößen arbeiten, verwenden wir:

$$SS(H_0) = \|\mathbf{P_M} y - \mathbf{P_H} y\|^2$$

als Testkriterium unserer Hypothese H_0. $SS(H_0)$ misst die Länge der bei der Reduktion von $\mathbf{M}$ auf $\mathbf{H}$ nicht mehr erfassten Komponente und ist so ein Kriterium der Verschlechterung der Modellanpassung bzw. ein Maß für den Zugewinn bei der Modellerweiterung von $\mathbf{H}$ auf $\mathbf{M}$.

Betrachten wir noch einmal die Grundzerlegung

$$y = \mathbf{P_M} y + y - \mathbf{P_M} y.$$

Wegen der Orthogonalität der beiden Komponenten folgt

$$\|y\|^2 = \|\mathbf{P_M} y\|^2 + \|y - \mathbf{P_M} y\|^2$$
$$= \|\mathbf{P_M} y\|^2 + SS(\mathbf{M}).$$

$SS(\mathbf{M})$ ist die Summe der quadrierten Residuen im Modell $\mathbf{M}$. Für das Modell $\mathbf{H}$ gilt das analog

$$\|y\|^2 = \|\mathbf{P_H} y\|^2 + SS(\mathbf{H}).$$

Subtrahieren wir die beiden Gleichungen, erhalten wir:

$$SSE(\mathbf{H}) - SSE(\mathbf{M}) = \|\mathbf{P_M} y\|^2 - \|\mathbf{P_H} y\|^2.$$

Da $\mathbf{H} \subset \mathbf{M}$ ist, folgt

$$\|\mathbf{P_M} y\|^2 - \|\mathbf{P_H} y\|^2 = \|\mathbf{P_M} y - \mathbf{P_H} y\|^2$$
$$= SS(H_0).$$

Also ist

$$SS(H_0) = SSE(\mathbf{H}) - SSE(\mathbf{M})$$

auch ein Maß für die Vergrößerung des Fehlerterms $SSE(\mathbf{M})$ bei Reduktion des Modells $\mathbf{M}$ auf das Submodell $\mathbf{H}$. Wie wir das Kriterium $SS(H_0)$ auch ansehen, stets gilt:

Ist $SS(H_0)$ klein, so ist gegen die Reduktion von $\mathbf{M}$ auf $\mathbf{H}$ und damit gegen H_0 wenig einzuwenden.

Ist dagegen $SS(H_0)$ groß, so ist H_0 nicht akzeptabel.

Lineare Hypothesen werden mit dem F-Test geprüft

Bis jetzt sind drei Fragen offen geblieben:

1. Wie ist bei $SS(H_0)$ *groß* und *klein* zu bestimmen?
2. Wie soll die kritische Region des darauf aufbauenden Test aussehen?
3. Wie lassen sich unsere heuristischen Überlegungen theoretisch absichern?

Diese Fragen können wir nun mit dem Satz von Cochran beantworten. Nach Voraussetzung ist $y \sim N_n(\boldsymbol{\mu}; \sigma^2 \mathbf{I})$ verteilt und

$$SS(H_0) = \|\mathbf{P_M} y - \mathbf{P_H} y\|^2 = \|\mathbf{P}_{\mathbf{M} \ominus \mathbf{H}} y\|^2$$

ist quadrierte Norm einer Projektion. Daher ist

$$SS(H_0) \sim \sigma^2 \chi^2(p; \delta),$$
$$p = \dim(\mathbf{M}) - \dim(\mathbf{H}),$$
$$\delta = \frac{1}{\sigma^2} \|\boldsymbol{\mu} - \mathbf{P_H}\boldsymbol{\mu}\|^2.$$

Das Testkriterium $SS(H_0)$ kann noch nicht unmittelbar als Prüfgröße eines χ^2-Tests verwendet werden, da seine Verteilung vom unbekannten σ^2 abhängt. Wird σ^2 durch $\widehat{\sigma}^2$ geschätzt, erhalten wir aus dem intuitivem Testkriterium $SS(H_0)$ durch Skalierung die Prüfgröße des F-Tests.

Die Prüfgröße des F-Tests

Die Hypothese $H_0 : \text{„}\boldsymbol{\mu} \in \mathbf{H}\text{“}$ wird getestet mit der F-verteilten Prüfgröße

$$F_{\mathrm{PG}} = \frac{SS(H_0)}{\widehat{\sigma}^2 p} \sim F(p; n - d; \delta). \qquad (23.11)$$

Beweis SS (H_0) und SSE $(\mathbf{M})$ sind beide unabhängig von einander und bis auf Faktoren χ^2-verteilt und zwar SS $(H_0) \sim \sigma^2 \chi^2 (p; \delta)$ sowie SSE $(\mathbf{M}) \sim \sigma^2 \chi^2 (n - m)$. Die Unabhängigkeit folgt aus der Orthogonalität der Räume $\mathbb{R}^n \ominus \mathbf{M}$ und $\mathbf{M} \ominus \mathbf{H}$. Ersetzen wir die Zufallsvariablen durch ihre Verteilungen, können wir symbolisch schreiben

$$F_{\mathrm{PG}} = \frac{\frac{1}{p} \sigma^2 \chi^2 (p; \delta)}{\frac{1}{n-m} \sigma^2 \chi^2 (n - m)}$$

$$= \frac{\frac{1}{p} \chi^2 (p; \delta)}{\frac{1}{n-m} \chi^2 (n - m)} \sim F(p; n - d; \delta). \qquad \blacksquare$$

Achtung In der Literatur wird der Buchstabe F für Verteilungsfunktionen ganz allgemein, für die Verteilungsfunktion der $F(m; n)$ und für jede F-verteilte zufällige Variable verwendet. Außerdem bezeichnet er die Prüfgröße des F-Tests sowohl als zufällige Variable als auch für deren Realisation. Um diese Symbolüberlastung zu vermeiden, setzen wir an F als **Prüf**größe des F-Tests die Indizes „PG" für die zufällige Variable und „pg" für deren Realisation. ◀

F_{PG} ist proportional zu SS (H_0) und besitzt eine nur noch von δ abhängige F-Verteilung. Da große Werte von SS (H_0) gegen H_0 sprechen, werden wir folgerichtig aus den großen Werten von F_{PG} die kritische Region und aus den kleinen Werten von F_{PG} den Annahmebereich bilden.

Wie aber ist die Grenze des Annahmebereichs zu bestimmen? Ist H_0 richtig, so ist $\mu \in \mathbf{H}$. Also ist $\mathbf{P_H}\mu = \mu$ und demnach $\delta = \frac{1}{\sigma^2} \|\mu - \mathbf{P_H}\mu\|^2 = 0$.

Ist also H_0 richtig, so ist F_{PG} zentral $F(p; n - d)$-verteilt. Daher bildet das obere Quantil der zentralen $F(p; n - d)$-Verteilung die Schwelle zwischen „*groß*" und „*klein*". Wir fassen zusammen:

Der F-Test

Sei H_0 die Hypothese $\mu \in \mathbf{H}$ und F_{pg} der beobachtete oder realisierte Wert der Prüfgröße F_{PG}. Dann besitzt der F-Test zum Niveau α die kritische Region

$$F_{\mathrm{pg}} > F(p; n - d)_{1-\alpha} \qquad (23.12)$$

oder gleichwertig

$$\mathrm{SS}\,(H_0) > p\widehat{\sigma}^2 F(p; n - d)_{1-\alpha}. \qquad (23.13)$$

Was ist, wenn H_0 falsch ist? In jedem Fall ist SS $(H_0) \sim \widehat{\sigma}^2 p F(p; n - d; \delta)$. Der Nichtzentralitätsparameter δ misst wegen $\delta = \frac{1}{\sigma^2} \|\mu - \mathbf{P_H}\mu\|^2$ den Abstand des wahren μ vom hypothetischen Unterraum $\mathbf{H}$ und somit die „Stärke" der Unkorrektheit von H_0. δ ist genau dann null, wenn $\mu \in \mathbf{H}$ ist, also genau dann, wenn H_0 richtig ist.

Nun ist eine zentral $\chi^2(p)$ verteilte Variable stochastisch kleiner als die nichtzentrale $\chi^2(p; \delta)$. Gilt H_0 nicht, so wird SS (H_0)

daher mit höherer Wahrscheinlichkeit größere Werte annehmen als bei Gültigkeit von H_0. Die Wahrscheinlichkeit, dass SS (H_0) in der kritischen Region liegt, wird daher umso größer, je größer δ ist. Diese Aussage lässt sich noch weiter verschärfen, denn es lässt sich zeigen, dass die Familie der nichtzentralen F-Verteilungen $F(m; n; \delta)$ bei festem m und n monotone Dichtequotienten für δ besitzt und haben wir im Bonusmaterial zur Testtheorie für solche Verteilungsfamilien gleichmäßig beste Tests bei einseitiger Hypothese angegeben.

Kombinieren wir beides, so erhalten wir als Ergebnis:

Die Optimalität des F-Tests

Der F-Test ist der gleichmäßig beste Test zum Niveau α der Hypothese $H_0 :$ „$\delta = 0$" gegen die Alternative $H_1 :$ „$\delta \neq 0$".

Der P-Wert misst, wie stark die realisierte Beobachtung der Nullhypothese widerspricht

Die Prüfgröße F_{pg} des F-Tests haben wir mit geometrischen Argumenten eingeführt und mit dem Nachweis seiner Optimalität gerechtfertigt. Wir können jedoch auch F_{pg} als ein Diskrepanzmaß interpretieren, welches misst, wie stark die realisierte Beobachtung der Nullhypothese widerspricht. Im F-Test gibt man sich eine kritische Diskrepanzzahl $F(p; n - d)_{1-\alpha}$ vor und lehnt die Nullhypothese ab, wenn die beobachtete Diskrepanz F_{pg} die kritische Diskrepanzzahl übersteigt. Nun fragt man nach der Wahrscheinlichkeit, unter H_0 eine Diskrepanz F_{PG} zu erhalten, die so extrem oder noch extremer ist, als die real beobachtete F_{pg}, nämlich:

$$P\left(F_{\mathrm{PG}} \geq F_{\mathrm{pg}} \,\|\, H_0\right).$$

Diese Wahrscheinlichkeit heißt der P-Wert oder das *beobachtete Signifikanzniveau*. Je kleiner der P-Wert ist, um so kritischer ist die Diskrepanz zwischen Beobachtung und Nullhypothese. Je größer der P-Wert ist, um so weniger spricht die Beobachtung gegen die Nullhypothese. Statistische Software gibt in der Regel den P-Wert an.

Der F-Test prüft, zu welchem Unterraum μ orthogonal steht

Eine Hypothese $H_0 :$ „$\mu \in \mathbf{H}$" sagt zwar, wo μ hypothetischerweise liegen soll. Dies reicht aber nicht aus, um das Testkriterium SS (H_0) zu berechnen, denn dazu wird noch die Angabe des Oberraums $\mathbf{M}$ benötigt.

Anders sieht es aus, wenn die Hypothese nicht festlegt, *in welchem Unterraum μ liegt*, sondern *zu welchem Unterraum μ orthogonal steht*.

Eine invariante Formulierung der Hypothese

Ist $\mathbf{K}$ ein p-dimensionaler Unterraum des $\mathbb{R}^n$, und H_0 die Hypothese

$$H_0 : \text{„}\boldsymbol{\mu} \perp \mathbf{K},\text{"}$$

so ist das Testkriterium des F-Tests in jedem Modellraum $\mathbf{M}$ mit $\mathbf{K} \subseteq \mathbf{M}$ unabhängig von $\mathbf{M}$ gegeben durch:

$$\mathrm{SS}\,(H_0) = \|\mathbf{P_K}y\|^2 \sim \sigma^2\chi^2\,(p;\delta)\,. \qquad (23.14)$$

Dabei ist $\delta = \frac{1}{\sigma^2}\|\mathbf{P_K}\boldsymbol{\mu}\|^2$.

Beweis Da $\mathbf{K} \subset \mathbf{M}$ ist, ist $\boldsymbol{\mu} \perp \mathbf{K}$ äquivalent mit $\boldsymbol{\mu} \in \mathbf{M} \ominus \mathbf{K} =: \mathbf{H}$. Also ist:

$$\begin{aligned}
\mathrm{SS}\,(H_0) &= \|\mathbf{P_M}y - \mathbf{P_H}y\|^2 \\
&= \|\mathbf{P_M}y - \mathbf{P_{M\ominus K}}y\|^2 \\
&= \|\mathbf{P_M}y - (\mathbf{P_M}y - \mathbf{P_K}y)\|^2 \\
&= \|\mathbf{P_K}y\|^2\,. \qquad\qquad \blacksquare
\end{aligned}$$

Das Testkriterium $\mathrm{SS}\,(H_0) = \|\mathbf{P_K}\boldsymbol{\mu}\|^2$ lässt sich sehr anschaulich interpretieren. Die Hypothese behauptet:

> *„$\boldsymbol{\mu}$ hat keine Komponente im Raum $\mathbf{K}$."*

Darauf kontert der Test:

> *„Das wollen wir erst mal sehen¡‘*

und projiziert y in den *„verbotenen"* Raum $\mathbf{K}$. Ist die $\|\mathbf{P_K}y\|^2$ zu groß, also $\|\mathbf{P_K}y\|^2 > \widehat{\sigma}^2 p \cdot F(p;n-d)_{1-\alpha}$, so wird H_0 abgelehnt. Der Oberraum $\mathbf{M}$ spielt dabei keine Rolle.

Dieses Ergebnis können wir sofort benutzen, um SSH zu bestimmen, wenn die Hypothese H_0 durch ein Gleichungssystem für $\boldsymbol{\mu}$ beschrieben wird. Wir betrachten die Hypothese

$$H_0 : \text{„}\mathbf{K}^\top\boldsymbol{\mu} = \mathbf{0}\text{"}$$

mit einer nicht stochastischen Matrix $\mathbf{K}$. Nehmen wir zuerst an, $\langle\mathbf{K}\rangle \subseteq \mathbf{M}$. Dann gilt $\mathbf{K}^\top\boldsymbol{\mu} = \mathbf{0}$ genau dann, wenn $\boldsymbol{\mu} \perp \langle\mathbf{K}\rangle$ ist. Also ist

$$\mathrm{SS}(H_0) = \|\mathbf{P_K}y\|^2.$$

Die Freiheitsgrade von $\mathrm{SS}(H_0)$ sind $p = \mathrm{Rg}\,(\mathbf{K})$.

Ist $\langle\mathbf{K}\rangle \nsubseteq \mathbf{M}$, müssen wir noch einen Zwischenschritt einlegen. Da für $\boldsymbol{\mu}$ in jedem Fall in $\mathbf{M}$ liegt und damit $\boldsymbol{\mu} = \mathbf{P_M}\boldsymbol{\mu}$ ist, ersetzen wir die Hypothese $\mathbf{K}^\top\boldsymbol{\mu} = \mathbf{0}$ durch die gleichwertige

$$H_0 : \text{„}\mathbf{K}^\top\mathbf{P_M}\boldsymbol{\mu} = \mathbf{0}\text{"}.$$

Nun ist $\mathbf{K}^\top\mathbf{P_M} = (\mathbf{P_M}\mathbf{K})^\top = \tilde{\mathbf{K}}$. Dabei liegt $\langle\tilde{\mathbf{K}}\rangle$ nach Konstruktion in $\mathbf{M}$. Nun folgt nach dem oben gesagten

$$\mathrm{SS}(H_0) = \|\mathbf{P_{\tilde{K}}}y\|^2.$$

Jetzt ersetzen wir noch $\tilde{\mathbf{K}}$: Es ist

$$\begin{aligned}
\|\mathbf{P_{\tilde{K}}}y\|^2 &= y^\top\tilde{\mathbf{K}}(\tilde{\mathbf{K}}^\top\tilde{\mathbf{K}})^+\tilde{\mathbf{K}}^\top y \\
\tilde{\mathbf{K}}^\top y &= \mathbf{K}^\top\mathbf{P_M}y = \mathbf{K}^\top\widehat{\boldsymbol{\mu}} \\
\tilde{\mathbf{K}}^\top\tilde{\mathbf{K}} &= \mathbf{K}^\top\mathbf{P_M}\mathbf{K} = \mathbf{K}^\top\mathbf{X}(\mathbf{X}^\top\mathbf{X})^+\mathbf{X}^\top\mathbf{K}.
\end{aligned}$$

Wir haben somit ein Ergebnis erhalten, dass in der Matrizenfomulierung wesentlich unübersichtlicher ist, als in der transparenten Formulierung mit Projektionen:

Der F-Test der Hypothese $H_0 : \text{„}\mathbf{K}^\top\mu = \mathbf{0}\text{"}$

Das Testkriterium $\mathrm{SS}(H_0)$ ist

$$\begin{aligned}
\mathrm{SS}\,(H_0) &= \widehat{\boldsymbol{\mu}}^\top\mathbf{K}\left(\mathbf{K}^\top\mathbf{X}(\mathbf{X}^\top\mathbf{X})^+\mathbf{X}^\top\mathbf{K}\right)^+\mathbf{K}^\top\widehat{\boldsymbol{\mu}} \\
&\sim \sigma^2\chi^2\,(p;\delta) \\
&\sim p\widehat{\sigma}^2 F(p;n-d).
\end{aligned}$$

Dabei ist $p = \mathrm{Rg}\,(\mathbf{K})$ und $\delta = \frac{1}{\sigma^2}\|\mathbf{P_{\tilde{K}}}\boldsymbol{\mu}\|^2 = \frac{1}{\sigma^2}\boldsymbol{\mu}^\top\mathbf{K}\left(\mathbf{K}^\top\mathbf{P_M}\mathbf{K}\right)^+\mathbf{K}^\top\boldsymbol{\mu}$. Ist H_0 richtig, so ist $\delta = 0$. Dann ist die Prüfgröße des F-Tests

$$F_{\mathrm{PG}} = \frac{1}{p\widehat{\sigma}^2}\mathrm{SS}\,(H_0) \sim F(p;n-d). \qquad (23.15)$$

verteilt. Die kritische Region ist $F_{\mathrm{pg}} > F(p;n-d)_{1-\alpha}$.

Hypothesen über einen Parameter müssen sich als Hypothesen über μ schreiben lassen, um testbar zu sein

Warum haben wir uns solange mit Hypothesen über $\boldsymbol{\mu}$ beschäftigt? Denn unmittelbar interessiert der Vektor $\boldsymbol{\mu}$ uns kaum. Von viel größer Bedeutung sind Entscheidungen über die Koeffizienten β_i. An ihnen können wir erkennen, ob ein Regressor x_i im Modell eine Rolle spielt oder nicht und wenn ja welche. Der Umweg über ist nötig, denn nur solche Aussagen über die Parameter lassen sich testen, die sich als Aussagen über $\boldsymbol{\mu}$ schreiben lassen! Dies lässt sich wie folgt einsehen:

Wir betrachten einen p-dimensionalen Parametervektor:

$$\boldsymbol{\Phi} = \mathbf{B}^\top\boldsymbol{\beta},$$

der linear von β abhängt, und wollen die Hypothese

$$H_0 : \text{„}\boldsymbol{\Phi} = \mathbf{0}\text{“}$$

testen. Dann ist:

$$\mathbf{H} = \{\boldsymbol{\mu} \mid \boldsymbol{\mu} = \mathbf{X}\boldsymbol{\beta}, \boldsymbol{\Phi} = \mathbf{0}\},$$
$$\neg\mathbf{H} := \{\boldsymbol{\mu} \mid \boldsymbol{\mu} = \mathbf{X}\boldsymbol{\beta}, \boldsymbol{\Phi} \neq \mathbf{0}\}.$$

Die Parameterhypothese H_0 ist **testbar**, wenn die Mengen $\mathbf{H}$ und $\neg\mathbf{H}$ disjunkt sind. Läge nämlich $\boldsymbol{\mu}$ in $\mathbf{H} \cap \neg\mathbf{H}$, so könnte prinzipiell nicht entschieden werden, ob H_0 gilt oder nicht. $\mathbf{H}$ und $\neg\mathbf{H}$ sind genau dann disjunkt, wenn der Wert von $\boldsymbol{\Phi} = \mathbf{B}^\top\boldsymbol{\beta}$ eindeutig durch den Wert von $\boldsymbol{\mu}$ bestimmt ist, d. h. wenn aus $\mathbf{X}\boldsymbol{\beta}_1 = \boldsymbol{\mu} = \mathbf{X}\boldsymbol{\beta}_2$ auch $\mathbf{B}^\top\boldsymbol{\beta}_1 = \mathbf{B}^\top\boldsymbol{\beta}_2$ folgt. Dies ist aber gerade das Kriterium der Schätzbarkeit von $\boldsymbol{\Phi} = \mathbf{B}^\top\boldsymbol{\beta}$. Damit haben wir den Begriff der Testbarkeit auf den der Schätzbarkeit zurückgeführt.

Die lineare Parameterhypothese $H_0 : \text{„}\boldsymbol{\Phi} = \mathbf{0}\text{“}$ ist genau dann testbar, wenn der Parameter $\boldsymbol{\Phi}$ schätzbar ist.

Damit sind alle testbaren Hypothesen über $\boldsymbol{\Phi}$ in Wirklichkeit Hypothesen über $\boldsymbol{\mu}$. Wir werden daher zwei verschiedene Hypothesen $H_0 : \text{„}\boldsymbol{\Phi} = \mathbf{0}\text{“}$ und $H_0 : \text{„}\boldsymbol{\Psi} = \mathbf{0}\text{“}$ genau dann als äquivalent bezeichen, wenn sie sich auf die gleiche Hypothese $H_0 : \text{„}\boldsymbol{\mu} \in H\text{“}$ zurückführen lassen. In diesem Fall führen alle drei Hypothesen zu identischen Ergebnissen.

$\boldsymbol{\Phi}$ ist genau dann schätzbar, also auch testbar, wenn $\boldsymbol{\Phi}$ die Gestalt $\boldsymbol{\Phi} = \mathbf{B}^\top\boldsymbol{\beta} = \mathbf{K}^\top\boldsymbol{\mu}$ hat. Damit liefert der Satz über den F-Test der Hypothese $H_0 : \text{„}\mathbf{K}^\top\boldsymbol{\mu} = \mathbf{0}\text{“}$ sofort das folgende Ergebnis:

Der F-Test einer Parameterhypothese

Es sei $\boldsymbol{\Phi} = \mathbf{B}^\top\boldsymbol{\beta}$ ein schätzbarer p-dimensionaler Parameter. Weiter seien die einzelnen Komponenten $(\phi_1; \cdots ; \phi_p)$ linear unabhängig. Dann ist das Testkriterium $\mathrm{SS}(H_0)$ der beiden äquivalenten Hypothesen:

$$H_0 : \text{„}\mathbf{B}^\top\boldsymbol{\beta} = \mathbf{0}\text{“} \quad \text{bzw.} \quad H_0 : \text{„}\boldsymbol{\Phi} = \mathbf{0}\text{“}$$

gegeben durch die äquivalenten Versionen von $\mathrm{SS}(H_0)$, nämlich:

$$\mathrm{SS}(H_0) = \widehat{\boldsymbol{\beta}}^\top \mathbf{B} \left(\mathbf{B}^\top \left(\mathbf{X}^\top\mathbf{X} \right)^+ \mathbf{B} \right)^{-1} \mathbf{B}^\top\widehat{\boldsymbol{\beta}},$$
$$= \widehat{\boldsymbol{\Phi}}^\top \mathbf{C}^{-1} \widehat{\boldsymbol{\Phi}}.$$

Dabei ist p die Anzahl der Freiheitsgrade von $\mathrm{SS}(H_0)$ und $\mathbf{B}^\top(\mathbf{X}^\top\mathbf{X})^+\mathbf{B} = \mathbf{C}$.

Beweis Wir haben nur noch $\mathbf{K}^\top\boldsymbol{\mu}$ zu übersetzen. Es ist $\mathbf{K}^\top\widehat{\boldsymbol{\mu}} = \mathbf{B}^\top\widehat{\boldsymbol{\beta}} = \widehat{\boldsymbol{\Phi}}$ und $\mathbf{K}^\top\mathbf{X}(\mathbf{X}^\top\mathbf{X})^+\mathbf{X}^\top\mathbf{K} = \mathbf{B}^\top(\mathbf{X}^\top\mathbf{X})^+\mathbf{B} = \mathbf{C}$. $\blacksquare$

Die Prüfgröße des Tests der Hypothese „$\boldsymbol{\Phi} = \mathbf{0}$" hätten wir auch unmittelbarer erhalten können: $\widehat{\boldsymbol{\Phi}}$ ist normalverteilt: $\widehat{\boldsymbol{\Phi}} \sim N\left(E\left(\widehat{\boldsymbol{\Phi}}\right); \mathrm{Cov}\left(\widehat{\boldsymbol{\Phi}}\right)\right)$. Wenn H_0 stimmt, ist $E\left(\widehat{\boldsymbol{\Phi}}\right) = \boldsymbol{\Phi} = \mathbf{0}$. Weiter ist

$$\mathrm{Cov}\left(\widehat{\boldsymbol{\Phi}}\right) = \mathrm{Cov}\left(\mathbf{B}^\top\widehat{\boldsymbol{\beta}}\right)$$
$$= \mathbf{B}^\top \mathrm{Cov}\left(\widehat{\boldsymbol{\beta}}\right) \mathbf{B}$$
$$= \sigma^2 \mathbf{B}^\top \left(\mathbf{X}^\top\mathbf{X}\right)^+ \mathbf{B}$$
$$= \sigma^2 \mathbf{C}.$$

Da die einzelnen Komponenten $(\phi_1; \ldots ; \phi_p)$ linear unabhängig sind, ist $\mathrm{Cov}\left(\widehat{\boldsymbol{\Phi}}\right) = \sigma^2\mathbf{C}$ invertierbar. Daher ist unter H_0

$$\widehat{\boldsymbol{\Phi}} \sim N\left(0; \sigma^2\mathbf{C}\right),$$
$$\mathbf{C}^{-1/2}\widehat{\boldsymbol{\Phi}} \sim N\left(0; \sigma^2\mathbf{I}\right).$$

Daher ist

$$\left\| \mathbf{C}^{-1/2}\widehat{\boldsymbol{\Phi}} \right\|^2 = \sigma^2 \widehat{\boldsymbol{\Phi}}^\top \mathbf{C}^{-1} \widehat{\boldsymbol{\Phi}} \sim \chi^2\left(p\right).$$

Bei eindimensionalen Parameteren sind F- und t-Test äquivalent

Ist ϕ ein eindimensionaler Parameter, so kann die Hypothese $H_0 : \text{„}\phi = \phi_0\text{“}$ entweder mit dem gewöhnlichen t-Test oder mit dem F-Test getestet werden. Da $\widehat{\phi}$ ein erwartungstreuer, normalverteilter Schätzer von ϕ ist, gilt $\widehat{\phi} \sim N(\phi; \mathrm{Var}\left(\widehat{\phi}\right))$. Dabei ist $\mathrm{Var}\left(\widehat{\phi}\right)$ eine reelle Zahl. Die Prüfgröße des t-Tests der Hypothese $H_0 : \text{„}\phi = \phi_0\text{“}$ ist demnach:

$$t_{\mathrm{PG}} = \frac{\widehat{\phi} - \phi_0}{\sqrt{\widehat{\mathrm{Var}(\phi)}}}.$$

Andererseits ist nach dem eben gezeigten:

$$\mathrm{SS}\left(H_0\right) = \widehat{\sigma}^2 \frac{\left(\widehat{\phi} - \phi_0\right)^2}{\widehat{\mathrm{Var}(\phi)}}.$$

Die Prüfgröße des F-Tests ist also wegen $p = 1$:

$$F_{\mathrm{PG}} = \frac{\mathrm{SS}\left(H_0\right)}{\widehat{\sigma}^2} = \frac{(\widehat{\phi} - \phi_0)^2}{\widehat{\mathrm{Var}(\phi)}} = t_{\mathrm{PG}}^2.$$

F_{PG} ist das Quadrat von t_{PG}. Gleiches gilt auch für die Schwellenwerte: Gilt die Hypothese, so ist $t_{\mathrm{PG}} \sim t(n - d)$ und $F_{\mathrm{PG}} \sim F(1; n - d)$. Beide Verteilungen sind äquivalent, wie wir am leichtesten an der symbolischen Schreibweise erkennen können.

$$t(n - d) = \frac{N\left(0; 1\right)}{\sqrt{\frac{1}{n-d}\chi^2\left(n - d\right)}}$$

$$F(1; n - d) = \frac{\chi^2\left(1\right)}{\frac{1}{n-d}\chi^2\left(n - d\right)}$$

Ist eine Zufallsvariablen $y \sim t(n-d)$, so ist $y^2 \sim F(1; n-d)$. Für die Quantile dieser Verteilungen gilt entsprechend:

$$\left(t(n-d)_{1-\frac{\alpha}{2}} \right)^2 = F(1; n-d)_{1-\alpha}.$$

Es ist also gleich, ob man eine Hypothese über einen eindimensionalen schätzbaren Parameter ϕ mit dem F-Test oder dem t-Test prüft. Die inhaltlich gleichen Hypothesen werden zwar mit äußerlich unterschiedlichen Prüfgrößen, aber mit identischen Ergebnissen getestet.

Der globale F-Test prüft, ob überhaupt ein relevantes Modell vorliegt

Der globale F-Test testet die Hypothese:

$$H_0 : „\beta_1 = \beta_2 = \cdots = \beta_m = 0“.$$

Wird H_0 akzeptiert, so bedeutete dies, dass das Modell mit allen Regressoren die Beobachtungen nicht besser beschreiben kann als das triviale Nullmodell, das nur die Konstante Eins als Regressor enthält. Bei der globalen Hypothese H_0 ist $\mathbf{H} = \langle \mathbf{1} \rangle$. Daher ist:

$$\mathrm{SS}\,(H_0) = \|\mathbf{P_M}y - \mathbf{P_1}y\|^2 = \mathrm{SSR}, \qquad (23.16)$$

$$F_{\mathrm{PG}} = \frac{\mathrm{SSR}}{(d-1)\,\widehat{\sigma}^2}. \qquad (23.17)$$

Unter H_0 besitzt F_{PG} eine $F(d-1; n-d)$-Verteilung.

Der globale F-Test betrachtet nur die Alternative „*Entweder alle Regressoren oder keiner*". Die Annahme von H_0 schließt aber nicht aus, dass ein reduziertes Modell mit weniger Regressoren signifikant besser als das Nullmodell ist.

23.7 Exkurs: Die Varianzanalyse behandelt Regressionsmodelle mit qualitativen Regressoren

Wir entwickeln das einfachste Modell der Varianzanalyse an einem Beispiel.

Beispiel   In einem tiermedizinischen Versuch soll die Auswirkung von 3 unterschiedlichen Futtersorten auf das Gewicht von Laborratten bestimmt werden. Dazu wurden 12 Ratten zufällig auf 3 Fütterungsklassen verteilt. Alle Tiere einer Klasse erhielten dasselbe Futter. Nach 30 Tagen wurden die Tiere gewogen. Tab. 23.1 zeigt die Gewichte der Tiere, dabei sind die 3 Futtertypen mit A$_1$ bis A$_3$ bezeichnet.

Tab. 23.1   Datenmatrix des Futterversuchs

Futter	A$_1$	A$_2$	A$_3$
	119	123	130
	90	121	163
	102	159	159

Die Fragen sind nun:

- Unterscheiden sich die Gewichte in den 3 Fütterungsklassen wesentlich oder nur zufällig voneinander?
- Was sind „Futtereffekte"? ◀

Formulieren wir dieses Beispiel etwas allgemeiner:

Insgesamt liegen $n = 12$ auf $s = 3$ Klassen verteilte Beobachtungen eines quantitativen Regressanden y (Gewicht) vor. Alle Elemente einer Klasse sind einer speziellen, aber für diese Klasse gleichartigen Behandlung, hier der Fütterung, unterworfen. Wir modellieren diese Behandlung als eine qualitative Variable A mit 3 unterschiedlichen Ausprägungen, nämlich „Futtersorte A_1" bis „Futtersorte A_3".

Die Daten können wir in zwei äquivalenten Parametrisierungen darstellen, der Erwartungswert-, und der Effektparametrisierung. Bei der **Erwartungswertparametrisierung** setzt sich der Messwert y_{iw} in der Klasse A_i additiv aus einer systematischen Komponente μ_i und einem Störterm ε_{iw} zusammen:

$$y_{iw} = \mu_i + \varepsilon_{iw}, \quad i = 1, \ldots, s. \qquad (23.18)$$

Dabei kennzeichnet der Index i die Klasse, Stufe oder das Level, und w die Wiederholungen in der Klasse i. Von den Störtermen ε_{iw} nehmen wir an, dass sie von einander unabhängig normalverteilt sind:

$$\varepsilon_{iw} \sim N\left(0; \sigma^2 \right). \qquad (23.19)$$

In der Praxis interessiert man sich meist weniger für die absolute Größe der μ_i als vielmehr für die Unterschiede zwischen ihnen und spricht von Effekten des Faktors A, wenn sich die μ_i unterscheiden. Formal wählt man sich einen beliebigen aber festen Basiswert η_0 als Bezugspunkt und definiert die Abweichung des Erwartungswertes in der i-ten Klasse vom Bezugspunkt als Effekt α_i der Stufe i des Faktors A:

$$\alpha_i = \mu_i - \eta_0.$$

Ersetzt man in der Erwartungswertparametrisierung μ_i durch $\alpha_i + \eta_0$, so erhält man das Modell in der **Effekt-Parametrisierung**:

$$y_{iw} = \eta_0 + \alpha_i + \varepsilon_{iw}.$$

Diese Effekt-Parametrisierung ist einerseits intuitiv und unmittelbar anschaulich. Andererseits erschwert die Beliebigkeit der Wahl von η_0 den Vergleich unterschiedlicher Modelle.

Hätte nicht nur das Futter sondern auch das Geschlecht einen Einfluss auf das Gewicht, so musste man das Modell erweitern und einen Geschlechtseffekt β berücksichtigen. Das Modell wäre nun

$$y_{ijw} = \eta_0 + \alpha_i + \beta_j + \varepsilon_{ijw}.$$

Weiter sind Wechselwirkungen zwischen Geschlecht und Futter denkbar. Mit einem Wechselwirkungseffekt γ_{ij} wäre das Modell nun

$$y_{ijw} = \eta_0 + \alpha_i + \beta_j + \gamma_{ij} + \varepsilon_{ijw}.$$

Tab. 23.2 Die Indikatorvektoren der 3 Faktorstufen

y	Faktorstufenklasse			
	A_1	A_2	A_3	
119	1	0	0	
90	1	0	0	Stufe 1
102	1	0	0	
123	0	1	0	
121	0	1	0	Stufe 2
159	0	1	0	
130	0	0	1	
163	0	0	1	Stufe 3
159	0	0	1	
	$\mathbf{1}_1^A$	$\mathbf{1}_2^A$	$\mathbf{1}_3^A$	

Modelle dieser Art werden in der sogenannten Varianzanalyse untersucht. Üblich ist die englische Bezeichnung ANOVA für analysis of variance.

Es handelt sich hier, wie wir gleich sehen werden, um einen Spezialfall des uns bekannten allgemeinen linearen Modells. Das besondere Problem der ANOVA ist, dass nun systematisch mehr Parameter als Regressoren auftreten, keiner der Effekte $\alpha_i, \beta_j, \gamma_{ij}$ schätzbar ist, sondern nur lineare Funktionen dieser Effekte schätzbar sind.

Um trotzdem mit Effekten sinnvoll arbeiten zu können, bieten sich zwei Alternativen an:

- Die Effekte bleiben mehrdeutig. Man beschränkt sich aber auf schätzbare Funktionen der Effekte.
- Durch identifizierende Nebenbedingungen werden die Parameter eindeutig festgelegt.

Bleiben wir bei unserem einfachsten Beispiel und dem Modell $y_{iw} = \eta_0 + \alpha_i + \varepsilon_{iw}$. Um unsere Daten als lineares Modell zu schreiben, wird das qualitative Merkmal A mit seinen 3 Ausprägungen durch 3 „*Null-Eins*"-Variable binär kodiert. Die folgende Tab. 23.2 zeigt die Aufteilung der Beobachtungen auf die Faktorstufenklassen.

Die Spalten dieser Tabelle fassen wir als Vektoren auf. Die erste Spalte ist der Beobachtungsvektor $\mathbf{y}$. Die folgenden 3 Spalten sind die Indikatorvektoren $\mathbf{1}_i^A$ der drei Faktorstufenklassen:

$$\mathbf{1}_i^A(k) = \begin{cases} 1 \Leftrightarrow \text{Die } k\text{-te Beobachtung stammt aus Teilmenge } A_i \\ 0 \Leftrightarrow \text{sonst.} \end{cases}$$

Fassen wir auch alle Störvariablen ε_{iw} zu einem Vektor $\boldsymbol{\varepsilon}$ zusammen und verwenden statt der konkreten Zahl 3 den Buchstaben s für die Anzahl der Stufen, so können wir (23.18) und (23.19) zum vektoriellen Modell der einfachen Varianzanalyse zusammenfassen:

$$\mathbf{y} = \boldsymbol{\mu} + \boldsymbol{\varepsilon},$$
$$\boldsymbol{\varepsilon} \sim N_n\left(\mathbf{0}; \sigma^2 \mathbf{I}\right).$$

Dabei ist:

$$\boldsymbol{\mu} = \sum_{i=1}^{s} \mu_i \mathbf{1}_i^A.$$

Damit entpuppt sich die einfache Varianzanalyse als ein spezielles lineares Modell mit den Indikatorvektoren $\mathbf{1}_i^A$ als Regressoren. Der Modellraum ist der **Faktorraum**:

$$\mathbf{A} = \left\langle \mathbf{1}_1^A, \mathbf{1}_2^A, \ldots, \mathbf{1}_s^A \right\rangle.$$

Dabei haben wir statt des allgemeinen Symbols $\mathbf{M}$ die konkrete Bezeichnung $\mathbf{A}$ vorgezogen, die an die jeweiligen erzeugenden Faktoren erinnern. Die Indikatorvektoren sind orthogonal: $\mathbf{1}_i^A \perp \mathbf{1}_j^A$. Weiter ist $\dim(\mathbf{A}) = s$ und für die $\mathbf{1}_i^A$ gilt:

$$\sum_{i=1}^{s} \mathbf{1}_i^A = \mathbf{1},$$

$$\left\| \mathbf{1}_i^A \right\|^2 = n_i, \tag{23.20}$$

$$\left(\mathbf{1}_i^A \right)^\top \mathbf{1} = n_i, \tag{23.21}$$

$$\mathbf{y}^\top \mathbf{1}_i^A = \sum_w y_{iw} = n_i \overline{y}_i \tag{23.22}$$

$$\frac{\mathbf{y}^\top \mathbf{1}_i^A}{\left\| \mathbf{1}_i^A \right\|^2} = \overline{y}_i. \tag{23.23}$$

Aus (23.20) bis (23.23) folgt speziell:

$$\mathbf{P}_{\mathbf{1}_i^A} \mathbf{y} = \overline{y}_i \mathbf{1}_i^A, \tag{23.24}$$

$$\mathbf{P}_{\mathbf{1}} \mathbf{y} = \overline{y} \mathbf{1}.$$

Nun können wir die grundlegenden Eigenschaften der einfachen Varianzanalyse in einem Satz zusammenfassen.

Schätzungen bei der einfachen Varianzanalyse

Im Modell der einfachen Varianzanalyse ist:

$$\widehat{\boldsymbol{\mu}} = \sum_{i=1}^{s} \overline{y}_i \mathbf{1}_i^A.$$

Daher wird der Parameter μ_i durch das arithmetische Mittel aus den Beobachtungen der i-ten Faktorstufe geschätzt:

$$\widehat{\mu}_i = \overline{y}_i.$$

Die $\widehat{\mu}_i$ sind unabhängig von einander normalverteilt:

$$\widehat{\mu}_i \sim N\left(\mu_i; \frac{\sigma^2}{n_i}\right).$$

Die charakteristischen Quadratsummen SSE, SSR und SST sind:

$$\text{SST} = \sum_{i,w} (y_{iw} - \overline{y})^2 = \sum_{i,w} y_{iw}^2 - \overline{y}^2 n,$$

$$\text{SSR} = \sum_{i} (\overline{y}_i - \overline{y})^2 n_i = \sum_{i} (\overline{y}_i)^2 n_i - \overline{y}^2 n,$$

$$\text{SSE} = \sum_{i,w} (y_{iw} - \overline{y}_i)^2 = \sum_{i,w} y_{iw}^2 - \sum_{i} (\overline{y}_i)^2 n_i.$$

Definiert man die empirischen Varianzen $\widehat{\sigma}_i^2$ der Beobachtungen in der Klasse A_i durch:

$$\widehat{\sigma}_i^2 = \frac{1}{n_i - 1} \sum_w (y_{iw} - \overline{y}_i)^2,$$

so ist:

$$\widehat{\sigma}^2 = \frac{\mathrm{SSE}}{n - s} = \frac{\sum_i (n_i - 1)\,\widehat{\sigma}_i^2}{\sum_i (n_i - 1)}$$

das gewogene Mittel aus der empirischen Varianzen $\widehat{\sigma}_i^2$.

Beweis Aus $\mathbf{A} = \langle \mathbf{1}_1^A, \mathbf{1}_2^A, \ldots, \mathbf{1}_s^A\rangle$ und (23.24) folgt:

$$\widehat{\mu} = \mathbf{P_A}y = \sum_{i=1}^{s} \mathbf{P}_{\mathbf{1}_i^A}y = \sum_{i=1}^{s} \overline{y}_i \mathbf{1}_i^A.$$

Alle weiteren Aussagen folgen unmittelbar aus der Tatsache, dass die Regressoren des linearen Modells die orthogonalen Indikatoren sind. Wir zeigen als Beispiel die Umformungen von SSR. Aus $\sum_i \mathbf{1}_i^A = \mathbf{1}$ folgt einerseits:

$$\mathbf{P_A}y - \overline{y}\mathbf{1} = \sum_i \overline{y}_i \mathbf{1}_i^A - \overline{y}\mathbf{1}$$
$$= \sum_i (\overline{y}_i - \overline{y})\,\mathbf{1}_i^A$$

und daher

$$\|\mathbf{P_A}y - \overline{y}\mathbf{1}\|^2 = \sum_i (\overline{y}_i - \overline{y})^2 \,\|\mathbf{1}_i^A\|^2$$
$$= \sum_i (\overline{y}_i - \overline{y})^2\, n_i.$$

Andererseits ist $\mathbf{1} \in \mathbf{A}$. Damit folgt wegen $\overline{y}\mathbf{1} = \mathbf{P_1}y$

$$\|\mathbf{P_A}y - \overline{y}\mathbf{1}\|^2 = \|\mathbf{P_A}y\|^2 - \|\overline{y}\mathbf{1}\|^2$$
$$= \sum_i (\overline{y}_i)^2 \,\|\mathbf{1}_i^A\|^2 - (\overline{y})^2\,\|\mathbf{1}\|^2$$
$$= \sum_i (\overline{y}_i)^2\, n_i - (\overline{y})^2\, n.$$

Die übrigen Umformungen folgen analog. ∎

Bemerkung Der Zerlegungsformel:

$$\underbrace{\sum_{i,w} (y_{iw} - \overline{y})^2}_{\mathrm{SST}} = \underbrace{\sum_i (\overline{y}_i - \overline{y})^2\, n_i}_{\mathrm{SSR}} + \underbrace{\sum_i \sum_w (y_{iw} - \overline{y}_i)^2}_{\mathrm{SSE}}$$

verdankt die Varianzanalyse ihren Namen: Die Gesamtstreuung SST der Beobachtungen um den gemeinsamen Schwerpunkt $\overline{y}$ wird zerlegt in die Streuung SSR der Klassenschwerpunkte $\overline{y}_i$ um $\overline{y}$ und die Streuung SSE innerhalb der Klassen. In diesem Zusammenhang heißt SSR auch die Zwischen-Klassen-Streuung und SSE die Binnen-Klassen-Streuung.

In der Praxis interessiert man sich meist weniger für die absolute Größe der μ_i als vielmehr für die Unterschiede zwischen ihnen und spricht von Effekten des Faktors A, wenn sich die μ_i unterscheiden. Setzen wir $\mu_i = \eta_0 + \alpha_i$, so erhalten wir das Modell in der Effekt-Parametrisierung:

$$y_{iw} = \eta_0 + \alpha_i + \varepsilon_{iw}, \tag{23.25}$$
$$y = \eta_0 \mathbf{1} + \sum_{i=1}^{s} \alpha_i \mathbf{1}_i^A + \boldsymbol{\varepsilon}. \tag{23.26}$$

In einem Modell, dass nicht nur einen Faktor A sondern auch einen Faktor B und die Wechselwirkung zwischen beiden Faktoren enthält, lautet die Modellgleichung analog

$$y = \eta_0 \mathbf{1} + \sum_{i=1}^{s_A} \alpha_i \mathbf{1}_i^A + \sum_{i=1}^{s} \beta_j \mathbf{1}_j^B + \sum_{i=1}^{s_A} \sum_{j=1}^{s_B} \gamma_{ij} \mathbf{1}_{ij}^{AB} + \boldsymbol{\varepsilon}.$$

Dabei sind $\mathbf{1}_i^A$ die Indikatorvektoren der Stufen von A, $\mathbf{1}_j^B$ die Indikatorvektoren der Stufen von B und $\mathbf{1}_i^{AB}$ die der Zellen, in denen A auf Stufe A_i und B auf Stufe B_j steht. Diese Effekt-Parametrisierung ist intuitiv und unmittelbar anschaulich. Außerdem weist das Modell ein große innere Symmetrie auf. Aber die Anzahl der Effektparameter übersteigt bei weitem die Anzahl der unabhängigen Regressoren, den die Indikatorvektoren sind von einander linear abhängig:

$$\sum_{i=1}^{s_A} \mathbf{1}_i^A = \sum_{i=1}^{s} \mathbf{1}_j^B = \sum_{i=1}^{s_A} \sum_{j=1}^{s_B} \mathbf{1}_{ij}^{AB} = \mathbf{1}.$$

Will man trotzdem an den Effekten festhalten, müssen sie durch Identifikationsbedingungen eindeutig und schätzbar gemacht werden. Solche Nebenbedingungen können zum Beispiel sein:

$$\sum_{i=1}^{s_A} \alpha_i = \sum_{j=1}^{s_B} \beta_j = \sum_{j=1}^{s_B} \gamma_{ij} = \sum_{i=1}^{s_A} \gamma_{ij} = 0.$$
$$\sum_{j=1}^{s_B} \gamma_{ij} = 0 \quad \text{für alle } i,$$
$$\sum_{i=1}^{s_A} \gamma_{ij} = 0 \quad \text{für alle } j.$$

Wir wollen unseren Exkurs in die Varianzanalyse hier abbrechen und nur soviel behalten: Es ist sinnvoll auch Regressionsmodelle zu betrachten, deren Regressoren linear abhängig sind. Die notwendig daraus folgende Mehrdeutigkeit der Regressionskoeffizienten kann durch zusätzliche Nebenbedingungen aufgehoben werden. ◀

23.8 Exkurs: Eigenschaften der Projektion

Der Begriff der Projektion ist ein Schlüsselbegriff in der Theorie des linearen Modells. Wir stellen hier in einer knappen Übersicht die wichtigsten Eigenschaften einer Projektion zusammen.

Wir betrachten ausschließlich Unterräume des Oberraums $\mathbf{V}$. Dabei sei $\mathbf{V}$ ein endlichdimensionaler linearer Vektorraum mit einem Skalarprodukt $\langle a, b \rangle$ und einer Norm $\|a\| = \sqrt{\langle a, b \rangle}$.

Zwei Vektoren $\mathbf{a} \in \mathbf{V}$ und $\mathbf{b} \in \mathbf{V}$ heißen genau dann orthogonal, falls $\langle a, b \rangle = 0$ ist, geschrieben $a \perp b$.

Orthogonale Räume

- Der Unterraum $\mathbf{A}$ heißt **orthogonal** zu einem Unterraum $\mathbf{B}$, geschrieben $\mathbf{A} \perp \mathbf{B}$, genau dann, wenn $a \perp b$ für alle $a \in \mathbf{A}$ und alle $b \in \mathbf{B}$ ist.
- Orthogonale Räume sind linear unabhängige Räume, sie haben nur den Nullpunkt gemeinsam.
- Das orthogonale Komplement $\mathbf{A}^{\perp}$ von $\mathbf{A}$ ist die Menge aller Vektoren des Oberraums $\mathbf{V}$, die orthogonal zu $\mathbf{A}$ stehen.

$$\mathbf{A}^{\perp} = \{v \in \mathbf{V} \mid v \perp \mathbf{A}\}.$$

- Sind $\mathbf{A}$ und $\mathbf{B}$ zwei orthogonale Unterräume, so ist die orthogonale Summe $\mathbf{A} \oplus \mathbf{B}$ der von $\mathbf{A}$ und $\mathbf{B}$ erzeugte gemeinsame Oberraum

$$\mathbf{A} \oplus \mathbf{B} = \{a + b \mid a \in \mathbf{A}, b \in \mathbf{B}\}.$$

Sind $\mathbf{A}_1, \mathbf{A}_2, \ldots, \mathbf{A}_n$ paarweise orthogonale Räume, so schreiben wir:

$$\bigoplus_{i=1}^{n} \mathbf{A}_i := \mathbf{A}_1 \oplus \mathbf{A}_2 \oplus \cdots \oplus \mathbf{A}_n.$$

Orthogonale Ergänzung

- Ist $\mathbf{A} \subset \mathbf{C}$ ein Unterraum des endlichdimensionalen Raums $\mathbf{C}$, so existiert ein eindeutig bestimmter, zu $\mathbf{A}$ orthogonaler Unterraum $\mathbf{B} \subset \mathbf{C}$, der mit $\mathbf{A}$ zusammen $\mathbf{C}$ erzeugt:

$$\mathbf{C} = \mathbf{A} \oplus \mathbf{B}.$$

$\mathbf{B}$ heißt die **orthogonale Ergänzung** von $\mathbf{A}$ in $\mathbf{C}$. Schreibweisen für die orthogonale Ergänzung sind

$$\mathbf{B} = \mathbf{C} \ominus \mathbf{A}$$
$$\mathbf{A} = \mathbf{C} \ominus \mathbf{B}.$$

Achtung: Das Symbol $\mathbf{C} \ominus \mathbf{A}$ ist nicht erklärt, falls $\mathbf{A} \not\subset \mathbf{C}$.

Projektionen

- Sei $\mathbf{A}$ ein Unterraum eines endlichdimensionalen Oberraums $\mathbf{V}$ und $\mathbf{A}^{\perp}$ sein orthogonales Komplement. $y \in \mathbf{V}$ sei ein beliebiger Vektor. Dann besitzt y eine eindeutige Darstellung

$$y = a + b \quad a \in \mathbf{A}, \quad b \in \mathbf{A}^{\perp}.$$

$a = \mathbf{P}_{\mathbf{A}} y$ heißt die Projektion von y nach $\mathbf{A}$ und $b = \mathbf{P}_{\mathbf{A}^{\perp}} y$ die Projektion von y nach $\mathbf{A}^{\perp}$. Damit lässt sich y zerlegen in

$$y = \mathbf{P}_{\mathbf{A}} y + \mathbf{P}_{\mathbf{A}^{\perp}} y.$$

Aus Gründen der Eindeutigkeit und besseren Lesbarkeit schreiben wir $\mathbf{P}_{\mathbf{A}} y$ mitunter auch als $\mathbf{P}_{\mathbf{A}}(y)$. Mit dem Begriff „Projektion" bezeichnen wir sowohl den Punkt $\mathbf{P}_{\mathbf{A}}(y)$ als auch die Abbildung

$$\mathbf{P}_{\mathbf{A}} : \mathbf{V} \to \mathbf{A}$$

von $\mathbf{V}$ nach $\mathbf{A}$, die den Punkt y auf sein Bild $\mathbf{P}_{\mathbf{A}}(y)$ projiziert:

$$y \to \mathbf{P}_{\mathbf{A}}(y).$$

Mitunter sprechen wir dann auch von dem **Projektor $\mathbf{P}_{\mathbf{A}}$**. Dabei darf man sich die Projektion so bildhaft wie einen Pfeilschuss durch y senkrecht auf die Zielscheibe $\mathbf{A}$ vorstellen.
- Die Abbildungen $\mathbf{P}$ und $\mathbf{Q}$ sind orthogonal oder $\mathbf{P} \perp \mathbf{Q}$, falls $\mathbf{PQ} = \mathbf{0}$ ist.
- Für alle Vektoren $x \in \mathbf{V}$, $y \in \mathbf{V}$ und $\mathbf{a}, \mathbf{b} \in \mathbf{A} \subseteq \mathbf{V}$ sowie alle reellen Zahlen α und β gilt:
  - Linearität:

$$\mathbf{P}_{\mathbf{A}}(\alpha x + \beta y) = \alpha \mathbf{P}_{\mathbf{A}} x + \beta \mathbf{P}_{\mathbf{A}} y.$$

  - Idempotenz:

$$\mathbf{P}_{\mathbf{A}} y = y \Leftrightarrow y \in \mathbf{A}.$$
$$\mathbf{P}_{\mathbf{A}} \mathbf{P}_{\mathbf{A}} = \mathbf{P}_{\mathbf{A}}.$$

  - Orthogonalität

$$\mathbf{P}_{\mathbf{A}^{\perp}} y = y - \mathbf{P}_{\mathbf{A}} y.$$
$$\mathbf{P}_{\mathbf{A}^{\perp}} = \mathbf{I} - \mathbf{P}_{\mathbf{A}}.$$
$$\mathbf{0} = \mathbf{P}_{\mathbf{A}} \mathbf{P}_{\mathbf{A}^{\perp}}.$$
$$0 = \langle \mathbf{P}_{\mathbf{A}} y, x - \mathbf{P}_{\mathbf{A}} x \rangle.$$

  - Symmetrie

$$\langle \mathbf{P}_{\mathbf{A}} y, x \rangle = \langle y, \mathbf{P}_{\mathbf{A}} x \rangle = \langle \mathbf{P}_{\mathbf{A}} y, \mathbf{P}_{\mathbf{A}} x \rangle.$$

  - Positivität

$$\langle \mathbf{P}_{\mathbf{A}} y, y \rangle = \langle y, \mathbf{P}_{\mathbf{A}} y \rangle = \|\mathbf{P}_{\mathbf{A}} y\|^2 \geq 0.$$

– Pythagoras

$$\|y\|^2 = \|\mathbf{P_A}y\|^2 + \|y - \mathbf{P_A}y\|^2.$$

– Minimalität

$$\|y\|^2 \geq \|\mathbf{P_A}y\|^2.$$
$$\|y - a\|^2 \geq \|y - \mathbf{P_A}y\|^2.$$

Dabei gilt in der ersten Ungleichung die Gleichheit genau dann, wenn $y \in \mathbf{A}$; in der zweiten Ungleichung gilt die Gleichheit genau dann, wenn $a = \mathbf{P_A}y$.

■ Symmetrie und Idempotenz sind definierende Eigenschaften der Projektion. Gilt für eine lineare Abbildung $\mathbf{P}$ von $\mathbf{V}$ in den Raum $\mathbf{V}$

$$\mathbf{PP} = \mathbf{P},$$
$$\langle \mathbf{P}y, \mathbf{x} \rangle = \langle y, \mathbf{Px} \rangle \quad \forall y, x,$$

so ist $\mathbf{P}$ die orthogonale Projektion auf den Bildraum von $\mathbf{P}$.

■ $\mathbf{A}$ und $\mathbf{B}$ sind genau dann orthogonal, wenn gilt

$$\mathbf{P_A P_B} = \mathbf{P_B P_A} = 0.$$

■ Sind $\mathbf{A}$ und $\mathbf{B}$ orthogonal, dann ist

$$\mathbf{P_{A \oplus B}} = \mathbf{P_A} + \mathbf{P_B},$$
$$\|\mathbf{P_A}y + \mathbf{P_B}y\|^2 = \|\mathbf{P_A}y\|^2 + \|\mathbf{P_B}y\|^2.$$

■ Ist $\mathbf{A} \subset \mathbf{B}$, so ist

$$\mathbf{P_A P_B} = \mathbf{P_B P_A} = \mathbf{P_A},$$
$$\mathbf{P_{B \ominus A}} = \mathbf{P_B} - \mathbf{P_A},$$
$$\|\mathbf{P_B}y - \mathbf{P_A}y\|^2 = \|\mathbf{P_B}y\|^2 - \|\mathbf{P_A}y\|^2.$$

Speziell gilt:

$$\|y - \mathbf{P_A}y\|^2 = \|y\|^2 - \|\mathbf{P_A}y\|^2.$$

■ Ist a ein Vektor, so ist

$$\mathbf{P_a}y = \frac{\langle a, y \rangle}{\|a\|^2} a.$$

Sind die Vektoren $a_1, \ldots, a_n$ orthogonal und $\mathbf{A} = (a_1, \ldots, a_n)$, so ist

$$\mathbf{P_A}y = \sum_{i=1}^{n} \frac{\langle a_i, y \rangle}{\|a_i\|^2} a_i.$$

■ Ist $\langle \mathbf{A} \rangle$ der Spaltenraum einer Matrix $\mathbf{A} = (a_1, \ldots, a_n)$, dann ist in der euklidischen Geometrie

$$\mathbf{P_{\langle A \rangle}} = \mathbf{P_A} = \mathbf{AA}^+ = \mathbf{A} \left(\mathbf{A}^\top \mathbf{A} \right)^+ \mathbf{A}.$$

Sind die Spalten der Matrix $\mathbf{A}$ linear unabhängig so ist

$$\mathbf{P_A} = \mathbf{A} \left(\mathbf{A}^\top \mathbf{A} \right)^{-1} \mathbf{A}.$$

Sind die Spalten der Matrix $\mathbf{A}$ orthonormal so ist

$$\mathbf{P_A} = \mathbf{AA}^\top = \sum_{i=1}^{n} a_i a_i^\top.$$

Weiter ist

$$\mathrm{Spur}\,(\mathbf{P_A}) = \dim\,(\langle \mathbf{A} \rangle)) = \mathrm{Rg}\,(\mathbf{A}).$$

Elementare Zahlentheorie – Jonglieren mit Zahlen

24

Wieso sind die Primzahlen die Bausteine der ganzen Zahlen?

Wieviele Teiler hat die Zahl 73.626.273.893.493.625.252?

Wie berechnet man effizient den ggT ganzer Zahlen?

© Springer-Verlag GmbH Deutschland 2017

T. Arens et al., *Ergänzungen und Vertiefungen zu Arens et al., Mathematik*, DOI 10.1007/978-3-662-53585-1_24

Die elementare Zahlentheorie, also die Untersuchungen der Eigenschaften der ganzen Zahlen, gehört zu den ältesten Wissenschaften der Mathematik. Euklids *Elemente*, ein Buch, in dem sich Euklid vor allem mit Fragen zum Aufbau des Zahlensystems beschäftigt, ist eines der meistverkauften Bücher der Welt.

Die Problemstellungen der Zahlentheorie sind oftmals einfach zu formulieren und daher auch mathematischen Laien verständlich. Umso verwunderlicher ist es, dass eine derart alte und vielen zugängliche Wissenschaft so viele ungelöste Probleme aufwirft. So ist etwa nicht bekannt, wie viele Mersenne'sche Primzahlen existieren.

Wir beschreiben den Aufbau des allen von Kindesbeinen an vertrauten Zahlensystems und begründen Rechenregeln, etwa für den größten gemeinsamen Teiler, die jedem aus der Schule vertraut sind, jedoch dort meist nicht bewiesen wurden. Weiter erläutern wir einige offene Probleme der Zahlentheorie.

24.1 Der angeordnete Ring der ganzen Zahlen

Wir schildern vorab einige grundlegende und vertraute algebraische Eigenschaften der ganzen Zahlen $\mathbb{Z}$.

Die ganzen Zahlen bilden einen kommutativen Ring mit einem Einselement

In der elementaren Zahlentheorie untersucht man die Teilbarkeitseigenschaften der ganzen Zahlen. Wir beschreiben vorab die algebraische Struktur der ganzen Zahlen; wir werden später in diesem Kapitel, in den sogenannten *Restklassenringen*, wieder auf diese Struktur zurückfinden:

Der Ring der ganzen Zahlen

Es ist $\mathbb{Z} = (\mathbb{Z}, +, \cdot)$ (mit den bekannten Verknüpfungen $+$ und $\cdot$) ein **kommutativer Ring** mit **Einselement** 1, d. h., es gilt:

- $(\mathbb{Z}, +)$ ist eine **kommutative Gruppe**:
  - $(a + b) + c = a + (b + c)$ für alle a, b, $c \in \mathbb{Z}$,
  - $a + b = b + a$ für alle a, $b \in \mathbb{Z}$,
  - Es gibt ein Element 0 mit $0 + a = a$ für alle $a \in \mathbb{Z}$.
  - Zu jedem $a \in \mathbb{Z}$ existiert ein Element $-a \in \mathbb{Z}$ mit $a + (-a) = 0$.
- $(\mathbb{Z}, \cdot)$ ist eine **kommutative Halbgruppe** mit 1:
  - $(a \cdot b) \cdot c = a \cdot (b \cdot c)$ für alle a, b, $c \in \mathbb{Z}$,
  - $a \cdot b = b \cdot a$ für alle a, $b \in \mathbb{Z}$.
  - Es gibt ein Element 1 mit $1 \cdot a = a$ für jedes $a \in \mathbb{Z}$.
- $a \cdot (b + c) = a \cdot b + a \cdot c$ für alle a, b, $c \in \mathbb{Z}$.

Diese Regeln sind aus dem täglichen Umgang mit den ganzen Zahlen vertraut, ebenso die folgenden einfachen Regeln:

- Die Gleichung $a + X = b$ besitzt für beliebige a, $b \in \mathbb{Z}$ genau eine Lösung, nämlich $X = b - a$.
- Für beliebige a, $b \in \mathbb{Z}$ gilt

$$a \cdot 0 = 0 \quad \text{und} \quad a \cdot (-b) = -(a \cdot b).$$

- Gilt $0 \neq a$, $b \in \mathbb{Z}$, so folgt $a \cdot b \neq 0$.
- Für a, b, $c \in \mathbb{Z}$ gilt

$$a \cdot b = a \cdot c, \, a \neq 0 \Rightarrow b = c.$$

Im Ring $\mathbb{Z}$ kann man also *kürzen*.

Wir verweisen auf einige übliche Begriffe und Schreibweisen:

- Statt $a \cdot b$ wird oftmals kürzer $a\,b$ geschrieben.
- Für $a + (-b)$ schreibt man kürzer $a - b$.
- Man nennt das Element $-a$ auch das **negative** oder **entgegengesetzte Element** zu a.
- Man nennt $(\mathbb{Z}, +)$ die **additive Gruppe** und $(\mathbb{Z}, \cdot)$ die **multiplikative Halbgruppe** von $\mathbb{Z}$.

Die ganzen Zahlen sind angeordnet

Die Menge $\mathbb{Z}$ ist durch die Relation

$$a < b \Leftrightarrow b - a \in \mathbb{N}$$

angeordnet, d. h., es gilt für a, b, c, $d \in \mathbb{Z}$:

$$\text{entweder } a < b \text{ oder } a = b \text{ oder } b < a,$$
$$a < b, \, b < c \Rightarrow a < c,$$
$$a < b \Rightarrow a + d < b + d,$$
$$a < b, \, 0 < d \, (\text{d. h. } d \in \mathbb{N}) \Rightarrow a\,d < b\,d.$$

Die folgenden Bezeichnungen sind suggestiv und vertraut:

$$a \leq b \Leftrightarrow a = b \text{ oder } a < b,$$
$$a > b \Leftrightarrow b < a,$$
$$a \geq b \Leftrightarrow b \leq a,$$
$$|a| := \begin{cases} a, & \text{falls } a \geq 0 \\ -a, & \text{falls } a < 0 \end{cases}.$$

Man nennt $|a|$ den **Betrag** von $a \in \mathbb{Z}$, er ist eine natürliche Zahl oder null.

Für den Betrag gelten zwei wichtige Rechenregeln: Für alle a, $b \in \mathbb{Z}$ gilt

$$|a + b| \leq |a| + |b|, \, |a\,b| = |a|\,|b|.$$

Als für die Zahlentheorie ganz fundamtental erweisen sich die folgenden Beweisprinzipien (siehe auch Kap. 2):

24.2 Teilbarkeit

Das Wohlordnungsprinzip und die vollständige Induktion

Das **Wohlordungsprinzip** besagt:

Jede nichtleere Teilmenge von $\mathbb{N}_0$ besitzt ein kleinstes Element.

Das **Induktionsprinzip** besagt:

Ist M eine Teilmenge von $\mathbb{N}$ mit den Eigenschaften

(i) $1 \in M$,
(ii) $x \in M \Rightarrow x + 1 \in M$

so gilt $M = \mathbb{N}$.

Tatsächlich sind diese beiden Prinzipien äquivalent, auf den Nachweis dieser Tatsache verzichten wir.

Die Division mit Rest ist grundlegend für alles Weitere

Wir begründen mit dem Wohlordnungsprinzip, dass die vertraute *Division mit Rest* tatsächlich funktioniert.

Division mit Rest

Zu beliebigen Zahlen $a \in \mathbb{Z}$ und $b \in \mathbb{N}$ gibt es Zahlen $q, r \in \mathbb{Z}$ mit

$$a = bq + r \quad \text{und} \quad 0 \leq r < b.$$

Beweis Wir betrachten die Menge $M := \{a - bm \in \mathbb{N}_0 \mid m \in \mathbb{Z}\} \subseteq \mathbb{N}_0$ und begründen, dass diese Menge nicht leer ist, um das Wohlordnungsprinzip anwenden zu können.

Ist $a \geq 0$, so folgt $a \in M$ für $m = 0$, so dass in diesem Fall $M \neq \varnothing$ gilt.

Nun gelte $a < 0$. Da $b \in \mathbb{N}$ gilt, ist $1 - b \leq 0$. Somit ist $a(1 - b) \geq 0$. Also folgt wegen $a(1 - b) = a - ab$ für $m = a$

$$a - ab \in M,$$

so dass auch in diesem Fall M nicht leer ist.

Nach dem Wohlordnungsprinzip enthält M ein kleinstes Element r, es gilt $r = a - qb \geq 0$ mit einem $q \in \mathbb{Z}$.

Es ist nur noch zu begründen, dass $r < b$ gilt.

Wäre $r \geq b$, so gälte

$$a - (q + 1)b = a - qb - b = r - b \in \mathbb{N}_0.$$

Es folgte ein Widerspruch zur Minimalität von r. ∎

Mit der Division mit Rest ist nun die Grundlage für die elementare Zahlentheorie gelegt.

Bleibt bei der Division mit Rest der Rest 0, so spricht man von *Teilbarkeit* – genauer:

Man sagt, $a \in \mathbb{Z}$ **teilt** $b \in \mathbb{Z}$ oder a ist ein **Teiler** von b oder b ein **Vielfaches** von a, wenn ein $c \in \mathbb{Z}$ mit

$$a c = b$$

existiert, und kürzt dies mit $a \mid b$ ab. Man schreibt $a \nmid b$, wenn a kein Teiler von b ist.

Beispiel Es sind 1, 2, 3 und 6 Teiler von 6; es gilt nämlich

$$6 = 1 \cdot 6, \quad 6 = 2 \cdot 3, \quad 6 = 3 \cdot 2, \quad 6 = 6 \cdot 1.$$

Aber auch $-1, -2, -3$ und -6 sind Teiler von 6, da

$$6 = -1 \cdot (-6), \; 6 = -2 \cdot (-3), \; 6 = -3 \cdot (-2), \; 6 = -6 \cdot (-1).$$

Weitere ganzzahlige Teiler hat die Zahl 6 nicht, so gilt etwa $4 \nmid 6$, da es keine ganze Zahl c mit $6 = 4c$ gibt. ◀

Kommentar Bei den rationalen Zahlen ist der Begriff der Teilbarkeit eher unnütz, weil jede rationale Zahl $q = \frac{a}{b}$ jede andere von Null verschiedene rationale Zahl $p = \frac{c}{d}$ als Teiler hat:

$$q = p \cdot \underbrace{(p^{-1} \cdot q)}_{=:c \in \mathbb{Q}};$$

in $\mathbb{Z}$ ist diese Situation ganz anders. ◀

Wir notieren einige einfache, aber wichtige Regeln zur Teilbarkeit:

Teilbarkeitsregeln

Für $a, b, c, x, y \in \mathbb{Z}$ gilt:

1. $1 \mid a, a \mid 0, a \mid a$.
2. $0 \mid b \Rightarrow b = 0$.
3. $a \mid b, b \neq 0 \Rightarrow |a| \leq |b|$.
4. $a \mid b \Rightarrow -a \mid b$ und $a \mid -b$.
5. $a \mid b, b \mid c \Rightarrow a \mid c$.
6. $a \mid b, b \mid a \Rightarrow a = b$ oder $a = -b$.
7. $a \mid b \Rightarrow a c \mid b c$.
8. $a \mid b, a \mid c \Rightarrow a \mid x b + y c$.
9. $a c \mid b c, c \neq 0 \Rightarrow a \mid b$.

Beweis 1. Aus $a = 1 \cdot a$ folgt $1 \mid a$ und $a \mid a$; und $0 = 0 \cdot a$ impliziert $a \mid 0$.

2. Aus $0 \mid b$ folgt $b = r \cdot 0 = 0$ (für ein $r \in \mathbb{Z}$).

3. Aus $a \mid b$ und $b \neq 0$ folgt $b = a r$ für ein $0 \neq r \in \mathbb{Z}$, d. h. $|r| \geq 1$. Also gilt $|b| = |a| \, |r| \geq |a|$.

4. Aus $a \mid b$ folgt $b = a\,r$ für ein $r \in \mathbb{Z}$; somit gilt $b = (-a)\,(-r)$, so dass $-a \mid b$ und $-b = a\,(-r)$, so dass $a \mid -b$.

5. Wegen $a \mid b$ und $b \mid c$ gibt es $r, s \in \mathbb{Z}$ mit $b = a\,r$ und $c = b\,s$. Es folgt: $c = a\,(r\,s)$, so dass also $a \mid c$ gilt.

6. folgt aus 3.

7. Aus $a \mid b$ folgt: Es gibt ein $r \in \mathbb{Z}$ mit $b = a\,r$. Also gilt $b\,c = (a\,c)\,r$, folglich $a\,c \mid b\,c$.

8. Wegen $a \mid b$ und $a \mid c$ existieren $r, s \in \mathbb{Z}$ mit $b = a\,r$ und $c = a\,s$. Somit gilt für beliebige $x, y \in \mathbb{Z}$:

$$x\,b + y\,c = (a\,r)\,x + (a\,s)\,y = a\,(r\,x + s\,y);$$

es folgt $a \mid x\,b + y\,c$.

9. Aus $a\,c \mid b\,c$ folgt $b\,c = a\,c\,r$ für ein $r \in \mathbb{Z}$. Wegen $c \neq 0$ gilt $b = a\,r$, also $a \mid b$. ∎

Gilt $a = b\,c$ für $a, b, c \in \mathbb{Z}$, so heißt c der zu b **komplementäre Teiler** von a.

Gilt $a \mid b$ und $1 \neq |a| < |b|$, so wird a ein **echter** Teiler von b genannt. Nach den Teilbarkeitsregeln 1 und 4 sind $1, -1, a, -a$ stets Teiler einer Zahl $a \in \mathbb{Z}$. Diese Teiler heißen die **trivialen** Teiler von a.

Jede natürliche Zahl ist ein Produkt von Primzahlen

Eine natürliche Zahl $p \neq 1$ heißt **Primzahl**, wenn sie nur triviale Teiler besitzt, d. h., wenn 1 und p ihre einzigen positiven Teiler sind. Wir bezeichnen die Menge der Primzahlen mit $\mathbb{P}$.

Wir überlegen, dass jede natürliche Zahl ungleich 1 einen **Primteiler** besitzt, d. h. einen Teiler, der eine Primzahl ist: Ist $n \neq 1$ eine natürliche Zahl, so wählen wir in der nichtleeren Menge (n liegt in dieser Menge) aller von 1 verschiedenen positiven Teiler von n das kleinste Element p – man beachte das Wohlordnungsprinzip. Dieses kleinste Element p ist eine Primzahl, da jeder Teiler von p nach der Teilbarkeitsregel 5 auch ein Teiler von n ist.

Damit ist begründet:

- Ist n eine natürliche Zahl $\neq 1$, so ist der kleinste positive Teiler $p \neq 1$ von n eine Primzahl.
- Jede natürliche Zahl $n \neq 1$ besitzt **Primteiler**.

Aus diesem Ergebnis erhalten wir nun eine wichtige Folgerung, die jedem aus der Schule vertraut ist, aber dort nur selten begründet wird:

Jede natürliche Zahl $n \neq 1$ ist ein Produkt von Primzahlen.

Beweis Wir nehmen an, dass die Behauptung falsch ist. Dann ist die Menge M aller natürlichen Zahlen $\neq 1$, die nicht Produkte von Primzahlen sind, nicht leer und besitzt nach dem Wohlordnungsprinzip ein kleinstes Element $n > 1$. Wegen des obigen Ergebnisses hat n einen Primteiler p, so dass $n = p\,a$ für ein $a \in \mathbb{N}$; und $a < n$ (aus $a \geq n$ und $p > 1$ folgte $p\,a \geq p\,n > n$). Es folgt $a \notin M$, so dass $a = 1$ oder $a = p_1 \cdots p_r$ Produkt von Primzahlen p_i ist. Dann ist aber auch $n = p$ oder $n = p\,a = p\,p_1 \cdots p_r$ Produkt von Primzahlen, im Widerspruch zu $n \in M$. ∎

Die Primzahlen sind damit die Bausteine der natürlichen Zahlen.

Dieses Ergebnis lässt sich noch verschärfen. Wir werden nämlich bald begründen, dass die Darstellung jeder natürlichen Zahl $\neq 1$ als Produkt von Primzahlen – von der Reihenfolge der Faktoren abgesehen – eindeutig ist.

Natürliche Zahlen $n \neq 1$, die keine Primzahlen sind, nennt man auch **zusammengesetzt**. Sie haben eine Darstellung $n = a\,b$ mit $a, b \in \mathbb{N}$ und $a \neq 1 \neq b$.

Kommentar Im Allgemeinen ist es gar nicht einfach, Primteiler einer natürlichen Zahl zu bestimmen. Es gibt verschiedene ausgeklügelte *Primzahltests*, das sind Tests, die eine natürliche Zahl auf Primalität untersuchen und manchmal auch Primteiler bestimmen. Solche Tests sind meistens sehr anspruchsvoll, wir können im Rahmen dieses kurzen Kapitels leider nicht darauf eingehen.

Bei der *naiven* Suche nach Primteilern einer natürlichen Zahl kann man sich aber auf relativ kleine Zahlen beschränken, da gilt:

Für den kleinsten Primteiler p einer zusammengesetzten natürlichen Zahl n gilt $p \leq \sqrt{n}$.

Das ist einfach zu sehen, da für den kleinsten Primteiler p mit der Zerlegung $n = p\,a$ offenbar $p \leq a$ gilt, so dass

$$p^2 \leq p\,a = n, \quad \text{d. h. } p \leq \sqrt{n}$$

folgt. ◄

Es gibt unendlich viele Primzahlen

Der folgende Satz stammt von Euklid. Für seinen Beweis gibt es heute zahlreiche Varianten. Wir ziehen den Originalbeweis von Euklid vor:

Der Satz von Euklid

Es gibt unendlich viele Primzahlen.

Beweis Wir nehmen an, dass die Menge $\mathbb{P}$ der Primzahlen endlich ist. Es gelte also $\mathbb{P} = \{p_1, \ldots, p_n\}$. Die Zahl $a := p_1 \cdots p_n + 1 \in \mathbb{N}$ ist ungleich 1 und hat daher einen Primteiler p. Aus $p = p_i$ für ein $i = 1, \ldots, n$ folgt $p \mid a - p_1 \cdots p_n = 1$ nach der Teilbarkeitsregel 8 und im Widerspruch zur Teilbarkeitsregel 3. Daher kann $\mathbb{P}$ nicht endlich sein. ∎

24.3 Der Fundamentalsatz der Arithmetik

Wir begründen in diesem Abschnitt einen der grundlegendsten Sätze der Mathematik. Zum Beweis dieses Satzes benutzen wir den sogenannten *euklidischen Algorithmus*, der auf sukzessiver Division mit Rest beruht. Er ermöglicht die Bestimmung eines *größten gemeinsamen Teilers* ganzer Zahlen ohne die Primfaktorisierung, die im Allgemeinen sehr schwer zu bestimmen ist, zu benutzen.

Der größte gemeinsame Teiler ganzer Zahlen ist die größte natürliche Zahl, die alle diese ganzen Zahlen teilt

Wir erklären den größten gemeinsamen Teiler sogleich für n ganze Zahlen.

Dazu betrachten wir n Zahlen $a_1, \ldots, a_n \in \mathbb{Z}$, die nicht alle zugleich 0 sind, also $a_i \neq 0$ für ein $i \in \{1, \ldots, n\}$.

Gilt $x \mid a_i$ für **jedes** $i = 1, \ldots, n$ und $x \in \mathbb{Z}$, so nennt man x einen **gemeinsamen Teiler** von $a_1, \ldots, a_n$.

Weil eine Zahl nur endlich viele Teiler hat, existieren nur endlich viele solche gemeinsame Teiler dieser endlich vielen Zahlen, sagen wir $t_1, \ldots, t_r$ mit $r \in \mathbb{N}$.

Also existiert auch ein *größter* dieser gemeinsamer Teiler.

Dieser wird naheliegenderweise **größter gemeinsamer Teiler** von $a_1, \ldots, a_n$ genannt und $\mathrm{ggT}(a_1, \ldots, a_n)$ geschrieben. Wegen der Teilbarkeitsregel 4 liegt er in $\mathbb{N}$.

Man nennt Zahlen $a_1, \ldots, a_n$ **teilerfremd** oder **relativ prim**, wenn $\mathrm{ggT}(a_1, \ldots, a_n) = 1$.

Dies bedeutet, dass 1 und -1 die einzigen gemeinsamen Teiler von $a_1, \ldots, a_n$ sind.

Im Fall $a_1 = \cdots = a_n = 0$ setzen wir $\mathrm{ggT}(a_1, \ldots, a_n) := 0$.

Beispiel
- $\mathrm{ggT}(0, 1) = 1$.
- $\mathrm{ggT}(-21, 35) = 7$.
- $\mathrm{ggT}(18, 90, 30) = 6$. ◄

In den angeführten Beispielen war es möglich, den größten gemeinsamen Teiler durch Probieren zu bestimmen.

Im Allgemeinen aber, also etwa, wenn die Zahlen, deren größter gemeinsamer Teiler zu bestimmen ist, sehr groß sind, ist diese *naive* Prüfmethode nicht effektiv.

Auch die Methode durch Zerlegung in Primzahlen, wie man sie aus der Schule kennt (und die wir auch noch behandeln werden), ist prinzipiell nicht empfehlenswert, da die Zerlegung von natürlichen Zahlen in ihre Primfaktoren ein meist sehr schwieriges Problem ist.

Eine effiziente Art, den größten gemeinsamen Teiler zweier Zahlen und damit dann auch mehrerer Zahlen zu bestimmen, bietet ein bereits von Euklid geschilderter Algorithmus.

Der euklidische Algorithmus bestimmt den ggT zweier Zahlen

Der euklidische Algorithmus besteht in einer wiederholten Anwendung der Division mit Rest:

Der euklidische Algorithmus

Gegeben sind zwei natürliche Zahlen a, b mit $b \nmid a$. Wir setzen

$$r_0 := a, \quad r_1 := b$$

und definieren *Reste* $r_2, \ldots, r_n \in \mathbb{N}$ durch die folgenden Gleichungen, die durch Division mit Rest entstehen:

$$
\begin{aligned}
r_0 &= r_1 q_1 + r_2 &&\text{mit } 0 < r_2 < r_1, \\
r_1 &= r_2 q_2 + r_3 &&\text{mit } 0 < r_3 < r_2, \\
&\ \ \vdots \\
r_{n-2} &= r_{n-1} q_{n-1} + r_n &&\text{mit } 0 < r_n < r_{n-1}, \\
r_{n-1} &= r_n q_n.
\end{aligned}
$$

Dann gilt

$$r_n = \mathrm{ggT}(a, b);$$

und es gibt eine Darstellung

$$r_n = x a + y b$$

mit ganzen Zahlen x, $y \in \mathbb{Z}$.

Man beachte: Wegen $r_1 > r_2 > r_3 > \cdots$ tritt notwendig ein Schritt der Form $r_{n-1} = r_n q_n + 0$ auf, der den Prozess beendet.

Es bleibt zu begründen, dass r_n der größte gemeinsame Teiler von a und b ist und eine Darstellung der angegebenen Art besitzt.

Beweis 1. Wir begründen, dass r_n der größte gemeinsame Teiler von a und b ist.

Die letzte Gleichung $r_{n-1} = r_n\, q_n$ zeigt $r_n \mid r_{n-1}$. Aus der vorletzten Gleichung folgt damit $r_n \mid r_{n-2}$. So fortfahrend, erhält man schließlich $r_n \mid r_1 = b$ und $r_n \mid r_0 = a$, also ist r_n ein gemeinsamer Teiler von a und b, und es gilt

$$r_n \leq d := \mathrm{ggT}(a, b)\,. \qquad (*)$$

Nun gehen wir mit $d = \mathrm{ggT}(a, b)$ die Gleichungen des Algorithmus „von oben nach unten durch":

Es ist d ein gemeinsamer Teiler von r_0 und r_1. Nach der ersten Gleichung des Algorithmus ist d damit auch ein Teiler von r_2. Aus der zweiten Gleichung erhalten wir, dass d auch Teiler von r_3 ist. So fortfahrend, können wir schließen: d ist ein Teiler von r_n. Damit gilt $d \leq r_n$, mit $(*)$ folgt:

$$d = r_n\,.$$

2. Wir begründen, dass der ggT r_n von a und b eine Darstellung der Art

$$r_n = x\,a + y\,b$$

mit ganzen Zahlen $x, y \in \mathbb{Z}$ besitzt.

Aus der vorletzten Gleichung erhalten wir die folgende Darstellung für r_n:

$$r_n = r_{n-2} - r_{n-1}\, q_{n-1}\,.$$

Hierin kann r_{n-1} mit der vorhergehenden Gleichung $r_{n-1} = r_{n-3} - r_{n-2}\, q_{n-2}$ des Algorithmus ersetzt werden. So fortfahrend, ersetzt man sukzessive r_k durch $r_{k-2} - r_{k-1}\, q_{k-1}$, schließlich r_2 durch $r_0 - r_1\, q_1$ und erhält einen Ausdruck der Form

$$r_n = x\,a + y\,b \quad \text{mit } x, y \in \mathbb{Z}\,.$$

(Wegen $d \mid a$ und $d \mid b$ folgt erneut $d \mid r_n$.) $\blacksquare$

Kommentar

- Eine Darstellung $d := \mathrm{ggT}(a, b) = x\,a + y\,b$ ist keineswegs eindeutig. Für jedes $k \in \mathbb{Z}$ gilt vielmehr:

$$d = \left(x + k\,\frac{b}{d}\right) a + \left(y - k\,\frac{a}{d}\right) b$$

  mit Koeffizienten aus $\mathbb{Z}$ (denn $\frac{b}{d} \in \mathbb{Z}$, $\frac{a}{d} \in \mathbb{Z}$). Es ist jede Darstellung $d = r\,a + s\,b$ von dieser Form.
- Wegen der Teilbarkeitsregel 4 liefert der euklidische Algorithmus auch den ggT ganzer Zahlen. $\blacktriangleleft$

Beispiel Wir bestimmen $d := \mathrm{ggT}(4081, 2585)$ sowie Zahlen $x, y \in \mathbb{Z}$ mit $d = 4081\,x + 2585\,y$.

$$
\begin{aligned}
4081 &= 1 \cdot 2585 + 1496 \\
2585 &= 1 \cdot 1496 + 1089 \\
1496 &= 1 \cdot 1089 + 407 \\
1089 &= 2 \cdot 407 + 275 \\
407 &= 1 \cdot 275 + 132 \\
275 &= 2 \cdot 132 + 11 \\
132 &= 12 \cdot 11\,.
\end{aligned}
$$

Damit haben wir $d = 11$ als größten gemeinsamen Teiler von 4081 und 2585 ermittelt. Von der vorletzten Gleichung $275 = 2 \cdot 132 + 11$ ausgehend, ermitteln wir nun *rückwärts* eine gesuchte Darstellung von $d = 11$:

$$
\begin{aligned}
11 &= 1 \cdot 275 - 2 \cdot 132 \\
&= (-2) \cdot 407 + 3 \cdot 275 \\
&= 3 \cdot 1089 + (-8) \cdot 407 \\
&= (-8) \cdot 1496 + 11 \cdot 1089 \\
&= 11 \cdot 2585 - 19 \cdot 1496 \\
&= (-19) \cdot 4081 + 30 \cdot 2585\,.
\end{aligned}
$$

Also gilt

$$\mathrm{ggT}(4081, 2585) = 11 = (-19) \cdot 4081 + 30 \cdot 2585\,.$$

Die weiteren Darstellungen $11 = 4081\,r + 2585\,s$ haben nach obigem Kommentar die Gestalt

$$
\begin{aligned}
11 &= \left(-19 + k\,\frac{2585}{11}\right) 4081 + \left(30 - k\,\frac{4081}{11}\right) 2585 \\
&= (-19 + 235\,k)\, 4081 + (30 - 371\,k)\, 2585\,. \qquad \blacktriangleleft
\end{aligned}
$$

Mit dem euklidischen Algorithmus können wir lineare diophantische Gleichungen lösen

Wir wenden die erzielten Ergebnisse auf Gleichungen der Form

$$a\,X + b\,Y = c \qquad (*)$$

mit $a, b, c \in \mathbb{Z}$ an, wobei wir nach ganzzahligen Lösungen für X, Y, d. h. Paare $(r, s) \in \mathbb{Z} \times \mathbb{Z}$ mit

$$a\,r + b\,s = c$$

suchen. Eine Gleichung der Form $(*)$ nennt man *lineare diophantische Gleichung*.

Es gilt:

Lösbarkeit linearer diophantischer Gleichungen

Die lineare diophantische Gleichung

$$a X + b Y = c \quad \text{mit } a, b, c \in \mathbb{Z} \qquad (*)$$

hat genau dann Lösungen in $\mathbb{Z} \times \mathbb{Z}$, wenn

$$\mathrm{ggT}(a,b) \mid c \,.$$

Beweis   Wir setzen $d := \mathrm{ggT}(a,b)$.

Wenn $(x, y) \in \mathbb{Z} \times \mathbb{Z}$ eine Lösung von $(*)$ ist, gilt $d \mid a x + b y = c$ nach der Teilbarkeitsregel 8 von S. 319.

Nun setzen wir voraus, dass d ein Teiler von c ist. Nach dem euklidischen Algorithmus hat d eine Darstellung der Form

$$d = r a + s b$$

mit $r, s \in \mathbb{Z}$. Aus $d \mid c$ folgt

$$c = d \frac{c}{d} = a \frac{r c}{d} + b \frac{s c}{d}$$

mit $\frac{r c}{d}, \frac{s c}{d} \in \mathbb{Z}$. Also ist $(\frac{r c}{d}, \frac{s c}{d}) \in \mathbb{Z} \times \mathbb{Z}$ eine Lösung von $(*)$. ∎

Beispiel   Wir prüfen, ob die diophantische Gleichung

$$122 X + 74 Y = 112$$

in $\mathbb{Z} \times \mathbb{Z}$ lösbar ist und bestimmen gegebenenfalls ihre Lösungen.

Mit dem euklidischen Algoritmus ermitteln wir den ggT von 122 und 74:

$$122 = 1 \cdot 74 + 48$$
$$74 = 1 \cdot 48 + 26$$
$$48 = 1 \cdot 26 + 22$$
$$26 = 1 \cdot 22 + 4$$
$$22 = 5 \cdot 4 + 2$$
$$4 = 2 \cdot 2 \,.$$

Weil $\mathrm{ggT}(122, 74) = 2 \mid 112$ gilt, ist die gegebene lineare diophantische Gleichung lösbar.

Wir ermitteln nun die Lösungen. Dazu stellen wir $2 = \mathrm{ggT}(122, 74)$ von der vorletzten Gleichung $22 = 5 \cdot 4 + 2$ ausgehend als *Linearkombination* von 122 und 74 dar:

$$2 = 22 - 5 \cdot 4$$
$$= (-5) \cdot 26 + 6 \cdot 22$$
$$= 6 \cdot 48 + (-11) \cdot 26$$
$$= (-11) \cdot 74 + 17 \cdot 48$$
$$= 17 \cdot 122 + (-28) \cdot 74 \,.$$

Es gilt also

$$2 = 17 \cdot 122 + (-28) \cdot 74 \,.$$

Multiplikation dieser Gleichung mit $\frac{112}{2} = 56$ liefert:

$$112 = (56 \cdot 17) \cdot 122 + (56 \cdot (-28)) \cdot 74$$
$$= 952 \cdot 122 - 1568 \cdot 74 \,.$$

Nach obigem Kommentar führt jedes $k \in \mathbb{Z}$ zur Lösung

$$112 = (952 + k \frac{74}{2}) \, 122 + (-1568 - k \frac{122}{2}) \, 74 \,.$$

Die Wahl $k = -25$ bzw. $k = -26$ liefert

$$112 = 27 \cdot 122 + (-43) \cdot 74 \text{ bzw. } 112 = (-10) \cdot 122 + 18 \cdot 74 \,.$$

Der euklidische Algorithmus führt also keineswegs immer zu einer Lösung mit möglichst kleinen Beträgen.   ◄

Der Fundamentalsatz der Arithmetik

Die folgende Aussage war bereits Euklid bekannt:

Für teilerfremde $a, b \in \mathbb{Z}$, $a \neq 0$ und jedes $c \in \mathbb{Z}$ gilt

$$a \mid b c \Rightarrow a \mid c \,.$$

Beweis   Wegen der Teilerfremdheit von a und b, d. h. $\mathrm{ggT}(a,b) = 1$, können wir mit dem euklidischen Algorithmus ganze Zahlen r und s mit

$$r a + s b = 1$$

bestimmen. Diese Gleichung multiplizieren wir mit $c \in \mathbb{Z}$ und erhalten

$$r a c + s b c = c \,.$$

Weil a beide Summanden teilt, also $a \mid r a c$ und $a \mid s b c$, teilt a nach der Teilbarkeitsregel 8 von S. 319 auch c. ∎

Achtung   Die Voraussetzung der Teilerfremdheit ist notwendig, denn es gilt etwa für $a = 2$, $b = 6$ und $c = 1$

$$a \mid b c \text{ aber } a \nmid c \,. \qquad ◄$$

Wir können aus diesem Ergebnis eine wichtige Folgerung ziehen, mit der es letztlich gelingt, einen zentralen Satz der elementaren Zahlentheorie, eigentlich sogar der ganzen Mathematik, zu begründen:

Für $a, b \in \mathbb{Z}$ und jede Primzahl $p \in \mathbb{P}$ gilt

$$p \mid a b \Rightarrow p \mid a \text{ oder } p \mid b \,.$$

Teilt eine Primzahl ein Produkt, so teilt sie bereits einen der Faktoren.

Diese Aussage folgt sofort aus obigem Satz, wenn wir annehmen, dass p kein Teiler von b ist. Es sind dann nämlich p und b wegen der Primeigenschaft von p teilerfremd. Also ist p dann ein Teiler von a.

Kommentar   Das *oder* ist nicht ausschließend, es kann eine Primzahl natürlich auch Teiler beider Faktoren sein: $3 \mid 6 \cdot 15$ und $3 \mid 6$ *und* $3 \mid 15$.   ◄

Achtung   Die Tatsache dieser letzten Aussage gilt nicht für zusammengesetzte Zahlen: Ist $a = b\,c$ mit $1 < b, 1 < c$ zusammengesetzt, so folgt $a \mid b\,c, a \nmid b, a \nmid c$.   ◄

Wir können das letzte Ergebnis mehrfach anwenden und erhalten allgemeiner:

> Für $a_1, \dots, a_n \in \mathbb{Z}$ und jede Primzahl p gilt
>
> $$p \mid a_1 \cdots a_n \Rightarrow p \mid a_i \text{ für mindestens ein } i \in \{1, \dots, n\}.$$

Jetzt können wir die folgende grundlegende Aussage begründen:

> **Fundamentalsatz der Arithmetik**
>
> Jede natürliche Zahl $n \neq 1$ lässt sich auf genau eine Weise als Produkt $n = p_1 \cdots p_r$ mit Primzahlen $p_1 \leq p_2 \leq \cdots \leq p_r$ schreiben.

Beweis   Dass eine derartige Zerlegung existiert, haben wir bereits auf S. 320 bewiesen. Es bleibt nur noch die Eindeutigkeit einer solchen Darstellung zu begründen.

Wir nehmen an, es gilt für eine natürliche Zahl n

$$n = p_1 \cdots p_r = q_1 \cdots q_s$$

mit Primzahlen p_i, q_j, die nicht notwendig der Größe nach geordnet sind. Wenn n eine Primzahl ist, gilt $n = p_1 = q_1$. Daher setzen wir $r \geq 2, s \geq 2$ voraus.

Weil $p_1 \mid n$ gilt, gibt es ein j mit $p_1 \mid q_j$, also $p_1 = q_j$. Nach eventueller Umnummerierung können wir nun $j = 1$ voraussetzen. Es folgt

$$m := p_2 \cdots p_r = q_2 \cdots q_s \text{ und } 1 < m < n$$

Wir argumentieren mit vollständiger Induktion und können voraussetzen, dass die Behauptung für m zutrifft. Nach eventueller Umnummerierung der q_j gilt $r = s$ und $p_i = q_j$ für $i = 2, \dots, r$. Wegen $p_1 = q_1$ sind $p_1 \cdots p_r = q_1 \cdots q_s$ daher – bis auf die Reihenfolge der Faktoren – dieselben Zerlegungen von n.   ∎

───────── **Selbstfrage 1** ─────────

Die Existenz dieser Zerlegung konnten wir bereits auf S. 320 zeigen. Wieso nicht auch die Eindeutigkeit?

Beispiel   Es hat $n = 63.882$ – bis auf die Reihenfolge der Faktoren – die eindeutig bestimmte Zerlegung

$$63.882 = 2 \cdot 3 \cdot 3 \cdot 3 \cdot 7 \cdot 13 \cdot 13.$$ ◄

Die kanonische Primfaktorzerlegung

Wir können gleiche Faktoren unter Potenzen zusammenfassen. Vereinbaren wir, stets die Reihenfolge der Primfaktoren einer Zerlegung der Größe der Primfaktoren einzuhalten, so erhalten wir die *kanonische Primfaktorzerlegung*:

Jede natürliche Zahl $n \neq 1$ kann auf genau eine Weise in der Form

$$n = p_1^{v_1} \cdots p_t^{v_t}$$

mit Primzahlen $p_1 < \cdots < p_t$ und $v_i \in \mathbb{N}$ geschrieben werden. Man nennt diese Darstellung die **kanonische Primfaktorzerlegung** von n.

Oft wird diese Darstellung – formal – als unendliches Produkt

$$n = \prod_{p \in \mathbb{P}} p^{\alpha_n(p)}$$

geschrieben, indem die Faktoren $p^0 = 1$ für alle weiteren Primzahlen p eingefügt werden. Es gilt dann

$$\alpha_n(p) = \begin{cases} 0, & \text{wenn } p \neq p_1, \dots, p_t \\ v_i, & \text{wenn } p = p_i \text{ für ein } i = 1, \dots, t. \end{cases}$$

Beispiel   Es gilt $60 = \prod_{p \in \mathbb{P}} p^{\alpha_{60}(p)}$ mit

$$\alpha_{60}(2) = 2, \quad \alpha_{60}(3) = 1, \quad \alpha_{60}(5) = 1,$$
$$\alpha_{60}(9) = 0 \quad \text{für alle } p \neq 2, 3, 5.$$ ◄

Außerdem wird

$$1 = \prod_{p \in \mathbb{P}} p^{\alpha_1(p)}$$

gesetzt.

Die folgenden Eigenschaften verdeutlichen die Zweckmäßigkeit dieser Darstellung:

> Für $a, b, a_1, \dots, a_n \in \mathbb{N}$ gilt
>
> - $\alpha_{ab}(p) = \alpha_a(p) + \alpha_b(p)$ für alle $p \in \mathbb{P}$,
> - $a \mid b \Leftrightarrow \alpha_a(p) \leq \alpha_b(p)$ für alle $p \in \mathbb{P}$.

Beweis Die erste Aussage folgt aus der Potenzregel

$$a\,b = \left(\prod_{p\in\mathbb{P}} p^{\alpha_a(p)}\right)\left(\prod_{p\in\mathbb{P}} p^{\alpha_b(p)}\right) = \left(\prod_{p\in\mathbb{P}} p^{\alpha_a(p)+\alpha_b(p)}\right),$$

und der Eindeutigkeitsaussage im Fundamentalsatz der Arithmetik.

Wir begründen die zweite Aussage:

Es gilt:

$$a \mid b \Leftrightarrow b = a\,c \text{ für ein } c \in \mathbb{N}$$
$$\Leftrightarrow \alpha_b(p) = \alpha_a(p) + \alpha_c(p) \text{ für alle } p \text{ und ein } c \in \mathbb{N}$$
$$\Leftrightarrow \alpha_a(p) \le \alpha_b(p) \text{ für alle } p.$$

(Für die Richtung $\Leftarrow$ definiere man $c = \prod_{p\in\mathbb{P}} p^{\alpha_b(p)-\alpha_a(p)}$ und beachte die erste Aussage des Satzes.) ∎

Mit diesen Formeln können wir nun die Anzahl aller (positiven) Teiler einer natürlichen Zahl a bestimmen, da die Teiler von a genau die Zahlen $\prod_{p\in\mathbb{P}} p^{\nu_p}$ mit $0 \le \nu_p \le \alpha_a(p)$ sind:

Die Anzahl aller positiven Teiler d von $a \in \mathbb{N}$ ist

$$\tau(a) = \prod_{p\in\mathbb{P}}(1 + \alpha_a(p)).$$

Man beachte, dass $1 + \alpha_a(p) \ne 1$ nur für endlich viele $p \in \mathbb{P}$ gilt.

Beispiel Es ist

$$46.200 = 2^3 \cdot 3^1 \cdot 5^2 \cdot 7^1 \cdot 11^1,$$

so dass 46.200 genau $\tau(46.200) = 4 \cdot 2 \cdot 3 \cdot 2 \cdot 2 = 96$ positive Teiler besitzt. ◀

Für jede natürliche Zahl a bezeichnen wir mit $\sigma(a)$ die Summe aller positiven Teiler von a, also

$$\sigma(a) := \sum_{d\mid a,\, d\in\mathbb{N}} d.$$

Wir leiten eine Formel für $\sigma(a)$ her.

Dazu betrachten wir zuerst den Fall, bei dem a eine Primzahlpotenz ist.

Es gelte also $a = p^n$ mit einer Primzahl p und einer natürlichen Zahl n. Die Teiler von a lassen sich leicht angeben, es sind dies:

$$1 = p^0, \quad p = p^1, \quad p^2, \quad \ldots, \quad p^{n-1}, \quad p^n,$$

ihre Summe $\sigma(a)$ ist damit

$$\sigma(a) = \sum_{i=0}^{n} p^i = \frac{p^{n+1}-1}{p-1}.$$

Dies lässt sich aber leicht auf Produkte von Primzahlpotenzen, wegen des Fundamentalsatzes der Arithmetik also auf alle Zahlen $a \in \mathbb{N}$, verallgemeinern:

Die Summe der Teiler

Ist $a = p_1^{\nu_1} \cdots p_r^{\nu_r}$ die kanonische Primfaktorzerlegung von $a \in \mathbb{N}$, so gilt

$$\sigma(a) = \prod_{i=1}^{r} \frac{p_i^{\nu_i+1}-1}{p_i-1}.$$

Für die kanonische Primfaktorzerlegung von a gilt also insbesondere die Formel:

$$\sigma\left(\prod_{i=1}^{r} p_i^{\nu_i}\right) = \prod_{i=1}^{r} \sigma(p_i^{\nu_i}).$$

Kommentar Allgemeiner gilt für teilerfremde natürliche Zahlen a, b:

$$\sigma(a\,b) = \sigma(a)\,\sigma(b).$$

Man nennt Funktionen mit dieser Homomorphieeigenschaft bzgl. teilerfremder Zahlen **zahlentheoretische Funktionen**. In der analytischen und algebraischen Zahlentheorie untersucht man mit tieferliegenden Methoden die Gesamtheit aller zahlentheoretischen Funktionen. ◀

Achtung Es ist wichtig, dass hier die Primfaktorisierung kanonisch ist, also $p_i \ne p_j$ für $i \ne j$ gilt. So ist etwa

$$3 = \sigma(2 \cdot 2) \ne \sigma(2) \cdot \sigma(2) = 2. \qquad ◀$$

Der größte gemeinsame Teiler – Rechenregeln

In der Schule bestimmt man den ggT zweier Zahlen im Allgemeinen nicht mit dem euklidischen Algorithmus. Meistens benutzt man das folgende Ergebnis, wenngleich dies die Kennt-

Vertiefung: Vollkommene Zahlen

Eine Zahl $a \in \mathbb{N}$ heißt **vollkommen**, wenn die Summe aller Teiler von a das Doppelte von a ergibt, also $\sigma(a) = 2a$ gilt. Es sind zum Beispiel die Zahlen 6 und 28 vollkommen, da

$$1 + 2 + 3 + 6 = 2 \cdot 6 \quad \text{und}$$
$$1 + 2 + 4 + 7 + 14 + 28 = 2 \cdot 28$$

gilt. Die geraden vollkommenen Zahlen kann man charakterisieren. Wir begründen:

Eine gerade natürliche Zahl $a = 2^{n-1} b$, wobei $n \geq 2$ und b ungerade ist, ist genau dann vollkommen, wenn b eine Primzahl der Form $2^n - 1$, d. h. eine Fermat'sche Primzahl, ist.

Wir setzen zuerst voraus, dass $a = 2^{n-1} b$ mit $n \geq 2$ und ungeradem b vollkommen ist. Es gilt also

$$2^n b = 2a = \sigma(a) = \sigma(2^{n-1}) \sigma(b) = (2^n - 1) \sigma(b).$$

Es folgt

$$\sigma(b) = \frac{2^n}{2^n - 1} b = b + c \quad \text{mit } c = \frac{b}{2^n - 1}. \qquad (*)$$

Wir begründen nun b ist eine Primzahl und $c = 1$, es ist dann begründet, dass b eine Primzahl der Form $b = 2^n - 1$ ist.

Die Zahl c ist als Quotient positiver Zahlen positiv. Da $\sigma(b)$ und b natürliche Zahlen sind, ist also c als Differenz dieser Zahlen letztlich auch eine natürliche Zahl.

Wir multiplizieren nun $(*)$ mit $2^n - 1$ und erhalten

$$b = (2^n - 1) c,$$

also ist c ein (positiver) Teiler von b. Wegen $\sigma(a) = b + c$ folgt nun, dass b und c die einzigen positiven Teiler von b sind. Dies impliziert zweierlei: $c = 1$ und b ist eine Primzahl. Schließlich folgt $b = 2^n - 1$.

Nun betrachten wir erneut die Zahl $a = 2^{n-1} b$ mit $n \geq 2$ voraus und setzen voraus, dass $b = 2^n - 1$ eine Primzahl ist. Es ist $\sigma(a) = 2a$ zu begründen.

Weil b eine Primzahl ist, liegt mit $a = 2^{n-1} b$ die kanonische Primzahlzerlegung vor. Es folgt

$$\sigma(a) = \sigma(2^{n-1}) \sigma(b) = (2^n - 1)(1 + b) = (2^n - 1) 2^n$$
$$= 2 \cdot 2^{n-1} (2^n - 1) = 2a.$$

Das war zu zeigen.

Wir prüfen einige gerade Zahlen auf Vollkommenheit:

$$n = 2, \, b = 3 \in \mathbb{P} \quad \Rightarrow \quad a = 6 \text{ ist vollkommen},$$
$$n = 3, \, b = 7 \in \mathbb{P} \quad \Rightarrow \quad a = 28 \text{ ist vollkommen},$$
$$n = 4, \, b = 15 \notin \mathbb{P} \quad \Rightarrow \quad a \text{ ist nicht vollkommen},$$
$$n = 5, \, b = 31 \in \mathbb{P} \quad \Rightarrow \quad a = 496 \text{ ist vollkommen},$$
$$n = 6, \, b = 63 \notin \mathbb{P} \quad \Rightarrow \quad a \text{ ist nicht vollkommen},$$
$$n = 7, \, b = 127 \in \mathbb{P} \quad \Rightarrow \quad a = 8128 \text{ ist vollkommen}.$$

Kommentar Es ist bisher nicht bekannt, ob es unendlich viele vollkommene Zahlen gibt. Es ist bisher auch keine ungerade vollkommene Zahl bekannt.   ◀

---

nis der Primfaktorzerlegung der Zahlen voraussetzt. Tatsächlich ist diese aber bei großen Zahlen generell deutlich aufwendiger zu bestimmen als der ggT mittels des euklidischen Algorithmus.

Die positiven Teiler natürlicher Zahlen $a_1, \ldots, a_n$ sind alle von der Form $\prod_{p \in \mathbb{P}} p^{\nu_p}$ mit $\nu_p \leq \min\{\alpha_{a_1}(p), \ldots, \alpha_{a_n}(p)\}$. Daraus folgt mit den obigen Funktionen $\alpha_n : \mathbb{P} \to \mathbb{N}_0$:

> Für natürliche Zahlen $a_1 \ldots, a_n$ und $d := \mathrm{ggT}(a_1, \ldots, a_n)$ sowie jedes $p \in \mathbb{P}$ gilt
>
> - $\alpha_d(p) = \min\{\alpha_{a_1}(p), \ldots, \alpha_{a_n}(p)\}$.
> - d ist durch jeden gemeinsamen Teiler von $a_1, \ldots, a_n$ teilbar.

Die gemeinsamen Teiler von $a_1, \ldots, a_n$ sind also genau die Teiler von $\mathrm{ggT}(a_1, \ldots, a_n)$.

Beispiel Wegen $441.000 = 2^3 \cdot 3^2 \cdot 5^3 \cdot 7^3$, $102.900 = 2^2 \cdot 3 \cdot 5^2 \cdot 7^3$, $11.760 = 2^4 \cdot 3 \cdot 5 \cdot 7^2$ ist

$$\mathrm{ggT}(441.000, 102.900, 11.760) = 2^2 \cdot 3 \cdot 5 \cdot 7^2 = 2940. \quad ◀$$

Wir folgern Rechenregeln für den ggT:

> Für $a, b, a_1, \ldots, a_n \in \mathbb{Z}$, $d := \mathrm{ggT}(a_1, \ldots, a_n)$ und $t \in \mathbb{Z}$ gilt
>
> - $\mathrm{ggT}(t\,a_1, \ldots, t\,a_n) = |t| \cdot d$.
> - $\frac{a_1}{d}, \ldots, \frac{a_n}{d}$ sind teilerfremd.
> - $d = \mathrm{ggT}(\mathrm{ggT}(a_1, \ldots, a_{n-1}), a_n)$.
> - a, b teilerfremd $\Rightarrow \mathrm{ggT}(a, b\,t) = \mathrm{ggT}(a, t)$.

Die Begründungen sind elementar und einfach. Wir überlassen diese als Übungsaufgabe.

Vertiefung: Mersenne'sche und Fermat'sche Primzahlen

In der Vertiefung auf S. 326 spielen Primzahlen der Art $2^n - 1$ eine wichtige Rolle: Eine gerade Zahl kann nur dann vollkommen sein, wenn sie einen Primfaktor der Form $2^n - 1$ hat.

Nicht für jede natürliche Zahl n ist $2^n - 1$ eine Primzahl, ist sie es jedoch, so nennt man diese Zahl **Mersenne'sche Primzahl**.

Ähnlich verhält es sich mit den sogenannten **Fermat'schen Zahlen**, das sind Zahlen der Form $2^n + 1$: Eine Fermat'sche Zahl ist nicht für jedes $n \in \mathbb{N}$ eine Primzahl, ist sie es jedoch, so nennt man sie **Fermat'sche Primzahl**. Fermat'sche und Mersenne'sche Primzahlen spielen in der Algebra eine wichtige Rolle. Es sind bisher nur sehr wenige solcher Primzahlen bekannt.

Die ersten Zahlen der Art $m_n := 2^n - 1$ lauten:

$$m_1 = 1, \quad m_2 = 3, \quad m_3 = 7, \quad m_4 = 15,$$
$$m_5 = 31, \quad m_6 = 63, \quad m_7 = 127, \quad m_8 = 255.$$

Wir stellen fest: Es ist m_n nur dann eine Primzahl, d. h. eine Mersenne'sche Primzahl, wenn n eine Primzahl ist. Das gilt allgemeiner:

Eine natürliche Zahl der Art $m_n = 2^n - 1$ kann nur dann eine Primzahl sein, wenn n bereits eine Primzahl ist.

Begründung: Ist n zusammengesetzt, gilt also etwa $n = ab$ mit $a, b \in \mathbb{N}$ und $a > 1$, $b > 1$, so folgt

$$2^n - 1 = (2^a)^b - 1 = (2^a - 1)\left((2^a)^{b-1} + \cdots + 2^a + 1\right).$$

Also ist auch $m_n = 2^n - 1$ zusammengesetzt, insbesondere keine Primzahl.

Aber die Umkehrung dieser Aussage gilt nicht: Die Zahl m_n muss keine Primzahl sein, wenn n eine solche ist. Das kleinste Beispiel liefert $n = 11$:

$$m_{11} = 2^{11} - 1 = 2047 = 23 \cdot 89.$$

Mithilfe von Computern hat man mittlerweile große Mersenne'sche Primzahlen gefunden, so ist etwa

$$m_{32.582.657} = 2^{32.582.657} - 1$$

eine Mersenne'sche Primzahl mit fast zehn Millionen Dezimalstellen. Sie ist die 44. bekannte Mersenne'sche Primzahl und wurde 2006 entdeckt. Es ist nicht bekannt, ob es unendlich viele Mersenne'sche Primzahlen gibt.

Wir betrachten nun Fermat'sche Zahlen, also Zahlen der Form $f_n = 2^n + 1$. Die ersten Fermat'schen Zahlen sind

$$f_1 = 3, \quad f_2 = 5, \quad f_3 = 9, \quad f_4 = 17,$$
$$f_5 = 33, \quad f_6 = 65, \quad f_7 = 129, \quad f_8 = 257.$$

Es fällt auf, dass f_n nur dann eine Primzahl, d. h. eine Fermat'sche Primzahl, ist, wenn n eine Potenz von 2 ist. Das gilt allgemeiner:

Eine natürliche Zahl der Art $f_n = 2^n + 1$ kann nur dann eine Primzahl sein, wenn n eine Potenz von 2 ist, also von der Form 2^r mit $r \in \mathbb{N}_0$ ist.

Begründung: Wir zerlegen n in die Form $n = 2^r s$ mit ungeradem $s \in \mathbb{N}$ und $r \in \mathbb{N}_0$. Es gilt wegen $(-1)^s = -1$:

$$1 + 2^n = (1 + 2^{2^r})(1 - 2^{2^r} + 2^{2 \cdot 2^r} - \cdots + 2^{(s-1) \, 2^r}).$$

Im Fall $s > 1$ ist also $f_n = 2^n + 1$ zusammengesetzt, insbesondere keine Primzahl.

Die Umkehrung dieser Aussage gilt nicht: Die Zahl f_n muss keine Primzahl sein, wenn n eine Zweierpotenz ist. Das kleinste Beispiel liefert $r = 5$, d. h. $n = 32$:

$$f_{32} = 2^{32} + 1 = 4.294.967.297 = 641 \cdot 6.700.417.$$

Wir begründen, dass 641 ein Teiler von f_{32} ist:

Wegen $641 = 5 \cdot 2^7 + 1$ gilt $5 \cdot 2^7 \equiv -1 \bmod 641$. Potenzieren mit 4 liefert: $5^4 \cdot 2^{28} \equiv 1 \bmod 641$.

Wegen $641 = 5^4 + 2^4$ gilt aber auch $5^4 \equiv -2^4 \bmod 641$.

Wir erhalten also insgesamt:

$$-2^{32} = -2^4 \cdot 2^{28} \equiv 5^4 \cdot 2^{28} \equiv 1 \bmod 641,$$

also $641 \mid 2^{32} + 1$. Damit ist gezeigt, dass im Fall $r = 5$ die Fermat'sche Zahl $f_{32} = 2^{2^5} + 1$ keine Primzahl ist.

Die Fälle $r = 0, 1, 2, 3, 4$ liefern die Fermat'schen Primzahlen

$$f_{2^0} = 3, \quad f_{2^1} = 5, \quad f_{2^2} = 17, \quad f_{2^3} = 257, \quad f_{2^4} = 65.537.$$

Bisher sind keine weiteren Fermat'schen Primzahlen bekannt.

Von vielen Fermat'schen Zahlen weiß man, dass sie zusammengesetzt sind, etwa von $f_{2145451}$, kennt aber nicht einmal die Primfaktorisierung.

Die Ursache dafür, dass man weniger Fermat'sche Primzahlen kennt als Mersenne'sche, liegt im deutlich schnelleren Wachstum der Folge $(2^r)_{r \in \mathbb{N}_0}$ gegenüber der Folge $(n)_{n \in \mathbb{P}}$.

Das kleinste gemeinsame Vielfache – Rechenregeln

Gegeben sind von null verschiedene Zahlen $a_1, \ldots, a_n \in \mathbb{Z}$. Gilt $a_i \mid x$ für $i = 1, \ldots, n$ und ein $x \in \mathbb{Z}$, so nennt man x ein **gemeinsames Vielfaches** von $a_1, \ldots, a_n$.

----------------------- **Selbstfrage 2** -----------------------
Wieso müssen die Zahlen $a_1, \ldots, a_n$ von null verschieden sein?

Zwei gemeinsame Vielfache kennt man stets, nämlich $a_1 \cdots a_n$ und $-a_1 \cdots a_n$.

Die Menge aller positiven gemeinsamen Vielfachen ist also nicht leer. Diese nichtleere Teilmenge der natürlichen Zahlen hat nach dem Wohlordnungsprinzip ein kleinstes Element v. Dieses kleinste Element v wird das **kleinste gemeinsame Vielfache** von $a_1, \ldots, a_n$ genannt und kurz $v = \mathrm{kgV}(a_1, \ldots, a_n)$ geschrieben.

Wir können auch das kleinste gemeinsame Vielfache mithilfe der Funktionen $\alpha_n : \mathbb{P} \to \mathbb{N}_0$ bestimmen. Denn die gemeinsamen positiven Vielfachen von $a_1, \ldots, a_n$ sind genau die Zahlen $\prod_{p \mathbb{P}} p^{v_p}$ mit $v_p \geq \max\{\alpha_{a_1}(p), \ldots, \alpha_{a_n}(p)\}$.

> Für natürliche Zahlen $a_1, \ldots, a_n$ und $v = \mathrm{kgV}(a_1, \ldots, a_n)$ gilt:
>
> - $\alpha_v(p) = \max\{\alpha_{a_1}(p), \ldots, \alpha_{a_n}(p)\}$.
> - v teilt jedes gemeinsame Vielfache von $a_1, \ldots, a_n$.

Die zweite Behauptung folgt aus der ersten.

Die gemeinsamen Vielfachen von $a_1, \ldots, a_n$ sind also genau die Vielfachen von $\mathrm{kgV}(a_1, \ldots, a_n)$.

Beispiel Für $441.000 = 2^3 \cdot 3^2 \cdot 5^3 \cdot 7^3$, $102.900 = 2^2 \cdot 3 \cdot 5^2 \cdot 7^3$, $11.760 = 2^4 \cdot 3 \cdot 5 \cdot 7^2$ ist

$$\mathrm{kgV}(441.000, 102.900, 11.760) = 2^4 \cdot 3^2 \cdot 5^3 \cdot 7^3$$
$$= 6.174.000. \quad \blacktriangleleft$$

Wir ziehen wieder Rechenregeln als Folgerungen, die Begründungen stellen wir wieder als Übungsaufgabe.

> **Rechenregeln für das kgV**
>
> Für ganze Zahlen $a_1, \ldots, a_n$, t ungleich null und $v = \mathrm{kgV}(a_1, \ldots, a_n)$ gilt:
>
> - $\mathrm{kgV}(t \cdot a_1, \ldots, t \cdot a_n) = |t| \cdot v$.
> - $v = \mathrm{kgV}(\mathrm{kgV}(a_1, \ldots, a_{n-1}), a_n)$.

Wir heben eine weitere nützliche Regel explizit hervor:

> Für ganze Zahlen a, $b \neq 0$ gilt
>
> $$\mathrm{ggT}(a, b) \cdot \mathrm{kgV}(a, b) = |a \cdot b|\,.$$

Beweis Wir können $a, b > 0$ voraussetzen. Für $d := \mathrm{ggT}(a, b)$, $v := \mathrm{kgV}(a, b)$ und alle $p \in \mathbb{P}$ gilt:

$$\begin{aligned}
\alpha_{d \cdot v}(p) &= \alpha_d(p) + \alpha_v(p) \\
&= \min\{\alpha_a(p), \alpha_b(p)\} + \max\{\alpha_a(p), \alpha_b(p)\} \\
&= \alpha_a(p) + \alpha_b(p) \\
&= \alpha_{a \cdot b}(p)\,.
\end{aligned}$$

Daraus folgt die Behauptung. $\qquad\blacksquare$

Die Rechenregeln für den ggT und das kgV liefern: Die Bestimmung des ggT und kgV von je endlich vielen Elementen ist auf die sukzessive Berechnung des ggT und kgV von je zwei Elementen zurückführbar. Beim ggT kann dabei jedes Mal der euklidische Algorithmus benutzt werden. Damit erhalten wir für den ggT von endlich vielen Zahlen $a_1, \ldots, a_n \in \mathbb{Z}$:

> Zu je endlich vielen Zahlen $a_1, \ldots, a_n \in \mathbb{Z}$, die nicht alle null sind, gibt es ganze Zahlen $x_1, \ldots, x_n$ mit
>
> $$d := \mathrm{ggT}(a_1, \ldots, a_n) = x_1 a_1 + \cdots + x_n a_n\,.$$

Lineare diophantische Gleichungen

Wir können nun allgemeinere lineare diophantische Gleichungen lösen:

> Die lineare diophantische Gleichung
>
> $$a_1 X_1 + \cdots + a_n X_n = c \qquad (*)$$
>
> mit $a_i, c \in \mathbb{Z}$ hat genau dann Lösungen in $\mathbb{Z}^n$, wenn $\mathrm{ggT}(a_1, \ldots, a_n) \mid c$.

Beweis Es bezeichne d den ggT von $a_1, \ldots, a_n$.

Wenn $(x_1, \ldots, x_n) \in \mathbb{Z}^n$ eine Lösung von $(*)$ ist, gilt $d \mid a_1 x_1 + \cdots + a_n x_n = c$.

Wir setzen nun $d \mid c$ voraus. Es hat d eine Darstellung der Form

$$d = r_1 a_1 + \cdots r_n a_n \quad \text{mit } a_i, r_i \in \mathbb{Z}\,. \qquad (*)$$

Beispiel: Bestimmung von ggT und kgV von mehr als zwei Zahlen

Gegeben sind die Zahlen $a := 1729$, $b := 2639$, $c := 3211$. Man bestimme $d := \mathrm{ggT}(a, b, c)$, $v := \mathrm{kgV}(a, b, c)$ sowie ganze Zahlen x, y, z mit $d = a x + b y + c z$.

Problemanalyse und Strategie Wir wenden die erzielten Ergebnisse, insbesondere den euklidischen Algorithmus, an.

Lösung 1. Bestimmung von $d_0 := \mathrm{ggT}(a, b)$ und ganzer Zahlen r, s mit

$$d_0 = a r + b s$$

sowie $v_0 := \mathrm{kgV}(a, b) = \frac{ab}{d_0}$:

Wir wenden den euklidischen Algorithmus an:

$$2639 = 1 \cdot 1729 + 910$$
$$1729 = 1 \cdot 910 + 819$$
$$910 = 1 \cdot 819 + 91$$
$$819 = 8 \cdot 91.$$

Also ist $d = 91$ der ggT von a und b. Von der vorletzten Gleichung ausgehend, erhalten wir rückwärts eingesetzt:

$$91 = 910 - 819$$
$$= -1729 + 2 \cdot 910$$
$$= 2 \cdot 2639 - 3 \cdot 1729.$$

Also gilt mit $r := -3$ und $s := 2$:

$$d_0 = 91 = a \cdot r + b \cdot s,$$

und $v_0 = \mathrm{kgV}(a, b) = \frac{2639 \cdot 1729}{91} = 29 \cdot 1729 = 50.141$.

2. Bestimmung von $d = \mathrm{ggT}(d_0, c)$ und ganzer Zahlen u, w mit

$$d = d_0 u + c w.$$

Dies liefert dann die gewünschte Darstellung für d:

$$d = (a r + b s) u + c w = a (r u) + b (s u) + c w$$

(man setze $x = r u$, $y = s u$ und $z = w$).

Wir wenden den euklidischen Algorithmus an:

$$3211 = 35 \cdot 91 + 26$$
$$91 = 3 \cdot 26 + 13$$
$$26 = 2 \cdot 13.$$

Also ist $d = 13$ der ggT von a, b und c. Von der vorletzten Gleichung ausgehend erhalten wir rückwärts eingesetzt:

$$13 = 91 - 3 \cdot 26$$
$$= -3 \cdot 3211 + 106 \cdot 91.$$

Also gilt mit $u := 106$ und $w := -3$:

$$d = 13 = d_0 u + c w,$$

also mit $x = -318$, $y = 212$ und $z = -3$ eine gewünschte Darstellung:

$$d = 13 = a x + b y + c z.$$

3. Bestimmung von $d' = \mathrm{ggT}(v_0, c)$ und damit von $v = \mathrm{kgV}(a, b, c) = \mathrm{kgV}(v_0, c) = \frac{v_0 c}{d'}$.

Wir wenden den euklidischen Algorithmus an:

$$50.141 = 15 \cdot 3211 + 1976$$
$$3211 = 1 \cdot 1976 + 1235$$
$$1976 = 1 \cdot 1235 + 741$$
$$1235 = 1 \cdot 741 + 494$$
$$741 = 1 \cdot 494 + 247$$
$$494 = 2 \cdot 247.$$

Also ist $d' = \mathrm{ggT}(v_0, c) = 247$, es folgt

$$v = \mathrm{kgV}(v_0, c) = \frac{v_0 c}{d'} = \frac{50.141 \cdot 3211}{247}$$
$$= 50.141 \cdot 13 = 651.833.$$

Kommentar Es sind

$$a = 7 \cdot 13 \cdot 19, \quad b = 7 \cdot 13 \cdot 29, \quad c = 13^2 \cdot 19$$

die kanonischen Primfaktorzerlegungen von a, b, c. Aus diesen Zerlegungen erhält man ebenfalls

$$d = 13 \quad \text{und} \quad v = 7 \cdot 13^2 \cdot 19 \cdot 29.$$

Das klingt einfacher, setzt aber die Kenntnis der Primfaktorzerlegung voraus, die man bei großen Zahlen nur schwer bestimmen kann. ◄

Multiplikation mit $\frac{c}{d} \in \mathbb{Z}$ liefert

$$c = a_1 \, \frac{r_1 \, c}{d} + \cdots + a_n \, \frac{r_m \, c}{d}$$

mit $x_i := \frac{r_i \, c}{d} \in \mathbb{Z}$. ∎

Beispiel Für welche $c \in \mathbb{Z}$ besitzt die Gleichung

$$1729 \, X_1 + 2639 \, X_2 + 3211 \, X_3 = c \qquad (*)$$

eine Lösung $(x_1, x_2, x_3) \in \mathbb{Z}^3$? Und was sind dann die Lösungen?

Nach obigem Beispiel gilt

$$\mathrm{ggT}(1729, 2639, 3211) = 13 \text{ und}$$
$$13 = -318 \cdot 1729 + 212 \cdot 2639 - 3 \cdot 3211 \,.$$

Nach dem eben bewiesenen Ergebnis ist $(*)$ genau dann lösbar, wenn $c = 13 \, k$ für ein $k \in \mathbb{Z}$ und

$$c = (-318 \, k) \cdot 1729 + (212 \, k) \cdot 2639 + (-3 \, k) \cdot 3211 \,.$$

Eine Lösung ist somit $(-318 \, k, \, 212 \, k, \, -3 \, k)$. ◀

Nützlich sind die folgenden Aussagen.

Sind $a_1, \ldots, a_n \neq 0$ paarweise teilerfremde ganze Zahlen, dann gilt:

- $\mathrm{kgV}(a_1, \ldots, a_n) = |a_1 \cdots a_n|$.
- $a_1 \cdots a_n \mid c \Leftrightarrow a_1 \mid c, \ldots, a_n \mid c$ für $c \in \mathbb{Z}$.

Beweis Wir begründen die erste Aussage nach vollständiger Induktion nach n. Für $n = 2$ ist die Behauptung bereits begründet. Nun setzen wir voraus, dass die Aussage für $n - 1$ richtig ist. Wegen der Rechenregeln für das kgV folgt

$$v := \mathrm{kgV}(a_1, \ldots, a_n) = \mathrm{kgV}(|a_1 \cdots a_{n-1}|, \, a_n) \,.$$

Mehrfaches Anwenden der Rechenregeln für den ggT zeigt

$$\mathrm{ggT}(|a_1 \cdots a_{n-1}|, \, a_n) = 1 \,,$$

so dass schließlich $\mathrm{kgV}(|a_1 \cdots a_{n-1}|, \, a_n) = |a_1 \cdots a_n|$ folgt.

Die Richtung $\Rightarrow$ der zweiten Aussage ist klar. Und umgekehrt folgt aus $a_1 \mid c, \ldots, a_n \mid c$ mit dem ersten Teil $|a_1 \cdots a_n| = \mathrm{kgV}(a_1, \ldots, a_n) \mid c$. ∎

24.4 Kongruenzen

Kongruenzen und Restklassen

In diesem Abschnitt ist eine natürliche Zahl m gegeben. Zwei ganze Zahlen a, b heißen **kongurent modulo** m, wenn $m \mid a - b$.

Bezeichnung: $a \equiv b \pmod{m}$.

$$a \equiv b \pmod{m} \Leftrightarrow m \mid a - b \,.$$

Die Kongruenz *modulo* m ist eine Äquivalenzrelation.

Beweis Es sind Reflexivität, Symmetrie und Transitivität der Relation $\equiv$ nachzuweisen. Gegeben sind ganze Zahlen a, b, c.

Reflexivität: $m \mid 0 = a - a \Rightarrow a \equiv a \pmod{m}$.

Symmetrie: $a \equiv b \pmod{m} \Rightarrow m \mid (a - b) \Rightarrow m \mid -(a - b) = b - a \Rightarrow b \equiv a \pmod{m}$.

Transitivität: $a \equiv b \pmod{m}$, $b \equiv c \pmod{m} \Rightarrow m \mid a - b$, $m \mid b - c \Rightarrow m \mid (a - b) + (b - c) = a - c \Rightarrow a \equiv c \pmod{m}$.

Also ist $\equiv$ eine Äquivalenzrelation. ∎

Die zu $a \in \mathbb{Z}$ gehörige **Äquivalenzklasse**

$$[a]_m = \{x \in \mathbb{Z} \mid x \equiv a \pmod{m}\}$$

hat wegen

$$x \equiv a \pmod{m} \Leftrightarrow m \mid x - a \Leftrightarrow x - a \in m\mathbb{Z} := \{m \, z \mid z \in \mathbb{Z}\}$$

die Form

$$[a]_m = a + m\mathbb{Z} := \{a + m \, z \mid z \in \mathbb{Z}\} \,.$$

Man nennt $[a]_m$ eine **Restklasse modulo** m, und es gilt

$$[a]_m = [b]_m \Leftrightarrow a \equiv b \pmod{m} \,.$$

Die Menge $\{[a]_m \mid a \in \mathbb{Z}\}$ der Restklassen modulo m wird mit $\mathbb{Z}/m\mathbb{Z}$ (Sprechweise: $\mathbb{Z}$ *modulo* $m\mathbb{Z}$) oder kurz mit $\mathbb{Z}_m$ bezeichnet. Bekanntlich ist $\mathbb{Z}_m$ eine *Partition* von $\mathbb{Z}$, d.h.:

- $\mathbb{Z} = \bigcup_{a \in \mathbb{Z}} [a]_m$.
- $[a]_m \neq [b]_m \Rightarrow [a]_m \cap [b]_m = \varnothing$.

Dividiert man eine Zahl $a \in \mathbb{Z}$ durch die gegebene natürliche Zahl m mit Rest

$$a = q \, m + r \quad \text{mit } 0 \leq r \leq m - 1 \,,$$

so folgt $a \equiv r \pmod{m}$, also $[a]_m = [r]_m$. Folglich gilt

$$\mathbb{Z}_m = \{[0]_m, [1]_m, \ldots, [m-1]_m\}.$$

Wir erhalten also:

> Für jedes $r \in \{0, 1, \ldots, m-1\}$ ist $[r]_m = r + m\mathbb{Z}$ die Menge aller $x \in \mathbb{Z}$, die bei der Division durch m den Rest r haben.
>
> Es gilt also
>
> $$[r]_m \neq [s]_m \text{ für verschiedene } r, s \in \{0, 1 \ldots, m-1\},$$
>
> folglich hat $\mathbb{Z}_m$ genau m Elemente.

Die Schreibweise $a \equiv b \pmod{m}$ anstelle von $m \mid a - b$ ist auf den ersten Blick nicht bequemer oder kürzer. Aber tatsächlich hat diese Schreibweise, die Gauß einführte, doch einen erheblichen Nutzen. Durch diese Schreibweise ist die Ähnlichkeit zu Gleichungen und damit auch zu Gleichungssystemen hergestellt. Wir zeigen nun, welche Regeln für diese zu üblichen Gleichungen ähnlichen *Kongruenzgleichungen* gelten:

> Für $a, b, c, d, z \in \mathbb{Z}$ gilt:
>
> - Aus $a \equiv b \pmod{m}$ und $c \equiv d \pmod{m}$ folgt
>
> $$a \pm c \equiv b \pm d \pmod{m} \text{ und } a\,c \equiv b\,d \pmod{m}.$$
>
> - $a \equiv b \pmod{m} \Rightarrow a\,z \equiv b\,z \pmod{m\,z}$, falls $z \geq 1$.
> - $a \equiv b \pmod{m} \Rightarrow a^k \equiv b^k \pmod{m}$ für alle $k \in \mathbb{N}$.

Beweis Aus $m \mid a - b$ und $m \mid c - d$ folgt

$$m \mid (a-b) \pm (c-d) = (a \pm c) - (b \pm d),$$

und damit

$$a \pm c \equiv b \pm d \pmod{m}.$$

Weiter implizieren $m \mid a - b$ und $m \mid c - d$

$$m \mid a\,(c-d) + (a-b)\,d = a\,c - b\,d,$$

und damit

$$a\,c \equiv b\,d \pmod{m}.$$

Wir begründen die zweite Aussage: $m \mid a - b$ liefert

$$m\,z \mid (a-b)\,z = a\,z - b\,z$$

und somit

$$a\,z \equiv b\,z \pmod{m\,z}.$$

Die dritte Aussage folgt durch wiederholtes Anwenden der ersten Aussage. ∎

Wir heben weitere wichtige Regeln hervor:

> Für $a, b \in \mathbb{Z}$ und $m_1, \ldots, m_t \in \mathbb{N}$ sowie $v := \mathrm{kgV}(m_1, \ldots, m_t)$ gilt:
>
> $$a \equiv b \pmod{v} \Leftrightarrow a \equiv b \pmod{m_i} \text{ für } i = 1, \ldots, t$$
>
> und, wenn $m_1, \ldots, m_t$ paarweise teilerfremd sind,
>
> $$a \equiv b \pmod{(m_1 \cdots m_t)} \Leftrightarrow a \equiv b \pmod{m_i}$$
>
> für $i = 1, \ldots, t$.

Beweis Die Richtung $\Rightarrow$ in der ersten Aussage ist klar, weil aus $m_i \mid v$ und $v \mid a - b$ auch $m_i \mid a - b$ folgt. Für $\Leftarrow$ beachte man: $m_i \mid a - b$ für alle i impliziert $v \mid a - b$.

Die zweite Aussage folgt aus der ersten. ∎

Weil für jedes $c \in \mathbb{Z}$ die Kongruenzgleichung $c \equiv c \pmod{m}$ gilt, darf man nach obigen Rechenregeln Kongurenzgleichungen stets *durchmultiplizieren*: Für jedes $c \in \mathbb{Z}$ gilt

$$a \equiv b \pmod{m} \Rightarrow a\,c \equiv b\,c \bmod m$$

Aber *Kürzen*, so wie das von den ganzen Zahlen her vertraut ist, darf man nicht:

Beispiel Es gilt etwa $12 \mid 30 - 6$, d. h.

$$30 \equiv 6 \pmod{12},$$

die Zahl 6 kann man aber nicht *kürzen*, es gilt nämlich

$$5 \not\equiv 1 \pmod{12}. \quad \blacktriangleleft$$

Man kann also nicht beliebig kürzen, es gibt aber eine Regel, die besagt, wann dies erlaubt ist:

> **Kürzregel**
>
> Für $a, b, z \in \mathbb{Z}$ mit $\mathrm{ggT}(m, z) = 1$ gilt:
>
> $$a\,z \equiv b\,z \pmod{m} \Leftrightarrow a \equiv b \pmod{m}.$$

Beweis Aus $m \mid a\,z - b\,z = (a-b)\,z$ folgt wegen der Teilerfremdheit von m und z

$$m \mid a - b.$$

Ist andererseits $m \mid a - b$ vorausgesetzt, so schließt man

$$m \mid (a-b)\,z = a\,z - b\,z. \quad \blacksquare$$

Beispiel In

$$30 \equiv 90 \pmod{12}$$

dürfen wir wegen $\mathrm{ggT}(12, 5) = 1$ die Zahl 5 kürzen:

$$6 \equiv 18 \pmod{12}. \quad \blacktriangleleft$$

Die Restklassen bilden einen Ring

Wir definieren nun in $\mathbb{Z}_m = \{[0]_m, \ldots, [m-1]_m\}$ eine Addition $+$ und eine Multiplikation $\cdot$:

Für $a, b \in \mathbb{Z}$ setzen wir

$$[a]_m + [b]_m := [a+b]_m, \quad [a]_m \cdot [b]_m := [a\,b]_m\,.$$

Wir führen also die Addition von Restklassen auf die Addition von ganzen Zahlen zurück: Wir addieren die *Vertreter* der Restklassen und bilden dann die Restklasse. Analog mit der Multiplikation.

Diese Verknüpfungen sind wohldefiniert, d. h., die rechten Seiten sind unabhängig von der Wahl der Vertreter a, b: Aus

$$[a]_m = [a']_m\,, \quad [b]_m = [b']_m\,,$$

d. h.

$$a \equiv a' \pmod{m}\,, \quad b \equiv b' \pmod{m}\,,$$

folgt:

$$a + b \equiv a' + b' \pmod{m}\,, \quad a\,b \equiv a'\,b' \pmod{m}$$

und somit

$$[a+b]_m = [a'+b']_m\,, \quad [a\,b]_m = [a'\,b']_m\,.$$

In anderer Symbolik besagt dies:

$$(a + m\,\mathbb{Z}) + (b + m\,\mathbb{Z}) = (a+b) + m\,\mathbb{Z}\,,$$
$$(a + m\,\mathbb{Z}) \cdot (b + m\,\mathbb{Z}) = (a\,b) + m\,\mathbb{Z}\,.$$

Der Fall $m = 1$ wird wegen $\mathbb{Z}_1 = \{[0]_m\}$ im Folgenden nicht betrachtet.

Der Restklassenring modulo m

Im Fall $m \geq 2$ ist $\mathbb{Z}_m = (\mathbb{Z}_m, +, \cdot)$ ein kommutativer Ring mit Nullelement $[0]_m$ und Einselement $[1]_m$.

Man nennt $\mathbb{Z}_m = (\mathbb{Z}_m, +, \cdot)$ den **Restklassenring modulo m**.

Beweis Wir begründen beispielhaft die Kommutativität von Addition und Multiplikation, die Existenz eines Einselements und die Assoziativität der Addition, alle anderen Nachweise gehen analog.

Vereinfachend schreiben wir $[x]$ statt $[x]_m$. Gegeben sind Zahlen $a, b, c \in \mathbb{Z}$.

In $\mathbb{Z}_m$ gilt die Kommutativität der Addition:

$$[a] + [b] = [a+b] = [b+a] = [b] + [a]\,,$$

die Kommutativität der Multiplikation:

$$[a] \cdot [b] = [a\,b] = [b\,a] = [b] \cdot [a]\,,$$

die Assoziativität der Addition:

$$\begin{aligned}
([a] + [b]) + [c] &= [a+b] + [c] \\
&= [a+b+c] \\
&= [a] + [b+c] \\
&= [a] + ([b] + [c])\,,
\end{aligned}$$

und es existiert ein Einelement:

$$[1] \cdot [a] = [1\,a] = [a]\,. \qquad \blacksquare$$

Achtung Wenn m zusammengesetzt ist, etwa $m = a\,b$ mit $1 < a, b < m$, ist $\mathbb{Z}_m$ nicht *nullteilerfrei*:

Es gilt

$$[a]_m \neq [0]_m\,, \quad [b]_m \neq [0]_m\,, \quad \text{aber}$$
$$[a]_m \cdot [b]_m = [m]_m = [0]_m\,.$$

Also kann das Produkt von Nichtnullelementen durchaus das Nullelement ergeben. Das ist in $\mathbb{Z}, \mathbb{Q}, \mathbb{R}, \mathbb{C}$ nicht möglich. ◄

Beispiel

■ $n = 2$: $\mathbb{Z}_2 = \{[0]_2, [1]_2\}$ mit

$$\begin{aligned}
[0]_2 &= 0 + 2\,\mathbb{Z} \quad &&\text{(Menge der geraden Zahlen)} \\
[1]_2 &= 1 + 2\,\mathbb{Z} \quad &&\text{(Menge der ungeraden Zahlen)}
\end{aligned}$$

■ $n = 7$: Es gilt

$$5^0 = 1 \equiv 1 \pmod{7}, \quad 5^1 \equiv 5 \pmod{7}, \quad 5^2 \equiv 4 \pmod{7},$$
$$5^3 \equiv 5 \cdot 4 \equiv 6 \pmod{7}, \quad 5^4 \equiv 5 \cdot 6 \equiv 2 \pmod{7},$$
$$5^5 \equiv 5 \cdot 2 \equiv 3 \pmod{7}, \quad 5^6 \equiv 5 \cdot 3 \equiv 1 \pmod{7}, \ldots$$

Somit gilt

$$\mathbb{Z}_7 = \{[0]_7, [1]_7, [5]_7, [5]_7^2, [5]_7^3, [5]_7^4, [5]_7^5\}\,.$$

Aber natürlich gilt auch

$$\begin{aligned}
\mathbb{Z}_7 &= \{[0]_7, [1]_7, [-1]_7, [2]_7, [-2]_7, [3]_7, [-3]_7\} \\
&= \{[0]_7, [1]_7, [2]_7, [3]_7, [4]_7, [5]_7, [6]_7\}\,. \quad ◄
\end{aligned}$$

Addition und Multiplikation in Restklassenringen lassen sich durch Tafeln darstellen

Weil jeder Restklassenring $\mathbb{Z}_m$ nur endlich viele, nämlich m Elemente hat, können wir die Multiplikation wie auch die Addition durch eine Verknüpfungstafel ausführlich darstellen.

Beispiel Wir schreiben vorübergehend übersichtlicher $\overline{a}$ anstelle von $[a]_m$. So erhalten wir für $m = 5$:

$$\mathbb{Z}_5 = \{\overline{0},\ \overline{1},\ \overline{2},\ \overline{3},\ \overline{4}\},$$

und damit als Verknüpfungstafeln:

$$
\begin{array}{c|ccccc}
+ & \overline{0} & \overline{1} & \overline{2} & \overline{3} & \overline{4} \\
\hline
\overline{0} & \overline{0} & \overline{1} & \overline{2} & \overline{3} & \overline{4} \\
\overline{1} & \overline{1} & \overline{2} & \overline{3} & \overline{4} & \overline{0} \\
\overline{2} & \overline{2} & \overline{3} & \overline{4} & \overline{0} & \overline{1} \\
\overline{3} & \overline{3} & \overline{4} & \overline{0} & \overline{1} & \overline{2} \\
\overline{4} & \overline{4} & \overline{0} & \overline{1} & \overline{2} & \overline{3}
\end{array}
\qquad \text{und} \qquad
\begin{array}{c|ccccc}
\cdot & \overline{0} & \overline{1} & \overline{2} & \overline{3} & \overline{4} \\
\hline
\overline{0} & \overline{0} & \overline{0} & \overline{0} & \overline{0} & \overline{0} \\
\overline{1} & \overline{0} & \overline{1} & \overline{2} & \overline{3} & \overline{4} \\
\overline{2} & \overline{0} & \overline{2} & \overline{4} & \overline{2} & \overline{3} \\
\overline{3} & \overline{0} & \overline{3} & \overline{1} & \overline{4} & \overline{2} \\
\overline{4} & \overline{0} & \overline{4} & \overline{3} & \overline{2} & \overline{1}
\end{array}
$$
◀

Lineare Kongruenzen lassen sich mit Restklassen formulieren

> **Die lineare Kongruenz**
>
> $$a\,X \equiv b \pmod{m} \qquad (*)$$
>
> mit gegebenen $a, b \in \mathbb{Z}$ und $m \in \mathbb{N}$, $m \geq 2$ hat genau dann eine Lösung in $\mathbb{Z}$ (d. h., die Gleichung
>
> $$[a]_m \cdot X = [b]_m \qquad (**)$$
>
> ist genau dann in $\mathbb{Z}_m$ lösbar), wenn
>
> $$d := \mathrm{ggT}(a, m) \mid b\,.$$
>
> Wenn v eine Lösung von $(*)$ ist, ist
>
> $$[v]_{\frac{m}{d}} = v + \frac{m}{d}\,\mathbb{Z}$$
>
> die Menge aller Lösungen von $(*)$.
>
> Es hat $(**)$ in $\mathbb{Z}_m$ genau die d verschiedenen Lösungen
>
> $$[v]_m,\ [v + 1 \cdot \tfrac{m}{d}]_m,\ \ldots,\ [v + (d-1) \cdot \tfrac{m}{d}]_m\,.$$

Beweis $\Rightarrow$: Wenn $(*)$ eine Lösung v hat, existiert ein $t \in \mathbb{Z}$ mit $a\,v - b = t\,m$. Es folgt $d \mid a\,v - t\,m = b$.

$\Leftarrow$: Es gelte $d \mid b$. Nach dem euklidischen Algorithmus existieren $r, s \in \mathbb{Z}$ mit $d = r\,a + s\,m$. Multiplikation mit $\frac{b}{d} \in \mathbb{Z}$ liefert

$$b = \frac{r\,b}{d}\,a + \frac{s\,b}{d}\,m\,,$$

so dass $m \mid \frac{r\,b}{d}\,a - b$, d. h.

$$a\,v \equiv b \pmod{m}$$

für $v := \frac{r\,b}{d}$.

Für beliebige $i \in \mathbb{Z}$ folgt

$$a\left(v + i \cdot \frac{m}{d}\right) \equiv a\,v + \underbrace{\frac{i\,a}{d}}_{\in \mathbb{Z}} \cdot m \equiv b \pmod{m}\,,$$

d. h. $v + i \cdot \frac{m}{d}$ löst $(*)$.

Ist andererseits w Lösung von $*$, so folgt:

$$a\,v \equiv a\,w \pmod{m} \Rightarrow m \mid a\,(v - w) \Rightarrow \frac{m}{d} \mid \frac{a}{d}\,(v - w)$$

$$\Rightarrow \frac{m}{d} \mid v - w \Rightarrow w = v + i \cdot \frac{m}{d} \in [v]_{\frac{m}{d}}\,.$$
∎

Der Lösungsweg ist im Beweis beschrieben – es wird der euklidische Algorithmus benutzt.

Beispiel Wir prüfen die Lösbarkeit von

$$122\,X \equiv 6 \pmod{74} \qquad (*)$$

und bestimmen gegebenenfalls die Lösungen.

Wie wir bereits nachgewiesen haben, gilt

$$\mathrm{ggT}(122, 74) = 2,\ \text{und}\ 2 = 17 \cdot 122 + (-28) \cdot 74\,.$$

Wegen $2 \mid 6$ ist $(*)$ also lösbar und (Multiplikation mit $3 = \frac{6}{2}$) liefert:

$$6 = 51 \cdot 122 - 84 \cdot 74\,,$$

so dass

$$51 \cdot 122 \equiv 6 \pmod{74}\,.$$

Die Lösungen von $(*)$ sind die Zahlen $51 + 37\,i$ mit $i \in \mathbb{Z}$. Die kleinste positive Lösung ist 14. ◀

24.5 Der chinesische Restsatz

So wie wir zuerst Gleichungen und dann Gleichungssysteme lösten, so wenden wir uns nun nach den Kongruenzgleichungen den Kongruenzsystemen zu.

Chinesischer Restsatz (Sun Tsu, 1. Jh. nach Chr.)

Gegeben sind t paarweise teilerfremde natürliche Zahlen $m_1, \ldots, m_t \geq 2$ sowie beliebige ganze Zahlen $a_1, \ldots, a_t$. Dann besitzt das **Kongruenzensystem**

$$X \equiv a_1 \pmod{m_1}$$
$$X \equiv a_2 \pmod{m_2}$$
$$\vdots$$
$$X \equiv a_t \pmod{m_t}$$

eine Lösung $v \in \mathbb{Z}$; und $v + (m_1 \cdots m_t)\,\mathbb{Z}$ ist die Menge aller Lösungen von $(*)$.

Beweis Für jedes $i = 1, \ldots, t$ ist $N_i := \frac{m_1 \cdots m_t}{m_i}$ zu m_i teilerfremd. Daher existieren mit dem euklidischen Algorithmus $x_i, y_i \in \mathbb{Z}$ mit

$$x_i N_i + y_i m_i = 1 . \qquad (*)$$

Es folgt

$$x_i N_i \equiv 1 \pmod{m_i} \quad (i = 1, \ldots, t) \qquad (**)$$

und

$$x_j N_j \equiv 0 \pmod{m_i} \quad \text{falls } i \neq j .$$

Für jedes $i \in \{1, \ldots, t\}$ multipliziere man $(*)$ mit a_i und die Kongruenzen $(**)$ für jedes $j \neq i$ mit a_j. Man erhält:

$$a_i x_i N_i \equiv a_i \pmod{m_i}$$
$$a_j x_j N_j \equiv 0 \pmod{m_i}, \text{ falls } j \neq i$$

für $i = 1, \ldots, t$.

Für die Zahl $v := a_1 x_1 N_1 + \cdots + a_t x_t N_t$ und jedes i erhält man durch Addition dieser letzten Kongruenzen

$$v \equiv a_i \pmod{m_i}$$

für $i = 1, \ldots, t$.

Für jedes $k \in \mathbb{Z}$ folgt

$$v + k\, m_1 \cdots m_t \equiv a_i \pmod{m_i}$$

für $i = 1, \ldots, t$.

Gilt andererseits auch $w \equiv a_i \pmod{m_i}$ für alle i, so folgt

$$w \equiv v \pmod{m_i}$$

für alle i und daher wegen der Teilerfremdheit der $m_1, \ldots, m_t$

$$w \equiv v \pmod{m_1 \cdots m_t} ,$$

sodass

$$w - v = k\, m_1 \cdots m_t$$

für ein $k \in \mathbb{Z}$, so dass

$$w \in v + (m_1 \cdots m_t)\,\mathbb{Z} . \qquad \blacksquare$$

Im Beweis ist der Lösungsweg beschrieben.

Beispiel Sun Tsu stellte die Aufgabe: „Wir haben eine gewisse Anzahl von Dingen, wissen aber nicht genau, wie viele. Wenn wir sie zu je drei zählen, bleiben zwei übrig. Wenn wir sie zu je fünf zählen, bleiben drei übrig. Wenn wir sie zu sieben zählen, bleiben zwei übrig. Wie viele Dinge sind es?"

Offenbar läuft diese Aufgabenstellung auf das Kongruenzensystem

$$X \equiv 2 \pmod 3$$
$$X \equiv 3 \pmod 5$$
$$X \equiv 2 \pmod 7$$

hinaus. Wir lösen dieses System.

Wir bestimmen zuerst die N_i: Es gilt $N_1 = \frac{3 \cdot 5 \cdot 7}{3} = 35$, $N_2 = \frac{3 \cdot 5 \cdot 7}{5} = 21$, $N_3 = \frac{3 \cdot 5 \cdot 7}{7} = 15$.

Nun bestimmen wir die x_i aus den Kongruenzen:

$$35\, x_1 \equiv 1 \pmod 3$$
$$21\, x_2 \equiv 1 \pmod 5$$
$$15\, x_3 \equiv 1 \pmod 7$$

Wir können hier offenbar $x_1 = -1$, $x_2 = 1$, $x_3 = 1$ wählen. (Sollten die Lösungen dieser Kongruenzen nicht so offensichtlich sein, so kann man jede solche Kongruenz mit dem euklidischen Algorithmus lösen.)

Die a_i sind aus der Aufgabenstellung bekannt: $a_1 = 2$, $a_2 = 3$, $a_3 = 2$.

Damit erhalten wir die Lösung

$$v = -2 \cdot 35 + 3 \cdot 21 + 2 \cdot 15 = 23 .$$

Aber die Lösung ist nicht eindeutig bestimmt. Die Lösungsmenge ist

$$23 + 3 \cdot 5 \cdot 7\,\mathbb{Z} . \qquad \blacktriangleleft$$

Antworten der Selbstfragen

Antwort 1 –

Antwort 2 Weil die Null nicht als Teiler infrage kommt.